河南省“十四五”普通高等教育规划教材

大学数学教学丛书

数学分析（三）

（第二版）

崔国忠　郭从洲　王耀革　主编

科学出版社

北京

内 容 简 介

本书是河南省“十四五”普通高等教育规划教材，全书共三册，按三个学期设置教学，介绍了数学分析的基本内容.

第一册内容主要包括数列的极限、函数的极限、函数连续性、函数的导数与微分、函数的微分中值定理、泰勒公式和洛必达法则. 第二册内容主要包括不定积分、定积分、广义积分、数项级数、函数项级数、幂级数和傅里叶级数. 第三册内容主要包括多元函数的极限和连续、多元函数的微分学、含参量积分、多元函数的积分学.

本书在内容上，涵盖了本课程的所有教学内容，个别地方有所加强；在编排体系上，在定理和证明、例题和求解之间增加了结构分析环节，展现了思路形成和方法设计的过程，突出了教学中理性分析的特征；在题目设计上，增加了例题和课后习题的难度，增加了结构分析的题型，突出分析和解决问题的培养和训练.

本书可供高等院校数学及其相关专业选用教材，也可作为优秀学生的自学教材，同时也是一套青年教师教学使用的非常有益的参考书.

图书在版编目(CIP)数据

数学分析：全3册/崔国忠，郭从洲，王耀革主编. —2版. —北京：科学出版社，2023.12

ISBN 978-7-03-077257-2

Ⅰ. ①数… Ⅱ. ①崔… ②郭… ③王… Ⅲ. ①数学分析 Ⅳ. ①O17

中国国家版本馆CIP数据核字(2023)第238958号

责任编辑：张中兴　梁　清　孙翠勤／责任校对：杨聪敏
责任印制：师艳茹／封面设计：蓝正设计

科学出版社 出版
北京东黄城根北街16号
邮政编码：100717
http://www.sciencep.com
北京盛通数码印刷有限公司印刷
科学出版社发行　各地新华书店经销
*
2018年7月第一版　开本：720×1000　1/16
2023年12月第二版　印张：56 1/2
2023年12月第六次印刷　字数：1 139 000

定价：198.00元（全3册）
(如有印装质量问题，我社负责调换)

目　　录

第 14 章 多元函数的概念、极限与连续性

数学是刻画自然界中量和形关系的一门基础学科, 是人类在认识自然、改造自然的活动中所凝练的智慧的高度升华, 更是人类进一步认识自然、改造自然的强有力的工具.

人类要认识、改造自然, 必须要研究自然现象, 分析产生这一自然现象的原因, 寻找产生或影响这一自然现象的因素, 刻画这些因素和自然现象之间的规律, 并研究这些规律, 找出形成因果关系间的机制, 从而通过已知原因以求预知结果, 通过改变原因以求实现某个结果. 这个过程可以简单表示为

$$\text{原因 (影响元素)} \xrightarrow[\text{如何影响}]{\text{规律}} \text{结果 (现象)},$$

抽象为数学语言, 可以表示为

$$\text{自变量} \xrightarrow{\text{函数关系}} \text{因变量}.$$

因此, 对自然界感知的过程, 从数学分析的观点来看, 实际就是对函数的研究. 以函数作为研究对象, 穷其基本性质的研究, 这正是数学分析, 这也正如我们以前所学习的数学分析中的一元函数微积分学理论.

以前所学的数学分析内容来说, 在上述描绘的感知自然的过程中, 所对应的范围很小, 所刻画的自然现象很少, 具有很大的局限性. 因为我们以前所学的数学分析是单变元微积分学, 即变元的个数只有一个, 至多刻画一个影响元素. 自然界中某个自然现象或某个结果的产生通常有众多因素的制约, 单靠一个变量是不能代表或刻画众多的制约因素, 单元函数便不能描述这些现象. 如导弹的预警, 需要预知导弹某时刻在空间的具体位置, 即导弹的轨迹, 刻画导弹的轨迹需要一个时间变量和三个空间变量, 这就需要四个变量; 刻画自然界广泛存在的波的传播等扩散现象也是如此, 因此, 要研究复杂的自然现象必须将单变元函数及其理论进行推广, 这就形成了我们将要学习的多元函数的微积分学理论.

这是从应用背景出发简述了引入多元函数及其相关理论的必要性. 从科学理论的发展角度看, 引入多元函数及其理论也是数学理论的自然发展. 任何科学理论

的发展都遵循从简单到复杂的发展思路, 因此, 随着单元函数理论的发展, 研究对象自然就从简单的单元函数发展到多元函数, 形成多元函数理论.

那么, 整个多元函数的微积分学的基本内容是什么? 如何引入这些基本内容(框架结构)? 简单回顾一下单元函数微积分理论的框架体系结构:

先建立实数系的基本理论, 构建函数建立的基础; 然后给出单元函数 $y = f(x), x \in I \subset \mathbf{R}^1$ 的定义; 建立极限理论; 由此构建单元函数的分析性质——单变量微分学和积分学、级数理论. 即

$$\mathbf{R}^1\text{及其基本定理} \Longrightarrow \text{函数} f(x) \Longrightarrow \text{极限理论} \Longrightarrow \text{函数的分析性质}$$

完备的实数系理论为函数的研究提供了坚实的理论基础, 极限理论为其研究内容(函数的分析性质 (微分学、积分学、级数理论)) 的建立提供了有力的工具.

可以设想, 对多元函数的研究基本上沿单元函数理论的框架进行, 即将单元函数理论框架结构移植到多元函数上, 当然, 在移植的过程中, 要根据研究对象的相同特性和差异特性进行平行的推广 (以体现相同之处) 和延伸发展 (以体现区别之处), 因此, 我们仍然先引入多元函数建立的基础——多维集合与多维空间, 进一步建立多元函数的极限理论, 并在此基础上建立多元函数的微分学和积分学.

14.1 n 维距离空间及多元函数

本节引入多元函数微积分学理论的研究对象——多元函数, 并建立多元函数的极限理论和连续性理论. 首先介绍多元函数建立的基础—— n 维距离空间 $\mathbf{R}^n$. 高等代数从代数学的角度引入了 n 维欧几里得 (Euclid) 空间 $\mathbf{R}^n$ 的概念, 现在, 我们从分析学的角度引入 n 维欧几里得空间 $\mathbf{R}^n$.

在一元函数的微积分理论中, 为定义函数, 引入实数系用以刻画函数的定义域和值域; 引入邻域用以刻画极限, 邻域是利用距离刻画的, 因此, 在实数集合上引入了距离的概念, 才使得数学分析理论的建立有了可能, 只是由于实数集合中的距离是最简单直观的自然距离, 这使得我们在使用实数的距离概念时, 没有刻意地重新引入或强调这一点, 因为我们认为这是朴素而自然的一件事情, 这种朴素和自然的属性掩盖了"距离"本质的重要性. 换一种说法, 如果仅将实数系视为全体实数的集合, 那么, 这些实数仅仅是众多的、刻板呆死的孤立的点 (数), 相互缺少联系, 实数集合也缺少生机; 有了距离的概念, 或者说将距离引入到实数集合, 使得集合中的这些实数生动活泼起来, 使得这些实数间能够建立丰富多彩的关系, 因此, 实数集合上配备了距离, 才有了邻域的概念, 才使得建立函数成为可能, 才能用邻域进一步引入极限, 从而建立函数的微积分理论. 只是一维实数轴 (包括一维的距离) 过于简单, 使我们没有注意到这一点. 实际上, 正是这一点带来了从"集

合”到“空间”的本质变化——集合上配备了距离便形成了空间. 因此, 实数轴或全体实数的集合 $\mathbf{R}^1$ 上配备了距离 $d=d(x,y)$ 便形成了一维空间, 通常记为 $(\mathbf{R}^1, d)$, 也简记为 $\mathbf{R}^1$ 或 $\mathbf{R}$.

因此, 为引入多元函数理论, 必须引入相应的多维集合、多维空间及其距离的概念, 下面, 我们以一般的 n 维空间 $\mathbf{R}^n$ 为例引入相关概念.

一、 距离空间

通过对实数系上距离的高度抽象, 我们引入集合上的距离概念.

定义 1.1 设 X 是一个非空的集合, 若对 X 中任意两个元素 x,y, 都有唯一确定的实数 $d(x,y)$ 与之对应且满足

(1) **正定性** $d(x,y)\geqslant 0, \forall x,y\in X$, 且 $d(x,y)$=0 当且仅当 $x=y$;

(2) **对称性** $d(x,y)=d(y,x), \forall x,y\in X$;

(3) **三角不等式** $d(x,y)\leqslant d(x,z)+d(z,y), \forall x,y,z\in X$.

称 $d(x,y)$ 是定义在集合 X 上的元素 x,y 之间的距离.

距离也称为度量, 是一维空间 $\mathbf{R}^1$ 上距离概念的推广. 虽然也称之为距离, 但不是真正意义上的距离, 只是借用了距离的概念, 使之不那么抽象. 如在 $\mathbf{R}^2$ 上定义两点 $P=(x_1,x_2), Q=(y_1,y_2)$ 间的距离为 $d(P,Q)=\max\limits_{i=1,2}|x_i-y_i|$, 可以验证 $d(P,Q)$ 满足距离的定义, 但并非实际意义上的点与点间的距离. 当然, 我们知道, 在 $\mathbf{R}^2$ 上可以定义常规的距离, 这也说明, 同一集合上可以定义不同的距离.

定义 1.2 若在集合 X 上装备了距离 $d(x,y)$, 称 (X,d) 为距离空间, 简记为 X.

距离空间也称为度量空间. 集合 X 与对应的空间 X 是有区别的, 二者是两个完全不同的概念, 集合上配备距离后构成距离空间, 才使得对空间的元素进行度量和对元素间进行运算有可能、有意义, 赋予了集合新的生命力.

同一集合 X 上, 可以引入不同的距离 d_1,d_2, 形成不同的距离空间 (X,d_1), (X,d_2).

二、 n 维距离空间 $\mathbf{R}^n$

记 $\mathbf{R}$ 为全体实数的集合, 令

$$\mathbf{R}^n=\mathbf{R}\times\mathbf{R}\times\cdots\times\mathbf{R}=\{(x_1,x_2,\cdots,x_n):x_i\in\mathbf{R}, i=1,2,\cdots,n\},$$

这是一个所有 n 维点的集合, $P=(x_1,x_2,\cdots,x_n)$ 是点 (元素) 的坐标表示, 也用于表示这个点, x_i 为第 i 个坐标分量. 如

$\mathbf{R}^1=\mathbf{R}$: 一维实数集合, 数轴上点的全体, 即实数系.

$\mathbf{R}^2=\mathbf{R}\times\mathbf{R}=\{(x,y):x\in\mathbf{R}, y\in\mathbf{R}\}$: 全体二维平面点的集合.

$$\mathbf{R}^3=\mathbf{R}\times\mathbf{R}\times\mathbf{R}\text{: 全体三维“空间”点的集合.}$$

上述 $\mathbf{R}^n$, 由于没有定义距离, 因而, 是集合而不是空间, 下面, 将 $\mathbf{R}^1$, $\mathbf{R}^2$, $\mathbf{R}^3$ 中距离进行推广, 引入 $\mathbf{R}^n$ 中距离.

对任意的 $P=(x_1,x_2,\cdots,x_n)\in\mathbf{R}^n$, $Q=(y_1,y_2,\cdots,y_n)\in\mathbf{R}^n$, 定义:

$$d(P,Q)=\left(\sum_{i=1}^{n}(y_i-x_i)^2\right)^{1/2},$$

则可验证: $d(P,Q)$ 满足距离定义中的 (1)~(3).

事实上, (1)、(2) 显然成立; 关于 (3) 的证明, 可以用高等代数中的内积方法, 这里采用柯西 (Cauchy) 不等式来证明. 由柯西不等式

$$\left(\sum_{i=1}^{n}a_ib_i\right)^2\leqslant\left(\sum_{i=1}^{n}a_i^2\right)\left(\sum_{i=1}^{n}b_i^2\right),\quad \forall a_i\geqslant 0,b_i\geqslant 0,$$

得

$$\begin{aligned}\sum_{i=1}^{n}(a_i+b_i)^2&=\sum_{i=1}^{n}a_i^2+2\sum_{i=1}^{n}a_ib_i+\sum_{i=1}^{n}b_i^2\\&\leqslant\sum_{i=1}^{n}a_i^2+2\left(\sum_{i=1}^{n}a_i^2\right)^{1/2}\left(\sum_{i=1}^{n}b_i^2\right)^{1/2}+\sum_{i=1}^{n}b_i^2\\&=\left(\sqrt{\sum a_i^2}+\sqrt{\sum b_i^2}\right)^2,\end{aligned}$$

因而, 对任意的 $x=(x_1,x_2,\cdots,x_n)$, $y=(y_1,y_2,\cdots,y_n)$, $z=(z_1,z_2,\cdots,z_n)\in\mathbf{R}^n$, 记 $a_i=z_i-x_i,b_i=y_i-z_i$, 则 $a_i+b_i=y_i-x_i$, 代入上述公式, 得

$$\left(\sum_{i=1}^{n}(y_i-x_i)^2\right)^{1/2}\leqslant\left(\sum_{i=1}^{n}(z_i-x_i)^2\right)^{1/2}+\left(\sum_{i=1}^{n}(y_i-z_i)^2\right)^{1/2},$$

即

$$d(x,y)\leqslant d(x,z)+d(z,y),$$

故, $d(x,y)=\left(\sum\limits_{i=1}^{n}(y_i-x_i)^2\right)^{1/2}$ 为定义在 $\mathbf{R}^n$ 上的距离.

常用 $d=d(x,y)$ 或 $d(x,y)=|x-y|$ 表示上述定义的两点距离, 也称自然距离. 这样, 在 $\mathbf{R}^n$ 上装备了距离 d, 称 $(\mathbf{R}^n,d)$ 为 n 维距离空间 (或欧几里得空间), 简记为 $\mathbf{R}^n$.

上述定义的距离 d 是最常用的距离, 在 $\mathbf{R}^n$ 中还可引入如下距离, 如 $d_1(x,y)=\max\limits_{i=1,2,\cdots,n}|x_i-y_i|$ 和 $d_2(x,y)=\sum\limits_{i=1}^{n}|x_i-y_i|$, 因此, 同一集合上可以引入不同的距离, 构建不同的距离空间. 而不同的距离也有不同的作用和实际应用背景. 如上述的距离 $d_2(x,y)=\sum\limits_{i=1}^{n}|x_i-y_i|$, 经常用于纠错编码理论.

对 n 维空间 $\mathbf{R}^n$, 我们已经在高等代数中对 $\mathbf{R}^n$ 空间的结构进行了初步的研究, 给出了它的一组基 $\{e_i=(0,\cdots,0,1,0,\cdots,0):i=1,2,\cdots,n\}$, 并且所有 n 维空间都与 $\mathbf{R}^n$ 等距同构, 因此, $\mathbf{R}^n$ 是有限维空间的典型代表, 通过对 $\mathbf{R}^n$ 的研究来获得有限维空间的性质.

当然, 也存在无限维空间. 前述我们常用的集合记号 $C[a,b]$, 装备距离:

$$d(x(t),y(t))=\max_{t\in[a,b]}|x(t)-y(t)|,\quad \forall x(t),y(t)\in C[a,b],$$

则 $(C[a,b],d)$ 是一个无限维空间.

类似, 集合 $R[a,b]$, $C^2[a,b]$ 上都可以装备距离, 使其成为距离空间.

三、 $\mathbf{R}^n$ 中的基本点集

引入类似实数系 $\mathbf{R}^1$ 上邻域、开 (闭) 区间的概念.

给定 $\mathbf{R}^n$, $P_0=(x_1^0,x_2^0,\cdots,x_n^0)\in\mathbf{R}^n$, $\delta>0$.

1. 邻域

定义 1.3　集合 $U(P_0,\delta)=\{P\in\mathbf{R}^n:d(P,P_0)<\delta\}$ 称为点 P_0 的 δ(开) 邻域. 如, $n=1$时, $U(P_0,\delta)=(P_0-\delta,P_0+\delta)$ 为实数系中的开区间; $n=2$ 时, $U(P_0,\delta)$ 是以 P_0 为心, 以 δ 为半径的开圆 (不含圆周); $n=3$ 时, $U(P_0,\delta)$ 是以 P_0 为心, 以 δ 为半径的开球 (不含球面). 上述邻域统称为球 (圆) 形邻域. 有时还用到矩形邻域, 如 $\mathbf{R}^2$ 中, $P_0=(x_0,y_0)\in\mathbf{R}^2$, $a>0,b>0$, 则可定义 P_0 的矩形邻域为

$$\{(x,y)\in\mathbf{R}^2:|x-x_0|<a,|y-y_0|<b\},$$

特别, 当 $a=b$ 时, 矩形邻域也称为方形邻域.

因为给定一个圆形邻域, 总可作包含和被包含的矩形邻域, 反之也成立, 因而圆 (球) 形邻域和矩形邻域是等价的.

还经常用到如下的去心邻域的概念.

球形去心邻域: $\overset{\circ}{U}(P_0,\delta)=U(P_0,\delta)\backslash\{P_0\}=\{P\in\mathbf{R}^n:0<d(P,P_0)<\delta\}$.

矩形去心邻域: $\{(x,y)\in\mathbf{R}^2:|x-x_0|<a,|y-y_0|<b,$ 且 $(x,y)\neq(x_0,y_0)\}$.

但是, 矩形去心邻域不能写作 $\{(x,y)\in\mathbf{R}^2:0<|x-x_0|<a,0<|y-y_0|<b\}$, 这样不仅去"心", 还去掉两条直线 $x=x_0$ 和 $y=y_0$ 上的包含在邻域中的部分线段.

信息挖掘 邻域本质上是点 P_0 附近的**点的集合**, 有了邻域的概念, 将点与点的集合建立了联系, 从而就可以引入 $\mathbf{R}^n$ 中的各种点和集合的关系了.

2. 内点、外点及边界点

设集合 $E\subset\mathbf{R}^n$, 以下邻域都为球形邻域.

定义 1.4 (1) 设 $P_0\in E$, 若存在 $\delta>0$, 使得 $U(P_0,\delta)\subset E$, 称 P_0 为 E 的内点.

(2) 设 $P_0\notin E$, 若存在 $\delta>0$, 使得 $U(P_1,\delta)\cap E=\varnothing$, 称 P_1 为 E 的外点.

(3) 设 $P_0\in\mathbf{R}^n$, 若对 $\forall\varepsilon>0$, 有 $U(P_0,\varepsilon)\cap E\neq\varnothing$, 且存在 $P\in U(P_0,\varepsilon)$, 但 $P\notin E$, 称 P_0 为 E 的边界点.

信息挖掘 从定义可知, E 的内点 P_0 必有 $P_0\in E$; E 的外点 M 必有 $M\notin E$; E 的边界点 M, 可能有 $M\in E$, 也可能有 $M\notin E$(见后面的例子).

内点和边界点与集合 E 的关系更密切, 为此, 记

$$\overset{\circ}{E}=\{x:x\text{ 为 }E\text{ 的内点}\},\quad \partial E=\{x:x\text{ 为 }E\text{ 的边界点}\},$$

分别称为 E 的内点集和边界点集.

如平面上单位开圆 $E=\{(x,y)\in\mathbf{R}^2:x^2+y^2<1\}$, 则其所有点都是内点, 即 $\overset{\circ}{E}=E$; 而边界点集为 $\partial E=\{(x,y)\in\mathbf{R}^2:x^2+y^2=1\}$. 平面单位闭圆

$$E_1=\{(x,y)\in\mathbf{R}^2:x^2+y^2\leqslant 1\},$$

则 $\overset{\circ}{E}_1$ 为单位开圆 E; 边界点集仍为 $\partial E=\{(x,y)\in\mathbf{R}^2:x^2+y^2=1\}$. 对平面圆环

$$E_2=\{(x,y)\in\mathbf{R}^2:1<x^2+y^2\leqslant 2\},$$

其内点集

$$\overset{\circ}{E}_2=\{(x,y)\in\mathbf{R}^2:1<x^2+y^2<2\},$$

边界点集

$$\partial E=\{(x,y)\in\mathbf{R}^2:x^2+y^2=1\}\cup\{(x,y)\in\mathbf{R}^2:x^2+y^2=2\}.$$

集合中还经常涉及另个两类点.

定义 1.5 (1) 设 $M \in E$, 若存在 $\delta > 0$, 使得 $U(M, \delta) \cap E = \{M\}$, 称 M 为 E 的孤立点.

(2) 设 $M \in \mathbf{R}^n$, 若对 $\forall \varepsilon > 0$, $U(M, \varepsilon)$ 中都含有 E 中无限个点, 则称 M 为 E 的聚点.

信息挖掘 (1) 由定义可知, 孤立点必是边界点, 内点必是聚点, 边界点要么是聚点, 要么是孤立点. 对 E 的聚点 M, 即可能有 $M \in E$, 也可能有 $M \notin E$. 如圆环

$$E = \{(x, y) : 1 < x^2 + y^2 \leqslant 2\},$$

不属于 E 的聚点为位于单位圆曲线 $x^2 + y^2 = 1$ 上的内边界点; 属于 E 的聚点为内点及位于圆周曲线 $x^2 + y^2 = 2$ 上的外边界点.

(2) 聚点还有等价定义： 设 $M \in \mathbf{R}^n$, 若对 $\forall \varepsilon > 0$, 都存在 $M' \in E$ 且 $M' \neq M$, 使 $M' \in U(M, \varepsilon)$ (即 $U(M, \varepsilon)$ 中至少含有一个异于 M 的 E 中的点), 则称 M 为 E 的聚点.

因此, 两个定义中 “无限个” 与 “一个” 是等价的. 事实上, 由于 “无限个” 推出 “一个” 是显然的, 只需由 “一个” 推出 “无限个”. 由定义, 对 $\forall \varepsilon > 0$, 存在点 $M_1 \in E \cap U(M, \varepsilon)$, 且 $0 < |M_1 - M| < \varepsilon$, 再取 $\varepsilon_1 = |M_1 - M| < \varepsilon$, 则, 存在 $M_2 \in E \cap U(M, \varepsilon_1)$ 且 $0 < |M_1 - M| < \varepsilon_1$, 再取 $\varepsilon_2 = |M_2 - M| < \varepsilon_1$, 则, 存在 $M_3 \in E \cap U(M, \varepsilon_2)$, 如此下去得到点列 $\{M_n\}$ 且 $M_n \in E \cap U(M, \varepsilon)$. E 的所有聚点的集合记为 E', 也称 E' 为 E 的导集.

如, 记 $E = \{(x, y, z) \in \mathbf{R}^3 : 0 < x^2 + y^2 + z^2 < 1\}$, 则 $\overset{\circ}{E} = E$,

$$\partial E = \{(x, y, z) \in \mathbf{R}^3 : x^2 + y^2 + z^2 = 1\} \cup \{(0, 0, 0)\},$$

$$E' = \{(x, y, z) \in \mathbf{R}^3 : x^2 + y^2 + z^2 \leqslant 1\}.$$

3. 基本集合

下面引入基本集合的定义, 设 $E \subset \mathbf{R}^n$.

定义 1.6 若 $\overset{\circ}{E} = E$, 称 E 为开集; 若 $E' \subseteq E$, 称 E 为闭集.

没有聚点的集合也是闭集, 如孤立点集.

闭集的另一定义为： 记 $\bar{E} = E \cup E'$, 称为 E 的闭包, 显然, E 是闭集等价于 $E = \bar{E}$. 事实上, 若 $E' \subset E$, 则 $\bar{E} = E \cup E' = E$; 反之, 若 $\bar{E} = E$, 则

$$E' \subset E \cup E' = \bar{E} = E,$$

因而, 两个定义等价.

开集和闭集对应于一维空间中的开区间和闭区间, 是 $\mathbf{R}^n$ 中最基本的集合概念, 但它们并没有完全涵盖 $\mathbf{R}^n$ 中所有集合, 即存在非开、非闭的集合. 如, $E=[0,1)\subset\mathbf{R}^1$, 则 $\mathring{E}=(0,1), \mathring{E}\neq E$, E 不是开集, $E'=[0,1], E'\not\subset E$, 因而, E 也不是闭集.

经常用到的集合概念还有

定义 1.7 记 $0\in\mathbf{R}^n$ 为原点, 若存在实数 $c>0$, 使 $\forall x\in E$, 成立

$$\|x\|\triangleq d(x,0)<c,$$

即 $E\subset U(0,c)$, 称 E 为有界集.

有界性还可以用直径的定义来刻画：记 $r=\sup\limits_{x,y\in E}\{d(x,y)\}$, 称 r 为 E 的直径, 集合 E 有界等价于 $r<+\infty$.

定义 1.8 设 $E\subset\mathbf{R}^n$ 为开集, 若对 $\forall M_1,M_2\in E$, 都可用含在 E 内的有限折线连接 M_1 和 M_2, 称 E 为开区域, 开区域连同边界称为闭区域.

区域的概念是指集合是连通的, 如实数轴上的集合 $E=(0,1)\cup(2,3)$ 不是区域.

四、 $\mathbf{R}^n$ 中点列的极限

为引入函数的极限, 我们从 $\mathbf{R}^n$ 中的点列开始引入极限的概念. 类比已知, 一个自然的引入方式是利用一维数列的极限定义 n 维点列的极限.

记 $x_k=(x_1^{(k)},x_2^{(k)},\cdots,x_n^{(k)})\in\mathbf{R}^n$, $k=1,2\cdots$, 则 $\{x_k\}$ 就是 $\mathbf{R}^n$ 中的一个点列.

定义 1.9 给定点列 $\{x_k\}\subset\mathbf{R}^n$, 若存在 $x_0=(x_1^{(0)},x_2^{(0)},\cdots,x_n^{(0)})\in\mathbf{R}^n$, 使

$$\lim_{k\to+\infty}d(x_k,x_0)=0,$$

称点列 $\{x_k\}$ 收敛于点 x_0, 记为 $\lim\limits_{k\to+\infty}x_k=x_0$, 或 $x_k\to x_0$, x_0 称为 $\{x_k\}$ 的极限点.

将定义中的极限用 "ε-N" 语言叙述, 得到点列极限的如下等价的定义.

定义 1.9′ 若对任意的 $\varepsilon>0$, 存在 $K\in\mathbf{N}^+$, 使得当 $k>K$ 时成立

$$d(x_k,x_0)<\varepsilon \quad 或 \quad x_k\in U(x_0,\varepsilon),$$

称点列 $\{x_k\}$ 收敛于点 x_0.

自然地我们给出 n 维点收敛性和一维点列收敛性的关系.

定理 1.1 n 维点列 $\{x_k\}$ 收敛于 n 维点 x_0 的充分必要条件是

$$x_i^{(k)}\to x_i^{(0)},\quad i=1,2,\cdots,n,\quad k\to+\infty,$$

故, 点列 $\{x_k\}$ 的极限也是唯一的.

由此定理可知, n 维点列的收敛性本质上就是一维数列的收敛性, 因此, 我们略去关于 n 维点列极限的性质和计算.

作为 n 维点列极限的应用, 我们刻画聚点的特性.

定理 1.2 M_0 是集合 E 的聚点的充分必要条件是存在点列 $\{M_k\} \subseteq E$, 使得

$$M_k \to M_0.$$

这是聚点的一个有用的性质, 它可以利用极限建立集合中的点和聚点间的关系, 实现聚点和集合内的点的性质之间的相互转移. 这种处理问题的思想是把聚点问题转化为已知的极限来处理, 再次体现了化不定为确定的思想.

下面的定理深刻揭示了闭集的闭性.

定理 1.3 设 E 是闭集, $M_k \in E$, 若 $M_k \to M_0$, 则必有 $M_0 \in E$.

此定理揭示了闭集很好的性质——对极限运算的封闭性, 正是这个性质建立了连续函数具有好性质的基础, 在一元函数理论中, 我们已经对此有了深刻的理解.

上述几个定理的证明较简单, 我们略去证明.

五、 $\mathbf{R}^n$ 中的基本定理

在单元微积分学中, 建立函数一系列分析性质的基础是实数系的基本定理: 确界定理、闭区间套定理、魏尔斯特拉斯 (Weierstrass) 致密性定理、柯西收敛准则、有限开覆盖定理, 正是这些定理, 为以后函数分析性质的研究提供了强有力的基础和工具, 因而, 在完成了多维空间上各种集合的定义之后, 自然要考虑这些基本定理能否推广到 n 维空间.

我们简单分析一下这些定理能否推广, 并简析推广性结论的证明思路.

从确界定理开始. 由于确界定理是比较数的大小, 而 n 维空间中的点是没有大小关系的, 因而不能推广到 n 维空间, 其他定理都可做相应的推广. 当然, 在对这些推广的定理进行证明时, 一般采用两种思路: 其一称为直接转化方法, 此方法常用于处理简单的推广性结论, 即将推广结论直接转化为已知的简单形式, 直接利用简单形式的结论给出证明; 其二称为化用方法, 适用于较为复杂的推广性结论, 此时通常不能直接转化为已知的简单形式, 需要借用简单结论的证明方法和思想, 通过适当修改用于证明复杂的推广性结论. 当然, 两种方法的难易程度也表明了应用时的选择原则. 下面, 我们以 $\mathbf{R}^2$ 为例, 进行基本定理的推广.

1. 闭矩形套定理

定理 1.4 若闭矩形区域列 $I_n = \{(x, y) : a_n \leqslant x \leqslant b_n, c_n \leqslant y \leqslant d_n\}$ 满足矩形套条件:

(1) $I_{n+1} \subset I_n, n = 1, 2, \cdots$,

(2) $b_n - a_n \to 0, d_n - c_n \to 0$,

则存在唯一的 (x_0, y_0), 使 $(x_0, y_0) \in I_n$, $\forall n$ 且 $(a_n, c_n) \to (x_0, y_0), (b_n, d_n) \to (x_0, y_0)$.

简析 这是一维空间上的闭区间套定理的推广, 证明思路是优先考虑直接转化方法, 将其转化为已知一维闭区间套的情形, 直接利用已知的结论证明. 因此, 只需分别对 $\{[a_n, b_n]\}$, $\{[c_n, d_n]\}$ 应用闭区间套定理即可. 我们略去具体的证明.

2. 魏尔斯特拉斯致密性定理

定理 1.5 $\mathbf{R}^2$ 中有界点列必有聚点.

简析 证明思想仍是转化为一维实数系情形, 利用一维情形下相应的定理, 分别考虑两个一维分量点列并用相应的魏尔斯特拉斯定理即可. 在证明过程中, 难点是对不同数列选取共同子列的方法, 由于我们还要用到这种方法, 我们给出较为详细的证明, 注意总结这个方法.

证明 设 $\{M_n(x_n, y_n)\} \subset \mathbf{R}^2$ 是有界点列, 则 $\{x_n\}, \{y_n\} \subset \mathbf{R}^1$ 也是有界点列, 由魏尔斯特拉斯定理, 则, $\{x_n\}$ 有收敛子列 $\{x_{n_k}\}$, 显然, $\{y_{n_k}\}$ 也有界, $\{y_{n_k}\}$ 也有收敛子列 $\{y_{n_{k_l}}\}$, 因而, $\{x_{n_{k_l}}\}$, $\{y_{n_{k_l}}\}$ 都收敛, 不妨设它们分别收敛于 x_0, y_0, 记 $M_0(x_0, y_0)$, 则 $\{M_{n_{k_l}}(x_{n_{k_l}}, y_{n_{k_l}})\}$ 收敛于 $M_0(x_0, y_0)$, 因而, $\{M_n\}$ 有聚点 M_0.

3. 有限开覆盖定理

定理 1.6 设有开矩形集合 $E = \{\Delta_i : i \in I\}$, 其中 I 为指标集, Δ_i 为 $\mathbf{R}^2$ 中的开矩形 $\Delta_i = \{(x, y) : \alpha_i < x < \beta_i, \gamma_i < y < \delta_i\}$, 若矩形集合 E 覆盖有界闭集 D, 即 $D \subset \bigcup\limits_{i \in I} \Delta_i$, 则必存在 E 中有限个开集 Δ_i, $i = 1, 2, \cdots, k$, 使 $D \subset \bigcup\limits_{i=1}^{k} \Delta_i$.

简析 由于 n 维有界闭集不能像 n 维点列那样离散为等价的 n 个一维对应的情形, 不能利用直接转化方法, 必须采用一维实数系该定理的证明思路证明此定理.

证明 不妨设 $D = \{(x, y) \in \mathbf{R}^2 : a \leqslant x \leqslant b, c \leqslant y \leqslant d\}$. 我们采用反证法.

通过对闭集 D 进行等分, 构造 D 的一系列子集 D_n, 具有性质:

(1) D_n 是闭矩形套;

(2) D_n 不能被有限覆盖,

由性质 (1), 利用定理 1.5, 则存在 $M_0(x_0, y_0) \in D_n \subset D$, $\forall n$.

由于 $M_0 \in D \subset \bigcup\limits_{i \in I} \Delta_i$, 则, 存在 k, 使得 $M_0 \in \Delta_k \in E$, 又 Δ_k 为开集, 故存在 $\delta > 0$, 使 $U(M_0, \delta) \subset \Delta_k$, 根据 $M_0(x_0, y_0)$ 的性质, 则当 n 充分大时, $D_n \subset U(M_0, \delta) \subset \Delta_k$, 这与 D_n 的性质 (2) 矛盾.

从证明过程看, 基本上是将一维情形的证明过程移植过来, 即体现了化用的思想.

4. 柯西收敛准则

定理 1.7　$\mathbf{R}^2$ 中点列 M_n 收敛的充要条件为: 对任意 $\varepsilon > 0$, 存在 $N \in \mathbf{N}^+$, 当 $n, m > N$ 时, 有 $d(M_n, M_m) < \varepsilon$.

利用直接转换法化为一维的形式, 略去证明.

上述 $\mathbf{R}^2$ 中的定理可平行推广至 $\mathbf{R}^n$ 中. 正如实数系中基本定理的关系一样, $\mathbf{R}^n$ 中的基本定理也是等价的.

致密性定理和有限覆盖定理更深刻提示有限维空间的性质, 这两个结论和现代分析中的"紧"性理论极为密切.

定义 1.10　设 E 为一集合, 若 E 的所有收敛子列的极限都属于 E, 则称 E 为紧集.

定理 1.8　在 n 维空间 $\mathbf{R}^n$ 中, 集合 E 以下三个命题等价:

(1) E 是紧集;

(2) E 是有界闭集;

(3) E 中任一点列必有收敛于 E 中的点的子列.

这个结论深刻揭示了有限维空间与无限维空间的区别.

习　题　14.1

1. 对任意的 $x = (x_1, x_2, \cdots, x_n) \in \mathbf{R}^n$, $y = (y_1, y_2, \cdots, y_n) \in \mathbf{R}^n$, 定义

$$d(x, y) = \sum_{i=1}^{n} |y_i - x_i|,$$

证明: $d(x, y)$ 是 $\mathbf{R}^n$ 中的距离.

2. 记 $E = (0,1) \times (-1,2] = \{(x,y) : x \in (0,1), y \in (-1,2]\}$, 求 $\mathring{E}$, ∂E 和 E'.

3. 设 $E = \{(x,y) : x > 0, y > 0, x \neq y\}$, 求 $\mathring{E}$, ∂E 和 E'.

4. 证明: $E = \{(x,y) : x^2 + y^2 = 1\}$ 是 $\mathbf{R}^2$ 中的有界闭集.

5. 设集合 $E \subset \mathbf{R}^n$, 证明: $\mathring{E}$ 是开集、$\overline{E}$ 为闭集.

6. 证明定理 1.3.

7. 将闭区间套定理推广到任意的 n 维空间 $\mathbf{R}^n$ 中, 得到闭集套定理.

(提示: 可以引入区域的直径 $\mathrm{d}(E) = \mathrm{diam}E = \sup\{d(x,y) : x, y \in E\}$.)

8. 证明: $\mathbf{R}^n$ 中有界无限点集必有一个聚点.

9. 给定 $\mathbf{R}^2$ 上定义的函数 $f(x,y)$, 区域 $D = \{(x,y) : 0 \leqslant x \leqslant 1,\ 0 \leqslant y \leqslant 1\}$, 若对任意的 $p_0(x_0, y_0) \in D$, 都存在 $U(p_0, \delta_{p_0})$, 使得 $f(x,y)$ 在 $U(p_0, \delta_{p_0})$ 上有界, 证明: $f(x,y)$ 在 D 上有界.

10. 用魏尔斯特拉斯定理证明柯西收敛准则.

14.2 多元函数及其极限

一、多元函数

我们已经使用过多元函数的形式, 如空间曲面的一般方程式: $F(x,y,z)=0$, 这里 $F(x,y,z)$ 就是一个三元函数. 下面, 我们严格给出多元函数的定义.

和一元函数类似, 定义在 $\mathbf{R}^n$ 上的多元函数也是特殊的映射, 因此, 我们仍从映射的角度引入多元函数的定义.

定义 2.1 设 $E\subset\mathbf{R}^n$, $\mathbf{R}=\mathbf{R}^1$, 给定一个 E 到 $\mathbf{R}$ 中映射 f: 对任意 $p\in E$, 存在唯一的 $u\in\mathbf{R}$, 使

$$f:p\mapsto u,$$

称映射 f 为定义在 E 上的一个 n 元函数, u 为对应于 p 点的函数值, 记 $u=f(p)$, E 称为函数 f 的定义域; $D=\{u\in\mathbf{R}:u=f(p),p\in E\}$ 称为函数 f 的值域.

由于定义域是一个 n 维集合, 因此, 上述函数是 n 元函数, 若记 $p=p(x_1, x_2,\cdots,x_n)$, 或 $x=(x_1,x_2,\cdots,x_n)$, 则 n 元函数也可以写为 $u=f(x_1,x_2,\cdots,x_n)$, 在不至于混淆的情形下也可以简记为 $u=f(x)$, 或 $u=f(p)$, 与一元函数形式统一.

例 1 上半球面方程 $z=\sqrt{1-x^2-y^2}$ 为一个二元函数, 定义域为 $E=\{(x,y)\in\mathbf{R}^2:x^2+y^2\leqslant 1\}$.

关于多元函数定义域和值域的确定, 由于和一元函数类似, 略去.

对二元函数, 由空间解析几何理论可知, 其有明显的几何意义, 即 $z=f(x,y)$ 表示三维空间的曲面.

和一元函数类似, 我们引入多元函数, 也是为了研究多元函数的微积分等分析性质, 可以设想, 建立相应微积分理论的基础仍是极限, 因此, 我们从多元函数的极限入手, 开始建立多元函数的相关理论.

二、多元函数的极限

类比一元函数和多元函数结构上的共性和差异, 从两个方面构建多元函数的极限理论. 先从共性的方面开始, 进行极限理论的平行推广.

1. 重极限

我们将一元函数的极限进行共性推广到多元函数, 形成多元函数的重极限.

设 $p_0\in\mathbf{R}^n$, $f(p)$ 是 n 元函数, 类比一元函数的极限, 得到如下重极限的定义.

定义 2.2　设 $f(p)$ 在 $\overset{\circ}{U}(p_0)$ 中有定义, 若存在实数, 使得对任意 $\varepsilon>0$, 存在 $\delta>0$, 对任意的 $p\in\overset{\circ}{U}(p_0)$ 且 $0<d(p,p_0)<\delta$, 都成立

$$|f(p)-A|<\varepsilon,$$

称 $f(p)$ 在 p_0 点存在极限, 称 A 是 $f(p)$ 在 p_0 点的极限, 记作 $\lim\limits_{p\to p_0}f(p)=A$ 或简记为 $f(p)\to A(p\mapsto p_0)$.

从形式上看与一元函数的极限定义相同, 但是实际上还是有区别的, 区别在于变量的极限过程, 若记 $p=(x_1,x_2,\cdots,x_n)$, $p_0=(x_1^{(0)},x_2^{(0)},\cdots,x_n^{(0)})$, $p\mapsto p_0$ 表示 n 维变元的极限过程:

$$(x_1,x_2,\cdots,x_n)\mapsto(x_1^{(0)},x_2^{(0)},\cdots,x_n^{(0)}),$$

因此, $\lim\limits_{p\to p_0}f(p)=A$ 也常写为

$$\lim_{(x_1,x_2,\cdots,x_n)\mapsto(x_1^{(0)},x_2^{(0)},\cdots,x_n^{(0)})}f(x_1,x_2,\cdots,x_n)=A,$$

或

$$\lim_{\substack{x_1\to x_1^{(0)}\\ \cdots\\ x_n\to x_n^{(0)}}}f(x_1,x_2,\cdots,x_n)=A,$$

因此, 也把这样的极限称为 n 重极限. 特别, n=2 时, 也常记作 $\lim\limits_{(x,y)\to(x_0,y_0)}f(x,y)=A$, 或者 $\lim\limits_{\substack{x\to x_0\\ y\to y_0}}f(x,y)=A$, 也称为二重极限.

由定义知, 不一定要求 $f(p)$ 在 p_0 点有定义.

定义中距离条件形式 “$0<d(p,p_0)<\delta$” 可等价写为集合形式: $p\in\overset{\circ}{U}(p_0,\delta)$, 因此, 也可以如下等价地定义多元函数的极限.

定义 2.2′　设 $f(p)$ 在 $\overset{\circ}{U}(p_0)$ 中有定义, 若存在实数 A, 使得对任意 $\varepsilon>0$, 存在 $\delta>0$, 对一切满足 $p\in\overset{\circ}{U}(p_0,\delta)\subset\overset{\circ}{U}(p_0)$ 的 p 都成立

$$|f(p)-A|<\varepsilon,$$

称 A 是 $f(p)$ 在 p_0 点的极限.

由于上述定义中的 A 是有限确定的或正常的实数, 点 $p_0=(x_1^{(0)},x_2^{(0)},\cdots,x_n^{(0)})$ 也是正常的点, 上述重极限也称为正常重极限.

2. 重极限的计算

我们以二元函数为例, 讨论多元函数重极限的计算.

类似于一元函数极限理论的框架, 有了重极限的定义, 我们首先要掌握利用定义处理简单函数的重极限, 为更复杂、更一般的函数重极限的计算奠定基础.

1) 简单函数极限结论的验证——定义法

类似一元函数, 用定义证明正常重极限的基本方法仍然是放大法, 即对刻画函数极限过程的项 $|f(p)-A|$ 进行放大, 从控制对象 $|f(p)-A|$ 中分离出刻画自变量变化趋势的项 $d(p,p_0)$, 由于此因子形式复杂, 通常先分离出组成因子 $\left|x_i-x_i^{(0)}\right|$, 再将这些因子转化为 $d(p,p_0)$. 一元函数极限证明中各种技巧与方法仍适用.

例 2 用定义证明: $\lim\limits_{(x,y)\to(1,1)}(x^2+xy+y^3)=3$.

简析 利用极限定义对函数极限结论进行验证, 对应的方法就是放大法; 技术方法就是对放大对象 $|x^2+xy+y^3-3|$ 放大, 从中分离出 $d(p,p_0)$ 或等价分离出因 $|x-1|$ 和 $|y-1|$; 通常用插项技术进行强制形式统一产生相应因子, 利用予控制技术控制因子的系数. 因此, 预控制 $0<\delta<1$, 当 $d(p,p_0)<\delta$ 时, 有

$$x^2=(x-1+1)^2=(x-1)^2+2(x-1)+1,$$

$$xy=(x-1+1)y=(x-1)y+(y-1)+1,$$

$$y^3=(y-1+1)^3=(y-1)^3+3(y-1)^2+3(y-1)+1,$$

故,

$$\left|x^2+xy+y^3-3\right|=\left|(x-1)^2+(2+y)(x-1)+(y-1)^3+3(y-1)^2+4(y-1)\right|.$$

由于 $|x-1|<\delta<1, |y-1|<1, |y|=|y-1+1|<\delta+1<2$, 则

$$\left|x^2+xy+y^3-3\right|<5\left|x-1\right|+8|y-1|<13\delta,$$

至此得到放大结果.

证明 法一 记点 $p(x,y), p_0(1,1)$, 若取 $\delta<1$, 当 $d(p,p_0)<\delta$ 时, 有

$$\left|x^2+xy+y^3-3\right|<13\delta,$$

故, 对 $\forall\varepsilon>0$, 取 $\delta=\min\left\{\frac{\varepsilon}{13},1\right\}$, 对一切 $p(x,y)\in U(p_0,\delta)$, 都有

$$\left|x^2+xy+y^3-3\right|<\varepsilon,$$

故, $\lim\limits_{(x,y)\to(1,1)}(x^2+xy+y^3)=3$.

法一直接利用插项法和强制形式统一, 不需要太多技术手段, 若仅以分离出距离因子为目的, 可以利用技术手段进行简化, 如利用各分项的极限进行相对整体的形式统一.

法二　记点 $p(x,y),p_0(1,1)$, 由于

$$\begin{aligned}\left|x^2+xy+y^3-3\right|&=\left|(x^2-1)+(xy-1)+(y^3-1)\right|\\&=\left|(x-1)(x+1)+(x-1)y+(y-1)+(y-1)(y^2+y+1)\right|,\end{aligned}$$

为分离出 $|x-1|$ 和 $|y-1|$, 须对相关因子的系数如 $x+1,y,y^2+y+1$ 进行控制, 为此采用预控制技术对 x,y 作预控制; 先假设 $\delta<1$, 当 $d(p,p_0)<\delta$ 时, 则 $0<x<2, 0<y<2$, 因而

$$\left|x^2+xy+y^3-3\right|<3\left|x-1\right|+2\left|x-1\right|+\left|y-1\right|+7\left|y-1\right|<13\delta,$$

故, 对 $\forall\varepsilon>0$, 取 $\delta=\min\left\{\dfrac{\varepsilon}{13},1\right\}$, 对一切 $p(x,y)\in U(p_0,\delta)$, 都有

$$\left|x^2+xy+y^3-3\right|<\varepsilon,$$

故, $\lim\limits_{(x,y)\to(1,1)}(x^2+xy+y^3)=3$.

例 3　用定义证明: $\lim\limits_{(x,y)\to(1,1)}\dfrac{x^2+xy^2+y^3}{2xy-1}=3$.

简析　利用放大法对 $\left|\dfrac{x^2+xy^2+y^3}{2xy-1}-3\right|=\left|\dfrac{x^2+xy^2+y^3-6xy+3}{2xy-1}\right|$ 进行放大处理. 仍利用强制形式统一和预控制技术分别对分子放大、对分母缩小, 放缩目标: 分子要分离出 $|x-1|$ 和 $|y-1|$, 从而可以利用 $d(p,p_0)$, 进而可以利用 δ 控制, 对分母, 要确定其正下界. 预控制 $0<\delta<1$, 当 $d(p,p_0)<\delta$ 时, 此时 $0<x<2,0<y<2$, 则

$$\begin{aligned}&|x^2+xy^2+y^3-6xy+3|\\=&|x^2-1+xy^2-1+y^3-1-6(xy-1)|\\=&|(x-1)(x+1)+(x-1)y^2+(y+1)(y-1)+(y-1)(y^2+y+1)\\&-6(y(x-1)+(y-1))|\\=&|(x-1)(x+1+y^2-6y)+(y-1)(y+1+y^2+y+1-6)|\end{aligned}$$

$$\leqslant 19|x-1|+12|y-1|<19\delta+12\delta=31\delta,$$

$$\begin{aligned}|2xy-1|&=|2(x-1)y+2y-1|=|2(x-1)y+2(y-1)+1|\\&\geqslant 1-2y|x-1|-2|y-1|\geqslant 1-4|x-1|-2|y-1|\\&\geqslant 1-4\delta-2\delta=1-6\delta,\end{aligned}$$

若还预控制 $0<\delta<\frac{1}{12}$, 则 $1-6\delta>\frac{1}{2}$, 由此确定分母的正下界, 至此, 建立了放缩结果.

证明 记点 $p(x,y), p_0(1,1)$, 对 $\forall\varepsilon>0$, 取 $\delta=\min\left\{\frac{\varepsilon}{64},\frac{1}{12}\right\}$, 对一切 $p(x,y)\in \mathring{U}(p_0,\delta)$, 都有

$$\left|\frac{x^2+xy^2+y^3}{2xy-1}-3\right|<\frac{32}{\frac{1}{2}}\delta=64\delta<\varepsilon,$$

故, $\lim\limits_{(x,y)\to(1,1)}\frac{x^2+xy^2+y^3}{2xy-1}=3.$

2) 一般函数极限的计算

利用定义只能处理一些简单函数的极限, 更一般函数的极限计算必须依靠计算法则、极限的性质和特殊的技术、方法以及一些简单的结论来完成. **可以证明, 多元函数极限运算和一元函数极限运算一样, 都成立相应的运算法则和相同的性质**, 成立相应的结论, 我们不再一一叙述, 同时, 一元函数中, 特殊的结构对应特殊的计算思想和计算方法同样适用于多元函数, 因此, 下面的例子都可以从一元函数对应的结构中寻找对应的计算方法.

例 4 计算 $\lim\limits_{(x,y)\to(0,0)}(x^2+y)\cdot\sin\frac{1}{x^2+y^2}$.

结构分析 从结构看, 对应的一元函数相似的结构类型为 $\lim\limits_{x\to 0}f(x)\cdot\sin g(x)$, 结构中包含正弦函数因子 $\sin x$, 对这类极限的处理方法依据有两个, 其一是重要极限 $\lim\limits_{x\to 0}\frac{\sin x}{x}=1$; 其二为结论：无穷小量与有界函数的乘积仍为无穷小量. 进一步分析结构, 具有明显的无穷小量的结构特征, 符合第二种处理方法的结构, 由此确定解题思路和方法.

解 由于 $\lim\limits_{(x,y)\to(0,0)}(x^2+y)=0$, $\sin\frac{1}{x^2+y^2}$ 是有界函数, 故,

$$\lim_{(x,y)\to(0,0)}(x^2+y)\cdot\sin\frac{1}{x^2+y^2}=0.$$

用定义也很容易证明此结论.

例 5　计算 $\lim\limits_{(x,y)\to(0,0)} xy\cdot\ln(x^2+y^2)$.

结构分析　题目类型：$0\cdot\infty$ 待定型极限的计算, 涉及困难因子 $\ln 0$ 型结构. 类比已知：涉及此因子在一元极限理论常用的结论是 $\lim\limits_{x\to0^+} x^k\ln x=0,\ k>0$. 处理方法：利用形式统一法, 将题目转化为此类型, 利用一元函数的极限结论进行求解, 从下面解题过程中体会形式统一法的应用. 值得注意的是在一元函数极限理论中, 对 $0\cdot\infty$ 型极限的计算常用的方法是将其转化为 $\frac{0}{0}$ 或 $\frac{\infty}{\infty}$ 型后再利用洛必达 (L'Hôsptial) 法则进行计算. 在多元函数极限计算中, 不能利用洛必达法则.

解　由于

$$\text{原式}=\lim_{(x,y)\to(0,0)}\frac{xy}{x^2+y^2}\cdot(x^2+y^2)\ln(x^2+y^2),$$

且 $\lim\limits_{(x,y)\to(0,0)}(x^2+y^2)\ln(x^2+y^2)=0$, $\left|\frac{xy}{x^2+y^2}\right|\leqslant 2$ 有界, 故, 原式 =0.

抽象总结　将上述方法抽象可以形成求解多元函数重极限的基本思路和方法：结构分析, 类比已知 (一元函数极限的计算思想、方法和结论), 形式统一.

例 6　计算 $\lim\limits_{(x,y)\to(0,0)}(x^2+y^2)^{x^2y^2}$.

结构分析　题型结构：幂指结构. 类比已知：一元函数极限计算理论中的对数方法.

解　记 $f(x,y)=(x^2+y^2)^{x^2y^2}$, 则由例 5

$$\lim_{(x,y)\to(0,0)}\ln f(x,y)=\lim_{(x,y)\to(0,0)}x^2y^2\ln(x^2+y^2)=0,$$

故, $\lim\limits_{(x,y)\to(0,0)}(x^2+y^2)^{x^2y^2}=1$.

通过上述例子, 我们基本构建了多元函数极限存在条件下的计算理论.

3. 重极限的不存在性

初步掌握了函数极限的计算之后, 研究极限的不存在性也是必须掌握的内容之一. 相对而言, 具体函数的极限计算比较简单, 极限的不存在性较难处理, 类比一元函数极限的不存在性的研究思路与框架, 我们建立多元函数极限不存在性的研究理论与方法.

类比已知, 现在已知的极限理论有数列极限理论和一元函数极限理论, 必须利用已知的这些理论研究多元函数极限的不存在性. 相对来说, 一元函数极限理论与多元函数极限联系更为紧密, 为此, 我们先简单分析一下多元函数和一元函数的关系, 为利用一元函数的极限理论研究多元函数的极限做准备.

正如点列极限中体现的那样, 从整体结构看, 多元是一元的推广, 体现简单与复杂的关系; 从元素构成看, 多元可以离散为一元, 体现整体与部分的关系; 对整体成立的性质, 对部分也成立, 反之, 若对部分不成立的性质, 对整体也不成立, 由此, 得到判断多元函数极限不存在性的初步的理论和方法.

我们以二元函数为例建立相关理论.

我们先建立二元函数极限和数列极限的关系, 得到一个类似于海涅归结原理的结论, 其证明思想也类似.

定理 2.1 $\lim\limits_{(x,y)\to(x_0,y_0)} f(x,y)=A$ 的充要条件是对任意以 $p_0(x_0,y_0)$ 为极限的点列 $p_k(x_k,y_k)$ 都有 $\lim\limits_{k\to+\infty} f(x_k,y_k)=A$.

证明 必要性 由于 $\lim\limits_{(x,y)\to(x_0,y_0)} f(x,y)=A$, 故对任意 $\varepsilon>0$, 存在 $\delta>0$, 当 $p(x,y)$ 满足 $0<d(p,p_0)<\delta$ 时, 有

$$|f(x,y)-A|<\varepsilon.$$

又 $\lim\limits_{k\to+\infty} p_k=p_0$, 故对上述 δ, 存在 k_0, 使得 $k>k_0$ 时有 $d(p_k,p_0)<\delta$, 因而

$$|f(p_k)-A|=|f(x_k,y_k)-A|<\varepsilon,$$

故 $\lim\limits_{k\to+\infty} f(x_k,y_k)=A$.

充分性 由于具有 "任意性条件" 结构, 我们采用反证法.

若 $\lim\limits_{(x,y)\to(x_0,y_0)} f(x,y)\neq A$, 则, 存在 $\varepsilon_0>0$, 对任意 $\delta>0$, 存在点

$$p(x,y)\in \mathring{U}(p_0,\delta),$$

$(p_0=(x_0,y_0))$, 使得

$$|f(x,y)-A|>\varepsilon_0.$$

下面的证明过程是通过 δ 的任意性, 构造一个以 $p_0(x_0,y_0)$ 为极限的点列 $\{p_k(x_k,y_k)\}$, 制造矛盾.

取 $\delta_1=1$, 存在 $p_1(x_1,y_1)$ 满足, $0<d(p_1,p_0)<1$, $|f(p_1)-A|>\varepsilon_0$;

取 $\delta_2=\min\{1/2,d(p_1,p_0)\}$, 得到 $p_2(x_2,y_2)\neq p_1$ 满足

$$0<d(p_2,p_0)<\delta_2<1/2, \text{ 且} |f(p_2)-A|>\varepsilon_0;$$

如此下去, 可构造点列 $\{p_k\}$ 满足, $0 < d(p_k, p_0) < 1/k$, 且 $|f(p_k) - A| > \varepsilon_0$, 即 $p_k \to p_0$, 但 $f(p_k) \nrightarrow A$, 故, 得到矛盾, 充分性得证.

正如一元函数的海涅 (Heine) 定理, 定理 2.1 的主要作用用于证明极限的不存在性, 但是, 上述定理并非最简, 因为, 二元函数与一元函数联系更紧密, 所以, 我们给出一个更好用的结论.

定理 2.2　若 $\lim\limits_{(x,y)\to(x_0,y_0)} f(x,y) = A$, 则对任意过点 $p_0(x_0, y_0)$ 的连续曲线

$$l : y = y(x)$$

(即 $y(x)$ 是连续函数), 沿曲线 l 都成立: $\lim\limits_{x\to x_0} f(x, y(x)) = A$.

证明　记点 $p(x,y)$, $p_0(x_0,y_0)$, 由于 $\lim\limits_{(x,y)\to(x_0,y_0)} f(x,y) = A$, 则对任意 $\varepsilon > 0$, 存在 $\delta > 0$, 对一切满足 $0 < d(p, p_0) < \delta$ 的 p 都成立

$$|f(p) - A| < \varepsilon.$$

由 $y(x)$ 的连续性, 对 $\dfrac{\delta}{2}$, 存在 $\delta' : \dfrac{\delta}{2} > \delta' > 0$, 当 $|x - x_0| < \delta'$ 时, 有

$$|y(x) - y(x_0)| < \frac{\delta}{2},$$

由于连续曲线 $l : y = y(x)$ 过点 $p_0(x_0, y_0)$, 则 $y(x_0) = y_0$.

因而, 当 $|x - x_0| < \delta'$ 时, 曲线 l 上的点 $p(x, y(x))$ 和 $p_0(x_0, y_0)$ 满足

$$d(p, p_0) = \sqrt{(x - x_0)^2 + (y(x) - y_0)^2} < \delta,$$

故,

$$|f(x, y(x)) - A| = |f(p) - A| < \varepsilon,$$

因此, $\lim\limits_{x\to x_0} f(x, y(x)) = A$.

抽象总结　(1) 证明过程总结　在证明过程中, 我们给出了将二元函数降维为一元函数的方法: 沿特殊路径 (曲线) 可以将二元函数降维为一元函数, 把这种方法称为特殊路径法或降维方法. (2) 定理应用分析　此定理的作用和海涅定理相同, 通常用于处理二元函数重极限的不存在性, 体现为如下的推论.

推论 2.1　若存在定理 2.2 中的曲线 l_1, l_2, 使得 $\lim\limits_{\substack{(x,y)\to(x_0,y_0)\\(x,y)\in l_i}} f(x,y), i = 1,2$ 存在但不相等, 则 $\lim\limits_{(x,y)\to(x_0,y_0)} f(x,y)$ 必不存在.

推论 2.2 若存在定理 2.2 中的曲线 l, 使得极限 $\lim\limits_{\substack{(x,y)\to(x_0,y_0)\\(x,y)\in l}} f(x,y)$ 不存在, 则 $\lim\limits_{(x,y)\to(x_0,y_0)} f(x,y)$ 必不存在. 由上述推论可知, 要证明函数的极限不存在, 只需找到满足推论的曲线即可, 这是解决这类问题的关键. 一般来讲, 我们尽可能寻找简单的曲线, 如直线、抛物线等, 当然, 必须根据题型结构, 具体问题具体分析. 但是, 有一个原则需要遵循的是: **选择这样的曲线, 使得沿曲线, 函数结构尽可能简单; 将研究对象结构简单化是解决问题的重要思路, 结构越简单越容易处理.**

当然, 定理 2.2 中曲线方程可以为其他形式. 条件中的沿曲线 l 的极限形式也表示为 $\lim\limits_{\substack{(x,y)\to(x_0,y_0)\\(x,y)\in l}} f(x,y)$ 或 $\lim\limits_{\substack{x\to x_0\\y=y(x)}} f(x,y)$ 或 $\lim\limits_{x\to x_0} f(x,y)|_l$.

下面, 通过例子说明结论的应用.

例 7 证明函数 $f(x,y)=\dfrac{xy}{x^2+y^2}$ 在 $(0,0)$ 的重极限不存在.

结构分析 从函数结构看, 难点出现在分母上, 分母为两个不同变量的和, 处理问题的出发点是能否选择满足定理 2.2 的曲线, 使得沿此曲线, 将不同的部分合并, 以简化结构, 显然, 对本例, 这样的曲线存在, 最简单的就是直线 $y=kx$.

解 沿直线 $y=kx$ 考虑对应的极限, 由于

$$\lim_{\substack{x\to0\\y=kx}} f(x,y)=\lim_{x\to0}\frac{x\cdot kx}{x^2+k^2x^2}=\frac{k}{1+k^2},$$

显然, k 取不同值时, 上述极限有不同的结果, 故, 相应的重极限不存在.

抽象总结 从另外的角度对函数 $f(x,y)=\dfrac{xy}{x^2+y^2}$ 进行结构分析: 函数是有理式结构; 从形式上看, 分子和分母是等幂的二元多项式结构; 对具有这样结构特点的函数沿直线可以对函数进行简化.

例 8 证明极限 $\lim\limits_{(x,y)\to(0,0)}\dfrac{x^2y^2}{x^2y^2+(x-y)^2}$ 不存在.

结构分析 函数的结构是分子和分母中都有 x^2y^2, 不同的一项为 $(x-y)^2$, 考虑将 $(x-y)^2$ 的结构统一成 x^2y^2 的形式, 只需令 $x-y=kxy$, 即取 $y=\dfrac{x}{1+kx}$(当 $x\to0$ 时, 显然 $y\to0$), 将分子和分母统一成一样的形式.

证明 取 $y=\dfrac{x}{1+kx}$, $x\to0$, 则

$$\lim_{(x,y)\to(0,0)}\frac{x^2y^2}{x^2y^2+(x-y)^2}=\lim_{\substack{y=\frac{x}{1+kx}\\x\to0}}\frac{x^4}{x^4+k^2x^4}=\frac{1}{1+k^2}.$$

该极限随 k 的不同而不同, 故极限 $\lim\limits_{(x,y)\to(0,0)}\dfrac{x^2y^2}{x^2y^2+(x-y)^2}$ 不存在.

例 9　考察 $f(x,y)=\begin{cases}1, & 0<y<x^2,\\ 0, & \text{其他}\end{cases}$ 在点 $p_0(0,0)$ 处的极限的存在性 (图 14-1).

结构分析　从函数结构看, 类似于一元函数的分段函数结构, 从函数的“分段定义”的结构看, 应在表达式对应的不同区域内分别选择曲线.

解　取抛物线 $y=kx^2$, 其中 $0<k<1$, 则此抛物线完全落在区域 $\{(x,y):0<y<x^2\}$, 因而 $\lim\limits_{\substack{x\to0\\y=kx^2}}f(x,y)=\lim\limits_{x\to0}1=1$; 另外, 取半直线 $y=kx$, 则不论 k 取何值, 当 x 充分小时, 直线总落在使 $f(x,y)=0$ 的区域, 因而,

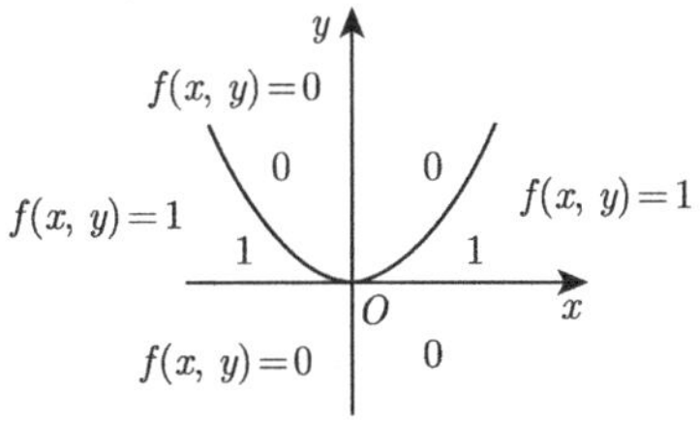

图 14-1

$$\lim_{\substack{x\to0\\y=kx}}f(x,y)=\lim_{x\to0}0=0,$$

故, $\lim\limits_{(x,y)\to(0,0)}f(x,y)$ 不存在.

抽象总结　我们把上述讨论重极限不存在的方法称为特殊路径法, 这是证明重极限不存在的主要方法.

在处理多元函数的极限时, 通常有两类题目：计算重极限和讨论重极限的存在性, 对重极限的计算, 目的明确, 只需利用各种计算方法和技术进行计算即可. 对讨论重极限存在性的题目, 难度相对大, 因为答案不确定, 极限可能存在, 也可能不存在, 当然, 就这类题目的提法而言, 一般向不存在方向考虑. 处理的技术方法通常有：

(1) 先通过简单特殊的路径确定可能的极限值, 然后验证这个值是否就是极限.

(2) 当确定极限不存在后, 通过选择不同的路径, 利用沿不同的路径对应的极限值不同, 证明重极限的不存在性.

(3) 当题目较复杂时, 要求选择的特殊路径也复杂, 此时, 选择路径的出发点是尽可能使题目中复杂的因子 (特别是分母) 简单化, 多个因子通过特殊的路径能够合并, 如例 7, 通过路径 $y=kx$, 将分母的两项和 x^2+y^2 合并为一项.

(4) 当给出的函数是“分段”函数 (对二元函数实际是分片函数), 尽可能通过不同的定义区域选择相应的路径, 得到不同的极限, 如例 8.

(5) 常用的特殊路径有直线 (坐标轴)、抛物线等.

例 10　考察 $f(x,y)=\dfrac{xy}{x+y}$ 在点 $p_0(0,0)$ 处的极限.

结构分析　函数结构：有理式结构, 从形式上看, 分子是二阶 (次) 项, 分母是一阶 (次) 项, 从单元函数的极限看, 应有 $\dfrac{xy}{x+y}\to0$. 但事实并非如此, 此函数具

有特殊的结构, 即在直线 $y+x=0$ 上函数没有定义, 或者说函数在此直线上产生奇性, 即函数具有奇异线, 这种函数结构更复杂, 一方面, 我们前述关于函数重极限的定义不适于此类型的函数, 需要推广函数重极限的定义; 另一方面, 函数在奇异线附近具有复杂的性质, 需要新的技术方法进行处理.

首先, 我们推广重极限的定义.

定义 2.2″ 设 $f(p)$ 在区域 D 上有定义, $p_0\in D'$, 若存在实数 A, 使得对任意 $\varepsilon>0$, 存在 $\delta>0$, 对任意的 $p\in D$ 且 $0<d(p,p_0)<\delta$, 都成立

$$|f(p)-A|<\varepsilon,$$

称 $f(p)$ 在 p_0 点存在极限, 称 A 是 $f(p)$ 在 p_0 点的极限, 记作 $\lim\limits_{p\to p_0}f(p)=A$ 或简记为 $f(p)\to A(p\to p_0)$.

此定义将函数重极限的定义推广到具有奇异线的函数上.

对具有奇异线结构的函数, 处理的主要方法是扰动法, 即沿奇异线附近选择曲线 (在奇异线附近进行扰动), 使奇异项结构简化, 从而简化函数结构.

方法：选取的特殊路径为 $x+y=x^k$, $k>0$, 将此路径与奇异线 $x+y=0$ 进行对比, 相当于将右端的 0 变为扰动项 x^k, 这种方法称为扰动法.

解 对 $k>0$, 连续曲线 $y=-x+x^k$ 过点 $p_0(0,0)$, 而且

$$\lim_{\substack{x\to0\\ y=x^k-x}}f(x,y)=\lim_{x\to0}\frac{x(x^k-x)}{x^k}=\lim_{x\to0}(x-x^{2-k})=\begin{cases}0, & 0<k<2,\\ 1, & k=2,\end{cases}$$

故, $\lim\limits_{(x,y)\to(0,0)}f(x,y)$ 不存在.

此例表明多元函数的极限要比一元函数极限复杂得多, 不能从形式上简单下结论, 形式上的阶并不是真正的阶, 换句话说, 沿不同的曲线会改变形式上的阶, 体现了一元函数和多元函数的差异. 同时, 扰动法是处理具有奇异线结构的函数极限的重要方法, 要深刻理解和把握, 但是, 选择扰动曲线时一定要注意, 曲线要有意义, 一定要过点 p_0.

抽象总结 上述例子表明, 研究重极限不存在的方法为**特殊路径法**和**扰动法**.

4. 非正常极限

非正常极限指的是极限值为无穷或者是无穷远处的极限 (变量趋向于无穷远处), 无穷又分为正无穷、负无穷、无穷, 对 n 元函数, 自变量的个数有 n 个, 自变量趋于无穷远处时, 可以是某个分量趋于无穷, 因此, 多元函数的非正常极限有不同的具体形式, 我们只以个别形式为例加以说明.

1) $\lim\limits_{p\to p_0}f(p)=+\infty$ 的情形

定义 2.3　设多元函数 $f(p)$ 在 $\mathring{U}(p_0)$ 内有定义, 若对任意的实数 $M>0$, 存在 $\delta>0$, 当 $p\in\mathring{U}(p_0)$ 且 $0<d(p,p_0)<\delta$ 时, 成立

$$f(p)>M,$$

称 $f(p)$ 当 $p\to p_0$ 时发散到正无穷, 简记为 $\lim\limits_{p\to p_0}f(p)=+\infty$.

类似定义 $\lim\limits_{p\to p_0}f(p)=-\infty$ 和 $\lim\limits_{p\to p_0}f(p)=\infty$.

例 11　证明 $\lim\limits_{(x,y)\to(0,0)}\dfrac{1}{x^2+xy+y^2}=\infty$.

结构分析　题型：非正常重极限的结论验证. 类比已知：定义法验证. 具体方法：缩小法. 与放大法的思想基本一致, 是通过缩小, 分离出相应的项 $d(p,p_0)$, 只是这样的项出现在分母上.

证明　记 $p(x,y)$, $p_0(0,0)$, 由于

$$\left|x^2+y^2+xy\right|\leqslant x^2+y^2+|xy|\leqslant 2(x^2+y^2),$$

则

$$\left|\frac{1}{x^2+xy+y^2}\right|\geqslant\frac{1}{2(x^2+y^2)}=\frac{1}{2d^2(p,p_0)},$$

故, 对 $\forall M>0$, 取 $\delta=\dfrac{1}{2\sqrt{M}}>0$, 当 $p(x,y)\in\mathring{U}(p_0,\delta)$ 时, 有

$$\left|\frac{1}{x^2+xy+y^2}\right|\geqslant\frac{1}{2(x^2+y^2)}\geqslant\frac{1}{2\delta^2}>M,$$

故, $\lim\limits_{(x,y)\to(0,0)}\dfrac{1}{x^2+xy+y^2}=\infty$.

2) 无穷远处的极限

无穷远处的极限形式较多, 我们以二元函数为例, 给出 $\lim\limits_{(x,y)\to(x_0,+\infty)}f(x,y)=A$ 形式的定义, 其他形式的定义可以类似给出.

定义 2.4　若对任意的 $\varepsilon>0$, 存在 $M>0$, 当 $|x-x_0|<\dfrac{1}{M}$, $y>M$ 时, 成立

$$|f(x,y)-A|<\varepsilon,$$

称 A 为 $f(x,y)$ 当 $(x,y)\to(x_0,+\infty)$ 时的极限, 记为 $\lim\limits_{(x,y)\to(x_0,+\infty)}f(x,y)=A$.

例 12　证明 $\lim\limits_{(x,y)\to(1,+\infty)}y\sin\dfrac{1}{x+y}=1$.

结构分析 函数结构含有 $\sin\dfrac{1}{x+y}$ 或 $\sin 0$ 结构的因子, 类比已知需要用到重要极限 $\lim\limits_{x\to 0}\dfrac{\sin x}{x}=1$, 为借用这个结论, 可以考虑用形式统一方法, 我们对 $\left|y\sin\dfrac{1}{x+y}-1\right|$ 进行放大分析如下:

$$\begin{aligned}\left|y\sin\frac{1}{x+y}-1\right|&=\left|\frac{y}{x+y}\frac{\sin(x+y)^{-1}}{(x+y)^{-1}}-1\right|\\&=\left|\frac{y}{x+y}\left(\frac{\sin(x+y)^{-1}}{(x+y)^{-1}}-1\right)+\frac{y}{x+y}-1\right|\\&\leqslant\left|\frac{y}{x+y}\left(\frac{\sin(x+y)^{-1}}{(x+y)^{-1}}-1\right)\right|+\left|\frac{x}{x+y}\right|,\end{aligned}$$

由定义, 控制变量的形式是 $|x-1|<\dfrac{1}{M}$ 和 $y>M$, 因此, 要分离的因子形式是 $|x-1|$, y, 为此, 需要将其他的项用常数来控制, 保留要分离的因子即可.

证明 对任意的 $\varepsilon>0$, 由于 $\lim\limits_{t\to 0}\dfrac{\sin t}{t}=1$, 因而, 存在 $\delta>0$, 当 $0<|t|<\delta$ 时, 有

$$\left|\frac{\sin t}{t}-1\right|<\varepsilon,$$

取 $M=\max\{1,\delta^{-1},\varepsilon^{-1}\}$, 则当 $|x-1|<\dfrac{1}{M}$, $y>M$ 时, 此时

$$\left|\frac{y}{x+y}\right|=\frac{y}{x+y}\leqslant 1,$$

$$\left|\frac{1}{x+y}\right|=\frac{1}{x+y}\leqslant\frac{1}{y}<\frac{1}{M}<\delta,$$

$$\left|\frac{x}{x+y}\right|=\frac{x}{x+y}\leqslant\frac{2}{y}\leqslant\frac{2}{M}<2\varepsilon,$$

因而,

$$\left|y\sin\frac{1}{x+y}-1\right|\leqslant\left|\frac{\sin(x+y)^{-1}}{(x+y)^{-1}}-1\right|+\frac{1}{y}<2\varepsilon,$$

故, $\lim\limits_{(x,y)\to(1,+\infty)}y\sin\dfrac{1}{x+y}=1$.

证明过程中, 因子 $|x-1|$ 的作用并不明显, 只是用来保证 $0<x<2$, 没有用到这个因子充分小, 事实上, 对本题而言, 将点 $(1,+\infty)$ 改变为任意的 $(A,+\infty)$, 结论都成立.

三、 累次极限

我们将一元函数的极限推广到多元函数, 引入了重极限的概念, 体现了一元函数和多元函数在极限中的共性. 另一方面, 可以设想, 随着变量个数的增加, 也必然带来极限方面的区别, 下面, 我们仍以二元函数为例讨论这些区别.

首先, 我们指出：多元函数可以通过适当的限制变元的取值范围 (限制定义域) 降元为低元函数. 通过这种方式可以利用低元函数的性质讨论高元函数的性质. 如给定一个二元函数 $f(x,y)$, 给定一条曲线 $l: y=y(x)$, 则沿曲线 l, 二元函数降元为一元函数, 即 $f(x,y)|_l=f(x,y(x))$. 因此, 可以利用一元函数 $f(x,y(x))$ 的某些性质研究二元函数 $f(x,y)$ 的某些性质, 实现化未知为已知的目的. 特殊的情形是：若固定其中的一个变元, 如取 $x=x_0$, 相对于取直线 $l: x=x_0$, 此时 $f(x,y)$ 退化为一元函数 $f(x_0,y)$, 即沿平面直线, 二元函数降元为一元函数. 同样, 如果固定 $y=y_0$, $f(x,y)$ 退化为另一一元函数 $f(x,y_0)$. 类似, 由于空间直线的参数方程一般形式为 $x=x(t),y=y(t),z=z(t)$, 因而, 三元函数 $f(x,y,z)$ 沿空间直线化为一元函数 $f(x(t),y(t),z(t))$. 由于空间曲面的参数方程一般形式为 $x=x(u,v),y=y(u,v),z=z(u,v)$, 因而, 三元函数 $f(x,y,z)$ 沿空间曲面化为二元函数 $f(x(u,v),y(u,v),z(u,v))$. 我们把这种转化称为函数的降元. 前述的定理 2.2 和推论 2.1、推论 2.2 正是利用这种降元思想, 将二元函数的重极限与降元后的一元函数的极限相关联, 从而, 利用一元函数的极限理论研究二元函数的重极限问题, 这也正是化未知为已知的研究思想的应用与体现. 同时, 由于高元函数可以用无限多种不同的方式降元为无限多个低元函数, 因此, 也可以借助整体与部分的关系, 利用已知的低元函数的性质研究多元函数的性质.

利用上述思想和方法, 我们研究多元函数的重极限, 引入重极限不存在性证明的累次极限法. 我们以二元函数为例, 首先通过特殊的方式将二元函数降元为一元函数, 考察对应的一元函数的极限, 引入累次极限.

考虑二元函数 $f(x,y)$. 首先, 固定某个变量比如 y, 相当于沿直线 $y=$ 常数, 此时二元函数 $f(x,y)$ 降元为变元 x 的一元函数 $f(x,y)$, 对此一元函数, 考虑如下的一元函数的极限： $\lim\limits_{x\to x_0} f(x,y)$, 若此极限存在, 这个极限与 y 有关, 记 $\lim\limits_{x\to x_0} f(x,y)=\varphi(y)$. $\varphi(y)$ 也是一元函数, 再次考虑一元函数的极限 $\lim\limits_{y\to y_0}\varphi(y)$, 如果此极限存在, 由此确定一个极限值. 这个过程相当于对二元函数 $f(x,y)$ 分别依次求两个不同的一元函数极限的过程, 这样的极限显然不同于重极限, 称为累次极限.

定义 2.5 设 $f(x,y)$ 是在 $\mathring{U}(p_0)(p_0=(x_0,y_0))$ 中有定义, 若对任一固定的 $y\neq y_0$, 存在极限 $\lim\limits_{x\to x_0}f(x,y)=\varphi(y)$, 同时, 存在极限 $\lim\limits_{y\to y_0}\varphi(y)=A$, 称 A 为 $f(x,y)$ 在 $p_0(x_0,y_0)$ 点的先对 x, 再对 y 的累 (二) 次极限, 记为: $\lim\limits_{y\to y_0}\lim\limits_{x\to x_0}f(x,y)=A$.

注 由于固定 $y\neq y_0$, $\varphi(y)$ 可以在 y_0 点没有定义.

类似, 我们可以定义另一个累次极限 $\lim\limits_{x\to x_0}\lim\limits_{y\to y_0}f(x,y)=B$, 因此, 二元函数的两个累次极限是对同一个二元函数的不同顺序的两个一元函数的极限; 多元函数的累次极限就是将多元函数依次视为一元函数, 依次对相应的变量的求极限过程. 如对三元函数 $f(x,y,z)$, 可定义 $\lim\limits_{x\to x_0}\lim\limits_{y\to y_0}\lim\limits_{z\to z_0}f(x,y,z)$ 及其他的 5 个累次极限.

由于累次极限的实质是一元函数的极限, 其计算相对容易.

例 13 求 $f(x,y)=\dfrac{x+y+xy+x^2+y^2}{x+y}$ 在 (0,0) 点的两个累次极限.

解 固定 $y\neq 0$, 则

$$\lim_{x\to 0}f(x,y)=\lim_{x\to 0}\frac{x+y+xy+x^2+y^2}{x+y}=\frac{y+y^2}{y}=1+y,$$

因而, $\lim\limits_{y\to 0}\lim\limits_{x\to 0}f(x,y)=1$.

同样, $\lim\limits_{x\to 0}\lim\limits_{y\to 0}f(x,y)=1$.

这样, 对多元函数, 我们就引入了两种极限: 重极限和累次极限. 因此, 很自然地要考虑的问题是: 重极限和累次极限二者的关系如何? 累次极限间的关系如何? 先看几个例子.

例 14 考察 $f(x,y)=\begin{cases}x\sin\dfrac{1}{y}+y\sin\dfrac{1}{x}, & (x,y)\neq(0,0),\\ 0, & (x,y)=(0,0)\end{cases}$ 在 (0,0) 的重极限和二次极限.

解 (1) 计算重极限.

由于 $|f(x,y)|\leqslant|x|+|y|$, 故, $\lim\limits_{(x,y)\to(0,0)}f(x,y)=0$.

(2) 计算累次极限.

固定 $x\neq 0$, 由于 $\lim\limits_{y\to 0}y\sin\dfrac{1}{x}=0$, 但 $\lim\limits_{y\to 0}x\sin\dfrac{1}{y}$ 不存在, 故 $\lim\limits_{y\to 0}f(x,y)$ 不存在, 因而, $\lim\limits_{x\to 0}\lim\limits_{y\to 0}f(x,y)$ 不存在. 同样, $\lim\limits_{y\to 0}\lim\limits_{x\to 0}f(x,y)$ 也不存在.

本例表明, **重极限存在, 累次极限可以不存在.**

例 15　考察 $f(x,y)=\dfrac{xy}{x^2+y^2}$ 在 $(0,0)$ 的二次极限和重极限.

解　易计算 $\lim\limits_{y\to0}\lim\limits_{x\to0}f(x,y)=\lim\limits_{x\to0}\lim\limits_{y\to0}f(x,y)=0$. 由例 7 可知, 此函数的重极限不存在.

例 7 和例 15 表明: **累次极限存在且相等, 而重极限可以不存在.**

例 16　考察 $f(x,y)=\dfrac{x^2y^2}{x^2+y^2}$ 在 $(0,0)$ 的二次极限和重极限.

解　易计算 $\lim\limits_{y\to0}\lim\limits_{x\to0}f(x,y)=\lim\limits_{x\to0}\lim\limits_{y\to0}f(x,y)=0$.

利用柯西不等式 $2xy\leqslant x^2+y^2$, 则

$$\left|\frac{x^2y^2}{x^2+y^2}\right|\leqslant\frac{1}{2}|xy|,\quad (x,y)\neq(0,0),$$

故, $\lim\limits_{(x,y)\to(0,0)}f(x,y)=0$.

此例表明, **重极限和累次极限都存在且相等.**

注　对例 16, 研究重极限的下述方法错在何处: 取曲线 $l:y^2=-x^2+x^k$, 则沿此曲线, 当 $x\to0$ 时, 有

$$f(x,y)|_l=\frac{x^2(-x^2+x^k)}{x^k}=-x^{4-k}+x^2\to\begin{cases}0, & k<4,\\ -1, & k=4,\\ \text{不存在}, & k>4.\end{cases}$$

故, 重极限不存在.

上述几个例子似乎表明: 二重极限和二次极限没有关系, 因为重极限存在时, 累次极限不一定存在, 而累次极限存在时, 重极限也不一定存在. 这揭示了二者之间的区别, 但从另一角度考虑, 重极限和累次极限是对同一函数的极限行为, 二者应该有联系, 事实上, 成立如下结论:

定理 2.3　若 $f(x,y)$ 在 (x_0,y_0) 存在二重极限 $\lim\limits_{(x,y)\to(x_0,y_0)}f(x,y)$ 和累次极限 $\lim\limits_{x\to x_0}\lim\limits_{y\to y_0}f(x,y)$, 则二者必相等, 即

$$\lim_{(x,y)\to(x_0,y_0)}f(x,y)=\lim_{x\to x_0}\lim_{y\to y_0}f(x,y).$$

简析　由于只有极限的定义可用, 必须利用定义, 借助函数本身建立两个极限间的关系.

证明　设 $\lim\limits_{(x,y)\to(x_0,y_0)}f(x,y)=A$, 由定义, 则, 对任意的 $\varepsilon>0$, 存在 $\delta>0$, 使对任意 $p(x,y)\in\overset{\circ}{U}(p_0,\delta)$ $(p_0=(x_0,y_0))$, 成立

$$|f(x,y)-A|<\frac{\varepsilon}{2},$$

故, 对任意满足 $0<|x-x_0|<\dfrac{\delta}{2}$ 的 x, 由于 $\lim\limits_{x\to x_0}\lim\limits_{y\to y_0}f(x,y)$ 存在, 因而, 对上述 x, $\lim\limits_{y\to y_0}f(x,y)=\varphi(x)$ 存在, 因此, 在上式中, 对固定的 x, 令 $y\to y_0$, 则

$$|\varphi(x)-A|\leqslant\varepsilon/2<\varepsilon,\quad \forall x:\ 0<|x-x_0|<\frac{\delta}{2},$$

故 $\lim\limits_{x\to x_0}\varphi(x)=A$, 因而 $\lim\limits_{x\to x_0}\lim\limits_{y\to y_0}f(x,y)=A$.

注 注意观察下述证明, 分析证明过程是否合适.

证明 设 $\lim\limits_{(x,y)\to(x_0,y_0)}f(x,y)=A$, 则对任意 $\varepsilon>0$, 存在 $\delta>0$, 使对任意 $p(x,y)\in\overset{\circ}{U}(p_0,\delta)$ $(p_0=(x_0,y_0))$, 成立

$$|f(x,y)-A|<\varepsilon/2,\tag{14-1}$$

任取固定的 $x\in U(x_0,\delta/\sqrt{2})$, 则对任意的 $y_i\in U(y_0,\delta/\sqrt{2})$, $i=1,2$, 对应 $(x,y_i)\in\overset{\circ}{U}(p_0,\delta)$, 故,

$$|f(x,y_1)-f(x,y_2)|\leqslant|f(x,y_1)-A|+|f(x,y_1)-A|<\varepsilon,$$

因而对固定的 x: $|x-x_0|<\delta/\sqrt{2}$, $\lim\limits_{y\to y_0}f(x,y)$ 存在, 记为 $\lim\limits_{y\to y_0}f(x,y)=\varphi(x)$. 由 (14-1), 固定 x 后, 令 $y\to y_0$, 则

$$|\phi(x)-A|\leqslant\varepsilon/2<\varepsilon,\tag{14-2}$$

由于 (14-2) 对任意的 $x\in U(x_0,\delta/\sqrt{2})$ 都成立, 因而 $\lim\limits_{x\to x_0}\phi(x)=A$, 故, $\lim\limits_{x\to x_0}\lim\limits_{y\to y_0}f(x,y)=A$.

注 因为没有用到累次极限 $\lim\limits_{x\to x_0}\lim\limits_{y\to y_0}f(x,y)$ 存在的条件, 上述证明是错误的, 错误的原因在于没有正确利用柯西收敛准则: 利用柯西收敛准则证明 $\lim\limits_{y\to y_0}f(x,y)$ 的存在性时, 应先固定 x, 再验证对任意的 $\varepsilon>0$, 存在 $\delta>0$, 使 $y',y''\in\overset{\circ}{U}(y_0,\delta)$ 时有 $|f(x,y')-f(x,y'')|<\varepsilon$, 因此, 应先给定 x, 再给出 $\varepsilon>0$, 因而, x 与 ε 应该是无关的. 但上述证明过程, 顺序正好相反, 因而, x 与 $\varepsilon>0$ 有关, 因此, 错误在于没有准确运用柯西收敛准则.

定理 2.3 在重极限和一个累次极限存在的条件下, 给出了二者之间的关系, 但对另一个累次极限没有任何结论, 可能存在, 也可能不存在, 换句话说, 一个累次极限不存在并不能保证重极限不存在, 如 $f(x,y)=y\sin\dfrac{1}{x}$.

定理 2.3 给出了两类极限之间的联系, 容易得到下面推论.

推论 2.3 若累次极限 $\lim\limits_{x\to x_0}\lim\limits_{y\to y_0}f(x,y)$, $\lim\limits_{y\to y_0}\lim\limits_{x\to x_0}f(x,y)$ 和重极限 $\lim\limits_{(x,y)\to(x_0,y_0)}f(x,y)$ 都存在, 则三者必相等.

推论 2.3 给出了两个二次极限可换序的条件. 由此得到判断重极限不存在的一个简单方法.

推论 2.4 若两个累次极限存在但不相等, 则重极限必不存在.

例 17 考察 $f(x,y)=\dfrac{x^2-y^2+x^3+y^3}{x^2+y^2}$ 在 $(0,0)$ 的重极限和二次极限.

解 易计算 $\lim\limits_{y\to 0}\lim\limits_{x\to 0}f(x,y)=-1$, $\lim\limits_{x\to 0}\lim\limits_{y\to 0}f(x,y)=1$, 二者存在, 但不相等, 故重极限不存在.

例 17 也可以利用特殊路径法证明重极限不存在, 只需考察函数沿路径 $y=kx$ 的极限即可.

总结 至此, 我们已经得到判断重极限不存在的方法有特殊路径法——适应于简单结构的函数. 扰动法——适用于具有奇异线的复杂函数; 累次极限法——适用于两个累次极限都存在的较为简单的函数. 这些方法都要熟练掌握.

习　题　14.2

1. 用定义证明下列极限问题.

(1) $\lim\limits_{(x,y)\to(0,0)}(\sqrt{1+x}-\sqrt{1+y})=0$;　(2) $\lim\limits_{(x,y)\to(0,0)}(\sqrt{1+x^2+y^2}+1)=2$;

(3) $\lim\limits_{(x,y)\to(0,0)}\dfrac{1+x^2+y^2}{x^2+y^2}=+\infty$;　(4) $\lim\limits_{(x,y)\to(+\infty,+\infty)}xy\mathrm{e}^{-(x^2+y^2)}=0$;

(5) $\lim\limits_{(x,y)\to(0,0)}\dfrac{\sin(x^2+y^2)}{|x|+|y|}=0$;　(6) $\lim\limits_{(x,y)\to(0,+\infty)}y\sin\dfrac{x+1}{y}=1$.

2. 计算下列极限.

(1) $\lim\limits_{(x,y)\to(0,0)}\dfrac{x^2y}{x^2+|y|}$;　(2) $\lim\limits_{(x,y)\to(0,0)}\dfrac{1}{xy}\ln(1+x^2y^2)$;

(3) $\lim\limits_{(x,y)\to(0,0)}xy\ln(x^2+y^2)$;　(4) $\lim\limits_{(x,y)\to(0,0)}\dfrac{\ln(1+x^2+y^2)}{\sqrt{1+x^2+y^2}-1}$;

(5) $\lim\limits_{(x,y)\to(0,0)}\dfrac{\ln(x^2+\mathrm{e}^{y^2})}{1-\cos\sqrt{x^2+y^2}}$;　(6) $\lim\limits_{(x,y)\to(0,0)}(x^2+y^2)^{|xy|}$;

(7) $\lim\limits_{(x,y)\to(\infty,\infty)} \dfrac{x+y}{x^2-xy+y^2}$; (8) $\lim\limits_{(x,y)\to(+\infty,+\infty)} \dfrac{(1+x^2y^2)}{e^{xy}}$.

3. 讨论下列函数在 (0, 0) 点重极限的存在性.

(1) $f(x,y)=\dfrac{x^2+y^3}{x+y}$; (2) $f(x,y)=\dfrac{x^2y}{x^3+y^3}$;

(3) $f(x,y)=\dfrac{x^4y^2}{x^5+y^{10}}$; (4) $f(x,y)=\dfrac{x^4+y^3}{x^4-y^3}$;

(5) $f(x,y)=\dfrac{x+y}{x^2+(x-y)^2+y}$; (6) $f(x,y)=\dfrac{x+y+xy+x^2+y^2}{x+y}$.

4. 给出下列表达式的定义.

(1) $\lim\limits_{(x,y)\to(x_0,y_0)} f(x,y)=\infty$; (2) $\lim\limits_{(x,y)\to(x_0,+\infty)} f(x,y)=\infty$;

(3) $\lim\limits_{(x,y)\to(-\infty,+\infty)} f(x,y)=A$.

5. 讨论下列函数在 (0, 0) 点的重极限和累次极限的存在性.

(1) $f(x,y)=\dfrac{xy}{x+y}$; (2) $f(x,y)=(x+y^2)\sin\dfrac{1}{x}\sin\dfrac{1}{y^2}$;

(3) $f(x,y)=\dfrac{x^2}{x+y}$; (4) $f(x,y)=x\ln(1-\cos x)\sin\dfrac{1}{y}$.

6. 设定义在 $\mathbf{R}^2$ 上的函数 $f(x,y)$ 满足：存在极限 $\lim\limits_{y\to y_0} f(x,y)=g(x)$, 且 $\lim\limits_{x\to x_0} f(x,y)=h(y)$ 关于 y 一致成立, 即对任意的 $\varepsilon>0$, 存在与 y 无关的 $\delta=\delta(x_0,\varepsilon)>0$, 当 $|x-x_0|<\delta$ 时, 成立

$$|f(x,y)-h(y)|<\varepsilon,\quad \forall y,$$

证明：$\lim\limits_{y\to y_0}\lim\limits_{x\to x_0} f(x,y)=\lim\limits_{x\to x_0}\lim\limits_{y\to y_0} f(x,y)$.

14.3 多元函数的连续性与一致连续性

一、 多元函数的连续性

将一元函数连续性进行自然推广, 就得到多元函数的连续性.

定义 3.1 设多元函数 $f(x)$ 在 $U(x_0)$ 内有定义, 若 $\lim\limits_{x\to x_0} f(x)=f(x_0)$, 则称 $f(x)$ 在 x_0 点连续.

显然, 连续性是由重极限来定义的, 与累次极限无关.

连续性是局部概念, 通过点点定义很容易将定义推广到区域连续性.

假设多元函数 $f(x)$ 在开集区域 D 内有定义, 若 $f(x)$ 在 D 内每一点连续, 则称 $f(x)$ 在开集 D 内连续, 记为 $f(x)\in C(D)$.

对含有边界点的集合, 可以类似于一元函数的左右连续性, 引入多元函数在边界点处的连续性：假设 $x_0\in\partial D$ 为 D 的边界点, 若 $\lim\limits_{\substack{x\to x_0\\ x\in D}} f(x)=f(x_0)$, 则称

$f(x)$ 在边界点 x_0 处连续.

有了边界点处的连续性定义, 就可以定义任意集合上多元函数的连续性.

类似单元函数的连续性, 可以建立多元函数的连续性运算法则, 略去.

例 1　讨论函数 $f(x,y)=\tan(x^2+y^2)$ 的连续性.

简析　类似一元函数, 此函数为初等函数, 只须讨论其在定义域上的连续性.

解　由于其定义域为 $\left\{(x,y): x^2+y^2\neq k\pi+\dfrac{\pi}{2}\right\}$, 因而, 函数的不连续点为 $\left\{(x,y): x^2+y^2=k\pi+\dfrac{\pi}{2}\right\}$(系列同心圆), 即此函数在定义域内连续.

由于多元函数的连续性讨论本质上是函数重极限的讨论, 对一般的例子我们不再进行讨论.

我们知道, 对 n 元函数, 固定其中的一个变元就得到一个新的 $(n-1)$ 元函数, 二者连续性的关系如何? 用定义很容易证明如下结论, 我们以二元函数为例说明.

定理 3.1　设 $f(x,y)$ 在 (x_0,y_0) 连续, 则固定 $y=y_0$ 时, 一元函数 $f(x,y_0)$ 在 x_0 点连续; 固定 $x=x_0$ 时, 一元函数 $f(x_0,y)$ 在 y_0 点连续.

注　定理 3.1 的逆不成立, 见下例.

例 2　讨论 $f(x,y)=\begin{cases}0, & xy=0,\\ 1, & xy\neq 0\end{cases}$ 在 $(0,0)$ 点的连续性.

解　显然, $\lim\limits_{(x,y)\to(0,0)} f(x,y)$ 不存在, 故函数在 $(0,0)$ 点不连续.

但若固定 $y=0$, 此时, $f(x,0)=0$, 显然在 $x=0$ 点连续; 同样, 固定 $x=0$, 此时, $f(0,y)=0$, 显然, $f(0,y)$ 在 $y=0$ 点连续, 这种连续性称为一元连续性, 因此, 一元连续不能保证二元连续性.

自然要问, 增加什么条件能保证定理 3.1 的逆成立?

定理 3.2　设 $f(x,y)$ 在开集 D 内关于变量 x, y 分别连续, 又设 $f(x,y)$ 对 x 连续关于 y 是一致的, 即对任意的 x_0, 对任意的 $\varepsilon>0$, 存在与 y 无关的 $\delta(x_0,\varepsilon)>0$, 使得当 $|x-x_0|<\delta$ 时, 成立

$$|f(x,y)-f(x_0,y)|<\varepsilon,\quad \forall y,$$

则 $f(x,y)$ 在 D 内连续.

简析　只需证明 $f(x,y)$ 在任意的点 $(x_0,y_0)\in D$ 处连续, 等价于证明对任意的 $\varepsilon>0$, 确定仅依赖于 x_0,y_0,ε 的 δ, 当 $(x,y)\in U((x_0,y_0),\delta)$ 时,

$$|f(x,y)-f(x_0,y_0)|<\varepsilon.$$

类比已知相关的条件, 其一为单元连续性, 相当于已知估计:

$$|f(x_0,y)-f(x_0,y_0)|<\varepsilon,$$

或

$$|f(x,y_0)-f(x_0,y_0)|<\varepsilon,$$

显然, 需利用插项方法建立它们之间的联系, 但是, 具体插项方法不唯一, 如

$$|f(x,y)-f(x_0,y_0)|\leqslant|f(x,y)-f(x_0,y)|+|f(x_0,y)-f(x_0,y_0)|,$$

或

$$|f(x,y)-f(x_0,y_0)|\leqslant|f(x,y)-f(x_0,y)|+|f(x_0,y)-f(x_0,y_0)|,$$

因此, 必须利用第二个条件选择适当的插项方法, 体会下面的插项方法, 总结两种插项方法的不同.

证明 对任意的 $(x_0,y_0)\in D$, 对任意的 $\varepsilon>0$.

由 $f(x,y)$ 对单个变元的连续性, 则 $\lim\limits_{y\to y_0}f(x_0,y)=f(x_0,y_0)$, 因而, 存在 $\delta_1=\delta_1(x_0,y_0,\varepsilon)>0$, 当 $|y-y_0|<\delta_1$ 时, 成立

$$|f(x_0,y)-f(x_0,y_0)|<\varepsilon;$$

又, $f(x,y)$ 对 x 连续关于 y 是一致的, 存在与 y 无关的 $\delta_2=\delta_2(x_0,\varepsilon)>0$, 使得当 $|x-x_0|<\delta_2$ 时, 成立

$$|f(x,y)-f(x_0,y)|<\varepsilon,\quad \forall y,$$

因而, 取 $\delta=\min\{\delta_1,\delta_2\}$, 当 $|x-x_0|<\delta$, $|y-y_0|<\delta$ 时,

$$|f(x,y)-f(x_0,y_0)|<|f(x,y)-f(x_0,y)|+|f(x_0,y)-f(x_0,y_0)|<2\varepsilon,$$

故, $f(x,y)$ 在 (x_0,y_0) 点连续, 由 $(x_0,y_0)\in D$ 的任意性, 则, $f(x,y)$ 在区域 D 内连续.

除上述定理中的条件外, 还有其他的条件形式, 如 "关于一个变元连续, 关于另一个变元单调" 或 "关于一个变量连续, 关于另一个变量满足利普希茨条件" 等 (见课后习题 2).

二、一致连续性

将一元函数的一致连续性推广到多元函数. 给定多元函数 $f(x)$.

定义 3.2 设 $f(x)$ 在区域 D 上有定义, 若对任意的 $\varepsilon>0$, 存在 $\delta>0$, 使得对 $\forall p_1,p_2\in D$ 且 $d(p_1,p_2)<\delta$ 都成立

$$|f(p_1)-f(p_2)|<\varepsilon,$$

称 $f(x)$ 在 D 上一致连续.

和一元函数的一致连续性相同, 和连续性相比较, 一致连续具有整体概念的属性, 在研究一致连续性时, 一定要注意到这一点.

一致连续性是函数非常重要的分析性质, 必须熟练掌握具体函数一致连续性的判断方法. 由于具有与极限的定义相似的结构, 用定义判断具体函数的一致连续性的基本方法仍然是放大法, 此方法的基本思路是从 $|f(p_1)-f(p_2)|$ 项中分离出 $d(p_1,p_2)$, 从而可进一步用 δ 来控制, 并因而由 ε 确定 δ, 具体的放大过程可以简单表示为

$$|f(p_1)-f(p_2)|\leqslant\cdots\leqslant G(d(p_1,p_2)),$$

其中 $G(t)$ 是 $t>0$ 时的单调递增的正函数, 且 $\lim\limits_{t\to0^+}G(t)=0$. 放大过程中的难点是如何甩掉无关项, 分离出 $d(p_1,p_2)$, 进而得到 $G(d(p_1,p_2))$. 放大过程中常用的方法有预控制方法、主项控制方法、插项方法等.

例 3　证明：$f(x,y)=x^2y+xy^2$ 在 $D=[0,1]\times[0,1]$ 上一致连续.

证明　对任意 $\varepsilon>0$, 取 $\delta=\dfrac{\varepsilon}{6}>0$, 则对任意 $p_i(x_i,y_i)\in D(i=1,2)$ 且 $d(p_1,p_2)<\delta$, 都有

$$\begin{aligned}|f(p_1)-f(p_2)|&=\left|x_1^2y_1+x_1y_1^2-x_2^2y_2-x_2y_2^2\right|\\&=|x_1^2y_1-x_1^2y_2+x_1^2y_2-x_2^2y_2\\&\quad+x_1y_1^2-x_2y_1^2+x_2y_1^2-x_2y_2^2|\\&\leqslant3|y_1-y_2|+3|x_1-x_2|\leqslant6d(p_1,p_2)<6\delta=\varepsilon,\end{aligned}$$

故, $f(x,y)$ 在 D 上一致连续.

上述证明过程中主要用到了基于形式统一思想的插项方法.

非一致连续性的证明也是非常重要的. 由于目前我们掌握的相关理论有多元函数一致连续性的定义和一元函数非一致连续性的理论, 因此, 多元函数非一致连续性的研究可以沿两个方向进行：其一是建立基于定义的、和一元函数非一致连续性理论相似的判别理论, 即特殊点列法; 其二是借用一元函数非一致连续性的结论, 将多元函数, 特别是二元函数的非一致连续性的研究转化为一元函数的非一致连续性, 即直接转化法.

下面, 我们沿着这两个方向给出相应结论.

定理 3.3　$f(x)$ 在 D 上非一致连续的充要条件为:存在两个点列 $\{p_{1k}\},\{p_{2k}\}$, 使 $d(p_{1k},p_{2k})\to0$, 但 $|f(p_{1k})-f(p_{2k})|\not\to0$.

一个更简单的方法是：将多元函数 (特别是二元函数) 的非一致连续性的证明转化为相应的一元函数的非一致连续性的证明.

定理 3.4 设二元函数 $f(x,y)$ 在区域 D 上一致连续, 则对任何包含在 D 内的一致连续的简单曲线 $l: y=y(x), x\in I$(即 $y(x)$ 在 I 上一致连续), $f(x,y)$ 沿曲线 l 所对应的一元函数 $f(x,y(x))$ 在 I 上一致连续.

证明 由于 $f(x,y)$ 在区域 D 上一致连续, 故, 对任意 $\varepsilon>0$, 存在 δ, 当 $p',p''\in D$ 且 $d(p',p'')<\delta$ 时, 成立

$$|f(p')-f(p'')|<\varepsilon,$$

又, $y(x)$ 在 I 上一致连续, 故对 $\frac{\delta}{2}$, 存在 δ': $\frac{\delta}{2}>\delta'>0$, 当 x', $x''\in I$ 且 $|x'-x''|<\delta'$ 时,

$$|y(x')-y(x'')|<\frac{\delta}{2}.$$

因而, 对任意 x', $x''\in I$, 当 $|x'-x''|<\delta'$ 时, 沿曲线 l, $p'(x',y(x'))$, $p''(x'',y(x''))$ 满足

$$d(p',p'')=\sqrt{(x''-x')^2+(y(x'')-y(x'))^2}<\delta,$$

故,

$$|f(p')-f(p'')|<\varepsilon,$$

故 $f(x,y(x))$ 在 I 上一致连续.

推论 3.1 设二元函数 $f(x,y)$ 在区域 D 上连续, 若存在 D 内的一条一致连续曲线 $l: y=y(x), x\in I$(I 为一维区间), 使得沿曲线 l, 一元函数 $f(x,y)$ 在 I 上非一致连续, 则 $f(x,y)$ 在 D 上非一致连续.

总结 此推论将二元函数的非一致连续性的证明转化为一元函数的非一致连续性的证明, 当然, 重点是确定推论中的曲线, 这就需要结合一元函数的性质选择曲线. 和一元函数中 "坏点" 理论相似, 二元函数的非一致连续性也通常由于 "坏线" 的存在, 破坏了一致连续性, 因此, 利用推论时, 先确定 "坏线", 在 "坏线" 附近选择相应的曲线.

例 4 讨论 $f(x,y)=xy$ 在 $\mathbf{R}^2$ 上的一致连续性.

简析 已知相关形式的一元函数的一致连续性的结论为: 在整个实数轴 $\mathbf{R}^1$ 上, 一元函数 $f(x)=x^{\alpha}$, 当 $0<\alpha\leqslant 1$ 时一致连续; 当 $\alpha>1$ 时非一致连续 (坏点为 ∞). 利用此结论很容易确定 "坏点" 和 "坏线", 形成相应的两种方法.

证明 **法一** 用定理 3.4 证明. 由于函数 $y=x$ 在 $\mathbf{R}^1$ 上一致连续, 因而, 对应的直线 $y=x$ 在 $\mathbf{R}^1$ 上是一致连续的, 而沿直线 $y=x$: $f(x,x)=x^2$ 在 $\mathbf{R}^1$ 非一致连续, 故 $f(x,y)=xy$ 在 $\mathbf{R}^2$ 上非一致连续.

法二　用定理 3.3 证明. 取点列 $p_{1n}(n,n), p_{2n}\left(n-\frac{1}{n}, n-\frac{1}{n}\right)$, 则

$$d(p_{1n},p_{2n})=\left[\frac{1}{n^2}+\frac{1}{n^2}\right]^{1/2}=\frac{\sqrt{2}}{n}\to 0,$$

但 $|f(p_{1n})-f(p_{2n})|=\left[n^2-\left(n-\frac{1}{n}\right)^2\right]=2-\frac{1}{n^2}\to 2$, 故, $f(x,y)=xy$ 在 $\mathbf{R}^2$ 上非一致连续.

习　题　14.3

1. 讨论下列函数的连续性.

(1) $f(x,y)=\begin{cases} x(x^2+y^2)^{-\alpha}, & (x,y)\neq(0,0), \\ 0, & (x,y)=(0,0); \end{cases}$

(2) $f(x,y)=\begin{cases} \dfrac{\sin xy}{y}, & y\neq 0, \\ 0, & y=0; \end{cases}$

(3) $f(x,y)=\begin{cases} \dfrac{\sin x-\sin y}{x-y}, & x\neq y, \\ \cos x, & x=y. \end{cases}$

2. 设 $f(x,y)$ 在区域 D 内关于变量 x, y 分别连续, 又设 $f(x,y)$ 满足下列条件之一:

(1) $f(x,y)$ 对 y 连续关于 x 是一致的, 即对任意的 y_0, 对任意的 $\varepsilon>0$, 存在与 x 无关的 $\delta(y_0,\varepsilon)>0$, 使得当 $|y-y_0|<\delta$ 时, 成立

$$|f(x,y)-f(x,y_0)|<\varepsilon,\quad \forall x;$$

(2) $f(x,y)$ 对变量 y 的利普希茨连续性关于 x 是一致的, 即存在常数 L, 使得对任意的 x, y_1, y_2, 成立

$$|f(x,y_1)-f(x,y_2)|<L|y_1-y_2|;$$

(3) 对固定的 x, $f(x,y)$ 关于 y 是单调的,

证明: $f(x,y)$ 在区域 D 内连续.

3. 讨论 $f(x,y)=\dfrac{1}{1-xy}$ 在 $D=[0,1)\times[0,1)$ 上的一致连续性.

提示: 法一　从形式上看, 坏点为 $(1,1)$, 故取 $p_{1n}\left(1-\frac{1}{n},1-\frac{1}{n}\right), p_{2n}\left(1-\frac{2}{n},1-\frac{2}{n}\right)$.

法二　沿直线 $y=x$, 考虑一元函数 $f(x,x)=\dfrac{1}{1-x^2}$ 在 $[0,1)$ 上的非一致连续性.

14.4　有界闭区域上多元连续函数的性质

我们知道: 一元连续函数在闭区间上具有一系列很好的性质: 有界性定理、最值定理、介值定理、康托尔定理等. 能否将这些结论推广至多元函数?

我们首先分析一下一元连续函数在闭区间上具有好性质的原因，其根本原因在于实数系中成立闭区间上魏尔斯特拉斯定理. 我们知道，实数系中主要定理都可以平行推广至多维空间，而闭区间在多维空间中的推广就是有界闭域，其上也成立魏尔斯特拉斯定理，由此可猜想，相应的有界闭域上的连续函数也应具有相应的好的性质，这就是本节的研究内容.

仍以二元函数为例进行研究，相应的结论可平行推广至任意的多元函数，要特别注意，在下述推广定理的证明中，主要用到的两种方法是：①直接转化法——转化为一元函数，直接利用一元函数相应的结论进行证明；②化用思想法——利用一元函数相应结论证明的思想方法来证明多元函数的结论. 因此，必须对一元函数相应的结论和证明方法熟练掌握.

设 $D\subset\mathbf{R}^2$ 是有界闭域，$f(x,y)$ 为定义在 D 上的二元函数.

定理 4.1 (有界性定理) 设 $f(x,y)$ 在 D 上连续，则 $f(x,y)$ 在 D 上有界.

证明 反证法.

设 $f(x,y)$ 在 D 上无界，则对 $\forall M>0$，存在 $p_M(x_M,y_M)\in D$，使得

$$|f(p_M)|=|f(x_M,y_M)|\geqslant M,$$

因此，取 $M_1=1$，则得 $p_1(x_1,y_1)\in D$，使 $|f(p_1)|\geqslant 1$;

取 $M_2=\max\{2,|f(p_1)|+1\}$，则得 $p_2\in D$，使 $|f(p_2)|\geqslant M_2\geqslant 2$;

依次下去，可构造互不重合的点列 $\{p_n(x_n,y_n)\}\subset D$，使 $|f(p_n)|\geqslant n, n=1,2,\cdots$，又，$\{p_n(x_n,y_n)\}\subset D$，则由魏尔斯特拉斯定理，存在收敛子列 $\{p_{n_k}\}$，使得 $p_{n_k}\to p_0\in D$，而利用连续性有 $\lim\limits_{k\to+\infty}f(p_{n_k})=f(p_0)$，但由 $\{p_n\}$ 的构造方法，$\lim\limits_{k\to+\infty}f(p_{n_k})=\infty$，矛盾，故 $f(x)$ 在 D 上有界.

定理 4.2 (最值定理) 设 $f(x,y)$ 在 D 上连续，则 $f(x,y)$ 在 D 上达到最大值与最小值.

证明 记 $E=\{f(p):p\in D\}$，则 E 是 $\mathbf{R}^1$ 中有界集，因而，E 有上确界 M 和下确界 m，下证确界是可达的，即存在 $p_i(x_i,y_i)\in D, i=1,2$，使 $f(p_1)=M$，$f(p_2)=m$.

只证上确界 M 的可达性，仍用反证法.

若上确界 M 不可达，即 $\forall(x,y)\in D$，都有 $f(x,y)<M$. 构造函数

$$F(x,y)=\frac{1}{M-f(x,y)},$$

显然，$F(x,y)$ 在 D 上非负、连续，因而，$F(x,y)$ 在 D 上有界. 但另一方面，因为 $M=\sup E=\sup\{f(p):p\in D\}$，故存在 $p_n\in D$，使 $f(p_n)\to M$，因而

$F(p_n)=\dfrac{1}{M-f(p_n)}\to+\infty$, 与 $F(x,y)$ 的有界性矛盾. 故存在 $p_1(x_1,y_1)\in D$, 使得 $f(p_1)=M$. 类似, 存在 $p_2(x_2,y_2)\in D$ 使 $f(p_2)=m$, 因而, 确界可达, 可达的确界就是相应的最值.

注　对确界的可达性, 也可以用类似于一元函数的相应证明方法, 利用确界定义来证明, 即利用定义构造点列 p_n, 使 $M-\dfrac{1}{n}<f(p_n)\leqslant M$, 利用魏尔斯特拉斯定理可得 $p_{n_k}\to p_0\in D$, 由连续性, 得到 $f(p_0)=M$.

定理 4.3 (介值定理)　设 $f(x,y)$ 在 D 上连续, 若有 $p_i(x_i,y_i)\in D, i=1,2$, 使得 $f(p_1)<f(p_2)$, 则对 $\forall k: f(p_1)<k<f(p_2)$, 存在 $p_0\in D$,使$(p_0)=k$.

简析　一元函数的介值定理是用闭区间套定理证明的, 即构造一系列端点异号的闭区间, 利用闭区间套定理将介值点套出来, 这种证明思想不易推广到多元函数, 因为在多维空间中的闭区域的边界不是点, 因而, 我们考虑转化法, 转化为一元函数, 利用一元函数的介值定理来证明, 故, 关键的问题是, 如何将二元函数转化为一元函数? 一般性方法是, 沿曲线 $l: y=y(x)$ 考虑二元函数, 则, 在曲线 l, 二元函数 $f(x,y)$ 将化成为一元函数 $f(x,y(x))$. 由此, 确定证明的思路.

证明　令 $F(x,y)=f(x,y)-k$, $(x,y)\in D$, 只须证 $F(x,y)$ 在 D 上有零点. 构造将二元函数转化为一元函数的曲线 (与 p_i 有关) 如下: 由于 D 是有界闭区域, 因此, D 中两点都可用含于 D 内的有限条折线连接起来, 因而, 对 p_1,p_2, 存在直线段 $\overline{M_{i-1}M_i}(i=1,\cdots,k)$ 连接 p_1,p_2, 其中 $M_0=p_1, M_k=p_2$.

沿折线 $\overline{M_0M_k}$, 考虑二元函数 $F(x,y)$, 显然: $F(p_1)<0, F(p_2)>0$, 逐一验证各结点处的值 $F(M_i)$, 若存在 M_i, 使 $F(M_i)$=0, 则问题得证. 否则, 对任意 M_i, 都有 $F(M_i)\neq 0$, 此时必存在某直线段 $\overline{M_{j-1}M_j}$, 使 $F(M_{j-1})<0, F(M_j)>0$, 因而, 存在 $p_0\in\overline{M_{j-1}M_j}$, 使 $F(p_0)=0$, 即存在 $p_0\in D$,使$(p_0)=k$.

事实上, 设 $\overline{M_{j-1}M_j}$ 参数方程为

$$\begin{cases} x=x_{j-1}+t(x_j-x_{j-1}), \\ y=y_{j-1}+t(y_j-y_{j-1}), \end{cases}\quad 0\leqslant t\leqslant 1,$$

沿直线段 $\overline{M_{j-1}M_j}$, 二元函数 $F(x,y)$ 转化为关于 t 的一元函数, 记为

$$G(t)=F(x,y)|_{\overline{p_1p_2}}=F(x_1+t(x_2-x_1),y_1+t(y_2-y_1)),$$

则 $G(t)\in C[0,1]$, 且 $G(0)=F(M_{j-1})<0, G(1)=F(M_j)>0$, 故存在 $t_0\in(0,1)$, 使 $G(t_0)=0$, 取 $x_0=x_1+t_0(x_2-x_1), y_0=y_1+t_0(y_2-y_1)$, 记 $p_0=(x_0,y_0)$, 则 $F(p_0)=G(t_0)=0$.

定理 4.4 (一致连续性定理)　设 $f(x,y)$ 在 D 上连续, 则 $f(x,y)$ 在 D 上必一致连续.

简析 从连续到一致连续, 实际是从局部过渡到整体, 从而联想到用有限开覆盖定理, 这与一元函数康托尔定理的证明思想相同.

证明 对 $\forall\varepsilon>0$, 任取 $p_0\in D$, 由连续性, 存在 δ_{p_0}, 使对 $\forall p\in U(p_0,\delta_{p_0})$, 成立 $|f(p)-f(p_0)|<\dfrac{\varepsilon}{2}$.

显然 $D\subset\bigcup\limits_{p_0\in D}U(p_0,\delta_{p_0}/2)$, 由有限开覆盖定理: 存在有限个点 $p_1,\cdots,p_k\in D$, 使 $D\subset\bigcup\limits_{i=1}^{k}U(p_i,\delta_i/2)$, 取 $\delta=\min\left\{\dfrac{\delta_1}{2},\cdots,\dfrac{\delta_k}{2}\right\}$, 则当 $p,q\in D$, 且 $d(p,q)<\delta$ 时, 若 $p\in U(p_i,\delta_i/2)$, 则

$$d(q,p_i)<d(q,p)+d(p,p_i)<\frac{\delta_i}{2}+\delta<\delta_i,$$

因而 $p,q\in U(p_i,\delta_i)$, 故

$$|f(p)-f(q)|<|f(p)-f(p_i)|+|f(p_i)-f(q)|<\frac{\varepsilon}{2}+\frac{\varepsilon}{2}=\varepsilon,$$

故, $f(x,y)$ 在 D 上一致连续.

至此, 我们建立了多元函数在有界闭域上的性质. 下面给出两个应用例子, 注意总结思想方法.

例 1 设 $f(t)$ 在 (a,b) 上有连续的导数, 在区域 $D=(a,b)\times(a,b)$ 内定义二元函数:

$$F(x,y)=\begin{cases}\dfrac{f(x)-f(y)}{x-y}, & x\neq y,\\ f'(x), & x=y,\end{cases}$$

证明: $F(x,y)$ 在 D 内连续.

简析 函数的结构特点是 $F(x,y)$ 为分片函数. 处理方法是: 在分片区域的内部利用连续性的性质和运算法则进行讨论. 在分界线上用定义来讨论. 难点也是分界线上点的处理, 注意到函数的不同表达式, 可以考虑用形式统一的思想来证明.

证明 记 $D_1=\{(x,y)\in D:x\neq y\}$, $D_2=\{(x,y)\in D:x=y\}$, 对任意 $p_0(x_0,y_0)\in D$. 若 $(x_0,y_0)\in D_1$, 由于 D_1 为开集, 则存在 $\delta>0$, 使得 $U(p_0,\delta)\subset D_1$, 故

$$\lim_{(x,y)\to(x_0,x_0)}F(x,y)=\lim_{(x,y)\to(x_0,x_0)}\frac{f(x)-f(y)}{x-y}=\frac{f(x_0)-f(y_0)}{x_0-y_0}=F(x_0,y_0),$$

因而, $F(x,y)$ 在 (x_0,y_0) 点连续.

若 $(x_0, y_0) \in D_2$, 设 $x_0 = y_0 \triangleq c \in (a,b)$, 下证：对 $\forall c \in (a,b)$, 有

$$\lim_{(x,y)\to(c,c)} F(x,y) = f'(c).$$

由于 $f'(x)$ 在 c 点连续, 故, 对任意 $\varepsilon > 0$, 存在 $\delta > 0$, 当 $|x-c| < \delta$ 且 $x \in (a,b)$ 时,

$$|f'(x) - f'(c)| < \varepsilon,$$

因此, 对任意 $p(x,y) \in D$, 当 $d(p,p_0) < \delta$ 时, 有 $|x-c| < \delta, |y-c| < \delta$, 因而对处于 x, y 之间的任何 ξ, 也必有

$$|\xi - c| < \max\{|x-c|, |y-c|\} < \delta_1 = \delta,$$

利用中值定理, 当 $x \neq y$ 时, 存在 x, y 之间的 ξ, 使得

$$\frac{f(x)-f(y)}{x-y} = f'(\xi),$$

故,

$$|F(x,y) - f'(c)| = \begin{cases} |f'(\xi) - f'(c)|, & x \neq y, \\ |f'(x) - f'(c)|, & x = y, \end{cases}$$

因而, 总有

$$|F(x,y) - f'(c)| < \varepsilon,$$

因而 $F(x,y)$ 在 (c,c) 点连续.

由 $p_0(x_0,y_0) \in D$ 的任意性, 所以, $F(x,y)$ 在 D 上连续.

抽象总结　总结上述证明过程, 可以将上述方法总结为如下步骤：① 任意取点; ② 在开集部分利用性质和运算法则处理; ③ 在其余部分, 必须利用定义进行处理.

例 2　设二元函数 $f(x,y)$ 在圆周曲线 $l: x^2+y^2=1$ 上连续且不恒为常数, 证明：$f(x,y)$ 在 l 上能得到最大值 M 和最小值 m, 且对 $\forall k: m<k<M$, 至少存在两个点 $p_1(x_1,y_1), p_2(x_2,y_2)$, 使 $f(p_i)=k, i=1,2$.

简析　题型结构为最值存在性和介值点的存在性; 处理工具为连续函数的最值定理和介值定理; 要点是验证相应条件.

证明　记 $D=\{(x,y): x^2+y^2=1\}$, 则 D 是有界闭集, 因而, $f(x,y)$ 在 D 上取得最大值 M 和最小值 m, 即存在点 $p, q \in D$, 使 $f(p)=M, f(q)=m$.

由于点 p, q 将 l 分成两部分 C_1, C_2(都包含点 p, q, 二者仍是闭集), 在 C_1, C_2 上分别用介值定理, 则存在两个点 $p_1 \in C_1, p_2 \in C_2$, 使 $f(p_i)=k, i=1,2$.

习 题 14.4

1. 设 $f(x,y)$ 在区域 D 连续且 $|f(x,y)| \equiv 1$, 对 $\forall (x,y) \in D$, 证明：在 D 上或者 $f(x,y) \equiv 1$, 或者 $f(x,y) \equiv -1$.

2. 设 $f(x,y,z)$ 在 $\mathbf{R}^3$ 上连续, 满足：对任意的 $(x,y,z) \neq (0,0,0)$ 和任意的实数 $k > 0$, 有

$$f(x,y,z) > 0, \quad f(kx,ky,kz) = kf(x,y,z),$$

证明：存在正常数 a, b, 使得

$$a\sqrt{x^2+y^2+z^2} \leqslant f(x,y,z) \leqslant b\sqrt{x^2+y^2+z^2}.$$

3. 设 $h(t)$ 为 $[0,+\infty)$ 上的连续函数, 非负函数 $f(x,y,z)$ 定义在 $\mathbf{R}^3$ 上, 又设 $\lim\limits_{t\to+\infty} h(t) = +\infty$, $\lim\limits_{r\to+\infty} h(f(x,y,z)) = +\infty$, 其中 $r = \sqrt{x^2+y^2+z^2}$, 证明：$f(x,y,z)$ 必是无界函数.

4. 设 $f(x,y)$ 在 $\mathbf{R}^2$ 上连续, $\lim\limits_{(x,y)\to(\infty,\infty)} f(x,y) = A$, 证明：$f(x,y)$ 在 $\mathbf{R}^2$ 上一致连续.

第 15 章 偏导数与全微分

从本章开始，我们将一元函数的导数和微分的概念推广到多元函数，构建多元函数的微分理论，并进一步研究多元函数的微分性质及其在几何上的应用.

15.1 偏导数和全微分的基本概念

以二元函数为例，沿类似于一元函数导数和微分的引入框架，建立多元函数的偏导数和全微分的概念，当然，由于多元函数是一元函数的推广，因此，我们挖掘二者的共性以将概念进行推广，考虑二者间的差异以引入新概念，这是我们建立多元函数相应理论的基本思路.

一、偏导数

我们先将一元函数的导数的概念推广到多元函数. 考虑到导数引入的背景问题是为了研究函数的相对变化率——函数的增量相对于自变量的改变量的比率，这是导数问题的本质，将这种研究问题的思想引入多元函数，即考虑共性问题. 注意到多元函数与一元函数存在变元个数的差异，这种差异也必然引起相应问题研究方法的差异. 由此，我们采用从简单到复杂，从特殊到一般的研究思想，引入由单个变元的改变所引起函数改变的相对变化率，即偏导数. 我们先以简单的二元函数为例引入相应的概念.

1. 偏导数的定义

在区域 D 上给定二元函数 $u=f(x,y)$，任取点 $p_0(x_0,y_0)$，考察在此点自变量的改变所引起的函数的变化. 先考虑一种最简单的情形：单个变量的变化所引起的函数的改变.

不妨仅考虑自变量仅在 x 方向上发生改变，设改变量为 Δx，即变量由点 $p_0(x_0,y_0)$ 变到点 $p\ (x_0+\Delta x,y_0)$，引起的函数的改变量则为

$$\Delta_x u(x_0,y_0)=f(x_0+\Delta x,y_0)-f(x_0,y_0),$$

由于这一改变量是仅由一个变量 x 而不是所有变量的变化所引起的，因而称为函数 $f(x,y)$ 在 p_0 点关于 x 的偏增量. 类似，可以定义 $f(x,y)$ 在 p_0 关于 y 的偏增量

$$\Delta_y u(x_0,y_0)=f(x_0,y_0+\Delta y)-f(x_0,y_0).$$

考虑这些偏增量关于相应变量的变化率, 引入多元函数的偏导数.

定义 1.1 若

$$\lim_{\Delta x\to 0}\frac{\Delta_x u(x_0,y_0)}{\Delta x}=\lim_{\Delta x\to 0}\frac{f(x_0+\Delta x,y_0)-f(x_0,y_0)}{\Delta x}$$

存在, 称 $f(x,y)$ 在 $p_0(x_0,y_0)$ 点存在关于 x 的偏导数, 相应的极限称为 $f(x,y)$ 在 $p_0(x_0,y_0)$ 点关于 x 的偏导数, 记为 $f'_x(p_0)$ 或 $f_x(p_0)$ 或 $\left.\frac{\partial f}{\partial x}\right|_{p_0}$, 或用函数 u 记为 $u'_x(p_0)$ 或 $u_x(p_0)$ 或 $\left.\frac{\partial u}{\partial x}\right|_{p_0}$, 因而

$$f_x(p_0)=\lim_{\Delta x\to 0}\frac{f(x_0+\Delta x,y_0)-f(x_0,y_0)}{\Delta x}.$$

类似可以定义 $f(x,y)$ 在 $p_0(x_0,y_0)$ 关于 y 的偏导数:

$$f_y(p_0)=\lim_{\Delta y\to 0}\frac{f(x_0,y_0+\Delta y)-f(x_0,y_0)}{\Delta y}.$$

信息挖掘 (1) 我们利用定义来讨论偏导数的本质.

对二元函数 $f(x,y)$, 固定变量 $y=y_0$, 得到一元函数 $h(x)=f(x,y_0)$, 假设 $h(x)$ 在 x_0 点可导, 则

$$\begin{aligned}h'(x_0)&=\lim_{\Delta x\to 0}\frac{h(x_0+\Delta x)-h(x_0)}{\Delta x}\\&=\lim_{\Delta x\to 0}\frac{f(x_0+\Delta x,y_0)-f(x_0,y_0)}{\Delta x}=f_x(p_0),\end{aligned}$$

因而, 二元函数 $f(x,y)$ 在 $p_0(x_0,y_0)$ 关于 x 的偏导数实际就是固定变量 $y=y_0$ 后, 函数 $f(x,y_0)$ 在 x_0 点对 x 的导数, 因而, 偏导数的本质还是导数.

(2) 由于偏导数是通过极限定义的, 因而, 偏导数是局部概念.

我们利用局部概念的性质, 将一点处的偏导数推广到区域上, 建立偏导函数的概念.

设函数 $f(x,y)$ 定义在区域 D 上. 由极限的唯一性, 在偏导数存在的情况下, $f(x,y)$ 在区域 D 内任意点 $p(x,y)$ 处关于 x 的偏导数由点 $p(x,y)$ 唯一确定, 因而, 也是点 $p(x,y)$ 的函数, 是变量 x, y 的二元函数, 这就是偏导函数.

定义 1.2 若 $f(x,y)$ 在 D 上每一点 $p(x,y)$ 都存在关于 x 的偏导数 $f_x(x,y)$, 此时偏导数 $f_x(x,y)$ 是变量 x, y 的二元函数, 称为 $f(x,y)$ 的关于 x 的偏导函数, 简称偏导数, 记为 $u_x(p)=u_x(x,y)$ 或 $f_x(p)=f_x(x,y)$, 简写为 u_x, f_x. 类似可以定义 $f(x,y)$ 关于 y 的偏导函数 $u_y(x,y)$, $f_y(x,y)$.

由于 $f_x(x,y)$, $f_y(x,y)$ 是对变量求一次偏导数, 二者也称为 $f(x,y)$ 的一阶偏导数.

因此, 对给定的函数, 既可以计算在一点处的偏导数, 如 $f_x(p_0)$, 也可以计算函数的偏导 (函) 数, 如 $f_x(x,y)$, 而在偏导数存在的情况下, 函数在一点处的偏导数也是偏导函数在此点处的函数值, 如 $f_x(p_0)=f_x(x,y)|_{p_0}$.

由偏导数的本质可知, $f(x,y)$ 对 x 的偏导数就是将变量 y 视为常量, $f(x,y)$ 关于 x 的导数. 对其他变量的偏导数具有同样的含义.

注　对多元函数, 涉及边界点处的偏导数通常是特殊的方向导数——将在后面介绍, 因此, 一般都没有给出边界点处一般偏导数的定义, 当然, 我们可以用如下方式定义边界点处的偏导数：设 $p_0\in\partial D\cap D$, 定义

$$f_x(p_0)=\lim_{\substack{\Delta x\to 0\\(x_0+\Delta x,y_0)\in D}}\frac{f(x_0+\Delta x,y_0)-f(x_0,y_0)}{\Delta x}.$$

偏导数的定义可以推广到任意的多元函数, 如对三元函数 $u=f(x,y,z)$, 可以定义三个偏导数, 即

$$u_x(x,y,z)=\lim_{\Delta x\to 0}\frac{u(x+\Delta x,y,z)-u(x,y,z)}{\Delta x},$$

$$u_y(x,y,z)=\lim_{\Delta y\to 0}\frac{u(x,y+\Delta y,z)-u(x,y,z)}{\Delta y},$$

$$u_z(x,y,z)=\lim_{\Delta z\to 0}\frac{u(x,y,z+\Delta z)-u(x,y,z)}{\Delta z}.$$

类似, 可以推广至任意 n 元函数的偏导数.

2. 偏导数的计算

由于偏导数本质上还是导数, 因此, 一元函数导数的计算法则、思想、方法和技术都可以推广并运用到偏导数的计算.

具体的计算思想通常有三种：① 对由一个初等函数给出的表达式, 用一元函数的求导法. 如计算关于 x 的偏导数时, 其余变量相对于 x 可以视为常量, 只需对 x 求导即可; ② 若求给定点 (非间断点) 的偏导数值, 可将①所得的偏导函数在给定点取值, 或按定义的思想, 先将非求导变量的值代入函数关系式, 将函数转化成仅含求导变量和常数的一元函数, 再求导; ③ 特殊点处的定义方法, 如对 “分片” 函数, 在分界线上的点处用定义计算偏导数.

例 1　设 $u(x,y)=xy+x^2+y^3$, 求 $u_x(x,y)$, $u_y(x,y)$ 及 $u_x(0,1)$, $u_y(0,2)$.

简析　只需注意 $u_x(x,y)$ 为偏导函数, $u_x(0,1)$ 为偏导函数值即可.

解　将 y 视为常量, 关于变量 x 求导, 即得 u 关于 x 的偏导数, 即

$$u_x(x,y)=y+2x,$$

因而, $u_x(0,1)=1$.

类似, $u_y(x,y)=x+3y^2$, 因而 $u_y(0,2)=12$.

例 2 给定 $u(x,y,z)=\ln(x+y^2+z^3)$, 求 $u_x(x,y,z)$, $u_y(x,y,z)$, $u_z(x,y,z)$.

解 利用复合函数的求导法则, 计算可得

$$u_x(x,y,z)=\frac{1}{x+y^2+z^3},$$

$$u_y(x,y,z)=\frac{2y}{x+y^2+z^3},$$

$$u_z(x,y,z)=\frac{3z^2}{x+y^2+z^3}.$$

例 3 给定 $u(x,y)=x^y$, 求 $u_x(x,y)$ 和 $u_y(x,y)$.

简析 当 y 视为常数时, $u(x,y)=x^y$ 为 x 的幂函数; 当 x 视为常数时, $u(x,y)=x^y$ 为 y 的指数函数.

解 计算得 $u_x(x,y)=yx^{y-1}$, $u_y(x,y)=x^y\ln x$.

注 上述的计算在相应的定义域内都成立.

例 4 设 $z=f(x,y)=\arctan\dfrac{y^2-1}{x^2+y^2}+y^2\ln\left(x+\sqrt{1+x^2}\right)$, 求 $f_x(0,1)$ 和 $f_y(0,1)$.

简析 题型: 只求给定点 (非间断点) 的偏导数值. 方法: 可先求偏导函数, 然后将给定点代入取值, 这种方法一般计算量较大, 我们按定义的思想, 先固定非求导变量的值, 如求 $f_x(0,1)$, 是对 x 求偏导, 可先将非求导变量 y 的值 ($y=1$) 代入函数关系式, 将函数转化成仅含 x 的一元函数, 再求导.

解 法一 先求偏导函数, 再代值.

先视 y 为常量, 对 x 求导, 得

$$f_x(x,y)=-\frac{\dfrac{(y^2-1)\,2x}{(x^2+y^2)^2}}{1+\left(\dfrac{y^2-1}{x^2+y^2}\right)^2}+\frac{y^2}{\sqrt{1+x^2}},$$

故, $f_x(0,1)=0+1=1$.

类似先 x 视为常量, 对 y 求导得 $f_y(x,y)$, 但更难、更繁!

法二 先将非求导变量的值代入函数关系式, 再求导.

求 $f_x(0,1)$ 时, 先将 $y=1$ 代入函数关系式, 得

$$f(x,1)=\ln\left(x+\sqrt{1+x^2}\right),$$

再对 x 求导, 得

$$f_x(x,1)=\frac{1}{\sqrt{1+x^2}},$$

最后, 将 $x=0$ 代入, 得

$$f_x(0,1)=\frac{1}{1}=1.$$

类似先将 $x=0$ 代入函数, 得 $f(0,y)=\arctan\left(1-\frac{1}{y^2}\right)$, 再对 y 求导,

$$f_y(0,y)=\frac{2/y^3}{1+\left(\frac{y^2-1}{y^2}\right)^2}.$$

最后, 将 $y=1$ 代入, 得 $f_y(0,1)=\frac{2}{1}=2$.

3. 偏导数与连续

掌握了偏导函数的计算后, 继续利用偏导函数研究函数的分析性质.

我们知道, 对一元函数, 可导必连续. 对多元函数, 对多元函数是否仍有此结论? 我们先看下面的例子.

例 5　给定 $f(x,y)=\begin{cases}\frac{xy}{x^2+y^2}, & x^2+y^2\neq 0,\\ 0, & x^2+y^2=0,\end{cases}$ 求 f_x, f_y, 并讨论函数 $f(x,y)$ 分别关于变量 x, y 的连续性和二元函数 $f(x,y)$ 的连续性.

简析　函数的结构特点有两个: 从形式看, 函数具分片结构, 由此决定讨论的方法和分片函数的连续性讨论类似, 即根据导数的局部性质, 对任意的取点进行分类讨论; 从元素结构看, 具有**对称性**, 即函数表达式关于变量 x 和 y 是对称的, 由此决定在计算中可以通过对某个变量的表达式对称得到对另一个变量的表达式, 简化计算和讨论, 这是讨论多元函数问题时应该特别注意的技术手段.

解　记 $D_1=\{(x,y):x^2+y^2\neq 0\}$, 则 D_1 为开集. 任意取点 $p(x,y)$.

若 $p(x,y)\in D_1$, 则存在 $U(p)\subset D_1$, 因而, 可以直接计算得

$$f_x(x,y)=\frac{y(y^2-x^2)}{(x^2+y^2)^2}.$$

若点 $p(x,y)=(0,0)$, 用定义计算, 则

$$f_x(0,0)=\lim_{\Delta x\to 0}\frac{f(0+\Delta x,0)-f(0,0)}{\Delta x}=\lim_{\Delta x\to 0}\frac{0-0}{\Delta x}=0,$$

故,

$$f_x(x,y)=\begin{cases}\frac{y(y^2-x^2)}{(x^2+y^2)^2}, & x^2+y^2\neq 0,\\ 0, & x^2+y^2=0,\end{cases}$$

利用对称性, 则

$$f_y(x,y)=\begin{cases}\dfrac{x(x^2-y^2)}{(x^2+y^2)^2}, & x^2+y^2\neq 0,\\ 0, & x^2+y^2=0.\end{cases}$$

下面, 讨论函数对单个变量的连续性. 对固定的 $y_0=0$, 则

$$f(x,y_0)=0,$$

此时, $f(x,y_0)$ 关于 x 连续.

对固定的 $y_0\neq 0$, 则

$$f(x,y_0)=\frac{xy_0}{x^2+y_0^2},$$

此时, $f(x,y_0)$ 关于 x 连续.

因而, 对固定变量 y, $f(x,y)$ 关于 x 连续. 同样利用对称性, 对固定变量 x, $f(x,y)$ 关于 y 连续.

继续讨论二元函数的连续性. 对 $p(x,y)\neq(0,0)$, 显然, $f(x,y)$ 在此点连续. 在点 (0,0) 处, 由于

$$\lim_{(x,y)\to(0,0)}f(x,y)=\lim_{(x,y)\to(0,0)}\frac{xy}{x^2+y^2}$$

不存在, 因而, $f(x,y)$ 在 (0, 0) 不连续. 故, $f(x,y)$ 在 D_1 内连续, 在点 (0, 0) 不连续.

例 6 求函数 $g(x,y)=\sqrt{x^2+y^2}$ 在 (0,0) 点处的连续性和可偏导性.

简析 题型：求函数在一点处的偏导数. 方法：用定义方法.

解 由于

$$\lim_{\substack{x\to 0\\ y\to 0}}g(x,y)=0=g(0,0),$$

故 $g(x,y)$ 在点 (0,0) 处连续. 但是

$$g_x(0,0)=\lim_{x\to 0}\frac{g(x,0)-g(0,0)}{x-0}=\lim_{x\to 0}\frac{|x|}{x}\text{不存在},$$

同理 $g_y(0,0)$ 也不存在, 故 $g(x,y)$ 在点 (0,0) 处偏导数不存在.

抽象总结 例 5、例 6 表明, 二元函数的偏导与连续没有任何关系, 即偏导数的存在不能保证二元函数的连续性, 二元函数的连续也不能保证偏导数存在.

实际上, 若 $f(x,y)$ 关于 x 的偏导数存在, 由定义, 是指将 y 视为常量时关于 x 可导, 因而能保证关于 x 连续, 同样, 若 $f(x,y)$ 关于 y 的偏导数存在, 能保证 $f(x,y)$ 关于 y 的连续性, 我们还知道, 关于两个变量分别连续的函数并不一定是二元连续函数 (例 5), 即偏导数存在, 不能保证二元函数的连续性.

4. 偏导数的几何意义

一元函数在某点处的导数的几何意义为函数对应的曲线在该点处的切线斜率, 由于多元函数的偏导数本质上是导数, 因而, 应该具有同样的几何意义.

以二元函数为例, $u=f(x,y)$ 表示空间曲面 Σ, 在此曲面上取点 $M_0(x_0,y_0,u_0)\in\Sigma$, $u_0=f(x_0,y_0)$, 考察 $u_x(x_0,y_0)$ 的几何意义.

由定义, 则

$$u_x(x_0,y_0)=\left[\frac{\mathrm{d}}{\mathrm{d}x}f(x,y_0)\right]\bigg|_{x=x_0},$$

若记一元函数 $g(x)=f(x,y_0)$, 其几何意义为曲面 Σ 与平面 $y=y_0$ 的交线, 则由于

$$u_x(x_0,y_0)=\left[\frac{\mathrm{d}}{\mathrm{d}x}g(x)\right]\bigg|_{x_0}=g'(x_0),$$

因而, $u_x(x_0,y_0)$ 表示曲线 $z=g(x)$ 在 $(x_0,g(x_0))$ 处对 x 方向的切线斜率, 注意到曲线 $z=g(x)$ 为交线

$$l:\begin{cases}u=f(x,y),\\ y=y_0,\end{cases}$$

故, 偏导数 $u_x(x_0,y_0)$ 的几何意义为曲线 l 在点 (x_0,y_0,u_0) 处对 x 轴的切线斜率 (图 15-1). 同样, 偏导数 $f_y(x_0,y_0)$ 就是曲面 $z=f(x,y)$ 与平面 $x=x_0$ 的交线在点 $M_0(x_0,y_0)$ 处的切线 M_0T_y 对 y 轴的斜率 (图 15-2).

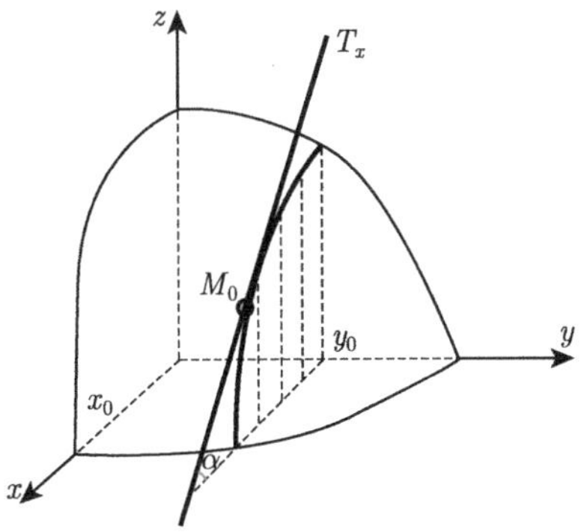

图 15-1

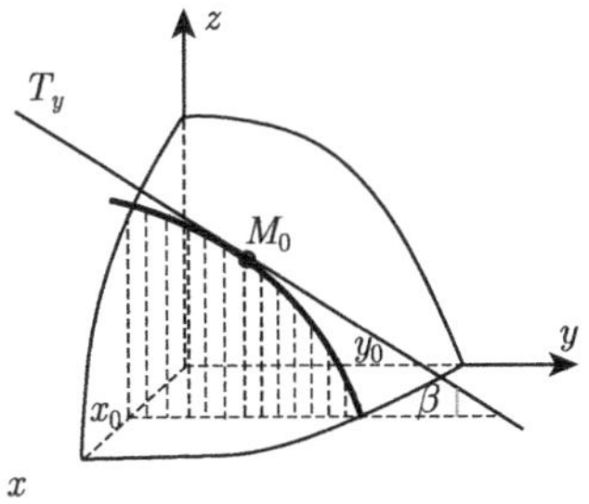

图 15-2

二、 全微分

1. 全微分的定义

利用类似的思想和方法, 引入多元函数的微分理论.

给定二元函数 $u=f(x,y)$, 考虑 x, y 同时变化对 Δu 的影响. 设变量由点 $p(x,y)$ 变化至点 $q(x+\Delta x,y+\Delta y)$, 则函数的改变量为

$$\Delta u(x,y)=f\left(x+\Delta x,y+\Delta y\right)-f\left(x,y\right),$$

由于这个改变量是由全部的两个变量同时改变所引起的, 因而, 也称其为函数 u 在点 $p(x,y)$ 处的全增量. 类似一元函数可微的定义, 考虑全增量和两个自变量增量之间是否存在主线性关系, 从而引入二元函数可微的定义.

定义 1.3 若存在 A, B(仅与 (x,y) 有关, 与 Δx, Δy 无关), 使

$$\Delta u(x,y)=A\Delta x+B\Delta y+o\left(\rho\right),$$

其中 $\rho=\sqrt{\Delta x^2+\Delta y^2}$, 称 $u=f(x,y)$ 在点 $p\left(x,y\right)$ 可微, 称 $A\Delta x+B\Delta y$ 为 $f(x,y)$ 在点 $p\left(x,y\right)$ 的全微分, 记为 $\mathrm{d}u(x,y)$ 或 $\mathrm{d}f(x,y)$, 因而

$$\mathrm{d}u(x,y)=A\Delta x+B\Delta y.$$

与一元函数类似, 若引入自变量的微分, 则全微分常用的形式为

$$\mathrm{d}u=A\mathrm{d}x+B\mathrm{d}y.$$

类似一元函数, $\mathrm{d}x$, $\mathrm{d}y$ 是两个独立的变量, 与 x,y 无关, 故, $\mathrm{d}u$ 仅与 $\mathrm{d}x$, $\mathrm{d}y$, x, y 有关.

推广至 n 元函数, 在可微的条件下, 其全微分为

$$\mathrm{d}u(x_1,x_2,\cdots,x_n)=u_{x_1}\mathrm{d}x_1+\cdots+u_{x_n}\mathrm{d}x_n.$$

由定义可知, 多元函数的可微和一元函数的可微, 其实质都是考察函数增量和自变量增量是否存在线性关系. 但要注意, 由一元函数的可微性定义推广到二元函数的可微性的定义时, 定义式中无穷小量形式的变化和区别, 由此, 可微性的定义可以类似推广到任意的 n 元函数, 如对三元函数 $u=f(x,y,z)$, 其可微性是指存在 A, B, C, 使得

$$\begin{aligned}\Delta u&=f(x+\Delta x,y+\Delta y,z+\Delta z)-f(x,y,z)\\&=A\Delta x+B\Delta y+C\Delta z+o(\rho),\end{aligned}$$

其中 $\rho=\sqrt{(\Delta x)^2+(\Delta y)^2+(\Delta z)^2}$.

2. 可微的必要条件

我们通过讨论可微与偏导数、连续性的关系, 得出可微的必要条件.

定理 1.1 若 $u=f(x,y)$ 在点 $p(x_0,y_0)$ 可微, 则函数 u 在点 p 关于 x, y 的偏导数都存在, 且

$$f_x(x_0,y_0)=A,\quad f_y(x_0,y_0)=B,$$

其中 A, B 见可微性定义. 因此, 在可微的条件下, 在点 $p(x_0,y_0)$ 的全微分为

$$\mathrm{d}u|_{(x_0,y_0)}=f_x(x_0,y_0)\mathrm{d}x+f_y(x_0,y_0)\mathrm{d}y,$$

因而, $f(x,y)$ 的全微分可以表示为

$$\mathrm{d}f(x,y)=f_x(x,y)\mathrm{d}x+f_y(x,y)\mathrm{d}y.$$

简析　与一元函数相关的结论的证明类似, 借助可微的定义, 建立全增量与偏增量的关系, 从而建立全微分和偏导数的关系.

证明　由于 $f(x,y)$ 在 $p(x_0,y_0)$ 可微, 由定义, 存在 A,B, 使得

$$\Delta u(x_0,y_0)=f(x_0+\Delta x,y_0+\Delta y)-f(x_0,y_0)=A\Delta x+B\Delta y+o(\rho),$$

取 $\Delta y=0$, 则

$$\Delta_x u(x_0,y_0)=f(x_0+\Delta x,y_0)-f(x_0,y_0)=A\Delta x+o(\Delta x),$$

因而,

$$\begin{aligned}f_x(x_0,y_0)&=\lim_{\Delta x\to 0}\frac{f(x_0+\Delta x,y_0)-f(x_0,y_0)}{\Delta x}\\&=\lim_{\Delta x\to 0}\frac{A\Delta x+o(\Delta x)}{\Delta x}=A,\end{aligned}$$

类似可得 $f_y(x_0,y_0)=B$.

定理 1.2　若 $u=f(x,y)$ 在点 $p(x_0,y_0)$ 可微, 则其必在此点连续.

证明　由于函数 u 在 p 点可微, 则存在实数 A, B, 使得

$$\Delta u(x_0,y_0)=A\Delta x+B\Delta y+o\left(\sqrt{\Delta x^2+\Delta y^2}\right),$$

因而,

$$\lim_{(\Delta x,\Delta y)\to(0,0)}(f(x_0+\Delta x,y_0+\Delta y)-f(x_0,y_0))=\lim_{(\Delta x,\Delta y)\to(0,0)}\Delta u(x_0,y_0)=0,$$

即

$$\lim_{(\Delta x,\Delta y)\to(0,0)}f(x_0+\Delta x,y_0+\Delta y)=f(x_0,y_0),$$

故, $f(x,y)$ 在点 p 连续.

定理 1.1 的逆不成立, 即偏导数存在不一定保证函数的可微. 如

$$f(x,y)=\begin{cases}\dfrac{xy}{x^2+y^2}, & x^2+y^2\neq 0,\\ 0, & x^2+y^2=0,\end{cases}$$

在 (0, 0) 点偏导数存在且直接计算得 $f_x(0,0)=f_y(0,0)=0$, 但

$$\Delta u(0,0)-(f_x(0,0)\Delta x+f_y(0,0)\Delta y))=\frac{\Delta x\Delta y}{\Delta x^2+\Delta y^2}$$

在点 (0, 0) 不存在极限, 因而, $f(x,y)$ 在 (0,0) 点不可微.

从上述两个定理可知, 可微的要求高于偏导数, 因此, 偏导数存在不一定保证连续性, 但可微可以保证连续性.

3. 可微性的判断

判断可微性的主要方法是定义法——既可以判断可微性, 也可以判断不可微性; 必要条件只能用于判断不可微性.

用定义判断 $f(x,y)$ 在 (x_0,y_0) 点是否可微, 其方法和步骤为: 先判断偏导数的存在性, 若在此点偏导数不存在, 则必不可微, 在偏导数存在的条件下计算此点的偏导数 $f_x(x_0,y_0),f_y(x_0,y_0)$, 然后考察极限

$$\lim_{(\Delta x,\Delta y)\to(0,0)}\frac{[f(x_0+\Delta x,y_0+\Delta y)-f(x_0,y_0)]-(f_x(x_0,y_0)\Delta x+f_y(x_0,y_0)\Delta y)}{\sqrt{\Delta x^2+\Delta y^2}},$$

若此极限存在且为 0, 则 $f(x,y)$ 在 (x_0,y_0) 点可微, 否则, $f(x,y)$ 在 (x_0,y_0) 点不可微.

也可以用可微的必要条件来判断不可微性, 如, 若 $f(x,y)$ 在此点不连续或偏导数不存在, 则 $f(x,y)$ 在此点必不可微.

例 7 考察函数 $f(x,y)=\begin{cases}\dfrac{xy}{x^2+y^2}, & x^2+y^2\neq 0,\\ 0, & x^2+y^2=0\end{cases}$ 在 (0,0) 点的可微性.

解 法一 用定义证明.

由例 5 知, $f_x(0,0)=f_y(0,0)=0$, 因而,

$$\frac{\Delta u(0,0)-[f_x(0,0)\Delta x+f_y(0,0)\Delta y]}{\sqrt{\Delta x^2+\Delta y^2}}=\frac{\Delta x\Delta y}{(\Delta x^2+\Delta y^2)^{3/2}},$$

由于

$$\lim_{\substack{x\to 0^+\\ y=k\sqrt{x}}}\frac{xy}{(x^2+y^2)^{3/2}}=\lim_{x\to 0}\frac{kx^{3/2}}{(x^2+k^2x)^{3/2}}=\frac{1}{k^2},\quad k\neq 0,$$

因而, $\lim\limits_{(\Delta x,\Delta y)\to(0,0)} \dfrac{xy}{(x^2+y^2)^{3/2}}$ 不存在, 故,

$$\lim_{(\Delta x,\Delta y)\to(0,0)} \frac{\Delta u(0,0)-[f_x(0,0)\Delta x+f_y(0,0)\Delta y]}{\sqrt{\Delta x^2+\Delta y^2}}$$

不存在, 因而, $f(x,y)$ 在 $(0,0)$ 点不可微.

法二 利用必要条件证明.

由例 5 知, $f(x,y)$ 在 $(0,0)$ 点不连续, 故, $f(x,y)$ 在 $(0,0)$ 点不可微.

上述结论和例子表明, 多元函数偏导数的存在性并不一定保证函数的可微性, 从光滑性角度看, 可微性高于偏导数的存在性, 这与一元函数可导与可微的等价性不同, 是由一元与多元函数的差异性造成的, 那么, 在偏导存在的条件下增加什么条件才能保证可微性呢? 我们回答此问题.

定理 1.3 设 $f_x(x,y)$, $f_y(x,y)$ 在点 $p_0(x_0,y_0)$ 及其邻域内存在, $f_x(x,y)$, $f_y(x,y)$ 在点 $p_0(x_0,y_0)$ 连续, 则 $u=f(x,y)$ 在 (x_0,y_0) 点可微.

结构分析 要证明的结论为函数的可微性. 类比已知: 只有定义可用. 确定思路: 用定义证明. 具体方法分析: 由定义可知, 函数的可微性研究的是全增量, 偏导数研究的是偏增量, 故本定理要求由偏导存在性通过附加条件导出可微性, 因此, 必须建立偏增量与全增量之关系, 更准确地说, 以偏增量表示全增量 (建立已知与未知的联系). 利用形式统一法, 可以通过插项技术将全增量表示为偏增量, 进一步将偏增量与偏导数联系起来, 建立 (偏) 导数和 (偏) 增量间关系的工具是中值定理, 由此确定了具体证明方法.

证明 考虑全增量 $\Delta u(x_0,y_0)$, 则

$$\begin{aligned}\Delta u(x_0,y_0)=&f(x_0+\Delta x,y_0+\Delta y)-f(x_0,y_0)\\ =&f(x_0+\Delta x,y_0+\Delta y)-f(x_0,y_0+\Delta y)\\ &+f(x_0,y_0+\Delta y)-f(x_0,y_0),\end{aligned}$$

利用一元函数的中值定理, 存在 $\theta_i\in(0,1), i=1,2$, 使得

$$\Delta u(x_0,y_0)=f_x(x_0+\theta_1\Delta x,y_0+\Delta y)\Delta x+f_y(x_0,y_0+\theta_2\Delta y)\Delta y,$$

由于 $f_x(x,y)$, $f_y(x,y)$ 在 $p_0(x_0,y_0)$ 点连续, 则存在 α, β, 使得

$$f_x(x_0+\theta_1\Delta x,y_0+\Delta y)=f_x(p_0)+\alpha,\quad f_y(x_0,y_0+\theta_2\Delta y)=f_y(p_0)+\beta,$$

其中 $\lim\limits_{(\Delta x,\Delta y)\to(0,0)}\begin{pmatrix}\alpha\\ \beta\end{pmatrix}=0$, 故,

$$\Delta u=f_x(p_0)\Delta x+f_y(p_0)\Delta y+\alpha\Delta x+\beta\Delta y,$$

由于 $\left|\dfrac{\alpha\Delta x}{\sqrt{\Delta x^2+\Delta y^2}}\right| \leqslant |\alpha| \to 0$, $\left|\dfrac{\beta\Delta y}{\sqrt{\Delta x^2+\Delta y^2}}\right| \leqslant |\beta| \to 0$, 因而,

$$\alpha\Delta x+\beta\Delta y=o(\sqrt{\Delta x^2+\Delta y^2}),$$

故, $f(x,y)$ 在 $p_0(x_0,y_0)$ 可微.

4. 全微分的计算

由定理 1.1, 全微分的计算实际是偏导数的计算.

例 8 求 $u=\mathrm{e}^{xy}$ 在 $p_0(0,1)$ 处的全微分.

解 计算得 $u_x=y\mathrm{e}^{xy}$, $u_y=x\mathrm{e}^{xy}$ 且二者在 p_0 点存在且连续, 故函数在此点可微, 因而,

$$\mathrm{d}u|_{p_0}=u_x(p_0)\mathrm{d}x+u_y(p_0)\mathrm{d}y=\mathrm{d}x.$$

例 9 计算 $u=x-\cos y+\ln(x+z)$ 的全微分.

解 直接利用公式得

$$\mathrm{d}u=u_x\mathrm{d}x+u_y\mathrm{d}y+u_z\mathrm{d}z,$$

其中 $u_x=1+\dfrac{1}{x+z}$, $u_y=\sin y$, $u_z=\dfrac{1}{x+z}$.

与一元函数微分学中微分的四则运算法则类似, 我们不加证明地给出 n 元函数四则运算法则:

设 $u=u(x_1,x_2,\cdots,x_n)$ 和 $v=v(x_1,x_2,\cdots,x_n)$ 均为可微函数, 则有

(1) $\mathrm{d}(u\pm v)=\mathrm{d}u\pm\mathrm{d}v$;

(2) $\mathrm{d}(uv)=u\mathrm{d}v+v\mathrm{d}u$;

(3) $\mathrm{d}\left(\dfrac{u}{v}\right)=\dfrac{v\mathrm{d}u-u\mathrm{d}v}{v^2}$.

例 10 求下列函数的全微分.

(1) $z=(\sin x^2)(\cos y^2)$; (2) $z=\dfrac{xy}{x+y}$.

解 (1) 由微分运算法则, 得

$$\begin{aligned}\mathrm{d}z&=\mathrm{d}[(\sin x^2)(\cos y^2)]=\cos y^2\mathrm{d}(\sin x^2)+\sin x^2\mathrm{d}(\cos y^2)\\&=\cos y^2\cos x^2(2x)\mathrm{d}x-\sin x^2\sin y^2(2y)\mathrm{d}y.\end{aligned}$$

(2) 由微分运算法则, 得

$$\mathrm{d}z=\mathrm{d}\left(\frac{xy}{x+y}\right)=\frac{(x+y)\mathrm{d}(xy)-xy\mathrm{d}(x+y)}{(x+y)^2}=\frac{y^2\mathrm{d}x+x^2\mathrm{d}y}{(x+y)^2}.$$

5. 全微分在近似计算和误差估计中的应用

由全微分定义, 当 $|\Delta x|$, $|\Delta y|$ 很小时, 有

$$\Delta z \approx \mathrm{d}z = f_x(x_0, y_0)\Delta x + f_y(x_0, y_0)\Delta y,$$

而

$$\Delta z = f(x_0 + \Delta x, y_0 + \Delta y) - f(x_0, y_0),$$

于是

$$f(x_0 + \Delta x, y_0 + \Delta y) \approx f(x_0, y_0) + f_x(x_0, y_0)\Delta x + f_y(x_0, y_0)\Delta y.$$

上式可以计算 Δz 的近似值, 或计算 $f(x_0 + \Delta x, y_0 + \Delta y)$ 的近似值.

设函数 $z = f(x, y)$, 易知 x 的近似值为 x_0, y 的近似值为 y_0. 若用近似值 x_0, y_0 分别代替 x, y 来计算函数值 z, 就会引起绝对误差

$$\begin{aligned}|\Delta z| = |f(x, y) - f(x_0, y_0)| &\approx |\mathrm{d}z| = |f_x(x_0, y_0)\Delta x + f_y(x_0, y_0)\Delta y| \\ &\leqslant |f_x(x_0, y_0)| \cdot |\Delta x| + |f_y(x_0, y_0)| \cdot |\Delta y| \\ &\leqslant |f_x(x_0, y_0)|\,\delta_1 + |f_y(x_0, y_0)|\,\delta_2,\end{aligned}$$

其中 $|x - x_0| \leqslant \delta_1$, $|y - y_0| \leqslant \delta_2$, 即用 $f(x_0, y_0)$ 代替 $f(x, y)$ 所产生的最大绝对误差为

$$|f_x(x_0, y_0)|\,\delta_1 + |f_y(x_0, y_0)|\,\delta_2.$$

而

$$\left|\frac{\Delta z}{z_0}\right| \approx \left|\frac{\mathrm{d}z}{z_0}\right| \leqslant \left|\frac{f_x(x_0, y_0)}{f(x_0, y_0)}\right|\delta_1 + \left|\frac{f_y(x_0, y_0)}{f(x_0, y_0)}\right|\delta_2,$$

故, 用 $f(x_0, y_0)$ 代替 $f(x, y)$ 所产生的最大绝对误差为

$$\left|\frac{f_x(x_0, y_0)}{f(x_0, y_0)}\right|\delta_1 + \left|\frac{f_y(x_0, y_0)}{f(x_0, y_0)}\right|\delta_2.$$

例 11 计算 $1.04^{2.02}$ 的近似值.

解 设 $f(x, y) = x^y$, 于是取 $x = 1$, $y = 2$, $\Delta x = 0.04$, $\Delta y = 0.02$, $f(1, 2) = 1$. 由于

$$f_x(x, y) = yx^{y-1}, \quad f_y(x, y) = x^y \ln x, \quad f_x(1, 2) = 2, \quad f_y(1, 2) = 0,$$

故有

$$\begin{aligned}1.04^{2.02} &\approx f(1, 2) + f_x(1, 2) \times 0.04 + f_y(1, 2) \times 0.02 \\ &\approx 1 + 2 \times 0.04 + 0 \times 0.02 = 1.08.\end{aligned}$$

习 题 15.1

1. 用定义计算 $u=xy\mathrm{e}^{xy}+\ln(1+xy)$ 在 (0,0) 点的偏导数 $u_x(0,0)$, $u_y(0,0)$.

2. 给定函数 $u=\begin{cases}\dfrac{xy}{x+y}, & x+y\neq 0,\\ 0, & x+y=0,\end{cases}$ 讨论 $u_x(p_0)$ 的存在性, 若存在, 计算其值; 若不存在, 说明理由. 其中 (1) $p_0(0,0)$; (2) $p_0(1,-1)$.

3. 计算下列函数在给定点处的偏导数 $u_x(p_0)$, $u_y(p_0)$.

(1) $u=x^2+y\ln(1+\sin x)$, $p_0(0,0)$;

(2) $u=\dfrac{\mathrm{e}^{xy}}{x+xy}$, $p_0(1,0)$;

(3) $u=2^{\frac{x}{y}}+\arctan\dfrac{x+y}{x-y}$, $p_0(0,1)$;

(4) $u=\begin{cases}xy\sin\dfrac{1}{x^2+y^2}, & x^2+y^2\neq 0,\\ 0, & x^2+y^2=0,\end{cases}$ $p_0(1,0)$;

(5) $u=\begin{cases}(x^2+y^2)\ln(x^2+y^2), & x^2+y^2\neq 0,\\ 0, & x^2+y^2=0,\end{cases}$ $p_0(0,0)$.

4. 计算下列函数的偏导数.

(1) $u=x^2y+y^2z$;

(2) $u=\dfrac{xy+yz+zx}{\sqrt{x^2+y^2+z^2}}$.

5. 设 $f(x,y,z)=\sqrt{x^2+y^2+z^2}$, 证明：$f_x^2+f_y^2+f_z^2=1$.

6. 计算下列函数的全微分.

(1) $u=\dfrac{1}{1+x+y^2+z^3}$;

(2) $u=x\sec(x+y)$.

7 . 设 $f(x,y)$, $g(x,y)$ 都是可微函数, 用定义证明：$\mathrm{d}(fg)=f\mathrm{d}g+g\mathrm{d}f$.

8. 设 $f(x,y)$ 在 $p_0(x_0,y_0)$ 点连续, $g(x,y)$ 在 $p_0(x_0,y_0)$ 点可微, $g(p_0)=0$, 证明：$f(x,y)\cdot g(x,y)$ 在 $p_0(x_0,y_0)$ 点可微且

$$\mathrm{d}(f(x,y)\cdot g(x,y))|_{p_0}=f(p_0)\mathrm{d}g|_{p_0}.$$

9. 讨论函数 $f(x,y,z)=\sqrt{x^2+y^2+z^2}$ 在 (0,0,0) 点的连续性、偏导数的存在性及可微性.

10. 讨论函数 $f(x,y)=\begin{cases}xy\sin\dfrac{1}{x^2+y^2}, & x^2+y^2\neq 0,\\ 0, & x^2+y^2=0,\end{cases}$ 在 (0,0) 点的连续性、可微性及偏导数的连续性.

11. 设 $f(x,y)=\begin{cases}(x^2+y^2)\sin\dfrac{1}{x^2+y^2}, & x^2+y^2\neq 0,\\ 0, & x^2+y^2=0,\end{cases}$ 计算并证明：

(1) 计算 $f_x(x,y)$ 和 $f_y(x,y)$;

(2) $f_x(x,y)$ 和 $f_y(x,y)$ 在 (0,0) 点不连续;

(3) $f_x(x,y)$ 和 $f_y(x,y)$ 在 (0,0) 点的任何邻域内无界;

(4) 判断 $f(x,y)$ 在 (0,0) 点的可微性.

12. 设 $f(x,y)$ 在凸区域 D 上存在偏导数 $f_x(x,y)$ 和 $f_y(x,y)$, 则对 D 内任何两点 (x_0,y_0) 和 $(x_0+\Delta x,y_0+\Delta y)$, 存在 $0<\theta_1<1$ 和 $0<\theta_2<1$, 使得

$$\begin{aligned}&f(x_0+\Delta x,y_0+\Delta y)-f(x_0,y_0)\\=&f_x(x_0+\theta_1\Delta x,y_0+\Delta y)\Delta x+f_y(x_0,y_0+\theta_2\Delta y)\Delta y.\end{aligned}$$

注　区域 D 是凸的是指区域 D 内的任意两点的连线仍包含在区域 D 内.

13. 利用全微分近似计算 $5\times1.9^4+2\times4.1^5$.

15.2　高阶偏导数与高阶偏微分

一、 高阶偏导数

仍以二元函数为例, 引入多元函数的高阶偏导函数, 简称高阶偏导数.

给定函数 $u=f(x,y)$, 若两个一阶偏导数 u_x, u_y 都存在, 它们仍是变量 x 和 y 的二元函数, 因而, 可以继续对 u_x, u_y 求偏导, 对一阶偏导数继续求一次偏导数, 就是 $f(x,y)$ 的二阶偏导数, 类似可以引入更高阶的偏导数, 但是, 随着变量个数的增加, 高阶偏导数的类型更多更复杂, 我们仅给出各种二阶偏导数的定义.

定义 2.1　若 $u_x(x,y)$ 关于 x 的偏导数存在, 称此偏导数为 u 对 x 的二阶偏导数, 记为 $\dfrac{\partial^2u}{\partial x^2}$ 或 u_{xx}, 因而, $u_{xx}=(u_x)_x$, 或 $\dfrac{\partial^2u}{\partial x^2}=\dfrac{\partial(u_x)}{\partial x}$; 若 $u_x(x,y)$ 关于 y 的偏导存在, 称此偏导数为 u 先对 x、再对 y 的二阶混合偏导数, 记为 $\dfrac{\partial^2u}{\partial x\partial y}$ 或 u_{xy}, 因而, $u_{xy}=(u_x)_y=\dfrac{\partial(u_x)}{\partial y}$.

类似可定义其他形式的偏导数 u_{yx} 和 u_{yy}, 上述几个偏导函数, 是函数对变量依次计算两次偏导数, 因此, 都称为 u 的二阶偏导数, u_{yx},u_{xy} 称为二阶混合偏导数.

类似可定义三阶偏导数：$u_{xxx},u_{xxy},u_{yxx},u_{xyy},u_{yyx},u_{yyy},u_{xyx},u_{yxy}$.

类似还可定义 n 元函数的高阶导数, 如对函数 $u=f(x,y,z)$, 其二阶导数有如下 9 种形式：

$$u_{xx},u_{xy},u_{xz},u_{yy},u_{yx},u_{yz},u_{zz},u_{zx},u_{zy}.$$

高阶混合偏导数与求偏导的顺序有关. 如：u_{yx},u_{xy} 是两个不同的函数, 不一定有相等关系.

高阶偏导数的计算是通过低阶偏导数依次计算得到的, 正如一阶偏导数的计算, 在对某阶偏导数继续计算对某个变量的高一阶的偏导数时, 仍是将其余变量

视为常量, 对这个变量求导, 当然, 对 "分段点" 处的高阶偏导数的计算, 必须从低阶偏导数, 依次用定义进行计算.

例 1 计算 $u(x,y)=x^2+x\sin y+\mathrm{e}^{x^2}y^2$ 的二阶偏导数.

解 由于

$$u_x(x,y)=2x+\sin y+2x\mathrm{e}^{x^2}y^2,$$

$$u_y(x,y)=x\cos y+2\mathrm{e}^{x^2}y,$$

故,

$$u_{xx}(x,y)=2+2\mathrm{e}^{x^2}y^2+4x^2\mathrm{e}^{x^2}y^2,$$

$$u_{xy}(x,y)=\cos y+4xy\mathrm{e}^{x^2},$$

$$u_{yx}(x,y)=\cos y+4xy\mathrm{e}^{x^2},$$

$$u_{yy}(x,y)=-x\sin y+2\mathrm{e}^{x^2}.$$

例 2 设 $f(x,y)=\begin{cases} xy\dfrac{x^2-y^2}{x^2+y^2}, & x^2+y^2\neq 0, \\ 0, & x^2+y^2=0, \end{cases}$ 计算 $f_{xy}(0,0), f_{yx}(0,0)$.

解 易计算 $f_x(x,y)=\begin{cases} \dfrac{x^4+4x^2y^2-y^4}{(x^2+y^2)^2}y, & (x,y)\neq(0,0), \\ 0, & (x,y)=(0,0), \end{cases}$

$$f_y(x,y)=\begin{cases} \dfrac{x^4-4x^2y^2-y^4}{(x^2+y^2)^2}x, & (x,y)\neq(0,0), \\ 0, & (x,y)=(0,0), \end{cases}$$

故,

$$f_{xy}(0,0)=\lim_{y\to 0}\frac{f_x(0,y)-f_x(0,0)}{y}=-1,$$

$$f_{yx}(0,0)=\lim_{x\to 0}\frac{f_y(x,0)-f_y(0,0)}{x}=1.$$

当然, 利用结构的对称可以简化计算.

从上面两个例子可知, 两个混合偏导数 f_{xy}, f_{yx} 可能相等, 也可能不相等. 那么, 什么条件下二者相等? 这实际是求混合偏导数的换序问题.

定理 2.1 若 f_{xy}, f_{yx} 在 $p_0(x_0,y_0)$ 点存在且连续, 则 $f_{xy}(x_0,y_0)=f_{yx}(x_0,y_0)$.

简析 思路: 用定义证明. 由定义可知

$$f_{xy}(x_0,y_0)=\lim_{\Delta y\to 0}\frac{f_x(x_0,y_0+\Delta y)-f_x(x_0,y_0)}{\Delta y}$$

$$
\begin{aligned}
&= \lim_{\Delta y\to 0}\frac{1}{\Delta y}\left\{\lim_{\Delta x\to 0}\left[\frac{f(x_0+\Delta x,y_0+\Delta y)-f(x_0,y_0+\Delta y)}{\Delta x}\right.\right.\\
&\qquad\left.\left.-\frac{f(x_0+\Delta x,y_0)-f(x_0,y_0)}{\Delta x}\right]\right\}\\
&= \lim_{\Delta y\to 0}\lim_{\Delta x\to 0}\frac{1}{\Delta x\Delta y}\cdot W,
\end{aligned}
$$

其中 $W(\Delta x,\Delta y)=f(x_0+\Delta x,y_0+\Delta y)-f(x_0,y_0+\Delta y)-f(x_0+\Delta x,y_0)+f(x_0,y_0)$, 类似,

$$
f_{yx}(x_0,y_0)=\lim_{\Delta x\to 0}\lim_{\Delta y\to 0}\frac{1}{\Delta x\Delta y}\cdot W,
$$

因而, 要证明结论的实质是关于 $\dfrac{1}{\Delta x\Delta y}\cdot W$ 的两个累次极限可换序的问题, 将 W 视为 $\Delta x,\Delta y$ 的二元函数 $W(\Delta x,\Delta y)$, 什么条件可保证累次极限可换序? 利用前面已知的结论, 问题转化为二重极限的存在性.

关键的问题：如何利用条件证明相应的重极限的存在性? 注意到 W 的增量结构, 将增量与导数联系起来的有效工具就是中值定理, 但是, 直接利用中值定理对 W 进行处理, 会产生问题, 如

$$
\begin{aligned}
W &= f(x_0+\Delta x,y_0+\Delta y)-f(x_0,y_0+\Delta y)-f(x_0+\Delta x,y_0)+f(x_0,y_0)\\
&= f_x(x_0+\theta_1\Delta x,y_0+\Delta y)\Delta x-f_x(x_0+\theta_2\Delta x,y_0)\Delta x\\
&= [f_x(x_0+\theta_1\Delta x,y_0+\Delta y)-f_x(x_0+\theta_1\Delta x,y_0)]\Delta x\\
&\quad +[f_x(x_0+\theta_1\Delta x,y_0)-f_x(x_0+\theta_2\Delta x,y_0)]\Delta x\\
&= f_{xy}(x_0+\theta_1\Delta x,y_0+\theta_3\Delta y)\Delta x\Delta y\\
&\quad +[f_x(x_0+\theta_1\Delta x,y_0)-f_x(x_0+\theta_2\Delta x,y_0)]\Delta x,
\end{aligned}
$$

由于 $\theta_1\neq\theta_2$, 第二项不易处理.

分析 θ_1,θ_2 产生的原因, 是将 W 分解为两个不同的函数, 分别对这两个函数使用了中值定理, 因此, 为了解决 $\theta_1\neq\theta_2$ 的问题, 关键是能否将 W 视为一个函数的增量结构, 应用一次中值定理. 进一步仔细分析 W 的结构, 分别考虑 Δx, Δy, 就可以将其视为一个方向上的增量, 即将 W 视为一个函数的增量结构. 注意到 W 在两个方向 x, y 上的对称性结构, 它实际上可以视为两个不同函数的增量结构, 这也正是解决问题的关键线索.

证明　记

$$
W=f(x_0+\Delta x,y_0+\Delta y)-f(x_0,y_0+\Delta y)-f(x_0+\Delta x,y_0)+f(x_0,y_0),
$$

$$\phi(y)=f(x_0+\Delta x,y)-f(x_0,y),$$

则 $W=\phi(y_0+\Delta y)-\phi(y_0)$, 即将 W 表示为 $\phi(y)$ 的增量结构. 利用中值定理, 存在常数 $\theta_1\in(0,1)$, 使得

$$\begin{aligned}W&=\phi'(y_0+\theta_1\Delta y)\Delta y\\&=[f_y(x_0+\Delta x,y_0+\theta_1\Delta y)-f_y(x_0,y_0+\theta_1\Delta y)]\Delta y,\end{aligned}$$

再次利用中值定理, 存在 $\theta_2\in(0,1)$, 使得

$$W=f_{yx}(x_0+\theta_2\Delta x,y_0+\theta_1\Delta y)\Delta x\Delta y,$$

故, $\lim\limits_{(\Delta x,\Delta y)\to(0,0)}\dfrac{1}{\Delta x\Delta y}\cdot W=f_{yx}(x_0,y_0)$.

利用对称性, 或记 $\varphi(x)=f(x,y_0+\Delta y)-f(x,y_0)$, 则 $W=\varphi(x_0+\Delta x)-\varphi(x_0)$, 即将 W 表示为 $\varphi(x)$ 的增量结构, 类似可得

$$W=f_{xy}(x_0+\theta_3\Delta x,y_0+\theta_4\Delta y)\Delta x\Delta y,$$

其中 θ_3,θ_4 为类似的常数, 因而,

$$\lim_{\Delta x\to 0,\Delta y\to 0}\frac{1}{\Delta x\Delta y}\cdot W=f_{yx}(x_0,y_0),$$

故, $f_{xy}(x_0,y_0)=f_{yx}(x_0,y_0)$.

注 还可以利用累次极限和重极限的关系, 在得到一个重极限后直接得到结论.

这个定理的结论对 n 元函数的混合偏导数也成立, 如三元函数 $u=f(x,y,z)$, 若下述六个三阶混合偏导数 $f_{xyz},f_{yzx},f_{zxy},f_{xzy},f_{zyx},f_{yxz}$ 在某一点都存在且连续, 则该点这六个不同顺序的混合偏导数都相等. 同样地, 对在一点存在直到 m 阶连续偏导数的 n 元函数, 在该点的 $k(\leqslant m)$ 阶混合偏导数与求偏导数的顺序无关.

二、 高阶微分

给定可微函数 $u=f(x,y)$, 则

$$\mathrm{d}u(x,y)=f_x(x,y)\mathrm{d}x+f_y(x,y)\mathrm{d}y,$$

若将 $\mathrm{d}u(x,y)$ 视为 x,y 的函数还是可微的, 则可继续关于 x, y 求微分, 称为函数 u 关于 x, y 的二阶微分, 记为 $\mathrm{d}^2u(x,y)$, 因而

$$\mathrm{d}^2u(x,y)=\mathrm{d}(\mathrm{d}u(x,y)),$$

利用微分计算法则, 则

$$\begin{aligned}\mathrm{d}^2u(x,y) &= \mathrm{d}(f_x\mathrm{d}x + f_y\mathrm{d}y)\\ &= [f_x\mathrm{d}x + f_y\mathrm{d}y]_x\mathrm{d}x + [f_x\mathrm{d}x + f_y\mathrm{d}y]_y\mathrm{d}y\\ &= f_{xx}\mathrm{d}x^2 + f_{yx}\mathrm{d}y\mathrm{d}x + f_{xy}\mathrm{d}x\mathrm{d}y + f_{yy}\mathrm{d}y^2,\end{aligned}$$

注意, $\mathrm{d}^2u(x,y)$ 表示二阶微分, $\mathrm{d}x^2 = \mathrm{d}x\cdot\mathrm{d}x$.

若还有 $f_{xy} = f_{yx}$, 则

$$\mathrm{d}^2u(x,y) = f_{xx}\mathrm{d}x^2 + 2f_{xy}\mathrm{d}x\mathrm{d}y + f_{yy}\mathrm{d}y^2.$$

在关于 x,y 求高阶微分时, $\mathrm{d}x,\mathrm{d}y$ 是与 x,y 无关的量, 在计算关于 x,y 的微分时, 将其视为常量.

在高阶微分存在且混合偏导数与求导顺序无关的情况下, 可归纳证明成立如下的高阶微分计算公式:

$$\mathrm{d}^n u = \mathrm{d}(\mathrm{d}^{n-1}u) = \sum_{k=0}^{n}\mathrm{C}_n^k\frac{\partial^n f}{\partial x^{n-k}\partial y^k}\mathrm{d}x^{n-k}\mathrm{d}y^k,$$

其中 $\mathrm{d}x^k = \overbrace{\mathrm{d}x\cdot\mathrm{d}x\cdot\cdots\cdot\mathrm{d}x}^{k}$.

习　题　15.2

1. 求函数 $u = \dfrac{xyz}{\sqrt{x^2+y^2+z^2}}$ 的二阶偏导数.

2. 对下列函数计算 $\dfrac{\partial^3 u}{\partial x\partial y^2}$ 和 $\dfrac{\partial^3 u}{\partial x^2\partial y}$:

(1) $u = x\mathrm{e}^{y^2} + x^2y$;　　(2) $u = \arctan(x^2+y)$.

3. 设 $u = x^2y + xy$, 计算 d^3u.

4. 设 $f(x,y) = \begin{cases}\dfrac{xy^2}{x^2+y^4}, & (x,y)\neq(0,0),\\ 0, & (x,y)=(0,0),\end{cases}$ 讨论 $f_{xy}(x,y)$ 和 $f_{yx}(x,y)$ 在点 (0,0) 的存在性.

5. 设 $f_x(x,y)$ 和 $f_y(x,y)$ 在点 (x_0,y_0) 的某邻域内存在且二者在点 (x_0,y_0) 可微, 证明: $f_{xy}(x_0,y_0) = f_{yx}(x_0,y_0)$.

15.3　复合函数的求导法则

仍以二元函数为例讨论多元复合函数的偏导数的计算, 由于多元复合函数的多样性, 我们以一种最基本的情形为例, 导出最基本的求导法则, 然后推广至其他情形.

一、 基本型复合函数的偏导计算

给定二元函数 $u=f(x,y)$, 通过中间变量 x,y 复合为变量 s, t 的函数, 设

$$x=\varphi(s,t),\quad y=\psi(s,t),$$

则复合函数为

$$u=f(\varphi(s,t),\psi(s,t)),$$

x, y 称为中间自变量, s, t 称为 (最终) 自变量, 函数 u 通过中间自变量复合为最终自变量 s, t 的函数, 复合函数的偏导数和微分的计算, 就是计算函数关于最终自变量的偏导数和微分. 和一元函数类似, 计算的基本法则为链式法则.

定理 3.1 设 $\frac{\partial x}{\partial s},\frac{\partial x}{\partial t},\frac{\partial y}{\partial s},\frac{\partial y}{\partial t}$ 在 (s_0,t_0) 点存在, 而 $u=f(x,y)$ 在 (x_0,y_0) 点可微, 其中 $x_0=\varphi(s_0,t_0),y_0=\psi(s_0,t_0)$, 则 $u=f(\varphi(s,t),\psi(s,t))$ 在 (s_0,t_0) 的偏导数存在, 且

$$\left.\frac{\partial u}{\partial s}\right|_{(s_0,t_0)}=\left.\frac{\partial u}{\partial x}\right|_{(x_0,y_0)}\cdot\left.\frac{\partial x}{\partial s}\right|_{(s_0,t_0)}+\left.\frac{\partial u}{\partial y}\right|_{(x_0,y_0)}\cdot\left.\frac{\partial y}{\partial s}\right|_{(s_0,t_0)},$$

$$\left.\frac{\partial u}{\partial t}\right|_{(s_0,t_0)}=\left.\frac{\partial u}{\partial x}\right|_{(x_0,y_0)}\cdot\left.\frac{\partial x}{\partial t}\right|_{(s_0,t_0)}+\left.\frac{\partial u}{\partial y}\right|_{(x_0,y_0)}\cdot\left.\frac{\partial y}{\partial t}\right|_{(s_0,t_0)}.$$

这就是复合函数偏导数计算的链式法则.

结构分析 要证明偏导数的关系, 须研究变量的改变量和函数的偏增量之关系, 分析清楚最终自变量的改变如何通过改变中间变量, 最终影响函数的偏增量. 如要计算 $\frac{\partial u}{\partial s}$, 是将 u 视为 (s,t) 的复合函数 $u=u(s,t)$, 考察 u 关于 s 的偏增量 $\Delta_s u$ 对自变量 s 的增量 Δs 的变化率的极限 $\lim\limits_{\Delta s\to 0}\frac{\Delta_s u}{\Delta s}$. 进一步分析, s 方向上改变 Δs 如何产生 $\Delta_s u$, 下述的变化链反映了它们之间的关系：

$$\Delta s\to\left\{\begin{array}{l}\Delta_s x\\ \Delta_s y\end{array}\right.\to\Delta_s u=\Delta_{x,y}u,$$

因而, $\Delta_s u$ 相对于作为 (s,t) 的函数 $u(s,t)$ 为偏增量, 但同时, 作为 x,y 的函数又是全增量, 由此, 建立相互间的关系.

证明 只证明第一式. 设 $u=u(s,t)$ 在 (s_0,t_0) 点附近只在 s 方向上发生了改变量 Δs, 由于 $x=\varphi(s,t),y=\psi(s,t)$, 则在 x,y 两个方向都发生改变：

$$\Delta x=\Delta_s x=\varphi(s_0+\Delta s,t_0)-\varphi(s_0,t_0)=\varphi(s_0+\Delta s,t_0)-x_0,$$

$$\Delta y=\Delta_s y=\psi(s_0+\Delta s,t_0)-\psi(s_0,t_0)=\psi(s_0+\Delta s,t_0)-y_0,$$

进而影响到函数 $u(x,y)$, 使其发生改变 (在 (x_0,y_0) 点), 因而 $\Delta_s u(s_0,t_0)=\Delta_{x,y}u(x_0,y_0)$, 其中 $\Delta_{x,y}u$ 表示函数 u 由 x, y 改变而产生的全增量, 利用 $u=f(x,y)$ 在 (x_0,y_0) 点可微, 故

$$\Delta_{x,y}u(x_0,y_0)=\left.\frac{\partial u}{\partial x}\right|_{(x_0,y_0)}\Delta x+\left.\frac{\partial u}{\partial y}\right|_{(x_0,y_0)}\Delta y+o(\sqrt{\Delta x^2+\Delta y^2}),$$

故,

$$\begin{aligned}\left.\frac{\partial u}{\partial s}\right|_{(s_0,t_0)}&=\lim_{\Delta s\to 0}\left.\frac{\Delta_s u}{\Delta s}\right|_{(s_0,t_0)}=\lim_{\Delta s\to 0}\left.\frac{\Delta_{x,y}u}{\Delta s}\right|_{(x_0,y_0)}\\&=\lim_{\Delta s\to 0}\left[\left.\frac{\partial u}{\partial x}\right|_{(x_0,y_0)}\cdot\frac{\Delta_s x|_{(s_0,t_0)}}{\Delta s}\right.\\&\qquad\left.+\left.\frac{\partial u}{\partial y}\right|_{(x_0,y_0)}\cdot\frac{\Delta_s y|_{(s_0,t_0)}}{\Delta s}+\frac{o(\sqrt{\Delta x^2+\Delta y^2})}{\Delta s}\right],\end{aligned}$$

又

$$\lim_{\Delta s\to 0}\frac{o(\sqrt{\Delta x^2+\Delta y^2})}{\Delta s}=\lim_{\Delta s\to 0}\frac{o(\sqrt{\Delta x^2+\Delta y^2})}{\sqrt{\Delta x^2+\Delta y^2}}\cdot\frac{\sqrt{\Delta x^2+\Delta y^2}}{\Delta s}=0,$$

则

$$\left.\frac{\partial u}{\partial s}\right|_{(s_0,t_0)}=\left.\frac{\partial u}{\partial x}\right|_{(x_0,y_0)}\cdot\left.\frac{\partial x}{\partial s}\right|_{(s_0,t_0)}+\left.\frac{\partial u}{\partial y}\right|_{(x_0,y_0)}\cdot\left.\frac{\partial y}{\partial s}\right|_{(s_0,t_0)}.$$

类似可证明另一式.

抽象总结 (1) 这个定理的作用对象是含有两个中间变量和两个自变量情形的复合函数, 函数的复合结构可用图 15-3 形象表示 (函数的复合结构图可根据具体问题绘制). 求导法则是对每一个中间变量施行链式求导法则, 再相加, 简称链式求导法则. 定理 3.1 中的链式法则一般可以写为

$$\frac{\partial u}{\partial s}=\frac{\partial u}{\partial x}\cdot\frac{\partial x}{\partial s}+\frac{\partial u}{\partial y}\cdot\frac{\partial y}{\partial s},\quad \frac{\partial u}{\partial t}=\frac{\partial u}{\partial x}\cdot\frac{\partial x}{\partial t}+\frac{\partial u}{\partial y}\cdot\frac{\partial y}{\partial t},$$

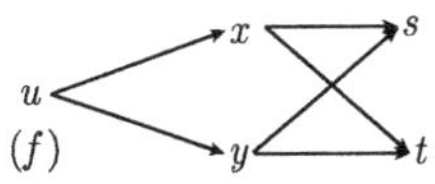

图 15-3

分析公式两端各项含义, 此链式法则可以抽象表述为

$$\begin{matrix}\text{复合函数对最终}\\\text{自变量的偏导数}\end{matrix}=\sum_{\text{所有中间变量}}\begin{matrix}\text{函数对中间}\\\text{变量的偏导数}\end{matrix}\cdot\begin{matrix}\text{此中间变量}\\\text{对此自变量的偏导数}\end{matrix},$$

(2) 复合函数的结构图可以帮助我们理解链式求导法则. 不管复合函数形式和结构如何变化, 复合函数的偏导计算变得非常简单, 只需准确确定函数、中间变量、自变量, 计算简单函数的偏导数, 代入链式法则即可, 但是, 要特别注意, 必须准确确定所有中间变量.

(3) 链式求导法则还可以推广到函数的中间变量多于两个以及自变量的个数多于两个或者仅有一个的情形.

例 1 计算由 $u=f(x,y)$ 与 $x=\varphi(t), y=\psi(t)$ 的复合函数 $u=f(\varphi(t),\psi(t))$ 的导函数 $\frac{\mathrm{d}u}{\mathrm{d}t}$.

结构分析 题型：复合函数的偏导数计算. 难点是确定变量的身份：函数为 u, 自变量为 t, 中间变量是 x,y, 复合函数成一元函数 $u(t)=f(\varphi(t),\psi(t))$, 其复合结构图如图 15-4 所示, 因此, 可以计算一元函数的导数, 代入链式法则即可.

解 由链式法则得

$$\frac{\mathrm{d}u}{\mathrm{d}t}=\frac{\partial u}{\partial x}\cdot\frac{\mathrm{d}x}{\mathrm{d}t}+\frac{\partial u}{\partial y}\cdot\frac{\mathrm{d}y}{\mathrm{d}t}=u_x\varphi'(t)+u_y\psi'(t).$$

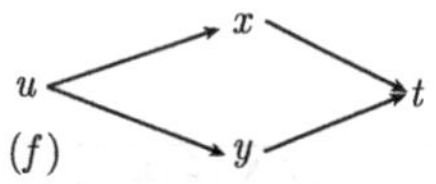

图 15-4

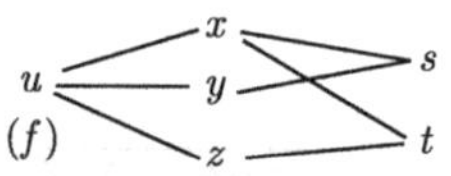

图 15-5

例 2 计算 $u=f(x,y,z)$ 与 $x=\varphi(s,t), y=\psi(s), z=w(t)$ 的复合函数的一阶偏导数.

简析 函数为 u, 自变量为 s,t, 中间变量是 x,y,z, 得到的复合函数 $u(s,t)$ 为 s, t 的二元函数, 其复合结构图如图 15-5 所示, 可以计算 u 对 s, t 的偏导数.

解 由链式法则可知

$$\frac{\partial u}{\partial s}=\frac{\partial u}{\partial x}\cdot\frac{\partial x}{\partial s}+\frac{\partial u}{\partial y}\cdot\frac{\partial y}{\partial s}+\frac{\partial u}{\partial z}\cdot\frac{\partial z}{\partial s}=\frac{\partial u}{\partial x}\cdot\frac{\partial \varphi}{\partial s}+\frac{\partial u}{\partial y}\psi'(s),$$

$$\frac{\partial u}{\partial t}=\frac{\partial u}{\partial x}\cdot\frac{\partial x}{\partial t}+\frac{\partial u}{\partial y}\cdot\frac{\partial y}{\partial t}+\frac{\partial u}{\partial z}\cdot\frac{\partial z}{\partial t}=\frac{\partial u}{\partial x}\cdot\frac{\partial \varphi}{\partial t}+\frac{\partial u}{\partial z}w'(t).$$

例 1 与例 2 是典型的常规型复合函数, 其特点是在函数与自变量的函数关系式中不含最终自变量, 或中间变量与最终自变量不同时作为变量出现在一个函数关系中, 而事实上经常会出现这种情况.

二、 其他类型复合函数偏导的计算

对其他类型的复合函数的偏导数的计算, 其基本思想是, 通过引入新的中间变量转化为基本型. 我们以例子的形式进行说明, 下面例子中假设出现的各阶 (偏) 导数都存在且混合偏导数可以换序.

例 3　计算由 $u=f(x,y,t)$ 与 $x=\varphi(s,t), y=\psi(s,t)$ 的复合函数 $u=f(\varphi(s,t),\psi(s,t),t)$ 的偏导数.

简析　本例的特点是中间变量 x,y 与自变量 t 一同出现在函数关系 $u=f(x,y,t)$ 中. 处理方法是：引入新的中间变量, 化为基本型.

解　引入函数 $z=t$, 则复合函数 $u=f(\varphi(s,t),\psi(s,t),t)$ 也可视为 $u=f(x,y,z)$ 与 $x=\varphi(x,t), y=\psi(s,t)$, $z=t$ 复合而成, 由链式法则及 $\dfrac{\partial z}{\partial t}=z'(t)=1$, 得

$$\frac{\partial u}{\partial s}=\frac{\partial u}{\partial x}\cdot\frac{\partial x}{\partial s}+\frac{\partial u}{\partial y}\cdot\frac{\partial y}{\partial s}+\frac{\partial u}{\partial z}\cdot\frac{\partial z}{\partial s}=\frac{\partial u}{\partial x}\cdot\frac{\partial \varphi}{\partial s}+\frac{\partial u}{\partial y}\cdot\frac{\partial \psi}{\partial s},$$

$$\frac{\partial u}{\partial t}=\frac{\partial u}{\partial x}\cdot\frac{\partial \varphi}{\partial t}+\frac{\partial u}{\partial y}\cdot\frac{\partial \psi}{\partial t}+\frac{\partial u}{\partial z}.$$

例 4　计算由 $w=f(x,y)$ 与 $y=\varphi(x)$ 的复合函数 $w=f(x,\varphi(x))$ 关于 x 的一阶和二阶导函数.

解　记 $u=x$, 则 $w(x)=f(x,\varphi(x))$ 可以视为由 $w=f(u,y)$ 与 $u=x$, $y=\varphi(x)$ 复合而成, 由链式法则, 则

$$\frac{\mathrm{d}w}{\mathrm{d}x}=\frac{\partial w}{\partial u}\cdot\frac{\partial u}{\partial x}+\frac{\partial w}{\partial y}\cdot\frac{\partial y}{\partial x}=\frac{\partial w}{\partial u}+\frac{\partial w}{\partial y}\varphi'(x),$$

$$\frac{\mathrm{d}^2w}{\mathrm{d}x^2}=\frac{\mathrm{d}}{\mathrm{d}x}\left(\frac{\partial w}{\partial u}\right)+\frac{\mathrm{d}}{\mathrm{d}x}\left(\frac{\partial w}{\partial y}\varphi'(x)\right)=\frac{\mathrm{d}}{\mathrm{d}x}\left(\frac{\partial w}{\partial u}\right)+\frac{\mathrm{d}}{\mathrm{d}x}\left(\frac{\partial w}{\partial y}\right)\varphi'(x)+\frac{\partial w}{\partial y}\varphi''(x),$$

而

$$\frac{\mathrm{d}}{\mathrm{d}x}\left(\frac{\partial w}{\partial u}\right)=\frac{\partial^2 w}{\partial u^2}\cdot\frac{\partial u}{\partial x}+\frac{\partial^2 w}{\partial y\partial u}\cdot\frac{\partial y}{\partial x}=\frac{\partial^2 w}{\partial u^2}+\frac{\partial^2 w}{\partial y\partial u}\cdot\varphi'(x),$$

$$\frac{\mathrm{d}}{\mathrm{d}x}\left(\frac{\partial w}{\partial y}\right)=\frac{\partial^2 w}{\partial u\partial y}+\frac{\partial^2 w}{\partial y^2}\cdot\varphi'(x),$$

故,

$$\frac{\mathrm{d}^2u}{\mathrm{d}x^2}=\frac{\partial^2 w}{\partial u^2}+2\frac{\partial^2 w}{\partial y\partial u}\varphi'(x)+\frac{\partial^2 w}{\partial y^2}\varphi'^2(x)+\frac{\partial w}{\partial y}\varphi''(x),$$

由于 $u=x$, 上式也可以表示为

$$\frac{\mathrm{d}^2u}{\mathrm{d}x^2}=\frac{\partial^2 w}{\partial x^2}+2\frac{\partial^2 w}{\partial y\partial x}\varphi'(x)+\frac{\partial^2 w}{\partial y^2}\varphi'^2(x)+\frac{\partial w}{\partial y}\varphi''(x).$$

例 5　设 $u=f\left(x^2y,\dfrac{y}{x}\right)$, 求 $\dfrac{\partial u}{\partial x},\dfrac{\partial^2 u}{\partial x^2}$.

解 引入中间变量 $\xi=x^2y,\eta=\dfrac{y}{x}$, 则 $u=f\left(x^2y,\dfrac{y}{x}\right)$ 可视为 $u=f(\xi,\eta)$ 与 $\xi=x^2y,\eta=\dfrac{y}{x}$ 复合而成, 故

$$\frac{\partial u}{\partial x}=\frac{\partial u}{\partial \xi}\cdot\frac{\partial \xi}{\partial x}+\frac{\partial u}{\partial \eta}\cdot\frac{\partial \eta}{\partial x}=2xy\frac{\partial u}{\partial \xi}-\frac{y}{x^2}\frac{\partial u}{\partial \eta},$$

$$\begin{aligned}\frac{\partial^2 u}{\partial x^2}&=\frac{\partial}{\partial x}\left[2xy\frac{\partial u}{\partial \xi}-\frac{y}{x^2}\frac{\partial u}{\partial \eta}\right]\\&=\frac{\partial}{\partial x}(2xy)\frac{\partial u}{\partial \xi}+2xy\frac{\partial}{\partial x}\left(\frac{\partial u}{\partial \xi}\right)-\frac{\partial}{\partial x}\left(\frac{y}{x^2}\right)\frac{\partial u}{\partial \eta}-\frac{y}{x^2}\frac{\partial}{\partial x}\left(\frac{\partial u}{\partial \eta}\right)\\&=2y\frac{\partial u}{\partial \xi}+2xy\left[2xy\frac{\partial^2 u}{\partial \xi^2}-\frac{y}{x^2}\frac{\partial^2 u}{\partial \eta\partial \xi}\right]+\frac{2y}{x^3}\frac{\partial u}{\partial \eta}-\frac{y}{x^2}\left[2xy\frac{\partial^2 u}{\partial \eta\partial \xi}-\frac{y}{x^2}\frac{\partial^2 u}{\partial \eta^2}\right]\\&=4x^2y^2\frac{\partial^2 u}{\partial \xi^2}-4\frac{y^2}{x}\frac{\partial^2 u}{\partial \xi\partial \eta}+\frac{y^2}{x^4}\frac{\partial^2 u}{\partial \eta^2}+2y\frac{\partial u}{\partial \xi}+\frac{2y}{x^3}\frac{\partial u}{\partial \eta^2}.\end{aligned}$$

例 6 设 $u=u(x,y)$, 证明在极坐标变换 $\begin{cases}x=r\cos\theta,\\y=r\sin\theta\end{cases}$ 下成立:

$$\left(\frac{\partial u}{\partial r}\right)^2+\frac{1}{r^2}\left(\frac{\partial u}{\partial \theta}\right)^2=\left(\frac{\partial u}{\partial x}\right)^2+\left(\frac{\partial u}{\partial y}\right)^2.$$

结构分析 要证明的结论分析：结论的右边表明, 函数 u 为变量 x, y 的函数, 左边函数 u 为变量 r, θ 的函数. 条件分析：由所给的变量关系式知, 函数 u 应视为通过中间变量 x, y 复合为 r, θ 的复合函数. 因此, 结论的证明实际是复合函数偏导数的计算. 重点是等式证明的方向, 由所给的变量关系式和复合函数偏导的计算公式可知, 将 x, y 视为中间变量时, 计算导数较为方便, 因此, 计算左边比较简单.

证明 由于

$$\frac{\partial u}{\partial r}=\frac{\partial u}{\partial x}\cdot\frac{\partial x}{\partial r}+\frac{\partial u}{\partial y}\cdot\frac{\partial y}{\partial r}=\frac{\partial u}{\partial x}\cdot\cos\theta+\frac{\partial u}{\partial y}\cdot\sin\theta,$$

$$\frac{\partial u}{\partial \theta}=\frac{\partial u}{\partial x}\cdot\frac{\partial x}{\partial \theta}+\frac{\partial u}{\partial y}\cdot\frac{\partial y}{\partial \theta}=\frac{\partial u}{\partial x}\cdot(-r\sin\theta)+\frac{\partial u}{\partial y}\cdot r\cos\theta,$$

代入即可.

三、 复合函数的全微分—— 一阶微分形式的不变性

设 $u=f(x,y)$ 与 $x=\varphi(x,t),y=\psi(s,t)$ 复合成 $u=f(\varphi(s,t),\psi(s,t))$, 考察将 u 视为 x, y 的函数和视为 s, t 的复合函数的全微分形式.

$u=f(x,y)$ 作为 x,y 的函数, 则

$$\mathrm{d}u=f_x\mathrm{d}x+f_y\mathrm{d}y,$$

$u=f(\varphi(s,t),\psi(s,t))$ 作为 s,t 的函数, 则

$$\mathrm{d}u=\frac{\partial u}{\partial s}\mathrm{d}s+\frac{\partial u}{\partial t}\mathrm{d}t.$$

考察二者关系. 由于

$$\frac{\partial u}{\partial s}=\frac{\partial u}{\partial x}\cdot\frac{\partial x}{\partial s}+\frac{\partial u}{\partial y}\cdot\frac{\partial y}{\partial s},\quad \frac{\partial u}{\partial t}=\frac{\partial u}{\partial x}\cdot\frac{\partial x}{\partial t}+\frac{\partial u}{\partial y}\cdot\frac{\partial y}{\partial t},$$

且 $\mathrm{d}x=\frac{\partial\varphi}{\partial s}\mathrm{d}s+\frac{\partial\varphi}{\partial t}\mathrm{d}t$. $\mathrm{d}y=\frac{\partial\psi}{\partial s}\mathrm{d}s+\frac{\partial\psi}{\partial t}\mathrm{d}t$, 代入可得

$$\begin{aligned}\mathrm{d}u&=\frac{\partial u}{\partial s}\mathrm{d}s+\frac{\partial u}{\partial t}\mathrm{d}t=\left(\frac{\partial u}{\partial x}\cdot\frac{\partial x}{\partial s}+\frac{\partial u}{\partial y}\cdot\frac{\partial y}{\partial s}\right)\mathrm{d}s+\left(\frac{\partial u}{\partial x}\cdot\frac{\partial x}{\partial t}+\frac{\partial u}{\partial y}\cdot\frac{\partial y}{\partial t}\right)\mathrm{d}t\\&=\frac{\partial u}{\partial x}\mathrm{d}x+\frac{\partial u}{\partial y}\mathrm{d}y.\end{aligned}$$

由此可知, 不论将函数 u 视为 x, y 的函数还是视为 s, t 的复合函数, 函数的一阶全微分形式一样, 称为一阶微分形式的不变性.

类似于一元函数, 复合函数的高阶微分不再具有不变性.

利用全微分形式不变性和全微分的四则运算法则, 能更有条理地计算较复杂函数的全微分与偏导数.

例 7 设 $z=f(x^2-y^2)$, 其中 f 具有连续的偏导数, 求 $\mathrm{d}z$, 并由此求 $\frac{\partial z}{\partial x},\frac{\partial z}{\partial y}$.

解 $$\begin{aligned}\mathrm{d}z&=f'(x^2-y^2)\mathrm{d}(x^2-y^2)\\&=2xf'(x^2-y^2)\mathrm{d}x-2yf'(x^2-y^2)\mathrm{d}y.\end{aligned}$$

由此得到 $\frac{\partial z}{\partial x}=2xf'(x^2-y^2)$, $\frac{\partial z}{\partial y}=-2yf'(x^2-y^2)$.

习 题 15.3

1. 设 $u=f(x,y)$, $x=s+t$, $y=s-t$, 求 u_{st}, u_{tt}.
2. 设 $u=f(x,y)$, $x=\varphi(s-at)$, $y=\psi(s+at)$, 求 u_s, u_t.
3. 求下列复合函数的一阶偏导数.

(1) $u=f(xy,x+y)$; (2) $u=f(\sqrt{x^2+y^2},\mathrm{e}^{xy})$.

4. 设 $u=f(r)$, $r=\sqrt{x^2+y^2}$, $f(r)$ 具有连续的二阶导数, 证明:

$$\frac{\partial^2 u}{\partial x^2}+\frac{\partial^2 u}{\partial y^2}=\frac{1}{r}\frac{\mathrm{d}u}{\mathrm{d}r}+\frac{\mathrm{d}^2u}{\mathrm{d}r^2}.$$

5. 设 $\varphi(t),\psi(t)$ 具有二阶导数, 验证 $u=\varphi(x+at)+\psi(x-at)$ 是偏微分方程 $\dfrac{\partial^2 u}{\partial t^2}=a^2\dfrac{\partial^2 u}{\partial x^2}$ 的解.

6. 设 $u=f(x,y)$ 可微, 满足 $x\dfrac{\partial f}{\partial x}=-y\dfrac{\partial f}{\partial y}$, 作极坐标变换 $\begin{cases} x=r\cos\theta, \\ y=r\sin\theta, \end{cases}$ 证明: $\dfrac{\partial u}{\partial r}=0$.

7 . 若 $f(x,y,z)$ 对任意的正实数 t 满足 $f(tx,ty,tz)=t^n f(x,y,z)$, 称 $f(x,y,z)$ 为 n 次齐次函数. 设 $f(x,y,z)$ 可微, 证明 $f(x,y,z)$ 为 n 次齐次函数的充要条件是

$$x\frac{\partial f}{\partial x}+y\frac{\partial f}{\partial y}+z\frac{\partial f}{\partial z}=nf(x,y,z).$$

8. 设 $\varphi(t),\psi(t)$ 具有二阶导数, 验证 $u=x\varphi(x+y)+y\psi(x+t)$ 满足方程 $\dfrac{\partial^2 u}{\partial x^2}-2\dfrac{\partial^2 u}{\partial x\partial y}+\dfrac{\partial^2 u}{\partial y^2}=0$.

15.4 隐函数的求导法

虽然目前我们所遇到的函数都是显函数, 其表达式是以自变量表示的函数表达式, 其一般形式为 $z=f(x,y)$ 或更一般的 n 元显函数 $z=f(x_1,\cdots,x_n)$, 但在工程技术领域, 我们经常遇到隐函数: 即一组变量所满足的方程或方程组, 进一步由方程 (组) 确定的某些函数关系. 这些函数关系有时能通过求解方程 (组) 而得到, 有些不能求出其解. 如由方程 $z(x^2+y^2+1)=x$ 直接求解可以确定函数 $z(x,y)=\dfrac{x}{x^2+y^2+1}$, 而由方程 $x+yu-k\sin u=0$ 所确定的隐函数 $u=u(x,y)$, 由于方程的不可解性, 不能由此方程给出 u 的显式表达式, 像这样的例子还有很多. 然而, 在实际问题的研究中, 通常需要我们去了解这些隐函数的分析性质, 如连续性、可微性等. 如何在不必知道函数表达式的条件下, 了解更多的函数的分析性质, 这正是本节的任务.

本节, 我们只介绍隐函数的求导方法, 其存在性及其理论基础放在本章最后.

一、 单个方程所确定的隐函数的求导

设给定 $n+1$ 元单个方程:

$$F(z,x_1,\cdots,x_n)=0,$$

在某些条件下, 可设想: 这 $n+1$ 个变元只有 n 个独立, 即可以从中解出一个量, 比如 z, 将 z 用剩下的 n 个独立的变量 $x_1,\cdots,x_n$ 表示, 即, 对任意一组给定的量 $x_1,\cdots,x_n$, 将方程视为以 z 为未知量的方程有唯一解 $z=z(x_1,\cdots,x_n)$, 因此, 变量 z 完全由这 n 个独立的变量所确定. 由此就确定了一个函数关系 $z=f(x_1,\cdots,x_n)$.

我们的目的是在仅知道方程, 不必解出函数关系的情况下, 计算 $z=f(x_1,\cdots,x_n)$ 的各阶偏导数, 问题抽象为

设由方程 $F(z,x_1,\cdots,x_n)=0$ 确定了隐函数 $z=f(x_1,\cdots,x_n)$, 试计算 z_{x_i}, $i=1,\cdots,n$ 及其高阶偏导.

结构分析 由题意知, 题目的条件有两个: 方程 $F(z,x_1,\cdots,x_n)=0$ 和确定的隐函数 $z=f(x_1,\cdots,x_n)$, 因此, 必须从方程 $F(z,x_1,\cdots,x_n)=0$ 出发计算隐函数的偏导数, 将两个条件结合起来, 就确定了解决问题的思路: 将 z 视为函数 $z(x_1,\cdots,x_n)$ 代入方程, 从而得到一个以 $x_1,\cdots,x_n$ 为变量的复合函数方程

$$F(z(x_1,\cdots,x_n),x_1,\cdots,x_n)=0,$$

通过两端求导, 就可以由此计算计算 z_{x_i}.

具体过程如下:

由题意, 方程可视为如下复合形式的方程:

$$F(z(x_1,\cdots,x_n),x_1,\cdots,x_n)=0,$$

其自变量为 $x_1,\cdots,x_n$, 中间变量为 z.

由复合函数的偏导计算, 对方程两端关于变量 x_i 求导, 则

$$F_z\cdot\frac{\partial z}{\partial x_i}+F_{x_i}=0,\quad i=1,\cdots,n,$$

故,

$$\frac{\partial z}{\partial x_i}=-\frac{F_{x_i}}{F_z},\quad i=1,\cdots,n.$$

从公式可知, 若表达式 $F(z,x_1,\cdots,x_n)$ 是已知的, 就可以计算隐函数 $z=f(x_1,\cdots,x_n)$ 的偏导数. 当然, 必须满足条件 $F_z\neq 0$, 事实上, 这个条件正是由方程 $F(z,x_1,\cdots,x_n)=0$ 确定隐函数 $z=f(x_1,\cdots,x_n)$ 的条件.

上述过程是典型的隐函数的求导过程, 由此过程可看出, 先确定隐函数, 将方程视为复合函数的方程, 对方程求导, 利用求导法则得到隐函数的偏导数. 这种求导的思想应该熟练掌握, 不必记住公式.

从上述求导过程中, 可以发现, 隐函数求导的基本思想是将确定的隐函数代入方程, 将方程视为方程和隐函数复合而成的复合方程, 对复合方程两端求相应的偏导数即可, 因此, 隐函数偏导数的计算核心技术还是复合函数的偏导数的计算.

由方程确定的隐函数具有局部性 (见第一册对应的内容), 如上述问题中, 对给定的定点 $(z_0,x_1^0,\cdots,x_n^0)$, 若 $F_z(z_0,x_1^0,\cdots,x_n^0)\neq 0$, 则在 $(z_0,x_1^0,\cdots,x_n^0)$ 附近能确定隐函数 $z=f(x_1,\cdots,x_n)$, 因此, 隐函数的求导也是局部的.

例 1 求由方程 $x^2+y^2+z^2=1$ 所确定的隐函数 $z=z(x,y)$ 的偏导数.

解 法一 将 z 视为函数形式 $z=z(x,y)$, 而方程的右端是复合函数形式: x, y 是独立变量, $z=z(x,y)$ 是 x, y 的函数, 由此, 两端关于 x 求导, 则

$$2x+2zz_x=0,$$

故, $z_x=-\dfrac{x}{z}$, 类似, $z_y=-\dfrac{y}{z}$.

可以将这种对方程两端同时求导, 求导的同时注意哪些变量是最终的自变量, 哪些变量是隐函数, 求得偏导数的方法称为直接求导法.

事实上, 对任意给定的一组变量 (x,y), 方程 $x^2+y^2+z^2=1$ 的解并不唯一, 有两个解 $z=\pm\sqrt{x^2+y^2}$, 那么, 可以说方程能确定隐函数吗？这正是隐函数存在性的局部性质, 事实上, 记

$$F(x,y,z)=x^2+y^2+z^2-1,$$

则 $F_z(x,y,z)=2z$, 因此, 只有在满足 $z_0\neq 0$ 的点 (x_0,y_0,z_0) 附近, 才能确定隐函数. 事实上, 当 $z_0>0$ 时, 通过求解方程可知, 在此点附近确定的隐函数为 $z=\sqrt{x^2+y^2}$, 当 $z_0<0$ 时, 在此点附近确定的隐函数为 $z=-\sqrt{x^2+y^2}$, 但是, 可以验证, 不论何种形式的隐函数都成立例 1 的结论. 因此, 也可以利用公式法求得偏导数.

法二 公式求导法.

设 $F(x,y,z)=x^2+y^2+z^2-1$, 将 $F(x,y,z)$ 分别对 x,y,z 进行求导, 得

$$F_x=2x,\quad F_y=2y,\quad F_z=2z,$$

代入公式, 得

$$\frac{\partial z}{\partial x}=-\frac{F_x}{F_z}=-\frac{x}{z},\quad \frac{\partial z}{\partial y}=-\frac{F_y}{F_z}=-\frac{y}{z}.$$

例 2 设 $x+yu-k\sin u=0$, 求 u_x, u_y 和 u_{xx}.

解 法一 直接求导法.

由题意, 由方程确定隐函数 $u=u(x,y)$, 对方程两端关于 x 求导, 则

$$1+yu_x-ku_x\cos u=0,$$

因此, $u_x=\dfrac{1}{k\cos u-y}$.

两端关于 y 求导, 则

$$u+yu_y-ku_y\cos u=0,$$

因而, $u_y=\dfrac{u}{k\cos u-y}$.

为计算 u_{xx}, 对第一个方程关于 x 再求导, 则

$$yu_{xx}-ku_{xx}\cos u+k(u_x)^2\sin u=0,$$

故, $u_{xx}=\dfrac{k\sin u}{(k\cos u-y)^3}$.

法二　公式求导法.

设 $F(x,y,u)=x+yu-k\sin u$, 将 $F(x,y,u)$ 分别对 x,y,u 进行求导, 得

$$F_x=1,\quad F_y=u,\quad F_u=y-k\cos u,$$

代入公式, 得

$$u_x=-\frac{F_x}{F_u}=\frac{1}{k\cos u-y},\quad u_y=-\frac{F_y}{F_u}=\frac{u}{k\cos u-y}.$$

将 u_x 关于 x 再求导, 则

$$u_{xx}=\frac{-k\cdot(-\sin u)\cdot u_x}{(k\cos u-y)^2}=\frac{k\sin u}{(k\cos u-y)^3}.$$

例 3　设 $F(xy,x+y+z)=0$, 求 $\dfrac{\partial z}{\partial x}$ 和 $\dfrac{\partial z}{\partial y}$.

简析　单个方程所确定的隐函数的导数问题, 且已知条件中方程是抽象函数形式, 因此, 采用直接求导法.

解　由题意, 由方程确定的隐函数为 $z=z(x,y)$, 记 $u=xy$, $v=x+y+z$, 则方程可以视为由 $F(u,v)=0$ 与 $u=xy$, $v=x+y+z$ 复合而成, 对 $F(u,v)=0$ 关于 x 求导, 则

$$yF_u+(1+z_x)F_v=0,$$

因此,

$$z_x=-\frac{yF_u+F_v}{F_v}.$$

利用对称性, 则

$$z_y=-\frac{xF_u+F_v}{F_v}.$$

二、由方程组所确定的隐函数的导数

由线性代数的方程组理论可知, 在一定条件下, 一般由 m 个方程可确定出 m 个未知量, 因此, 假设给定如下 m 个方程的方程组:

$$\begin{cases} F_1(u_1,\cdots,u_m,x_1,\cdots,x_n)=0,\\ \qquad\cdots\cdots\\ F_m(u_1,\cdots,u_m,x_1,\cdots,x_n)=0,\end{cases}$$

则任给一组数 $x_1,\cdots,x_n$, 上述方程组是以 $u_1,\cdots,u_m$ 为未知量的方程组, 设其有唯一解 $u_1,\cdots,u_m$, 于是, 对任意的 $(x_1,\cdots,x_n)$, 由此确定唯一一组数 $u_1,\cdots,u_m$ 与之对应, 由此, 进而确定一组隐函数

$$\begin{cases} u_1=u_1(x_1,\cdots,x_n), \\ \qquad\cdots\cdots \\ u_m=u_m(x_1,\cdots,x_n), \end{cases}$$

我们的目的是在不必计算出上述隐函数的情况下, 计算偏导数 $\dfrac{\partial u_i}{\partial x_j}$, $i=1,\cdots,m$, $j=1,\cdots,n$ 及其高阶偏导数.

和单个方程确定的隐函数的求导类似, 将每个方程都视为复合函数方程, 利用复合函数的求导法则可以计算偏导数, 以对 x_1 的偏导数的计算为例, 对方程组的每个方程两端关于 x_1 求偏导, 则

$$\begin{cases} \dfrac{\partial F_1}{\partial u_1}\cdot\dfrac{\partial u_1}{\partial x_1}+\cdots+\dfrac{\partial F_1}{\partial u_m}\cdot\dfrac{\partial u_m}{\partial x_1}+\dfrac{\partial F_1}{\partial x_1}=0, \\ \qquad\qquad\cdots\cdots \\ \dfrac{\partial F_m}{\partial u_1}\cdot\dfrac{\partial u_1}{\partial x_1}+\cdots+\dfrac{\partial F_m}{\partial u_m}\cdot\dfrac{\partial u_m}{\partial x_1}+\dfrac{\partial F_m}{\partial x_1}=0, \end{cases}$$

由此可得关于 $\dfrac{\partial u_1}{\partial x_1},\cdots,\dfrac{\partial u_m}{\partial x_1}$ 的线性方程组, 求解, 则

$$\frac{\partial u_1}{\partial x_1}=-\frac{\dfrac{D(F_1,\cdots,F_m)}{D(x_1,u_2,\cdots,u_m)}}{\dfrac{D(F_1,\cdots,F_m)}{D(u_1,\cdots,u_m)}},$$

$$\cdots\cdots$$

$$\frac{\partial u_m}{\partial x_1}=-\frac{\dfrac{D(F_1,\cdots,F_m)}{D(u_1,\cdots,u_{m-1},x_1)}}{\dfrac{D(F_1,\cdots,F_m)}{D(u_1,\cdots,u_m)}},$$

其中函数行列式

$$\frac{D(F_1,\cdots,F_m)}{D(u_1,\cdots,u_m)}=\begin{vmatrix} \dfrac{\partial F_1}{\partial u_1} & \cdots & \dfrac{\partial F_1}{\partial u_m} \\ \vdots & & \vdots \\ \dfrac{\partial F_m}{\partial u_1} & \cdots & \dfrac{\partial F_m}{\partial u_m} \end{vmatrix}.$$

类似可以计算其他的偏导数.

例 4　计算由 $\begin{cases} F(x,y,z)=0, \\ G(x,y,z)=0 \end{cases}$ 所确定的隐函数 $y=y(x), z=z(x)$ 的偏导数 $\dfrac{\partial z}{\partial x}, \dfrac{\partial y}{\partial x}$.

解　由题意得, 由方程组确定两个隐函数 $y=y(x), z=z(x)$, 将方程组视为由此复合而成的复合函数方程组, 对 x 求导, 则

$$\begin{cases} F_1'+F_2'\dfrac{\partial y}{\partial x}+F_3'\dfrac{\partial z}{\partial x}=0, \\ G_1'+G_2'\dfrac{\partial y}{\partial x}+G_3'\dfrac{\partial z}{\partial x}=0, \end{cases}$$

解之得

$$y'(x)=-\frac{\dfrac{D(F,G)}{D(x,z)}}{\dfrac{D(F,G)}{D(y,z)}}, \quad z'(x)=-\frac{\dfrac{D(F,G)}{D(y,x)}}{\dfrac{D(F,G)}{D(y,z)}}.$$

其中, F_1' 表示函数 F 对第一个变量的偏导数, F_2' 表示函数 F 对第二个变量的偏导数, 如若 $F=F(u,v,w)$, 则 $F_2'=F_v(u,v,w)$.

从上述两种情形看, 隐函数的求导相当简单, 但要注意掌握方法实质, 注意从题目中分析清楚确定的隐函数. 也注意不必记公式, 要做到灵活运用.

例 5　设 $x=r\cos\theta, y=r\sin\theta$, 求 $\dfrac{\partial r}{\partial x}, \dfrac{\partial \theta}{\partial x}, \dfrac{\partial r}{\partial y}, \dfrac{\partial \theta}{\partial y}$.

简析　从题型可知, 确定两个隐函数 $r=r(x,y), \theta=\theta(x,y)$.

解　法一　直接求导法.

对两式关于 x 求导, 则

$$\begin{cases} 1=\cos\theta\cdot\dfrac{\partial r}{\partial x}-r\sin\theta\cdot\dfrac{\partial \theta}{\partial x}, \\ 0=\sin\theta\cdot\dfrac{\partial r}{\partial x}+r\cos\theta\cdot\dfrac{\partial \theta}{\partial x}, \end{cases}$$

解之得

$$\begin{cases} \dfrac{\partial r}{\partial x}=\cos\theta, \\ \dfrac{\partial \theta}{\partial x}=-\dfrac{\sin\theta}{r}; \end{cases}$$

类似可得

$$\begin{cases} \dfrac{\partial r}{\partial y} = \sin\theta, \\ \dfrac{\partial \theta}{\partial y} = \dfrac{\cos\theta}{r}. \end{cases}$$

注 还可用微分法, 利用复合函数一阶微分的不变性计算隐函数的偏导数.

法二 利用微分形式不变性.

将方程两端同时微分:

$$\begin{cases} \mathrm{d}x = \cos\theta \cdot \mathrm{d}r - r\sin\theta \cdot \mathrm{d}\theta, \\ \mathrm{d}y = \sin\theta \cdot \mathrm{d}r + r\cos\theta \cdot \mathrm{d}\theta, \end{cases}$$

解得

$$\begin{cases} \mathrm{d}r = \cos\theta \cdot \mathrm{d}x + \sin\theta \cdot \mathrm{d}y, \\ \mathrm{d}\theta = -\dfrac{\sin\theta}{r} \cdot \mathrm{d}x + \dfrac{\cos\theta}{r} \cdot \mathrm{d}y, \end{cases}$$

由微分定义得

$$\frac{\partial r}{\partial x} = \cos\theta, \quad \frac{\partial r}{\partial y} = \sin\theta, \quad \frac{\partial \theta}{\partial x} = -\frac{\sin\theta}{r}, \quad \frac{\partial \theta}{\partial y} = \frac{\cos\theta}{r}.$$

例 6 从方程组 $\begin{cases} x + y + z + u + v = 1, \\ x^2 + y^2 + z^2 + u^2 + v^2 = 2 \end{cases}$ 中求出 u_x, v_x, u_{xx}, v_{xx}.

简析 这是 5 个变元、两个方程的方程组, 由方程组理论, 两个方程的方程组至多可以确定两个变量, 因此, 上述 5 个变量, 至少有 3 个是独立的, 而从题目中可分析出: 变元 x, y, z 独立, 确定两个隐函数 $u = u(x, y, z), v = v(x, y, z)$.

解 由题意, 方程组可以确定隐函数 $u = u(x, y, z), v = v(x, y, z)$, 因此, 利用复合函数求导法则, 对方程组的方程两端关于 x 求偏导, 则

$$\begin{cases} 1 + u_x + v_x = 0, \\ 2x + 2uu_x + 2vv_x = 0, \end{cases} \tag{15-1}$$

解之得 $u_x = \dfrac{x - v}{v - u}, v_x = \dfrac{u - x}{v - u}$.

再对 (15-1) 两端关于 x 求偏导:

$$\begin{cases} u_{xx} + v_{xx} = 0, \\ 1 + u_x^2 + uu_{xx} + v_x^2 + vv_{xx} = 0, \end{cases}$$

求解得

$$u_{xx} = -v_{xx} = \frac{1 + \left(\dfrac{x - v}{v - u}\right)^2 + \left(\dfrac{u - x}{v - u}\right)^2}{v - u}.$$

例 7　设 $\begin{cases} x+y=u+v, \\ \dfrac{x}{y}=\dfrac{u^2}{v}, \end{cases}$ 计算 $\mathrm{d}u, \mathrm{d}v$.

简析　由题意, 通过方程组确定隐函数为 $u=u(x,y), v=v(x,y)$, 利用微分法对方程组两端求微分就可以计算出 $\mathrm{d}u, \mathrm{d}v$, 但是, 注意到方程组的结构, 直接对方程微分, 需要利用除法的微分法则计算两个商式的微分, 我们知道, 在四则运算法则中, 除法的微分法则最复杂, 因此, 我们尽可能化简结构, 避开复杂的计算, 为此, 我们对第二个方程进行变形, 将商的形式转化为乘积形式.

解　由题意, 方程组确定隐函数 $u=u(x,y), v=v(x,y)$, 将方程组变形

$$\begin{cases} x+y=u+v, \\ xv=yu^2, \end{cases}$$

两端微分, 则

$$\begin{cases} \mathrm{d}x+\mathrm{d}y=\mathrm{d}u+\mathrm{d}v, \\ v\mathrm{d}x+x\mathrm{d}v=u^2\mathrm{d}y+2y\mathrm{d}u, \end{cases}$$

求解得 $\mathrm{d}u=\dfrac{x+v}{x+2y}\mathrm{d}x+\dfrac{x-u^2}{x+2y}\mathrm{d}y$, $\mathrm{d}v=\dfrac{2y-v}{x+2y}\mathrm{d}x+\dfrac{2y+u^2}{x+2y}\mathrm{d}y$.

在掌握了基本的运算法则后, 一定要掌握利用结构特点确定最简洁的解决问题的技术路线.

习　题　15.4

1. 计算由下列方程所确定的隐函数的一阶偏导数 u_x, u_y.

(1) $y^2+x\mathrm{e}^{yu}+y^2u=0$;　　(2) $\ln(x^2+y^2+u^2)=xyu$.

2. 按要求, 求解下列题目.

(1) $\begin{cases} x^2+y^2+z^2=1, \\ x=y, \end{cases}$ 求 $\mathrm{d}y, \mathrm{d}z, \mathrm{d}^2z$;

(2) $\begin{cases} x+y=uv^2, \\ y^2x+1=\mathrm{e}^{uv}, \end{cases}$ 求 $\mathrm{d}u, \mathrm{d}v$;

(3) $\begin{cases} u=f(x,y), \\ g(x,y,z)=0, \\ h(x,y,z)=0, \end{cases}$ 求 $\dfrac{\mathrm{d}u}{\mathrm{d}x}$;

(4) $\begin{cases} x=\mathrm{e}^u\cos v, \\ y=\mathrm{e}^u\sin v, \\ z=uv, \end{cases}$ 求 z_x, z_y.

15.5 复合函数求导的应用

从 15.4 节例子可知, 隐函数的求导并不困难, 但是作为其应用——偏微分方程的变换是比较困难的. 所谓偏微分方程就是由多元函数及其偏导数构成的函数方程. 偏微分方程的变换是指通过给定的一组变量关系, 将一个已知的偏微分方程转换为另一种形式. 一般来说, 通过方程变换, 把结构复杂的偏微分方程简化为简单结构的偏微分方程, 由此把握偏微分方程的结构特征 (类似于二次型化为标准型), 有利于偏微分方程的研究, 这种变换在偏微分方程理论中非常有用. 常见的方程变换有两种, 其一称为部分变换, 即将一个函数的已知的关于某组变量的偏微分方程, 通过给定的一组变量关系, 转化为此函数关于另一组变量的偏微分方程; 在这个过程中, 函数不变, 只是自变量发生改变. 其二称为完全变换, 即将一个函数的已知的关于某组变量的偏微分方程, 通过一组变量关系和一个函数关系, 转换为另一个函数关于另一组变量的偏微分方程, 在这个过程中, 变量和函数都发生改变. 方程变换的难点在于: 转换过程中, 必须准确把握问题的含义, 准确确定函数、变量、中间变量等各种量之间的关系. 根据复合函数偏导数计算的链式法则, 一般原则是要计算的偏导数是函数对最终自变量的偏导数, 可以根据此原则确定变量的身份.

下面通过具体的例子说明相应的变换方法和思想.

一、 部分变换

例 1 给定变量关系式 $u=x^2-y^2, v=2xy$, 变换方程:

$$\frac{\partial^2 w}{\partial x^2}+\frac{\partial^2 w}{\partial y^2}=0.$$

结构分析 首先明确题意: 由要变换的方程可知, 方程是函数 $w=w(x,y)$ 关于变量 x, y 所满足的偏微分方程; 给定的一组变量关系为 $u=x^2-y^2, v=2xy$. 在变量关系式中, 只涉及自变量 x, y 和两个新的变量 u, v, 利用这组关系式可以实现变量 x, y 和 u, v 之间的转换, 即利用给定的关系式将自变量由 x, y 转换为 u, v, 也可以利用隐函数理论, 由方程组 $\begin{cases} u-x^2+y^2=0, \\ v-2xy=0 \end{cases}$ 确定隐函数 $x=x(u,v), y=y(u,v)$, 将变量 u, v 转换为 x, y, 因此, 函数 $w=w(x,y)$ 通过变量关系 $x=x(u,v), y=y(u,v)$, 转换为 w 关于 u, v 的函数 $w=w(u,v)$, 故, 函数 w 没变, 自变量由 x,y 变成了 u,v, 而 x,y 成了中间变量. 因此, 本题的目标是将 w 关于原变量 x, y 的偏微分方程转换为 w 关于新变量 u, v 的偏微分方程, 这正是偏微分方程的部分变换.

因此, 变换过程中重点要解决的是两类偏导数的关系. 用到的理论还是隐函数和复合函数的求导. 其变换过程是先利用隐函数理论由给出的变量关系式确定隐函数 $x=x(u,v)$, $y=y(u,v)$, 再利用函数的复合将函数 $w=w(x,y)$ 复合成函数 $w=w(u,v)$, 进而讨论 w 关于 x,y 的偏导数与 w 关于 u,v 的偏导数的关系.

根据变换要求, 需要计算 w 关于 x,y 的偏导数, 类比已知, 复合函数的计算公式给出了函数对最终自变量的导数, 因此, 应将 x, y 视为最终自变量, u, v 应是中间变量, 应用链式法则建立二者的联系. 当然, 还必须利用变量关系式计算中间变量对最终自变量的偏导数.

或者, 更简单些, 根据链式法则的求导原则, 根据要变换的方程, 需要计算偏导数 $\frac{\partial^2 w}{\partial x^2}$ 和 $\frac{\partial^2 w}{\partial y^2}$, 因而, 应视 x, y 为最终自变量.

解　由变量关系式得

$$u_x=2x,\quad u_y=-2y,\quad v_x=2y,\quad v_y=2x,$$

将函数 $w(x,y)$ 视为函数 $w(u,v)$ 与变量 $u=x^2-y^2, v=2xy$ 的复合, 由链式法则, 则

$$\frac{\partial w}{\partial x}=\frac{\partial w}{\partial u}\cdot\frac{\partial u}{\partial x}+\frac{\partial w}{\partial v}\cdot\frac{\partial v}{\partial x}=2x\frac{\partial w}{\partial u}+2y\frac{\partial w}{\partial v},$$

$$\frac{\partial w}{\partial y}=\frac{\partial w}{\partial u}\cdot\frac{\partial u}{\partial y}+\frac{\partial w}{\partial v}\cdot\frac{\partial v}{\partial y}=-2y\frac{\partial w}{\partial u}+2x\frac{\partial w}{\partial v},$$

进而,

$$\begin{aligned}\frac{\partial^2 w}{\partial x^2}&=2\frac{\partial w}{\partial u}+2x\left[\frac{\partial^2 w}{\partial u^2}\cdot\frac{\partial u}{\partial x}+\frac{\partial^2 w}{\partial u\partial v}\cdot\frac{\partial v}{\partial x}\right]+2y\left[\frac{\partial^2 w}{\partial v\partial u}\cdot\frac{\partial u}{\partial x}+\frac{\partial^2 w}{\partial v^2}\cdot\frac{\partial v}{\partial x}\right]\\&=2\frac{\partial w}{\partial u}+4x^2\frac{\partial^2 w}{\partial u^2}+4xy\frac{\partial^2 w}{\partial u\partial v}+4xy\frac{\partial^2 u}{\partial x\partial v}+4y^2\frac{\partial^2 w}{\partial v^2},\\\frac{\partial^2 w}{\partial y^2}&=-2\frac{\partial w}{\partial u}-2y\left[\frac{\partial^2 w}{\partial u^2}\cdot\frac{\partial u}{\partial y}+\frac{\partial^2 w}{\partial u\partial v}\cdot\frac{\partial v}{\partial y}\right]+2x\left[\frac{\partial^2 w}{\partial v\partial u}\cdot\frac{\partial u}{\partial y}+\frac{\partial^2 w}{\partial v^2}\cdot\frac{\partial v}{\partial y}\right]\\&=-2\frac{\partial w}{\partial u}+4y^2\frac{\partial^2 w}{\partial u^2}-4xy\frac{\partial^2 w}{\partial u\partial v}-4xy\frac{\partial^2 w}{\partial v\partial u}+4x^2\frac{\partial^2 w}{\partial v^2},\end{aligned}$$

故,

$$\frac{\partial^2 w}{\partial x^2}+\frac{\partial^2 w}{\partial y^2}=4(x^2+y^2)\left[\frac{\partial^2 w}{\partial u^2}+\frac{\partial^2 w}{\partial v^2}\right],$$

因而, 方程变为

$$\frac{\partial^2 w}{\partial u^2}+\frac{\partial^2 w}{\partial v^2}=0.$$

注 例 1 中变换后方程的形式没有发生变化, 原因很简单, 因为原方程就是最简单的标准的椭圆型方程, 不可能再简化了, 只是通过例子说明方程变换的过程.

例 2 给定变量关系式 $u=u(x,y), x=r\cos\theta, y=r\sin\theta$, 证明:

$$\frac{\partial^2 u}{\partial x^2}+\frac{\partial^2 u}{\partial y^2}=\frac{\partial^2 u}{\partial r^2}+\frac{1}{r}\frac{\partial u}{\partial r}+\frac{1}{r^2}\frac{\partial^2 u}{\partial \theta^2}.$$

结构分析 结论结构是一个等式, 左端是函数 u 对变量 x, y 的偏导数, 右端是函数 u 对变量 r, θ 的偏导数, 因此, 本质还是偏微分方程的部分变换; 条件结构中给出了两组变量的关系式, 相互之间可以计算偏导关系, 当然, 相对来说, 计算 x, y 关于 r, θ 的偏导数较为容易 (中间变量对最终自变量的偏导数), 因此, 应将 r, θ 视为最终自变量, 故, 证明方法可以从计算右端开始, 推出左端. 当然, 由于给出的关系式较简单, 计算 r, θ 对 x, y 的偏导数也不复杂, 因此, 也可以由左端推出右端, 两种方法都可以试一下.

证明 $u(r,\theta)$ 可视为 $u=u(x,y)$ 与 $r=r\cos\theta, y=r\sin\theta$ 复合而成, 由链式法则,

$$\frac{\partial u}{\partial r}=\cos\theta\frac{\partial u}{\partial x}+\sin\theta\frac{\partial u}{\partial y},\quad \frac{\partial u}{\partial \theta}=-r\sin\theta\frac{\partial u}{\partial x}+r\cos\theta\frac{\partial u}{\partial y},$$

$$\frac{\partial^2 u}{\partial r^2}=\cos^2\theta\frac{\partial^2 u}{\partial x^2}+2\sin\theta\cos\theta\frac{\partial^2 u}{\partial x\partial y}+\sin^2\theta\frac{\partial^2 u}{\partial y^2},$$

$$\frac{\partial^2 u}{\partial \theta^2}=-r\frac{\partial u}{\partial r}+r^2\sin^2\theta\frac{\partial^2 u}{\partial x^2}-2r^2\sin\theta\cos\theta\frac{\partial^2 u}{\partial x\partial y}+r^2\cos^2\theta\frac{\partial^2 u}{\partial y^2},$$

代入即可.

从上述例子可知, 在涉及这类偏微分方程的转换时, 关键是从要证明的结论出发, 确定要计算的偏导数, 进而选取合适的最终自变量和中间变量. 选择的依据是复合函数的求导的链式法则, 根据链式法则, 可以计算函数对最终自变量的偏导数, 由此, 根据要计算的偏导数确定函数和最终自变量. 当然, 也可以用试验方法, 当选择一组变量为中间变量出现计算困难时, 可以换另一组变量作为中间变量试一试.

二、 完全变换

例 3 给定变量关系式 $x=u, y=\dfrac{u}{1+uv}, z=\dfrac{u}{1+uw}$, 变换方程:

$$x^2\frac{\partial z}{\partial x}+y^2\frac{\partial z}{\partial y}=z^2.$$

结构分析 由结论知, 原偏微分方程是函数 $z=z(x,y)$ 所满足的偏微分方程, 即原函数为 z, 原自变量为 x,y. 由所给的变量关系式知, 前两个涉及两组

自变量 $(x,\ y)$ 和 $(u,\ v)$ 的关系，实现两组变量间的转换，因而，可以将以 $x,\ y$ 为变量的函数 $z=z(x,y)$ 转化为以 $u,\ v$ 为变量的函数 $z=z(u,v)$. 最后一个式中，除涉及新自量 $u,\ v$，还有一个变量 w，此 w 正是由 $z,\ u$ 确定的新函数 $w=w(z(u,v),u)=w(u,v)$. 因而，通过上述分析，给定的关系式，实际确定两组函数关系.

原函数：z, 原自变量：x,y.
新函数：w, 新自变量：u,v.

因而，本题要求将原函数 $z=z(x,y)$ 满足的偏微分方程，通过给定的关系式，转化为新函数 $w=w(u,v)$ 所满足的偏微分方程. 函数和自变量都改变了，这是完全变换.

因此，问题的关键是如何建立两组偏导函数的关系？类比部分变换，借助两组自变量关系，可以将原函数 z 关于原变量 $x,\ y$ 的偏导数转化为原函数 z 关于新变量 $u,\ v$ 的偏导数，必须进一步建立原函数 z 关于新变量 $u,\ v$ 的偏导数与新函数 w 关于新变量 $u,\ v$ 的偏导数，类比已知条件，必须借助另一个变量关系式 (新函数与原函数的关系式) 建立两组偏导数的关系，由此确定解题的思想和方法.

解　先将 $z=z(x,y)$ 视为借助于变量关系 $x=u,y=\dfrac{u}{1+uv}$ 形成的变量关系 $u=u(x,y),v=v(x,y)$，进而得到复合函数 $z(x,y)=z(u(x,y),v(x,y))$，由复合函数的链式求导法则，得

$$z_x=z_uu_x+z_vv_x,\quad z_y=z_uu_y+z_vv_y,$$

利用变量关系 $x=u,y=\dfrac{u}{1+uv}$, 简化得 $x=u,y(1+uv)=u$, 两端关于 x 求导，得

$$1=u_x,\quad y\left(u\frac{\partial v}{\partial x}+v\frac{\partial u}{\partial x}\right)=u_x,$$

解得 $u_x=1,v_x=\dfrac{1}{u^2}$.

两端关于 y 求导，得

$$u_y=0,\quad (1+uv)+y\left(u\frac{\partial v}{\partial y}+v\frac{\partial u}{\partial y}\right)=u_y,$$

解得 $u_y=0,v_y=-\dfrac{(1+uv)^2}{u^2}$.

代入得 $z_x=z_u+\dfrac{1}{u^2}z_v,\ z_y=-\dfrac{(1+uv)^2}{u^2}z_v$, 因而,

$$x^2\frac{\partial z}{\partial x}+y^2\frac{\partial z}{\partial y}=u^2\left(z_u+\frac{1}{u^2}z_v\right)+\left(\frac{u}{1+uv}\right)^2\left[-\frac{(1+uv)^2}{u^2}z_v\right]=u^2z_u,$$

为计算 z_u, 利用另一个函数关系 $z(1+uw)=u$ 两端关于 u 求得, 则

$$z_u(1+uw)+z(w+uw_u)=1,$$

因而, $z_u=\dfrac{1-z(w+uw_u)}{1+uw}$, 故, 原方程转换为

$$u^2\frac{1-z(w+uw_u)}{1+uw}=\left(\frac{u}{1+uw}\right)^2,$$

化简得 $w_u=0$.

抽象总结 (1) 此例表明, 通过变换方程得以简化. (2) 对完全变换, 由于原变量和新变量间可以相互转化, 都可以视为中间变量或最终自变量, 同样, 原函数和新函数都可以视为这两组变量的复合函数, 因此, 在建立两个函数的偏导数关系时可以灵活进行. (3) 当然, 还可以把变换化为两个阶段, 先利用部分变换将左端 z 关于 x, y 的偏微分方程变换为 z 关于新变量 u, v 的偏微分方程, 再通过函数关系式变换为 w 关于变量 u, v 的偏微分方程.

例 4 设 $u=x+y, v=x-y, w=xy-z$, 变换方程 $\dfrac{\partial^2 z}{\partial x^2}+2\dfrac{\partial^2 z}{\partial x\partial y}+\dfrac{\partial^2 z}{\partial y^2}=0$.

简析 本题仍是完全变换, 关键仍是建立原函数 z 关于原变量 x, y 的偏导数与新函数 w 关于新变量 u, v 的偏导数.

解 原函数 $z=z(x,y)$, 新函数 $w=w(u,v)$ 与变量关系 $u=x+y, v=x-y$ 复合后也可视为 x,y 的函数, 利用函数关系式 $w=xy-z$, 两端分别关于 x,y 求偏导, 得

$$\frac{\partial z}{\partial x}=y-\frac{\partial w}{\partial x},\quad \frac{\partial z}{\partial y}=x-\frac{\partial w}{\partial y},$$

进一步将 w 关于新变量 x, y 的偏导数转化为 w 关于新变量 u, v 的偏导数, 利用复合函数的求导法则, 则

$$\frac{\partial z}{\partial x}=y-\frac{\partial w}{\partial u}\frac{\partial u}{\partial x}-\frac{\partial w}{\partial v}\frac{\partial v}{\partial x},\quad \frac{\partial z}{\partial y}=x-\frac{\partial w}{\partial u}\frac{\partial u}{\partial y}-\frac{\partial w}{\partial v}\frac{\partial v}{\partial y},$$

利用自变量关系式得 $\dfrac{\partial u}{\partial x}=1, \dfrac{\partial u}{\partial y}=1, \dfrac{\partial v}{\partial x}=1, \dfrac{\partial v}{\partial y}=-1$, 故,

$$\frac{\partial z}{\partial x}=y-\frac{\partial w}{\partial u}-\frac{\partial w}{\partial v},\quad \frac{\partial z}{\partial y}=x-\frac{\partial w}{\partial u}+\frac{\partial w}{\partial v},$$

再求导得

$$\frac{\partial^2 z}{\partial x^2}=-\frac{\partial^2 w}{\partial u^2}-2\frac{\partial^2 w}{\partial u\partial v}-\frac{\partial^2 w}{\partial v^2},$$

$$\frac{\partial^2 z}{\partial x\partial y}=1-\frac{\partial^2 w}{\partial u^2}+\frac{\partial^2 w}{\partial v^2},$$

$$\frac{\partial^2 z}{\partial y^2}=-\frac{\partial^2 w}{\partial u^2}+2\frac{\partial^2 w}{\partial u\partial v}-\frac{\partial^2 w}{\partial v^2},$$

故,

$$\frac{\partial^2 z}{\partial x^2}+2\frac{\partial^2 z}{\partial x\partial y}+\frac{\partial^2 z}{\partial y^2}=2-4\frac{\partial^2 w}{\partial u^2},$$

所以, 原方程变为 $\frac{\partial^2 w}{\partial u^2}=\frac{1}{2}$.

例 5 设 $x=r\cos\theta, y=r\sin\theta$, 变换方程组

$$\begin{cases}\dfrac{\mathrm{d}x}{\mathrm{d}t}=y+kx(x^2+y^2),\\ \dfrac{\mathrm{d}y}{\mathrm{d}t}=-x+ky(x^2+y^2)\end{cases}$$

为极坐标方程.

结构分析 所变换的方程组表明函数关系为 $x=x(t), y=y(t)$. 由变量关系可知, 两组变量 (r,θ), (x,y) 间相互转化, 或将原函数 (x,y) 转化为新函数 (r,θ), 由此产生新的函数关系 $r=r(x,y)=r(t), \theta=\theta(x,y)=\theta(t)$, 因此, 本题要求, 将原函数 $x=x(t)$, $y=y(t)$ 的微分方程转化为 $r=r(t), \theta=\theta(t)$ 的微分方程. 方法仍是从变量关系出发建立二者的导数关系.

解 对关系式 $x=r\cos\theta, y=r\sin\theta$ 关于 t 求导, 则

$$\begin{cases}\dfrac{\mathrm{d}x}{\mathrm{d}t}=\dfrac{\mathrm{d}r}{\mathrm{d}t}\cos\theta-r\sin\theta\dfrac{\mathrm{d}\theta}{\mathrm{d}t},\\ \dfrac{\mathrm{d}y}{\mathrm{d}t}=\dfrac{\mathrm{d}r}{\mathrm{d}t}\sin\theta+r\cos\theta\dfrac{\mathrm{d}\theta}{\mathrm{d}t},\end{cases}$$

求解方程组, 得 $\frac{\mathrm{d}r}{\mathrm{d}t}=kr^3$, $\frac{\mathrm{d}\theta}{\mathrm{d}t}=-1$.

由此看到, 变换后, 方程组得到简化.

习 题 15.5

1. 设 $u=x, v=\mathrm{e}^x+y$, 变换方程 $\frac{\partial z}{\partial x}-\mathrm{e}^x\frac{\partial z}{\partial y}=0$.

2. 设 $\xi=x-at, \eta=x+at$, 变换方程 $\frac{\partial^2 u}{\partial t^2}-a^2\frac{\partial^2 u}{\partial x^2}=0$.

3. 设方程 $C\lambda^2+2B\lambda+A=0$ 有两个互异的实根 λ_1 和 λ_2, 给定变换 $\xi=x+\lambda_1 y$, $\eta=x+\lambda_2 y$, 变换方程 $A\frac{\partial^2 u}{\partial x^2}+2B\frac{\partial^2 u}{\partial x\partial y}+C\frac{\partial^2 u}{\partial y^2}=0$.

4. 设 $u=\frac{x}{y}, v=x, w=xz-y$, 变换方程 $y\frac{\partial^2 z}{\partial y^2}+2\frac{\partial z}{\partial y}-\frac{2}{x}=0$.

15.6 复合函数求导的几何应用

本节, 我们利用多元复合函数的求导技术, 计算一些几何量, 由此解决相应的几何问题, 包括空间曲线的切线和法平面、空间曲面的切平面和法线.

一、 空间曲线的切线与法平面

给定空间曲线 l 及 l 上一点 p_0, 计算此点的切线与法平面.

1. *参数方程所表示的曲线 l 的切线与法平面*

设给定的光滑曲线 l: $\begin{cases} x=x(t), \\ y=y(t), \\ z=z(t) \end{cases}$ 及 l 上一点 $p_0(x(t_0),y(t_0),z(t_0))=p_0(x_0, y_0,z_0)$, 假设 $x(t),y(t),z(t)$ 都是可微的, 先计算此点的切线.

简析 类比已知, 所给的信息较少, 研究思路为切线的定义.

切线就是割线的极限位置, 这是计算切线的常用方法, 为此, 我们先计算割线.

任取 $p(x(t),y(t),z(t))\in l$ 且 $t\neq t_0$ 则割线 $\overline{pp_0}$ 的方程为

$$\frac{x-x_0}{x(t)-x_0}=\frac{y-y_0}{y(t)-y_0}=\frac{z-z_0}{z(t)-z_0},$$

我们希望通过割线方程的极限计算切线, 那么, 如何对方程计算极限? 要计算什么量? 从割线方程知道: 方程中, 点 $(x,\ y,\ z)$ 是表示直线 (割线) 上动态的点, 点 $p(x(t),y(t),z(t))$ 是割线与曲线的交点, 因此, 要计算的量是当点 p 沿曲线 l 趋向于 p_0 时, 即 $p\to p_0(\Leftrightarrow t\to t_0)$ 时, 点 (x,y,z) 所满足的方程. 观察割线的方程, 为保证分母在极限过程中有意义, 作恒等变换, 则

$$\frac{x-x_0}{\frac{x(t)-x_0}{t-t_0}}=\frac{y-y_0}{\frac{y(t)-y_0}{t-t_0}}=\frac{z-z_0}{\frac{z(t)-z_0}{t-t_0}},$$

注意到 $x_0=x(t_0),y_0=y(t_0),z_0=z(t_0)$, 则令 $t\to t_0$, 得

$$\frac{x-x_0}{x'(t_0)}=\frac{y-y_0}{y'(t_0)}=\frac{z-z_0}{z'(t_0)},$$

这就是 p_0 的切线方程, 其方向向量为 $\{x'(t_0),y'(t_0),z'(t_0)\}$.

当然, 上述过程也可以避开对方程的极限, 直接利用割线的方向的极限为切线的方向, 也可以得到切线方程.

由几何理论可知：切线方程的参数形式为

$$\begin{cases} x = x_0 + x'(t_0)t, \\ y = y_0 + y'(t_0)t, \\ z = z_0 + z'(t_0)t, \end{cases}$$

这种表示不论方向向量 $\{x'(t_0), y'(t_0), z'(t_0)\}$ 中是否有零分量都成立.

再计算 p_0 的法平面：由法平面的定义, 切线就是法平面的法线, 因而, 利用点法式, 得到法平面方程：

$$x'(t_0)(x - x_0) + y'(t_0)(y - y_0) + z'(t_0)(z - z_0) = 0.$$

特殊地, 空间曲线方程 l：$\begin{cases} y = f(x), \\ z = g(x), \end{cases}$ 求解点 $p_0(x_0, y_0, z_0) \in l$ 处的切线和法平面方程, 可以视 x 为参数, 将 l 转化为以 x 为参数的参数方程形式, 实现化未知为已知. 具体地, 将 l 改写为如下参数形式：

$$l: \begin{cases} x = x, \\ y = y(x), \\ z = z(x), \end{cases}$$

则由公式, 在 p_0 处切线方程为

$$\frac{x - x_0}{1} = \frac{y - y_0}{y'(x_0)} = \frac{z - z_0}{z'(x_0)},$$

法平面方程为

$$(x - x_0) + y'(x_0)(y - y_0) + z'(x_0)(z - z_0) = 0.$$

例 1 设空间曲线方程 l：$\begin{cases} x = \int_0^t \mathrm{e}^u \cos u \mathrm{d}u, \\ y = 2\sin t + \cos t, \\ z = 1 + \mathrm{e}^{3t}, \end{cases}$ 求曲线在 $t = 0$ 处的切线和法平面方程.

简析 题型为求解曲线的切线和法平面方程, 且空间曲线方程为参数形式; 类比已知：参数方程表示的曲线的切线与法平面的求法, 关键是切线的方向向量的求解.

解 当 $t=0$ 时, $x=0, y=1, z=2$, 因此, 切点为 $(0,1,2)$. 又 $x'(t)=\left(\int_0^t \mathrm{e}^u \cos u \mathrm{d}u\right)'=\mathrm{e}^t\cos t$, $y'(t)=2\cos t-\sin t$, $z'(t)=3\mathrm{e}^{3t}$, 因此, 当 $t=0$ 时, 切线的方向向量为 $\boldsymbol{s}=(x'(0),y'(0),z'(0))=(1,2,3)$. 故, 在点 $(0,1,2)$ 处, 切线方程为

$$\frac{x-0}{1}=\frac{y-1}{2}=\frac{z-2}{3};$$

法平面方程为 $(x-0)+2(y-1)+3(z-2)=0$, 即 $x+2y+3z-8=0$.

2. 一般形式的曲线 l 的切线与法平面

给定光滑曲线 l: $\begin{cases} F(x,y,z)=0, \\ G(x,y,z)=0 \end{cases}$ 及其上一点 $p_0(x_0,y_0,z_0)\in l$, 假设 $F(x,y,z)$, $G(x,y,z)$ 是可微的, 且 $\left.\frac{D(F,G)}{D(y,z)}\right|_{p_0}\neq 0$, 计算曲线 l 在 $p_0(x_0,y_0,z_0)\in l$ 处的切线和法平面.

结构分析 类比已知, 将其转化为已知情形: 参数形式或例 1 的形式. 要将曲线的一般方程形式转化为参数形式, 需要从给定由两个方程组成的方程组中求出三个函数. 要将曲线的一般方程形式转化以 x 为参数的形式, 需要从上述方程组中求出两个函数. 由隐函数理论, 从上述方程组能够确定两个函数, 即可以转化为以 x 为参数的形式. 由以 x 为参数的结论知, 要计算切线和法平面, 只需计算两个隐函数的导数.

由条件 $\left.\frac{D(F,G)}{D(y,z)}\right|_{p_0}\neq 0$, 则在 p_0 附近, 由方程组可确定隐函数 $y=y(x)$, $z=z(x)$, 故曲线 l 为 $\begin{cases} y=y(x), \\ z=z(x), \end{cases}$ 利用隐函数求导, 则

$$\left.\frac{\mathrm{d}y}{\mathrm{d}x}\right|_{p_0}=-\left.\frac{\dfrac{D(F,G)}{D(x,z)}}{\dfrac{D(F,G)}{D(y,z)}}\right|_{p_0}\triangleq A_1,\quad \left.\frac{\mathrm{d}z}{\mathrm{d}x}\right|_{p_0}=-\left.\frac{\dfrac{D(F,G)}{D(y,x)}}{\dfrac{D(F,G)}{D(y,z)}}\right|_{p_0}\triangleq B_1,$$

故, 所求切线为

$$\frac{x-x_0}{1}=\frac{y-y_0}{A_1}=\frac{z-z_0}{B_1};$$

所求法平面为

$$(x-x_0)+A_1(y-y_0)+B_1(z-z_0)=0.$$

观察 A_1, B_1 的结构, 还可以将上述结论改写为对称结构. 记 $A = \left.\frac{D(F,G)}{D(y,z)}\right|_{p_0}$, $B = \left.\frac{D(F,G)}{D(z,x)}\right|_{p_0}, C = \left.\frac{D(F,G)}{D(x,y)}\right|_{p_0}$, 于是所求

切线: $\frac{x-x_0}{A} = \frac{y-y_0}{B} = \frac{z-z_0}{C}$;

法平面: $A(x-x_0)+B(y-y_0)+C(z-z_0)=0$.

例 2　求两柱面的交线 $\begin{cases} x^2+y^2=R^2, \\ x^2+z^2=R^2 \end{cases}$ 在点 $P\left(\frac{R}{\sqrt{2}}, \frac{R}{\sqrt{2}}, \frac{R}{\sqrt{2}}\right)$ 处的切线.

解　法一　公式法.

记 $F(x,y,z)=x^2+y^2-R^2, G(x,y,z)=x^2+z^2-R^2$, 利用公式, 则

$$A = \left.\frac{D(F,G)}{D(y,z)}\right|_P = \left.\begin{vmatrix} 2y & 0 \\ 0 & 2z \end{vmatrix}\right|_P = 4yz|_P = 2R^2,$$

$$B = \left.\frac{D(F,G)}{D(z,x)}\right|_P = \left.\begin{vmatrix} 0 & 2x \\ 2z & 2x \end{vmatrix}\right|_p = -2R^2,$$

$$C = \left.\frac{D(F,G)}{D(x,y)}\right|_P = \left.\begin{vmatrix} 2x & 2y \\ 2x & 0 \end{vmatrix}\right|_p = -2R^2,$$

于是

$$A = 2R^2, \quad B = -2R^2, \quad C = -2R^2,$$

故, 所求切线为

$$x - \frac{R}{\sqrt{2}} = -\left(y - \frac{R}{\sqrt{2}}\right) = -\left(z - \frac{R}{\sqrt{2}}\right).$$

法二　直接求导法.

视方程 $\begin{cases} x^2+y^2=R^2, \\ x^2+z^2=R^2 \end{cases}$ 以 x 为参数, 方程对 x 求导, 得

$$\begin{cases} 2x+2y\dfrac{\mathrm{d}y}{\mathrm{d}x}=0, \\ 2x+2z\dfrac{\mathrm{d}z}{\mathrm{d}x}=0, \end{cases}$$

解之得 $\begin{cases}\dfrac{\mathrm{d}y}{\mathrm{d}x}=-\dfrac{x}{y},\\ \dfrac{\mathrm{d}z}{\mathrm{d}x}=-\dfrac{x}{z},\end{cases}$ 在点 $P\left(\dfrac{R}{\sqrt{2}},\dfrac{R}{\sqrt{2}},\dfrac{R}{\sqrt{2}}\right)$ 处, $\begin{cases}\dfrac{\mathrm{d}y}{\mathrm{d}x}=-1,\\ \dfrac{\mathrm{d}z}{\mathrm{d}x}=-1.\end{cases}$ 故, 所求切线为

$$x-\frac{R}{\sqrt{2}}=-\left(y-\frac{R}{\sqrt{2}}\right)=-\left(z-\frac{R}{\sqrt{2}}\right).$$

二、 曲面的切平面与法线

若给定光滑曲面 $\Sigma: F(x,y,z)=0$ 及 $M_0(x_0,y_0,z_0)\in\Sigma$, 求点 M_0 的切平面 Σ_0 与法线方程.

结构分析 总体思路和切线的求解思路相同, 都是根据定义确定思路. 另一方面, 根据解决问题的一般思想, 总希望将待解决的问题转化为已知的情形来解决. 在 15.5 节中, 我们掌握了曲线的切线的计算, 能否将切平面问题转化为切线问题来讨论? 这就需要了解切线和切平面的关系. 从几何理论可知, 过 M_0 任作曲线 $l\subset\Sigma$, 则对应此曲线 l, 在 M_0 点就有切线 l_{M_0}, 显然, $l_{M_0}\subset\Sigma_0$, 不仅如此, 还有 $\bigcup\limits_{l\subset\Sigma} l_{M_0}=\Sigma_0$, 即正是切线束组成了切平面, 这也是切平面的定义. 由此, 利用化未知为已知的研究思想, 通过考察任一条曲线的切线的性质, 确定切平面.

设 l 为 Σ 内过 M_0 的任一条曲线, 设其方程为 $x=x(t), y=y(t), z=z(t)$, 且 $x_0=x(t_0), y_0=y(t_0), z_0=z(t_0)$, 则在 M_0 点处 l 的切线方向为 $\{x'(t_0),y'(t_0),z'(t_0)\}$, 现在挖掘 $\{x'(t_0),y'(t_0),z'(t_0)\}$ 的信息. 由于 $l\subset\Sigma$, 故, $F(x(t),y(t),z(t))=0$, 为产生 $\{x'(t_0),y'(t_0),z'(t_0)\}$, 对方程求导, 则

$$x'(t)F_x+y'(t)F_y+z'(t)F_z=0,$$

特别有

$$x'(t_0)F_x(M_0)+y'(t_0)F_y(M_0)+z'(t_0)F_z(M_0)=0,$$

因而,

$$\{x'(t_0),y'(t_0),z'(t_0)\}\cdot\{F_x(M_0),F_y(M_0),F_z(M_0)\}=0,$$

故, 向量 $\{x'(t_0),y'(t_0),z'(t_0)\}$ 与 $\{F_x(M_0),F_y(M_0),F_z(M_0)\}$ 垂直.

这一结论的含义是什么?

进一步分析: 记 $\boldsymbol{n}=\{F_x(M_0),F_y(M_0),F_z(M_0)\}$, 它只与 M_0 有关, 为固定的方向, 而 $\{x'(t_0),y'(t_0),z'(t_0)\}$ 是任一切线方向. 故, 上述结论表明: $\boldsymbol{n}$ 与任一切线都垂直, 而所有这样的切线组成了切平面, 因此, $\boldsymbol{n}$ 与切平面垂直, 故, $\boldsymbol{n}$ 是切平面的法向量. 由点法式, 切平面 Σ_0 为

$$F_x(M_0)(x-x_0)+F_y(M_0)(y-y_0)+F_z(M_0)(z-z_0)=0,$$

相应的法线为

$$\frac{x-x_0}{F_x(M_0)}=\frac{y-y_0}{F_y(M_0)}=\frac{z-z_0}{F_z(M_0)}.$$

由于曲面方程有不同的形式, 作为上述结论的应用, 进行分别讨论.

情形 1　设 $\Sigma: z=f(x,y)$, 此时取 $F=z-f(x,y)$ 即可.

情形 2　若已知曲面参数方程:

$$\begin{cases} x=f(u,v), \\ y=g(u,v), \\ z=h(u,v), \end{cases}$$

将其转化为情形 1, 即若从 $\begin{cases} x=f(u,v), \\ y=g(u,v) \end{cases}$ 中确定隐函数 $\begin{cases} u=u(x,y), \\ v=v(x,y), \end{cases}$ 则曲面为

$$\Sigma: z=h(u,v)=h(u(x,y),v(x,y)),$$

即转化为情形 1, 此时,

$$F(x,y,z)=z-h(u(x,y),v(x,y)).$$

下面计算 F_x,F_y,F_z, 利用复合函数求导理论, 则

$$F_z=1,\quad F_x=-\frac{\partial h}{\partial u}\cdot\frac{\partial u}{\partial x}-\frac{\partial h}{\partial v}\cdot\frac{\partial v}{\partial x},\quad F_y=-\frac{\partial h}{\partial u}\cdot\frac{\partial u}{\partial y}-\frac{\partial h}{\partial v}\cdot\frac{\partial v}{\partial y},$$

为计算 $\dfrac{\partial u}{\partial x},\dfrac{\partial u}{\partial y},\dfrac{\partial v}{\partial x},\dfrac{\partial u}{\partial y}$, 由方程组 $\begin{cases} x=f(u,v), \\ y=g(u,v) \end{cases}$ 对 x 求导, 则

$$\begin{cases} 1=\dfrac{\partial f}{\partial u}\cdot\dfrac{\partial u}{\partial x}+\dfrac{\partial f}{\partial v}\dfrac{\partial v}{\partial x}, \\ 0=\dfrac{\partial g}{\partial u}\cdot\dfrac{\partial u}{\partial x}+\dfrac{\partial g}{\partial v}\dfrac{\partial v}{\partial x}, \end{cases}$$

解之可得

$$\frac{\partial u}{\partial x}=\frac{\dfrac{\partial g}{\partial v}}{\dfrac{D(f,g)}{D(u,v)}},\quad \frac{\partial v}{\partial x}=-\frac{\dfrac{\partial g}{\partial u}}{\dfrac{D(f,g)}{D(u,v)}}.$$

对 y 求导, 则

$$\begin{cases} 1=\dfrac{\partial f}{\partial u}\cdot\dfrac{\partial u}{\partial y}+\dfrac{\partial f}{\partial v}\dfrac{\partial v}{\partial y}, \\ 0=\dfrac{\partial g}{\partial u}\cdot\dfrac{\partial u}{\partial y}+\dfrac{\partial g}{\partial v}\dfrac{\partial v}{\partial y}, \end{cases}$$

解之可得

$$\frac{\partial u}{\partial x}=-\frac{\dfrac{\partial f}{\partial v}}{\dfrac{D(f,g)}{D(u,v)}},\quad \frac{\partial v}{\partial x}=\frac{\dfrac{\partial f}{\partial u}}{\dfrac{D(f,g)}{D(u,v)}},$$

故,

$$F_x=\frac{-\dfrac{\partial h}{\partial u}\cdot\dfrac{\partial g}{\partial v}-\dfrac{\partial h}{\partial v}\cdot\dfrac{\partial g}{\partial u}}{\dfrac{D(f,g)}{D(u,v)}}=\frac{\dfrac{D(g,h)}{D(u,v)}}{\dfrac{D(f,g)}{D(u,v)}},$$

$$F_y=\frac{\dfrac{\partial h}{\partial u}\cdot\dfrac{\partial f}{\partial v}-\dfrac{\partial h}{\partial v}\cdot\dfrac{\partial f}{\partial u}}{\dfrac{D(f,g)}{D(u,v)}}=\frac{\dfrac{D(h,f)}{D(u,v)}}{\dfrac{D(f,g)}{D(u,v)}},$$

代入得所求的切平面 Σ_0 为

$$\left.\frac{D(g,h)}{D(u,v)}\right|_{M_0}(x-x_0)+\left.\frac{D(h,f)}{D(u,v)}\right|_{M_0}(y-y_0)+\left.\frac{D(f,g)}{D(u,v)}\right|_{M_0}(z-z_0)=0,$$

所求的法线方程为

$$\frac{x-x_0}{\left.\dfrac{D(y,z)}{D(u,v)}\right|_{M_0}}=\frac{y-y_0}{\left.\dfrac{D(z,x)}{D(u,v)}\right|_{M_0}}=\frac{z-z_0}{\left.\dfrac{D(x,y)}{D(u,v)}\right|_{M_0}}.$$

其中, 函数行列式定义为

$$\frac{D(f,g)}{D(u,v)}=\begin{vmatrix} f_u & f_v \\ g_u & g_v \end{vmatrix}.$$

习 题 15.6

1. 计算下列曲线在给定点 p_0 处的切线与法平面方程.

(1) $\begin{cases} x=\cos t, \\ y=\sin t, \\ z=t, \end{cases}$ $p_0\left(t=\dfrac{\pi}{4}\right)$;

(2) $\begin{cases} x^2+y^2=1, \\ x^2+z^2=1, \end{cases}$ $p_0(0,1,1)$;

(3) $\begin{cases} x^2+y^2=1, \\ x+z=1, \end{cases}$ $p_0(0,1,1)$;

(4) $\begin{cases} x = z^2 + 2z - 1, \\ y = z^3 + z, \end{cases}$ $p_0(2, 2, 1)$.

2. 计算下列曲面在给定点 p_0 处的切平面和法线方程.

(1) $x^2 + y^2 + xy + z^2 = 1$, $p_0(0, 0, 1)$;

(2) $\begin{cases} x = u^2 + v, \\ y = uv + 1, \\ z = 2v^2 - u, \end{cases}$ $p_0(u = 1, v = 0)$.

15.7　方向导数与梯度

前面几节, 我们学习了多元函数的偏导数, 从其定义看, 其研究的是多元函数沿坐标轴方向函数的变化率. 但是, 在许多实际问题中, 更多地需要知道多元函数在某点沿某个给定方向上的变化率. 如研究有界区域内热的传导分布问题时, 一般来说, 要确定区域内部的热分布, 需要知道区域边界上的一些已知分布条件, 这些条件就包括区域边界与外部的热交换率. 这个交换率一般是通过热分布函数在边界上沿某种方向 (法向) 的变化率来定义的, 对一般的区域而言, 其边界不一定平行于坐标轴, 法向也不一定平行于坐标轴, 这就需要研究在任意方向上的变化率. 在工程技术当中, 类似于上述这样的例子还很多, 对这些众多的具有实际背景问题的高度抽象, 就形成了本节要研究的内容——多元函数的方向导数.

一、 方向导数的定义

以三元函数 $u = f(x, y, z)$ 为例, 设 $u = f(x, y, z)$ 在点 $p_0(x_0, y_0, z_0)$ 的某邻域有定义, l 是从 p_0 点出发的射线 (以 p_0 为始点), $\boldsymbol{l} = \{\cos\alpha, \cos\beta, \cos\gamma\}$ 为其方向向量, 考察 $u = f(p)$ 在 p_0 点沿 $\boldsymbol{l}$ 方向的变化率.

极限思想是处理瞬时变化率的基本思想, 一点处的变化率可视为平均变化率的极限, 而平均变化率就是函数的改变量与引起函数改变量的变量的改变量的比值. 任取 $p(x, y, z) \in l$, 则当点从 p_0 变到 p 时, 函数的改变量 $\Delta f(p_0) = f(p) - f(p_0)$, 此时, 自变量从 p_0 变到 p, 因此, 在射线上, 引起函数变化的自变量的改变量可取为线段 $\overline{p_0p}$ 的长度 $\overline{|p_0p|}$, 故, 在线段 $\overline{p_0p}$ 上, 函数 $u = f(x, y, z)$ 的平均变化率为 $\dfrac{\Delta f(p_0)}{\overline{|p_0p|}}$, 而在 p_0 点的变化率可通过一个极限形式来定义.

定义 7.1　若

$$\lim_{\substack{p \to p_0 \\ p \in l}} \frac{\Delta f(p_0)}{\sqrt{(x - x_0)^2 + (y - y_0)^2 + (z - z_0)^2}}$$

存在, 称其为 $u = f(x, y, z)$ 在 p_0 点沿 $\boldsymbol{l}$ 方向的方向导数, 记为 $\dfrac{\partial f}{\partial \boldsymbol{l}}(p_0)$ 或 $\left.\dfrac{\partial f}{\partial \boldsymbol{l}}\right|_{p_0}$.

我们要解决如下问题：① 方向导数在什么情况下存在, 存在的情况下如何计算; ② 它与偏导数的关系.

定理 7.1 设函数 $u=f(x,y,z)$ 在点 $p_0(x_0,y_0,z_0)$ 处可微, 则 $f(x,y,z)$ 在 p_0 点沿任意方向 $\boldsymbol{l}$ 的方向导数都存在, 且

$$\left.\frac{\partial f}{\partial \boldsymbol{l}}\right|_{p_0}=f_x(p_0)\cos\alpha+f_y(p_0)\cos\beta+f_z(p_0)\cos\gamma,$$

其中 α,β,γ 为 $\boldsymbol{l}$ 的方向角.

简析 只能用定义建立方向导数和偏导数的关系. 因此, 须分析 $\Delta f(p_0)$ 与 $\overline{|p_0p|}$ 之关系, 联系二者之桥梁便是方向向量.

证明 记 l 为以 p_0 为端点, 以 $\boldsymbol{l}$ 为方向的射线, 任取 $p(x,y,z)\in l$, 记

$$\Delta x=x-x_0,\quad \Delta y=y-y_0,\quad \Delta z=z-z_0,$$

由于 $f(p)$ 在 p_0 点可微, 故

$$\Delta f(p_0)=f_x(p_0)\Delta x+f_y(p_0)\Delta y+f_z(p_0)\Delta z+o(\sqrt{\Delta x^2+\Delta y^2+\Delta z^2}),$$

另, 由于 $p\in l$, 而 $\boldsymbol{l}=\{\cos\alpha,\cos\beta,\cos\gamma\}$, 故,

$$\cos\alpha=\frac{\Delta x}{\overline{|p_0p|}},\quad \cos\beta=\frac{\Delta y}{\overline{|p_0p|}},\quad \cos\gamma=\frac{\Delta z}{\overline{|p_0p|}},$$

因而,

$$\left.\frac{\partial f}{\partial \boldsymbol{l}}\right|_{p_0}=\lim_{\substack{p\to p_0\\ p\in l}}\frac{\Delta f}{\overline{|p_0p|}}=f_x(p_0)\cos\alpha+f_y(p_0)\cos\beta+f_z(p_0)\cos\gamma.$$

上述公式给出了可微条件下, 方向导数的计算公式, 故, 在此条件下, 利用偏导数和方向向量即可计算方向导数.

从上述公式看, 有了偏导数便可计算方向导数, 但一定要注意可微条件下才成立. 换句话说, 没有可微性, 只有偏导数的存在性不一定能保证方向导数存在, 我们将通过例子说明, 二者之间不存在条件和结论的关系.

例 1 讨论 $f(x,y)=\begin{cases} x+y, & x=0 \text{ 或 } y=0, \\ 1, & \text{其他}, \end{cases}$ 在 $p_0(0,0)$ 点偏导数和沿任一方向 $\boldsymbol{l}\{\cos\alpha,\cos\beta\}$ 的方向导数的存在性.

解 容易计算

$$f_x(0,0)=1,\quad f_y(0,0)=1.$$

对任意方向 $\boldsymbol{l}=\{\cos\alpha,\cos\beta\}=\{\cos\alpha,\sin\alpha\}$, l 是从 p_0 点出发, 以 $\boldsymbol{l}$ 为方向的射线, 当 $\alpha\neq 0,\dfrac{\pi}{2},\pi,\dfrac{3\pi}{2},2\pi$ 时, 对任意的 $p(x,y)\in l$, 此时 p 不在坐标轴上, 故, $f(p)=1$, 因而

$$\lim_{\substack{p\to(0,0)\\ p\in l}}\frac{f(p)-f(0,0)}{\sqrt{x^2+y^2}}=\lim_{\substack{(x,y)\to(0,0)\\ (x,y)\in l}}\frac{1}{\sqrt{x^2+y^2}},$$

不存在, 因此, 沿上述方向 $\boldsymbol{l}$ 的方向导数都不存在.

当 $\alpha=0$ 时,

$$\left.\frac{\partial f}{\partial \boldsymbol{l}}\right|_{p_0}=\lim_{\substack{p\to p_0\\ p\in l}}\frac{\Delta f(p_0)}{|\overline{p_0p}|}=\lim_{\substack{p\to p_0\\ p\in l}}\frac{f(x,0)-f(0,0)}{x}=1.$$

当 $\alpha=\pi$ 时,

$$\left.\frac{\partial f}{\partial \boldsymbol{l}}\right|_{p_0}=\lim_{\substack{p\to p_0\\ p\in l}}\frac{\Delta f}{|\overline{p_0p}|}=\lim_{\substack{p\to p_0\\ p\in l}}\frac{f(x,0)-f(0,0)}{-x}=-1.$$

类似, 当 $\alpha=\dfrac{\pi}{2}$ 时, $\left.\dfrac{\partial f}{\partial \boldsymbol{l}}\right|_{p_0}=1$. 当 $\alpha=\dfrac{3\pi}{2}$ 时, $\left.\dfrac{\partial f}{\partial \boldsymbol{l}}\right|_{p_0}=-1$.

上例也说明：偏导数的存在性不是方向导数存在的条件, 反过来, 某个方向导数的存在性也不能保证偏导数的存在性.

例 2　讨论函数

$$f(x,y)=\begin{cases}1, & y=x,\\ 0, & y\neq x\end{cases}$$

在 $p_0(0,0)$ 点沿射线 l：$y=x,x>0,\alpha=\dfrac{\pi}{4}$ 的方向导数和偏导数的存在性.

解　由定义, 则

$$\left.\frac{\partial f}{\partial \boldsymbol{l}}\right|_{(0,0)}=\lim_{\substack{(x,y)\to(0,0)\\ (x,y)\in l}}\frac{\Delta f(0,0)}{\sqrt{x^2+y^2}}=0,$$

由于

$$\lim_{x\to 0}\frac{f(x,0)-f(0,0)}{x}=\lim_{x\to 0}\frac{-1}{x}$$

不存在, 故, $\left.\dfrac{\partial f}{\partial x}\right|_{(0,0)}$ 不存在. 类似, $\left.\dfrac{\partial f}{\partial y}\right|_{(0,0)}$ 也不存在.

更进一步还有例子表明：即使函数在任何方向上的方向导数都存在, 也不一定能保证函数的偏导数存在, 甚至不能保证函数在此点的连续性.

例 3 讨论 $f(x,y)=\sqrt{x^2+y^2}$ 在 $p_0(0,0)$ 的连续性、偏导数存在性、可微性和沿任意方向的方向导数的存在性.

解 容易证明 $f(x,y)$ 在 $p_0(0,0)$ 点连续, 由于

$$\lim_{x\to 0}\frac{f(x,0)-f(0,0)}{x}=\lim_{x\to 0}\frac{\sqrt{x^2}}{x}$$

不存在, 故 $\left.\dfrac{\partial f}{\partial x}\right|_{(0,0)}$ 不存在; 类似, $\left.\dfrac{\partial f}{\partial y}\right|_{(0,0)}$ 也不存在, 因而, $f(x,y)$ 在 $p_0(0,0)$ 点不可微. 但对任何方向 $\boldsymbol{l}=\{\cos\alpha,\sin\alpha\}$, 容易计算都有 $\left.\dfrac{\partial f}{\partial \boldsymbol{l}}\right|_{(0,0)}=1$, 因而, $f(x,y)$ 在 $p_0(0,0)$ 点沿任意方向的方向导数都存在.

还有例子表明：即使函数在任何方向上的方向导数都存在, 甚至不能保证函数在此点的连续性, 如 $f(x,y)=\begin{cases}1, & 0<y<x^2,\\ 0, & \text{其余},\end{cases}$ 显然, $f(x,y)$ 在 $p_0(0,0)$ 点不连续, 但是, 可以计算, 对任意方向 $\boldsymbol{l}=\{\cos\alpha,\sin\alpha\}$, 都有 $\left.\dfrac{\partial f}{\partial \boldsymbol{l}}\right|_{(0,0)}=0$. 事实上, 若 l 落在第一象限时, 设所在的直线方程：$y=kx$, 其中 $k=\tan\alpha>0$, 当 x 充分小时, 直线 $y=kx$ 总落在 $f=0$ 的区域内, 故,

$$\left.\frac{\partial f}{\partial \boldsymbol{l}}\right|_{(0,0)}=\lim_{\substack{p(x,y)\to(0,0)\\ p\in l}}\frac{f(p)-f(0,0)}{\sqrt{x^2+y^2}}=0,$$

当射线落在其他位置时, 成立同样的结论.

二、 偏导数与特殊的方向导数

尽管上述的例子表明, 不加任何条件, 偏导数的存在性和方向导数的存在性没有确定的关系, 但是, 由于坐标轴上有两个相反的方向, 因而, 可以借助这两个方向上的方向导数来研究相应的偏导数.

记 $\boldsymbol{l}_1=\{1,0,0\}$ 为 x 轴正向, $\boldsymbol{l}_2=\{-1,0,0\}$ 为 x 轴负向, 设 $f(x,y,z)$ 在 $p_0(0,0,0)$ 点沿 $\boldsymbol{l}_1,\boldsymbol{l}_2$ 的方向导数存在, 且 $f_x(p_0)$ 也存在, 则

$$\left.\frac{\partial f}{\partial \boldsymbol{l}_1}\right|_{p_0}=\lim_{x\to 0^+}\frac{f(x,0,0)-f(0,0,0)}{x},$$

$$\left.\frac{\partial f}{\partial \boldsymbol{l}_2}\right|_{p_0}=\lim_{x\to 0^-}\frac{f(x,0,0)-f(0,0,0)}{|x|}=-\lim_{x\to 0^-}\frac{f(x,0,0)-f(0,0,0)}{x},$$

$$f_x(p_0)=\lim_{x\to 0}\frac{f(x,0,0)-f(0,0,0)}{x},$$

利用极限性质, 得到下面的结论.

定理 7.2　$f_x(p_0)$ 存在的充分必要条件是 $\left.\frac{\partial f}{\partial \boldsymbol{l}_1}\right|_{p_0}$, $\left.\frac{\partial f}{\partial \boldsymbol{l}_2}\right|_{p_0}$ 存在且有 $\left.\frac{\partial f}{\partial \boldsymbol{l}_1}\right|_{p_0}=-\left.\frac{\partial f}{\partial \boldsymbol{l}_2}\right|_{p_0}$, 在存在的条件下, 有关系:

$$\left.\frac{\partial f}{\partial \boldsymbol{l}_1}\right|_{p_0}=-\left.\frac{\partial f}{\partial \boldsymbol{l}_2}\right|_{p_0}=f_x(p_0).$$

类似, 在 y 轴方向成立同样的关系. 这个结论提供了在已知方向导数的情况下, 判断偏导数存在的一种方法. 如在例 3 中, 若先计算出对任何方向 $\boldsymbol{l}=\{\cos\alpha,\sin\alpha\}$, 都有 $\left.\frac{\partial f}{\partial \boldsymbol{l}}\right|_{(0,0)}=1$, 则 $\left.\frac{\partial f}{\partial \boldsymbol{l}_1}\right|_{(0,0)}=\left.\frac{\partial f}{\partial \boldsymbol{l}_2}\right|_{(0,0)}$, 故 $f_x(0,0)$ 不存在.

作为定理 7.2 的应用, 同时也给出结构复杂的函数利用直线的参数方程形式计算方向导数的方法, 再给出一个例子.

例 4　讨论 $f(x,y)=\begin{cases}\dfrac{xy}{\sqrt{x^2+y^2}}, & (x,y)\neq(0,0),\\ 0, & (x,y)=(0,0),\end{cases}$ 证明:$f(x,y)$ 在 $p_0(0,0)$ 点沿任意方向的方向导数的存在, 但不可微.

证明　对任意方向 $\boldsymbol{l}=\{\cos\alpha,\sin\alpha\}$, 对应的射线的参数方程为

$$l:\begin{cases}x=r\cos\alpha,\\ y=r\sin\alpha,\end{cases}\quad r\geqslant 0,$$

故,

$$\begin{aligned}\left.\frac{\partial f}{\partial \boldsymbol{l}}\right|_{(0,0)}&=\lim_{\substack{p(x,y)\to(0,0)\\ p\in l}}\frac{f(p)-f(0,0)}{\sqrt{x^2+y^2}}\\&=\lim_{r\to 0^+}\frac{f(r\cos\alpha,r\sin\alpha)-f(0,0)}{r}\\&=\cos\alpha\sin\alpha,\end{aligned}$$

因此, $f(x,y)$ 在 $p_0(0,0)$ 点沿任意方向的方向导数的存在.

记 $\boldsymbol{l}_1=\{1,0\}$ 为 x 轴正向, $\boldsymbol{l}_2=\{-1,0\}$ 为 x 轴负向, 由于

$$\left.\frac{\partial f}{\partial \boldsymbol{l}_1}\right|_{(0,0)}=\cos\alpha\sin\alpha|_{\alpha=0}=0,\quad \left.\frac{\partial f}{\partial \boldsymbol{l}_2}\right|_{(0,0)}=\cos\alpha\sin\alpha|_{\alpha=\pi}=0,$$

因而, $\left.\dfrac{\partial f}{\partial \boldsymbol{l}_1}\right|_{p_0}=-\left.\dfrac{\partial f}{\partial \boldsymbol{l}_2}\right|_{p_0}=0$, 故 $f_x(0,0)=0$, 类似, $f_y(0,0)=0$, 由于

$$\lim_{(x,y)\to(0,0)}\frac{f(x,y)-f(0,0)-[f_x(0,0)x-f_y(0,0)y]}{\sqrt{x^2+y^2}}=\lim_{(x,y)\to(0,0)}\frac{xy}{x^2+y^2}$$

不存在, 故, $f(x,y)$ 在 $p_0(0,0)$ 点不可微.

三、 梯度

在实际问题中, 还经常考虑函数在哪个方向上变化最快的问题, 这类问题通常涉及物理量——场.

设 $\Omega\subset\mathbf{R}^3$ 是一个区域, 若在时刻 t, Ω 中每一点 (x,y,z) 都有一个确定的数值 $f(x,y,z)$ 与之对应, 称 $f(x,y,z)$ 为 Ω 上的数量场. 如某个区域的温度分布就形成温度场, 一座山的高度形成高度场等. 在研究某点处的温度沿什么方向变化最快、山上某点处的雪水沿什么方向向下流动最快时, 这些问题抽象为数学问题就是本小节要研究的函数在哪个方向上变化最快的问题, 即梯度问题.

类比已知理论, 由于函数在某个方向上的变化率就是方向导数, 因此, 我们从方向导数出发进行研究.

设 $u=f(p)$ 在 p_0 点可微, 则在任意方向 $\boldsymbol{l}=(\cos\alpha,\cos\beta,\cos\gamma)$ 的方向导数 $\left.\dfrac{\partial f}{\partial \boldsymbol{l}}\right|_{p_0}$ 存在, 且

$$\begin{aligned}\left.\frac{\partial f}{\partial \boldsymbol{l}}\right|_{p_0}&=f_x(p_0)\cos\alpha+f_y(p_0)\cos\beta+f_z(p_0)\cos\gamma\\&=(f_x(p_0),f_y(p_0),f_z(p_0))\cdot(\cos\alpha,\cos\beta,\cos\gamma),\end{aligned}$$

记 $\mathrm{grad}u(p_0)=\{f_x(p_0),f_y(p_0),f_z(p_0)\}$, 则

$$\left.\frac{\partial f}{\partial \boldsymbol{l}}\right|_{p_0}=|\mathrm{grad}u(p_0)|\cdot|\boldsymbol{l}|\cdot\cos\theta,$$

θ 为向量 $\mathrm{grad}u(p_0)$ 和 $(\cos\alpha,\cos\beta,\cos\gamma)$ 的夹角, 显然 $\theta=0$ 时, $\left.\dfrac{\partial f}{\partial \boldsymbol{l}}\right|_{p_0}$ 达到最大, 此时 $\boldsymbol{l}$ 与方向 $\mathrm{grad}u(p_0)$ 重合, 称 $\mathrm{grad}u(p_0)=(f_x(p_0),f_y(p_0),f_z(p_0))$ 为函数 $u=f(p)$ 在 p_0 点的梯度.

当 p_0 改为动点 p, 就得到梯度函数 $\mathrm{grad}u(p)=(f_x(p),f_y(p),f_z(p))$.

梯度是向量函数, 可以验证梯度的运算满足:

(1) $\mathrm{grad}(\alpha f+\beta g)=\alpha\mathrm{grad}f+\beta\mathrm{grad}g$;

(2) $\mathrm{grad}(fg) = \mathrm{grad}f \cdot g + f \cdot \mathrm{grad}g$;

(3) $\mathrm{grad}\dfrac{f}{g} = \dfrac{\mathrm{grad}f \cdot g - f \cdot \mathrm{grad}g}{g^2}$.

例 5　求 $\mathrm{grad}\dfrac{1}{x^2+y^2}$.

解　假设 $f(x,y) = \dfrac{1}{x^2+y^2}$, 则 $\dfrac{\partial f}{\partial x} = \dfrac{-2x}{(x^2+y^2)^2}, \dfrac{\partial f}{\partial y} = \dfrac{-2y}{(x^2+y^2)^2}$, 所以

$$\mathrm{grad}\,\frac{1}{x^2+y^2} = \frac{-2x}{(x^2+y^2)^2}\boldsymbol{i} + \frac{-2y}{(x^2+y^2)^2}\boldsymbol{j}.$$

例 6　求函数 $u = x^2+2y^2+3z^2+3x-2y$ 在点 $(1,1,2)$ 处的梯度, 并问在哪些点处梯度为零?

解　由梯度计算公式得

$$\mathrm{grad}\,u(x,y,z) = \frac{\partial u}{\partial x}\boldsymbol{i} + \frac{\partial u}{\partial y}\boldsymbol{j} + \frac{\partial u}{\partial z}\boldsymbol{k} = (2x+3)\boldsymbol{i} + (4y-2)\boldsymbol{j} + 6z\boldsymbol{k},$$

故 $\mathrm{grad}\,u(1,1,2) = 5\boldsymbol{i} + 2\boldsymbol{j} + 12\boldsymbol{k}$. 在 $P_0 = \left(-\dfrac{3}{2}, \dfrac{1}{2}, 0\right)$ 处梯度为 $\boldsymbol{0} = (0,0,0)$.

习　题　15.7

1. 用定义计算下列函数在 (0,0) 点沿方向 $\boldsymbol{l} = \left(\dfrac{\sqrt{2}}{2}, \dfrac{\sqrt{2}}{2}\right)$ 的方向导数.

(1) $u = \mathrm{e}^{x+y}$;　　(2) $u = \sin(xy)$.

2. 计算下列函数在给定点 p_0 沿给定方向 $\boldsymbol{l}$ 的方向导数.

(1) $u = x^2y + \ln(x^2+\sin y+1)$, $p_0(1,0)$, $\boldsymbol{l} = \left(\dfrac{1}{2}, \dfrac{\sqrt{3}}{2}\right)$;

(2) $u = x^y$, $p_0(1,1)$, $\boldsymbol{l} = \left(-\dfrac{1}{2}, \dfrac{\sqrt{3}}{2}\right)$.

3. 假设 $f(x,y)$ 在 $p_0(0,0)$ 可微, $f(x,y)$ 在 $p_0(0,0)$ 点沿指向 $p_1(1,1)$ 方向的方向导数为 1, 沿指向 $p_2(-1,0)$ 的方向导数为 2, 计算 $f(x,y)$ 在 $p_0(0,0)$ 点沿指向 $p_3(-1,-1)$ 方向的方向导数.

4. 设 $u = |x+y|$, 问此函数在 $p_0(1,2)$ 点沿哪些方向的方向导数存在? 在 $p_1(1,-1)$ 点沿哪些方向的方向导数存在?

5. 设 n 元函数 $f(x_1,x_2,\cdots,x_n)$ 可微, 给定一组线性无关的单位向量 $\boldsymbol{l}_1, \boldsymbol{l}_2, \cdots, \boldsymbol{l}_n$, 若在任意点 p 处, 都有 $\left.\dfrac{\partial f}{\partial \boldsymbol{l}_i}\right|_p = 0, i = 1,2,\cdots,n$, 证明: $f(x_1,x_2,\cdots,x_n)$ 为常数.

6. 设 $f(x,y) = \begin{cases} \dfrac{(x+y)\sin(xy)}{x^2+y^2}, & (x,y) \neq (0,0), \\ 0, & (x,y) = (0,0), \end{cases}$ 证明: $f(x,y)$ 在 $p_0(0,0)$ 连续, 在任意方向的方向导数存在, 但不可微.

7. 设函数都可微, 验证：$\mathrm{grad}(fg)=\mathrm{grad}f\cdot g+f\cdot \mathrm{grad}g$.

8. 设某区域的温度为 $f(x,y)=60-(x^2+y^2)$, 确定温度在点 $p_0(1,1)$ 处上升和下降最快的方向.

15.8 多元函数泰勒公式

在一元微分学部分学习过一元函数的泰勒公式：

如果函数 $f(x)$ 在 $x=x_0$ 处具有 n 阶导数, 那么存在 x_0 的一个邻域, 对于该邻域内的任一 x, 有

$$f(x)=f(x_0)+f'(x_0)(x-x_0)+\frac{f''(x_0)}{2!}(x-x_0)^2+\cdots+\frac{f^{(n)}(x_0)}{n!}(x-x_0)^n+R_n(x),$$

其中 $R_n(x)=o((x-x_0)^n)$. 其意义在于任何满足条件的函数都可用 n 次多项式来近似表达, 且误差是当 $x\to x_0$ 时比 $(x-x_0)^n$ 高阶的无穷小. 由于多项式结构是最简单的函数结构, 因此, 函数的泰勒展开不仅实现了化繁为简, 而且, 还可以借助多项式实现不同函数的形式统一, 建立各种不同函数的联系.

我们自然想到：能否用多个变量的多项式来近似表达一个给定的多元函数, 并能具体地估算出误差的大小. 具体地, 以二元函数为例, 即 $u=f(x,y)$ 在点 (x_0,y_0) 的某一邻域内连续且有直到 $n+1$ 阶的连续偏导数, $(x_0+\Delta x,y_0+\Delta y)$ 为此邻域内任一点, 能否把函数 $f(x_0+\Delta x,y_0+\Delta y)$ 近似地表达为 $\Delta x=x-x_0,\Delta y=y-y_0$ 的 n 次多项式, 且误差是当 $\rho=\sqrt{(\Delta x)^2+(\Delta y)^2}\to 0$ 时比 ρ^n 高阶的无穷小.

下面, 以二元函数为例给出多元函数的泰勒公式的形式和证明.

定理 8.1 设 $u=f(x,y)$ 在 $p_0(x_0,y_0)$ 对 x,y 有直到 $n+1$ 阶的连续偏导数, 则

$$\begin{aligned}f(x_0+h,y_0+k)=&f(x_0,y_0)+\left(h\frac{\partial}{\partial x}+k\frac{\partial}{\partial y}\right)f(x_0,y_0)\\&+\frac{1}{2!}\left(h\frac{\partial}{\partial x}+k\frac{\partial}{\partial y}\right)^2 f(x_0,y_0)\\&+\cdots+\frac{1}{n!}\left(h\frac{\partial}{\partial x}+k\frac{\partial}{\partial y}\right)^n f(x_0,y_0)\\&+\frac{1}{(n+1)!}\left(h\frac{\partial}{\partial x}+k\frac{\partial}{\partial y}\right)^{n+1} f(x_0+\theta h,y_0+\theta k),\end{aligned}$$

其中 $0<\theta<1$, $\left(h\dfrac{\partial}{\partial x}+k\dfrac{\partial}{\partial y}\right)^m f(x,y)=\sum\limits_{r=0}^{m}\mathrm{C}_m^r h^{m-r}k^r\dfrac{\partial^m f}{\partial x^{m-r}\partial y^r}$.

简析　证明思路是转化为一元函数的泰勒公式, 为此, 需要构造相应的一元函数, 通过引入一个参量, 构造参量的一元函数形式.

证明　记 $g(t)=f(x_0+th,y_0+tk)$, 则

$$g(0)=f(p_0),\quad g(1)=f(x_0+h,y_0+k),$$

由一元函数展开:

$$g(1)=g(0)+g'(0)+\cdots+\frac{1}{n!}g^{(n)}(0)+\frac{1}{(n+1)!}g^{(n+1)}(\theta),$$

计算 $g'(t)$, 利用微分公式,

$$g'(t)=\frac{\mathrm{d}g(t)}{\mathrm{d}t}=\left(h\frac{\partial f}{\partial x}+k\frac{\partial f}{\partial y}\right)=\left(h\frac{\partial}{\partial x}+k\frac{\partial}{\partial y}\right)f,$$

一般地,

$$\frac{\mathrm{d}^m g(t)}{\mathrm{d}t}=\left(h\frac{\partial}{\partial x}+k\frac{\partial}{\partial y}\right)^m f(x,y)=\sum_{r=0}^{m}\mathrm{C}_m^r h^{m-r}k^r\frac{\partial^m f}{\partial x^{m-r}\partial y^r},$$

代入即可.

特别取 $n=0$, 有中值公式:

$$f(x_0+h,y_0+k)-f(x_0,y_0)=f_x(x_0+\theta h,y_0+\theta k)h+f_y(x_0+\theta h,y_0+\theta k)k.$$

用类似的方法可以将公式推广到任意的 n 元函数.

例 1　求函数 $f(x,y)=\ln(1+x+y)$ 的三阶麦克劳林公式.

解　由于 $f_x(x,y)=f_y(x,y)=\dfrac{1}{1+x+y}$,

$$f_{xx}(x,y)=f_{xy}(x,y)=f_{yy}(x,y)=-\frac{1}{(1+x+y)^2},$$

$$\frac{\partial^3 f}{\partial x^p\partial y^{3-p}}=\frac{2!}{(1+x+y)^3}\quad(p=0,1,2,3),$$

$$\frac{\partial^4 f}{\partial x^p\partial y^{4-p}}=-\frac{3!}{(1+x+y)^4}\quad(p=0,1,2,3,4),$$

所以,

$$\left(x\frac{\partial}{\partial x}+y\frac{\partial}{\partial y}\right)f(0,0)=xf_x(0,0)+yf_y(0,0)=x+y,$$

$$\left(x\frac{\partial}{\partial x}+y\frac{\partial}{\partial y}\right)^2 f(0,0)=x^2f_{xx}(0,0)+2xyf_{xy}(0,0)+y^2f_{yy}(0,0)=-(x+y)^2,$$

$$\begin{aligned}\left(x\frac{\partial}{\partial x}+y\frac{\partial}{\partial y}\right)^3 f(0,0)&=x^3f_{xxx}(0,0)+3x^2yf_{xxy}(0,0)\\&\quad+3xy^2f_{xyy}(0,0)+y^3f_{yyy}(0,0)\\&=2(x+y)^3,\end{aligned}$$

又 $f(0,0)=0$, 故,

$$\ln(1+x+y)=x+y-\frac{1}{2}(x+y)^2+\frac{1}{3}(x+y)^3+R_3,$$

其中

$$R_3=\frac{1}{4!}\left(x\frac{\partial}{\partial x}+y\frac{\partial}{\partial y}\right)^4 f(\theta x,\theta y)=-\frac{1}{4}\cdot\frac{(x+y)^4}{(1+\theta x+\theta y)^4}\quad(0<\theta<1).$$

例 2 计算 $f(x,y)=\mathrm{e}^{x+y}$ 在 (0, 0) 处的 4 次幂的泰勒展开式.

解 由于

$$f(0,0)=1,\quad \frac{\partial^m f}{\partial x^{m-r}\partial y^r}(0,0)=1,\quad \forall m,$$

代入公式, 则

$$\begin{aligned}\mathrm{e}^{x+y}=&1+(x+y)+\frac{1}{2}(x^2+2xy+y^2)+\frac{1}{6}(x^3+3x^2y+3xy^2+y^3)\\&+\frac{1}{24}(x^4+4x^3y+6x^2y^2+4xy^3+y^4)+o((x^2+y^2)^2),\end{aligned}$$

这里, 我们采用了佩亚诺型余项 $R_m(p,p_0)=o(|pp_0|^{m+1})$.

利用泰勒公式对多元函数进行展开, 思路简单, 但是计算量大, 过程复杂, 而用泰勒展开研究多元函数更高级的分析性质也并不常用, 因此, 我们不再举例说明泰勒公式的运用.

习 题 15.8

写出二元函数的二阶泰勒展开式.

15.9 隐函数存在定理

前面的内容中, 我们多次遇到隐函数, 在本章的最后, 我们利用建立起来的多元函数微分理论研究隐函数问题, 重点解决隐函数存在的条件和其分析性质.

首先明确隐函数问题的提法. 一般来说, 隐函数问题通常的提法是"由给定的方程或方程组在给定点附近是否确定隐函数, 以及隐函数具有什么样的分析性质". 由此可知, 是否能确定隐函数及确定什么样的隐函数既与方程 (组) 有关, 也与给定的点有关. 下面, 我们仍从最简单情形开始建立隐函数理论.

一、 由单个方程所确定的隐函数

先考虑最简单的情形.

首先要明确隐函数的含义.

所谓在点 (x_0, y_0) 附近由方程 $F(x,y)=0$ 确定隐函数 $y=f(x)$ 是指：存在邻域 $U((x_0,y_0))$ 及对应的 $U(x_0)$, 满足：

(1) $F(x_0,y_0)=0$;

(2) $y=f(x)$ 在某个邻域 $U(x_0)$ 有定义;

(3) $F(x,f(x))=0, \forall x\in U(x_0)$.

其次, 要明确隐函数的局部性, 即在某一点 (x_0,y_0) 能否确定隐函数和这一点的位置有关. 即在某个点附近能确定隐函数, 在有些点附近也许不能确定隐函数. 即使能确定隐函数, 在不同的点附近, 确定的隐函数可能不相同.

例 1 考察方程 $F(x,y)=x^2+y^2-1=0$ 确定隐函数的问题.

简析 由定义, 只能在满足 $F(x_0,y_0)=0$ 的点 (x_0,y_0) 附近才能讨论隐函数的存在性问题, 即在单位圆周上的点才能讨论隐函数问题. 其次, 对本例这个简单的情形来说, 在 (x_0,y_0) 点附近能否确定形如 $y=f(x)$ 类型的隐函数相当于能否从 $F(x,y)=x^2+y^2-1=0$ 中解出唯一的一个 y 的表达式; 从几何上直观看, 只要 $(x_0,y_0)\neq(\pm1,0)$, 则总存在 $U(x_0)$, 使对任意的 $x\in U(x_0)$, 都存在唯一 y, 使 $F(x,y)=0$, 因而存在隐函数 $f: y=f(x), x\in U(x_0)$.

事实上, 对本例, 若 (x_0,y_0) 位于上半圆周曲线上, 则在此点附近确定的隐函数为 $y=\sqrt{1-x^2}$; 若 (x_0,y_0) 位于下半圆周曲线上, 则在此点附近确定的隐函数为 $y=-\sqrt{1-x^2}$, 即对这样的点, 在此点附近都能确定隐函数. 对另外两个点 (x_0,y_0)=$(-1,\ 0)$ 或 $(1,\ 0)$, 这些点尽管在圆上, 但在任何邻域内都不能确定形如 $y=f(x)$ 结构的隐函数, 因为, 从几何图形上可以看到, 在此点附近的任意小邻域内作平行于 y 轴的直线, 与圆周曲线都有两个交点, 即一个 x, 对应两个 y 值, 不满足函数的定义要求. 注意到方程关于变元 x, y 的轮换对称性, 由方程在 $(x_0,y_0)\neq(0,\pm1)$ 的点附近能确定形如 $x=g(y)$ 类型的隐函数.

当然, $(x_0,y_0)\neq(\pm1,0)$ 且 $(x_0,y_0)\neq(0,\pm1)$ 时, 在此点附近, 不仅能确定隐函数 $y=f(x)$, 还能确定隐函数 $x=g(y)$.

通过上述分析可知: 首先只能在满足 $F(x,y)=0$ 的点的邻域内才有可能确定隐函数; 其次, 并不是在所有满足 $F(x,y)=0$ 的点的邻域内都能确定隐函数.

进一步分析上例, 通过分析两类点处性质的差异寻找能确定隐函数的条件. 从几何上, 在能确定隐函数 $y=f(x)$ 的点 (x_0,y_0) 处, 曲线 $F(x,y)=0$ 在此点都有非垂直于 x 轴的切线, 即 $F_y(x_0,y_0)\neq 0$; 类似, 在不能确定 $y=f(x)$ 型的隐函数的点 $(x_0,y_0)=(\pm1,0)$ 处, 都有 $F_y(x_0,y_0)=2y_0=0$. 在能确定隐函数 $x=g(y)$ 的点 (x_0,y_0) 上, 都有非垂直 y 轴的切线, 即 $F_x(x_0,y_0)\neq 0$; 而在不能确定隐函数 $x=g(y)$ 的点 $(x_0,y_0)=(0,\pm1)$ 上, 都有 $F_x(x_0,y_0)=2x_0=0$. 能否从上述个例中总结抽象出隐函数存在的条件?

我们仅以能确定形如 $y=f(x)$ 类型的隐函数为例进行讨论.

为此, 从另一角度分析: 若 $F(x,y)=0$ 在 (x_0,y_0) 点能确定隐函数 $y=f(x)$, 即存在 $U(x_0)$, 成立 $F(x,f(x))=0$, $\forall x\in U(x_0)$, 由复合函数的求导, 则

$$F_x+F_y\frac{\mathrm{d}f}{\mathrm{d}x}=0,$$

所以, 若能确定光滑的隐函数, 必有 $\left.\dfrac{\mathrm{d}f}{\mathrm{d}x}\right|_{(x_0,y_0)}$ 有意义, 即 $F_y(x_0,y_0)\neq 0$, 由此可知, 这确实是所需条件, 事实上正是如此.

定理 9.1 (隐函数存在定理) 设 $F(x,y)$ 满足:

(1) 在区域 D: $|x-x_0|\leqslant a, |y-y_0|\leqslant b$ 上, F_x, F_y 连续;

(2) $F(x_0,y_0)=0$;

(3) $F_y(x_0,y_0)\neq 0$,

则 (1) 存在 $U(x_0,y_0)$, 在 $U(x_0,y_0)$ 内可由 $F(x,y)=0$ 唯一确定一个函数 $y=f(x)$, 且 $y_0=f(x_0)$;

(2) $y=f(x)$ 在某个邻域 $U(x_0)$ 内连续;

(3) $y=f(x)$ 在 $U(x_0)$ 内具有连续导数, 且 $y'=-\dfrac{F_x(x,y)}{F_y(x,y)}$.

结构分析 关于隐函数的存在性证明: 只需证明: 存在 $U(x_0)$, 在此邻域内有隐函数关系, 即对 $\forall\bar{x}\in U(x_0)$, 存在唯一的 $\bar{y}$, 使 $F(\bar{x},\bar{y})=0$, 因此, 由 $F(x,y)=0$ 确定函数关系 $\bar{y}=f(\bar{x})$, $\bar{y}$ 的确定等价于寻求 $F(\bar{x},y)=0$ 的唯一零点, 这是函数的零点问题, 工具就是介值定理, 寻找对应函数异号的条件, 类比已知条件, 需要借助于 (偏) 导数条件分析相应函数的性质. 关于连续性和可微性的证明, 由于所给条件较弱, 需用定义进行证明.

证明 (1) 隐函数的存在性.

不妨设 $F_y(x_0,y_0)>0$, 由连续性, 存在 $U(x_0,y_0)$：$|x-x_0|<\alpha, |y-y_0|<\beta$, 使 $F_y(x,y)>0, \forall (x,y)\in U(x_0,y_0)$. 特别有

$$F_y(x_0,y)>0,\quad y\in(y_0-\beta,y_0+\beta),$$

即一元函数 $F(x_0,y)$ 严格单增. 又由于 $F(x_0,y_0)=0$, 故

$$F\left(x_0,y_0-\frac{\beta}{2}\right)<0,\quad F\left(x_0,y_0+\frac{\beta}{2}\right)>0.$$

再考察函数 $F\left(x,y_0-\dfrac{\beta}{2}\right), F\left(x,y_0+\dfrac{\beta}{2}\right)$. 利用关于 x 的连续性, 则存在 $\rho:\alpha>\rho>0$, 使对 $\forall x\in U(x_0,\rho)$,

$$F\left(x,y_0-\frac{\beta}{2}\right)<0,\quad F\left(x,y_0+\frac{\beta}{2}\right)>0,$$

任取 $\bar{x}\in U(x_0,\rho)$, $F\left(\bar{x},y_0-\dfrac{\beta}{2}\right)<0, F\left(\bar{x},y_0+\dfrac{\beta}{2}\right)>0$, 由介值定理, 则存在 $\bar{y}\in U\left(y_0,\dfrac{\beta}{2}\right)$, 使 $F(\bar{x},\bar{y})=0$. 由于 $F(\bar{x},y)=0$ 在 $U\left(y_0,\dfrac{\beta}{2}\right)$ 也是严格单调增, 故 $\bar{y}$ 唯一, 因此, 对任意 $\bar{x}\in U(x_0,\rho)$, 存在唯一 $\bar{y}$, 使 $F(\bar{x},\bar{y})=0$, 因而确定函数关系 $f:\bar{x}\mapsto\bar{y}=f(\bar{x})$, 且满足

$$F(x,f(x))=0,\quad \forall x\in U(x_0,\rho),$$

由此, 在 $U(x_0,\rho)$ 内由 $F(x,y)=0$ 确定了隐函数 $y=f(x)$.

(2) 连续性.

任取 $\bar{x}\in U(x_0,\rho)$, 对 $\forall\varepsilon>0$, 则由隐函数的结构可知：$\bar{y}=f(\bar{x})$ 满足

$$F(\bar{x},\bar{y})=0,\quad F(\bar{x},\bar{y}-\varepsilon)<0,\quad F(\bar{x},\bar{y}+\varepsilon)>0,$$

考察函数 $F(x,\bar{y}\pm\varepsilon)$, 则存在 $\delta>0$, 使

$$F(x,\bar{y}-\varepsilon)<0,\quad F(x,\bar{y}+\varepsilon)>0,\quad \forall x\in U(\bar{x},\delta),$$

由介值定理, 存在 $y=f(x)\in(\bar{y}-\varepsilon,\bar{y}+\varepsilon)$, 使 $F(x,y)=0$.

由此证明了：对 $\forall\varepsilon>0$, 存在 $\delta>0$, 当 $\forall x\in U(\bar{x},\delta)$ 时, 对应的 $y=f(x)\in(\bar{y}-\varepsilon,\bar{y}+\varepsilon)$, 即当 $|x-\bar{x}|<\delta$ 时, $|y-\bar{y}|<\varepsilon$, 故 $y=f(x)$ 在 $\bar{x}$ 处连续.

(3) 可微性.

任取 $\bar{x}\in U(x_0,\rho)$, 取 Δx 充分小, 使得 $\bar{x}+\Delta x\in U(x_0,\rho)$, 记 $\bar{y}=f(\bar{x})$, $\bar{y}+\Delta y=f(\bar{x}+\Delta x)$, 显然 $F(\bar{x},\bar{y})=0$, $F(\bar{x}+\Delta x,\bar{y}+\Delta y)=0$.

为利用可微性定义, 从上式中分离出 $\Delta x,\Delta y$, 进而通过研究 $\lim\limits_{\Delta x\to 0}\dfrac{\Delta y}{\Delta x}$ 的存在性得到可微性, 分离这些量常用的工具为泰勒展开或中值定理. 由中值定理,

$$
\begin{aligned}
0&=F(\bar{x}+\Delta x,\bar{y}+\Delta y)-F(\bar{x},\bar{y})\\
&=F_x(\bar{x}+\theta\Delta x,\bar{y}+\theta\Delta y)\Delta x+F_y(\bar{x}+\theta\Delta x,\bar{y}+\theta\Delta y)\Delta y,
\end{aligned}
$$

故,

$$
\begin{aligned}
\lim_{\Delta x\to 0}\frac{\Delta y}{\Delta x}&=\lim_{\Delta x\to 0}\frac{f(\bar{x}+\Delta x)-f(\bar{x})}{\Delta x}\\
&=\lim_{\Delta x\to 0}\frac{F_x(\bar{x}+\theta\Delta x,\bar{y}+\theta\Delta y)}{F_y(\bar{x}+\theta\Delta x,\bar{y}+\theta\Delta y)}=-\frac{F_x(\bar{x},\bar{y})}{F_y(\bar{x},\bar{y})},
\end{aligned}
$$

因此, $y=f(x)$ 在 $\bar{x}$ 可微且 $f'(\bar{x})=-\dfrac{F_x(\bar{x},\bar{y})}{F_y(\bar{x},\bar{y})}$.

注 从上面证明过程中可知, 条件 (3) $F_y(x_0,y_0)\neq 0$ 的作用：一是用来保证 $F(\bar{x},y)$ 关于 y 的严格单调性, 二是用来保证 $y=f(x)$ 的可微性, 因而若仅要求隐函数的存在连续性, 则条件 (3) 可减弱为 $F(x,y)$ 关于 y 严格单调 (当然须有连续性).

由此还可以得到反函数的存在性. 即, 如果 $y=f(x)$ 在 $[a,b]$ 上连续且严格单调, 则一定存在连续的反函数 $x=f^{-1}(y)$. 事实上, 此时取 $F(x,y)=y-f(x)$, 对固定的 y 关于 x 连续且严格单调, 因而, 由 $F(x,y)$=0 能确定隐函数 $x=x(y)$, 故 $y=f(x)$ 有连续的反函数 $x=f^{-1}(y)$.

进一步推广如下.

定理 9.2 若函数 $F(x_1,\cdots,x_n,y)$ 满足

(1) 在区域 $D:|x_i-x_i^0|\leqslant a_i,|y-y^0|\leqslant b(i=1,2,\cdots,n)$ 上对所有变量都具有连续偏导数;

(2) $F(x_1^0,\cdots,x_n^0,y^0)=0$;

(3) $F_y(x_1^0,\cdots,x_n^0,y^0)\neq 0$,

则存在点 $(x_1^0,\cdots,x_n^0,y^0)$ 的某个邻域 U, 使得在区域 U 内由方程 $F(x_1,\cdots,x_n,y)=0$ 唯一确定一个 n 元函数 $y=f(x_1,\cdots,x_n)$ 使得

(1) $y^0=f(x_1^0,\cdots,x_n^0)$;

(2) $y=f(x_1,\cdots,x_n)$ 具有对所有变量的连续偏导数且

$$f_{x_i}=-\frac{F_{x_i}(x_1,\cdots,x_n,y)}{F_y(x_1,\cdots,x_n,y)},\quad i=1,2,\cdots,n.$$

二、 由方程组所确定的隐函数组

方程组情形比较多, 只考虑一种简单的情形, 其思想方法完全可以推广到一般情形.

给定方程组 $\begin{cases}F(x,y,z,u,v)=0,\\ G(x,y,z,u,v)=0,\end{cases}$ 讨论在点 $p_0(x_0,y_0,u_0,v_0)$ 附近能否从中确定两个隐函数 $u=u(x,y),v=v(x,y)$.

定理 9.3 设 F, G 满足

(1) 在点 $p_0(x_0,y_0,u_0,v_0)$ 的某邻域 D 内, F,G 具有一阶连续偏导;

(2) $F(p_0)=G(p_0)=0$;

(3) $J=\left.\dfrac{D(F,G)}{D(u,v)}\right|_{p_0}\neq 0$,

则 (I) 在某个 $U(p_0)$ 内可确定隐函数组 $\begin{cases}u=u(x,y),\\ v=v(x,y),\end{cases}$ $(x,y)\in U$;

(II) $u(x,y),v(x,y)$ 连续;

(III) $u(x,y),v(x,y)$ 具有一阶连续偏导, 且

$$\frac{\partial u}{\partial x}=-\frac{1}{J}\cdot\frac{D(F,G)}{D(x,v)},\quad \frac{\partial v}{\partial x}=-\frac{1}{J}\cdot\frac{D(F,G)}{D(u,x)}.$$

结构分析 类比已知, 由于与要证明的结论联系最为紧密的已知结论是由单个方程所确定的隐函数, 因而, 最简单的证明思路是将其转化为单个方程的情形, 然后, 利用已知的相关理论.

证明 由于 $J=\left.\dfrac{D(F,G)}{D(u,v)}\right|_{p_0}\neq 0$, 则 $F_u(p_0)$, $F_v(p_0)$ 至少有一个不为 0, 不妨设 $F_v(p_0)\neq 0$, 则由隐函数理论, 由 $F(x,y,u,v)=0$ 确定一个具有连续偏导数的隐函数, 记为 $v=\varphi(x,y,u)$ 且 $v_0=\varphi(x_0,y_0,u_0)$, 由隐函数的求导法则得 $\varphi_u=-\dfrac{F_u}{F_v}$. 将 $v=\varphi(x,y,u)$ 代入 $G(x,y,u,v)$ 并记 $\psi(x,y,u)=G(x,y,u,\varphi(x,y,u))$, 则

$$\psi_u=G_u+G_v\varphi_u=-\frac{J}{F_v},$$

故 $\psi_u(p_0) \neq 0$, 因而, 从 $\psi(x,y,u) = G(x,y,u,\varphi(x,y,u))=0$ 确定隐函数记为 $u = u(x,y)$, 由此得到 $v = \varphi(x,y,u(x,y))$, 因此, $u = u(x,y)$, $v = v(x,y)$ 即为所求的隐函数.

习 题 15.9

1. 总结定理 9.1 证明的思路和方法, 给出证明的步骤.

2. 证明由方程 $x^2 + 2y^2 + 3xy = 0$ 在点 $P_0(1,-1)$ 附近能确定隐函数 $y = f(x)$, 并计算 $f'(1)$.

3. 设方程组 $\begin{cases} x^2 + y^2 + u + \mathrm{e}^v = 0, \\ x + y + uv = 0 \end{cases}$ 在点 $P_0(1,-1,-3,0)$ 附近能确定隐函数 $u = u(x,y)$, $v = v(x,y)$, 并计算 $u_x(1,-1)$, $v_y(1,-1)$.

第16章 多元函数无条件极值与条件极值

在工程技术领域, 经常会遇到诸如用料最省、收益最大、效率最高等问题, 尽管这些问题具体背景不同, 但其实质都是函数的极值问题, 在单变元微积分学中, 我们已经建立了一元函数的极值理论, 本章, 我们在一元函数极值理论的基础上, 采用与一元函数极值理论相同的框架和类似的思想, 以二元函数为例, 建立多元函数的极值理论.

16.1 无条件极值

一、 基本概念

设 $u=f(x,y)$ 定义在区域 D 上, 内点 $M_0(x_0,y_0)\in D$.

定义 1.1 若在 M_0 的某邻域 $U(M_0)$ 内成立

$$f(x,y)\leqslant f(x_0,y_0),\quad \forall(x,y)\in U(M_0),$$

称 $f(x,y)$ 在 M_0 点达到极大值 $f(x_0,y_0)$, 点 $M_0(x_0,y_0)$ 称为 $f(x,y)$ 的极大值点.

类似可定义函数的极小值 (点).

函数的极值是一个局部概念, 且只有区域的内点才有可能成为函数的极值点. 由于函数的这类极值没有附加任意的条件, 也称为函数的无条件极值.

下面, 我们类比一元函数的极值理论框架结构, 建立二元函数的极值理论, 由于仍是已知理论的推广, 因此, 建立二元函数极值理论的过程中, 优先考虑使用直接转化法.

二、 极值点的必要条件

首先建立某点成为极值点的必要条件. 设 $M_0(x_0,y_0)$ 为 $f(x,y)$ 的极值点, $f(x,y)$ 在 $M_0(x_0,y_0)$ 点的偏导数存在. 为利用一元函数的极值理论, 我们期望将多元函数的极值问题转化为相应的一元函数的极值问题, 为此, 利用基于特殊路径的降维方法, 考虑一元函数 $f(x,y_0)$, 则 $f(x,y_0)$ 在 x_0 点取得极值, 因而

$$\left.\frac{\mathrm{d}f(x,y_0)}{\mathrm{d}x}\right|_{x_0}=0,$$

由多元函数偏导数的定义, 则

$$\left.\frac{\partial f(x,y)}{\partial x}\right|_{M_0}=0.$$

类似还有

$$\left.\frac{\partial f(x,y)}{\partial y}\right|_{M_0}=0.$$

因而, 若 M_0 是极值点, 则必有

$$\left.\frac{\partial f(x,y)}{\partial x}\right|_{M_0}=0,\quad \left.\frac{\partial f(x,y)}{\partial y}\right|_{M_0}=0,$$

由此发现, 满足上述条件的点在极值理论中有重要的作用, 我们为这类点进行定义.

定义 1.2 若 $f(x,y)$ 在 $M_0(x_0,y_0)$ 点的偏导数存在, 且满足

$$\left.\frac{\partial f(x,y)}{\partial x}\right|_{M_0}=0,\quad \left.\frac{\partial f(x,y)}{\partial y}\right|_{M_0}=0,$$

称 M_0 为函数 $f(x,y)$ 的驻点.

定理 1.1 设 $f(x,y)$ 在 $M_0(x_0,y_0)$ 点的偏导数存在, 则点 M_0 是 $f(x,y)$ 的极值点的必要条件是: M_0 是 $f(x,y)$ 的驻点.

定理 1.1 给出了偏导数存在的条件下, 点 $M_0(x_0,y_0)$ 成为极值点的必要条件. 有例子表明: 上述的条件是不充分的. 如 $f(x,y)=xy$, 则 $M_0(0,0)$ 点为其驻点, 但 M_0 不是极值点.

还有例子表明: 偏导数不存在的点, 也有可能是极值点, 如 $f(x,y)=|x|$, y 轴上的任一点 $M_0(0,y)$ 都是其极小值点. 事实上, $\forall M(x,y)\in U(M_0)$, $f(M)=|x|\geqslant 0=f(M_0)$, 但可验证: $f(x,y)=|x|$ 在 M_0 点的偏导数不存在.

因此, 极值点要么属于驻点, 要么属于偏导数不存在的点, 也就是说, 我们必须在这两类点中寻找极值点, 因此, 如果我们把可能成为极值点的点称为**可疑极值点**, 则可疑极值点由函数的驻点和偏导数不存在的点组成, 至于具体的可疑极值点中哪个点是极值点, 必须进一步验证. 由此可见, 这与一元函数的极值理论完全统一.

因此, 类比一元函数的极值理论, 可疑极值点处极值性质判断的常用方法仍是: 对可疑的偏导数不存在的点, 需要用定义验证此点的极值性质; 对可疑的驻点, 可以用定义验证, 还可以用更高级的方法——二阶导数法去验证, 这就是驻点成为极值点的二阶导数判别法.

三、二阶微分判别法

设 $f(x,y)$ 具有连续的二阶偏导数, 内点 M_0 为驻点, 记

$$\Delta u(x_0,y_0)=f(x_0+\Delta x,y_0+\Delta y)-f(x_0,y_0),$$

由于增量的差值结构, 利用泰勒展开式研究 $\Delta u(x_0,y_0)$, 注意到 M_0 为驻点, 则

$$\begin{aligned}\Delta u(x_0,y_0)=&\frac{1}{2}[f_{xx}(x_0+\theta\Delta x,y_0+\theta\Delta y)\Delta x^2\\&+2f_{xy}(x_0+\theta\Delta x,y_0+\theta\Delta y)\Delta x\Delta y\\&+f_{yy}(x_0+\theta\Delta x,y_0+\theta\Delta y)\Delta y^2],\end{aligned}$$

记 $A=f_{xx}(M_0),B=f_{xy}(M_0),C=f_{yy}(M_0)$, 由二阶偏导数的连续性, 利用化不定为确定的思想, 则

$$f_{xx}(x_0+\theta\Delta x,y_0+\theta\Delta y)=A+\alpha,$$

$$f_{xy}(x_0+\theta\Delta x,y_0+\theta\Delta y)=B+\beta,$$

$$f_{yy}(x_0+\theta\Delta x,y_0+\theta\Delta y)=C+\gamma,$$

其中 $\lim\limits_{(\Delta x,\Delta y)\to(0,0)}\begin{pmatrix}\alpha\\ \beta\\ \gamma\end{pmatrix}=0$, 故,

$$\begin{aligned}\Delta u(x_0,y_0)&=\frac{1}{2}[A\Delta x^2+2B\Delta x\Delta y+C\Delta y^2]+\frac{1}{2}[\alpha\Delta x^2+2\beta\Delta x\Delta y+\gamma\Delta y^2]\\&=\frac{1}{2}\rho^2[(A\xi^2+2B\xi\eta+C\eta^2)+(\alpha\xi^2+2\beta\xi\eta+\gamma\eta^2)],\end{aligned}$$

其中 $\rho=\sqrt{\Delta x^2+\Delta y^2},\xi=\dfrac{\Delta x}{\rho},\eta=\dfrac{\Delta y}{\rho}$, $\xi^2+\eta^2=1$.

记二次型 $kf=A\xi^2+2B\xi\eta+C\eta^2$, 则 $f(M_0)$ 是否为极值就转化为二次型 kf 在单位圆 $S:\{(\xi,\eta):\xi^2+\eta^2=1\}$ 上是否保号, 我们作进一步讨论.

若 kf 是正定的, 即对任意的 $(\xi,\eta):\xi^2+\eta^2\neq 0$, 有 $kf(\xi,\eta)>0$, 利用闭区域上连续函数的性质, $kf(\xi,\eta)$ 作为 ξ,η 的二元连续函数必在闭区域单位圆 S 上某一点 (ζ_1,η_1) 取得正的最小值, 即

$$f(\zeta_1,\eta_1)=\min_{(\xi,\eta)\in S}kf(\xi,\eta)=m>0,$$

又, $\lim\limits_{\rho\to 0}(\alpha\xi^2+2\beta\xi\eta+\gamma\eta^2)=0$, 故存在 $\delta>0$, 当 $\rho<\delta$ 时,

$$\left|\alpha\xi^2+2\beta\xi\eta+\gamma\eta^2\right|<\frac{m}{2},$$

因而, $0<\rho<\delta$ 时,

$$\begin{aligned}\Delta u&=\frac{1}{2}\rho^2[kf(\xi,\eta)+(\alpha\xi^2+2\beta\xi\eta+\gamma\eta^2)]\\&\geqslant\frac{1}{2}\rho^2[m+(\alpha\xi^2+2\beta\xi\eta+\gamma\eta^2)]>0,\end{aligned}$$

故, M_0 为 $f(x,y)$ 的极小值点.

类似, 若 kf 为负定的, 则 M_0 为 $f(x,y)$ 的极大值点.

而当 kf 既非正定又非负定时, 则 M_0 不是极值点. 我们用反证法说明这一事实, 不妨设 $f(M_0)$ 为极大值, 构造一元函数

$$\varphi(t)=f(x_0+t\Delta x,y_0+t\Delta y),$$

则对任意适当小的 Δx, Δy, $\varphi(t)$ 在 $t=0$ 点取得极大值, 由一元函数极值的理论: $\varphi''(0)\leqslant 0$. 由于

$$\begin{aligned}\varphi''(t)=&f_{xx}(x_0+t\Delta x,y_0+t\Delta y)\Delta x^2\\&+2f_{xy}(x_0+t\Delta x,y_0+t\Delta y)\Delta x\Delta y\\&+f_{yy}(x_0+t\Delta x,y_0+t\Delta y)\Delta y^2,\end{aligned}$$

故,

$$0\geqslant\varphi''(0)=A\Delta x^2+2B\Delta x\Delta y+C\Delta y^2,$$

因而, kf 是负定的, 这与 kf 的条件矛盾.

综上所述, 若记黑塞矩阵 $H=\begin{pmatrix}A&B\\B&C\end{pmatrix}$, 则有如下二阶偏导数判别法.

定理 1.2 设 M_0 为 $f(M)$ 的驻点, $f(M)$ 在 M_0 附近具有二阶连续偏导数, 则

(1) 若 $|H|>0$ 且 $A>0$ 时, 即 H 是正定矩阵, 则 M_0 为极小值点;

(2) 若 $H>0$ 且 $A<0$ 时, 即 H 是负定矩阵, 则 M_0 为极大值点;

(3) 当 $H<0$ 时, M_0 一定不是极值点.

注意, 当 $H=0$ 时, 没有任何确定的结论.

由于 $\mathrm{d}^2f(M_0)=A\mathrm{d}x^2+2B\mathrm{d}x\mathrm{d}y+C\mathrm{d}y^2$, 定理 1.2 也可以用微分形式表示.

定理 1.3　设 M_0 为 $f(M)$ 的驻点, $f(M)$ 在 M_0 附近具有二阶连续偏导数, 则对任意的非零向量 $\{\mathrm{d}x, \mathrm{d}y\}$, 若 $\mathrm{d}^2f(M_0) > 0$, 则 M_0 为极小值点; 若 $\mathrm{d}^2f(M_0) < 0$, 则 M_0 为极大值点.

定理 1.2 可以推广到任意的 n 元函数, 这就是下面的定理.

定理 1.4　设 $f(M)$ 为 n 元函数, $M_0(x_1^0, x_2^0, \cdots, x_n^0)$ 为 f 的驻点, 二次型 $kf = \sum\limits_{i,j=1}^{n} f_{x_ix_j}(M_0)\xi_i\xi_j$, 则当 kf 正定时, M_0 为极小值点; 当 kf 负定时, M_0 为极大值点; 当 kf 不定时, M_0 不是极值点.

有了极值理论, 最值的计算相对简单.

定义 1.3　设 $u = f(x, y)$ 在区域 D 上有定义, $M_0 \in D$, 若

$$f(M) \leqslant f(M_0), \quad \forall M \in D,$$

称 M_0 为 $f(x, y)$ 在 D 上的最大值点, $f(M_0)$ 为最大值.

类似定义最小值和最小值点.

和一元函数类似, 最值是整体性概念, 内部最值点必是极值点.

我们知道, 有界闭区域 D 上的连续函数 $f(x, y)$ 必在 D 上取得最大 (小) 值, 此结论解决了最值的存在性问题. 对多元函数最值的计算, 采用类似一元函数求最值的思想方法, 先求极值. 然后将极值与边界上函数最值作比较, 找出最大和最小的值即为函数在区域上的最大值和最小值. 与一元函数不同的是: 一元函数定义域的边界是两个点 (无界区域的无穷远处也视为一个点), 边界值最多是两个函数值; 对二元函数, 函数在边界上化为一元函数, 其边界最值的计算是一元函数最值的计算; 对三元函数, 定义域是空间三维区域, 边界通常为曲面, 由于曲面可以用二元函数来表示 (如参数方程形式), 则三元函数在边界上化为二元函数, 其边界最值的计算仍是多元函数 (二元函数) 最值的计算. 对任意的 $n(n > 3)$ 元函数, 最值的计算更复杂, 边界最值的计算只能通过依次降元进行. 所以, 对多元函数, 在将内部极值与边界函数值作比较时, 应先将边界函数最值计算出来后, 用边界上函数最值与内部极值作比较, 进一步确定函数在整个区域上的最值.

四、　应用

1. 具体函数的极值计算

利用上述理论, 我们抽象总结计算具体函数极值的程序:

(1) 求可疑极值点, 即驻点和偏导数不存在的点;

(2) 利用定义或判别定理进行验证和判断.

例 1　讨论 $f(x, y) = \dfrac{x^2}{2p} + \dfrac{y^2}{2q}(p > 0, q > 0)$ 的极值.

解 由于 $f(x,y)$ 具有连续的二阶偏导数且

$$f_x(x,y)=\frac{x}{p},\quad f_y(x,y)=\frac{y}{q},$$

由此求得唯一驻点 $(0,0)$.

进一步计算得 $A=\frac{1}{p},B=0,C=\frac{1}{q}$, 因而, $H>0$, $A>0$, 故 $(0,0)$ 为唯一的极小值点, 极小值为 $f(0,0)=0$.

例 2 讨论 $f(x,y)=x^2-2xy^2+y^4-y^5$ 的极值.

解 函数 $f(x,y)$ 具有连续的二阶偏导数, 且

$$f_x(x,y)=2x-2y^2,\quad f_y(x,y)=-4xy+4y^3-5y^4,$$

解得唯一驻点 $p(0,0)$. 由于 $H=0$, 不能用定理 1.2 来判定.

我们用定义来判断, 由于

$$\Delta f(0,0)=f(x,y)-f(0,0)=(x-y^2)^2-y^5,$$

故, 在曲线 $x=y^2$ 且 $y>0$ 上成立 $\Delta f<0$; 在曲线 $x=y^2$ 且 $y<0$ 上, 成立 $\Delta f>0$, 因而, $p(0,0)$ 不是极值点.

例 3 记 D 是由 x 轴、y 轴与直线 $x+y=2\pi$ 所围成的闭区域, 求

$$f(x,y)=\sin x+\sin y-\sin(x+y),$$

在 D 上的最大值和最小值.

解 由于 $f(x,y)$ 在闭区域 D 上连续, 则 $f(x,y)$ 在 D 上存在最大值和最小值.

计算得

$$f_x(x,y)=\cos x-\cos(x+y),\quad f_y(x,y)=\cos y-\cos(x+y),$$

因而, 在 D 内部有唯一驻点 $M_0\left(\frac{2\pi}{3},\frac{2\pi}{3}\right)$, 且 $f(M_0)=\frac{3\sqrt{3}}{2}$.

在边界 x=0 上, $f|_{x=0}=\sin y-\sin y=0$; 在边界 $y=0$ 上 $f|_{y=0}=0$; 而在边界 $x+y=2\pi$ 上, $f|_{x+y=2\pi}=\sin x+\sin y=0$, 故 $f(x,y)$ 在区域 D 上的最小值为 0, 最大值为 $\frac{3\sqrt{3}}{2}$.

2. 多元不等式的证明

例 4　证明: $yx^y(1-x)\leqslant \mathrm{e}^{-1}$, $(x,y)\in D=\{(x,y):0\leqslant x\leqslant 1, y\geqslant 0\}$.

结构分析　题型: 二元不等式的证明. 类比已知: 和一元不等式的证明类似, 可以利用相应的二元函数极值理论来处理. 方法: 转化为二元函数最值的计算.

证明　记 $f(x,y)=yx^y(1-x)$, 讨论 $f(x,y)$ 在区域 D 上的最值. 由于区域是无界区域, 最值不一定存在, 为此, 采用逼近思想.

对任意的 $M>0$, 记 $D_M=\{(x,y):0\leqslant x\leqslant 1, 0\leqslant y\leqslant M\}$, 在有界闭区域 D_M 上研究函数 $f(x,y)$ 的最值. 先计算 $f(x,y)$ 在 D_M 上的内部极值点. 记 $D_M^0=\{(x,y):0<x<1, 0<y<M\}$, 需要计算 $f(x,y)$ 在 D_M^0 内的极值点.

由于 $f_x(x,y)=yx^{y-1}(y-(y+1)x)$, $f_y(x,y)=(1-x)x^y(1+y\ln x)$, 求解驻点方程组

$$\begin{cases} yx^{y-1}(y-(y+1)x)=0, \\ (1-x)x^y(1+y\ln x)=0, \end{cases}$$

在 D_M^0 内, 上述方程组化简为

$$\begin{cases} y-(y+1)x=0, \\ 1+y\ln x=0, \end{cases}$$

由此可得 $1-x+x\ln x=0$.

记 $g(x)=1-x+x\ln x$, 则 $g'(x)=\ln x<0, 0<x<1$, 由于 $\lim\limits_{x\to 0+} g(x)=1$, $g(1)=0$, 故, $g(x)>0, 0<x<1$, 因而, $g(x)$ 在 $0<x<1$ 内没有零点.

由此可得, 上述方程组在 D_M^0 内无解, 故, $f(x,y)$ 在 D_M^0 内没有驻点, $f(x,y)$ 在 D_M^0 内没有极值点.

考察函数 $f(x,y)$ 在边界处的行为.

显然, $f(x,y)|_{x=1}=0$, $f(x,y)|_{x=0}=0$, $f(x,y)|_{y=0}=0$.

记 $g(x)=f(x,y)|_{y=M}=Mx^M(1-x)$, 容易判断 $g(x)$ 在 $x_0=\dfrac{M}{M+1}$ 点达到最大值, 因而, $\max\limits_{0<x<1} g(x)=g\left(\dfrac{M}{M+1}\right)=\left(\dfrac{M}{M+1}\right)^{M+1}$, 此数值仍是 M 的一元函数.

再记 $h(t)=\left(\dfrac{t}{t+1}\right)^{t+1}$, $w(s)=s-\ln(1+s)$, 则 $w'(s)=\dfrac{s}{s+1}>0, s>0$, 故 $w(s)$ 在 $(0,+\infty)$ 内单调递增, 因而, $w(s)>w(0)=0$. 利用对数法求导, 则

$$h'(t)=h(t)\left[\ln t-\ln(t+1)+\frac{1}{t}\right]=h(t)\left(\frac{1}{t}-\ln\left(1+\frac{1}{t}\right)\right)$$
$$=h(t)w\left(\frac{1}{t}\right)>0,\quad t>0,$$

因而, $h(t)$ 在 $(0,+\infty)$ 内单调递增, 又由于 $h(0)=0, h(+\infty)=\lim\limits_{t\to+\infty}h(t)=\mathrm{e}^{-1}$, 故 $0<h(t)<\mathrm{e}^{-1}, t>0$, 因此, $\max\limits_{0<x<1}g(x)<\mathrm{e}^{-1}$.

综上所述, $f(x,y)\leqslant \mathrm{e}^{-1}$, $(x,y)\in D_M$, 由 M 的任意性, 得

$$yx^y(1-x)\leqslant \mathrm{e}^{-1},\quad (x,y)\in D=\{(x,y):0\leqslant x\leqslant 1, y\geqslant 0\}.$$

注 试抽象总结上述证明不等式的思想和方法.

3. 其他应用

在工程和技术领域及其他学科领域中, 一些问题的求解都可以转化为极值问题.

例 5 炼钢是一个氧化降碳的过程, 为确定钢水含碳量与冶炼时间的关系, 通常需要做一系列实验, 测量出相应的实验数据, 由此确定出二者的理论关系, 常用的方法是最小二乘法. 表 16-1 是测量得到的含碳量 x 与冶炼时间 t 的数据.

表 16-1

$x(0.01\%)$	104	180	190	177	147	134	150	191	204	121
t/min	100	200	210	185	155	135	170	205	235	125

通过此数据, 确定线性函数关系: $t=f(x)$.

结构分析 这是一个工程应用问题, 抽象为数学问题就是拟合问题, 可以转化为最值问题. 以变量 x 为横轴、变量 t 为纵轴建立坐标系, 将测量的 "数据对" 以坐标点的形式描绘在坐标系内, 可以发现这些点近似分布于一条直线附近, 因此, 需要确定一条直线使得此直线尽可能接近数据关系, 或者说这些点与直线的 "误差" 最小, 这就是函数的最值问题.

解 设函数关系为 $t=ax+b$, 记点 (x_1,t_1) 与直线的误差为 $\varepsilon_1=t_1-(ax_1+b_1)$, 一组数据点 $(x_1,t_1),(x_2,t_2),\cdots,(x_n,t_n)$ 与直线的误差分别为 $\varepsilon_1,\varepsilon_2,\cdots,\varepsilon_n$, 记 $\varepsilon=\sum\limits_{i=1}^{n}\varepsilon_i^2$, 称其为总误差, 现在确定 a, b, 使得总误差 ε 最小, 由于 ε 是变量 a, b 的函数, 问题的本质就是二元函数的最值的计算. 先计算驻点, 由于

$$\frac{\partial\varepsilon}{\partial a}=-2\sum_{i=1}^{n}x_it_i+2a\sum_{i=1}^{n}x_i^2+2b\sum_{i=1}^{n}x_i,$$

$$\frac{\partial \varepsilon}{\partial b}=-2\sum_{i=1}^{n}t_i+2a\sum_{i=1}^{n}x_i+2nb,$$

求解得

$$a=\frac{n\sum\limits_{i=1}^{n}x_it_i-\sum\limits_{i=1}^{n}t_i\cdot\sum\limits_{i=1}^{n}x_i}{n\sum\limits_{i=1}^{n}x_i^2-\left(\sum\limits_{i=1}^{n}x_i\right)^2},\quad b=\frac{\sum\limits_{i=1}^{n}t_i\cdot\sum\limits_{i=1}^{n}x_i^2-\sum\limits_{i=1}^{n}x_it_i\cdot\sum\limits_{i=1}^{n}x_i}{n\sum\limits_{i=1}^{n}x_i^2-\left(\sum\limits_{i=1}^{n}x_i\right)^2},$$

代入上述数据, 得 $a=1.267$, $b=-30.51$, 因此, 函数关系为 $t=1.267x-30.51$, 这个公式就是经验公式.

上述得到经验公式的方法称为最小二乘法, 是工程技术领域常用的方法.

习　题　16.1

1. 计算下列函数的极值.

(1) $f(x,y)=x^2-y^2-4x+2y+3$;

(2) $f(x,y)=3x-x^3+y^2$;

(3) $f(x,y)=x^2+4y^2+4xy+2x+4y+2$;

(4) $f(x,y)=3x+3y-x^3-y^3-3y^2x-3x^2y$.

2. 计算下列函数在给定区域上的最值.

(1) $f(x,y)=x^2-2y^2+xy-3x+3y$, $D=[0,2]\times[0,2]$;

(2) $f(x,y)=2x^2+2y^2+5xy$, $D=\{(x,y):x^2+y^2\leqslant 1\}$.

3. 证明: $\sin x\sin y\sin(x+y)\leqslant\dfrac{3\sqrt{3}}{8}$, $(x,y)\in D=\{(x,y):0\leqslant x\leqslant\pi,0\leqslant y\leqslant\pi\}$.

4. 证明: $\mathrm{e}^y+x\ln x-x-xy\geqslant 0, x\geqslant 1, y\geqslant 0$.

5. 设 $f(x)$ 在 $[-\pi,\pi]$ 连续, $g(x)=\dfrac{1}{2}A+(B\sin x+C\cos x)$, 求常数 A, B,C, 使得逼近误差 $\delta\triangleq\dfrac{1}{2\pi}\displaystyle\int_{-\pi}^{\pi}|f(x)-g(x)|^2\mathrm{d}x$ 为最小.

16.2　条件极值

一、问题的一般形式

在工程技术领域, 经常需要求解在某些约束条件下的函数极值问题, 如下面的一个实际问题.

背景问题　要制造一个容积为 $4\mathrm{m}^3$ 的无盖长方形水箱, 问水箱的长、宽、高各为多少时, 用料最省.

结构分析 通过简单的数学建模将其转换为数学问题. 所谓用料最省, 即指水箱的表面积为最小, 因而, 问题的实质是寻求表面积函数的最小值. 设水箱的长、宽、高分别为 x, y, z(单位为米), 则水箱的表面积: $S = f(x, y, z) = xy+2yz+2xz$, 由于水箱容积为 $4\mathrm{m}^3$, 因此, $xyz = 4$, 于是, 将此实际问题抽象为数学问题为以下例题.

例 1 当 x, y, z 为何值时, 在约束条件 $xyz = 4$ 下, 可使 $S = f(x, y, z)$ 取得最小值.

像这类计算在某些约束条件下的多元函数极值问题, 就是多元函数的条件极值. 在工程技术领域, 众多的实际问题都可归结为多元函数的条件极值.

我们将给出条件极值的一般表述方式, 并给出条件极值的计算方法.

问题的一般形式: 计算 n 元函数 $u = f(x_1, x_2, \cdots, x_n)$ 在约束条件

$$\begin{cases} \varphi_1(x_1, \cdots, x_n) = 0, \\ \qquad \cdots\cdots \\ \varphi_k(x_1, \cdots, x_n) = 0 \end{cases}$$

下的极值, 其中 $0 < k < n$.

那么, 如何求解条件极值问题?

二、 条件极值的求解

由于现有的已知理论是函数的无条件极值, 因此, 条件极值的求解思路有两个,

其一是直接转化为无条件极值, 此方法只能处理简单情形; 其二利用无条件极值的思想, 构建条件极值的理论.

1. 简单情形

我们首先指出, 对简单的条件极值可转化为无条件极值, 即求解约束条件方程组.

假设求解得到的解为

$$\begin{cases} x_1 = \psi_1(x_{k+1}, \cdots, x_n), \\ \qquad \cdots\cdots \\ x_k = \psi_k(x_{k+1}, \cdots, x_n), \end{cases}$$

将其代入 $u = f(x_1, x_2, \cdots, x_n)$, 可将上述条件极值转化为函数

$$u = f(\psi_1(x_{k+1}, \cdots, x_n), \cdots, \psi_k(x_{k+1}, \cdots, x_n), x_{k+1}, \cdots, x_n)$$

关于变元 $x_{k+1}, \cdots, x_n$ 的无条件极值.

例 1 的求解　由条件得 $z=\dfrac{4}{xy}$, 因而,

$$S=xy+8\left(\frac{1}{x}+\frac{1}{y}\right),$$

求解驻点方程组

$$S_x=y-\frac{8}{x^2}=0,\quad S_y=x-\frac{8}{y^2}=0,$$

得唯一驻点 $(2,2)$, 此时 $z=1$. 由驻点的唯一性, 当长、宽、高分别为 2, 2, 1 时, 用料最少, 用料为 $12\mathrm{m}^2$.

但是, 对更一般的情形来说, 从约束条件中求解是很困难的, 甚至是不可能的. 因而, 上述方法只能处理极为简单的条件极值问题, 不具推广价值. 那么, 一般情形下, 条件极值如何求解?

2. 一般情形

我们将利用类似于无条件极值理论的框架结构和研究思路, 并借助于上例中的思想, 从寻求条件极值的必要条件出发, 进一步构建条件极值理论.

我们仅以 $n=4, k=2$ 的情形为例进行讨论, 所建立的理论可以进行任意的推广.

此时, 问题表述为: 研究函数 $z=f(x,y,u,v)$ 在约束条件

$$\begin{cases} g(x,y,u,v)=0, \\ h(x,y,u,v)=0 \end{cases} \tag{16-1}$$

下的极值问题.

以下总假设涉及的函数满足相应计算所需要的定性条件.

首先讨论点 $M_0(x_0,y_0,u_0,v_0)$ 成为上述条件极值问题的极值点的必要条件. 设 M_0 为其极值点. 先从理论上将其转化为无条件极值, 类似例 1 的求解思想, 需要从条件中求出两个变量, 相当于确定隐函数, 为此, 作相应的假设.

设 $\left.\dfrac{D(g,h)}{D(u,v)}\right|_{M_0}\neq 0$, 由隐函数存在定理, 方程组 $\begin{cases} g(x,y,u,v)=0, \\ h(x,y,u,v)=0 \end{cases}$ 存在隐函数 $u=u(x,y), v=v(x,y)$, 则 $z=f(x,y,u(x,y),v(x,y))$ 作为 x,y 的二元函数在 (x_0,y_0) 点取得极值, 因而 $\left.\dfrac{\partial z}{\partial x}\right|_{(x_0,y_0)}=0$, $\left.\dfrac{\partial z}{\partial y}\right|_{(x_0,y_0)}=0$, 即 (x_0,y_0) 满足

方程组

$$\begin{cases} f_x + f_u \cdot \dfrac{\partial u}{\partial x} + f_v \cdot \dfrac{\partial v}{\partial x} = 0, \\ f_y + f_u \cdot \dfrac{\partial u}{\partial y} + f_v \cdot \dfrac{\partial v}{\partial y} = 0, \end{cases} \tag{16-2}$$

注意到极值点有四个分量, 而 (16-2) 只能确定两个量, 因而, 还必须通过约束条件确定另两个量. 换句话说: $M_0(x_0, y_0, u_0, v_0)$ 是条件极值点, 则 M_0 必满足:

$$\begin{cases} f_x + f_u \cdot \dfrac{\partial u}{\partial x} + f_v \cdot \dfrac{\partial v}{\partial x} = 0, \\ f_y + f_u \cdot \dfrac{\partial u}{\partial y} + f_v \cdot \dfrac{\partial v}{\partial y} = 0, \\ g(x, y, u, v) = 0, \\ h(x, y, u, v) = 0, \end{cases} \tag{16-3}$$

这就是条件极值点的必要条件的第一种形式.

上述的必要条件形式并不是一个很好的形式, 原因在于: 条件方程组中包含有未知的函数 $\dfrac{\partial u}{\partial x}, \dfrac{\partial u}{\partial y}, \dfrac{\partial v}{\partial x}$ 和 $\dfrac{\partial v}{\partial y}$, 虽说可从约束条件 (16-1) 中将它们求出 (理论上), 但仍不具备实用性和理论的完美性, 为此, 我们将上述条件形式进行改进, 消去导数项, 给出一个更好的完全由已知的函数表示的形式. 为消去导数项, 必须通过条件 (16-1) 来完成, 因此, 利用隐函数导数得

$$\begin{cases} g_x + g_u \cdot \dfrac{\partial u}{\partial x} + g_v \cdot \dfrac{\partial v}{\partial x} = 0, \\ g_y + g_u \cdot \dfrac{\partial u}{\partial y} + g_v \cdot \dfrac{\partial v}{\partial y} = 0, \end{cases} \tag{16-4}$$

$$\begin{cases} h_x + h_u \cdot \dfrac{\partial u}{\partial x} + h_v \cdot \dfrac{\partial v}{\partial x} = 0, \\ h_y + g_u \cdot \dfrac{\partial u}{\partial y} + h_v \cdot \dfrac{\partial v}{\partial y} = 0, \end{cases} \tag{16-5}$$

从 (16-4) 和 (16-5) 中解出 $\dfrac{\partial u}{\partial x}, \dfrac{\partial u}{\partial y}, \dfrac{\partial v}{\partial x}, \dfrac{\partial v}{\partial y}$, 代入 (16-3), 可以得到必要条件的第二形式, 但这个形式比较复杂, 不再给出具体形式, 我们将继续改进.

引入参数 λ, u: (16-3) 的第一个方程 $+\lambda\times$(16-4) 的第一个方程 $+\mu\times$(16-5) 的第一个方程, 则在 M_0 点成立:

$$f_x+\lambda g_x+\mu h_x+(f_u+\lambda g_u+\mu h_u)u_x+(f_v+\lambda g_v+\mu h_v)v_x=0, \tag{16-6}$$

类似还成立:

$$f_y+\lambda g_y+\mu h_y+(f_u+\lambda g_u+\mu h_u)u_y+(f_v+\lambda g_v+\mu h_v)v_y=0, \tag{16-7}$$

因此, 若 (16-3) 成立, 则对任意 λ, u, (16-6) 和 (16-7) 都成立. 注意到, 我们的目的是消去导数项 u_x, u_y, v_x, v_y, 为此, 通过适当的选择 λ, μ, 使 (16-6) 和 (16-7) 中关于导数项 u_x, u_y, v_x, v_y 的系数为 0, 为此, 只需求解关于 λ, u 的方程组:

$$\begin{cases} f_u(M_0)+\lambda g_u(M_0)+\mu h_u(M_0)=0, \\ f_v(M_0)+\lambda g_v(M_0)+\mu h_v(M_0)=0, \end{cases} \tag{16-8}$$

由 $\left.\dfrac{D(g,h)}{D(u,v)}\right|_{M_0}\neq 0$, (16-8) 有唯一解 λ_0, μ_0, 选择这样的 λ_0, μ_0, (16-6) 和 (16-7) 就简化为

$$\begin{cases} f_x(M_0)+\lambda_0 g_x(M_0)+\mu_0 h_x(M_0)=0, \\ f_y(M_0)+\lambda_0 g_y(M_0)+\mu_0 h_y(M_0)=0, \end{cases} \tag{16-9}$$

至此, 我们得到了不含隐函数导数的条件形式. 因此, M_0 为极值点, 则有对应的 λ_0, u_0, 使 (16-1)、(16-8)、(16-9) 成理, 即 $(x_0, y_0, u_0, v_0, \lambda_0, \mu_0)$ 必满足:

$$\begin{cases} f_x+\lambda g_x+\mu h_x=0, \\ f_y+\lambda g_y+\mu h_y=0, \\ f_u+\lambda g_u+\mu h_u=0, \\ f_v+\lambda g_v+\mu h_v=0, \\ g=0, \\ h=0, \end{cases} \tag{16-10}$$

这就是我们所寻求的条件极值的必要条件, 这样的必要条件形式, 虽然从形式上看, 仍是一个较大方程组的求解, 但这个方程组从形式上只与给定的已知函数有关, 不再涉及隐函数的导数, 不仅如此, 这个形式还与无条件极值的形式具有结构上的统一性, 为了看到这种统一性, 引入拉格朗日函数:

$$L(x,y,u,v,\lambda,\mu)=f+\lambda g+\mu h,$$

则对应的条件 (16-10) 正好是拉格朗日函数的对各变元的一阶偏导数等于 0 的方程组, 因此, 条件极值点正好对应于拉格朗日函数的驻点, 这就是下述定理.

定理 2.1 M_0 为条件极值点的必要条件是: 存在 λ_0,μ_0, 使 $(x_0,y_0,u_0,v_0,\lambda_0,\mu_0)$ 是拉格朗日函数的驻点.

定理 2.1 就是 M_0 为条件极值点的必要条件. 这样的结论形式就与无条件极值的条件形式统一了. 至此, 已完成了条件极值点确定的第一步: 引入了拉格朗日函数, 计算其驻点, 这些驻点对应于自变量的部分就是可疑的极值点, 那么, 如何进一步确定驻点处的极值性质呢?

继续讨论驻点成为极值点的二阶微分判别法 (充分条件).

设 $(x_0,y_0,u_0,v_0,\lambda_0,\mu_0)$ 为对应的拉格朗日函数的驻点, 记 $M_0(x_0,y_0,u_0,v_0)$, 设从 $\begin{cases} g(x,y,u,v)=0, \\ h(x,y,u,v)=0 \end{cases}$ 中唯一确定隐函数 $\begin{cases} u=u(x,y), \\ v=v(x,y) \end{cases}$ 考察下述对应的函数

$$\overline{L}(x,y,u,v)=L(x,y,u,v,\lambda_0,\mu_0),$$

由于 $\begin{cases} u=u(x,y), \\ v=v(x,y) \end{cases}$ 满足 $\begin{cases} g(x,y,u,v)=0, \\ h(x,y,u,v)=0, \end{cases}$ 则

$$\overline{L}(x,y,u,v)=L(x,y,u(x,y),v(x,y),\lambda_0,\mu_0)=f(x,y,u(x,y),v(x,y))\triangleq F(x,y),$$

即 $\overline{L}(x,y,u,v)=f(x,y,u(x,y),v(x,y))=F(x,y)$, 由此将条件极值转化为 $F(x,y)$ 的无条件极值, 因此, 对 M_0 点极值性质的判断, 只需判断 $F(x,y)$ 在 (x_0,y_0) 是否取得极值. 上述方程左端视为独立变量 x,y,u,v 的函数, 右端是复合之后的函数, 即 $f(x,y,u,v)$ 中之 u,v 视为中间变量, 利用复合函数一阶微分形式的不变性, 则

$$\mathrm{d}F=\mathrm{d}\overline{L}=\frac{\partial\overline{L}}{\partial x}\mathrm{d}x+\frac{\partial\overline{L}}{\partial y}\mathrm{d}y+\frac{\partial\overline{L}}{\partial u}\mathrm{d}u+\frac{\partial\overline{L}}{\partial v}\mathrm{d}v,$$

两端关于 x,y 继续微分,

$$\begin{aligned}\mathrm{d}^2F=\mathrm{d}(\mathrm{d}\overline{L})=&\left(\mathrm{d}\frac{\partial\overline{L}}{\partial x}\right)\mathrm{d}x+\left(\mathrm{d}\frac{\partial\overline{L}}{\partial y}\right)\mathrm{d}y+\left(\mathrm{d}\frac{\partial\overline{L}}{\partial u}\right)\mathrm{d}u\\&+\left(\mathrm{d}\frac{\partial\overline{L}}{\partial v}\right)\mathrm{d}v+\frac{\partial\overline{L}}{\partial u}\mathrm{d}^2u+\frac{\partial\overline{L}}{\partial v}\mathrm{d}^2v,\end{aligned}$$

由于 $\dfrac{\partial\overline{L}}{\partial u}=f_u+\lambda_0g_u+\mu_0h_u$, 故

$$\frac{\partial\overline{L}}{\partial u}(M_0)=f_u+\lambda_0g_u+\mu_0h_u\big|_{(x_0,y_0,u_0,v_0,\lambda_0,\mu_0)}=0,$$

同样有 $\dfrac{\partial \overline{L}}{\partial v}(M_0)=0$, 因而,

$$\begin{aligned}\mathrm{d}^2F|_{(x_0,y_0)}&=\left[\left(\mathrm{d}\frac{\partial \overline{L}}{\partial x}\right)\mathrm{d}x+\left(\mathrm{d}\frac{\partial \overline{L}}{\partial y}\right)\mathrm{d}y+\left(\mathrm{d}\frac{\partial \overline{L}}{\partial u}\right)\mathrm{d}u+\left(\mathrm{d}\frac{\partial \overline{L}}{\partial v}\right)\mathrm{d}v\right]\Bigg|_{M_0}\\&=\mathrm{d}^2\overline{L}|_{M_0},\end{aligned}$$

右端 $\overline{L}$ 以 x,y,u,v 为变量的二阶全微分, 利用无条件极值的结论, 则

若 $\mathrm{d}^2F|_{(x_0,y_0)}>0$, 则 (x_0,y_0) 为 F 极小值点, 对应的 M_0 为条件极小值点; 若 $\mathrm{d}^2F|_{(x_0,y_0)}<0$, 则 (x_0,y_0) 为 F 的极大值点, 对应的 M_0 为条件极大值点.

这样, 可利用 $\mathrm{d}^2\overline{L}(M_0)$ 的符号, 判断 M_0 是否为条件极值点.

定理 2.2　若 $\mathrm{d}^2\overline{L}(M_0)>0$, 则 M_0 为条件极小值点; 若 $\mathrm{d}^2\overline{L}(M_0)<0$, 则 M_0 为条件极大值点.

至此, 条件极值问题得以基本解决, 且这种解决问题的思想可以推广到任意情形.

根据上述理论, 将条件极值的计算总结如下:

(1) 简单情形, 可直接转化为无条件极值.

(2) 一般情形下的拉格朗日函数法.

步骤①构造拉格朗日函数 (简称 L-函数).

②计算拉格朗日函数的驻点, 得到函数可疑极值点;

③判断: 驻点处的二阶微分判别法.

例 1 的拉格朗日函数求解法.

解　设水箱之长、宽、高各为 x,y,z, 则其表面积为

$$S=f(x,y,z)=xy+2yz+2xz,$$

约束条件为 $xyz=4$, 构造拉格朗日函数

$$L(x,y,z,\lambda)=xy+2yz+2xz+\lambda(xyz-4),$$

求解方程组:

$$\begin{cases}L_x=y+2z+\lambda yz=0, & (16\text{-}11)\\ L_y=x+2z+\lambda xz=0, & (16\text{-}12)\\ L_z=2y+2x+\lambda xy=0, & (16\text{-}13)\\ L_\lambda=xyz-4=0, & (16\text{-}14)\end{cases}$$

得唯一驻点 $x_0=y_0=2, z_0=1, \lambda_0=-2$.

事实上, 由 (16-12)−(16-11) 得

$$(x-y)(1+\lambda z)=0,$$

若 $\lambda z=-1$, 代入 (16-11) 得 $z=0$, 这是不可能的, 故必有 $x=y$, 代入 (16-12)、(16-13)、(16-14) 得

$$\begin{cases} x+2z+\lambda xz=0, \\ 4x+\lambda x^2=0, \\ x^2z=4, \end{cases}$$

求解得 $x=y=2$, $z=1$, $\lambda=-2$, 由于驻点唯一, 且由实际问题最小值必存在, 这唯一的驻点即是其最小值点, 因而, 当 $x=y=2, z=1$ 时, 用料最省.

例 2 计算 $f(x,y,z,t)=x+y+z+t$ 在限制条件 $xyzt=c^4(c>0)$ 下的极值.

解 作拉格朗日函数 $L(x,y,z,t,\lambda)=x+y+z+t+\lambda(xyzt-c^4)$, 求解方程组:

$$\begin{cases} L_x=1+\lambda yzt=0, \\ L_y=1+\lambda xzt=0, \\ L_z=1+\lambda xyt=0, \\ L_t=1+\lambda xyz=0, \\ L_\lambda=xyzt-c^4=0, \end{cases}$$

故, $\lambda yzt=\lambda xzt=\lambda xyt=\lambda xyz$, 显然 $\lambda\neq 0, x\neq 0, y\neq 0, z\neq 0$(约束条件), 得唯一驻点 $x_0=y_0=z_0=t_0=c, \lambda_0=-\dfrac{1}{c^3}$, 故,

$$\bar{L}(x,y,z,t)=x+y+z+t+\lambda_0(xyzt-c^4),$$

记 $M_0(c,c,c,c)$, 则

$$\mathrm{d}^2\bar{L}(M_0)=-\frac{2}{c}[\mathrm{d}x\mathrm{d}y+\mathrm{d}y\mathrm{d}z+\mathrm{d}x\mathrm{d}z+\mathrm{d}t(\mathrm{d}x+\mathrm{d}y+\mathrm{d}z)],$$

又 $xyzt=c^4$, 微分得 $xyz\mathrm{d}t+xyt\mathrm{d}z+xtz\mathrm{d}y+yzt\mathrm{d}x=0$, 故在 M_0 成立

$$\mathrm{d}x+\mathrm{d}y+\mathrm{d}z+\mathrm{d}t=0,$$

因而,

$$\mathrm{d}^2\bar{L}(M_0)=\frac{1}{c}[(\mathrm{d}x+\mathrm{d}y+\mathrm{d}z)^2+\mathrm{d}x^2+\mathrm{d}y^2+\mathrm{d}z^2]>0$$

故 M_0 为其极小值点, 极小值为 $4c$.

注　计算出驻点后, 也可以转化为无条件极值情形来判断驻点的极值性质. 如上例, 从条件中解得 $t=\dfrac{c}{xyz}$, 代入得

$$\overline{f}(x,y,z)=f\left(x,y,z,\frac{c}{xyz}\right)=x+y+z+\frac{c}{xyz},$$

因而,

$$\begin{aligned}\mathrm{d}^2\overline{f}|_{(x_0,y_0,z_0)}=&\left[\frac{2c}{x^3yz}\mathrm{d}x^2+\frac{c}{x^2y^2z}\mathrm{d}x\mathrm{d}y+\frac{c}{x^2yz^2}\mathrm{d}x\mathrm{d}z+\frac{c}{x^2y^2z}\mathrm{d}x\mathrm{d}y+\frac{2c}{xy^3z}\mathrm{d}y^2\right.\\&\left.+\frac{c}{xy^2z^2}\mathrm{d}y\mathrm{d}z+\frac{c}{x^2yz^2}\mathrm{d}x\mathrm{d}z+\frac{c}{xy^2z^2}\mathrm{d}y\mathrm{d}z+\frac{2c}{xyz^3}\mathrm{d}z^2\right]\Bigg|_{(x_0,y_0,z_0)}\\=&\frac{1}{c}[\mathrm{d}x^2+\mathrm{d}y^2+\mathrm{d}z^2+(\mathrm{d}x+\mathrm{d}y+\mathrm{d}z)^2]>0,\end{aligned}$$

利用无条件极值理论也可以判断出结果.

例 3　计算 $f(x_1,x_2,\cdots,x_n)=\sum\limits_{i=1}^n a_ix_i^2(a_i>0)$ 在条件 $x_1+\cdots+x_n=c(x_i>0)$ 下的最小值.

解　构造拉格朗日函数 $L(x_1,x_2,\cdots,x_n,\lambda)=\sum\limits_{i=1}^n a_ix_i^2+\lambda(\sum\limits_{i=1}^n x_i-c)$, 计算得唯一驻点:

$$x_i^0=-\frac{\lambda_0}{2a_i},i=1,\cdots,n,\quad \lambda_0=-\frac{2c}{\sum\limits_{i=1}^n\dfrac{1}{a_i}}.$$

由于驻点唯一, 由题意知这唯一的驻点就是其最小值点, 因而, 最小值为 $\dfrac{c^2}{\sum\limits_{i=1}^n 1/a_i}$. 特别, 当 $a_i=1$ 时, $f(x_1,x_2,\cdots,x_n)=\sum\limits_{i=1}^n x_i^2$ 在条件 $\sum\limits_{i=1}^n x_i=c$ 下在点 $\left(\dfrac{c}{n},\dfrac{c}{n},\cdots,\dfrac{c}{n}\right)$ 处达到最小值 c^2/n, 故,

$$x_1^2+\cdots+x_n^2\geqslant\frac{c^2}{n}=\frac{(x_1+\cdots+x_n)^2}{n}.$$

本题也可以用定理 2.2 验证: $\mathrm{d}^2\bar{L}(M_0)=2\sum a_i\mathrm{d}x_i^2>0$, M_0 为最小值点.

注意, 如上例, 可以利用条件极值获得一些不等式, 总结证明的思想方法.

例 4　设 $a>0,a_i>0$, 计算 $f=x_1^{a_1}x_2^{a_2}\cdots x_n^{a_n}$ 在条件 $x_1+\cdots+x_n=a(x_i>0)$ 下的极值.

解 令 $g(x_1,x_2,\cdots,x_n)=\ln f=\sum\limits_{i=1}^{n}a_i\ln x_i$, 因为 $\ln u$ 严格单调, 故 g 的极值点就对应于 f 的极值点. 构造 g 的 L-函数 $L=\sum\limits_{i=1}^{n}a_i\ln x_i-\lambda\left(\sum\limits_{i=1}^{n}x_i-a\right)$, 计算得唯一驻点 $M_0\left(\dfrac{aa_1}{\sum\limits_{i=1}^{n}a_i},\dfrac{aa_2}{\sum\limits_{i=1}^{n}a_i},\cdots,\dfrac{aa_n}{\sum\limits_{i=1}^{n}a_i}\right)$, $\lambda_0=\dfrac{\sum\limits_{i=1}^{n}a_i}{a}$, 由于

$$\mathrm{d}^2\bar{L}(M_0)=-\sum_{i=1}^{n}\frac{a_i}{x_i^2}\mathrm{d}x_i^2<0,$$

故, 驻点为极大值点, 极大值为 $f(M_0)$.

注 $f=x_1^{a_1}x_2^{a_2}\cdots x_n^{a_n}$ 在 $0<x_i<a$ 条件下无最小值点. 因为 $f>0$ 且 $\lim\limits_{x_i\to0}f=0$.

例 5 计算抛物面 $x^2+y^2=z$ 被平面 $x+y+z=1$ 所截的椭圆上的点到原点的最长和最短距.

解 设 (x,y,z) 为所截得的椭圆上的点, 则必满足约束条件

$$\begin{cases}x^2+y^2=z,\\x+y+z=1,\end{cases}$$

而此点到原点的距离平方为 $f(x,y,z)=x^2+y^2+z^2$, 为此, 计算 f 在约束条件下的极值. 构造 L-函数

$$L(x,y,z,\lambda,\mu)=x^2+y^2+z^2+\lambda(x^2+y^2-z)+\mu(x+y+z-1),$$

求解得到驻点 $p\left(\dfrac{-1\pm\sqrt{3}}{2},\dfrac{-1\pm\sqrt{3}}{2},2\mp\sqrt{3}\right)$, 由于 f 在有界闭集 $\{(x,y,z):x^2+y^2=z,x+y+z=1\}$ 上连续, 故必存在最大值和最小值. 故上述两个驻点一个对应于最大值点, 一个对应于最小值点. 计算得: 最大值点为 $\left(\dfrac{-1-\sqrt{3}}{2},\dfrac{-1-\sqrt{3}}{2},2+\sqrt{3}\right)$, 最大值为 $9+5\sqrt{3}$; 最小值点为 $\left(\dfrac{-1+\sqrt{3}}{2},\dfrac{-1+\sqrt{3}}{2},2-\sqrt{3}\right)$, 最小值为 $9-5\sqrt{3}$.

习　题　16.2

1. 计算下列条件极值.

(1) $f(x,y,z)=x^2+4y^2+z^2+2xy+4yz$, $x+y+z=0$;

(2) $f(x,y,z)=x^2+y^2+z^2$, $x^2+2y^2+4z^2=4$;

(3) $f(x,y,z)=x-2y-2z$, $x^2+y^2+z^2=1$;

(4) $f(x,y,z)=x^3+y^3+z^3$, $xyz=1$.

2. 利用条件极值理论计算 $f(x,y)=x^2+6xy+2y^2$ 在区域 $D=\{(x,y):x^2+y^2\leqslant 1\}$ 上的最值; 根据结果的结构, 能否将上述结果进行抽象形成一个结论?

3. 设 a 是给定的正数, 将其分解为 n 个非负数的和, 使得这 n 个非负数的积为最大. 由此证明不等式: $(x_1x_2\cdots x_n)^{\frac{1}{n}}\leqslant\dfrac{x_1+x_2+\cdots+x_n}{n}$, 其中 $x_i\geqslant 0, 1=1,2,\cdots,n$.

4. 利用条件极值理论证明不等式: $\dfrac{a^n+b^n}{2}\geqslant\left(\dfrac{a+b}{2}\right)^n$, $n\in\mathbf{N}^+, a>0, b>0$.

5. 计算曲面 $z=xy-1$ 上的点到坐标原点的最小距离.

6. 计算二次型 $f(x_1,x_2,\cdots,x_n)=\sum\limits_{i,j=1}^{n}a_{ij}x_ix_j$ 在条件 $\sum\limits_{i=1}^{n}x_i^2=1$ 下的最值.

第 17 章　含参量积分

我们已经学过一元函数的积分理论: 包括常义积分和广义积分, 其积分变量和被积函数的变量一样, 都是一个. 但在各技术领域, 经常会遇到这样的积分: 对一个变量的积分还与一个参数有关, 如天体力学中常遇到的椭圆积分 $\int_0^{\pi/2}\sqrt{1-k^2\sin^2 t}\mathrm{d}t$, 从形式可以看出, 积分变量为 t, 且积分依赖于 k, 此时 k 称为积分过程中的参量. 显然, 若将 k 视为一个变元, 记 $f(t,k)=\sqrt{1-k^2\sin^2 t}$, 则上述积分可以视为对多元函数的一个变量积分, 将其余变量视为参量, 像这种积分形式在工程技术领域还有很多. 因此, 为解决相应的工程技术问题, 必须先在数学上进行研究, 这就是本章的内容: 含参变量的积分, 包括: 含参量常义积分和含参量广义积分. 由于这种积分形式的被积函数是多元函数, 因此, 多元函数理论为含参变量积分的研究提供了理论基础.

17.1　含参变量的常义积分

只考虑一个参量的含参量积分. 设 $f(x,y)$ 在 $D=[a,b]\times[c,d]$ 上有定义, 任取 $y\in[c,d]$ 固定, $f(x,y)$ 视为变量 x 的一元函数, 若 $f(x,y)$ 关于 x 在 $[a,b]$ 可积, 则定积分 $\int_a^b f(x,y)\mathrm{d}x$ 存在, 显然其与 y 有关, 且由 y 唯一确定, 由此, 通过定积分确定一个以 y 为变量的函数, 记为

$$I(y)=\int_a^b f(x,y)\mathrm{d}x,$$

称其为含参变量 y 的积分.

由此可知, 含参量积分是一个以参变量为变量的函数, 由此就决定了含参量积分的研究内容: ① 含参量积分函数的分析性质研究; ② 含参量积分的计算; ③ 含参量积分的应用: 将含参量积分的分析性质应用于定积分的计算, 由此带来定积分计算的新方法——通过引入参变量, 将定积分转化为含参量的积分, 用于更复杂结构的定积分的计算.

1. 基本理论

定理 1.1(连续性) 设 $f(x,y)$ 在 $D=[a,b]\times[c,d]$ 上连续, 则 $I(y)$ 在 $[c,d]$ 上连续.

结构分析 题型: 抽象函数 $I(y)$ 的连续性证明. 类比已知: 条件也只有 $f(x,y)$ 的连续性, 没有更高级的分析性质可用, 因此, 考虑用定义证明 $I(y)$ 的连续性, 由此确定了思路. 具体方法分析: 为实现此思路, 须研究, 任取 $y_0\in[c,d]$, 取 Δy 充分小, 使 $y_0+\Delta y\in[c,d]$ 时的关于 $|I(y_0+\Delta y)-I(y_0)|$ 的估计, 为利用已知条件, 须将其形式转化为用 $f(x,y)$ 表示的形式, 自然有形式

$$|I(y_0+\Delta y)-I(y_0)|\leqslant\int_a^b|f(x,y_0+\Delta y)-f(x,y_0)|\mathrm{d}x,$$

因此, 必须用 $|f(x,y_0+\Delta y)-f(x,y_0)|$ 的充分小性质控制 $|I(y_0+\Delta y)-I(y_0)|$, 使其也充分小. 从形式上看, 只须利用 $f(x,y)$ 在 y_0 点的连续性, 但实际不仅如此, 因为, 仅仅利用 $f(x,y)$ 在 y_0 点或 (x,y_0) 的连续性, 对任意的 ε, 得到的 $\delta=\delta(\varepsilon,x,y_0)$ 不仅与 ε,y_0 有关, 还与 $x\in[a,b]$ 有关, 因而, 不能保证在整个积分区间 $[a,\ b]$ 上都有 $|f(x,y_0+\Delta y)-f(x,y_0)|<\varepsilon$, 这正是连续性的局部性的影响; 而在证明 $I(y)$ 在 y_0 点的连续性时, 只允许 $\delta=\delta(\varepsilon,y_0)$, 因此, 必须用更高级的整体性质克服 x 的局部性的影响, 由此, 决定了实现思路的方法——利用一致连续性定理.

证明 由于 $f(x,y)$ 在 D 上连续, 因而, $f(x,y)$ 在 D 上一致连续, 故, 对任意的 $\varepsilon>0$, 存在 $\delta=\delta(\varepsilon)$, 当 (x',y'), $(x'',y'')\in D$ 且 $|x'-x'|<\delta$, $|y'-y'|<\delta$ 时, 成立

$$|f(x',y')-f(x',y'')|<\frac{\varepsilon}{b-a},$$

因而, 当 $|\Delta y|<\delta$ 时, 成立

$$|f(x,y_0+\Delta y)-f(x,y_0)|<\frac{\varepsilon}{b-a},\quad \forall x\in[a,b],$$

故,

$$|I(y_0+\Delta y)-I(y_0)|\leqslant\int_a^b|f(x,y_0+\Delta y)-f(x,y_0)|\mathrm{d}x<\varepsilon,$$

所以, $I(y)$ 在 y_0 点的连续性, 由 y_0 的任意性得 $I(y)$ 在 $[c,d]$ 上连续.

抽象总结 定理 1.1 给出了含参量积分的最基本的分析性质——连续性, 这是定性结论, 但是, 换一个角度, 从定量角度看, 定理 1.1 还可以表示为

$$\lim_{y\to y_0}\int_a^b f(x,y)\mathrm{d}x=\int_a^b f(x,y_0)\mathrm{d}x=\int_a^b\lim_{y\to y_0}f(x,y)\mathrm{d}x,$$

此式表明: 极限和积分运算可以换序, 从定量角度看, 仍是两种运算的可换序性.

定理 1.2(可微性) 设 $f(x,y)$ 和 $f_y(x,y)$ 在 D 上连续, 则 $I(y)$ 在 $[c,d]$ 上具有连续的导数且

$$\frac{\mathrm{d}I(y)}{\mathrm{d}y}=\int_a^b f_y(x,y)\mathrm{d}x.$$

即微分与积分运算可以换序.

简析 证明思想和定理 1.1 相同, 利用可微性的局部性和定义验证即可.

证明 任取 $y_0\in[c,d]$ 及 Δy, 使 $y_0+\Delta y\in[c,d]$, 由中值定理,

$$\frac{I(y_0+\Delta y)-I(y_0)}{\Delta y}=\int_a^b\frac{f(x,y_0+\Delta y)-f(x,y_0)}{\Delta y}\mathrm{d}x=\int_a^b f_y(x,y_0+\theta\Delta y)\mathrm{d}x,$$

其中, $\theta\in[0,1]$. 由定理 1.1, 则

$$\begin{aligned}\lim_{\Delta y\to0}\frac{I(y_0+\Delta y)-I(y_0)}{\Delta y}&=\lim_{\Delta y\to0}\int_a^b f_y(x,y_0+\theta\Delta y)\mathrm{d}x\\&=\int_a^b\lim_{\Delta y\to0}f_y(x,y_0+\theta\Delta y)\mathrm{d}x\\&=\int_a^b f_y(x,y_0)\mathrm{d}x.\end{aligned}$$

抽象总结 定理 1.2 的结论既是定性的, 也是定量的, 从定量的角度看, 仍是两种运算的可换序性.

有了上述两个定理, 基本结构的含参量积分的分析性质得以解决. 继续把结论推广到更复杂的含参量积分.

更进一步讨论变限的含参量积分, 记 $F(y)=\int_{a(y)}^{b(y)}f(x,y)\mathrm{d}x$.

定理 1.3 若 $f(x,y)$ 在 D 上连续, $a(y),b(y)$ 在 $[c,d]$ 上连续, 且 $a\leqslant a(y)\leqslant b, a\leqslant b(y)\leqslant b$, $\forall y\in[c,d]$, 则 $F(y)$ 在 $[c,d]$ 上连续.

简析 类比已知的结论中, 定理 1.1 与要证明的结论最为相近, 因此, 必须转化为定理 1.1 能处理的形式或用定理 1.1 类似的证明思想来证明.

证明 任取 $y_0\in[c,d]$, Δy, 使 $y_0+\Delta y\in[c,d]$, 由于

$$F(y_0+\Delta y)-F(y_0)=\int_{a(y_0+\Delta y)}^{a(y_0)}f(x,y_0+\Delta y)\mathrm{d}x$$

$$+\int_{a(y_0)}^{b(y_0)}[f(x,y_0+\Delta y)-f(x,y_0)]\mathrm{d}x$$

$$+\int_{b(y_0)}^{b(y_0+\Delta y)}f(x,y_0+\Delta y)\mathrm{d}x,$$

由于 $f(x,y)$ 在 D 上连续, 进而在 D 上有界, 设 $|f(x,y)|\leqslant M,(x,y)\in D$, 因而, 利用 $a(y),b(y)$ 的连续性和 $f(x,y)$ 在 D 的一致连续性, 则, 对任意 $\varepsilon>0$, 存在 $\delta(\varepsilon,y_0)$, 当 $|\Delta y|<\delta$ 时成立

$$|a(y_0+\Delta y)-a(y_0)|<\frac{\varepsilon}{3M},\quad |b(y_0+\Delta y)-b(y_0)|<\frac{\varepsilon}{3M},$$

$$|f(x,y_0+\Delta y)-f(x,y_0)|<\frac{\varepsilon}{3(b-a)},\quad \forall x\in[a,b],$$

故,

$$|F(y_0+\Delta y)-F(y_0)|<\varepsilon,$$

因而, $F(y)$ 在 $[c,d]$ 上连续.

定理 1.4　设 $f(x,y),f_y(x,y)$ 在 D 上连续, 且 $a(y),b(y)$ 在 $[c,d]$ 上具有连续的导数, 则 $F(y)$ 在 $[c,d]$ 上具有连续导数, 且

$$F'(y)=\int_{a(y)}^{b(y)}f_y(x,y)\mathrm{d}x+f(b(y),y)b'(y)-f(a(y),y)a'(y).$$

证明　$\forall y_0\in[c,d],y_0+\Delta y\in[c,d]$, 利用中值定理, 存在 $\theta_i\in[0,1],i=1,2,3$, 使得

$$\frac{F(y_0+\Delta y)-F(y_0)}{\Delta y}=\frac{1}{\Delta y}\int_{a(y_0+\Delta y)}^{a(y_0)}f(x,y_0+\Delta y)\mathrm{d}x$$

$$+\frac{1}{\Delta y}\int_{a(y_0)}^{b(y_0)}[f(x,y_0+\Delta y)-f(x,y_0)]\mathrm{d}x$$

$$+\frac{1}{\Delta y}\int_{b(y_0)}^{b(y_0+\Delta y)}f(x,y_0+\Delta y)\mathrm{d}x.$$

$$=f(\theta_1 a(y_0)+(1-\theta_1)\,a(y_0+\Delta y),y_0+\Delta y)$$

$$\cdot\frac{a(y_0)-a(y_0+\Delta y)}{\Delta y}$$

$$+\int_{a(y_0)}^{b(y_0)} f_y(x,y_0+\theta_2\Delta y)\mathrm{d}x+f(\theta_3 b(y_0+\Delta y)$$

$$+(1-\theta_3)\,b(y_0),y_0+\Delta y)\frac{b(y_0+\Delta y)-b(y_0)}{\Delta y}$$

$$\xrightarrow{\Delta y\to 0}\int_{a(y_0)}^{b(y_0)} f_y(x,y_0)\mathrm{d}x+f(b(y_0),y_0)b'(y_0)$$

$$-f(a(y_0),y_0)a'(y_0).$$

由 $y_0\in[c,d]$ 的任意性, 则定理得证.

上面讨论了含参量积分的连续性和可微性, 从运算角度看, 这些性质给出了两种运算间的可换序性, 在相关的运算中有非常重要的作用 (见后面的例子).

函数的可积性和定积分的计算也是函数的重要研究内容之一, 我们继续研究含参量积分的积分性质.

设 $f(x,y)$ 在 D 上连续, 则可引入两个含参量积分:

$$J(x)=\int_c^d f(x,y)\mathrm{d}y,\quad I(y)=\int_a^b f(x,y)\mathrm{d}x,$$

显然, $J(x),I(y)$ 都是连续函数, 因而也是可积函数, 考虑二者的积分:

$$\int_a^b J(x)\mathrm{d}x=\int_a^b\left[\int_c^d f(x,y)\mathrm{d}y\right]\mathrm{d}x=\int_a^b\mathrm{d}x\int_c^d f(x,y)\mathrm{d}y,$$

$$\int_a^b I(y)\mathrm{d}y=\int_c^d\left[\int_a^b f(x,y)\mathrm{d}x\right]\mathrm{d}y=\int_c^d\mathrm{d}y\int_a^b f(x,y)\mathrm{d}x,$$

分析积分结构: 被积函数都是 $f(x,y)$, 积分顺序不同, 因而是函数 $f(x,y)$ 在区域 D 上的两个不同顺序的积分, 也是后面多重积分理论中的累次积分. 自然要考虑这样的问题: 二者是否相等, 即: 累次积分是否可换序.

定理 1.5(积分换序性) 设 $f(x,y)$ 在 D 上连续, 则

$$\int_a^b\mathrm{d}x\int_c^d f(x,y)\mathrm{d}y=\int_c^d\mathrm{d}y\int_a^b f(x,y)\mathrm{d}x,$$

即两个累次积分可以换序.

结构分析 这是一个数量等式的证明, 是一个低级的结论, 为方便利用高级的函数微积分理论, 将其转化为两个函数相等的证明, 自然在同一点的函数值相等; 由此可以利用微分理论处理, 这种处理思想, 要求掌握.

证明　记 $I_1(u)=\int_c^u \mathrm{d}y\int_a^b f(x,y)\mathrm{d}x$, $I_2(u)=\int_a^b \mathrm{d}x\int_c^u f(x,y)\mathrm{d}y$, 下证: $I_1(u)=I_2(u)$, 因而特别有 $I_1(d)=I_2(d)$, 为此, 先证: $I_1'(u)=I_2'(u)$.

由于 $I_1(u)=\int_c^u \mathrm{d}y\int_a^b f(x,y)\mathrm{d}x=\int_c^u I(y)\mathrm{d}y$, 故,

$$I_1'(u)=I(u)=\int_a^b f(x,u)\mathrm{d}x;$$

同样, 对 $I_2(u)$, 记 $F(x,u)=\int_c^u f(x,y)\mathrm{d}y$, 则 $I_2(u)=\int_a^b F(x,u)\mathrm{d}x$, 由定理 1.2,

$$I_2'(u)=\int_a^b F_u(x,u)\mathrm{d}x=\int_a^b f(x,u)\mathrm{d}x,$$

因而, $I_1'(u)=I_2'(u)$, 所以,

$$I_1(u)=I_2(u)+\alpha,\quad \forall c\leqslant u\leqslant d,$$

令 $u=c$, 得 $\alpha=0$. 因此, $I_1(u)=I_2(u)$, $\forall c\leqslant u\leqslant d$, 特别有 $I_1(d)=I_2(d)$.

抽象总结　上述将常数 d 变易为变量 u, 使数变为函数, 因此, 可以利用函数的高级理论和工具来处理低级问题, 我们把这种方法称为常数变易方法.

2. 应用

在上述理论的基础上, 我们研究含参量积分的各种运算及在定积分计算中的应用.

例 1　设 $F(y)=\int_y^{y^2}\frac{\sin yx}{x}\mathrm{d}x$, 计算 $F'(y)$.

解　由公式, 则

$$F'(y)=\int_y^{y^2}\cos xy\mathrm{d}x+\frac{\sin y^3}{y^2}2y-\frac{\sin y^2}{y}=\frac{3\sin y^3-2\sin y^2}{y}.$$

例 2　计算 $\lim\limits_{\alpha\to 0}\int_0^1\frac{\mathrm{d}x}{1+x^2\cos\alpha x}$.

结构分析　题目属于两种运算问题类型, 常用的处理方法有: ① 估计方法, 对积分先估计, 再计算极限, 常用于简单结构题目的处理; ② 换序方法, 交换两种运算的次序. 从本题看, 若能用换序方法, 求解就非常容易, 因此, 只需考虑含参量积分的积分和极限的换序, 确定使用相应的定理, 含参量积分的连续性定理, 验证

条件即可, 当然, 还需解决参量的范围问题, 选择参量范围原则是: 在包含极限点 $\alpha=0$ 的条件下尽可能简单.

解 记 $f(x,\alpha)=\dfrac{1}{1+x^2\cos\alpha x}$, $D=[0,1]\times\left[-\dfrac{1}{2},\dfrac{1}{2}\right]$, 则 $f(x,\alpha)$ 在 D 上连续, 由含参量积分的连续性定理, 则, $I(\alpha)=\displaystyle\int_0^1\frac{\mathrm{d}x}{1+x^2\cos\alpha x}$ 在 $[-1/2,1/2]$ 连续, 故,

$$\lim_{\alpha\to0}I(\alpha)=I(0)=\int_0^1\frac{\mathrm{d}x}{1+x^2}=\frac{\pi}{4}.$$

在确定参量的活动区间时, 通常在极限点附近取充分小的区间, 满足定理要求的条件即可, 选择并不唯一.

例 3 计算 $\displaystyle\lim_{y\to0^+}\int_0^1\frac{\mathrm{d}x}{1+(1+xy)^{1/y}}$.

解 令 $f(x,y)=\begin{cases}\dfrac{1}{1+(1+xy)^{1/y}}, & 0\leqslant x\leqslant1, 0<y\leqslant1,\\ \dfrac{1}{1+\mathrm{e}^x}, & 0\leqslant x\leqslant1, y=0,\end{cases}$ $D=[0,1]\times[0,1]$, 则 $f(x,y)$ 在 D 上连续, 因而,

$$\begin{aligned}\lim_{y\to0^+}\int_0^1\frac{\mathrm{d}x}{1+(1+xy)^{1/y}}&=\int_0^1\lim_{y\to0^+}\frac{\mathrm{d}x}{1+(1+xy)^{1/y}}\\&=\int_0^1\frac{\mathrm{d}x}{1+\mathrm{e}^x}=\int_0^1\frac{\mathrm{d}\mathrm{e}^x}{\mathrm{e}^x(1+\mathrm{e}^x)}\\&=\int_1^{\mathrm{e}}\frac{\mathrm{d}t}{t(1+t)}=\ln\frac{2\mathrm{e}}{1+\mathrm{e}}.\end{aligned}$$

注 课后自行证明 $f(x,y)$ 在 D 上连续.

例 4 计算 $I(\theta)=\displaystyle\int_0^{\pi}\ln(1+\theta\cos x)\mathrm{d}x, |\theta|<1$.

结构分析 题型为含参量积分的计算, 虽然从形式看仍是一个定积分, 从定积分的结构看, 需要利用分部积分法, 可以发现分部积分法不能消去不同的结构, 不能实现计算; 从含参量积分的结构看, 由于参量的引入, 使得把定积分的计算通过参量转化为函数的计算, 从而, 不仅可以利用定积分计算的相关技术, 还可以利用函数的高级性质 (如微分理论) 进行积分的计算, 这是含参量积分用于定积分计算的重要思想.

解 记 $f(x,\theta)=\ln(1+\theta\cos x)$, 对任意 $b\in(0,1)$, 则 $f(x,\theta)$, $f_\theta(x,\theta)$ 在 $[0,\pi]\times[-b,b]$ 上连续, 故

$$I'(\theta)=\int_0^\pi\frac{\cos x}{1+\theta\cos x}\mathrm{d}x=\frac{1}{\theta}\int_0^\pi\left(1-\frac{1}{1+\theta\cos x}\right)\mathrm{d}x=\frac{\pi}{\theta}-\frac{1}{\theta}\int_0^\pi\frac{\mathrm{d}x}{1+\theta\cos x},$$

利用万能公式,

$$\begin{aligned}\int_0^\pi\frac{\mathrm{d}x}{1+\theta\cos x}&\xlongequal{t=\tan x/2}\int_0^{+\infty}\frac{\frac{2}{1+t^2}}{1+\theta\frac{1-t^2}{1+t^2}}\mathrm{d}t=\int_0^{+\infty}\frac{\mathrm{d}t}{(1+\theta)+(1-\theta)t^2}\\&=\frac{2}{\sqrt{1-\theta^2}}\arctan\left(\sqrt{\frac{1-\theta}{1+\theta}}\tan\frac{x}{2}\right)\Big|_0^\pi\\&=\frac{\pi}{\sqrt{1-\theta^2}},\end{aligned}$$

因而,

$$I'(\theta)=\pi\left(\frac{1}{\theta}-\frac{1}{\theta\sqrt{1-\theta^2}}\right),$$

求积分得

$$I(\theta)=\pi\left(\ln\theta+\ln\frac{1+\sqrt{1-\theta^2}}{\theta}\right)+c=\pi\ln(1+\sqrt{1-\theta^2})+c,$$

又 $I(0)=0$, 则 $c=-\pi\ln 2$, 故 $I(\theta)=\pi\ln\dfrac{1+\sqrt{1-\theta^2}}{2}$.

抽象总结 从上述解题过程看, 利用含参量积分的求导理论计算定积分, 从计算思想上看和分部积分法相同, 即通过求导, 改变被积函数的结构, 使之简单化, 便于计算; 但是, 与分部积分的求导对象不同, 因而, 是采用了不同的求导方式来改变积分结构, 因此, 这两种方法在处理复杂类型的定积分时都是有效的方法. 如本例用分部积分法将积分转变为下述积分计算,

$$I(\theta)=x\ln(1+\theta\cos x)\big|_0^\pi+\theta\int_0^\pi\frac{x\sin x}{1+\theta\cos x}\mathrm{d}x,$$

而后者虽然从形式上看利用定积分公式 $\int_0^\pi xf(\sin x)\mathrm{d}x=\frac{\pi}{2}\int_0^\pi f(\sin x)\mathrm{d}x$, 化不同结构为单一三角函数结构来计算, 但是, 它并不具备 $\int_0^\pi xf(\sin x)\mathrm{d}x$ 的结构 (思考原因), 无法实现计算. 因此, 含参量积分理论给出了定积分计算的又一种新方法.

再看一个例子.

例 5 计算 $I=\int_0^1 \frac{\ln(1+x)}{1+x^2}\mathrm{d}x$.

结构分析 这是定积分计算类题目, 从结构看, 被积函数是由两类不同结构的因子组成的, 常规的定积分计算方法是分部积分法, 但是, 在用分部积分法改变因子 $\ln(1+x)$ 的结构为有理式的同时, 有理式 $\frac{1}{1+x^2}$ 则变为反三角函数, 整个积分还是由两类结构不同因子组成, 没有达到简化结构的目的. 因此, 为了既要通过求导改变因子 $\ln(1+x)$ 的结构为有理式, 又要保持因子 $\frac{1}{1+x^2}$ 的结构不变, 必须采用新技术. 例 4 的求解过程给我们提供了思路: 利用含参量积分理论计算, 通过引入参量, 将定积分变为含参量积分所确定的函数值的计算, 计算含参量积分后, 取特定的参量值, 得到原定积分. 因此, 要解决的问题是: 如何引入参量, 参量的位置如何确定? 原则是: 在改变结构的因子中引入参量, 当然, 引入参量的位置并不唯一, 由此带来的计算难易程度也不相同.

解 考虑含参量积分: $I(\alpha)=\int_0^1 \frac{\ln(1+\alpha x)}{1+x^2}\mathrm{d}x$, 则 $I(1)=I$.

因此, 只须计算 $I(\alpha)$. $I(\alpha)$ 与 I 相比, 虽然积分结构相同, 但由于含有参量, 可以利用含参量积分理论处理. 记 $f(x,\alpha)=\frac{\ln(1+\alpha x)}{1+x^2}$, 则 $f(x,\alpha)$ 在 $D=[0,1]\times[0,1]$ 上满足 17.1 节定理 1.2 的条件, 则

$$\begin{aligned}I'(\alpha)&=\int_0^1 \frac{x}{(1+\alpha x)(1+x^2)}\mathrm{d}x\\&=\int_0^1 \frac{1}{1+\alpha^2}\left[\frac{\alpha+x}{1+x^2}-\frac{\alpha}{1+\alpha x}\right]\mathrm{d}x\\&=\frac{1}{1+\alpha^2}\left[\frac{\pi}{4}\alpha+\frac{1}{2}\ln 2-\ln(1+\alpha)\right],\end{aligned}$$

两边积分, 则

$$I(1)-I(0)=\int_0^1 I'(\alpha)\mathrm{d}\alpha=\frac{\pi}{8}\ln 2+\frac{\pi}{8}\ln 2-I(1),$$

由于 $I(0)=0$, 故 $I(1)=\frac{\pi}{8}\ln 2$.

抽象总结 总结本题的求解过程, 可以抽象总结出对复杂结构的定积分计算的又一新方法: 在较难处理的因子中引入参量, 利用含参量积分的微分定理, 通过

求导改变或简化结构, 求解含参量积分, 计算其特定的函数值得定积分. 运用过程中重点要把握参量引入的位置和变化范围.

还有一类积分的计算, 须利用含参量积分的积分换序定理, 通过换序达到简化计算的目的.

例 6　计算 $I=\int_0^1 \frac{x^b-x^a}{\ln x}\mathrm{d}x(b>a>0)$.

解　法一　积分法, 即利用积分换序定理计算.

由于 $\int_a^b x^y\mathrm{d}y=\frac{x^b-x^a}{\ln x}$, 故利用含参量积分的换序定理,

$$I=\int_0^1\mathrm{d}x\int_a^b x^y\mathrm{d}y=\int_a^b\mathrm{d}y\int_0^1 x^y\mathrm{d}x=\int_a^b\frac{1}{1+y}\mathrm{d}y=\ln\frac{1+b}{1+a}.$$

法二　求导法, 即通过某个常量变异为参量, 将其化为含参量积分, 利用含参量积分的求导定理, 改变结构以便计算.

记 $I(y)=\int_0^1\frac{x^y-x^a}{\ln x}\mathrm{d}x,\ y\in[a,b]$, 定义

$$f(x,y)=\begin{cases}\dfrac{x^y-x^a}{\ln x}, & 0<x\leqslant 1, a\leqslant y\leqslant b,\\ 0, & x=0, a\leqslant y\leqslant b,\\ y-a, & x=1, a\leqslant y\leqslant b,\end{cases}$$

则, $f(x,y)$, $f_y(x,y)$ 在 $[0,1]\times[a,b]$ 上连续, 故,

$$I'(y)=\int_0^1 x^y\mathrm{d}x=\frac{1}{1+y},$$

因而, $I(y)=\ln(1+y)+c$, 注意到 $I(a)=0$, 故 $c=-\ln(1+a)$, 所以,

$$I=I(b)=\ln\frac{1+b}{1+a}.$$

用含参量积分的积分换序定理计算定积分, 需要对被积函数的结构仔细分析, 将其转化为对另一个变量的积分, 这是较困难的一步, 总之, 利用含参量积分换序定理计算定积分是一种高级的计算方法, 难度较高, 须通过多练才能掌握.

上述两个方法比较可以发现, 能用积分换序定理计算的定积分也可以用含参量积分的求导方法, 从计算过程看, 两个方法难度没有大的区别, 大家可以在课后的练习中对这两种方法进行进一步的比较.

习 题 17.1

1. 对给定的函数 $f(y)$, 计算 $f'(y)$.

(1) $f(y)=\int_0^1 x^y\sin(xy)\mathrm{d}x$;

(2) $f(y)=\int_0^{y^2}\ln(\sqrt{x^2+y^2}+1)\mathrm{d}x$;

(3) $f(y)=\int_{\mathrm{e}^{y^2}}^{\sin y^2} x\arctan\frac{x}{y}\mathrm{d}x$;

(4) $f(y)=\int_1^{y^2}\mathrm{d}t\int_{t^2+y^2}^{y^3}\mathrm{e}^{x+y}\sin\sqrt{t^2+x^2+y^2}\mathrm{d}x$.

2. 计算下列极限.

(1) $\lim\limits_{y\to0}\int_0^1\ln(1+x+xy^2)\mathrm{d}x$;

(2) $\lim\limits_{y\to0}\int_0^1\frac{\sin(xy)}{1+x}\mathrm{d}x$;

(3) $\lim\limits_{y\to0}\int_{y^2}^{\mathrm{e}^y+y}\frac{1}{2^y+x+y^2}\mathrm{d}x$;

(4) $\lim\limits_{n\to+\infty}\int_{\frac{1}{n}}^{1+\frac{1}{n}}\frac{1}{1+\left(1+\frac{x}{n}\right)^n}\mathrm{d}x$;

(5) $\lim\limits_{n\to+\infty}\int_{\frac{1}{n}}^{n\ln\left(1+\frac{1}{n}\right)} x\left(1+x+\frac{1}{n}x^2\right)^{10}\mathrm{d}x$;

(6) $\lim\limits_{n\to+\infty}\int_0^1 n^4(\mathrm{e}^{\frac{x}{n}}-1)^4\ln\left(x+\frac{1}{n}x^2\right)\mathrm{d}x$;

(7) $\lim\limits_{n\to+\infty}\int_1^{1+\frac{1}{n}}\sqrt{1+x^n}\mathrm{d}x$;

(8) $\lim\limits_{n\to+\infty} n\int_1^{1+\frac{1}{n}}\sqrt{1+x^n}\mathrm{d}x$.

3. 利用含参量积分理论计算下列积分.

(1) $\int_0^{\frac{\pi}{2}}\ln(\sin^2 x+\alpha^2\cos^2 x)\mathrm{d}x, \alpha>0$; $\left(\text{提示: }\int_0^{\frac{\pi}{2}}\frac{1}{a^2+\tan^2 x}\mathrm{d}x\xlongequal{t=\tan x}\frac{\pi}{2a(1+a)}\right)$

(2) $\int_0^{\frac{\pi}{2}}\frac{x}{\tan x}\mathrm{d}x$; $\left(\text{提示: 考虑 }\int_0^{\frac{\pi}{2}}\frac{\arctan(\alpha\tan x)}{\tan x}\mathrm{d}x\right)$

(3) $\int_0^1\frac{x^b-x^a}{\ln x}\sin(\ln x)\mathrm{d}x(b>a>0)$.

17.2　含参量的广义积分

和一元函数的定积分一样, 可以将含参变量积分理论进行推广, 形成含参量的广义积分. 从形式上讲, 含参量的广义积分也应有两种形式: 无穷限形式的含参变量广义积分和无界函数的含参变量广义积分, 由于二者之间可以相互转化, 我们仅以无穷限含参变量广义积分为例讨论其性质.

一、 基本理论

1. 无穷限含参量广义积分的定义

定义 2.1　设 $f(x,y)$ 为定义在 $D=[a,+\infty)\times I$(I 为有界或无界区间) 的二元函数, 形如 $\int_a^{+\infty} f(x,y)\mathrm{d}x$ 的积分称为含参变量 y 的广义积分.

对比广义积分, 从定义形式决定含参量广义积分的研究内容.

(1) 广义积分是否存在——收敛性问题: 点收敛.

(2) 在存在的条件下, 含参量积分的分析性质——一致收敛问题.

对收敛性问题, 由于含参量积分的结果不再是一个单纯的数值, 而是一个函数, 这就决定了含参量广义积分的收敛性问题中, 不仅要有点收敛性而且还必须讨论收敛性与参量之关系, 由此形成一致收敛性. 点收敛的内容体现了广义定积分和含参量广义积分二者的共性, 一致收敛性体现了二者的差异.

2. 含参量广义积分的收敛性和一致收敛性

定义 2.2　设 $f(x,y)$ 定义在 $D=[a,+\infty)\times I$ 上, 若对某个 $y_0\in I$, 广义积分 $\int_a^{+\infty} f(x,y_0)\mathrm{d}x$ 收敛, 则称含参量广义积分 $\int_c^{+\infty} f(x,y)\mathrm{d}x$ 在 y_0 点收敛; 若 $\int_c^{+\infty} f(x,y)\mathrm{d}x$ 在 I 中每一点都收敛, 称含参量广义积分 $\int_a^{+\infty} f(x,y)\mathrm{d}x$ 在 I 上收敛.

由收敛性定义可知, 若 $\int_a^{+\infty} f(x,y)\mathrm{d}x$ 在 I 上收敛, 则在 I 定义了一个函数 $I(y)=\int_a^{+\infty} f(x,y)\mathrm{d}x$, 研究此函数的性质也是含参量广义积分的内容之一, 因此, 必须引入更高级的一致收敛性, 为了便于从点收敛定义抽象出一致收敛性的定义, 我们利用柯西准则, 再给出点收敛性的 “ε-δ” 型定义.

定义 2.3　设 $y\in I$, 若对任意的 $\varepsilon>0$, 存在 $A_0(\varepsilon,y)>a$, 当 $A',A>A_0$ 时,

成立

$$\left|\int_A^{A'} f(x,y)\mathrm{d}x\right| < \varepsilon,$$

称 $\int_a^{+\infty} f(x,y)\mathrm{d}x$ 在点 y 收敛.

此定义是通过积分片段的性质判断收敛性的, 也可以利用 "积分余项式" 的下述定义.

定义 2.4 设 $y \in I$, 若对任意的 $\varepsilon > 0$, 存在 $A_0(\varepsilon, y) > a$, 对任意的 $A > A_0$ 时, 成立

$$\left|\int_A^{+\infty} f(x,y)\mathrm{d}x\right| < \varepsilon,$$

称 $\int_a^{+\infty} f(x,y)\mathrm{d}x$ 在点 y 收敛.

从收敛性定义还可以看出, 定义中 A_0 不仅依赖于 ε, 还依赖于点 y, 正是这种依赖性, 使得通过这种收敛性很难获得函数 $I(y)$ 更好的性质, 为保证 $I(y)$ 具有较好的分析性质, 必须改进收敛性, 这就形成含参量广义积分的一致收敛性, 我们给出几种不同结构的定义.

定义 2.5 若对任意的 $\varepsilon > 0$, 存在 $A_0(\varepsilon) > a$, 使得对任意的 $A', A > A_0$ 时, 有

$$\left|\int_A^{A'} f(x,y)\mathrm{d}x\right| < \varepsilon, \quad 对一切\ y \in I\ 成立,$$

称 $\int_a^{+\infty} f(x,y)\mathrm{d}x$ 在 I 上关于 y 一致收敛.

定义 2.6 若对任意的 $\varepsilon > 0$, 存在 $A_0(\varepsilon) > a$, 对任意的 $A > A_0$ 时, 成立

$$\left|\int_A^{+\infty} f(x,y)\mathrm{d}x\right| < \varepsilon, \quad \forall y \in I,$$

称 $\int_a^{+\infty} f(x,y)\mathrm{d}x$ 在 I 上关于 y 一致收敛.

含参量广义积分的一致收敛性和一致连续性、函数列或函数项级数的一致收敛性具有同样的含义, 应仔细体会定义, 注意定义中各个量给出的顺序和相互的逻辑关系.

在一致收敛性理论中, 非一致收敛性的证明也是经常遇到的, 我们给出关于非一致收敛性的一个定义和一个充要条件.

定义 2.7　若存在 $\varepsilon_0>0$, 使对任意的 $A_0>a$, 都存在 $A', A\geqslant A_0$ 及 $y_0\in I$, 成立 $\left|\int_A^{A'} f(x,y_0)\mathrm{d}x\right|>\varepsilon_0$, 称 $\int_a^{+\infty} f(x,y)\mathrm{d}x$ 关于 $y\in I$ 非一致收敛.

定义 2.8　若存在 $\varepsilon_0>0$, 使对任意的 $A_0>a$, 都存在 $A\geqslant A_0$ 及 $y_0\in I$, 成立 $\left|\int_A^{+\infty} f(x,y_0)\mathrm{d}x\right|>\varepsilon_0$, 称 $\int_a^{+\infty} f(x,y)\mathrm{d}x$ 关于 $y\in I$ 非一致收敛.

定理 2.1　若存在 $\varepsilon_0>0$ 和数列 $A_n>A_n'>a$, 且 $A_n\to+\infty, A_n'\to+\infty$ 及 $y_n\in I$, 使 $\left|\int_{A_n}^{A_n'} f(x,y_n)\mathrm{d}x\right|>\varepsilon_0$, 则 $\int_a^{+\infty} f(x,y)\mathrm{d}x$ 在 I 内非一致收敛.

定理 2.2　若存在 $\varepsilon_0>0$ 和数列 $A_n>a$, 且 $A_n\to+\infty$ 及 $y_n\in I$, 使 $\left|\int_{A_n}^{A_n'} f(x,y_n)\mathrm{d}x\right|>\varepsilon_0$, 则 $\int_a^{+\infty} f(x,y)\mathrm{d}x$ 在 I 内非一致收敛.

类似以前学过的相似内容, 我们先给出一致收敛性的判断定理, 然后再研究含参量积分的分析性质.

3. 一致收敛性的判别法

借助于一元函数广义积分收敛性的判别法, 我们可以建立一系列相应的含参量广义积分一致收敛性的判别法.

定理 2.3(魏尔斯特拉斯判别法)　设存在定义于 $[a,+\infty)$ 上的函数 $F(x)$, 使 $|f(x,y)|\leqslant F(x), \forall (x,y)\in D=[a,+\infty)\times I$, 且 $\int_a^{+\infty} F(x)\mathrm{d}x$ 收敛, 则 $\int_a^{+\infty} f(x,y)\mathrm{d}x$ 在 I 上一致收敛.

定理 2.4(阿贝尔判别法)　设 $f(x,y)$, $g(x,y)$ 定义在 D 上且满足:

(1) $\int_a^{+\infty} f(x,y)\mathrm{d}x$ 在 I 上关于 $y\in I$ 一致收敛;

(2) $g(x,y)$ 关于 x 单调, 即对每个固定 $y\in I, g(x,y)$ 为 x 的单调函数;

(3) $g(x,y)$ 在 D 上一致有界, 即存在 $L>0$, 使 $|g(x,y)|\leqslant L$, $\forall (x,y)\in D$,

则 $\int_a^{+\infty} f(x,y)g(x,y)\mathrm{d}x$ 关于 $y\in I$ 一致收敛.

定理 2.5(狄利克雷判别法)　设 $f(x,y)$, $g(x,y)$ 定义在 D 上且满足:

(1) 对任意 $A>a$, $\int_a^A f(x,y)\mathrm{d}x$ 关于 y 一致有界, 即存在 $K>0$, 成立 $\left|\int_a^A f(x,y)\mathrm{d}x\right|\leqslant K, \forall A\geqslant a, y\in I$;

(2) 对固定的 $y\in I$, $g(x,y)$ 关于 x 单调;

(3) $\lim\limits_{x\to+\infty} g(x,y)=0$ 关于 $y\in I$ 一致成立, 即对任意 $\varepsilon>0$, 存在 $A_0\geqslant a$, 当 $x\geqslant A_0$ 时, $|g(x,y)|<\varepsilon$, $\forall y\in I$, 则 $\int_a^{+\infty} f(x,y)g(x,y)\mathrm{d}x$ 关于 $y\in I$ 一致收敛.

上述两个定理的证明和广义积分对应定理的证明类似, 其出发点都是积分第二中值定理, 此处, 我们略去证明.

定理 2.6(迪尼定理) 设 $f(x,y)$ 在 $[a,+\infty)\times[c,d]$ 上连续且不变号, 如果 $\int_a^{+\infty} f(x,y)\mathrm{d}x$ 在 $[c,d]$ 上收敛, 由此定义的函数 $I(y)=\int_a^{+\infty} f(x,y)\mathrm{d}x$ 在 $[c,d]$ 上连续, 则 $\int_a^{+\infty} f(x,y)\mathrm{d}x$ 关于 $y\in[c,d]$ 一致收敛.

结构分析 首先注意到此定理与前面定理在定义域上的差别, 即将任意形式的区间 I 改为有界闭区间, 为何作这样的改动? 这正是迪尼定理证明的出发点; 因此, 必须考虑: 有界闭区间上的独特性质是什么? 类比已知, 我们知道: 有界闭区间上成立紧性定理魏尔斯特拉斯定理, 保证对极限运算的封闭性; 类比以前类似的迪尼定理的证明, 证明的思路是用反证法; 具体的方法是: 假设 $\int_a^{+\infty} f(x,y)\mathrm{d}x$ 非一致收敛, 得到 $\int_a^{+\infty} f(x,y)\mathrm{d}x$ 在某个点列 $\{y_n\}$ 的性质, 由魏尔斯特拉斯定理, $\{y_n\}$ 有聚点 $y_0\in[c,d]$, 将得到的性质由 $\{y_n\}$ 过渡到 $y_0\in[c,d]$, 利用条件挖掘 $y_0\in[c,d]$ 处的性质, 由此得到矛盾.

证明 反证法. 设 $f(x,y)\geqslant 0$, $(x,y)\in[a,+\infty)\times[c,d]$.

若 $\int_a^{+\infty} f(x,y)\mathrm{d}x$ 关于 $y\in[c,d]$ 非一致收敛, 则存在 $\varepsilon_0>0$, 存在 $A_n\to+\infty$, $y_n\in[c,d]$ 有 $\int_{A_n}^{+\infty} f(x,y_n)\mathrm{d}x\geqslant\varepsilon_0$; 由于 $\{y_n\}\subset[c,d]$, 由魏尔斯特拉斯定理, 其有收敛子列, 不妨设 $\{y_n\}$ 收敛于 $y_0\in[c,d]$.

由于 $\int_a^{+\infty} f(x,y)\mathrm{d}x$ 在 y_0 点收敛, 则存在 A, 使

$$\int_A^{+\infty} f(x,y_0)\mathrm{d}x<\varepsilon_0/2,$$

由于 $A_n\to+\infty$, 对充分大的 n, 使得 $A_n>A$, 则

$$\int_A^{+\infty} f(x,y_n)\mathrm{d}x\geqslant\int_{A_n}^{+\infty} f(x,y_n)\mathrm{d}x>\varepsilon_0.$$

由于

$$\int_A^{+\infty} f(x,y)\mathrm{d}x = \int_a^{+\infty} f(x,y)\mathrm{d}x - \int_a^A f(x,y)\mathrm{d}x,$$

由定理条件和含参量积分的连续性定理, 则 $\int_A^{+\infty} f(x,y)\mathrm{d}x$ 关于 y 连续, 因而

$$\lim_{n\to\infty}\int_A^{+\infty} f(x,y_n)\mathrm{d}x = \int_A^{+\infty} f(x,y_0)\mathrm{d}x < \varepsilon_0/2,$$

而这与 $\int_A^{+\infty} f(x,y_n)\mathrm{d}x \geqslant \varepsilon_0 (n > A)$ 矛盾.

最后再给出一个非常有用的判断非一致收敛性的结论.

定理 2.7 设 $f(x,y)$ 在 $[a,+\infty)\times[c,d]$ 上连续, $\int_a^{+\infty} f(x,y)\mathrm{d}x$ 在 $[c,d)$ 上关于 y 收敛, $\int_a^{+\infty} f(x,y)\mathrm{d}x$ 在 $y=d$ 点发散, 则 $\int_a^{+\infty} f(x,y)\mathrm{d}x$ 关于 $y\in[c,d)$ 非一致收敛.

简析 在广义积分中有类似的结论, 可以考虑将相应的处理方法移植过来, 即用柯西收敛准则证明.

证明 反证法. 设 $\int_a^{+\infty} f(x,y)\mathrm{d}x$ 关于 $y\in[c,d)$ 一致收敛, 则对任意 $\varepsilon>0$, 存在 $A_0(\varepsilon)>a$, 当 $A', A > A_0$ 时, 成立

$$\left|\int_A^{A'} f(x,y)\mathrm{d}x\right| < \frac{\varepsilon}{2}, \quad \forall y\in[c,d),$$

记 $F(y)=\int_A^{A'} f(x,y)\mathrm{d}x$, 则 $F(y)\in C[c,d]$, 因而, 由上式得

$$\left|\int_A^{A'} f(x,d)\mathrm{d}x\right| \leqslant \frac{\varepsilon}{2} < \varepsilon,$$

再次用柯西准则, 则 $\int_a^{+\infty} f(x,d)\mathrm{d}x$ 收敛, 与条件矛盾.

此定理给出了利用端点的发散性判断非一致收敛性的方法, 是一个非常简单好用的方法, 当涉及判断半开半闭或闭区间上的一致收敛性时, 优先考虑此方法.

二、 应用

在讨论含参量积分的一致收敛性时, 由于理论的相近性, 可以通过分析结构在广义定积分中寻找相应的模型, 将已知模型的结论和证明思想移植到含参量广义积分中来, 这是处理这类题目常用的思想方法. 当然, 各类判别法所适用的对象都有相应的结构特点, 因此, 必须熟练掌握各判别法的实质, 根据题目结构特点, 选用相应的判别法. 特别, 当所给题目是讨论同一积分在不同参数区间上的一致收敛性时, 通常在小区间上一致收敛, 在大区间上非一致收敛.

例 1 讨论 $\int_0^{+\infty}\mathrm{e}^{-\alpha x}\sin x\mathrm{d}x$ 在 (1) $\alpha\in[\alpha_0,+\infty)(\alpha_0>0)$; (2) $(0,+\infty)$ 内的一致收敛性.

简析 广义定积分对应的模型为 $\int_0^{+\infty}\mathrm{e}^{-\alpha_0 x}\sin x\mathrm{d}x$, 对应的结论和证明方法可以移植过来. 也可以从结构自身特点看, 考虑 Abel 判别法和狄利克雷判别法. 而从题目的题型看, 结论应该是: 情形 (1) 是一致收敛, 情形 (2) 为非一致收敛.

解 (1) 当 $\alpha\in[\alpha_0,+\infty)$ 时, 由于 $|\mathrm{e}^{-\alpha x}\sin x|\leqslant\mathrm{e}^{-\alpha_0 x}$, 故, 利用魏尔斯特拉斯判别法, 则 $\int_0^{+\infty}\mathrm{e}^{-\alpha x}\sin x\mathrm{d}x$ 关于 $\alpha\in[\alpha_0,+\infty)$ 一致收敛.

(2) 当 $\alpha\in(0,+\infty)$ 时, 可以考虑非一致收敛性. 事实上, 取 $A_n=2n\pi+\frac{\pi}{4},A_n'=A_n+\frac{\pi}{2},\alpha_n=\frac{1}{A_n'}$, 则, $\sin x\geqslant\frac{\sqrt{2}}{2},x\in[A_n,A_n']$, 因而

$$\int_{A_n}^{A_n'}\mathrm{e}^{-\alpha x}\sin x\mathrm{d}x\geqslant\frac{\sqrt{2}}{2}\int_{A_n}^{A_n'}\mathrm{e}^{-\alpha x}\mathrm{d}x\geqslant\frac{\sqrt{2}}{2}\mathrm{e}^{-\alpha A_n'}(A_n'-A_n)=\frac{\sqrt{2}\pi}{4}\mathrm{e}^{-1},$$

故, $\int_0^{+\infty}\mathrm{e}^{-\alpha x}\sin x\mathrm{d}x$ 关于 $\alpha\in(0,+\infty)$ 非一致收敛.

在证明非一致收敛性时, 我们用了定义法, 用定理 2.7 更简单, 但是, 定义方法是基本的方法, 必须掌握, 此时, 构造 $\{A_n'\}$, $\{A_n\}$ 的原则是: 首先保证 $\sin x$ 在对应的柯西片段上有正的下界, 然后, 通过构造 $\{\alpha_n\}$ 与它们的关系保证另一个因子有正的下界.

例 2 证明 $\int_0^{+\infty}\mathrm{e}^{-\alpha x}\frac{\sin x}{x}\mathrm{d}x$ 在 $[0,+\infty)$ 上一致收敛.

简析 类比已知, 对应的模型是 $\int_0^{+\infty}\mathrm{e}^{-x}\frac{\sin x}{x}\mathrm{d}x$ 和 $\int_0^{+\infty}\frac{\sin x}{x}\mathrm{d}x$. 从结构看, 具有阿贝尔判别法和狄利克雷判别法处理的对象特点.

证明 由于 $\int_0^{+\infty}\frac{\sin x}{x}\mathrm{d}x$ 收敛, 因此, $\int_0^{+\infty}\frac{\sin x}{x}\mathrm{d}x$ 关于 α 一致收敛. 又由

于 $e^{-\alpha x}$ 关于 x 单调且一致有界, 故, 由阿贝尔判别法可知该积分关于 $\alpha \in [0,+\infty)$ 一致收敛.

例 3　证明: $\int_1^{+\infty} \frac{\sin xy}{x}\mathrm{d}x$ 关于 y 在 $[a,b]$ 上一致收敛, $0<a<b<+\infty$, 但在 $(0,+\infty)$ 上非一致收敛.

简析　类比已知, 对应模型为 $\int_1^{+\infty} \frac{\sin x}{x}\mathrm{d}x$, 相应的处理思想方法可以移植过来.

证明　当 $y \in [a,b]$ 时, 由于对任意的 $A>0$,

$$\left|\int_1^A \sin xy\mathrm{d}x\right| = \left|\frac{\cos y - \cos(Ay)}{y}\right| \leqslant \frac{2}{y} \leqslant \frac{2}{a},$$

且 $\frac{1}{x}$ 在 $[1,+\infty)$ 内单调且一致有界, 由狄利克雷判别法, $\int_1^{+\infty} \frac{\sin xy}{x}\mathrm{d}x$ 关于 $y \in [a,b]$ 一致收敛.

$y \in (0,+\infty)$ 时, 此时, $\left|\int_1^A \sin xy\mathrm{d}x\right|$ 不再一致有界, 可能造成非一致收敛. 事实上, 取 $\varepsilon_0 = \int_1^2 \frac{\sin t}{t}\mathrm{d}t > 0, A_n = n, A_n' = 2n, y_n = \frac{1}{n}$,

$$\left|\int_{A_n'}^{A_n''} \frac{\sin xy_n}{x}\mathrm{d}x\right| = \left|\int_1^2 \frac{\sin t}{t}\mathrm{d}t\right| > \varepsilon_0,$$

故, $\int_0^{+\infty} \frac{\sin xy}{x}\mathrm{d}x$ 关于 $y \in (0,+\infty)$ 非一致收敛.

在判断非一致收敛性时, 不能像例 1 那样通过先提出 $\sin x$ 的界, 再计算剩下的积分. 因为, 剩下的积分为 $\int_{y_nA_n}^{y_nA_n'} \frac{1}{t}\mathrm{d}t = \ln\frac{A_n'}{A_n} \to 0$, 不能保证柯西片段有正的下界.

三、 一致收敛积分的性质

下面讨论一致收敛的含参量广义积分的分析性质.

记 $D = [a,\infty) \times [c,d]$.

定理 2.8(连续性定理)　设 $f(x,y)$ 在 D 上连续, 若 $\int_a^{+\infty} f(x,y)\mathrm{d}x$ 关于 $y \in [c,d]$ 一致收敛, 则 $I(y) = \int_a^{+\infty} f(x,y)\mathrm{d}x$ 在 $[c,d]$ 上连续.

简析 类比已知, 证明的思路是将无穷限积分分解为有限区间和无穷远片段, 对有限区间, 利用含参量常义积分理论处理; 对无穷远片段, 利用一致收敛性处理.

证明 我们利用定义证明.

任取 $y_0 \in [c,d]$, 则

$$|I(y) - I(y_0)| = \left|\int_a^{+\infty} (f(x,y) - f(x,y_0)\mathrm{d}x\right|,$$

由于 $\int_a^{+\infty} f(x,y)\mathrm{d}x$ 关于 $y \in [c,d]$ 一致收敛, 则对任意的 $\varepsilon > 0$, 存在 $A_0 > a$, 使得对任意的 $A > A_0$, 有

$$\left|\int_A^{+\infty} f(x,y)\mathrm{d}x\right| < \varepsilon, \quad \forall y \in [c,d],$$

特别有

$$\left|\int_{A_0+1}^{+\infty} f(x,y)\mathrm{d}x\right| < \varepsilon, \quad \forall y \in [c,d].$$

又, 根据含参量常义积分的连续性定理, 则 $\int_a^{A_0+1} f(x,y)\mathrm{d}x$ 关于 $y \in [c,d]$ 连续, 因而, 存在 $\delta > 0$, 当 $|y - y_0| < \delta$ 且 $y \in [c,d]$ 时有

$$\left|\int_a^{A_0+1} f(x,y)\mathrm{d}x - \int_a^{A_0+1} f(x,y_0)\mathrm{d}x\right| < \varepsilon,$$

因而, 当 $|y - y_0| < \delta$ 且 $y \in [c,d]$ 时, 成立

$$\begin{aligned}|I(y) - I(y_0)| \leqslant& \left|\int_a^{A_0+1} (f(x,y) - f(x,y_0)\mathrm{d}x\right| + \left|\int_{A_0+1}^{+\infty} f(x,y)\mathrm{d}x\right| \\ &+ \left|\int_{A_0+1}^{+\infty} f(x,y_0)\mathrm{d}x\right| \leqslant 3\varepsilon,\end{aligned}$$

故 $\lim\limits_{y\to y_0} I(y) = I(y_0)$, 所以 $I(y)$ 在 y_0 点连续, 由 $y_0 \in [c,d]$ 的任意性, $I(y)$ 在 $[c,d]$ 上连续.

抽象总结 ① 从运算角度看, 此定理仍是换序定理. ② 定理 2.7 不是迪尼定理的逆, 没有要求函数 $f(x,y)$ 的保号性.

定理 2.9(可积性) 设 $f(x,y)$ 在 D 上连续, 若 $\int_a^{+\infty} f(x,y)\mathrm{d}x$ 关于 $y \in [c,d]$ 一致收敛, 则 $\int_a^{+\infty} \mathrm{d}x \int_c^d f(x,y)\mathrm{d}y = \int_c^d \mathrm{d}y \int_a^{+\infty} f(x,y)\mathrm{d}x.$

简析 采用类似的分段处理的思路.

证明 我们利用广义积分收敛性的定义证明.

记 $J(x)=\int_c^d f(x,y)\mathrm{d}y$, 要证明的结论等价于证明

$$\int_a^{+\infty} J(x)\mathrm{d}x=\int_c^d \mathrm{d}y\int_a^{+\infty} f(x,y)\mathrm{d}x,$$

等价于证明 $\lim\limits_{A\to+\infty}\int_a^A J(x)\mathrm{d}x = \int_c^d \mathrm{d}y\int_a^{+\infty} f(x,y)\mathrm{d}x\left(\int_a^{+\infty} J(x)\mathrm{d}x\right.$ 收敛于 $\left.\int_c^d \mathrm{d}y\int_a^{+\infty} f(x,y)\mathrm{d}x\right)$.

由于 $\int_a^{+\infty} f(x,y)\mathrm{d}x$ 关于 $y\in[c,d]$ 一致收敛, 则对任意的 $\varepsilon>0$, 存在 $A_0>a$, 使得对任意的 $A>A_0$, 有

$$\left|\int_A^{+\infty} f(x,y)\mathrm{d}x\right|<\varepsilon,\quad \forall y\in[c,d],$$

利用含参量常义积分的可积性定理, 则对任意 A, 有

$$\int_a^A \mathrm{d}x\int_c^d f(x,y)\mathrm{d}y=\int_c^d \mathrm{d}y\int_a^A f(x,y)\mathrm{d}x,$$

因而, 使得对任意的 $A>A_0$, 有

$$\begin{aligned}
&\left|\int_a^A J(x)\mathrm{d}x-\int_c^d \mathrm{d}y\int_a^{+\infty} f(x,y)\mathrm{d}x\right|\\
=&\left|\int_a^A \mathrm{d}x\int_c^d f(x,y)\mathrm{d}y-\left[\int_c^d \mathrm{d}y\int_a^A f(x,y)\mathrm{d}x+\int_c^d \mathrm{d}y\int_A^{+\infty} f(x,y)\mathrm{d}x\right]\right|\\
=&\left|\int_c^d \mathrm{d}y\int_A^{+\infty} f(x,y)\mathrm{d}x\right|<\varepsilon(d-c),
\end{aligned}$$

故, $\lim\limits_{A\to+\infty}\int_a^A J(x)\mathrm{d}x=\int_c^d \mathrm{d}y\int_a^{+\infty} f(x,y)\mathrm{d}x$, 因而, 结论成立.

此定理仍然是一个积分换序定理.

当 $d=+\infty$ 时, 有下述结论.

定理 2.10 设 $f(x,y)$ 在 $[a,+\infty)\times[c,+\infty)$ 上连续, $\int_a^{+\infty} f(x,y)\mathrm{d}x$ 关于 $y\in[c,C]$ 一致收敛 $(C>c)$, $\int_c^{+\infty} f(x,y)\mathrm{d}y$ 关于 $x\in[a,A](A>a)$ 一致收敛, 且 $\int_a^{+\infty}\mathrm{d}x\int_c^{\infty}|f(x,y)|\,\mathrm{d}y$ 和 $\int_c^{+\infty}\mathrm{d}y\int_a^{\infty}|f(x,y)|\,\mathrm{d}x$ 中有一个存在, 则

$$\int_c^{+\infty}\mathrm{d}y\int_a^{+\infty} f(x,y)\mathrm{d}x=\int_a^{+\infty}\mathrm{d}x\int_c^{+\infty} f(x,y)\mathrm{d}y.$$

此定理的证明较复杂, 此处略去.

定理 2.11(可微性) 设 $f(x,y), f_y(x,y)$ 在 D 上连续, 且 $\int_a^{+\infty} f(x,y)\mathrm{d}x$ 关于 $y\in[c,d]$ 收敛, $\int_a^{+\infty} f_y(x,y)\mathrm{d}x$ 关于 $y\in[c,d]$ 一致收敛, 则 $I(y)=\int_a^{+\infty} f(x,y)\mathrm{d}x$ 在 $[c,d]$ 可微, 且 $I'(y)=\int_a^{+\infty} f_y(x,y)\mathrm{d}x$.

证明 由于 $\int_a^{+\infty} f_y(x,y)\mathrm{d}x$ 关于 $y\in[c,d]$ 一致收敛, 则对任意的 $\varepsilon>0$, 存在 $A_0>a$, 使得对任意的 $A>A_0$, 有

$$\left|\int_A^{+\infty} f_y(x,y)\mathrm{d}x\right|<\varepsilon,\quad \forall y\in[c,d].$$

任取 $y_0\in[c,d]$, 由含参量常义积分的可微性定理, 则

$$\frac{\mathrm{d}}{\mathrm{d}y}\int_a^{A_0+1} f(x,y)\mathrm{d}x=\int_a^{A_0+1} f_y(x,y)\mathrm{d}x,$$

即 $\lim\limits_{\Delta y\to 0}\int_a^{A_0+1}\dfrac{f(x,y_0+\Delta y)-f(x,y_0)}{\Delta y}\mathrm{d}x=\int_a^{A_0+1} f_y(x,y)\mathrm{d}x$, 因而, 存在 $\delta>0$, 当 $|\Delta y|<\delta$ 时,

$$\left|\int_a^{A_0+1}\frac{f(x,y_0+\Delta y)-f(x,y_0)}{\Delta y}\mathrm{d}x-\int_a^{A_0+1} f_y(x,y)\mathrm{d}x\right|<\varepsilon,$$

利用微分中值定理, 则

$$\left|\int_a^{+\infty}\frac{f(x,y_0+\Delta y)-f(x,y_0)}{\Delta y}\mathrm{d}x-\int_a^{+\infty} f_y(x,y_0)\mathrm{d}x\right|$$

$$
\begin{aligned}
&\leqslant \left|\int_a^{A_0+1} \frac{f(x,y_0+\Delta y)-f(x,y_0)}{\Delta y}\mathrm{d}x-\int_a^{A_0+1} f_y(x,y_0)\mathrm{d}x\right| \\
&\left|\int_{A_0+1}^{+\infty} f_y(x,y_0+\theta\Delta y)\mathrm{d}x\right|+\left|\int_{A_0+1}^{+\infty} f_y(x,y_0)\mathrm{d}x\right| \\
&\leqslant 3\varepsilon,
\end{aligned}
$$

因而, $I'(y_0)=\int_a^{+\infty} f_y(x,y_0)\mathrm{d}x$, 由 y_0 的任意性, 则

$$
I'(y)=\int_a^{+\infty} f_y(x,y)\mathrm{d}x,\quad y\in[c,d].
$$

抽象总结　从上述几个定理的证明过程中可以总结相应的证明思想, 即对无穷限广义积分的处理采用分段控制或分段处理的思想, 在有限段上, 利用常义积分理论处理, 在无穷远处, 利用一致收敛性来处理. 当然, 过程中还会用到化不定为确定的思想 (如固定 A 为 A_0).

四、 含参量广义积分与函数项级数

上述几个结论也可以利用函数项级数理论证明.

先给出含参量广义积分与函数项级数的关系.

设 $\int_a^{+\infty} f(x,y)\mathrm{d}x$ 在 $[c,d]$ 上收敛, 记 $I(y)=\int_a^{+\infty} f(x,y)\mathrm{d}x, y\in[c,d]$, 任取严格单调递增数列 $\{a_n\}$, 满足 $a_0=a, \lim\limits_{n\to+\infty} a_n=+\infty$, 记 $u_n(y)=\int_{a_{n-1}}^{a_n} f(x,y)\mathrm{d}x$, $n=1,2,\cdots$, 根据数项级数理论, 有 $\int_a^{+\infty} f(x,y)\mathrm{d}x=\sum\limits_{n=1}^{\infty} u_n(y)$.

引理 2.1　$\int_a^{+\infty} f(x,y)\mathrm{d}x$ 关于 $y\in[c,d]$ 一致收敛的充要条件是 $\sum\limits_{n=1}^{\infty} u_n(y)$ 关于 $y\in[c,d]$ 一致收敛.

证明　设 $\int_a^{+\infty} f(x,y)\mathrm{d}x$ 关于 $y\in[c,d]$ 一致收敛, 则对任意 $\varepsilon>0$, 存在 $A_0(\varepsilon)>a$, 对任意的 $A', A>A_0$ 时, 成立

$$
\left|\int_A^{A'} f(x,y)\mathrm{d}x\right|<\varepsilon,\quad y\in[c,d],
$$

对任意构造的单调递增数列 $\{a_n\}$, 满足 $a_0=a, a_n\to+\infty$, 则存在正整数 N, 当

$n>N$ 时, $a_n>A_0$, 因而, 当 $m>n>N$ 时, $a_m>a_n>A_0$, 因而

$$|u_{n+1}(y)+\cdots+u_m(y)|=\left|\int_{a_n}^{a_m}f(x,y)\mathrm{d}x\right|<\varepsilon,\quad y\in[c,d],$$

故, $\sum\limits_{n=1}^{\infty}u_n(y)$ 关于 $y\in[c,d]$ 一致收敛.

另一方面, 若 $\int_a^{+\infty}f(x,y)\mathrm{d}x$ 关于 $y\in[c,d]$ 非一致收敛, 则存在 $\varepsilon_0>0$, $A_n^{(2)}>A_n^{(1)}\to+\infty$ 及 $y_n\in[c,d]$, 使得

$$\left|\int_{A_n^{(1)}}^{A_n^{(2)}}f(x,y_n)\mathrm{d}x\right|>\varepsilon_0.$$

令 $a_0=a, a_n=\begin{cases}A_k^{(2)}, & n=2k,\\ A_k^{(1)}, & n=2k-1,\end{cases}$ $k=1,2,\cdots$, $u_n(y)=\int_{a_{n-1}}^{a_n}f(x,y)\mathrm{d}x$, $n=1,2,\cdots$, 则

$$|u_{2k}(y_k)|=\left|\int_{a_{2k-1}}^{a_{2k}}f(x,y_k)\mathrm{d}x\right|=\left|\int_{A_k^{(1)}}^{A_k^{(2)}}f(x,y_k)\mathrm{d}x\right|>\varepsilon_0,$$

故, $\{u_n(y)\}$ 在 $[c,d]$ 上非一致收敛于 0, 因而, $\sum\limits_{n=1}^{\infty}u_n(y)$ 关于 $y\in[c,d]$ 非一致收敛.

下面利用上述引理, 可以直接由函数项级数理论给出含参量广义积分的分析性质, 简述如下:

连续性定理的证明 由于 $\sum\limits_{n=1}^{\infty}u_n(y)$ 在 $[a,b]$ 上一致收敛且 $u_n(x,y)$ 连续, 由函数项级数的连续性定理, $I(y)=\sum\limits_{n=1}^{\infty}u_n(y)$ 在 $[a,b]$ 上连续.

可积性定理的证明 利用函数项级数的积分换序定理, 则

$$\begin{aligned}\int_c^d\mathrm{d}y\int_a^{+\infty}f(x,y)\mathrm{d}x&=\int_c^d\left[\sum_{n=1}^{\infty}u_n(y)\right]\mathrm{d}y=\sum_{n=1}^{\infty}\int_c^d u_n(y)\mathrm{d}y\\&=\sum_{n=1}^{\infty}\int_c^d\left(\int_{a_{n-1}}^{a_n}f(x,y)\mathrm{d}x\right)\mathrm{d}y\\&=\sum_{n=1}^{\infty}\int_{a_{n-1}}^{a_n}\mathrm{d}x\int_c^d f\mathrm{d}y=\int_a^{+\infty}\mathrm{d}x\int_c^d f\mathrm{d}y.\end{aligned}$$

可微性定理的证明: 利用函数项级数的可微性证明思路. 记

$$\phi(y)=\int_a^{+\infty} f_y(x,y)\mathrm{d}x,$$

由 $\int_a^{+\infty} f_y(x,y)\mathrm{d}x$ 一致收敛, 则 $\phi(y)\in C[c,d]$, 由积分换序定理, 则对任意 $y\in[c,d]$, 有

$$\begin{aligned}\int_c^y \phi(t)\mathrm{d}t&=\int_c^y \mathrm{d}t\int_a^{+\infty} f_t(x,t)\mathrm{d}x=\int_a^{+\infty}\mathrm{d}x\int_c^y f_t(x,t)\mathrm{d}t\\&=\int_a^{+\infty}[f(x,y)-f(x,c)]\mathrm{d}x=I(y)-I(c),\end{aligned}$$

由于 $\int_c^y \phi(t)\mathrm{d}t$ 可微, 两边微分, 则 $I'(y)=\phi(y)=\int_a^{+\infty} f_y(x,y)\mathrm{d}x$.

通过上述证明可以看出, 建立了含参量积分和函数项级数的关系后, 利用已经建立起来的函数项级数的理论研究含参量积分更简单, 由此可以看出二者之间的共性, 因此, 在处理含参量积分的相关问题时, 可以考虑借鉴函数项级数相应问题的处理思想和方法.

下面应用上述的分析性质, 处理一些积分问题.

例 4 计算 $I(y)=\int_0^{+\infty}\mathrm{e}^{-a^2x^2}\cos 2yx\mathrm{d}x\,(a>0)$.

简析 从结构看, 类似于定积分中 $\int_c^d \mathrm{e}^x\cos x\mathrm{d}x$ 模型, 需要利用分部积分公式进行计算, 但是, 二者差别在于: 因子 $\mathrm{e}^{-a^2x^2}$ 中指数是二次因子, 使得分部积分不能进行. 因此, 需要利用含参量积分理论, 通过对因子 $\cos 2yx$ 关于 y 求导, 产生出 x, 再使用分部积分, 得到一个微分方程, 求解此方程以完成计算.

解 记 $f(x,y)=\mathrm{e}^{-a^2x^2}\cos 2yx$, 对任意 $c<d$, 则 $f(x,y)$ 在 $[0,+\infty)\times[c,d]$ 具有连续的偏导数, 且

$$f_y(x,y)=-2x\mathrm{e}^{-a^2x^2}\sin 2yx,\quad |f_y(x,y)|\leqslant x\mathrm{e}^{-a^2x^2},$$

而 $\int_a^{+\infty} x\mathrm{e}^{-a^2x^2}\mathrm{d}x$ 收敛, 故 $\int_a^{+\infty} f_y(x,y)\mathrm{d}x$ 在 $[c,d]$ 上一致收敛, 由可微性定理,

$$I'(y)=\int_0^{+\infty} f_y(x,y)\mathrm{d}x$$

$$= \frac{1}{a^2}\mathrm{e}^{-a^2x^2}\sin 2yx\Big|_0^{+\infty} - \frac{2y}{a^2}\int_0^{+\infty}\mathrm{e}^{-a^2x^2}\cos 2yx\mathrm{d}x$$
$$= -\frac{2y}{a^2}I(y),$$

解之得, $I(y) = c\mathrm{e}^{-y^2/a^2}$, 其中 $c = I(0) = \int_0^{+\infty}\mathrm{e}^{-a^2x^2}\mathrm{d}x = \frac{\sqrt{\pi}}{2a}$.

例 5 计算狄利克雷积分 $I = \int_0^{+\infty}\frac{\sin x}{x}\mathrm{d}x$.

简析 由于被积函数不存在解析原函数, 因此, 常用的 (广义) 定积分计算方法进行直接计算是不可能的, 含参量积分理论为这类复杂定积分的计算提供了新方法, 为此, 采用凑微分因子方法, 将定积分转化为含参量积分, 用类似例 4 的思想方法求解.

解 记 $I(\alpha) = \int_0^{+\infty}\mathrm{e}^{-\alpha x}\frac{\sin x}{x}\mathrm{d}x$, $\alpha \in [0, A]$, 其中 $A > 0$. 可以验证含参量广义积分的连续性定理和可微性定理都成立, 因而

$$I'(\alpha) = -\int_0^{+\infty}\mathrm{e}^{-\alpha x}\sin x\mathrm{d}x = \frac{-1}{1+\alpha^2},$$

故, $I(\alpha) = -\arctan\alpha + C$.

由于 $|I(\alpha)| \leqslant \int_0^{+\infty}\mathrm{e}^{-\alpha x}\mathrm{d}x = \frac{1}{\alpha}$, 则, $I(+\infty) = 0$, 因而 $C = \frac{\pi}{2}$, 所以

$$I = I(0) = \frac{\pi}{2}.$$

习 题 17.2

1. 确定下列含参量积分所定义的函数的定义域.

(1) $\int_0^{+\infty}\mathrm{e}^{-\alpha x}\mathrm{d}x$; (2) $\int_0^{+\infty}x^{\alpha}\mathrm{e}^{-x}\mathrm{d}x$;

(3) $\int_0^{+\infty}\frac{\sin(\alpha x)}{x^2}\mathrm{d}x$.

2. 判断下列含参量广义积分的一致收敛性.

(1) $\int_0^{+\infty}\frac{y}{1+y^2x^2}\mathrm{d}x$, (i) $y \in [1, +\infty)$, (ii) $y \in (0, +\infty)$;

(2) $\int_0^{+\infty}\frac{\sin(\alpha x)}{1+\alpha x^2}\mathrm{d}x$, $\alpha \in [1, +\infty)$;

(3) $\int_0^{+\infty}\frac{\ln(1+yx^2)}{1+x^4}\mathrm{d}x$, $y \in [1, 3]$;

(4) $\int_0^{+\infty} x^4 \mathrm{e}^{-x} \arctan(x^2+y^2)\mathrm{d}x, \quad y \in (-\infty, +\infty)$;

(5) $\int_0^{+\infty} \frac{\sin x}{x(1+y^2x^2)}\mathrm{d}x, \quad y \in (0, +\infty)$;

(6) $\int_0^{+\infty} \mathrm{e}^{-yx} \frac{\ln(1+x)}{1+x^2}\mathrm{d}x, \quad y \in (0, +\infty)$;

(7) $\int_0^{+\infty} \frac{\sin x^2}{1+x^y}\mathrm{d}x, \quad y \in (0, +\infty)$;

(8) $\int_0^{+\infty} \frac{x\sin(xy)}{1+x^2}\mathrm{d}x, \quad y \in (0, +\infty)$;

(9) $\int_0^{+\infty} \frac{\sin(yx)}{y+x}\mathrm{d}x, \quad y \in [1, +\infty)$;

(10) $\int_1^{+\infty} \mathrm{e}^{-xy} \frac{\cos x}{\sqrt{x}}\mathrm{d}x, \quad y \in [0, +\infty)$;

(11) $\int_0^{+\infty} y\mathrm{e}^{-xy}\mathrm{d}x, \quad y \in (0, +\infty)$;

(12) $\int_0^{+\infty} \mathrm{e}^{-x^2y}\mathrm{d}x, \quad y \in (0, +\infty)$;

(13) $\int_0^1 (1-x)^{y-1}\mathrm{d}x$, (i) $y \in [1, +\infty)$, (ii) $y \in (0, +\infty)$;

(14) $\int_0^1 x^{y-1}\ln^2 x\mathrm{d}x$, (i) $y \in [1, +\infty)$, (ii) $y \in (0, +\infty)$.

3. 计算含参量积分所确定的函数 $F(t) = \int_0^{+\infty} x\mathrm{e}^{-(x-t)^2}\mathrm{d}x$ 的定义域, 并研究函数 $F(t)$ 在定义域内的连续性.

4. 结构分析与应用:

(1) 证明含参量积分的非一致收敛性的方法有哪些? 每种方法应用过程中重点解决的问题是什么?

(2) 分析 $\int_0^{+\infty} \mathrm{e}^{-t^2(1+x^2)}\sin t\mathrm{d}x$ 的结构, 抽象出其结构特点是什么? 类比广义定积分, 对应的模型是什么? 如果要证明 $\int_0^{+\infty} \mathrm{e}^{-t^2(1+x^2)}\sin t\mathrm{d}x$ 在 $(0, +\infty)$ 上非一致收敛, 应该用哪个方法? 此时难点是什么?

(3) 证明 $\int_0^{+\infty} \mathrm{e}^{-t^2(1+x^2)}\sin t\mathrm{d}x$ 在 $(0, +\infty)$ 上非一致收敛;

(4) $F(t) = \int_0^{+\infty} \mathrm{e}^{-t^2(1+x^2)}\sin t\mathrm{d}x$ 在 $(0, +\infty)$ 上连续.

5. (1) 证明 $\int_0^{+\infty} \frac{\sin(tx^2)}{x}\mathrm{d}x$ 在 $(0, +\infty)$ 上非一致收敛;

(2) $F(t) = \int_0^{+\infty} \frac{\sin(tx^2)}{x}\mathrm{d}x$ 在 $(0, +\infty)$ 上连续.

6. 证明: $F(t)=\int_0^{+\infty}\frac{\sin x}{1+(x+t)^2}\mathrm{d}x$ 在 $(-\infty,+\infty)$ 内连续可导.

7. 证明: $F(t)=\int_0^{+\infty}\frac{1}{x}(1-\mathrm{e}^{-xt})\cos x\mathrm{d}x$ 在 $[0,+\infty)$ 上连续, 在 $(0,+\infty)$ 内可导; 并进一步计算 $F(t)$.

8. 利用含参量积分的性质计算下列积分:

(1) $\int_0^{+\infty}\mathrm{e}^{-x^2}\cos(2x)\mathrm{d}x$;　　(2) $\int_0^{+\infty}\frac{\arctan(\pi x)-\arctan x}{x}\mathrm{d}x$;

(3) $\int_0^{+\infty}\frac{\mathrm{e}^{-ax}-\mathrm{e}^{-bx}}{x}\sin x\mathrm{d}x$.

9. 试分别用求积法和求导法计算 $\int_0^{+\infty}\frac{\arctan(xt)}{x(1+x^2)}\mathrm{d}x, t>0$.

17.3 欧拉积分

本节, 我们利用含参量积分理论研究一类在微分方程、概率论等应用领域经常遇到的欧拉积分.

如下的含参量广义积分

$$\mathrm{B}(p,q)=\int_0^1 x^{p-1}(1-x)^{q-1}\mathrm{d}x,\quad \Gamma(s)=\int_0^{+\infty}x^{s-1}\mathrm{e}^{-x}\mathrm{d}x,$$

称之为第一类和第二类欧拉积分, 或称为贝塔函数和伽马函数. 本节, 研究以上两类函数的分析性质及其关系.

一、 贝塔函数

先考虑 $\mathrm{B}(p,q)$ 的定义域, 这就是下述定理.

定理 3.1 对任意的 $p>0$, $q>0$, 广义积分 $\int_0^1 x^{p-1}(1-x)^{q-1}\mathrm{d}x$ 收敛, 因而, $\mathrm{B}(p,q)$ 在区域 $D=(0,+\infty)\times(0,+\infty)$ 上有定义, 即其定义域为 D.

证明 由于 $\int_0^1 x^{p-1}(1-x)^{q-1}\mathrm{d}x$ 是以 $x=0$, $x=1$ 为奇点的广义积分, 故须将其分为两部分讨论. 令

$$\int_0^1 x^{p-1}(1-x)^{q-1}\mathrm{d}x=\int_0^{\frac{1}{2}}x^{p-1}(1-x)^{q-1}\mathrm{d}x+\int_{\frac{1}{2}}^1 x^{p-1}(1-x)^{q-1}\mathrm{d}x,$$

利用广义积分理论可得, 对第一部分, 以 $x=0$ 为奇点且 $p>0$ 时收敛, $p\leqslant 0$ 时发散; 对第二部分, 以 $x=1$ 为奇点且 $q>0$ 时收敛, $q\leqslant 0$ 时发散, 因而, 当且仅当

$p>0$, $q>0$ 时, 含参量广义积分 $\int_0^1 x^{p-1}(1-x)^{q-1}\mathrm{d}x$ 收敛, 故 $\mathrm{B}(p,\ q)$ 的定义域为 D.

进一步研究其连续性. 从贝塔函数的定义形式看, 这是一个以 p, q 为参量的含参量的广义积分, 因此, 可以用含参量积分理论研究其连续性.

定理 3.2　$\mathrm{B}(p,\ q)$ 是其定义域 D 上的连续函数.

结构分析　由连续的局部性质, 只需证明 $\mathrm{B}(p,\ q)$ 在任意的 $[p_1,p_2]\times[q_1,q_2]\subset D$ 上连续. 由含参量积分的性质, 只需证明 $\mathrm{B}(p,\ q)$ 在 $[p_1,p_2]\times[q_1,q_2]$ 上的一致收敛性.

对开区间的局部性质的验证转化为内闭子区间上性质的验证, 能充分利用闭区间的好性质, 这是常用的处理思想.

证明　任取 $[p_1,p_2]\times[q_1,q_2]\subset D$, 当 $(p,q)\in[p_1,p_2]\times[q_1,q_2]$, 由于

$$x^{p-1}(1-x)^{q-1}\leqslant x^{p_1-1}(1-x)^{q_1-1},\quad x\in(0,1),$$

且 $\mathrm{B}(p_1,q_1)$ 收敛, 因而, $\mathrm{B}(p,q)$ 在 $[p_1,p_2]\times[q_1,q_2]$ 上一致收敛, 故, $\mathrm{B}(p,q)$ 在 $[p_1,p_2]\times[q_1,q_2]$ 上连续, 由任意性, $\mathrm{B}(p,\ q)$ 在 D 上连续.

用类似定理 2.2 的方法可以进一步讨论其微分性质, 由于我们更关心贝塔函数的计算, 因此, 我们这里只对与计算有关的进一步性质进行研究.

定理 3.3(对称性)　$\mathrm{B}(p,\ q)=\mathrm{B}(q,\ p)$.

证明　作变换 $x=1-t$, 则

$$\mathrm{B}(p,q)=\int_0^1 x^{p-1}(1-x)^{q-1}\mathrm{d}x=\int_0^1(1-t)^{p-1}t^{q-1}\mathrm{d}t=\mathrm{B}(q,p).$$

定理 3.4(递推公式)　$\mathrm{B}(p,q)=\dfrac{q-1}{p+q-1}\mathrm{B}(p,q-1)$. 其中 $p>0$, $q>1$.

结构分析　从右端形式看, 须将积分中一个因子的幂次降低一次, 能起到如此作用的工具就是分部积分公式.

证明　利用分部积分公式, 则

$$\mathrm{B}(p,q)=\int_0^1\frac{1}{p}(1-x)^{q-1}\mathrm{d}x^p=\frac{q-1}{p}\int_0^1 x^p(1-x)^{q-2}\mathrm{d}x,$$

继续用形式统一方法向右端转化, 进而

$$\mathrm{B}(p,q)=\frac{q-1}{p}\int_0^1 x^{p-1}x(1-x)^{q-2}\mathrm{d}x$$

$$=\frac{q-1}{p}\int_0^1 x^{p-1}(x-1+1)(1-x)^{q-2}\mathrm{d}x$$
$$=\frac{q-1}{p}[\mathrm{B}(p,q-1)-\mathrm{B}(p,q)],$$

因而, $\mathrm{B}(p,q)=\dfrac{q-1}{p+q-1}\mathrm{B}(p,q-1)$.

利用对称性, 还成立:

推论 3.1 $\mathrm{B}(p,q)=\dfrac{(p-1)(q-1)}{(p+q-1)(p+q-2)}\mathrm{B}(p-1,q-1)$, 其中 $p>1$, $q>1$.

在计算相关的题目时, 经常会遇到一些特殊的贝塔函数值和其他贝塔函数的形式, 下面是一些常用的结论.

(1) $\mathrm{B}(1,1)=1$, $\mathrm{B}(2,2)=\dfrac{1}{6}$.

(2) 作变换 $x=\sin^2\phi$, 则

$$\mathrm{B}(p,q)=2\int_0^{\frac{\pi}{2}}\sin^{2p-1}\phi\cos^{2q-1}\phi\mathrm{d}\phi,$$

因此, $\mathrm{B}\left(\dfrac{1}{2},\dfrac{1}{2}\right)=\pi$.

(3) 先作变换 $x=\dfrac{1}{1+t}$, 则

$$\mathrm{B}(p,q)=\int_0^{+\infty}\frac{t^{q-1}}{(1+t)^{p+q}}\mathrm{d}t,$$

然后分段后, 作变换 $t=\dfrac{1}{s}$, 则

$$\mathrm{B}(p,q)=\int_0^1\frac{t^{p-1}+t^{q-1}}{(1+t)^{p+q}}\mathrm{d}t.$$

二、 伽马函数

用类似的方式研究伽马函数.

定理 3.5 $\Gamma(s)$ 的定义域为 $S=(0,+\infty)$.

简析 从形式看, 伽马函数是一个广义积分, 因此, 其定义域的讨论实际上是讨论其点收敛的范围; 注意到它既是一个无界函数的广义积分, 又是无穷限广义积分, 因此, 须分段讨论其点收敛性.

证明　由于

$$\int_0^{+\infty} x^{s-1}\mathrm{e}^{-x}\mathrm{d}x = \int_0^1 x^{s-1}\mathrm{e}^{-x}\mathrm{d}x + \int_1^{+\infty} x^{s-1}\mathrm{e}^{-x}\mathrm{d}x,$$

由广义积分收敛性判别法, 则 $\int_0^1 x^{s-1}\mathrm{e}^{-x}\mathrm{d}x$ 当 $s>0$ 时收敛, $s \leqslant 0$ 时发散; $\int_1^{+\infty} x^{s-1}\mathrm{e}^{-x}\mathrm{d}x$ 对所有的实数 s 都收敛, 因而, $\int_0^{+\infty} x^{s-1}\mathrm{e}^{-x}\mathrm{d}x$ 的收敛域为 $s>0$, 故 $\Gamma(s)$ 的定义域为 $s>0$.

定理 3.6　$\Gamma(s)$ 是其定义域 S 上的连续函数.

证明　任取 $[a,b]\subset S$, 则对 $s\in[a,b]$, 由于

$$0 \leqslant x^{s-1}\mathrm{e}^{-x} \leqslant x^{a-1}\mathrm{e}^{-x}, \quad 0<x<1,$$

$$0 \leqslant x^{s-1}\mathrm{e}^{-x} \leqslant x^{b-1}\mathrm{e}^{-x}, \quad x \geqslant 1,$$

且 $\int_0^1 x^{a-1}\mathrm{e}^{-x}\mathrm{d}x, \int_1^{+\infty} x^{b-1}\mathrm{e}^{-x}\mathrm{d}x$ 收敛, 因而, $\int_0^1 x^{s-1}\mathrm{e}^{-x}\mathrm{d}x, \int_1^{+\infty} x^{s-1}\mathrm{e}^{-x}\mathrm{d}x$ 关于 $s\in[a,b]$ 一致收敛, 故 $\int_0^{+\infty} x^{s-1}\mathrm{e}^{-x}\mathrm{d}x$ 关于 $s\in[a,b]$ 一致收敛, 因而, $\Gamma(s)$ 在 $s\in[a,b]$ 上连续, 由区间 $[a,b]$ 的任意性, $\Gamma(s)$ 是其定义域 S 上的连续函数.

广义积分 $\int_0^{+\infty} x^{s-1}\mathrm{e}^{-x}\mathrm{d}x$ 在 S 上只是内闭一致收敛, 在 S 上非一致收敛 (因为在端点 $s=0$ 处积分发散), 但是, 对保证连续性足够了, 因为, 一致收敛是整体性质, 连续性是局部性质.

定理 3.7(递推公式)　$\Gamma(s+1)=s\Gamma(s), s>0$.

证明　由分部积分公式, 则

$$\Gamma(s+1)=\int_0^{+\infty} x^{s}\mathrm{e}^{-x}\mathrm{d}x = -x^s\mathrm{e}^{-x}\big|_0^{+\infty} + s\int_0^{+\infty} x^{s-1}\mathrm{e}^{-x}\mathrm{d}x = s\Gamma(s).$$

推论 3.2　$\Gamma(1)=1, \Gamma(n)=n!, n$ 为正整数.

推论 3.3　$\lim\limits_{s\to 0^+}\Gamma(s)=+\infty$.

证明　利用定理 2.7 和连续性及 $\Gamma(1)=1$, 则

$$\lim_{s\to 0^+}\Gamma(s)=\lim_{s\to 0^+}\frac{\Gamma(s+1)}{s}=+\infty.$$

推论 3.4　$\Gamma\left(\frac{1}{2}\right)=\sqrt{\pi}$.

证明 令 $x=t^2$, 则

$$\Gamma(s)=2\int_0^{+\infty} t^{2s-1}\mathrm{e}^{-t^2}\mathrm{d}t,$$

故 $\Gamma\left(\frac{1}{2}\right)=2\int_0^{+\infty}\mathrm{e}^{-t^2}\mathrm{d}t=\sqrt{\pi}$.

关于伽马函数还有如下公式.

(1) 勒让德公式 $\Gamma(s)\Gamma\left(s+\frac{1}{2}\right)=\frac{\sqrt{\pi}}{2^{2s-1}}\Gamma(2s)$.

(2) 余元公式 $\Gamma(s)\Gamma(1-s)=\frac{\pi}{\sin\pi s}, 0<s<1$.

(3) 斯特林公式 $\Gamma(s+1)=\sqrt{2\pi s}\left(\frac{s}{\mathrm{e}}\right)^s\mathrm{e}^{\frac{\theta}{12s}}, s>0, 0<\theta<1$.

特别, $n!=\sqrt{2\pi n}\left(\frac{n}{\mathrm{e}}\right)^n\mathrm{e}^{\frac{\theta}{12n}}$, $0<\theta<1, n$ 为正整数.

最后指出, 利用重积分理论可以证明两类欧拉积分有如下之关系 (证明可见陈纪修等的《数学分析》).

定理 3.8 $\mathrm{B}(p,q)=\frac{\Gamma(p)\Gamma(q)}{\Gamma(p+q)}, p>0, q>0$.

三、应用

下面给出一些应用实例.

例 1 计算 $I=\int_0^{\frac{\pi}{2}}\sin^4 x\cos^4 x\mathrm{d}x$.

解 利用贝塔函数的性质, 得

$$I=\frac{1}{2}\mathrm{B}\left(\frac{5}{2},\frac{5}{2}\right)=\frac{1}{2}\frac{\Gamma\left(\frac{5}{2}\right)\Gamma\left(\frac{5}{2}\right)}{\Gamma(5)}=\frac{1}{2}\frac{\left(\frac{3}{2}\cdot\frac{1}{2}\sqrt{\pi}\right)^2}{4!}=\frac{3}{256}\pi.$$

例 2 计算 $I=\int_0^1 x^4\sqrt{1-x^2}\mathrm{d}x$.

解 令 $t=x^2$, 则

$$I=\frac{1}{2}\int_0^1 t^{\frac{3}{2}}(1-t)^{\frac{1}{2}}\mathrm{d}t=\frac{1}{2}\mathrm{B}\left(\frac{5}{2},\frac{3}{2}\right)=\frac{1}{128}\pi.$$

例 3 计算 $\lim\limits_{n\to+\infty}\int_0^1(1-x^2)^n\mathrm{d}x$.

解　利用欧拉积分和斯特林公式得

$$I=\int_0^1(1-x^2)^n\mathrm{d}x=\frac{1}{2}\int_0^1(1-t)^nt^{-\frac{1}{2}}\mathrm{d}t$$

$$=\frac{1}{2}\mathrm{B}\left(\frac{1}{2},n+1\right)=\frac{1}{2}\frac{\Gamma\left(\frac{1}{2}\right)\Gamma(n+1)}{\Gamma\left(n+1+\frac{1}{2}\right)}$$

$$=\frac{1}{2}\frac{\sqrt{\pi}\sqrt{2n\pi}\left(\frac{n}{\mathrm{e}}\right)^n\mathrm{e}^{\frac{\theta_1}{12n}}}{\sqrt{2\left(n+\frac{1}{2}\right)\pi}\left(\frac{n+\frac{1}{2}}{\mathrm{e}}\right)^{n+\frac{1}{2}}\mathrm{e}^{\frac{\theta_2}{12\left(n+\frac{1}{2}\right)}}},$$

其中 $0<\theta_1<1,0<\theta_2<1$. 故, $\lim\limits_{n\to+\infty}\int_0^1(1-x^2)^n\mathrm{d}x=0$.

也可以用定积分理论计算此极限. 对任意 $\varepsilon>0$,

$$0<\int_0^1(1-x^2)^n\mathrm{d}x=\int_0^\varepsilon(1-x^2)^n\mathrm{d}x+\int_\varepsilon^1(1-x^2)^n\mathrm{d}x\leqslant\varepsilon+(1-\varepsilon^2)^n,$$

而 $(1-\varepsilon^2)^n\to 0$, 故 n 充分大时 $(1-\varepsilon^2)^n<\varepsilon$, 故

$$\lim_{n\to+\infty}\int_0^1(1-x^2)^n\mathrm{d}x=0.$$

例 4　计算 $\lim\limits_{n\to+\infty}\int_0^{+\infty}\mathrm{e}^{-x^n}\mathrm{d}x$.

解　原式 $=\lim\limits_{n\to+\infty}\int_0^{+\infty}\mathrm{e}^{-t}\frac{1}{n}t^{\frac{1}{n}-1}\mathrm{d}t=\lim\limits_{n\to+\infty}\frac{1}{n}\Gamma\left(\frac{1}{n}\right)$

$$=\lim_{n\to+\infty}\Gamma\left(\frac{1}{n}+1\right)=\Gamma(1)=1.$$

例 5　计算 $\int_0^{+\infty}\frac{x^{m-1}}{1+x^n}\mathrm{d}x$, 其中 $n>m>0$.

解　作变换 $t=x^n$, 则

$$\text{原式}=\frac{1}{n}\int_0^{+\infty}\frac{t^{\frac{m-n}{n}}}{1+t}\mathrm{d}t=\frac{1}{n}\mathrm{B}\left(\frac{n-m}{n},\frac{m}{n}\right)=\frac{1}{n}\Gamma\left(\frac{n-m}{n}\right)\Gamma\left(\frac{m}{n}\right),$$

特别, $m=1,n=4$ 时, 有

$$\int_0^{+\infty}\frac{1}{1+x^4}\mathrm{d}x=\frac{1}{4}\Gamma\left(\frac{3}{4}\right)\Gamma\left(\frac{1}{4}\right)=\frac{1}{4}\Gamma\left(\frac{1}{4}+\frac{1}{2}\right)\Gamma\left(\frac{1}{4}\right)$$
$$=\frac{1}{4}\frac{\sqrt{\pi}}{2^{\frac{1}{2}-1}}\Gamma\left(\frac{1}{2}\right)=\frac{\sqrt{2}}{4}\pi.$$

习 题 17.3

1. 进行下列计算.

(1) $\int_0^1 x^3(1-x^2)^2\mathrm{d}x$;

(2) $\int_0^2 x^2(2-x)^3\mathrm{d}x$;

(3) $\int_1^{+\infty}\frac{(x-1)^2}{x^5}\mathrm{d}x$;

(4) $\int_1^{+\infty}(x-1)^3\mathrm{e}^{-x}\mathrm{d}x$;

(5) $\int_0^{+\infty}\frac{1}{(1+x)^2}\ln^2(1+x)\mathrm{d}x$;

(6) $\int_0^{+\infty}x^5\mathrm{e}^{-x^3}\mathrm{d}x$;

(7) $\lim\limits_{n\to+\infty}\int_0^{+\infty}x^2\mathrm{e}^{-x^{3n}}\mathrm{d}x$;

(8) $\lim\limits_{n\to+\infty}\int_0^1(1-x^{\frac{1}{3}})^{\frac{1}{n}}\mathrm{d}x$.

2. 证明: $\mathrm{B}(p,q)=\int_0^{+\infty}\frac{t^{p-1}}{(1+t)^{p+q}}\mathrm{d}t$.

3. 证明: 对任意的正整数 n , 成立 $\Gamma^{(n)}(s)=\int_0^{+\infty}t^{s-1}(\ln t)^n\mathrm{e}^{-t}\mathrm{d}t$.

第 18 章　多元数量值函数积分

正如定积分源于平面几何图形的面积、曲线切线的计算一样, 多元函数的积分学产生背景也是人类在认识和改造自然的活动过程中, 对所遇到的各种几何问题 (如曲面所围的体积) 或物理问题 (如平面或空间中质量非均匀分布的物体的质量分布, 变力沿曲线做功和流体流过曲面一侧的流量问题) 的探索与求解, 在这个过程中, 形成了对各种问题具体的求解思想和方法, 数学家对这些思想方法进行了抽象, 形成了数学概念和理论, 这就是多变量积分学. 特别地, 对变力沿曲线做功和流体流过曲面一侧的流量问题的研究, 相应的积分函数是变力和流速, 都是多元向量值函数 (值域是向量), 相应的多变量积分称为多元向量值函数的积分. 称研究对象是多元数量值函数 (值域是数量) 的多变量积分为多元数量值函数的积分.

下面, 我们将在不同的章节引入相应的多变量积分理论.

18.1　多元数量值函数积分的概念与性质

一、 背景问题

在一元函数定积分中, 我们通过 "分割、近似代替、求和、取极限" 四个步骤把区间 $[a,b]$ 上线密度为 $f(x)$ 的非均匀细棒的质量 m 归结为下述和式的极限, 即定积分.

$$m=\lim_{\lambda(T)\to 0}\sum_{i=1}^{n} f(\xi_i)\Delta x_i.$$

对于平面或空间中质量非均匀分布的物体, 也可以用这种思想方法求其质量.

1. 平面薄块非均匀的质量

问题描述　设平面薄块 σ 上分布有密度非均匀的质量, 计算质量.

数学建模　将平面薄块 σ 放在二维坐标系中, 对应区域仍记为 σ, 设已知密度函数 $f(x,y),(x,y)\in\sigma$, 求质量 m.

结构分析　类比质量问题, 可以合理假设, 此时已知的理论是特殊简单情形下的计算公式, 即均匀密度的质量分布, 此时 $f(x,y)\equiv\rho$, 相应的质量计算公式为 $m=\rho\cdot S_\sigma(S_\sigma$ 为 σ 的面积). 这是研究此问题的已知的基本公式. 类比已知与未知, 二者的差别在于密度函数的线性 (密度为常数) 和非线性 (密度为函数) 之间的差别, 一般来说, 就研究思路而言, 非线性问题不能直接转化为线性问题, 需要利用近似逼近的思想, 用线性问题进行逼近, 借用极限理论实现线性到非线性的过渡, 实现对非线性问题进行研究; 就具体方法而言, 常用的方法就是局部线性化, 即将整体量分割成若干部分, 在每一个小部分上近似为线性问题进行线性求解, 通过累加, 得到非线性问题的近似解, 利用极限, 得到准确解. 这就是积分的思想和方法. 由此确定了研究的思路和方法.

研究过程简析 我们利用积分思想方法给出具体的研究求解过程.

(1) 分割 对区域 σ 作 n 分割 T: $\Delta\sigma_1, \Delta\sigma_2, \cdots, \Delta\sigma_n$.

(2) 局部线性近似计算 当分割很细时, 可以在 $\Delta\sigma_i$ 上进行近似计算. 任取 $(\xi_i, \eta_i) \in \Delta\sigma_i$, 在 $\Delta\sigma_i$ 上分布的质量可以近似为以 $f(\xi_i, \eta_i)$ 为常密度的均匀质量分布, 因此, 对应的质量块可以利用已知公式近似计算, 即

$$\Delta m_i \approx f(\xi_i, \eta_i)\Delta S_{\sigma_i},$$

其中 ΔS_{σ_i} 代表 $\Delta\sigma_i$ 的面积, 这就是局部线性化处理.

(3) 累加求和 将局部近似量进行累加求和得到整体近似量, 故

$$m = \sum_{i=1}^{n} \Delta m_i \approx \sum_{i=1}^{n} f(\xi_i, \eta_i)\Delta S_{\sigma_i}.$$

至此, 已经完成了对所求量的近似研究. 给出不同的分割得到不同的近似量. 当然, 分割越细, 近似精度越高.

在近似研究的基础上得到准确结果是数学研究的目标, 为此, 必须利用极限工具.

(4) 准确结果 利用极限可以得到

$$m = \lim_{\lambda(T)\to 0} \sum_{i=1}^{n} f(\xi_i, \eta_i)\Delta S_{\sigma_i},$$

其中, $\lambda = \max\limits_{1\leqslant i\leqslant n} \{d_i\}$, 这里 $d_i = \max\{\,|P_1P_2|\,|\, P_1, P_2 \in \Delta\sigma_i\}$ 表示 $\Delta\sigma_i$ 的直径, 指的是 $\Delta\sigma_i$ 上任意两点间距离的最大值.

2. 非均匀分布几何形体的质量

由完全类似的方法, 我们可以讨论质量非均匀分布的一般几何形体的质量问题. 这里的几何形体是直线段、平面或空间的曲线弧、平面或空间区域、空间曲

面的统称, 并将长度、面积、体积统称为相应几何形体的度量, 将几何形体上任意两点间距离的最大值称为该几何体的直径.

设有一个几何形体为 G 形状的物体, 其质量分布是非均匀的, 即密度 $\mu=\mu(p)$ 是 G 上点 p 的函数, 并假设 $\mu(p)$ 在 G 上连续, 下面来求其质量.

将 G 用任意的方法分割成 n 个小几何形体 $\Delta G_i(i=1,2,\cdots,n)$, ΔG_i 同时表示其度量. 在 ΔG_i 上任意取一点 p_i, 则 ΔG_i 的质量 $\Delta m_i\approx\mu(p_i)\Delta G_i$, 于是 G 的质量 $m\approx\sum\limits_{i=1}^{n}\mu(p_i)\Delta G_i$, 显然, 把 G 分得越细密, 近似程度越好, 记 $\lambda=\max\limits_{1\leqslant i\leqslant n}\{d_i\}$, $d_i=d(\Delta G_i)=\max\{\,|P_1P_2|\,|\,P_1,P_2\in\Delta G_i\}$, 于是所求质量为

$$m=\lim_{\lambda\to 0}\sum_{i=1}^{n}\mu(p_i)\Delta G_i.$$

当 G 分别为区间 $[a,b]$、平面区域 D、空间区域 Ω、平面曲线 L、空间曲线 Γ 及空间曲面 Σ 时, 则相应的非均匀分布的直线型物体、平面薄片、空间物体、平面曲线型物体、空间曲线型物体及空间曲面型物体的质量分别为

$$m=\lim_{\lambda\to 0}\sum_{i=1}^{n}\mu(\xi_i)\Delta x_i;$$

$$m=\lim_{\lambda\to 0}\sum_{i=1}^{n}\mu(\xi_i,\eta_i)\Delta\sigma_i;$$

$$m=\lim_{\lambda\to 0}\sum_{i=1}^{n}\mu(\xi_i,\eta_i,\zeta_i)\Delta V_i;$$

$$m=\lim_{\lambda\to 0}\sum_{i=1}^{n}\mu(\xi_i,\eta_i)\Delta s_i;$$

$$m=\lim_{\lambda\to 0}\sum_{i=1}^{n}\mu(\xi_i,\eta_i,\zeta_i)\Delta s_i;$$

$$m=\lim_{\lambda\to 0}\sum_{i=1}^{n}\mu(\xi_i,\eta_i,\zeta_i)\Delta S_i.$$

这里 Δx_i, $\Delta\sigma_i$, ΔV_i, Δs_i, ΔS_i 分别表示小区间的长度、小平面区域的面积、小空间区域的体积、小弧段的长度及小曲面片的面积.

从以上过程可以看出, 尽管质量分布的几何形体不尽相同, 但求质量问题都可归结为同一形式的和的极限, 在科学技术中还有大量类似的问题都可归结为此种类型的极限. 抽象出其数学结构的特征, 便得出了几何形体上数量值函数积分的概念.

二、多元数量值函数积分的概念与性质

1. 定义

定义 1.1 设 G 是可度量 (即可求长度、面积或体积) 的有界闭几何形体, $f(p)$ 为定义在 G 上的数量值函数. 将 G 任意分割成 n 个小几何形体 $\Delta G_i(i=1,2,\cdots,n)$, ΔG_i 同时表示其度量. 在 ΔG_i 上任意取一点 p_i, 作乘积 $f(p_i)\Delta G_i$, 并作和式 $\sum\limits_{i=1}^{n} f(p_i)\Delta G_i$, 记 $\lambda=\max\limits_{1\leqslant i\leqslant n}\{d_i\}$, $d_i=d(\Delta G_i)=\max\{\,|P_1P_2||\,P_1,P_2\in\Delta G_i\}$. 若存在实数 I, 使得不论对 G 怎样分割, 也不论点 p_i 在 ΔG_i 上怎样选取, 都有

$$I=\lim_{\lambda\to 0}\sum_{i=1}^{n} f(p_i)\Delta G_i,$$

称 $f(x)$ 在 G 上可积, 极限值 I 称为 $f(x)$ 在 G 上的积分, 记为 $\int_G f(p)\mathrm{d}G$, 即

$$\int_G f(p)\mathrm{d}G=\lim_{\lambda\to 0}\sum_{i=1}^{n} f(p_i)\Delta G_i,$$

其中, $f(x)$ 称为被积函数, G 称为积分区域, $\mathrm{d}G$ 称为积分元素, $f(p)\mathrm{d}G$ 为积分表达式, $\int$ 为积分号, $\sum\limits_{i=1}^{n} f(p_i)\Delta G_i$ 为积分和.

信息挖掘 (1) 定义中 G 是可度量 (即可求长度、面积或体积) 的有界闭几何形体, G 可以是区间 $[a,b]$、有界平面区域 D、有界空间区域 Ω、有限平面曲线 L、有限空间曲线 Γ 及有限空间曲面 Σ 等几何形体, 相应地分割后的小几何形体 ΔG_i 分别表示的度量为小区间的长度、小平面区域的面积、小空间区域的体积、小弧段的长度及小曲面片的面积.

(2) 从定义式看各个量的对应关系及意义:

$$\int_G\to\lim\sum;\quad f(p)\to f(p_i);\quad \mathrm{d}G\to\Delta G_i.$$

(3) 物理意义: 设 $f(p)\geqslant 0$, 则 $\int_G f(p)\mathrm{d}G$ 表示密度为 $f(p)$、分布在 G 上的物体的质量.

关于的可积性问题, 与定积分有着类似的结果.

定理 1.1(可积的必要条件) 若函数 $f(p)$ 在有界闭几何形体 G 上可积, 则 $f(p)$ 在 G 上必有界.

定理 1.2(可积的充分条件) 若函数 $f(p)$ 在有界闭几何形体 G 上连续, 则 $f(p)$ 在 G 上必可积.

2. 性质

以下假设涉及的积分区域 G 是有界闭几何形体, 涉及的函数都是可积的. 由多元数量值函数积分的定义和极限的运算法则, 不难得出它与定积分类似的性质, 相应的证明也类似定积分, 证明略.

性质 1.1　若在 G 上 $f(p)\equiv 1$, 则它在 G 上的积分等于 G 的度量 (用 G 表示), 即

$$\int_G 1\mathrm{d}G=\int_G \mathrm{d}G=G.$$

性质 1.2(线性性质)　设 k_1,k_2 是实数, 则

$$\int_G [k_1 f(p)+k_2 g(p)]\mathrm{d}G=k_1\int_G f(p)\mathrm{d}G+k_2\int_G g(p)\mathrm{d}G.$$

性质 1.3(区域可加性)　若 $G=G_1\cup G_2$, 则

$$\int_G f(p)\mathrm{d}G=\int_{G_1} f(p)\mathrm{d}G+\int_{G_2} f(p)\mathrm{d}G.$$

性质 1.4(保序性)　若在 G 上满足 $f(p)\leqslant g(p)$, 则

$$\int_G f(p)\mathrm{d}G=\int_G g(p)\mathrm{d}G.$$

利用保序性, 很容易得到下列推论及性质.

推论 1.1　若 $f(p)$ 可积, 则 $|f(p)|$ 也可积, 且

$$\left|\int_G f(p)\mathrm{d}G\right|\leqslant\int_G |f(p)|\,\mathrm{d}G.$$

性质 1.5(估值性质)　设 $M=\max\limits_{p\in G} f(p)$, $m=\min\limits_{p\in G} f(p)$, 则

$$mG\leqslant\int_G f(p)\mathrm{d}G\leqslant MG.$$

性质 1.6(积分中值定理)　若 $f(p)$ 在区域 G 连续, 则存在点 $P_0\in G$, 使

$$\int_G f(p)\mathrm{d}G=f(p_0)G.$$

三、 多元数量值函数积分的分类

按照几何形体 G 的类型, 我们将多元数量值函数积分分为以下四类.

1. 二重积分

当几何形体 G 为 xOy 平面上的区域 D 时, 则 $f(p)$ 就是定义在上的二元函数 $f(x,y)$, ΔG_i 就是小平面区域的面积 $\Delta\sigma_i$, 这时称 $\int_G f(p)\mathrm{d}G$ 为函数 $f(x,y)$ 在平面区域 D 上的**二重积分**, 记作 $\iint\limits_D f(x,y)\,\mathrm{d}\sigma$, 即

$$\iint\limits_D f(x,y)\,\mathrm{d}\sigma=\lim_{\lambda\to 0}\sum_{i=1}^{n}f(\xi_i,\ \eta_i)\Delta\sigma_i.$$

这里 $\mathrm{d}\sigma$ 是面积微元.

信息挖掘 (1) 由定义可知 $\iint\limits_D f(x,y)\,\mathrm{d}\sigma=\lim\limits_{\lambda\to 0}\sum\limits_{i=1}^{n}f(\xi_i,\eta_i)\Delta\sigma_i$, 注意到 $\Delta\sigma_i$ 的面积含义, 二重积分也是对面积的积分. 尤其当 $f(x,y)=1$ 时, $\iint\limits_D \mathrm{d}\sigma$ 表示平面区域 D 的面积.

(2) 二重积分的几何意义 当 $f\geqslant 0$ 时, $\iint\limits_D f(x,y)\,\mathrm{d}\sigma$ 表示为以曲面 $z=f(x,y)$ 为顶, 以区域 D 为底的曲顶直柱体之体积. 如果 $f(x,y)\leqslant 0$, 则曲顶柱体就在 xOy 平面的下方, 二重积分的值是负的, 此时曲顶柱体的体积就是二重积分的负值. 如果 $f(x,y)$ 在 D 的某些区域上为正, 在某些区域上为负, 则二重积分就等于这些区域上曲顶柱体的体积的代数和.

2. 三重积分

当几何形体 G 为空间区域 Ω 时, 则 $f(p)$ 就是定义在 Ω 上的三元函数 $f(x,y,z)$, ΔG_i 就是小立体区域的体积 ΔV_i, 这时称 $\int_G f(p)\mathrm{d}G$ 为函数 $f(x,y,z)$ 在空间区域 Ω 上的**三重积分**, 记作 $\iiint\limits_\Omega f(x,y,z)\mathrm{d}V$, 即

$$\iiint\limits_\Omega f(x,y,z)\mathrm{d}V=\lim_{\lambda\to 0}\sum_{i=1}^{n}f(\xi_i,\eta_i,\zeta_i)\Delta V_i.$$

这里 $\mathrm{d}V$ 是体积微元.

信息挖掘　由定义可知 $\iiint\limits_{\Omega} f(x,y,z)\mathrm{d}V = \lim\limits_{\lambda\to 0}\sum\limits_{i=1}^{n} f(\xi_i,\eta_i,\zeta_i)\Delta V_i$, 注意到 Δv_i 的体积含义, 三重积分也是对体积的积分. 因此, 当 $f(x,y,z)\equiv 1$ 时, $\iiint\limits_{\Omega}\mathrm{d}V$ 表示空间区域 Ω 的体积——这也是三重积分的几何意义.

3. 对弧长的曲线积分

当几何形体 G 为平面或空间的曲线弧段 L 时, 则 $f(p)$ 是定义在 L 上的二元函数 $f(x,y)$ 或三元函数 $f(x,y,z)$, ΔG_i 是小弧段的弧长 Δs_i, 这时称 $\int_G f(p)\mathrm{d}G$ 为函数 $f(x,y)$ 或 $f(x,y,z)$ 在曲线 L 上对**弧长的曲线积分**, 或称**第一类曲线积分**, 记作 $\int_L f(x,y)\,\mathrm{d}s$ 或 $\int_L f(x,y,z)\mathrm{d}s$, 即

$$\int_L f(x,y)\,\mathrm{d}s = \lim_{\lambda\to 0}\sum_{i=1}^{n} f(\xi_i,\eta_i)\Delta s_i,$$

或

$$\int_L f(x,y,z)\,\mathrm{d}s = \lim_{\lambda\to 0}\sum_{i=1}^{n} f(\xi_i,\eta_i,\zeta_i)\Delta s_i.$$

这里 $\mathrm{d}s$ 是弧长微元.

信息挖掘　由定义可知 $\int_L f(x,y,z)\,\mathrm{d}s = \lim\limits_{\lambda\to 0}\sum\limits_{i=1}^{n} f(\xi_i,\eta_i,\zeta_i)\Delta s_i$, 注意到 Δs_i 的弧长含义, 第一类曲线积分也是对弧长的积分. 因此, 当 $f(x,y,z)=1$ 时, $I=\int_l f(x,y,z)\mathrm{d}s = s_l$ 为 l 的弧长, 这也是第一类曲线积分的几何意义.

4. 对面积的曲面积分

当几何形体 G 为空间曲面 Σ 时, 则 $f(p)$ 就是定义在 Σ 上的三元函数 $f(x,y,z)$, ΔG_i 就是小曲面块的面积 ΔS_i, 这时称 $\int_G f(p)\mathrm{d}G$ 为函数 $f(x,y,z)$ 在空间曲面 Σ 上的**对面积的曲面积分**, 或称**第一类曲面积分**, 记作 $\iint\limits_{\Sigma} f(x,y,z)\mathrm{d}S$, 即

$$\iint\limits_{\Sigma} f(x,y,z)\mathrm{d}S = \lim_{\lambda\to 0}\sum_{i=1}^{n} f(\xi_i,\eta_i,\zeta_i)\Delta S_i.$$

这里 $\mathrm{d}S$ 是曲面的面积微元.

信息挖掘 由定义可知 $\iint\limits_{\Sigma} f(x,y,z)\mathrm{d}S=\lim\limits_{\lambda\to 0}\sum\limits_{i=1}^{n} f(\xi_i,\eta_i,\zeta_i)\Delta S_i$, 注意到 Δs_i 的面积含义, 第一类曲面积分也是对面积的积分. 因此, 当 $f(x,y,z)=1$ 时, $\iint\limits_{\Sigma} f(x,y,z)\mathrm{d}S=S_{\Sigma}$ 为曲面 Σ 的面积, 这也是第一类曲面积分的几何意义.

习 题 18.1

1. 多元数量值函数积分的定义中 $\lambda=\max\limits_{1\leqslant i\leqslant n}\{d_i\}$, $d_i=d(\Delta G_i)=\max\{\,|P_1P_2|\,|\,P_1,P_2\in\Delta G_i\}$, 可否将极限条件 "$\lambda\to 0$" 更改为 "各小几何形体 ΔG_i 的度量的最大值趋于零"? 说明理由.

2. 不作计算, 估计 $I=\iint\limits_{D}\mathrm{e}^{(x^2+y^2)}\mathrm{d}\sigma$ 的值, 其中 D 是椭圆闭区域: $\dfrac{x^2}{a^2}+\dfrac{y^2}{b^2}\leqslant 1(0<b<a)$.

3. 估计二重积分 $I=\iint\limits_{D}\dfrac{\mathrm{d}\sigma}{\sqrt{x^2+y^2+2xy+16}}$ 的值, 其中积分区域 D 为矩形闭区域 $\{(x,y)|0\leqslant x\leqslant 1,0\leqslant y\leqslant 2\}$.

4. 判断 $\iint\limits_{r\leqslant|x|+|y|\leqslant 1}\ln(x^2+y^2)\mathrm{d}x\mathrm{d}y$ 的符号.

5. 比较积分 $\iint\limits_{D}\ln(x+y)\mathrm{d}\sigma$ 与 $\iint\limits_{D}[\ln(x+y)]^2\mathrm{d}\sigma$ 的大小, 其中区域 D 是三角形闭区域, 三顶点各为 (1,0),(1,1),(2,0).

6. 试用二重积分表示极限 $\lim\limits_{n\to+\infty}\dfrac{1}{n^2}\sum\limits_{i=1}^{n}\sum\limits_{j=1}^{n}\mathrm{e}^{\frac{i^2+j^2}{n^2}}$.

7. 证明二重积分的中值定理.

18.2 二重积分的计算

本节研究的重点是二重积分的计算. 根据解决问题的一般性方法, 将未知的、待求解的东西转化为已知的东西. 类比已知: 与此关联最紧密的已知理论是定积分, 因而, 二重积分计算的主要思想是将其转化为定积分来计算, 即将二重积分转化为两个定积分——累次积分.

一、 基本计算公式

我们首先从定义出发, 推导出化二重积分为二次积分的基本计算公式. 仍采用从特殊到一般、从简单到复杂的思想来进行.

1. 矩形域上的转化

问题　设 D 为矩形域, 即 $D=[a,b]\times[c,d]$, $f(x,y)$ 在 D 上可积, 计算 $I=\iint\limits_D f(x,y)\mathrm{d}x\mathrm{d}y$.

结构分析　类比已知, 以二元函数 $f(x,y)$ 为被积函数的积分形式, 我们在含参量的积分中已遇到过, 其中我们曾涉及两种形式的累次积分: $\int_c^d \mathrm{d}y\int_a^b f(x,y)\mathrm{d}x$ 和 $\int_a^b \mathrm{d}x\int_c^d f(x,y)\mathrm{d}y$, 从形式和结构上与二重积分作对比分析, 自然会提出问题: 三者之间有何联系? 能否将二重积分化为累次积分计算? 回答是肯定的.

定理 2.1　设 $f(x,y)$ 在矩形域 $D=[a,b]\times[c,d]$ 上可积, 且对 $\forall x\in[a,b]$, 含参量积分 $F(x)=\int_c^d f(x,y)\mathrm{d}y$ 存在, 则累次积分 $\int_a^b \mathrm{d}x\int_c^d f(x,y)\mathrm{d}y$ 也存在且 $\iint\limits_D f(x,y)\mathrm{d}x\mathrm{d}y=\int_a^b \mathrm{d}x\int_c^d f(x,y)\mathrm{d}y$.

简析　由于目前我们仅掌握二重积分的定义, 因此必然从定义出发, 考虑其关系的证明.

证明　对 D 作矩形分割:

$$T: a=x_0<x_1<x_2<\cdots<x_n=b,$$

$$c=y_0<y_1<y_2<\cdots<y_n=d,$$

记 $D_{ij}=[x_{i-1},x_i]\times[y_{j-1},y_j], \Delta x_i=x_{i-1}-x_i, \Delta y_j=y_{j-1}-y_j, M_{ij}=\sup\limits_{D_{ij}} f, m_{ij}=\inf\limits_{D_{ij}} f$, $\lambda(T)$ 为对 D 的分割细度, $\lambda'(T)=\max\{\Delta x_i, i=1,2,\cdots,n\}$ 为对 $[a,\,b]$ 的分割细度.

由定义, 则

$$\iint\limits_D f(x,y)\mathrm{d}x\mathrm{d}y=\lim_{\lambda(T)\to 0}\sum_{i,j=1}^{n} M_{ij}\Delta x_i\Delta y_j=\lim_{\lambda(T)\to 0}\sum_{i,j=1}^{n} m_{ij}\Delta x_i\Delta y_j,$$

$$\int_a^b \mathrm{d}x\int_c^d f(x,y)\mathrm{d}y=\int_a^b F(x)\mathrm{d}x=\lim_{\lambda'(T)\to 0}\sum_{i=1}^{n} F(\xi_i)\Delta x_i,$$

其中 $\xi_i\in[x_{i-1},x_i]$. 为证明等式, 比较三者之关系, 须用形式统一方法, 将单重和转化为双重和.

由于 $F(\xi_i)=\int_a^b f(\xi_i,y)\mathrm{d}y=\sum_{j=1}^{m}\int_{y_{j-1}}^{y_j} f(\xi_i,y)\mathrm{d}y$, 且

$$m_{ij}\Delta y_j \leqslant \int_{y_{j-1}}^{y_j} f(\xi_i,y)\mathrm{d}y \leqslant M_{ij}\Delta y_j,$$

则

$$\sum_{j=1}^{n} m_{ij}\Delta y_j \leqslant F(\xi_i)=\int_c^d f(\xi_i,y)\mathrm{d}y \leqslant \sum_{j=1}^{n} M_{ij}\Delta y_j,$$

两端乘 Δx_i, 关于 i 求和, 则

$$\sum_{i,j=1}^{n} m_{ij}\Delta x_i\Delta y_j \leqslant \sum_{i=1}^{n} F(\xi_i)\Delta x_i \leqslant \sum_{i,j=1}^{n} M_{ij}\Delta x_i\Delta y_j,$$

注意到 $\lambda(T)\to 0$ 时 $\lambda'(T)\to 0$, 上式中令 $\lambda(T)\to 0$, 且由于 $f(x,y)$ 在 Ω 上可积, 则

$$\lim_{\lambda(T)\to 0}\sum_{i,j=1}^{n} m_{ij}\Delta x_i\Delta y_j=\lim_{\lambda(T)\to 0}\sum_{i,j=1}^{n} M_{ij}\Delta x_i\Delta y_j=\iint_D f(x,y)\mathrm{d}x\mathrm{d}y,$$

由夹逼定理得

$$\lim_{\lambda'(T)\to 0}\sum_{i=1}^{n} F(\xi_i)\Delta x_i=\iint_D f(x,y)\mathrm{d}x\mathrm{d}y,$$

故 $\int_a^b F(x)\mathrm{d}x=\iint_D f(x,y)\mathrm{d}x\mathrm{d}y$.

推论 2.1 设 $f(x,y)\in C[a,b;c,d]$, 则

$$\iint_D f(x,y)\mathrm{d}x\mathrm{d}y=\int_a^b \mathrm{d}x\int_c^d f(x,y)\mathrm{d}y=\int_c^d \mathrm{d}y\int_a^b f(x,y)\mathrm{d}x.$$

2. x-型区域上的转化

将上述结论逐步推广, 从最简单的矩形区域推广到特殊的区域. 为此, 我们基于投影技术, 将平面区域投影到坐标轴, 由此对区域进行分类. 首先, 利用边界曲线相对于 y 轴为简单曲线, 将区域投影到 x 轴, 引入 x-型区域.

定义 2.1　设 D 有界的平面闭区域, 若 D 可表示为

$$D=\{(x,y):y_1(x)\leqslant y\leqslant y_2(x),a\leqslant x\leqslant b\},$$

其中, $y_1(x),y_2(x)$ 为定义在 $[a,b]$ 上的函数, 称 D 为 x-型区域.

信息挖掘　(1) 定义中给出了区域的代数结构特征, 借助于区域表示方法给出了区域的代数表示.

(2) x-型区域的几何特征从几何上看, 所谓的 x-型区域是指其具有两条平行于 y 轴的左、右直线边界. 有两条上、下的曲边边界. 当然, 有时, 直线边界可能退缩为一点, 因此, x-型区域的代数结构中, 各量都有对应的几何意义: $y=y_2(x)$, $y=y_1(x)$ 分别对应区域的上、下曲线边界, $x=a$, $x=b$ 分别对应区域的左、右直线边界. 同时, 由于 $y_1(x),y_2(x)$ 是定义在 $[a,b]$ 上的两个函数, 因此, 对应的两条上下曲边边界都是相对于 y 轴的简单曲线, 即用平行于 y 轴的直线穿过区域时, 直线与上、下两条边界曲线至多各有一个交点, 即排除从左右向内凹的区域. 因此, 为给出 x-型区域的代数表示, 必须确定相应的几何边界, 确定几何边界的方法为:

(1) 先确定区域的左右直线边界——投影法. 将区域向 x 轴作投影, 投影区间为 $[a,b]$, 则直线 $x=a$, $x=b$ 即为所求.

(2) 确定上下曲线边界——穿线法. 用平行于 y 轴的直线从下向上穿过区域, 先交于某曲线进入区域, 则此曲线为下边界曲线, 后交于某曲线穿出区域, 则此曲线为上边界曲线 (如图 18-1 所示).

在给定的 x-型区域上, 可以给出二重积分的计算.

定理 2.2　设 $f(x,y)$ 在 x-型区域 D 上可积, 且 $y_1(x)$, $y_2(x)$ 在区间 $[a,\ b]$ 上连续, 则

$$\iint\limits_D f(x,y)\mathrm{d}x\mathrm{d}y=\int_a^b\mathrm{d}x\int_{y_1(x)}^{y_2(x)}f(x,y)\mathrm{d}y.$$

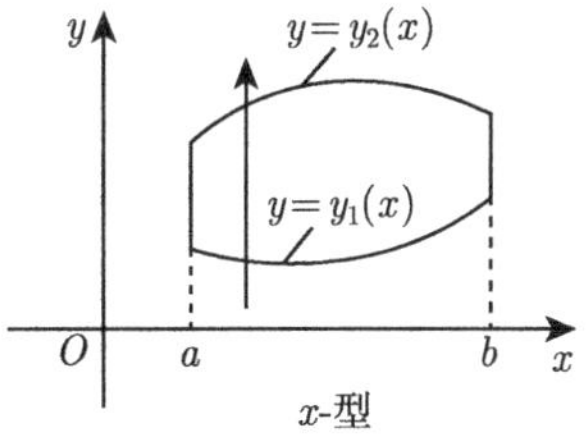

图 18-1

简析　转化为情形 1 利用定理 2.1 来证明, 对比两种区域结构, 需要将 x-型区域扩张为矩形区域, 将函数延拓到矩形区域, 实现由 x-型区域到矩形区域的转化, 在此矩形区域上利用定理 2.1.

证明　由于 $y_1(x)$ 和 $y_2(x)$ 连续, 故 $d=\max\limits_{[a,b]}y_2(x),c=\min\limits_{[a,b]}y_1(x)$ 存在, 作矩形 $D_1=[a,b]\times[c,d]$, 记 $F(x,y)=\begin{cases}f(x,y), & (x,y)\in D,\\ 0, & (x,y)\in D_1\backslash D,\end{cases}$ 则由定理 2.1,

$$\iint_D f(x,y)\mathrm{d}x\mathrm{d}y = \iint_{D_1} f(x,y)\mathrm{d}x\mathrm{d}y = \int_a^b \mathrm{d}x \int_c^d F(x,y)\mathrm{d}y$$

$$= \int_a^b \mathrm{d}x \int_{y_1(x)}^{y_2(x)} f(x,y)\mathrm{d}y.$$

证明完毕.

3. y-型区域上的转化

类似, 将区域投影到 y 轴, 引入 y-型区域.

定义 2.2 若有界闭区域 D 可以表示为

$$D = \{(x,y) : x_1(y) \leqslant y \leqslant x_2(y), y \in [c,d]\},$$

其中 $x_1(y)$, $x_2(y)$ 为定义在 $[c,d]$ 上的函数, 称 D 为 y-型区域 (如图 18-2).

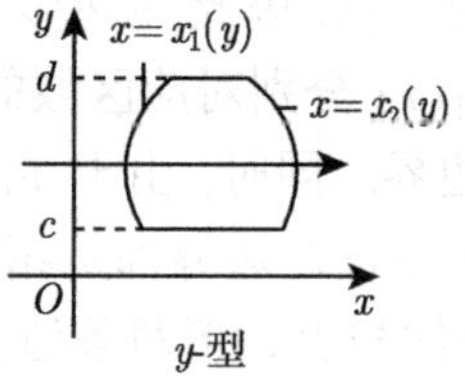

图 18-2

与 x-型区域类似, y-型区域对应的几何特征是: 区域具有两条平行于 x 轴的上、下直线边界, 有两条左、右曲线边界, 因此, 要给出区域的代数表示, 只需确定相应的几何特征即可.

有些区域即可视为 x-型区域, 又可以视为 y-型区域, 如矩形区域.

在 y-型区域上, 成立类似的计算公式.

定理 2.3 设 $f(x,y)$ 在 y-型区域 D 上可积, 且 $x_1(y)$, $x_2(y)$ 在 $[c,d]$ 上连续, 则

$$\iint_D f(x,y)\mathrm{d}x\mathrm{d}y = \int_c^d \mathrm{d}y \int_{x_1(y)}^{x_2(y)} f(x,y)\mathrm{d}x.$$

4. 一般区域上的转化

将上述结论推广到一般情形. 关键问题是如何将一般区域转化为 x-型和 y-型区域. 首先, 我们指出: 区域 D 可以分割为 k 个区域 D_1, D_2, $\cdots$, D_k 是指 $D = \bigcup\limits_{i=1}^{k} D_i$ 且任意两个 D_i, $D_j(i,j=1,2,\cdots,k)$ 都没有公共内点; 其次, 不加证明地给出一个区域分割的结论.

定理 2.4 任何有界闭的平面区域都可分割成若干个 x-型、y-型区域.

利用积分可加性得到如下定理.

定理 2.5 设 D 可分割成 x-型域 D_x 和 y-型域 D_y, 则

$$\iint\limits_{D} f(x,y)\mathrm{d}x\mathrm{d}y = \iint\limits_{D_x} f(x,y)\mathrm{d}x\mathrm{d}y + \iint\limits_{D_y} f(x,y)\mathrm{d}x\mathrm{d}y.$$

定理 2.5 可以推广到对区域的任意分割情形. 至此, 二重积分的计算问题从理论上得以解决. 从结论来看, 计算中的重点和难点是确定区域的结构类型.

将上述理论进行抽象, 可以总结计算二重积分的步骤:

(1) 画出图形, 找出交点;

(2) 判断区域类型, 给出相应的区域的代数表示, 必要时作分割;

(3) 代入公式计算.

当然, 有时区域既可以表示为 x-型区域, 也可以表示为 y-区域.

此时, 对应有两种不同的计算方法, 选择一种合适的方法计算. 有时, 可能只有一种方法才能计算出结果.

例 1　计算 $I = \iint\limits_{D} (2+x+y)\mathrm{d}x\mathrm{d}y$, 其中 D 由 $y=x$ 和 $y=x^2$ 所围.

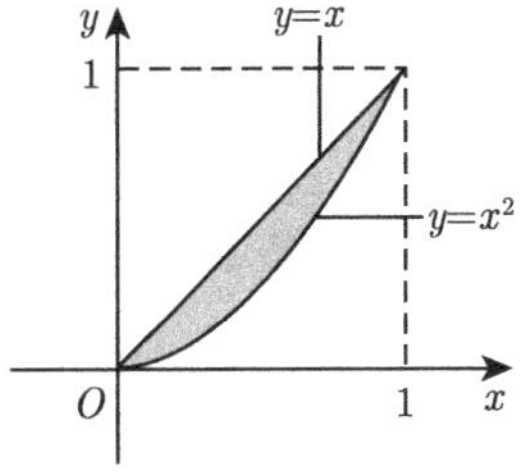

图 18-3

解　区域 D 的图形如图 18-3.

法一　将区域 D 视为 x-型, 则

$$D = \{(x,y) : x^2 \leqslant y \leqslant x, x \in [0,1]\},$$

由公式, 则

$$I = \int_0^1 \mathrm{d}x \int_{x^2}^{x} (2+x+y)\mathrm{d}y = \int_0^1 \left[(2+x)(x-x^2) + \frac{1}{2}(x^2-x^4)\right]\mathrm{d}x = \frac{29}{60}.$$

法二　D 还可视为 y-型区域, 此时

$$D = \{(x,y) : y \leqslant x \leqslant \sqrt{y}, y \in [0,1]\},$$

因而

$$I = \int_0^1 \mathrm{d}y \int_{y}^{\sqrt{y}} (2+x+y)\mathrm{d}x = \int_0^1 \left[(2+y)(\sqrt{y}-y) + \frac{1}{2}(y-y^2)\right]\mathrm{d}y = \frac{29}{60}.$$

例 1 中将区域视为任何一种都可以计算, 且两种算法难度相差不大, 有些例子则不然, 此时要求正确选择区域类型.

例 2　计算 $I = \iint\limits_{D} x^2 \mathrm{e}^{-y^2}\mathrm{d}x\mathrm{d}y$, 其中 D 由 $x=0, y=1, y=x$ 所围.

解 如图 18-4. 区域 D 既可视为 x-型区域, 又可视为 y-型区域, 将其视为 y-型区域, 则

$$D=\{(x,y):0\leqslant x\leqslant y,y\in[0,1]\},$$

因而

$$I=\int_0^1\mathrm{d}y\int_0^y x^2\mathrm{e}^{-y^2}\mathrm{d}x=\frac{1}{3}\int_0^1 y^3\mathrm{e}^{-y^2}\mathrm{d}y=\frac{1}{6}-\frac{1}{3\mathrm{e}}.$$

若将其视为 x-型区域, 则

$$D=\{(x,y):x\leqslant y\leqslant 1,x\in[0,1]\},$$

故

$$I=\int_0^1\mathrm{d}x\int_x^1 x^2\mathrm{e}^{-y^2}\mathrm{d}y,$$

由于 e^{-y^2} 没有初等原函数, 因而无法计算 $\int_x^1\mathrm{e}^{-y^2}\mathrm{d}y$.

例 3 计算 $I=\iint\limits_D\frac{\sin y}{y}\mathrm{d}x\mathrm{d}y$, D 由 $y=x$ 与 $x=y^2$ 所围.

解 如图 18-5. 区域 D 视为 y-型才能计算, 此时

$$\begin{aligned}I&=\int_0^1\mathrm{d}y\int_{y^2}^y\frac{\sin y}{y}\mathrm{d}x\\&=\int_0^1(1-y)\sin y\mathrm{d}y=1-\sin 1.\end{aligned}$$

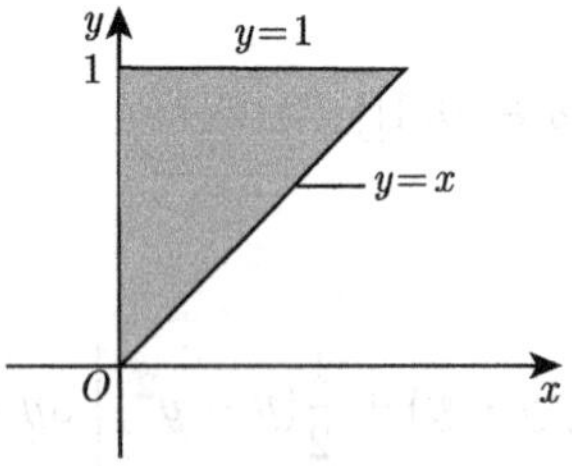

图 18-4

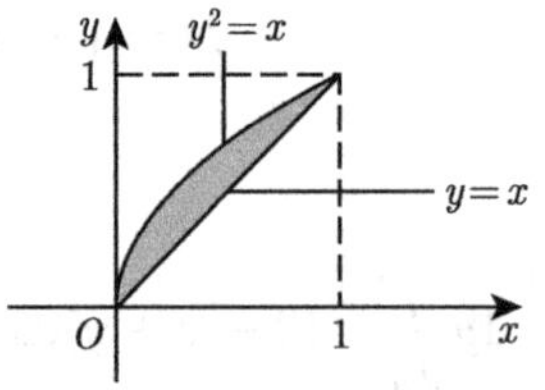

图 18-5

同样, 若视为 x-型, 无法计算.

例 4 计算 $I=\iint\limits_D xy\mathrm{d}x\mathrm{d}y$, D 由抛物线 $x=y^2$ 和直线 $y=x-2$ 所围.

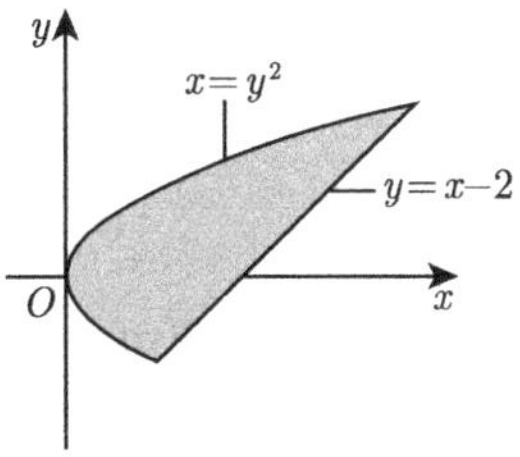

图 18-6

解　如图 18-6.

法一　区域 D 不是 x-型区域, 将其分割成 D_1 和 D_2 两部分, 其中

$$D_1=\{(x,y):-\sqrt{x}\leqslant y\leqslant\sqrt{x},0\leqslant x\leqslant 1\},$$

$$D_2=\{(x,y):x-2\leqslant y\leqslant\sqrt{x},1\leqslant x\leqslant 4\},$$

则

$$I=\iint\limits_{D_1}xy\mathrm{d}x\mathrm{d}y+\iint\limits_{D_2}xy\mathrm{d}x\mathrm{d}y=\int_0^1\mathrm{d}x\int_{-\sqrt{x}}^{\sqrt{x}}xy\mathrm{d}y+\int_1^4\mathrm{d}x\int_{x-2}^{\sqrt{x}}xy\mathrm{d}y=\frac{45}{8}.$$

法二　将其视为 y-型区域, 则

$$D=\{(x,y):y^2\leqslant x\leqslant y+2,-1\leqslant y\leqslant 2\},$$

因而,

$$I=\int_{-1}^2\mathrm{d}y\int_{y^2}^{y+2}xy\mathrm{d}x=\frac{45}{8}.$$

此例表明: 对区域 D 的不同认识, 会导致不同的计算过程, 繁简程度上有差别.

下面的例子给出二重积分的几何应用——利用二重积分求空间有界闭区域的体积和平面闭区域的面积.

根据二重积分的几何意义, 在计算曲顶直柱体的体积时, 关键在于确定曲顶的方程和柱体的投影区域, 即确定柱体的顶和底. 在计算任一空间区域的体积时, 需要将区域转化为曲顶直柱体, 进一步确定曲顶直柱体的上顶和下底的方程和相应的投影区域, 以便转化为曲顶直柱体体积的代数和.

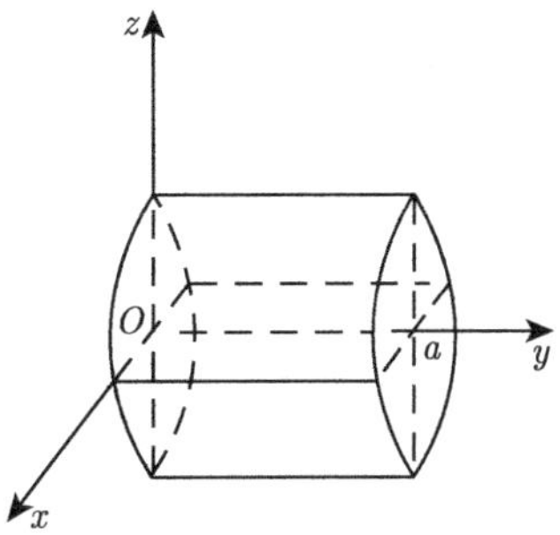

图 18-7

值得注意的是, 在处理几何问题时, 利用对称性可以简化计算.

例 5　计算柱面 $x^2+z^2=R^2$ 与平面 $y=0,y=a>0$ 所围之体积 V.

解　如图 18-7. 由对称性, 只计算在第一卦限中的部分, 在第一卦限中, 可将其视为以柱面为顶的曲顶柱体, 故顶的方程为 $z=\sqrt{R^2-x^2}$, 其在 xOy 面的投影区域为 $D=[0,R]\times[0,a]$, 故,

$$V=4\iint\limits_{D} z\mathrm{d}x\mathrm{d}y=4\int_0^R \mathrm{d}x\int_0^a \sqrt{R^2-x^2}\mathrm{d}y=a\pi R^2.$$

注 当然, 本题可以直接利用圆柱体的体积计算公式.

例 6 求由下列曲面 $z=x+y, z=xy, x+y=1, x=0, y=0$ 所围空间区域的体积.

解 如图 18-8. 这是一个空间区域的体积, 可将其转化为两个曲顶柱体的体积之差计算, 必须确定上顶、下底和投影.

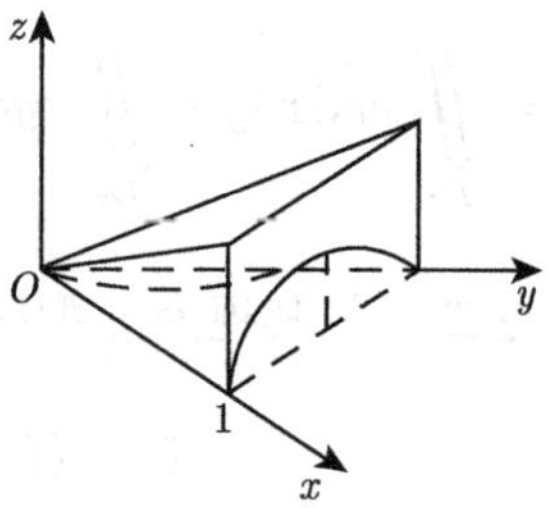

图 18-8

确定上顶、下底的方法仍是穿线方法. 用平行于 z 轴的直线, 沿 z 轴方向从下向上穿过区域, 先交曲面进入区域, 此曲面为下底, 后交曲面穿出区域, 此曲面为上顶. 由此确定, 上顶为平面 $z=x+y$; 下底为曲面 $z=xy$, 二者之间被平面 $x+y=1, x=0, y=0$ 所截之部分在 xOy 面上的投影区域 $D=\{(x,y): 0\leqslant y\leqslant 1-x, 0\leqslant x\leqslant 1\}$, 故

$$V=\iint\limits_{D}(x+y-xy)\mathrm{d}x\mathrm{d}y=\int_0^1 \mathrm{d}x\int_0^{1-x}(x+y-xy)\mathrm{d}x\mathrm{d}y=\frac{7}{24}.$$

还可以利用二重积分求面积.

例 7 求椭圆 $\dfrac{x^2}{a^2}+\dfrac{y^2}{b^2}=1$ 围成的面积.

解 记 $D=\left\{(x,y): \dfrac{x^2}{a^2}+\dfrac{y^2}{b^2}\leqslant 1\right\}, D_1=D\cap\{x\geqslant 0, y\geqslant 0\}$, 由对称性则

$$s=\iint\limits_{D} 1\mathrm{d}x\mathrm{d}y=4\iint\limits_{D_1} 1\mathrm{d}x\mathrm{d}y=4\int_0^a \mathrm{d}x\int_0^{b\sqrt{1-x^2/a^2}} \mathrm{d}y=4b\int_0^a \sqrt{1-\frac{x^2}{a^2}}\mathrm{d}x$$

$$\xlongequal{x=a\sin\theta} 4b\int_0^{\pi/2}\sqrt{1-\sin^2\theta}a\cos\theta\mathrm{d}\theta=4ab\int_0^{\pi/2}\cos^2\theta\mathrm{d}\theta$$

$$=4ab\int_0^{\pi/2}\frac{1+\cos 2\theta}{2}\mathrm{d}\theta=\pi ab.$$

再给出二重积分改变积分次序的例子.

例 8　改变积分 $I=\int_0^2 \mathrm{d}x\int_{\sqrt{2x-x^2}}^{\sqrt{2x}} f(x,y)\mathrm{d}y$ 的积分次序.

结构分析　为求解这类题目, 首先由给定次序的累次积分确定积分区域, 将累次积分还原为二重积分, 然后, 再转化为另一种次序的累次积分.

解　如图 18-9. 此积分的积分区域为

$$D=\{(x,y):\sqrt{2x-x^2}\leqslant y\leqslant\sqrt{2x}\,,\ 0\leqslant x\leqslant 2\},$$

此区域由上半圆周曲线 $(x-1)^2+y^2=1$ 和抛物线 $y=\sqrt{2x}$ 及直线 $x=2$ 所围成. 我们须将此区域上的二重积分转化为先对 x 再对 y 的累次积分, 须用直线 $y=1$ 将区域 D 分成 3 部分, 在相应的区域上转化为累次积分, 得

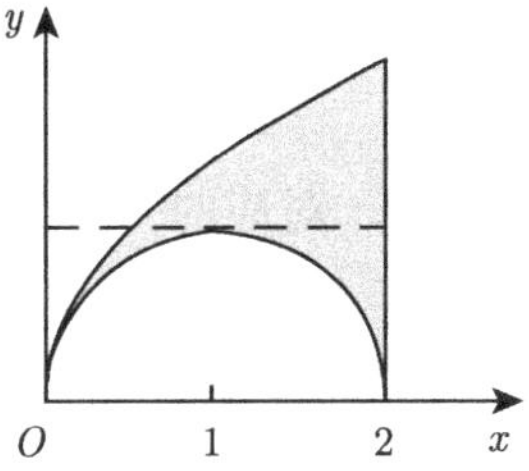

图 18-9

$$I=\int_0^1 \mathrm{d}y\int_{\frac{y^2}{2}}^{1-\sqrt{1-y^2}} f(x,y)\mathrm{d}x+\int_0^1 \mathrm{d}y\int_{1+\sqrt{1-y^2}}^{2} f(x,y)\mathrm{d}x$$
$$+\int_1^2 \mathrm{d}y\int_{\frac{y^2}{2}}^{2} f(x,y)\mathrm{d}x.$$

也可以利用区域差表示为

$$I=\int_0^2 \mathrm{d}y\int_{\frac{y^2}{2}}^{2} f(x,y)\mathrm{d}x-\int_0^1 \mathrm{d}y\int_{1-\sqrt{1-y^2}}^{1+\sqrt{1-y^2}} f(x,y)\mathrm{d}x.$$

二、 二重积分的变量代换

我们知道, 定义只能处理简单结构的研究对象, 对二重积分的计算也是如此. 一般来说, 对给定的二重积分 $I=\iint\limits_D f(x,y)\mathrm{d}x\mathrm{d}y$, 其计算的难易程度受制于积分结构的两个要素: 一是积分区域 D 的结构; 二是被积函数 $f(x,y)$ 的结构.

前述定理和例子表明: 区域 D 越规则, 越简单, 如矩形域, 三角形区域, x(或 y)-型区域等, 就能很容易地将其转化为累次积分; 而当 $f(x,y)$ 具有简单的结构时, 转化为累次积分后的计算就更加容易, 因此, 对一个二重积分, 我们总希望 D 很规则, $f(x,y)$ 结构简单, 因此, 由定义导出的基本计算公式只能处理简单结构的二重积分的计算. 对复杂结构的二重积分必须经过相应的技术处理——变量代换, 将复杂结构的积分转化为简单结构的积分.

1. 变量代换的一般理论

讨论在一般变量代换下的二重积分 $I=\iint\limits_{D}f(x,y)\mathrm{d}x\mathrm{d}y$ 的计算.

给定变换:

$$H:\begin{cases}u=u(x,y),\\v=v(x,y),\end{cases}\quad(x,y)\in D,$$

设 H 是一一对应的, 即 $J=\dfrac{D(x,y)}{D(u,v)}\neq 0$, 记

$$D_{uv}=\{(u,v):u=u(x,y),v=v(x,y),(x,y)\in D\},$$

则 H 建立了 xOy 平面内的区域 D 与 uOv 平面区域 D_{uv} 的一一对应关系, 即 $H:D\to D_{uv}$, 通过变换实现了积分区域结构的改变.

再考察变换下被积函数的结构改变. 由隐函数理论, 在条件 $J\neq 0$ 下, $\begin{cases}u=u(x,y),\\v=v(x,y)\end{cases}$ 能确定隐函数 $\begin{cases}x=x(u,v),\\y=y(u,v),\end{cases}$ 因而在变换 H 之下, $f(x,y)=f(x(u,v),y(u,v))$, 即实现函数结构的改变.

于是, 在变换 H 之下, 在 xOy 平面上关于 x, y 的二重积分转化为在 uOv 平面上关于 u, v 的二重积分.

那么, 在上述变换下, 二重积分的结构发生了怎样的变化? 如何实现积分结构的简单化? 这就是下面的定理.

定理 2.6 设 $f(x,y)$ 在区域 D 连续, $u(x,y),v(x,y)$ 在区域 D 具有连续偏导数, 又设变换 $H:\begin{cases}u=u(x,y),\\v=v(x,y)\end{cases}$ 是 1-1 的且 $J=\dfrac{D(x,y)}{D(u,v)}\neq 0$, $(u,v)\in D_{uv}$, 则

$$\iint\limits_{D}f(x,y)\mathrm{d}x\mathrm{d}y=\iint\limits_{D_{uv}}f(x(u,v),y(u,v))\left|J\right|\mathrm{d}u\mathrm{d}v.$$

此定理的证明放在后面, 先承认这一结论.

定理 2.6 的应用分析 (1) 应用机理 定理 2.6 表明, 通过变量代换, 将积分区域或被积函数简单化, 从而将复杂结构的二重积分转化为简单结构的二重积分, 当然, 在利用变量代换时, 选择的变量代换原则是: 选择合适的变量代换, 使得

① 使被积函数简单;

② 使积分区域规则、简单;

③ 二者不可兼得时, 选择较难处理的作为主要变换对象.

(2) 选择变换的原则　在选择变量代换时, 应先对积分进行结构分析, 寻找区域结构和被积函数结构中共同的因子, 作为选择变量代换的依据, 当然, 变量代换不一定唯一, 可以试着计算一下, 选择合适的代换.

(3) 区域边界确定　在利用变量代换时, 还涉及变换后区域的确定, 常用的方法是将原区域的边界方程进行变量代换得到变换后的边界方程.

例 9　求由抛物线 $y^2=px, y^2=qx(0<p<q)$ 及双曲线 $xy=a, xy=b$ $(0<a<b)$ 所围区域 D 之面积 S(图 18-10).

解　由二重积分的几何意义, 则 $S=\iint\limits_D 1\mathrm{d}x\mathrm{d}y$.

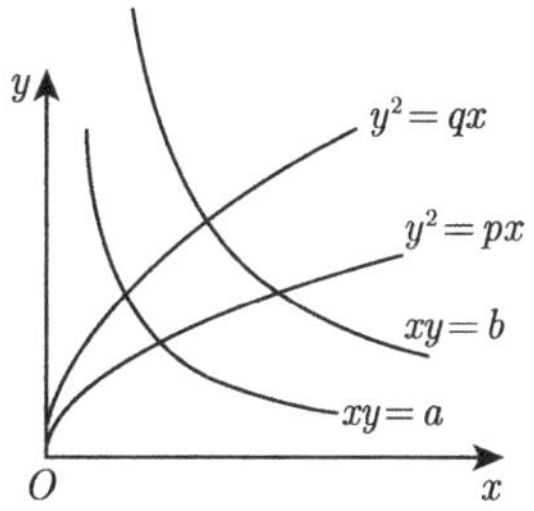

图 18-10

显然, 此二重积分重点处理的对象是区域: 积分区域不规则, 虽然也能利用分割将区域分割为 x 或 y-型区域, 但是, 注意到边界曲线方程的两组对称结构, 选合适的变量代换, 将区域规则化, 使计算更加简单.

注意到边界曲线之特征, 边界曲线主要有两类因子 $xy, \dfrac{y^2}{x}$ 构成, 因此, 可以选择简化这两类因子为变量代换的依据, 故作变换 $H:\begin{cases} u=\dfrac{y^2}{x}, \\ v=xy, \end{cases}$ 则 H 将 D 映为最简单的规则型区域——矩形:

$$D_{uv}=\{(u,v): p\leqslant u\leqslant q, a\leqslant v\leqslant b\},$$

由于 $J=\dfrac{D(x,y)}{D(u,v)}=\dfrac{1}{\dfrac{D(u,v)}{D(x,y)}}=\dfrac{1}{\dfrac{3y^2}{x}}=\dfrac{1}{3u}$, 故

$$S=\iint\limits_D 1\mathrm{d}x\mathrm{d}y=\iint\limits_{D_{uv}}\frac{1}{3u}\mathrm{d}u\mathrm{d}v=\frac{1}{3}(b-a)\ln\frac{q}{p}.$$

例 10　计算 $I=\iint\limits_D \mathrm{e}^{\frac{x-y}{x+y}}\mathrm{d}x\mathrm{d}y$, D 由直线 $x=0, y=0, x+y=1$ 所围.

思路分析　此积分的积分区域简单, 被积函数看似简单, 实则并非如此, 由于 $\mathrm{e}^{\frac{x-y}{x+y}}$ 的指数是分式 $\dfrac{x-y}{x+y}$, 且其分母中同时依赖于两个变量, 从一元函数的模型看, $\mathrm{e}^{\frac{1}{x}}$ 没有原函数, 因此, $\iint\limits_D \mathrm{e}^{\frac{x-y}{x+y}}\mathrm{d}x\mathrm{d}y$ 不论转化为先对哪个变量的累次积分, 都

无法计算, 这是直接计算的难点. 因此, 必须进行变量代换, 将指数 $\dfrac{x-y}{x+y}$ 转化为分离变量的形式, 即分子和分母只依赖于一个变量; 类比已知, 由于一元函数模型中, e^x 的原函数很容易计算, 因此, 代换后, 可以转化为先对指数中分子的变量积分的累次积分, 这样就可以计算了. 为了通过代换将指数转化为分子和分母分离变量的形式, 选择的变换很容易确定. 从另一个角度看, 积分结构中共同的因子有两类 $x+y$, $x-y$, 这也是选择变换的依据.

解 作变换 $H:\begin{cases} u=x-y, \\ v=x+y, \end{cases}$ 则 $H^{-1}:\begin{cases} x=\dfrac{1}{2}(u+v), \\ y=\dfrac{1}{2}(v-u), \end{cases}$ 故 D_{uv} 由 $u+v=0, v-u=0, v=1$ 所围, 由于 $J=\dfrac{D(x,y)}{D(u,v)}=\dfrac{1}{2}$, 故

$$I=\frac{1}{2}\iint\limits_{D_{uv}}\mathrm{e}^{\frac{u}{v}}\mathrm{d}u\mathrm{d}v=\frac{1}{2}\int_0^1\mathrm{d}v\int_{-v}^{v}\mathrm{e}^{\frac{u}{v}}\mathrm{d}u$$

$$=\frac{1}{2}\int v(\mathrm{e}-\mathrm{e}^{-1})\mathrm{d}v=\frac{1}{4}(\mathrm{e}-\mathrm{e}^{-1}).$$

对本题, 若对指数 $\dfrac{x-y}{x+y}$ 先进行变形, 如 $\dfrac{x-y}{x+y}=1-2\dfrac{y}{x+y}$, 此时, 也可以选择变换为 $H:\begin{cases} u=x, \\ v=x+y, \end{cases}$ 或 $H:\begin{cases} u=y, \\ v=x+y, \end{cases}$ 可以达到同样的目的.

例 10 中, 转化为累次积分时, 一定要注意选择正确的积分顺序, 可以从一元函数的积分计算理论中, 寻找确定积分次序的依据.

2. 二重积分的极坐标变换

对特殊结构的积分必须选择对应的特殊的变量代换. 在二重积分中, 经常遇到圆域结构, 针对这样的特殊结构经常选择极坐标变换.

对给定的坐标系, 设与点 (x,y) 对应的极坐标为 (r,θ), 所谓的极坐标变换是指二者的关系式 $H^{-1}:\begin{cases} x=r\cos\theta, \\ y=r\sin\theta, \end{cases}$ 此时, 变换的雅可比行列式 $J=\dfrac{D(x,y)}{D(r,\theta)}=r$, 由此得到极坐标下二重积分的计算公式.

定理 2.7 设 $f(x,y)\in C(D)$, 则

$$\iint\limits_{D}f(x,y)\mathrm{d}x\mathrm{d}y=\iint\limits_{D_{(r,\theta)}}f(r\cos\theta,r\sin\theta)r\mathrm{d}r\mathrm{d}\theta,$$

其中 $D_{(r,\theta)}$ 为区域 D 在极坐标系的表示.

特别注意, 在极坐标变换下, $D_{(r,\theta)}=D$, 即区域形状不变, 只是表达方式改变了, $D_{(r,\theta)}$ 是区域 D 在极坐标下的表达式.

那么, 在什么条件下用极坐标变换计算二重积分? 即极坐标变换处理的题型结构特点是什么? 要回答这个问题, 本质上是回答极坐标系下表示最简单的曲线(平面区域的刻画是用边界曲线来刻画的) 是什么. 显然, 极坐标系下, 代数表示最简单的曲线为

$$r=C, \text{圆周曲线};$$

$$\theta=C, \text{射线}.$$

由于射线在直角坐标系下也具有简单的代数结构, 而圆曲线在直角坐标系下的代数表示为双变量二次多项式结构, 相对复杂, 由此决定了当二重积分的结构——积分区域或被积函数具有圆域结构, 即 D 的边界的刻画和 $f(x,y)$ 中具有因子 x^2+y^2 时, 可用极坐标将二重积分简化.

当然, 使用极坐标变换计算二重积分时, 还必须解决化极坐标下的二重积分为二次积分的问题, 为此, 我们采用直角坐标系下的类似方法对区域在极坐标系下分类, 引入如下区域的概念.

定义 2.3　若在极坐标下, 若 D 可表示为

$$D=\{(r,\theta):r_1(\theta)\leqslant r\leqslant r_2(\theta),\alpha\leqslant\theta\leqslant\beta\},$$

其中 $r_1(\theta)$, $r_2(\theta)$ 为 θ 的连续函数, 称 D 是 θ-型区域 (如图 18-11).

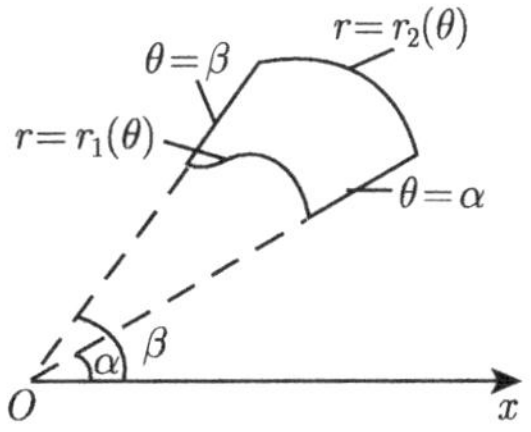

θ-型区域

图 18-11

若 D 可表示为

$$D=\{(r,\theta):\theta_1(r)\leqslant r\leqslant\theta_2(r),a\leqslant r\leqslant b\},$$

其中 $\theta_1(r),\theta_2(r)$ 为 r 的连续函数, 称 D 是 r-型区域 (如图 18-12).

根据定义, 两种区域的几何特征为

θ-型区域夹在两条过极点的射线之间;

r-型区域夹在以极点为心的两个同心圆环内.

对一些特殊的区域, 有特殊的规定. 若区域包含原点, 常将其视为 θ-型区域, 即

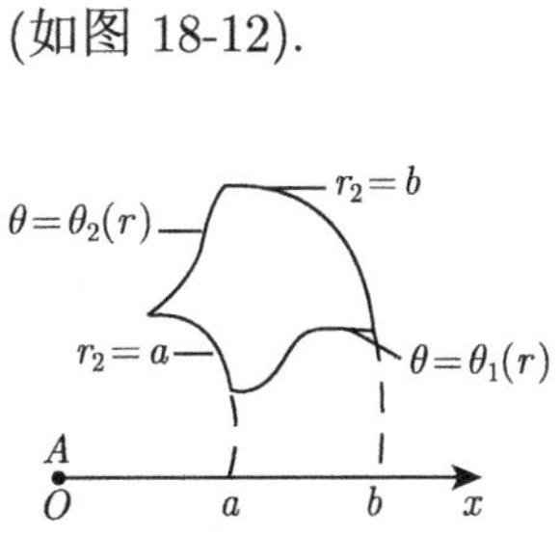

r-型区域

图 18-12

$$D=\{(r,\theta):0\leqslant r\leqslant r(\theta),0\leqslant\theta\leqslant 2\pi\};$$

若区域的边界过极点, 也将其视为 θ-型区域, 即

$$D=\{(r,\theta): 0\leqslant r\leqslant r(\theta),\alpha\leqslant\theta\leqslant\beta\},$$

其中 α,β 使 $r(\alpha)=0,r(\beta)=0$.

当然, 对有些区域, 即可表示为 θ-型区域, 又可表示为 r-型区域. 两种区域下的转化公式为

若 D 是 θ-型区域, 则

$$\begin{aligned}&\iint\limits_D f(r\cos\theta,r\sin\theta)r\mathrm{d}r\mathrm{d}\theta\\&=\int_\alpha^\beta\mathrm{d}\theta\int_{r_1(\theta)}^{r_2(\theta)}f(r\cos\theta,r\sin\theta)r\mathrm{d}r;\end{aligned}$$

若 D 是 r-型区域, 则

$$\iint\limits_D f(r\cos\theta,r\sin\theta)r\mathrm{d}r\mathrm{d}\theta=\int_a^b r\mathrm{d}r\int_{\theta_1(r)}^{\theta_2(r)}f(r\cos\theta,r\sin\theta)\mathrm{d}\theta.$$

下面通过例子说明二重积分在极坐标下的计算.

例 11 计算 $I=\iint\limits_D \mathrm{e}^{-x^2-y^2}\mathrm{d}x\mathrm{d}y, D: x^2+y^2\leqslant 1$.

简析 二重积分具有圆域结构, 用极坐标公式计算.

解 区域 D 是圆域, 包含极点, 故 D 为 θ-型区域:

$$D=\{(r,\theta): 0\leqslant r\leqslant 1, 0\leqslant\theta\leqslant 2\pi\},$$

故 $I=\iint\limits_D \mathrm{e}^{-r^2}r\mathrm{d}r\mathrm{d}\theta=\int_0^{2\pi}\mathrm{d}\theta\int_0^1 r\mathrm{e}^{-r^2}\mathrm{d}r=\pi(1-\mathrm{e}^{-1})$.

例 11 中的区域也是 r-型区域.

例 12 计算单位球 $x^2+y^2+z^2\leqslant 1$ 被柱面 $x^2+y^2=x$ 所割下的 (含在柱面内) 体积 V.

解 由对称性, 只计算在第一象限中的体积 V_1, 此时 V_1 为曲顶柱体之体积, V_1 的顶为球面 $z=\sqrt{1-x^2-y^2}$, 其在 xOy 平面的投影为 xOy 面上的半圆区域 $D=\{(x,y): x^2+y^2\leqslant x, x\geqslant 0, y\geqslant 0\}$, 在极坐标下为 $D=\left\{(r,\theta): 0\leqslant r\leqslant\cos\theta, 0\leqslant\theta\leqslant\dfrac{\pi}{2}\right\}$, 故

$$V_1=\iint\limits_D\sqrt{1-x^2-y^2}\mathrm{d}x\mathrm{d}y=\iint\limits_D\sqrt{1-r^2}r\mathrm{d}r\mathrm{d}\theta$$

$$=\int_0^{\frac{\pi}{2}}\mathrm{d}\theta\int_0^{\cos\theta}r\sqrt{1-r^2}\mathrm{d}r=\frac{1}{3}\int_0^{\frac{\pi}{2}}(1-\sin^3\theta)\mathrm{d}\theta=\frac{1}{3}\left(\frac{\pi}{2}-\frac{2}{3}\right),$$

因而, $V=4V_1=\dfrac{4}{3}\left(\dfrac{\pi}{2}-\dfrac{2}{3}\right)$.

例 13 求椭球 $\dfrac{x^2}{a^2}+\dfrac{y^2}{b^2}+\dfrac{z^2}{c^2}\leqslant 1$ 的体积.

解 由对称性, 只需计算第一卦限之体积 V_1, 利用曲顶柱体体积公式,

$$V_1=c\iint\limits_D\sqrt{1-\frac{x^2}{a^2}-\frac{y^2}{b^2}}\mathrm{d}x\mathrm{d}y,$$

其中 $D:\dfrac{x^2}{a^2}+\dfrac{y^2}{b^2}\leqslant 1, x\geqslant 0, y\geqslant 0$.

作广义极坐标变换: $H^{-1}:\begin{cases}x=ar\cos\theta,\\ y=br\sin\theta,\end{cases}$ 此时, 在极坐标下: $D=\left\{(r,\theta):\right.$ $\left.0\leqslant r\leqslant 1, 0\leqslant\theta\leqslant\dfrac{\pi}{2}\right\}$, 且 $J=\dfrac{D(x,y)}{D(u,v)}=abr$, 故

$$V_1=c\int_0^{\pi/2}\mathrm{d}\theta\int_0^1\sqrt{1-r^2}abr\mathrm{d}r=\frac{\pi}{6}abc,$$

因而 $V=\dfrac{4}{3}\pi abc$.

三、 基于特殊结构的计算

具有特殊结构的研究对象需要特殊的方法处理才更有效, 这是普适性的法则. 在定积分计算理论中就有根据积分区间和被积函数的特点设计特殊的计算方法以简化计算. 下面, 我们用一个例子说明相应的处理思想.

例 14 给定 $I=\iint\limits_D\left(\dfrac{x^3\mathrm{e}^y}{1+\ln(x^2+y^2)}+x^2\right)\mathrm{d}x\mathrm{d}y$, 其中区域 D 由 x 轴和曲线 $y=1-x^2$ 所围. 试分析积分的结构特点, 并完成计算.

解 积分结构由两部分组成: 积分区域和被积函数. 其特点是: 积分区域关于 y 轴对称. 被积函数由两部分组成, $\dfrac{x^3\mathrm{e}^y}{1+\ln(x^2+y^2)}$ 关于变量 x 为奇函数, x^2 为变量 x,y 的偶函数.

记 $D_1=\{(x,y)\in D: x\geqslant 0\}$, $D_2=\{(x,y)\in D: x\leqslant 0\}$, $D=D_1\cup D_2$, 且 $D_1\cap D_2$ 至多为一线段; $I_1=\iint\limits_D\dfrac{x^3\mathrm{e}^y}{1+\ln(x^2+y^2)}\mathrm{d}x\mathrm{d}y$, $I_2=\iint\limits_D x^2\mathrm{d}x\mathrm{d}y$, 则

$$I_1=\iint\limits_{D_1}\frac{x^3\mathrm{e}^y}{1+\ln(x^2+y^2)}\mathrm{d}x\mathrm{d}y+\iint\limits_{D_2}\frac{x^3\mathrm{e}^y}{1+\ln(x^2+y^2)}\mathrm{d}x\mathrm{d}y,$$

利用变量代换, 则 $\iint\limits_{D_2}\frac{x^3\mathrm{e}^y}{1+\ln(x^2+y^2)}\mathrm{d}x\mathrm{d}y\xlongequal{x=-x,y=y}-\iint\limits_{D_1}\frac{x^3\mathrm{e}^y}{1+\ln(x^2+y^2)}\mathrm{d}x\mathrm{d}y$, 故,

$$I_1=\iint\limits_{D_1}\frac{x^3\mathrm{e}^y}{1+\ln(x^2+y^2)}\mathrm{d}x\mathrm{d}y-\iint\limits_{D_1}\frac{x^3\mathrm{e}^y}{1+\ln(x^2+y^2)}\mathrm{d}x\mathrm{d}y=0;$$

类似, $I_2=2\iint\limits_{D_1}x^2\mathrm{d}x\mathrm{d}y=2\int_0^1x^2\mathrm{d}x\int_0^{1-x^2}\mathrm{d}y=\frac{4}{15}$, 故, $I=\frac{4}{15}$.

例 14 给出了一种情形, 关于其他形式的区域对称性和函数奇偶性的关系可以自己总结和挖掘, 在习题中有相应的题目.

附注: 二重积分变量代换定理的证明

下面给出定理 2.6 的简要证明的思路.

分析 从分析结论入手, 寻找证明的思路和方法. 从最基本的定义出发, 由二重积分的定义, 则

$$\iint\limits_{D}f(x,y)\mathrm{d}x\mathrm{d}y=\lim_{\lambda(T)\to0}\sum_{i=1}^{n}f(\xi_i,\eta_i)\Delta S_{D_i},$$

$$\iint\limits_{D_{uv}}f(x(u,v),y(u,v))\,|J|\,\mathrm{d}u\mathrm{d}v=\lim_{\lambda'(T)\to0}\sum_{i=1}^{n}f(\xi_i',\eta_i')|J_i|\Delta S_{D_i'},$$

上式中涉及各量的意义见相应的定义.

分析等式右端的结构可以发现, 要证明对应的积分相等, 定义中对应的项应该相等, 因而, 应有 $\Delta\sigma_i=|J_i|\Delta\sigma_i'$, 或 $|J_i|=\frac{\Delta\sigma_i}{\Delta\sigma_i'}$, 即成立变换前后对应分块区域的面积关系, 这正是证明变换定理的关键.

为研究变换前后对应的区域面积关系, 我们先研究最简情形.

我们首先研究矩形面积在变换 H 下的变化. 给定矩形 $ABCD$, 其中 $A(x_0,y_0)$, $B(x_0+\Delta x,y_0)$, $C(x_0,y_0+\Delta y)$, $D(x_0+\Delta x,y_0+\Delta y)$, 在 H 之下将矩形 $ABCD$ 映为区域 D_{uv}.

由于 $H\in C'$, 由泰勒展开, 则

$$u(x,y)=u(A)+u_x(A)\cdot\Delta x+u_y(A)\cdot\Delta y+\alpha\rho,$$

$$v(x,y)=v(A)+v_x(A)\cdot\Delta x+v_y(A)\cdot\Delta y+\beta\rho,$$

其中 $\rho=\sqrt{\Delta x^2+\Delta y^2},\lim\limits_{\rho\to0}\alpha=\lim\limits_{\rho\to0}\beta=0.$

记仿射变换:

$$\bar{H}:\begin{array}{l}u=u(A)+u_x(A)\cdot\Delta x+u_y(A)\cdot\Delta y,\\ v=v(A)+v_x(A)\cdot\Delta x+v_y(A)\cdot\Delta y,\end{array}$$

则 H 可用 $\bar{H}$ 近似代替, 而在 $\bar{H}$ 下, 矩形 $ABCD$ 映为平等四边形 $A'B'C'D'$. 换句话说: 当 H 是一一对应时, 可用平行四边形 $A'B'C'D'$ 近似视为矩形 $ABCD$ 在 H 之下的像 (如图 18-13).

又记 $u_0=u(A),v_0=v(A)$, 矩形 $ABCD$ 的面积为 S, 平行四边形 $A'B'C'D'$ 的面积为 $\bar{S}'$, 矩形 $ABCD$ 的像域的面积为 S'.

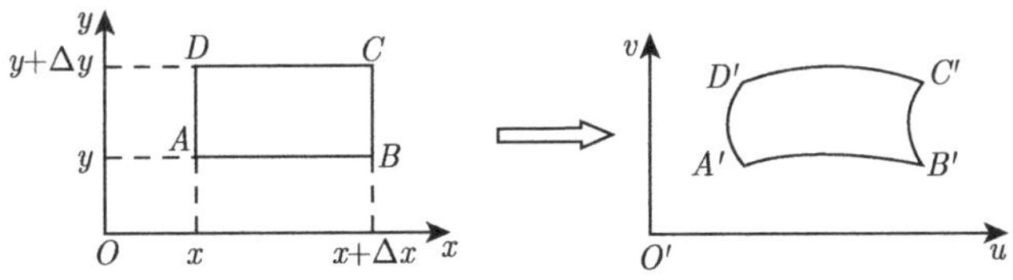

图 18-13

引理 2.1 成立 $|J(u_0,v_0)|=\lim\limits_{\rho\to0}\dfrac{S}{S'}$.

简证 由对应关系和平行四边形的面积计算公式, 则

$$\pm\bar{S}'=\begin{vmatrix}u(x_0,y_0)&v(x_0,y_0)&1\\u(x_0+\Delta x,y_0)&v(x_0+\Delta x,y_0)&1\\u(x_0,y_0+\Delta y)&v(x_0,y_0+\Delta y)&1\end{vmatrix},$$

因而,

$$\begin{aligned}\pm\bar{S}'&=\begin{vmatrix}u(x_0,y_0)&v(x_0,y_0)&1\\u(x_0+\Delta x,y_0)-u(x_0,y_0)&v(x_0+\Delta x,y_0)-v(x_0,y_0)&0\\u(x_0,y_0+\Delta y)-u(x_0,y_0)&v(x_0,y_0+\Delta y)-v(x_0,y_0)&0\end{vmatrix}\\&=[u(x_0+\Delta x,y_0)-u(x_0,y_0)]\cdot[v(x_0,y_0+\Delta y)-v(x_0,y_0)]\\&\quad-[u(x_0,y_0+\Delta y)-u(x_0,y_0)]\cdot[v(x_0+\Delta x,y_0)-v(x_0,y_0)],\end{aligned}$$

故,

$$\lim_{\rho\to0}\frac{\pm\bar{S}'}{\pm S}=\lim_{\rho\to0}\frac{\pm\bar{S}'}{\Delta x\Delta y}$$

$$
\begin{aligned}
&= \left[\frac{\partial u}{\partial x}\cdot\frac{\partial v}{\partial y}-\frac{\partial u}{\partial y}\cdot\frac{\partial v}{\partial x}\right]\bigg|_{(x_0,y_0)} = \left.\frac{D(u,v)}{D(x,y)}\right|_{(x_0,y_0)} \\
&= \frac{1}{\left.\dfrac{D(x,y)}{D(u,v)}\right|_{(u_0,v_0)}} = \frac{1}{J(u_0,v_0)},
\end{aligned}
$$

引理证毕.

代换定理的证明 设对区域 D 作矩形分割 T: $D_1, D_2, \cdots, D_n$, 对应此分割 T, 通过 H 形成对 D_{uv} 的分割 T': $D_1', D_2', \cdots, D_n'$, 则由定义,

$$
\begin{aligned}
\iint\limits_{D} f(x,y)\mathrm{d}x\mathrm{d}y &= \lim_{\lambda(T)\to 0}\sum_{i=1}^{n} f(x_i,y_i)\Delta S_{D_i} \\
&\xlongequal{H} \lim_{\lambda(T')\to 0}\sum_{i=1}^{n} f(x(u_i,v_i),y(u_i,v_i))\left|J(u_i,v_i)\right|\Delta S_{D_i'} \\
&= \iint\limits_{D_{uv}} f(x(u,v),y(u,v))\left|J(u,v)\right|\mathrm{d}u\mathrm{d}v,
\end{aligned}
$$

若在个别点, 甚至一条可求长的曲线上有 $J=0$, 结论仍成立. 详细的证明可以参考其他教材.

习 题 18.2

1. 计算下列二重积分.

(1) $\iint\limits_{D}(x+y+2)\mathrm{d}x\mathrm{d}y$, D 由直线 $x=1, x=2$ 和 $y=0, y=x$ 所围;

(2) $\iint\limits_{D}(3x^2+4xy+5)\mathrm{d}x\mathrm{d}y$, D 由直线 $x=-1, y=1$ 和 $y=x$ 所围;

(3) $\iint\limits_{D}x^3\mathrm{e}^y\mathrm{d}x\mathrm{d}y$, D 由直线 $y=1$ 和 $y=x^2$ 所围;

(4) $\iint\limits_{D}(x+y)\mathrm{d}x\mathrm{d}y$, D 由直线 $x=0, x=\pi$, $y=0$ 和 $y=\sin x$ 所围;

(5) $\iint\limits_{D}\frac{\sin x}{\sqrt{x}}\mathrm{d}x\mathrm{d}y$, D 由直线 $x=1$ 和 $x=y^2$ 所围.

2. 分析并指出积分的结构特点, 根据特点选择计算方法, 给出计算.

(1) $\iint\limits_{D}(x\mathrm{e}^y+y\mathrm{e}^x)\mathrm{d}x\mathrm{d}y$, D 由直线 $x=0, x=1$ 和 $y=0, y=1$ 所围;

(2) $\iint\limits_{D} xy(1-x+y)\mathrm{d}x\mathrm{d}y$, D 由直线 $x=1, y=x$ 和 $y=-1$ 所围;

(3) $\iint\limits_{D} x^2(\sin y+y^3)\mathrm{d}x\mathrm{d}y$, D 由直线 $x=0$ 和曲线 $x=2-y^2$ 所围;

(4) $\iint\limits_{D} \mathrm{e}^{x^2+y^2}\sin(xy)\mathrm{d}x\mathrm{d}y$, D 由直线 $x=1, x=-1$ 和 $y=1, y=x$ 所围;

(5) $\iint\limits_{D} (x^3\mathrm{e}^{y^2}+y^3\mathrm{e}^{x^2})\sin(xy)\mathrm{d}x\mathrm{d}y$, D 由圆周线 $x^2+y^2=1$ 所围.

能否总结上述题目的求解, 抽象出一般的结论?

3. 分析并指出积分的结构特点, 根据特点选择合适的变量代换计算.

(1) $\iint\limits_{D} (x^2-y^2)\sin^2(x+y)\mathrm{d}x\mathrm{d}y$, D 由直线 $x+y=\pm\pi$ 和 $y-x=\pm\pi$ 所围;

(2) $\iint\limits_{D} \frac{x}{1+x^2y^2}\mathrm{d}x\mathrm{d}y$, D 由直线 $x=1, x=2$ 和曲线 $xy=1, xy=2$ 所围;

(3) $\iint\limits_{D} (2x+3y)\mathrm{d}x\mathrm{d}y$, $D=\{(x,y): x^2+y^2\leqslant x+y\}$;

(4) $\iint\limits_{D} \sqrt{x^2+y^2}\mathrm{d}x\mathrm{d}y$, $D=\{(x,y): x^2+y^2\leqslant x+y\}$;

(5) $\iint\limits_{D} (x^2-2x+3y+2)\mathrm{d}x\mathrm{d}y$, $D=\{(x,y): x^2+y^2\leqslant 1\}$;

(6) $\iint\limits_{D} \frac{1+xy}{1+x^2+y^2}\mathrm{d}x\mathrm{d}y$, $D=\{(x,y): x^2+y^2\leqslant 1\}$;

(7) $\iint\limits_{D} (x^2+y^2)\mathrm{d}x\mathrm{d}y$, $D=\{(x,y): x^2+y^2\leqslant 2x\}$;

(8) $\iint\limits_{D} \frac{x^2-y^2}{\sqrt{x-y+4}}\mathrm{d}x\mathrm{d}y$, $D=\{(x,y): |x|+|y|\leqslant 1\}$;

(9) $\iint\limits_{D} \mathrm{e}^{\frac{y}{x+y}}\mathrm{d}x\mathrm{d}y$, D 由直线 $x=0, y=0, x+y=1$ 所围.

4. 试用二重积分理论计算柱面 $x^2+z^2=R^2$ 与平面 $y=0$, $y=2$ 所围的区域的体积.

5. 计算单位球 $x^2+y^2+z^2\leqslant 1$ 被柱面 $x^2+y^2=x$ 所割下的包含在柱面内的部分的体积.

6. 给定二重积分 $\iint\limits_{D} \frac{(x+y)\ln\left(1+\frac{y}{x}\right)}{\sqrt{1-x-y}}\mathrm{d}x\mathrm{d}y$, 其中 D 由直线 $x+y$=1, x=0, y=0 围成.
(1) 试分析积分结构, 给出其结构特点; (2) 根据结构特点选择合适的变量代换进行计算.

7. 设 $f(t)$ 连续, $D=\{(x,y):x^2+y^2\leqslant 1\}$, 且 $a^2+b^2\neq 0$, 则成立结论:

$$\iint_D f(ax+by+c)\mathrm{d}x\mathrm{d}y=2\int_{-1}^{1}\sqrt{1-u^2}f(u\sqrt{a^2+b^2}+c)\mathrm{d}u.$$

为证明上述结论, 我们通过结构分析确定证明的思路:

(1) 分析要证明等式两端的结构, 证明的思路是什么?

(2) 证明的方法是什么? 比较等式两端, 隐藏的线索是什么?

(3) 方法实现的难点是什么? 解决的理论是什么?

(4) 给出等式的证明.

8. 设 $f(t)>0$ 连续, $D=\{(x,y):x^2+y^2\leqslant 1\}$, a, b 为常数, 给定二重积分

$$\iint_D \frac{af(x)+bf(y)}{f(x)+f(y)}\mathrm{d}x\mathrm{d}y,$$

回答如下问题:

(1) 积分区域 D 的结构特点是什么?

(2) a, b 取何值时, 二重积分最容易计算? 此时, 计算结果是什么?

(3) 当 a, b 不满足上述条件时, 能否根据积分的结构特点设计计算方法? 给出计算过程和结果.

18.3 三重积分的计算

采用类似二重积分计算的思路来研究三重积分的计算. 此时, 我们已经掌握的积分计算的基础有定积分和二重积分, 因而, 三重积分计算的思路自然是将三重积分转换为 (一重) 定积分和二重积分、最终转化为累次 (三次) 积分来计算. 实现上述思路的路径仍然是从简单到复杂, 从特殊到一般的科研思想.

一、 直角坐标系下三重积分的计算

1. 长方体上化三重积分为三次积分

定理 3.1 设 $f(x,y,z)$ 在长方体区域 $\Omega=[a,b]\times[c,d]\times[e,h]$ 上可积, 且对任意的 $(x,y)\in[a,b]\times[c,d]$, 含参量积分 $\int_e^h f(x,y,z)\mathrm{d}z$ 存在, 则

$$\iiint_\Omega f(x,y,z)\mathrm{d}x\mathrm{d}y\mathrm{d}z=\iint_{[a,b]\times[c,d]}\left[\int_e^h f(x,y,z)\mathrm{d}z\right]\mathrm{d}x\mathrm{d}y,$$

特别, 若 $f(x,y,z)$ 在 Ω 上连续, 则

$$\begin{aligned}\iiint\limits_{\Omega} f\mathrm{d}x\mathrm{d}y\mathrm{d}z &= \int_a^b \mathrm{d}x\int_c^d \mathrm{d}y\int_e^h f\mathrm{d}z = \int_a^b \mathrm{d}x\int_e^h \mathrm{d}z\int_c^d f\mathrm{d}y\\ &= \int_c^d \mathrm{d}y\int_a^b \mathrm{d}x\int_e^h f\mathrm{d}z = \int_c^d \mathrm{d}y\int_e^h \mathrm{d}z\int_a^b f\mathrm{d}x\\ &= \int_e^h \mathrm{d}z\int_a^b \mathrm{d}x\int_c^d f\mathrm{d}y = \int_e^h \mathrm{d}z\int_c^d \mathrm{d}y\int_a^b f\mathrm{d}x,\end{aligned}$$

即 $\iiint\limits_{\Omega} f(x,y,z)\mathrm{d}x\mathrm{d}y\mathrm{d}z$ 可以转化为任意形式的三次积分.

证明的思路与二重积分对应的定理证明思路相同, 此处略.

在长方体区域上, 转化为三次积分的积分顺序有 6 种, 因此, 三重积分的计算更加复杂, 难度更大.

下面, 将定理 3.1 进行进一步的推广. 为此, 类似二重积分将平面区域投影到平面坐标系的坐标轴上得到 x-型区域或 y-型区域, 我们将空间区域投影到空间坐标系的坐标平面或坐标轴上, 利用投影给出区域的代数表示, 从而引入一些相应的特殊的空间区域概念, 得到相应的计算公式, 这种方法也称为三重积分计算的投影方法.

首先将区域投影到坐标面, 得到将三重积分化为先计算一个定积分, 再计算一个二重积分的先一后二法.

2. 先一后二法

1) xy-型区域上的先一后二法

我们将区域向 xOy 坐标面作投影, 引入如下类型区域的定义.

定义 3.1　若存在定义在 D_{xy} 上的函数 $z_i(x,y)$, $i=1,2$, 使空间区域 Ω 可表示为

$$\Omega=\{(x,y,z)\in\mathbf{R}^3: z_1(x,y)\leqslant z\leqslant z_2(x,y),(x,y)\in D_{xy}\},$$

其中 D_{xy} 为 xOy 坐标面中有界的闭区域, 称区域 Ω 是 xy-型区域.

信息挖掘　(1) 区域的几何特征　定义 3.2 给出了 xy-型区域的代数特征. 从几何上看, xy-型区域 Ω 是将其向 xOy 平面作投影, 利用投影区域刻画其特征. 其代数表达式中各量都有对应的几何意义, 对应的关系是

曲面 $z=z_2(x,y),(x,y)\in D_{xy}$ 为 Ω 的上顶, 曲面 $z=z_1(x,y),(x,y)\in D_{xy}$ 为 Ω 的下底, D_{xy} 正是 Ω 在 xOy 面的投影区域. 如图 18-14 所示.

除了上述刻画 xy-型区域的三个主要要素——顶、底和投影区域外, 几何上, 这种类型的区域还涉及一个概念——围, 即夹在顶、底之间的柱面, 其准线为 $l=\partial D_{xy}$, 母线平行于 z 轴, 即围是由 D_{xy} 决定的柱面, 因此, 刻画 xy-型区域代数特征的各量 $z_2(x,y)$, $z_1(x,y)$ 和 D_{xy} 都有对应的几何意义.

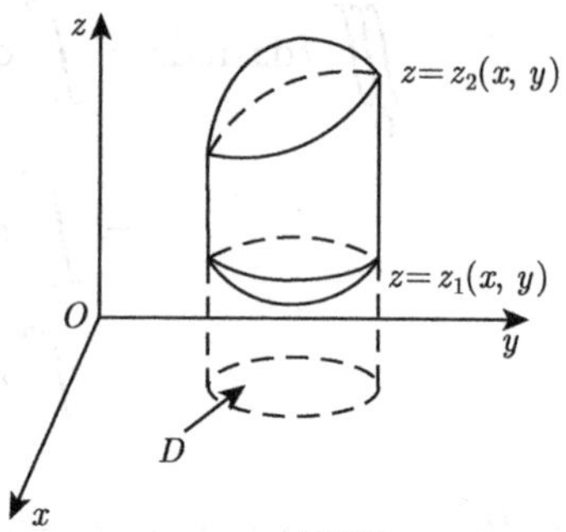

xy-型区域

图 18-14

(2) 几何形状 从几何图形上看, xy-型区域是相对于 z 轴的直柱体, 其顶和底都是曲面.

(3) 当顶和底有交时, 围退化为一条曲线段或直线段 l, 此时 l 正是顶和底的交线, 即

$$l:\begin{cases} z=z_1(x,y), \\ z=z_2(x,y), \end{cases}$$

l 在 xOy 平面上的投影正是 $l=\partial D_{xy}$.

(4) 由函数的定义, 区域的顶和底相对于 z 轴都是简单曲面, 即用平行于 z 轴的直线穿过区域, 直线与顶和底面分别至多有一个交点.

上述分析表明, 确定一个空间区域为 xy-型域, 只须确定其顶、底、围 (交线, 投影), 这些量可以通过图形直观上来确定 (仍可用穿线法确定顶和底), 因此, 画出 Ω 的几何图形在计算三重积分时非常重要.

在 xy-型区域上成立如下的三重积分的计算公式.

定理 3.2 设 Ω 是 xy-型区域, $f(x,y,z)$ 为 Ω 上的连续函数, 则

$$\iiint\limits_{\Omega} f(x,y,z)\mathrm{d}x\mathrm{d}y\mathrm{d}z=\iint\limits_{D_{xy}}\mathrm{d}x\mathrm{d}y\int_{z_1(x,y)}^{z_2(x,y)} f(x,y,z)\mathrm{d}z.$$

证明思路和二重积分的延拓方法类似, 此处略去证明.

由于定理 3.2 是将三重积分转化为先计算一个定积分, 再计算一个二重积分, 因此, 称其为先一后二法.

抽象总结 "先一后二法" 是计算三重积分的主要方法, 计算的主要步骤:

(1) 画出大致的区域图, 画出投影区域的平面图;

(2) 确定区域类型, 即通过确定区域几何特征的顶、底和投影, 给出区域的代数表示;

(3) 代入公式计算.

计算过程中的关键是确定区域的顶、底和围，给出相应的代数表示，当然，计算过程中充分挖掘尽可能多的信息如对称性、轮换对称性 (对等性) 等，可以简化计算.

例 1　计算 $I=\iiint\limits_{\Omega} x\mathrm{d}x\mathrm{d}y\mathrm{d}z$，其中 Ω 由三个坐标面和平面 $x+2y+z=1$ 所围.

解　如图 18-15. 将 Ω 视为 xy-型，则从几何上看，区域的上顶为平面 $z=1-x-2y$；下底为平面 $z=0$；投影区域为 D_{xy} 由 xOy 坐标系内坐标轴和直线 $x+2y=1$ 所围，故可以表述为如下的 xy-型区域

$$\Omega=\{(x,y,z):0\leqslant z\leqslant 1-x-2y,(x,y)\in D_{xy}\},$$

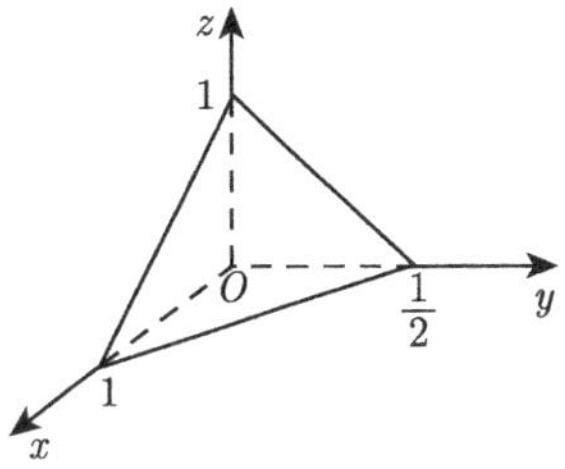

图 18-15

故，

$$I=\iint\limits_{D_{xy}}\mathrm{d}x\mathrm{d}y\int_0^{1-x-2y}x\mathrm{d}z=\iint\limits_{D_{xy}}x(1-x-2y)\mathrm{d}x\mathrm{d}y$$

$$=\int_0^1\mathrm{d}x\int_0^{\frac{1-x}{2}}x(1-x-2y)\mathrm{d}y\quad(\text{视 } D_{xy} \text{ 为 } x\text{-型区域})$$

$$\left(=\int_0^{\frac{1}{2}}\mathrm{d}y\int_0^{1-2y}x(1-x-2y)\mathrm{d}x\right)\quad(\text{视 } D_{xy} \text{ 为 } y\text{-型区域})$$

$$=\frac{1}{48}.$$

例 2　计算 $I=\iiint\limits_{\Omega}(x+2y+3z)\mathrm{d}x\mathrm{d}y\mathrm{d}z$，其中 Ω 由三个坐标面和平面 $x+y+z=1$ 所围.

简析　与例 1 类似，可以采用类似的方法，但是，挖掘更多的信息可以发现，区域具有轮换对称性，利用此性质简化计算.

解　由于区域具有轮换对称性，故

$$\iiint\limits_{\Omega}x\mathrm{d}x\mathrm{d}y\mathrm{d}z=\iiint\limits_{\Omega}y\mathrm{d}x\mathrm{d}y\mathrm{d}z\iiint\limits_{\Omega}z\mathrm{d}x\mathrm{d}y\mathrm{d}z,$$

所以，$I=6\iiint\limits_{\Omega}x\mathrm{d}x\mathrm{d}y\mathrm{d}z$.

将 Ω 视为 xy-型区域, 则

$$\Omega=\{(x,y,z):0\leqslant z\leqslant 1-x-y,(x,y)\in D_{xy}\},$$
$$D_{xy}=\{(x,y):0\leqslant y\leqslant 1-x,0\leqslant x\leqslant 1\},$$

故,

$$I=6\iint\limits_{D_{xy}}\mathrm{d}x\mathrm{d}y\int_0^{1-x-y}x\mathrm{d}z=6\int_0^1\mathrm{d}x\int_0^{1-x}\mathrm{d}y\int_0^{1-x-y}x\mathrm{d}z=\frac{1}{4}.$$

例 3 计算 $I=\iiint\limits_{\Omega}y\cos(x+z)\mathrm{d}x\mathrm{d}y\mathrm{d}z$, 其中 Ω 由抛物柱面 $y=\sqrt{x}$ 及平面 $y=0,z=0,x+z=\dfrac{\pi}{2}$ 所围.

解 如图 18-16. 区域可视为 xy-型区域, 其顶为 $z=\dfrac{\pi}{2}-x$; 底为 $z=0$; 投影区域 $D_{xy}=\left\{(x,y):0\leqslant y\leqslant\sqrt{x},0\leqslant x\leqslant\dfrac{\pi}{2}\right\}$, 故

$$\begin{aligned}I&=\iint\limits_{D_{xy}}\mathrm{d}x\mathrm{d}y\int_0^{\frac{\pi}{2}-x}y\cos(z+x)\mathrm{d}z\\&=\int_0^{\frac{\pi}{2}}\mathrm{d}x\int_0^{\sqrt{x}}\mathrm{d}y\int_0^{\frac{\pi}{2}-x}y\cos(z+x)\mathrm{d}z\\&=\frac{\pi^2}{16}-\frac{1}{2}.\end{aligned}$$

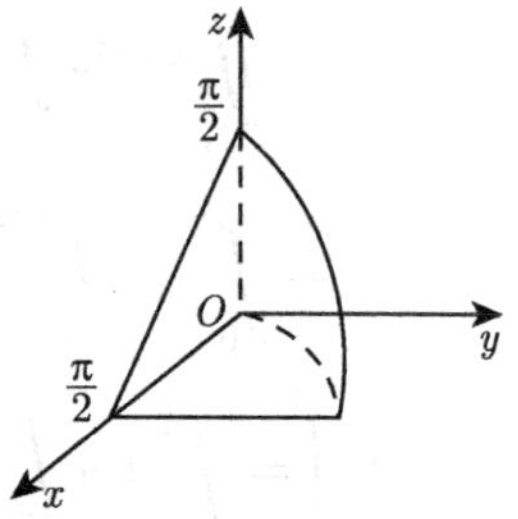

图 18-16

观察例 1～ 例 3, 区域的围很明显, 有的是柱面, 有的退化为线段.

进一步分析上述例子, 思考问题: 求解的方法唯一吗? 能否转化为其他形式的先一后二类型? 分析定理 3.2 建立的基础, 可以设想, 若将区域投影到其他坐标面, 由此给出 yz-型或 zx-型区域, 就可以建立相应的计算公式.

2) yz-型或 zx-型区域上的先一后二法

类似, 将 Ω 投影到另外两个坐标面, 得到不同的先二后一法.

定义 3.2 (1) 若 Ω 可表示为

$$\Omega=\{(x,y,z)\in\mathbf{R}^3:y_1(x,z)\leqslant y\leqslant y_2(x,z),(x,z)\in D_{xz}\},$$

其中 D_{xz} 是 xOz 坐标面内的有界闭区域, 称 Ω 为 zx-型区域.

(2) 若 Ω 可表示为

$$\Omega=\{(x,y,z)\in\mathbf{R}^3:x_1(y,z)\leqslant x\leqslant x_2(y,z),(y,z)\in D_{yz}\},$$

其中 D_{yz} 为 yOz 坐标面内的有界闭区域, 称 Ω 为 yz-型区域.

可以和 xy-型区域一样确定 zx-型、yz-型区域的几何特征和代数表示间的关系, 当然, 也成立类似的对应三重积分的计算公式.

定理 3.3　设 $f(x,y,z)$ 为定义在 Ω 上的连续函数,

(1) 若 Ω 为 zx-型区域, 则

$$\iiint\limits_{\Omega} f(x,y,z)\mathrm{d}x\mathrm{d}y\mathrm{d}z = \iint\limits_{D_{xz}} \mathrm{d}z\mathrm{d}x \int_{y_1(x,z)}^{y_2(x,z)} f(x,y,z)\mathrm{d}y;$$

(2) 若 Ω 为 yz-型区域, 则

$$\iiint\limits_{\Omega} f(x,y,z)\mathrm{d}x\mathrm{d}y\mathrm{d}z = \iint\limits_{D_{yz}} \mathrm{d}y\mathrm{d}z \int_{x_1(y,z)}^{x_2(y,z)} f(x,y,z)\mathrm{d}x.$$

如例 1, 也可以将区域其他两种类型, 如将 Ω 视为 zx-型, 则区域的顶为平面 $y=\dfrac{1-x-z}{2}$; 底为平面 $y=0$; 投影区域为 D_{zx} 由 xOz 坐标系内坐标轴和直线 $x+z=1$ 所围, 故 $\Omega=\left\{(x,y,z):0\leqslant y\leqslant \dfrac{1-x-z}{2},(x,y)\in D_{zx}\right\}$, 因而,

$$I=\iint\limits_{D_{zx}}\mathrm{d}x\mathrm{d}z\int_0^{\frac{1-x-z}{2}} x\mathrm{d}y=\frac{1}{48};$$

将 Ω 视为 yz-型区域时, 其顶为平面 $x=1-z-2y$; 底为平面 $x=0$; 投影区域为 D_{yz} 由 yOz 坐标系内坐标轴和直线 $2y+z=1$ 所围, 故 $\Omega=\{(x,y,z):0\leqslant x\leqslant 1-z-2y,(x,y)\in D_{yz}\}$, 因而 $I=\iint\limits_{D_{yz}}\mathrm{d}y\mathrm{d}z\int_0^{1-z-2y} x\mathrm{d}x=\dfrac{1}{48}$. 对例 3, 可以自己动手, 给出其他类型的计算.

例 4　计算 $I=\iiint\limits_{\Omega} y\sqrt{1-x^2}\mathrm{d}x\mathrm{d}y\mathrm{d}z$, Ω 由球面 $y=-\sqrt{1-x^2-z^2}$, 柱面 $x^2+z^2=1$, 平面 $y=1$ 所围.

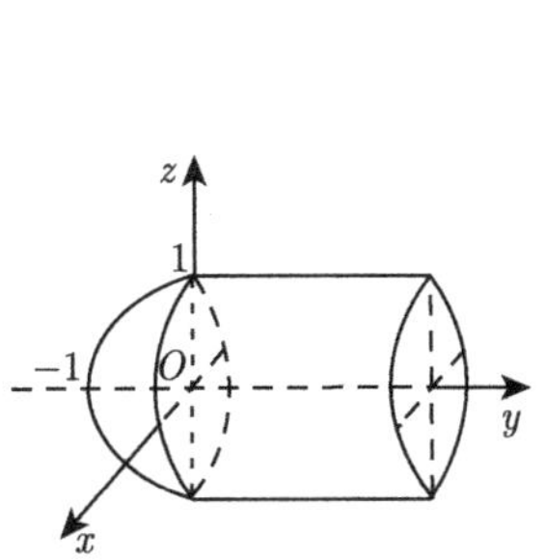

图 18-17

解　如图 18-17. 将 Ω 视为 zx-型区域更方便, 此时, 其顶为平面 $y=1$; 底为球面: $y=-\sqrt{1-x^2-z^2}$; 投影区域为 $D_{xz}=\{(x,z):x^2+z^2\leqslant 1\}$, 故,

$$I=\iint\limits_{D_{xz}}\mathrm{d}x\mathrm{d}z\int_{-\sqrt{1-x^2-z^2}}^{1} y\sqrt{1-x^2}\mathrm{d}y=\frac{28}{45}.$$

3. "先二后一法"

在"先一后二法"中, 我们是将区域投影到各个坐标面上, 由此将三重积分化为先计算一重定积分, 再计算一个二重积分. 我们再换一种角度, 考虑将区域"投影"到各坐标轴上, 由此得到三重积分的"先二后一法", 即将三重积分转化为先计算一个二重积分, 再计算一个定积分, 如 $\int_a^b \mathrm{d}z \iint\limits_D f(x,y,z)\mathrm{d}x\mathrm{d}y$ 的形式.

同理, 根据投影轴的不同将区域 Ω 分类.

1) z-型区域上的"先二后一法"

定义 3.3 设 Ω 夹在平面 $z=z_1, z=z_2$ 之间 (即 Ω 在 z 轴上的"投影区间"为 $[z_1,z_2]$), 又设对任意 $z\in[z_1,z_2]$, 过点 $(0,0,z)$ 作平行于 xOy 坐标面的平面 π, 其与 Ω 的交为平面区域 $D(z)$, 此时区域可以表示为

$$\Omega=\{(x,y,z):(x,y)\in D_z, z\in[z_1,z_2]\},$$

称 Ω 为 z-型区域.

$D(z)$ 应视为以 z 为参量的 xOy 坐标面中的平面区域.

成立如下计算公式.

定理 3.4 设 Ω 为 z-型区域, $f(x,y,z)$ 为连续函数, 则

$$\iiint\limits_{\Omega} f(x,y,z)\mathrm{d}x\mathrm{d}y\mathrm{d}z=\int_{z_1}^{z_2}\mathrm{d}z\iint\limits_{D(z)} f(x,y,z)\mathrm{d}x\mathrm{d}y.$$

证明略.

在上述的计算过程中, 由于需要知道截面 $D(z)$, 或需要通过截面给出区域的代数表示, 因此, 上述将三重积分化为先二后一法的计算方法也称为截面法.

2) y-型区域和 x-型区域上的"先二后一法"

类似, 可将区域投影到 y 轴和 x 轴上, 引入 y-型和 x-型空间区域及相应的计算公式, 我们略去.

我们给出几个例子, 说明先二后一法的应用.

我们首先以 z-型域为例, 给出用"先二后一法"计算三重积分的步骤:

(1) 画图, 注意分析对称性, 对等性;

(2) 计算在 z 轴上的投影区间 $[z_1,z_2]$;

(3) 对任意 $z\in[z_1,z_2]$, 计算 $D(z)$, 即将 z 视为参量求 Ω 与平面 $z=z$ 的交 (通常是将 Ω 的边界面方程中的 z 视为参量, 得到关于 x, y 的平面区域);

(4) 画出以 z 为参量的平面区域 $D(z)$;

(5) 代入公式.

例 5 计算 $I=\iiint\limits_{\Omega} z\mathrm{d}x\mathrm{d}y\mathrm{d}z$, 其中 Ω: $x^2+y^2+z^2\leqslant 1$, $x\geqslant 0, y\geqslant 0, z\geqslant 0$.

解 可用先一后二, 这里采用先二后一.

Ω 在 z 轴上 “投影区间” 为 $[0,1]$, 对任意 $z\in[0,1]$, 过 $(0,0,z)$ 作截面得

$$D(z)=\{(x,y):x^2+y^2\leqslant 1-z^2, x\geqslant 0, y\geqslant 0\},$$

即将 Ω 的边界方程 $x^2+y^2+z^2\leqslant 1$, $x\geqslant 0, y\geqslant 0, z\geqslant 0$ 中的 z 视为常参量. 故,

$$I=\iiint\limits_{\Omega} z\mathrm{d}x\mathrm{d}y\mathrm{d}z=\int_0^1 z\mathrm{d}z\iint\limits_{D_z}\mathrm{d}x\mathrm{d}y=\frac{1}{4}\int_0^1 z\pi(1-z^2)\mathrm{d}z=\frac{1}{16}\pi.$$

例 6 用先二后一法计算例 1.

解 显然, Ω 在 z 轴的投影区间为 [0, 1], 且对任意的 $z\in[0,1]$, 对应的截面为 $D(z): x+2y\leqslant 1-z, x\geqslant 0, y\geqslant 0$, 故,

$$\begin{aligned} I&=\iiint\limits_{\Omega} x\mathrm{d}x\mathrm{d}y\mathrm{d}z\\ &=\int_0^1\mathrm{d}z\iint\limits_{D_z} x\mathrm{d}x\mathrm{d}y=\int_0^1\mathrm{d}z\int_0^{1-z}x\mathrm{d}x\int_0^{\frac{1-x-z}{2}}\mathrm{d}y=\frac{1}{48}. \end{aligned}$$

4. 一般区域上的分割法

对一般区域, 可以通过分割将区域分割成若干个上述特殊的区域, 不再具体举例.

二、 三重积分计算中的变量代换法

三重积分的先一后二法或先二后一法, 对结构简单的三重积分是非常有效的计算方法, 但对结构复杂的三重积分, 直接进行上述计算是非常困难的. 因此, 有必要对复杂结构的三重积分先进行结构简化, 再利用上述算法进行计算. 简化结构的有效方法就是变量代换.

1. 一般理论

设变量代换 $H:\begin{cases} u=u(x,y,z),\\ v=v(x,y,z),\\ w=w(x,y,z)\end{cases}$ 满足

(1) H 是 C^1 的变换, 即 $u(x,y,z), v(x,y,z), w(x,y,z)$ 在 Ω 上具有一阶连续的偏导数;

(2) $H:(x,y,z)\in\Omega\to(u,v,w)\in\Omega'$ 是 1-1 的, 即 $J=\dfrac{D(x,y,z)}{D(u,v,w)}\neq 0$.

上述条件下有逆变换: $H^{-1}:\begin{cases}x=x(u,v,w),\\ y=y(u,v,w),\\ z=z(u,v,w),\end{cases}$ 且 H^{-1} 将 Ω' 1-1 映为 Ω.

定理 3.5 设变量变换 H 满足上述条件, $f(x,y,z)$ 连续, 则

$$\iiint\limits_{\Omega} f(x,y,z)\mathrm{d}x\mathrm{d}y\mathrm{d}z=\iiint\limits_{\Omega'} f(x(u,v,w),y(u,v,w),z(u,v,w))\,|J|\,\mathrm{d}u\mathrm{d}v\mathrm{d}w.$$

我们略去定理的证明, 重点解决定理的应用问题.

变换的目的是将积分结构简单化, 如何选择合适的变换达到上述目的? 必须根据具体问题, 具体分析. 下面, 针对一些特殊的区域结构, 给出几种常用的变换.

2. 柱面变换

首先引入柱面坐标. 给定空间点 $M(x,y,z)$, 其在 xOy 坐标面上的投影点为 $p(x,y,0)$, 记 $p'(x,y)$, 则 $p'(x,y)$ 在平面直角坐标系下有对应的极坐标 $p'(r,\theta)$, 称 (r,θ,z) 为 M 点的柱面坐标, 也记为 $M(r,\theta,z)$, 如图 18-18 所示.

柱面坐标的几何意义: $r=C$ 时, 表示圆柱面 (称为柱面坐标的原因); $\theta=C$ 时, 表示半平面; $z=C$ 时, 表示平面, 其中 C 表示常数.

上述三族曲面, 两两正交, 因而是正交坐标系.

作柱面变换 $H^{-1}:\begin{cases}x=r\cos\theta,\\ y=r\sin\theta,\\ z=z,\end{cases}$ 则 $J=r$,

由代换定理, 可得以下定理

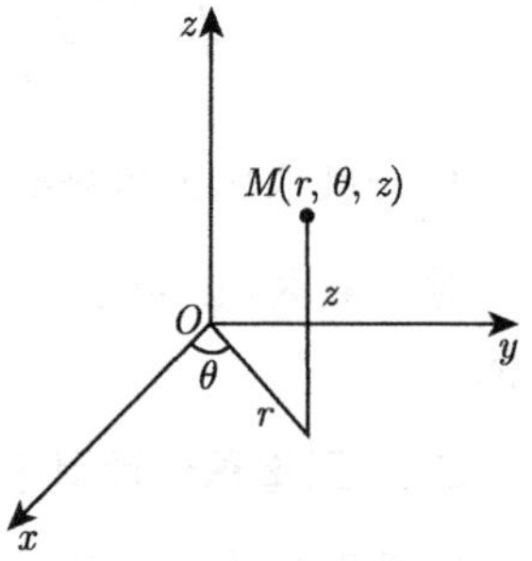

图 18-18

定理 3.6 在柱面坐标变换下, 成立

$$\iiint\limits_{\Omega} f(x,y,z)\mathrm{d}x\mathrm{d}y\mathrm{d}z$$
$$=\iiint\limits_{\Omega} f(r\cos\theta,r\sin\theta,z)r\mathrm{d}r\mathrm{d}\theta\mathrm{d}z.$$

和平面区域的极坐标变换一样, 柱面变换下, 区域形状没有改变, 只是表达方式变了.

由柱面坐标的几何意义, 对圆柱面, 在柱面坐标下很简单地表示为 $r=C$, 在直角坐标系下的表示为 $x^2+y^2=C^2$, 代数结构较为复杂, 因此, 柱面结构在柱面坐标下表示简单, 因而, 柱坐标变换处理对象的特点是区域具圆柱结构, 即积分结构中包含因子 x^2+y^2.

剩下的问题是: 如何将柱面坐标下的三重积分 $\iiint\limits_{\Omega} f(r\cos\theta, r\sin\theta, z)r\mathrm{d}r\mathrm{d}\theta\mathrm{d}z$ 化为累次积分.

事实上, 由于柱坐标下, z 的含义没变, 只是将坐标分量 x,y 用相应的极坐标表示, 因而, 柱坐标下三重积分的计算实际上是将三重积分转化为先一后二或先二后一计算时, 对二重积分的计算采用相应的极坐标. 我们以个别区域类型为例简要说明.

1) 先一后二法

以 xy-型区域为例, 此时, Ω 在 xOy 平面上的投影转化为极坐标, 表示为 $D_{r\theta}$, 而顶和底也分别是 r,θ 的函数, 即, 顶为 $z=z_2(r\cos\theta, r\sin\theta)$, 底为 $z=z_1(r\cos\theta, r\sin\theta)$, 故

$$\begin{aligned}&\iiint\limits_{\Omega} f(r\cos\theta, r\sin\theta, z)r\mathrm{d}r\mathrm{d}\theta\mathrm{d}z\\&=\iint\limits_{D_{r\theta}} r\mathrm{d}r\mathrm{d}\theta\int_{z_1(r\cos\theta, r\sin\theta)}^{z_2(r\cos\theta, r\sin\theta)} f(r\cos\theta, r\sin\theta, z)\mathrm{d}z.\end{aligned}$$

2) 先二后一法

以 z-型区域为例, 设其在 z 轴上的投影区间为 $[z_1,z_2]$, 且对 $z\in[z_1,z_2]$, 求得截面为 $D(z)=D_z(r,\theta)$, 则

$$\begin{aligned}&\iiint\limits_{\Omega} f(r\cos\theta, r\sin\theta, z)r\mathrm{d}r\mathrm{d}\theta\mathrm{d}z\\&=\int_{z_1}^{z_2}\mathrm{d}z\iint\limits_{D_z(r,\theta)} f(r\cos\theta, r\sin\theta, z)r\mathrm{d}r\mathrm{d}\theta.\end{aligned}$$

上述两种方法, 我们选择将 Ω 投影到 xOy 平面和 z 轴上, 主要基于视觉上便于观察, 投影到其他的坐标面和坐标轴上, 处理方法类似, 此时引入柱坐标下的方式相应改变.

例 7 计算 $I=\iiint\limits_{\Omega}\sqrt{x^2+y^2}\mathrm{d}x\mathrm{d}y\mathrm{d}z$, 其中 Ω 由柱面 $x^2+y^2=16$、平面

$y+z=4, z=0$ 所围.

解 如图 18-19. 积分具圆柱结构, 用柱坐标变换计算, 采用先一后二法. 此时, 区域 Ω 的顶为 $z=4-y=4-r\sin\theta$; 底为 $z=0$; 投影为圆域为 $D_{r\theta}=\{(r,\theta): r\leqslant 4, 0\leqslant\theta\leqslant 2\pi\}$, 故

$$I=\iiint\limits_{\Omega} r^2\mathrm{d}r\mathrm{d}\theta\mathrm{d}z=\iint\limits_{r\leqslant 4} r^2\mathrm{d}r\mathrm{d}\theta\int_0^{4-r\sin\theta}\mathrm{d}z$$

$$=\iint\limits_{r\leqslant 4} r^2(4-r\sin\theta)\mathrm{d}r\mathrm{d}\theta$$

$$=\int_0^{2\pi}\mathrm{d}\theta\int_0^4 r^2(4-r\sin\theta)\mathrm{d}r=\frac{512}{3}\pi.$$

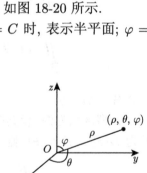

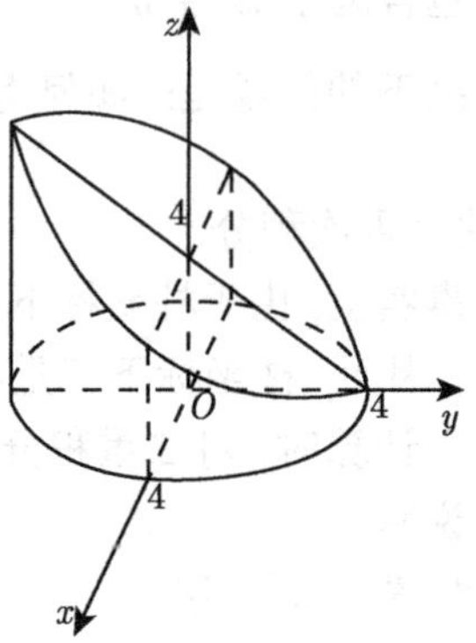

图 18-19

3. 球面坐标及球变换

先引入球面坐标的定义.

对空间任一点 $M(x,y,z)$, 作 xOy 坐标面上的投影点 $P(x,y,0)$, 引入 xOy 坐标面的极坐标 (r,θ), 作有向线段 $\overrightarrow{OM}$, 记 $\rho=\left|\overrightarrow{OM}\right|$, φ 为 $\overrightarrow{OM}$ 与 z 轴正向的夹角, 称 (ρ,θ,φ) 为 M 点的球面坐标, 记为 $M(r,\theta,\varphi)$, 如图 18-20 所示.

球面坐标的几何意义: $\rho=C$ 时, 表示球面; $\theta=C$ 时, 表示半平面; $\varphi=C$ 时, 表示圆锥面.

由定义, 则 $\rho\geqslant 0, 0\leqslant\varphi\leqslant\pi$, 且成立关系 $r=\rho\sin\varphi$, 因而, 成立直角坐标和球面坐标的关系:

$$\begin{cases} x=\rho\cos\theta\sin\varphi, & \rho\geqslant 0,\\ y=\rho\sin\theta\sin\varphi, & 0\leqslant\theta\leqslant 2\pi,\\ z=\rho\cos\varphi, & 0\leqslant\varphi\leqslant\pi.\end{cases}$$

图 18-20

这样, 直角坐标通过上述公式建立了与球面坐标的 1-1 对应.

上述关系式也称球坐标变换, 易计算 $J=\rho^2\sin\varphi$.

球坐标下, 区域大小、形状不变, 只是表达方式变了.

定理 3.7 在球坐标变换下成立

$$\iiint\limits_{\Omega} f(x,y,z)\mathrm{d}x\mathrm{d}y\mathrm{d}z$$

$$= \iiint_{\Omega} f(\rho\cos\theta\sin\varphi, \rho\sin\theta\sin\varphi, \rho\cos\varphi)\rho^2\sin\varphi \mathrm{d}\rho\mathrm{d}\theta\mathrm{d}\varphi.$$

球面坐标还有另外一种表示形式. 若记 $\varphi' =< \overrightarrow{OM}, \overrightarrow{OP} >$, 则 M 在 xOy 坐标面上方时, $\varphi + \varphi' = \frac{\pi}{2}$, 即 $\varphi = \frac{\pi}{2} - \varphi'$; M 在 xOy 坐标面下方时, $\varphi' + \frac{\pi}{2} = \varphi$, 即 $\varphi = \frac{\pi}{2} + \varphi'$, 因而, (x, y, z) 与 (ρ, θ, φ') 也是一一对应的, 故有时, 也称 (ρ, θ, φ') 为球面坐标, 此时球变换为

$$\begin{cases} x = \rho\cos\theta\cos\varphi', & \rho \geqslant 0, \\ y = \rho\sin\theta\cos\varphi', & 0 \leqslant \theta \leqslant 2\pi, \\ z = \rho\sin\varphi', & -\dfrac{\pi}{2} \leqslant \varphi' \leqslant \dfrac{\pi}{2}, \end{cases}$$

且 $J = \rho^2\cos\varphi'$, 当然, 成立对应的计算公式.

同样, 球坐标变换下处理的三重积分的结构具有球结构特点, 即积分结构中含因子 $x^2 + y^2 + z^2$, 此时, 复杂的方程 $x^2 + y^2 + z^2 = C^2$ 在球坐标下变为非常简单的形式 $\rho = C$.

剩下的问题是: 如何在球坐标下计算三重积分, 即如何将球坐标的三重积分转化为三次积分. 这就必须确定球坐标的变化范围, 这是难点. 为说明这一问题的困难性, 作一比较.

直角坐标系: 三个固定的坐标轴, 三个固定的坐标面.

柱面坐标系: 一个固定的坐标轴, 一个固定的坐标面, (r, θ) 面.

球坐标系: 没有固定的坐标轴和坐标面.

因此, 在直角坐标系下, 可以向各个坐标面和各个坐标轴作投影, 形成各种不同形式的 “先一后二法” 和 “先二后一法”, 在柱坐标系, 可以向固定 z 轴和固定的 $r\theta$ 面做投影, 得到相应的计算方法.

但是, 球坐标系下, 由于没有固定的轴和坐标面, 故上述的投影方法不可行. 因此, 球坐标系下三重积分的计算, 只能通过区域的几何特征, 直接确定各个球坐标分量的变化范围, 根据各个量的变化范围及其相互的关系, 将其转化为累次积分来计算. 球坐标系下各个坐标分量的范围的确定方法如下.

1) θ 范围的确定

由于 θ 是对应于 xOy 坐标面的极坐标的极角, 因此, θ 范围的确定方法和平面区域极角范围的确定相同, 即若 Ω 的投影域夹在两条射线 $\theta = \alpha, \theta = \beta$ 间, 或 Ω 夹在两个半平面 $\theta = \alpha, \theta = \beta$ 间, 则 $\alpha \leqslant \theta \leqslant \beta$.

2) φ 的范围的确定

锥面法: 若区域夹在两个半顶角分别为 $\psi, \gamma(\phi<\gamma)$ 的锥面之中, 则 $\psi\leqslant\varphi\leqslant\gamma$.

特别, 若 z 轴的上半轴含在区域中, 此时, 对应半顶角为 ψ 的锥面退化为 z 轴, 因此, 取 $\psi=0$, 则 $0\leqslant\varphi\leqslant\gamma$.

3) ρ 的范围的确定

穿线法 用从原点出发的射线穿过区域 Ω, 若射线从曲面 $\rho=\rho_1(\theta,\varphi)$ 进入区域 Ω, 而从曲面 $\rho=\rho_2(\theta,\varphi)$ 穿出区域 Ω, 则 $\rho_1(\theta,\varphi)\leqslant\rho\leqslant\rho_2(\theta,\varphi)$.

特别, 若原点在区域的内部或界面上, 取 $\rho_1(\theta,\varphi)=0$.

特别, Ω 包含原点时, $0\leqslant\theta\leqslant 2\pi, 0\leqslant\phi\leqslant\pi$, $\rho_2(\theta,\varphi)\geqslant\rho\geqslant 0$.

例 8 设 Ω 为由球面 $x^2+y^2+z^2=2rz(r>0)$ 和锥面 $x^2+y^2=z^2\tan\alpha$ 所围的区域, 求 Ω 体积 V.

解 如图 18-21. 显然 $V=\iiint\limits_{\Omega}1\mathrm{d}x\mathrm{d}y\mathrm{d}z$, 由于 Ω 具有球结构, 利用球坐标变换, 在球坐标下, 则 Ω: $0\leqslant\theta\leqslant 2\pi, 0\leqslant\rho\leqslant 2r\cos\varphi, 0\leqslant\varphi\leqslant\alpha$, 故

$$V=\iiint\limits_{\Omega}\rho^2\sin\varphi\mathrm{d}\rho\mathrm{d}\theta\mathrm{d}\varphi$$
$$=\int_0^{2\pi}\mathrm{d}\theta\int_0^{\alpha}\sin\varphi\mathrm{d}\varphi\int_0^{2r\cos\varphi}\rho^2\mathrm{d}\rho$$
$$=\frac{4\pi r^3}{3}(1-\cos^4\alpha).$$

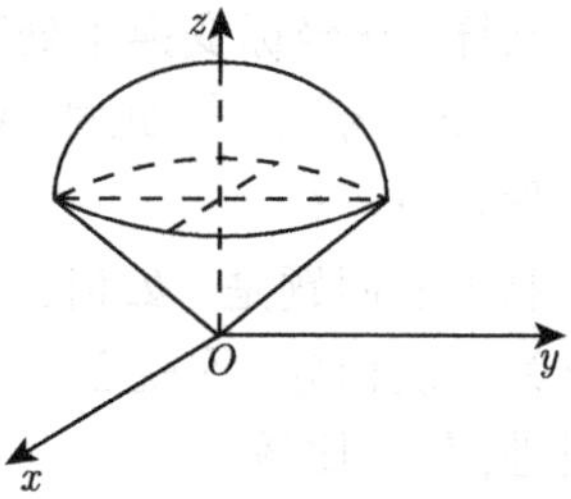

图 18-21

例 8 中关于 ρ 的下界的确定: 锥面并不是 ρ 的下界, 而是 φ 的界, 即锥面在积分中的作用与影响体现在 $\varphi=\alpha$ 上.

例 9 将 $I=\iiint\limits_{\Omega}f(x,y,z)\mathrm{d}x\mathrm{d}y\mathrm{d}z$ 化为三次积分, 其中 Ω 为高为 h, 顶角为 $2\alpha_0$ 的圆锥 (设 z 轴垂直于锥的底面).

解 在球坐标下, Ω: $0\leqslant\theta\leqslant 2\pi, 0\leqslant\rho\leqslant h\sec\varphi, 0\leqslant\varphi\leqslant\alpha_0$, 则

$$I=\iiint\limits_{\Omega}f(\rho\cos\theta\sin\varphi,\rho\sin\theta\sin\varphi,\rho\cos\varphi)\rho^2\sin\varphi\mathrm{d}\rho\mathrm{d}\theta\mathrm{d}\varphi$$
$$=\int_0^{2\pi}\mathrm{d}\theta\int_0^{\alpha_0}\mathrm{d}\varphi\int_0^{h\sec\varphi}f(\rho\cos\theta\sin\varphi,\rho\sin\theta\sin\varphi,\rho\cos\varphi)\rho^2\sin\varphi\mathrm{d}\rho.$$

例 9 中, 区域边界过原点, 因而, ρ 的下界为 0、上界为平面 $z=h$, 代入球坐标即为 $\rho\cos\varphi=h$, 即 $\rho=h\sec\varphi$.

例 10　求曲面 π: $\left(\frac{x^2}{a^2}+\frac{y^2}{b^2}+\frac{z^2}{c^2}\right)^2=cz$ 所围区域之体积.

解　区域是以 z 轴为旋转轴的椭球体, 关于 x, y 都是对称的且 $z\geqslant 0$, 原点在区域的界面上, 做广义球坐标变换

$$x=c\rho\cos\theta\sin\varphi,\quad y=b\rho\sin\theta\sin\varphi,\quad z=\rho\cos\varphi,$$

则 $J=abc\rho^2\sin\varphi$, 且

$$\Omega:0\leqslant\theta\leqslant 2\pi,0\leqslant\varphi\leqslant\frac{\pi}{2},0\leqslant\rho\leqslant\left(c^2\cos\varphi\right)^{1/3},$$

故,

$$\begin{aligned}V&=\iiint\limits_{\Omega}\mathrm{d}x\mathrm{d}y\mathrm{d}z=\iiint\limits_{\Omega}abc\rho^2\sin\varphi\mathrm{d}\rho\mathrm{d}\theta\mathrm{d}\varphi\\&=abc\int_0^{2\pi}\mathrm{d}\theta\int_0^{\frac{\pi}{2}}\mathrm{d}\varphi\int_0^{(c^2\cos\varphi)^{1/3}}\rho^2\sin\varphi\mathrm{d}\rho=\frac{\pi}{3}abc^3.\end{aligned}$$

三、 基于特殊结构的计算方法

同样, 对三重积分, 也可以利用特殊的结构特点简化计算, 仍以具体的例子说明处理的思想方法.

例 11　设 $\Omega=\{(x,y,z):x^2+y^2+z^2\leqslant 4,x^2+y^2\leqslant 3z\}$, 计算三重积分 $I=\iiint\limits_{\Omega}(x^2y+xy^2+z)\mathrm{d}x\mathrm{d}y\mathrm{d}z$.

结构分析　积分区域 xOz 坐标面和 yOz 坐标面对称, 函数 x^2y 是变量 y 的奇函数, xy^2 是变量 x 的奇函数.

解　记 $\Omega_1=\{(x,y,z)\in\Omega:y\geqslant 0\},\Omega_2=\Omega\backslash\Omega_1$, $I_1=\iiint\limits_{\Omega}x^2y\mathrm{d}x\mathrm{d}y\mathrm{d}z$, 则

$$I_1=\iiint\limits_{\Omega_1}x^2y\mathrm{d}x\mathrm{d}y\mathrm{d}z+\iiint\limits_{\Omega_2}x^2y\mathrm{d}x\mathrm{d}y\mathrm{d}z,$$

利用变量代换 $\begin{cases}x=x,\\y=-y,\\z=z,\end{cases}$ 则 $\iiint\limits_{\Omega_1}x^2y\mathrm{d}x\mathrm{d}y\mathrm{d}z=-\iiint\limits_{\Omega_2}x^2y\mathrm{d}x\mathrm{d}y\mathrm{d}z$, 故 $I_1=0$; 同

样, $I_2=\iiint\limits_{\Omega} xy^2\mathrm{d}x\mathrm{d}y\mathrm{d}z=0$, 因此,

$$I=\iiint\limits_{\Omega} z\mathrm{d}x\mathrm{d}y\mathrm{d}z=\int_0^{2\pi}\mathrm{d}\theta\int_0^{\sqrt{3}} r\mathrm{d}r\int_{\frac{r^2}{3}}^{\sqrt{4-r^2}} z\mathrm{d}z=\frac{13}{4}\pi.$$

例 12 设 $\Omega=\{(x,y,z): x^2+y^2+z^2\leqslant 1, x\geqslant 0, y\geqslant 0, z\geqslant 0\}$, 计算三重积分 $I=\iiint\limits_{\Omega}(x+2y-3z)\mathrm{d}x\mathrm{d}y\mathrm{d}z$.

解 积分区域具有轮换对称性, 因而,

$$\iiint\limits_{\Omega} x\mathrm{d}x\mathrm{d}y\mathrm{d}z=\iiint\limits_{\Omega} y\mathrm{d}x\mathrm{d}y\mathrm{d}z=\iiint\limits_{\Omega} z\mathrm{d}x\mathrm{d}y\mathrm{d}z,$$

故, $I=0$.

其他情形的对称性和奇偶性的结论可以自行总结, 课后习题有相应的题目进行训练.

习 题 18.3

1. 计算下列题目.

(1) $I=\iiint\limits_{\Omega}(x+y+2z)\mathrm{d}x\mathrm{d}y\mathrm{d}z$, 其中 Ω 由平面 x=0, y=0, z=0 和 $x+y+2z=2$ 所围成;

(2) $I=\iiint\limits_{\Omega}\frac{1}{x^2+y^2}\mathrm{d}x\mathrm{d}y\mathrm{d}z$, 其中 Ω 由平面 x=1, x=2, $y=x$, z=0 和 $z=y$ 所围;

(3) $I=\iiint\limits_{\Omega} z\mathrm{d}x\mathrm{d}y\mathrm{d}z$, 其中 Ω 由抛物面 $z=x^2+y^2$ 和平面 z=1 所围;

(4) $I=\iiint\limits_{\Omega} x\mathrm{d}x\mathrm{d}y\mathrm{d}z$, 其中 Ω 由锥面 $x=\sqrt{y^2+z^2}$ 和平面 x=1 所围;

(5) $I=\iiint\limits_{\Omega}(x+z)\mathrm{d}x\mathrm{d}y\mathrm{d}z$, 其中 Ω 由半球面 $x^2+y^2+z^2=1(y\leqslant 0)$、柱面 $x^2+z^2=1$ 和平面 y=1 所围;

(6) $I=\iiint\limits_{\Omega}\frac{1}{(1+x+y+z)^3}\mathrm{d}x\mathrm{d}y\mathrm{d}z$, 其中 Ω 由平面 $x+y+z=1$, $x=0, y=0, z=0$ 所围.

2. 利用变量变换计算.

(1) $I=\iiint\limits_{\Omega}\sqrt{x^2+y^2+z^2}\mathrm{d}x\mathrm{d}y\mathrm{d}z$, 其中 Ω 由曲面 $x^2+y^2+z^2=z$ 所围;

(2) $I=\iiint\limits_{\Omega}(x^2+y^2)\mathrm{d}x\mathrm{d}y\mathrm{d}z$, 其中 Ω 由曲面 $x^2+y^2=2z$ 和平面 $z=2$ 所围;

(3) $I=\iiint\limits_{\Omega}\left(\frac{x^2}{a^2}+\frac{y^2}{b^2}+\frac{z^2}{c^2}\right)\mathrm{d}x\mathrm{d}y\mathrm{d}z$, 其中 Ω 由曲面 $\frac{x^2}{a^2}+\frac{y^2}{b^2}+\frac{z^2}{c^2}=1$ 所围, $a>0,b>0,c>0$;

(4) $I=\iiint\limits_{\Omega}z\mathrm{d}x\mathrm{d}y\mathrm{d}z$, 其中 Ω 由球面 $x^2+y^2+z^2=r^2$ 和球面 $x^2+y^2+z^2=2rz$ 所围;

(5) $I=\iiint\limits_{\Omega}z\mathrm{d}x\mathrm{d}y\mathrm{d}z$, 其中 Ω 由曲面 $z=\sqrt{2-x^2-y^2}$ 和 $z=x^2+y^2$ 所围;

(6) $I=\iiint\limits_{\Omega}\frac{1}{\sqrt{x^2+y^2+z^2}}\mathrm{d}x\mathrm{d}y\mathrm{d}z$, 其中 Ω 由锥面 $z=\sqrt{x^2+y^2}$ 和平面 $z=1$ 所围;

(7) $I=\iiint\limits_{\Omega}z\mathrm{d}x\mathrm{d}y\mathrm{d}z$, 其中 Ω 单位球 $x^2+y^2+z^2\leqslant 1$ 且 $z\geqslant 0$ 的部分;

(8) $I=\iiint\limits_{\Omega}\sqrt{x^2+y^2}\mathrm{d}x\mathrm{d}y\mathrm{d}z$, 其中 Ω 由曲面 $x^2+y^2=z^2$ 和平面 $z=1$ 所围;

(9) $I=\iiint\limits_{\Omega}(x+z)\mathrm{d}x\mathrm{d}y\mathrm{d}z$, 其中 Ω 由曲面 $x^2+y^2=z^2$ 和 $z=\sqrt{1-x^2-y^2}$ 所围;

(10) $I=\iiint\limits_{\Omega}(x+z)\mathrm{d}x\mathrm{d}y\mathrm{d}z$, 其中 Ω 由球面 $x^2+y^2+z^2=2$ 和曲面 $z=x^2+y^2$ 所围.

3. 分析并给出下列题目的结构特点, 针对结构特点设计算法.

(1) $I=\iiint\limits_{\Omega}(kx^2+my^2+nz^2)\mathrm{d}x\mathrm{d}y\mathrm{d}z$, 其中 Ω 为单位球 $x^2+y^2+z^2\leqslant 1$;

(2) $I=\iiint\limits_{\Omega}\frac{z\ln(1+x^2+y^2+z^2)}{1+x^2+y^2+z^2}\mathrm{d}x\mathrm{d}y\mathrm{d}z$, 其中 Ω 为单位球 $x^2+y^2+z^2\leqslant 1$;

(3) $I=\iiint\limits_{\Omega}(x+y+z)^2\mathrm{d}x\mathrm{d}y\mathrm{d}z$, 其中 Ω 由抛物面 $z=x^2+y^2$、球面 $x^2+y^2+z^2=2$ 所围的位于抛物面上方的部分.

4. 计算下列空间区域的体积 (注意分析结构特征).

(1) $\Omega=\{(x,y,z):x^2+y^2+z^2\leqslant 1, x\geqslant y^2+z^2\}$;

(2) $\Omega=\{(x,y,z):(x^2+y^2+z^2)^2\leqslant x^2+y^2\}$.

18.4 广义重积分

本节, 以二重积分为例引入广义重积分的内容. 类似定积分的广义积分, 二重广义积分也有两类: 无界域上二重广义重积分和无界函数的二重广义重积分.

一、无界区域上的二重广义重积分

1. 定义

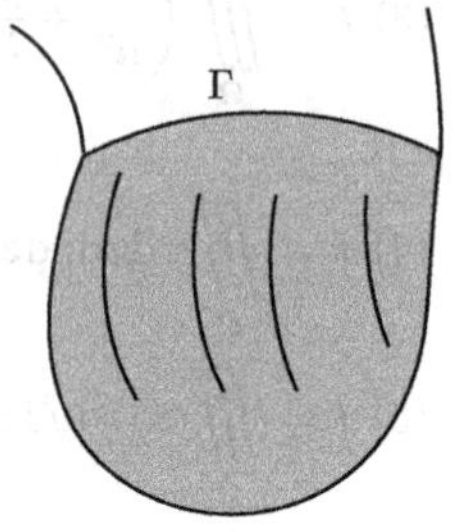
图 18-22

设 $D \subset \mathbf{R}^2$ 为无界区域, 其边界由有限条光滑曲线组成, $f(x,y)$ 定义在 D 上, 且对任意有界的闭子区域 $\Omega \subset D$, $f(x,y)$ 在 Ω 上都二重可积, 又设 Γ 为一条面积为零的光滑曲线 (图 18-22), Γ 到原点的最小和最大距离分别记为 $d(\Gamma)=\inf\{\sqrt{x^2+y^2},(x,y)\in\Gamma\}$, $\rho(\Gamma)=\sup\{\sqrt{x^2+y^2}:(x,y)\in\Gamma\}$, 并设 $\rho(\Gamma)<+\infty$, 因而, 它将 D 割出一个有界的闭子区域 $D_\Gamma \subset D$.

定义 4.1 若极限 $\lim\limits_{d(\Gamma)\to+\infty}\iint\limits_{D_\Gamma} f(x,y)\mathrm{d}x\mathrm{d}y$ 存在, 且极限值 I 与 Γ 的取法无关, 则称 $f(x,y)$ 在无界区域 D 上二重可积, 或称二重广义重积分 $\iint\limits_D f(x,y)\mathrm{d}x\mathrm{d}y$ 存在 (收敛), 同时, I 称为二重广义积分 $\iint\limits_D f(x,y)\mathrm{d}x\mathrm{d}y$ 的值.

由定义, 则

$$I=\iint\limits_D f(x,y)\mathrm{d}x\mathrm{d}y=\lim_{d(\Gamma)\to+\infty}\iint\limits_{D_\Gamma} f(x,y)\mathrm{d}x\mathrm{d}y,$$

即二重广义重积分仍是常义二重积分的极限.

2. 收敛性

虽然在定义中, 曲线 Γ 具有任意性, 但通常选取特殊的 Γ, 以判断其收敛性和计算, 为此, 先给出一个结论, 简化定义.

定理 4.1 设 $f(x,y)$ 为 D 上的非负函数, 如果 $\{\Gamma_n\}$ 是一列分段光滑曲线, 它们割出的 D 的有界区域 $\{D_n\}$ 是单调增的, 即满足 $D_1\subset\cdots\subset D_n\subset$; 又设 $d(\Gamma_n)\to+\infty(n\to+\infty)$, 则二重广义积分 $\iint\limits_D f(x,y)\mathrm{d}x\mathrm{d}y$ 的收敛性等价于数列 $\left\{\iint\limits_{D_n} f(x,y)\mathrm{d}x\mathrm{d}y\right\}$ 的收敛性, 且收敛的条件下成立

$$\iint\limits_D f(x,y)\mathrm{d}x\mathrm{d}y=\lim_{n\to+\infty}\iint\limits_{D_n} f(x,y)\mathrm{d}x\mathrm{d}y.$$

证明　必要性是显然的.

充分性　由条件, $\left\{\iint\limits_{D_n} f(x,y)\mathrm{d}x\mathrm{d}y\right\}$ 是单调递增的数列, 不妨设

$$\lim_{n\to+\infty}\iint\limits_{D_n} f(x,y)\mathrm{d}x\mathrm{d}y = I.$$

任给定义中的曲线 Γ, 由于 $d(\Gamma_n)\to+\infty(n\to+\infty)$, 则取充分大的 n, 使 $d(\Gamma_n) > \rho(\Gamma)$, 因而 $D_\Gamma\subset D_{\Gamma_n}$, 又 $f(x,y)$ 非负, 故,

$$\iint\limits_{D_\Gamma} f(x,y)\mathrm{d}x\mathrm{d}y \leqslant \iint\limits_{D_{\Gamma_n}} f(x,y)\mathrm{d}x\mathrm{d}y \leqslant I;$$

另, 对任意 $\varepsilon>0$, 存在 $N>0$, 使得

$$\iint\limits_{D_N} f(x,y)\mathrm{d}x\mathrm{d}y \geqslant I-\varepsilon,$$

因而, 当 Γ 满足 $d(\Gamma) > d(\Gamma_N)(D_\Gamma\supset D_N)$ 时,

$$I-\varepsilon\leqslant \iint\limits_{D_{\Gamma_N}} f(x,y)\mathrm{d}x\mathrm{d}y \leqslant \iint\limits_{D_\Gamma} f(x,y)\mathrm{d}x\mathrm{d}y,$$

故, 对满足 $d(\Gamma) > d(\Gamma_n)$ 的充分大的 Γ, 总有

$$I-\varepsilon\leqslant \iint\limits_{D_\Gamma} f(x,y)\mathrm{d}x\mathrm{d}y \leqslant I,$$

因而 $\lim\limits_{d(\Gamma)\to+\infty}\iint\limits_{D_\Gamma} f(x,y)\mathrm{d}x\mathrm{d}y = I.$

定理 4.1 的作用是将广义重积分化为一类特殊区域上重积分的极限.

例 1(p-广义二重积分)　记 $D=\{(x,y): x^2+y^2\geqslant a^2\}(a>0)$, 记 $r=\sqrt{x^2+y^2}$, $f(x,y)=\dfrac{1}{r^p}(p>0)$, 证明: $\iint\limits_D f(x,y)\mathrm{d}x\mathrm{d}y$ 当 $p>2$ 时收敛; $p\leqslant 2$ 时发散.

证明　取割线 $\Gamma_\rho=\{(x,y): x^2+y^2=\rho^2\}(\rho>a)$, 记

$$D_\rho=\{(x,y): a^2\leqslant x^2+y^2\leqslant\rho^2\},$$

$p \neq 2$ 时, 则

$$\iint\limits_{D_\rho} f(x,y)\mathrm{d}x\mathrm{d}y = \iint\limits_{D_\rho} \frac{1}{r^p}\mathrm{d}x\mathrm{d}y \xlongequal{\text{极坐标}} \int_0^{2\pi}\mathrm{d}\theta\int_a^\rho \frac{1}{r^p}\cdot r\mathrm{d}r$$

$$= 2\pi\int_a^\rho \frac{1}{r^{p-1}}\mathrm{d}r = \frac{2\pi}{2-p}r^{2-p}\Big|_a^\rho$$

$$= \frac{2\pi}{2-p}(\rho^{2-p} - a^{2-p}),$$

当 $p = 2$ 时, 则

$$\iint\limits_{D_\rho} f(x,y)\mathrm{d}x\mathrm{d}y = \int_0^{2\pi}\mathrm{d}\theta\int_a^\rho \frac{1}{r^p}\cdot r\mathrm{d}r = 2\pi\ln\frac{\rho}{a}.$$

故,

$$\lim_{\rho\to+\infty}\iint\limits_{D_\rho} f(x,y)\mathrm{d}x\mathrm{d}y = \begin{cases} \dfrac{2\pi}{p-2}a^{2-p}, & p > 2, \\ +\infty, & p \leqslant 2. \end{cases}$$

抽象总结 已知一维情形进行比较, 一维 p-广义积分 $\displaystyle\int_1^{+\infty}\frac{1}{x^p}\mathrm{d}x$, 当 $p>1$ 时收敛, 当 $p \leqslant 1$ 时发散, 此时维数 $n=1$. 能否总结其共性特征, 由此猜想 3 维的结果?

下述的比较判别法仍成立.

定理 4.2 设 $0 \leqslant f(x,y) \leqslant g(x,y)$, 则

(1) $\displaystyle\iint\limits_D f(x,y)\mathrm{d}x\mathrm{d}y$ 发散时, $\displaystyle\iint\limits_D g(x,y)\mathrm{d}x\mathrm{d}y$ 发散;

(2) $\displaystyle\iint\limits_D g(x,y)\mathrm{d}x\mathrm{d}y$ 收敛时, $\displaystyle\iint\limits_D f(x,y)\mathrm{d}x\mathrm{d}y$ 收敛.

3. 广义重积分的计算

定理 4.3 设 $f(x,y)$ 在 $D = [a,+\infty)\times[c,+\infty)$ 上连续, 且 $\displaystyle\int_a^{+\infty}\mathrm{d}x\int_c^{+\infty} f(x,y)\mathrm{d}y$ 和 $\displaystyle\int_c^{+\infty}\mathrm{d}y\int_a^{+\infty} f(x,y)\mathrm{d}x$ 存在, 则 $\displaystyle\iint\limits_D f(x,y)\mathrm{d}x\mathrm{d}y$ 存在且

$$\iint\limits_D f(x,y)\mathrm{d}x\mathrm{d}y = \int_a^{+\infty}\mathrm{d}x\int_c^{+\infty} f(x,y)\mathrm{d}y = \int_c^{+\infty}\mathrm{d}y\int_a^{+\infty} f(x,y)\mathrm{d}x.$$

定理 4.3 指明: 二重广义积分也可化为累次广义积分.

定理 4.4(广义重积分的变量代换)　设 $u(x,y)$, $v(x,y)$ 可微, 给定变量代换 $H:\begin{cases} u=u(x,y), \\ v=v(x,y), \end{cases}$ 且 $J=\left|\dfrac{D(x,y)}{D(u,v)}\right|\neq 0$, H 将无界区域 D 1-1 映为无界区域 G, 则

$$\iint\limits_{D} f(x,y)\mathrm{d}x\mathrm{d}y=\iint\limits_{G} f(x(u,v),y(u,v))|J|\mathrm{d}u\mathrm{d}v.$$

例 2　计算 $I=\iint\limits_{0\leqslant x\leqslant y}\mathrm{e}^{-(x+y)\mathrm{d}x\mathrm{d}y}$.

解　如图 18-23.

$$\begin{aligned} I&=\lim_{R\to\infty}\iint\limits_{0\leqslant x\leqslant y\leqslant R}\mathrm{e}^{-(x+y)\mathrm{d}x\mathrm{d}y}\\ &=\lim_{R\to\infty}\int_0^R\mathrm{d}x\int_x^R\mathrm{e}^{-(x+y)}\mathrm{d}y\\ &=\lim_{R\to\infty}\int_0^R(\mathrm{e}^{-2x}-\mathrm{e}^{-x-R})\mathrm{d}x=\frac{1}{2}. \end{aligned}$$

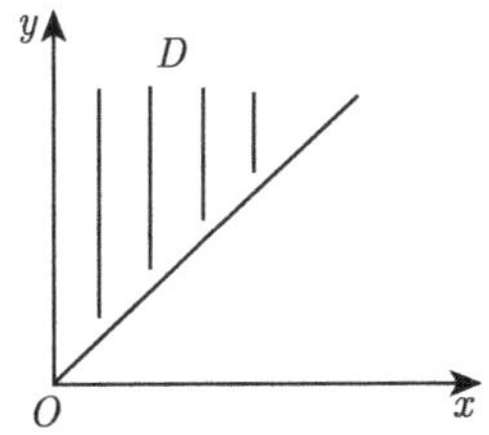

图 18-23

例 3　计算 $I=\iint\limits_{R^2}\mathrm{e}^{-(x^2+y^2)}\mathrm{d}x\mathrm{d}y$, 并计算 $I_1=\int_0^{+\infty}\mathrm{e}^{-x^2}\mathrm{d}x$.

解　记 $D_R=\{(x,y):x^2+y^2\leqslant R^2\}$, 则

$$I=\lim_{R\to+\infty}\iint\limits_{D_R}\mathrm{e}^{-(x^2+y^2)}\mathrm{d}x\mathrm{d}y=\lim_{R\to+\infty}\int_0^{2\pi}\mathrm{d}\theta\int_0^R\mathrm{e}^{-r^2}r\mathrm{d}r=\pi.$$

又,

$$\begin{aligned} {I_1}^2&=\int_0^{+\infty}\mathrm{e}^{-x^2}\mathrm{d}x\cdot\int_0^{+\infty}\mathrm{e}^{-y^2}\mathrm{d}y=\lim_{R\to+\infty}\int_0^R\mathrm{e}^{-x^2}\mathrm{d}x\cdot\int_0^R\mathrm{e}^{-y^2}\mathrm{d}y\\ &=\lim_{R\to+\infty}\int_0^R\mathrm{d}x\cdot\int_0^R\mathrm{e}^{-(x^2+y^2)}\mathrm{d}y=\lim_{R\to+\infty}\iint\limits_{[0,R]\times[0,R]}\mathrm{e}^{-(x^2+y^2)}\mathrm{d}x\mathrm{d}y\\ &=\frac{I}{4}=\frac{\pi}{4}, \end{aligned}$$

故 $I_1=\dfrac{\sqrt{\pi}}{2}$.

二、无界函数的广义积分

定义 4.2 若 $f(x,y)$ 在 $\mathring{U}(x_0,y_0)$ 有定义, 且 $\lim\limits_{(x,y)\to(x_0,y_0)} f(x,y)=\infty$, 称 (x_0,y_0) 为 $f(x,y)$ 的奇点.

设 $D\subset\mathbf{R}^2$ 为有界区域, $p(x_0,y_0)$ 为 D 的内点, $f(x,y)$ 在 $D\backslash\{(x_0,y_0)\}$ 有定义, (x_0,y_0) 为 $f(x,y)$ 的奇点, 又记 γ 为包含奇点 p_0 的光滑闭曲线 (如图 18-24), 所围区域 $\sigma\subset D$, 记

$$\rho(\gamma)=\sup\{|p-p_0|:p(x,y)\in\gamma\}.$$

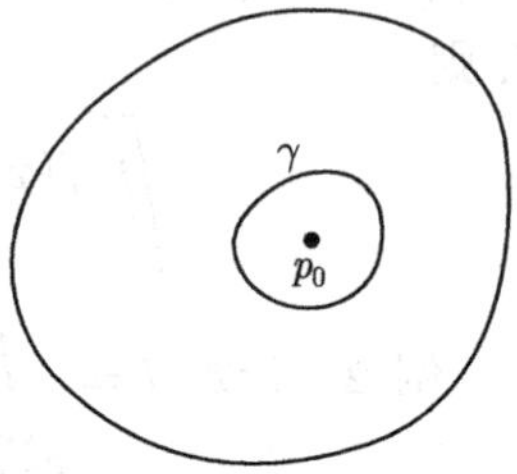

图 18-24

定义 4.3 若 $\lim\limits_{\rho(\gamma)\to 0}\iint\limits_{D\backslash\sigma} f(x,y)\mathrm{d}x\mathrm{d}y$ 存在且与 γ 的选取无关, 称无界函数 $f(x,y)$ 在 D 上二重可积, 或广义二重积分 $\iint\limits_D f(x,y)\mathrm{d}x\mathrm{d}y$ 存在, 且 $\iint\limits_D f(x,y)\mathrm{d}x\mathrm{d}y=\lim\limits_{\rho(\gamma)\to 0}\iint\limits_{D\backslash\sigma} f(x,y)\mathrm{d}x\mathrm{d}y$.

关于具奇性的广义二重积分, 只通过几个例子说明其计算.

例 4 给定 $I=\iint\limits_D \dfrac{\mathrm{d}x\mathrm{d}y}{(x^2+y^2)^m}$, $D:x^2+y^2\leqslant 1$, 问 m 为何值时收敛, 收敛条件下求其值.

解 记 $D_\varepsilon=x^2+y^2\leqslant\varepsilon^2$, 则

$$\iint\limits_{D\backslash D_\varepsilon}\frac{\mathrm{d}x\mathrm{d}y}{(x^2+y^2)^m}=\int_0^{2\pi}\mathrm{d}\theta\int_\varepsilon^1\frac{1}{r^{2m-1}}\mathrm{d}r=2\pi\int_\varepsilon^1\frac{\mathrm{d}r}{r^{2m-1}},$$

显然, 当且仅当 $2m-1<1$, 即 $m<1$ 时, 有 $I=\iint\limits_D\dfrac{\mathrm{d}x\mathrm{d}y}{(x^2+y^2)^m}=\dfrac{\pi}{1-m}$.

例 5 计算 $I=\iint\limits_D\dfrac{\mathrm{d}x\mathrm{d}y}{\sqrt{x^2+y^2}}, D:x^2+y^2\leqslant x$.

解 如图 18-25. 奇点在边界, 可以直接计算.

$$I=\int_{-\frac{\pi}{2}}^{\frac{\pi}{2}}\mathrm{d}\theta\int_0^{\cos\theta}\frac{r}{r}\mathrm{d}r=2.$$

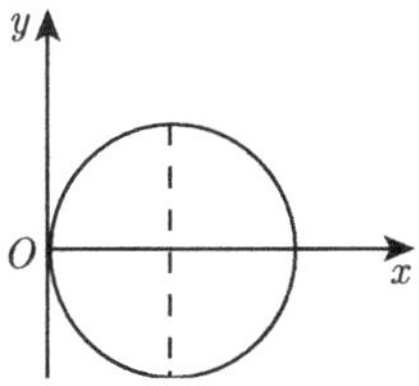

图 18-25

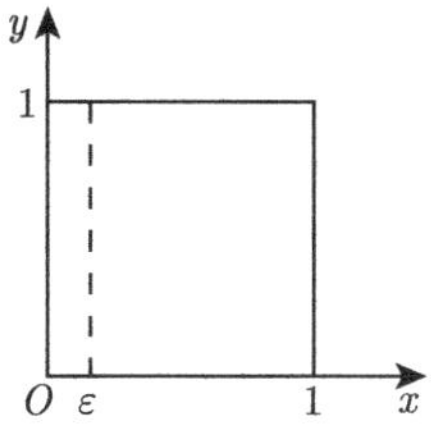

图 18-26

例 6　计算 $I=\iint\limits_{D}\dfrac{y}{\sqrt{x}}\mathrm{d}x\mathrm{d}y, D:[0,1]\times[0,1]$, 奇点为边界线 $x=0$.

解　如图 18-26. 记 $D_\varepsilon=[\varepsilon,1]\times[0,1]$, 由于

$$\iint\limits_{D_\varepsilon}\frac{y}{\sqrt{x}}\mathrm{d}x\mathrm{d}y=\int_0^1\mathrm{d}y\int_\varepsilon^1\frac{y}{\sqrt{x}}\mathrm{d}x=\frac{1}{2}\int_\varepsilon^1\frac{1}{\sqrt{x}}\mathrm{d}x\to 1,$$

故, $I=\iint\limits_{D}\dfrac{y}{\sqrt{x}}\mathrm{d}x\mathrm{d}y=1$.

习　题　18.4

1. 计算下列广义重积分.

(1) $\iint\limits_{D}\dfrac{1}{1+x^2+y^2}\mathrm{d}x\mathrm{d}y$, $D=\{(x,y):x\geqslant 0,y\geqslant 0\}$;

(2) $\iint\limits_{D}\dfrac{1}{\sqrt{x^2+y^2}}\mathrm{d}x\mathrm{d}y$, $D=\{(x,y):x^2+y^2\leqslant 1\}$;

(3) $\iint\limits_{D}\mathrm{e}^{-(x^2+y^2)}\mathrm{d}x\mathrm{d}y$, $D=\mathbf{R}^2$.

2. 讨论下列广义重积分的敛散性.

(1) $\iiint\limits_{D}\dfrac{1}{(x^2+y^2+z^2)^m}\mathrm{d}x\mathrm{d}y\mathrm{d}z$, $D=\{(x,y,z):x^2+y^2+z^2\geqslant 1\}$;

(2) $\iiint\limits_{D}\dfrac{1}{(1-(x^2+y^2+z^2))^m}\mathrm{d}x\mathrm{d}y\mathrm{d}z$, $D=\{(x,y,z):x^2+y^2+z^2\leqslant 1\}$;

(3) $\iint\limits_{D}\dfrac{1}{(2x^2+3y^2)^m}\mathrm{d}x\mathrm{d}y$, $D=\{(x,y):x^2+y^2\leqslant 1\}$;

(4) $\iint\limits_{D}\dfrac{1}{x-y}\mathrm{d}x\mathrm{d}y$, $D=[0,1]\times[0,1]$.

3. 给定广义重积分 $\iint\limits_{D}\dfrac{1}{(x^2+y^2+xy)^m}\mathrm{d}x\mathrm{d}y$, $D=\{(x,y):x^2+y^2\leqslant 1\}$, 讨论其敛散性并回答问题.

(1) 分析积分结构, 给出结构特点;
(2) 类比已知, 在研究其敛散性时, 有哪些联系最紧密的结论?
(3) 由此, 要解决的难点是什么? 如何解决?
(4) 给出敛散性的讨论.

18.5 第一类曲线积分的计算

当几何形体为平面或空间的曲线弧段 L, f 为定义在 L 上的二元函数 $f(x,y)$ 或三元函数 $f(x,y,z)$ 时, 相应的数量值函数的积分为对弧长的曲线积分 (第一类曲线积分). 它们分别为

$$\int_L f(x,y)\,\mathrm{d}s=\lim_{\lambda\to 0}\sum_{i=1}^{n}f(\xi_i,\eta_i)\Delta s_i$$

与

$$\int_L f(x,y,z)\,\mathrm{d}s=\lim_{\lambda\to 0}\sum_{i=1}^{n}f(\xi_i,\eta_i,\zeta_i)\Delta s_i.$$

假如曲线段 l 落在 x 轴上, 取 $l=[a,b]$, 由定义, 此时

$$I=\int_l f(x,y,z)\mathrm{d}s=\int_a^b f(x,0,0)\mathrm{d}x,$$

即第一类曲线积分为定积分, 这种特性为第一类曲线积分的计算提供了线索, 即将其转化为定积分计算.

一、 具简单结构题型的基于基本计算公式的计算

我们首先建立由定义导出的计算公式, 即基本计算公式.

从定义式可知, 计算的本质问题在于对 Δs_i 的处理, 下面, 就以此为出发点导出其计算公式. 从前述挖掘到的特殊性质可以猜测, 第一类曲线积分应该表示为定积分, 即转化为定积分来计算. 为此, 利用定义, 通过对弧长的研究, 从中分离出定积分的积分变量, 转化为对应定积分的黎曼和, 实现对第一类曲线积分的定积分计算.

先给出参数方程下的计算公式.

设给定 C^1 光滑曲线段

$$l:\begin{cases}x=x(t),\\ y=y(t),\quad \alpha\leqslant t\leqslant\beta,\\ z=z(t),\end{cases}$$

根据前述分析, 第一类曲线积分应该转化为对参数 t 的定积分, 因此, 需要从定义中的 Δs_i, 分离出对应的 Δt_i, 进一步转化为关于变量 t 的定积分.

类比已知, 由定积分理论中弧长公式可知, 对应于某一参数段如 $\alpha \leqslant t \leqslant \beta$ 的弧长可由如下定积分计算

$$s=\int_{\alpha}^{\beta}\sqrt{x'^2(t)+y'^2(t)+z'^2(t)}\mathrm{d}t.$$

利用此弧长公式可以得到第一类曲线积分的计算公式.

定理 5.1 设 $f(x,y,z)$ 在 l 上连续, 则 $\int_l f(x,y,z)\mathrm{d}s$ 存在且

$$\int_l f(x,y,z)\mathrm{d}s=\int_{\alpha}^{\beta} f(x(t),y(t),z(t))\sqrt{x'^2(t)+y'^2(t)+z'^2(t)}\mathrm{d}t.$$

简析 由于仅有定义, 必须利用第一类曲线积分的定义证明; 根据定义的逻辑要求, 要证明可积性和验证积分结论, 必须先给出任意的分割, 任意的介值点的选择, 相应黎曼和的极限存在且等于相应的结论; 这就是证明的思路. 具体的方法就是利用弧长公式计算弧长微元, 从中利用积分中值定理分离出参数微元, 由此转化为关于参数的定积分.

证明 对 l 做任意分割

$$T: A=A_0<A_1<\cdots<A_n=B,$$

对应于 $[\alpha,\beta]$ 形成一个分割 $T_1:\alpha=t_0<t_1<\cdots<t_n=\beta$,

由曲线的连续性, 则 $\lambda(T)\to 0$ 时必有 $\lambda(T_1)\to 0$. 任取介值点 $(\xi_i,\eta_i,\zeta_i)\in A_{i-1}A_i$, $i=1,2,\cdots,n$, 存在 $\tau_i\in[t_{i-1},t_i]$, 使得 $(\xi_i,\eta_i,\zeta_i)=(x(\tau_i),y(\tau_i),z(\tau_i))$.

对弧长的处理. 利用弧长公式和中值定理, 则

$$\begin{aligned}\Delta s_i&=\int_{t_{i-1}}^{t_i}\sqrt{x'^2(t)+y'^2(t)+z'^2(t)}\mathrm{d}t\\&=\sqrt{x'^2(\mu_i)+y'^2(\mu_i)+z'^2(\mu_i)}\Delta t_i,\quad \mu_i\in[t_{i-1},t_i].\end{aligned}$$

由定义, 考察对应的黎曼和极限, 则

$$\begin{aligned}&\lim_{\lambda(T)\to 0}\sum_{i=1}^{n} f(\xi_i,\eta_i,\zeta_i)\Delta s_i\\=&\lim_{\lambda(T')\to 0}\sum_{i=1}^{n} f(x(\tau_i),y(\tau_i),z(\tau_i))\cdot\sqrt{x'^2(\mu_i)+y'^2(\mu_i)+z'^2(\mu_i)}\Delta t_i\end{aligned}$$

$$=\lim_{\lambda(T')\to 0}\left\{\sum_{i=1}^{n} f(x(\tau_i),y(\tau_i),z(\tau_i))\cdot\sqrt{x'^2(\tau_i)+y'^2(\tau_i)+z'^2(\tau_i)}\Delta t_i+\sum_{i=1}^{n} w_i\Delta t_i\right\},$$

其中,

$$w_i=f(x(\tau_i),y(\tau_i),z(\tau_i))\cdot\left[\sqrt{x'^2(\mu_i)+y'^2(\mu_i)+z'^2(\mu_i)}\right.$$
$$\left.-\sqrt{x'^2(\tau_i)+y'^2(\tau_i)+z'^2(\tau_i)}\right],$$

利用有理化方法, 则

$$\begin{aligned}&\left[\sqrt{x'^2(\mu_i)+y'^2(\mu_i)+z'^2(\mu_i)}-\sqrt{x'^2(\tau_i)+y'^2(\tau_i)+z'^2(\tau_i)}\right]\\ \leqslant&\frac{|x'(\mu_i)-x'(\tau_i)|\cdot|x'(\mu_i)+x'(\tau_i)|}{\sqrt{x'^2(\mu_i)+y'^2(\mu_i)+z'^2(\mu_i)}+\sqrt{x'^2(\tau_i)+y'^2(\tau_i)+z'^2(\tau_i)}}\\ &+\frac{|y'(\mu_i)-y'(\tau_i)|\cdot|y'(\mu_i)+y'(\tau_i)|}{\sqrt{x'^2(\mu_i)+y'^2(\mu_i)+z'^2(\mu_i)}+\sqrt{x'^2(\tau_i)+y'^2(\tau_i)+z'^2(\tau_i)}}\\ &+\frac{|z'(\mu_i)-z'(\tau_i)|\cdot|z'(\eta_i)+z'(\tau_i)|}{\sqrt{x'^2(\mu_i)+y'^2(\mu_i)+z'^2(\mu_i)}+\sqrt{x'^2(\tau_i)+y'^2(\tau_i)+z'^2(\tau_i)}}\end{aligned}$$

由于

$$\frac{|x'(\eta_i)+x'(\tau_i)|}{\sqrt{x'^2(\eta_i)+y'^2(\eta_i)+z'^2(\eta_i)}+\sqrt{x'^2(\tau_i)+y'^2(\tau_i)+z'^2(\tau_i)}}\leqslant 2,$$

故,

$$\begin{aligned}&\sqrt{x'^2(\eta_i)+y'^2(\eta_i)+z'^2(\eta_i)}-\sqrt{x'^2(\tau_i)+y'^2(\tau_i)+z'^2(\tau_i)}\\ \leqslant&2[|x'(\mu_i)-x'(\tau_i)|+|y'(\mu_i)-y'(\tau_i)|+|z'(\mu_i)-z'(\tau_i)|].\end{aligned}$$

由于 $x'(t),y'(t),z'(t)$ 在 $[\alpha,\beta]$ 上连续, 因而, $x'(t),y'(t),z'(t)$ 在 $[\alpha,\beta]$ 上一致连续, 故, 对 $\forall\varepsilon>0$, 存在 $\delta>0$, 当 $\lambda(T_1)<\delta$ 时,

$$|x'(\mu_i)-x'(\tau_i)|\leqslant\frac{\varepsilon}{3},\quad |y'(\mu_i)-y'(\tau_i)|\leqslant\frac{\varepsilon}{3},\quad |z'(\mu_i)-z'(\tau_i)|\leqslant\frac{\varepsilon}{3},$$

由于 $f(x(t),y(t),z(t))$ 在 $[\alpha,\beta]$ 上连续, 因而, $f(x(t),y(t),z(t))$ 在 $[\alpha,\beta]$ 上有界, 设 $|f(x(t),y(t),z(t))|\leqslant M,t\in[\alpha,\beta]$, 则 $\left|\sum\limits_{i=1}^{n} w_i\Delta t_i\right|\leqslant 2M\varepsilon|\beta-\alpha|$,

因而, 有 $\lim\limits_{\lambda(T_1)\to 0}\sum\limits_{i=1}^{n} w_i\Delta t_i=0$, 故

$$\begin{aligned}&\lim_{\lambda(T)\to 0}\sum_{i=1}^{n} f(\xi_i,\eta_i,\zeta_i)\Delta s_i\\=&\lim_{\lambda(T')\to 0}\sum_{i=1}^{n} f(x(\tau_i),y(\tau_i),z(\tau_i))\cdot\sqrt{x'^2(\tau_i)+y'^2(\tau_i)+z'^2(\tau_i)}\Delta t_i\\=&\int_{\alpha}^{\beta} f(x(t),y(t),z(t))\sqrt{x'^2(t)+y'^2(t)+z'^2(t)}\mathrm{d}t,\end{aligned}$$

因此, $\int_l f(x,y,z)\mathrm{d}s=\int_{\alpha}^{\beta} f(x(t),y(t),z(t))\sqrt{x'^2(t)+y'^2(t)+z'^2(t)}\mathrm{d}t.$

定理 5.1 给出了第一类曲线积分计算的**基本公式**, 由于一般的曲线方程都可以转化为参数方程形式, 因此, 利用此公式, 就完全解决了第一类曲线积分的计算问题. 下面给出几个特例.

(1) 对平面曲线 l: $y=\varphi(x), a\leqslant x\leqslant b$, 则

$$\int_l f(x,y)\mathrm{d}s=\int_a^b f(x,\varphi(x))\sqrt{1+\varphi'^2(x)}\mathrm{d}x;$$

(2) 对平面曲线 l: $r=r(\theta),\theta_1\leqslant\theta\leqslant\theta_2$, 则

$$\int_l f(x,y)\mathrm{d}s=\int_{\theta_1}^{\theta_2} f(r(\theta)\cos\theta,r(\theta)\sin\theta)\sqrt{r^2(\theta)+r'^2(\theta)}\mathrm{d}\theta.$$

下面利用基本计算公式计算简单结构的第一类曲线积分.

从计算公式知, 第一类曲线积分的计算, 关键是给出曲线的 (参数) 方程, 然后直接代入公式即可, 因此, 也把这种由基本计算公式计算的方法称为**定线代入方法**, 所谓定线就是确定曲线的 (参数) 方程, 代入就是代入基本计算公式.

例 1 计算 $I=\int_l |y|\,\mathrm{d}s$, 其中 l: $x^2+y^2=1, x\geqslant 0$.

解 采用极坐标形式, 则 $l:\begin{cases}x=\cos\theta,\\ y=\sin\theta,\end{cases}\ -\dfrac{\pi}{2}\leqslant\theta\leqslant\dfrac{\pi}{2}$, 故,

$$I=\int_{-\frac{\pi}{2}}^{\frac{\pi}{2}}|\sin\theta|\mathrm{d}\theta=2\int_0^{\frac{\pi}{2}}\sin\theta\mathrm{d}\theta=2.$$

例 2 计算 $I=\int_l (x+y)\mathrm{d}s$, 其中 l 由折线段 OA, AB, BO 组成且 $O(0,0)$, $A(1,0), B(1,1)$.

解 利用积分可加性, 则

$$I=\left\{\int_{\overline{OA}}+\int_{\overline{AB}}+\int_{\overline{BO}}\right\}(x+y)\mathrm{d}s,$$

其中各段方程如下.

$$OA: y=0,\quad 0\leqslant x\leqslant 1.$$

$$AB: x=1,\quad 0\leqslant y\leqslant 1.$$

$$BO: y=x,\quad 0\leqslant x\leqslant 1.$$

故,

$$I=\int_0^1(x+0)\mathrm{d}x+\int_0^1(1+y)\mathrm{d}y+\int_0^1(x+x)\sqrt{2}\mathrm{d}x=2+\sqrt{2}.$$

二、 基于特殊结构的特殊算法

当然, 充分利用积分的结构特点, 如对等性、对称性等可以设计更简单的计算方法, 这也是必须要掌握的计算技术.

例 3 计算 $I=\int_l x^2\mathrm{d}s$, 其中 $l:\begin{cases}x^2+y^2+z^2=a^2,\\ x+y+z=0.\end{cases}$

解 由于曲线 l 关于 x,y,z 对等, 具有轮换对等性, 因此,

$$\int_l x^2\mathrm{d}s=\int_l y^2\mathrm{d}s=\int_l z^2\mathrm{d}s,$$

故,

$$3I=\int_l\left(x^2+y^2+z^2\right)\mathrm{d}s=a^2\int_l\mathrm{d}s=2\pi a^3,$$

所以, $I=\dfrac{2}{3}\pi a^3$.

上述计算过程中用到了第一类曲线积分的几何意义.

例 4 计算 $I=\oint_l(x\sin y+y^3\mathrm{e}^x)\mathrm{d}s$, 其中 $l: x^2+y^2=1$, $\oint_l f(x,y,z)\mathrm{d}s$ 表示沿封闭曲线 l 上的第一类曲线积分.

解 由于 l 关于 x 轴对称, $f(x,y,z)=x\sin y+y^3\mathrm{e}^x$ 是 y 的奇函数, 故,

$$\oint_l\left(x\sin y+y^3\mathrm{e}^x\right)\mathrm{d}s=0.$$

事实上, l 分为两部分: $l_1: y_1=\sqrt{1-x^2}, -1\leqslant x\leqslant 1$ 和 $l_2: y_1=-\sqrt{1-x^2}, -1\leqslant x\leqslant 1$, 则

$$\begin{aligned}I&=\int_{l_1}(x\sin y+y^3\mathrm{e}^x)\mathrm{d}s+\int_{l_2}(x\sin y+y^3\mathrm{e}^x)\mathrm{d}s\\&=\int_{-1}^{1}(x\sin y_1+y_1^3\mathrm{e}^x)\sqrt{1+y_1'^2(x)}\mathrm{d}x+\int_{-1}^{1}(x\sin y_2+y_2^3\mathrm{e}^x)\sqrt{1+y_2'^2(x)}\mathrm{d}x\\&=0.\end{aligned}$$

例 4 的求解过程可以提炼出利用函数的奇偶性和积分路径的对称性简化第一类曲线积分的计算方法, 请自行总结给出结论.

习　题　18.5

1. 计算下列曲线积分.

(1) $I=\int_l (x+2y)\mathrm{d}s$, 其中曲线 l: $y=1-|1-x|, 0\leqslant x\leqslant 2$;

(2) $I=\int_l x\mathrm{d}s$, 其中 l 为抛物线 l: $y=x^2$ 上从点 $(-1,1)$ 到点 $(1,1)$ 的一段;

(3) $I=\int_l (x+z^2)\mathrm{d}s$, 其中螺旋形 l: $x=\cos t, y=\sin t, z=t, 0\leqslant t\leqslant 2\pi$;

(4) $I=\int_l (x+yz+z^2)\mathrm{d}s$, 其中 l 为平面 $x+y+z=1$ 与平面 $x=y$ 的交线位于第一象限中的部分.

2. 分析下列第一类曲线积分的结构, 给出结构特点并计算.

(1) $I=\int_l x\sqrt{x^2+y^2}\mathrm{d}s$, 其中 l 为抛物线 l: $x^2+y^2=-2y$;

(2) $I=\int_l (x+y^2+z^2)\mathrm{d}s$, 其中 l: $\begin{cases}x^2+y^2+z^2=1,\\x+y+z=0;\end{cases}$

(3) $I=\int_l (x+2y+3z)\mathrm{d}s$, 其中 l 为平面 $x+y+z=1$ 与三个坐标面的交线.

3. 第一类曲线积分的中值定理成立吗? 若成立, 给出此定理及其证明; 若不成立, 简要说明理由并给出反例.

18.6　第一类曲面积分的计算

由 18.1 节知, 当几何形体为空间曲面 Σ, f 为定义在曲面 Σ 上的三元函数 $f(x,y,z)$ 时, 相应的数量值函数的积分为**对面积的曲面积分 (第一类曲面积分)**

$$\iint_{\Sigma} f(x,y,z)\mathrm{d}S=\lim_{\lambda\to 0}\sum_{i=1}^{n} f(\xi_i,\eta_i,\zeta_i)\Delta S_i.$$

这里 $\mathrm{d}S$ 是曲面的面积微元.

信息挖掘 根据定义, 挖掘简单的性质和特殊的意义.

(1) 由定义, 第一类曲面积分仍是一种黎曼和的极限:

$$I=\iint\limits_{\Sigma} f(x,y,z)\mathrm{d}S=\lim_{\lambda\to 0}\sum_{i=1}^{n} f(\xi_i,\eta_i,\varsigma_i)\Delta S_i,$$

且 ΔS_i 对应的是面积, 积分微元是面积微元, 因此, 也称第一类曲面积分为对面积的积分, 即 $\iint\limits_{\Sigma} f(x,y,z)\mathrm{d}S$ 也称为 $f(x,y,z)$ 在曲面 Σ 上的对面积的积分.

(2) 几何意义: $f(x,y,z)\equiv 1$ 时, $\iint\limits_{\Sigma} f(x,y,z)\mathrm{d}S=S_{\Sigma}$ 为曲面 Σ 的面积.

(3) 由定义, 还可以得到特殊的性质: 设 Σ 落在 xOy 坐标面内, 则

$$\iint\limits_{\Sigma} f(x,y,z)\mathrm{d}S=\iint\limits_{\Sigma} f(x,y,0)\mathrm{d}x\mathrm{d}y,$$

此时, 第一类曲面积分为二重积分. 这个特殊性为我们提供了第一类曲面积分计算的思路: 化第一类曲面积分为二重积分.

和第一类曲线积分的计算公式建立过程类似, 第一类曲面积分公式建立的关键仍然是微元曲面 Σ_i 的面积 ΔS_i 的计算. 对曲线来说, 我们在定积分中已经建立了其弧长的计算公式, 在第一类曲线积分计算公式导出过程中直接利用了已知的弧长计算公式, 空间曲面面积的计算公式还是未知的, 因此, 我们首先建立空间曲面的面积计算公式.

我们用积分思想、近似研究的思想和"从简到繁"的研究方法建立曲面面积的计算公式. 我们知道, Σ_i 是分割后的小曲面块, 当分割很细时, 曲面块可近似为平面块, 故, 我们从分析平面块面积的计算入手. 那么, 如何计算平面块的面积? 我们仅知道: 当平面块落在坐标平面内时, 可以利用二重积分计算其面积, 此时, 问题解决. 而当平面块不落在坐标平面时, 我们利用投影技术转化为坐标平面内平面块面积的计算. 下面给出具体的过程.

一、 曲面面积的计算

给定有界曲面 Σ: $z=f(x,y),(x,y)\in D$, 设 Σ 是光滑的, 即 $f(x,y)\in C'(D)$, 求 Σ 的面积.

情形 1 特殊情形——斜平面块面积的计算

设 Σ 落在平面 π 中, 又设 π 与坐标面 xOy 面的夹角为 α (锐角), Σ 在

xOy 面的投影区域为 D_{xy}, 相应的面积分别记为 $S_\Sigma, S_{D_{xy}}$, 则 $\cos\alpha = \dfrac{S_{D_{xy}}}{S_\Sigma}$, 故, $S_\Sigma = \dfrac{S_{D_{xy}}}{\cos\alpha}$.

当选取相对应的钝角为夹角时, 有 $S_\Sigma = -\dfrac{S_{D_{xy}}}{\cos\alpha}$, 因而, 总有 $S_\Sigma = \dfrac{S_{D_{xy}}}{|\cos\alpha|}$.

我们仅给出 α 为锐角时的证明思路: 先假设 Σ 为一边落在 x 轴上的矩形平面区域 $ABCD$, 即 $\Sigma = \square ABCD$, 不妨设 $A(x_1,0,0)$, $B(x_1,y_1,z_1)$, $C(x_2,y_1,z_1)$, $D(x_2,0,0)$, 则其在 xOy 坐标面的投影区域为矩形区域 $AB'C'D$, 即 $D_{xy} = \square AB'C'D$ 其中 $B'(x_1,y_1,0)$, $C'(x_2,y_1,0)$, 因而, $\alpha = \angle BAB'$, 故 $|AB'| = |AB|\cos\alpha$, 所以 $S_\Sigma = \dfrac{S_{D_{xy}}}{\cos\alpha}$.

对一般情形, 采用积分思想, 用一边平行于 x 轴的矩形网格, 对 Σ 作分割 T, 对每一个分割后的子块 Σ_i, 类似定积分的达布和, 引入内和、外和的定义, 我们仅引入内和 $s(T) = \sum\limits_{\Sigma_i\subset\Sigma} S_{\Sigma_i}$, 则 $S_\Sigma = \lim\limits_{\lambda\to 0} s(T)$, 由于 $S_{\Sigma_i} = \dfrac{S_{D_{xy_i}}}{\cos\alpha}$, $\lim\limits_{\lambda\to 0}\sum\limits_{\Sigma_i\subset\Sigma} S_{D_{xy_i}} = S_{D_{xy}}$, 故 $S_\Sigma = \dfrac{S_{D_{xy}}}{\cos\alpha}$.

情形 2 一般情形——任意曲面块面积的计算

设 Σ 为相对 z 轴的简单 C^1 光滑曲面, 此时曲面方程为

$$z = f(x,y), \quad (x,y)\in D,$$

显然, D 正是 Σ 在 xOy 面的投影区域, $f(x,y)\in C^1(D)$.

为了利用情形 1 来处理, 我们利用积分思想进行研究.

对曲面进行分割 T: $\Sigma_1,\Sigma_2,\cdots,\Sigma_n$, 分割细度为 $\lambda(T)$; 对应于分割 T, 形成 D 的一个分割 T': $D_1,D_2,\cdots,D_n$, 分割细度记为 $\lambda(T')$.

当 T 很细时, 我们希望用某种平面块近似代替曲面块 Σ_i. 在曲面 Σ_i 上, 选择一个什么样的平面块来近似代替曲面块? 换一种角度, 对给定的曲面, 我们能得到的、能计算出来的平面是什么平面? 从学过的空间解析几何理论知道, 当曲面已知时, 可以计算曲面上任意点处的切平面, 由此, 我们可以设想用对应的切平面块近似代替曲面块. 由此, 确定了处理问题的思想.

任取 $M_i(x_i,y_i,z_i)\in\Sigma_i$, 由于 Σ 是 C^1 光滑的, 故, 在曲面 Σ 上的任一点都有切平面, 过 M_i 作切平面 π_i, 在 π_i 上取出一小平面块 σ_i, 使 σ_i 与 Σ_i 具有相同的投影 D_i, 当 T 很细时, 可以取如下近似: $\Delta S_{\Sigma_i}\approx\Delta S_{\sigma_i}$, 其中, ΔS_{Σ_i}, ΔS_{σ_i} 分别表示曲面块 Σ_i 和平面块 σ_i 的面积 (如图 18-27).

下面计算 S_{σ_i}.

由情形 1, 只需计算 π_i 与坐标面 xOy 的夹角 a_i 的余弦. 这使我们联想到切平面法线的方向余弦, 记 γ_i 为 π_i 的法线方向与 z 轴正向的夹角, 则 $|\cos\gamma_i| = |\cos\alpha_i|$.

由解析几何理论知道, 曲面 Σ 上 $M_i\ (x_i, y_i, z_i)$ 点的法线方向为 $\pm(f_x(p_i), f_y(p_i), -1)$, 其中 $p_i(x_i, y_i)$, $z_i = f(x_i, y_i)$. 故,

$$|\cos\gamma_i| = \frac{1}{\sqrt{1+f_x^2(p_i)+f_y^2(p_i)}},$$

又 $|\cos\alpha_i| = \dfrac{\Delta S_{D_i}}{\Delta S_{\sigma_i}}$, 因而,

$$\frac{\Delta S_{D_i}}{\Delta S_{\sigma_i}} = \frac{1}{\sqrt{1+f_x^2(p_i)+f_y^2(p_i)}},$$

故,

$$\Delta S_{\sigma_i} = \sqrt{1+f_x^2(p_i)+f_y^2(p_i)}\Delta S_{D_i},$$

因而, 利用积分思想, 则

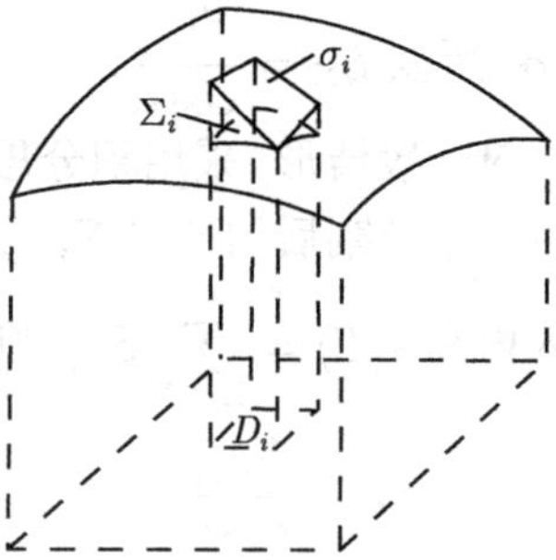

图 18-27

$$\begin{aligned} S_\Sigma &= \sum_{i=1}^{n}\Delta S_{\Sigma_i} = \lim_{\lambda(T)\to 0}\sum_{i=1}^{n}\Delta S_{\sigma_i} \\ &= \lim_{\lambda(T')\to 0}\sum_{i=1}^{n}\sqrt{1+f_x^2(p_i)+f_y^2(p_i)}\Delta S_{D_i} \\ &= \iint_D \sqrt{1+f_x^2(x,y)+f_y^2(x,y)}\mathrm{d}S \\ &= \iint_D \sqrt{1+f_x^2(x,y)+f_y^2(x,y)}\mathrm{d}x\mathrm{d}y, \end{aligned}$$

这就是曲面面积计算公式.

当 Σ 落在 xOy 坐标面内时, 此时 $\Sigma = D: z = 0$, 故, $S_\Sigma = S_D = \iint\limits_D \mathrm{d}x\mathrm{d}y$, 这与二重积分的几何意义是一致的.

从上述推导过程可知, 还成立下述另一种形式的计算公式:

$$S_\Sigma = \iint_D \frac{\mathrm{d}x\mathrm{d}y}{|\cos\gamma|} = \iint_D \frac{\mathrm{d}x\mathrm{d}y}{|\cos(\boldsymbol{n}, \boldsymbol{k})|},$$

其中 $\boldsymbol{n}$ 为曲面上点 (x,y) 处的切平面的法线向量, $\boldsymbol{k}=(0,0,1)$.

若 Σ 由参数方程给出

$$\Sigma:\begin{cases} x=x(u,v), \\ y=y(u,v), & (u,v)\in D_{uv}, \\ z=z(u,v), \end{cases}$$

为计算此时的面积, 将其转化为已知的情形, 为此, 需要利用隐函数理论. 设由 $\begin{cases} x=x(u,v), \\ y=y(u,v) \end{cases}$ 能确定隐函数 $\begin{cases} u=u(x,y), \\ v=v(x,y), \end{cases}$ $(x,y)\in D$, 则

$$\Sigma: z=z(u(x,y),u(x,y,)),\quad (x,y)\in D,$$

利用隐函数的求导,

$$z_x=z_u\frac{\partial u}{\partial x}+z_v\frac{\partial v}{\partial x},\quad z_y=z_u\frac{\partial u}{\partial y}+z_v\frac{\partial v}{\partial y},$$

因而, 若记 $A=\begin{vmatrix} y_u & y_v \\ z_u & z_v \end{vmatrix},B=\begin{vmatrix} z_u & z_v \\ x_u & x_v \end{vmatrix},C=\begin{vmatrix} x_u & x_v \\ y_u & y_v \end{vmatrix}$, 则

$$\frac{\partial u}{\partial x}=\frac{1}{C}\frac{\partial y}{\partial v},\quad \frac{\partial v}{\partial x}=-\frac{1}{C}\frac{\partial y}{\partial u},\quad \frac{\partial u}{\partial y}=-\frac{1}{C}\frac{\partial x}{\partial v},\quad \frac{\partial v}{\partial y}=\frac{1}{C}\frac{\partial x}{\partial u},$$

故, $z_x=\dfrac{A}{C},z_y=\dfrac{B}{C}$, 因而

$$\begin{aligned} S_\Sigma &= \iint\limits_D \sqrt{1+z_x^2+z_y^2}\mathrm{d}x\mathrm{d}y \\ &\xlongequal[y=y(u,v)]{x=x(u,v)} \iint\limits_{D_{uv}} \sqrt{1+\frac{A^2}{C^2}+\frac{B^2}{C^2}}|C|\mathrm{d}u\mathrm{d}v \\ &= \iint\limits_{D_{uv}} \sqrt{A^2+B^2+C^2}\mathrm{d}u\mathrm{d}v, \end{aligned}$$

又, 若记 $E=x_u^2+y_u^2+z_u^2,G=x_v^2+y_v^2+z_v^2,F=x_ux_v+y_uy_v+z_uz_v$, 还有

$$S_\Sigma=\iint\limits_{D_{uv}} \sqrt{EG-F^2}\mathrm{d}u\mathrm{d}v.$$

上述建立了各种面积计算公式, 计算的关键是建立曲面的方程, 然后代入计算公式. 下面给出简单的应用.

例 1 求球面 $x^2+y^2+z^2=a^2$ 含在柱面 $x^2+y^2=ax(a>0)$ 内部的面积 S.

解 如图 18-28. 由对称性, 只计算其在第一卦限中的部分, 此时, 曲面

$$\Sigma: z=\sqrt{a^2-(x^2+y^2)}, \quad (x,y)\in D,$$

其中 D: $x^2+y^2\leqslant ax, x\geqslant 0, y\geqslant 0$. 由于 $\dfrac{\partial z}{\partial x}=-\dfrac{x}{z}, \dfrac{\partial z}{\partial y}=-\dfrac{y}{z}$, 故,

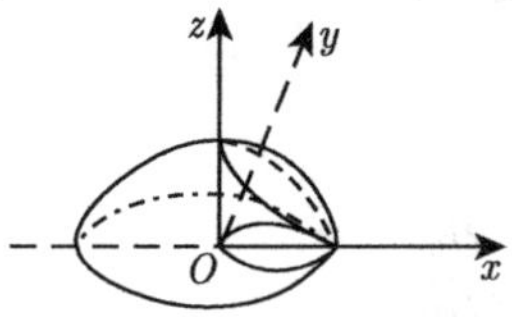

图 18-28

$$\begin{aligned}S_\Sigma &= 4\iint_D \sqrt{1+z_x^2+z_y^2}\mathrm{d}x\mathrm{d}y\\ &= 4\iint_D \frac{a}{\sqrt{a^2-(x^2+y^2)}}\mathrm{d}x\mathrm{d}y\\ &= 4\int_0^{\frac{\pi}{2}}\mathrm{d}\theta\int_0^{a\cos\theta}\frac{a}{\sqrt{a^2-r^2}}r\mathrm{d}r = 4a^2\left(\frac{\pi}{2}-1\right).\end{aligned}$$

例 2 计算下列曲面面积 $(a>0)$:

(1) 曲面 $z=axy(x>0, y>0)$ 包含在圆柱 $x^2+y^2=a^2$ 内的部分 Σ (如图 18-29);

(2) 锥面 $x^2+y^2=\dfrac{1}{3}z^2$ 与平面 $x+y+z=2a$ 所围区域的表面 S (如图 18-30).

解 (1) 由于曲面块 Σ 在 xOy 平面内的投影区域为

$$D_{xy}: x^2+y^2\leqslant a^2, \quad x\geqslant 0, y\geqslant 0,$$

由公式, 则

$$\begin{aligned}S &= \iint_\Sigma 1\mathrm{d}S = \iint_{D_{xy}}\sqrt{1+z_x^2+z_y^2}\mathrm{d}x\mathrm{d}y\\ &= \int_0^{\frac{\pi}{2}}\mathrm{d}\theta\int_0^a\sqrt{1+ar^2}r\mathrm{d}r = \frac{\pi}{6a^2}\left[\left(1+a^4\right)^{\frac{3}{2}}-1\right].\end{aligned}$$

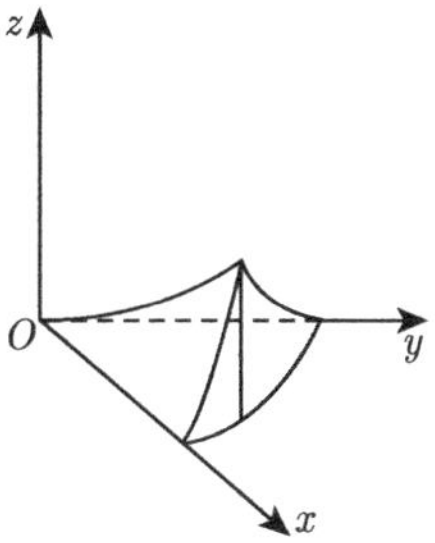

图 18-29

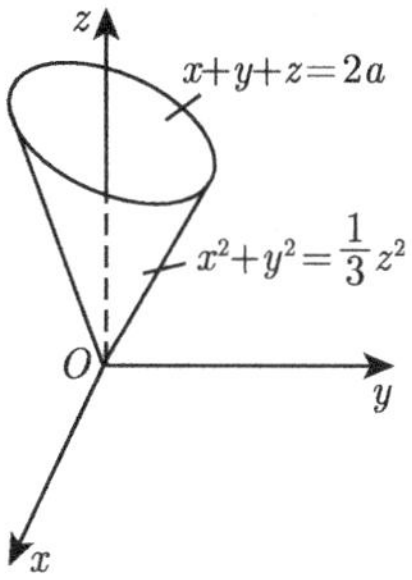

图 18-30

(2) 所围区域的表面分为两部分: 落在锥面上的部分记为 Σ_1, 落在平面上的部分记为 Σ_2, 这两部分在 xOy 平面有共同的投影, 记为 D, 它是由交线 l : $\begin{cases} x^2+y^2=\dfrac{1}{3}z^2, \\ x+y+z=2a \end{cases}$ 的投影所围的区域, 即区域 D 由曲线 $x^2+y^2=\dfrac{1}{3}(2a-(x+y))^2$ 所围.

对 Σ_1, 由其方程可以计算 $z_x=\dfrac{3x}{z}, z_y=\dfrac{3y}{z}$, 故

$$\sqrt{1+z_x^2+z_y^2}=2;$$

对 Σ_2 则 $z_x=z_y=-1$, 故 $\sqrt{1+z_x^2+z_y^2}=\sqrt{3}$, 由公式, 则

$$S=\iint_{\Sigma_1} 1\mathrm{d}S+\iint_{\Sigma_2} 1\mathrm{d}S=\iint_D (2+\sqrt{3})\mathrm{d}x\mathrm{d}y$$

为计算上述二重积分, 须对区域 D 的边界曲线进行化简, 通过变换消去交叉乘积性, 化为标准的二次曲线, 为此作变换 $u=x+y, v=x-y$, 则 D 变为区域 D': $\dfrac{1}{2}(u^2+v^2)\leqslant\dfrac{1}{3}(2a-u)^2$, 即

$$D':\frac{(u-4a)^2}{24a^2}+\frac{v^2}{8a^2}\leqslant 1.$$

故,

$$S=(2+\sqrt{3})\iint_{D'}\frac{1}{2}\mathrm{d}u\mathrm{d}v=\frac{2+\sqrt{3}}{2}S_{D'}=4\sqrt{3}(2+\sqrt{3})\pi a^2.$$

注 上述计算过程的难点在于将二次曲线标准化, 转化为椭圆曲线, 因此, 相应的面积的计算转化为椭圆面积的计算.

二、第一类曲面积分的计算

1. 基于基本公式的简单题型的计算

利用曲面面积的计算公式, 很容易建立第一类曲面积分的计算公式, 公式推导的过程和方法类似于第一类曲线积分公式的推导.

定理 6.1 设 $f(x,y,z)$ 为定义在光滑曲面 $\Sigma: z=z(x,y),\ (x,y)\in D$ 上的函数, 则

$$\iint\limits_{\Sigma} f(x,y,z)\mathrm{d}S=\iint\limits_{D} f(x,y,z(z,y))\sqrt{1+z_x^2+z_y^2}\mathrm{d}x\mathrm{d}y.$$

证明 任意给定曲面 Σ 的一个分割

$$T:\Sigma_1,\Sigma_2,\cdots,\Sigma_n,$$

对应形成对区域 D 的一个分割 T': $D_1,D_2,\cdots,D_n$.

对任意的中值点 $(\xi_i,\eta_i,\zeta_i)\in\Sigma_i$ 的选择, 则 $(\xi_i,\eta_i)\in D_i$ 且 $\zeta_i=z(\xi_i,\eta_i)$. 利用面积计算公式, 则曲面块 Σ_i 的面积为

$$\Delta S_{\Sigma_i}=\iint\limits_{D_i}\sqrt{1+z_x^2(x,y)+z_y^2(x,y)}\mathrm{d}x\mathrm{d}y,$$

利用中值定理, 则存在 $(\xi_i',\eta_i')\in D_i$, 使得

$$\Delta S_{\Sigma_i}=\sqrt{1+z_x^2(\xi_i',\eta_i')+z_y^2(\xi_i',\eta_i')}\Delta S_{D_i},$$

其中,ΔS_{Σ_i}, ΔS_{D_i} 分别表示曲面块 Σ_i、平面块 D_i 的面积, 因此,

$$\begin{aligned}&\lim_{\lambda(T)\to0}\sum_{i=1}^n f(\xi_i,\eta_i,\zeta_i)\Delta S_{\Sigma_i}\\
=&\lim_{\lambda(T')\to0}\sum_{i=1}^n f(\xi_i,\eta_i,z(\xi_i,\eta_i))\sqrt{1+z_x^2(\xi_i',\eta_i')+z_y^2(\xi_i',\eta_i')}\Delta S_{D_i}\\
=&\iint\limits_{D} f(x,y,z(x,y))\sqrt{1+f_x^2+f_y^2}\mathrm{d}x\mathrm{d}y,\end{aligned}$$

由定义, 则结论成立.

证明过程中用到了与第一类曲线积分证明过程中类似的结论:

$$\lim_{\lambda(T')\to 0}\sum_{i=1}^{n} f(\xi_i,\eta_i,z(\xi_i,\eta_i))\left\{\sqrt{1+z_x^2(\xi_i',\eta_i')+z_y^2(\xi_i',\eta_i')}\right.$$
$$\left.-\sqrt{1+z_x^2(\xi_i,\eta_i)+z_y^2(\xi_i,\eta_i)}\right\}\Delta S_{D_i}=0.$$

利用面积计算的另外的两种形式的公式, 可以得到对应的第一类曲面积分的计算公式, 如下面的定理:

定理 6.2　设 C^1 光滑曲面 $\Sigma:\begin{cases} x=x(u,v), \\ y=y(u,v),(u,v)\in D, \\ z=z(u,v), \end{cases}$ 则

$$\iint_{\Sigma} f(x,y,z)\mathrm{d}S=\iint_{D} f(x(u,v),y(u,v),z(u,v))\sqrt{EG-F^2}\mathrm{d}x\mathrm{d}y.$$

上述两个定理给出了第一类曲面积分计算的基本公式. 通过上述定理可知, 计算第一类曲面积分需要知道曲面方程和曲面的投影区域, 然后代入公式, 转化为二重积分计算, 因此, 也可以把这种方法抽象为定面代入法, 定面是指确定曲面, 包括曲面方程和对应的投影区域. 代入就是代入相应的基本计算公式.

例 3　计算 $I=\iint\limits_{\Sigma}(x^2+y^2)\mathrm{d}S$, 其中 Σ 是抛物面 $z=2-\dfrac{1}{2}(x^2+y^2)$ 位于 xOy 平面上方的部分.

解　如图 18-31. Σ 在 xOy 平面上的投影是: $D:x^2+y^2\leqslant 4$, 故

$$\begin{aligned} I&=\iint_{D}(x^2+y^2)\sqrt{1+(x^2+y^2)}\mathrm{d}x\mathrm{d}y \\ &=\int_0^{2\pi}\mathrm{d}\theta\int_0^2 r^2\sqrt{1+r^2}r\mathrm{d}r \\ &=\pi\int_0^4 t\sqrt{1+t}\mathrm{d}t \\ &=\pi\int_0^4\left[(1+t)^{\frac{3}{2}}-(1+t)^{\frac{1}{2}}\right]\mathrm{d}t \\ &=\frac{4}{3}\pi\left(5\sqrt{5}-\frac{1}{5}\right). \end{aligned}$$

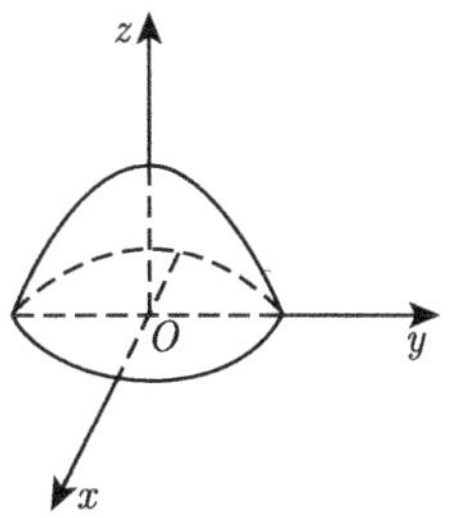

图 18-31

2. 基于特殊结构的计算

下面利用题目的结构特点进行计算. 注意观察题目的结构特点, 根据特点设计特殊的计算方法.

例 4 给定第一类曲面积分: $I=\iint\limits_{\Sigma}(x+y+z)\mathrm{d}s$, 其中 Σ: $x^2+y^2+z^2=1$, $z\geqslant 0$.

(1) 挖掘题目的结构特点;

(2) 给出题目的计算.

解 (1) 积分结构由两部分组成: 积分区域和被积函数, 因此, 必须从这两方面进行结构分析. 本题, 积分区域为积分曲面 Σ, 其结构特点为: Σ 关于坐标面 xOz 面和 yOz 面对称; 被积函数为线性结构, 分项讨论, 函数 x 的关于变量 x 是奇函数, 关于另外两个变量 y, z 为偶函数.

(2) 由于 x 为奇函数, 曲面 Σ 关于 yOz 坐标面对称, 则

$$\iint\limits_{\Sigma}x\mathrm{d}s=0.$$

事实上, 由于 Σ: $z=\sqrt{1-x^2+y^2}$, $(x,y)\in D=\{(x,y):x^2+y^2\leqslant 1\}$, 则 $z_x=-\dfrac{x}{z}, z_y=-\dfrac{y}{z}$.

记 $D_1=\{(x,y)\in D:x\geqslant 0\}$, $D_2=\{(x,y)\in D:x\leqslant 0\}$, 则

$$\begin{aligned}\iint\limits_{\Sigma}x\mathrm{d}s&=\iint\limits_{D}x\sqrt{1+z_x^2+z_y^2}\mathrm{d}x\mathrm{d}y=\iint\limits_{D}\frac{x}{\sqrt{1-x^2-y^2}}\mathrm{d}x\mathrm{d}y\\&=\iint\limits_{D_1}\frac{x}{\sqrt{1-x^2-y^2}}\mathrm{d}x\mathrm{d}y+\iint\limits_{D_2}\frac{x}{\sqrt{1-x^2-y^2}}\mathrm{d}x\mathrm{d}y,\end{aligned}$$

由于

$$\iint\limits_{D_2}\frac{x}{\sqrt{1-x^2-y^2}}\mathrm{d}x\mathrm{d}y\xlongequal[y=y]{x=-x}\iint\limits_{D_1}\frac{-x}{\sqrt{1-x^2-y^2}}\mathrm{d}x\mathrm{d}y,$$

故, $\iint\limits_{\Sigma}x\mathrm{d}s=0$. 同样, $\iint\limits_{\Sigma}y\mathrm{d}s=0$. 因而,

$$I=\iint\limits_{D}z\sqrt{1+z_x^2+z_y^2}\mathrm{d}x\mathrm{d}y$$

$$= \iint\limits_{D} \sqrt{1-x^2-y^2}\frac{1}{\sqrt{1-x^2-y^2}}\mathrm{d}x\mathrm{d}y$$

$$= \iint\limits_{D} \mathrm{d}x\mathrm{d}y = \pi.$$

抽象总结　解题过程中用到了区域对称性和函数的奇偶性在第一类曲面积分计算中的应用, 这个性质具有一般性, 请总结并给出相应的结论. 当然, 不必记忆这样的结论, 但是, 需要掌握具有对称性结构的题型的分割处理方法, 即按区域对称性, 对积分区域进行分割, 利用积分可加性, 利用变量代换, 转化为同一积分区域上的积分, 进行合并运算, 得到计算结果.

习　题　18.6

1. 计算下列曲面积分.

(1) $I = \iint\limits_{\Sigma} (x^2+xy+z)\mathrm{d}S$, Σ 为平面 $x+y+z=1$ 位于第一卦限中的部分;

(2) $I = \iint\limits_{\Sigma} (x^2+y^2)\mathrm{d}S$, Σ 为区域 $\sqrt{x^2+y^2} \leqslant z \leqslant 1$ 的界面;

(3) $I = \iint\limits_{\Sigma} (x^2+y^2)\mathrm{d}S$, Σ 为球面 $x^2+y^2+z^2=2z$ 夹在锥面 $x^2+y^2=z^2$ 内的部分;

(4) $I = \iint\limits_{\Sigma} x\mathrm{d}S$, $\Sigma: x=u\cos v, y=u\sin v, z=v, 0\leqslant u\leqslant a, 0\leqslant v\leqslant 2\pi$.

2. 分析下列积分的结构特点并给出计算.

(1) $I = \iint\limits_{\Sigma} (x^2+2y^2+3z^2)\mathrm{d}S$, 其中 Σ 为球面 $x^2+y^2+z^2=2y$;

(2)$I = \iint\limits_{\Sigma} (x+y+z)\mathrm{d}S$, 其中 $\Sigma: x^2+y^2+z^2=1, y\leqslant 0$.

第 19 章　多元向量值函数的积分

第 18 章讨论的多元数量值函数积分包括二重积分、三重积分、第一类曲线积分与第一类曲面积分, 是定积分在不同几何形体上的直接推广. 它们在概念上没有本质的差别, 都是某种“数量乘积的和”的极限. 第一类 (对弧长的) 曲线积分和第一类 (对面积的) 曲面积分对曲线和曲面没有方向性的要求. 但是, 人类在研究变力沿曲线做功和流体流过曲面一侧的流量的问题时, 对曲线和曲面的方向有要求, 本章借助这两个问题, 引出与曲线的走向有关的第二类曲线积分和与曲面的侧向有关的第二类曲面积分, 这两种积分是某种“向量的数量积的和”的极限, 称之为向量值函数的曲线积分与曲面积分.

19.1　第二类曲线积分

一、 背景问题和定义

1. 背景问题

问题 1　计算变力所做的功.

数学建模与抽象　建立空间坐标系, 将其抽象为数学问题.

引例　设变力 $\boldsymbol{F}(x,y,z)=\{P(x,y,z),Q(x,y,z),R(x,y,z)\}$ 作用在质点 M 上, 使质点沿曲线 l 从 A 点移至 B 点, 求 $\boldsymbol{F}(x,y,z)$ 对质点所做的功.

类比已知　常力 $\boldsymbol{F}$ 作用在质点上使质点沿直线从 A 点移动到 B 点, 则其所做的功为 $W=\boldsymbol{F}\cdot\overrightarrow{AB}$.

求解过程简析　为了利用常力做功的计算公式来计算变力做功, 仍采用积分思想在局部的微元上将变力做功近似为常力做功, 这就是变力做功的求解思想. 具体方法如下.

沿曲线 l 从 A 点至 B 点进行分割

$$T: A=A_0<A_1<\cdots<A_n=B,$$

这里, “$<$” 表示顺序.

记 $A_i(x_i,y_i,z_i),\Delta x_i=x_i-x_{i-1},\Delta y_i=y_i-y_{i-1},\Delta z_i=z_i-z_{i-1},\Delta x_i,\Delta y_i,\Delta z_i$ 可正可负, 利用微元法, 在微元上将其近似为常力做功, 利用极限实现近似到准确

的过渡, 因此, 任取中值点 $(\xi_i,\eta_i,\zeta_i)\in A_{i-1}A_i$, 在微元段 $A_{i-1}A_i$ 上近似为以 $\boldsymbol{F}(\xi_i,\eta_i,\zeta_i)$ 为常力的做功问题, 则所做的功为

$$W_i\approx\boldsymbol{F}(\xi_i,\eta_i,\zeta_i)\cdot\overrightarrow{A_{i-1}A_i}=P(\xi_i,\eta_i,\varsigma_i)\Delta x_i+Q(\xi_i,\eta_i,\varsigma_i)\Delta y_i+R(\xi_i,\eta_i,\varsigma_i)\Delta z_i,$$

故, 整个过程所做的功可以近似求解为

$$W\approx\sum_{i=1}^{n}[P(\xi_i,\eta_i,\varsigma_i)\Delta x_i+Q(\xi_i,\eta_i,\varsigma_i)\Delta y_i+R(\xi_i,\eta_i,\varsigma_i)\Delta z_i],$$

这样, 从近似角度, 变力做功问题得到解决.

同样, 为得到准确解, 必须借助极限工具来完成, 因此, 有了极限理论后, 变力做功为可以表示为

$$W=\lim_{\lambda(T)\to0}\sum_{i=1}^{n}[P(\xi_i,\eta_i,\varsigma_i)\Delta x_i+Q(\xi_i,\eta_i,\varsigma_i)\Delta y_i+R(\xi_i,\eta_i,\varsigma_i)\Delta z_i],$$

其中, $\lambda(T)$ 仍为分割细度. 至此, 变力做功问题得到解决.

抽象总结　从最后的结论看, 这又是一种黎曼和的极限, 实践表明, 工程技术领域中有大量的实际问题都可以表示为这类黎曼和的极限, 在数学上, 对这类有限和的极限进行高度抽象, 就形成第二类曲线积分的定义.

2. 定义

给定光滑有向曲线段 $\boldsymbol{l}:\overrightarrow{AB}$ (我们用这个符号强调了弧段的方向性, 即以始点为 A, 终点为 B 的有向弧段), $P(x,y,z)$ 为定义在 $\boldsymbol{l}$ 上的有界函数, 沿有向曲线 $\boldsymbol{l}$ 的方向对其进行分割, 即将 $\boldsymbol{l}$ 从始点 A 至终点 B 的方向分割:

$$T:A=A_0<A_1<\cdots<A_n=B,$$

记 $A_i(x_i,y_i,z_i)$, $\Delta x_i=x_i-x_{i-1}$, $i=1,2,\cdots,n$. 这里 Δx_i 为向量 $\overrightarrow{A_{i-1}A_i}$ 在 x 轴上的投影. 曲线上从点 A_{i-1} 到点 A_i 的有向弧段记为 $\overrightarrow{A_{i-1}A_i}$, 弧段的长度为 $|A_{i-1}A_i|$, 分割细度记为 $\lambda(T)=\max\limits_{i}\{|A_{i-1}A_i|\}$.

定义 1.1　若存在实数 I, 使对任意 T 及任意中值点的选择 $M_i(\xi_i,\eta_i,\varsigma_i)\in A_{i-1}A_i$, 都成立

$$\lim_{\lambda(T)\to0}\sum_{i=1}^{n}P(\xi_i,\eta_i,\zeta_i)\Delta x_i=I,$$

称 I 为 $P(x,y,z)$ 沿有向曲线 $\boldsymbol{l}$ 从 A 点至 B 点的对坐标变量 x 的第二类曲线积分, 记为 $\int_{\boldsymbol{l}}P(x,y,z)\mathrm{d}x$ 或者 $\int_{\overrightarrow{AB}}P(x,y,z)\mathrm{d}x$.

类似可定义其他两种形式的第二类曲线积分: $\int_{\overrightarrow{AB}} Q(x,y,z)\mathrm{d}y$, $\int_{\overrightarrow{AB}} R(x,y,z)\mathrm{d}z$. 上述三个第二类曲线积分通常同时出现, 通常合写为 $\int_{\overrightarrow{AB}} P\mathrm{d}x+Q\mathrm{d}y+R\mathrm{d}z$.

还可以结合物理背景问题给出第二类线积分的向量形式的定义: 给定向量值函数 $\boldsymbol{F}(x,y,z)=\{P(x,y,z),Q(x,y,z),R(x,y,z)\}$, 对上述分割和分点 $M_i(\xi_i,\eta_i,\varsigma_i)\in A_{i-1}A_i$ 的选择, 若极限 $\lim\limits_{\lambda(T)\to 0}\sum\limits_{i=1}^{n}\boldsymbol{F}(M_i)\cdot\overrightarrow{A_{i-1}A_i}$ 存在且与分割和中值点的选择无关, 则称此极限值为 $\boldsymbol{F}(x,y,z)$ 沿有向曲线段 $\boldsymbol{l}:\overrightarrow{AB}$ 从 A 点到 B 点的第二类曲线积分, 记为 $\int_{\overrightarrow{AB}}\boldsymbol{F}(x,y,z)\cdot\mathrm{d}\boldsymbol{r}$, 其中 $\mathrm{d}\boldsymbol{r}=\{\mathrm{d}x,\mathrm{d}y,\mathrm{d}z\}$, 因而, $\int_{\overrightarrow{AB}}\boldsymbol{F}(x,y,z)\cdot\mathrm{d}\boldsymbol{r}=\int_{\overrightarrow{AB}}P\mathrm{d}x+Q\mathrm{d}y+R\mathrm{d}z$.

特别注意, 在涉及第二类曲线积分时, 一定要指明曲线的方向.

也可以给出其 "ε-δ" 型定义 (略).

信息挖掘 (1) 从定义可知: 第二类曲线积分与 $\boldsymbol{l}$ 的方向有关. 事实上, 利用定义, 易得: $\int_{\overrightarrow{AB}} f(x,y,z)\mathrm{d}x=-\int_{\overrightarrow{BA}} f(x,y,z)\mathrm{d}x$.

(2) 第二类曲线积分的几何意义: 当 $f(x,y,z)\equiv 1$ 时, 由定义得

$$\int_{\overrightarrow{AB}} f(x,y,z)\mathrm{d}x=\mathrm{Pr\,j}_{\boldsymbol{i}}\overrightarrow{AB},$$

其中, $\boldsymbol{i}=(1,0,0)$, $\mathrm{Pr\,j}_{\boldsymbol{i}}\overrightarrow{AB}$ 为向量 $\overrightarrow{AB}$ 在 x 轴上的投影.

(3) 若 $\boldsymbol{l}$ 为落在 x 轴上的区间 $[a,b]$ 上的一段, 始点 $A(a,0,0)$, 终点 $B(b,0,0)$, 则

$$\int_{\overrightarrow{AB}} f(x,y,z)\mathrm{d}x=\int_a^b f(x,0,0)\mathrm{d}x,$$

这个性质为我们研究第二类曲线积分的计算提供了思路, 即化第二类曲线积分为定积分.

(4) 当 $\boldsymbol{l}=\overrightarrow{AB}$ 为平面曲线时, 第二类曲线积分为 $\int_{\overrightarrow{AB}} P(x,y)\mathrm{d}x+Q(x,y)\mathrm{d}y$.

(5) 当 $\boldsymbol{l}$ 是平面上的封闭曲线时, $\boldsymbol{l}$ 上的任一点可视为始点, 同时也是终点, 规定 $\boldsymbol{l}$ 的正方向为: 沿 $\boldsymbol{l}$ 行走时, $\boldsymbol{l}$ 所围的区域总在左侧——常说的逆时针方向.

(6) 变力所做的功正是对应的第二类曲线积分, 因此, 有了第二类曲线积分理论, 变力做功及其相应的实际问题就可以得以解决.

第二类曲线积分具有与定积分相似的大部分性质, 但是, 由于第二类曲线积分具有方向性, 因此, 有序性不成立, 由此带来的中值定理也不成立.

二、第二类曲线积分的计算

1. 基于基本公式的简单计算

思路的确立　从前述信息中可知, 应化第二类曲线积分为定积分计算. 进一步分析, 虽然曲线的一般方程为曲面的交线形式, 但是, 由于曲线的参数方程更直接地表示出各变元与参数的关系, 曲线的参数方程形式在应用时更方便, 由于曲线方程是单参量的, 因而可以猜想, 第二类曲线积分应该转化为对参量的定积分来计算, 和前面几类积分类似, 计算公式导出的关键仍是从定义的和式中分离参量的微元, 转化为对参量的定积分. 利用这种处理思想, 我们导出第二类曲线积分的计算公式.

给定有向曲线 $\boldsymbol{l}=\overrightarrow{AB}$: $\begin{cases} x=x(t), \\ y=y(t), \ \alpha\leqslant t\leqslant\beta, \\ z=z(t), \end{cases}$ 设

(1) $\boldsymbol{l}$ 是 C^1 光滑的: $(x(t),y(t),z(t))\in C'[\alpha,\beta]$;

(2) $\boldsymbol{l}$ 不自交: t 和曲线上的点一一对应;

(3) $A(x(\alpha),y(\alpha),z(\alpha)),B(x(\beta),y(\beta),z(\beta))$, 且当 t 由 α 单调递增到 β 时, 对应点沿 $\boldsymbol{l}$ 给定的方向从 A 移至 B;

(4) $P(x,y,z)$ 为定义在曲线上的连续函数.

定理 1.1　在条件 (1)~(4) 下成立

$$\int_{\boldsymbol{l}} P(x,y,z)\mathrm{d}x=\int_\alpha^\beta P(x(t),y(t),z(t))x'(t)\mathrm{d}t.$$

证明　对任意的沿 $\boldsymbol{l}$ 给定的方向从点 A 到点 B 方向的分割

$$T: A=A_0<A_1<\cdots<A_n=B,$$

其中, “ $<$ ” 表示顺序.

仍记 $A_i(x_i,y_i,z_i),\Delta x_i=x_i-x_{i-1}$, 则由点与参数的对应关系: 对任意的 A_i, 存在 $t_i\in[\alpha,\beta]$, 使 $x_i=x(t_i),y_i=y(t_i),z_i=z(t_i)$, 因而得分割

$$T':\ \alpha=t_0<t_1<\cdots<t_n=\beta,$$

由条件 (3), 此处 “$<$” 表示大小.

对任意选择的中值点 $(\xi_i,\eta_i,\varsigma_i)\in A_{i-1}A_i$, 存在 $\tau_i\in[t_{i-1},t_i]$, 使 $\xi_i=x(\tau_i),\eta_i=y(\tau_i),\varsigma_i=z(\tau_i)$. 利用微分中值定理, 存在 $\tau_i'\in[t_{i-1},t_i]$, 使得 $x(t_i)-x(t_{i-1})=x(\tau_i')\Delta t_i$, 其中 $\Delta t_i=t_i-t_{i-1}$, 故

$$\sum_{i=1}^n P\left(\xi_i,\eta_i,\varsigma_i\right)\Delta x_i=\sum_{i=1}^n P\left(x(\tau_i),y(\tau_i),z(\tau_i)\right)\left(x(t_i)-x(t_{i-1})\right)$$

$$=\sum_{i=1}^{n}P\left(x(\tau_i),y(\tau_i),z(\tau_i)\right)x'(\tau_i')\Delta t_i,$$

类似前面几节的处理方法, 则

$$\begin{aligned}\lim_{\lambda(T)\to 0}\sum_{i=1}^{n}P(\xi_i,\eta_i,\varsigma_i)\Delta x_i&=\lim_{\lambda(T')\to 0}\sum_{i=1}^{n}P(x(\tau_i),y(\tau_i),z(\tau_i))x'(\tau_i')\Delta t_i\\&=\int_\alpha^\beta P\left(x(t),y(t),z(t)\right)x'(t)\mathrm{d}t.\end{aligned}$$

类似, 若将条件 (3) 改为

(3′) $A\left(x(\beta),y(\beta),z(\beta)\right),B\left(x(\alpha),y(\alpha),z(\alpha)\right)$, 且当 t 由 β 单调递减到 α 时, 对应点沿 $\boldsymbol{l}$ 给定的方向从 A 移至 B. 此时, 成立:

定理 1.1′ 在条件 (1)、(2)、(3′)、(4) 下成立

$$\int_{\boldsymbol{l}}P(x,y,z)\mathrm{d}x=\int_\beta^\alpha P(x(t),y(t),z(t))x'(t)\mathrm{d}t.$$

当曲线分段单调时, 可以利用积分的可加性转化为上述两种情形, 因此, 上述两个结论给出了第二类曲线积分计算的基本公式.

抽象总结 上述结论将第二类曲线积分转化为定积分计算, 定积分的结构由被积函数和积分限组成, 分析上述定理中的定积分的结构, 被积函数相当于将曲线的参数方程代入第二类曲线积分中的被积函数和积分变元. 积分下限为曲线始点对应的参数, 上限为曲线终点对应的参数, 因此, 可以把这种基本的计算方法抽象总结为**定线定向代入法或三定一代方法**. 三定指的是确定曲线的参数方程, 确定曲线的方向, 确定参数与始点、终点的对应关系. 然后将对应的参数方程和积分限代入对应的定积分即可, 特别注意:

$\boldsymbol{l}$ 的始点 $A\leftrightarrow$ 对应参数 $\leftrightarrow$ 定积分下限;

$\boldsymbol{l}$ 的终点 $B\leftrightarrow$ 对应参数 $\leftrightarrow$ 定积分上限.

因此, 第二类线积分的计算关键在于确定曲线 $\boldsymbol{l}$ 的方向、参数方程, 并注意对应关系 (包含曲线上点与参数的一一对应关系, 参数与积分限的对应关系).

对自交的曲线可分段处理.

对其他形式的第二类曲线积分成立相应的计算公式.

例 1 计算 $I=\int_{\boldsymbol{l}}(x^2+y^2)\mathrm{d}x+(x^2-y^2)\mathrm{d}y$, 其中

(1) $\boldsymbol{l}$ 为折线 $y=1-|1-x|$, 方向由 $O(0,0)$ 到 $P(1,1)$, 再由 $P(1,1)$ 到 $B(2,0)$;

(2) $\boldsymbol{l}$ 沿 x 轴 O 到 $B:\boldsymbol{l}=\overrightarrow{OB}$.

解　(1) $\boldsymbol{l}$ 如图 19-1 所示. 将 $\boldsymbol{l}$ 分段, 记

$\boldsymbol{l}_1=\overrightarrow{OP}:y=x$, x 从 0 单调递增到 1, 对应的点由 O 点沿直线到 P 点;

$\boldsymbol{l}_2=\overrightarrow{PB}:y=2-x,x$ 从 1 单调递增到 2, 对应的点由 P 点沿直线到 B 点.

由公式, 则

$$\begin{aligned}I&=\int_{\boldsymbol{l}_1}(x^2+y^2)\mathrm{d}x+(x^2-y^2)\mathrm{d}y+\int_{\boldsymbol{l}_2}(x^2+y^2)\mathrm{d}x+(x^2-y^2)\mathrm{d}y\\&=\int_0^1(x^2+x^2)\mathrm{d}x+\int_0^1(x^2-x^2)\mathrm{d}x+\int_1^2(x^2+(2-x)^2)\mathrm{d}x\\&\quad+\int_1^2(x^2-(2-x)^2)(-1)\mathrm{d}x\\&=2\int_0^1x^2\mathrm{d}x+2\int_1^2(2-x)^2\mathrm{d}x=\frac{4}{3}.\end{aligned}$$

(2) 由于 $\boldsymbol{l}=\overrightarrow{OB}$: $y=0$, x 从 0 单调递增到 2, 故

$$I=\int_0^2(x^2+0)\mathrm{d}x+0=\frac{8}{3}.$$

总结　例 1 表明: 在具有相同的始点和终点的不同路径上的第二类曲线积分可能具有不同的值, 即第二类曲线积分一般与曲线的始点和终点及路径有关.

注意解题过程中有向曲线参数方程的表达方式, 我们没有简单地用参数区间来表示, 而是用单调性表明曲线的方向和对应的参数关系, 当然, 在具有唯一确定的单调性时, 也可以简单表示: “ x 从 0 单调递增到 1” 简单表示为 “$x:0\sim1$”; “x 从 1 单调递减到 -1” 简单表示为 “$x:1\sim-1$”.

例 2　计算 $I=\int_{\boldsymbol{l}}(x^2-2xy)\mathrm{d}x+(y^2-2xy)\mathrm{d}y$, 其中 $\boldsymbol{l}$ 为沿直线从 $A(1,-1)$ 到 $B(1,1)$, 再到 $C(-1,1)$, 再到 $D(-1,-1)$, 再到 A 的闭路 (如图 19-2).

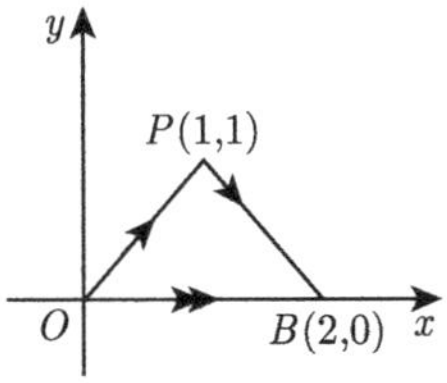

图 19-1

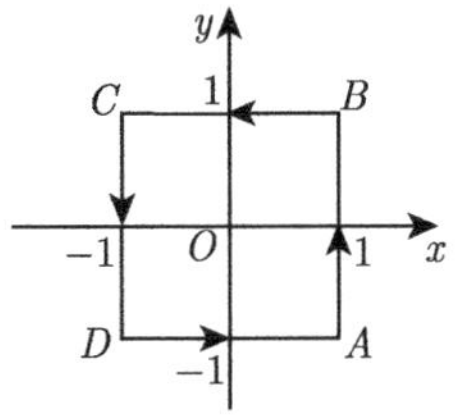

图 19-2

解　分段处理, 记

$$\boldsymbol{l}_1=\overrightarrow{AB}:x=1,\ y:-1\sim1;$$

$$\boldsymbol{l}_2=\overrightarrow{BC}: y=1, x: 1\sim -1;$$
$$\boldsymbol{l}_3=\overrightarrow{CD}: x=-1, y: 1\sim -1;$$
$$\boldsymbol{l}_4=\overrightarrow{DA}: y=-1, x: -1\sim 1.$$

故,

$$I_1=\int_{\boldsymbol{l}_1}(x^2-2xy)\mathrm{d}x+(y^2-2xy)\mathrm{d}y=\int_{-1}^{1}(y^2-2y)\mathrm{d}y=\frac{2}{3};$$
$$I_2=\int_{1}^{-1}(x^2-2x)\mathrm{d}x=-\frac{2}{3};$$
$$I_3=\int_{1}^{-1}(y^2+2y)\mathrm{d}y=-\frac{2}{3};$$
$$I_4=\int_{-1}^{1}(x^2+2x)\mathrm{d}x=\frac{2}{3}.$$

因此, $I=I_1+I_2+I_3+I_4$=0.

例 3 计算 $I=\oint_{\boldsymbol{l}}\frac{(x+y)\mathrm{d}x-(x-y)\mathrm{d}y}{x^2+y^2}$, $\boldsymbol{l}$ 为正向圆周曲线 $x^2+y^2=a^2$.

解 取 $A(a,0)$ 为始点, 则 A 同时也为终点, 方向为逆时针方向, 与此对应, 有向曲线的参数方程为 $\boldsymbol{l}:\begin{cases} x=a\cos\theta, \\ y=a\sin\theta, \end{cases}\quad \theta: 0\sim 2\pi$, 故,

$$\begin{aligned}I&=\int_0^{2\pi}\frac{1}{a^2}\left[-a(\cos\theta+\sin\theta)a\sin\theta-a(\cos\theta-\sin\theta)a\cos\theta\right]\mathrm{d}\theta\\&=\int_0^{2\pi}\left[-\cos\theta\sin\theta-\sin^2\theta-\cos^2\theta+\sin\theta\cos\theta\right]\mathrm{d}\theta=-2\pi.\end{aligned}$$

注意, 例 3 中, 在积分路径上成立 $x^2+y^2=a^2$, 因而, 积分可以直接简化为 $I=\frac{1}{a^2}\oint_{\boldsymbol{l}}(x+y)\mathrm{d}x-(x-y)\mathrm{d}y$. 因此, 要注意挖掘题目的结构特点, 利用结构特点进行简化.

考虑问题: 能用轮换对称性简化例 3 的计算吗? 若能, 如何正确使用轮换对称性? 利用轮换对称性后的结果是什么? 如下的轮换对称性的应用是否正确? 显然, 曲线 $\boldsymbol{l}$: $x^2+y^2=a^2$ 具有轮换对称性, 即将 x 轮换为 y, y 轮换为 x, 曲线方程不变, 因此, 利用轮换对称性, 则 $\oint_{\boldsymbol{l}}(x+y)\mathrm{d}x=\oint_{\boldsymbol{l}}(y+x)\mathrm{d}y$, 因而,

$$I=\frac{1}{a^2}\oint_l (x+y)\mathrm{d}x-(x-y)\mathrm{d}y=\frac{1}{a^2}\oint_l (y+x)\mathrm{d}y-(x-y)\mathrm{d}y=\frac{2}{a^2}\oint_l y\mathrm{d}y=0,$$

显然, 这个结果是错误的. 那么, 问题出在什么地方? 画出坐标系图, 从图上能直接看出问题所在: 即进行上述轮换之后, 虽然曲线方程不变, 但是, (x, y) 不再是右手系, 因此, 在轮换之后的坐标系中, 曲线的参数方程会发生形式上的变化. 事实上, 轮换之前的原坐标系下, 曲线的参数方程为 $\boldsymbol{l}:\begin{cases}x=a\cos\theta,\\ y=a\sin\theta,\end{cases}\ \theta:0\sim 2\pi$; 轮换之后的坐标系下, 曲线的参数方程为 $\boldsymbol{l}:\begin{cases}y=a\cos\theta,\\ x=a\sin\theta,\end{cases}\ \theta:0\sim 2\pi$, 这是发生问题的根本原因. 当然, 如果改变轮换形式, 将 x 轮换为 y, y 轮换为 $-x$, 则此时 (x, y) 仍是右手系, 在此坐标系下, 曲线参数方程形式不变, 因此, 在此轮换下, 有 $\oint_l (x+y)\mathrm{d}x=\oint_l (y-x)\mathrm{d}y$, 故

$$\begin{aligned}I&=\frac{1}{a^2}\oint_l (x+y)\mathrm{d}x-(x-y)\mathrm{d}y=\frac{1}{a^2}\oint_l (y-x)\mathrm{d}y-(x-y)\mathrm{d}y\\&=\frac{2}{a^2}\oint_l (y-x)\mathrm{d}y=-2\pi,\end{aligned}$$

得到正确的计算结果, 因此, 在利用轮换对称性时, 一定要注意正确使用. 当然, 造成这些问题的原因还是第二类曲线积分的方向性.

2. 基于结构特征的计算方法

例 4　计算 $I=\int_l (y^2-z^2)\mathrm{d}x+(z^2-x^2)\mathrm{d}y+(x^2-y^2)\mathrm{d}z$, 其中有向曲线 $\boldsymbol{l}$ 为单位球面 $x^2+y^2+z^2=1$ 在第一卦限中的闭路边界, 其方向为顺时针方向, 即从 $A(0,0,1)$ 到 $B(0,1,0)$, 再到 $C(1,0,0)$, 再到 A (如图 19-3).

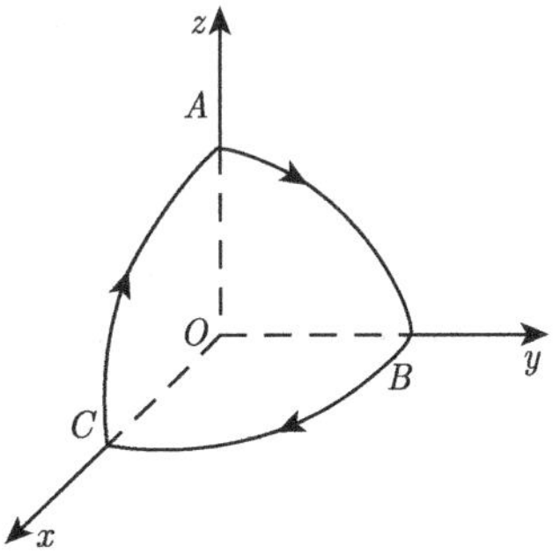

图 19-3

解　记 $\boldsymbol{l}_1=\overrightarrow{AB}$ 为曲线上从 A 到 B 的这一段, 按给定的方向和始点和终点的位置, 参数方程为

$$\boldsymbol{l}_1=\overrightarrow{AB}:\begin{cases}y=\cos\theta,\\ z=\sin\theta,\quad \theta:\dfrac{\pi}{2}\sim 0,\\ x=0,\end{cases}$$

故,

$$I_1=\int_{l_1}(y^2-z^2)\mathrm{d}x+(z^2-x^2)\mathrm{d}y+(x^2-y^2)\mathrm{d}z$$

$$=0+\int_{\frac{\pi}{2}}^{0}\sin^2\theta(-\sin\theta)\mathrm{d}\theta+\int_{\frac{\pi}{2}}^{0}(0-\cos^2\theta)\cos\theta\mathrm{d}\theta$$

$$=\int_0^{\frac{\pi}{2}}\left(\sin^3\theta+\cos^3\theta\right)\mathrm{d}\theta=\frac{4}{3},$$

利用轮换对称性 $I=3I_1=4$.

试分析为何此例可以利用轮换对称性.

例 5 计算下列第二类曲线积分:

$$(1)\ I_1=\int_l x\mathrm{d}x;\quad (2)\ I_2=\int_l x^2\mathrm{d}x;\quad (3)\ I_3=\int_l x\mathrm{d}y;\quad (4)\ I_1=\int_l x^2\mathrm{d}y,$$

其中有向曲线 $\boldsymbol{l}$ 为沿抛物线 $y=x^2$ 从点 $B(1,1)$ 到点 $A(-1,1)$.

解 将有向曲线分为左右对称的两段, 记

有向曲线 $\boldsymbol{l}_1$: $y=x^2,x:\ 1\sim 0$, 有向曲线 $\boldsymbol{l}_2$: $y=x^2,x:\ 0\sim -1$, 代入公式, 则

$$(1)\ I_1=\int_{l_1}x\mathrm{d}x+\int_{l_2}x\mathrm{d}x=\int_1^0 x\mathrm{d}x+\int_0^{-1}x\mathrm{d}x=-\frac{1}{2}+\frac{1}{2}=0;$$

$$(2)\ I_2=\int_{l_1}x^2\mathrm{d}x+\int_{l_2}x^2\mathrm{d}x=\int_1^0 x^2\mathrm{d}x+\int_0^{-1}x^2\mathrm{d}x=-\frac{1}{3}-\frac{1}{3}=-\frac{2}{3};$$

$$(3)\ I_3=\int_{l_1}x\mathrm{d}y+\int_{l_2}x\mathrm{d}y=\int_1^0 2x^2\mathrm{d}x+\int_0^{-1}2x^2\mathrm{d}x=-\frac{2}{3}-\frac{2}{3}=-\frac{4}{3};$$

$$(4)\ I_4=\int_{l_1}x^2\mathrm{d}y+\int_{l_2}x^2\mathrm{d}y=\int_1^0 2x^3\mathrm{d}x+\int_0^{-1}2x^3\mathrm{d}x=-\frac{1}{2}+\frac{1}{2}=0.$$

我们将上述解题过程分解得很细, 便于观察被积函数的奇偶性和积分路径的对称性在第二类曲线积分计算中的应用, 由此可以看出, 这类性质在涉及有方向性的积分的计算中对应的结论比较复杂, 一般和被积函数、积分变量、不同的对称性 (不同的对称轴) 都有关系, 因此, 不必记忆结论, 掌握处理此类题型的思想和方法, 即按对称性进行分段处理.

当然, 虽然不要求记忆结论, 读者可以自行总结相应的结论.

例 6 计算 $I=\int_l(x^2y^2+y^4)\left[f(xy)\mathrm{d}x+g(xy)\right]\mathrm{d}y$, 其中有向曲线 $\boldsymbol{l}$ 为正向单位圆周 $x^2+y^2=1$, 其中, $f(t)$ 为连续的偶函数, $g(t)$ 为连续的奇函数.

结构分析 从结构看, 被积函数具有奇、偶函数特征, 积分路径具有对称性, 可以考虑利用这两个特性处理; 由于具体的结论较为复杂, 我们可以利用相应的处理思想进行处理, 即按对称性对积分区域进行分割, 在两个对称的积分区域上建立联系.

解　记 $I_1=\int_l (x^2y^2+y^4)f(xy)\mathrm{d}x;\ I_2=\int_l (x^2y^2+y^4)g(xy)\mathrm{d}y.$

先计算 I_1, I_1 是对坐标 x 的第二类曲线积分, 按关于变量 x 的对称性将积分曲线分割, 记

$$\boldsymbol{l}_1: y=\sqrt{1-x^2},\ x:1\sim -1,\quad \boldsymbol{l}_2: y=-\sqrt{1-x^2},\ x:-1\sim 1,$$

则

$$\begin{aligned}I_1&=\left[\int_{\boldsymbol{l}_1}+\int_{\boldsymbol{l}_2}\right]\left(x^2y^2+y^4\right)f(xy)\mathrm{d}x\\&=\int_1^{-1}\left(x^2(1-x^2)+(1-x^2)^2\right)f\left(-x\sqrt{1-x^2}\right)\mathrm{d}x\\&\quad+\int_{-1}^{1}\left(x^2\left(1-x^2\right)+\left(1-x^2\right)^2\right)f\left(x\sqrt{1-x^2}\right)\mathrm{d}x,\end{aligned}$$

利用被积函数的奇偶性质, 则

$$\begin{aligned}I_1=&-\int_{-1}^{1}\left(x^2(1-x^2)+(1-x^2)^2\right)f\left(x\sqrt{1-x^2}\right)\mathrm{d}x\\&+\int_{-1}^{1}\left(x^2\left(1-x^2\right)+\left(1-x^2\right)^2\right)f\left(x\sqrt{1-x^2}\right)\mathrm{d}x=0.\end{aligned}$$

再计算 I_2, I_2 是对坐标 y 的第二类曲线积分, 按关于变量 y 的对称性将积分曲线分割, 记

$$\boldsymbol{l}_3: x=\sqrt{1-y^2},\ y:-1\sim 1,\quad \boldsymbol{l}_4: x=-\sqrt{1-y^2},\ y:1\sim -1,$$

则

$$\begin{aligned}I_2&=\left[\int_{\boldsymbol{l}_3}+\int_{\boldsymbol{l}_4}\right]\left(x^2y^2+y^4\right)g(xy)\mathrm{d}x\\&=\int_{-1}^{1}\left(y^2(1-y^2)+y^4\right)g(y\sqrt{1-y^2})\mathrm{d}y\\&\quad+\int_1^{-1}\left(y^2(1-y^2)+y^4\right)g\left(-y\sqrt{1-y^2}\right)\mathrm{d}y,\end{aligned}$$

利用被积函数的奇偶性质, 则

$$I_2=\int_{-1}^{1}\left(y^2(1-y^2)+y^4\right)g\left(y\sqrt{1-y^2}\right)\mathrm{d}y$$

$$
\begin{aligned}
&+\int_{-1}^{1}\left(y^2(1-y^2)+y^4\right)g\left(y\sqrt{1-y^2}\right)\mathrm{d}y\\
&=2\int_{-1}^{1}\left(y^2(1-y^2)+y^4\right)g\left(y\sqrt{1-y^2}\right)\mathrm{d}y,
\end{aligned}
$$

再次利用被积函数的奇偶性, 则 $I_2=0$.

因而, $I=I_1+I_2=0$.

注 在上述计算过程中, 虽然对 I_1, I_2 有相同的结果 $I_1=I_2=0$, 但是, 得到相同结果的原因并不完全相同, 试自行分析其原因.

下面, 我们建立空间曲线与其投影曲线上的第二类曲线积分的联系.

定理 1.2 设空间光滑曲线 l 落在曲面 $S: z=z(x,y)$, l' 为其在 xOy 平面上的投影曲线, 则

$$
\int_l P(x,y,z)\mathrm{d}x+Q(x,y,z)\mathrm{d}y=\int_{l'}P(x,y,z(x,y))\mathrm{d}x+Q(x,y,z(x,y))\mathrm{d}y.
$$

证明 设 l' 的方程为

$$
l':\begin{cases} x=x(t),\\ y=y(t),\end{cases}\quad t:\alpha\sim\beta,
$$

则空间曲线为

$$
l:\begin{cases} x=x(t),\\ y=y(t),\\ z=z(x(t),y(t)),\end{cases}\qquad t:\alpha\sim\beta,
$$

代入公式验证即可.

更复杂路径上的第二类曲线积分的计算将在后面继续讨论.

三、 两类曲线积分间的联系

给定有向曲线段 $\boldsymbol{l}=\overrightarrow{AB}$ 和定义在曲线段上的函数 $P(x,y,z)$, 则可以定义如下两类曲线积分:

$$
\text{第一类曲线积分}\int_l P(x,y,z)\mathrm{d}s;
$$

$$
\text{第二类曲线积分}\int_l P(x,y,z)\mathrm{d}x.
$$

首先指出的是: 两类曲线积分是在 l 上定义的两类不同的积分, 二者有明显的区别, 这些区别从定义和计算公式中都可以反映出来. 但如上所示的两类曲线积分又是同一函数在同一曲线上的积分, 应该有联系. 下面, 我们来寻找二者的联系.

对二者作简单分析：从计算公式可知，二者都可以转化为对参数的定积分来计算，由此，确定解决问题的一个思路是：将二者转化为对同一个参数的定积分，由此建立二者的联系.

设曲线为

$$l:\begin{cases} x=x(t),\\ y=y(t), \qquad \alpha\leqslant t\leqslant\beta,\\ z=z(t),\end{cases}$$

且设 $A(x(\alpha),y(\alpha),z(\alpha))$, $B(x(\beta),y(\beta),z(\beta))$, 当 t 从 α 递增到 β 时，动点 $M(x(t),y(t),z(t))$ 从 A 点沿曲线 l 移动到 B 点，由计算公式，则

$$\int_l P(x,y,z)\mathrm{d}s=\int_\alpha^\beta P(x(t),y(t),z(t))\sqrt{x'^2(t)+y'^2(t)+z'^2(t)}\mathrm{d}t,$$

$$\int_l P(x,y,z)\mathrm{d}x=\int_\alpha^\beta P(x(t),y(t),z(t))x'(t)\mathrm{d}t,$$

其中，第二类曲线积分的曲线方向取为从 A 到 B 方向. 分析上述公式可知，要建立二者的联系，必须建立 $x'(t)$ 与 $\sqrt{x'^2(t)+y'^2(t)+z'^2(t)}$ 的联系. 至此，问题转化为：这两个因子间有何联系？或者，是否有一个量能将二者联系在一起？这个量是什么？换一个角度，对给定的空间曲线，已知的量中哪个量与 $\{x'(t),y'(t),z'(t)\}$ 有关？显然，这个量就是曲线的切向量. 下面，利用曲线的切向量建立联系.

由空间解析几何理论可知，曲线上任意一点 $M_0(x(t_0),y(t_0),z(t_0))$ 的单位切向量为 $\boldsymbol{\tau}_{M_0}=\pm\dfrac{1}{\sqrt{x'^2(t_0)+y'^2(t_0)+z'^2(t_0)}}\{x'(t_0),y'(t_0),z'(t_0)\}$, 由此，形式 $x'(t)$ 与 $\sqrt{x'^2(t)+y'^2(t)+z'^2(t)}$ 的量都统一到上述单位切向量中，切向量中的“±”表示两个相反的切线方向.

由于第二类曲线积分与曲线的方向有关，因此，必须确定与曲线方向对应的切线方向.

假设曲线方向为参量 t 增加时的曲线方向，下面，我们计算在点 $M_0(x(t_0),y(t_0),z(t_0))$ 处与曲线方向对应的切线方向.

根据切线的定义，取点 $M(x(t),y(t),z(t))(t>t_0)$, 与曲线方向一致的割线方向为 $\overrightarrow{M_0M}\ \{x(t)-x(t_0),y(t)-y(t_0),z(t)-z(t_0)\}$, 因此，若假设 M_0 点对应的切线方向的方向余弦为 $\boldsymbol{\tau}_{M_0}=\{\cos\alpha(t_0),\cos\beta(t_0),\cos\gamma(t_0)\}$, 则

$$\begin{aligned}\cos\alpha(t_0)&=\lim_{t\to t_0^+}\cos\left\langle\overrightarrow{M_0M},\boldsymbol{i}\right\rangle=\lim_{t\to t_0^+}\frac{\overrightarrow{M_0M}\cdot\boldsymbol{i}}{|\overrightarrow{M_0M}|\times|\boldsymbol{i}|}\\&=\lim_{t\to t_0^+}\frac{x(t)-x(t_0)}{\sqrt{(x(t)-x(t_0))^2+(y(t)-y(t_0))^2+(z(t)-z(t_0))^2}}\end{aligned}$$

$$=\frac{x'(t_0)}{\sqrt{x'^2(t_0)+y'^2(t_0)+z'^2(t_0)}},$$

类似,

$$\cos\beta(t_0)=\frac{y'(t_0)}{\sqrt{x'^2(t_0)+y'^2(t_0)+z'^2(t_0)}},$$

$$\cos\gamma(t_0)=\frac{z'(t_0)}{\sqrt{x'^2(t_0)+y'^2(t_0)+z'^2(t_0)}}.$$

显然, 若曲线方向为参量减少的方向, 对应此曲线方向的切向量为

$$\boldsymbol{\tau}_{M_0}=-\frac{1}{\sqrt{x'^2(t_0)+y'^2(t_0)+z'^2(t_0)}}\{x'(t_0),y'(t_0),z'(t_0)\}.$$

因此, 若设曲线方向为参量 t 增加的方向, 动点 $M(x(t),y(t),z(t))$ 处对应于曲线方向的切线方向为 $\boldsymbol{\tau}_M=\{\cos\alpha(t),\cos\beta(t),\cos\gamma(t)\}$, 则

$$\cos\alpha(t)\sqrt{x'^2(t)+y'^2(t)+z'^2(t)}=x'(t),$$

$$\cos\beta(t)\sqrt{x'^2(t)+y'^2(t)+z'^2(t)}=y'(t),$$

$$\cos\gamma(t)\sqrt{x'^2(t)+y'^2(t)+z'^2(t)}=z'(t),$$

由线积分的计算公式, 则

$$\begin{aligned}\int_l P(x,y,z)\cos\alpha(t)\mathrm{d}s&=\int_\alpha^\beta P(x(t),y(t),z(t))\cos\alpha(t)\sqrt{x'^2(t)+y'^2(t)+z'^2(t)}\mathrm{d}t\\&=\int_\alpha^\beta P(x(t),y(t),z(t))x'(t)\mathrm{d}t,\end{aligned}$$

同时, 若曲线方向为参量 t 增加的方向, 则

$$\int_l P(x,y,z)\mathrm{d}x=\int_\alpha^\beta P(x(t),y(t),z(t))x'(t)\mathrm{d}t,$$

故,

$$\int_l P(x,y,z)\cos\alpha(t)\mathrm{d}s=\int_l P(x,y,z)\mathrm{d}x,$$

类似,

$$\int_l Q(x,y,z)\cos\beta(t)\mathrm{d}s=\int_l Q(x,y,z)\mathrm{d}y,$$

$$\int_l R(x,y,z)\cos\gamma(t)\mathrm{d}s = \int_l R(x,y,z)\mathrm{d}z,$$

因而也有

$$\int_{\boldsymbol{l}} P\mathrm{d}x + Q\mathrm{d}y + R\mathrm{d}z = \int_l [P\cos\alpha(t) + Q\cos\beta(t) + R\cos\gamma(t)]\,\mathrm{d}s,$$

其中, $\boldsymbol{l}$ 的方向为参数增加的方向, 这就是两类曲线积分关系式.

习　题　19.1

1. 计算下列第二类曲线积分.

(1) $I=\int_{\boldsymbol{l}}(x+y)\mathrm{d}x+(x-y)\mathrm{d}y$, $\boldsymbol{l}$ 为沿抛物线 $y=x^2$ 从点 $A(1,1)$ 到点 $B(-1,1)$.

(2) $I=\int_{\boldsymbol{l}}y^2\mathrm{d}x+x^2\mathrm{d}y$, $\boldsymbol{l}$ 为沿折线从点 $A(1,1)$ 到点 $B(-1,1)$ 再到 $O(0,0)$.

(3) $I=\int_{\boldsymbol{l}}\cos x\mathrm{d}x+\sin x\mathrm{d}y$, ① $\boldsymbol{l}$ 为沿曲线 $y=\sin x$ 从点 $O(0,0)$ 到点 $B(\pi,0)$; ② $\boldsymbol{l}$ 为沿 x 轴从点 $O(0,0)$ 到点 $B(\pi,0)$.

(4) $I=\oint_{\boldsymbol{l}}x^2\mathrm{d}x+y^2\mathrm{d}y$, $\boldsymbol{l}$ 为沿闭曲线 $x^2+y^2=1$ 的逆时针方向.

(5) $I=\oint_{\boldsymbol{l}}(x^2+4y^2-3)\mathrm{d}x+(x-1)\mathrm{d}y$, $\boldsymbol{l}$ 为沿闭曲线 $\dfrac{x^2}{4}+y^2=1$ 的逆时针方向.

(6) $I=\int_{\boldsymbol{l}}x\mathrm{d}y-y\mathrm{d}x$, ① $\boldsymbol{l}$ 为沿上半圆周曲线 $x^2+y^2=a$ 从点 $A(-a,0)$ 到点 $B(a,0)$; ② $\boldsymbol{l}$ 为沿 x 轴从点 $A(-a,0)$ 到点 $B(a,0)$.

(7) $I=\int_{\boldsymbol{l}}y\mathrm{d}x+z\mathrm{d}y+x\mathrm{d}z$, $\boldsymbol{l}$ 为交线 $\begin{cases}x^2+y^2=1,\\ x+z=1,\end{cases}$ 从 x 轴方向看为逆时针方向.

(8) $I=\int_{\boldsymbol{l}}(y-x)\mathrm{d}x+(z^2-xy)\mathrm{d}y+(x^3+xy^2)\mathrm{d}z$, $\boldsymbol{l}$ 为交线 $\begin{cases}x^2+y^2+z^2=2,\\ z^2=x^2+y^2,\end{cases}$ 从 x 轴方向看为逆时针方向.

2. 计算第二类曲线积分 $I=\int_{\boldsymbol{l}}P(x,y)\mathrm{d}x+Q(x,y)\mathrm{d}y$, 其中 $\boldsymbol{l}$ 为:

(1) 沿上半圆周曲线 $x^2+y^2=a$ 从点 $A(-a,0)$ 到点 $B(a,0)$;

(2) 沿 x 轴从点 $A(-a,0)$ 到点 $B(a,0)$;

(3) 沿折线从点 $A(-a,0)$ 到点 $C(b,c)$ 再到点 $B(a,0)$;

(4) 沿抛物线 $y=k(x-a)(x+a)$ 点 $A(-a,0)$ 到点 $B(a,0)$.

3. 利用两类曲线积分的联系进行计算 $I=\int_{\boldsymbol{l}}x\mathrm{d}y-y\mathrm{d}x$, 其中 $\boldsymbol{l}$ 为沿上半圆周曲线 $x^2+y^2=1$ 从点 $A(-1,0)$ 到点 $B(1,0)$.

4. 利用 (轮换) 对称性进行计算:

(1) $I=\int_l x\mathrm{d}y+y\mathrm{d}x+z\mathrm{d}x$, 其中 l 为平面 $x+y+z=1$ 与三个坐标面的交线, 取逆时针方向.

(2) $I=\int_l \left(x^2+y^2\right)\mathrm{d}z+\left(y^2+z^2\right)\mathrm{d}x+\left(z^2+x^2\right)\mathrm{d}y$, 其中 l 为平面 $x^2+y^2+z^2=1$ 与三个坐标面的交线, 取逆时针方向.

5. 简要列出第二类曲线积分的主要性质. 进一步问: 积分中值定理成立吗? 试以 $\int_l \mathrm{d}x=0$ (l 为正向单位圆周曲线) 为例加以说明.

19.2 第二类曲面积分

类比第二类曲线积分, 第二类曲面积分也应该和方向有关, 因此, 我们先引入曲面侧 (方向) 的概念.

一、 曲面的侧

曲面是日常生活中常见的几何图形, 就我们对曲面的直接的认识看, 曲面应有两个侧面, 常说的正面和背面, 这类曲面为双侧曲面. 如一张白纸就是一个简单的双侧平面, 这种曲面具有这样的性质: 假设一只蚂蚁在曲面上沿闭路爬行, 不经过边界, 回到原位仍在同一侧. 但是, 确实存在只有一个侧的曲面——单侧曲面, 如默比乌斯 (Mobius) 带——将矩形的纸条的一端反转 360°, 再与另一端对接, 就形成默比乌斯带 (如图 19-4 所示). 它具有这样的性质: 从曲面上任一点不经过边界可达到曲面上任一点; 或者曲面上任意两点都可以用不经过边界的曲线连接.

我们本节要介绍的积分, 就与曲面的侧有关. 那么, 如何从数学上给出曲面侧的严格定义?

设 Σ 是非闭的光滑曲面, 因而, 曲面上每一点都有切平面和两个相反的法线方向, 动点 M 从定点 M_0 出发, 沿 Σ 上一个不过 Σ 的边界的闭路 Γ 从 M_0 出发再回到 M_0 点, 取定 M_0 的一个法线方向为出发时的方向, 当 M 从 M_0 点连续运动时, 法线方向也连续变化 (如图 19-5 所示).

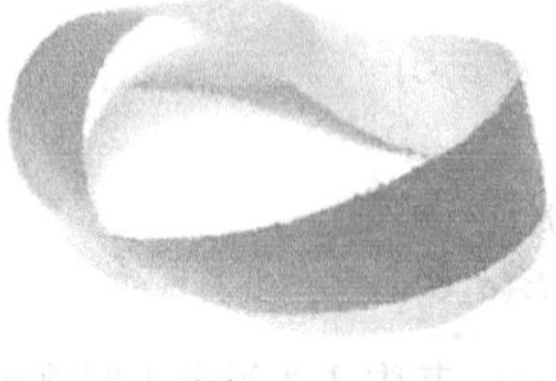

图 19-4

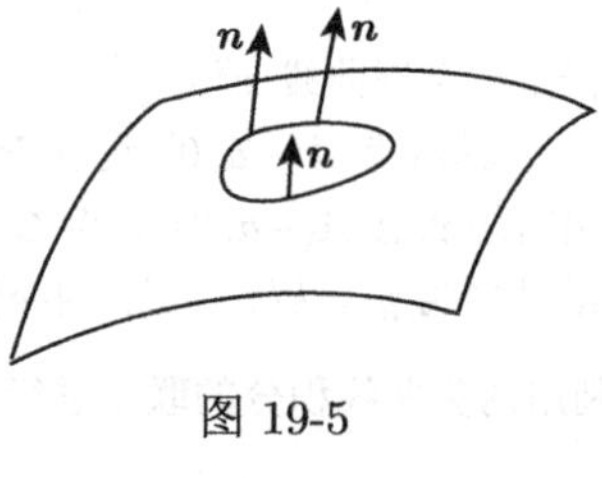

图 19-5

定义 2.1 若动点 M 沿任意的闭路 Γ 从 M_0 出发又回到 M_0 时, 指定的法线方向不变, 称 Σ 为双侧曲面; 若存在一个闭路 Γ, 使得动点 M 沿 Γ 从 M_0 出发又回到 M_0 时, 指定的法线方向与原指定的法线方向相反, 称 Σ 为单侧曲面.

常见的都是双侧曲面, 因而, 今后我们只讨论双侧曲面. 既然是双侧曲面, 其必有两个侧, 因而须指明曲面的侧, 用于表明曲面的方向.

二、 双侧曲面的方向

我们给出双侧曲面的两个侧的描述, 用于规定曲面侧的方向.

设 Σ 是双侧曲面, 任取 $M_0 \in \Sigma$, 选定 M_0 的切平面法线的其中的一个方向, 则 Σ 上其他任何一点切平面的法线的法向也确定: 当 M_0 不越过边界移至此点时对应的法向既是此点的法向, 由此就确定了曲面的一个侧, 改变选定的法向, 即得另一侧.

我们给出侧的定量描述.

假设双侧曲面 Σ 相对于 z 轴是简单的光滑曲面 (即用平行于 z 轴的直线穿过曲面, 与曲面只有一个交点), 则曲面可以表示为 Σ: $z = z(x, y)$, 其中, $z(x, y)$ 具连续偏导数, 因而, Σ 上任一点 (x, y, z) 都存在切平面, 点 (x, y, z) 处的法线的方向余弦为

$$\cos\alpha = \pm\frac{-z_x}{\sqrt{1+z_x^2+z_y^2}}, \quad \cos\beta = \pm\frac{-z_y}{\sqrt{1+z_x^2+z_y^2}}, \quad \cos\gamma = \pm\frac{1}{\sqrt{1+z_x^2+z_y^2}},$$

其中 $+$, $-$ 对应于两个相反的法向, 因而, 选定一个符号, 确定一个对应的法向, 进而确定曲面的一个侧.

为了后面计算方便, 我们给出各种侧的规定.

设曲面相对于 z 轴方向为简单曲面 (图 19-6), 规定:

若 $\cos\gamma > 0$, 或 $\langle \boldsymbol{n}, \boldsymbol{k} \rangle = \gamma$ 为锐角, 对应的侧称为上侧;

若 $\cos\gamma < 0$, 或 $\langle \boldsymbol{n}, \boldsymbol{k} \rangle = \gamma$ 为钝角, 对应的侧称为下侧.

当 $\cos\gamma = 0$ 时, 曲面与 z 轴平行, 此时, 曲面相对 z 轴为非简单曲面, 因而, 相对于 z 轴没有侧, 可以从其他坐标轴的方向研究曲面.

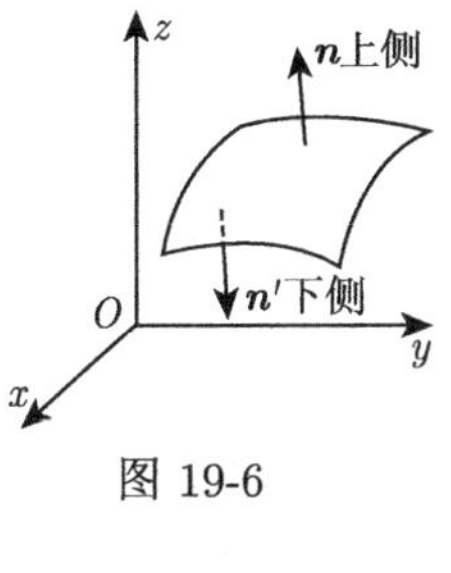

图 19-6

设曲面相对于 y 轴方向为简单曲面 (图 19-7), 规定:

若 $\cos\beta > 0$, 或 $\langle \boldsymbol{n}, \boldsymbol{j} \rangle = \beta$ 为锐角, 对应的侧称为右侧;

若 $\cos\beta < 0$, 或 $\langle \boldsymbol{n}, \boldsymbol{j} \rangle = \beta$ 为钝角, 对应的侧称为左侧.

设曲面相对于 x 轴方向为简单曲面 (图 19-8), 规定:

若 $\cos\alpha > 0$ 或 $\langle \boldsymbol{n}, \boldsymbol{i} \rangle = \alpha$ 为锐角, 对应的侧称为前侧;

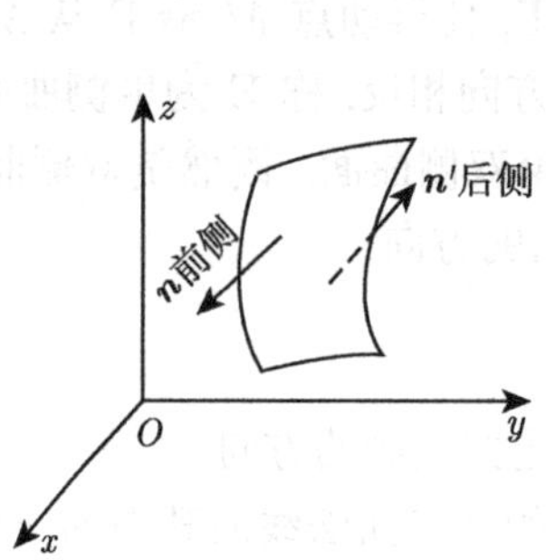

图 19-7

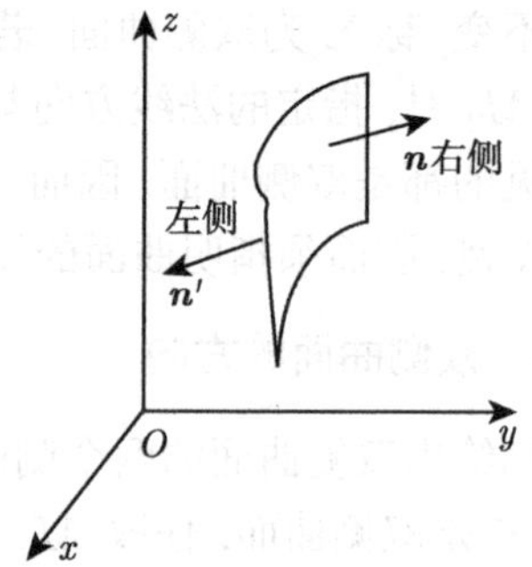

图 19-8

若 $\cos\alpha<0$ 或 $\langle \boldsymbol{n},\boldsymbol{i}\rangle=\alpha$ 为钝角, 对应的侧称为后侧.

上述规定的侧只是为了后面计算不同类型的第二类曲面积分的方便, 因此, 对同一个曲面 Σ, 从不同的方向观察, 它可以视为具上、下侧的曲面, 又可视为具右、左侧或前、后侧的曲面.

若曲面为封闭曲面, 规定: 向着所围立体的一侧称为内侧; 背着所围立体的一侧称为外侧.

为讨论上的简便, 我们引入无重点曲面 (也是一种简单曲面).

设 $\Sigma:\begin{cases} x=x(u,v),\\ y=y(u,v),\\ z=z(u,v),\end{cases}$ $(u,v)\in D$, 若 D 中点 (u,v) 和 Σ 上的点 (x,y,z) 是一一对应的, 即一对参数 (u,v) 只能确定唯一的点, 称 Σ 为无重点曲面.

存在有重点曲面, 如闭球面, 对有重点曲面可通过分割化为无重点曲面, 因此, 我们以无重点曲面为例引入第二类曲面积分的定义.

三、 第二类曲面积分的定义

1. 背景问题

问题 1 不可压缩流体的流量问题, 假设有不可压缩的流体流经曲面块, 计算单位时间内流过此曲面块的流量.

数学建模与抽象 建立空间直角坐标系, 将上述问题抽象为数学问题.

引例 设不可压缩的流体 (密度为 1) 流经曲面块 Σ, 从曲面块的一侧流向另一侧, 假设其流速为 $\boldsymbol{v}=\{P(x,y,z),Q(x,y,z),R(x,y,z)\}$, 计算单位时间内流过曲面 Σ 的流量.

1) 类比已知

可以合理假设, 此时我们应该已知常速流量的计算公式: 假设流速为常向量 $\boldsymbol{v}=\{P,Q,R\}$, 流经的曲面为平面 Σ, 其流向对应于平面的法线方向 $\boldsymbol{n}$, 平面的面积为 S, 则流量为 $\boldsymbol{v}\cdot\boldsymbol{n}S$.

2) 求解过程简析

我们仍然利用“从近似到准确”的研究思路, 利用积分的思想和方法来处理. 即通过对曲面的分割, 将其分割成 n 个小曲面块, 在每一个小曲面块 (微元) 上, 利用已知理论对其近似计算, 即小曲面块近似为平面, 任取曲面块上一点, 其对应的流速和法向视为整个小曲面块近似为平面块时的流速和流向, 利用已知公式就可以得到小曲面块上的近似计算. 然后通过求和, 就得到整个曲面上的近似计算结果.

当然, 极限理论产生后, 利用极限就可以进行准确计算.

下面, 我们给出简要的过程.

对曲面的任意分割 $T:\Sigma_1,\Sigma_2,\cdots,\Sigma_n$, 对任意选择的中值点 $M_i(\xi_i,\eta_i,\zeta_i)\in\Sigma_i$, $i=1,2,\cdots,n$, 则流经曲面块 Σ_i 的流量近似为

$$\boldsymbol{v}(M_i)\cdot\boldsymbol{n}(M_i)\times\Delta S_i=[P(M_i)\cos\alpha_i+Q(M_i)\cos\beta_i+R(M_i)\cos\gamma_i]\,\Delta S_i,$$

其中, $\boldsymbol{n}(M_i)=(\cos\alpha_i,\cos\beta_i,\cos\gamma_i)$ 对应于流向方向的法线方向, ΔS_i 为曲面块 Σ_i 的面积, 故, 所求的总流量近似为

$$\sum_{i=1}^{n}[P(M_i)\cos\alpha_i+Q(M_i)\cos\beta_i+R(M_i)\cos\gamma_i]\,\Delta S_i,$$

至此, 完成了流量的近似计算.

利用极限理论, 流量计算可以转化为下述和式的极限:

$$\begin{aligned}
&\lim_{\lambda(T)\to0}\sum_{i=1}^{n}\boldsymbol{v}(M_i)\cdot\boldsymbol{n}(M_i)\cdot\Delta S_i\\
=&\lim_{\lambda(T)\to0}\sum_{i=1}^{n}[P(M_i)\cos\alpha_i+Q(M_i)\cos\beta_i+R(M_i)\cos\gamma_i]\,\Delta S_i\\
=&\lim_{\lambda(T)\to0}\left\{\sum_{i=1}^{n}P(M_i)\cos\alpha_i\Delta S_i+\sum_{i=1}^{n}Q(M_i)\cos\beta_i\Delta S_i+\sum_{i=1}^{n}R(M_i)\cos\gamma_i\Delta S_i\right\}\\
=&\lim_{\lambda(T)\to0}\sum_{i=1}^{n}P(M_i)\cos\alpha_i\Delta S_i+\lim_{\lambda(T)\to0}\sum_{i=1}^{n}Q(M_i)\cos\beta_i\Delta S_i\\
&+\lim_{\lambda(T)\to0}\sum_{i=1}^{n}R(M_i)\cos\gamma_i\Delta S_i,
\end{aligned}$$

其中 $\lambda(T)=\max\{\Delta S_i,i=1,2,\cdots,n\}$ 为曲面的分割细度.

抽象总结 上述结果还是一种黎曼和的极限,很自然地要引入对应的积分,显然,这种积分就是本节将要介绍的第二类曲面积分. 当然,第二类曲面积分的背景不仅是流量的计算问题,工程技术中,很多问题的解决都会产生上述有限和的极限,因此,第二类曲面积分具有广泛的应用背景.

上述结果中,三个和式极限即可以作为整体引入对应的定义,也可以独立地对分项形式,从不同的角度引入不同形式的第二类曲面积分. 我们将从三个分项形式出发引入第二类曲面积分.

特别注意,最后的结果中,还包含有面积要素. 事实上,利用面积计算公式,$|\cos\gamma_i\Delta S_i|$ 正是第 i 个小曲面块 Σ_i 在 xOy 坐标面上投影区域的面积,类似,$|\cos\alpha_i\Delta S_i|$, $|\cos\beta_i\Delta S_i|$ 是 Σ_i 在 yOz 坐标面、xOz 坐标面上投影区域的面积,这种面积与选定曲面的侧对应,为此先引入区域的有向投影及有向面积的概念

2. 双侧曲面的有侧 (向) 投影和有侧 (向) 面积

我们首先从不同的坐标轴为观察方向,分类引入相关概念.

情形 1 Σ **为具有上、下侧的双侧曲面**.

定义 2.2 设 D 是 xOy 坐标面内具有上、下侧的双侧平面区域,如果实数 $\boldsymbol{s}_D$ 满足:

$$\boldsymbol{s}_D=\begin{cases} S_D, & \text{取 } D \text{ 为上侧时},\\ -S_D, & \text{取 } D \text{ 为下侧时}, \end{cases}$$

其中 S_D 为区域 D 的面积,称 $\boldsymbol{s}_D$ 为双侧平面区域 D 的对应侧的有侧 (向) 面积.

有侧面积是相对几何量,可正也可以负.

设 Σ 是具上、下侧的双侧曲面,D 是 Σ 在 xOy 坐标面内的投影区域,则 D 是具上、下侧的双侧平面区域.

定义 2.3 若 Σ 是取上侧的曲面时,D 也取上侧;若 Σ 是取下侧的曲面时,D 也取下侧,称双侧平面区域 D 为双侧曲面 Σ 在 xOy 平面内的有侧 (向) 投影 (区域).

当 D 为双侧曲面的有侧投影时,就可定义 D 的有侧面积.

情形 2 Σ **为具有左、右侧的两侧曲面**.

可类似定义其在 xOz 平面内的有侧投影区域及其有侧面积.

情形 3 Σ **为具有前后两侧的曲面**.

可类似定义其在 yOz 平面内的有侧投影区域及其有侧面积.

由于双侧曲面的有向性,为表示这种有向性,我们今后用 $\boldsymbol{\Sigma}$ 表示有侧曲面 (有向曲面).

3. 第二类曲面积分的定义

我们将从不同角度引入双侧曲面的第二类曲面积分的定义.

设 $\boldsymbol{\Sigma}$ 是非闭的具有上、下侧的光滑的简单曲面 (相当于 z 轴), 作 $\boldsymbol{\Sigma}$ 的分割 $T:\boldsymbol{\Sigma}_1,\boldsymbol{\Sigma}_2,\cdots,\boldsymbol{\Sigma}_n$, 则对应于 xOy 平面内的有侧投影区域 $\boldsymbol{D}$, 形成对应的分割 $T':\boldsymbol{D}_1,\boldsymbol{D}_2,\cdots,\boldsymbol{D}_n$, 设 $P(x,y,z)$ 定义在 Σ 上, 仍记 $\lambda(T)$ 为分割细度.

定义 2.4　若存在实数 I, 使对任意分割 T 及任意点 $(\xi_i,\eta_i,\zeta_i)\in\Sigma_i$ 的选择, 都成立:

$$\lim_{\lambda(T)\to 0}\sum_{i=1}^{n}P(\xi_i,\eta_i,\zeta_i)\Delta\boldsymbol{S}_{D_i}=I,$$

其中 $\Delta\boldsymbol{S}_{D_i}$ 为有侧投影区域 $\boldsymbol{D}_i$ 的有侧面积, 称 I 为 $P(x,y,z)$ 在 $\boldsymbol{\Sigma}$ 上沿取定一侧的对坐标 x,y 的第二类曲面积分, 记为 $\iint\limits_{\boldsymbol{\Sigma}}P(x,y,z)\mathrm{d}x\mathrm{d}y$.

由定义知: 第二类曲面积分和曲面的侧有关, 因此, 提到第二类曲面积分时, 必须指明曲面的侧.

取定的侧在定义中的作用是用来确定有侧投影区域的有侧面积.

信息挖掘　从定义中, 还能得到

(1) 若 $P(x,y,z)\equiv 1$, 则 $\iint\limits_{\boldsymbol{\Sigma}}P(x,y,z)\mathrm{d}x\mathrm{d}y=\boldsymbol{S}_D$.

(2) 若 $\boldsymbol{\Sigma}$ 平行于 z 轴, 即 Σ 是母线平行于 z 轴的柱面, 则 $\boldsymbol{\Sigma}$ 在 xOy 平面的投影为一条曲线, 此时 $\boldsymbol{S}_{D_i}$=0, 故 $\iint\limits_{\boldsymbol{\Sigma}}P(x,y,z)\mathrm{d}x\mathrm{d}y=0$.

(3) 若用 $-\boldsymbol{\Sigma}$ 表示指定一侧的双侧曲面的另一侧, 则

$$\iint\limits_{\boldsymbol{\Sigma}}P(x,y,z)\mathrm{d}x\mathrm{d}y=-\iint\limits_{-\boldsymbol{\Sigma}}P(x,y,z)\mathrm{d}x\mathrm{d}y.$$

事实上, 由定义, 当取定 $\boldsymbol{\Sigma}$ 的上侧时, 由于 $\boldsymbol{S}_{D_i}=S_{D_i}$, 此时

$$\iint\limits_{\boldsymbol{\Sigma}}P(x,y,z)\mathrm{d}x\mathrm{d}y=\lim_{\lambda(T)\to 0}\sum_{i=1}^{n}P(\xi_i,\eta_i,\zeta_i)S_{D_i}.$$

当取定 $\boldsymbol{\Sigma}$ 的下侧时, 由于 $\boldsymbol{S}_{D_i}=-S_{D_i}$, 故

$$\iint\limits_{\boldsymbol{\Sigma}}P(x,y,z)\mathrm{d}x\mathrm{d}y=-\lim_{\lambda(T)\to 0}\sum_{i=1}^{n}P(\xi_i,\eta_i,\zeta_i)S_{D_i},$$

因而, 成立 $\iint\limits_{\boldsymbol{\Sigma}}P(x,y,z)\mathrm{d}x\mathrm{d}y=-\iint\limits_{-\boldsymbol{\Sigma}}P(x,y,z)\mathrm{d}x\mathrm{d}y$.

(4) 当 $\boldsymbol{\Sigma}$ 为落在 xOy 坐标面内的平面区域 $\boldsymbol{D}$ 时, 若积分沿其上侧进行时, 此时在曲面上 $z=0$, 故

$$\iint\limits_{\boldsymbol{\Sigma}} P(x,y,0)\mathrm{d}x\mathrm{d}y = \lim_{\lambda(T)\to 0}\sum_{i=1}^{n} P(\xi_i,\eta_i,0)S_{D_i} = \iint\limits_{D} P(x,y,0)\mathrm{d}x\mathrm{d}y,$$

左端为第二类曲面积分, 右端是二重积分, 此种情形下, 第二类曲面积分可以转化为二重积分计算, 这为我们研究第二类曲面积分的计算提供了有益的线索.

类似可以定义下述两类曲面积分.

对具有前、后两侧的、相对于 x 轴为简单的光滑曲面 $\boldsymbol{\Sigma}$, 可以定义 $Q(x,y,z)$ 在曲面 $\boldsymbol{\Sigma}$ 上沿给定一侧的对坐标 y 和 z 的第二类曲面积分 $\iint\limits_{\boldsymbol{\Sigma}} Q(x,y,z)\mathrm{d}y\mathrm{d}z$.

对具有左、右两侧的、相对于 y 轴为简单的光滑曲面 $\boldsymbol{\Sigma}$, 可以定义 $R(x,y,z)$ 在曲面 $\boldsymbol{\Sigma}$ 上沿给定一侧的对坐标 z 和 x 的第二类曲面积分 $\iint\limits_{\boldsymbol{\Sigma}} R(x,y,z)\mathrm{d}z\mathrm{d}x$.

特别注意, 三个第二类曲面积分的积分变量的顺序 $\mathrm{d}x\mathrm{d}y, \mathrm{d}y\mathrm{d}z, \mathrm{d}z\mathrm{d}x$, 这是按 x,y,z 为右手系的习惯写法.

一般地, 对双侧曲面 $\boldsymbol{\Sigma}$, 从 z 轴方向看去, 它有上、下两侧, 从 y 轴方向看有右、左两侧, 从 x 轴方向看, 有前后两侧, 因而, 在同一个双侧曲面 $\boldsymbol{\Sigma}$ 上, 可同时定义三种第二类曲面积分, 简记为

$$\iint\limits_{\boldsymbol{\Sigma}} P\mathrm{d}x\mathrm{d}y + Q\mathrm{d}y\mathrm{d}z + R\mathrm{d}z\mathrm{d}x,$$

其中, 积分沿 $\boldsymbol{\Sigma}$ 给定的一侧.

此时, 对 $\boldsymbol{\Sigma}$ 给定的一侧 (通常并不以上下、左右、前后侧指明), 当从 z 轴方向看时, 它或为上侧、或为下侧, 故可计算 $\iint\limits_{\boldsymbol{\Sigma}} P(x,y,z)\mathrm{d}x\mathrm{d}y$, 而当从 y 轴方向看时, 它或为右侧、或为左侧, 故可计算 $\iint\limits_{\boldsymbol{\Sigma}} R(x,y,z)\mathrm{d}z\mathrm{d}x$, 而当从 x 轴方向看时, 它或为前侧、或为后侧, 因而可计算 $\iint\limits_{\boldsymbol{\Sigma}} Q(x,y,z)\mathrm{d}y\mathrm{d}z$.

背景中的流量问题正是流速在曲面上对应于流向一侧的第二类曲面积分.

四、第二类曲面积分的计算

1. 基于基本公式的计算

我们首先对不同类型的第二类曲面积分，建立由定义导出的基本计算方法和公式.

(1) 积分 $\iint\limits_{\boldsymbol{\Sigma}} P(x,y,z)\mathrm{d}x\mathrm{d}y$ 的计算，沿 $\boldsymbol{\Sigma}$ 取定的一侧.

此时，设定 $\boldsymbol{\Sigma}$ 为具有上、下两侧的相对于 z 轴的简单的光滑双侧曲面，因而可表示为

$$\Sigma : z = z(x,y), (x,y) \in D,$$

其中 D 是 Σ 在 xOy 平面内的投影区域，又设 $P(x,y,z)$ 为 Σ 上的连续函数.

由定义，当 $\boldsymbol{\Sigma}$ 取上侧时，则

$$\begin{aligned}\iint\limits_{\boldsymbol{\Sigma}} P(x,y,z)\mathrm{d}x\mathrm{d}y &= \lim_{\lambda(T)\to 0}\sum_{i=1}^{n} P(\xi_i,\eta_i,\zeta_i)\boldsymbol{S}_{D_i}\\ &= \lim_{\lambda(T')\to 0}\sum_{i=1}^{n} P\left(\xi_i,\eta_i,z(\xi_i,\eta_i)\right)S_{D_i}\\ &= \iint\limits_{D} P\left(x,y,z(x,y)\right)\mathrm{d}x\mathrm{d}y.\end{aligned}$$

当 $\boldsymbol{\Sigma}$ 取下侧时，则

$$\iint\limits_{\boldsymbol{\Sigma}} P(x,y,z)\mathrm{d}x\mathrm{d}y = -\iint\limits_{D} P(x,y,z(x,y))\mathrm{d}x\mathrm{d}y.$$

上述公式是计算此类型的第二类曲面积分的基本计算公式.

(2) 积分 $\iint\limits_{\boldsymbol{\Sigma}} Q(x,y,z)\mathrm{d}y\mathrm{d}z$ 的计算，沿 Σ 取定的一侧.

此时，设定 $\boldsymbol{\Sigma}$ 为具前、后两侧的相对于 x 轴的简单光滑的双侧曲面，故可表示为 $\Sigma : x = x(y,z), (y,z) \in D$，其中 D 为 Σ 在 yOz 平面内的投影区域，因而，取 $\boldsymbol{\Sigma}$ 的前侧时，

$$\iint\limits_{\boldsymbol{\Sigma}} Q(x,y,z)\mathrm{d}y\mathrm{d}z = \iint\limits_{D} Q(x(y,z),y,z)\mathrm{d}y\mathrm{d}z.$$

取 $\boldsymbol{\Sigma}$ 的后侧时，

$$\iint\limits_{\boldsymbol{\Sigma}} Q(x,y,z)\mathrm{d}y\mathrm{d}z = -\iint\limits_{D} Q(x(y,z),y,z)\mathrm{d}y\mathrm{d}z.$$

这是计算此类型的第二类曲面积分的基本公式.

(3) 积分 $\iint\limits_{\boldsymbol{\Sigma}} R(x,y,z)\mathrm{d}z\mathrm{d}x$ 的计算, 沿 $\boldsymbol{\Sigma}$ 取定的一侧.

此时, 设定 $\boldsymbol{\Sigma}$ 为具右、左两侧的相对于 y 轴为简单光滑的双侧曲面, 故可表示为 $\Sigma: y=y(x,z),(x,z)\in D$, 其中 D 为 Σ 在 xOz 平面内的投影区域, 因而, 取 $\boldsymbol{\Sigma}$ 的右侧时,

$$\iint\limits_{\boldsymbol{\Sigma}} R(x,y,z)\mathrm{d}z\mathrm{d}x = \iint\limits_{D} R(x,y(x,z),z)\mathrm{d}z\mathrm{d}x.$$

取 $\boldsymbol{\Sigma}$ 的左侧时,

$$\iint\limits_{\boldsymbol{\Sigma}} R(x,y,z)\mathrm{d}z\mathrm{d}x = -\iint\limits_{D} R(x,y(x,z),z)\mathrm{d}z\mathrm{d}x.$$

这是计算此类型的第二类曲面积分的基本公式.

特别强调, 沿空间曲面的第二类曲面积分有三种类型, 对每一种类型的第二类曲面积分的计算, 都需要将曲面视为相应的类型才能计算.

抽象总结 通过上述分析, 第二类曲面积分计算公式和方法可以总结为定型定面定侧代入计算法 (或三定一代方法), 计算步骤为

(1) 定型 明确要计算的第二类曲面积分的类型.

(2) 定面 确定相应的曲面, 包括根据曲面积分的类型给出曲面相应的方程, 对应的投影区域 (曲面方程中变量的变化范围).

(3) 确定曲面的侧.

(4) 代入公式计算.

计算过程中, 经常利用积分可加性, 将曲面按计算对象的不同进行分割.

例 1 计算 $I=\iint\limits_{\boldsymbol{\Sigma}}(x+1)\mathrm{d}y\mathrm{d}z+y\mathrm{d}z\mathrm{d}x+\mathrm{d}x\mathrm{d}y$, 其中 $\boldsymbol{\Sigma}$ 是由平面 $x+y+z=1$ 与坐标面所围区域的外侧表面, 即四面体 $OABC$ 的表面, 积分沿处侧进行, 其中 $O(0,0,0),A(1,0,0),B(0,1,0),C(0,0,1)$.

解 先计算 $I_1=\iint\limits_{\boldsymbol{\Sigma}}\mathrm{d}x\mathrm{d}y$ (定型).

由于 $\boldsymbol{\Sigma}=\boldsymbol{\Sigma}_{OAB}+\boldsymbol{\Sigma}_{OBC}+\boldsymbol{\Sigma}_{OCA}+\boldsymbol{\Sigma}_{ABC}$, 显然, 表面 OAC、表面 OBC 在坐标面 xOy 内的投影为直线段, 故

$$\iint\limits_{\mathbf{\Sigma}_{OBC}} \mathrm{d}x\mathrm{d}y = \iint\limits_{\mathbf{\Sigma}_{OAC}} \mathrm{d}x\mathrm{d}y = 0.$$

对 $\mathbf{\Sigma}_{OAB} : z = 0$, $(x, y) \in \triangle OAB = D$, 由于 $\mathbf{\Sigma}_{OAB}$ 的外侧从 z 轴方向看为下侧 (定面、定侧), 故, 代入公式有

$$\iint\limits_{\mathbf{\Sigma}_{OAB}} \mathrm{d}x\mathrm{d}y = -\iint\limits_{D} \mathrm{d}x\mathrm{d}y = -\int_0^1 \mathrm{d}x \int_0^{1-x} \mathrm{d}y = -\frac{1}{2}.$$

对 $\mathbf{\Sigma}_{ABC}$: $z = 1 - x - y$, $(x, y) \in \triangle ABC = D$, 由于 $\mathbf{\Sigma}_{ABC}$ 的外侧从 z 轴方向看为上侧, 故

$$\iint\limits_{\mathbf{\Sigma}_{ABC}} \mathrm{d}x\mathrm{d}y = \iint\limits_{D} \mathrm{d}x\mathrm{d}y = \frac{1}{2},\ I_1 = 0.$$

再计算 $I_2 = \iint\limits_{\mathbf{\Sigma}} (x+1)\mathrm{d}y\mathrm{d}z$, 由于 $\mathbf{\Sigma}_{OAB}$ 和 $\mathbf{\Sigma}_{OCA}$ 在 yOz 平面的投影为直线段, 故

$$\iint\limits_{\mathbf{\Sigma}_{OAB}} (x+1)\mathrm{d}y\mathrm{d}z = \iint\limits_{\mathbf{\Sigma}_{OCA}} (x+1)\mathrm{d}y\mathrm{d}z = 0.$$

对 $\mathbf{\Sigma}_{OBC}$: $x = 0, (y, z) \in \triangle OBC$, 此时, 外侧从 x 轴看为后侧, 故

$$\iint\limits_{\mathbf{\Sigma}_{OBC}} (x+1)\mathrm{d}y\mathrm{d}z = -\iint\limits_{D} \mathrm{d}y\mathrm{d}z = -\frac{1}{2}.$$

对 $\mathbf{\Sigma}_{ABC}$: $x = 1 - y - z$, $(y, z) \in \triangle OBC = D$, 外侧从 x 轴看为前侧, 故

$$\iint\limits_{\mathbf{\Sigma}_{ABC}} (x+1)\mathrm{d}y\mathrm{d}z = \iint\limits_{D} (1 - y - z + 1)\mathrm{d}y\mathrm{d}z = \frac{2}{3},$$

故 $I_2 = -\frac{1}{2} + \frac{2}{3} = \frac{1}{6}$.

最后计算 $I_3 = \iint\limits_{\mathbf{\Sigma}} y\mathrm{d}z\mathrm{d}x$, 显然 $\iint\limits_{\mathbf{\Sigma}_{OBC}} y\mathrm{d}z\mathrm{d}x = \iint\limits_{\mathbf{\Sigma}_{OAB}} y\mathrm{d}z\mathrm{d}x = 0$.

对于 $\mathbf{\Sigma}_{OAC} : y = 0, (x, z) \in \triangle OAC = D$, 外侧为左侧, 故

$$\iint\limits_{\mathbf{\Sigma}_{OAC}} y\mathrm{d}z\mathrm{d}x = -\iint\limits_{D} 0\mathrm{d}z\mathrm{d}x = 0.$$

对于 $\boldsymbol{\Sigma}_{ABC}: y=1-z-x,(x,z)\in\triangle OAC=D$, 外侧为右侧, 故

$$\iint\limits_{\boldsymbol{\Sigma}_{ABC}} y\mathrm{d}z\mathrm{d}x=\iint\limits_{D}(1-z-x)\mathrm{d}z\mathrm{d}x=\frac{1}{6},$$

故 $I_3=\dfrac{1}{6}$.

因而, $I=I_1+I_2+I_3=\dfrac{1}{6}+\dfrac{1}{6}=\dfrac{1}{3}$.

对例 1, 更简单的办法是利用轮换对称性只需计算 $\iint\limits_{\boldsymbol{\Sigma}} x\mathrm{d}y\mathrm{d}z$.

例 2 计算 $I=\oiint\limits_{\boldsymbol{\Sigma}}\dfrac{\mathrm{e}^z}{\sqrt{x^2+y^2}}\mathrm{d}x\mathrm{d}y$, 其中 $\boldsymbol{\Sigma}$ 为曲面 $z=\sqrt{x^2+y^2}$ 与平面 $z=1,z=2$ 所围的外侧表面.

解 $\boldsymbol{\Sigma}$ 如图 19-9 所示. 分割曲面, 令 $\boldsymbol{\Sigma}=\boldsymbol{\Sigma}_1+\boldsymbol{\Sigma}_2+\boldsymbol{\Sigma}_3$, 其中: $\boldsymbol{\Sigma}_1: z=\sqrt{x^2+y^2},(x,y)\in D_1$,

$\boldsymbol{\Sigma}_1$ 在坐标面 xOy 内的投影区域为 $D_1=\{(x,y):\ 1\leqslant x^2+y^2\leqslant 4\}$; $\boldsymbol{\Sigma}_2: z=1,\ (x,y)\in D_2=\{(x,y): x^2+y^2\leqslant 1\}$; $\boldsymbol{\Sigma}_3: z=2,(x,y)\in D_3=\{(x,y): x^2+y^2\leqslant 4\}$. 而 $\boldsymbol{\Sigma}_1$ 和 $\boldsymbol{\Sigma}_2$ 的外侧对应于下侧, $\boldsymbol{\Sigma}_3$ 的外侧对应于上侧, 故

$$I_1=\iint\limits_{\boldsymbol{\Sigma}_1}\frac{\mathrm{e}^z}{\sqrt{x^2+y^2}}\mathrm{d}x\mathrm{d}y=-\iint\limits_{D_1}\frac{\mathrm{e}^{\sqrt{x^2+y^2}}}{\sqrt{x^2+y^2}}\mathrm{d}x\mathrm{d}y$$

$$=-\int_0^{2\pi}\mathrm{d}\theta\int_1^2\frac{\mathrm{e}^r}{r}\cdot r\mathrm{d}r=-2\pi(\mathrm{e}^2-\mathrm{e}),$$

$$I_2=-\iint\limits_{D_2}\frac{\mathrm{e}^1}{\sqrt{x^2+y^2}}\mathrm{d}x\mathrm{d}y=-\int_0^{2\pi}\mathrm{d}\theta\int_0^1\frac{\mathrm{e}}{r}\cdot r\mathrm{d}r=-2\pi\mathrm{e},$$

$$I_3=\iint\limits_{D_3}\frac{\mathrm{e}^2}{\sqrt{x^2+y^2}}\mathrm{d}x\mathrm{d}y=\int_0^{2\pi}\mathrm{d}\theta\int_0^2\frac{\mathrm{e}^2}{r}\cdot r\mathrm{d}r=4\pi\mathrm{e}^2,$$

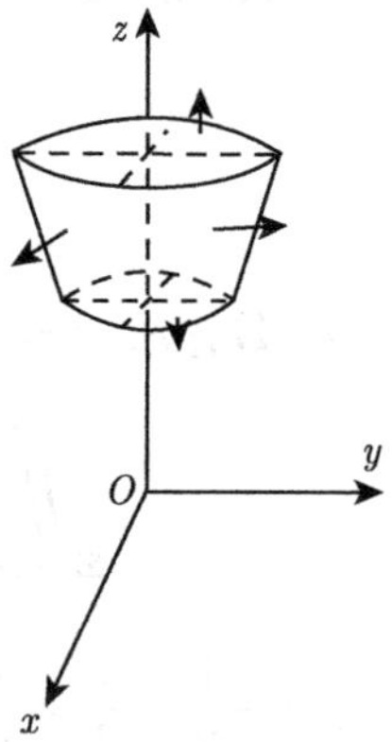

图 19-9

故, $I=2\pi\mathrm{e}^2$.

2. 基于结构特征的计算

同样可以利用第二类曲面积分的结构特点确定简单的计算方法.

例 3　计算 $I=\iint\limits_{\boldsymbol{\Sigma}} x^2\mathrm{d}y\mathrm{d}z+y^2\mathrm{d}z\mathrm{d}x+z^2\mathrm{d}x\mathrm{d}y$, $\boldsymbol{\Sigma}$ 为球面 $(x-a)^2+(y-b)^2+(z-c)^2=R^2$ 的外侧球面.

结构分析　分析积分结构, 可以挖掘出其两个结构特点, 其一为被积函数为单一变量, 且正好与积分变量形成标准的右手系 (轮换) $(x,y,z)\to(y,z,x)\to(z,x,y)$; 其二为积分区域的球面具有带对应球心坐标的轮换对称性 (对等性): $(x,a)\to(y,b)\to(z,c)$, 因此, 可以利用上述特性简化计算.

解　利用轮换对称性, 只需计算 $I_1=\iint\limits_{\boldsymbol{\Sigma}} z^2\mathrm{d}x\mathrm{d}y$.

由于球面为有重点的封闭曲面, 计算时须分割为无重点曲面. 此时须将球面分割为上半球面 $\Sigma_1: z=c+\sqrt{R^2-(x-a)^2-(y-b)^2}$ 和下半球面 $\Sigma_2: z=c-\sqrt{R^2-(x-a)^2-(y-b)^2}$, Σ_1,Σ_2 在 xOy 平面的投影区域为 $D_{xy}=\{(x,y):(x-a)^2+(y-b)^2\leqslant R^2\}$. 显然, $\boldsymbol{\Sigma}_1$ 的外侧相对于 z 轴为上侧; 而 $\boldsymbol{\Sigma}_2$ 的外侧相对于 z 轴为下侧 (可以通过 z 轴上的球面的两个顶点的法向确定侧的方向), 故

$$\begin{aligned}
I_1&=\iint\limits_{\boldsymbol{\Sigma}_1} z^2\mathrm{d}x\mathrm{d}y+\iint\limits_{\boldsymbol{\Sigma}_2} z^2\mathrm{d}x\mathrm{d}y\\
&=\iint\limits_{D_{xy}}\left[c+\sqrt{R^2-(x-a)^2-(y-b)^2}\right]^2\mathrm{d}x\mathrm{d}y\\
&\quad-\iint\limits_{D_{xy}}\left[c-\sqrt{R^2-(x-a)^2-(y-b)^2}\right]^2\mathrm{d}x\mathrm{d}y\\
&=4c\iint\limits_{D_{xy}}\sqrt{R^2-(x-a)^2-(y-b)^2}\mathrm{d}x\mathrm{d}y\\
&\xlongequal[y=b+r\sin\theta]{x=a+r\cos\theta}4c\int_0^{2\pi}\mathrm{d}\theta\int_0^R\sqrt{R^2-r^2}r\mathrm{d}r=\frac{8}{3}\pi cR^3,
\end{aligned}$$

利用轮换对称性,

$$I_2=\iint\limits_{\boldsymbol{\Sigma}} y^2\mathrm{d}z\mathrm{d}x=\frac{8}{3}\pi bR^3,\quad I_3=\iint\limits_{\boldsymbol{\Sigma}} x^2\mathrm{d}y\mathrm{d}z=\frac{8}{3}\pi aR^3;$$

故, $I=\dfrac{8}{3}\pi R^3(a+b+c)$.

注　事实上, 还可以利用积分曲面关于平面 $z=c$ 的对称性, 被积函数关于变

量 z 的奇偶性, 还可以如下计算:

$$I_1=\iint\limits_{\boldsymbol{\Sigma}}(z-c+c)^2\mathrm{d}x\mathrm{d}y=\iint\limits_{\boldsymbol{\Sigma}}\left[(z-c)2+2c(z-c)+c^2\right]\mathrm{d}x\mathrm{d}y$$

$$=0+2\iint\limits_{\boldsymbol{\Sigma}}c(z-c)\mathrm{d}x\mathrm{d}y+0=4c\iint\limits_{\boldsymbol{\Sigma}_1}(z-c)\mathrm{d}x\mathrm{d}y=\frac{8}{3}\pi cR^3.$$

只是由于第二类曲面 (曲线) 积分在涉及积分结构的这种性质时, 结论较为复杂, 不建议死记结论, 可以利用积分可加性, 将积分区域分为对称的两部分, 利用变量代换合二为一, 再进行计算.

五、 两类曲面积分之间的联系

1. 两类曲面积分的联系

设相对于 z 轴的简单曲面为 $\Sigma: z=z(x,y)$, $(x,y)\in D_{xy}$, 在第一类曲面积分的导出过程中, 曾给出曲面 Σ 面积的计算公式

$$S_{\boldsymbol{\Sigma}}=\iint\limits_{D_{xy}}\frac{\mathrm{d}x\mathrm{d}y}{|\cos\langle\boldsymbol{n},\boldsymbol{k}\rangle|},$$

其中 D_{xy} 为 Σ 在 xOy 平面内的投影, $\langle\boldsymbol{n},\boldsymbol{k}\rangle$ 表示曲面法向与 z 轴正向的夹角, 由于采用绝对值, 因此, 对法向的选择没有要求. 利用积分中值定理, 则存在 $(\xi,\eta)\in D_{xy}$, 使得

$$S_{\boldsymbol{\Sigma}}=\frac{S_{D_{xy}}}{|\cos\langle\boldsymbol{n}_M,\boldsymbol{k}\rangle|},$$

其中 $M(\xi,\eta,z(\xi,\eta))$, $\boldsymbol{n}_M$ 为点 $M(\xi,\eta,z(\xi,\eta))$ 处的法线方向. 因此, 当曲面很小时, 可以得到近似公式:

$$|\cos\langle\boldsymbol{n},\boldsymbol{k}\rangle|\approx\frac{S_{D_{xy}}}{S_{\Sigma}},$$

其中 $\boldsymbol{n}$ 为曲面上任一点的法向.

现考虑第二类曲面积分 $I=\iint\limits_{\boldsymbol{\Sigma}}P(x,y,z)\mathrm{d}x\mathrm{d}y$, $\boldsymbol{\Sigma}$ 为取定一侧的曲面, 记 γ 为 $\boldsymbol{\Sigma}$ 对应于取定侧的法向与 z 轴正向的夹角.

当 $\boldsymbol{\Sigma}$ 取定 Σ 的上侧时, 此时 γ 为锐角, 由定义, 则

$$I=\lim_{\lambda(T)\to0}\sum_{i=1}^{n}P(\xi_i,\eta_i,\zeta_i)\cdot\Delta\boldsymbol{S}_{D_i}=\lim_{\lambda(T)\to0}\sum_{i=1}^{n}P(\xi_i,\eta_i,\zeta_i)\cdot\Delta S_{D_i}$$

$$= \lim_{\lambda(T)\to 0} \sum_{i=1}^{n} P(\xi_i, \eta_i, \zeta_i) \cos\gamma_i^* \cdot \Delta S_{D_i}$$

$$= \iint_{\Sigma} P(x, y, z) \cos\gamma \mathrm{d}S,$$

其中 γ_i^* 为曲面块 $\boldsymbol{\Sigma}_i$ 上某一点的法向量.

当 $\boldsymbol{\Sigma}$ 取定 Σ 的下侧时, 此时 γ 为钝角, 故

$$I = \lim_{\lambda(T)\to 0} \sum_{i=1}^{n} P(\xi_i, \eta_i, \zeta_i) \cdot \Delta \boldsymbol{S}_{D_i} = \lim_{\lambda(T)\to 0} \sum_{i=1}^{n} P(\xi_i, \eta_i, \zeta_i) \cdot (-\Delta \boldsymbol{S}_{D_i})$$

$$= \lim_{\lambda(T)\to 0} \sum_{i=1}^{n} P(\xi_i, \eta_i, \zeta_i) \cos\gamma_i^* \cdot \Delta \boldsymbol{S}_{D_i}$$

$$= \iint_{\Sigma} P(x, y, z) \cos\gamma \mathrm{d}\boldsymbol{S},$$

故, 不论 $\boldsymbol{\Sigma}$ 取 Σ 的上侧还是下侧, 总有

$$\iint_{\boldsymbol{\Sigma}} P(x, y, z) \mathrm{d}x\mathrm{d}y = \iint_{\Sigma} P(x, y, z) \cos\gamma \mathrm{d}S.$$

类似, 若记 β 为对应于 $\boldsymbol{\Sigma}$ 取定 Σ 的左或右侧的法向与 y 轴正向的夹角, 则

$$\iint_{\boldsymbol{\Sigma}} Q(x, y, z) \mathrm{d}z\mathrm{d}x = \iint_{\Sigma} Q(x, y, z) \cos\beta \mathrm{d}S;$$

同理, $\iint_{\boldsymbol{\Sigma}} R(x, y, z) \mathrm{d}y\mathrm{d}z = \iint_{\Sigma} R(x, y, z) \cos\alpha \mathrm{d}S$, 因而

$$\iint_{\boldsymbol{\Sigma}} P\mathrm{d}x\mathrm{d}y + Q\mathrm{d}z\mathrm{d}x + R\mathrm{d}y\mathrm{d}z = \iint_{\Sigma} [P\cos\gamma + Q\cos\beta + R\cos\alpha]\, \mathrm{d}S.$$

其中 $\{\cos\alpha, \cos\beta, \cos\gamma\}$ 是有侧曲面 $\boldsymbol{\Sigma}$ 上点 (x, y, z) 的对应取定侧的法向量, 这就是两类积分之间的联系.

从背景问题中流量计算问题的最后 3 个有限和的极限式中可以观察到, $\iint_{\Sigma} [P\cos\gamma + Q\cos\beta + R\cos\alpha]\, \mathrm{d}S$ 正是从第一个和式得到的第二类曲面积分, 有些教材是以此式为第二类曲面积分的定义.

2. 两类曲面积分间的联系的应用

上述联系公式表明, 每一种类型的第二类曲面积分都可以转化为同一曲面上的第一类曲面积分, 由此, 我们可以从两个方面挖掘这一关系式的应用.

其一, 由于第二类曲面积分的计算比较复杂, 因而, 可以借助于两类曲面积分间的联系公式, 化第二类曲面积分为第一类曲面积分进行计算; 其二, 借助于第一类曲面积分还可以在不同类型的第二类曲面积分间进行转换, 或者化不同类型的第二类曲面积分为同一种类型的第二类曲面积分, 从而简化计算.

例 4 证明:

$$\iint_{\boldsymbol{\Sigma}} P(x,y,z)\mathrm{d}y\mathrm{d}z + Q(x,y,z)\mathrm{d}z\mathrm{d}x + R(x,y,z)\mathrm{d}x\mathrm{d}y$$

$$= \iint_{D} \left[\frac{xP(x,y,z(x,y))}{\sqrt{x^2+y^2}} + \frac{yQ(x,y,z(x,y))}{\sqrt{x^2+y^2}} - R(x,y,z(x,y))\right]\mathrm{d}x\mathrm{d}y,$$

其中 Σ: $z=\sqrt{x^2+y^2}, (x,y)\in D=\{(x,y): x^2+y^2\leqslant 1\}$, $\boldsymbol{\Sigma}$ 为 Σ 的外侧曲面; $P(x,y,z)$, $Q(x,y,z)$, $R(x,y,z)$ 都是连续函数.

结构分析 题目要求将三种不同类型的第二类曲面积分都转化为关于变量 x,y 的二重积分, 根据第二类曲面积分的计算公式, 对坐标 x,y 的第二类曲面积分可以转化为此种二重积分, 因此, 证明的关键在于将其他类型的第二类曲面积分转化为对坐标 x,y 的第二类曲面积分, 这正是两类曲面积分间联系的第二种应用, 因此, 证明的思路是将其他类型的第二类曲面积分转化为第一类曲面积分, 然后再转化为所要求的第二类曲面积分, 利用计算公式化为二重积分, 即思路可以表示为

各种类型的第二类曲面积分 $\Rightarrow$ 第一类曲面积分 $\Rightarrow$ 对坐标 x,y 的第二类曲面积分 $\Rightarrow$ 关于变量 x,y 的二重积分.

证明 记 $(\cos\alpha,\cos\beta,\cos\gamma)$ 为曲面上的点所对应的外侧的法线方向, 由两类曲面积分的联系, 则

$$\iint_{\boldsymbol{\Sigma}} P(x,y,z)\mathrm{d}y\mathrm{d}z + Q(x,y,z)\mathrm{d}z\mathrm{d}x + R(x,y,z)\mathrm{d}x\mathrm{d}y$$

$$= \iint_{\Sigma} [P(x,y,z)\cos\alpha + Q(x,y,z)\cos\beta + R(x,y,z)\cos\gamma]\,\mathrm{d}S$$

$$= \iint_{\Sigma} [P(x,y,z)\cos\alpha + Q(x,y,z)\cos\beta + R(x,y,z)\cos\gamma]\,\frac{1}{\cos\gamma}\cos\gamma\mathrm{d}S$$

$$= \iint\limits_{\boldsymbol{\Sigma}} \left[P(x,y,z)\frac{\cos\alpha}{\cos\gamma} + Q(x,y,z)\frac{\cos\beta}{\cos\gamma} + R(x,y,z)\right] \mathrm{d}x\mathrm{d}y,$$

利用曲面方程可以计算

$$(\cos\alpha, \cos\beta, \cos\gamma) = \left(\frac{x}{\sqrt{2(x^2+y^2)}}, \frac{y}{\sqrt{2(x^2+y^2)}}, \frac{-1}{\sqrt{2}}\right),$$

故,

$$\iint\limits_{\boldsymbol{\Sigma}} P(x,y,z)\mathrm{d}y\mathrm{d}z + Q(x,y,z)\mathrm{d}z\mathrm{d}x + R(x,y,z)\mathrm{d}x\mathrm{d}y$$

$$= -\iint\limits_{\boldsymbol{\Sigma}} \left[P(x,y,z)\frac{y}{\sqrt{x^2+y^2}} + Q(x,y,z)\frac{y}{\sqrt{x^2+y^2}} - R(x,y,z)\right] \mathrm{d}x\mathrm{d}y$$

$$= \iint\limits_{D} \left[\frac{xP(x,y,z(x,y))}{\sqrt{x^2+y^2}} + \frac{yQ(x,y,z(x,y))}{\sqrt{x^2+y^2}} - R(x,y,z(x,y))\right] \mathrm{d}x\mathrm{d}y.$$

例 5　计算 $I = \iint\limits_{\boldsymbol{\Sigma}} (z^2+x)\,\mathrm{d}y\mathrm{d}z - z\mathrm{d}x\mathrm{d}y$, 其中曲面 Σ 为抛物面 $z = \frac{1}{2}(x^2+y^2)$ 介于平面 $z=0, z=2$ 之间的部分, $\boldsymbol{\Sigma}$ 为 Σ 的下侧曲面.

结构分析　题目要求计算两种类型的第二类曲面积分, 可以利用基本计算公式进行计算, 计算量可能较大, 可以利用例 4 的思路将两种不同类型的第二类曲面积分化为一种, 然后再用基本公式计算.

解　利用两类曲面积分的联系, 则

$$\iint\limits_{\boldsymbol{\Sigma}} (z^2+x)\mathrm{d}y\mathrm{d}z = \iint\limits_{\Sigma} (z^2+x)\cos\alpha\mathrm{d}S$$

$$= \iint\limits_{\boldsymbol{\Sigma}} (z^2+x)\frac{\cos\alpha}{\cos\gamma}\mathrm{d}x\mathrm{d}y,$$

由于 $\boldsymbol{\Sigma}$ 取 Σ 的下侧, 因而

$$\cos\alpha = \frac{x}{\sqrt{1+x^2+y^2}}, \quad \cos\gamma = \frac{-1}{\sqrt{1+x^2+y^2}},$$

记 $D_{xy} = \{(x,y) : x^2+y^2 \leqslant 4\}$, 故

$$I=\iint_{\Sigma}[(z^2+x)(-x)-z]\mathrm{d}x\mathrm{d}y$$

$$=-\iint_{D_{xy}}\left\{\left[\frac{1}{4}((x^2+y^2)^2+x)\right](-x)-\frac{1}{2}(x^2+y^2)\right\}\mathrm{d}x\mathrm{d}y$$

$$=\iint_{D_{xy}}\left[x^2+\frac{1}{2}(x^2+y^2)\right]\mathrm{d}x\mathrm{d}y=8\pi.$$

例 5 中, 由于曲面积分是沿下侧进行的, 因而, 利用两类积分间的联系, 将不同类型的积分都转化为对坐标 x,y 的积分, 避免了在计算其他类型积分时需将曲面进行分割, 将曲面的下侧转化为其他类型的侧, 从而简化了计算.

六、 参数形式下第二类曲面积分的计算

利用两类曲面积分之联系及曲面面积的计算公式, 可以导出参数方程下的第二类曲面积分的计算公式.

设 $\Sigma:\begin{cases}x=x(u,v),\\ y=y(u,v),\ (u,v)\in D,\\ z=z(u,v),\end{cases}$ 仍记 $A=\dfrac{D(y,z)}{D(u,v)},B=\dfrac{D(z,x)}{D(u,v)},C=\dfrac{D(x,y)}{D(u,v)}$, $E=x_u^2+y_u^2+z_u^2,G=x_v^2+y_v^2+z_v^2,F=x_ux_v+y_uy_v+z_uz_v$, 则曲面上任一点处的法线方向为

$$(\cos\alpha,\cos\beta,\cos\gamma)=\pm\frac{1}{\sqrt{EG-F^2}}(A,B,C),$$

$\pm$ 对应于两个相反的法线方向.

由两类积分间的联系和面积公式 $\mathrm{d}S=\sqrt{EG-F^2}\mathrm{d}u\mathrm{d}v$, 则

$$\iint_{\Sigma}P(x,y,z)\mathrm{d}x\mathrm{d}y=\iint_{\Sigma}P(x,y,z)\cos\gamma\mathrm{d}s$$

$$=\iint_{D}P(x(u,v),y(u,v),z(u,v))\cos\gamma\sqrt{EG-F^2}\mathrm{d}u\mathrm{d}v$$

其中, $\cos\gamma$ 必须和左端的第二类曲面积分的侧相对应. 因此, 在确定 $\cos\gamma$ 的符号时, 必须遵循如下原则:

第二类曲面积分沿 Σ 的上侧进行时, 取 $\pm$ 符号, 使 $\cos\gamma>0$, 即当 $C>0$ 时, 取 $\cos\gamma=\dfrac{C}{\sqrt{EG-F^2}}$, 故,

$$\iint\limits_{\boldsymbol{\Sigma}} P(x,y,z)\mathrm{d}x\mathrm{d}y = \iint\limits_{D} P(x(u,v),y(u,v),z(u,v))C\mathrm{d}u\mathrm{d}v;$$

当 $C<0$ 时, 取 $\cos\gamma = \dfrac{-C}{\sqrt{EG-F^2}}$, 故,

$$\iint\limits_{\boldsymbol{\Sigma}} P(x,y,z)\mathrm{d}x\mathrm{d}y = \iint\limits_{D} P(x(u,v),y(u,v),z(u,v))\,(-C)\,\mathrm{d}u\mathrm{d}v,$$

因而, $\boldsymbol{\Sigma}$ 取 Σ 的上侧时, 总有

$$\iint\limits_{\boldsymbol{\Sigma}} P(x,y,z)\mathrm{d}x\mathrm{d}y = \iint\limits_{D} P(x(u,v),y(u,v),z(u,v))\,|C|\,\mathrm{d}u\mathrm{d}v.$$

类似, 当第二类曲面积分沿 Σ 的下侧进行时, 应取 + 或 −, 使 $\cos\gamma<0$, 因而, $C>0$ 时, 取 $\cos\gamma = \dfrac{-C}{\sqrt{EG-F^2}}<0$; $C<0$ 时, 取 $\cos\gamma = \dfrac{C}{\sqrt{EG-F^2}}>0$, 故总有

$$\begin{aligned}\iint\limits_{\boldsymbol{\Sigma}} P(x,y,z)\mathrm{d}x\mathrm{d}y &= \iint\limits_{D} P(x(u,v),y(u,v),z(u,v))\,(-|C|)\,\mathrm{d}u\mathrm{d}v\\ &= -\iint\limits_{D} P(x(u,v),y(u,v),z(u,v))\,|C|\,\mathrm{d}u\mathrm{d}v.\end{aligned}$$

同样, 当第二类曲面积分沿前侧进行时, 有

$$\iint\limits_{\boldsymbol{\Sigma}} Q(x,y,z)\mathrm{d}y\mathrm{d}z = \iint\limits_{D} Q(x(u,v),y(u,v),z(u,v))\,|A|\,\mathrm{d}u\mathrm{d}v;$$

当第二类曲面积分沿后侧进行时, 有

$$\iint\limits_{\boldsymbol{\Sigma}} Q(x,y,z)\mathrm{d}y\mathrm{d}z = -\iint\limits_{D} Q(x(u,v),y(u,v),z(u,v))\,|A|\,\mathrm{d}u\mathrm{d}v;$$

当第二类曲面积分沿右侧进行时, 有

$$\iint\limits_{\boldsymbol{\Sigma}} R(x,y,z)\mathrm{d}z\mathrm{d}x = \iint\limits_{D} R(x(u,v),y(u,v),z(u,v))\,|B|\,\mathrm{d}u\mathrm{d}v,$$

当第二类曲面积分沿左侧进行时, 有

$$\iint\limits_{\boldsymbol{\Sigma}} R(x,y,z)\mathrm{d}z\mathrm{d}x = -\iint\limits_{D} R(x(u,v),y(u,v),z(u,v))\,|B|\,\mathrm{d}u\mathrm{d}v.$$

例 6 计算 $I=\iint\limits_{\boldsymbol{\Sigma}} x^3\mathrm{d}y\mathrm{d}z$, Σ 为椭球面 $\dfrac{x^2}{a^2}+\dfrac{y^2}{b^2}+\dfrac{z^2}{c^2}=1$ 的上半部, $\boldsymbol{\Sigma}$ 取其外侧.

解 利用广义球坐标:

$$\Sigma:\begin{cases} x=a\sin\varphi\cos\theta, \\ y=b\sin\varphi\sin\theta, \qquad (\theta,\varphi)\in D, \\ z=c\cos\varphi, \end{cases}$$

其中 $D=\left((\theta,\varphi):-\dfrac{\pi}{2}\leqslant\theta\leqslant\dfrac{3\pi}{2},0\leqslant\varphi\leqslant\dfrac{\pi}{2}\right)$, 则

$$A=\frac{D(y,z)}{D(\varphi,\theta)}=bc\cdot\sin^2\varphi\cos\theta,$$

因而, 对应于前半部分, 此时 $-\dfrac{1}{2}\pi\leqslant\theta\leqslant\dfrac{2}{\pi}, A>0$, 且外侧为前侧; 对应于后半部分, 此时 $\dfrac{1}{2}\pi\leqslant\theta\leqslant\dfrac{3}{2}\pi, A<0$, 且外侧为后侧.

记 $D_1:-\dfrac{\pi}{2}\leqslant\theta\leqslant\dfrac{\pi}{2},0\leqslant\varphi\leqslant\dfrac{\pi}{2}$, $D_2:\dfrac{\pi}{2}\leqslant\theta\leqslant\dfrac{3\pi}{2},0\leqslant\varphi\leqslant\dfrac{\pi}{2}$, 故

$$\begin{aligned} I&=\iint\limits_{\boldsymbol{\Sigma}_1} x^3\mathrm{d}y\mathrm{d}z+\iint\limits_{\boldsymbol{\Sigma}_2} x^3\mathrm{d}y\mathrm{d}z \\ &=\iint\limits_{D_1} x^3A\mathrm{d}\varphi\mathrm{d}\theta-\iint\limits_{D_2} x^3|A|\,\mathrm{d}\varphi\mathrm{d}\theta \\ &=\iint\limits_{D_1} x^3A\mathrm{d}\varphi\mathrm{d}\theta+\iint\limits_{D_2} x^3A\mathrm{d}\varphi\mathrm{d}\theta=\iint\limits_{D} x^3A\mathrm{d}\varphi\mathrm{d}\theta \\ &=a^3bc\int_0^{\frac{\pi}{2}}\sin^5\varphi\mathrm{d}\varphi\int_0^{2\pi}\cos^4\theta\mathrm{d}\theta=\frac{2}{5}\pi a^3bc. \end{aligned}$$

例 6 也可以先利用积分间的联系转化为对坐标 x,y 的第二类曲面积分, 此时, 对曲面的外侧就是上侧, 因而, 可以直接代入公式而不必要分割曲面了, 即

$$I=\iint\limits_{\boldsymbol{\Sigma}} x^3\frac{\cos\alpha}{\cos\gamma}\mathrm{d}x\mathrm{d}y=\frac{c^2}{a^2}\iint\limits_{\boldsymbol{\Sigma}}\frac{x^4}{z}\mathrm{d}x\mathrm{d}y$$

$$= \frac{c^2}{a^2}\iint\limits_{D}\frac{x^3}{z}|C|\mathrm{d}\theta\mathrm{d}\varphi$$

$$= a^3bc\int_0^{\frac{\pi}{2}}\sin^5\varphi\mathrm{d}\varphi\int_0^{2\pi}\cos^4\theta\mathrm{d}\theta = \frac{2}{5}\pi a^3bc.$$

例 7　计算 $I = \iint\limits_{\boldsymbol{\Sigma}}(z^2+x)\mathrm{d}y\mathrm{d}z+\sqrt{z}\mathrm{d}x\mathrm{d}y$, Σ 为抛物面 $z = \frac{1}{2}(x^2+y^2)$ 在平面 $z=0$ 和 $z=2$ 之间的部分, $\boldsymbol{\Sigma}$ 取其下侧.

解　显然, Σ 在 xOy 坐标面的投影区域为 $x^2+y^2 \leqslant 4$, 且其参数方程为

$$\Sigma:\begin{cases} x = r\cos\theta, \\ y = r\sin\theta, \\ z = \dfrac{1}{2}r^2, \end{cases} \quad (r,\theta)\in D,$$

其中, $D: 0\leqslant\theta\leqslant 2\pi$, $0\leqslant r\leqslant 2$.

计算得 $A = \dfrac{D(y,z)}{D(r,\theta)} = r^2\cos\theta$, $C = \dfrac{D(x,y)}{D(r,\theta)} = r$.

先计算 $I_1 = \iint\limits_{\boldsymbol{\Sigma}}(z^2+x)\mathrm{d}y\mathrm{d}z$, 此时须将曲面 $\boldsymbol{\Sigma}$ 分割成前后两部分 $\boldsymbol{\Sigma}_1$ 和 $\boldsymbol{\Sigma}_2$, 因此, 若记

$$D_1: -\frac{\pi}{2}\leqslant\theta\leqslant\frac{\pi}{2}, 0\leqslant r\leqslant 2,$$

$$D_2: \frac{\pi}{2}\leqslant\theta\leqslant\frac{3\pi}{2}, 0\leqslant r\leqslant 2,$$

则 $\boldsymbol{\Sigma}_1$ 对应参数范围为 D_1 且 $A\geqslant 0$, $\boldsymbol{\Sigma}_2$ 对应的参数范围为 D_2 且 $A\leqslant 0$. 由于对应于 $\boldsymbol{\Sigma}_1$, 取定的下侧为前侧, 对应于 $\boldsymbol{\Sigma}_2$, 取定的下侧为后侧, 故,

$$I_1 = \iint\limits_{\boldsymbol{\Sigma}}(z^2+x)\mathrm{d}y\mathrm{d}z = \iint\limits_{\boldsymbol{\Sigma}_1}(z^2+x)\mathrm{d}y\mathrm{d}z + \iint\limits_{\boldsymbol{\Sigma}_2}(z^2+x)\mathrm{d}y\mathrm{d}z$$

$$= \iint\limits_{D_1}\left(\frac{1}{4}r^4 + r\cos\theta\right)A\mathrm{d}r\mathrm{d}\theta + \iint\limits_{D_2}\left(\frac{1}{4}r^4 + r\cos\theta\right)(-|A|)\mathrm{d}r\mathrm{d}\theta$$

$$= \iint\limits_{D}\left(\frac{1}{4}r^4 + r\cos\theta\right)A\mathrm{d}r\mathrm{d}\theta = \int_0^{2\pi}\mathrm{d}\theta\int_0^2\left(\frac{1}{4}r^4 + r\cos\theta\right)r^2\cos\theta\mathrm{d}r = 4\pi.$$

再计算 $I_2=\iint\limits_{\Sigma}\sqrt{z}\mathrm{d}x\mathrm{d}y$, 由于 $C\geqslant 0$, 故,

$$I_2=\iint\limits_{\Sigma}\sqrt{z}\mathrm{d}x\mathrm{d}y=-\iint\limits_{D}\sqrt{\frac{1}{2}r^2C}\mathrm{d}r\mathrm{d}\theta=-\iint\limits_{D}\sqrt{\frac{1}{2}}r^2\mathrm{d}r\mathrm{d}\theta=-\frac{8}{3}\sqrt{2}\pi.$$

因而, $I=\iint\limits_{\Sigma}\left(z^2+x\right)\mathrm{d}y\mathrm{d}z+\sqrt{z}\mathrm{d}x\mathrm{d}y=\left(4-\frac{8}{3}\sqrt{2}\right)\pi$.

习 题 19.2

1. 计算下列第二类曲面积分.

(1) $I=\iint\limits_{\Sigma}f(x)\mathrm{d}y\mathrm{d}z+g(y)\mathrm{d}z\mathrm{d}x+h(z)\mathrm{d}x\mathrm{d}y$, 其中 Σ 为立方体 $0\leqslant x\leqslant a, 0\leqslant y\leqslant b, 0\leqslant z\leqslant c$ 的表面, $\boldsymbol{\Sigma}$ 取其外侧.

(2) $I=\iint\limits_{\Sigma}(y-z)\mathrm{d}y\mathrm{d}z+(z-x)\mathrm{d}z\mathrm{d}x+(x-y)\mathrm{d}x\mathrm{d}y$, 其中 Σ 为锥面 $z=\sqrt{x^2+y^2}$ 被平面 $z=1$ 所截下的部分, $\boldsymbol{\Sigma}$ 取其外侧.

(3) $I=\iint\limits_{\Sigma}\frac{1}{x}\mathrm{d}y\mathrm{d}z+\frac{1}{y}\mathrm{d}z\mathrm{d}x+\frac{1}{z}\mathrm{d}x\mathrm{d}y$, 其中 Σ: $x^2+y^2+z^2=1$, $\boldsymbol{\Sigma}$ 取其外侧.

(4) $I=\iint\limits_{\Sigma}x\mathrm{d}y\mathrm{d}z+y\mathrm{d}z\mathrm{d}x+z\mathrm{d}x\mathrm{d}y$, 其中 Σ 为平面 $x+y+z=1$ 位于第一卦限中的部分, $\boldsymbol{\Sigma}$ 取其上侧.

(5) $I=\iint\limits_{\Sigma}x\mathrm{d}y\mathrm{d}z+y\mathrm{d}z\mathrm{d}x+z\mathrm{d}x\mathrm{d}y$, 其中曲面 Σ 为柱面 $\Sigma: x^2+y^2=1$, 位于 $0\leqslant z\leqslant 3$ 中的部分, $\boldsymbol{\Sigma}$ 取其外侧.

(6) $I=\iint\limits_{\Sigma}x^3\mathrm{d}y\mathrm{d}z+y^3\mathrm{d}z\mathrm{d}x+z^3\mathrm{d}x\mathrm{d}y$, 其中 $\Sigma: x^2+y^2+z^2=1$, $\boldsymbol{\Sigma}$ 取其外侧.

(7) $I=\iint\limits_{\Sigma}xy\mathrm{d}y\mathrm{d}z+yz\mathrm{d}z\mathrm{d}x+zx\mathrm{d}x\mathrm{d}y$, 其中 $\Sigma: \frac{x^2}{a^2}+\frac{y^2}{b^2}+\frac{z^2}{c^2}=1, z\geqslant 0$, $\boldsymbol{\Sigma}$ 取其上侧.

(8) $I=\iint\limits_{\Sigma}(x+y)\mathrm{d}y\mathrm{d}z+(y+z)\mathrm{d}z\mathrm{d}x+(z+x)\mathrm{d}x\mathrm{d}y$, 其中 Σ 为以原点为中心、边长为 2 的正方体的表面, $\boldsymbol{\Sigma}$ 取其外侧.

2. 分析题目的结构特点, 设计对应的计算方法.

(1) $I_1=\iint\limits_{\Sigma}x\mathrm{d}y\mathrm{d}z+y\mathrm{d}z\mathrm{d}x+z\mathrm{d}x\mathrm{d}y$;

(2) $I_2=\iint\limits_{\Sigma}x^2\mathrm{d}y\mathrm{d}z+y^2\mathrm{d}z\mathrm{d}x+z^2\mathrm{d}x\mathrm{d}y$,

其中, $\Sigma: x^2+y^2+z^2=1$, $\boldsymbol{\Sigma}$ 取其外侧.

3. 利用两类曲面积分间的联系计算:

$$I=\iint\limits_{\boldsymbol{\Sigma}}(x+xy^2z^3)\mathrm{d}y\mathrm{d}z+(y+xy^2z^3)\mathrm{d}z\mathrm{d}x+(z+xy^2z^3)\mathrm{d}x\mathrm{d}y,$$

其中 $\Sigma: x-y+z=1$ 在第四卦限中的部分, $\boldsymbol{\Sigma}$ 取其上侧.

4. 利用两类曲面积分间的联系计算 $I=\iint\limits_{\boldsymbol{\Sigma}}z^3\mathrm{d}S$, 其中曲面为上半球面 $\Sigma: x^2+y^2+z^2=1(z>0)$, $\boldsymbol{\Sigma}$ 取其外侧.

5. 给定光滑曲面 $\Sigma: z=z(x,y),(x,y)\in D$, 证明:

$$\begin{aligned}&\iint\limits_{\boldsymbol{\Sigma}}P(x,y,z)\mathrm{d}y\mathrm{d}z+Q(x,y,z)\mathrm{d}z\mathrm{d}x+R(x,y,z)\mathrm{d}x\mathrm{d}y\\=&\iint\limits_{\boldsymbol{\Sigma}}\left[-P(x,y,z)z_x-Q(x,y,z)z_y+R(x,y,z)\right]\mathrm{d}x\mathrm{d}y,\end{aligned}$$

其中 $\boldsymbol{\Sigma}$ 为曲面沿取定的一侧.

6. 试用至少三种不同的方法计算

$$\iint\limits_{\boldsymbol{\Sigma}}(y-z)\mathrm{d}y\mathrm{d}z+(z-x)\mathrm{d}z\mathrm{d}x+(x-y)\mathrm{d}x\mathrm{d}y,$$

其中 $\Sigma: x^2+y^2+z^2=1$, $\boldsymbol{\Sigma}$ 取其外侧.

第 20 章　各种积分间的联系

前面几章, 我们介绍了多元函数的各种积分理论, 包括重积分、线积分、面积分. 本章探讨各种积分间的联系.

20.1　格林公式及其应用

在一元函数积分学中, 牛顿-莱布尼茨公式

$$\int_a^b F'(x)\mathrm{d}x = F(b) - F(a)$$

表示: 定积分的积分值等于被积函数的原函数在积分边界的差值. 那么, 二重积分值是否与被积函数的原函数在积分边界的某种取值有关呢? 为此, 先引入区域的概念.

定义 1.1　设 D 是平面区域, 如果 D 内任意一条封闭曲线所围的区域仍含于 D 内, 则称 D 是平面单连通区域 (图 20-1).

平面单连通区域的几何特征　所谓平面单连通区域是指 “实心” 或 “无洞” 的平面区域, 可以有界也可以无界.

不是单连通区域的平面区域称为平面复连通区域 (图 20-2).

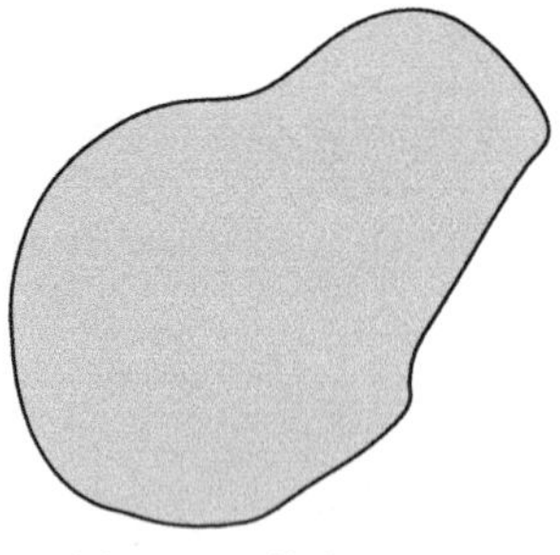

图 20-1　单连通区域

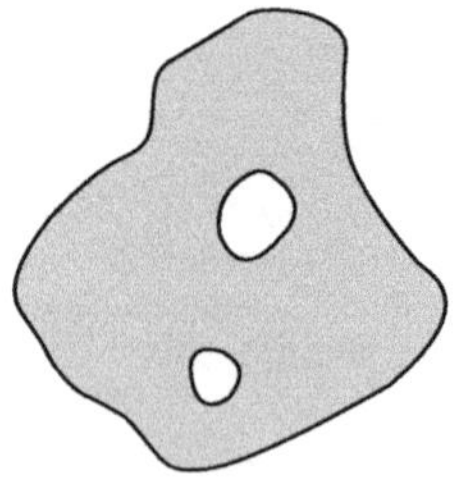

图 20-2　复连通区域

下述定理是本节的主要结论.

一、 格林公式

定理 1.1 (格林公式)　设 D 是平面单连通的有界闭区域, $l = \partial D$ 是光滑封闭曲线, $P(x, y), Q(x, y) \in C'(\bar{D})$, 则

$$\iint\limits_{D}\left[\frac{\partial Q}{\partial x}-\frac{\partial P}{\partial y}\right]\mathrm{d}x\mathrm{d}y=\oint_{\boldsymbol{l}}P\mathrm{d}x+Q\mathrm{d}y,$$

其中, $\boldsymbol{l}$ 是 l 的正向曲线.

结构分析　要证明等式的结构特征: 两端关于函数 $P(x,y)$, $Q(x,y)$ 具有分离结构, 因此, 证明的思路之一就是证明两端对应的项相等. 更进一步, 要证明的等式左端是第二类曲线积分, 右端是二重积分, 是两类不同的积分, 因此, 必须借助一个共同的对象在二者之间建立联系. 类比已知, 我们知道, 第二类曲线积分可以转化为定积分计算, 二重积分先转化为累次积分, 再转化为定积分计算, 因此, 二者的联系桥梁是定积分, 这又是证明定理的思路之一. 继续比较两端对应项, 左端的第二类曲线积分可以转化为对应函数的定积分, 而右端的二重积分如 $\iint\limits_{D}\frac{\partial Q}{\partial x}\mathrm{d}x\mathrm{d}y$, 要化为以 $Q(x,y)$ 为被积函数的定积分, 需要利用区域 D 的特定类型 (x 型或 y 型) 化为特定次序的累次积分, 去掉偏导数, 再化为以 $Q(x,y)$ 为被积函数的定积分, 注意到右端两项涉及两个不同变量的偏导数, 因此, 区域的选择能以同时去掉两个偏导数为出发点. 因此, 利用从简单到复杂、从特殊到一般的方法, 我们从最简单的即是 x 型, 又是 y 型的区域入手, 在最简单的区域上完成证明, 再逐步推广到一般区域.

证明　**情形 1**　先设 D 既是 x 型, 又是 y 型区域.

视 D 为 x 型区域, 此时区域可以表示为

$$D=\{(x,y):y_1(x)\leqslant y\leqslant y_2(x),a\leqslant x\leqslant b\},$$

其正向边界可以分为四部分 $\boldsymbol{l}=\boldsymbol{l}_1+\boldsymbol{l}_2+\boldsymbol{l}_3+\boldsymbol{l}_4$, 其中

$$\boldsymbol{l}_1:y=y_1(x),x\text{ 从 }a\text{ 变到 }b;\quad \boldsymbol{l}_2:x=b,y\text{ 从 }y_1(b)\text{ 变到 }y_2(b);$$

$$\boldsymbol{l}_3:y=y_2(x),x\text{ 从 }b\text{ 变到 }a;\quad \boldsymbol{l}_4:x=a,y\text{ 从 }y_2(a)\text{ 变到 }y_1(a).$$

由二重积分的计算公式, 则

$$\iint\limits_{D}\frac{\partial P}{\partial y}\mathrm{d}x\mathrm{d}y=\int_a^b\mathrm{d}x\int_{y_1(x)}^{y_2(x)}\frac{\partial P}{\partial y}\mathrm{d}y=\int_a^b[P(x,y_2(x))-P(x,y_1(x))]\mathrm{d}x.$$

再利用第二类曲线积分的计算公式, 则

$$\oint_{\boldsymbol{l}}P(x,y)\mathrm{d}x=\int_{\boldsymbol{l}_1}P(x,y)\mathrm{d}x+\int_{\boldsymbol{l}_2}P(x,y)\mathrm{d}x+\int_{\boldsymbol{l}_3}P(x,y)\mathrm{d}x+\int_{\boldsymbol{l}_4}P(x,y)\mathrm{d}x$$

$$=\int_a^b P(x,y_1(x))\mathrm{d}x+\int_b^a P(x,y_2(x))\mathrm{d}x+0$$

$$=\int_a^b \left[P(x,y_1(x))-P(x,y_2(x))\right]\mathrm{d}x=-\iint_D \frac{\partial p}{\partial y}\mathrm{d}x\mathrm{d}y.$$

类似, 将 D 视为 y 型区域, 有

$$\oint_{\boldsymbol{l}} Q\mathrm{d}x=\iint_D \frac{\partial Q}{\partial x}\mathrm{d}x\mathrm{d}y,$$

故, 此时格林公式成立.

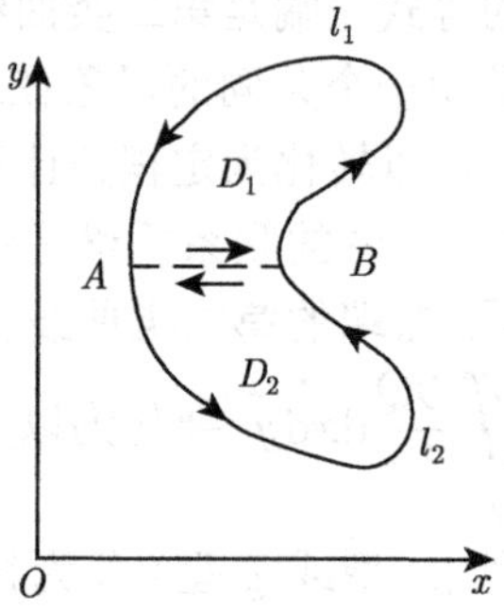

图 20-3

情形 2 一般区域 (图 20-3)

先设 D 是这样的单连通区域: 通过一条曲线 l' 将其分割成两个区域 D_1,D_2, 其中 D_1,D_2 既是 x 型, 又是 y 型. 如图, 记 $\boldsymbol{l}'=\overrightarrow{AB}$, 按正向通过 A, B 两点将边界 l 分为两部分, $\overrightarrow{\partial D}_1=\boldsymbol{l}_1+\boldsymbol{l}'$ 为区域 D_1 的正向边界, $\overrightarrow{\partial D}_2=\boldsymbol{l}_2-\boldsymbol{l}'$ 为 D_2 的正向边界, 由情形 1,

$$\iint_D\left[\frac{\partial Q}{\partial x}-\frac{\partial P}{\partial y}\right]\mathrm{d}x\mathrm{d}y=\iint_{D_1}\left[\frac{\partial Q}{\partial x}-\frac{\partial P}{\partial y}\right]\mathrm{d}x\mathrm{d}y+\iint_{D_2}\left[\frac{\partial Q}{\partial x}-\frac{\partial P}{\partial y}\right]\mathrm{d}x\mathrm{d}y$$

$$=\left[\oint_{\overrightarrow{\partial D}_1}+\oint_{\overrightarrow{\partial D}_2}\right](P\mathrm{d}x+Q\mathrm{d}y)$$

$$=\int_{\boldsymbol{l}_1}P\mathrm{d}x+Q\mathrm{d}y$$

$$+\int_{\boldsymbol{l}'}P\mathrm{d}x+Q\mathrm{d}y+\int_{\boldsymbol{l}_2}P\mathrm{d}x+Q\mathrm{d}y-\int_{\boldsymbol{l}'}P\mathrm{d}x+Q\mathrm{d}y$$

$$=\int_{\boldsymbol{l}_1\cup\boldsymbol{l}_2}P\mathrm{d}x+Q\mathrm{d}y=\oint_{\boldsymbol{l}}P\mathrm{d}x+Q\mathrm{d}y,$$

因而, 此时格林公式仍成立.

再设 D 是更一般的单连通区域, 可通过分割将其分割成若干个既是 x 型, 又是 y 型的区域, 类似可归纳证明格林公式仍成立.

注意, 格林公式对复连通区域同样成立, 只考虑一种特殊的复连通区域, 即区域 D 的内部只含有一个洞, 此时, 边界曲线 ∂D 有内外两条 l_1,l_2, 按边界曲线正向的确定, 外边界 l_1 的正向外边界 $\boldsymbol{l}_1$ 为逆时针方向, 内边界 l_2 的正向内边界 $\boldsymbol{l}_2$ 为顺时针方向, 为证明格林公式, 按常用的处理方法, 须将这种情形转化为定理

1.1 的单连通区域处理, 为此, 在内边界曲线上选择一点 A, 在外边界曲线上选择一点 B, 连接 A 与 B, 将 D 沿直线 AB 剪开, 则 D 变为单连通区域, 其正向边界为 $\boldsymbol{l}=\boldsymbol{l}_1+\overrightarrow{BA}+\boldsymbol{l}_2+\overrightarrow{AB}$, 如图 20-3, 则由定理 1.1,

$$\iint_D\left[\frac{\partial Q}{\partial x}-\frac{\partial P}{\partial y}\right]\mathrm{d}x\mathrm{d}y=\left[\int_{\boldsymbol{l}_1}+\int_{\overrightarrow{BA}}+\int_{\boldsymbol{l}_2}+\int_{\overrightarrow{AB}}\right](P\mathrm{d}x+Q\mathrm{d}y)$$

$$=\left(\int_{\boldsymbol{l}_1}+\int_{\boldsymbol{l}_2}\right)(P\mathrm{d}x+Q\mathrm{d}y)=\oint_{\boldsymbol{l}}P\mathrm{d}x+Q\mathrm{d}y.$$

抽象总结　(1) 定理建立了第二类曲线积分和二重积分的联系, 或者, 从等式的结构看, 实现了化第二类曲线积分为二重积分, 这也体现了格林公式的重要作用. (2) 分析格林公式两端的积分区域, 曲线 l 正是区域 D 的边界, 因此, 格林公式建立了区域上的积分与边界积分的关系, 这种关系在已经学过的积分理论中遇到过, 这就是定积分中的牛顿-莱布尼茨公式, 事实上, 这两个公式和后面的斯托克斯公式、高斯公式本质上是相同的, 有的课本将这些公式统一到同一形式中.

作为格林公式的另一应用, 很容易得到了平面面积的又一计算公式.

定理 1.2　假设平面有界区域 D 的正向边界为 $\boldsymbol{l}$, 则其面积为

$$S_D=\iint_D\mathrm{d}x\mathrm{d}y=\frac{1}{2}\oint_{\boldsymbol{l}}x\mathrm{d}y-y\mathrm{d}x,$$

其中, 右端的第二类曲线积分沿 $\boldsymbol{l}$ 的正向进行.

二、 格林公式的应用

1. 平面面积的计算

例 1　计算由椭圆曲线 $\dfrac{x^2}{a^2}+\dfrac{y^2}{b^2}=1$ 所围的椭圆区域 D 的面积.

解　由定理 1.2, 其面积为

$$S_D=\frac{1}{2}\oint_{\boldsymbol{l}}x\mathrm{d}y-y\mathrm{d}x,$$

其中 $\boldsymbol{l}$ 取为正向边界, 其参数方程为

$$\boldsymbol{l}:\begin{cases}x=a\cos\theta,\\ y=b\sin\theta,\end{cases}\quad 0\leqslant\theta\leqslant2\pi,$$

利用第二类曲线积分的计算, 则

$$S_D=\frac{1}{2}\int_0^{2\pi}[a\cos\theta\cdot b\cos\theta+b\sin\theta\cdot a\sin\theta]\mathrm{d}\theta=\pi ab.$$

可以看到, 这个计算方法比用二重积分计算面积简单.

2. 复杂结构的第二类曲线积分的计算的新方法

第二类曲线积分的计算取决于其结构, 基本计算公式只能处理简单结构的第二类曲线积分的计算, 复杂结构的第二类曲线积分需要利用格林公式进行计算, 因此, 后续遇到第二类曲线积分的计算一般优先考虑利用格林公式.

为此, 我们对格林公式进行进一步的分析.

假设区域 D 的正向边界为 $\boldsymbol{l}$, 且由两部分组成 $\boldsymbol{l}=\boldsymbol{l}_1+\boldsymbol{l}_2$, 进一步假设在区域 D 上满足

$$\frac{\partial Q}{\partial x}-\frac{\partial P}{\partial y}=c,$$

c 为某个常数, 由格林公式, 则

$$\oint_{\boldsymbol{l}}P\mathrm{d}x+Q\mathrm{d}y=\iint_D\left[\frac{\partial Q}{\partial x}-\frac{\partial P}{\partial y}\right]\mathrm{d}x\mathrm{d}y=cS,$$

S 为区域 D 的面积, 因而

$$\int_{\boldsymbol{l}_1}P\mathrm{d}x+Q\mathrm{d}y=-\int_{\boldsymbol{l}_2}P\mathrm{d}x+Q\mathrm{d}y+cS,$$

特别, 当 $c=0$ 时,

$$\int_{\boldsymbol{l}_1}P\mathrm{d}x+Q\mathrm{d}y=-\int_{\boldsymbol{l}_2}P\mathrm{d}x+Q\mathrm{d}y.$$

结构分析 上述结论表明, 在一定条件下, 可以将一条曲线上的第二类曲线积分转化为另一条曲线上的第二类曲线积分. 我们知道, 第二类曲线积分计算的难易程度由被积函数和曲线的复杂程度来决定 (由积分结构的复杂度决定), 因此, 假如对给定的第二类曲线积分, 被积函数在给定的曲线上结构较为复杂, 则此时直接计算就很困难, 但是, 若存在另外一条特殊的曲线, 使得在此曲线上, 被积函数结构比较简单, 则在满足上述条件下, 可以将沿复杂曲线上的第二类曲线积分转化为特殊曲线上简单的第二类曲线积分, 这正是格林公式的应用机理. 将上述分析总结为如下定理.

定理 1.3 假设给定方向的曲线 $\boldsymbol{l}_1$ 和 $\boldsymbol{l}_2$ 围成封闭区域 D, 且 $\boldsymbol{l}=\boldsymbol{l}_1+\boldsymbol{l}_2$ 为 D 的正向边界, 又设在区域 D 上满足条件: $\frac{\partial Q}{\partial x}-\frac{\partial P}{\partial y}=0$, 则

$$\int_{l_1} P\mathrm{d}x + Q\mathrm{d}y = -\int_{l_2} P\mathrm{d}x + Q\mathrm{d}y.$$

定理中的条件可以称为格林公式作用对象的特征, 因此, 将来遇到第二类曲线积分的计算, 可以先验证是否具有此特征.

例 2　计算 $I = \int_{\boldsymbol{l}} \frac{x-y}{x^2+y^2}\mathrm{d}x + \frac{x+y}{x^2+y^2}\mathrm{d}y$, 其中 $\boldsymbol{l}$ 沿 $y=-2x^2+8$ 从 $A(-2,0)$ 到 $B(2,0)$ (图 20-4).

结构分析　分析给定的第二类曲线积分, 在给定的曲线上, 被积函数的结构复杂, 若直接按曲线积分计算, 非常困难, 其难点在于因子 $\frac{1}{x^2+y^2}$ 不易处理, 那么, 在什么样的曲线上 $\frac{1}{x^2+y^2}$ 很易于处理? 显然: 沿下述这类曲线 $x^2+y^2=a^2$ 可以将困难的因子简单化, 因为此时有 $\frac{1}{x^2+y^2}=\frac{1}{a^2}$, 因而, 问题的关键在于如何将在 $\boldsymbol{l}$ 上的曲线积分转化为沿圆周曲线上的曲线积分. 由定理 1.3, 关键在于能否找到满足定理的特殊的曲线. 事实上, 这样的曲线可以找得到.

解　取上半圆周曲线 $\boldsymbol{l}_1: x^2+y^2=4$, 方向为逆时针方向, 则 $\boldsymbol{l}_1$ 与 $\boldsymbol{l}$ 形成封闭曲线, 所围区域记为 D, 记

$$P=\frac{x-y}{x^2+y^2},\quad Q=\frac{x+y}{x^2+y^2},$$

则在区域 D 上, 格林公式的条件满足, 进一步计算得

$$\frac{\partial P}{\partial y}=\frac{\partial Q}{\partial y}=\frac{y^2-2xy-x^2}{(x^2+y^2)^2},$$

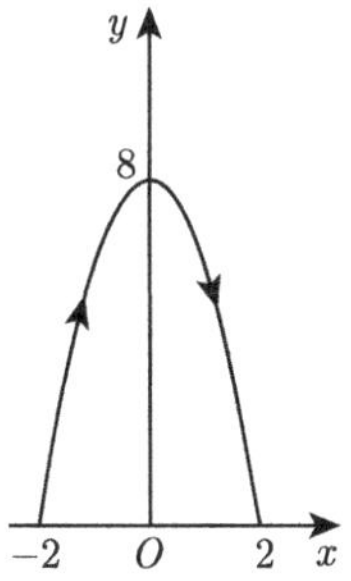

图 20-4

注意到区域 D 的正向边界 $\overrightarrow{\partial D}=-\boldsymbol{l}+(-\boldsymbol{l}_1)$, 由定理 1.3,

$$\begin{aligned}
I &= \int_{\boldsymbol{l}} P\mathrm{d}x+Q\mathrm{d}y = \int_{-\boldsymbol{l}_1} P\mathrm{d}x+Q\mathrm{d}y \\
&= -\frac{1}{4}\int_{\boldsymbol{l}_1}(x-y)\mathrm{d}x+(x+y)\mathrm{d}y \\
&= -\frac{1}{4}\int_0^{\pi}[(2\cos t-\sin t)(-2\sin t)+2(\cos t+\sin t)2\cos t]\mathrm{d}t \\
&= -\pi.
\end{aligned}$$

总结　通过构造辅助曲线, 借助格林公式将沿某曲线上的第二类线积分转化为特殊曲线上的线积分, 是格林公式的重要应用, 可以把这种第二类曲线积分的

计算方法称为基于格林公式的闭化方法: 通过添加一条曲线, 使其成为封闭曲线, 然后使用格林公式进行简化计算.

思考问题: 例 2 中辅助曲线的构造方法唯一吗?

构造辅助曲线的方法有多种, 构造的原则是: 既要使得积分结构更加简单, 又要满足格林公式的条件: 所围区域不能有奇点. 如例 2 中, 若选择 x 轴上的直线段 AB, 也可闭化, 但是, 此时有奇点 $O(0,0)$ (函数 $P(x,y),Q(x,y)$ 的偏导不存在的点)) 落在直线 AB 上, 转化为 AB 上的定积分时, 出现奇异积分, 因而, 不能选取这样的直线, 但是, 可以在 $O(0,0)$ 附近, 用小圆周曲线 $x^2+y^2=\varepsilon^2(y\geqslant 0)$ 过渡一下.

对含有奇点的区域, 经常利用下面的 "挖洞法".

例 3 计算 $I=\oint_{\boldsymbol{l}}\frac{-y}{x^2+y^2}\mathrm{d}x+\frac{x}{x^2+y^2}\mathrm{d}y$, 其中 $\boldsymbol{l}$ 由抛物线 $y^2=x+2$ 及 $x=2$ 所围区域的顺时针边界 (图 20-5).

结构分析 难点同例 2. 解决问题的关键如何将其转化为圆周曲线上的线积分. 但是, 本题还有一个特点: 给定的曲线是闭曲线, 所围区域内部有奇点. 这类问题的处理方法是如下的 "挖洞方法".

解 记 $l_1: x^2+y^2=\varepsilon^2$, $\boldsymbol{l}_1$ 为 l_1 的逆时针方向, ε 充分小, 则 $-\boldsymbol{l}$ 和 $-\boldsymbol{l}_1$ 形成复连通区域 D_1 的正向边界, 且在 D_1 满足格林公式的条件, 记

$$P=\frac{-y}{x^2+y^2},\quad Q=\frac{x}{x^2+y^2},$$

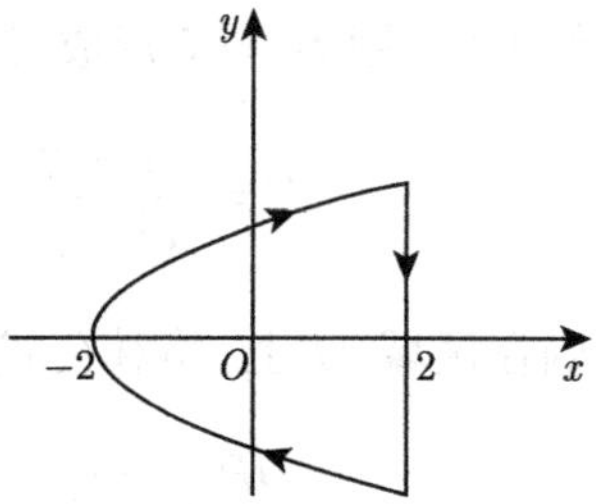

图 20-5

则在 D_1 上成立 $\frac{\partial P}{\partial y}=\frac{\partial Q}{\partial x}$, 由格林公式, 则

$$\left[\int_{-\boldsymbol{l}}+\int_{-\boldsymbol{l}_1}\right]P\mathrm{d}x+Q\mathrm{d}y=\iint_{D_1}\left[\frac{\partial Q}{\partial x}-\frac{\partial P}{\partial y}\right]\mathrm{d}x\mathrm{d}y=0,$$

故,

$$I=\int_{-\boldsymbol{l}_1}P\mathrm{d}x+Q\mathrm{d}y=-\frac{1}{\varepsilon^2}\int_0^{2\pi}[-\varepsilon\sin t\cdot(-\varepsilon\sin t)+\varepsilon\cos t\cdot\varepsilon\cos t]=-2\pi.$$

上述例子反映了格林公式两种重要的作用, 从中可看出其处理对象 $\int_{l}P\mathrm{d}x+Q\mathrm{d}y$ 通常具有结构特点: $\frac{\partial P}{\partial y}-\frac{\partial Q}{\partial y}=$ 常数 (特别为 0), 常用的处理方法为

(1) 闭化法 $\boldsymbol{l}$ 不封闭, 通过添加一条特殊曲线, 将沿 $\boldsymbol{l}$ 的结构复杂的线积分转化为沿特殊曲线的简单线积分.

(2) 挖洞法 $\boldsymbol{l}$ 封闭, 但所围区域含奇点, 通过挖洞去掉奇性. 因而, 在涉及复杂结构第二类曲线积分计算时, 优先考虑用格林公式.

例 4 计算 $I=\int_{\boldsymbol{l}}\frac{x\mathrm{d}y-y\mathrm{d}x}{4x^2+y^2}$, 其中 $\boldsymbol{l}$ 为圆周曲线 $(x-1)^2+y^2=R^2$ 的正向边界, $R\neq 1$.

解 记 $P=\frac{-y}{4x^2+y^2},Q=\frac{x}{4x^2+y^2}$, 则

$$\frac{\partial P}{\partial y}=\frac{y^2-4x^2}{(4x^2+y^2)^2}=\frac{\partial Q}{\partial x},\quad (x,y)\neq(0,0),$$

(1) 当 $R<1$ 时, 满足格林公式的条件, 故 $I=0$.

(2) 当 $R>1$ 时, 内部含有奇点, 用挖洞法解决.

作椭圆曲线 $l_1: 4x^2+y^2=\varepsilon^2$, $\boldsymbol{l}_1$ 取其顺时针方向, 取 ε 充分小, 使得 $\boldsymbol{l}_1$ 包含在 $\boldsymbol{l}$ 内, 二者所围的区域上满足格林公式的条件, 则

$$\oint_{\boldsymbol{l}+\boldsymbol{l}_1}\frac{x\mathrm{d}y-y\mathrm{d}x}{4x^2+y^2}=0,$$

故,

$$I=-\int_{\boldsymbol{l}_1}\frac{x\mathrm{d}y-y\mathrm{d}x}{4x^2+y^2}=\frac{1}{\varepsilon^2}\oint_{-\boldsymbol{l}_1}x\mathrm{d}y-y\mathrm{d}x=\pi.$$

习 题 20.1

1. 计算下来第二类曲线积分.

(1) $I=\int_{\boldsymbol{l}}\left(\mathrm{e}^x\sin y-y+x^3\right)\mathrm{d}x+\left(\mathrm{e}^x\cos y+y^4-1\right)\mathrm{d}y$, 其中 $\boldsymbol{l}$ 为逆时针方向的上半圆周曲线 $(x-1)^2+y^2=1(y\geqslant 0)$;

(2) $I=\int_{\boldsymbol{l}}\left(2y+\mathrm{e}^x\sin x-x^3\right)\mathrm{d}x+\left(2x+y^3\cos y\right)\mathrm{d}y$, 其中 $\boldsymbol{l}$ 为顺时针的正弦曲线 $y=\sin x$ 在 $0\leqslant x\leqslant\pi$ 中的部分;

(3) $I=\int_{\boldsymbol{l}}\left(2xy+2x\mathrm{e}^{x^2}\right)\mathrm{d}x+\left(x^2+6y^2\arctan y\right)\mathrm{d}y$, 其中 $\boldsymbol{l}$ 为曲线 $y=x^2$ 从点 $O(0,0)$ 到点 $A(1,1)$;

(4) $I=\int_{\boldsymbol{l}}\frac{y}{x^2+y^2}\mathrm{d}x-\frac{x}{x^2+y^2}\mathrm{d}y$, 其中 $\boldsymbol{l}$ 为曲线 $y=x^2$ 从点 $O(0,0)$ 到点 $A(1,1)$;

(5) $I=\int_{l}x\ln(x^2+y^2+1)\mathrm{d}x+y\ln(x^2+y^2+1)\mathrm{d}y$, 其中 $\boldsymbol{l}$ 为沿曲线 $y=\sin x$ 从点 $O(0,0)$ 到点 $A(\pi,0)$;

(6) $I=\int_{l}\frac{x+y}{x^2+2y^2}\mathrm{d}x+\frac{2y-x}{x^2+2y^2}\mathrm{d}y$, 其中 $\boldsymbol{l}$ 为取逆时针方向的单位圆周曲线 $x^2+y^2=1$.

2. 给定椭圆区域 $D=\left\{(x,y):\frac{x^2}{2}+\frac{y^2}{3}\leqslant 1\right\}$, 记 $\boldsymbol{l}$ 为区域 D 的正向边界, 挖掘区域 D 和其边界的结构特征, 并计算

$$\oint_{l}\left(x^3\sin y+\mathrm{e}^y\right)\mathrm{d}x+\left(xy^5+x\mathrm{e}^y\right)\mathrm{d}y.$$

3. 计算 $I=\oint_{l}(x\cos\alpha+y\cos\beta)\mathrm{d}s$, 其中, $\boldsymbol{l}$ 为顺时针方向的单位圆周曲线, $(\cos\alpha,\cos\beta)$ 为单位圆周曲线上点 (x,y) 处对应于逆时针方向的切线的方向余弦.

4. 设 D 是平面单连通闭区域, $l=\partial D$ 为区域 D 的光滑边界, $u(x,y)$ 在区域 D 上具有连续的二阶偏导数, 则成立结论:

$$\oint_{l}\frac{\partial u}{\partial \boldsymbol{n}}\mathrm{d}s=\iint\limits_{D}(u_{xx}+u_{yy})\mathrm{d}x\mathrm{d}y,$$

其中, $\boldsymbol{n}$ 为曲线 l 上点 (x,y) 处对应的外法线方向.

(1) 分析结论的结构, 能否给出结论证明的思路;

(2) 根据你给出的思路, 证明过程可能遇到的难点是什么? 如何解决?

(3) 利用你的思路给出具体的证明.

5. 关于例 4 的进一步思考: 研究 $I=\int_{l}\frac{x\mathrm{d}y-y\mathrm{d}x}{4x^2+y^2}$, 其中 $\boldsymbol{l}$ 为圆周曲线 $(x-1)^2+y^2=R^2$ 的正向边界, $R=1$. 此时, 问题的结构特点是什么? 能否利用格林公式进行计算? 能否提出一些研究思路和方法? (提示: 考虑用各种方式逼近, 收敛性.)

20.2 平面曲线积分和路径的无关性

在讨论格林公式的应用时, 我们曾经讨论过, 在一定条件下, 能将复杂路径上的第二类曲线积分转化为简单路径上的第二类曲线积分, 这实际上就是第二类曲线积分与路径无关性, 本节我们系统讨论第二类曲线积分与路径的无关性.

定理 2.1 设 D 是平面单连通有界闭区域, $P(x,y)$, $Q(x,y)$ 在 $\overline{D}$ 内具有连续的偏导数, 则以下结论等价:

(1) 对任意闭路 $l\subset D$, 成立 $\oint_{l}P\mathrm{d}x+Q\mathrm{d}y=0$, 其中 $\boldsymbol{l}$ 为指定方向的闭路 l;

(2) 对任意有向曲线 $\boldsymbol{l}\subset D$, $\int_{l}P\mathrm{d}x+Q\mathrm{d}y$ 与路径无关, 只与起始点、终点有关;

(3) 存在函数 $U(x,y)$, 使 $\mathrm{d}U = P\mathrm{d}x + Q\mathrm{d}y$, 即 $P\mathrm{d}x + Q\mathrm{d}y$ 是全微分形式;

(4) 在 D 内成立 $\frac{\partial P}{\partial y} = \frac{\partial Q}{\partial x}$.

证明　(1) ⇒ (2)　设 $\boldsymbol{l}_1, \boldsymbol{l}_2$ 是任意两条都以 A 为始点, B 为终点的有向曲线段, 则 $\boldsymbol{l} = \boldsymbol{l}_1 + (-\boldsymbol{l}_2)$ 为一有向闭路, 由 (1) 则, $\oint_{\boldsymbol{l}} P\mathrm{d}x + Q\mathrm{d}y = 0$, 故,

$$\oint_{\boldsymbol{l}_1} P\mathrm{d}x + Q\mathrm{d}y = \oint_{\boldsymbol{l}_2} P\mathrm{d}x + Q\mathrm{d}y.$$

(2) ⇒ (3)　利用与路径无关性, 构造 $U(x,y)$, 构造方法是唯一的——通过积分完成.

任取 $A_0(x_0,y_0) \in D$, 则对任意 $A(x,y)$, 由路径无关性, 以 A_0 为始点, A 为终点的积分 $\int_{A_0}^{A} P\mathrm{d}x + Q\mathrm{d}y$ 与路径无关, 唯一确定, 记为

$$U(x,y) = \int_{A_0}^{A} P\mathrm{d}x + Q\mathrm{d}y,$$

下证: $\mathrm{d}U = P\mathrm{d}x + Q\mathrm{d}y$, 即 $\frac{\partial U}{\partial x} = P, \frac{\partial U}{\partial y} = Q$.

充分利用与路径无关性条件, 选取沿平行于坐标轴的直线的特殊路径研究函数的微分性质, 则

$$\frac{U(x+\Delta x,y) - U(x,y)}{\Delta x} = \frac{\int_{(x,y)}^{(x+\Delta x,y)} P\mathrm{d}x + Q\mathrm{d}y}{\Delta x} = \frac{\int_{x}^{x+\Delta x} P\mathrm{d}x}{\Delta x},$$

故,

$$\frac{\partial U}{\partial x} = \lim_{\Delta x\to 0} \frac{U(x+\Delta x,y) - U(x,y)}{\Delta x} = P(x,y),$$

同理, $\frac{\partial U}{\partial y} = Q$.

(3) ⇒(4)　设存在 $U(x,y)$, 使 $\mathrm{d}U = P\mathrm{d}x + Q\mathrm{d}y$, 则 $\frac{\partial U}{\partial x} = P, \frac{\partial U}{\partial y} = Q$, 故, $\frac{\partial P}{\partial y} = \frac{\partial^2 U}{\partial x \partial y} = \frac{\partial Q}{\partial x}$.

(4) ⇒(1)　这是格林公式的直接推论.

定理 2.1 中涉及函数 U, 给出相关的定义.

定义 2.1 若存在 $U(x,y)$, 使 $\mathrm{d}U = P\mathrm{d}x + Q\mathrm{d}y$, 称 $P\mathrm{d}x + Q\mathrm{d}y$ 为全微分形式, 也称 $U(x,y)$ 为 $P\mathrm{d}x + Q\mathrm{d}y$ 的原函数.

因此, 定理 2.1 给出了 $P\mathrm{d}x + Q\mathrm{d}y$ 为全微分形式的条件, 也给出了此时原函数的计算方法. 反之, 在已知原函数的情形下, 也可以用原函数计算第二类曲线积分. 这样, 我们利用格林公式引入了多元函数原函数的概念, 与一元函数的定积分基本概念相对应, 因此, 也可以设想关于原函数也有相类似的性质.

性质 2.1 若 $P\mathrm{d}x + Q\mathrm{d}y$ 为全微分形式, 则其原函数最多相差一个常数.

证明 设 $U_1(x,y), U_2(x,y)$ 为其两个原函数, 则

$$\frac{\partial U_1}{\partial x} = \frac{\partial U_2}{\partial x}, \quad \frac{\partial U_1}{\partial y} = \frac{\partial U_2}{\partial y},$$

故,

$$U_1 = U_2 + C(y), \quad U_1 = U_2 + \bar{C}(x),$$

显然 $C(y) = \bar{C}(x) = C$, 因而, $U_1 = U_2 + C$.

性质 2.2 若 $U(x,y)$ 为 $P\mathrm{d}x + Q\mathrm{d}y$ 的原函数, 则对 $\forall (x_0, y_0) \in D$,

$$U(x,y) = \int_{x_0}^{x} P(x, y_0)\mathrm{d}x + \int_{y_0}^{y} Q(x,y)\mathrm{d}y + C.$$

证明 由定理 2.1, $U_1(x,y) = \int_{(x_0,y_0)}^{(x,y)} P\mathrm{d}x + Q\mathrm{d}y$ 是其一个原函数, 由积分与路径的无关性, 沿平行于坐标轴的折线路径积分 (图 20-6), 则

$$U_1(x,y) = \int_{x_0}^{x} P(x, y_0)\mathrm{d}x + \int_{y_0}^{y} Q(x,y)\mathrm{d}y,$$

再利用由性质 2.1, 可得证.

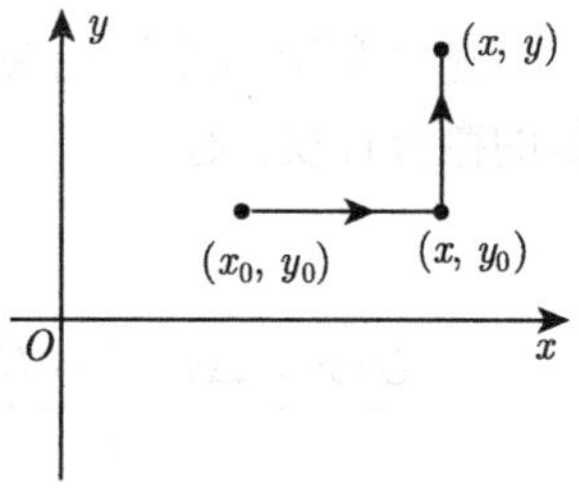

图 20-6

性质 2.2 给出了原函数的计算方法, 当然, 沿其他方式的折线积分, 可以得到不同的表达式.

性质 2.3 若 $U(x,y)$ 为 $P\mathrm{d}x + Q\mathrm{d}y$ 的原函数, A, B 是两个给定点, 则 $\int_A^B P\mathrm{d}x + Q\mathrm{d}y$ 与路径无关且 $\int_A^B P\mathrm{d}x + Q\mathrm{d}y = U(B) - U(A)$.

证明 任取 $A_0(x_0, y_0)$, 则 $U(x,y) = \int_{A_0}^{A(x,y)} P\mathrm{d}x + Q\mathrm{d}y + C$, 由于 $\int_A^B P\mathrm{d}x + Q\mathrm{d}y$ 与路径无关, 则

$$\int_A^B P\mathrm{d}x + Q\mathrm{d}y = \int_A^{A_0} P\mathrm{d}x + Q\mathrm{d}y + \int_{A_0}^{B} P\mathrm{d}x + Q\mathrm{d}y = U(B) - U(A).$$

在上述积分与路径无关性的研究中, 必须满足条件, 在 D 上 $\frac{\partial P}{\partial y}=\frac{\partial Q}{\partial x}$, 此时 P, Q 在 D 中不会发生奇性, 当 P, Q 在 D 内有奇点时, 结论是否仍成立?

设 $M_0\in D$ 为 P, Q 的奇点, 此时不能直接用格林公式, 为此采用挖洞法.

设 $l\subset D$ 为包含奇点 M_0 的闭路, 以 M_0 为心, ε 为半径, 作圆周 l_ε, 取 $\boldsymbol{l}_\varepsilon$ 为顺时针方向, $\boldsymbol{l}$ 为逆时针方向, 则 l 与 l_ε 所围区域 D_ε 满足格林公式, 故,

$$\oint_{\boldsymbol{l}+\boldsymbol{l}_\varepsilon} P\mathrm{d}x+Q\mathrm{d}y=\iint_{D_\varepsilon}\left[\frac{\partial Q}{\partial x}-\frac{\partial P}{\partial y}\right]\mathrm{d}x\mathrm{d}y=0,$$

因而,

$$\oint_{\boldsymbol{l}} P\mathrm{d}x+Q\mathrm{d}y=-\oint_{\boldsymbol{l}_\varepsilon} P\mathrm{d}x+Q\mathrm{d}y=\oint_{-\boldsymbol{l}_\varepsilon} P\mathrm{d}x+Q\mathrm{d}y,$$

即: 绕某一奇点的任意闭路沿同一方向的积分相等, 因此, 若记 $\boldsymbol{l}$ 为逆时针方向有 $\oint_{\boldsymbol{l}} P\mathrm{d}x+Q\mathrm{d}y=\omega$, 称 ω 为对应的循环常数.

可归纳证明: 若 $\boldsymbol{l}$ 沿闭路按逆时针方向绕 M_0 为 n 圈, 则 $\oint_{\boldsymbol{l}} P\mathrm{d}x+Q\mathrm{d}y=n\omega$.

类似, 若 $\boldsymbol{l}$ 按逆时针绕 M_0 的圈数为 n_1, 按顺时针绕 M_0 的圈数为 n_2, 则

$$\oint_{l} P\mathrm{d}x+Q\mathrm{d}y=(n_1-n_2)\omega.$$

更进一步, 若 D 中有 k 个奇点 $M_1, M_2, \cdots, M_k$, 则 $\oint_{\boldsymbol{l}} P\mathrm{d}x+Q\mathrm{d}y=\sum_{i=1}^{k} n_i\omega_i$, ω_i 为对应的循环常数, n_i 为对应的圈数.

例 1 计算 $I=\oint_{\boldsymbol{l}}\frac{x\mathrm{d}y-y\mathrm{d}x}{x^2+y^2}$, $\boldsymbol{l}$ 为包含 $(0,0)$ 点的逆时针方向的闭路.

解 记 $P(x,y)=-\frac{y}{x^2+y^2}$, $Q(x,y)=\frac{x}{x^2+y^2}$, 二者都以 $(0,0)$ 为奇点, 且 $\frac{\partial P}{\partial y}=\frac{\partial Q}{\partial x}$, $(x,y)\neq(0,0)$, 计算循环常数,

$$\omega=\int_{x^2+y^2=1} P\mathrm{d}x+Q\mathrm{d}y=\int_0^{2\pi}(\cos^2 t+\sin^2 t)\mathrm{d}t=2\pi,$$

故 $I=2\pi$.

例 2 计算 $I=\int_{(0,0)}^{(2,2)}(2x+\sin y)\mathrm{d}x+x\cos y\mathrm{d}y$.

解 记 $P(x,y)=2x+\sin y$, $Q(x,y)=x\cos y$, 则 $\dfrac{\partial P}{\partial y}=\dfrac{\partial Q}{\partial x}$, 因此, 积分与路径无关, 沿折线积分, 则

$$I=\int_0^2 2x\mathrm{d}x+\int_0^2 2\cos y\mathrm{d}x=4+2\sin 2.$$

例 3 验证 $(x^2+2xy-y^2)\,\mathrm{d}x+(x^2-2xy-y^2)\,\mathrm{d}y$ 是全微分形式, 并计算其一个原函数.

解 记 $P(x,y)=x^2+2xy-y^2$, $Q(x,y)=x^2-2xy-y^2$, 则 $\dfrac{\partial P}{\partial y}=\dfrac{\partial Q}{\partial x}$, 因此, 其为全微分形式, 其一个原函数为

$$\begin{aligned}U(x,y)&=\int_{(0,0)}^{(x,y)}\left(x^2+2xy-y^2\right)\mathrm{d}x+\left(x^2-2xy-y^2\right)\mathrm{d}y\\&=\int_0^x x^2\mathrm{d}x+\int_0^y\left(x^2-2xy-y^2\right)\mathrm{d}y\\&=\frac{x^3}{3}+x^2y-xy^2-\frac{y^3}{3}.\end{aligned}$$

习 题 20.2

1. 计算下列全微分的第二类线积分.

(1) $I=\displaystyle\int_{(0,0)}^{(1,2)}(2x+y)\mathrm{d}x+(x+\cos y)\mathrm{d}y$;

(2) $I=\displaystyle\int_{(0,0)}^{(1,1)}(4x^3+\mathrm{e}^y)\mathrm{d}x+x\mathrm{e}^y\mathrm{d}y$;

(3) $I=\displaystyle\int_{(0,0)}^{(1,1)}\frac{x\mathrm{d}x+y\mathrm{d}y}{1+x^2+y^2}$;

(4) $I=\displaystyle\int_{(0,0)}^{(1,1)}\frac{y\mathrm{d}x+x\mathrm{d}y}{1+x^2y^2}$.

2. 分析下列题目并完成计算: 假设 $f(t)$ 具有连续的导数, $\boldsymbol{l}$ 是以 $A(2,3)$ 为始点, 以 $B(3,2)$ 为终点的完全位于第一象限 (与坐标轴无交点) 有向曲线段, 计算

$$I=\int_l\frac{x^3yf(xy)-y^2}{x^3}\mathrm{d}x+\frac{x^3f(xy)+y}{x^2}\mathrm{d}x.$$

(1) 简化结构, 能否抽象出题目的一些结构特点?

(2) 由于题目涉及抽象函数, 对计算结果有何猜想?

(3) 关于 I 的计算, 预计有哪些计算方法? 分析对应方法的可行性 (难点及是否有解决方法);

(4) 给出题目的计算;

(5) 进一步分析, 能否选择其他的点 A, B, 使得能计算出确定的且与 $f(t)$ 无关的 I 值.

3. 计算下列全微分的原函数.

(1) $xy(2+xy)\mathrm{e}^{xy}\mathrm{d}x+x^2(1+xy)\mathrm{e}^{xy}\mathrm{d}y$;

(2) $\dfrac{-2xy}{(1+x^2)^2+y^2}\mathrm{d}x+\dfrac{1+x^2}{(1+x^2)^2+y^2}\mathrm{d}y$.

20.3 高斯公式

本节讨论第二类曲面积分和三重积分的关系.

一、 高斯公式

先引入几个空间区域的概念. 给定空间区域 Ω.

定义 3.1 若空间区域 Ω 内任何两点都可以用全属于此区域的曲线连接起来, 称区域 Ω 为连通区域.

空间连通区域允许区域内部有空洞, 但不允许区域内的不同部分相互隔离, 因此, 从几何上看, 所谓连通区域是指空间连在一起的区域. 这与平面连通区域有很大的区别.

定义 3.2 空间区域 Ω 内任何闭曲面都可不经过区域外的点而连续收缩为区域内的一点, 称空间区域 Ω 为二维单连通区域.

定义 3.2 等价于区域内的任何闭曲面所围的区域仍包含在此区域内, 因而, 二维单连通空间区域不允许内部有洞, 因而强于空间区域的连通性.

定义 3.3 空间区域内任何闭曲线都可不经过区域外的点而连续收缩为区域内的一点, 则称此区域为一维单连通区域.

如球的内部是二维单连通区域, 两个同心球之间的区域是一维单连通区域.

定理 3.1(高斯公式) 设 Ω 是空间二维单连通有界闭区域, 边界曲面 $S=\partial\Omega$ 是光滑的, $P(x,y,z)$, $Q(x,y,z)$ 和 $R(x,y,z)$ 在 Ω 上具有连续的偏导数, 则

$$\iiint\limits_{\Omega}\left(\frac{\partial P}{\partial x}+\frac{\partial Q}{\partial y}+\frac{\partial R}{\partial z}\right)\mathrm{d}x\mathrm{d}y\mathrm{d}z=\iint\limits_{\boldsymbol{S}}P\mathrm{d}y\mathrm{d}z+Q\mathrm{d}z\mathrm{d}x+R\mathrm{d}x\mathrm{d}y,$$

其中, $\boldsymbol{S}$ 是指对应于 S 的外侧的有向曲面.

分析 证明思路与格林公式完全类似, 从最特殊、最简单的区域结构入手.

证明 首先设 Ω 既是 xy 型区域, 又是 yz 型, 又是 zx 型区域.

若视 Ω 为 xy 型区域, 则可以表示为

$$\Omega=\{(x,y,z):z_1(x,y)\leqslant z\leqslant z_2(x,y),(x,y)\in D_{xy}\},$$

记 $S_i: z=z_i(x,y),(x,y)\in D_{xy}, i=1,2$, S_3 为以 $l=\partial D_{xy}$ 为准线且母线平行于 z 轴的夹在 S_1 和 S_2 间的柱面, 则 V 可以视为这样的一个封闭区域: 其顶为曲面 S_2, 底为曲面 S_1, 围为柱面 S_3, 因而, $S=\partial V=S_1\cup S_2\cup S_3$, 故

$$\iiint\limits_{\Omega}\frac{\partial R}{\partial z}\mathrm{d}x\mathrm{d}y\mathrm{d}z=\iint\limits_{D_{xy}}\left(\int_{z_1(x,y)}^{z_2(x,y)}\frac{\partial R}{\partial z}\mathrm{d}z\right)\mathrm{d}x\mathrm{d}y$$
$$=\iint\limits_{D_{xy}}[R(x,y,z_2(x,y))-R(x,y,z_1(x,y))]\mathrm{d}x\mathrm{d}y,$$

记 $\boldsymbol{S}_i(i=1,2,3)$ 为对应于 $S_i(i=1,2,3)$ 取外侧的有向曲面, 利用第二类曲面积分的计算, 则

$$\iint\limits_{\boldsymbol{S}}R(x,y,z)\mathrm{d}x\mathrm{d}y=\left[\iint\limits_{\boldsymbol{S}_1}+\iint\limits_{\boldsymbol{S}_2}+\iint\limits_{\boldsymbol{S}_3}\right]R(x,y,z)\mathrm{d}x\mathrm{d}y$$
$$=\iint\limits_{D_{xy}}R(x,y,z_2(x,y))\mathrm{d}x\mathrm{d}y-\iint\limits_{D_{xy}}R(x,y,z_1(x,y))\mathrm{d}x\mathrm{d}y,$$

故, $\iiint\limits_{\Omega}\frac{\partial R}{\partial z}\mathrm{d}x\mathrm{d}y\mathrm{d}z=\iint\limits_{\boldsymbol{S}}R(x,y,z)\mathrm{d}x\mathrm{d}y.$

类似, 若 Ω 是 yz 型, 则 $\iiint\limits_{\Omega}\frac{\partial P}{\partial x}\mathrm{d}x\mathrm{d}y\mathrm{d}z=\iint\limits_{\boldsymbol{S}}P(x,y,z)\mathrm{d}y\mathrm{d}z$; 若 Ω 是 zx 型, 则 $\iiint\limits_{\Omega}\frac{\partial Q}{\partial y}\mathrm{d}x\mathrm{d}y\mathrm{d}z=\iint\limits_{\boldsymbol{S}}Q(x,y,z)\mathrm{d}z\mathrm{d}x$; 因而, 当 Ω 既是 xy 型, 又是 yz 型, 又是 zx 型区域时, 高斯公式成立.

其次, 设 Ω 是这样的区域, 通过插入一个曲面 S', 将其分割为两个区域 Ω_1,Ω_2, 其中 Ω_1,Ω_2 满足情形 1, 则由情形 1:

$$\iiint\limits_{\Omega}\left(\frac{\partial P}{\partial x}+\frac{\partial Q}{\partial y}+\frac{\partial R}{\partial z}\right)\mathrm{d}x\mathrm{d}y\mathrm{d}z=\left[\iiint\limits_{\Omega_1}+\iiint\limits_{\Omega_2}\right]\left(\frac{\partial P}{\partial x}+\frac{\partial Q}{\partial y}+\frac{\partial R}{\partial z}\right)\mathrm{d}x\mathrm{d}y\mathrm{d}z$$
$$=\iint\limits_{\overrightarrow{\partial\Omega_1}}P\mathrm{d}x+Q\mathrm{d}y+R\mathrm{d}z$$
$$+\iint\limits_{\overrightarrow{\partial\Omega_2}}P\mathrm{d}x+Q\mathrm{d}y+R\mathrm{d}z$$

$$= \iint\limits_{(\overrightarrow{\partial\Omega}\cap\overrightarrow{\partial\Omega_1})\cup\boldsymbol{S}'} P\mathrm{d}x + Q\mathrm{d}y + R\mathrm{d}z$$

$$+ \iint\limits_{(\overrightarrow{\partial\Omega}\cap\overrightarrow{\partial\Omega_2})\cup(-\boldsymbol{S}')} P\mathrm{d}x + Q\mathrm{d}y + R\mathrm{d}z$$

$$= \iint\limits_{\overrightarrow{\partial\Omega}} P\mathrm{d}x + Q\mathrm{d}y + R\mathrm{d}z,$$

其中, $\overrightarrow{\partial\Omega_i}$ 为区域 Ω_i 的外侧曲面 $(i=1,2)$, $\boldsymbol{S}'$ 为相对于 Ω_1 的外侧曲面, $-\boldsymbol{S}'$ 为相对于 Ω_2 的外侧曲面, 因而, 插入一个曲面 S', 高斯公式仍成立.

最后, 设 Ω 一般的二维单连通区域, 此时, 总可经过若干次分割将其分割成若干个区域 Ω_i, 而每个 Ω_i 都满足情形 1, 故可归纳证明此时高斯公式仍成立.

对一维单连通区域, 高斯公式仍成立.

高斯公式的结构分析 (1) 从公式的表示形式看, 它实现了将第二类曲面积分化为三重积分的计算, 给出了第二类曲面积分计算的又一新方法; (2) 从应用层面看, 和格林公式的应用机理相似, 它实现了将复杂曲面上的第二类曲面积分转化为简单曲面上的第二类曲面积分以进行计算, 即实现了简化结构以简化计算的目的; (3) 注意到三重积分的几何意义, 利用高斯公式还可以实现有界的空间区域的体积的计算.

二、 高斯公式的应用

根据上述结构分析, 建立高斯公式的应用.

1. 有界空间区域的体积计算

作为高斯公式的应用, 可得体积计算公式.

定理 3.2 设封闭的光滑曲面 S 所围的有界空间区域为 Ω, 则其体积为

$$\Omega = \iiint\limits_{\Omega} \mathrm{d}x\mathrm{d}y\mathrm{d}z = \iint\limits_{\boldsymbol{S}} x\mathrm{d}y\mathrm{d}z = \iint\limits_{\boldsymbol{S}} y\mathrm{d}z\mathrm{d}x = \iint\limits_{\boldsymbol{S}} z\mathrm{d}x\mathrm{d}y$$

$$= \frac{1}{3}\iint\limits_{\boldsymbol{S}} x\mathrm{d}y\mathrm{d}z + y\mathrm{d}z\mathrm{d}x + z\mathrm{d}x\mathrm{d}y,$$

其中, $\boldsymbol{S}$ 为对应于 S 的外侧曲面.

例 1 计算由椭圆曲面 $S: \dfrac{x^2}{a^2} + \dfrac{y^2}{b^2} + \dfrac{z^2}{c^2} = 1$ 所围的椭球体的体积.

分析 计算空间区域体积的方法不唯一, 此处我们采用定理 3.2 进行计算, 此时, 还有不同的计算途径, 从应用习惯上, 我们采用下述求解方法.

解 由定理 3.2, 则所求的体积为 $\Omega=\iint\limits_{\boldsymbol{S}} z\mathrm{d}x\mathrm{d}y$, 由第二类曲面积分的计算公式, 注意到曲面 S 的对称性和被积函数的奇偶性, 若记 $\boldsymbol{S}_+$ 为 $\boldsymbol{S}$ 的上半部分, 即 $\boldsymbol{S}_+$ 为对应于 $S_+: z=c\sqrt{1-\frac{x^2}{a^2}-\frac{y^2}{b^2}}, (x,y)\in D$ 的上侧曲面, 其中 $D=\left\{(x,y):\frac{x^2}{a^2}+\frac{y^2}{b^2}\leqslant 1\right\}$, 则

$$V=2\iint\limits_{\boldsymbol{S}_+} z\mathrm{d}x\mathrm{d}y=2c\iint\limits_{D}\sqrt{1-\frac{x^2}{a^2}-\frac{y^2}{b^2}}\mathrm{d}x\mathrm{d}y$$

$$=2abc\int_0^{2\pi}\mathrm{d}\theta\int_0^1 r\sqrt{1-r^2}\mathrm{d}r=\frac{4}{3}\pi abc.$$

2. 复杂结构的第二类曲面积分的计算

高斯公式的主要作用还是用于第二类曲面积分的计算. 从形式上看, 高斯公式将三种类型的第二类曲面积分统一转化为一个三重积分, 一个三重积分的计算比三个第二类曲面积分的计算要简单, 因此, 学过高斯公式后, 对第二类曲面积分的计算要优先考虑用此公式. 高斯公式的更重要作用还是实现第二类曲面积分的计算转换, 其利用的思想完全等同于格林公式, 我们作类似的进一步的分析.

设封闭的光滑曲面 S 由两部分 S_1 和 S_2 构成, 所围的空间区域 Ω, $\boldsymbol{S}$, $\boldsymbol{S}_1$, $\boldsymbol{S}_2$ 表示对应的外侧曲面, 且在所围的空间区域 Ω 上成立

$$\frac{\partial P}{\partial x}+\frac{\partial Q}{\partial y}+\frac{\partial R}{\partial z}=0,\quad (x,y,z)\in\Omega,$$

则由高斯公式,

$$0=\iiint\limits_{\Omega}\left(\frac{\partial P}{\partial x}+\frac{\partial Q}{\partial y}+\frac{\partial R}{\partial z}\right)\mathrm{d}x\mathrm{d}y\mathrm{d}z=\iint\limits_{\boldsymbol{S}} P\mathrm{d}y\mathrm{d}z+Q\mathrm{d}z\mathrm{d}x+R\mathrm{d}x\mathrm{d}y$$

$$=\left\{\iint\limits_{\boldsymbol{S}_1}+\iint\limits_{\boldsymbol{S}_2}\right\}P\mathrm{d}y\mathrm{d}z+Q\mathrm{d}z\mathrm{d}x+R\mathrm{d}x\mathrm{d}y,$$

故,

$$\iint\limits_{\boldsymbol{S}_1} P\mathrm{d}y\mathrm{d}z+Q\mathrm{d}z\mathrm{d}x+R\mathrm{d}x\mathrm{d}y=-\iint\limits_{\boldsymbol{S}_2} P\mathrm{d}y\mathrm{d}z+Q\mathrm{d}z\mathrm{d}x+R\mathrm{d}x\mathrm{d}y,$$

因而, 利用高斯公式, 可以将有侧曲面 $\boldsymbol{S}_1$ 上的第二类曲面积分转化为沿有侧曲面 $\boldsymbol{S}_2$ 上的第二类曲面积分.

因而, 对给定的沿某个非封闭有侧曲面 $\boldsymbol{S}$ 上的第二类曲面积分, 若被积函数和曲面 S 都比较复杂, 而又能找到一个特殊的简单的曲面 S', 使得 S 和 S' 组成封闭曲面, 在所围的空间区域 V 上成立 $\frac{\partial P}{\partial x}+\frac{\partial Q}{\partial y}+\frac{\partial R}{\partial z}=0$, 且在特殊的曲面 S' 上, 相应的第二类曲面积分结构简单, 则通过上述闭化方法, 借助高斯公式, 就可以将有侧曲面 $\boldsymbol{S}$ 上的复杂结构的第二类曲面积分转化为沿特殊有侧曲面 $\boldsymbol{S}'$ 上的简单第二类曲面积分. 这种计算第二类曲面积分的方法也称为闭化方法, 作用对象通常具有结构特点 $\frac{\partial P}{\partial x}+\frac{\partial Q}{\partial y}+\frac{\partial R}{\partial z}=0$.

例 2 计算 $I=\iint\limits_{\boldsymbol{S}}\sqrt{x^2+y^2+z^2}(x\mathrm{d}y\mathrm{d}z+y\mathrm{d}z\mathrm{d}x+z\mathrm{d}x\mathrm{d}y)$, 其中曲面为球面 $S: x^2+y^2+z^2=1$, $\boldsymbol{S}$ 取其外侧.

结构分析 题型是第二类曲面积分的计算, 虽然积分结构并不复杂, 但是, 若直接计算, 计算量较大. 进一步分析被积函数结构, 具备高斯作用对象的特征, 由此, 确定利用高斯公式进行计算, 将其合并为一个三重积分计算的思路. 当然, 简化结构是解决问题的第一步.

解 由于在曲面上成立 $x^2+y^2+z^2=1$, 故,

$$I=\iint\limits_{\boldsymbol{S}}(x\mathrm{d}y\mathrm{d}z+y\mathrm{d}z\mathrm{d}x+z\mathrm{d}x\mathrm{d}y),$$

记空间区域 $V=\{(x,y,z): x^2+y^2+z^2\leqslant 1\}$, 由高斯公式,

$$I=\iiint\limits_{\Omega}3\mathrm{d}x\mathrm{d}y\mathrm{d}z=4\pi.$$

例 3 计算 $I=\iint\limits_{\boldsymbol{\Sigma}}(y^2-z)\mathrm{d}y\mathrm{d}z+(z^2-x)\mathrm{d}z\mathrm{d}x+(x^2-y)\mathrm{d}x\mathrm{d}y$, 其中曲面为锥面 $\Sigma: z=\sqrt{x^2+y^2}, 0\leqslant z\leqslant 1, \boldsymbol{\Sigma}$ 为对应于 Σ 的下侧曲面.

简析 题型是第二类曲面积分的计算, 被积函数满足高斯公式作用对象的特征, 确定用高斯公式进行计算. 由于曲面是非封闭的, 因而, 需要采用闭化方法. 当然, 由于积分结构并不复杂, 可以利用第二类曲面积分的基本计算公式或利用两类曲面积分间的联系进行计算, 但是这些方法的计算量较大.

解 记平面 Σ_1: $z=1, (x,y)\in D=\{(x,y): x^2+y^2\leqslant 1\}$, $\boldsymbol{\Sigma}_1$ 为对应于 Σ_1 的上侧的有侧曲面, 则 Σ_1 和 Σ 围成封闭区域 Ω, 如图 20-7, 用 $\overrightarrow{\partial\Omega}$ 表示 V 的外侧边界曲面, 由高斯公式, 则

$$I=\iint\limits_{\overrightarrow{\partial\Omega}}(y^2-z)\mathrm{d}y\mathrm{d}z+(z^2-x)\mathrm{d}z\mathrm{d}x+(x^2-y)\mathrm{d}x\mathrm{d}y$$
$$-\iint\limits_{\boldsymbol{\Sigma}_1}(y^2-z)\mathrm{d}y\mathrm{d}z+(z^2-x)\mathrm{d}z\mathrm{d}x+(x^2-y)\mathrm{d}x\mathrm{d}y$$
$$=0-\iint\limits_{\boldsymbol{\Sigma}_1}(x^2-y)\mathrm{d}x\mathrm{d}y=-\iint\limits_{D}(x^2-y)\mathrm{d}x\mathrm{d}y$$
$$=-\iint\limits_{D}(x^2-y)\mathrm{d}x\mathrm{d}y=-\iint\limits_{D}x^2\mathrm{d}x\mathrm{d}y$$
$$=-\frac{1}{2}\iint\limits_{D}(x^2+y^2)\mathrm{d}x\mathrm{d}y=-\frac{\pi}{4}.$$

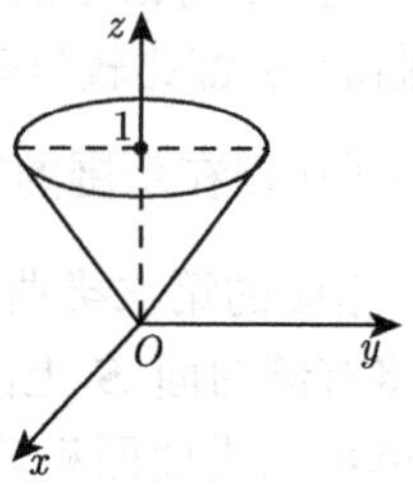

图 20-7

上述计算过程中, 二重积分的计算用到了对称性和奇偶性. 对积分 I 的计算不能用轮换对称性 (思考为什么?).

例 4 计算

$$I=\iint\limits_{\boldsymbol{S}}2\left(1-x^2\right)\mathrm{d}y\mathrm{d}z+8xy\mathrm{d}z\mathrm{d}x-4xz\mathrm{d}x\mathrm{d}y,$$

其中 $\boldsymbol{S}$ 为由曲线 $x=\mathrm{e}^y(0\leqslant y\leqslant a)$ 绕 x 轴旋转而成的旋转曲面 S 的外侧.

解 记 $P=2(1-x^2),Q=8xy,R=-4xz$, 则

$$\frac{\partial P}{\partial x}+\frac{\partial Q}{\partial y}+\frac{\partial R}{\partial z}=0.$$

在平面 $x=\mathrm{e}^a$ 上, 取一块 $S_1:x=\mathrm{e}^a,(y,z)\in D\triangleq\{(y,z):y^2+z^2\leqslant a\}$, 使之与 S 构成闭曲面, 所围区域记为 V, 如图 20-8, 则由高斯公式,

$$\iint\limits_{\boldsymbol{S}+\boldsymbol{S}_1}P\mathrm{d}y\mathrm{d}z+Q\mathrm{d}z\mathrm{d}x+R\mathrm{d}x\mathrm{d}y=0,$$

其中 $\boldsymbol{S}_1$ 为曲面 S_1 的外侧, 故,

$$I=-\iint\limits_{\boldsymbol{S}_1}P\mathrm{d}y\mathrm{d}z+Q\mathrm{d}z\mathrm{d}x+R\mathrm{d}x\mathrm{d}y$$
$$=-\iint\limits_{D}2(1-\mathrm{e}^{2a})\mathrm{d}y\mathrm{d}z=2(\mathrm{e}^{2a}-1)\cdot\pi a^2.$$

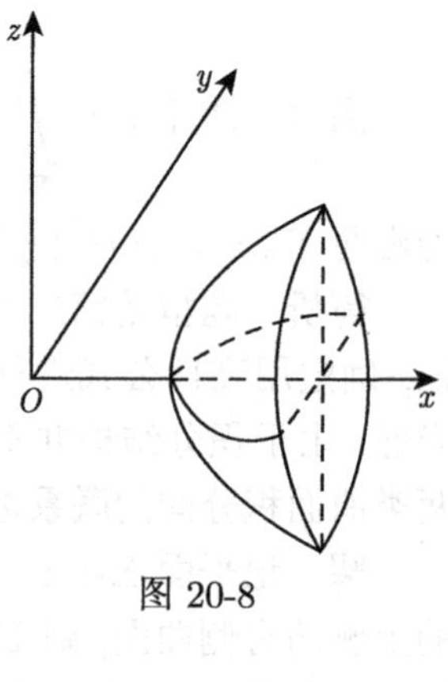

图 20-8

例 5　设 Ω 是有界二维单连通区域, $\Delta u=\frac{\partial^2 u}{\partial x^2}+\frac{\partial^2 u}{\partial y^2}+\frac{\partial^2 u}{\partial z^2}$, 证明:

$$\iint\limits_{S} u\frac{\partial u}{\partial \boldsymbol{n}}\mathrm{d}S=\iiint\limits_{\Omega} u\Delta u\mathrm{d}x\mathrm{d}y\mathrm{d}z+\iiint\limits_{\Omega}\left[\left(\frac{\partial u}{\partial x}\right)^2+\left(\frac{\partial u}{\partial y}\right)^2+\left(\frac{\partial u}{\partial z}\right)^2\right]\mathrm{d}x\mathrm{d}y\mathrm{d}z,$$

其中 $S=\partial\Omega$ 为光滑边界曲面, $\boldsymbol{n}$ 为曲面 S 的单位外法向.

结构分析　要证明的等式是第一类曲面积分和三重积分的关系, 类比已知, 能够建立曲面积分和三重积分关系的已知工具是高斯公式——化第二类曲面积分为三重积分, 因此, 证明的思路是利用两类曲面积分间的联系, 将第一类曲面积分化为第二类曲面积分, 利用高斯公式, 化为三重积分. 难点是如何将左端的第一类曲面积分化为第二类曲面积分, 为此, 必须处理方向导数, 类比已知, 可以利用已知的方向导数的计算公式进行处理, 由此, 确定了问题解决的思路和方法.

证明　设 $\boldsymbol{n}=\{\cos\alpha,\cos\beta,\cos\gamma\}$, 则

$$\frac{\partial u}{\partial \boldsymbol{n}}=\frac{\partial u}{\partial x}\cos\alpha+\frac{\partial u}{\partial y}\cos\beta+\frac{\partial u}{\partial z}\cos\gamma,$$

记 $\boldsymbol{S}$ 为 S 的对应于 $\boldsymbol{n}$ 的外侧曲面, 利用两类曲面积分的联系和高斯公式, 则

$$\begin{aligned}\iint\limits_{S} u\frac{\partial u}{\partial \boldsymbol{n}}\mathrm{d}S&=\iint\limits_{\boldsymbol{S}} u\cdot\frac{\partial u}{\partial x}\mathrm{d}y\mathrm{d}z+u\cdot\frac{\partial u}{\partial y}\mathrm{d}z\mathrm{d}x+u\cdot\frac{\partial u}{\partial z}\mathrm{d}x\mathrm{d}y\\&=\iiint\limits_{\Omega}\left[\frac{\partial}{\partial x}\left(u\frac{\partial u}{\partial x}\right)+\frac{\partial}{\partial y}\left(u\frac{\partial u}{\partial y}\right)+\frac{\partial}{\partial z}\left(u\frac{\partial u}{\partial z}\right)\right]\mathrm{d}x\mathrm{d}y\\&=\iiint\limits_{\Omega} u\Delta u\mathrm{d}x\mathrm{d}y\mathrm{d}z+\iiint\limits_{\Omega}\left[\left(\frac{\partial u}{\partial x}\right)^2+\left(\frac{\partial u}{\partial y}\right)^2+\left(\frac{\partial u}{\partial z}\right)^2\right]\mathrm{d}x\mathrm{d}y\mathrm{d}z.\end{aligned}$$

与格林公式类似, 当 Ω 内部含有奇点时, 可用挖洞方法, 将闭曲面 ∂V 上的第二类曲面积分转化为特殊曲面 (如球面) 上的第二类曲面积分.

习　题　20.3

1. 计算下列第二类曲面积分.

(1) $I=\iint\limits_{\boldsymbol{S}} x\mathrm{d}y\mathrm{d}z+2y\mathrm{d}z\mathrm{d}x+3z\mathrm{d}x\mathrm{d}y$, $\boldsymbol{S}$ 为区域 $\Omega=\{(x,y,z):|x|+|y|+|z|\leqslant 1\}$ 的表面 S 的外侧曲面.

(2) $I=\oiint\limits_{\boldsymbol{S}}(x-y-z)\mathrm{d}y\mathrm{d}z+(2y+\sin(x+z))\mathrm{d}z\mathrm{d}x+(3z+\mathrm{e}^{x+y})\mathrm{d}x\mathrm{d}y$, $\boldsymbol{S}$ 为曲面 S : $|x-y+z|+|y-z+x|+|z-x+y|=1$ 的外侧.

(3) $I=\iint\limits_{\boldsymbol{S}}x^3\mathrm{d}y\mathrm{d}z+2y^3\mathrm{d}z\mathrm{d}x+3z^3\mathrm{d}x\mathrm{d}y$, $\boldsymbol{S}$ 为单位球面 $S:x^2+y^2+z^2=1$ 外侧曲面.

(4) $I=\iint\limits_{\boldsymbol{S}}y^3\mathrm{e}^z\mathrm{d}y\mathrm{d}z+(y+xz)\mathrm{d}z\mathrm{d}x+(1-z)\mathrm{d}x\mathrm{d}y$, $\boldsymbol{S}$ 为抛物面 $S:z=x^2+y^2, 0\leqslant z\leqslant 1$ 的下侧曲面.

2. 设 $r=\sqrt{x^2+y^2+z^2}$, $\boldsymbol{r}=\dfrac{1}{r}\{x,y,z\}$, S 封闭的光滑曲面, 原点在曲面 S 的外部, Ω 为 S 所围的区域, $\boldsymbol{n}=\{\cos\alpha,\cos\beta,\cos\gamma\}$ 为 S 的单位外法向, 证明

$$\iiint\limits_{\Omega}\frac{\mathrm{d}x\mathrm{d}y\mathrm{d}z}{r}=\frac{1}{2}\oiint\limits_{S}\cos\langle\boldsymbol{r},\boldsymbol{n}\rangle\mathrm{d}S.$$

并通过结构分析说明证明思路是如何形成的.

20.4 斯托克斯公式

继续研究线、面积分间的联系, 给出第二类曲线积分与第二类曲面积分之联系, 也是格林公式从平面推广到空间, 建立空间曲面与边界曲线间的积分关系, 这就是斯托克斯公式.

一、 斯托克斯公式

定理 4.1 (斯托克斯公式) 设 S 是非封闭的光滑曲面, $l=\partial S$ 为 S 的分段光滑的边界闭曲线, $P(x,y,z),Q(x,y,z),R(x,y,z)$ 在 $\overline{S}=S\cup\partial S$ 上具有连续的偏导数, 则

$$\iint\limits_{\boldsymbol{S}}\left(\frac{\partial R}{\partial y}-\frac{\partial Q}{\partial z}\right)\mathrm{d}y\mathrm{d}z+\left(\frac{\partial P}{\partial z}-\frac{\partial R}{\partial x}\right)\mathrm{d}z\mathrm{d}x+\left(\frac{\partial Q}{\partial x}-\frac{\partial P}{\partial y}\right)\mathrm{d}x\mathrm{d}y$$

$$=\iint\limits_{\boldsymbol{S}}\begin{vmatrix}\mathrm{d}y\mathrm{d}z & \mathrm{d}z\mathrm{d}x & \mathrm{d}x\mathrm{d}y\\ \dfrac{\partial}{\partial x} & \dfrac{\partial}{\partial y} & \dfrac{\partial}{\partial z}\\ P & Q & R\end{vmatrix}=\iint\limits_{S}\begin{vmatrix}\cos\alpha & \cos\beta & \cos\gamma\\ \dfrac{\partial}{\partial x} & \dfrac{\partial}{\partial y} & \dfrac{\partial}{\partial z}\\ P & Q & R\end{vmatrix}\mathrm{d}S$$

$$=\oint_{\boldsymbol{l}}P\mathrm{d}x+Q\mathrm{d}y+R\mathrm{d}z,$$

其中, 有向曲线 $\boldsymbol{l}$ 的方向和有侧曲面 $\boldsymbol{S}$ 的侧满足右手法则. 即右手握拳, 拇指与四指垂直, 四指指向 $\boldsymbol{l}$ 的方向, 则拇指指向有侧曲面 $\boldsymbol{S}$ 选定侧的方向, 如图 20-9

所示. $\boldsymbol{n}=(\cos\alpha,\cos\beta,\cos\gamma)$ 为曲面 S 上任意点 (x,y,z) 对应于有侧曲面 $\boldsymbol{S}$ 的法向量的单位方向余弦.

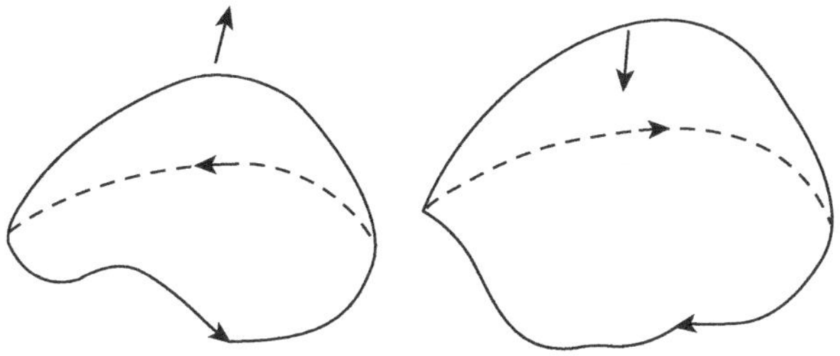

图 20-9　右手法则

结构分析　类似格林公式、高斯公式的证明思路, 即从右端三个第二类曲面积分能同时计算的最简情形入手, 逐步推广.

进一步结构分析, 从要证明的等式看, 要建立线面积分的联系, 类比已知, 已知结论为格林公式——建立了平面上线面积分的联系, 因此, 格林公式可以视为斯托克斯公式的特例, 这有助于证明思路的形成, 将空间曲面积分利用计算公式转化为投影区域上的二重积分, 利用格林公式将二重积分化为投影面的线积分, 最后, 通过空间曲线积分和投影曲线积分的关系完成证明, 由此确定证明方法.

证明　先建立两端对应 $P(x,y,z)$ 项的关系式.

首先设 S 相对于 z 轴方向是简单曲面, 即曲面可以表示为 $S:z=z(x,y),(x,y)\in D_{xy}$, 其中 D_{xy} 为 S 在 xOy 平面上的投影. 此时, 过区域 D_{xy} 且平行于 z 轴的直线与 S 只有一个交点, 若记 $l'=\partial D_{xy}$, 则 l' 正是 l 在 xOy 平面的投影, 不妨取定 $\boldsymbol{S}$ 为 S 的上侧, 则 $\boldsymbol{l},\boldsymbol{l}'$ 的方向皆为逆时针方向, 利用第二类曲线积分的计算公式和格林公式, 则

$$\begin{aligned}\oint_{\boldsymbol{l}}P(x,y,z)\mathrm{d}x&=\oint_{\boldsymbol{l}'}P(x,y,z(x,y))\mathrm{d}x\\&=-\iint\limits_{D_{xy}}\frac{\partial}{\partial y}P(x,y,z(x,y))\mathrm{d}x\mathrm{d}y\\&=-\iint\limits_{D_{xy}}\left[\frac{\partial P}{\partial y}(x,y,z(x,y))+\frac{\partial P}{\partial z}(x,y,z(x,y))\frac{\partial z}{\partial y}\right]\mathrm{d}x\mathrm{d}y,\end{aligned}$$

由于曲面 $S:z=z(x,y)$, 其单位法向的方向余弦为

$$\{\cos\alpha,\cos\beta,\cos\gamma\}=\pm\frac{1}{\sqrt{1+z_x^2+z_y^2}}\{-z_x,-z_y,1\},$$

$\boldsymbol{S}$ 为 S 的上侧, 对应于 $\boldsymbol{S}$, 由于 $\cos\lambda>0$, 故, 对应于 $\boldsymbol{S}$ 的法向的方向余弦为

$$\{\cos\alpha,\cos\beta,\cos\gamma\}=\frac{1}{\sqrt{1+z_x^2+z_y^2}}\{-z_x,-z_y,1\},$$

利用两类曲面积分之联系, 则

$$\begin{aligned}
&\iint\limits_{\boldsymbol{S}}\frac{\partial P}{\partial y}\mathrm{d}x\mathrm{d}y-\iint\limits_{\boldsymbol{S}}\frac{\partial P}{\partial z}\mathrm{d}z\mathrm{d}x\\
=&\iint\limits_{S}\left[\frac{\partial P}{\partial y}\cos\gamma-\frac{\partial P}{\partial z}\cos\beta\right]\mathrm{d}S\\
=&\iint\limits_{D_{xy}}\left[\frac{\partial P}{\partial y}(x,y,z(x,y))\cos\gamma-\frac{\partial P}{\partial z}(x,y,z(x,y))\cos\beta\right]\frac{1}{\cos\gamma}\mathrm{d}x\mathrm{d}y\\
=&\iint\limits_{D_{xy}}\left[\frac{\partial P}{\partial y}(x,y,z(x,y))-\frac{\partial P}{\partial z}(x,y,z(x,y))\frac{\cos\beta}{\cos\gamma}\right]\mathrm{d}x\mathrm{d}y\\
=&\iint\limits_{D_{xy}}\left[\frac{\partial P}{\partial y}(x,y,z(x,y))-\frac{\partial P}{\partial z}(x,y,z(x,y))(-z_y)\right]\mathrm{d}x\mathrm{d}y\\
=&-\int_{\boldsymbol{l}}P(x,y,z)\mathrm{d}x,
\end{aligned}$$

故,

$$\int_{\boldsymbol{l}}P(x,y,z)\mathrm{d}x=\iint\limits_{\boldsymbol{S}}\frac{\partial P}{\partial z}\mathrm{d}z\mathrm{d}x-\frac{\partial P}{\partial y}\mathrm{d}x\mathrm{d}y,$$

即两端对应于 $P(x,y,z)$ 有关的项相等.

类似, 若 S 相对于 x 轴方向是简单曲面, 类似可证

$$\int_{\boldsymbol{l}}Q\mathrm{d}x=\iint\limits_{\boldsymbol{S}}\frac{\partial Q}{\partial x}\mathrm{d}x\mathrm{d}y-\frac{\partial Q}{\partial z}\mathrm{d}y\mathrm{d}z.$$

同样, 若 S 为相对于 y 轴是简单光滑时, 同样成立

$$\int_{\boldsymbol{l}}R\mathrm{d}z=\iint\limits_{\boldsymbol{S}}\frac{\partial R}{\partial y}\mathrm{d}y-\frac{\partial R}{\partial x}\mathrm{d}z\mathrm{d}x.$$

综合上述情形可知: 当 S 相对于三个坐标轴都是简单光滑曲面时, 斯托克斯公式成立.

对一般曲面, 可通过分割成若干个上述曲面, 验证斯托克斯公式仍成立.

结构分析 (1) 理论上, 从公式的形式看, 公式建立了空间曲面上的第二类曲面积分与沿边界 (空间曲线) 的第二类曲线积分间的联系. (2) 从被积函数结构看, 两端被积函数的关系是函数和其偏导函数的关系, 由于给定函数, 容易计算其偏导函数, 逆向过程不容易, 这也隐藏了公式应用的方向——将空间曲线的第二类曲线积分转化为空间曲面的第二类曲面积分计算. (3) 从积分区域结构看, 一旦给定空间曲面块, 其边界曲线也确定了, 而给定空间曲线, 可以选择不同的曲面块使空间曲线为对应曲面块的边界, 因而, 可以选择简单的曲面, 把复杂的空间曲线的第二类曲线积分化为简单曲面上的简单结构的第二类曲面积分, 实现第二类曲线积分计算的简化. (4) 特别当被积函数具有特殊结构时, 如满足 $\dfrac{\partial R}{\partial y}=\dfrac{\partial Q}{\partial z}$, $\dfrac{\partial Q}{\partial x}=\dfrac{\partial P}{\partial y}, \dfrac{\partial P}{\partial z}=\dfrac{\partial R}{\partial x}$, 这些关系式也可以视为斯托克斯公式作用对象的特征, 类似格林公式的应用, 当具备这些特征时, 可以得到空间曲线的第二类曲线积分与路径无关的条件并类似引入三元函数的原函数概念.

二、 斯托克斯公式的应用

1. 第二类曲线积分的计算

例 1 计算 $I=\oint_{\boldsymbol{l}}(y-z)\mathrm{d}x+(z-x)\mathrm{d}y+(x-y)\mathrm{d}z$, $\boldsymbol{l}$ 为柱面 $x^2+y^2=a^2$ 和平面 $\dfrac{x}{a}+\dfrac{z}{h}=1(a>0,h>0)$ 的逆时针方向的交线.

简析 题型为空间曲线上第二类曲线积分的计算. 结构特征: 空间曲线位于斜平面内, 其所围的区域为平面, 结构简单. 思路确立: 斯托克斯公式.

解 如图 20-10, 记 l 在平面 $\dfrac{x}{a}+\dfrac{z}{h}=1$ 内所围的区域为 S, 且 $\boldsymbol{S}$ 为其上侧, 由斯托克斯公式, 则

$$
\begin{aligned}
I&=-2\iint_{\boldsymbol{S}}\mathrm{d}y\mathrm{d}z+\mathrm{d}z\mathrm{d}x+\mathrm{d}x\mathrm{d}y\\
&=-2\iint_{S}[\cos\alpha+\cos\beta+\cos\gamma]\mathrm{d}S,
\end{aligned}
$$

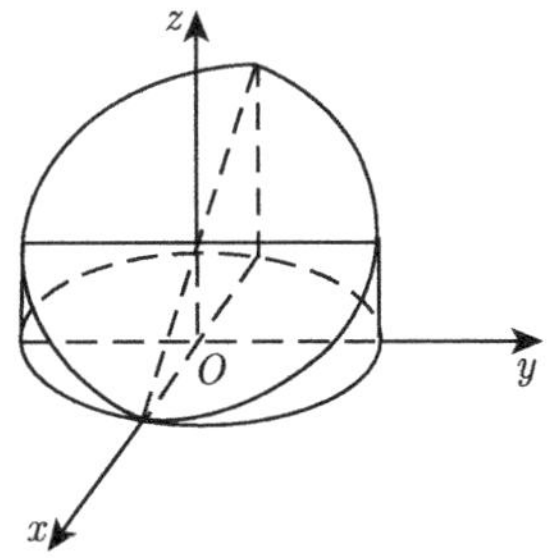

图 20-10

又 $S: z=h\left[1-\dfrac{x}{a}\right]$, 且 $\boldsymbol{S}$ 取上侧, 故,

$$
\{\cos\alpha,\cos\beta,\cos\gamma\}=\frac{1}{\sqrt{1+\dfrac{h^2}{a^2}}}\left\{\frac{h}{a},0,1\right\}=\frac{1}{\sqrt{a^2+h^2}}\{h,0,a\},
$$

记 $D=\{(x,y):x^2+y^2\leqslant a^2\}$ 为 S 在 xOy 面的投影区域, 则

$$\begin{aligned}I&=-2\iint_S\left[\frac{h}{\sqrt{a^2+h^2}}+0+\frac{a}{\sqrt{a^2+h^2}}\right]\mathrm{d}S\\&=-2\cdot\frac{a+h}{\sqrt{a^2+h^2}}\iint_S\mathrm{d}S\\&=-2\cdot\frac{a+h}{\sqrt{a^2+h^2}}\iint_D\sqrt{1+\frac{h^2}{a^2}}\mathrm{d}x\mathrm{d}y\\&=-2\pi a(a+h).\end{aligned}$$

例 2 计算 $I=\oint_{\boldsymbol{l}}(y^2-z^2)\mathrm{d}x+(z^2-x^2)\mathrm{d}y+(x^2-y^2)\mathrm{d}z$, 其中, $\boldsymbol{l}$ 为 $x+y+z=1$ 被三个坐标面平面所截的三角形区域 Σ 的正向边界 (图 20-11).

解 由斯托克斯公式, 则

$$I=-2\iint_\Sigma[(y+z)\cos\alpha+(x+z)\cos\beta+(x+y)\cos\gamma]\mathrm{d}S,$$

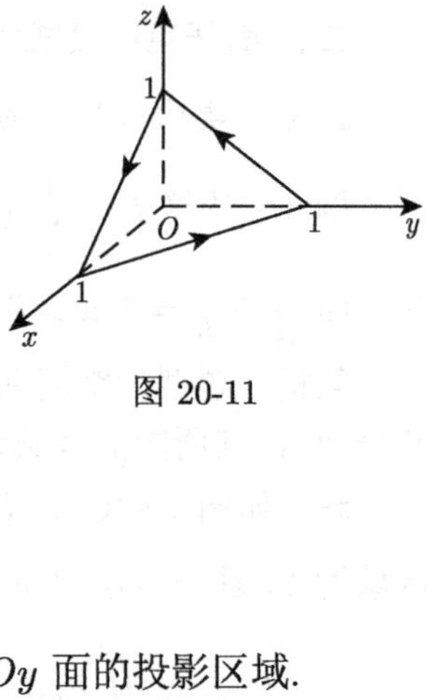

图 20-11

又 $\{\cos\alpha,\cos\beta,\cos\gamma\}=\frac{1}{\sqrt{3}}\{1,1,1\}$, 故,

$$\begin{aligned}I&=-\frac{4}{\sqrt{3}}\iint_\Sigma(x+y+z)\mathrm{d}S\\&=-\frac{4}{\sqrt{3}}\iint_\Sigma\mathrm{d}S=-\frac{4}{\sqrt{3}}\iint_D\sqrt{3}\mathrm{d}x\mathrm{d}y=-2,\end{aligned}$$

其中 $D=\{(x,y):0\leqslant y\leqslant 1-x,0\leqslant x\leqslant 1\}$ 为 S 在 xOy 面的投影区域.

2. *与路径无关系和原函数*

根据斯托克斯公式, 很容易得到下列结论.

定理 4.2 设 l 为空间光滑闭曲线, 若存在非封闭的光滑曲面 S, 使得 $l=\partial S$ 为 S 的边界曲线, $P(x,y,z),Q(x,y,z),R(x,y,z)$ 在 $\overline{S}=S\cup\partial S$ 上具有连续的偏导数, 且满足 $\frac{\partial R}{\partial y}=\frac{\partial Q}{\partial z},\frac{\partial Q}{\partial x}=\frac{\partial P}{\partial y},\frac{\partial P}{\partial z}=\frac{\partial R}{\partial x}$, 则

$$\oint_l P\mathrm{d}x+Q\mathrm{d}y+R\mathrm{d}z=0,$$

其中, 有向曲线 $\boldsymbol{l}$ 为选定方向的曲线 l.

推论 4.1　若 $P(x,y,z),Q(x,y,z),R(x,y,z)$ 在 $\mathbf{R}^3$ 内具有连续的偏导数, 且满足 $\dfrac{\partial R}{\partial y}=\dfrac{\partial Q}{\partial z},\dfrac{\partial Q}{\partial x}=\dfrac{\partial P}{\partial y},\dfrac{\partial P}{\partial z}=\dfrac{\partial R}{\partial x}$, A, B 是任意两点, 则对任意以 A 点为始点, 以 B 点为终点的有向曲线 $\boldsymbol{l}_1,\boldsymbol{l}_2$ 都成立

$$\int_{\boldsymbol{l}_1}P\mathrm{d}x+Q\mathrm{d}y+R\mathrm{d}z=\int_{\boldsymbol{l}_2}P\mathrm{d}x+Q\mathrm{d}y+R\mathrm{d}z,$$

此时, 第二类曲线积分与路径无关.

定义 4.1　给定 $P(x,y,z),Q(x,y,z),R(x,y,z)$, 若存在可微函数 $U(x,y,z)$, 使得

$$\mathrm{d}U=P(x,y,z)\mathrm{d}x+Q(x,y,z)\mathrm{d}y+R(x,y,z)\mathrm{d}z,$$

则称 $P(x,y,z)\mathrm{d}x+Q(x,y,z)\mathrm{d}y+R(x,y,z)\mathrm{d}z$ 为全微分形式, $U(x,y,z)$ 称为其一个原函数.

推论 4.2　若 $P(x,y,z),Q(x,y,z),R(x,y,z)$ 在 $\mathbf{R}^3$ 内具有连续的偏导数, 且满足 $\dfrac{\partial R}{\partial y}=\dfrac{\partial Q}{\partial z},\dfrac{\partial Q}{\partial x}=\dfrac{\partial P}{\partial y},\dfrac{\partial P}{\partial z}=\dfrac{\partial R}{\partial x}$, 则 $P(x,y,z)\mathrm{d}x+Q(x,y,z)\mathrm{d}y+R(x,y,z)\mathrm{d}z$ 为全微分形式. 若 A, B 是任意两点, $U(x,y,z)$ 为其一个原函数, 则对任意以 A 点为始点, 以 B 点为终点的有向曲线 $\boldsymbol{l}$ 都成立

$$\int_{\boldsymbol{l}}P\mathrm{d}x+Q\mathrm{d}y+R\mathrm{d}z=U(B)-U(A).$$

例 3　设 $P(x,y,z)=3x^2+3y+2z$, $Q(x,y,z)=3x+4y^3+z$, $R(x,y,z)=2x+y+\mathrm{e}^z$, (1) 验证 $P(x,y,z)\mathrm{d}x+Q(x,y,z)\mathrm{d}y+R(x,y,z)\mathrm{d}z$ 为全微分形式; (2) 计算其一个原函数; (3) 计算 $\displaystyle\int_{A(0,1,0)}^{B(1,0,3)}P(x,y,z)\mathrm{d}x+Q(x,y,z)\mathrm{d}y+R(x,y,z)\mathrm{d}z$.

解　(1) 任意验证 $\dfrac{\partial R}{\partial y}=\dfrac{\partial Q}{\partial z},\dfrac{\partial Q}{\partial x}=\dfrac{\partial P}{\partial y},\dfrac{\partial P}{\partial z}=\dfrac{\partial R}{\partial x}$, 因而, $P(x,y,z)\mathrm{d}x+Q(x,y,z)\mathrm{d}y+R(x,y,z)\mathrm{d}z$ 为全微分形式.

(2) 由于 $P(x,y,z)\mathrm{d}x+Q(x,y,z)\mathrm{d}y+R(x,y,z)\mathrm{d}z$ 为全微分形式, 因而, $\displaystyle\int_{\boldsymbol{l}}P\mathrm{d}x+Q\mathrm{d}y+R\mathrm{d}z$ 与路径无关, 因而, 可以取

$$U(x,y,z)=\int_{(0,0,0)}^{(x,y,z)}P(x,y,z)\mathrm{d}x+Q(x,y,z)\mathrm{d}y+R(x,y,z)\mathrm{d}z,$$

由于与路径无关, 取折线 $(0,0,0)\to(x,0,0)\to(x,y,0)\to(x,y,z)$ 为积分路径, 则

$$\begin{aligned}U(x,y,z)=&\int_0^x P(x,0,0)\mathrm{d}x+\int_0^y Q(x,y,0)\mathrm{d}y+\int_0^z R(x,y,z)\mathrm{d}z\\=&x^3+y^4+3xy+2xz+yz+\mathrm{e}^z-1.\end{aligned}$$

(3) 根据与路径的无关性, 则

$$\int_{A(0,1,1)}^{B(1,2,3)} P(x,y,z)\mathrm{d}x+Q(x,y,z)\mathrm{d}y+R(x,y,z)\mathrm{d}z=U(1,0,3)-U(0,1,0)=5+\mathrm{e}^3.$$

习 题 20.4

1. 计算下列第二类曲线积分.

(1) $I=\oint_l \left(z-y^3\right)\mathrm{d}x+\left(x^3+y\right)\mathrm{d}y+\left(z^3+y\right)\mathrm{d}z$, 其中, l 为平面 $z=1$ 与抛物面 $z=x^2+y^2$ 的逆时针方向的交线.

(2) $I=\oint_l \left(y+y^2+yz\right)\mathrm{d}x+(xz+2xy)\mathrm{d}y+(xy+y)\mathrm{d}z$, 其中, l 为平面 $x+y+z=1$ 与球面 $x^2+y^2+z^2=1$ 的逆时针方向的交线.

2. 计算下列全微分的原函数.

(1) $\left(x^2+2xy+z\right)\mathrm{d}x+\left(2y+x^2\right)\mathrm{d}y+\left(x+z^2\right)\mathrm{d}z$;

(2) $\left(2xz+\mathrm{e}^y\right)\mathrm{d}x+\left(x\mathrm{e}^y+yz^2\right)\mathrm{d}y+\left(x^2+zy^2\right)\mathrm{d}z$.

3. 计算下列第二类曲线积分.

(1) $\displaystyle\int_{A(0,0,0)}^{B(1,2,3)} (z^2+y)\mathrm{d}x+(x+\mathrm{e}^z)\mathrm{d}y+(2xz+y\mathrm{e}^z)\mathrm{d}z$;

(2) $\displaystyle\int_{A(0,1,0)}^{B(1,0,1)} (1+z)\mathrm{e}^y\mathrm{d}x+x(1+z)\mathrm{e}^y\mathrm{d}y+(x\mathrm{e}^y+3z^2)\mathrm{d}z$.

习题答案与提示 (三)

第 14 章　多元函数的概念、极限与连续性

习题 14.1

1. 提示: 只需证明三角不等式.

2. $\overset{\circ}{E}=(0,1)\times(-1,2), E'=[0,1]\times[-1,2], \partial E=E_1\cup E_2$, 其中 $E_1=[0,1]\times\{-1,2\}, E_2=\{0,1\}\times[-1,2]$.

3. $\overset{\circ}{E}=E$, $\partial E=\{(x,y):y=0,x\geqslant 0\}\cup\{(x,y):x=0,y\geqslant 0\}\cup\{(x,y):y=x,x\geqslant 0\}, E'=\{(x,y):x\geqslant 0,y\geqslant 0\}$.

4. 提示: 只需证明其是闭集.

5. 略.

6. 证明由于 $M_k\in E$, 且 $M_k\to M_0$, 故, M_0 是 E 的聚点, 因而, $M_0\in E'$,
又由于 E 是闭集, 因而, $E=\overline{E}$, 由于 $\overline{E}=E\cup E'$, 故, $M_0\in E$.

7. 提示: 可以引入区域的直径 $d(E)=\mathrm{diam}E=\sup\{d(x,y):x,y\in E\}$.

8. 提示: 可以利用闭集套定理.

9. 提示: 可以利用有限开覆盖定理.

10. 略.

习题 14.2

1. 略.

2. (1) 0.　(2) 0.　(3) 0.　(4) 2.　(5) 2.　(6) 1.　(7) 0.　(8) 0.

3. (1) 不存在.　(2) 不存在.　(3) 不存在.
(4) 不存在.　(5) 不存在.　(6) 不存在.

4. 略.

5. 略.

6. 略.

习题 14.3

1. 略.

2. 略.

3. 提示: 法一　从形式上看, 坏点为 $(1,1)$, 故取 $p_{1n}\left(1-\dfrac{1}{n},1-\dfrac{1}{n}\right),p_{2n}\left(1-\dfrac{2}{n},1-\dfrac{2}{n}\right)$.

法二　沿直线 $y=x$, 考虑一元函数 $f(x,x)=\dfrac{1}{1-x^2}$ 在 $[0,1)$ 上的非一致连续性.

习题 14.4

1. 略. 2. 略. 3. 略. 4. 略.

第 15 章 偏导数与全微分

习题 15.1

1. $u_x = y\mathrm{e}^{xy} + xy^2\mathrm{e}^{xy} + \dfrac{y}{1+xy}$, $u_x(0,0)=0$,

$$u_y = x\mathrm{e}^{xy} + x^2y\mathrm{e}^{xy} + \frac{x}{1+xy}, \quad u_y(0,0)=0.$$

2. $u_x(0,0)=0$. $u_x(1,-1)$ 不存在.

3. (1) $u_x = 2x + \dfrac{\cos x}{1+\sin x}y$, $u_y = \ln(1+\sin x)$, $u_x(p_0)=u_y(p_0)=0$.

(2) $u_x = \dfrac{y\mathrm{e}^{xy}}{x+xy} - \dfrac{\mathrm{e}^{xy}(1+y)}{(x+xy)^2}$, $u_y = \dfrac{x\mathrm{e}^{xy}}{x+xy} - \dfrac{x\mathrm{e}^{xy}}{(x+xy)^2}$,

$$u_x(p_0) = -1, \quad u_y(p_0) = 0.$$

(3) $u_x = \dfrac{1}{y}2^{\frac{x}{y}}\ln 2 + \dfrac{1}{1+\left(\dfrac{x+y}{x-y}\right)^2}\cdot\dfrac{-2y}{(x-y)^2}$,

$$u_y = -\frac{x}{y^2}2^{\frac{x}{y}}\ln 2 + \frac{1}{1+\left(\dfrac{x+y}{x-y}\right)^2}\cdot\frac{2x}{(x-y)^2},$$

$$u_x(p_0) = \ln 2 - 1, \quad u_y(p_0) = 0.$$

(4) $u_x = y\sin\dfrac{1}{x^2+y^2} + xy\cos\dfrac{1}{x^2+y^2}\cdot\dfrac{-2x}{(x^2+y^2)^2}$,

$$u_y = x\sin\frac{1}{x^2+y^2} + xy\cos\frac{1}{x^2+y^2}\cdot\frac{-2y}{(x^2+y^2)^2},$$

$$u_x(p_0) = 0, \quad u_y(p_0) = \sin 1.$$

(5) $u_x(0,0) = \lim\limits_{x\to 0}\dfrac{u(x,0)-u(0,0)}{x} = \lim\limits_{x\to 0}\dfrac{x^2\ln x^2}{x} = 0$,

$$u_y(0,0) = \lim_{y\to 0}\frac{u(0,y)-u(0,0)}{y} = \lim_{y\to 0}\frac{y^2\ln y^2}{y} = 0,$$

$$u_x(p_0) = 0, u_y(p_0) = 0.$$

4. (1) $u_x = 2xy$, $u_y = x^2+2yz$, $u_z = y^2$.

(2) $u_x = \dfrac{y+z}{\sqrt{x^2+y^2+z^2}} - \dfrac{2x(xy+yz+zx)}{(x^2+y^2+z^2)^{\frac{3}{2}}}$,

$$u_y=\frac{x+z}{\sqrt{x^2+y^2+z^2}}-\frac{2y(xy+yz+zx)}{(x^2+y^2+z^2)^{\frac{3}{2}}},$$

$$u_z=\frac{x+y}{\sqrt{x^2+y^2+z^2}}-\frac{2z(xy+yz+zx)}{(x^2+y^2+z^2)^{\frac{3}{2}}}.$$

注 也可以利用对称性得到结论.

5. 略.

6. (1) $\mathrm{d}u=-\frac{1}{(1+x+y^2+z^3)^2}\mathrm{d}x-\frac{2y}{(1+x+y^2+z^3)^2}\mathrm{d}y-\frac{3z^2}{(1+x+y^2+z^3)^2}\mathrm{d}z.$

(2) $\mathrm{d}u=[x\sec(x+y)+x\sec(x+y)\tan(x+y)]\mathrm{d}x+x\sec(x+y)\tan(x+y)\mathrm{d}y.$

7. 略.

8. 略.

9. 函数在 $p_0(0,0,0)$ 点连续.

由于 $\lim\limits_{x\to 0}\frac{f(x,0,0)-f(0,0,0)}{x}=\lim\limits_{x\to 0}\frac{|x|}{x}$ 不存在, 则 $f_x(p_0)$ 不存在, 类似, $f_y(p_0)$, $f_z(p_0)$ 也不存在, 因而, $f(x,y,z)$ 在 $p_0(0,0,0)$ 点不可微.

10. 函数在 $p_0(0,0)$ 点连续.

由于 $\lim\limits_{x\to 0}\frac{f(x,0)-f(0,0)}{x}=0$, 故

$$f_x(x,y)=\begin{cases} y\sin\frac{1}{x^2+y^2}-\frac{2x^2y}{(x^2+y^2)^2}\cos\frac{1}{x^2+y^2}, & x^2+y^2\neq 0,\\ 0, & x^2+y^2=0.\end{cases}$$

利用对称性, 则

$$f_y(x,y)=\begin{cases} x\sin\frac{1}{x^2+y^2}-\frac{2xy^2}{(x^2+y^2)^2}\cos\frac{1}{x^2+y^2}, & x^2+y^2\neq 0,\\ 0, & x^2+y^2=0.\end{cases}$$

由于 $\lim\limits_{(x,y)\to(0,0)}y\sin\frac{1}{x^2+y^2}=0$, $\lim\limits_{\substack{(x,y)\longrightarrow(0,0)\\ y=x}}\frac{2x^2y}{(x^2+y^2)^2}\cos\frac{1}{x^2+y^2}=\lim\limits_{x\to 0}\frac{2}{x}\cos\frac{1}{2x^2}$ 不存在, 事实上, 取 $x_n=\frac{1}{2\sqrt{n\pi}}$, 则 $\lim\limits_{n\to+\infty}\frac{2}{x_n}\cos\frac{1}{2x_n^2}=+\infty$. 故 $f_x(x,y)$ 在 $p_0(0,0)$ 不连续, 同样, $f_y(x,y)$ 在 $p_0(0,0)$ 不连续.

由于 $\lim\limits_{\rho\to 0}\frac{\Delta f(p_0)-[f_x(p_0)\Delta x+f_y(p_0)\Delta x]}{\rho}=\lim\limits_{\rho\to 0}\frac{\Delta x\Delta y}{\rho}\sin\frac{1}{\Delta x^2+\Delta y^2}=0$, 故 $f(x,y)$ 在 $p_0(0,0)$ 点可微.

11. (1) $f_x(x,y)=\begin{cases} 2x\sin\frac{1}{x^2+y^2}-\frac{2x}{x^2+y^2}\cos\frac{1}{x^2+y^2}, & x^2+y^2\neq 0,\\ 0, & x^2+y^2=0;\end{cases}$

$$f_y(x,y)=\begin{cases} 2y\sin\frac{1}{x^2+y^2}-\frac{2y}{x^2+y^2}\cos\frac{1}{x^2+y^2}, & x^2+y^2\neq 0,\\ 0, & x^2+y^2=0.\end{cases}$$

(2) 略.

(3) 取 $x_n = y_n = \dfrac{1}{2\sqrt{n\pi}}$, 则 $(x_n, y_n) \to (0,0)$, $f_x(x_n, y_n) \to \infty$, 故 $f_x(x,y)$ 在 (0,0) 点的任何邻域内无界; 类似, $f_y(x,y)$ 在 (0,0) 点的任何邻域内无界.

(4) 由于

$$\lim_{\rho \to 0} \frac{\Delta f(p_0) - [f_x(p_0)\Delta x + f_y(p_0)\Delta x]}{\rho} = \lim_{\rho \to 0} \rho \sin \frac{1}{\rho^2} = 0,$$

故 $f(x,y)$ 在 $p_0(0,0)$ 点可微.

12. 提示: 直接利用微分中值定理可得.

13. 利用全微分近似计算 $5 \times 1.9^4 + 2 \times 4.1^5$.

记 $f(x,y) = 5x^4 + 2y^5$, $p_0(2,4), \Delta x = -0.1, \Delta y = 0.1$, 利用微分公式进行近似计算, 则

$$\begin{aligned} 5 \times 1.9^4 + 2 \times 4.1^5 &= f(x_0 + \Delta x, y_0 + \Delta y) \\ &\approx f(x_0, y_0) + f_x(x_0, y_0)\Delta x + f_y(x_0, y_0)\Delta y \\ &= 5 \times 2^4 + 2 \times 4^5 - 20 \times 2^3 \times 0.1 + 10 \times 4^4 \times 0.1 = 2368. \end{aligned}$$

习题 15.2

1. $u_{xx} = -\dfrac{3xyz}{(x^2+y^2+z^2)^{\frac{3}{2}}} + \dfrac{3x^3yz}{(x^2+y^2+z^2)^{\frac{5}{2}}}$,

$$u_{yy} = -\frac{3xyz}{(x^2+y^2+z^2)^{\frac{3}{2}}} + \frac{3xy^3z}{(x^2+y^2+z^2)^{\frac{5}{2}}},$$

$$u_{zz} = -\frac{3xyz}{(x^2+y^2+z^2)^{\frac{3}{2}}} + \frac{3xyz^3}{(x^2+y^2+z^2)^{\frac{5}{2}}},$$

$$u_{xy} = u_{yx} = \frac{z}{\sqrt{x^2+y^2+z^2}} - \frac{(x^2+y^2)z}{(x^2+y^2+z^2)^{\frac{3}{2}}} + \frac{3x^2y^2z}{(x^2+y^2+z^2)^{\frac{3}{2}}},$$

$$u_{xz} = u_{zx} = \frac{y}{\sqrt{x^2+y^2+z^2}} - \frac{y(x^2+z^2)}{(x^2+y^2+z^2)^{\frac{3}{2}}} + \frac{3x^2yz^2}{(x^2+y^2+z^2)^{\frac{3}{2}}},$$

$$u_{yz} = u_{zy} = \frac{x}{\sqrt{x^2+y^2+z^2}} - \frac{x(y^2+z^2)}{(x^2+y^2+z^2)^{\frac{3}{2}}} + \frac{3xy^2z^2}{(x^2+y^2+z^2)^{\frac{3}{2}}}.$$

提示: 可以通过引入 $r = \sqrt{x^2+y^2+z^2}$ 简化表达式.

2. (1) $\dfrac{\partial^3 u}{\partial x^2 \partial y} = 2$, $\dfrac{\partial^3 u}{\partial x \partial y^2} = 2e^{y^2} + 4y^2e^{y^2}$.

(2) $\dfrac{\partial^3 u}{\partial x \partial y^2} = -\dfrac{4x}{(1+(x^2+y)^2)^2} + 16\dfrac{x(x^2+y)^2}{(1+(x^2+y)^2)^3}$,

$$\frac{\partial^3 u}{\partial x^2 \partial y} = -\frac{4(x^2+y)}{(1+(x^2+y)^2)^2} - \frac{8x^2}{(1+(x^2+y)^2)^2} + \frac{32x^2(x^2+y)^2}{(1+(x^2+y)^2)^3}.$$

3. $\mathrm{d}^3u = 2\mathrm{d}y\mathrm{d}x^2 + 4\mathrm{d}x^2\mathrm{d}y = 6\mathrm{d}x^2\mathrm{d}y$.

4. $f_{xy}(x,y)$ 在 $p_0(0,0)$ 不存在.

$$f_{yx}(0,0) = \lim_{x\to 0}\frac{f_y(x,0)-f_y(0,0)}{x} = 0.$$

5. 略.

习题 15.3

1. $u_{st} = f_{xx} - f_{yy}$, $u_{tt} = f_{xx} - 2f_{xy} + f_{yy}$.

2. $u_s = f_x\varphi'(s-at) + f_y\psi'(s+at)$,

$$u_t = -af_x\varphi'(s-at) + af_y\psi'(s+at).$$

3. (1) $u_x = yf_1'(xy, x+y) + f_2'(xy, x+y)$,

$$u_y = xf_1'(xy, x+y) + f_2'(xy, x+y).$$

(2) $u_x = \dfrac{x}{\sqrt{x^2+y^2}}f_1'\left(\sqrt{x^2+y^2}, \mathrm{e}^{xy}\right) + y\mathrm{e}^{xy}f_2'\left(\sqrt{x^2+y^2}, \mathrm{e}^{xy}\right)$,

$$u_y = \frac{y}{\sqrt{x^2+y^2}}f_1'\left(\sqrt{x^2+y^2}, \mathrm{e}^{xy}\right) + x\mathrm{e}^{xy}f_2'\left(\sqrt{x^2+y^2}, \mathrm{e}^{xy}\right).$$

4. 提示: 根据所给的条件形式, 计算 r_x 和 r_y 相对方便, 因而, 应视 x 和 y 为最终自变量, 视 u 和 v 为中间变量, 以便利用复合函数的求导法则, 证明的思路应该是从左端证明等于右端.

5. 简证 $u_x = \varphi'(x+at) + \varphi'(x-at)$, $u_{xx} = \varphi''(x+at) + \varphi''(x-at)$,

$$u_t = a\varphi'(x+at) - a\varphi'(x-at), u_{tt} = a^2\varphi''(x+at) + a^2\varphi''(x-at),$$

故, 结论成立.

6. 简证 $u_r = f_x x_r + f_y y_r = \cos\theta\cdot f_x + \sin\theta\cdot f_y = \dfrac{1}{r}(x\cdot f_x + y\cdot f_y) = 0$.

7. 略.

8. 略.

习题 15.4

1. (1) $u_x = -\dfrac{\mathrm{e}^{yu}}{y^2+xy\mathrm{e}^{yu}}$, $\quad u_y = -\dfrac{2y+2yu+xu\mathrm{e}^{yu}}{y^2+xy\mathrm{e}^{yu}}$.

(2) $u_x = \dfrac{2x - yu\left(x^2+y^2+u^2\right)}{xy\left(x^2+y^2+u^2\right)-2u}$, $\quad u_y = \dfrac{2y - xu\left(x^2+y^2+u^2\right)}{xy\left(x^2+y^2+u^2\right)-2u}$.

2. (1) $\mathrm{d}y = \mathrm{d}x, \mathrm{d}z = -\dfrac{2x}{z}\mathrm{d}x$.

$$\mathrm{d}^2z = -\frac{2}{z}\mathrm{d}x^2 + \frac{2x}{z^2}z'\mathrm{d}x^2 = -\frac{2z^2+4x^2}{z^3}\mathrm{d}x^2.$$

(2) $\mathrm{d}u=\dfrac{(2v(x+y)-x(1+v^2))\mathrm{d}x-(2u^2v(x+y)(1+3y^2)+x)\mathrm{d}y}{4yuv(x+y)(1+y^2)-x}$,

$$\mathrm{d}v=\frac{(v-2yu(1+y^2)(1+u^2))\mathrm{d}x-(u^2(1+3y^2)+2yu(1+y^2))\mathrm{d}y}{4yuv(x+y)(1+y^2)-x}.$$

(3) $\dfrac{\mathrm{d}u}{\mathrm{d}x}=f_x+f_yy'(x)=f_x-\dfrac{\dfrac{D(g,h)}{D(x,z)}}{\dfrac{D(g,h)}{D(y,z)}}\cdot f_y.$

(4) $z_x=u_xv+uv_x=v\sin v-u\sin v$,

$$z_y=u_yv+uv_y=-v\cos v+u\cos v.$$

习题 15.5

1. $\dfrac{\partial z}{\partial u}=0.$
2. $u_{\xi\eta}=0.$
3. $u_{\xi\eta}=0.$
4. $w_{uu}=0.$

习题 15.6

1. (1) 切线: $\dfrac{x-\frac{\sqrt{2}}{2}}{-\frac{\sqrt{2}}{2}}=\dfrac{y-\frac{\sqrt{2}}{2}}{\frac{\sqrt{2}}{2}}=\dfrac{z-\frac{\pi}{4}}{1}$,

法平面: $-\dfrac{\sqrt{2}}{2}\left(x-\dfrac{\sqrt{2}}{2}\right)+\dfrac{\sqrt{2}}{2}\left(y-\dfrac{\sqrt{2}}{2}\right)+z-\dfrac{\pi}{4}=1.$

(2) 切线: $\begin{cases}x=t,\\ y=1,\\ z=1,\end{cases}$ 法平面: $x=0.$

(3) 切线: $\dfrac{x-0}{1}=\dfrac{y-1}{0}=\dfrac{z-1}{1}$, 或 $\begin{cases}x=t,\\ y=1,\\ z=1-t,\end{cases}$

法平面: $x-z+1=0.$

(4) 切线: $\dfrac{x-2}{4}=\dfrac{y-2}{4}=\dfrac{z-1}{1}$,

法平面: $4(x-2)+4(y-2)+z-1=0.$

2. (1) 切平面: $z=1$. 法线: $\dfrac{x-0}{0}=\dfrac{y-0}{0}=\dfrac{z-1}{2}$, 即 $\begin{cases}x=0,\\ y=0,\\ z=1+2t.\end{cases}$

(2) 切平面: $\dfrac{1}{2}(x-1)-\dfrac{1}{2}(y-1)+z+1=0$,

法线: $\dfrac{x-1}{\dfrac{1}{2}}=\dfrac{y-1}{-\dfrac{1}{2}}=\dfrac{z+1}{2}$.

习题 15.7

1. (1) $\sqrt{2}$. (2) 0.

2. (1) $\dfrac{2+3\sqrt{3}}{4}$. (2) $\dfrac{1}{2}$.

3. 1; 2; $-2-\sqrt{2}$.

4. 在 $p_0(1,2)$ 点, 对任意方向 $\boldsymbol{l}\{\cos\alpha,\cos\beta\}$, 由于 $u=x+y$, $p(x,y)\in U(p_0)$, 则 $u(x,y)$ 在 $U(p_0)$ 内可微, 因而, 有

$$\left.\frac{\partial u}{\partial \boldsymbol{l}}\right|_{p_0}=u_x(p_0)\cos\alpha+u_y(p_0)\cos\beta=\cos\alpha+\cos\beta.$$

在 $p_1(1,-1)$ 点, 由于

$$\begin{aligned}\left.\frac{\partial u}{\partial \boldsymbol{l}}\right|_{p_1}&=\lim_{t\to 0^+}\frac{u(1+t\cos\alpha,-1+t\cos\beta)-u(1,-1)}{t}\\&=\lim_{\Delta x\to 0}\frac{t|\cos\alpha+\cos\beta|-0}{t}=|\cos\alpha+\cos\beta|,\end{aligned}$$

故, $u=|x+y|$ 在 $p_1(1,-1)$ 点沿任意方向的方向导数都存在.

5. 略.

6. $f(x,y)$ 在 $p_0(0,0)$ 连续.

对任意方向 $\boldsymbol{l}\{\cos\alpha,\cos\beta\}$, $\left.\dfrac{\partial u}{\partial \boldsymbol{l}}\right|_{p_0}=(\cos\alpha+\cos\beta)\sin(t^2\cos\alpha\cos\beta)$.

$f(x,y)$ 在 $p_0(0,0)$ 点不可微.

7. 略.

8. 略.

习题 15.8

略.

习题 15.9

1. 略.

2. $f'(1)=-1$.

3. $u_x(1,-1)=-2$, $v_y(1,-1)=\dfrac{1}{3}$.

第 16 章 多元函数无条件极值与条件极值

习题 16.1

1. (1) $f(x,y)$ 没有极值.

(2) $f(x,y)$ 在 $(-1,0)$ 点达到极大值 -2.

(3) 提示: 有无穷多驻点 $p_0(x_0,y_0)$, $f(x,y)$ 在 p_0 点达到极小值 0.

(4) 提示: 有无穷多驻点 $p_0(x_0,y_0)$, 二阶导数判别法失效, 用定义证明.

$h(t)$ 在 $t_1=1$ 点达到极大值 2, $h(t)$ 在 $t_2=-1$ 点达到极小值 -2.

2. (1) 最大值为 $\frac{9}{4}$, 最小值为 -2.

(2) 最大值为 2, 最小值为 $-\frac{1}{2}$.

3. 提示: 转化为研究函数 $f(x,y)=\sin x\sin y\sin(x+y)$ 在区域 D 上的最值问题.

4. 提示: 求函数 $f(x,y)=\mathrm{e}^y+x\ln x-x-xy$ 在区域 $\{(x,y)|x\geqslant 1,y\geqslant 0\}$ 上的最小值.

5. $A=\frac{1}{\pi}\int_{-\pi}^{\pi}f(x)\mathrm{d}x$, $B=\frac{1}{\pi}\int_{-\pi}^{\pi}f(x)\sin x\mathrm{d}x$, $C=\frac{1}{\pi}\int_{-\pi}^{\pi}f(x)\cos x\mathrm{d}x$.

习题 16.2

1. (1) 在 $(0,0,0)$ 点取得极小值 0;

(2) 在 $(\pm 2,0,0)$ 点取得极大值 4;

(3) 在 $\left(\frac{1}{3},\frac{2}{3},\frac{2}{3}\right)$ 点取得极小值 $-\frac{7}{3}$, 在 $\left(-\frac{1}{3},-\frac{2}{3},-\frac{2}{3}\right)$ 点取得极大值 $\frac{7}{3}$;

(4) 在 $(1,1,1)$ 点取得极小值 3.

2. 最大值是 $\frac{3+\sqrt{37}}{2}$, 最小值是 $\frac{3-\sqrt{37}}{2}$.

3. 提示: 本题可转化为求函数 $f(x_1,x_2,\cdots,x_n)=x_1x_2\cdots x_n$ 在条件 $x_1+x_2+\cdots+x_n=a$ 下的最大值.

4. 略.

5. 1.

6. $f(x_1,x_2,\cdots,x_n)$ 的最大值为二次型矩阵 A 的最大特征值 λ_1, 最小值为二次型矩阵 A 的最小特征值 λ_n.

第 17 章 含参量积分

习题 17.1

1. (1) $f'(y)=\int_0^1\left(x^y\ln x\sin(xy)+x^{y+1}\cos(xy)\right)\mathrm{d}x$.

(2) $f'(y)=\int_0^{y^2}\frac{y}{\left(\sqrt{x^2+y^2}+1\right)\sqrt{x^2+y^2}}\mathrm{d}x+2y\ln\left(1+\sqrt{2y^2}\right)$.

(3) $f'(y)=-\int_{\mathrm{e}^{y^2}}^{\sin y^2}\frac{x^2}{x^2+y^2}\mathrm{d}x+y\sin(2y^2)\arctan\frac{\sin y^2}{y}-2y\mathrm{e}^{y^2}\arctan\frac{\mathrm{e}^{y^2}}{y}$.

(4) $f'(y)=\int_1^{y^2}F_y(t,y)\mathrm{d}t+2yF(y^2,y)$, 其中,

$$F_y(t,y)=\int_{t^2+y^2}^{y^3}(\mathrm{e}^{x+y}\sin\sqrt{t^2+x^2+y^2}+\frac{y}{\sqrt{t^2+x^2+y^2}}\mathrm{e}^{x+y}\cos\sqrt{t^2+x^2+y^2})\mathrm{d}x$$

$$+ 3y^2 e^{y^3+y} \sin \sqrt{t^2 + y^6 + y^2} - 2y e^{t^2+y^2+y} \sin \sqrt{t^2 + (t^2 + y^2)^2 + y^2}.$$

2. (1) $2\ln 2 - 1$. (2) 0. (3) $\ln 2$. (4) $1 - \ln \dfrac{1+e}{2}$.

(5) $\dfrac{1}{12}\left(2^{12}-1\right) - \dfrac{1}{11}\left(2^{11}-1\right)$. (6) $-\dfrac{1}{25}$. (7) 0. (8) $\displaystyle\int_0^1 \sqrt{1+e^x}\,dx$.

3. (1) $I(\alpha) = \pi \ln\left(\dfrac{1+\alpha}{2}\right)$. (2) $\dfrac{\pi}{2}\ln 2$. (3) $I(b) = \arctan(1+a) - \arctan(1+b)$.

习题 17.2

1. (1) $D = (0, +\infty)$; (2) $\alpha \in (-1, +\infty)$; (3) $\alpha = 0$.

2. (1) 由于 $\displaystyle\int_0^{+\infty} \frac{y}{1+y^2x^2}dx = \int_0^1 \frac{y}{1+y^2x^2}dx + \int_1^{+\infty} \frac{y}{1+y^2x^2}dx$, $\displaystyle\int_1^{+\infty} \frac{y}{1+y^2x^2}dx$ 关于 $y \in [1, +\infty)$ 一致收敛; 关于 $y \in (0, +\infty)$ 非一致收敛.

(2) 由于 $\displaystyle\int_0^{+\infty} \frac{\sin(\alpha x)}{1+\alpha x^2}dx = \int_0^1 \frac{\sin(\alpha x)}{1+\alpha x^2}dx + \int_1^{+\infty} \frac{\sin(\alpha x)}{1+\alpha x^2}dx$, $\displaystyle\int_1^{+\infty} \frac{\sin(\alpha x)}{1+\alpha x^2}dx$ 关于 $\alpha \in [1, +\infty)$ 一致收敛.

(3) 关于 $y \in (0, +\infty)$ 一致收敛.

(4) 关于 $y \in (-\infty, +\infty)$ 一致收敛.

(5) 关于 $y \in (-\infty, +\infty)$ 一致收敛.

(6) 关于 $y \in (-\infty, +\infty)$ 一致收敛.

(7) 关于 $y \in (-\infty, +\infty)$ 一致收敛.

(8) 关于 $y \in (0, +\infty)$ 非一致收敛.

(9) 关于 $y \in [1, +\infty)$ 一致收敛.

(10) 关于 $y \in [0, +\infty)$ 一致收敛.

(11) 关于 $y \in (0, +\infty)$ 非一致收敛.

(12) 关于 $y \in (0, +\infty)$ 非一致收敛.

(13) 关于 $y \in [1, +\infty)$ 一致收敛; 关于 $y \in (0, +\infty)$ 非一致收敛.

(14) 关于 $y \in [1, +\infty)$ 一致收敛; 关于 $y \in (0, +\infty)$ 非一致收敛.

3. 定义域是实数系 $\mathbf{R}$. 采用主项控制技术进行控制. 对任意的闭区间 $[a, b]$, 当 x 充分大时, 由于 $e^{-(x-t)^2} = e^{-x^2+2xt-t^2} = e^{-\frac{1}{2}x^2} e^{-x\left(\frac{1}{2}x-2t\right)^2} e^{-t^2} \leqslant e^{-\frac{1}{2}x^2}$, $\forall t \in [a, b], x \geqslant |a| + |b|$, 且 $\displaystyle\int_0^{+\infty} x e^{-\frac{1}{2}x^2} dx$ 收敛, 因而, $F(t) = \displaystyle\int_0^{+\infty} x e^{-(x-t)^2} dx$ 关于 $t \in [a, b]$ 一致收敛, 故 $F(t) = \displaystyle\int_0^{+\infty} x e^{-(x-t)^2} dx$ 在 $[a, b]$ 上连续, 由区间的任意性, 则 $F(t)$ 在整个实数系 $\mathbf{R}$ 上连续.

4. (1) 提示: 定义法及其对应形成的点列法, 关键问题是柯西判断的选择或余项的选择; 还有端点判别法, 关键是端点的选择.

(2) 从结构看, 被积函数由三角函数因子和指数函数因子组成, 对应的模型是 $\displaystyle\int_0^{+\infty} e^{-t^2} \sin t dt$. 用端点判别法.

(3) 由于 $\int_0^{+\infty} \mathrm{e}^{-t^2(1+x^2)}\sin x\Big|_{t=0}\mathrm{d}x = \int_0^{+\infty}\sin x\mathrm{d}x$ 发散, 故该广义积分关于 $t \in (0,+\infty)$ 非一致收敛.

(4) 略.

5. 略.

6. 略.

7. 证明略. $F(t)=\dfrac{1}{2}\ln\left(1+t^2\right)$.

8. (1) $I(2)=\dfrac{\sqrt{\pi}}{2}\mathrm{e}^{-1}$.

(2) $I(\pi)=\dfrac{\pi}{2}\ln\pi$.

(3) $I(b)=\arctan b-\arctan a$.

9. $\dfrac{\pi}{2}\ln(1+t)$.

习题 17.3

1. (1) $\dfrac{1}{24}$. (2) $\dfrac{16}{15}$. (3) $\dfrac{1}{12}$. (4) $6\mathrm{e}^{-1}$.

(5) 2. (6) $\dfrac{1}{3}$. (7) $\dfrac{1}{3}$. (8) $\dfrac{3}{4}$.

2. 证明 $\mathrm{B}(p,q)\xlongequal{x=\frac{1}{1+t}}\int_0^{+\infty}\dfrac{t^{q-1}}{(1+t)^{p+q}}\mathrm{d}t=\int_0^{+\infty}\dfrac{t^{p-1}}{(1+t)^{p+q}}\mathrm{d}t$.

3. 略.

第 18 章 多元数量值函数积分

习题 18.1

1. 略.

2. $\mathrm{e}^{b^2}\pi ab\leqslant\iint\limits_D \mathrm{e}^{(x^2+y^2)}\mathrm{d}\sigma\leqslant\mathrm{e}^{a^2}\pi ab$.

3. $\dfrac{2}{5}\leqslant\iint\limits_D\dfrac{\mathrm{d}\sigma}{\sqrt{x^2+y^2+2xy+16}}\leqslant\dfrac{1}{2}$.

4. $\iint\limits_{0<r\leqslant|x|+|y|\leqslant1}\ln(x^2+y^2)\mathrm{d}x\mathrm{d}y<0$.

5. $\iint\limits_D\ln(x+y)\mathrm{d}\sigma>\iint\limits_D[\ln(x+y)]^2\mathrm{d}\sigma$.

6. $\lim\limits_{n\to+\infty}\frac{1}{n^2}\sum\limits_{i=1}^{n}\sum\limits_{j=1}^{n}\mathrm{e}^{\frac{i^2+j^2}{n^2}}=\iint\limits_D\mathrm{e}^{x^2+y^2}\mathrm{d}x\mathrm{d}y$, 其中 $D=\{(x,y)|\,0\leqslant x\leqslant1,0\leqslant y\leqslant1\}$.

7. 略.

习题 18.2

1. (1) $\frac{13}{2}$. (2) 13. (3) 0. (4) $\frac{5\pi}{4}$. (5) $2-2\cos 1$.

2. (1) 0. (2) $\frac{4}{15}$. (3) 0. (4) 0. (5) 0.

3. (1) 0. (2) $\arctan 2-\frac{\pi}{4}$. (3) $\frac{5\pi}{4}$. (4) $\frac{\sqrt{2}}{9}$.

(5) $\frac{9\pi}{4}$. (6) $\pi\ln 2$. (7) $\frac{3}{2}\pi$. (8) 0. (9) $\frac{1}{2}(\mathrm{e}-1)$.

4. $2\pi R^2$.

5. $\frac{4}{3}\left(\frac{\pi}{2}-\frac{2}{3}\right)$.

6. $\frac{16}{15}$.

7. 提示: 作变换 $H: u=\frac{a}{\sqrt{a^2+b^2}}x+\frac{b}{\sqrt{a^2+b^2}}y,\ v=-\frac{b}{\sqrt{a^2+b^2}}x+\frac{a}{\sqrt{a^2+b^2}}y$, 则 $D_{uv}=\{(u,v): u^2+v^2\leqslant 1\}$ 化二重积分为二次积分即可.

8. 提示: 利用对称性和轮换对称性. $I=\frac{1}{2}(a+b)\pi$.

当 $a=b$ 时, $I=a\pi$.

习题 18.3

1. (1) 1. (2) $\frac{1}{2}\ln 2$. (3) $\frac{\pi}{3}$. (4) $\frac{\pi}{4}$. (5) 0. (6) $-\frac{5}{16}+\frac{1}{2}\ln 2$.

2. (1) $\frac{\pi}{10}$. (2) $\frac{16}{3}\pi$. (3) $\frac{4\pi}{5}abc$. (4) $\frac{59}{480}\pi R^5$. (5) $\frac{7}{12}\pi$.

(6) $(\sqrt{2}-1)\pi$. (7) $\frac{\pi}{4}$. (8) $\frac{\pi}{6}$. (9) $\frac{\pi}{8}$. (10) π.

3. (1) $I=(k+m+n)\frac{4}{5}\pi$. (2) $I=0$.

(3) $\mathrm{I}=\frac{2}{5}\pi\left(1-\frac{\sqrt{2}}{2}\right)2^{\frac{5}{2}}+\frac{1}{5}\pi\left[\frac{1}{4}\left(2^4-1\right)-\frac{2}{3}\left(2^3-1\right)+\frac{1}{2}\left(2^2-1\right)\right]$.

4. (1) $V=\pi\left[\frac{2}{3}\left(1-\left(1-R^2\right)^{\frac{3}{2}}\right)-\frac{1}{2}R^4\right]$. (2) $V=\frac{\pi^2}{4}$.

习题 18.4

1. (1) $+\infty$. (2) $2\pi R$. (3) π.

2. (1) $\iiint\limits_D \frac{1}{(x^2+y^2+z^2)^m}\mathrm{d}x\mathrm{d}y\mathrm{d}z=\begin{cases}\frac{1}{2m-3}, & 2m-3>0,\\ +\infty, & 2m-3\leqslant 0.\end{cases}$

(2) 当 $m<1$ 时收敛, 当 $m\geqslant 1$ 时发散.

(3) 当 $m<1$ 时收敛, 当 $m\geqslant 1$ 时发散.

(4) 发散.

3. 提示: 积分结构具有对称结构; 被积函数在积分区域存在奇点 (0,0). 对应的 p-积分的敛散性. 利用二次型的理论, 将二次型 x^2+y^2+xy 进行正则化处理, 需要作变换 $x=u+v, y=u-v$, 积分当 $m<1$ 时收敛, 当 $m\geqslant 1$ 时发散.

习题 18.5

1. (1) $4\sqrt{2}$. (2) 0. (3) $\dfrac{8\sqrt{2}}{3}\pi^3$. (4) $\dfrac{\sqrt{6}}{3}$.

2. (1) 0. (2) $\dfrac{4}{3}\pi$. (3) $6\sqrt{2}$.

3. 略.

习题 18.6

1. (1) $\dfrac{7}{24}\sqrt{3}$. (2) $\dfrac{1}{2}\left(1+\sqrt{2}\right)\pi$. (3) $\dfrac{4}{3}\pi$. (4) 0.

2. (1) $16\pi R^2$. (2) $-\pi$.

第 19 章 多元向量值函数的积分

习题 19.1

1. (1) -2. (2) -2. (3) ① 0; ② 0.
(4) 0. (5) 2π. (6) ① $-a^2\pi$; ② 0.
(7) -2π. (8)$-\pi$.

2. (1) 0. (2) $\dfrac{a^2\pi}{2}(k_1-k_2)$. (3) $(k_1-k_2)ac$. (4) $\dfrac{4}{3}ka^3(k_2-k_1)$.

3. $-\pi$.

4. (1) $\dfrac{3}{2}$. (2) 0.

5. 略.

习题 19.2

1. (1) $(h(c)-h(0))\,ab+(g(b)-g(0))ac+(f(a)-f(0))bc$. (2) 0.
(3) 12π. (4) $\dfrac{1}{2}$. (5) 6π.
(6) $\dfrac{12}{5}\pi$. (7) $\dfrac{4}{3}abc\pi$. (8) 24.

2. (1) 4π. (2) 0.

3. $\dfrac{1}{2}$.

4. $\dfrac{2}{5}\pi$.

5. 略.

6. 提示: 可以利用基本公式、两类曲面积分间的联系、高斯公式、对称性和奇偶性的关系计算.

第 20 章 各种积分间的联系

习题 20.1

1. (1) $\frac{1}{2}\pi-4$. (2) $\frac{1}{2}(e^{\pi}+e)-\frac{1}{4}\pi^4$. (3) $\frac{\pi}{2}+\ln 2+e-2$.

(4) $-\frac{\pi}{4}$. (5) $\frac{\pi^4}{4}\ln(1+\pi^2)-\frac{1}{8}\pi^4+\frac{1}{4}\pi^2-\frac{1}{4}\ln(1+\pi^2)$. (6) 0.

2. 0.

3. 0.

4. 提示: (1) 利用格林公式. 证明的思路是, 先将第一类曲线积分转化为第二类曲线积分, 利用格林公式建立联系.

(2) 难点分析: 由于被积函数中涉及对法线方向的方向导数, 而两类曲线积分的联系中涉及切线方向, 因而, 难点是切线和法线方向的关系.

(3) 略.

5. 提示: 考虑用各种方式逼近, 收敛性.

习题 20.2

1. (1) $3+\sin 2$. (2) $e+1$. (3) $\frac{1}{2}\ln 3$. (4) $\frac{\pi}{4}$.

2. 计算结果为 $-5\left(\frac{1}{8}+\frac{1}{18}\right)$, 其余略.

3. (1) $x^2ye^{xy}+C$. (2) $(1+x^2)^{\frac{1}{2}}\arctan\frac{y}{(1+x^2)^{\frac{1}{2}}}+C$.

习题 20.3

1. (1) 8. (2) 32. (3) $\frac{24}{5}\pi$. (4) 0.

2. 证明由于 $\cos\langle \boldsymbol{r},\boldsymbol{n}\rangle=\boldsymbol{r}\cdot\boldsymbol{n}=\frac{1}{r}(x\cos\alpha+y\cos\beta+z\cos\gamma)$, 故

$$\begin{aligned}\oint\!\!\!\oint_S\cos\langle \boldsymbol{r},\boldsymbol{n}\rangle\mathrm{d}S&=\oint\!\!\!\oint_S\frac{1}{r}(x\cos\alpha+y\cos\beta+z\cos\gamma)\mathrm{d}S\\&=\oint\!\!\!\oint_S\frac{x}{r}\mathrm{d}y\mathrm{d}z+\frac{y}{r}\mathrm{d}z\mathrm{d}x+\frac{z}{r}\mathrm{d}x\mathrm{d}y\\&=\iiint_\Omega\left[\left(\frac{x}{r}\right)_x+\left(\frac{y}{r}\right)_y+\left(\frac{z}{r}\right)_z\right]\mathrm{d}x\mathrm{d}y\mathrm{d}z\\&=2\iiint_\Omega\frac{1}{r}\mathrm{d}x\mathrm{d}y\mathrm{d}z.\end{aligned}$$

习题 20.4

1. (1) 0. (2) 0.

2. (1) $u(x,y,z)=\frac{x^3}{3}+\frac{z^3}{3}+y^2+x^2y+xz+C$.

(2) $u(x,y,z)=x^2z+xe^y+\frac{1}{2}y^2z^2+C$.

3. (1) $11+2e^3$. (2) 3.

河南省“十四五”普通高等教育规划教材

大学数学教学丛书

数学分析（一）

（第二版）

崔国忠　郭从洲　王耀革　主编

科学出版社

北京

内 容 简 介

本书是河南省“十四五”普通高等教育规划教材，全书共三册，按三个学期设置教学，介绍了数学分析的基本内容.

第一册内容主要包括数列的极限、函数的极限、函数连续性、函数的导数与微分、函数的微分中值定理、泰勒公式和洛必达法则. 第二册内容主要包括不定积分、定积分、广义积分、数项级数、函数项级数、幂级数和傅里叶级数. 第三册内容主要包括多元函数的极限和连续、多元函数的微分学、含参量积分、多元函数的积分学.

本书在内容上，涵盖了本课程的所有教学内容，个别地方有所加强；在编排体系上，在定理和证明、例题和求解之间增加了结构分析环节，展现了思路形成和方法设计的过程，突出了教学中理性分析的特征；在题目设计上，增加了例题和课后习题的难度，增加了结构分析的题型，突出分析和解决问题的培养和训练.

本书可供高等院校数学及其相关专业选用教材，也可作为优秀学生的自学教材，同时也是一套青年教师教学使用的非常有益的参考书.

图书在版编目(CIP)数据

数学分析：全3册/崔国忠，郭从洲，王耀革主编. —2版. —北京：科学出版社，2023.12

ISBN 978-7-03-077257-2

Ⅰ. ①数… Ⅱ. ①崔… ②郭… ③王… Ⅲ. ① 数学分析 Ⅳ. ①O17

中国国家版本馆CIP数据核字(2023)第238958号

责任编辑：张中兴 梁 清 孙翠勤／责任校对：杨聪敏

责任印制：师艳茹／封面设计：蓝正设计

科学出版社 出版

北京东黄城根北街16号

邮政编码：100717

http://www.sciencep.com

北京盛通数码印刷有限公司印刷

科学出版社发行 各地新华书店经销

*

2018年 7 月第 一 版 开本：720 × 1000 1/16

2023年12月第 二 版 印张：56 1/2

2023年12月第六次印刷 字数：1 139 000

定价：198.00元（全3册）

(如有印装质量问题，我社负责调换)

前　言

本教材自 2018 年第一次出版以来, 得到了很多同行的关注, 也收到了不少宝贵的意见和建议, 在此深表谢意!

本教材编著的初衷是为了解决学生“如何学”和老师“如何教”的问题, 因此, 教材编著的内容充分体现了“基于本原性问题驱动的课程设计”和“结构分析法和形式统一法的数学思想方法”两个显著特点. 本教材编著的设计思想与 2020 年 5 月教育部颁布的《高等学校课程思政建设指导纲要》对理学类课程的思政要求是一致的.

教材的再次出版, 将课程思政元素进行了更细致的标注; 增加了课后习题答案与提示; 对函数的极限进行了内容调整; 将函数的连续性单独成章; 将重积分和曲线曲面积分分类为数量值函数积分与向量值函数积分; 部分章节名称更加准确、贴切; 订正了一些文字和符号错误.

本教材能够再次出版, 得到了河南省“十四五”普通高等教育规划教材建设项目和信息工程大学“双重建设”项目的大力支持, 得到了信息工程大学基础部领导和科学出版社的大力支持, 在此一并感谢!

作　者

2023 年 3 月

第一版前言

——基于结构分析的教材与课程设计

“数学分析”是数学及其相关专业的一门非常重要的主干基础课程, 近 260 个总学时, 延续 3 个学期 (课堂教学时长和跨度是所有课程中最多、最长的, 没有之一), 这足以说明该课程的重要性. 通过该课程的学习, 学生不仅掌握后续专业课程所需要的理论基础知识、解决专业问题的理论工具, 更重要的是掌握解决问题的数学思想和方法, 形成一定的数学素养. 但是, 学习这门课程又是很难的, 一方面, 整个课程内容丰富, 理论体系庞大, 延续时间长, 内容之间的联系非常密切, 章节模块之间关联度非常高, 累积效应非常强, 这些都给课程的学习带来很大的困难; 另一方面, 数学课程自身的特点, 如理论性强、内容枯燥、高度的抽象性、应用的广泛性等, 更加使得学生在学习过程中感到困难. 但是, 这门课程的学习又是十分重要和必要的, 因此, 如何教好, 又如何让学生学好这门课, 是长期从事该课程教学的教师们面临的亟待解决的重大问题.

乘大学教育转型和教学改革的东风, 我们利用大学和理学院对基础教学的极度重视和大力支持, 在教学改革项目的资助下, 我们对该课程的教与学的过程进行了研究, 从教学内容、教学方法和手段、课堂的教学组织与实施、辅助教学过程到考核评价方式、考试形式与内容等进行了广泛的探索与实践, 这次出版的教材正是我们研究成果的集中体现.

总的说来, 本教材有如下特点:

(1) 本教材整体体现了基于本原性问题驱动的课程设计的教学理念.

本原性问题驱动理论就是在 HPM 的数学教育思想的基础上抽象形成的数学教育理论, 是指在数学教育中, 还原历史发展的环境, 阐述当时历史视角下人类认知发展规律、理论形成、发展的过程, 重点解决数学理论为何产生, 如何产生, 如何构建, 如何进一步应用形成的理论解决实际问题, 如何在整个理论的教育和学习过程中实现数学能力的培养? 其关注的核心内容是: 在数学教育中, 如何从数学理论、理论产生的历史背景问题、学生的认知规律的三个维度出发, 进行高质量的数学教育.

我们知道, 数学理论本身的产生与发展就是源于人类在认识自然和改造自然的过程中, 对所遇到的实际问题进行的探索与求解以及由此对所形成的解决问题的思想、方法的高度抽象和高度的完善而形成的完美严谨的理论体系. 数学分析的核心内容——微积分理论, 正是为解决当时历史发展进程中亟待解决的工程技术和应用领域 (物理、天文、航海等) 中大量的实际问题而形成的, 可以说, 课程教学内容的本身就体现了问题驱动的特性. 而这一特性紧紧地与教学改革的能力培养的时代要求相吻合. 我们培养的学生, 将来走上工作岗位后要面对的还是一个个技术问题或实际问题的解决, 虽然这些问题与数学问题的形式不一样, 但是, 整个问题的求解过程, 从思路分析、方法的形成, 到技术路线的确立等环节中所隐藏的思想方法是一样的, 这些解决问题的思想方法正是能力的具体体现, 因此, 在传授知识的同时, 还原该理论的本原性问题的产生环境, 按当时的认知规律模拟问题解决的思想形成过程, 通过关注过程, 关注如何从现实问题实现当时条件下的问题求解, 让学生感受过程, 感受思想, 感受能力而不仅仅是理论本身, 以达到能力培养的目标.

基于本原性问题驱动的课程设计贯穿于整个教材的始终, 从引言开始, 以微积分的本原性问题解决为线索, 介绍微积分理论的主要内容、解决问题的思想方法, 以及贯穿于课程始终的数学思想, 后续每章内容的引入, 都是以历史发展过程中的本原性问题为出发点, 通过还原理论产生的背景, 解决的过程, 揭示数学理论中所隐藏的解决实际问题的数学思想和方法.

(2) 结构分析法和形式统一法的解决问题的数学思想贯穿于整个教材.

结构分析法和形式统一法是我们在教学过程中总结提炼出来的解决实际问题的一般性研究方法, 是科学研究理论在教学中的具体应用. 任何问题的解决都要经历两个阶段：解题思想的形成阶段与具体方法和路线的设计阶段. 第一个阶段确立问题解决的方向, 解决“用什么”的问题, 即利用哪个已知的理论解决问题, 由此确立解决问题的思路; 第二个阶段确立具体的方法, 解决“怎么用”的问题, 即设计具体的技术路线, 如何利用已知理论解决问题, 确立解决问题的具体方法.

数学理论的结论 (定理) 很多, 学生记住这些结论并不难, 难在如何用这些定理结论解决一个个具体的问题, 这是教学过程中的突出问题和难题, 针对于此, 我们经过深入的研究与实践, 提炼出了行之有效的结构分析法和形式统一法.

数学定理很多, 但是, 每个定理都有自己的结构特征, 有自己的作用对象, 要想掌握定理的使用, 必须掌握定理的结构特点, 即定理处理的题型结构是什么, 只有如此, 当我们面对解决的问题时, 先对问题的结构作分析, 找到结构特点, 与已知的定理的处理对象的结构特点作类比, 由此确定使用什么定理和结论. 而在具体的求解过程中, 求解的核心思想是建立已知和未知的联系, 我们类比在思路确立中确定的已知定理, 分析应用过程中要解决的重点和难点, 先从形式上入手, 将待求解的问题从形式上转化为已经确立使用的已知定理或结论的形式, 或建立已知和未知的联系, 使待求解的未知和要使用解决问题的已知在形式上进行统一, 进一步形成解决问题的具体方法. 这就是结构分析法和形式统一法的核心内容. 可以将这种方法总结为 24 字方针：分析结构, 挖掘特点, 类比已知, 确立思路, 形式统一, 设计方法.

在教材中, 对大部分题目都给出了分析过程, 在分析过程中, 利用结构分析法和形式统一法给出解题的思路和具体的方法设计. 我们不厌其烦地从始至终使用这种方式, 不怕重复, 目的就是对学生进行数学思维训练的一遍遍的冲击, 养成良好的数学解决问题的方式和习惯, 培养坚实的数学素养.

(3) 在内容体系上有所变化.

在引入实数系基本定理时, 大多教材都是以确界存在定理为公理, 建立实数系的其他基本定理. 确界存在定理较抽象, 此结论的成立并不明显, 以此为公理有些突兀. 我们采取戴德金分割定理为公理, 建立实数系基本定理. 戴德金分割定理就是对实数轴的一个具体的分割, 形式简单直观, 很容易理解.

为了分散极限定义的难度, 我们在介绍集合的有界性时, 就引入确界的定义, 从而, 可以使学生更早接触极限定义中非常重要又非常难以理解和掌握的量——“ε”, 这是极限定义的灵魂, 这样, 学生对这个量的认识过程相对较长, 把极限的难度进行了分解, 也使学生对极限内涵的理解更加深刻.

在教学内容的其他部分上也进行了内容丰富, 其中, 个别地方还加入了笔者自己的研究心得和体会, 如在介绍一致连续时, 增加了对一致连续函数特征的更深入的刻画; 在级数理论中, 给出了一个新的结果, 使得对复杂结构的级数的敛散性的判断进行简单化; 对贯穿教材始终的柯西收敛准则进行的强化和深入的训练, 这是体现极限思想的重要成果之一, 学生必须掌握. 这样的变化在教材中还有很多.

(4) 在教材的编排形式上有所变化, 将数学思维和数学素养的培养、解决问题的实际能力的培养融入教材, 体现学案式的教材设计理念.

现有的通用教材强调理论体系的较多, 以教为主的多, 以理论知识的传授为主的多, 我们一直想变一变, 转变理念, 将理论知识的传授与能力的培养、数学思维和素养的熏陶相结合, 突出以学为主, 为学生提供一套“学案”, 而不仅仅是教师所用的教材或教案, 我们希望这套教材也可以称之为这样的学案. 这样的设计思想和理念体现在我们对教学内容的编排设计和对整个教材的设计上.

在内容的编排上, 我们突出了分析和总结过程, 体现对能力培养的设计思想; 这样的编排是希望学生从模仿开始, 直到可以独立地进行对教学内容的分析和总结, 对数学思想的归纳和提炼, 对解题方法的分析和理解, 从理解给出的问题开始, 到独立地去发现问题、分析问题和解决问题, 这是一个循序渐进的过程, 我们的教材设计体现这个过程.

(5) 教材中还引入了一些新词汇.

这些词汇有些源于现代分析学, 如挖洞法、扰动法、降维法等, 有些是借用, 如坏点、聚点、可控性、定性分析、定量分析等; 也引入了一些新的表示方法, 如表示双侧曲面侧的有侧 (向) 曲面、有侧投影, 表示双侧曲面的表示方法 $\mathbf{\Sigma}$, 第二类曲面积分的表示方法如 $\iint_{\mathbf{\Sigma}} f(x,y)\mathrm{d}x\mathrm{d}y$, 区分平面区域上的二重积分等.

教材还有其他的一些特点, 如在课后习题的设计上增加了难度, 引入了一些考研题目, 作者在教学过程中自己设计了一些题目, 增加了结构分析的题型, 学生可以通过学习逐渐去领会.

这套教材是我们辛苦工作的成果, 虽然几年前就已经成型, 一遍遍地试用, 总想让它十分完美, 当然, 这是不可能的, 因为每次使用后总感觉还有新的感悟, 需要增加新的东西, 需要在表达的准确性、逻辑性上做进一步的精雕细琢, 这就是所谓的精益求精吧; 这个过程是无止境的, 任何事物总是在发展, 在前进, 没有终结篇, 我们只能给出阶段性的成果; 我们也希望通过阶段性成果的公开出版, 接受同行、学生的检验和批判, 以改进我们的工作. 因此, 不当之处敬请批评指正, 不胜感激.

作　者

2017 年 11 月

目　录

数学分析引言

数学分析是研究变量 (函数) 的一门数学课程, 这与中学以常量为研究对象的数学形成了鲜明的对比.

我们知道, 数学是人类在认识和改造自然的实践活动中高度抽象出来的科学理论, 是一门研究现实世界的数量关系和空间形式的科学, 而数量关系和空间形式正是一切现象的存在形式和本质, 从这个意义来说, 数学就其起源而言, 就已经体现了与自然界丰富多彩的、紧密的联系. 作为研究变量 (或变量关系) 的数学分析, 其核心内容正是人类在解决 17~18 世纪大量涌现的物理、几何、天文及航海等领域内复杂的现实问题和工程技术问题中发明 (现) 的数学理论. 如果说初等数学是以研究自然界中静态的、简单的数量关系为主, 那么, 从数学分析开始, 数学就进入了以研究自然界中变化的、复杂的变量关系和空间形式的研究领域.

那么, 数学分析的核心内容是什么? 这一理论体系又是如何从 17~18 世纪的实际问题的求解中抽象出来的? 理论体系中又蕴藏了什么样的处理实际问题的数学思想? 让我们沿着历史的发展轨迹, 以解决问题为主的数学思想为主线, 追寻数学分析产生的历史根源.

数学发展历史的源头应该可以追溯到数字的形成, 原始人在早期的采集和狩猎活动中应是逐渐注意到了一条鱼和许多条鱼、一个果子和许多果子在数量上的差异, 也逐渐注意到了两只羊和两条狗在数量上的共性, 将这种认识抽象出来就形成了数的概念, 数的概念的形成可能与火的使用一样古老, 对人类文明发展的意义也不亚于火的使用. 原始人的集体狩猎必然要进行的成果分配、社会的组织与分工、对自然界的再认识等一系列活动相应促进了数及数的运算的发展, 逐渐形成了算术. 而对于形的认识也促进了几何学的产生与发展, 当然, 这是一个漫长的过程. 在这个过程中, 古埃及、古希腊、印度、中国, 世界各地的劳动人民都对数学发展做出了巨大的贡献.

但是, 以变量数学为标志的近代数学的产生却仅仅是几百年以前的事. 14 世纪, 文艺复兴伴随着资本主义的萌芽, 促进工场手工业和商品经济的发展, 也对用于改造自然的科学技术提出了新的要求, 出现了一些新的研究问题和研究领域, 如为提高效率而促进手工业向机械工业的发展需要解决一系列运动问题, 贸易的发展促使航海工业的发展, 需要解决大量的运动及天体运行规律的问题等. 到 16 世纪, 对运动和变化的研究已变成自然科学的核心问题, 由此促进了变量数学的发展, 诞生了近代数学.

变量数学发展的里程碑是解析几何的发明, 解析几何的基本思想是将几何与代数紧密结合起来, 将几何量用代数形式表示, 用代数的方法解决几何问题. 解析几何将变量引入了数学, 使得用数学的语言描述运动和变化发展的客观事实成为可能, 也为微积分的产生奠定了基础.

17 世纪, 自然科学领域有大量的问题亟待解决. 天文望远镜的发明为天文研究打开了一扇新窗口, 开普勒 (Kepler, 1571~1630, 日耳曼天文学家, 提出行星运动三大定律, 终结传统的周转圆理论, 开创天文的新纪元) 公布了通过观测得到的行星运动三大定律; 伽利略 (Galileo, 1564~1642, 意大利物理学家、天文学家、哲学家、发明家, 发明了温度计和天文望远镜, 是近代实验物理学的开拓者, 被誉为"近代科学之父") 研究了自由落体运动和炮弹的最大射程问题; 望远镜的设计需要确定透镜曲面上任一点的法线, 如此等等, 一系列重大问题必须要得到准确的、科学的回答. 这些问题主要可以归结为四种类型: 一是研究运动物体的速度和加速度; 二是计算曲线的切线; 三是求函数的最大 (小) 值; 四是求曲线所围的面积、曲面所围的体积等. 由此可以看出, 自然科学中的实际应用问题最终抽象成了数学问题. 这些问题吸引了众多当代数学家, 他们解决这些问题的出色的工作, 使得数学分析的核心内容——微积分得以诞生, 其中最杰出的工作应归功于英国科学家牛顿 (Newton) 和德国科学家莱布尼茨 (Leibniz), 显然, 他们是站在"巨人"肩膀上发明了微积分, 这些"巨人"有伽利略、开普勒、卡瓦列里 (Cavalieri)、笛卡儿 (Descartes)、费马 (Fermat)、巴罗 (Barrow) 等一大批同样杰出的科学家.

让我们再次回到上面的四类问题, 按现在的观点, 前三类属于微分学, 后者属于积分学. 现在让我们以其中的两个问题为例, 通过对这两个问题置于当时条件下的研究和解决, 体现数学理论解决实际问题的思想和方法以及数学的工程应用思想.

问题一 直线运动物体的瞬时速度 (率) 问题.

简析 一般来说, 对其他领域中提出的问题的数学分析、研究与求解, 常规的程序是先建立数学模型, 提炼成数学问题, 然后利用数学的工程应用思想对问题进行分析、研究与求解; 我们按照上述程序对问题一进行研究.

数学建模 已知直线运动物体的距离 s 与时间 t 的关系式 $s = s(t)$, 计算物体在任一时刻 t_0 时的速度 (速率)$v_0 = v(t_0)$.

研究及求解过程分析 这个在今天看来非常简单的问题, 在当时历史条件下是世界性难题, 让我们合理设置当时的问题求解的意境.

1. 思路确立

预想解决问题, 必先确立思路, 思路又必须在已知中寻找, 因此, 我们先进行类比已知.

1) 类比已知

首先类比与求解的问题关联最紧密的已知理论, 这是问题求解的第一步, 以此为基础确定思路, 明确用什么理论解决问题.

可以设想, 这也是一般性的认知规律. 人们对运动物体的认识是从最简单的、最特殊的情形开始的. 最简单的情形是匀速直线运动, 此时, 路程、速度、时间三者的关系最简单, 可以通过实验观察得到 $s=vt$ 或 $v=\dfrac{s}{t}$, 此时, v 是常数, 要计算 v, 只需测量一下在时刻 t 内物体运动的距离 s 即可.

因此, 在研究问题一时, 我们假设所掌握的已知的理论工具仅仅是匀速直线运动物体的速度公式.

2) 思路确立

类比已知的匀速直线运动和未知的变速直线运动, 二者有本质的差别: "不变" 与 "变" 或者 "常量" 与 "变量" 的差别; 这种本质的差别使得不可能直接利用已知的匀速直线运动物体的速度公式计算变速运动物体的瞬时速度. 因此, 直接进行准确求解的思路不可行.

再从科学研究的角度对问题进行分析. 从对事物的认知规律看, 人类对未知事物的认识总是遵循从近似到精确, 再到准确的认知过程, 因此, 当不能准确认识某个未知事物时, 可以先对未知的事物进行近似的认知; 这种认知思想在数学理论应用于工程技术领域时具体化为数学的近似思想. 由此, 我们先确立近似求解的研究思路.

2. 技术路线设计

确立近似研究的思路后, 需要设计具体方法实现对问题的研究与求解.

那么, 如何在近似的思想下计算瞬时速度?

技术路线的确立需要分析已知的条件和要证明的结论, 这里所说的分析是指从各个角度挖掘条件和要证明的结论中隐藏的信息, 寻找它们的结构特点, 以便找出二者之间的联系, 搭建从已知到未知的桥梁.

分析问题一的已知条件, 此条件是 "匀速直线运动物体的速度计算公式", 这个公式描述了一段时间的运动速度, 从几何上看, "一段时间" 在时间轴上对应的是一个区间段, 从公式的代数形式看具有平均的意识; 而要求解的瞬时速度是某一时刻的速度描述, "某一时刻" 在时间轴是一个点. 因而, 实现近似求解思路的方法设计的基本思想是如何将变速运动问题的某一时刻 (局部) 的瞬时速度转化为匀速问题的匀速度进行计算, 以便利用已知的公式近似求解. 比较二者的区别与联系, 要解决的核心问题是, 如何将 "一个点" 转化为 "一段", 如何将某时刻的瞬时速度转化为某一段的匀速度. 当然, "点" 和 "段" 是有明显的区别, 用 "一段" 准确表示 "一点" 是不可能的, 但是, 从近似角度出发很容易确定思路——用 "一段" 近似代表 "一点". 于是, 利用掌握的平均的概念, 引入瞬时速度的一个近似量——平均速度, 即先计算包含某一时刻的某个时段内的平均速度, 用此平均速度近似代替这个时刻的瞬时速度, 由此得到瞬时速度的一个近似, 这样, 从近似角度就实现了问题一的求解. 当然, 选择包含某一时刻的时段的方式不同, 可以得到不同的近似方法, 这是具体的技术路线问题.

下面给出具体的近似求解.

先计算平均速度. 我们计算物体在 t_1 到 t_2 时段内的平均速度 $\bar{v}\left(t_1, t_2\right)$, 自然可引入公式:

$$\bar{v}\left(t_1, t_2\right)=\frac{s\left(t_2\right)-s\left(t_1\right)}{t_2-t_1}.$$

再近似计算瞬时速度. 有了平均速度的计算公式, 对运动物体的认识, 就已经从匀速运动 ("不变") 过渡到了对变速运动 ("变") 的认识, 尽管此时的认识还是一个模糊的近似的认识. 由此类比, 与问题一关联最紧密的已知就是平均速度的计算公式. 为计算 t_0 时刻的瞬时速度 $v(t_0)$, 求解方法设计的思想就是如何利用平均速度公式实现近似计算.

在近似的原则下, 具体的方法不唯一. 一般来说, 任取包含 t_0 的时间段 (t_1, t_2), 都可以得到近似 $v(t_0) \approx \bar{v}\left(t_1, t_2\right)$, 简单些的近似可以采用公式 $v(t_0) \approx \bar{v}(t_0, t_0+\Delta t)$, 其中 Δt 为选取的一个时间段; 由于平均速度完全可以通过测量手段和匀速运动的速度公式得到, 至此实现了对速度的近似计算与研究.

至此, 从近似角度解决了问题一.

3. 问题进一步发展——从近似到准确

以近似公式 $v(t_0) \approx \bar{v}(t_0, t_0+\Delta t)$ 对近似结果进行进一步分析. 显然, 取不同的 Δt, 得到的 $v(t_0)$ 的近似值也不相同, Δt 越小, $\bar{v}\left(t_0, t_0+\Delta t\right)$ 越近似于 $v(t_0)$, 即二者的误差就越小, 近似结果越精确. 由此, 我们设计了一种计算 $v(t_0)$ 近似值的方法, 初步解决了瞬时速度 $v(t_0)$ 问题, 实现了对变速运动物体的近似认识.

如何通过上面的近似值求得其准确值, 在理论研究和实际应用中都具有非常大的意义, 众多科学家为此作了大量的工作, 推动了 17 世纪数学的发展, 由此发明的微分学理论便是数学分析的核心内容之一.

其解决的关键理论, 在今天看来非常简单, 就是引入极限. 由 $v(t_0)$ 和 $\bar{v}(t_0, t_0+\Delta t)$ 的定义可知, 当 Δt 越小时, $\bar{v}(t_0, t_0+\Delta t)$ 就越接近于 $v(t_0)$, 因而, 我们可以

猜想, Δt 趋近于 0 时, $\bar{v}\left(t_0, t_0+\Delta t\right)$ 趋近于 $v\left(t_0\right)$, 借用极限符号表示为

$$v(t_0)=\lim_{\Delta t\to 0}\bar{v}(t_0,t_0+\Delta t),$$

将此式用已知的路程函数表示为

$$v(t_0)=\lim_{\Delta t\to 0}\frac{s(t_0+\Delta t)-s(t_0)}{\Delta t},$$

至此, 速度就可以利用已知的路程函数借助极限工具计算出来, 问题一得到完整、准确的解决.

4. 抽象总结

1) 对结论的结构分析

观察上述速度公式的结构, 这是一个以 Δt 为极限变量的函数极限,

$$\frac{s\left(t_0+\Delta t\right)-s\left(t_0\right)}{\Delta t}$$

正是已知函数增量与引起函数增量的自变量增量的比值, 因而, 速度公式可以表述为路程函数增量与自变量增量比的极限.

2) 对结论的抽象

借助于这种由近似到精确、准确的处理问题的思想, 自然界中很多量 (如速度、加速度等各种反映变化快慢的变化率) 都可以转化为如上形式的函数增量与自变量增量的比值的极限. 数学重要的功能之一就是高度的抽象性, 因此, 在研究解决大量的上述类似的具体问题过程中, 将各种问题的背景去掉, 经过数学上的高度抽象之后, 将函数增量与自变量增量的比值的极限抽象, 形成了数学上的导数的概念, 因此, 借助于导数的定义, 则

$$v\left(t_0\right)=\lim_{\Delta t\to 0}\frac{s\left(t_0+\Delta t\right)-s\left(t_0\right)}{\Delta t}=s'(t_0),$$

于是, 利用导数的计算公式, 速度问题得到解决, 即某时刻的速度正是路程函数在此点的导数值. 而对函数的导数进行系统的研究就形成了微分理论, 这是数学分析的核心内容之一. 由此可以看出, 微分理论正是在研究大量的类似于上述问题的过程中, 抽象而形成的严谨的数学理论.

3) 对研究求解过程进行总结, 挖掘其中的分析问题、解决问题的思想方法

在研究求解过程中, 我们首先基于认知规律, 确定了近似求解的研究思路, 数学的近似思想是数学理论在技术领域中非常重要的应用思想. 我们知道, 数学是讲究严谨准确的学科, 但是, 在用数学理论解决实际问题的过程中, 也同样遵循人类的认知规律, 即对陌生事物的认识都是从模糊到近似, 从近似到逐步的精确, 直到准确的认识规律和过程, 要涉及近似、精确和准确的关系处理. 一方面, 科学和技术中尽量追求准确, 只有准确, 才能准确刻画自然现象, 达到对自然现象的准确认识; 另一方面, 追求绝对的准确是没有意义的, 也是不可能的. 因为对自然现象的认识本身就是近似的, 这表现在描述自然现象的数学模型的建立过程中已经忽略了一些次要因素, 或视为理想状态, 已进行了一些近似. 比如, 自由落体路程公式 $s(t)=\frac{1}{2}gt^2$ 的建立, 就忽略了空气的阻力; 电荷称为点电荷是将其视为一个没有大小的点, 如此等等; 近似还表现在模型的求解过程中, 特别是对复杂模型的求解. 一般来说, 想要得到数学模型的解析求解或准确数值解是很困难的, 甚至是不可能的, 大多数情形是计算近似解; 近似还表现在实际操作和应用过程中, 因为即使得到了准确解, 在应用中由于工具和技术的限制也不可能达到完全的准确. 如要截取长度为 1 米的钢管, 由于技术或工艺上的误差, 最终截取的钢管的长度并不是严格科学意义上的 1 米, 制造工艺总会造成一定的误差; 还有, 我们知道圆的面积计算公式是 $S=\pi r^2$, 由于 π 是无理数 (无限不循环小数), 因此, 要得到圆的面积的准确值是不可能的, 同样, 寻求球的体积的准确值也是不可能的, 当然, 所有这样的近似不影响实际应用, 越精确获得的应用效率就越高. 因此, 认识和改造自然的每一步都蕴含了近似的处理思想.

所以, 追求绝对的准确是 “没有意义的”. 即使现在是数字化时代, 这也是某种近似下的数字化, 当然, 这绝对不能否定准确的科学意义. 同时, 在实际应用中, 过度追求精确和准确还存在一个制约因素——成本因素. 在实际应用中, 越是追求精确、准确, 需要付出的成本越高, 取得的效益就会受到制约, 因此, 实际应用中, 我们要做到的是准确、精确、近似之间的协调与平衡, 以便达到实际应用中所追求效益的最大化. 再举一个例子, 对常规武器的设计, 必须追求精度, 如导弹的精度要以 “米级” 甚至 “厘米级” 设计, 而原子弹等核武器的命中精度就没有必要追求如此高的精度, 以便降低成本. 因此, 从实践中来到实践中去的数学理论的循环发展过程中隐藏了深刻的近似的数学思想, 我们认识数学, 不论从研究和解决问题的思想方法上, 还是从数学理论上, 都应该理解和把握 “近似的思想”. 当然, “近似思想的数学不是一种近似的数学而是关于近似关系的数学”.

因此, 严谨的数学理论, 正是从近似研究开始, 进而研究在如何由近似到达精确、准确的过程中, 抽象和发展而形成的理论体系. 我们现在开始学习的数学分

析, 正是体现近似思想的严谨准确的数学理论.

问题二 平面封闭曲线所围的面积问题.

简析 对给出的一般的问题, 结构越简单越容易确立解题思路和设计具体的技术路线, 因此, 对一般或复杂的问题, 应先进行问题的简化, 再进行分析研究与求解.

问题简化 对问题简化是问题研究的第一步, 这是一般性的科学研究思想方法. 对问题二, 其类型是平面图形的面积计算, 当时的求解背景下, 已知面积计算公式的图形都是简单的、规则的, 其特征之一就是图形的边界都是直线边界, 因此, 对一般的平面图形简化的思路就是尽可能地简单化, 将边界尽可能多地化为直线边界, 在平面直角坐标系中, 利用面积是整体量、具有可加性的特征, 很容易通过分割技术将其简化为如下曲边梯形面积的代数和 (如图 0-1 所示), 因此, 问题二可以简化为如下的问题.

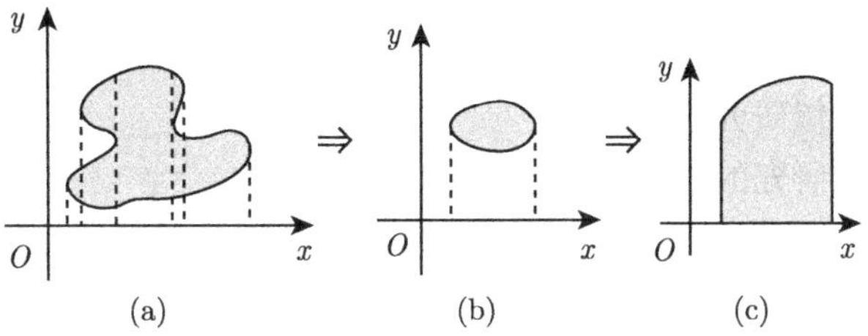

图 0-1

问题再简化 平面曲边梯形的面积计算.

数学建模 设 $y=f(x)>0, x\in[a,b]$, 计算由曲线 $y=f(x)$, 直线 $x=a, y=b$ 及坐标轴 $y=0$ 所围的曲边梯形的面积.

研究与求解过程分析 平面图形的面积计算问题是人类认识和改造自然的活动中早期遇到的最重要问题之一, 在土地的丈量、分配中有着重要的作用. 因此, 对图形面积的认识是人类重要的活动之一, 我们仍然基于认知规律简析问题研究求解的过程.

1. *确立思路*

1) 类比已知

现在我们可以猜测一下人类对平面几何图形的面积的认识进程, 梳理出当时的已知理论, 奠定确立思路的基础.

可以设想, 最早认识的是最简单规则的图形的面积, 如正方形、长方形的面积, 然后是较规则的直角三角形、等边三角形、梯形等图形的面积, 再发展到对正多边形面积的计算, 再发展到看似简单规则实则充满变化的圆的面积, 这是当时的已知理论, 当然, 历史上, 各种理论的发展是交织在一起的, 并没有明确的分界线.

我们把所有已知的图形统称为简单的图形, 这里, 简单的含义是指图形具有特征: ① 图形的边界是直边; ② 有特定的夹角.

随着人类活动的进一步深入, 对更一般的平面图形面积的计算成为研究重点, 而已知理论的积累和技术的发展也使问题的分析、研究与解决成为可能. 事实上, 公元前 4 世纪, 古希腊的安提丰 (Antiphon) 在研究化圆为方的问题时提出了穷竭法, 阿基米德 (Archimedes) 完善了穷竭法, 并广泛用于面积的计算, 中国古典数学理论的奠基人之一刘徽的割圆术也使用穷竭法. 穷竭法的直接定义为"在一个量中减去比其一半还大的量, 不断重复这个过程, 可以使剩下的量变得任意小", 这里, 仍体现近似的思想. 在实际应用中, 穷竭法常用于近似计算某个量, 通过"穷竭", 使得计算出的近似量与所求的量之间的差能够任意小, 这实际上已经蕴藏了极限的思想.

2) 思路确立

至此, 我们简单梳理了已知的结论和研究求解的思想方法; 我们再进行简单的类比: 与已知的类比, 曲边梯形通常有一条曲边, 曲边不可能准确化为直边, 因此, 还需要确立近似研究的思路.

下面, 在近似研究的思路下设计具体的技术路线.

2. 技术路线的设计

不妨假设现在仅仅知道矩形面积的计算公式, 因此, 解决问题的关键就是如何将不太规则的图形转化为矩形. 比较两图形的结构, 从近似计算的角度看, 很容易将其转化为矩形, 最简单的方式是将顶边曲线拉平, 显然, 我们可以选择很多种不同的方式拉平, 对应很多种不同的近似方法. 如取 $f(a)$ 为高进行拉平, 就得到原曲边梯矩形的一个近似矩形, 利用此矩形的面积, 记为 s_1, 就得到原面积 s 的一个近似:

$$s \approx s_1 = f(a)(b-a).$$

得到上述结果后, 对结果进行误差分析. 显然, 此时的误差比较大, 产生误差的原因是曲边的曲线方程 $y=f(x)$, 对一般的曲线而言, 函数 $f(x)$ 是非线性的, 其在 $[a,b]$ 的存在非线性变化, 以 $f(a)$ 作为整条曲边的平均值产生了误差, 必须思考缩小误差的技术方法. 基于一般的逻辑, 底边的宽度越小, 对应曲边的变化幅度也越小. 因此, 为缩小误差, 最直接的办法是缩小区间 $[a,b]$, 但是 $[a,b]$ 是给定的, 一个变通的、间接的办法就是将区间 $[a,b]$ 分割. 比如, 作如下分割:

$$[a,b]=[a,x_1]\cup[x_1,b], \quad 其中\ x_1=\frac{a+b}{2}.$$

$[a,x_1],[x_1,b]$ 上对应的面积记为 s_{21},s_{22}, 可得到如下近似:

$$s \approx s_2 \equiv s_{21} + s_{22} = f(a)(x_1 - a) + f(x_1)(b - x_1),$$

此时, s_2 作为 s 的近似, 仍有一定的误差, 虽然误差比用 s_1 代替 s 的误差要小. 可以设想, 要继续提高精度缩小误差, 利用穷竭思想将 $[a,b]$ 分割得更细, 比如插入 $n-1$ 个分点 $x_1, x_2, \cdots, x_{n-1}$, 作如下分割:

$$[a,b] = [a,x_1] \cup [x_1,x_2] \cup \cdots \cup [x_{n-1},b].$$

获得 s 的近似值:

$$s \approx s_n \equiv f(a)(x_1 - a) + \cdots + f(x_{n-1})(b - x_{n-1}),$$

并且, 随着分割越来越细, 即 $\max\limits_{1\leqslant i\leqslant n}(x_i - x_{i-1})$ 越来越小, s_n 越来越逼近 s, 即用 s_n 代替 s 的误差就越小. 因此, 从近似研究的角度, 问题得到了基本的解决——可以得到一个近似值, 尽管还不一定能得到误差.

3. 问题的进一步发展

从理论上讲, 追求准确仍是理论研究的目标之一. 那么, 能否通过上述近似值的计算进一步获得准确值呢? 通过上述分析和问题一的解决过程可以发现, 同样可以借助极限工具, 实现从近似过渡到准确, 即 $s = \lim\limits_{\lambda\to 0} s_n$, 其中 $\lambda = \max\limits_{1\leqslant i\leqslant n}(x_i - x_{i-1})$, $x_0 = a, x_n = b$. 至此, 平面图形面积计算的问题得到解决.

4. 抽象总结

1) 对结论的结构分析

s_n 具有 n 项和式结构, n 与对区间的分割方式有关, 是一个不定量, 这种结构的和式在后续内容中经常出现, 我们把这种和式称为有限不定和: 形式上, n 是有限量, 本质上, n 又不确定, 因此, 称之为有限不定和. 因此, s 的结构是有限不定和的极限.

2) 对结论的抽象

自然界有很多量, 如直线型几何体上非均匀分布的质量、变力沿直线所做的功等, 都可以表示成这类极限. 于是, 将所有这样的量的背景去掉, 进行数学上的抽象, 就形成了定积分的概念. 因此, 借用定积分符号, 上述面积可表示为

$$s = \lim_{\lambda\to 0} s_n = \int_a^b f(x)\mathrm{d}x,$$

对定积分进行系统的分析研究, 便形成了积分理论, 这便是数学分析的又一核心内容.

3) 对研究过程思想方法进行总结

就研究思想而言, 仍采用近似研究的思想, 确立近似研究的思路; 在具体方法设计上, 可以进一步抽象形成更一般性的方法:

(1) **分割** 对区间 $[a,b]$ 进行 n 分割, 即

$$T: a = x_0 < x_1 < x_2 \cdots < x_{n-1} < x_n = b,$$

每个小区间的长度为 $\Delta x_i = x_i - x_{i-1}(i=1,2,\cdots,n)$.

(2) **近似计算** 在每一个小区间 $[x_{i-1}, x_i]$ 上进行近似计算, 即任取 $\xi_i \in [x_{i-1}, x_i]$, 近似计算在小区间 $[x_{i-1}, x_i]$ 上分布的量, 即

$$s_i \approx f(\xi_i)(x_i - x_{i-1}) = f(\xi_i)\Delta x_i.$$

(3) **求和** 将分布在每个小区间上的近似量进行累加求和, 得到整体近似量, 即

$$s = \sum_{i=1}^{n} s_i \approx \sum_{i=1}^{n} f(\xi_i)\Delta x_i.$$

(4) **取极限** 利用极限, 通过近似量的极限得到准确值, 即

$$s = \lim_{\lambda(T)\to 0} \sum_{i=1}^{n} f(\xi_i)\Delta x_i,$$

其中 $\lambda(T) = \max\limits_{1\leqslant i\leqslant n} \Delta x_i$.

上述处理问题的方法也统称为定积分方法, 这种思想方法作用对象的特征是具有可加性的整体量. 定积分方法应用时的核心技术是近似计算, 从几何上看, 是在小区间 $[x_{i-1}, x_i](i=1,2,\cdots,n)$ 上利用直线 $y=f(\xi_i)$ 近似代替曲线 $y=f(x)$, 简称为 “以直代曲”; 从解析角度看, 函数表达式 $y=f(\xi_i)$ 是线性表达式, 函数表达式 $y=f(x)$ 是非线性表达式, 因此, 这种方法也称为线性化方法.

至此, 给出的两个问题都得到了解决. 随着这两个问题的解决, 并随着这两个问题解决过程中相关理论的进一步发展完善, 前面所提到的 17 世纪所归纳出来的四类问题得到全部解决. 当然, 这是一个漫长的过程, 从牛顿、莱布尼茨在 17 世纪初步解决上述问题提出微分的思想方法, 创立微积分, 直到 19 世纪构建严谨的极限定义, 奠定微积分严谨的理论基础, 其间经过众多数学家长期不懈的努力, 他们杰出的理论工作及将理论应用于实践, 解决实际问题所产生的成果, 便形成了数学分析的主要内容.

问题一和问题二的解决思想基本是相同的, 都是先进行近似计算, 然后通过极限得到准确值. 这种近似的思想在数学分析及其后续的课程中也称为无穷小分

析的思想和方法, 这个过程都涉及某个量的无穷小变化过程以及由此无穷小改变所引起的函数分析性质的研究, 因此, 可以说, 数学分析 (mathematical analysis) 是以极限理论为基础, 以无穷小分析为主要方法, 研究函数的微分和积分等分析性质的一门学科. 其主要内容有极限理论、微分理论、积分理论和级数理论. 极限理论是基础, 微积分理论是核心, 级数理论是函数分析学的一个分支.

数学分析虽然以微积分为核心内容, 但是, 它和一般意义下的微积分有区别. 微积分是微分学和积分学的统称, 英文词为 calculus, 意为计算, 这是因为早期的微积分主要用于天文、力学、几何中的计算问题. 现在的高等数学基本为微积分, 而数学分析是整个分析学的基础, 是指用无穷小分析的思想分析、研究和解决实际问题或计算问题的一门学科. 现在, 分析学已经发展为内容丰富的一门学科, 包括将要学习的实变函数、复变函数及研究生阶段要学习的泛函分析、广义函数等, 已经成为整个现代数学的基础, 是数学中最大的一个分支.

习 题

1. 数学分析的研究对象是什么? 主要研究内容是什么?

2. 对于问题二, 为何说任何封闭的平面图形的面积可以简化为曲边梯形的面积? 给出一种转化方案.

3. 对于问题二, 我们采用长方形作曲边梯形的近似, 你还能找到其他近似的方法吗? 如果能, 比较一下你的方法和此处方法的优劣, 能否进一步猜想我们为何采用长方形近似? 这种方法的最大优势是什么? 能否从上述一系列问题中总结出近似代替的基本原则?

4. 能否从问题一和问题二的解决过程中总结出解决实际问题的一些思想方法?

5. 近似计算由曲线 $y = x^2$, 直线 $x = 1$, x 轴和 y 轴所围图形的面积 (要求误差小于 0.1).

6. 假设已知两点间的距离计算公式, 利用所讲的思想方法, 研究、分析和求解平面内曲线段的长度.

第1章 实数系与函数

在中学数学中, 我们就学习过函数的概念, 并接触了大量的具体函数. 函数就是建立在两个实数集合之间的对应法则 (或实数集合到实数系的对应法则), 如 $f(x) = x^2$ 就是通过对应法则 f: $x \mapsto x^2$ 建立了如下两个集合间的对应 $f : \mathbf{R} \to \mathbf{R}(\mathbf{R}_+)$, 其中 $\mathbf{R}$ 表示全体实数的集合, $\mathbf{R}_+$ 表示全体非负实数的集合; $f(x) = \ln x$ 就是通过对应法则 f: $x \mapsto \ln x$ 建立了全体正实数集合 $\mathbf{R}^+$ 到实数集的对应 $f : \mathbf{R}^+ \to \mathbf{R}$; 而 $f(x) = \dfrac{1}{\sqrt{x}} + \sqrt{1-x}$ 就是通过对应法则 f: $x \mapsto \dfrac{1}{\sqrt{x}} + \sqrt{1-x}$ 建立了两个集合间的对应 $f : (0,1] \to \mathbf{R}^+$, 上述具体的函数例子中, 建立关系的两个集合分别称为定义域和值域, 两个集合之间的对应关系称为函数的对应法则. 定义域、值域和对应法则是构成函数的三个要素. 这三个要素中, 关键要素是对应法则, 就我们现阶段所遇到的大部分函数而言, 对应法则就是由变量 x 构成的关系式 (表达式), 我们也通常把这个表达式称为函数. 研究函数的分析性质, 就是要研究这样或那样的 x 的表达式及其性质.

由于函数的定义域和值域都是实数集合, 因此, 函数及其性质这个庞大的系统是建立在实数系的基础之上. 所以, 要了解和研究函数, 必须从了解函数建立的基础——实数系开始.

1.1 实数系及其简单性质

本节简单介绍一些实数系的性质.

一、 实数系的简单分类

实数系是指由全体实数构成的集合, 记作 $\mathbf{R}$ (或 $\mathbf{R}^1$), 表示为

$$\mathbf{R} = \{x : x \text{ 为实数}\}.$$

实数系是一个庞大而复杂的系统, 可以根据实数满足不同的性质进行不同的分类.

(1) 按是否为整数可将实数系分为整数和非整数两部分.

若记整数集合和非整数集合分别为

$$\mathbf{Z} = \{x : x \text{ 为整数}\},$$

$$\mathbf{Z}_c=\{x: x \text{ 为非整数}\},$$

则有 $\mathbf{R}=\mathbf{Z}\cup\mathbf{Z}_c$, $\mathbf{Z}\cap\mathbf{Z}_c=\varnothing$, 其中 $\varnothing$ 表示空集.

(2) 按无限小数表示法可将实数分为无限循环小数——有理数和无限不循环小数——无理数两部分.

若记有理数集合和无理数集合分别为

$$\mathbf{Q}=\{x: x \text{ 为有理数 (无限循环小数)}\},$$

$$\mathbf{Q}_c=\{x: x \text{ 为无理数 (无限不循环小数)}\},$$

则有 $\mathbf{R}=\mathbf{Q}\cup\mathbf{Q}_c$, $\mathbf{Q}\cap\mathbf{Q}_c=\varnothing$.

有理数集合也可以表示为

$$\mathbf{Q}=\left\{x=\frac{m}{n}: m,n\in\mathbf{Z}, n>0, (m,n)=1\right\},$$

其中 $\mathbf{Z}$ 为整数集合. 整数和有限小数可以看成后面略去的部分全为 0 的无限循环小数.

常用的一些集合符号还有

$$\mathbf{N}=\{x: x \text{ 为非负整数 (自然数)}\},$$

$$\mathbf{Z}^+=\{x: x \text{ 为正整数 (不包含 0)}\}.$$

实数系的建立是数学史上的大事情, 自此, 数学整个庞大体系的建立有了可靠坚实的基础. 当然, 实数系的建立本身就经历了非常漫长的历史阶段. 几十万年前, 古人类为辨别一只羊、两只羊等数量上的区别形成了正整数的意识, 几万年前形成了结绳记数、刻痕记数等表达形式, 直到几千年前正整数的计数系统的形成, 才使数, 这里特指正整数, 正式进入了人类的实践活动, 并伴随着劳动成果的计数、物与物交换的贸易活动等实践形成了计数系统. 这个系统使得数与数之间的书写与运算成为可能, 在此基础上产生了算术, 这是最早的数学理论. 因此, 人类在认识数的历史上, 首先认识的是正整数, 悠久的数的历史, 实际上是正整数的历史. 伴随着人类生产实践活动的深入, 统计、分配、丈量、贸易 (交换)、对天象、地理等现象的观察的大量的实践活动广泛开展, 对正整数的一些简单的运算便由此开始, 一些新型的数逐渐被认识. 正整数之后, 首先被人类认识的数是正分数. 4000 多年前, 埃及人就有单分数的记载 (分子为 1 的分数为单分数), 2600 年前, 中国开始出现把两个整数相除的商看作分数的认识, 2000 多年前的《周髀算经》就有分数的运算, 其后《九章算术》中就有了分数完整的运算法则. 继分数之后被发现的数是无理数. 2500 年前, 毕达哥拉斯学派在研究勾股数时发现了无

理数 $\sqrt{2}$, 但在当时, 这样的数只是被认为是不可直约数 (不可公约数) 而不被认可. 但是, 随着数字及其运算的发展, 求方程的根、数的开方运算、对数运算等涉及越来越多的无限不循环小数, 这些原来不被认可、不能表示为 $\frac{m}{n}$ (m,n 为正整数) 的数, 越来越多地与人类的活动联系在一起, 迫使人们必须承认这些数. 到了 15 世纪, 这些数更多地被应用于各种运算. 16 世纪, 有了记号 "$\sqrt{\ }$", 当然, 到 19 世纪, 才有无理数的严格的数学定义 (又用到了极限). 对负数的认识就又晚了一些, 负数产生的直接原因应该是数的运算, 包括求方程的根. 应该是我国刘徽首先提出负数概念并将负数引入运算, 印度在 7 世纪才使用负数, 欧洲直到 16~17 世纪还不承认负数, 认为负数是假数、荒谬的数. 而特殊的数——零, 首先作为空白位置的表示符号进入数学, 在古巴比伦人的数学里可以找到记录. 7 世纪的印度数学家使用零作为一个数字, 并给出了与零有关的一些运算法则 (加、减), 零作为一个特殊的数字与符号逐渐进入了数学. 这样, 虽然作为数字系统组成部分的各种数逐渐为人类认识而熟知, 但是, 严谨、完整的实数系的建立是在 19 世纪为解决微积分的基础时完成的, 换句话说, 直到 19 世纪, 完整的实数系理论才建立起来.

现在, 我们再从运算的角度看实数系建立的必要性. 首先给出一个系统对运算的封闭性的概念. 所谓系统对运算是封闭的是指系统中的元素经过此运算后, 仍属于此系统. 显然, 如果系统对运算封闭, 此运算对系统来说是一个好的运算.

对正整数构成的集合 (系统), 只对加法和乘法运算封闭; 正整数集合加入零和负整数之后, 对减法运算也封闭; 再加入分数后, 对除法运算也封闭, 再加入无理数之后, 对更复杂的幂数、指数、对数运算、极限运算也封闭了. 因此, 完整的实数系的建立, 使得在实数系内进行各种运算有了意义, 也正因为如此, 实数系的建立为整个数学理论, 当然也包括数学分析, 奠定坚实的基础. 正因为如此, 我们有必要掌握一些实数系的简单性质.

二、 实数系的简单性质

经过漫长的发展至 19 世纪才形成的系统的、严谨的实数系, 不仅具备最基本的四则运算所要求的简单性质, 满足了初等数学的需要, 还具有更高级的性质, 满足高等数学对实数系的更高要求. 下面, 我们不加证明地引入一些实数系的性质.

性质 1.1 实数系对基本的四则运算是封闭的. 当然, 进行除法运算时, 0 不能作为除数.

这个性质保证了在实数系中进行四则运算及函数运算是有意义的, 这是整个数学的基础.

性质 1.2 (实数的有序性) 即对任意的两个实数 a,b, 下面三个关系式:

$$a<b,\quad a=b,\quad a>b$$

有且仅有一个成立.

这个性质保证了每个实数在整个实数系中的秩序的确定性.

下面几个性质从不同角度说明了实数系的完备性, 而这正是微积分建立的基础.

性质 1.3 (实数系的完备性)　实数系是完备的, 实数和数轴上的点一一对应, 即任给一个实数, 都可以在数轴上找到一点和它对应; 反之, 也成立. 因而, 实数充满了整个数轴.

这个性质从几何角度说明了实数系是一个完备的系统, 实数充满了整个数轴, 在数轴上没有空隙, 在后面的课程里可以借助柯西数列的概念来定义实数系的完备性. 这个性质还可以借助戴德金连续性公理来表述, 这个公理是戴德金在致力于研究实数系的严谨性时建立的.

定义 1.1　设 A,B 是 $\mathbf{R}$ 的两个子集, 满足

$$A\cup B=\mathbf{R},\quad A\cap B=\varnothing,\quad A\neq\varnothing,\quad B\neq\varnothing,$$

且对任意 $a\in A,b\in B$, 都有 $a<b$, 称 (A,B) 是 $\mathbf{R}$ 的一个戴德金分割.

定理 1.1 (戴德金连续性公理)　对于 $\mathbf{R}$ 的任意一个戴德金分割 (A,B), 都存在唯一的 $x_0\in\mathbf{R}$, 使得

$$a\leqslant x_0\leqslant b,\quad \forall a\in A,b\in B.$$

符号 $\forall$ 表示 "对任意的".

直观上看, 戴德金分割就是将实数轴从某点处一分为二, 定理 1.1 中的 x_0 就是分点, 如取 $x_0=1,A=(-\infty,1),B=[1,+\infty)$, 则 (A,B) 就是 $\mathbf{R}$ 的一个戴德金分割. 此性质同样表明实数系是没有空隙的, 因此, 实数系的完备性和连续性是等价的. 定义 1.1 和定理 1.1 都很明显, 易于理解, 本教材将以定理 1.1 作为公理.

定理 1.1 的结构分析　从结论看, 定理的结论是确定一个点, 使得此点为分割的分界点. 我们把这类确定 "点" 的定理称为 "点定理".

通过结论的特征判断定理或结论的类型是结构分析的内容之一, 通过定理的类型可以标定定理的作用对象特征.

还经常用到实数系的另一重要概念——稠密性.

性质 1.4　实数系是稠密的, 即任意两个不同的实数间都含有另外一个实数, 也即任意给定的两个不同实数 a,b, 不妨设 $a<b$, 至少存在一个实数 c, 使得 $a<c<b$.

性质 1.5　(1) 有理数集 $\mathbf{Q}$ 是实数系 $\mathbf{R}$ 的稠密子集, 即有理数在实数中是稠密的, 也即任意给定的两个不同实数 a,b, 不妨设 $a<b$, 至少存在一个有理数 q, 使得 $a<q<b$.

(2) 无理数集 $\mathbf{Q}_c$ 也是实数系 $\mathbf{R}$ 的稠密子集.

从直观上理解, 所谓“稠密性”就是“密密麻麻地分布于”之意. 从这个意义上说, 有理数密密麻麻地分布在实数系中. 因而, 在实数系 (轴) 上, 找不到一个区间 (数轴上一段) 使得这个区间 (段) 内不含有理数, 对无理数也是如此. 因此, 从稠密性看, 有理数和无理数都有无限多个, 但是, 尽管如此, 这二者在“数量”上还是有本质差别的.

性质 1.6 有理数集和正整数集之间存在一一对应, 因而, 有理数集是无限可列数集.

性质 1.6 涉及一类无限集——无限可列集. 我们称与正整数集存在一一对应的数集为无限可列集, 因而, 无限可列集的元素可以用下标标号, 将元素一一列出. 性质 1.6 还表明, 在一一对应的意义下, 有理数和正整数“个数相等”, 这似乎是个矛盾, 因为正整数集是有理数集的一个真子集. 我们知道, 对有限集来说, 一个真子集的元素个数一定小于其母集的元素个数, 由此看来, 这个结论推广到无限集不成立. 一个简单的解释是: 对有限集来说, 其子集和母集的元素个数都是确定的数, 两个确定的数之间总可以比较大小; 而对一个无限集来说, 如果其一个真子集也是无限集, 则两个集合的元素个数都是无穷 (无限), 无穷不是一个确定的数, 仅是一个符号, 两个不确定的“无穷数”(两个符号) 无法在通常意义下比较大小, 因而, 性质 1.6 所体现的这种现象确实存在, 其结论并不矛盾, 这正体现了“有限”和“无限”的差别. 因此, 对有限对象成立的性质, 对无限对象不一定成立, 在本教材的后续教学内容中, 经常会遇到将某种运算的法则从“有限”情形推广到“无限”情形, 会经常研究“无限”, 在涉及“无限”问题时要十分小心.

性质 1.6 还表明, 正整数和有理数在数量的级别上是没有差别的, 在同一数量级上, 二者的“个数是相等的”(在测度意义下), 这似乎和有理数的稠密性相矛盾, 因为正整数在实数系并不稠密, 有空隙地分布于数轴上, 而有理数却是稠密地分布于数轴上, 二者“个数”又是一样多, 这种现象仍是由无限的不确定性质所造成的.

举一个简单的例子, 我们可以很容易构造正整数到整数的一一对应, 如

$$f(n)=\begin{cases}\dfrac{n}{2}, & n=2k,\\ -\dfrac{n-1}{2}, & n=2k-1,\end{cases}\quad k=1,2,\cdots,$$

因此, 在一一对应的意义下, 正整数和整数“个数相等”. 康托尔 (Cantor) 曾给出一个有理数到正整数的映射, 尽管给出这个映射的表达式是很困难的. 因此, 对于性质 1.5, 我们在此并不打算给出严谨的证明.

性质 1.7 无理数集是无限不可列数集.

当然, 我们把不是无限可列集的无限集称为无限不可列集. 性质 1.7 表明, 无理数要比有理数多. 事实上, 在实变函数课程中将揭示: 无理数要比有理数多得多, 或者换一种说法, 虽然二者都有无限多个, 都在实数集中稠密, 但是, 相对于无理数, 有理数的 "个数" 可以忽略不计. 借用现代数学概念——测度, 可以很好地说明这一点. 简单来说, 测度是现实世界中的距离、区间的长度、区域的面积 (体积) 等概念的抽象推广, 这里, 我们用测度表示实数集合 (区间) 在数轴上所占据的长度的大小以度量元素个数的多少. 令 $A=[0,10]$, $B=\{x\in\mathbf{Q}:x\in A\}$, $C=A\backslash B$, 则 A 的测度 $|A|$ 就是区间的长度 10, B 的测度 $|B|$ 为 0, C 的测度 $|C|$ 为 10, 与 $|A|$ 相等, 若记 $D=\big\{x\in A:x$ 为正整数$\big\}$, 则 $|D|=0$, 因此, 从测度的角度看, A 中的实数和无理数一样多, 正整数和有理数 "一样多", 无理数比有理数多得多, 有理数的 "个数" 相对于无理数的 "个数" 可以忽略不计.

最后, 给出一些常用的区间表示. 设 a, b 为两个给定的实数, 且 $a<b$, $+\infty$ 表示正无穷大, $-\infty$ 表示负无穷大, ∞ 表示无穷大, 引入如下记号: 记 $[a,b]=\{x\in\mathbf{R}:a\leqslant x\leqslant b\}$, 称为闭区间; $(a,b]=\{x\in\mathbf{R}:a<x\leqslant b\}$, 称为半开半闭区间; 类似可以引入如下的区间 $[a,b)$, (a,b), $[a,+\infty)$, $(a,+\infty)$, $(-\infty,b)$, $(-\infty,b]$, 整个实数系也可以用区间表示为 $\mathbf{R}=(-\infty,+\infty)$.

邻域也是一个常用的概念. 设 x_0 是给定的实数, $\delta>0$ 为某个正数, 称开区间 $(x_0-\delta,x_0+\delta)$ 为以 x_0 为中心、δ 为半径的邻域, 或简称为 x_0 的 δ 邻域, 记为 $U(x_0,\delta)$; $\overset{\circ}{U}(x_0,\delta)\triangleq U(x_0,\delta)\backslash\{x_0\}$ 称为 x_0 的去心 δ 邻域; 有时也称 $(x_0-\delta,x_0)$ 为 x_0 的左 δ 邻域, $(x_0,x_0+\delta)$ 称为 x_0 的右 δ 邻域.

习　题　1.1

1. 证明 $\sqrt{2}$ 是无理数.
2. 设 $a,b\in\mathbf{R}$, 若对任意 $\varepsilon>0$ 都有 $|a-b|\leqslant\varepsilon$, 证明 $a=b$.
3. 设 $Y=\{3k:k\in\mathbf{Z}\}$, 给出集合 Y 和 $\mathbf{Z}$ 之间的一个一一对应.
4. 试给出 $(0,1)$ 区间内的有理数和正整数间的一个一一对应.
5. 试给出一个戴德金分割.
6. 试用区间 (a,b), 给出有理数和无理数在实数系的稠密性的一种描述.
7. (1) 问题: 可以取到两个相邻的有理数/无理数/实数吗?

(2) 上述问题的本质是什么?

1.2　界　最值　确界

数学分析是研究函数分析性质的一门学科, 分析性质的研究又大致分为两个方面: 定性分析和定量分析. 定性分析就是对函数的 "质" 进行研究, 了解函数具有什么样的属性; 定量分析就是对函数的 "量" 进行研究, 从数量关系上揭示函数的性质. 从数学角度看, 定量分析要优于定性分析. 而有界性的"界"正是函数最简单的定量性质, 是函数研究的内容之一; 函数的有界性实质上是函数值域这个实数集合的有界性, 因此, 为研究函数的有界性, 我们先研究实数集合的有界性.

一、 数集的有界性

设 A 是一个给定的实数集合.

定义 2.1 若存在实数 M, 使得

$$x \leqslant M \quad (M \leqslant x), \quad \forall x \in A,$$

称 M 是集合 A 的一个上 (下) 界, 同时称 A 是有上 (下) 界的集合.

定义 2.2 若集合 A 既有下界 M_1, 又有上界 M_2, 即 $M_1 \leqslant x \leqslant M_2, \forall x \in A$, 则称集合 A 是有界集.

信息挖掘 (1) 界的结构: 从结构看, 界是集合的控制量, 上界是从右端对集合进行控制, 下界是从左端对集合进行控制.

(2) 界具有不唯一性: 由定义可以看出, 若 M_1 是 A 的一个下界, 则任何比 M_1 小的数, 都是 A 的一个下界, 同理, 若 M_2 是 A 的一个上界, 则任何比 M_2 大的数, 都是 A 的一个上界, 因而, 上 (下) 界不具备唯一性.

(3) 不唯一性的缺陷: 这种不唯一性也反映出, 作为集合 A 的控制量, 上、下界不是一个精确或准确的控制量, 因此, 定义中"$\leqslant$ ($\geqslant$)"可换为"$<$ ($>$)", 这对追求准确的数学来说, 这不是一个好的概念. 因此, 寻求一个更精确的控制量, 将是我们的下一步目标.

(4) 这里有界集合需要通过上、下界两个量进行控制, 如果没有明确要求找集合的上、下界时, 为了简化控制量的个数, 可以取 $M = \max\{M_1, M_2\}$, 则 M 能同时控制集合的上、下界, 由此得到如下有界集合的更简洁的定义.

定义 2.3 若存在 $M > 0$, 使得对所有 $x \in A$ 成立

$$|x| \leqslant M,$$

称 M 是 A 的一个界, A 称为有界集.

当然, 并不是所有的数集都有界, 有时还必须研究无界数集, 因此, 给出无界性的定义是必要的, 这就涉及概念从肯定到否定的转变, 即通过肯定式的定义, 给出否定式的定义, 完成由肯定到否定的转化.

定义 2.3 的结构分析 为引入否定的定义, 我们观察肯定的定义, 可以发现: 在有界的肯定定义中, 需要证明存在 M, 对所有元素都成立一个相应的结论; 转化成否定式时, 只需说明那样的 M 不存在, 即对任意的 M, 找到一个元素否定相应的结论或使结论不成立, 这就是下面的定义.

定义 2.4　若对任意的实数 M, 都存在一个 $x_0 \in A$, 使得

$$|x_0| > M,$$

称 A 是一个无界的集合.

肯定式和否定式的结构对比　分析肯定式和否定式的定义, 相当于进行如下形式的对应翻译:

肯定式	否定式
$\exists M$	$\forall M$
$\forall x \in A$	$\exists x_0 \in A$
对所有 $x \in A$, 成立性质 P	对一个 x_0, 性质 P 不成立

因此, 否定式中就是对相应肯定式中各条进行否定. 当然, 肯定式也是对否定式的各条进行否定. (这里, 符号 "$\exists$" 表示 "存在", "$\forall$" 表示 "任意的", 这是常用的数学符号.) 类似可以给出集合无上 (下) 界的定义.

建立定义后, 就可以利用定义建立最简单的结论. 事实上, 定义是最底层的工具, 只能处理最简单的结构. 但是, 利用定义建立最基本的结论是必需的技术要求.

例 1　讨论下列集合的有界性. 如果有上、下界, 将其求出, 如果没有上、下界, 证明之.

(1) $A = \left\{\dfrac{1}{n} : n = 1, 2, \cdots\right\}$;

(2) $A = \{1 + q + \cdots + q^n : n = 1, 2, \cdots\}$ $(|q| < 1)$;

(3) $A = \left\{x_n : x_1 = \sqrt{2}, x_n = \sqrt{2 + x_{n-1}}, n = 1, 2, \cdots\right\}$;

(4) $A = \left\{\dfrac{1}{\sqrt{n^2+1}} + \cdots + \dfrac{1}{\sqrt{n^2+n}} : n = 1, 2, \cdots\right\}$;

(5) $A = \{e^x : x \in \mathbf{R}\}$;

(6) $A = \left\{\dfrac{1}{x} \cdot \sin\dfrac{1}{x} : x > 0\right\}$.

结构分析　通过结构分析解决确立思路和方法设计的问题.

确立解题思路　题型: 有界性的讨论. 类比已知: 只有定义可用. 由于明确讨论上下界, 由此确定思路: 利用定义 2.2 讨论.

方法设计　由于各个集合的结构不同, 可用根据集合元素的结构特征, 利用已知的对应元素的性质, 根据定义进行验证. 验证过程中, 一定要按照定义的逻辑

要求进行严谨的论证. 下面具体解题过程中, 根据集合元素的结构特点再具体说明方法的设计.

(1) **结构分析** 集合的元素结构: $x_n=\dfrac{1}{n}$, 主要构成因子涉及正整数 n. 利用正整数的性质结合定义 2.2, 很容易证明集合的有界性.

解 利用正整数的性质, 则

$$0<\frac{1}{n}\leqslant 1,\quad \forall n\in\mathbf{Z}^{+},$$

故, A 是有界集, 0 是 A 的一个下界, 1 是 A 的一个上界.

(2) **结构分析** 元素结构特征: 具有有限不定和结构——形式上是 n 项有限和结构, n 又是不确定的序数, 且为等比结构的和式. 方法设计: 设计的思路是利用结构特征先进行结构简化, 根据简化后的结构再设计具体方法. 即利用等比数列的求和公式进行结构简化, 再利用定义进行论证.

解 由于

$$1+q+\cdots+q^{n}=\frac{1-q^{n+1}}{1-q},\quad \forall n\in\mathbf{Z}^{+},$$

而 $0<\dfrac{1-q^{n+1}}{1-q}<\dfrac{2}{1-q}, \forall n\in\mathbf{Z}^{+}$, 故, A 是有界集, 0 是 A 的一个下界, $\dfrac{2}{1-q}$ 是 A 的一个上界.

(3) **结构分析** 给出了相邻两项的一个关系式, 称之为迭代结构. 常用方法: ① 归纳法论证结论. ② 迭代出结果, 往往利用单调性迭代得到一个仅含 x_n 的不等式, 求解不等式即可.

解 **法一** 归纳法. 由于 $x_n>0$, 故, A 有下界, 0 就是其一个下界.

$$x_1=\sqrt{2},$$

$$x_2=\sqrt{2+x_1}<\sqrt{2+2}=2,$$

假设对任一正整数 n, 都有 $x_n<2$, 则 $x_{n+1}=\sqrt{2+x_n}<2$ 成立.

由数学归纳法知 $\forall n\in\mathbf{Z}^{+}$, $x_n<2$, 因此, A 有上界, 2 为其一个上界.

法二 由于 $x_n>1$, 故, A 有下界, 1 就是其一个下界.

由于 $x_n^2=2+x_{n-1}$, 考察 x_n 和 x_{n-1} 的关系. 由于

$$x_n=\underbrace{\sqrt{2+\sqrt{2+\cdots+\sqrt{2}}}}_{n\text{ 重}},$$

直接观察或用归纳法证明: $x_n > x_{n-1}$, 因而

$$x_n^2 < 2 + x_n,$$

故

$$x_n < \frac{2}{x_n} + 1,$$

又由于 $x_n > 1, \forall n \in \mathbf{Z}^+$, 故

$$x_n < 3, \quad \forall n \in \mathbf{Z}^+,$$

因而, A 有上界, 3 为其一个上界.

(4) **结构分析**　元素结构仍是有限不定和结构, 对元素结构的简化思想: 由于不具有等比或等差结构, 不能直接求和以简化结构, 此时, 通常需要利用估计方法简化结构, 特别关注其中特殊的项, 如最大项、最小项, 简化结构后, 很容易通过简化的结构讨论有界性.

解　由于

$$0 < \frac{1}{\sqrt{n^2+1}} + \cdots + \frac{1}{\sqrt{n^2+n}} < \frac{n}{\sqrt{n^2+1}} < 1,$$

故, A 是有界集, 0 为 A 的一个下界, 1 为 A 的一个上界.

(5) **结构分析**　集合元素由函数 e^x 给出, 类比该函数性质可以判断集合是无上界的, 难点是无上界的证明, 为设计具体的证明方法, 类比定义, 需要对任意 $M > 0$, 找到一个点 x_0, 满足不等式 $\mathrm{e}^{x_0} > M$, 只需求解此不等式即可. 当然, 由于不唯一性, 也可以将不等式转化为特定的等式求解.

解　由于 $\mathrm{e}^x > 0, \forall x \in \mathbf{R}$, 故, A 有下界, 0 为其一个下界.

又, $\forall M > 1$, 取 $x_0 = \ln 2M$, 则

$$\mathrm{e}^{x_0} = 2M > M,$$

因而, A 无上界.

(6) **结构分析**　集合元素由函数 $\sin x$ 确定, 类比此函数的性质, 集合是无界的, 类比无界的定义, 需要把特定点找出来, 此时, 需要注意利用此函数重要的特性——周期性.

解　对任意 $M > 1$, 取 n 充分大, 如取 $n = [M] + 1$, 使 $2n\pi + \dfrac{\pi}{2} > M$, 取 $x_0 = \dfrac{1}{2n\pi + \dfrac{\pi}{2}}$, 则

$$\frac{1}{x_0} \cdot \sin\frac{1}{x_0} = \left(2n\pi + \frac{\pi}{2}\right) \cdot \sin\left(2n\pi + \frac{\pi}{2}\right)$$

$$= 2n\pi + \frac{\pi}{2} > M,$$

故, A 无上界.

同样, 对任意 $M < 0$, 取 n 充分大, 使得 $-\left(2n\pi + \dfrac{3\pi}{2}\right) < M$, 取 $x_0 = \dfrac{1}{2n\pi + \dfrac{3\pi}{2}}$, 则

$$\frac{1}{x_0} \cdot \sin\frac{1}{x_0} = -\left(2n\pi + \frac{3\pi}{2}\right) < M,$$

故, A 无下界.

例 2 讨论下列集合的有界性:

(1) $A = \left\{\dfrac{x}{x^2 + 2x - 1} : x \in [1, 2]\right\}$;

(2) $A = \left\{\dfrac{x^2 - x + 3}{x(x+2)} : x \in (0, 1)\right\}$.

结构分析 题型结构: 有界性证明 (不必找具体的上、下界). 类比已知: 定义 2.3. 确立思路: 用定义 2.3 进行验证. 方法设计: 根据定义, 论证有界性这一确定性结论时, 对研究对象进行放大处理, 通过化简确定界. 化简原则: 去掉绝对值号, 甩掉次要项, 简化结构. 论证无界性这一否定性结论时, 需要进行反向缩小, 处理的思想是相同的, 即简化为最简结构再论证处理.

解 (1) 由于

$$\left|\frac{x}{x^2 + 2x - 1}\right| = \frac{x}{x^2 + 2x - 1} \leqslant \frac{2}{x^2} \leqslant 2, \quad \forall x \in [1, 2],$$

故, A 有界.

(2) 由于对任意的 $x \in (0, 1)$, 有

$$\left|\frac{x^2 - x + 3}{x(x+2)}\right| = \frac{x^2 - x + 3}{x(x+2)} \geqslant \frac{1}{x(x+2)} \geqslant \frac{1}{3x},$$

因而, 对任意的 $M > 1$, 取 $x_0 = \dfrac{1}{6M}$, 则 $x_0 \in (0, 1]$ 且

$$\left|\frac{x_0^2 - x_0 + 3}{x_0(x_0+2)}\right| \geqslant \frac{1}{3x_0} = 2M > M,$$

故, A 无界.

抽象总结　(1) 分析例 1 和例 2 的结构, 可以看出, 二者要求不同, 例 1 要求研究集合的上下界, 例 2 仅要求研究集合的界, 因此, 对应采取了定义 2.2 和定义 2.3 不同的研究思路.

(2) 例 2 放缩过程的主要思想是结构简化, 简化方法体现的是 “合” 或 “合并” 的简化思想, 即将多项式的多项合并为一项以简化结构, 当然, 此处 “合并” 并不是通过加减合并为一项, 而是根据要求舍弃次要项, 只保留一项主项, 实现结构简化.

二、 数集的最大值和最小值

由于界不具备唯一性, 使用这个量 (如果存在) 控制集合时, 只能得到一个粗略的控制. 因而, 界并不是一个很好的控制集合的量, 为改进 “界” 的缺陷, 我们引入最大值和最小值的概念.

定义 2.5　若存在 $\beta \in A$, 使得

$$x \leqslant \beta, \quad \forall x \in A,$$

称 β 是集合 A 的最大值, 记 $\beta = \max A$.

定义 2.6　若存在 $\alpha \in A$, 使得

$$x \geqslant \alpha, \quad \forall x \in A,$$

称 α 是集合 A 的最小值, 记 $\alpha = \min A$.

最大值和最小值统称为最值. 从定义 2.5 和定义 2.6 可挖掘出如下性质.

性质 2.1　若集合 A 存在最大值 β, 则 β 是 A 的一个上界, 且 $\beta \in A$; 若集合 A 存在最小值 α, 则 α 是 A 的一个下界, 且 $\alpha \in A$.

这个性质表明: 在存在的情况下, 最大值 β 是 A 可取到 (达到) 的一个上界; 最小值 α 是 A 可取到 (达到) 的一个下界. 因此, 最大 (小) 值是集合 A 的一个很好的控制量. 不仅如此, 它还具有下面很好的结论.

定理 2.1　如果集合 A 最大值存在, 则最大值是集合 A 的唯一的最小的上界; 如果集合 A 最小值存在, 则最小值是集合 A 的唯一的最大的下界.

证明　首先证明最大值 β 是最小的上界. 假设 M 是集合 A 的任意的上界, 由定义, 则

$$x \leqslant M, \quad \forall x \in A,$$

由性质 2.1, 则 $\beta \in A$, 因而, $\beta \leqslant M$, 故, β 是最小的上界.

其次证明最大值的唯一性. 设 A 存在两个最大值 β_1, β_2, 由定义, 则

$$x \leqslant \beta_1, \quad x \leqslant \beta_2, \quad \forall x \in A,$$

由性质 2.1, 则成立

$$\beta_1 \in A, \quad \beta_2 \in A,$$

因而, 特别地还有

$$\beta_2 \leqslant \beta_1, \quad \beta_1 \leqslant \beta_2,$$

因而, $\beta_1 = \beta_2$, 故, 最大值唯一.

最小值情形类似可证 (略).

抽象总结 性质 2.1 和定理 2.1 表明在存在的条件下, 最值所具有的非常好的属性: 唯一性、可达性和精确控制性. 但是, 这个量存在很大的一个缺点: 即使对有界集, 最值也不一定存在. 如 $A = (0, 1)$, 显然, A 有下界 0, 上界 1, 但是, A 不存在最大值和最小值. 事实上, 对任何满足 $\beta \geqslant 1$ 的数 β, 由于 $\beta \notin A$, 因而, β 不可能是 A 的最大值. 而对任意的 $\beta \in (0, 1)$, 由于 $0 < \beta < \dfrac{\beta+1}{2} < 1$, $\dfrac{\beta+1}{2} \in A$, 故, β 也不是 A 的最大值. 显然, $\beta \leqslant 0$ 时也不可能成为 A 的最大值. 因此, A 没有最大值. 同样, A 也没有最小值. 这样, 对有界集来说, 最值也不一定存在. 所以, 虽然最值可作为集合的一个非常好的控制量, 但是其存在性问题是这个概念在应用中面临的最大问题, 是概念的缺陷.

通过上述对界和最值概念的分析, 我们应该理解到: 作为一个概念, 同时具备存在性和唯一性才是一个 "好" 的概念, 因为存在性保证了这个量是有意义的, 唯一性保证精确而有效性.

继续改进上述两个量, 希望引入一个对有界集合来说既存在又唯一的一个 "好" 的控制量, 这个量就是确界.

三、 确界

上、下界只是对数集的粗略的控制. 以具有上界的集合为例, 对一个有上界的集合, 上界有无穷多个, 不唯一, 因此, 要从这无限多个上界中找一个较为精确、有效的控制量, 显然, 这个特殊的上界应该选为 "最小" 的上界, 这就是将要引入的上确界. 当然, 类似还可以引入下确界.

作为描述性定义, 上确界就是最小的上界. 数学概念就要用严格的数学语言给出定义, 因此, 我们必须用数学语言刻画出上确界的两个特征: 上界和最小. 上界很容易用精确的数学语言描述, 而要刻画其最小性就要变换一种说法: 任何比它小的数都不是上界. 这样, 借助界的肯定式和否定式定义就可以刻画出上述两个特征, 进而给出上确界的定义.

定义 2.7 若实数 β 满足

(1) β 是 A 的上界, 即 $x \leqslant \beta, \forall x \in A$;

(2) 任意比 β 小的给定的实数都不是 A 的上界, 即对任意的 $\varepsilon>0$, 存在 $x_0\in A$, 使得

$$x_0>\beta-\varepsilon.$$

称 β 是 A 的上确界, 记作 $\beta=\sup A$.

信息挖掘　(1) 定义中的条件 (1) 刻画了上确界的 "上界" 的属性, 条件 (2) 刻画了上确界的最小上界的属性.

(2) 注意第二个特征的刻画方式, 通过引入一个具有**任意性的、动态的** (不是固定的) 量 $\varepsilon>0$, 利用 "$\beta-\varepsilon$" 的形式表示出任意一个比 β 小的数, 使得这个数与 β 的关系借助 ε 来反映出来, 这是一个非常好的处理方法, 具有任意性的常数 ε, 其任意性会在相关问题的研究中带来很多方便.

(3) ε 的属性: ① ε 具有双重属性, 既有任意性, 又有确定性, 二者看似矛盾, 实际上并不矛盾, 是不同阶段对这个量的不同认识; 在这个量给定之前, 它是任意的, 具有任意性, 想怎么取都可以, 用于刻画充分小的属性; 一旦取定后, 它就是一个确定的量, 具有确定的属性, 以利于数学上的控制和研究. ② ε 通常是任意充分小的正数, 由于 ε 的任意性, 若 M 是给定的正实数, 则 $M\varepsilon$ 也具有任意性, 因而, 可以用 $M\varepsilon$ 代替 ε, 当然, 只要具备 ε 的任意的属性, 可以用更复杂的结构的量如 $M\varepsilon^k(k>0)$ 的形式代替.

类似地, 给出下确界的定义.

定义 2.8　若实数 α 满足

(1) α 是 A 的下界, 即 $x\geqslant\alpha,\forall x\in A$;

(2) 任意比 α 大的给定的实数都不是 A 的下界, 即对任意的 $\varepsilon>0$, 存在 $x_0\in A$, 使得

$$x_0<\alpha+\varepsilon.$$

称 α 是 A 的下确界, 记作 $\alpha=\inf A$.

信息挖掘　(1) 由定义 2.7 和定义 2.8, 若 $\inf A$ 和 $\sup A$ 都存在且有限, 自然得到

$$\inf A\leqslant x\leqslant\sup A,\quad\forall x\in A,$$

此时 A 必是有界集.

(2) 若 $\sup A=+\infty$, 也称 A 的上确界不存在, 此时, A 没有上界; 若 $\inf A=-\infty$, 也称 A 的下确界不存在, 此时, A 没有下界.

(3) 利用定义, 可以得到界、确界和最值间的简单关系.

① 上确界是集合 A 最小的上界, 下确界是集合 A 最大的下界, 因而, 上、下确界也分别是集合 A 的上、下界.

② 最大值是可达到的最小的上界, 最小值是可达到的最大的下界, 因而, 在最大值、最小值存在的条件下, 确界也存在, 且

$$\sup A = \max A, \quad \inf A = \min A.$$

③ 当 $\sup A \in A$ 时, 有 $\max A = \sup A$; 当 $\inf A \in A$ 时, 有 $\min A = \inf A$.

例 3 计算下列集合的确界, 给出计算理由, 利用计算的结果计算最值并判断集合的有界性.

(1) $A = [0, 1)$;

(2) $A = \{e^{-x} : x > 0\}$;

(3) $A = \{\ln x : x > 1\}$;

(4) $A = \left\{\dfrac{1}{2^n} : n = 1, 2, \cdots\right\}$;

(5) $A = \{(-1)^n \cdot n : n = 1, 2, \cdots\}$.

解 (1) 先计算 $\inf A$. 由于 $0 \in A$ 且

$$0 \leqslant x, \quad \forall x \in A,$$

故, $\inf A$=0.

再计算 $\sup A$. 由于

$$x < 1, \quad \forall x \in A,$$

利用预控制技术, 对任意 $\varepsilon \in (0, 1)$, 取 $x_0 = 1 - \dfrac{1}{2}\varepsilon$, 则

$$x_0 \in A \text{ 且 } x_0 > 1 - \varepsilon,$$

故, $\sup A$=1.

由于 $\inf A = 0 \in A$, 故 $\min A = 0$; 而 $\sup A = 1 \notin A$, 故 $\max A$ 不存在. 且由于 $\inf A$, $\sup A$ 有限, 故, A 是有界集.

(2) 先计算 $\inf A$. 由于

$$0 < e^{-x}, \quad \forall x > 0,$$

又, 对任意 $\varepsilon \in \left(0, \dfrac{1}{2}\right)$, 取 $x_0 = \ln \dfrac{2}{\varepsilon} > 0$, 则

$$e^{-x_0} \in A, \quad \text{且 } e^{x_0} = \frac{2}{\varepsilon} > \frac{1}{\varepsilon},$$

因而, $e^{-x_0} < \varepsilon = \varepsilon + 0$, 故, $\inf A$=0.

再考虑 $\sup A$. 显然

$$e^{-x} < 1, \quad \forall x > 0,$$

因而, 1 是 A 的上界. 下面证明 $\sup A = 1$.

又, 对任意 $\varepsilon \in (0,1)$, 则 $\dfrac{1}{1-\varepsilon} > 1$, 取 $x_0 = \dfrac{1}{2}\ln\dfrac{1}{1-\varepsilon} > 0$, 则 $e^{x_0} = \sqrt{\dfrac{1}{1-\varepsilon}} < \dfrac{1}{1-\varepsilon}$, 故, $e^{-x_0} > 1-\varepsilon$, 因而, $\sup A$=1 .

由于 $\inf A = 0 \notin A$, $\sup A = 1 \notin A$, 故, A 有界但不存在最大值和最小值.

抽象总结　在验证确界定义中的第二个条件时, 需要确定满足特定不等式的点, 这样的点需要求解不等式来确定, 这是常用的方法, 也是定义应用中的重点和难点. 有时, 为了简单, 也可以将不等式的求解转化为等式的求解. 过程中要注意的问题是求解得到的点必须在集合中, 如计算 $\sup A$ 时, 下述过程是否正确就存在问题:

显然, $e^{-x} < 1, \forall x > 0$, 因而 1 是 A 的上界. 又, 对任意 $\varepsilon \in (0,1)$, 取 $x_0 = \ln\dfrac{1}{2(1-\varepsilon)}$ 则 $e^{x_0} = \dfrac{1}{2(1-\varepsilon)} < \dfrac{1}{1-\varepsilon}$, 故 $e^{-x_0} > 1-\varepsilon$, 因而 $\sup A = 1$.

上述过程有误, 因为当 ε 充分小时, $\dfrac{1}{2(1-\varepsilon)}$ 接近于 $\dfrac{1}{2}$, 此时 $x_0 = \ln\dfrac{1}{2(1-\varepsilon)} < 0$, 不在 A 的范围内. 错误原因: 取 $\delta = 2$ 太大, 只能取 $\delta > 1$ 且充分接近于 1, 才能保证 $\dfrac{1}{\delta(1-\varepsilon)} > 1$, 取 $x_0 = \ln\dfrac{1}{\delta(1-\varepsilon)}$ 才有意义.

(3) 先计算 $\inf A$. 显然, $\ln x > 0, \forall x > 1$. 对任意 $\varepsilon > 0$, 取 $x_0 = e^{\frac{\varepsilon}{2}} > 1$, 则

$$\ln x_0 = \frac{\varepsilon}{2} < \varepsilon = \varepsilon + 0,$$

故, $\inf A$=0.

再计算 $\sup A$. 由于 $\forall M > 0$, 取 $x_0 = e^{2M}$, 则 $\ln x_0 = 2M > M$, 因而, A 无上界, 故, $\sup A = +\infty$.

由于 $\inf A = 0 \notin A$, 故 A 的最小值不存在; 由于 $\sup A = +\infty$, 故 A 无上界, 因而, A 还是无界集.

上述结论表明: A 有下界, 但无上界.

(4) 先计算 $\sup A$. 显然

$$\frac{1}{2^n} \leqslant \frac{1}{2}, \quad \forall n \in \mathbf{Z}_+, \quad 且\ \frac{1}{2} \in A,$$

故, $\sup A = \dfrac{1}{2}$ 且 $\sup A = \dfrac{1}{2} \in A$, 故, $\max A = \dfrac{1}{2}$.

再计算 $\inf A$. 显然,

$$\frac{1}{2^n} > 0, \quad \forall n \in \mathbf{Z}^+,$$

对任意 $\varepsilon \in (0,1)$, 取 $n_0 \in \mathbf{Z}^+$ 使得 $n_0 \ln 2 > \ln \frac{1}{\varepsilon}$, 则

$$2^{n_0} > \frac{1}{\varepsilon}, \quad 即 \ \frac{1}{2^{n_0}} < \varepsilon = \varepsilon + 0,$$

故, $\inf A = 0$, 而 $0 \notin A$, 因而, $\min A$ 不存在.

由于 $\sup A = \frac{1}{2}$, $\inf A = 0$, 故 A 是有界集.

注 上述过程能否改为: 取 $n_0 \ln 2 = \ln \frac{2}{\varepsilon}$, 因而, 则 $2^{n_0} = \frac{2}{\varepsilon} > \frac{1}{\varepsilon}$, 因而, $\frac{1}{2^{n_0}} < \varepsilon = \varepsilon + 0$, 故 $\inf A = 0$.

上述过程不严谨, 因为如此选取的 n_0 不一定是正整数, 即不一定有 $n_0 \in \mathbf{Z}^+$, 关于这一点, 在后面可以用取整函数克服.

(5) 观察结构可知, A 无上界也无下界, 下证之.

先证 $\sup A = +\infty$. $\forall M > 0$, 取偶正整数 n_0, 使得 $n_0 > 2M$, 则

$$(-1)^{n_0} n_0 = n_0 > 2M > M,$$

故 A 无上界, 因而 $\sup A = +\infty$.

类似, $\inf A = -\infty$. 因而, A 既无上界也无下界.

抽象总结 分析上述几个例子, 关键在于确界定义中第二个条件的验证, 即通过任意给定的 ε, 确定出一个特殊的 x_0, 满足相应的不等式: $x_0 > \beta - \varepsilon$ 或 $x_0 < \alpha + \varepsilon$. 这个 x_0 的确定, 通常是通过求解不等式来完成, 当然, 由于只需确定一个满足条件的 x_0, 故, 也可将上述不等式的求解转化为特殊的等式求解. 在这个过程中, 为便于求解, 有时须预先限定 ε 于一个非常小的范围, 这种限制是合理的, 因为 ε 本身就是一个非常小的量, 太大就没有意义了.

通过上述的几个例子还可以发现, 有上界集合, 上确界存在且有限, 无上界的集合, 上确界也不存在, 对下确界也是如此. 下面, 我们将用戴德金连续性公理证明这个结论.

定理 2.2(确界存在定理) 非空有上界的集合必有上确界, 非空有下界的集合必有下确界.

结构分析 题型结构: 集合确界的存在性证明, 需要确定数轴上一个点 (实数系中一个数), 使得此点为确界点, 因而, 要证明的定理是 "点定理", 即确定一个点具有某种性质. 类比已知: 目前已知的 "点定理" 只有戴德金分割定理. 思路确立:

用戴德金分割定理证明分割点就是确界点. 难点: 构造分割. 类比已知条件: 集合有界, 可以将所有的界做成集合, 由此构造分割.

证明　只证明上确界情形.

设 A_1 是非空有上界的集合. 记 B 是 A_1 的上界组成的集合, 即 $B=\{M: M$ 是 A_1 的上界$\}$, 则, B 是非空集合, 由于 A_1 非空, 则还有 $B\neq\mathbf{R}$. 记 $A=\mathbf{R}\backslash B$, 显然, A 也是非空集合.

我们首先证明: (A,B) 是 $\mathbf{R}$ 的一个戴德金分割.

显然, A, B 是非空集合; 由于 $A=\mathbf{R}\backslash B$, 则, $A\cap B=\varnothing$.

又, 对 $\forall a\in A, b\in B$, 由于 $b\in B$, 则, b 是 A_1 的上界, 因而, 若 $a\geqslant b$, 则, a 也是 A_1 的上界, 故, $a\in B$, 这与 $a\in A$ 矛盾, 故必有 $a<b$, 因此, (A,B) 是 $\mathbf{R}$ 的一个戴德金分割.

由戴德金连续性公理, 存在唯一的 $\beta\in\mathbf{R}$, 使得

$$a\leqslant\beta\leqslant b,\quad \forall a\in A, b\in B.$$

下证 $\beta=\sup A_1$.

先证 β 是 A_1 的上界. 反证之, 若 β 不是 A_1 的上界, 则必存在 $x_0\in A_1$, 使得 $x_0>\beta$, 显然

$$\beta<\frac{\beta+x_0}{2}<x_0,$$

这表明 $\frac{\beta+x_0}{2}$ 不是 A_1 的上界, 因而, 有 $\frac{\beta+x_0}{2}\in A$, 由戴德金公理, 则还应有

$$\frac{\beta+x_0}{2}\leqslant\beta,$$

这与 $\beta<\frac{\beta+x_0}{2}$ 矛盾. 因而, β 是 A_1 的上界, 故, $\beta\in B$.

又, $\beta\leqslant b, \forall b\in B$, 因而, β 是最小的上界, 故, $\beta=\sup A_1$.

注　不一定有 $A_1\subseteq A$, 因而, 成立 $a\leqslant\beta\leqslant b, \forall a\in A, b\in B$, 不一定表明 β 就是 A_1 的上界. 如, 取 $A_1=(0,1]$, 则 $A=(-\infty,1)$, $B=[1,+\infty)$, $A_1\not\subset A$.

定理 2.2 表明, 在存在性方面, 界和确界是同等的, 即有上界必有上确界. 当然, 上确界也必然是上界, 对下界和下确界也是如此. 但是, 下面的唯一性结论表明, 确界是比界更好的一个概念, 是集合的一个精确的控制量.

定理 2.3　若确界存在, 则确界必唯一.

证明　设 A 是非空集合, 且 $\beta_1=\sup A, \beta_2=\sup A$, 若 $\beta_2>\beta_1$, 因为 β_1 是 A 的上界, 这与 β_2 是 A 的最小上界矛盾.

同样, 也不可能成立 $\beta_1>\beta_2$, 故必有 $\beta_1=\beta_2$.

下确界情形类似可证 (略).

抽象总结 上述结论表明, 有上 (下) 界的集合必存在唯一的上 (下) 确界, 而最大值 (最小值) 不一定存在, 因而, 确界是一个比界、最值都具有更好的确定性的概念, 是用以刻画集合的界的一个好的量, 也是数学分析教材中一个非常重要的概念. 要掌握这一重要概念, 并掌握用定义研究确界问题的方法. 下面的例子讨论了相关集合间的确界关系, 更多的结论参考课后习题.

例 4 设 X, Y 是两个有界集, 定义

$$Z=\{x+y: x\in X, y\in Y\},$$

证明: (1) $\sup Z=\sup X+\sup Y$; (2) $\inf Z=\inf X+\inf Y$.

结构分析 题型结构: 确界关系的讨论. 类比已知: 关于确界, 我们仅仅掌握定义, 即只有定义是已知的, 必须通过定义完成证明. 思路确立: 用确界定义证明. 具体方法: 只需将定义摆出来, 通过研究三个集合对应元素的关系得到确界关系.

证明 (1) 记 $\alpha=\sup X, \beta=\sup Y, \gamma=\sup Z$, 由确界定义, 则

$$x\leqslant\alpha,\quad \forall x\in X,$$

$$y\leqslant\beta,\quad \forall y\in Y,$$

由集合的定义, $\forall z\in Z$, 存在 $x\in X$, $y\in Y$, 使得 $z=x+y$, 因而, 成立 $z=x+y\leqslant\alpha+\beta$, 故, $\alpha+\beta$ 是 Z 的一个上界.

另, 对任意 $\varepsilon>0$, 由确界定义, 存在 $x_0\in X, y_0\in Y$, 使得

$$x_0\geqslant\alpha-\frac{\varepsilon}{2},\quad y_0\geqslant\beta-\frac{\varepsilon}{2},$$

令 $z_0=x_0+y_0$, 则 $z_0\in Z$, 且 $z_0\geqslant\alpha+\beta-\varepsilon$, 再次利用确界定义, 则有 $\gamma=\alpha+\beta$.

(2) 类似可证 (略).

例 5 设 X, Y 是两个有界非负实数集, 定义

$$Z=\{xy: x\in X, y\in Y\},$$

证明: (1) $\inf Z=\inf X\cdot\inf Y$; (2) $\sup Z=\sup X\cdot\sup Y$.

证明 (1) 记 $\alpha=\inf X, \beta=\inf Y$, $\gamma=\inf Z$, 则 $\alpha\geqslant 0$, $\beta\geqslant 0$, $\gamma\geqslant 0$. 由确界定义, 则

$$x\geqslant\alpha,\quad \forall x\in X,$$

$$y\geqslant\beta,\quad \forall y\in Y,$$

因而, 对任意 $z \in Z$, 必存在 $x \in X, y \in Y$, 使得

$$z = xy \geqslant \alpha \cdot \beta,$$

故 $\alpha\beta$ 是 Z 的一个下界.

另, 对任意的 $\varepsilon \in (0,1)$, 存在 $x_0 \in X, y_0 \in Y$, 使得

$$x_0 \leqslant \alpha + \varepsilon, \quad y_0 \leqslant \beta + \varepsilon,$$

取 $z_0 = x_0 y_0 \in Z$, 则

$$z_0 \leqslant \alpha\beta + (\alpha+\beta)\varepsilon + \varepsilon^2 \leqslant \alpha\beta + (\alpha+\beta+1)\varepsilon,$$

故, $\alpha\beta$ 是最大下界, 因而, $\gamma = \alpha\beta$.

(2) 类似可证 (略).

这两个例子的证明中, 都灵活运用了 “ε” 的任意性, 要仔细体会这一点. 同时, 对两个例子进行总结, 提炼出这类题目处理的思想方法.

习　题　1.2

1. 讨论下列集合的有界性, 要证明你的结论, 并给出证明思路是如何形成的.

(1) $A = \left\{ \dfrac{\sin x}{x} \middle| x \in [1, +\infty) \right\}$;

(2) $A = \left\{ \dfrac{\cos x}{x} \middle| x \in (0, +\infty) \right\}$;

(3) $A = \left\{ 1 + \dfrac{1}{2^2} + \dfrac{1}{3^2} + \cdots + \dfrac{1}{n^2} \middle| n \in \mathbf{Z}^+ \right\}$;

(4) $A = \left\{ x_n | x_0 = 1, x_n = \dfrac{1}{2}\left(x_{n-1} + \dfrac{3}{x_{n-1}} \right), n \in \mathbf{Z}^+ \right\}$;

(5) $A = \left\{ \dfrac{x}{x^2 + x - 2} \middle| x \in (1, 2] \right\}$.

2. 讨论界、最值、确界之间的关系.

3. (1) 给出集合 A 的下确界的定义;

(2) 给出 $\sup A = +\infty$ 的定义;

(3) 设 α 是集合 A 的上界, 给出 α 不是 A 的上确界的定义.

4. 计算下列集合的确界.

(1)$A = \left\{ \dfrac{1}{n} \middle| n \in \mathbf{Z}^+ \right\}$;

(2)$A = \left\{ \dfrac{1}{x+1} \middle| x > 0 \right\}$;

(3)$A=\{e^x|x\in(0,1)\}$.

5. 设 X,Y 是有界的两个实数集合, $X\subset Y$, 证明:

$$\inf X\geqslant\inf Y,\quad \sup X\leqslant\sup Y.$$

6. 证明例 4 和例 5 的 (2).

7. 设 A 是有界的正数集合, 且 $\alpha=\sup A>1$. 令 $B=\left\{\frac{1}{x}\middle|x\in A\right\}$, 证明: $\inf B=\frac{1}{\sup A}$. (提示: 关键是证明第 (2) 条, 由条件得对 $\forall\varepsilon>0$, $\exists x_0\in X$, 使得 $x_0>\alpha-\varepsilon$, 要使 $\frac{1}{x_0}<\frac{1}{\alpha}+\varepsilon$, 只需要 $\frac{1}{\alpha-\varepsilon}<\frac{1}{\alpha}+M\varepsilon$, 适当控制 $\varepsilon>0$ 和选取 M 即可.)

8. 设 A 是有界实数集合, 令 $B=\{-x|x\in A\}$, 证明: $\sup A=-\inf B$.

9. 证明定理 2.2 和定理 2.3 的下确界情形.

10. 例 1 和例 2 的解题的关键在于思路的形成, 能否从上述解题过程中总结出一些解题的思想方法?

11. 注意观察例 1(5)、(6) 和例 2(2) 题的证明, 能否总结出特殊点 x_0 的选择的一些技术方法? 同时, 分析为何在证明无上界时限制 (预控制)$M>1$? 这种处理方法合理吗?

12. 分析例 4 与例 5 的证明过程, 抽象总结出证明 $\beta=\sup A$ 的步骤. 在证明过程中, 难点是什么? 如何解决?

1.3 函　　数

一、映射

在引入了集合的概念后, 就可以在集合间建立联系了. 映射是两集合间基本的对应关系.

定义 3.1 设 X,Y 是两个给定的集合, 若按照某种对应法则 f, 使对任意的 $x\in X$, 存在唯一的 $y\in Y$ 与之对应, 称对应法则 f 是集合 X 到集合 Y 的一个映射, 记为 $f:X\to Y$ 或 $x\mapsto y=f(x)$, 其中, y 称为在映射 f 下 x 的像, 对应的 x 称为映射 f 下 y 的一个原像; 集合 X 称为映射 f 的定义域, 记为 $D_f=X$, 集合 $R_f=\{y:y\in Y \text{ 且 } y=f(x),\ x\in X\}\subset Y$ 称为映射 f 的值域.

简单地说, 映射 f 是一个规则或一个关系, 建立了两集合间的联系, 因此, 构成映射的要素为两个集合 (定义域、值域) 和对应规则 f.

我们这里定义的映射, 要求像是唯一的, 原像不一定唯一, 即都是单值映射, 且并不是 Y 中每个元素都有原像.

定义 3.2 若映射的原像唯一, 即不同的原像, 像也不同, 此时称映射为单射; 若映射满足 $R_f=Y$, 即 Y 中每个元素都有原像, 称映射 f 为满射; 既是单射又是满射的映射称为双射, 也称为可逆映射.

映射建立了集合间的对应关系和联系, 而作为数学分析研究对象的函数, 就是一种简单的、特殊的映射, 即建立在实数集合上的映射.

二、 函数

定义 3.3 设集合 X 是实数集合, $Y=\mathbf{R}^1$ 为实数系, 则实数集合 X 到实数系 $\mathbf{R}^1$ 的映射称为函数.

若以 x 表示 X 的元素, y 表示对应的像, 映射为 f, 我们通常称对应的关系式 $y=f(x)$ 为函数关系式, 简称函数.

有时, 原像 x 也称为自变量, 像 y 称为因变量, 因此, 函数实际就是用自变量表示因变量的关系式, 尽管有时这个关系式不能显式给出, 即函数关系不一定都有解析表达式.

由于这里定义的函数的自变量只有一个, 因此, 这样的函数称为一元函数, 我们将在第三册研究多元函数.

作为基本的数学概念, 在中学阶段, 我们已经接触到了函数, 已经学习了函数的运算和一些性质, 我们简单总结一下.

1. 函数的运算

除了简单的四则运算, 我们学习了函数的两种重要的运算: 反函数运算和复合函数运算.

1) 反函数

作为可逆映射的特例, 我们有以下反函数的概念.

给定函数 $y=f(x)$, $x\in I$.

定义 3.4 设函数 $y=f(x)$ 是 1-1 的, 即对任意的 $y\in R(f)$, 存在唯一的 $x\in I$, 使得 $y=f(x)$, 由此确定了一个 $R(f)$ 到 I 的函数 $y\mapsto x$, 称为函数 $f(x)$ 的反函数, 记为 $x=f^{-1}(y)$.

习惯上, 常用 x 表示自变量, y 表示函数, 因此, 反函数常写为 $y=f^{-1}(x)$. 如 $y=x^2, x>0$ 的反函数为 $y=\sqrt{x}, x>0$; $y=\mathrm{e}^x$ 与 $y=\ln x$, $x>0$ 互为反函数. 因此, 反函数的计算很简单, 在存在的条件下, 就是从 $y=f(x)$ 的表达式中求出 x, 用 y 表示.

在中学阶段, 已经学习过几类常见的函数及其反函数的性质, 在现阶段, 我们仍然经常用到这些结论, 请自行总结这些结论.

函数和反函数对应的几何曲线关系:

(1) 函数 $y=f(x)$ 和 $x=f^{-1}(y)$ 的几何图形是同一曲线.

(2) 函数 $y=f(x)$ 和 $y=f^{-1}(x)$ 的图形关于直线 $y=x$ 对称 (如图 1-1), 即若点 (x, y) 在曲线 $y=f(x)$ 上, 则点 (y, x) 在曲线 $y=f^{-1}(x)$ 上; 反之也成

立. 事实上, 若 (x_0,y_0) 满足 $y_0=f(x_0)$, 则 $x_0=f^{-1}(y_0)$, 故, 点 (y_0,x_0) 在曲线 $y=f^{-1}(x)$ 上.

定理 3.1 设 $y=f(x)$ 在某个区间 I 内严格单调递增 (减), 又设和 I 对应的值域为 Y, 则在 Y 内必存在反函数 $x=f^{-1}(y)$, 且反函数也是严格单增 (减) 的.

证明 显然, 映射 f 是满射, 故, 只需证 f 是单射. 而由严格单调性可得 f 为单射, 故, f 存在反函数.

再证 $x=f^{-1}(y)$ 的单调性.

设 $y_1, y_2\in Y$ 且 $y_1<y_2$, 记 $x_1=f^{-1}(y_1)$, $x_2=f^{-1}(y_2)$, 则

$$y_1=f(x_1),\quad y_2=f(x_2),$$

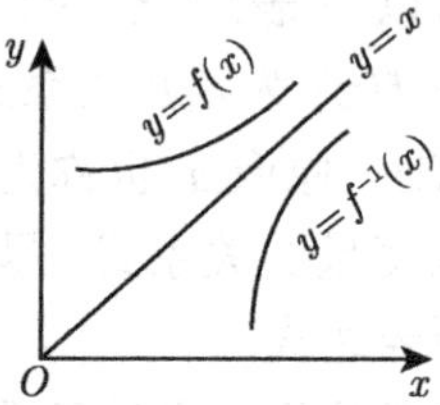

图 1-1

因此, 若 $x_1\geqslant x_2$, 由单调性, $y_1\geqslant y_2$, 矛盾, 故

$$x_1=f^{-1}(y_1)<x_2=f^{-1}(y_2),$$

因而, $x=f^{-1}(y)$ 是单调递增的.

2) 复合函数

给定两个函数: $y=f(u)$, $u\in I_1$; $u=g(x)$, $x\in I_2$.

假设函数 u 的值域 $R_u\subset I_1$, 则对任意 $x\in I_2$, 存在唯一的 $u=g(x)\in I_1$, 进而, 存在唯一的 $y=f(u)$, 由此, 借助于 u, 我们在变量 x 和 y 之间建立了联系:

$$x\to u=g(x)\to y=f(u),$$

可以验证, 变量 x 和 y 之间建立了对应的函数的关系.

定义 3.5 把在上述条件下确定的 x 和 y 的函数关系称为函数 $y=f(u)$ 和 $u=g(x)$ 的复合函数, 记为 $y=f(g(x))$, $x\in I_2$.

例 1 设 $f(x)=\dfrac{1}{1+x}$, $g(x)=x^2+1$, 求 $f(g(x))$ 和 $g(f(x))$.

解 函数 $u=g(x)$ 的值域为 $R_g=\{u:u\geqslant 1\}$, 而函数 $f(x)$ 的定义域为 $\{x:x\neq -1\}$, 故可以计算复合函数为

$$f(g(x))=\frac{1}{1+x^2+1}=\frac{1}{2+x^2},\quad x\in\mathbf{R}.$$

同样可得 $g(f(x))=1+\dfrac{1}{(1+x)^2}$, $x\neq -1$.

复合函数的计算很简单, 只需将外层函数表达式中的变量换成内层函数的关系式即可.

2. 函数的初等性质

给定函数 $y=f(x)$, $x\in I$, 中学阶段学习了函数的下述性质.

1) 函数的奇偶性

定义 3.6　若对任意的 $x\in I$, 都有

$$f(-x)=f(x)\quad(f(-x)=-f(x)),$$

称函数 $f(x)$ 为 I 上的偶函数 (奇函数).

在讨论函数的奇偶性时, 函数通常定义在如下的对称区间 $(-a, a)$, 且当 $f(x)$ 为奇函数时, 成立 $f(0)=0$.

从几何上看, 奇函数的图形关于原点对称, 偶函数的图形关于 y 轴对称 (如图 1-2 所示).

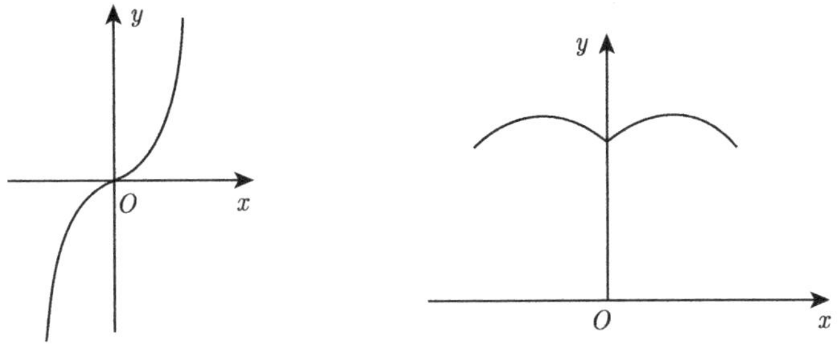

(a) 奇函数图像　(b) 偶函数图像

图 1-2

定理 3.2　对任意的 $f(x)$, 都有 $f(x)+f(-x)$ 为偶函数, $f(x)-f(-x)$ 为奇函数.

2) 函数的单调性

定义 3.7　若对于任意的 $x_1,x_2\in I$ 且 $x_1\leqslant x_2$, 都有

$$f(x_1)\leqslant f(x_2)\quad(f(x_1)\geqslant f(x_2)),$$

则称函数 $f(x)$ 为 I 上的单调递增 (递减) 函数.

若定义中 "$\leqslant$ ($\geqslant$)" 改为严格的 "$<$ ($>$)" 时, 对应的函数称为严格递增 (递减) 函数.

函数的单调性和其定义的区间有关. 如 $y=x^2$ 在整个定义域 $\mathbf{R}^1$ 上是偶函数, 但是, 在区间 $(-\infty,0)$ 上讨论该函数时, 它是严格单调递减函数, 而在区间 $(0,+\infty)$ 上讨论该函数时, 它是严格单调递增函数.

3) 函数的周期性

定义 3.8　若存在实数 T, 使得对任意的 x, 都有

$$f(x+T)=f(x),$$

则称 $f(x)$ 为周期函数, T 为其周期.

通常, 周期函数的定义域是整个实数轴, 或周期延拓到整个实数轴.

周期是不唯一的. 事实上, 若 T 为周期, 则对任意的正整数 n, nT 也为函数的周期, 因此, 我们通常所说的周期, 指的是函数的最小的正周期.

有的周期函数没有最小的正周期. 如狄利克雷函数

$$D(x)=\begin{cases}0, & x \text{ 为无理数},\\ 1, & x \text{ 为有理数},\end{cases}$$

则任何有理数都是该函数的周期, 显然, $D(x)$ 没有最小的正周期. 后面我们将得到: 连续的周期函数必有最小正周期.

中学学习过: 三角函数都是周期函数.

4) 函数的有界性

定义 3.9 若存在实数 $M>0$, 使得对任意的 $x\in I$, 都有

$$|f(x)|\leqslant M,$$

称 $f(x)$ 为有界函数, M 为函数 $f(x)$ 的界.

函数的界本质上是函数的值域集合的界, 因而, 有界函数的界不唯一, 界只是从大小方面控制函数的一个较为粗略的概念.

函数的无界性也是一个常用的概念, 我们给出相应的定义.

定义 3.10 若对任意的 $M>0$, 都存在 $x_M\in I$, 使得

$$|f(x_M)|>M,$$

则称 $f(x)$ 在区间 I 上无界.

有界和无界是一对肯定和否定的定义, 对这样一对对应的概念, 可以通过其中一个定义, 推出另一个对应的定义, 前面已经给出了转化方法, 再次强调: 即在肯定式的定义中, 将条件 "存在一个" 改为对应的 "对任意的", 将 "对任意的" 改为 "存在一个", 将结论否定, 则肯定式的定义就转化为否定式的定义, 反之, 也成立.

三、 基本初等函数

在中学阶段, 我们已经学习了最基本的五类函数, 称之为基本初等函数, 再简单地总结一下这些函数的初等性质, 这些性质也是研究更一般函数的基础.

1. 幂函数

幂函数表达式为 $y=x^a$.

幂函数的定义域与 a 有关. 当 a 为正整数时, 其定义域为整个实数轴 $(-\infty, +\infty)$; 当 a 为负整数时, 定义域为所有非零的实数 $\mathbf{R}^1\backslash\{0\}=(-\infty,0)\cup(0,+\infty)$; 当 a 为分数时, 定义域还和分子与分母的奇偶性有关. 一般, 我们总认为, $a>0$ 时函数的定义域为 $[0,+\infty)$, $a<0$ 时函数的定义域为 $(0,+\infty)$. 当然, 幂函数的奇偶性也和 a 有关. 常用的幂函数为 $a=-1, \dfrac{1}{2}, 2, 3$ 时对应的幂函数 (如图 1-3 所示).

2. 指数函数

指数函数表达式为 $y=a^x$, 其定义域也和 a 的取值有关.

特别, $a>0$ 时的指数函数的定义域为整个实数轴 (如图 1-4). 常用的指数函数 $y=\mathrm{e}^x$.

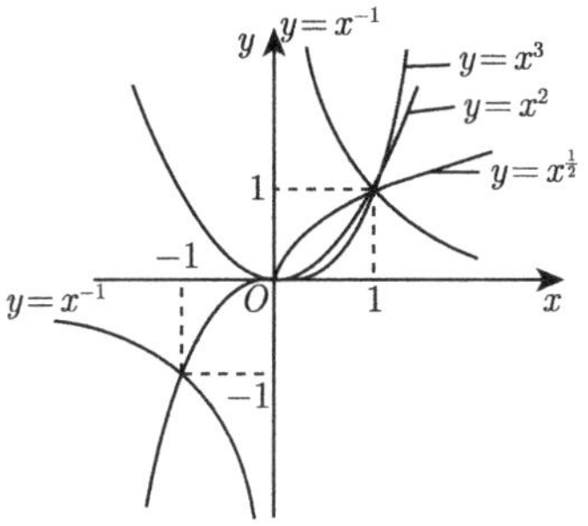

图 1-3　幂函数图像

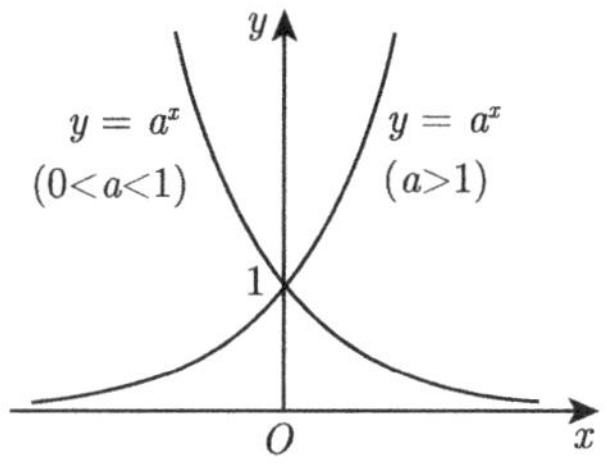

图 1-4　指数函数图像

3. 对数函数

函数表达式为 $y=\log_a x$, 其中 $a>0$ 且 $a\neq 1$, 定义域为 $(0,+\infty)$ (如图 1-5). 常用的对数函数为 $y=\ln x$.

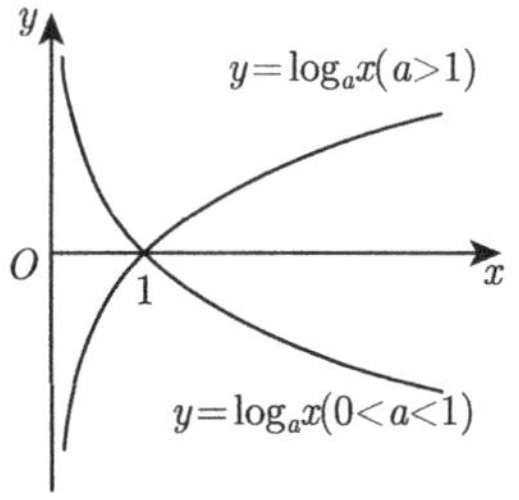

图 1-5　对数函数图像

当 $a>0$ 时, 指数函数和对数函数都是严格单调的函数; $a>1$ 时, 都是严格递增的, $0<a<1$ 时, 都是严格递减的, 因而, 反函数都存在, 事实上, 它们互为反函数.

4. 三角函数

三角函数有: 正弦函数 $y=\sin x$, 余弦函数 $y=\cos x$, 定义域都是整个实数轴, 都以 2π 为周期, 最大值为 1, 最小值为 -1.

正切函数 $y=\tan x$, 周期为 π, 定义域为 $\bigcup\left(k\pi-\dfrac{\pi}{2}, k\pi+\dfrac{\pi}{2}\right)$. 余切函数 $y=\cot x$, 周期为 π, 定义域为 $\bigcup(k\pi,(k+1)\pi)$. 二者都是单调的无界函数. 三角函数的图像见图 1-6.

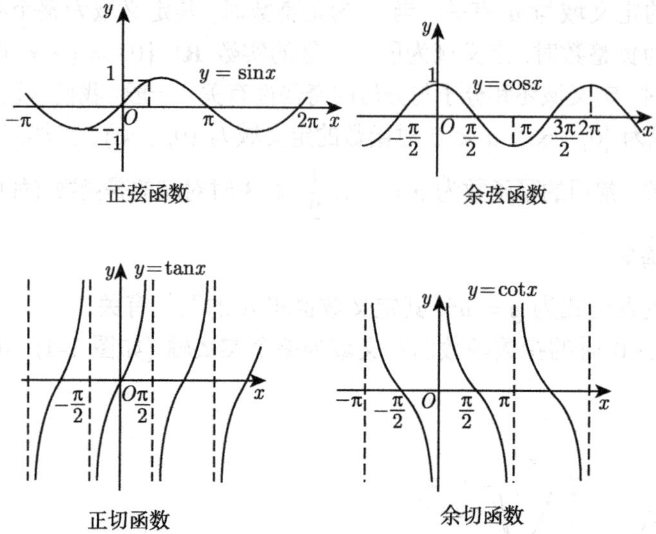

图 1-6

本课程中, 还用到正割函数 $y=\sec x=\dfrac{1}{\cos x}$ 和余割函数 $y=\csc x=\dfrac{1}{\sin x}$.

经常用到的三角函数公式有

$\sin 2x=2\sin x\cos x$,

$\cos 2x=\cos^2 x-\sin^2 x$,

$\sin a+\sin b=2\sin\dfrac{a+b}{2}\cos\dfrac{a-b}{2}$,

$\sin a-\sin b=2\cos\dfrac{a+b}{2}\sin\dfrac{a-b}{2}$,

$\cos a+\cos b=2\cos\dfrac{a+b}{2}\cos\dfrac{a-b}{2}$,

$\cos a-\cos b=-2\sin\dfrac{a+b}{2}\sin\dfrac{a-b}{2}$,

$\sin a\sin b=-\dfrac{1}{2}[\cos(a+b)-\cos(a-b)]$,

$\cos a\cos b=\dfrac{1}{2}[\cos(a+b)+\cos(a-b)]$,

$\sin a\cos b=\dfrac{1}{2}[\sin(a+b)+\sin(a-b)]$,

$\sin(a\pm b)=\sin a\cos b\pm\cos a\sin b$,

$\cos(a \pm b) = \cos a \cos b \mp \sin a \sin b,$

$1 + \tan^2 x = \sec^2 x.$

5. 反三角函数

三角函数是周期函数, 在其定义域内不存在反函数, 但是, 限定在特定的区间上, 对应反函数存在, 可以考虑对应的反函数问题. 下面, 我们直接给出对应的反函数.

反正弦函数 $y = \arcsin x$ 的定义域是 $[-1, 1]$, 值域为 $\left[-\dfrac{\pi}{2}, \dfrac{\pi}{2}\right]$, 且是单调递增函数.

反余弦函数 $y = \arccos x$ 的定义域是 $[-1, 1]$, 值域为 $[0, \pi]$, 且是单调递减函数. 如图 1-7 所示.

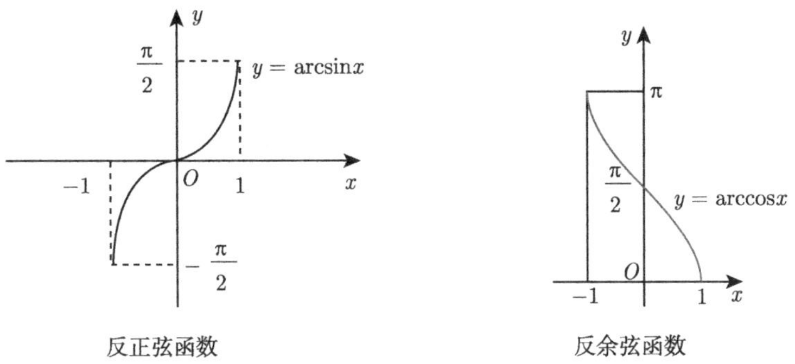

图 1-7

反正切函数 $y = \arctan x$ 的定义域为实数轴, 值域为 $\left(-\dfrac{\pi}{2}, \dfrac{\pi}{2}\right)$, 且为单调递增函数.

反余切函数 $y = \operatorname{arccot} x$ 的定义域为实数轴, 值域为 $(0, \pi)$, 且为单调递减函数. 如图 1-8 所示.

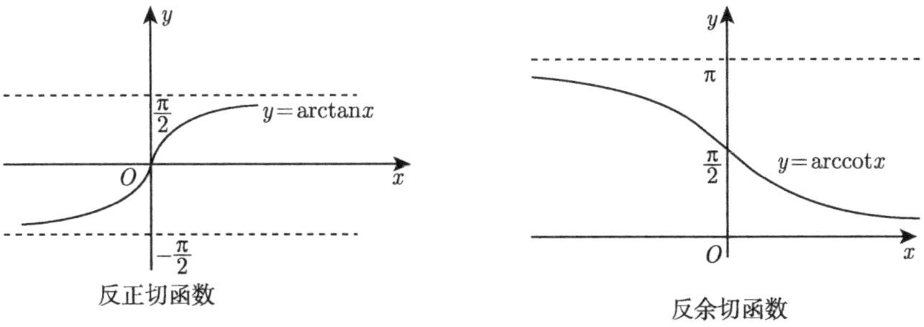

图 1-8

常用的反三角函数恒等公式如下:

$$\arcsin(-x) = -\arcsin x; \quad \arccos(-x) = \pi - \arccos x;$$

$$\arctan(-x) = -\arctan x; \quad \operatorname{arccot}(-x) = \pi - \operatorname{arccot} x;$$

$$\arcsin x + \arccos x = \frac{\pi}{2}; \quad \arctan x + \operatorname{arccot} x = \frac{\pi}{2}.$$

上述, 我们仅给出了基本初等函数的定义, 请读者自行总结基本初等函数的初等性质并画出图形.

上述给出的是基本初等函数, 经过基本初等函数的有限次四则运算和有限次复合所得到的函数, 统称为初等函数. 我们分析学中研究的对象就是初等函数.

再给出几个常用的特殊的函数.

符号函数 $y = \operatorname{sgn} x = \begin{cases} 1, & x > 0, \\ 0, & x = 0, \\ -1, & x < 0, \end{cases}$ 如图 1-9.

取整函数 $y = [x] = n, n \leqslant x < n+1, n$ 为整数, 如图 1-10.

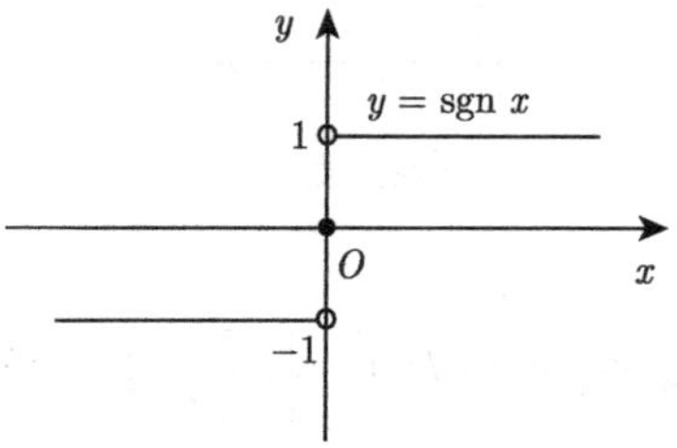

符号函数

图 1-9

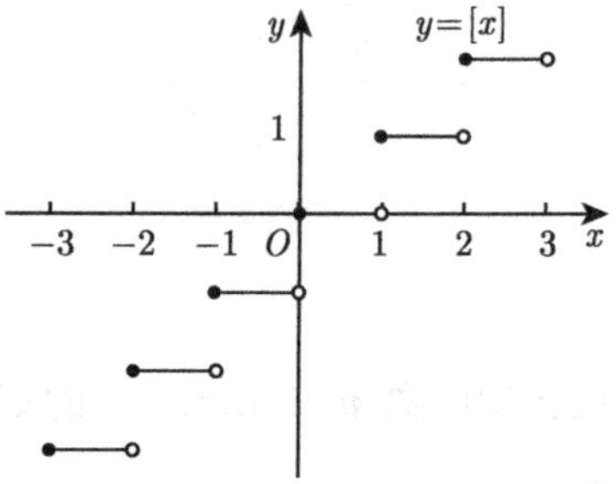

取整函数

图 1-10

非负小数部分 $y = (x) = x - [x]$.

黎曼 (Riemann) 函数

$$R(x) = \begin{cases} \dfrac{1}{p}, & x = \dfrac{q}{p}, \text{ 为有理数}, \\ 0, & x \text{ 为 } 0,1 \text{ 或无理数}, \end{cases} \quad x \in [0,1],$$

其中 $p, q \in \mathbf{Z}^+$, p, q 互质 (黎曼函数的定义有不同形式).

习 题 1.3

1. 设 $f(x)=\dfrac{1}{x}$, 计算 $f(x)$ 的定义域, 并计算 $f(f(x))$ 和 $f(f(f(x)))$.

2. 设 $f(x)=\dfrac{x+1}{x^2+1}$, $g(x)=\dfrac{1}{x^2}$. (1) 求函数的定义域; (2) 计算 $f(g(x))$; (3) 在其定义域内, 判断 $f(x)$, $g(x)$ 的有界性.

3. 设 $f(x)=\ln(x+1)$, 求其反函数.

4. 证明两个奇函数的积是偶函数.

5. 设 $f(x)=\begin{cases} x+1, & x\geqslant 0, \\ x^2, & x<0, \end{cases}$ $g(x)=\begin{cases} x^2, & x\geqslant 0, \\ x, & x<0, \end{cases}$ 计算 $f(g(x))$.

6. 总结五类基本初等函数的性质, 包括单调性、有界性、最值, 并画出图形.

第 2 章 数列的极限

数列极限和其他数学概念一样产生于人类认识自然和改造自然的活动中, 是人类对特定事物认识的高度总结和抽象, 因此, 为了本章内容的学习, 让我们沿着数学发展的历史轨迹, 以人类对面积的认知过程为例, 尽可能追溯和了解数列极限产生的背景和概念中隐藏的解决实际问题的数学思想.

正如前面章节谈到的, 数学发展的初期, 对几何图形及其面积的认识是数学的重要内容之一. 人类在早期的实践活动中, 必然涉及平面几何图形的面积计算问题, 显然, 最先得到的是一些简单规则的图形如正方形、矩形、三角形、梯形等图形的面积, 随之而来的问题自然是: 更复杂的图形如圆、特殊曲线所围的图形等的面积的计算问题. 同样的道理, 对这类问题的认识和研究也经历了从近似到精确, 再到准确的过程. 下面, 我们以圆的面积的主要研究进程为例, 挖掘研究过程中抽象形成的数学理论和思想.

先从刘徽割圆术计算圆的面积谈起.

早在我国先秦时期, 《墨经・经上》就已经给出了圆的定义. 认识了圆, 人们也就开始了关于圆的种种计算, 特别是圆面积的计算. 我国古代数学经典《九章算术》在第一章 "方田" 章中写到 "半周半径相乘得积步 (面积)", 也就是我们现在所熟悉的面积公式. 为了证明这个公式, 我国魏晋时期数学家刘徽于公元 263 年撰写《九章算术注》时, 在圆面积公式后面写了一篇 1800 余字的注记, 这篇注记就是数学史上著名的 "割圆术".

根据刘徽的记载, 在刘徽之前, 人们求证圆面积公式时, 是用圆内接正十二边形的面积来代替圆面积. 应用出入相补原理, 将圆内接正十二边形拼补成一个长方形, 借用长方形的面积公式来论证《九章算术》中的圆面积公式. 刘徽指出, 这个长方形是以圆内接正六边形周长的一半作为长, 以圆半径作为高的长方形, 它的面积是圆内接正十二边形的面积. 这种论证 "合径率一而外周率三也", 即后来常说的 "周三径一", 取 "周三径一" (即取 $\pi = 3$) 的数值来进行有关圆的计算误差很大. 东汉的张衡不满足于这个结果, 他从研究圆与它的外切正方形的关系着手, 得到圆周率 $\pi \approx 3.1622$. 这个数值比 "周三径一" 要好些, 但刘徽认为其计算出来的圆周长必然要大于实际的圆周长, 也不精确. 他认为, 圆内接正多边形的面积与圆面积都有一个差, 用有限次数的分割、拼补无法证明《九章算术》中的圆面积公式. 因此, 刘徽大胆地将现在称为极限的思想和无穷小分割引入了数学证明, 提出用“割圆术”来求圆周率, 既大胆创新, 又严密论证, 从而为圆周率的计算指出了一条科学的道路, 刘徽也开创了逻辑推理和论证的先河. 按照这样的思路, 刘徽把圆内接正多边形的面积一直算到了正 3072 边形, 并由此而求得了圆周率的近似数值为 3.1416. 这个结果是当时世界上圆周率计算的最精确的数据, 它应用到有关圆形计算的各个方面, 使汉代以来的数学发展大大向前推进了一步.

刘徽的割圆术记载在《九章算术》“方田”章的第 32 题关于圆面积计算的注文里. 其主要思想是: 在圆内作内接正六边形, 每边边长均等于半径 (这是作内接正六边形的原因); 再作正十二边形, 从勾股定理出发, 求得正十二边形的边长, 如此类推, 求得内接正 $2^n\times 6$ 边形的边长和周长, 用此周长近似为圆的周长, 利用出入相补原理计算出内接正 $2^n\times 6$ 边形的面积, 以此面积作为圆面积的近似, 且当 n 逐渐增大时, 此面积就越接近圆的面积.

其关键的步骤是当边数加倍时, 如何计算边长. 如下是一个由正 $2n$ 边形的边长计算加倍后的正 $4n$ 边形的边长的过程. 如图 2-1.

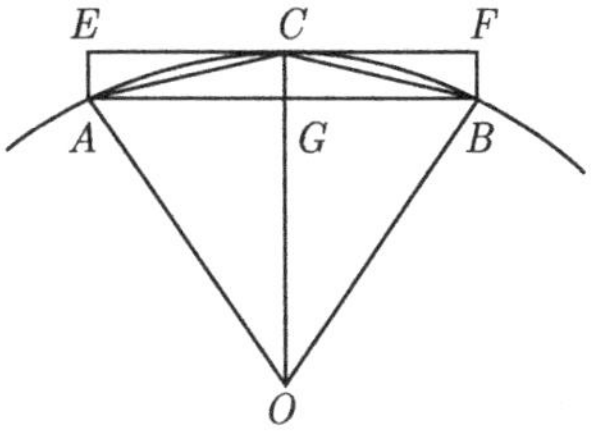

图 2-1

$OA=OB=OC=r$(r 为圆的半径);

$AB=l_{2n},\quad OG=\sqrt{r^2-(l_{2n}/2)^2},\quad CG=r-OG$;

$AC=BC=l_{4n},\quad l_{4n}=([r-\sqrt{r^2-(l_{2n}/2)^2}]^2+(l_{2n}/2)^2)^{1/2}$.

利用上述思想可以由内接正六边形的边长开始, 计算任意的正 $2^n\times 6$ 边形的边长 l_n , 进一步求得其周长 c_n, 近似为圆的周长, 利用出入相补原理, 可以算出用正 $2^{n+1}\times 6$ 边形近似的圆的面积为

$$S\approx S_{n+1}=\frac{1}{2}rc_n.$$

利用这种方法, 刘徽从内接正六边形开始, 计算了内接正六边形、内接正十二边形、内接正 96 边形、内接正 192 边形, 直到内接正 3072 边形 ($n=9$) 的面积, 由此, 近似得到 $\pi\approx 3.14159$, 这个结果在当时是最好的结果.

我们现在将刘徽的思想抽象出来: 先得到了内接正六边形周长为 $6r$, 依此计算内接正十二边形的面积和周长, 记其面积为 $a_1=S_{2\times 6}$, 再计算内接正 24 边形的面积和周长, 记其面积为 $a_2=S_{2^2\times 6}$, 直到计算出任意的内接正 $2^n\times 6$ 边形的面积, 记为 $a_n=S_{2^n\times 6}$, 当 n 越来越大时, a_n 就近似于所求的圆的面积, 这样, 从近似的角度得到了圆的面积. 当然, 取不同的 n, 就得到不同的圆的面积, 因此, 可能需要研究一系列这样的数 a_1, a_2, $a_3,\cdots,a_n,\cdots$, 而为了获得更精确的值, 需要考察当 n 充分大时 a_n 的变化趋势, 因此, 上述的过程用数学语言抽象出来, 就是

已知 a_1, a_2, $a_3, \cdots, a_n, \cdots$, 考察当 n 增大时, a_n 的变化趋势, 这就是我们将要学习的数列及其极限问题.

上述这种数列极限的思想在现代科学技术和工程技术领域得到广泛的推广和应用, 如代数方程根的计算, 实际上就是计算一系列的交点, 利用这些交点的坐标逼近方程的根, 复杂的非线性问题是用一系列简单的线性问题来近似逼近, 这些问题都是数列的极限思想的应用. 因此, 引入并研究数列及其极限问题, 不仅有历史背景, 也有现实意义.

2.1 数列的极限及其应用

一、 数列的定义

定义 1.1 按次序一个个排列下去的无穷 (可列) 个数或按正整数编号的可列无穷个数, 称为数列.

如 $1, \frac{1}{2}, \frac{1}{3}, \cdots, \frac{1}{n}, \cdots$ 和 $2, 4, 6, \cdots, 2n, \cdots$ 都是数列. 由于数列中有无穷多项, 不可能把每一项都写出来, 因而, 为书写和表示方便, 我们引入数列的通项定义: 把数列中每一项与一个正整数对应, 如第一项与正整数 1, 第二项与正整数 2, $\cdots$, 任意的第 n 项与正整数 n 对应, 如果对任意的第 n 项都能用对应的正整数 n 的表达式把这一项表示出来, 这个表达式就称为数列的通项. 通俗地说, 数列的通项就是数列规律的表示.

定义 1.2 若正整数 n 的表达式 x_n 满足: $n = 1$ 时, x_1 为数列的第一项; n=2 时, x_2 为其第二项; 对任意的 n, x_n 为对应的第 n 项, 称 x_n 为对应数列的通项, 对应的数列记为 $\{x_n\}$.

如前面给出的两个数列可以分别记为 $\left\{\frac{1}{n}\right\}$ 和 $\{2n\}$. 以后就用通项表示一个给定的数列.

用函数的观点看, 数列可看成特殊的函数——离散变量的函数: $x_n = f(n)$, 自变量 n 以离散的形式取自正整数集合.

数列并不是一般意义下的数的集合. 数集中, 元素间没有次序关系, 重复出现的数是同一个元素. 数列可以视为特殊的可列无穷数集, 每个数都有确定的编号, 有确定的顺序, 因此, 不同位置上的数是不同的元素, 不同元素的值可以是相等的, 即数列中的元素是靠位置 (编号) 而不是靠大小来确定, 因而, 允许在同一数列中重复出现相同的数, 如, 常数列: $c, c, c, \cdots$, 记为 $\{x_n\}$, 其中 $x_n = c$; 数列 $\{(-1)^n\}$ 为: $-1, 1, -1, 1, \cdots$.

二、 数列的极限

1. 极限的定义

我们引入数列的定义之后, 很自然的一个问题是, 对数列, 我们更关心的问题是什么?

从数列产生的背景和现实应用来看, 最关心的是数列最终的逼近结果——数列的变化趋势 (定性分析) 及趋势的可控性 (定量分析) 问题, 所谓趋势可控是指控制了某个数, 就可以实现对数列的控制. 那么, 数列的变化趋势是什么? 数列能否控制? 先看下述几个数列.

$\left\{\dfrac{1}{n}\right\}$: 显然 $\dfrac{1}{n}\to 0$, 数列的趋势明确且可控. 此时可控的意义是: 控制了数 0, 就可以基本控制了数列 $\left\{\dfrac{1}{n}\right\}$, 如控制 0 在一个区域 $(-\delta,\delta)$, 则当 $n>\dfrac{1}{\delta}$ 时, 就有 $\dfrac{1}{n}\in(-\delta,\delta)$, 即就能将数列控制在此区域内, 实现对数列的控制.

$\{n\}$: 数列的趋势明确, 但不确定, 趋势不可控, 因为 ∞ 不是确定的数.

$\{(-1)^n\}$: 就整个数列来讲, 数列是跳跃性的, 没有明确的趋势, 更谈不上趋势的可控性, 或者说趋势不可控.

从上述具体数列中可知, 有些数列趋势明确, 且趋势可以控制, 有些数列虽有明确的趋势, 但是趋势不可控, 还有些数列, 变化趋势不明确, 更谈不上趋势的可控性. 显然, 第一种是 "好数列", 是我们将要研究的主要对象, 趋势及其可控性是研究的主要内容, 即从定性分析和定量分析两个方面对数列进行研究. 在数学上, 我们将 "好数列" 的趋势和可控性抽象并引入定性的 "收敛性" 和定量的 "极限" 概念来表示, 于是, 数列的极限是否存在, 判断极限存在即数列收敛的方法有哪些, 如何计算数列的极限, 便是我们研究的主要内容. 而首要解决的问题就是如何用数学语言给出极限的定义.

极限并不是一个陌生的概念, 在中学阶段, 我们已经学习了极限的概念, 首先回顾一下中学的定义: a 是数列 $\{x_n\}$ 的极限是指当 n 充分大时, x_n 越来越接近于 a. 这是一个描述性的定义, 是定性的语言, 存在很大的缺陷: 不严谨, 缺乏定量的刻画, 缺乏可操作性, 只能处理结构非常简单的数列极限问题. 因此, 为给出极限概念的严谨的数学表达, 必须用定量的数学语言刻画两个过程: ① x_n 越来越接近于 a; ② n 充分大 . 仔细分析 ① 和 ② , 其本质是相同的, 都是充分接近的意思. 事实上, 若将 $+\infty$ 视为一个广义的确定的量, 则 ② 的含义是 n 充分接近于 $+\infty$. 因此, 极限定义的定量表示关键在于如何用定量的关系式表示出两个量的充分接近. 从生活常识可知: 两个对象的远近可以用二者之间的距离很小表示, 因此, 两个量的充分接近也可以用两个量间的距离充分小表示. 由于过程 ① 中 x_n 和 a 是

两个确定的量, 其确定的属性使得① 相对于过程 ② 更容易刻画, 因此, 先从简单的过程 ① 开始, 将过程① x_n 越来越接近于 a 转化为 "用什么样的量 (数) 来表示 x_n 和 a 的距离充分小"? 这里的关键是 "充分小" 的定量表示. 由于充分接近、充分小是一个变化着的动态的过程, 而一个确定的实数是一个静态的量, 因此, 任何一个确定的实数都不能表示出 "充分小" 的含义, 从这种属性上可以看出, 任何一个确定的量都不能表示充分接近、充分小的含义, 因此, 引入的量首先必须具备某种任意性, 用于体现动态变化的过程, 揭示 "充分" 的含义, 如, 10^{-4} 是一个很小的量, 10^{-5} 也是一个很小的量, 引入的量可以是 10^{-4}, 也可以是 10^{-5}, 还可以是其他任意的很小的数; 其次, 引入的量还必须具有确定性或给定性, 因为只有具有确定性, 才具有可操作性, 才能进行证明或计算. 因此, 引入的量必须是一个具有任意性和给定性的充分小的量, 暂且记这个量为 ε, 当给定之前, 它具有任意性, 要多小有多小, 用以刻画充分接近的程度和动态的过程, 一旦给定, 它又是确定的, 便于数学上的计算、研究与论证, 这种任意性和确定性就是量的二重性; 借助于这个 ε 就可以刻画 x_n 充分接近于 a, 用数学表达式表示为 $|x_n-a|<\varepsilon$, 由此, 若取 $\varepsilon=10^{-4}$, 表明 x_n 充分接近于 a 的一种接近程度, 若取 $\varepsilon=10^{-5}$, 表示 x_n 充分接近于 a 的另一种接近程度, 取更小的 ε, 表示 x_n 更接近于 a, 这就是 ε 给定前的任意性, 可以根据需要而选取, 当然, 一旦选定, 它就确定下来了, 就可以将其视为一个量进行计算或论证. 剩下的问题就是如何刻画 n 充分大或 n 充分接近于 $+\infty$ 这个过程, 如果借用符号 $+\infty$ 和上述表示, 这个过程可以表示为 $|n-(+\infty)|<\varepsilon$, 但是, 由于 $+\infty$ 仅仅是一个符号, 因此, 这个表示并不合适, 为此, 将上述表示进行等价转化, 分离出 n, 可以表示为

$$(+\infty)-\varepsilon<n<(+\infty)+\varepsilon,$$

后半部分显然成立, 因此, 关键在于刻画前半部分. 注意到 $+\infty$ 和 ε 的含义, 此部分的含义是 "n 是一个充分大的量", 要多么大就有多么大, 从这个意义上讲, 这个量与 ε 有相同的性质, 因此, 为将其转化为可以控制的量的表示, 类似于 ε 的引入, 我们引入一个确定的充分大的量 $N>1$, "n 充分大" 用数学语言就可以表示为: 对充分大的 N, $n>N$. 注意到 ① 和 ② 的逻辑关系, n 充分大的程度决定了 x_n 充分接近于 a 的程度, 换句话说, 要使 $|x_n-a|<\varepsilon$, 必须有成立的条件, 即必须有一个 N, 要求 $n>N$ 时才成立 $|x_n-a|<\varepsilon$, 因而, 从逻辑关系上, N 是一个由 ε 确定的充分大的量, 这样, 基本问题就解决了. 将上述分析过程中的思想用严谨的数学语言表达出来, 并注意到逻辑关系, 就可以如下给出极限的严格的数学定义了.

定义 1.3 设 $\{x_n\}$ 是给定数列, a 是给定的实数, 如果对任意给定的 $\varepsilon>0$, 总存在 $N\in\mathbf{Z}^+$, 使 $n>N$ 时, 都成立

$$|x_n - a| < \varepsilon,$$

称数列 $\{x_n\}$ 收敛, a 称为 $\{x_n\}$ 的极限, 也称 $\{x_n\}$ 收敛于 a. 记为 $\lim\limits_{n\to+\infty} x_n = a$ 或简记为 $x_n \to a(n \to +\infty)$.

极限是本课程最重要的概念之一, 我们从不同角度, 对涉及的量和对定义的结构作进一步分析与理解.

信息挖掘 (1) 从概念的**属性**看, 上述定义既是定性的, 也是定量的. 定性是指对性质的描述, 如本定义中 "数列 $\{x_n\}$ 收敛" 就是定性的; 此定义还是定量的, 定量是指定义中涉及定量关系的刻画, 如本定义中的 "$\{x_n\}$ 收敛于 a" 就是定量的.

(2) 定义中涉及两个重要的量: ε 和 N.

对 ε 的解读 ① ε 具有双重性: 既是任意的, 也是确定的, 在给定前它是任意的, 可以任意取值, 以表示充分接近或无限逼近的程度, 但是, 一旦给定, 它又是一个确定的数, 以便使得相关的过程或相关的量都是确定的、可操作的或可控的. ② ε 通常是充分小的正数, 因此, 可以根据实际要求对 ε 进行预控制, 即预先控制 ε 在 0 的某个右邻域中, 如对任意的 $\varepsilon \in \left(0, \dfrac{1}{4}\right)$ 就是一种预控制.

对 N 的解读 ① N 是一个充分大的正数; ② N 不唯一, 确定出一个 N, 任何比其大的数都可以取作 N.

从**逻辑关系**上看, 定义中的量 ε 和 N 的逻辑关系是, 先给定 ε, 才能确定 N, N 由 ε 确定, 事实上, N 通常是通过求解一个与 ε 有关的不等式所得到, 因此, N 是由数列本身和其极限及给定的 ε 确定的一个量, 不唯一且与 ε 有关, ε 越小, N 越大. 定义中两个式子的逻辑关系是: "$n > N$" 是 "$|x_n - a| < \varepsilon$" 成立的条件.

(3) 从极限表达式 $\lim\limits_{n\to+\infty} x_n = a$ 的**结构**看, 此表达式也反映出刻画极限的两个过程: 自变量 (下标变量) 的变化过程, 即 $n \to +\infty$; 数列的变化过程, 即 $x_n \to a$, 前者是条件, 后者是结果. 因此, $\lim\limits_{n\to+\infty} x_n = a$ 有时也简写为 $x_n \to a(n \to +\infty)$. 了解极限的结构对利用定义证明简单数列的极限是非常重要, 也是非常必要的.

要熟悉从多角度对定义和定理进行分析, 以便了解和掌握其结构, 为进一步的应用作准备.

再对极限定义中所涉及的量进行进一步的分析总结.

抽象总结 (1) 从定义看出, 数列的极限就是数列充分接近的量, 用极限揭示出了数列的最终变化趋势, 即数列 x_n 充分接近并趋向于 a; 而 ε 就是用来表明接近程度的量, 是一个要多小就有多小的充分小的量.

(2) ε 的任意性还有一个含义. 从理论上讲, 要验证 x_n 充分接近于 a, 等价于

验证 $|x_n-a|$ 要多小就有多小, 需要验证对所有小的数 ε, 都有 $|x_n-a|<\varepsilon$, 这是一个无限验证的过程, 是无法一一验证的, 因此, 借助于具有任意属性的量 ε 将一个无限的验证过程转化为一个可以进行的确定的过程, 隐藏着类似于数学归纳法的思想.

(3) 由 ε 的任意性, 定义中的表达式 $|x_n-a|<\varepsilon$ 可以写为

$$|x_n-a|<M\varepsilon,$$

或

$$|x_n-a|<M\varepsilon^k,$$

或更一般的形式

$$|x_n-a|<f(\varepsilon),$$

其中 $M>0,k>0$ 为常数, $f(\varepsilon)$ 是正的函数且当 ε 任意小时 $f(\varepsilon)$ 也任意小. 同样的道理, 上式中的 "$<$" 也可以换为 "$\leqslant$".

(4) 数列的收敛性与数列的前面有限项无关, 这也反映了数列最重要的是 "趋势" 的特性.

(5) 极限的**几何意义** 将定义中的不等式用数轴上区间的几何形式表示就得到极限的几何意义. $x_n\to a$ 等价于对 $\forall\varepsilon>0$, $\exists N\in\mathbf{Z}^+$, 使 $n>N$ 时, $x_n\in U(a,\varepsilon)$, 即数列的第 N 项以后的元素 $\{x_n\}\,(n>N)$ 都落在邻域 $U(a,\varepsilon)$ 内, 故, 区间 $(a-\varepsilon,a+\varepsilon)$ 外至多有数列的有限 N 项, 几何意义很好地解释了收敛数列的可控性 (如图 2-2).

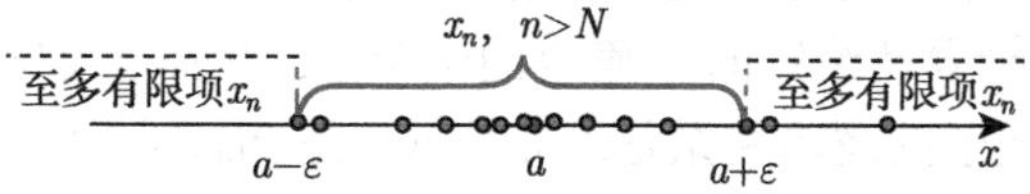

图 2-2

(6) 从定义形式看, 通过 N, 将数列分为具有不同性质的两段: $n>N$ 时, 具有性质 $|x_n-a|<\varepsilon$; 当 $n\leqslant N$ 时, $x_1,x_2,\cdots,x_N$ 视为确定的常数, 具有有界性. 这为后续研究中的分段处理方法提供了依据.

(7) 极限定义也体现了数学概念的基本特征: 具有逻辑性、简洁性和对称性, 因此, 极限定义的应用是培养数学素养的好材料.

总之, 极限的定义将中学学习的描述性的、定性的定义转化为定量的定义, 所有的过程都用确定的量来表示, 非常严谨又易于操作, 便于研究, 这正是数学理论的特征.

有了极限的定义, 我们就可以利用定义证明一些简单的具体数列的极限结论, 导出数列极限的运算性质和其他性质, 由此构建起极限的理论.

2. 数列极限定义的应用

定义是最底层的工具, 只能处理最简单结构数列的极限问题, 且定义处理的题型是验证性题目, 即已知极限是什么, 然后进行验证.

从数学理论的结构看, 一般是先建立定义, 利用定义得到最简单结构对象的结论, 然后建立运算法则和性质, 利用运算法则和性质就可以研究更一般结构的对象.

1) 具体数列极限问题中的应用

有了定义, 就可以利用定义, 从定量的角度验证一些简单的具体数列的极限. 先看两个简单的例子.

例 1　证明: $\lim\limits_{n\to+\infty} q^n = 0$, 其中 $|q| < 1$.

结构分析　题型: 极限结论的验证. 类比已知: 只有极限定义. 确立思路: 利用极限定义验证. 方法设计: 严格按照定义的逻辑要求, 进行验证. 重点和难点: N 的确定. 那么, 如何确定 N? 下面我们分析 N 的确定方法.

我们要证明的是: 对 $\forall\varepsilon > 0$, 要使 $n > N$ 时, 成立 $|q^n - 0| = |q|^n < \varepsilon$, 因此, n 一定属于上述关于 n 的不等式的解集, 因此, 本质上相当于求解一个不等式, 但是, 从形式上看, 我们要确定的是 N, 尽可能把不等式转化为关于 N 的式子 (不等式或等式), 因此, 必须借助于条件 $n > N$ 将 n 的表达式转化为 N 的表达式, 对本例来说, 由于 $|q| < 1$, 则 $|q|^n$ 关于 n 单调递减, 故 $n > N$ 时, $|q^n| \leqslant |q|^N$, 因此, 要使 $|q^n| < \varepsilon$, 只需 $|q|^N \leqslant \varepsilon$, 等价于 $N\ln|q| \leqslant \ln\varepsilon$, 注意到 $\ln|q| < 0$, 必须 $\ln\varepsilon < 0$, 即需要限定 $0 < \varepsilon < 1$, 求解上述不等式得 $N \geqslant \left[\dfrac{\ln\varepsilon}{\ln|q|}\right] + 1$, 在这个解集中选择一个就确定了 N.

证明　对任意 $\varepsilon > 0(0 < \varepsilon < 1)$, 取 $N \geqslant \left[\dfrac{\ln\varepsilon}{\ln|q|}\right] + 1$, 则 $n > N$ 时,

$$|q^n - 0| \leqslant |q|^N < \varepsilon,$$

故, $\lim\limits_{n\to+\infty} q^n = 0$.

例 2　证明 $\lim\limits_{n\to+\infty} \dfrac{1}{n^a} = 0$, 其中 $a > 0$.

结构分析　题型仍为极限结论的验证, 需要用极限定义进行证明. 难点: 确定 N. 方法: 对 $\forall\varepsilon > 0$, 要使 $n > N$ 时, 成立 $\left|\dfrac{1}{n^a} - 0\right| = \dfrac{1}{n^a} < \varepsilon$, 只需 $n^a > \dfrac{1}{\varepsilon}(0 < \varepsilon < 1)$, 即 $n > \varepsilon^{-\frac{1}{a}}$, 只需取 $N \geqslant [\varepsilon^{-\frac{1}{a}}] + 1$, 则当 $n > N$ 时, $\dfrac{1}{n^a} < \varepsilon$, 因此, 在 $N \geqslant [\varepsilon^{-\frac{1}{a}}] + 1$ 中选择一个就确定了 N.

证明 对任意 $\varepsilon>0(0<\varepsilon<1)$, 取 $N=[\varepsilon^{-\frac{1}{a}}]+1$, 则 $n>N$ 时,

$$\left|\frac{1}{n^a}-0\right|<\frac{1}{n^a}<\frac{1}{N^a}<\varepsilon,$$

故, $\lim\limits_{n\to+\infty}\dfrac{1}{n^a}=0$.

抽象总结 (1) 从上述两个例子可以总结出极限结论验证性题目的证明过程步骤为**三步法**.

第一步 先给定一个任意的 $\varepsilon>0$;

第二步 寻找或确定正整数 N;

第三步 验证当 $n>N$ 时, 成立 $|x_n-a|<\varepsilon$.

(2) 可以看出, 证明过程严格遵循了极限的定义, 体现了定义中各量之间和表达式之间的严谨的**逻辑关系**.

(3) 证明的关键的点 (重点/难点) 是 **N 的确定**.

(4) 上面的分析中, 蕴藏了利用极限定义验证具体数列极限结论的基本方法——**放大法**, 我们将这种方法的核心步骤**抽象总结**如下.

放大对象 刻画数列极限的控制对象 $|x_n-a|$.

放大过程 可以抽象为

$$|x_n-a|<\cdots<G(n),$$

其中 $G(n)$ 满足原则.

① $G(n)$ 应是单调递减的, 从而, $n>N$ 时, 成立

$$|x_n-a|\leqslant G(n)\leqslant G(N),$$

这样, 可以将控制变量由 n 转化为 N.

② $G(n)\to0$, 因而, 成立当 n 充分大时有 $G(n)<\varepsilon$.

③ $G(n)$ 尽可能简单, 以便求解 $G(N)<\varepsilon$, 进而确定 N.

(5) 放大过程的**主要思路**是结构简化, 即通过对刻画数列极限控制对象 $|x_n-a|$ 的放大, 把复杂结构的控制对象放大为最简单的结构, 以便求解不等式 $G(N)<\varepsilon$ 以确定 N. 放大目标: 从放大对象中分离出刻画自变量变化过程的变量 n, 得到 n 的最简单的表达式 $G(n)$. 放大的技术要点: 分析 $|x_n-a|$ 的结构, 去掉绝对值号, 确定结构中的主要因子和次要因子 (以分离的变量为参考), 不断甩掉次要因子, 保留主要因子以简化结构, 这也是矛盾分析方法在数学中的应用.

(6) 求解 $G(N)<\varepsilon$, 得到 N 的解集, 从中取出一个作为 N 即可.

例 1 和例 2 都可以作为结论使用.

下面, 利用上述方法再处理几个例子, 体会这种方法的应用.

例 3 证明: $\lim\limits_{n\to+\infty}\dfrac{n^2+10000}{-n^3+n^2+n}=0.$

结构分析 题型: 数列极限结论的验证. 类比已知: 极限定义. 思路确立: 利用极限定义验证. 方法设计: 放大对象为 $\left|\dfrac{n^2+10000}{-n^3+n^2+n}-0\right|$, 先去掉绝对值号. 显然, $n>3$ 时, $|x_n-0|=\dfrac{n^2+10000}{n^3-n^2-n}$; 要使上式尽可能地简单, 在放大过程中, 必须使分子和分母同时**达到最简**——多项简化到一项, 只保留最关键的、起最重要作用的项即**主要因子**——n 的最高次幂项 (对于 $n^k(k>0)$ 结构, k 越大, 当 n 充分大时变化越大 (快)). 达到这一目的的方法也很简单: 用最高次幂项控制其余项 (**主项控制副项, 主要因子控制次要因子**). 因此, 分子要保留最高次幂 n^2 项, 必须去掉常数项 10000, 或用最高次幂 n^2 来控制此常数, 显然要使 $10000\leqslant n^2$, 只需 $n>100$, 此时可得 $n^2+10000\leqslant 2n^2$, 达到分子最简且保留主项的目的.

对分母的简化, 为保证整个分式的放大, 我们必须以缩小的方式处理分母, 为此, 我们采用分项的方式来处理: 即从最高的主项中分离出一部分用以控制其余项, 如从 n^3 分出一半 $\dfrac{1}{2}n^3$, 则

$$n^3-n^2-n=\frac{1}{2}n^3+\frac{1}{2}n^3-n^2-n,$$

由于 $n>4$ 时, 有 $\dfrac{1}{2}n^3-n^2-n>0$, 因而, 有

$$n^3-n^2-n\quad=\frac{1}{2}n^3+\frac{1}{2}n^3-n^2-n>\frac{1}{2}n^3,$$

达到了使分母最简的目的.

故, 当 $n>\max\{100,4\}=100$ 时, 同时成立 $10000\leqslant n^2$ 和 $\dfrac{1}{2}n^3-n^2-n>0$, 分子和分母同时达到最简, 此时

$$|x_n-0|=\frac{n^2+10000}{n^3-n^2-n}\leqslant\frac{2n^2}{\frac{1}{2}n^3}=\frac{4}{n},$$

因而, $n>N$ 时,

$$|x_n-0|\leqslant\frac{4}{n}<\frac{4}{N},$$

故, 要使 $|x_n-0|<\varepsilon$, 只需 $\dfrac{4}{N}<\varepsilon$, 求解不等式得 $N>\dfrac{4}{\varepsilon}$.

要使上述过程同时成立, 条件必须同时得到满足, 即 N 必须同时满足 $N > 100$ 和 $N > \frac{4}{\varepsilon}$, 为此, 取 $N = \left[\frac{4}{\varepsilon}\right] + 100$ 即可.

放大过程中的放大思想: 分析各个部分的结构, 确定主要因子 (关键要素), 用主要因子控制次要因子, 达到简化结构的目的, 这也是抓主要矛盾的解决问题的哲学方法的具体应用. 将上述分析过程用严谨的数学语言表达出来就是具体的证明过程.

证明 对任意的 $\varepsilon > 0$, 取 $N = \left[\frac{4}{\varepsilon}\right] + 100$, 则当 $n > N$ 时有

$$|x_n - 0| = \frac{n^2 + 10000}{n^3 - n^2 - n} \leqslant \frac{2n^2}{\frac{1}{2}n^3} = \frac{4}{n} < \frac{4}{N} < \varepsilon,$$

故, $\lim\limits_{n\to\infty} \frac{n^2 + 10000}{n^3 - n^2 - n} = 0$.

抽象总结 (1) 从最终给出的证明过程看, 证明过程非常简洁, 但是, 简洁的证明过程源于分析过程, 上述分析过程说明了如何产生 N, 初学者严格遵守上述过程, 逐渐熟悉 N 的寻找方法, 熟练掌握处理技术.

(2) 上述简化过程中所用到的主要技术就是主项控制技术, 即利用主次分析方法, 确定主项, 利用主项控制副项, 从而甩掉副项, 实现结构简化.

从复杂的分析过程中提炼出严谨、简练的证明过程也是必须要掌握的基本要求, 这就需要我们要掌握相关的定义和理论, 严格按相关的要求, 特别是逻辑上的要求, 给出严谨的求解过程.

例 4 证明: $\lim\limits_{n\to+\infty} \frac{n^2 - n + 2}{3n^2 + 2n - 4} = \frac{1}{3}$.

简析 利用放大思想, 简析放大过程, 分析 N 的确定.

先对 $\left|x_n - \frac{1}{3}\right|$ 进行放大处理, 去掉绝对值号, 则

$$\begin{aligned}\left|x_n - \frac{1}{3}\right| &= \left|\frac{-5n + 10}{3(3n^2 + 2n - 4)}\right| \\ &= \frac{1}{3}\frac{5n - 10}{3n^2 + 2n - 4} \quad (n > 2) \\ &\leqslant \frac{1}{3}\frac{5n}{3n^2 + 2n - 4} \leqslant \frac{1}{3}\frac{5n}{3n^2} = \frac{5}{9n} < \frac{1}{n},\end{aligned}$$

由此, 确定 N.

证明　对任意 $\varepsilon>0$, 取 $N=\left[\dfrac{1}{\varepsilon}\right]+2$, 则当 $n>N$ 时,

$$\left|x_n-\frac{1}{3}\right|\leqslant\frac{5}{9n}<\frac{1}{n}<\frac{1}{N}<\varepsilon.$$

故, $\lim\limits_{n\to+\infty}\dfrac{n^2-n+2}{3n^2+2n-4}=\dfrac{1}{3}$.

下面几个例子涉及一些特殊结构的结论, 这些结构和结论将在后续内容中经常出现, 要掌握这些结构和对应的结论及证明方法.

例 5　设 $a>1$, 证明: $\lim\limits_{n\to+\infty}\sqrt[n]{a}=1$.

简析　对 $|\sqrt[n]{a}-1|$ 进行分析并进行放大处理.

$$|\sqrt[n]{a}-1|=\sqrt[n]{a}-1$$

由于 $\sqrt[n]{a}-1$ 是最简结构, 不能再放大, 直接转化为不等式求解, 即由于 $n>N$ 时

$$|\sqrt[n]{a}-1|=\sqrt[n]{a}-1<\sqrt[N]{a}-1,$$

因此, 要使, $\sqrt[n]{a}-1<\varepsilon$, 只需 $\sqrt[N]{a}-1<\varepsilon$, 只需 $\sqrt[N]{a}<\varepsilon+1$, 只需 $N>\dfrac{\ln a}{\ln(1+\varepsilon)}$.

证明　法一　对任意的 $\varepsilon>0$, 取 $N=\left[\dfrac{\ln a}{\ln(1+\varepsilon)}\right]+1$, 则当 $n>N$ 时,

$$|\sqrt[n]{a}-1|=\sqrt[n]{a}-1<\sqrt[N]{a}-1<\varepsilon,$$

故, $\lim\limits_{n\to+\infty}\sqrt[n]{a}=1$.

抽象总结　当放大对象为最简结构 (基本初等函数结构) 时, 不能再放大了, 此时应进行基本不等式的求解, 可以把这种方法称为基本不等式求解法.

法一是常规的证明方法, 当掌握了各种工具之后, 可以用各种手段和方式用于极限问题的讨论. 看下述解法.

法二　二项式估计方法. 为估计 $\sqrt[n]{a}-1$, 化简此项. 令 $\alpha_n=\sqrt[n]{a}-1$, $\alpha_n>0$. 只需估计 α_n. 利用二项式展开定理, 则

$$a=(1+\alpha_n)^n=1+\mathrm{C}_n^1\alpha_n+\mathrm{C}_n^2\alpha_n^2+\cdots+\alpha_n^n>1+n\alpha_n,$$

故,

$$\alpha_n<\frac{a-1}{n},$$

因而, $n>N$ 时,

$$|\sqrt[n]{a}-1|=\sqrt[n]{a}-1=\alpha_n<\frac{a-1}{n}<\frac{a-1}{N},$$

则, 对任意的 $\varepsilon>0$, 取 $N>\left[\frac{a-1}{\varepsilon}\right]$, 则, 当 $n>N$ 时

$$|\sqrt[n]{a}-1|<\varepsilon,$$

所以, $\lim\limits_{n\to+\infty}\sqrt[n]{a}=1$.

二项式展开方法是处理这类开 n 次幂因子的数列极限的一个有效方法, 要牢固掌握, 熟练应用, 关键点是选择展开式中适当的项, 再看下面的例子, 分析选择展开项的思想.

例 6 证明 $\lim\limits_{n\to+\infty}n^{\frac{1}{n}}=1$.

证明 令 $y_n=n^{\frac{1}{n}}-1$, 则

$$n=(1+y_n)^n=1+\mathrm{C}_n^1y_n+\mathrm{C}_n^2y_n^2+\cdots+y_n^n>\frac{n(n-1)}{2}y_n^2,$$

故,

$$|n^{\frac{1}{n}}-1|=n^{\frac{1}{n}}-1=y_n<\sqrt{\frac{2}{n-1}},$$

因而, 对 $\varepsilon>0$, 取 $N>\left[1+\frac{2}{\varepsilon^2}\right]$, 则当 $n>N$ 时, 有

$$|n^{\frac{1}{n}}-1|<\sqrt{\frac{2}{n-1}}<\sqrt{\frac{2}{N-1}}<\varepsilon,$$

故, $\lim\limits_{n\to0}y_n=0$, 因而, $\lim\limits_{n\to\infty}n^{\frac{1}{n}}=1$.

利用二项式定理时, 应根据需要合理选择展开式中要保留的项, 选择的原则是所选择项中关于 n 的幂次高于左端 n 的幂次.

(2) 在抽象数列极限问题中的应用

利用定义还可以研究抽象数列的相关极限问题, 即已知某个数列的极限, 研究与此相关的另外数列的极限. 这类问题相对复杂, 需要通过数列间的关系来证明其极限关系. 这类问题解决的主要方法仍是结构分析法, 总体思路是通过分析已知条件和要证明结论之间的结构, 通过形式上的统一, 建立已知和未知之间的桥梁, 或用已知来控制未知, 从而达到目的.

例 7 设 $x_n \geqslant 0$, 若 $\lim\limits_{n\to+\infty} x_n = a \geqslant 0$, 证明 $\lim\limits_{n\to+\infty} \sqrt{x_n} = \sqrt{a}$.

结构分析 题型: 抽象数列极限结论的验证. 类比已知: 只有定义可用. 确立思路: 用定义证明. 方法设计: 形式统一思想, 即从形式上建立已知和未知的两个关联数列的关系, 由此形成具体的方法. 对本题而言, 根据极限定义, 要证明结论, 需要研究的对象是 $|\sqrt{x_n}-\sqrt{a}|$, 已知的条件形式是 $|x_n - a|$, 为实现用已知表示未知, 用已知控制未知, 基于二者的结构形式进行设计, 由于未知结构是无理式的差值结构, 类比已知结构, 必须进行有理化, 对应的方法就是有理化方法, 这就是具体的方法. 当然, 在具体的过程需要不断消去未知项, 或用已知项控制未知项, 我们再稍加具体分析.

通过有理化得到

$$|\sqrt{x_n}-\sqrt{a}| = \frac{|x_n - a|}{\sqrt{x_n}+\sqrt{a}},$$

这个表达式中, 已经出现了我们想要的已知量 $|x_n - a|$, 建立了已知和未知的联系, 但是, 观察上式结构, 除了需要的已知项 (包括常数) 外, 还有不确定或不明确的项 $\sqrt{x_n}$, 因此, 必须甩掉无关的、不确定的项, 即控制分母, 此时, 为了对整体进行放大处理, 需要对分母进行缩小, 即寻找它的一个确定的已知的正下界. 显然, 当 $a > 0$ 时, 问题得到解决. 那么, 当 $a = 0$ 时怎么解决? 事实上, 此时问题更加简单, 因为此时已知和未知的联系更加容易建立. 通过上述分析, 我们的证明将分两种情况来处理.

证明 当 $a = 0$ 时, 由于 $\lim\limits_{n\to+\infty} x_n = 0$, 对任意给定的 ε, ε^2 也是一个给定的数, 由定义, 存在 N, 使得当 $n > N$ 时,

$$|x_n - 0| = |x_n| < \varepsilon^2,$$

因而, 此时还有

$$|\sqrt{x_n} - 0| = \sqrt{x_n} < \sqrt{\varepsilon^2} = \varepsilon,$$

故, $\lim\limits_{n\to+\infty} \sqrt{x_n} = 0$, $a = 0$ 时结论成立.

当 $a > 0$ 时, 由于 $\lim\limits_{n\to+\infty} x_n = a$, 则由定义, 对任意的 ε, 存在 N, 使得当 $n > N$ 时,

$$|x_n - a| < \sqrt{a}\varepsilon,$$

因而, 当 $n > N$ 时,

$$|\sqrt{x_n}-\sqrt{a}| = \frac{|x_n - a|}{\sqrt{x_n}+\sqrt{a}} < \frac{|x_n - a|}{\sqrt{a}} < \varepsilon,$$

故, $\lim\limits_{n\to+\infty}\sqrt{x_n}=\sqrt{a}$.

抽象总结 (1) 对结论的总结: 本题的结论将来可以视为极限的一种已知结论, 直接使用.

(2) 证明过程中, 方法设计的整体思想是形式统一, 本题利用有理化方法将未知项的形式统一到已知项的形式上, 有理化方法是简化无理差值结构的有效方法.

(3) 分两种情形讨论的方法隐藏了一种科研思想. 从科学研究的方法论讲, 对复杂问题的研究通常从最简单的情形开始, 获得结果后再推广到更复杂的情形, 得到更一般的结论, 即从简单到复杂, 从特殊到一般的科研思想. 在由特殊推广到一般的过程中又有两种途径, 其一是将复杂的情形直接转化为简单的情形, 称为直接转化法; 其二是不能直接转化为简单情形, 化用简单情形的研究思想以处理复杂情形, 称为间接化用法. 本题就是采用的间接化用法——用定义证明.

注意理解和体会上述解题过程中, 为何要用 ε^2 和 $\sqrt{a}\varepsilon$ 代替 ε, 这是具体的技术问题.

例 8 设 $\lim\limits_{n\to+\infty}x_n=0$.

证明 (1) $\lim\limits_{n\to+\infty}\mathrm{e}^{x_n}=1$; (2) $\lim\limits_{n\to+\infty}\sin x_n=0$; (3) $\lim\limits_{n\to+\infty}\arccos x_n=1$.

结构分析 思路确定: 从题目结构与已知理论的类比可知, 必须用极限的定义证明. 方法设计: 仅以结论 (1) 为例说明方法设计. 由定义, 已知条件结构为 $|x_n|<\varepsilon'$, 这是关于 x_n 的; 证明结论的结构为 $|\mathrm{e}^{x_n}-1|<\varepsilon$; 类比已知和未知, 为建立二者的联系, 需要将复杂的控制对象的形式 $|\mathrm{e}^{x_n}-1|$ 向已知的形式 $|x_n|$ 转化, 由于 $\mathrm{e}^{x_n}-1$ 具有最基本的初等函数结构, 不能放大处理, 需采用基于基本不等式求解技术, 从中将 x_n 分离出来, 得到与已知形式一致的 x_n 的不等式, 类比二者的逻辑关系确定 N, 这就形成了证明的方法. 具体过程中还需要解决技术问题, 重点是已知和未知形式中两个任意量的关系的确定, 我们再稍加具体分析.

已知形式 $|x_n|<\varepsilon'$, 等价于 $-\varepsilon'<x_n<\varepsilon'$;

未知形式 $|\mathrm{e}^{x_n}-1|<\varepsilon$, 等价于 $1-\varepsilon<\mathrm{e}^{x_n}<1+\varepsilon$, 又等价于

$$\ln(1-\varepsilon)<x_n<\ln(1+\varepsilon),\ \text{再等价于}\ -(-\ln(1-\varepsilon))<x_n<\ln(1+\varepsilon),$$

因此, 在已知成立的条件下, 若成立

$$-(-\ln(1-\varepsilon))<-\varepsilon',\quad \varepsilon'<\ln(1+\varepsilon),$$

即同时满足:

$$\varepsilon'<-\ln(1-\varepsilon)=\ln\frac{1}{1-\varepsilon},\quad \varepsilon'<\ln(1+\varepsilon),$$

则未知形式自然成立, 由此确定了两个任意量 ε' 和 ε 的关系.

证明　(1) 由于 $\lim\limits_{n\to+\infty} x_n = 0$, 利用极限定义, 则对任意的 $\varepsilon > 0$, 取 $\varepsilon' = \min\left\{\ln\frac{1}{1-\varepsilon}, \ln(1+\varepsilon)\right\}$, 存在 N, 使得 $n > N$ 时有

$$|x_n - 0| < \varepsilon',$$

因此, $-\varepsilon' < x_n < \varepsilon'$, 故 $-\ln\frac{1}{1-\varepsilon} < x_n < \ln(1+\varepsilon)$, 即

$$|\mathrm{e}^{x_n} - 1| < \varepsilon,$$

因而, 成立 $\lim\limits_{n\to+\infty} \mathrm{e}^{x_n} = 1$.

(2) 由于 $\lim\limits_{n\to+\infty} x_n = 0$, 利用极限定义, 则对任意的 $\varepsilon > 0$, 取 $\varepsilon' = \arcsin\varepsilon > 0$, 存在 N, 使得 $n > N$ 时有

$$|x_n - 0| < \varepsilon',$$

因此, $-\arcsin\varepsilon < x_n < \arcsin\varepsilon$, 故, $|\sin x_n| < \varepsilon$, 因而, 成立 $\lim\limits_{n\to+\infty} \sin x_n = 0$.

(3) 由于 $\lim\limits_{n\to+\infty} x_n = 0$, 利用极限定义, 则对任意的 $\varepsilon > 0$, 取

$$\varepsilon' = \min\left\{-\arccos\left(\frac{\pi}{2}+\varepsilon\right), \arccos\left(\frac{\pi}{2}-\varepsilon\right)\right\} > 0,$$

存在 N, 使得 $n > N$ 时有

$$|x_n - 0| < \varepsilon', \quad \text{即} \ -\varepsilon' < x_n < \varepsilon',$$

因此, $\arccos\left(\frac{\pi}{2}+\varepsilon\right) < x_n < \arccos\left(\frac{\pi}{2}-\varepsilon\right)$, 故,

$$\left|\arccos x_n - \frac{\pi}{2}\right| < \varepsilon,$$

因而, 成立 $\lim\limits_{n\to+\infty} \arccos x_n = \frac{\pi}{2}$.

抽象总结　(1) 对结论的总结: 本题的结论将来也可以视为极限的一种已知结论, 直接使用.

(2) 对证明过程的总结: ① 证明的方法设计的整体思想是基于定义的形式统一思想. ② 由于都具有基本初等函数的最简结构, 不能再放大处理, 形式统一的过程中采用了基于不等式的求解技术, 将已知和未知的形式进行统一. 统一过程中的技术要点是通过引入两个不同形式的 ε 和 ε', 便于进行比较, 确立二者的关

系. ③ 在确立 ε 和 ε' 关系时, 充分利用了基本初等函数的性质, 因此, 必须熟练掌握基本初等函数的性质.

再给出一个较难的例子, 请尝试分析解题过程, 总结出解题的思想和方法.

例 9 设 $\lim\limits_{n\to+\infty} x_n = 0$, 证明 $\lim\limits_{n\to+\infty} \dfrac{x_1+x_2+\cdots+x_n}{n} = 0$.

证明 由于 $\lim\limits_{n\to+\infty} x_n = 0$, 则对任意 $\varepsilon > 0$, 存在 N, 使得当 $n > N$ 时, 成立

$$|x_n - 0| = |x_n| < \varepsilon,$$

故当 $n > N$ 时,

$$\begin{aligned}\left|\frac{x_1+x_2+\cdots+x_n}{n} - 0\right| &\leqslant \frac{|x_1|+|x_2|+\cdots+|x_N|+|x_{N+1}|+\cdots+|x_n|}{n}\\ &\leqslant \frac{|x_1|+|x_2|+\cdots+|x_N|}{n} + \frac{1}{n}(n-N)\varepsilon\\ &\leqslant \frac{|x_1|+|x_2|+\cdots+|x_N|}{n} + \varepsilon,\end{aligned}$$

由于 $|x_1|+|x_2|+\cdots+|x_N|$ 是常数, 因而, $\lim\limits_{n\to+\infty} \dfrac{|x_1|+|x_2|+\cdots+|x_N|}{n} = 0$, 对上述 $\varepsilon > 0$, 存在 $N_1 > 0$, 使得当 $n > N_1$ 时, 成立

$$\frac{|x_1|+|x_2|+\cdots+|x_N|}{n} \leqslant \varepsilon,$$

故, 当 $n > \max\{N, N_1\}$ 时,

$$\left|\frac{x_1+x_2+\cdots+x_n}{n} - 0\right| \leqslant 2\varepsilon,$$

故, $\lim\limits_{n\to+\infty} \dfrac{x_1+x_2+\cdots+x_n}{n} = 0$.

抽象总结 (1) 对结论的总结: 本题的结论将来也可以视为极限的一种已知结论, 直接使用, 且结论可以进一步推广 (见课后习题 11).

(2) 对证明过程的总结: 本题的解题过程包含了用极限定义证明抽象数列极限问题的基本方法, 称为**分段处理或分段控制方法**, 即通过 N 将数列 $\{x_n\}$ 分成具有不同性质的两段, $n > N$ 时, $\{x_n\}$ 具有性质 $|x_n - a| < \varepsilon$, 而当 $n \leqslant N$ 时, $\{x_n\}$ 具有性质: $\{x_n\}$ 有界 M, 即 $|x_n| \leqslant M$, $n = 1, 2, \cdots, N$. 在应用中, 通常将数列分成上述两段, 利用其具有的不同性质进行分别处理, 在后续的练习中可以深刻体会这一点.

3. 发散数列

上面, 我们通过极限的定义, 研究了一类 "好数列"——收敛数列的极限问题, 但是, 并不是所有的数列都收敛, 有时候, 就必须研究 "不好" 的数列, 这就是与收敛数列相对应的发散数列, 为引入数列的发散定义, 利用部分否定到全部否定的思路, 先给出如下定义.

定义 1.4　若对实数 a, 存在 $\varepsilon_0 > 0$, 使得对任意的 N, 都存在 $n_0 > N$, 使得

$$|x_{n_0} - a| > \varepsilon_0,$$

称 $\{x_n\}$ 不收敛于 a.

信息挖掘　(1) 定义 1.4 实际就是定义 1.3 的否定式.

(2) 由定义 1.4 知, $\{x_n\}$ 不收敛于 a, 对数列 $\{x_n\}$ 有两种可能: $\{x_n\}$ 可能不收敛, 也可能收敛但不收敛于 a, 因此, "$\{x_n\}$ 不收敛于 a" 不能写为 $\lim\limits_{n\to\infty} x_n \neq a$ (存在但不等于 a), 这是部分否定.

定义 1.5　若对任意的实数 a, $\{x_n\}$ 都不收敛于 a, 称 $\{x_n\}$ 发散或不收敛.

这是全部否定式定义, 定义了发散数列. 发散数列也包含了两种情况, 其一没有明确的变化趋势, 其二, 变化趋势明确但是不可控, 相对来说, 在研究数列的变化趋势方面, 第二种情况相对比第一种情况好, 为此, 我们将其单独分离出来, 给出下列定义.

定义 1.6　给定数列 $\{x_n\}$, 若对任意的 $G > 0$, 存在 $N > 0$, 当 $n > N$ 时, 有

$$|x_n| > G \quad (x_n > G \text{ 或 } x_n < -G),$$

称 $\{x_n\}$ 是无穷大数列 (正无穷大数列或负无穷大数列).

有时也借用极限的符号, 将无穷大数列 $\{x_n\}$ 记为 $\lim\limits_{n\to+\infty} x_n = \infty$, 或 $x_n \to \infty$, 正无穷大量记为 $\lim\limits_{n\to+\infty} x_n = +\infty$ 或 $x_n \to +\infty$, 负无穷大量记为 $\lim\limits_{n\to+\infty} x_n = -\infty$ 或 $x_n \to -\infty$. 一定注意, 此时的符号 $\lim\limits_{n\to+\infty}$ 只是一个借用和记法, 不表示极限的存在性. 有时也把无穷大量称为非正常极限, 对应的收敛数列的极限称为正常极限.

通过上述一系列定义, 数列可以分为

(1) **收敛数列**　数列具有正常极限, 有确定的趋势且趋势可控;

(2) **无穷大数列**　数列有趋势但趋于或发散到 ∞, 是具有非正常极限的发散数列;

(3) **没有趋势的发散数列**　这是最坏的数列.

显然, (2) 和 (3) 都是发散数列, 前两类是我们研究的主要对象. 下面, 我们通过例子说明如何研究数列的发散性. 观察下面的例子, 提炼出处理的思想和方法.

例 10 证明 $\{\ln n\}$ 为正无穷大数列.

证明 对任意 $M>0$, 取 $N=[\mathrm{e}^M]+1$, 则当 $n>N$ 时,

$$\ln n>\ln N>M,$$

故, $\{\ln n\}$ 为正无穷大数列.

抽象总结 利用定义证明数列为无穷大数列的方法和放大法思想类似, 是相应的缩小方法. 请读者自行通过对过程的分析, 总结提炼出缩小法的作用对象的特点、使用过程分析 (缩小对象、缩小目标、要分离出的项、缩小原则等).

与无穷大数列相对应, 还可以引入无穷小数列.

定义 1.7 若数列 $\{x_n\}$ 满足 $\lim\limits_{n\to+\infty} x_n=0$, 称 $\{x_n\}$ 为无穷小数列.

显然, 无穷小数列就是极限为 0 的收敛数列, 要验证数列为无穷小数列只需证明其极限为 0, 其本质就是极限结论的验证, 此处不再举例说明. 关于无穷大数列和无穷小数列的关系将在建立极限性质后进行研究.

习 题 2.1

1. 观察下列数列, 给出其通项, 并观察其变化趋势和可控性.

(1) $1, \frac{1}{\sqrt{3}}, \frac{1}{\sqrt{5}}, \frac{1}{\sqrt{7}},\cdots;$

(2) $1,4,\ 9,\ 16,\cdots;$

(3) $1,-\frac{1}{2}, \frac{1}{3},-\frac{1}{4},\cdots;$

(4) $1,-2, \frac{1}{3},-4,\cdots.$

2. 用定义证明下列极限.

(1) $\lim\limits_{n\to+\infty}\frac{\sqrt{n}}{2n-10}=0;$

(2) $\lim\limits_{n\to+\infty}\frac{2n^2+10}{2n^2-n-10}=1;$

(3) $\lim\limits_{n\to+\infty}\frac{n!}{n^n}=0;$

(4) $\lim\limits_{n\to+\infty}\frac{4^n}{n!}=0;$

(5) $\lim\limits_{n\to+\infty}(\sqrt{n+1}-\sqrt{n})=0;$

(6) $\lim\limits_{n\to+\infty}\ln\left(1+\frac{1}{n}\right)=0;$

(7) $\lim\limits_{n\to+\infty}\frac{n^2}{3^n}=0;$

(8) $\lim\limits_{n\to+\infty}x_n=1$, 其中

$$x_n=\begin{cases}\dfrac{2n+10}{2n}, & n=2k,\\ \dfrac{n+\sin n}{n}, & n=2k+1,\end{cases}\quad k=1,2,3,\cdots;$$

(9) $\lim\limits_{n\to+\infty}\left\{\dfrac{1}{n^2+1}+\dfrac{1}{n^2+2}+\cdots+\dfrac{1}{n^2+n}\right\}=0$;

(10) $\lim\limits_{n\to+\infty}a^n=+\infty$, 其中 $a>1$;

(11) $\lim\limits_{n\to-\infty}\dfrac{n^3-10}{2n^2+5}=-\infty$;

(12) $\lim\limits_{n\to+\infty}\left\{\dfrac{1}{\sqrt{n+1}}+\dfrac{1}{\sqrt{n+2}}+\cdots+\dfrac{1}{\sqrt{2n}}\right\}=+\infty$.

3. 设 $\lim\limits_{n\to+\infty}x_n=a$, 证明 $\lim\limits_{n\to+\infty}|x_n|=|a|$; 反之成立吗? 为什么?

4. 设 $\lim\limits_{n\to+\infty}x_n=a$, 证明: 对任意正整数 k, $\lim\limits_{n\to+\infty}x_{n+k}=a$.

5. 给定数列 $\{x_n\}$, $\{x_{2n-1}\}$ 和 $\{x_{2n}\}$ 分别称为其奇子数列和偶子数列, 证明: $\lim\limits_{n\to+\infty}x_n=a$ 的充分必要条件是

$$\lim_{n\to+\infty}x_{2n}=\lim_{n\to+\infty}x_{2n-1}=a.$$

6. 利用不等式

$$\frac{n}{\dfrac{1}{a_1}+\dfrac{1}{a_2}+\cdots+\dfrac{1}{a_n}}\leqslant\sqrt[n]{a_1a_2\cdots a_n}\leqslant\frac{a_1+a_2+\cdots+a_n}{n},$$

其中 $a_n>0$, 证明: $a>1$ 时 $\lim\limits_{n\to+\infty}\sqrt[n]{a}=1$.

7. 设 $\lim\limits_{n\to+\infty}x_n=a$, 证明存在 $M>0$, 使得 $|x_n|\leqslant M$.

8. 设 $\lim\limits_{n\to+\infty}x_n=2$, 证明 $\lim\limits_{n\to+\infty}\dfrac{1}{x_n}=\dfrac{1}{2}$.

9. 若 $\lim\limits_{n\to+\infty}x_n=a$, 证明 (1) $\lim\limits_{n\to+\infty}x_n^2=a^2$;

(2) $\lim\limits_{n\to+\infty}x_n^k=a^k$, k 为正整数;

(3) $\lim\limits_{n\to+\infty}\sqrt{x_n}=\sqrt{a}$.

10. 若 $\lim\limits_{n\to+\infty}x_n=a$, 证明

(1) $\lim\limits_{n\to+\infty}\mathrm{e}^{x_n}=\mathrm{e}^a$;

(2) $\lim\limits_{n\to+\infty}\ln x_n=\ln a(x_n>0,a>0)$;

(3) $\lim\limits_{n\to+\infty}\sin x_n=\sin a$; (提示: 利用和差化积公式, 不等式 $|\sin x|\leqslant|x|$)

(4) $\lim\limits_{n\to+\infty}\arccos x_n=\arccos a$, 其中 x_n, $a\in[-1,1]$.

11. (1) 若 $\lim\limits_{n\to+\infty}x_n=0$, 证明 $\lim\limits_{n\to+\infty}\dfrac{x_1+x_2+\cdots+x_n}{n}=0$.

(2) 若 $\lim\limits_{n\to+\infty} x_n = a$, 证明 $\lim\limits_{n\to+\infty} \dfrac{x_1 + x_2 + \cdots + x_n}{n} = a$.

12. 设 $\{x_n\}$ 是无穷小量, 且 $x_n \neq 0, \forall n$, 证明 $\left\{\dfrac{1}{x_n}\right\}$ 为无穷大量.

13. (1) 若 $\{x_n\}, \{y_n\}$ 是无穷小量, 试讨论 $\{x_n + y_n\}$ 和 $\{x_n y_n\}$ 是否为无穷小量?

(2) 若 $\{x_n\}, \{y_n\}$ 是无穷大量, 试讨论 $\{x_n + y_n\}$ 和 $\{x_n y_n\}$ 是否为无穷大量?

14. 若 $\{x_n\}$ 满足: $x_n \leqslant (<) x_{n+1}, \forall n$, 称 $\{x_n\}$ 是 (严格) 单调递增的.

(1) 设 $\{x_n\}$ 是单调递增的, 且 $\lim\limits_{n\to+\infty} x_n = a$, 证明 $x_n \leqslant a, \forall n$.

(2) 设 $\{x_n\}$ 是单调递增的, $x_n \leqslant b$ 且 $\lim\limits_{n\to+\infty} x_n = a$, 证明 $a \leqslant b$.

(3) 对单调递减的数列给出相应的结果.

15. 若 $\{x_n\}$ 满足: 存在 $M > 0$, 使得 $x_n \leqslant M, \forall n$, 称 $\{x_n\}$ 是有上界的数列. 设 $\{x_n\}$ 严格单调递增且无上界, 证明 $\{x_n\}$ 是正无穷大量.

2.2 数列极限的性质及运算

引入数列的极限定义后, 研究数列的收敛性及其收敛条件下的极限计算成为要解决的主要问题. 理论上讲, 定义是最底层的工具, 用定义只能处理最特殊、最简单的数列极限问题, 对一般的、复杂的数列极限问题的研究与解决, 定义就无能为力了, 必须引入更高级的理论和工具. 本节介绍数列极限的性质及运算法则, 利用这些理论就可以解决更一般的数列极限问题了.

一、 数列极限的性质

我们首先研究极限存在的条件下数列及其极限的性质.

1. 唯一性

首先要解决唯一性问题, 这是衡量所提出的数学概念是否是"好"的概念的指标之一. 先引入一个结论.

引理 2.1 a, b 是两个实数, 若对任意的 $\varepsilon > 0$, 有 $|a-b| < \varepsilon$, 则必有 $a = b$.

证明 反证法. 设 $a \neq b$, 不妨设 $a > b$, 取 $\varepsilon_0 = \dfrac{a-b}{2}$, 则

$$|a-b| = a - b > \varepsilon_0,$$

与条件矛盾, 同样, $a < b$ 也不成立, 故, $a = b$.

抽象总结 (1) 对结论的总结: 引理 2.1 给出了利用一个动态的量证明两个实数相等的又一方法, 与初等的证明方法形成区别.

(2) 对证明过程的总结: 证明方法使用了反证法, 为什么设计反证法? 分析题目的条件, 条件"对任意的 $\varepsilon > 0$, 有 $|a-b| < \varepsilon$"称为任意性条件结构, 当题目的

条件结构中含有“任意性”条件结构时, 优先考虑反证法, 即在反证假设下, 只需找到一个与条件矛盾即可. 因此,“任意性”条件结构决定了反证法的设计, 故, 结构特点决定方法设计.

定理 2.1　收敛数列的极限必唯一, 即假设 $\lim\limits_{n\to+\infty} x_n = a$ 且还有 $\lim\limits_{n\to+\infty} x_n = b$, 则 $a = b$.

结构分析　题型: 要证明两个实数相等. 类比已知, 已经建立了证明两个实数相等的高等工具, 由此确立用引理 2.1 来证明的思路. 方法设计: 建立引理 2.1 的条件结构, 利用极限的定义很容易实现.

证明　由于 $\lim\limits_{n\to+\infty} x_n = a$, $\lim\limits_{n\to+\infty} x_n = b$, 由极限的定义, 对 $\varepsilon > 0$, 存在 N, 使得 $n > N$ 时, 成立

$$|x_n - a| < \frac{\varepsilon}{2}, \quad |x_n - b| < \frac{\varepsilon}{2},$$

故,

$$\begin{aligned} |a-b| &= |a - x_n + x_n - b| \\ &\leqslant |x_n - a| + |x_n - b| < \varepsilon, \end{aligned}$$

由 ε 的任意性得 $a = b$, 故极限唯一.

抽象总结　(1) 对结论的总结: 本定理给出了极限存在条件下的唯一性, 说明极限概念是一个“好”的数学概念.

(2) 对证明过程的总结: 证明方法是插项方法, 利用插项建立两个或多个量的联系, 或建立已知和未知的联系是常用的方法.

定理 2.1 解决了极限概念的适定性问题, 即所提出的数学概念是否是合适的问题. 这是基础性问题, 有了这个基础后, 就可以继续研究极限的分析性质了.

2. 有界性

有界性是最基本的分析性质, 先给出定义.

定义 2.1　若存在 $M > 0$, 使 $|x_n| \leqslant M$, $\forall n$ 成立, 则称 $\{x_n\}$ 为有界数列.

注　也可用上界、下界定义数列的有界性.

定理 2.2　收敛数列必有界.

结构分析　题型: 数列有界性的研究. 类比已知: 只有有界性的定义. 确立思路: 利用有界性的定义证明, 对应研究对象是 $|x_n|$. 方法设计: 已知条件是数列的收敛性, 这是定性条件, 转化为定量条件是存在 a, 使得 $\lim\limits_{n\to+\infty} x_n = a$, 与要证明结论的形式类比, 已知形式是 $|x_n - a|$, 类比已知和未知的形式, 很容易设计方法——插项法.

证明 设 $\lim_{n\to+\infty} x_n = a$, 由定义, 对 $\varepsilon = 1$, 存在 $N > 0$, 使得 $n > N$ 时, 成立

$$|x_n - a| < 1, \quad n > N,$$

因而,

$$|x_n| = |x_n - a + a| < 1 + |a|, \quad n > N,$$

若取 $M = \max\{|x_1|, \cdots, |x_N|, 1 + |a|\}$, 则

$$|x_n| \leqslant M, \quad \forall n,$$

故, 数列 $\{x_n\}$ 有界.

抽象总结 对证明过程的总结: ① 利用插项技术实现未知项 $|x_n|$ 向已知项 $|x_n - a|$ 的转化. ② 一个技术要点, 取 $\varepsilon = 1$, 为何取 $\varepsilon = 1$? 因为要寻找数列的界, 界必须是一个确定的数, 因此, 必须将 ε 取定, 当然, 取定的方法不唯一, 任何一个确定的正数都可以. 通过取特定的 ε 得到数列的一些性质是常用的技巧, 也是化不定为确定的思想的体现. 因此, 有界性的界具有确定的属性, 对应地必须将 ε 取定.

其逆不成立, 如 $\{(-1)^n\}$.

有界性的界是对数列的一个粗略的估计或控制, 收敛数列的有界性从一个方面反映了收敛数列的可控性.

在研究数列问题时, 经常涉及相关联数列极限关系的讨论, 先建立相应性质.

3. 保序性

定理 2.3 设数列 $\{x_n\}, \{y_n\}$ 收敛, 且 $\lim_{n\to+\infty} x_n = a$, $\lim_{n\to+\infty} y_n = b$, 若 $a < b$, 则存在 $N > 0$, 使 $n > N$ 时, $x_n < y_n$.

结构分析 题型: 相关联数列关系的讨论. 类比已知: 已知极限关系和极限定义. 思路确立: 利用定义将极限关系转化为数列关系. 方法设计: 基于形式统一的思想设计具体方法, 即已知条件转化为量化关系式为已知形式 $|x_n - a|, |x_n - b|$, 证明结论的形式是 $x_n < y_n$, 因此, 从结构形式上看, 要证明结论必须从已知形式中去掉绝对值号, 分离出 x_n, y_n, 进行形式统一, 并借助 a, b 的序进一步建立二者的关系. 当然, 由于定义中涉及任意量 ε, 要确定的关系具有确定性, 需要取定建立对应的确定关系.

证明 由定义, 对 $\varepsilon_0 = \dfrac{b-a}{2}$, 存在 N, 使得 $n > N$ 时,

$$a - \varepsilon_0 < x_n < a + \varepsilon_0, \quad b - \varepsilon_0 < y_n < b + \varepsilon_0,$$

代入 $\varepsilon_0=\dfrac{b-a}{2}$, 得

$$x_n<\frac{a+b}{2}<y_n,$$

结论成立.

抽象总结 (1) 对结论的总结: 此定理利用极限关系建立对应的数列关系, 数列“基本”保持了极限的顺序, 由此称为保序性定理. 保序性建立的序关系属于不等关系, 这种关系在估计数列或对数列进行放缩估计时非常有用.

(2) 对证明过程的总结: ① 方法设计的思想仍然是基于形式统一的思想, 即从已知项 $|x_n-a|$, $|x_n-b|$ 和未知项 $x_n<y_n$ 的形式上的不同设计方法, 从形式上统一已知项和未知项, 为建立已知和未知的关系奠定基础; ② 在利用极限定义时, 还涉及不定项 ε, 这和要建立的关系的确定性具有不同的属性, 因此, 必须将其确定, 为此, 技术上, 我们选取 $\varepsilon_0=\dfrac{b-a}{2}$, 实现化不定为确定; ③ 取定 ε 的方法不唯一, 思考 ε 还有其他的选取方法吗?

推论 2.1 若 $\lim\limits_{n\to+\infty}y_n=b\neq0$, 则存在 N, 使 $n>N$ 时, $|y_n|>\dfrac{|b|}{2}>0$.

简析 题型: 不等关系或序关系的证明. 类比已知: 保序性定理. 确立思路: 利用保序性定理证明.

证明 由于 $\lim\limits_{n\to+\infty}y_n=b$, 故, $\lim\limits_{n\to+\infty}|y_n|=|b|$ (见习题 2.1 第 3 题), 取 $x_n=\dfrac{|b|}{2}$, 则 $x_n\to\dfrac{|b|}{2}$, 由定理 2.3 即得.

抽象总结 推论 2.1 给出了数列绝对值的一个严格正的下界的估计, 这是一个很好的结论, 在对**数列做估计如放大和缩小时非常有用**.

定理 2.3 给出了数列保持了极限的次序, 保序性还有另一种表现形式, 即极限也基本保持数列的次序.

推论 2.2 若 $x_n<y_n$, 且 $\lim\limits_{n\to+\infty}x_n=a$, $\lim\limits_{n\to+\infty}y_n=b$, 则 $a\leqslant b$.

注意到推论 2.2 和定理 2.3 的结构关系, 可以用反证法证明此推论.

注 推论 2.2 表明定理 2.3 的逆不严格成立, 如 $x_n=\dfrac{1}{n}$, $y_n=\dfrac{2}{n}$, 则 $x_n<y_n$, 但是, $\lim\limits_{n\to+\infty}x_n=\lim\limits_{n\to+\infty}y_n=0$.

4. 两边夹 (夹逼) 性质

定理 2.4 若数列 $\{x_n\}$, $\{y_n\}$, $\{z_n\}$ 满足: $x_n\leqslant y_n\leqslant z_n$,$n>n_0$ 且 $\lim\limits_{n\to+\infty}x_n=\lim\limits_{n\to+\infty}z_n=a$, 则 $\lim\limits_{n\to+\infty}y_n=a$.

证明 由于 $\lim\limits_{n\to+\infty} x_n = \lim\limits_{n\to+\infty} z_n = a$, 则对任意的 $\varepsilon > 0$, 存在 N, 使得 $n > N$ 时,

$$a-\varepsilon < x_n < a+\varepsilon, \quad a-\varepsilon < z_n < a+\varepsilon,$$

故,

$$a-\varepsilon < x_n < y_n < z_n < a+\varepsilon,$$

即 $|y_n - a| < \varepsilon$, 因而 $\lim\limits_{n\to+\infty} y_n = a$.

抽象总结 此定理以后可以作为极限的运算法则直接使用: **考察某数列 $\{y_n\}$ 的极限时, 可将其适当放大和缩小, 使放大和缩小后的两个数列有共同的极限.**

二、 极限的四则运算

定理 2.5 设 $\lim\limits_{n\to\infty} x_n = a$, $\lim\limits_{n\to\infty} y_n = b$, 则

(1) $\lim\limits_{n\to\infty} (\alpha x_n + \beta y_n) = \alpha a + \beta b, \alpha, \beta$ 为给定的实数;

(2) $\lim\limits_{n\to\infty} x_n y_n = ab$;

(3) $\lim\limits_{n\to\infty} \dfrac{x_n}{y_n} = \dfrac{a}{b}(b \neq 0)$.

结构分析 题型: 关联数列极限关系的讨论. 类比已知: 极限的定义和性质, 关联紧密的是极限的定义. 思路确立: 利用极限定义证明. 方法设计: 类比已知条件, 由定义, 已知的量为 $|x_n - a| < \varepsilon, |y_n - b| < \varepsilon$, 因此, 定理证明的思想就是如何从对应的未知量中分离出上述的已知量. 所采用的方法就是形式统一法. 过程中要解决的主要问题是如何甩掉无关项, 只保留已知项 $|x_n - a|$, $|x_n - b|$, 这就用到前面建立的极限性质. 此处实现形式统一的主要方法仍是插项法.

证明 由极限定义, 则对任意的 $\varepsilon > 0$, 存在 N, 使得 $n > N$ 时,

$$|x_n - a| < \varepsilon, \quad |y_n - b| < \varepsilon,$$

因而, 当 $n > N$ 时,

(1) 由于

$$\begin{aligned}|\alpha x_n + \beta y_n - (\alpha a + \beta b)| &\leqslant |\alpha| \cdot |x_n - a| + |\beta| \cdot |y_n - b| \\ &< (|\alpha| + |\beta|)\varepsilon,\end{aligned}$$

故, $\lim\limits_{n\to+\infty} (\alpha x_n + \beta y_n) = \alpha a + \beta b$.

(2) 由于两个数列收敛, 因而有界, 设其共同的界为 M, 则

$$\begin{aligned}|x_ny_n-ab|&=|x_ny_n-ay_n+ay_n-ab|\\&=|y_n(x_n-a)+a(y_n-b)|\\&<(M+|a|)\varepsilon,\end{aligned}$$

故, $\lim\limits_{n\to+\infty}x_ny_n=ab$.

(3) 由保序性, 不妨设 $|y_n|\geqslant\dfrac{|b|}{2}>0$, 故

$$\begin{aligned}\left|\frac{x_n}{y_n}-\frac{a}{b}\right|&=\left|\frac{bx_n-ay_n}{by_n}\right|=\left|\frac{bx_n-ab+ab-ay_n}{by_n}\right|\\&\leqslant\frac{(|b|+|a|)\varepsilon}{|b|\cdot|y_n|}\leqslant\frac{2(|a|+|b|)}{|b|^2}\varepsilon,\end{aligned}$$

故, $\lim\limits_{n\to+\infty}\dfrac{x_n}{y_n}=\dfrac{a}{b}$.

抽象总结 (1) 关于运算法则: 极限的四则运算法则的作用对象是结构较简单的确定型极限, 即数列的极限能够由组成因子的极限通过运算法则唯一确定.

(2) 关于证明过程: 法则 (2) 的证明过程中用到插项方法, 实现化未知为已知. 法则 (3) 的证明过程中利用保序性对分母中的未知项 y_n 进行了放缩处理.

三、 应用

通过我们已经建立的极限的性质、运算法则和一些具体的简单的极限结论, 就可以研究更一般的数列极限问题.

定义是最底层的工具, 运算法则和性质是相对高级的工具, 因此, 在研究一般极限问题时, 优选高级工具. 当然, 在计算具体数列的极限时, 最简结构的结论可以作为已知使用. 现在, 我们将已知的结论和理论工具罗列出来.

(1) 已知结论: (最简结构的结论)

$$\lim_{n\to+\infty}q^n=0\quad(|q|<1),$$

$$\lim_{n\to+\infty}\frac{1}{n^a}=0\quad(a>0),$$

$$\lim_{n\to+\infty}a^{\frac{1}{n}}=1\quad(a>1),$$

$$\lim_{n\to+\infty}n^{\frac{1}{n}}=1.$$

(2) 数列极限的性质, 尤其是夹逼定理.

(3) 数列极限的运算法则, 包括例题和课后习题给出的复合运算法则.

下面, 我们利用这些理论处理一些更一般、更复杂的极限题目. 处理的整体思路是结构分析法和形式统一法. 由于计算思路简单, 在结构分析中, 重点分析方法设计的思路. 基于结构特点, 类比已知结构, 形成对应方法.

例 1 求 $\lim\limits_{n\to+\infty}\dfrac{5^{n+1}-(-2)^n}{3\times5^n+2\times3^n}$.

结构分析 数列结构特点: 其结构主要由具有 a^n **结构特点**的因子组成. 类比已知: 相应的**已知结论**为 $\lim\limits_{n\to+\infty}q^n=0(|q|<1)$. 方法设计: 利用形式统一的思想将数列中的各项转化为 $q^n(|q|<1)$ 结构, 为此, 只需用最大项 5^n 同时除分子和分母, 再利用运算法则即可, 由此, 形成解题思路和方法.

解 原式$=\lim\limits_{n\to+\infty}\dfrac{5-\left(-\dfrac{2}{5}\right)^n}{3+2\times\left(\dfrac{3}{5}\right)^n}=\dfrac{5}{3}$.

抽象总结 计算过程中利用最大项 5^n 作为除项将所有的 a^n 结构转化为已知的 $q^n(|q|<1)$ 结构, 其原理仍是主项控制技术的应用; 即利用主次分析方法, 确定主项, 利用主项控制副项, 在极限问题中, 变化速度最快的项为主项; 在定义应用中, 处理的是不等关系, 主项控制是通过加减关系来实现, 在极限计算中, 处理的是等式关系, 主项控制是通过乘除关系来实现.

例 2 计算 $\lim\limits_{n\to+\infty}\dfrac{a_0n^k+a_1n^{k-1}+\cdots+a_k}{b_0n^l+b_1n^{l-1}+\cdots+b_l}$, $k\leqslant l,\ b_0\neq0$.

结构分析 从结构看, 其结构和例 1 几乎相同, 不过是例 1 由特殊向一般的进一步推广, 因此, 解题的思想方法也完全相同.

解 原式 $=\lim\limits_{n\to+\infty}\dfrac{a_0n^{k-l}+a_1n^{k-1-l}+\cdots+a_kn^{-l}}{b_0+b_1n^{-1}+\cdots+b_ln^{-l}}$

$$=\begin{cases}0, & l>k,\\ \dfrac{a_0}{b_0}, & l=k.\end{cases}$$

由此说明, 当 n 充分大时, n 的多项式的符号由首项系数决定. 事实上,

$$a_0n^k+a_1n^{k-1}+\cdots+a_k=n^k\left(a_0+a_1\frac{1}{n}+\cdots+a_k\frac{1}{n^k}\right),$$

而

$$\lim_{n\to+\infty}\left(a_0+a_1\frac{1}{n}+\cdots+a_k\frac{1}{n^k}\right)=a_0,$$

由极限的保号性可知, 多项式与 a_0 同号.

例 3　证明 $\lim\limits_{n\to+\infty} a^{\frac{1}{n}}=1(0<a<1)$.

结构分析　结构特点: 开 n 次幂结构. 类比已知: 该结构已知的结论是 $a>1$ 时结论成立 (见 2.1 节例 5). 方法设计: 利用实数的初等性质将结构转化为已知的结构.

证明　令 $a=\dfrac{1}{b}, b>1$, 则

$$\lim_{n\to+\infty} a^{\frac{1}{n}}=\lim_{n\to+\infty}\frac{1}{b^{\frac{1}{n}}}=1.$$

利用复合运算法则可以研究更复杂结构的数列极限.

例 4　设 $\lim\limits_{n\to+\infty} x_n=a>0$, $\lim\limits_{n\to+\infty} y_n=b$, 证明 $\lim\limits_{n\to+\infty} x_n^{y_n}=a^b$.

结构分析　题型: 抽象数列的复合极限问题. 类比已知: 前述建立的各种基本初等函数复合运算法则. 方法设计: $x_n^{y_n}$ 具有幂指结构特征, 利用对数法, 可以将幂指结构转化为乘积结构, 实现化未知为已知.

证明　令 $z_n=x_n^{y_n}$, 则 $\ln z_n=y_n\ln x_n$, 利用前述结论, 则

$$\lim_{n\to+\infty}\ln z_n=\lim_{n\to+\infty} y_n\ln x_n=b\ln a,$$

因而,

$$\lim_{n\to+\infty} z_n=\lim_{n\to+\infty}\mathrm{e}^{\ln z_n}=\mathrm{e}^{b\ln a}=a^b.$$

抽象总结　对数法是研究幂指结构的有效方法, 利用对数法将幂指结构转化为基本初等函数的乘积结构, 当然, 也可以利用基本初等函数的性质, 将幂指结构转化为指数函数和对数函数的复合结构.

例 5　计算 $\lim\limits_{n\to+\infty}(2n+1)^{\frac{1}{n}}$.

简析　具体数列极限的计算; 数列具有幂指结构特征, 类比已知 $\lim\limits_{n\to+\infty} n^{\frac{1}{n}}$, 设计方法向已知形式转化.

解　由于 $\lim\limits_{n\to+\infty} n^{\frac{1}{n}}=1$, $\lim\limits_{n\to+\infty}\dfrac{n+1}{n}=1$, 利用例 4 的结论, 则

$$\lim_{n\to+\infty}(2n+1)^{\frac{1}{n}}=\lim_{n\to+\infty}(2n+1)^{\frac{1}{2n+1}\frac{2n+1}{n}}=1^2=1.$$

上述几个例子都是确定型极限的计算, 直接利用运算法则就可以完成计算. 有些数列的极限从形式上看不能直接利用运算法则, 如形如 $\dfrac{\infty}{\infty}, \dfrac{0}{0}$ 型 (此处, ∞ 表

示无穷大量, 0 表示无穷小量) 的极限计算就不能直接用运算法则, 这种类型的极限称为不定型或待定型极限. 对这类极限的处理思想是利用各种方法将其转化为确定型极限.

例 6 计算 $\lim\limits_{n\to+\infty} n(\sqrt{n^2+1}-\sqrt{n^2-1})$.

结构分析 结构特点: $\infty\cdot 0$ 不定型极限的计算, 不能直接利用运算法则. 方法设计: 设计思路是优先考虑能否转化为确定型的数列极限. 数列结构特征: n 的幂次结构. 类比已知: 此结构已知的结论是 $\frac{1}{n^a}/\to 0$, 其中 $a>0$. 可以考虑对其进行化简或转化为上述已知极限的结构形式; 注意到结构中含有两根式相减, 分子有理化是常用的化简方法, 由此确定具体的方法. 当然, 此方法也体现了化不定为确定的处理问题的思路.

解 原式 $=\lim\limits_{n\to+\infty}\dfrac{2n}{\sqrt{n^2+1}+\sqrt{n^2-1}}$

$$=\lim_{n\to+\infty}\frac{2}{\sqrt{1+\dfrac{1}{n^2}}+\sqrt{1-\dfrac{1}{n^2}}}=1.$$

抽象总结 (1) 上式用到结论: 若 $\lim\limits_{n\to+\infty} x_n=a\geqslant 0$, 则 $\lim\limits_{n\to+\infty}\sqrt{x_n}=\sqrt{a}$.

(2) 再次用到主项控制技术.

例 7 设 $0<a<1$, 证明: $\lim\limits_{n\to+\infty}[(n+1)^a-n^a]=0$.

结构分析 题型: 不定型数列极限. 结构特点: 数列具有 n 次幂无理差结构. 类比已知: 已知与 n 次幂有关的极限结论是 $\lim\limits_{n\to+\infty}\dfrac{1}{n^a}=0(a>0)$. 由于有理化方法失效, 只能用放缩方法 (估计方法) 化未知为已知, 由此确立思路: 运算法则 (含两边夹性质). 技术难点是如何将 n 的正幂次转化为负幂次, 从而可以将未知的结构转化为已知的结构. 处理方法是: 充分利用两项同幂结构, 提出共同的部分进行合并运算, 利用放缩简化结构.

证明 由于

$$\begin{aligned}0<(n+1)^a-n^a&=n^a\left[\left(1+\frac{1}{n}\right)^a-1\right]\\&\leqslant n^a\left[\left(1+\frac{1}{n}\right)-1\right]=\frac{1}{n^{1-a}}\to 0,\end{aligned}$$

由定理 2.4, 结论成立.

抽象总结 (1) 处理两项差结构的常用方法有: 有理化方法, 以及更一般的利用二项式定理方法, 这些方法主要用于等式结构. 如在本例中, 取 $a=\dfrac{1}{k}$, k 为正

整数, 可以利用二项展开定理处理, 事实上, 由二项展开定理

$$a^k-b^k=(a-b)(a^{k-1}+a^{k-2}b+\cdots+b^{k-1}),$$

故,

$$\begin{aligned}1&=(n+1)-n=\left((n+1)^{\frac{1}{k}}\right)^k-(n^{\frac{1}{k}})^k\\&=\left((n+1)^{\frac{1}{k}}-n^{\frac{1}{k}}\right)\left((n+1)^{\frac{k-1}{k}}+(n+1)^{\frac{k-2}{k}}n^{\frac{1}{k}}+\cdots+n^{\frac{k-1}{k}}\right),\end{aligned}$$

因而,

$$(n+1)^{\frac{1}{k}}-n^{\frac{1}{k}}=\frac{1}{(n+1)^{\frac{k-1}{k}}+(n+1)^{\frac{k-2}{k}}n^{\frac{1}{k}}+\cdots+n^{\frac{k-1}{k}}},$$

所以,

$$\lim_{n\to+\infty}((n+1)^{\frac{1}{k}}-n^{\frac{1}{k}})=\lim_{n\to+\infty}\frac{1}{(n+1)^{\frac{k-1}{k}}+(n+1)^{\frac{k-2}{k}}n^{\frac{1}{k}}+\cdots+n^{\frac{k-1}{k}}}=0,$$

由此可知, 上述利用二项式展开定理处理的思想类似于有理化思想;

(2) 本例的解题方法主要是通过放缩处理, 利用两边夹性质即可.

例 8　证明: $\lim\limits_{n\to+\infty}\left(\frac{1}{\sqrt{n^2+1}}+\frac{1}{\sqrt{n^2+2}}+\cdots+\frac{1}{\sqrt{n^2+n}}\right)=1.$

结构分析　题型: 具体数列极限的计算. 类比已知: 定义、运算法则和两边夹性质. 思路确立: 优先考虑运算法则和两边夹性质. 方法设计: 为设计方法, 进一步分析数列结构, 数列结构的特点, 数列具有有限不定和结构, 即形式上有 n 项和结构, 由于 n 又是极限变量, 在极限过程中是不确定的变量, 因此, 称其为有限不定和, 不定和的极限属于不定型极限. 由于四则运算法则只适用于确定项的运算, 因此, 方法设计的思路是对有限不定和进行简化处理, 转化为确定型极限, 再利用运算法则或两边夹性质进行计算. 故, 必须针对有限不定和的结构简化设计具体方法; 一般来说, 对简单的不定和 (如等比、等差等能够对其求和的不定和), 可以通过求和, 把不定和合并为一项以简化结构. 对较复杂的不定和, 一般不能直接求和, 必须对其进行放大或缩小后再进行求和, 以化有限不定和为确定的一项, 利用运算法则计算确定项的极限, 然后再利用两边夹性质研究极限. 这是这类题目的一般处理方法; 当然, 在放大和缩小过程中, 一般要注意不定和中特殊的项, 如最大项、最小项等.

证明　由于

$$\frac{n}{\sqrt{n^2+n}}\leqslant\frac{1}{\sqrt{n^2+1}}+\frac{1}{\sqrt{n^2+2}}+\cdots+\frac{1}{\sqrt{n^2+n}}\leqslant\frac{n}{\sqrt{n^2+1}},$$

且

$$\lim_{n\to+\infty}\frac{n}{\sqrt{n^2+n}}=\lim_{n\to+\infty}\frac{n}{\sqrt{n^2+1}}=1,$$

利用两边夹性质, 则结论成立.

抽象总结 对证明过程的总结: ① 在上述不定和的处理中也体现了"合而为一"的化简思想. 最简单直接的"合"是求和, 当然, 这只能对简单结构 (有求和公式能用, 如等比、等差以及其他特殊的结构) 有效, 对一般结构需要利用放缩估计方法进行合并, 这就需要考虑结构中的特殊项. ② 本题首次给出了待定型极限的计算, 两边夹定理是第一个用于计算不定型极限的工具. ③ 四则运算法则不能直接用于有限不定和极限的计算. 如果直接利用极限的四则运算法则, 则得到错误的结论:

$$\begin{aligned}&\lim_{n\to+\infty}\left(\frac{1}{\sqrt{n^2+1}}+\frac{1}{\sqrt{n^2+2}}+\cdots+\frac{1}{\sqrt{n^2+n}}\right)\\=&\lim_{n\to+\infty}\frac{1}{\sqrt{n^2+1}}+\lim_{n\to+\infty}\frac{1}{\sqrt{n^2+2}}+\cdots+\lim_{n\to+\infty}\frac{1}{\sqrt{n^2+n}}\\=&0+0+\cdots+0=0,\end{aligned}$$

因此, 对不定和的处理不能像处理有限确定和那样利用有限确定和的运算法则, 运算法则不能随意由有限确定和推广到不定和及无限和, 这正是有限和无限、确定和不定的重要区别之一.

例 9 证明 $\lim\limits_{n\to+\infty}(a_1^n+\cdots+a_p^n)^{\frac{1}{n}}=\max\limits_{1\leqslant i\leqslant p}\{a_i\}$, 其中 $a_i>0$.

结构分析 题型和例 8 相同. 方法设计: 主结构仍是不定和结构, 处理思想仍是"合"的简化思想, 通过要证明的结论形式可知, 证明的关键 (思想) 是如何从左端待求极限的数列表达式中将右端的项分离出来, 此项正是不定和中的特殊项, 具体的分离过程实际很简单.

证明 由于

$$\begin{aligned}\max_{1\leqslant i\leqslant p}\{a_i\}&\leqslant(a_1^n+\cdots+a_p^n)^{\frac{1}{n}}\\&\leqslant\left(p\max_{1\leqslant i\leqslant p}\{a_i\}\right)^{\frac{1}{n}}=p^{\frac{1}{n}}\max_{1\leqslant i\leqslant p}\{a_i\},\end{aligned}$$

由定理 2.4 即可得到结论.

上述的例子都用到了以前的结论, 应该记住一些常用的结论.

通过上述例子可知, 四则运算法则只能处理确定型的数列极限, 两边夹性质可以作为特别的运算法则处理不定型极限.

当然, 不定型极限的研究处理要比确定型极限的研究难度大, 由于不定型极限由两类特殊的数列——无穷大数列和无穷小数列构成, 这两类数列的定义见定义 1.6 和定义 1.7, 下面我们对这两类数列的性质和关系进行简单介绍.

四、 无穷小数列和无穷大数列的性质及二者的关系

对无穷小数列, 利用极限的运算法则, 很容易得到如下结论.

定理 2.6　若 $\{x_n\}$, $\{y_n\}$ 收敛于同一极限, 则 $\{x_n - y_n\}$ 为无穷小数列. 特别, 若 $\{x_n\}$ 收敛于 a, 则 $\{x_n - a\}$ 为无穷小数列.

定理 2.7　若 $\{x_n\}$, $\{y_n\}$ 都是无穷小数列, 则 $\{x_n \pm y_n\}$ 也是无穷小数列.

定理 2.8　设 $\{x_n\}$ 无穷小数列, 而 $\{y_n\}$ 有界, 则 $\{x_n \cdot y_n\}$ 是无穷小数列. 特别, 若 $\{x_n\}$ 和 $\{y_n\}$ 都是无穷小数列, 则 $\{x_n \cdot y_n\}$ 是无穷小数列.

对无穷大数列, 利用极限的运算法则, 成立类似的结论.

定理 2.9　若 $\{x_n\}$, $\{y_n\}$ 都是正 (负) 无穷大数列, 则 $\{x_n + y_n\}$ 也是正 (负) 无穷大数列.

定理 2.10　设 $\{x_n\}$ 无穷大数列, 而 $|y_n| \geqslant \delta > 0, n > N_0$, 则 $\{x_n \cdot y_n\}$ 是无穷大数列. 特别, 当 $\{y_n\}$ 是无穷大数列时, 则 $\{x_n y_n\}$ 是无穷大数列.

对无穷大数列和无穷小数列, 关于极限的运算法则, 不能推广到除法运算. 如

$$\lim_{n\to+\infty} \frac{a_0 n^k + a_1 n^{k-1} + \cdots + a_{k-1} n + a_k}{b_0 n^l + b_1 n^{l-1} + \cdots + b_l} = \begin{cases} 0, & k < l, \\ \dfrac{a_0}{b_0}, & k = l, \\ \infty, & k > l, \end{cases}$$

其中 $k > 0$, $l > 0$, $a_0 \neq 0, b_0 \neq 0$, 即若 $\{x_n\}$ 和 $\{y_n\}$ 都是无穷大数列, $\left\{\dfrac{x_n}{y_n}\right\}$ 不一定是无穷大数列; 同样, 若 $\{x_n\}$ 和 $\{y_n\}$ 都是无穷小数列, $\left\{\dfrac{x_n}{y_n}\right\}$ 也不一定是无穷小数列.

无穷大数列和无穷小数列的关系体现在下面的定理中.

定理 2.11　设 $x_n \neq 0$, 若 $\{x_n\}$ 是无穷大 (小) 数列, 则 $\left\{\dfrac{1}{x_n}\right\}$ 是无穷小 (大) 数列.

例 10　计算 $\lim\limits_{n\to+\infty} \left[\dfrac{1}{n}\cos n + \dfrac{n^2}{2n^2 - 1}\right]$.

简析　结构中涉及 $\cos x$, 对这类三角函数因子通常用到两个特性: 周期性和有界性. 由此, 很容易确定解题思路.

解 由于 $\left\{\dfrac{1}{n}\right\}$ 是无穷小数列, $\{\cos n\}$ 为有界数列, 故, $\lim\limits_{n\to+\infty}\dfrac{1}{n}\cos n=0$, 因而,

$$原式=\lim_{n\to+\infty}\frac{1}{n}\cos n+\lim_{n\to+\infty}\frac{n^2}{2n^2-1}=0+\lim_{n\to+\infty}\frac{1}{2-\dfrac{1}{n^2}}=\frac{1}{2}.$$

习 题 2.2

1. 通过分析结构特点, 类比已知, 先给出将用到的结论, 再选择合适的方法计算下列极限.

(1) $\lim\limits_{n\to+\infty}\dfrac{4^n+(-3)^n}{4^n-2^n}$;

(2) $\lim\limits_{n\to+\infty}\left(\dfrac{1}{\sqrt[n]{2}}-1\right)\sin n^2$;

(3) $\lim\limits_{n\to+\infty}\left(\sqrt[3]{n^2+n}-\sqrt[3]{n^2-n}\right)$;

(4) $\lim\limits_{n\to+\infty}(\sqrt{n+2}-2\sqrt{n+1}+\sqrt{n})\sqrt{n^3}$;

(5) $\lim\limits_{n\to+\infty}\left(\dfrac{1}{1\cdot 2}+\dfrac{1}{2\cdot 3}+\cdots+\dfrac{1}{n\cdot(n+1)}\right)$;

(6) $\lim\limits_{n\to+\infty}\left(1-\dfrac{1}{2^2}\right)\left(1-\dfrac{1}{3^2}\right)\cdots\left(1-\dfrac{1}{n^2}\right)$.

2. 证明下列极限.

(1) $\lim\limits_{n\to+\infty}\dfrac{\ln n}{n}=0$;

(2) $\lim\limits_{n\to+\infty}\dfrac{n^3}{a^n}=0,\ a>1$;

(3) $\lim\limits_{n\to+\infty}\dfrac{a^n}{n!}=0$, a 为任意实数;

(4) $\lim\limits_{n\to+\infty}\dfrac{n!}{n^n}=0$.

更进一步, 由于各数列中的分子和分母都是无穷大, 如果用速度的大小表示其趋向正无穷的快慢, 通过上述例子, 可以得到上述涉及的数列的速度有何关系?

3. 分析结构特点, 用极限的性质证明:

(1) $\lim\limits_{n\to+\infty}\left(\dfrac{1}{n^2}+\dfrac{1}{(n+1)^2}+\cdots+\dfrac{1}{(2n)^2}\right)=0$;

(2) $\lim\limits_{n\to+\infty}\left(\dfrac{1}{n+\sqrt{n^2+1}}+\dfrac{1}{n+\sqrt{n^2+2}}+\cdots+\dfrac{1}{n+\sqrt{n^2+n}}\right)=\dfrac{1}{2}$.

4. 设 $x_n>0$, 证明:

(1) 若 $\lim\limits_{n\to+\infty}\sqrt[n]{x_n}=q<1$, 则 $\lim\limits_{n\to+\infty}x_n=0$;

(2) 若 $\lim\limits_{n\to+\infty}\dfrac{x_{n+1}}{x_n}=q<1$, 则 $\lim\limits_{n\to+\infty}x_n=0$;

(3) 若 $\lim\limits_{n\to+\infty}\sqrt[n]{x_n}=q>1$, 则 $\lim\limits_{n\to+\infty}\dfrac{1}{x_n}=0$.

要求给出结构分析, 说明思路和方法是如何形成的.

2.3　Stolz 定理

在 2.2 节中, 我们给出了极限的运算法则, 对确定型的数列, 可以用运算法则计算其极限, 但是, 在工程技术领域中, 我们经常遇到一些特殊的、不定型的数列极限问题, 对这类问题, 我们需要特殊的方法进行研究. 本节, 我们研究一类特殊的不定型——$\dfrac{\infty}{\infty}$ 类型的数列的极限问题, 给出一个以斯托尔茨 (Stolz, 1842~1905, 德国数学家) 命名的处理这类极限问题的一种有效的方法——Stolz 定理, 这个方法和后面学习的洛必达 (L′Hôpital, 1661~1704, 法国数学家) 法则本质上是相同的, 都是用于求解不定型的极限, 只是在作用对象上有区别: Stolz 定理用于研究离散型的数列极限问题, 洛必达法则用于处理连续变量的函数的极限计算问题.

定义 3.1　若数列 $\{x_n\}$ 满足

$$x_n\leqslant x_{n+1}\quad (x_n<x_{n+1}),\quad \forall n,$$

称其为单调递增数列 (严格单调递增数列).

类似可以定义单调递减数列.

定理 3.1 (Stolz 定理)　设 $\{y_n\}$ 是严格单调增加的正无穷大数列,

$$\lim_{n\to+\infty}\frac{x_n-x_{n-1}}{y_n-y_{n-1}}=a\quad (a\text{可为有限、}+\infty\text{或}-\infty),$$

则 $\lim\limits_{n\to+\infty}\dfrac{x_n}{y_n}=a$.

结构分析　题型: 抽象数列极限结论的验证. 类比已知: 定义和运算法则. 结构特点: 不定型数列极限. 思路确立: 定义. 方法设计: 设计的整体思路是建立已知和未知的联系, 化未知为已知. 由于题目相对较难, 根据一般的科研思想, 先从最简情形开始设计具体方法.

不失一般性, 可设 $\{y_n\}>0$. 先考虑简单情形: $a=0$.

根据极限定义, 由条件为 $\lim\limits_{n\to+\infty}\dfrac{x_n-x_{n-1}}{y_n-y_{n-1}}=0$ 相当于知道已知关系:

$$|x_n-x_{n-1}|<\varepsilon(y_n-y_{n-1}),\quad n>N,$$

这是相邻两项差 $|x_n - x_{n-1}|$ 的一个估计. 对相邻两项差的结构, 常用的处理思想是插项法, 由相邻两项差的估计可得到任两项差的估计, 因而, 对任意的 $n > m$, 利用 $\{y_n\}$ 单调递增性, 得

$$\begin{aligned}|x_n - x_m| &\leqslant |x_n - x_{n-1}| + |x_{n-1} - x_{n-2}| + \cdots + |x_{m+1} - x_m| \\ &\leqslant \varepsilon(y_n - y_{n-1}) + \cdots + \varepsilon(y_{m+1} - y_m) \\ &= \varepsilon(y_n - y_m),\end{aligned}$$

这样, 经过初步的转化, 将已知结构相邻两项的差转化为任意两项差, 这样形式的变化带来的本质改变是: 下标变量由相互关联的相邻两项 n 和 $(n-1)$ 改变为两个独立的量 n 和 m, 当然, 这与我们要研究的未知结构独立的通项还有差距, 但是, 正是两个下标变量的相互独立性, 使得我们能够保留一个, 固定并甩掉另一个, 达到分离出独立的通项的目的, 再次利用插项技术分离出独立项, 则

$$|x_n| = |x_n - x_m + x_m| < \varepsilon(y_n - y_m) + |x_m|,$$

分离出独立项 $|x_n|$, 右端还有待定型 $|x_m|$, 必须化不定为确定, 只需取定 m 即可, 如取 $m = N + 1$, 则

$$|x_n| < \varepsilon(y_n - y_{N+1}) + |x_{N+1}|,$$

利用此控制结果很容易证明结论.

对一般情形, 利用直接转化法很容易转化为简单的已经证明的情形. 由此, 完成具体方法的设计.

证明 不失一般性, 可设 $y_n > 0$.

情形 1 $a = 0$.

由于 $\lim\limits_{n\to+\infty} \dfrac{x_n - x_{n-1}}{y_n - y_{n-1}} = 0$, 则对任意 $\varepsilon > 0$, 存在 N_1, 使得 $n > N_1$ 时,

$$\left|\frac{x_n - x_{n-1}}{y_n - y_{n-1}}\right| < \varepsilon,$$

因而,

$$|x_n - x_{n-1}| < \varepsilon(y_n - y_{n-1}), \quad n > N_1,$$

故,

$$\begin{aligned}|x_n - x_{N_1+1}| &\leqslant |x_n - x_{n-1}| + |x_{n-1} - x_{n-2}| + \cdots + |x_{N_1+2} - x_{N_1+1}| \\ &\leqslant \varepsilon(y_n - y_{n-1}) + \cdots + \varepsilon(y_{N_1+2} - y_{N_1+1})\end{aligned}$$

$$=\varepsilon(y_n-y_{N_1+1}),$$

因而,

$$|x_n|<\varepsilon(y_n-y_{N_1+1})+|x_{N_1+1}|,\quad n>N_1+1,$$

故, 当 $n>N_1+1$ 时, 有

$$\left|\frac{x_n}{y_n}\right|<\varepsilon\frac{y_n-y_{N_1+1}}{y_n}+\frac{|x_{N_1+1}|}{y_n}<\varepsilon+\frac{|x_{N_1+1}|}{y_n},$$

又由于 $\lim\limits_{n\to+\infty}\dfrac{x_{N_1+1}}{y_n}=0$, 故, 存在 N_2, 当 $n>N_2$ 时,

$$\left|\frac{x_{N_1+1}}{y_n}\right|<\varepsilon,$$

取 $N=\max\{N_1+1,\ N_2\}$, 则 $n>N$ 时, 有

$$\left|\frac{x_n}{y_n}\right|<\varepsilon+\left|\frac{x_{N_1+1}}{y_n}\right|<2\varepsilon,$$

故, $\lim\limits_{n\to+\infty}\dfrac{x_n}{y_n}=0$.

情形 2　a 有限且不为 0.

记 $z_n=x_n-ay_n$, 由 $\lim\limits_{n\to+\infty}\dfrac{x_n-x_{n-1}}{y_n-y_{n-1}}=a$, 得

$$\lim_{n\to+\infty}\frac{z_n-z_{n-1}}{y_n-y_{n-1}}=0,$$

因而, 由情形 1 的结论, 则

$$\lim_{n\to+\infty}\frac{z_n}{y_n}=0,$$

即 $\lim\limits_{n\to+\infty}\dfrac{x_n}{y_n}=a$.

情形 3　$a=+\infty$.

此时, $\lim\limits_{n\to+\infty}\dfrac{x_n-x_{n-1}}{y_n-y_{n-1}}=+\infty$, 故, 对 $M>1$, 存在 N, 使得 $n>N$ 时, 成立

$$\frac{x_n-x_{n-1}}{y_n-y_{n-1}}>M,$$

因而,

$$x_n-x_{n-1}>M(y_n-y_{n-1})>y_n-y_{n-1}>0,$$

因此, $\{x_n\}(n>N)$ 单调递增, 进一步累加求和, 则

$$x_n - x_{N+1} > y_n - y_{N+1},$$

因而,

$$x_n > y_n - y_{N+1} + x_{N+1},$$

故, $\{x_n\}$ 为单调递增的正无穷大数列.

由于 $\lim\limits_{n\to+\infty}\dfrac{y_n-y_{n-1}}{x_n-x_{n-1}}=0$, 因而, 利用情形 1 的结论得 $\lim\limits_{n\to+\infty}\dfrac{y_n}{x_n}=0$, 故 $\lim\limits_{n\to+\infty}\dfrac{x_n}{y_n}=+\infty$.

情形 4 $a=-\infty$.

令 $z_n=-x_n$ 即可. 至此, 定理得证.

抽象总结 (1) 对定理结论的总结: 定理的作用对象是不定型数列的极限.

(2) 对定理证明过程的总结: 定理的证明采用了丰富的科研思想方法. 首先采用了从简单到复杂、从特殊到一般的研究方法, 先证明最简情形 1, 最简情形对应最简结构, 结构越简单, 越容易挖掘相互关系, 形成具体的证明方法. 其次, 从简到繁采用了直接转化法. 一般来说, 从简到繁有两种处理方法: 对简单的问题采用直接转化法, 直接转化为已经证明的情形, 利用相应的结论完成证明; 对较难的题目, 直接转化法失效, 需要采用相应的间接化用法, 即通过对简单情形的证明思路与方法进行修改, 以完成一般情形的证明.

下面, 通过几个例子说明定理的应用.

例 1 设 $\lim\limits_{n\to+\infty}a_n=a$, 证明:

$$\lim_{n\to+\infty}\frac{a_1+2a_2+\cdots+na_n}{n^2}=\frac{a}{2}.$$

结构分析 题型: 具体数列的 $\dfrac{\cdot}{+\infty}$ 不定型极限结论的验证, $\dfrac{\cdot}{+\infty}$ 型具有 Stolz 定理作用对象特征. 思路确立: 类比已知, 优先考虑 Stolz 定理. 方法设计: 利用 Stolz 定理进行验证即可.

解 记 $x_n=a_1+\cdots+na_n$, $y_n=n^2$, 用 Stolz 定理得

$$\lim_{n\to+\infty}\frac{a_1+2a_2+\cdots+na_n}{n^2}=\lim_{n\to+\infty}\frac{na_n}{2n-1}=\frac{a}{2}.$$

在具体应用 Stolz 定理计算题目, 不必验证条件 $\lim\limits_{n\to+\infty}\dfrac{x_n-x_{n-1}}{y_n-y_{n-1}}$ 的存在性, 只需直接进行计算, 看能否计算出结果.

例 2　设 $0<\lambda<1$, $\lim\limits_{n\to+\infty} a_n=a$, 证明:

$$\lim_{n\to+\infty}(a_n+\lambda a_{n-1}+\cdots+\lambda^n a_0)=\frac{a}{1-\lambda}.$$

结构分析　题型: 具体数列极限结论的验证. 思路确立: 类比已知, 定义和 Stolz 定理都是可以考虑的工具. 方法设计: 可以用定义证明 (利用结论 $\lim\limits_{n\to+\infty}(1+\lambda+\cdots+\lambda^n)=\dfrac{1}{1-\lambda}$ 和形式统一法, 即可利用定义给出证明). 也可以从利用 Stolz 定理证明的思路来设计方法. 为利用 Stolz 定理, 需转化为定理的形式, 即将所求极限的数列 $a_n+\lambda a_{n-1}+\cdots+\lambda^n a_0$ 转化为分式形式, 必须**构造出分母**, 且分母还应该是单调递增的正无穷大数列, 那么, 从所给的形式及其所含的因子中, 是否有这样的量, 是否能分离出来作为分母? 解决了这些问题, 就找到了证明方法. 另一方面, 从要处理的数列结构来看, 涉及的两个数列关于 n 的序正好相反, 从首至尾的每一项都和不定数 n 有关, 即两端都不确定, 这也是难点之一, 因此, 希望转化为一端确定、按序排列的结构形式, 便于处理, 因此, 只需提取因子 λ^n 即可, 由此, 将研究的数列转化为

$$\left(\frac{a_n}{\lambda^n}+\frac{a_{n-1}}{\lambda^{n-1}}+\cdots+a_0\right)\lambda^n=\frac{\dfrac{a_n}{\lambda^n}+\dfrac{a_{n-1}}{\lambda^{n-1}}+\cdots+a_0}{\dfrac{1}{\lambda^n}},$$

至此, 已经将其转化为容易处理的结构.

证明　记 $y_n=\dfrac{1}{\lambda^n}, x_n=\dfrac{a_n}{\lambda^n}+\dfrac{a_{n-1}}{\lambda^{n-1}}+\cdots+a_0$, 则 $\{y_n\}$ 为正的无穷大数列, 且

$$\lim_{n\to+\infty}\frac{x_n-x_{n-1}}{y_n-y_{n-1}}=\lim_{n\to+\infty}\frac{a_n}{1-\lambda}=\frac{a}{1-\lambda},$$

利用 Stolz 定理即得.

例 3　设 $\lim\limits_{n\to+\infty} n(A_n-A_{n-1})=0$, 若 $\lim\limits_{n\to+\infty}\dfrac{A_1+\cdots+A_n}{n}=a$, 证明: $\lim\limits_{n\to+\infty} A_n=a$.

结构分析　题型: 抽象数列极限的验证. 思路: 定义、运算法则, 或 Stolz 定理. 具体采用哪种方法, 思路的难点在于已知和未知的结构形式差异很大, 因此, 考虑使用形式统一方法建立已知和未知的联系, 形式统一后就容易确定具体的思路和方法. 类比分析, 条件中与要证明的结论关联最紧密的条件是 $\lim\limits_{n\to+\infty}\dfrac{A_1+\cdots+A_n}{n}$

$= a$, 因此, 采用形式统一法建立未知数列 $\{A_n\}$ 与已知数列 $\left\{\dfrac{A_1+\cdots+A_n}{n}\right\}$ 的联系, 利用插项法可以达到此目的.

证明 由于 $A_n=\left(A_n-\dfrac{A_1+\cdots+A_n}{n}\right)+\dfrac{A_1+\cdots+A_n}{n}$. 所以, 只需证第一项极限为 0.

观察第一项, 化简后的 $\dfrac{nA_n-(A_1+\cdots+A_n)}{n}$ 具有 Stolz 定理作用对象的特征, 可以用此定理来处理, 因而,

$$\begin{aligned}
&\lim_{n\to+\infty}\left(A_n-\frac{A_1+\cdots+A_n}{n}\right)\\
=&\lim_{n\to+\infty}\frac{nA_n-(A_1+\cdots+A_n)}{n}\\
=&\lim_{n\to+\infty}[(nA_n-(A_1+\cdots+A_n))-((n-1)A_{n-1}-(A_1+\cdots+A_{n-1}))]\\
=&\lim_{n\to+\infty}(n-1)(A_n-A_{n-1})=0,
\end{aligned}$$

故, $\lim\limits_{n\to+\infty}A_n=a$.

对一些较为复杂的题目, 应考虑对适当的形式使用 Stolz 定理, 做到对结论的灵活应用 (具体例子见 2.4 节例 5).

抽象总结 (1) 上面通过几个例子说明了 Stolz 定理是处理 $\dfrac{\infty}{\infty}$ 不定型极限的有效工具.

(2) 定理的逆不成立, 即若 $\lim\limits_{n\to+\infty}\dfrac{x_n}{y_n}=a$, 由于 $\lim\limits_{n\to+\infty}\dfrac{x_n-x_{n-1}}{y_n-y_{n-1}}$ 不一定存在, 故不一定有 $\lim\limits_{n\to+\infty}\dfrac{x_n-x_{n-1}}{y_n-y_{n-1}}=a$, 当然, 若 $\lim\limits_{n\to+\infty}\dfrac{x_n-x_{n-1}}{y_n-y_{n-1}}$ 存在, 则必有 $\lim\limits_{n\to+\infty}\dfrac{x_n-x_{n-1}}{y_n-y_{n-1}}=a$. 如取 $x_n=(-1)^{n+1}n$, $y_n=n^2$, 则 $\lim\limits_{n\to+\infty}\dfrac{x_n}{y_n}=0$, 但是 $\lim\limits_{n\to+\infty}\dfrac{x_n-x_{n-1}}{y_n-y_{n-1}}$ 不存在. 因此, 例 3 的如下证明也是错误的.

由 Stolz 定理, 得

$$\lim_{n\to+\infty}\frac{A_1+\cdots+A_n}{n}=\lim_{n\to+\infty}A_n,$$

故, $\lim\limits_{n\to+\infty}A_n=a$.

上述错误的原因: 使用 Stolz 定理逻辑错误. 正确使用 Stolz 定理应该由

$\lim\limits_{n\to+\infty} A_n = a$ 得到 $\lim\limits_{n\to+\infty} \dfrac{A_1+\cdots+A_n}{n} = \lim\limits_{n\to+\infty} A_n = a$, 而不是反向的由 $\lim\limits_{n\to+\infty} \dfrac{A_1+\cdots+A_n}{n} = a$ 得到 $\lim\limits_{n\to+\infty} A_n = a$.

(3) 当 $\lim\limits_{n\to+\infty} \dfrac{x_n - x_{n-1}}{y_n - y_{n-1}} = \infty$, 结论不一定成立, 如取 $x_n = (-1)^{n+1}n$, $y_n = n$, 则 $\lim\limits_{n\to+\infty} \dfrac{x_n - x_{n-1}}{y_n - y_{n-1}} = \infty$, 但是 $\dfrac{x_n}{y_n} = (-1)^{n+1}$, 极限不存在.

与 $\dfrac{\infty}{\infty}$ 型相对应, 还成立 $\dfrac{0}{0}$ 型 Stolz 定理, 我们略去证明.

定理 3.2　设 $\lim\limits_{n\to+\infty} x_n = 0$, $\{y_n\}$ 单调递减收敛于 0, 若 $\lim\limits_{n\to+\infty} \dfrac{x_n - x_{n-1}}{y_n - y_{n-1}} = l$, 则 $\lim\limits_{n\to+\infty} \dfrac{x_n}{y_n} = l$, 其中 l 可为有限、$+\infty$ 或 $-\infty$.

习　题　2.3

1. 证明下列极限结论.

(1) $\lim\limits_{n\to+\infty} \dfrac{\ln n}{n} = 0$;

(2) $\lim\limits_{n\to+\infty} \dfrac{n^k}{a^n} = 0$, $a > 1$, k 为正整数.

2. 计算 $\lim\limits_{n\to+\infty} \dfrac{1+2^k+\cdots+n^k}{n^{k+1}}$.

3. 设 $\lim\limits_{n\to+\infty} x_n = a$, 证明 $\lim\limits_{n\to+\infty} \dfrac{x_1+2x_2+\cdots+nx_n}{n(n+1)} = \dfrac{a}{2}$.

4. 设 $\lim\limits_{n\to+\infty} x_n = 0$, 且 $x_n > 0$, 利用对数变换和 Stolz 定理证明:

$$\lim_{n\to+\infty} (x_1x_2\cdots x_n)^{\frac{1}{n}} = 0.$$

5. 设 $A_n = \sum\limits_{k=1}^{n} a_k$, $\lim\limits_{n\to+\infty} A_n = a$, $\{p_n\}$ 为单调递增的正无穷大量, 作变换 $a_k = A_k - A_{k-1}$, 利用 Stolz 定理, 证明

$$\lim_{n\to+\infty} \frac{p_1a_1+p_2a_2+\cdots+p_na_n}{p_n} = 0.$$

进一步分析为何作上述变换.

6. 设 $x_1 \in (0,1)$, $x_{n+1} = x_n(1-x_n)$, $n = 1, 2, \cdots$, 证明 $\lim\limits_{n\to+\infty} nx_n = 1$.

7. 证明定理 3.2.

2.4 实数基本定理

为了研究更复杂的数列收敛性, 仅有定义和运算法则还远远不够, 还必须有更高级的工具和方法研究数列的收敛性问题, 本节, 我们给出一系列判别准则, 用于通过数列自身结构特点, 研究数列的收敛性问题, 同时, 给出实数系的基本定理.

我们先从确界的性质开始.

一、 确界的极限表示定理

有了极限理论, 可以建立确界和极限之间的关系, 从而实现利用极限理论研究确界的问题.

给定有界非空实数集合 E.

定理 4.1 设 $\beta=\sup E$, $\alpha=\inf E$, 则存在点列 $\{x_n\}\subset E$, $\{y_n\}\subset E$, 使得

$$\lim_{n\to+\infty} x_n=\beta,\qquad \lim_{n\to+\infty} y_n=\alpha.$$

结构分析 题型: 构造满足要求的两个点列. 方法设计: 由于没有特定的构造理论, 从条件分析入手. 已知条件是确界, 对确界, 我们仅掌握了它的定义, 定义中包含两条信息, 从属性上来分析, 第二条与要证明的结论具有相同的属性——“存在性”, 且此条件中含有任意性条件结构, 任意性条件结构是构造数列的明显的结构特征, 因此, 可以设想, 必须从第二条中, 利用任意性条件构造所需要的数列. 这就确定了证明的思路和方法.

证明 只对上确界证明.

设 $\beta\notin E$, 由确界定义, 则

(1) 对任意 $x\in E$, 都有 $x<\beta$;

(2) 对任意 $\varepsilon>0$, 存在 $x_\varepsilon\in E$, 使得 $x_\varepsilon>\beta-\varepsilon$.

故, 取 $\varepsilon=1$, 则, 存在 $x_1\in E$, 使得

$$\beta>x_1>\beta-1.$$

取 $\varepsilon=\frac{1}{2}$, 则, 存在 $x_2\in E$ 使得

$$\beta>x_2>\beta-\frac{1}{2}.$$

如此下去, 对任意的正整数 n, 取 $\varepsilon=\frac{1}{n}$, 则存在 $x_n\in E$, 使得

$$\beta>x_n>\beta-\frac{1}{n},$$

由此构造的数列 $\{x_n\} \subset E$, 满足 $\lim\limits_{n\to+\infty} x_n = \beta$.

当 $\beta \in E$ 时, 此时可以选择 $\{x_n\}$ 为常数数列, 即 $x_n = \beta$, $n = 1, 2, \cdots$, 显然成立 $\lim\limits_{n\to+\infty} x_n = \beta$. 证毕.

抽象总结　(1) 对定理结论的总结: 从定理 4.1 的结构看, 它将确界转化为数列的极限, 建立了确界和极限的联系, 体现了定理的应用思路, 即可以利用极限的运算和性质解决确界问题, 为确界研究提供了极大的方便, 我们也把这个定理称为确界的极限表示定理.

(2) 对定理证明过程的总结: 利用任意性条件构造所需要的点列是常用的方法, 要掌握构造点列的这一思想方法, 因此, "任意性条件" 结构是构造点列的典型特征.

例 1　设 A 是有界的正数集合, 且 $\beta = \sup A > 0$, 令 $B = \left\{\frac{1}{x} : x \in A\right\}$, 证明: $\inf B = \frac{1}{\sup A}$.

证明　记 $\alpha = \inf B$. 由于 $\beta = \sup A$, 由定理 4.1, 存在 $x_n \in A$, 使得 $\lim\limits_{n\to+\infty} x_n = \beta$, 记 $y_n = \frac{1}{x_n} \in B$, 由确界定义, 则 $y_n = \frac{1}{x_n} \geqslant \alpha$, 利用极限的保序性质, 则 $\frac{1}{\beta} \geqslant \alpha$. 另一方面, 存在 $y_n \in B$, 使得 $\lim\limits_{n\to+\infty} y_n = \alpha$, 由集合的定义, 存在 $x_n \in A$, 使得 $y_n = \frac{1}{x_n}$, 由确界定义, 则 $x_n = \frac{1}{y_n} \leqslant \beta$, 因而, $\frac{1}{\beta} \leqslant y_n$ 利用极限的保序性质, 则 $\frac{1}{\beta} \leqslant \alpha$, 故, $\alpha = \frac{1}{\beta}$.

抽象总结　例 1 给出了确界的极限表示定理的应用, 仔细体会利用定理 4.1 将确界关系化为数列极限关系的处理思想.

例 2　设 S 是有上界的非空集合, β 是 S 的一个上界, 且存在 $x_n \in S$ 使得 $\lim\limits_{n\to+\infty} x_n = \beta$, 证明 $\beta = \sup S$.

证明　由于 β 是 S 的一个上界, 则

$$x \leqslant \beta, \quad \forall x \in S,$$

又, 由于 $x_n \in S$ 使得 $\lim\limits_{n\to+\infty} x_n = \beta$, 因而, 对任意的 $\varepsilon > 0$, 存在 N, 使得 $n > N$ 时, 有

$$\beta - \varepsilon < x_n \leqslant \beta,$$

故, $\beta = \sup S$.

二、 单调有界收敛定理

定理 4.2 单调有界数列必然收敛.

结构分析 题型: 要证明的结论是数列的收敛性. 思路确立: 到目前为止, 能证明数列收敛的, 只有定义, 由于定义是验证性证明, 必须先确定极限再验证, 即先确定一个 "点", 使得此点为极限点, 因此, 这样的定理也称为 "点定理". 方法设计: 本定理证明的关键问题是由条件能否确定一个数 (点), 使得这个数就是数列的极限, 这就需要一个 "点定理", 然后验证点定理的条件成立, 得到一个点, 再证明这个点就是数列的极限. 类比已知: 到目前为止, 掌握的点定理有戴德金公理和确界存在定理, 显然, 与所给条件关联紧密的是确界存在定理. 由此确定证明方法: 用确界存在定理得到确界点, 用极限的定义验证确界点就是数列收敛的极限点, 由此得到数列的收敛性.

证明 不妨设 $\{a_n\}$ 单调递增. 由于 $\{a_n\}$ 是有界数列, 由确界存在定理, $\{a_n\}$(或对应的点集) 有唯一的上确界, 记为 a.

由确界定义, 则

(1) $\forall n,\ a_n \leqslant a$;

(2) 对任意的 $\varepsilon > 0$, 存在元素 a_N, 使得

$$a-\varepsilon < a_N,$$

由数列的单调递增条件, 当 $n > N$ 时, 有

$$a-\varepsilon < a_N \leqslant a_n \leqslant a \leqslant a+\varepsilon,$$

因而, $\lim\limits_{n\to+\infty} a_n = a$.

抽象总结 (1) 对定理结论的总结: ① 此定理建立了单调性和收敛性的关系, 其属性是定性的, 即只给出数列收敛性的判断, 不能计算极限; ② 此定理首次给出了预先不知道极限的情况下 (与定义的区别), 通过数列自身的结构判别其收敛性的结论; ③ 定理虽然是定性的, 但仍可以将定理视为 "点定理", 即确定一个点, 使其为数列的极限; ④ 至此, 研究数列收敛的理论工具有两个, 定义和定理 4.2.

(2) 对证明过程的总结: 由证明过程可知, 若 $\{a_n\}$ 单调递增收敛于 a, 则必有 $a_n \leqslant a$. 同样, 若 $\{a_n\}$ 单调递减收敛于 a, 则必有 $a_n \geqslant a$.

下面, 通过例子说明定理 4.2 的运用.

例 3 设 $a > 0$, 记 $y_1 = \sqrt{a}$, 构造 $y_n = \sqrt{a + y_{n-1}}$, 证明: $\{y_n\}$ 收敛, 并计算 $\lim\limits_{n\to+\infty} y_n$.

证明　通过观察可得

$$y_{n+1}=\underbrace{\sqrt{a+\sqrt{a+\cdots+\sqrt{a}}}}_{n+1}$$

$$\geqslant\underbrace{\sqrt{a+\sqrt{a+\cdots+\sqrt{a}}}}_{n}=y_n>0,$$

因而, $\{y_n\}$ 单调递增 (也可以用归纳法证明).

再证有界性 (上界). 由单调递增性质, 可知

$$y_n\geqslant y_1=\sqrt{a},\quad \forall n>1,$$

由结构条件得

$$y_n^2=a+y_{n-1}\leqslant a+y_n,$$

故,

$$y_n\leqslant\frac{a}{y_n}+1\leqslant\sqrt{a}+1,$$

因而, $\{y_n\}$ 有界.

由定理 4.2, $\{y_n\}$ 收敛. 设 $\lim\limits_{n\to+\infty}y_n=b$, 则由

$$y_n=\sqrt{a+y_{n-1}},$$

利用极限的运算性质得 $b=\sqrt{a+b}$, 求解并舍去负根解得

$$b=\frac{1+\sqrt{4a+1}}{2}.$$

注　关于界的确定: 将数列利用放大转化为关于通项的不等式后, 也可以通过不等式的求解得到有界, 如例 3, 得到

$$y_n^2=a+y_{n-1}\leqslant a+y_n,$$

求解不等式可知

$$y_n\leqslant\frac{1+\sqrt{1+4a}}{2},$$

得到数列的上界.

抽象总结 (1) 例 3 的题型结构: 给出了数列构造, 即给出了数列的初始项和构造规则, 由此构造出整个数列, 这类数列也称迭代数列.

(2) 例 3 的题目要求: 证明迭代数列的收敛性并计算极限, 既要进行定性分析, 又要进行定量计算, 这是对迭代数列常见的解题要求.

(3) 单调有界收敛定理是研究迭代数列收敛性的有效工具, 换句话说, 对迭代数列, 研究其收敛性时, 首选工具是单调有界收敛定理.

(4) 单调有界收敛定理的应用, 此时必须解决两个问题.

1) 单调性

数列的单调性有单调递增和单调递减, 因此, 研究单调性时首先要明确研究方向, 是证明单调递增, 还是证明单调递减. 那么, 如何明确研究方向? 我们引入一种被称为预判的方法——"**预判法**", 即通过前几项的具体的计算和比较, 初步分析并确定单调性; 其次, 在 "预判" 基础上的严格证明. 通过第一步的预判, 明确了证明的方向, 接下来的工作自然是严格证明预判的结果. 证明的具体方法也有多种, 常见的有 ① 观察法, 直接通过观察数列的结构给出单调性的证明; ② 差值法, 考察任意相邻两项的差, 通过差的符号得到单调性, 即若对任意 n, $x_{n+1}-x_n\geqslant 0$, 则 $\{x_n\}$ 单调递增, 否则, 数列单调递减; ③ 比值法, 对正数列, 可以通过考察相邻两项的比值得到单调性结论, 即若对任意的 n 满足 $\dfrac{x_{n+1}}{x_n}\geqslant 1$, 则数列单调递增, 否则, 收敛单调递减. 这样, 基本上解决了单调性问题.

2) 有界性

有界性的证明首先要解决方向性问题, 即确定下界还是确定上界. **预判法**仍是研究有界性的一个有效方法, 即借助于预判的单调性和极限首先预判出要证明的界是什么, 然后再严格证明之. 对这类题目, 由于知道了数列的结构, 因此, 假设数列收敛, 则可以通过数列结构计算极限. 若数列单调递增, 则此极限值应该是一个上界; 若数列单调递减, 则此极限值应该是其下界. 这样就确定了数列的界, 明确了界的方向. 因此, 剩下的工作就是证明极限就是数列的上界或下界即可. 证明的方法通常有**归纳法和估计方法,** 估计方法是利用一些不等式进行放大或缩小, 要求技巧性强, 也可以利用单调性代入迭代关系式, **得到关于通项的不等式, 通过不等式的求解得到有界性**.

有些例子需用有界性证明单调性, 这就需要先证明有界性, 再证明单调性; 有些例子需要用单调性证明有界性, 这时, 就需要先证明单调性, 再证明有界性. 要具体题目具体分析.

例 4 设 $x_1=\sqrt{2}, x_{n+1}=\sqrt{3+2x_n}, n=1,2,3,\cdots$, 计算 $\lim\limits_{n\to+\infty} x_n$.

结构分析 数列结构: 迭代数列. 类比已知: 符合单调有界收敛定理作用对象的特征. 思路确立: 确定用单调有界收敛定理处理. 方法设计: 单调性预判, 计算前 3 项, 发现 $x_1=\sqrt{2}$, $x_2=\sqrt{3+2\sqrt{2}}\approx\sqrt{5.8}$, $x_3\approx\sqrt{7.8}$, 因而, 预判单调性为单调递增; 有界性预判: 设 $\lim\limits_{n\to+\infty}x_n=a$, 则必有 $a=\sqrt{3+2a}$, 得 $a=3$, 因此, 预判数列有上界 3.

因此, 证明过程就是验证预判的结果, 至于先验证有界性还是先验证单调性, 必须具体问题具体分析.

解　(1) 有界性.

由于 $0<x_1=\sqrt{2}<3$, 设 $0<x_k<3$, 则

$$0<x_{k+1}=\sqrt{3+2x_k}<3,$$

故, 归纳证明了 $0<x_n<3$, $\forall n=1,2,\cdots$.

(2) 单调性.

由于

$$x_{n+1}-x_n=\sqrt{3+2x_n}-x_n=\frac{(3-x_n)(1+x_n)}{\sqrt{3+2x_n}+x_n}>0,$$

故, $\{x_n\}$ 单调增加.

(3) 求解极限值.

由 (1) 和 (2) 知, $\lim\limits_{n\to+\infty}x_n$ 存在, 不妨设 $\lim\limits_{n\to+\infty}x_n=a$, 则 $a=\sqrt{3+2a}$, 解得 $a=3$.

注　单调性的验证也可用比值方法:

$$\frac{x_{n+1}}{x_n}=\sqrt{\frac{3}{x_n^2}+\frac{2}{x_n}}\geqslant\sqrt{\frac{3}{9}+\frac{2}{3}}=1,$$

由此得到单调增加的性质.

例 5　设 $x_0=\dfrac{1}{2}$, $x_n=\sqrt{\dfrac{2x_{n-1}^2}{2+x_{n-1}^2}}$, $n=1,2,\cdots$, 证明:

(1) $\lim\limits_{n\to+\infty}x_n=0$; (2) $\lim\limits_{n\to+\infty}\sqrt{\dfrac{n}{2}}x_n=1$.

结构分析　从结构特征看, 结论 (1) 是迭代数列的极限问题, 具有 “单调有界收敛定理” 作用对象的典型特征, 只需用此定理验证即可; 对结论 (2), 从要证明的结论看, 要研究的数列极限为 $0\cdot\infty$ 型的极限, 对数列的这种不定型极限, 到目前为止, 所能利用的工具只有 Stolz 定理, 为利用 Stolz 定理, 需将其转化为 $\dfrac{\infty}{\infty}$ 或 $\dfrac{0}{0}$ 型, 注意到结构中含有较难处理的无理因子, 为便于研究, 将无理因子去掉, 证明等价的结论 $\lim\limits_{n\to+\infty}nx_n^2=2$.

证明 (1) 显然, $x_n>0,\forall n$, 由于

$$x_{n+1}^2-x_n^2=\frac{2x_n^2}{2+x_n^2}-x_n^2=-\frac{x_n^4}{2+x_n^2}<0,$$

故, $\{x_n\}$ 是单调递减且有下界的数列, 因而, $\{x_n\}$ 必收敛.

设 $\lim\limits_{n\to+\infty}x_n=a\geqslant0$, 则利用迭代公式和极限的四则运算法则有 $a^2=\dfrac{2a^2}{2+a^2}$, 故, $a=0$.

(2) 考察 $\lim\limits_{n\to+\infty}nx_n^2$, 利用 Stolz 定理, 则

$$\begin{aligned}\lim_{n\to+\infty}nx_n^2&=\lim_{n\to+\infty}\frac{n}{\frac{1}{x_n^2}}=\lim_{n\to+\infty}\frac{1}{\frac{1}{x_{n+1}^2}-\frac{1}{x_n^2}}\\&=\lim_{n\to+\infty}\frac{x_{n+1}^2x_n^2}{x_n^2-x_{n+1}^2}=\lim_{n\to+\infty}\frac{x_{n+1}^2}{x_n^2}(2+x_n^2)=2,\end{aligned}$$

故, $\lim\limits_{n\to+\infty}\sqrt{\dfrac{n}{2}}x_n=1$.

单调有界收敛定理的另一个重要应用是建立一个重要的极限.

先给出一个重要不等式.

平均不等式　对任意 n 个正数 $a_1,a_2,\cdots,a_n$, 成立

$$\begin{aligned}\frac{a_1+a_2+\cdots+a_n}{n}&\geqslant\sqrt[n]{a_1a_2\cdots a_n}\\&\geqslant\frac{n}{\frac{1}{a_1}+\frac{1}{a_2}+\cdots+\frac{1}{a_n}},\end{aligned}$$

即算术平均 $\geqslant$ 几何平均 $\geqslant$ 调和平均, 当且仅当 $a_1=a_2=\cdots=a_n$ 时等号成立.

例 6 证明 $\left\{\left(1+\dfrac{1}{n}\right)^n\right\}$ 和 $\left\{\left(1+\dfrac{1}{n}\right)^{n+1}\right\}$ 的敛散性.

证明 记 $x_n=\left(1+\dfrac{1}{n}\right)^n$, $y_n=\left(1+\dfrac{1}{n}\right)^{n+1}$, 利用平均不等式, 则

$$x_n=\left(1+\frac{1}{n}\right)^n\cdot1=\underbrace{\left(1+\frac{1}{n}\right)\left(1+\frac{1}{n}\right)\cdots\left(1+\frac{1}{n}\right)}_{n}\cdot1$$

$$\leqslant \left[\frac{n\left(1+\frac{1}{n}\right)+1}{n+1}\right]^{n+1} = x_{n+1},$$

类似,

$$\frac{1}{y_n} = \frac{1}{\left(1+\frac{1}{n}\right)^{n+1}}\cdot 1 = \frac{1}{1+\frac{1}{n}}\cdot\frac{1}{1+\frac{1}{n}}\cdots\frac{1}{1+\frac{1}{n}}\cdot 1$$

$$= \frac{n}{1+n}\cdot\frac{n}{1+n}\cdots\frac{n}{1+n}\cdot 1$$

$$\leqslant \left(\frac{(n+1)\frac{n}{n+1}+1}{n+2}\right)^{n+2}$$

$$= \left(\frac{1}{1+\frac{1}{n+1}}\right)^{n+2} = \frac{1}{y_{n+1}},$$

故, $\{x_n\}$ 单调递增, $\{y_n\}$ 单调递减.

又由于 $2 = x_1 < x_n < y_n < y_1 = 4$, 因而, $\{x_n\}$, $\{y_n\}$ 有界, 故 $\{x_n\}$ 和 $\{y_n\}$ 都收敛.

进一步分析二者的极限关系. 由于

$$y_n = \left(1+\frac{1}{n}\right)^{n+1} = x_n\left(1+\frac{1}{n}\right).$$

因而, $\lim\limits_{n\to+\infty} x_n = \lim\limits_{n\to+\infty} y_n$, 记这个共同的极限为 e, 由此得到**重要极限**:

$$\lim_{n\to+\infty}\left(1+\frac{1}{n}\right)^n = \mathrm{e},$$

其中 $\mathrm{e} \approx 2.7182818\cdots$, 这就是自然对数的底.

抽象总结 (1) 重要极限的结构特点: 1^∞ 型极限或 $(1+0)^{\frac{1}{0}}$ 型极限, 或幂指结构的极限; 由此决定了该重要极限作用对象的特征. (2) 由证明过程可知, $\left\{\left(1+\frac{1}{n}\right)^n\right\}$ 单调递增收敛于 e, $\left\{\left(1+\frac{1}{n}\right)^{n+1}\right\}$ 单调递减收敛于 e, 因而成立

$$\left(1+\frac{1}{n}\right)^n < \mathrm{e} < \left(1+\frac{1}{n}\right)^{n+1},$$

取对数得

$$n\ln\frac{n+1}{n}<1<(n+1)\ln\frac{n+1}{n},$$

故,

$$\frac{1}{n+1}<\ln\left(1+\frac{1}{n}\right)<\frac{1}{n},$$

这是一个重要的关系式, 给出了对数函数的估计, 或利用简单的有理函数实现对复杂对数函数的放缩估计, 体现化繁为简的应用思想 (这个关系式也可以用后续的中值定理来证明), 注意到 $\ln\left(1+\frac{1}{n}\right)$ 为常用的无穷小量, 此关系式也给出了关于此无穷小量的收敛速度. (3) 这一重要极限的应用　利用重要极限可以研究幂指结构的极限, 还可以利用指数函数和对数函数的关系, 建立指数函数和对数函数与简单的幂函数的关系.

例 7　计算下列极限.

(1) $\lim\limits_{n\to+\infty}n\ln\left(1+\frac{1}{n}\right)$; (2) $\lim\limits_{n\to+\infty}\left(1-\frac{1}{n}\right)^n$.

解　(1) 利用重要极限和复合运算法则, 有

$$\lim_{n\to+\infty}n\ln\left(1+\frac{1}{n}\right)=\lim_{n\to+\infty}\ln\left(1+\frac{1}{n}\right)^n=\ln\mathrm{e}=1.$$

(2) 幂指结构的极限, 利用重要极限, 则

$$\lim_{n\to+\infty}\left(1-\frac{1}{n}\right)^n=\lim_{n\to+\infty}\left(\frac{n-1}{n}\right)^n=\lim_{n\to+\infty}\frac{1}{\left(1+\dfrac{1}{n-1}\right)^n}$$

$$=\lim_{n\to+\infty}\frac{1}{\left(1+\dfrac{1}{n-1}\right)^{n-1}}\frac{1}{1+\dfrac{1}{n-1}}=\mathrm{e}^{-1}.$$

抽象总结　本例的 (1) 建立了指数函数和最简单的幂函数的关系, 实现了在极限理论中化繁为简; 本例的 (2) 是重要极限的变形; (1) 和 (2) 都可以作为结论使用.(2) 的证明再次应用了形式统一的思想.

利用重要极限还可以研究更复杂的数列极限.

例 8　若记 $\gamma_n=1+\frac{1}{2}+\cdots+\frac{1}{n}-\ln n$, 证明 $\{\gamma_n\}$ 收敛.

证明　由上述关系式得

$$\frac{1}{n+1}<\ln(n+1)-\ln n<\frac{1}{n},$$

故,

$$\gamma_{n+1}-\gamma_n=\frac{1}{n+1}-\ln(n+1)+\ln n<0,$$

故, $\{\gamma_n\}$ 单调递减.

为证明 $\{\gamma_n\}$ 的收敛性, 只需证明其有下界, 利用 $\ln\frac{n+1}{n}<\frac{1}{n}$, 则

$$\begin{aligned}\gamma_n&=1+\frac{1}{2}+\cdots+\frac{1}{n}-\ln n>\ln\frac{2}{1}+\ln\frac{3}{2}+\cdots+\ln\frac{n+1}{n}-\ln n\\&=\ln(n+1)-\ln n>0,\end{aligned}$$

故 $\{\gamma_n\}$ 有下界, 因而其收敛.

记 $\gamma=\lim\limits_{n\to+\infty}\gamma_n\approx0.57721566490\cdots$, 称为欧拉常数.

抽象总结 (1) 对结论的总结: ① $\left\{1+\frac{1}{2}+\cdots+\frac{1}{n}\right\}$ 是正无穷大数列, 即 $1+\frac{1}{2}+\cdots+\frac{1}{n}\to+\infty$; ② 其趋于正无穷的速度和 $\{\ln n\}$ 趋于无穷大的速度是同阶的.

(2) 对证明过程的总结: 数列结构隐藏 $\ln n$ 和有理结构 $\frac{1}{n}$ 的关系, 基于此关系确定利用重要极限的相关结果证明的思路.

(3) 结论的应用: 后续内容中, 涉及因子 $1+\frac{1}{2}+\cdots+\frac{1}{n}$ 的相关问题中, 要联想到这个结论.

例 9 记 $\alpha_n=\left(\frac{1}{n+1}+\cdots+\frac{1}{2n}\right)$, 证明: $\lim\limits_{n\to+\infty}a_n=\ln2$.

证明 由于

$$\alpha_n=\gamma_{2n}-\gamma_n+\ln(2n)-\ln n=\gamma_{2n}-\gamma_n+\ln2,$$

故, $\lim\limits_{n\to+\infty}a_n=\ln2$.

单调有界收敛定理的单调性条件较强, 那么, 定理 4.2 中的条件是否减弱, 减弱后结果会发生怎么样的变化? 为了解决这个问题, 我们引入实数系的一个定理.

三、 闭区间套定理

定义 4.1 若区间列 $\{[a_n,b_n]\}$ 满足

(1) $[a_{n+1},b_{n+1}]\subset[a_n,b_n]$, $n=1,2,\cdots$;

(2) $\lim\limits_{n\to+\infty}(b_n-a_n)=0$.

则称 $\{[a_n,b_n]\}$ 为一个闭区间套.

信息挖掘 从定义可知: 若 $\{[a_n,b_n]\}$ 是闭区间套, 则

$$a_1 \leqslant a_2 \leqslant \cdots \leqslant a_{n-1} \leqslant a_n < b_n \leqslant b_{n-1} \leqslant \cdots \leqslant b_2 \leqslant b_1,$$

因而, $\{a_n\}$ 是单调递增数列, $\{b_n\}$ 是单调递减数列.

定理 4.3 假设 $\{[a_n,b_n]\}$ 为一个闭区间套, 则存在唯一的 ξ, 使对任意的 n, 都有 $\xi \in [a_n,b_n]$, 且 $\lim\limits_{n\to+\infty} a_n = \lim\limits_{n\to+\infty} b_n = \xi$.

结构分析 题型: 数列 $\{a_n\}$ 和数列 $\{b_n\}$ 的收敛性分析, 包含定性分析和定量分析. 类比已知: 已知工具是定义和单调有界收敛定理. 思路确立: 利用单调有界收敛定理证明.

证明 由于 $\{[a_n,b_n]\}$ 为区间套, 则 $\{a_n\}$ 单调递增, $\{b_n\}$ 单调递减且都有界, 因而由单调有界收敛定理可知, $\{a_n\}$ 和 $\{b_n\}$ 都收敛.

设 $\lim\limits_{n\to+\infty} a_n = \xi$, 则

$$\lim_{n\to+\infty} b_n = \lim_{n\to+\infty}(b_n - a_n) + \lim_{n\to+\infty} a_n = \xi,$$

由数列的单调性, 显然有

$$a_n \leqslant \xi \leqslant b_n, \quad \forall n = 1,2,\cdots,$$

由极限的唯一性可得 ξ 的唯一性.

抽象总结 (1) 关于定理, 从属性看, 此定理仍是点定理, 即通过闭区间套, 套住或确定满足某种性质的点.

(2) 若将闭区间套改为开区间套, 仍有 $\lim\limits_{n\to+\infty} a_n = \lim\limits_{n\to+\infty} b_n = \xi$, 但不一定有 $\xi \in (a_n,b_n)$, 如取 $(a_n,b_n) = \left(0,\dfrac{1}{n}\right)$, 则 $\lim\limits_{n\to+\infty} a_n = \lim\limits_{n\to+\infty} b_n = 0 \notin (a_n,b_n)$.

(3) 从应用角度看, 闭区间套定理的作用就是通过闭区间套, 将某一个闭区间上成立的整体性质, 通过构造闭区间套, 使得这个性质在每个闭区间上都成立, 进而使其在被套住的 "点"ξ 的附近也成立此性质, 从而, 将此性质从整体推到局部, 这就是此定理的本质和作用原理. 由此也表明: 闭区间套定理是一个理论工具, 用于研究函数的分析性质.

有了闭区间套定理, 就可以研究单调有界收敛定理的条件是否能减弱的问题了, 下面将借此给出关于数列收敛性的又一重要的定理.

四、 魏尔斯特拉斯定理

1. 子列

先引入子列的概念.

定义 4.2 设 $\{x_n\}$ 是一个数列, 而

$$n_1 < n_2 < \cdots < n_k < n_{k+1} < \cdots$$

是一个严格单调增加的正整数数列, 则

$$x_{n_1}, x_{n_2}, \cdots, x_{n_k}, \cdots$$

也是一个数列, 称为 $\{x_n\}$ 的子列, 记为 $\{x_{n_k}\}$.

信息挖掘 (1) 子列就是从原数列中, 按原顺序挑出一系列无穷多个元素而形成的数列.

(2) 一个数列可以有无限个子列, 其中两个重要而特殊的子列是奇子列$\{x_{2k+1}\}$和偶子列 $\{x_{2k}\}$.

(3) 数列与子列的下标关系: $n_k \geqslant k$; $n_j \geqslant n_k, \forall j \geqslant k$.

(4) 数列和其子列逻辑关系, 基本类似于**全体和部分**的关系, 因此, 引入子列的概念, 就是为了能够利用部分与全体的关系, 通过子列考察原数列的敛散性.

2. 数列和子列的敛散性关系

基于部分和全体的逻辑关系, 全体成立的结论对部分也成立, 部分不成立, 全体也不成立, 利用这种关系讨论子列和数列的敛散性关系.

定理 4.4 设 $\{x_n\}$ 收敛于 a, 则其任何子列 $\{x_{n_k}\}$ 都收敛, 且都收敛于 a.

证明 由于 $\lim\limits_{n\to+\infty} x_n = a$, 则对 $\forall\varepsilon > 0$, 存在 N, 使 $n > N$ 时, 有

$$|x_n - a| < \varepsilon.$$

取 $K > N$, 当 $k > K$ 时, $n_k > K > N$, 故

$$|x_{n_k} - a| < \varepsilon,$$

因而, $\{x_{n_k}\}$ 也收敛于 a.

定理 4.4 的逆也成立.

定理 4.5 如果 $\{x_n\}$ 的所有子列都收敛于同一个极限 a, 则必有 $\{x_n\}$ 收敛于 a.

结构分析 方法设计, 题型的结构: 题目中暗含任意性条件 “任意子列都收敛于同一个极限”. 对含有任意性条件的题目, 常用的处理方法是反证法: 构造出一个反例 “一个不收敛于 a 的子列”. 当然, 利用部分与全体的逻辑关系也可以确定用反证法证明的思路.

证明 若 $\{x_n\}$ 不收敛于 a, 则存在 $\varepsilon_0 > 0$, 使得对任意的 N, 都存在 $n > N$, 成立 $|x_n - a| > \varepsilon_0$.

因而, 取 $N=1$, 存在 $n_1>1$, 使

$$|x_{n_1}-a|>\varepsilon_0;$$

取 $N=2$, 存在 $n_1>2$, 使

$$|x_{n_2}-a|>\varepsilon_0;$$

如此下去, 对任意的正整数 k, 取 $N=k$, 存在 $n_k>k$ 使

$$|x_{n_k}-a|>\varepsilon_0;$$

由此, 构造了点列 $\{x_{n_k}\}$ 不收敛于 a, 矛盾.

抽象总结 再次强调证明过程中利用任意性条件构造子列的方法.

在所有的子列中有两个特殊的子列: 奇子列和偶子列, 也决定了二者的具有特殊的性质.

定理 4.6 如果 $\{x_n\}$ 的奇子列 $\{x_{2n+1}\}$ 和偶子列 $\{x_{2n}\}$ 都收敛于同一个极限 a, 则必有 $\{x_n\}$ 收敛于 a.

此定理的证明与定理 4.5 类似, 我们略去证明.

定理 4.6 常用来证明数列极限的不存在性.

推论 4.1 若存在 $\{x_n\}$ 的两个子列 $\left\{x_{n_k}^{(1)}\right\}$, $\left\{x_{n_k}^{(2)}\right\}$ 分别收敛于不同的极限, 则 $\{x_n\}$ 必发散.

3. 数列收敛和子列收敛的几何意义

利用数列极限的几何意义, 很容易了解到**数列收敛和子列收敛的差别**: 若 $\{x_n\}$ 收敛于 a, 则, 从第 N 项以后, $\{x_n\}$ 所有的项都落在 $U(a,\varepsilon)$ 内, 因而, $U(a,\varepsilon)$ 外至多有数列的有限项; 而子列 $\{x_{n_k}\}$ 收敛于 a, 则原数列 $\{x_n\}$ 中, 必有无穷多项落在 $U(a,\varepsilon)$ 内, 此时, $U(a,\varepsilon)$ 外也可能有数列 $\{x_n\}$ 的无穷多项. 这是数列收敛和子列收敛在几何意义上的差别.

例 10 证明 $\{\cos n\pi\}$ 和 $\left\{\sin\dfrac{n\pi}{4}\right\}$ 都不收敛.

证明 记 $x_n=\cos n\pi$, $y_n=\sin\dfrac{n\pi}{4}$, 则由于

$$x_{2k}=\cos 2k\pi=1,\quad x_{2k+1}=\cos(2k+1)\pi=-1,$$

因而, $\{\cos n\pi\}$ 不收敛.

类似, 由于

$$y_{4k}=\sin k\pi=0,\quad y_{8k+2}=\sin\left(2k+\frac{1}{2}\right)\pi=1,$$

因而, $\left\{\sin\dfrac{n\pi}{4}\right\}$ 不收敛.

4. 魏尔斯特拉斯定理

利用子列概念, 可以建立魏尔斯特拉斯 (Weierstrass, 1815~1897, 德国数学家, 被誉为“现代分析之父”) 定理.

定理 4.7 (魏尔斯特拉斯定理)　有界数列 $\{x_n\}$ 必有收敛子列.

结构分析　题型: 数列收敛性的定性分析. 从此角度出发, 对应的思路应该是单调有界收敛定理, 但是, 从有界数列中挑选单调数列不是容易的事. 相对来说, 定量分析的工具较多, 也可以从定量角度去分析, 此时, 相当于确定一个点, 使得此点为子列的极限, 因此, 这是一个点定理, 类比已知, 相应的工具有很多, 根据子列收敛的几何意义, 此点应具有局部性质. 此点的任意邻域内有该数列的无穷多项, 因此, 需要确定一点, 使得此点具有某个局部性质. 这正是有界闭区间套定理作用对象的特征. 由此确定思路. 方法设计相对容易.

证明　由于 $\{x_n\}$ 有界, 则存在 $[a,b]$, 使

$$a \leqslant x_n \leqslant b, \quad \forall n=1,2,\cdots,$$

二等分 $[a,b]$, 则 $\left[a,\dfrac{a+b}{2}\right]$ 和 $\left[\dfrac{a+b}{2},b\right]$ 必然有一个含 $\{x_n\}$ 的无穷多项, 记为 $[a_1,b_1]$, 二等分 $[a_1,b_1]$, 则其子区间必有一个含 $\{x_n\}$ 无穷多项, 记为 $[a_2,b_2]$, 如此下去, 构造闭区间列 $\{[a_n,b_n]\}$, 满足条件:

(1) $\{[a_n,b_n]\}$ 是闭区间套;

(2) 对任意的 n, $[a_n,b_n]$ 都具有共同的性质: 含有 $\{x_n\}$ 中无穷多项.

由闭区间套定理, 存在唯一的点 ξ, 使

$$\lim_{n\to+\infty} a_n = \lim_{n\to+\infty} b_n = \xi.$$

下面证明, ξ 正是某个子列的极限, 这就需要构造相应的子列, 注意到点 ξ 的性质: $\{a_n\}$ 单调递增、$\{b_n\}$ 单调递减收敛于 ξ, 且 $a_n \leqslant \xi \leqslant b_n$, 可以设想, 构造的子列 $\{x_{n_k}\}$ 只需满足 $a_k \leqslant x_{n_k} \leqslant b_k$, 即从闭区间套的每个区间中取点即可. 而任意性也是构造的出发点之一, 闭区间套所满足的第二条中就隐含有任意性, 从此条件中构造子列, 即在 $[a_1,b_1]$ 中任取一项 x_{n_1}, 由闭区间套构造的性质, 在 $[a_2,b_2]$ 中, 总含有 x_{n_1} 之后的无穷多项, 从中取出一项记为 x_{n_2}, 且 $n_2 > n_1$, 如此下去, 可构造子列 $\{x_{n_k}\}$ 且 $a_k \leqslant x_{n_k} \leqslant b_k$, 使得 $\lim\limits_{n\to+\infty} x_{n_k} = \xi$.

抽象总结　(1) 对定理结论的总结: ① 魏尔斯特拉斯定理是数列敛散性定性分析的工具, 定理的条件非常弱, 结论也相对较弱, 只能确定一个收敛子列. 当然, 收敛子列不唯一. ② 利用后续课程泛函分析中的聚点概念更容易看到魏尔斯特拉斯定理的本质. 为此, 我们引入聚点的定义.

给定数列 $\{x_n\}$ 和实数 a, 若对任意的 $\varepsilon>0$, $U(a,\varepsilon)$ 中都含有 $\{x_n\}$ 的异于 a 的点, 则称 a 为数列 $\{x_n\}$ 的聚点.

因此, 聚点就是收敛子列的极限点. 魏尔斯特拉斯定理表明, 有界点列必有聚点, 但聚点不唯一.

(2) 对定理证明过程的总结: ① 有界闭区间套定理的作用, 确定某点, 使得此点具有局部性质 (P). ② 构造闭区间套的方法, 二等分方法, 步骤如下

第一步　构造闭区间 $[a_1,b_1]$, 使得 $[a_1,b_1]$ 上具有性质 (P);

第二步　二等分 $[a_1,b_1]$, 从中选择一个, 记为 $[a_2,b_2]$, 使得 $[a_2,b_2]$ 上具有性质 (P);

第三步　二等分 $[a_2,b_2]$, 从中选择一个, 记为 $[a_3,b_3]$, 使得 $[a_3,b_3]$ 上具有性质 (P);

第四步　如此等分下去, 选择并构造 $[a_n,b_n]$, 使得 $[a_n,b_n]$ 上具有性质 (P). 因此, 等分区间, 选择并使得 $[a_n,b_n]$ 上具有共同的性质 (P) 是构造闭区间套的原则.

魏尔斯特拉斯定理又称紧性定理或致密性定理, 它将收敛性的证明转化为有界性条件的验证, 相对来说, 有界性条件更容易验证, 因此, 此定理是现代分析学中非常重要的结论.

当有界条件去掉时, 有较弱的结论.

定理 4.8　若 $\{x_n\}$ 无界, 则存在子列 $\{x_{n_k}\}$, 使 $\lim\limits_{n\to+\infty}x_{n_k}=\infty$.

结构分析　题型: 构造性题目. 类比条件: 无界性条件中隐藏任意性条件结构, 这是构造点列的典型的结构特征, 由此确定证明方法.

证明　由于 $\{x_n\}$ 无界, 则 $\forall M>0$, 存在 x_N 使

$$|x_N|>M,$$

因而, 取 $M=1$, 存在 x_{n_1}, 使得 $|x_{n_1}|>1$; 取 $M=2$, 存在 x_{n_2}, 使得 $|x_{n_2}|>2$; 如此下去, 对任意正整数 k, 取 $M=k$, 存在 x_{n_k}, 使得 $|x_{n_k}|>k$. 显然, 由此构造的子列 $\{x_{n_k}\}$, 满足 $\lim\limits_{n\to+\infty}x_{n_k}=\infty$.

例 11　若 $\{x_n\}$ 无界, 但不是无穷大数列, 证明: 必存在两个子列 $\left\{x_{n_k}^{(1)}\right\}$ 和 $\left\{x_{n_k}^{(2)}\right\}$, 使得 $\left\{x_{n_k}^{(1)}\right\}$ 是无穷大数列, 而 $\left\{x_{n_k}^{(2)}\right\}$ 收敛.

证明　由定理 4.8, 存在子列 $\left\{x_{n_k}^{(1)}\right\}$, 使得

$$\lim_{n\to+\infty}x_{n_k}^{(1)}=\infty.$$

下面, 构造第二个子列. 由于 $\{x_n\}$ 不是无穷大数列, 因而, 存在 $M>0$, 对任意的 N, 都存在 $n_N>N$, 使得

$$|x_{n_M}|\leqslant M,$$

因此, 取 $N=1$, 则存在 x_{n_1}, 使得 $|x_{n_1}|\leqslant M$; 取 $N=2$, 则存在 x_{n_2}, 使得 $|x_{n_2}|\leqslant M$; 如此下去, 对任意正整数 k, 取 $N=k$, 存在 x_{n_k}, 使得 $|x_{n_k}|\leqslant M$. 因而, 存在子列 $\{x_{n_k}\}$, 满足 $\{x_{n_k}\}$ 有界, 由魏尔斯特拉斯定理, $\{x_{n_k}\}$ 存在子列, 也是原数列 $\{x_n\}$ 的子列 $\left\{x_{n_k}^{(2)}\right\}$, 使得 $\left\{x_{n_k}^{(2)}\right\}$ 收敛.

抽象总结　(1) 通过定理和例题的证明, 掌握利用任意性条件构造子列的思想方法. (2) 准确把握无界和无穷大量的定义, 掌握这两个定义的区别.

五、 柯西收敛定理

我们继续研究数列的收敛性, 给出数列收敛性的判别准则.

我们已经掌握的判断数列收敛性的定理只有单调有界收敛定理. 但此定理只给出数列收敛的充分条件, 且单调性条件较强. 事实上, 更多的收敛数列并非单调, 因此, 这个定理虽好, 但是, 使用范围受限, 因此, 寻找判别数列收敛的充分必要条件非常有意义. 柯西 (Cauchy, 1789~1857, 法国数学家、物理学家、天文学家) 收敛定理, 也称柯西收敛准则就是一个判别数列收敛的充分必要条件. 先引入一个基本概念.

1. 基本列

定义 4.3　若 $\{x_n\}$ 满足: 对任意的 $\varepsilon>0$, 存在 N, 使得对任意的 $n,m>N$, 都成立

$$|x_n-x_m|<\varepsilon,$$

称 $\{x_n\}$ 为基本列.

信息挖掘　称 $|x_n-x_m|$ 为数列 $\{x_n\}$ 的柯西片段, 其结构特征是具有任意两项差的结构. 那么, 定义 4.3 中给出了基本列的结构特征, 简单来说就是充分远的柯西片段能够任意小.

2. 基本列的数列属性

我们先揭示基本列的收敛性质.

引理 4.1　设 $\{x_n\}$ 为基本列, 若 $\{x_n\}$ 有一子列 $\{x_{n_k}\}$ 收敛于 a, 则 $\{x_n\}$ 也收敛于 a.

结构分析　题型结构: 抽象数列收敛性证明. 由于知道极限为 a, 类比已知, 可以确定用定义来证明. 方法设计: 已知条件的量化形式为 $|x_n-x_m|<\varepsilon$,

$|x_{n_k}-a|<\varepsilon$, 结论的形式为 $|x_n-a|<\varepsilon$, 比较三者的形式, 建立已知和未知的联系, 用已知控制未知的方法就是插项法.

证明 由于 $\{x_n\}$ 为基本列, 则对任意的 $\varepsilon>0$, 存在 N_0, 使得对任意的 $n,m>N_0$, 都成立

$$|x_n-x_m|<\varepsilon.$$

又, $\{x_{n_k}\}$ 收敛于 a, 因而, 存在 $k_0>N_0$, 当 $k>k_0$ 时, 成立

$$|x_{n_k}-a|<\varepsilon.$$

取 $N=\max\{N_0,n_{k_0}\}$, 则当 $n>N$ 时,

$$|x_n-a|<|x_n-x_{n_{k_0+1}}|+|x_{n_{k_0+1}}-a|<2\varepsilon,$$

故, $\{x_n\}$ 收敛于 a.

抽象总结 引理 4.1 表明, 对基本列而言, 数列收敛性等价于子列收敛, 这是一个很好的结论, 因为找一个收敛的子列很容易, 只需说明数列是有界的即可.

此引理也表明基本列是一类很好的数列. 下述定理就揭示了基本列的收敛属性, 表明基本列就是收敛数列.

定理 4.9 (柯西收敛定理 (准则)) $\{x_n\}$ 收敛的充分必要条件是 $\{x_n\}$ 是基本列.

证明 假设 $\{x_n\}$ 收敛于 a, 则对任意 $\varepsilon>0$, 存在 N, 使 $n>N$ 时,

$$|x_n-a|<\frac{\varepsilon}{2},$$

故, 对任意的 $n,m>N$, 成立

$$|x_n-x_m|<|x_n-a|+|x_m-a|<\varepsilon,$$

因而, $\{x_n\}$ 是基本列.

反之, 假设 $\{x_n\}$ 是基本列. 先证数列的有界性.

对 $\varepsilon_0=1$, 则存在 $N_0>0$, 使 $n,m>N_0$ 时, 有

$$|x_n-x_m|<1,$$

因而, 当 $n>N_0$ 时,

$$|x_n|\leqslant|x_n-x_{N_0+1}|+|x_{N_0+1}|<1+|x_{N_0+1}|,$$

故, 取 $M=\max\{|x_1|,\cdots,|x_{N_0}|,|x_{N_0+1}|\}+1$, 则

$$|x_n|\leqslant M,\quad n=1,2,3,\cdots,$$

因而, $\{x_n\}$ 有界. 由魏尔斯特拉斯定理, 存在收敛子列 $\{x_{n_k}\}$, 设 $\{x_{n_k}\}$ 收敛于 a, 由引理 4.1, $\{x_n\}$ 收敛于 a.

抽象总结　(1) 对定理结论的总结: ① 此定理通过数列自身结构, 给出了判别数列敛散性的一个充要条件, 即可用于证明收敛性, 也可用于证明发散性, 是一个非常好的结论; ② 此定理揭示了基本列的收敛属性, 也充分说明了基本列的含义: 基本列就是收敛数列; ③ 柯西收敛准则是极限理论中非常重要的结论, 今后可以发现, 凡是有极限的地方都有对应的柯西收敛定理.

(2) 对定理证明过程的总结: ① 用到技术要点, 基于形式统一的插项方法、有界性证明中的取定方法; ② 充分体现了魏尔斯特拉斯定理在研究收敛性时的作用.

(3) 定理的应用: ① 柯西收敛定理的不同表达形式

(i) $\{x_n\}$ 收敛的充分必要条件是对任意的 $\varepsilon > 0$, 存在 N, 成立 $|x_n - x_m| < \varepsilon$, $\forall n, m > N$.

(ii) 由于柯西片段也可以表示为 $|x_{n+p} - x_n|$, $\forall p$, 此时, 定理形式为 $\{x_n\}$ 收敛的充要条件是对任意 $\varepsilon > 0$, 存在 N, 对任意的 $n > N$, 成立

$$|x_{n+p} - x_n| < \varepsilon, \quad \forall p.$$

应用中要注意结论中各个量的前后顺序, 这种顺序表明了各量间的逻辑关系, 还要特别注意 p 的任意性和独立性.

② 应用方法: 从结构上看, **放大法**同样可以用于柯西收敛定理以证明数列的收敛性, 此时需要对柯西片段放大处理, 得到如下形式的界. 当 $m > n$ 时,

$$|x_n - x_m| < \cdots < G(n),$$

其中 $G(n)$ 满足单调递减收敛于 0.

对第二种形式的柯西片段, 放大过程为

$$|x_{n+p} - x_n| < \cdots < G(n), \quad \forall p,$$

其中 $G(n)$ 满足同样的条件.

柯西收敛定理的逆否命题在证明数列发散时经常用到.

推论 4.2　$\{x_n\}$ 发散的充分必要条件为存在 $\varepsilon_0 > 0$, 对任意的 N, 存在 $n, m > N$ 满足

$$|x_n - x_m| > \varepsilon_0.$$

用此推论证明数列不收敛时, **采用与放大法相反的方法**, 即缩小法:

$$|x_n - x_m| \geqslant \cdots \geqslant G(n, m),$$

通过选择 m 和 n 的适当的关系, 使得

$$G(n,m)\geqslant \varepsilon_0>0,$$

由此得到数列的发散性.

例 12 设 $\{x_n\}$ 满足压缩条件:

$$|x_{n+1}-x_n|<k\,|x_n-x_{n-1}|,$$

其中 $0<k<1$, 证明 $\{x_n\}$ 收敛.

结构分析 题型: 数列收敛性的定性分析. 类比条件: 已知条件形式为数列的结构特征, 即相邻两项差的估计, 我们知道, 由相邻两项差可以得到任意两项的差, 而通过任意两项的差证明收敛性的工具就是柯西收敛准则. 由此确立思路和方法.

证明 由条件得

$$|x_{n+1}-x_n|<\cdots<k^{n-1}\,|x_2-x_1|,$$

故, 对任意的 n 和 p, 考察柯西片段.

记 $M=\dfrac{1}{(1-k)k}\,|x_2-x_1|$, 则

$$\begin{aligned}|x_{n+p}-x_n|&\leqslant |x_{n+p}-x_{n+p-1}|+|x_{n+p-1}-x_{n+p-2}|+\cdots+|x_{n+1}-x_n|\\&\leqslant (k^{n+p-2}+\cdots+k^{n-1})\,|x_2-x_1|\\&=k^{n-1}\frac{1-k^p}{1-k}\,|x_2-x_1|\leqslant Mk^n,\end{aligned}$$

故, 对任意 $\varepsilon>0$, 取 $N>\dfrac{\ln\dfrac{\varepsilon}{M}}{\ln k}$, 则当 $n>N$ 时,

$$|x_{n+p}-x_n|<\varepsilon,\quad \text{对任意的 } p,$$

故, 数列 $\{x_n\}$ 收敛.

看一个发散的例子.

例 13 证明 $\{x_n\}$ 发散, 其中 $x_n=1+\dfrac{1}{2}+\cdots+\dfrac{1}{n}$.

结构分析 题型: 具体数列的发散性定性分析. 类比已知: 在已知理论中, 只有柯西收敛准则既可以判是, 也可以判非. 确定思路: 利用柯西收敛准则证明. 当然, 前面例子中, 我们利用重要极限及其导出的不等式, 对此数列进行了详细的研究, 不仅证明了其发散性, 还得到了其发散的速度.

证明 取 $\varepsilon_0 = \frac{1}{2}$, 则对任意 N, 取 $n = 2m > m > N$,

$$|x_n - x_m| = \frac{1}{m+1} + \cdots + \frac{1}{n} \geqslant \frac{n-m}{n} = \frac{1}{2},$$

故, 数列 $\{x_n\}$ 发散.

抽象总结 柯西收敛准则是研究数列敛散性的非常重要的法则, 既可以判是, 也可以判非. 但是, 一般来说, 由于柯西收敛准则是通过研究柯西片段, 利用自身结构得到敛散性, 因此, 柯西收敛准则通常作用于结构相对简单的具体数列, 其重要性更多体现于理论价值.

通过这两个例子可以看到柯西收敛定理的重要作用, 但是, 一定要准确运用. 考察例 13 的下述证明.

对 $\forall\varepsilon > 0, p \in \mathbf{N}^+$, 取 $N = \left[\frac{p}{\varepsilon}\right] + 1$, 则 $n > N$ 时,

$$|x_{n+p} - x_n| = \frac{1}{n+1} + \cdots + \frac{1}{n+p} < \frac{p}{n+1} < \frac{p}{n} < \varepsilon,$$

因而, $\{x_n\}$ 收敛.

上述证明得到的结论与前述的结论矛盾, 应该是一个错误的结论, 表明证明过程有错, 那么, 错在什么地方? 错在量的逻辑关系上. 柯西收敛定理要求逻辑关系为: 先给定 ε, 再确定 N, N 仅依赖于 ε, 然后说明 $n > N$ 时, 对任意独立的 p, 成立对应的柯西片段的估计. 但是, 上述证明过程中的逻辑关系是: 先给出 ε 和 p, 由此确定了 $N(\varepsilon, p)$, N 不仅依赖于 ε, 还依赖于 p, 这是不允许的, 是错误的, 因此, 下述的叙述也是错误.

$\{x_n\}$ 收敛等价于对任意的 $p \in \mathbf{N}^+, \forall\varepsilon > 0$, $\exists N > 0$, 当 $n > N$ 时, 成立 $|x_{n+p} - x_n| < \varepsilon$.

六、 有限开覆盖定理

在数学分析中, 经常要求将局部性质在一定条件下推广成整体性质, 实现这一目标的有力工具就是有限开覆盖定理.

设集合 E 是由实轴上的区间组成的集合, 即 $E = \{I : I \text{ 为实数区间}\}$, I_0 为给定的区间.

定义 4.4 如果 $I_0 \subseteq \bigcup\limits_{I \in E} I$, 称 E 覆盖 I_0 或 E 是 I_0 的一个覆盖.

如 $E = \left\{\left[\frac{n-1}{n}, \frac{n}{n+1}\right) : n = 1, 2, \cdots\right\} \cup [1, 2]$, 则 E 覆盖 $[0, 2]$, 而 $E = \left\{\left(\frac{n-1}{n}, \frac{n+1}{n+2}\right) : n = 1, 2, \cdots\right\}$ 覆盖 $(0, 1)$.

定义 4.5 若 $E=\{I: I$ 开区间$\}$, 且 $I_0\subset\bigcup\limits_{I\in E} I$, 称 E 是 I_0 的一个开覆盖.

定理 4.10 (有限开覆盖定理) 设 E 是闭区间 $[a,b]$ 的一个开覆盖, 则可从 E 中选出有限个开区间 $\{I_1,I_2,\cdots,I_k\}$, 使 $[a,b]\subset\bigcup\limits_{i=1}^{k} I_i$.

结构分析 这是一个非常复杂的定理, 特别是它的证明, 因此, 在给出证明之前, 先分析一下定理的本质, 希望从中找到证明的思路.

从函数性质的成立范围来划分, 我们通常把函数的性质分为两类: 局部性质和整体性质. 可以逐点定义的性质称为局部性质, 因此, 局部性质可以在某一点处验证是否成立, 如将要学习的函数的连续性和可微性等都是局部性质; 只能在某一区间上成立的性质称为函数在此区间上的整体性质, 如函数在某个区间上的有界性, 将要学习的一致连续性等都是整体性质. 有限开覆盖定理的本质就是在一定条件下, 将局部性质, 即每个开区间 $I\in E$ 上成立的性质, 通过有限覆盖, 推广到在闭区间 $[a,b]$ 上成立. 因此, 涉及了局部性质向整体性质的转化. 这是有限开覆盖定理结论中所隐藏的数学思想.

那么, 类比已知, 在我们现已掌握的结论中, 哪一个定理是处理局部和整体关系的? 闭区间套定理虽然不是严格意义上的处理从整体到局部的工具, 但是, 它大致是一个将闭区间上成立的性质 (相当于整体性质), 通过闭区间套, 使其在"套"住的点的附近成立相应的性质 (局部性质), 因此, 可以将闭区间套定理视为一个粗略的从整体到局部性质的处理工具, 建立了某种程度上的整体与局部的关系, 这就和要证明的有限开覆盖定理关联起来了, 因此, 可以设想, 可以用闭区间套定理证明有限开覆盖定理, 但是, 注意到有限开覆盖定理是从"局部到整体", 而闭区间套定理是从"整体到局部", 因此, 可以考虑反证法, 即假设整体上不成立某个性质 (或成立相反的性质), 通过闭区间套定理得到局部不成立某个性质 (或成立相反的性质), 与所给的局部性质矛盾, 这就实现了定理的证明.

证明 反证法. 设 $[a,b]$ 不能被 E 有限开覆盖, 二等分 $[a,b]$ 得到两个子区间, 其中必有一个不能被 E 有限开覆盖, 记其为 $[a_1,b_1]$, 再二等分 $[a_1,b_1]$ 得到两个子区间, 其中必有一个不能被 E 有限覆盖, 记为 $[a_2,b_2]$, 如此下去, 得到 $\{[a_n,b_n]\}$, 使得 $\{[a_n,b_n]\}$ 是一个闭区间套, 即满足: $\forall n$, 成立

(1) $[a_{n+1},b_{n+1}]\subseteq[a_n,b_n]$;

(2) $b_n-a_n=\dfrac{b-a}{2^n}$;

(3) 具有性质 $[a_n,b_n]$ 不能被 E 有限覆盖.

由闭区间套定理, 存在唯一的点 ξ 满足: 对任意的 n, $\xi\in[a_n,b_n]$, 且 $\lim\limits_{n\to\infty}a_n=\lim\limits_{n\to\infty}b_n=\xi$.

可以设想, 套住的点 ξ 是矛盾的焦点, 即在此点附近不成立条件——不被有限覆盖, 但是, 很显然, 一个点能被一个区间覆盖, 即有限覆盖, 从而产生矛盾. 下面, 我们严格证明这一点.

由于 $\xi \in [a,b]$, 且 $[a,b] \subset \bigcup\limits_{I\in E} I$, 则存在开区间 $I=(\alpha,\beta)\in E$, 使 $\xi\in(\alpha,\beta)$, 故存在 $\varepsilon>0$, 使 $(\xi-\varepsilon,\xi+\varepsilon)\subset(\alpha,\beta)$.

因为 $\lim\limits_{n\to+\infty} a_n=\lim\limits_{n\to+\infty} b_n=\xi$, 则存在 n, 使

$$\xi-\varepsilon<a_n<b_n<\xi+\varepsilon,$$

故,

$$[a_n,b_n]\subset(\xi-\varepsilon,\xi+\varepsilon)\subset(\alpha,\beta),$$

因而, $I=(\alpha,\beta)$ 覆盖了 $[a_n,b_n]$, 与其不能被 E 有限覆盖矛盾.

抽象总结 (1) 对定理结论的总结: ① 有限开覆盖定理是一个研究函数分析性质的重要工具, 它和闭区间套定理具有相同属性, 定理形式上与函数无关, 仅仅是研究函数的分析性质的工具, 作用是将函数的分析性质由局部推到整体. ② 关联局部性质和整体性质的结论有两个, 闭区间套定理和有限开覆盖定理, 两者处理问题的方向相反, 证明中使用了反证法也正体现了二者 "方向相反" 的特性.

(2) 定理应用: ① 有限开覆盖定理使用的条件是 "每一点都具有某性质 (P)", 利用有限开覆盖定理将性质 (P) 推广到闭区间上也成立, 因此, 用有限开覆盖定理证明 "点" 定理 (即确定一个点具有某个性质) 时, 都使用反证法. 从这个意义上说, 有限开覆盖定理都是 "点" 定理的逆否命题. ② 从有限开覆盖定理应用看, 其作用对象的特征是 "局部性质到整体性质的推广". 其处理问题的思想有些类似于归纳法: 把无限的验证转化为有限的验证过程. 研究的对象由有限推广到无限, 由此带来了很多不确定性, 如极限的运算法则就不能推广到无限和的运算, 将来还会遇到很多这样的性质, 如何保证这些性质? 有限开覆盖定理给出了解决办法. 事实上, 直观上看, 有限开覆盖定理也可以这样解读, 闭区间由无限多个点构成, 如果在每个点处成立某个性质, 将这些点累加起来得到整个闭区间, 由于无限和的复杂性, 一般来说, 在整个区间上这个性质不一定成立, 但是, 若能利用有限开覆盖定理, 则将无限和转化为有限和, 而性质对有限和总是成立的, 由此, 在整个区间上得到此性质.③ 尽管如此, 并非所有的性质都能由局部推广到整体, 要特别注意此定理成立的条件——有限闭区间. 在学习魏尔斯特拉斯定理时, 特别提到闭区间具有非常好的 "紧性" 性质, 因而, 满足对极限运算的封闭性, 此处, 再次体现了这一好的性质, 由此实现了将局部性质通过由无限叠加到有限叠加的思想得到整体性质. ④ 此定理在开区间上不成立, 如 $E=\left\{\left(0,1-\dfrac{1}{n}\right):n=1,2,\cdots\right\}$,

$I=(0,1)$, 则 E 覆盖 I, 但是, 不能实现有限覆盖.

例 14 设对任意的 $x\in[a,b]$, 都存在 $\delta_x>0, M_x>0$, 使得

$$|f(x)|<M_x,\quad x\in U(x,\delta_x),$$

证明: 存在 $M>0$, 使得 $|f(x)|<M, x\in[a,b]$.

结构分析 题型: 利用 "点点有界" 得到 "整体有界", 实现性质由 "局部到整体", 符合有限开覆盖定理作用对象的特征. 确立思路: 有限开覆盖定理.

证明 记 $E=\{U(x,\delta_x): x\in[a,b]\}$, 则 $[a,b]\subset\bigcup\limits_{x\in[a,b]}U(x,\delta_x)$, 利用有限开覆盖定理, 存在 $x_i\in[a,b], i=1,2,\cdots,k$, 使得 $[a,b]\subset\bigcup\limits_{i=1}^{k}U(x_i,\delta_{x_i})$, 若记 $M=\max\{M_{x_i}: i=1,2,\cdots,k\}$, 则 $|f(x)|<M, x\in[a,b]$.

七、 实数系基本定理

前面几个小节介绍了一些基本定理. 这些定理从不同的方面反映了实数系的性质, 因此, 这些定理统称为实数系基本定理, 这些定理包括确界存在定理、单调有界收敛定理、魏尔斯特拉斯定理、柯西收敛定理、闭区间套定理和有限开覆盖定理. 这些定理虽然都称为实数基本定理, 但是, 从研究内容看, 又可以分为两类: 前四个定理都和数列收敛性有关系; 后两个和数列的收敛性没有明显的、直接的关系, 二者是重要的研究工具. 从我们所给出的顺序及其证明过程看, 这些定理关系如下:

确界存在定理 $\Rightarrow$ 单调有界收敛定理 $\Rightarrow$ 闭区间套定理

$$\Rightarrow\begin{cases}\text{有限开覆盖定理}\\ \text{魏尔斯特拉斯定理}\ \Rightarrow\ \text{柯西收敛定理}.\end{cases}$$

进一步分析这些定理, 发现除有限覆盖外, 其他都是 "点" 定理, 即用于确定满足某些要求的 "点".

虽然我们给出一种推导的顺序关系, 事实上, 这些定理是相互等价的, 即从任何一个出发都能得到其他定理, 只是证明的难易程度不同, 这也是把它们称为实数系基本定理的原因. 因此, 我们可以从这些定理中任意选择一个作为出发点, 推出其他定理, 故, 每一个都可以作为实数系的公理. 关于这些定理的本质、应用和它们之间的进一步关系和相互推导, 我们将在 2.5 节给出.

习　题　2.4

1. 设 $E=\left\{\frac{1}{n}\middle| n=1,2,\cdots\right\}$, 计算 $\sup E$ 和 $\inf E$, 并证明结论.

2. 给定有界集合 A 和 B, 记作 $E=A\cup B$, 证明

(1) $\sup E=\max\{\sup A,\sup B\}$;

(2) $\inf E=\min\{\inf A,\inf B\}$.

3. 给定有界集合 A 和 B, 记 $E=\{x+y\mid x\in A,y\in B\}$, 证明

$$\sup A+\inf B\leqslant \sup E\leqslant \sup A+\sup B.$$

4. 给定有界非负实数集合 A 和 B, 记 $E=\{x\cdot y\mid x\in A,y\in B\}$, 证明

$$\sup E\leqslant \sup A\sup B.$$

5. 设 $\{x_n\}$ 满足: $x_0=1,x_{n+1}=\sqrt{2x_n}$, 证明 $\{x_n\}$ 收敛并计算其极限.

6. 设 $\{x_n\}$ 满足: $x_0=1,x_{n+1}=\frac{1}{2}\left(x_n+\frac{3}{x_n}\right)$, 证明 $\{x_n\}$ 收敛并计算其极限.

7. 设 $A>0,0<x_1<\frac{1}{A},x_{n+1}=x_n(2-Ax_n)$, 证明 $\{x_n\}$ 收敛并计算其极限.

8. 设 $\{x_n\}$ 有界但不收敛, 证明其必有两个收敛子列分别收敛于不同的极限.

9. 利用柯西收敛准则时, 研究对象是柯西片段, 其结构为数列的任意两项的差. 一般来说, 得到相邻两项的差相对容易, 由此, 利用相邻两项的差得到任意两项的差 (插项方法) 是柯西收敛准则常用的思路. 利用上述分析, 用柯西收敛准则证明第 5 题、第 6 题的数列的收敛性, 不必计算极限.

10. 讨论下列数列 $\{x_n\}$ 的收敛性.

(1) $x_n=1-\frac{1}{2}+\frac{1}{3}-\frac{1}{4}+\cdots+(-1)^{n+1}\frac{1}{n}$;

(2) $x_n=\begin{cases}1+\frac{1}{n}, & n=2k,\\ \frac{1}{n^2}, & n=2k+1\end{cases}$ (提示: 考察相邻两项的差);

(3)$x_n=\frac{1}{\ln 2}+\frac{1}{\ln 3}+\cdots+\frac{1}{\ln n}$;

(4) $x_n=1+\frac{1}{2^2}+\frac{1}{3^2}+\cdots+\frac{1}{n^2}$.

11. 试用闭区间套定理证明确界存在定理.

12. 试用有限开覆盖定理证明单调有界收敛定理.

2.5　实数基本定理的等价性

在 2.4 节中, 我们以确界存在定理为出发点, 给出了实数系的基本定理, 我们也曾经指出, 这些定理是等价的, 从任何一个出发都能得到其他定理, 本节, 我们通过一系列例题给出它们的等价性.

例 1 用柯西收敛定理证明闭区间套定理.

证明 设 $\{[a_n,b_n]\}$ 是一个闭区间套, 因而满足

(1) $[a_{n+1},b_{n+1}]\subset[a_n,b_n]$;

(2) $\lim\limits_{n\to\infty}(b_n-a_n)=0$.

由 (1) 得 $\{a_n\}$ 单调递增, $\{b_n\}$ 单调递减且 $a_n\leqslant b_n$, 因而, $\forall n>m$,

$$0\leqslant a_n-a_m\leqslant b_n-a_m\leqslant b_m-a_m,$$

由于 $\lim\limits_{m\to+\infty}(b_m-a_m)=0$, 因而, $\{a_n\}$ 是基本列 (柯西列), 故, $\{a_n\}$ 收敛.

不妨设 $\lim\limits_{n\to\infty}a_n=\xi$. 又 $b_n=b_n-a_n+a_n$, 则 $\{b_n\}$ 也收敛, 且

$$\lim_{n\to+\infty}b_n=\lim_{n\to+\infty}(b_n-a_n)+\lim_{n\to+\infty}a_n=\xi,$$

再次利用 $\{a_n\}$ 和 $\{b_n\}$ 的单调性, 则 $a_n\leqslant\xi\leqslant b_n$.

例 2 用闭区间套定理证明确界存在定理.

结构分析 思路明确. 方法设计: 论证用闭区间套所套住的点就是确界点, 为此, 构造闭区间套时, 必须要求每个闭区间都应该包含确界点, 这是构造闭区间套的原则. 那么, 如何构造区间包含确界点? 简单分析一下确界点的特性, 确界点实际上是一个分界点, 它将集合内和集合外的点分开, 因此, 包含确界点的闭区间同时应该包含集合内和集合外的点, 这是具体构造原则.

证明 设 S 是非空有上界的集合, 记 M 为 S 的一个严格上界, 即 $x<M$, $\forall x\in S$.

若 S 有最大值 $x_0\in S$, 则 x_0 为其上确界.

现设 S 无最大值, 任取 $x_0\in S$, 则 $x_0<M$, 且 $[x_0,M]$ 必有 S 中的点.

因为 S 无最大值, 因而必是无限集, 满足上述要求的点存在. 我们之所以构造区间 $[x_0,M]$, 还是为了满足构造原则: $[x_0,M]$ 既包含集合内的点, 又包含集合外的点. 下面, 通过对 $[x_0,M]$ 用等分法构造闭区间套, 在等分后选择区间时, 必须满足闭区间套**构造原则和要求,** 即要选择组成闭区间套的区间必须满足这样的要求, 区间内包含确界点, 即右端点是集合的上界, 左端点不是集合的上界.

二等分 $[x_0,M]$ 为 $\left[x_0,\dfrac{x_0+M}{2}\right]$ 和 $\left[\dfrac{x_0+M}{2},M\right]$. 若 $\dfrac{x_0+M}{2}$ 仍是集合的上界, 则取 $[a_1,b_1]=\left[x_0,\dfrac{x_0+M}{2}\right]$, 否则, 取 $[a_1,b_1]=\left[\dfrac{x_0+M}{2},M\right]$. 即选择 $[a_1,b_1]$ 时是按如下原则选取的. 使得 $[a_1,b_1]$ 满足 a_1 不是 S 的上界, b_1 是 S 的上界. 显然, $[a_1,b_1]$ 还具有性质:

(1) $[a_1,b_1]\subset[x_0,M]$;

(2) $b_1 - a_1 = \dfrac{M - x_0}{2}$.

这是闭区间套构成的要求. 再等分 $[a_1, b_1]$, 仍按上述原则选择区间, 如此下去, 得到 $\{[a_n, b_n]\}$ 满足:

(1)′ $[a_{n+1}, b_{n+1}] \subset [a_n, b_n]$;

(2)′ $b_n - a_n = \dfrac{M - x_0}{2^n} \to 0$;

(3) a_n 不是 S 的上界, b_n 是 S 的上界.

前两条是闭区间套的要求, 最后一条是本题包含确界的要求.

由 (1)′ 和 (2)′ 得 $\{[a_n, b_n]\}$ 是闭区间套, 故存在唯一 ξ, 使

$$\lim_{n\to+\infty} a_n = \lim_{n\to+\infty} b_n = \xi.$$

下证套住的点 ξ 就是 S 的上确界.

由于 b_n 是上界, 因而

$$x \leqslant b_n, \quad \forall x \in S,$$

利用极限的保序性, 则 $x \leqslant \xi$, 故, ξ 是 S 的上界.

另, 由 (3), 对 $\forall n$, 存在 $x_n \in S$, 使 $a_n < x_n < b_n$, 故 $\lim\limits_{n\to+\infty} x_n = \xi$, 因此, 对 $\forall \varepsilon > 0$, 存在 N , 使 $n > N$ 时, 成立

$$\xi - \varepsilon < x_n < \xi,$$

所以, ξ 是 S 的上确界.

确界存在定理实际是实数系的连续定理, 表明实数系是连续的, 没有空隙. 柯西收敛定理表明实数系的基本点列必收敛, 这反映了实数系的完备性. 在 2.4 节中, 我们由确界存在定理得到了柯西收敛定理, 表明由连续性得到完备性, 而上述两个例子表明由柯西收敛定理得到确界存在定理, 即由完备性得到连续性, 由此可得, 实数系的连续性和完备性是等价的.

为说明基本定理的等价性, 只需用有限开覆盖定理证明确界存在定理或证明柯西定理. 二者都可以直接证明, 相对来说, 用有限开覆盖定理证明柯西收敛定理比较简单, 我们以此为例.

例 3 用有限覆盖证明柯西收敛定理.

结构分析 方法设计: 有限开覆盖定理常用于由“点点成立的”局部性质导出整体性质; 而柯西收敛定理是用于判断数列的收敛性, 将这种收敛性质转化为局部性质, 相当于确定一个点 (数列的极限), 使得这个点为数列的极限点, 具有别的点不具备的性质, 因此, 要用有限开覆盖定理证明柯西收敛定理必然要用反证法.

证明 *反证法*. 设 $\{a_n\}$ 是柯西列, (先寻找被覆盖的区间, 此区间应包含 $\{a_n\}$ 及相应的极限点.) 则 $\{a_n\}$ 有界, 设 $c < a_n < d$, 若 $\{a_n\}$ 不收敛, 则 $\forall x \in [c,d]$, x 都不是其极限, 因而, 存在 $\varepsilon_x > 0$, 使对任意的 N, 存在 $n > N$, 使 $|a_n - x| > \varepsilon_x$, 因此, 有无穷多项满足 $|a_n - x| > \varepsilon_x$.

记 $I_x = \left(x - \dfrac{\varepsilon_x}{4}, x + \dfrac{\varepsilon_x}{4}\right)$, 则 I_x 具性质: I_x 外有 $\{a_n\}$ 的无穷多项——这将是矛盾焦点.

令 $I = \{I_x : x \in [c,d]\}$, 则 I 是区间 $[c,\ d]$ 的开覆盖, 由有限开覆盖定理, 存在有限个开区间 $I_i, i = 1, 2, \cdots, k_0$, 使得

$$[c,d] \subset \bigcup_{i=1}^{k_0} I_{x_i},$$

取 $\varepsilon = \min\{\varepsilon_{x_1}, \cdots, \varepsilon_{x_{k_0}}\}$, 由于 $\{a_n\}$ 是柯西列, 因而, 存在 N, 使 $n > m > N$ 时,

$$|a_n - a_m| < \frac{\varepsilon}{4},$$

由于 $a_{N+1} \in [c,d] \subset \bigcup\limits_{i=1}^{k_0} I_{x_i}$, 则存在 j_0, 使 $a_{N+1} \in I_{x_{j_0}}$, 即

$$|a_{N+1} - x_{j_0}| < \frac{\varepsilon_{x_{j_0}}}{4},$$

故, 当 $n > N + 1 > N$ 时,

$$\begin{aligned} |a_n - x_{j_0}| &< |a_n - a_{N+1}| + |a_{N+1} - x_{j_0}| \\ &< \frac{\varepsilon}{4} + \frac{\varepsilon_{x_{j_0}}}{4} < \frac{\varepsilon_{x_{j_0}}}{2} < \varepsilon_{x_{j_0}}, \end{aligned}$$

这与有无穷多项满足 $|a_n - x_{j_0}| > \varepsilon_{x_{j_0}}$ 矛盾. 这就证明了结论.

有限开覆盖定理的应用是一个难点, 这个定理在后续的分析学中还会以其他结论的形式出现, 是分析学一个非常重要的结论, 要仔细分析和提炼这个定理的应用思想和方法.

由上述例 1~ 例 3, 结合 2.4 节中定理之关系, 我们已经得到了基本定理的等价性, 由任何一个定理都可以证明其他定理, 如

有限开覆盖定理 ⇒ 柯西定理 ⇒ 闭区间套定理 ⇒ 确界存在定理 ⇒ 单调有界收敛定理;

闭区间套定理 ⇒ 魏尔斯特拉斯定理 ⇒ 柯西定理.

由此得到基本定理的等价性.

习　题　2.5

1. 用有限开覆盖定理证明魏尔斯特拉斯定理.
2. 用有限开覆盖定理证明柯西收敛定理.
3. 利用魏尔斯特拉斯定理证明单调有界收敛定理.

第 3 章 函数的极限

函数是数学分析的主要研究对象, 函数的分析性质是研究的主要内容, 本章, 我们将数列的极限理论移植到函数, 建立相应的函数极限理论, 为函数分析性质的研究奠定理论基础.

3.1 函数极限的定义及应用

首先定义函数极限.

为了将数列极限的定义推广至函数, 形成函数的极限定义. 我们首先对数列和函数进行结构对比分析. 从结构看, 数列也是一种函数, 是定义域为离散点集——正整数集的离散型变量的函数. 我们从本章开始研究的函数, 通常是指定义域为实数点集——区间上的连续型变量的函数. 二者的共性是二者都是函数. 区别是数列的定义域是离散点集, 函数的定义域是区间. 在实数轴上, 区间是连续充满了实数轴上的一段, 当然, 区间可以是有限的, 也可以是无限的, 可以是开的, 也可以是闭或半开半闭的.

再对数列的极限进行结构分析. 从数列极限的定义中, 我们知道, 极限是研究变量的变化趋势, 或更准确地说, 极限 $\lim\limits_{n\to+\infty} x_n = a$ 是研究当变量 (自变量) 趋向于某个位置, 即 $n \to +\infty$ 时, 对应的因变量 x_n 的变化趋势. 从极限的表示形式 $\lim\limits_{n\to+\infty} x_n = a$ 中也可以看出, 极限由两部分构成, 刻画自变量变化过程的 $n \to +\infty$, 刻画因变量变化趋势的 $x_n \to a$. 用函数的语言对数列极限进行抽象, 极限就是研究自变量给定某个变化趋势时, 对应的函数的变化趋势. 当然, 两个变量的变化趋势都是一个无限接近但不可达的过程. 因此, 极限反映了两个变量变化过程中的联系, 自变量的变化过程为因, 因变量的变化趋势为果.

根据对数列极限的上述分析, 对数列 $x_n = f(n)$ 而言, 在任何有限的正整数上, 自变量 n 经过一个有限的过程就可达到, 不会产生一个无限趋近的过程, 因此, 自变量的离散性质使得自变量的无限趋近的过程只有一个, 即 $n \to +\infty$, 故, 对数列而言, 只能研究 $n \to \infty$ 时, $x_n = f(n)$ 的变化趋势, 即数列的极限只有一种形式. 对函数 $y = f(x)$ 而言, 自变量 x 通常取自一个连续的点集——区间, 由于实数具有连续性和稠密性, 对任何一个点, 不管是有限的点, 还是无限的 "点",

都可以有一个无限接近的过程, 而且, 可以以不同的方式趋近, 或从其中的一侧逼近, 或从两侧逼近, 当然, 自变量还可以趋向无限远, 因而, 自变量的无限变化的过程有多种形式, 表示为: $x \to x_0$, $x \to x_0^+$, $x \to x_0^-$, $x \to +\infty$, $x \to -\infty$, $x \to \infty$ 的变化过程等, 在这些变化过程中, 都可以研究相应的函数的变化的趋势, 构成相应的极限, 即 $\lim\limits_{x \to x_0} f(x)$, $\lim\limits_{x \to x_0^+} f(x)$, $\lim\limits_{x \to x_0^-} f(x)$, $\lim\limits_{x \to +\infty} f(x)$, $\lim\limits_{x \to -\infty} f(x)$, $\lim\limits_{x \to \infty} f(x)$. 因此, 我们需要将数列极限的定义推广到上述各种函数的极限形式上.

为了将极限概念进行推广, 我们进一步分析数列极限定义的“ε-N”语言结构, 定义中的核心语言可以分为两部分. ①存在正整数 N, 对任意的 $n > N$. ②成立 $|x_n - a| < \varepsilon$. 正是这两部分分别刻画了两个变量的变化过程, 即 $n \to +\infty$ 和 $x_n \to a$, 把这种语言移植到函数, 就得到函数极限的定义, 当然, 还有一个细节需要注意到: 正如数列取不到 $n = +\infty$ 处的值一样, 在讨论函数极限时, 在自变量的极限点处, 不要求函数在此点有定义.

利用上述分析, 就可以把数列的极限定义推广到函数, 形成各种形式的函数极限.

一、 函数极限的各种定义

1. 正常极限

1) 函数在有限点处的极限——形如 $\lim\limits_{x \to x_0} f(x) = A$ 的极限

给定函数 $y = f(x)$, 设 $y = f(x)$ 在 x_0 的某个去心邻域 $x \in \mathring{U}(x_0, r)$ 内有定义, A 为给定的实数.

类比数列的极限定义, 要定义极限 $\lim\limits_{x \to x_0} f(x) = A$ 需要刻画两个变化过程: $x \to x_0$ 和 $f(x) \to A$ 及二者的逻辑关系, 因此, 将数列极限的定义进行类比修改即可给出此函数极限的定义.

定义 1.1(函数在x_0 点的极限的定义)　设 $f(x)$ 在 x_0 的某个去心邻域 $x \in \mathring{U}(x_0, r)$ 内有定义, A 为给定的实数. 若对任意的 $\varepsilon > 0$, 存在 δ: $r > \delta > 0$, 使得对任意满足 $0 < |x - x_0| < \delta$ 的 x, 都成立

$$|f(x) - A| < \varepsilon,$$

称当 x 趋近于 x_0 时, $f(x)$ 在 x_0 点存在极限, A 称为 $f(x)$ 在点 x_0 处的极限, 也称当 x 趋近于 x_0 时, $f(x)$ 收敛于 A, 记为 $\lim\limits_{x \to x_0} f(x) = A$, 或 $f(x) \to A(x \to x_0)$.

函数极限是数列极限的平行推广, 定义中各个量的含义和数列极限定义中的含义相同.

由定义知, 考察 $f(x)$ 在 x_0 点的极限时, $f(x)$ 在 x_0 点不一定有定义.

函数在 x_0 点的极限的几何意义: $\lim\limits_{x\to x_0} f(x) = A$ 等价于 $x \in \mathring{U}(x_0,\delta)$ 时, $f(x) \in U(A,\ \varepsilon)$. 如图 3-1 所示.

有了上述定义, 很容易将其推广到其他函数极限形式.

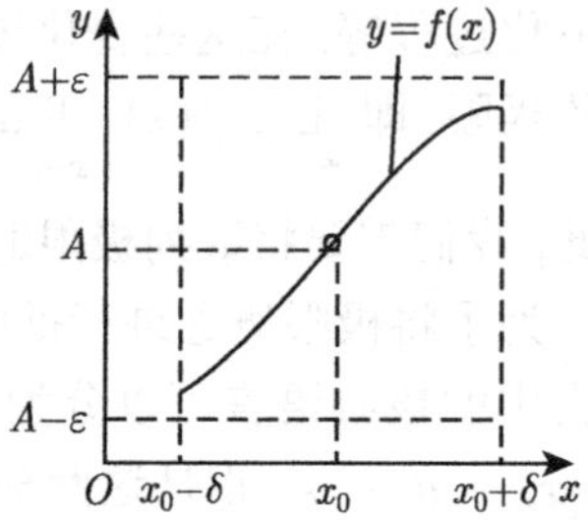

图 3-1 函数极限的几何意义

2) 函数有限点处的单侧极限

先定义形如 $\lim\limits_{x\to x_0^+} f(x) = A$ 的函数极限.

考察变量 x 从大于 x_0 的一侧趋于 x_0 时, 函数的极限行为.

定义 1.2 (右极限的定义) 设函数 $f(x)$ 在 x_0 的右邻域 (x_0, x_0+r) 内有定义, A 是给定的实数, 若对任意的 $\varepsilon > 0$, 存在 δ : $r > \delta > 0$, 使得对任意的 x: $0 < x - x_0 < \delta$, 都成立

$$|f(x) - A| < \varepsilon,$$

称 A 为 $f(x)$ 在 x_0 点的右极限, 记为 $\lim\limits_{x\to x_0^+} f(x) = A$ ($f(x_0+0) = A$ 或 $f(x_0+) = A$ 或 $f(x) \to A(x \to x_0^+)$), 此时也称 $f(x)$ 在 x_0 点的右极限存在.

相仿地, 可以给出左极限的定义.

定义 1.3(左极限的定义) 设函数 $f(x)$ 在 x_0 的左邻域 $(x_0 - r, x_0)$ 内有定义, A 是给定的实数, 若对任意的 $\varepsilon > 0$, 存在 δ : $r > \delta > 0$, 使得对任意的 x: $0 < x_0 - x < \delta$, 都成立

$$|f(x) - A| < \varepsilon,$$

称 A 为 $f(x)$ 在 x_0 点的左极限, 记为 $\lim\limits_{x\to x_0^-} f(x) = A$ ($f(x_0-0) = A$ 或 $f(x_0-) = A$ 或 $f(x) \to A(x \to x_0^-)$), 此时也称 $f(x)$ 在 x_0 点的左极限存在.

函数的左、右极限统称为单侧极限.

由定义 1.1、定义 1.2 和定义 1.3 不难知道, $\lim\limits_{x\to x_0} f(x) = A$ 当且仅当 $\lim\limits_{x\to x_0^+} f(x) = \lim\limits_{x\to x_0^-} f(x) = A$.

3) 函数在无限远处的极限

若函数的定义域是一个无限的区间, 还可以定义函数在无限远处的极限.

先给出函数在正无限远处极限的定义.

定义 1.4(函数在正无限远处极限的定义) 设函数 $f(x)$ 在 $(a, +\infty)$ 内有定义, A 为给定的实数, 若对任意的 $\varepsilon > 0$, 存在 $X > 0$, 当 $x > X$ 时, 成立

$$|f(x) - A| < \varepsilon,$$

称 A 为 $f(x)$ 在正无限远处的极限, 或称 A 为当 $x \to +\infty$ 时 $f(x)$ 的极限, 记为 $\lim\limits_{x\to+\infty} f(x) = A$, 或 $f(x) \to A, (x \to +\infty))$, 此时也称 $f(x)$ 在正无限远处的极限存在.

相仿地, 可以给出函数在负无限远处极限的定义.

定义 1.5(函数在负无限远处极限的定义) 设函数 $f(x)$ 在 $(-\infty, a)$ 内有定义, A 为给定的实数, 若对任意的 $\varepsilon > 0$, 存在 $X > 0$, 当 $x < -X$ 时, 成立

$$|f(x) - A| < \varepsilon,$$

称 A 为 $f(x)$ 在负无限远处的极限, 或称 A 为当 $x \to -\infty$ 时 $f(x)$ 的极限, 记为 $\lim\limits_{x\to-\infty} f(x) = A$, 或 $f(x) \to A, (x \to -\infty))$, 此时也称 $f(x)$ 在负无限远处的极限存在.

有时, 我们需要考虑 $|x| \to +\infty$ 的情形, 也就是当 $x \to -\infty$ 和 $x \to +\infty$ 时, 函数 $f(x)$ 趋于相同的极限. 这样, 就有下述定义.

定义 1.6 (函数在无限远处极限的定义) 设函数 $f(x)$ 在 $|x| \geqslant a$ 内有定义, A 为给定的实数, 若对任意的 $\varepsilon > 0$, 存在 $X > 0$, 对任意的 $|x| > X$ 都成立

$$|f(x) - A| < \varepsilon,$$

称 A 为 $f(x)$ 在无限远处的极限, 或称 A 为当 $x \to \infty$ 时 $f(x)$ 的极限, 记为 $\lim\limits_{x\to\infty} f(x) = A$, 或 $f(x) \to A(x \to \infty)$, 也称 $f(x)$ 在无限远处的极限存在.

由定义 1.4、定义 1.5 和定义 1.6 不难知道, $\lim\limits_{x\to\infty} f(x) = A$ 当且仅当 $\lim\limits_{x\to+\infty} f(x) = \lim\limits_{x\to-\infty} f(x) = A$.

2. 非正常极限——极限为无穷的情况

除了上述函数极限为有限值 A 的情形外, 类似于数列的无穷大量, 还可以引入极限为无穷的函数极限形式, 即函数的无穷大量. 我们只以 $\lim\limits_{x\to x_0} f(x) = +\infty$ 为例给出具体的定义.

定义 1.7 设函数 $f(x)$ 在 x_0 的某个去心邻域 $x \in \mathring{U}(x_0, r)$ 内有定义. 若对 $\forall M > 0$, 存在 δ: $r > \delta > 0$, 使得对任意满足 $0 < |x - x_0| < \delta$ 的 x, 成立

$$f(x) > M,$$

称 $f(x)$ 在 x_0 点发散至正无穷, 借用极限符号记为 $\lim\limits_{x\to x_0} f(x) = +\infty$, 也称当 x 趋近于 x_0 时, $f(x)$ 趋向于 (发散至)$+\infty$, 简记为 $f(x) \to +\infty$ $(x \to x_0)$.

特别注意, 定义 1.7 给出的情形实际是函数极限不存在的一种特殊情况, 也是极限理论研究的内容之一, 因此, 借用极限定义和符号给出了特别的定义和记号.

类似可以定义 $\lim\limits_{x\to x_0^+} f(x)=+\infty$, $\lim\limits_{x\to x_0^-} f(x)=+\infty$ 以及 $\lim\limits_{x\to+\infty} f(x)=+\infty$, $\lim\limits_{x\to-\infty} f(x)=+\infty$, $\lim\limits_{x\to\infty} f(x)=+\infty$.

类似可以定义发散到 $-\infty$ 和 ∞ 的情形, 我们就不再一一给出.

有了函数极限的上述定义, 可以引入无穷小量和无穷大量.

定义 1.8 若 $\lim\limits_{x\to x_0} f(x)=0$, 称 $f(x)$ 为 $x\to x_0$ 时的无穷小量.

定义 1.9 若 $\lim\limits_{x\to x_0} f(x)=+\infty$, 称 $f(x)$ 为 $x\to x_0$ 时的正无穷大量.

类似, 可以定义其他形式的无穷小量和正无穷大量. 还可以定义负无穷大量和无穷大量.

上述各种极限的定义表明: 由于函数结构的特性, 函数极限有多种形式, 但是, 就极限定义的结构而言, 都是用数学语言刻画两个过程, 将这两个过程总结如下.

函数极限过程的定义表述为以下形式.

$$f(x)\to A(\text{有限}): \forall\varepsilon>0, \text{成立 } |f(x)-A|<\varepsilon.$$

$$f(x)\to+\infty: \forall M>0, \text{成立} f(x)>M.$$

$$f(x)\to-\infty: \forall M>0, \text{成立} f(x)<-M.$$

$$f(x)\to\infty: \forall M>0, \text{成立 } |f(x)|>M.$$

自变量的变化过程定义表述为以下形式.

$x\to x_0$: 存在 $\delta>0$, 对任意满足 $0<|x-x_0|<\delta$ 的 x.

$x\to x_0^+$: 存在 $\delta>0$, 对任意满足当 $0<x-x_0<\delta$ 的 x.

$x\to x_0^-$: 存在 $\delta>0$, 对任意满足 $0<x_0-x<\delta$ 的 x.

$x\to+\infty$: 存在 $X>0$, 对任意满足 $x>X$ 的 x.

$x\to-\infty$: 存在 $X>0$, 对任意满足 $x<-X$ 的 x.

$x\to\infty(|x|\to+\infty)$: 存在 $X>0$, 对任意满足 $|x|>X$ 的 x.

任意一个自变量的变化过程和函数的极限过程结合, 都可组成一类函数的极限形式, 如定义下列极限.

$\lim\limits_{x\to\infty} f(x)=+\infty$: 对任意 $M>0$, 存在 $X>0$, 当 $|x|>X$ 时, 成立 $f(x)>M$.

$\lim\limits_{x\to\infty} f(x)=-\infty$: 对任意 $M>0$, 存在 $X>0$, 当 $|x|>X$ 时, 成立 $f(x)<-M$.

$\lim\limits_{x\to+\infty} f(x)=\infty$: 对任意 $M>0$, 存在 $X>0$, 当 $x>X$ 时, 成立 $|f(x)|>M$.

$\lim\limits_{x \to -\infty} f(x) = \infty$: 对任意 $M > 0$, 存在 $X > 0$, 当 $x < -X$ 时, 成立 $|f(x)| > M$.

$\lim\limits_{x \to \infty} f(x) = \infty$: 对任意 $M > 0$, 存在 $X > 0$, 当 $|x| > X$ 时, 成立 $|f(x)| > M$.

由此看出, 函数极限的多样性和复杂性. 同样, 由定义可知, 函数极限仍是局部性定义.

我们给出了函数极限的各种定义, 为建立更全面的函数极限理论, 还需要研究极限的不存在性, 我们以有限点 x_0 处函数的极限为例, 引入函数极限的否定式定义.

3. 函数极限定义的否定式

假设 $f(x)$ 在 $\mathring{U}(x_0, r)$ 有定义, A 为给定的实数.

定义 1.10 若存在 $\varepsilon_0 > 0$, 使得对 $\forall\ \delta$: $r > \delta > 0$, 都存在 $x' \in \mathring{U}(x_0, \delta)$ 满足

$$|f(x') - A| > \varepsilon_0,$$

则称 A 不是 $f(x)$ 在 x_0 点的极限, 或 $x \to x_0$ 时 $f(x)$ 不收敛于 A.

定义 1.11 若对任意实数 A, A 都不是 $f(x)$ 在点 x_0 的极限, 则称当 $x \to x_0$ 时, $f(x)$ 在 x_0 点不存在极限或不收敛.

信息挖掘 对比定义 1.10 和定义 1.11, 定义 1.10 中 $f(x)$ 不收敛于 A 包含两种情况: (1) $f(x)$ 在 x_0 的极限存在但不等于 A; (2) $f(x)$ 在 x_0 的极限不存在, 即定义 1.11 所指的情况. 无穷大量属于定义 1.11 指定的情形, 但是, 由于这种情况的特殊性, 我们给出了定义 1.7, 并用极限的符号进行表示. 其他形式的否定式定义可以参照定义 1.10 给出, 我们在此略去.

二、 函数极限定义的应用

引入函数极限, 首要的目标仍是函数极限的计算. 按照数学理论的构建规律, 定义具有验证属性, 只能用于验证最简单结构的函数极限. 因此, 我们首先利用定义验证简单函数的极限, 为计算更一般的函数极限做准备.

从结构看, 函数极限由于与数列极限类似, 因此, 用定义证明极限结论时, 当证明正常极限的情形时仍用放大法, 与之相反地, 当证明非正常极限的情形时要用缩小法, 使用放大法和缩小法时, **关键的步骤是从刻画函数极限的控制项中分离出刻画自变量变化过程的量**. 以证明正常极限 $\lim\limits_{x \to x_0} f(x) = A$ 为例, 描述函数极限的控制项为 $|f(x) - A|$, 刻画自变量变化过程的量为 $|x - x_0|$ (即视 $|x - x_0|$ 为一个变量 t), 此时, 放大法的主要目的是通过对 $|f(x) - A|$ 的放大, 从中分离出

$|x-x_0|$, 放大过程和思想体现在如下表达式中:

$$|f(x)-A| \leqslant \cdots \leqslant G(|x-x_0|)=G(t) \leqslant G(\delta) \rightarrow 0\ (x \rightarrow x_0),$$

其中, $G(t)$ 应满足两条原则: ①它是非负的单调递增函数, 因而, 保证了 "当 $|x-x_0|<\delta$ 时, 成立 $G(|x-x_0|) \leqslant G(\delta)$", 实现了控制变量由 $|x-x_0|$ 向 δ 的转变. ② $G(\delta) \rightarrow 0(\delta \rightarrow 0)$, 因而, 才可能实现最终的控制 $G(\delta)<\varepsilon$. 在满足上述两条必须的性质外, 一般来说, 还要求 $G(t)$ 的形式最简, 通常其形式为 $G(t)=M \cdot t^{\alpha}$, $\alpha>0$.

和数列的放大法类比, 放大思想是相同的, 这是二者的共性. 但是, 由于函数极限形式的多样性, 也有形式上的区别, 因而, 放大过程中分离出的因子形式也不同, 这是二者的相异性. 对数列而言, 自变量的变化过程是 $n \rightarrow+\infty$, 刻画形式是 $n>N$, 因而, 放大过程中分离出的因子是 n, 对函数极限 $\lim\limits_{x \rightarrow x_0} f(x)=A$ 而言, 自变量的变化过程是 $x \rightarrow x_0$, 刻画形式是 $|x-x_0|<\delta$, 因而, 放大过程中分离出的因子是 $|x-x_0|$, 用于揭示自变量的变化过程对函数变化趋势的影响. 同样, 对函数极限 $\lim\limits_{x \rightarrow \infty} f(x)=A$, 自变量的变化过程是 $x \rightarrow \infty$ 或 $|x| \rightarrow+\infty$, 因此, 放大过程中分离的量应该是 $|x|$, 所以, 对不同形式的函数极限, 自变量变化过程的量的形式也不相同, 放大或缩小过程中分离出的量的形式也不同, 要注意不同形式的区别.

例 1 证明 $\lim\limits_{x \rightarrow 1} \dfrac{x(x-1)}{x^2-1}=\dfrac{1}{2}$.

结构分析 题型: 函数的正常极限结论的验证. 类比已知: 只有定义可用. 确定思路: 用定义验证. 具体方法: 应该用放大方法. 放大对象为刻画函数极限的量 $|f(x)-A|=\left|\dfrac{x(x-1)}{x^2-1}-\dfrac{1}{2}\right|$; 从中要分离的项为刻画变量变化的量 $|x-x_0|=|x-1|$; 放大过程中, 要注意去掉绝对值号, 化简结构等要求, 要注意利用预控制技术甩掉无关因子等; 具体过程中, 由于 $\left|\dfrac{x(x-1)}{x^2-1}-\dfrac{1}{2}\right|=\dfrac{|x-1|}{2|x+1|}$, 因此, 要从右端分离因子 $|x-1|$, 必须处理分母, 即要求 $|x+1|$ 有严格正下界. 为达到此目的, 用到和数列理论中相同的**预先控制技术**, 需预先控制变量 x, 如可以预控制 $0<|x-1|<1$, 相当于定义中取 r=1, 此时, $|x+1|>1$, 因而 $\dfrac{1}{2|x+1|}<\dfrac{1}{2}$, 则

$$\left|\frac{x(x-1)}{x^2-1}-\frac{1}{2}\right|=\frac{|x-1|}{2|x+1|} \leqslant \frac{1}{2}|x-1|<|x-1|,$$

达到分离因子的目的, 从分析过程中可以看出取 $\delta=\min\{1,\ \varepsilon\}$.

证明 对任意 $\varepsilon>0$, 取 $\delta=\min\{1,\ \varepsilon\}$, 则当 x 满足 $0<|x-1|<\delta$ 时, 有

$$\left|\frac{x(x-1)}{x^2-1}-\frac{1}{2}\right|=\frac{|x-1|}{2\,|x+1|}\leqslant\frac{1}{2}|x-1|<|x-1|<\varepsilon,$$

故, $\lim\limits_{x\to 1}\dfrac{x(x-1)}{x^2-1}=\dfrac{1}{2}$.

在证明过程中, 对 x 的限制要保证 x 落在函数的定义域内.

例 2　用定义证明 $\lim\limits_{x\to\infty}\dfrac{2x+1}{3x+1}=\dfrac{2}{3}$.

结构分析　题型为无限远处的正常极限验证, 仍用放大法, 由于自变量的变化趋势为 $x\to\infty$, 类比定义, 放大过程中分离的变量因子形式为 $|x|$.

证明　对 $\forall\varepsilon>0$, 取 $G=\dfrac{1}{6\varepsilon}$, 则当 $|x|>G$ 时,

$$\left|\frac{2x+1}{3x+1}-\frac{2}{3}\right|=\frac{1}{3}\cdot\frac{1}{|3x+1|}\leqslant\frac{1}{3}\cdot\frac{1}{3\,|x|-1}\leqslant\frac{1}{3}\cdot\frac{1}{2\,|x|}=\frac{1}{6\,|x|}<\varepsilon,$$

故, $\lim\limits_{x\to\infty}\dfrac{2x+1}{3x+1}=\dfrac{2}{3}$.

例 3　证明　(1) $\lim\limits_{x\to 0}\mathrm{e}^x=1$;　　(2) $\lim\limits_{x\to 1}\ln x=0$.

结构分析　题型: 基本初等函数的正常极限的结论验证. 方法设计: 类比数列对应的题型, 采用基于基本不等式的求解法分离出自变量的控制量. 以 (1) 为例, 具体方法分析如下.

(1) 由于控制对象 $|\mathrm{e}^x-1|$ 已经是最简单结构了, 不能再放大了, 只能直接转化为等价的不等式进行求解, 即, 对 $\forall\varepsilon>0$, 要使 $0<|x-0|<\delta$ 时, 有

$$|\mathrm{e}^x-1|<\varepsilon.$$

此时相当于已知 $-\delta<x<\delta$ 成立的条件下, 成立

$$1-\varepsilon<\mathrm{e}^x<1+\varepsilon,$$

为使此式与已知的形式统一, 从上述不等式中计算出 x, 利用 $\ln x$ 关于 $x>0$ 单调递增性, 上式等价于

$$\ln(1-\varepsilon)<x<\ln(1+\varepsilon),$$

类比已知, 只需 δ 满足

$$\delta<\min\{|\ln(1-\varepsilon)|,\ \ln(1+\varepsilon)\},$$

由此确定了 δ.

证明 (1) 对任意 $\varepsilon>0$, 取 $\delta=\dfrac{1}{2}\min\{-\ln(1-\varepsilon),\ln(1+\varepsilon)\}>0$, 则

$$\delta<\frac{1}{2}\ln(1+\varepsilon)<\ln(1+\varepsilon),$$

且

$$\delta<\frac{1}{2}|\ln(1-\varepsilon)|<|\ln(1-\varepsilon)|=-\ln(1-\varepsilon),$$

即 $-\delta>\ln(1-\varepsilon)$, 因而, 当 x 满足 $0<|x|<\delta$ 时, 成立

$$\ln(1-\varepsilon)<x<\ln(1+\varepsilon),$$

即

$$1-\varepsilon=\mathrm{e}^{\ln(1-\varepsilon)}<\mathrm{e}^x<\mathrm{e}^{\ln(1+\varepsilon)}=1+\varepsilon,$$

故

$$|\mathrm{e}^x-1|<\varepsilon,$$

因此, $\lim\limits_{x\to0}\mathrm{e}^x=1$.

(2) 对任意的 $\varepsilon>0$, 取 $\delta=\min\{\mathrm{e}^{\varepsilon}-1,\ 1-\mathrm{e}^{-\varepsilon}\}$, 则当 x 满足 $0<|x-1|<\delta$ 时, 有

$$\mathrm{e}^{-\varepsilon}=1-(1-\mathrm{e}^{-\varepsilon})<1-\delta<x<1+\delta<1+\mathrm{e}^{\varepsilon}-1=\mathrm{e}^{\varepsilon},$$

因而, $-\varepsilon<\ln x<\varepsilon$, 即 $|\ln x|<\varepsilon$, 故, $\lim\limits_{x\to1}\ln x=0$.

注 类似可以证明 $\lim\limits_{x\to0}a^x=1,\forall a>0$.

抽象总结 在例 3 的证明中, 难点是 δ 的确定, 难点解决的方法是: 基于形式统一技术, 将函数极限的控制形式通过不等式的求解, 分离出 x, 实现与自变量的控制形式的统一, 通过类比确定 δ.

例 4 证明 (1) $\lim\limits_{x\to0}\sin x=0$; (2) $\lim\limits_{x\to0}\cos x=1$.

证明 (1) 对任意的 $\varepsilon>0$, 取 $\delta=\dfrac{1}{2}\arcsin\varepsilon$, 则当 x 满足 $0<|x|<\delta$ 时, 有

$$-\arcsin\varepsilon<-\delta<x<\delta<\arcsin\varepsilon,$$

因而, $-\varepsilon<\sin x<\varepsilon$, 即 $|\sin x|<\varepsilon$, 故, $\lim\limits_{x\to0}\sin x=0$.

(2) 对任意的 $\varepsilon>0$, 取 $\delta=\dfrac{1}{2}\arccos(1-\varepsilon)$, 则当 x 满足 $0<x<\delta$ 时, 有

$$0<x<\delta<\arccos(1-\varepsilon),$$

因此, $1-\varepsilon<\cos x<1$.

利用 $\cos x$ 的偶函数性质, 则当 x 满足 $-\delta<x<0$ 时, 仍成立

$$1-\varepsilon<\cos x<1,$$

故, 当 x 满足 $0<|x|<\delta$ 时, 成立

$$1-\varepsilon<\cos x<1,$$

即 $|\cos x-1|<\varepsilon$, 故 $\lim\limits_{x\to 0}\cos x=1$.

例 5 证明:

(1) $\lim\limits_{x\to x_0}\arcsin x=\arcsin x_0,\ x_0\in(-1,1)$;

(2) $\lim\limits_{x\to x_0}\operatorname{arccot}x=\operatorname{arccot}x_0$.

证明 (1) 对任意的 $\varepsilon>0$, 取 $\delta=\dfrac{1}{2}\min\{\sin(\arcsin x_0+\varepsilon)-x_0,x_0-\sin(\arcsin x_0-\varepsilon)\}$, 则当 x 满足 $0<|x-x_0|<\delta$ 时, 有

$$|\arcsin x-\arcsin x_0|<\varepsilon,$$

故, $\lim\limits_{x\to x_0}\arcsin x=\arcsin x_0$.

(2) 对任意的 $\varepsilon>0$, 取 $\delta=\dfrac{1}{2}\min\{\cot(\operatorname{arccot}x_0-\varepsilon)-x_0,x_0-\cot(\operatorname{arccot}x_0+\varepsilon)\}$, 则当 x 满足 $0<|x-x_0|<\delta$ 时, 有

$$|\operatorname{arccot}x-\operatorname{arccot}x_0|<\varepsilon,$$

故, $\lim\limits_{x\to x_0}\operatorname{arccot}x=\operatorname{arccot}x_0$.

抽象总结 (1) 例 4 讨论了正弦函数和余弦函数在特定点处的极限, 在 3.2 节, 我们将利用这个结论和运算法则将结论推广到三角函数 (包括正切函数和余切函数) 在任意点处的极限.

(2) 例 5 直接得到了反正弦函数和反余切函数在任意点处的极限, 用类似的方法可以得到

$$\lim_{x\to x_0}\arccos x=\arccos x_0,\quad x_0\in(-1,1),$$

$$\lim_{x\to x_0}\arctan x=\arctan x_0.$$

因此, 实际上已经得到了反三角函数的极限.

(3) 例 4 与例 5 表明: 我们采用不同的思路与方法对三角函数和反三角函数极限进行不同的处理, 原因在于, 反三角函数在定义域内具有单调性, 用定义处理

相对容易, 三角函数具有周期性, 用定义处理相对复杂, 当然, 也可以按单调性进行分段后用定义处理, 得到任意点处的极限.

例 6 用定义证明 $\lim\limits_{x\to\frac{\pi}{2}}\tan\ x=\infty$.

结构分析 从结构看, 这是非正常极限, 应该用缩小法. 由于控制对象为 $|\tan x|$, 具备最简结构, 因此, 将缩小法转化为不等式求解. 由定义, 要证明结论, 对任意 $X>0$, 分析使 $|\tan x|>X$ 成立的 $x=\dfrac{\pi}{2}$ 的邻域. 由于 $|\tan x|>X$ 等价于

$$\tan x>X \quad 或 \quad \tan x<-X.$$

对应的 $x=\dfrac{\pi}{2}$ 附近, x 应满足

$$\frac{\pi}{2}>x>\arctan X \quad 或 \quad \pi-\arctan X>x>\frac{\pi}{2},$$

注意到分离的量形式为 $\left|x-\dfrac{\pi}{2}\right|$, 从上述不等式中进行分离, 则

$$0>x-\frac{\pi}{2}>-\left(\frac{\pi}{2}-\arctan X\right) \quad 或 \quad \frac{\pi}{2}-\arctan X>x-\frac{\pi}{2}>0,$$

因此, 若对满足 $0<\left|x-\dfrac{\pi}{2}\right|<\delta$ $\left(x\neq\dfrac{\pi}{2}\right)$ 的 x 成立上式, 只需要求 δ 满足 $\dfrac{\pi}{2}-\arctan X>\delta$, 这就确定了 δ.

证明 对任意 $X>0$, 取 $\delta=\dfrac{1}{2}\left(\dfrac{\pi}{2}-\arctan X\right)$, 则当 x 满足 $0<\left|x-\dfrac{\pi}{2}\right|<\delta$ 时,

$$|\tan x|>X,$$

故, $\lim\limits_{x\to\frac{\pi}{2}}\tan x=\infty$.

上述几个例子给出了基本初等函数在给定点的极限结论, 要记住这些结论, 它们是后续内容中计算一般函数极限的基础.

习 题 3.1

1. 判断下列关于极限 $\lim\limits_{x\to a}f(x)=A$ 的定义是否正确.

(1) 对任意的 $n>0$, 存在 $\delta>0$, 使得对任意 $x\in\mathring{U}(a,\delta)$, 成立 $|f(x)-A|\leqslant\dfrac{1}{n}$.

(2) 对任意的 $\varepsilon>0$, 存在 $n\in\mathbf{N}^+$, 使得对任意 $x\in\mathring{U}\left(a,\dfrac{1}{n}\right)$, 成立 $|f(x)-A|\leqslant\varepsilon$.

(3) 存在 $\delta>0$, 对任意的 $\varepsilon>0$, 使得对任意 $x\in\mathring{U}(a,\delta)$, 成立 $|f(x)-A|\leqslant\varepsilon$.

2. 用 "ε-δ" 或 "ε-X" 定义, 给出下面极限的定义.

(1) $\lim\limits_{x\to x_0^+} f(x)=A$;　　(2) $\lim\limits_{x\to -\infty} f(x)=A$;

(3) $\lim\limits_{x\to x_0^-} f(x)=\infty$;　　(4) $\lim\limits_{x\to +\infty} f(x)=-\infty$;

(5) $\lim\limits_{x\to +\infty} f(x)\neq A$;　　(6) $\lim\limits_{x\to a^+} f(x)\neq A$;

(7) $\lim\limits_{x\to \infty} f(x)\neq A$;　　(8) $\lim\limits_{x\to a} f(x)\neq A$.

3. 用极限定义证明下述结论.

(1) $\lim\limits_{x\to 2}\dfrac{x^2-4}{x^2-x-2}=\dfrac{4}{3}$;　　(2) $\lim\limits_{x\to 1}\dfrac{x^2+x-2}{x(x^2-3x+2)}=-3$;

(3) $\lim\limits_{x\to 0}\dfrac{\sqrt{x+2}-\sqrt{x+1}}{x}=\infty$;　　(4) $\lim\limits_{x\to +\infty}\dfrac{x^2+x+10}{2x^2-x-100}=\dfrac{1}{2}$;

(5) $\lim\limits_{x\to \infty}\dfrac{x+\sqrt{|x|+1}}{2x-10}=\dfrac{1}{2}$;　　(6) $\lim\limits_{x\to -\infty}\dfrac{x^2+\sin x}{x+10}=-\infty$.

3.2　函数极限的性质和运算法则

利用函数极限的定义, 我们得到了一些最简结构的函数极限结论, 要研究一般的函数极限, 必须建立更高级的极限理论. 本节, 我们建立函数极限的性质和运算法则. 由于这些结论与数列极限对应结论的证明思路和方法基本相同, 我们以 $\lim\limits_{x\to x_0} f(x)=A$ 为例仅对部分性质进行证明.

一、 函数极限的性质

定理 2.1(唯一性)　若 $f(x)$ 在 x_0 点的极限存在, 则极限必唯一.

定理 2.2(局部保序性)　设 $\lim\limits_{x\to x_0} f(x)=A$, $\lim\limits_{x\to x_0} g(x)=B$, $A>B$, 则存在 $\delta>0$, 使 $0<|x-x_0|<\delta$ 时, $f(x)>g(x)$.

结构分析　已知条件: 转化为量化关系式为已知形式 $|f(x)-A|$, $|g(x)-B|$. 要证结论: 形式是 $f(x)>g(x)$, 因此, 从结构形式上看, 要证结论必须从已知形式中去掉绝对值号, 分离出 $f(x),g(x)$, 并借助 A,B 的序 $A>B$ 进一步建立二者的关系. 类比已知和未知的形式, 很容易利用 ε 的任意性建立相应的关系.

证明　由 $\lim\limits_{x\to x_0} f(x)=A$ 和 $\lim\limits_{x\to x_0} g(x)=B$, 对 $\varepsilon=\dfrac{A-B}{2}$, 存在 $\delta_1>0$, 使 $0<|x-x_0|<\delta_1$ 时,

$$A-\varepsilon<f(x)<A+\varepsilon,$$

从而 $f(x)>A-\dfrac{A-B}{2}=\dfrac{A+B}{2}$, 存在 $\delta_2>0$, 使 $0<|x-x_0|<\delta_2$ 时,

$$B-\varepsilon<g(x)<B+\varepsilon,$$

从而 $g(x) < B + \frac{A-B}{2} = \frac{A+B}{2}$, 取 $\delta = \min\{\delta_1, \delta_2\}$, 当 $0 < |x-x_0| < \delta$ 时, 就有

$$g(x) < \frac{A+B}{2} < f(x).$$

抽象总结 此定理说明, 若函数的极限具有某种顺序, 则对应的函数从某一时刻后也保持相应的顺序.

思考 为何取 $\varepsilon = \frac{A-B}{2}$? 还有其他的选择吗?

推论 2.1 若 $\lim\limits_{x\to x_0} f(x) = A > B$, 则存在 $\delta > 0$, 使 $0 < |x-x_0| < \delta$ 时, $f(x) > B$.

推论 2.2 若 $\lim\limits_{x\to x_0} f(x) = A > 0$, 则存在 $\delta > 0$, 对任意满足条件 $0 < |x-x_0| < \delta$ 的 x, 成立

$$f(x) > \frac{A}{2} > 0.$$

定理 2.3 设 $\lim\limits_{x\to x_0} f(x) = A$, $\lim\limits_{x\to x_0} g(x) = B$, 且 $\exists \rho > 0$, 当 $x \in \mathring{U}(x_0, \rho)$ 时, 成立 $f(x) > g(x)$, 则 $A \geqslant B$.

定理 2.4 (局部有界性) 若 $f(x) \to A(x \to x_0)$, 则存在 $\delta > 0$, 使 $f(x)$ 在 $\mathring{U}(x_0, \delta)$ 中有界.

结构分析 结论分析: 由函数有界性的定义, 要证明函数 $f(x)$ 在 x_0 的某去心邻域内有界, 只需确定 M, 对于 x_0 的某去心邻域内的任意 x, 对应的函数值 $f(x)$ 都满足 $|f(x)| \leqslant M$, 即要研究的对象是 $|f(x)|$. 条件分析: 已知条件 $\lim\limits_{x\to x_0} f(x) = A$, 即对于任意 $\varepsilon > 0$, 存在 $\delta > 0$, 当 $0 < |x-x_0| < \delta$ 时, 成立 $|f(x)-A| < \varepsilon$, 意味着存在 x_0 的某去心邻域, 且有与要研究的对象 $|f(x)|$ 有关的量化关系式 $|f(x)-A|$. 因此, 从结构看, 解题的具体方法的设计思想是如何建立 $|f(x)|$ 和 $|f(x)-A|$ 的联系. 因此, 具体的方法还是插项方法 $|f(x)| = |f(x)-A+A| \leqslant |f(x)-A| + |A|$. 但是, 还要注意具体的技术要求: 由于界必须是一个确定的常数, 已知条件中只有任意的数 ε, 因此, 必须将其定量化, 比如取 $\varepsilon = 1$.

证明 由于 $\lim\limits_{x\to x_0} f(x) = A$, 根据极限定义, 对于 $\varepsilon = 1$, 必存在 $\delta > 0$, 当 $0 < |x-x_0| < \delta$ 时, x 对应的所有函数值 $f(x)$ 都满足 $|f(x)-A| < 1$, 由于

$$|f(x)| = |f(x)-A+A| \leqslant |f(x)-A| + |A| < 1 + |A|,$$

取 $M = 1 + |A|$, 则 $|f(x)| \leqslant M$ 成立.

注 定理只给出了局部有界性, 不能保证函数在整个定义域上的有界性.

定理 2.5 (夹逼性定理) 若 $f(x) \leqslant g(x) \leqslant h(x), \forall x \in \overset{\circ}{U}(x_0,\rho)$, 且 $\lim\limits_{x\to x_0} f(x) = A$, $\lim\limits_{x\to x_0} h(x) = A$, 则 $\lim\limits_{x\to x_0} g(x) = A$.

定理 2.6 若 $\lim\limits_{x\to x_0} f(x) = 0$, $g(x)$ 在 $\overset{\circ}{U}(x_0,\rho)(\rho>0)$ 内有界, 则 $\lim\limits_{x\to x_0} f(x)g(x) = 0$.

二、 函数极限的运算法则

类比数列极限和函数极限的运算法则的共性, 关于函数极限的四则运算法则及无穷大量和无穷小量的性质和数列极限对应的性质完全相同, 可自行进行推广, 此处略去.

类比二者运算差异, 函数还有一种特殊的复合运算, 我们建立相应的法则.

定理 2.7 设 $\lim\limits_{t\to a} f(t) = A$, $\lim\limits_{x\to x_0} g(x) = a$, 函数的复合运算能够进行, 则 $\lim\limits_{x\to x_0} f(g(x)) = \lim\limits_{t\to a} f(t) = A$.

证明 由于 $\lim\limits_{t\to a} f(t) = A$, 则对任意的 $\varepsilon > 0$, 存在 $\delta_1 > 0$, 使得

$$|f(t) - A| < \varepsilon, \quad \forall t: 0 < |t-a| < \delta_1;$$

又由于 $\lim\limits_{x\to x_0} g(x) = a$, 对上述 δ_1, 存在 $\delta > 0$, 使得

$$|g(x) - a| < \delta_1, \quad \forall x: 0 < |x - x_0| < \delta;$$

因而, 对 $\forall x: 0 < |x-x_0| < \delta$, 有 $|g(x) - a| < \delta_1$, 故,

$$|f(g(x)) - A| < \varepsilon,$$

因而, $\lim\limits_{x\to x_0} f(g(x)) = A$.

函数极限的复合运算法则是一个非常重要的法则, 它为更复杂的函数极限的计算设计更高级的方法提供了实现的理论工具.

1. 变量代换法

对复杂的函数极限, 利用变量代换法简化函数结构, 实现函数极限的计算, 由此形成函数极限计算中的重要的方法——变量代换法, 其理论基础是函数极限运算的复合法则, 或者说, 将复合运算法则改写就成为变量代换法.

推论 2.3 若 $\lim\limits_{t\to a} f(t) = A$, $\lim\limits_{x\to x_0} g(x) = a$, 则

$$\lim_{x\to x_0} f(g(x)) \xlongequal{t=g(x)} \lim_{t\to a} f(t) = A.$$

2. 对数法

幂指结构的函数极限是一类更复杂的函数极限, 利用已经建立的指数和对数函数的极限结论和复合运算法则, 就可以处理这类函数极限了, 具体方法通常有两种: 其一是对数法; 其二是基于基本初等函数的性质将幂指结构转化为指数和对数函数的复合结构. 两种方法的本质是相同的.

为此, 将 2.1 节中建立的指数函数和对数函数在特定点处的极限推广到任意点, 建立指数函数和对数函数的极限结论.

例 1 证明 (1) $\lim\limits_{x\to x_0}\ln x=\ln x_0$, 其中 $x_0>0$;

(2) $\lim\limits_{x\to x_0}\mathrm{e}^x=\mathrm{e}^{x_0}$;

(3) $\lim\limits_{x\to x_0}a^x=a^{x_0}, a>0$.

证明 (1) 利用极限的运算法则, 则

$$\lim_{x\to a}(\ln x-\ln a)=\lim_{x\to a}\ln\frac{x}{a}=\lim_{t\to 1}\ln t=0,$$

故, $\lim\limits_{x\to a}\ln x=\ln a$.

(2) 同样地,

$$\begin{aligned}\lim_{x\to a}(\mathrm{e}^x-\mathrm{e}^a)&=\lim_{x\to a}\mathrm{e}^a(\mathrm{e}^{x-a}-1)\\&\xlongequal{t=x-a}\mathrm{e}^a\lim_{t\to 0}(\mathrm{e}^t-1)=0,\end{aligned}$$

故, $\lim\limits_{x\to a}\mathrm{e}^x=\mathrm{e}^a$.

(3) 类似地,

$$\lim_{x\to x_0}a^x=\lim_{x\to x_0}\mathrm{e}^{x\ln a}=\mathrm{e}^{x_0\ln a}=a^{x_0}.$$

利用变量代换方法, 继续将上述结论进行推广.

推论 2.4 设 $a>0,f(x)$ 在 $\mathring{U}(x_0)$ 有定义, $\lim\limits_{x\to x_0}f(x)=A$, 则 (1) $\lim\limits_{x\to x_0}a^{f(x)}=a^A$; (2)$A>0$ 时, $\lim\limits_{x\to x_0}\ln f(x)=\ln A$.

利用变量代换法和例 1 的结论很容易证明推论 2.4.

推论 2.5 设 $f(x)$ 在 $\mathring{U}(x_0)$ 有定义, 且 $f(x)>0,A>0$, 若 $\lim\limits_{x\to x_0}\ln f(x)=\ln A$, 则 $\lim\limits_{x\to x_0}f(x)=A$.

证明 由推论 2.4 和对数函数的性质, 则

$$\lim_{x\to x_0}f(x)=\lim_{x\to x_0}\mathrm{e}^{\ln f(x)}=\mathrm{e}^{\ln A}=A.$$

有了上述两个结论, 就可以处理幂指结构的函数极限了.

推论 2.6　设 $f(x)$, $g(x)$ 在 $\mathring{U}(x_0)$ 有定义, 且 $f(x)>0$, $g(x)>0$,$A>0$, $B>0$, 于是有

(1) 若 $\lim\limits_{x\to x_0} f(x)=A$, $\lim\limits_{x\to x_0} g(x)=B$, 则

$$\lim_{x\to x_0}(f(x))^{g(x)}=A^B;$$

(2) 若 $\lim\limits_{x\to x_0} g(x)\ln f(x)=C$, 则 $\lim\limits_{x\to x_0}(f(x))^{g(x)}=\mathrm{e}^C$.

证明　(1) 由条件和推论 2.4, 则 $\lim\limits_{x\to x_0}\ln f(x)=\ln A$, 利用运算法则, 有 $\lim\limits_{x\to x_0} g(x)\ln f(x)=B\ln A$, 再次利用推论 2.4, 则

$$\lim_{x\to x_0}(f(x))^{g(x)}=\lim_{x\to x_0}\mathrm{e}^{g(x)\ln f(x)}=\mathrm{e}^{B\ln A}=A^B.$$

(2) 若 $\lim\limits_{x\to x_0} g(x)\ln f(x)=C$, 则

$$\lim_{x\to x_0}\ln(f(x))^{g(x)}=C,\ \text{因而,}\ \lim_{x\to x_0}(f(x))^{g(x)}=\mathrm{e}^C.$$

抽象总结　推论 2.6 建立了幂指结构的函数极限, 同时也说明了对数法处理幂指结构极限的机理.

事实上, 记 $h(x)=(f(x))^{g(x)}$, 则

$$\ln h(x)=g(x)\ln f(x),$$

若计算得到 $\lim\limits_{x\to x_0}\ln h(x)=\lim\limits_{x\to x_0} g(x)\ln f(x)=C$, 则

$$\lim_{x\to x_0}h(x)=\lim_{x\to x_0}(f(x))^{g(x)}=\mathrm{e}^C,$$

或

$$\lim_{x\to x_0}h(x)=\lim_{x\to x_0}\mathrm{e}^{g(x)\ln f(x)}=\mathrm{e}^C,$$

由此, 将幂指函数 $(f(x))^{g(x)}$ 的极限通过对数法转化为乘积函数 $g(x)\ln f(x)$ 的极限进行计算, 体现了化繁为简的计算思想, 这种方法称为幂指函数的对数方法, 这种计算方法是处理幂指函数的有效的方法, 要熟练掌握.

有了上述结论就可以建立幂函数极限的结论了.

例 2　证明: $\lim\limits_{x\to x_0} x^a=x_0^a, a>0$.

证明 利用极限的复合运算法则和前述基本结论, 则

$$\lim_{x\to x_0} x^a = \lim_{x\to x_0} \mathrm{e}^{a\ln x} = \mathrm{e}^{a\ln x_0} = x_0^a.$$

例 3 证明: $\lim\limits_{x\to x_0} \sin x = \sin x_0$.

证明 利用三角函数的公式, 则

$$\lim_{x\to x_0} (\sin x - \sin x_0) = \lim_{x\to x_0} 2\cos\frac{x+x_0}{2}\sin\frac{x-x_0}{2},$$

利用已知结论 $\lim\limits_{x\to 0}\sin x = 0$ 和复合运算法则, 则 $\lim\limits_{x\to x_0} \sin\dfrac{x-x_0}{2} = 0$, 再次利用无穷小量的性质, 则

$$\lim_{x\to x_0} 2\cos\frac{x+x_0}{2}\sin\frac{x-x_0}{2} = 0,$$

因而, $\lim\limits_{x\to x_0} \sin x = \sin x_0$.

利用例 3 和三角函数关系式及极限运算法则, 类似可得如下结论:

$$\lim_{x\to x_0} \cos x = \cos x_0;$$

$$\lim_{x\to x_0} \tan x = \tan x_0, \quad x_0 \neq k\pi + \frac{\pi}{2}, k \in \mathbf{Z}^+;$$

$$\lim_{x\to x_0} \cot x = \cot x_0, \quad x_0 \neq k\pi, k \in \mathbf{Z}^+.$$

抽象总结 通过 3.1 节和本节的例子, 我们建立了基本初等函数的极限结论, 为处理更一般的函数极限奠定了基础.

三、 应用

在已经建立的理论和结论之上, 可以计算更复杂的函数极限.

例 4 计算 $\lim\limits_{x\to 1}\dfrac{x^2-1}{2x-1}$.

解 利用基本初等函数的极限结论和极限的运算法则, 则

$$\lim_{x\to 1}\frac{x^2-1}{2x-1} = \frac{\lim\limits_{x\to 1}(x^2-1)}{\lim\limits_{x\to 1}(2x-1)} = 0.$$

抽象总结 上述计算过程是利用极限的运算法则完成的, 本质相当于直接将 x=1 代入函数得到的函数值, 而不必用定义再证明. 但是, 代入法使用的前提条件是函数在此点有定义, 否则, 需先对函数变形再用代入法.

例 5　计算 $\lim\limits_{x\to 1}\dfrac{\sqrt{x}-1}{x-1}$.

简析　结构: $\dfrac{0}{0}$ 不定型极限, 不能直接代入. 方法: 由于现在还没有建立相应的处理理论, 必须利用初等方法消去不定因子, 转化为确定型, 利用极限的运算法则实现计算.

解　利用极限运算法则, 则

$$\lim_{x\to 1}\frac{\sqrt{x}-1}{x-1}=\lim_{x\to 1}\frac{x-1}{(x-1)(\sqrt{x}+1)}=\lim_{x\to 1}\frac{1}{\sqrt{x}+1}=\frac{1}{2}.$$

此例不能直接代入, 因为函数在 $x=1$ 处没有定义, 因此, 我们先用有理化方法对函数进行变形后再代入.

例 6　计算 $\lim\limits_{x\to 0}\dfrac{(1+x)^{\frac{1}{3}}-1}{x}$.

简析　结构: $\dfrac{0}{0}$ 不定型极限. 特点: 无理因子结构. 方法: 消去无理因子. 常用的方法有变量代换法和有理化法.

解　**法一**　变量代换法.

令 $t=(1+x)^{\frac{1}{3}}-1$, 则

$$\lim_{x\to 0}\frac{(1+x)^{\frac{1}{3}}-1}{x}=\lim_{t\to 0}\frac{t}{3t+3t^2+t^3}=\frac{1}{3}.$$

法二　有理化法.

$$\begin{aligned}\lim_{x\to 0}\frac{(1+x)^{\frac{1}{3}}-1}{x}&=\lim_{x\to 0}\frac{((1+x)^{\frac{1}{3}}-1)((1+x)^{\frac{2}{3}}+(1+x)^{\frac{1}{3}}+1)}{x((1+x)^{\frac{2}{3}}+(1+x)^{\frac{1}{3}}+1)}\\&=\lim_{x\to 0}\frac{(1+x)^{\frac{3}{3}}-1}{x((1+x)^{\frac{2}{3}}+(1+x)^{\frac{1}{3}}+1)}=\frac{1}{3}.\end{aligned}$$

抽象总结　(1) 上述解法一变量代换法也体现了主次分析思想下的化繁为简, 即利用变量代换将复杂因子简单化, 实现整体结构的化繁为简. (2) 上述解法二有理化法, 使用的工具是二项式展开定理. 变量代换法和有理化法, 具体题目具体方法可以不同.

例 7　计算 $\lim\limits_{x\to 0}\dfrac{(1+x)^{\frac{1}{3}}(1+x)^{\frac{1}{4}}-1}{x}$.

简析　与例 6 结构相同, 处理思想仍是结构简化, 由于结构更加复杂, 直接简化比较困难, 若进行已知类比, 此时与例 7 关联紧密的已知是例 6, 因此, 可以考虑转化为例 6 的结构, 逐次简化结构. 具体方法可以考虑基于形式统一来设计.

解 由于

$$\begin{aligned}
&\lim_{x\to 0}\frac{(1+x)^{\frac{1}{3}}(1+x)^{\frac{1}{4}}-1}{x}\\
=&\lim_{x\to 0}\frac{[(1+x)^{\frac{1}{3}}-1+1](1+x)^{\frac{1}{4}}-1}{x}\\
=&\lim_{x\to 0}\frac{(1+x)^{\frac{1}{3}}-1}{x}(1+x)^{\frac{1}{4}}+\lim_{x\to 0}\frac{(1+x)^{\frac{1}{4}}-1}{x}\\
=&\lim_{x\to 0}\frac{(1+x)^{\frac{1}{3}}-1}{x}+\lim_{x\to 0}\frac{(1+x)^{\frac{1}{4}}-1}{x},
\end{aligned}$$

至此, 已将复杂结构简化为已知的例 6 结构, 可以利用相同的方法求解. 这里采用有理化法, 因此, 有

$$\begin{aligned}
\lim_{x\to 0}\frac{(1+x)^{\frac{1}{4}}-1}{x}&=\lim_{x\to 0}\frac{((1+x)^{\frac{1}{4}}-1)((1+x)^{\frac{3}{4}}+(1+x)^{\frac{2}{4}}+(1+x)^{\frac{1}{4}}+1)}{x((1+x)^{\frac{3}{4}}+(1+x)^{\frac{2}{4}}+(1+x)^{\frac{1}{4}}+1)}\\
&=\lim_{x\to 0}\frac{(1+x)^{\frac{4}{4}}-1}{x((1+x)^{\frac{3}{4}}+(1+x)^{\frac{2}{4}}+(1+x)^{\frac{1}{4}}+1)}=\frac{1}{4}.
\end{aligned}$$

抽象总结 通过上述例子可知, 解决问题的基本思路是结构简化, 实现结构简化的工具需要大量的已知结论作支撑, 因此, 必须积累大量的已知的公式、结论.

例 8 计算 $\lim\limits_{x\to 0}x\sin\dfrac{1}{x^2}$.

解 由于当 $x\to 0$ 时, $f(x)=x$ 为无穷小量, $\sin\dfrac{1}{x^2}$ 为 $x=0$ 去心邻域上的有界函数, 因而, $\lim\limits_{x\to 0}x\sin\dfrac{1}{x^2}=0$.

习 题 3.2

1. 用极限性质和运算法则计算下列极限. 要求: 首先分析结构, 类比已知, 给出要用到的结论, 然后再给出计算.

(1) $\lim\limits_{x\to 1}\dfrac{\sqrt{x+3}-\sqrt{x}}{x}$;

(2) $\lim\limits_{x\to 3}\dfrac{\sqrt{1+x}-2}{3-\sqrt{3x}}$;

(3) $\lim\limits_{x\to +\infty}\dfrac{\sqrt{x+\sqrt{x+\sqrt{x}}}}{\sqrt{x+1}}$;

(4) $\lim\limits_{x\to a}\dfrac{\sqrt{x}-\sqrt{a}-\sqrt{x-a}}{\sqrt{x^2-a^2}}(a>0)$;

(5) $\lim\limits_{x\to 0}\dfrac{\sqrt{(a+bx)(c+dx)}-\sqrt{ac}}{x}(ac>0)$;

(6) $\lim\limits_{x\to 0}\dfrac{(1+2x)^{\frac{1}{4}-1}}{x}$;

(7) $\lim\limits_{x\to 0}\dfrac{(1+2x)^{\frac{1}{3}}-(1+x)^{\frac{1}{4}}}{1-\sqrt{1-x}}$;

(8) $\lim\limits_{x\to 0}\dfrac{(1+x)^{\frac{1}{3}}(1+2x)^{\frac{1}{4}}-1}{x}$;

(9) $\lim\limits_{x\to +\infty}\dfrac{\sqrt{1+x^4}}{\sqrt{x+x^4}+x}$;

(10) $\lim\limits_{x\to +\infty}(\sqrt{x+\sqrt{x+\sqrt{x}}}-\sqrt{x})$.

2. 证明下列极限.

(1) $\lim\limits_{x\to+\infty} x^{\frac{1}{x}}=1$;　　(2) $\lim\limits_{x\to 2}\ln x=\ln 2$;

(3) 若 $\lim\limits_{x\to a} f(x)=A>0$, 则 $\lim\limits_{x\to a}\ln f(x)=\ln A$;

(4) $\lim\limits_{x\to+\infty}\dfrac{\ln\left(1+x^2\right)}{x^2}=0$.

3. 设 $\lim\limits_{x\to b} f(x)=a>0$, 证明: 对任意的 $\alpha\in(0,a)$, 存在 $\delta>0$, 使得 $f(x)>\alpha, x\in\overset{\circ}{U}(b,\delta)$.

3.3 各种极限间的关系

在 3.2 节, 我们建立函数极限的性质和运算法则, 为从肯定性方面研究函数极限, 特别是定量计算函数极限奠定基础. 作为完整的理论体系, 研究否定性命题, 即研究函数极限的不存在性也是研究内容之一. 另外, 现在我们已经建立了各种形式的极限, 这些极限间的关系也是极限理论的重要内容. 下面, 我们基于部分与全体的逻辑关系, 讨论不同极限间的关系, 并利用极限间关系解决实际问题.

1. 函数极限和数列极限的关系

以 $\lim\limits_{x\to x_0} f(x)=A$ 为例, 建立函数极限和数列极限的关系.

首先指出的是: 任何一种连续变量的极限过程都可以离散出无穷多种形式的离散变量的数列极限过程. 事实上, 自变量的极限过程 $x\to x_0$ 可以离散为点列的极限过程 $x_n\to x_0$, 此时, 对应的连续变量的函数 $f(x)$ 离散为对应的数列 $f(x_n)$, 当然, 这样的方式有无穷多种, 如取 $x_n=x_0+\dfrac{1}{n}$, 利用这种方式可以建立函数极限和数列极限的关系. 由于 $x\to x_0$ 的方式表明在变化过程中, x 连续地取遍 x_0 邻域的全体所有点, $x_n\to x_0$ 的方式说明在变化过程中, x_n 离散地有选择地选取 x_0 邻域的部分某些点. 因此, 两种方式间存在着全体与部分的逻辑关系, 基于这种关系, 就可以建立函数极限和数列极限间的关系.

定理 3.1(海涅 (Heine) 定理)　$\lim\limits_{x\to x_0} f(x)=A$ 的充要条件为对任意收敛于 x_0 且 $x_n\neq x_0$ 的数列 $\{x_n\}$, 都有 $\lim\limits_{n\to+\infty} f(x_n)=A$.

结构分析　整体设计基于整体与部分的逻辑关系. 因此, 对必要性的验证, 由 "全体成立" 得到 "部分成立", 对应采取代入验证法; 对充分性的验证, 由 "任意部分" 都成立得到 "全体成立", 隐含任意性条件结构, 对应采取反证法.

证明　必要性是显然的.

充分性　注意到任意性条件, 采用反证法.

设 $x\to x_0$ 时 $f(x)$ 不收敛于 A, 则, 存在 $\varepsilon_0>0$, 使得对任意的 $\delta>0$, 存在 x_δ, 满足

$$0<|x_\delta-x_0|<\delta,\ \text{且}\quad |f(x_\delta)-A|>\varepsilon_0.$$

反证的目的是构造 $\{x_n\}$: $x_n\to x_0$, 而 $\lim\limits_{x\to x_0}f(x)\neq A$. 下面, 我们利用 δ 的任意性, 构造上述数列.

取 $\delta_1=1$, 则存在 x_1 满足

$$0<|x_1-x_0|<\delta_1,\quad |f(x_1)-A|>\varepsilon_0;$$

取 $\delta_2=\min\left\{\dfrac{1}{2},|x_0-x_1|\right\}$, 则存在 x_2, 满足

$$0<|x_2-x_0|<\delta_2,\quad |f(x_2)-A|>\varepsilon_0;$$

如此下去, 对任意的 n, 取 $\delta_n=\min\left\{\dfrac{1}{n},|x_0-x_{n-1}|\right\}$, 则存在 x_n 满足

$$0<|x_n-x_0|<\delta_n,\quad |f(x_n)-A|>\varepsilon_0.$$

如此构造 $\{x_n\}$ 满足 $x_n\to x_0$, 但是, 由于对任意 n, 都有

$$|f(x_n)-A|>\varepsilon_0,$$

因而, $\{f(x_n)\}$ 不收敛于 A, 与条件矛盾, 故, $\lim\limits_{x\to x_0}f(x)=A$.

抽象总结 (1) 关于定理: ①基于整体与部分的逻辑关系确立思路与方法; ②再次注意结构中任意性条件的应用思想和方法.

(2) 关于定理的应用: 从定理结构中所体现的思想看, 由于 $x_n\to x_0$ 只是 $x\to x_0$ 的特殊情况, 因此, 定理揭示的是全体和部分的逻辑关系. 即全体所满足的性质, 其中的个体肯定满足, 但是, 一旦某个个体不满足某性质, 则全体肯定也不满足此性质, 从而达到否定个体进一步否定全体的目的, 这正揭示了此定理的作用, 即此定理的作用并不是通过对每一个满足 $x_n\to x_0$ 的数列 $\{x_n\}$ 去验证 $f(x_n)\to A$, 从而得到 $\lim\limits_{x\to x_0}f(x)=A$. 而是通过对某一个满足 $x_n\to x_0$ 的数列 $\{x_n\}$ 得到否定的结论 "$\{f(x_n)\}$ 不收敛于 A", 进而否定结论 $\lim\limits_{x\to x_0}f(x)=A$, 即如下推论:

推论 3.1 若存在 $x_n\to x_0$, 但 $\{f(x_n)\}$ 不收敛于 A, 则 $x\to x_0$ 时, $f(x)$ 也不收敛于 A.

推论 3.2 若存在 $x_n^{(1)}\to x_0$, $x_n^{(2)}\to x_0$, 使 $\lim\limits_{n\to+\infty}f(x_n^{(1)})\neq\lim\limits_{n\to+\infty}f(x_n^{(2)})$, 则 $\lim\limits_{x\to x_0}f(x)$ 不存在.

推论 3.3 若存在 $x_n\to x_0$, 但 $\{f(x_n)\}$ 不收敛, 则 $x\to x_0$ 时, $f(x)$ 的极限也不存在.

由此可知, 上述定理和推论在具体函数极限中的作用主要是用来证明函数极限的不存在性. 当然, 此定理还可以用于理论研究.

(3) 关于定理的进一步发展: 定理的条件可以减弱, 事实上, 成立如下结论.

定理 3.2 $\lim\limits_{x\to x_0}f(x)$ 存在的充分必要条件是对任意以 x_0 为极限的点列 $\{x_n\}$, 都有 $\{f(x_n)\}$ 收敛.

我们只需说明如下事实, 即若任意以 x_0 为极限的点列 $\{x_n\}$, 都有 $\{f(x_n)\}$ 收敛, 则 $\{f(x_n)\}$ 必收敛于同一极限 A .

事实上, 若存在 $x_n^{(1)}\to x_0$, $x_n^{(2)}\to x_0$, 使

$$\lim_{n\to+\infty}f(x_n^{(1)})=A\neq\lim_{n\to+\infty}f(x_n^{(2)})=B,$$

构造数列

$$x_n=\begin{cases}x_{2k}^{(1)}, & n=2k,\\ x_{2k+1}^{(2)}, & n=2k+1,\end{cases}$$

则 $x_n\to x_0$.

考察 $\{f(x_n)\}$, 其偶子列 $\left\{f(x_{2k}^{(1)})\right\}$ 收敛于 A, 奇子列 $\left\{f(x_{2k+1}^{(2)})\right\}$ 收敛于 B, $A\neq B$, 故 $\{f(x_n)\}$ 不收敛, 矛盾.

例 1 证明 $\lim\limits_{x\to 0}\sin\dfrac{1}{x}$ 不存在.

结构分析 题型结构: 函数极限不存在性的证明. 类比已知: 定理 3.1 及其推论. 具体方法: 只需构造一个点列 $x_n\to x_0$, 而 $\{f(x_n)\}$ 不存在极限; 或者构造两个点列 $x_n^{(i)}\to x_0$, $i=1,\ 2$, 而 $\{f(x_n^{(1)})\}$ 和 $\{f(x_n^{(2)})\}$ 收敛于不同的极限, 这也是解决问题的难点与重点. 难点的解决: 充分考虑具体的函数特性, 由于涉及的函数是周期函数, 在构造点列时必须考虑利用函数的周期性来构造.

证明 记 $f(x)=\sin\dfrac{1}{x}$, 分别取点列 $x_n^{(1)}=\dfrac{1}{2n\pi}$, $x_n^{(2)}=\dfrac{1}{2n\pi+\dfrac{\pi}{2}}$, 则, $x_n^{(i)}\to 0, i=1,2$, 而 $f(x_n^{(1)})=0\to 0$, $f(x_n^{(2)})=1\to 1$, 故, $\lim\limits_{x\to 0}\sin\dfrac{1}{x}$ 不存在.

抽象总结 $\lim\limits_{x\to 0}\sin\dfrac{1}{x}$ 不存在的原因在于函数 $\sin\dfrac{1}{x}$ 在 $x=0$ 点附近的振荡特性 (图 3-2).

例 2 证明狄利克雷 (Dirichlet) 函数

$$D(x)=\begin{cases}1, & x \text{ 为有理数},\\ 0, & x \text{ 为无理数}\end{cases}$$

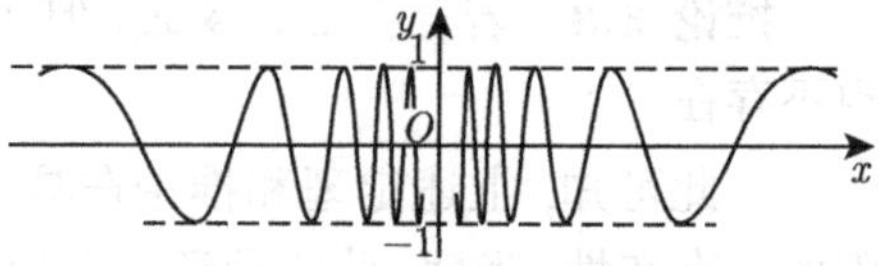

图 3-2 $\sin\dfrac{1}{x}$ 的图像

在任何点 x_0 处的极限都不存在.

结构分析 题型: 结构与上题相同. 本题涉及的具体函数是"分段函数", 在构造点列时必须充分利用分段特征, 需在不同的定义"段"上构造点列.

证明 对 $\forall x_0\in\mathbf{R}$, 由实数的稠密性定理, 存在有理点列 $\{x_n^{(1)}\}$ 和无理点列 $\{x_n^{(2)}\}$, 使 $x_n^{(i)}\to x_0$, $i=1,2$, 但是,

$$D(x_n^{(1)})\equiv 1\to 1,\quad D(x_n^{(2)})\equiv 0\to 0,\quad n\to\infty.$$

由海涅定理, $D(x)$ 在 x_0 点极限不存在.

上面两个例子揭示了海涅定理典型的应用, 但是, 作为联系数列极限和函数极限的海涅定理, 该定理也给出了数列极限计算的又一种计算方法——连续化方法, 即将数列的离散变量 n 用一个适当的连续变量代替, 因而, 将数列极限转化为函数极限, 通过计算函数极限, 利用海涅定理, 得到相应的数列极限. 实现这样转化的优点是能充分利用函数的各种高级的研究工具 (如阶的代换、导数等) 研究低级的数列极限问题, 在学习微分理论之后, 我们将在后面给出这样的应用举例.

作为海涅定理的理论应用, 可以建立函数极限理论非常重要的结论——柯西收敛定理.

设 $f(x)$ 在 $\overset{\circ}{U}(x_0)$ 内有定义.

定理 3.3 (函数极限存在的柯西收敛准则) $\lim\limits_{x\to x_0}f(x)$ 存在的充分必要条件是对任意的 $\varepsilon>0$, 存在 $\delta>0$, 对任意满足 $0<|x'-x_0|<\delta$, $0<|x''-x_0|<\delta$ 的 x', x'', 成立

$$|f(x')-f(x'')|<\varepsilon.$$

结构分析 题型结构: 函数极限的柯西收敛准则. 类比已知: 与此联系最紧密的结论是——数列的柯西收敛准则, 联系数列极限和函数极限关系的海涅定理. 思路确立: 将本命题的证明转化为已知的数列对应的情形处理, 即借用数列的柯西收敛准则证明函数极限的柯西收敛准则, 这是这类题目处理的思想. 当然, 也可以利用数列的柯西收敛准则的证明思想和方法类比推广到此处, 这也是证明此定理的思路之一.

证明 必要性是显然的.

充分性 由条件得, 对任意的 $\varepsilon > 0$, 存在 $\delta>0$, 当 $0 < |x' - x_0| < \delta$, $0 < |x'' - x_0| < \delta$ 时, 成立

$$|f(x') - f(x'')| < \varepsilon.$$

任取 $x_n \to x_0$, 则存在 N, 使得 $n>N$ 时,

$$|x_n - x_0| < \delta,$$

故, 当 $n, m > N$ 时,

$$|f(x_n) - f(x_m)| < \varepsilon,$$

由数列的柯西收敛定理得, $\{f(x_n)\}$ 收敛, 因而, 由海涅定理得, $\lim\limits_{x \to x_0} f(x)$ 存在.

对其他形式的函数极限, 可以得到类似结论, 如下面的定理.

定理 3.4 $\lim\limits_{x \to \infty} f(x)$ 存在的充分必要条件是对任意的 $\varepsilon > 0$, 存在 $M > 0$, 当 $|x'| > M$, $|x''| > M$ 时, 成立

$$|f(x') - f(x'')| < \varepsilon.$$

利用函数极限柯西收敛定理的否定形式可以给出极限不存在的充分必要条件.

定理 3.5 $\lim\limits_{x \to x_0} f(x)$ 不存在的充分必要条件是存在 $\varepsilon_0 > 0$, 对任意的 $\delta>0$, 存在 x', x'': $0 < |x' - x_0| < \delta$, $0 < |x'' - x_0| < \delta$ 使得

$$|f(x') - f(x'')| > \varepsilon_0.$$

2. 函数在有限点处的极限与单侧极限的关系

利用定义, 很容易得到三种极限存在下列关系.

定理 3.6 $\lim\limits_{x \to x_0} f(x) = A$ 等价于 $\lim\limits_{x \to x_0^+} f(x) = \lim\limits_{x \to x_0^-} f(x) = A$.

推论 3.4 若 $\lim\limits_{x \to x_0^+} f(x) = A \neq \lim\limits_{x \to x_0^-} f(x) = B$, 则 $\lim\limits_{x \to x_0} f(x)$ 不存在.

类似于函数极限和单侧极限的关系, 成立如下结论:

$$\lim_{x \to \infty} f(x) = A \text{ 等价于 } \lim_{x \to +\infty} f(x) = \lim_{x \to -\infty} f(x) = A.$$

例 3 计算 $\lim\limits_{x \to x_0^+} f(x)$ 和 $\lim\limits_{x \to x_0^-} f(x)$, 并判断 $\lim\limits_{x \to x_0} f(x)$ 是否存在. 其中,

(1) $f(x) = \dfrac{1}{x} - \left[\dfrac{1}{x}\right]$, $x_0 = \dfrac{1}{n}$, $n \in \mathbf{N}^+$, $n>2$;

(2) $f(x) = \begin{cases} \ln(1+x), & x > 0, \\ 2x^2, & x \leqslant 0, \end{cases}$ $x_0 = 0$.

解 (1) 先计算 $\lim\limits_{x\to x_0^+} f(x)$. 从结构看, 关键在于确定 $\left[\dfrac{1}{x}\right]$, 为此, 可以利用极限的局部性和预控制技术化不定为确定来解决. 不妨设 $\dfrac{1}{n} < x < \dfrac{1}{n-1}$, 因而, $n-1<\dfrac{1}{x}<n$, 故, $\left[\dfrac{1}{x}\right]=n-1$, 所以

$$\lim_{x\to x_0^+} f(x)=\lim_{x\to x_0^+}\left(\frac{1}{x}-\left[\frac{1}{x}\right]\right)=\lim_{x\to x_0^+}\left(\frac{1}{x}-n+1\right)=1.$$

其次计算 $\lim\limits_{x\to x_0^-} f(x)$. 此时不妨设 $\dfrac{1}{n+1}<x<\dfrac{1}{n}$, 因而, $n<\dfrac{1}{x}<n+1$, 故, $\left[\dfrac{1}{n}\right]=n$, 所以,

$$\lim_{x\to x_0^-} f(x)=\lim_{x\to x_0^-}\left(\frac{1}{x}-\left[\frac{1}{x}\right]\right)=\lim_{x\to x_0^-}\left(\frac{1}{x}-n\right)=0.$$

由于 $\lim\limits_{x\to x_0^+} f(x)\neq\lim\limits_{x\to x_0^-} f(x)$, 故 $\lim\limits_{x\to x_0} f(x)$ 不存在.

注 也可以用变量代换方法, 令 $\dfrac{1}{x}=t$, 可以类似求解.

(2) 由于

$$\lim_{x\to x_0^+} f(x)=\lim_{x\to 0^+}\ln(1+x)=0,$$

$$\lim_{x\to x_0^-} f(x)=\lim_{x\to 0^-}2x^2=0,$$

故, $\lim\limits_{x\to x_0} f(x)=0$.

习 题 3.3

1. 讨论下列函数在给定点处的左右极限, 并判断在此点的极限的存在性.

(1) $f(x)=\begin{cases}\dfrac{\sin\left(\mathrm{e}^{x}-1\right)}{x}, & x>0,\\ 2x, & x\leqslant 0,\end{cases}$ $x_0=0$; (2) $f(x)=\dfrac{2^{\frac{1}{x}}+1}{(1+x)^{\frac{1}{x}}}, x_0=0$.

2. 给出命题: 若 $f(x)$ 在 (a,b) 上单调递增有界, 则 $\lim\limits_{x\to a^+} f(x)$ 与 $\lim\limits_{x\to b^-} f(x)$ 都存在.

回答问题: (1) 对命题进行结构分析. (2) 如果要证明命题, 思路是如何形成的? 具体的技术路线如何设计? 证明过程中的重点和难点是什么? 如何解决? (3) 完成证明.

3. 设 $f(x)$ 在 $x>0$ 上满足 $f(x^2)=f(x)$, 且 $\lim\limits_{x\to 0^+} f(x)=\lim\limits_{x\to +\infty} f(x)=f(1)$, 证明: $f(x)\equiv f(1)$.

4. 证明: $\lim\limits_{x\to+\infty} f(x) = A$ 的充要条件是对任意满足 $x_n \to +\infty$ 的点列 $\{x_n\}$, 都有 $\lim\limits_{n\to+\infty} f(x_n) = A$.

5. 用海涅定理讨论极限的存在性.

(1) $\lim\limits_{x\to 0} \cos\dfrac{1}{x}$;　(2) $\lim\limits_{x\to\frac{\pi}{2}} \tan x$;　(3) $\lim\limits_{x\to\infty} \sin x$;

(4) $\lim\limits_{x\to 0} f(x)$, 其中 $f(x) = \begin{cases} x+\sin x, & x\text{为有理数}, \\ e^x, & x\text{为无理数}. \end{cases}$

6. 用柯西收敛准则证明 $\lim\limits_{x\to 0} \cos\dfrac{1}{x}$ 和 $\lim\limits_{x\to\infty} \sin x$ 不存在. 并对证明过程进行总结, 即重点和难点是什么？如何解决？

3.4　两个重要极限

前面几节, 我们建立了函数极限的概念和一般理论, 实现了函数极限研究的从简单到复杂、从特殊到一般. 但是, 由于特殊结构具有特殊性质, 而特殊的性质是最显著的应用特征, 因此, 研究特殊结构所具有的特殊性质和应用也是构建理论的重要内容. 本节, 我们建立两类特殊结构的函数极限理论.

一、 重要极限 $\lim\limits_{x\to 0} \dfrac{\sin x}{x} = 1$

定理 4.1　成立极限结论 $\lim\limits_{x\to 0} \dfrac{\sin x}{x} = 1$.

结构分析　这是一个看似简单的结论, 但是, 证明这个结论并不是容易的事. 从结构看, 要证明结论, 需要建立两类不同因子 $\sin x$(三角函数) 和 x(幂函数) 的联系, 这是困难的事情, 这也是本教材第一次遇到这样的问题, 掌握了更多的工具以后, 再处理这类问题就相对简单了. 本处采用常规的证明, 利用三角形和扇形的面积关系 (因为这些面积建立了我们需要的关系), 建立两类因子间的联系.

证明　先证明不等式 $\sin x < x < \tan x$, $0 < x < \dfrac{\pi}{2}$.

如图 3-3 所示, 作单位圆, 原点为点 O, 作水平射线 OA, A 为射线与单位圆的交点. 从 O 点再作一条射线, 与射线 OA 的夹角为 x, 交单位圆于点 B, 从 A 点作 OA 的垂线交 OB 于点 C, 并由此作三角形 $\triangle AOB$、扇形 AOB 和直角三角形 AOC.

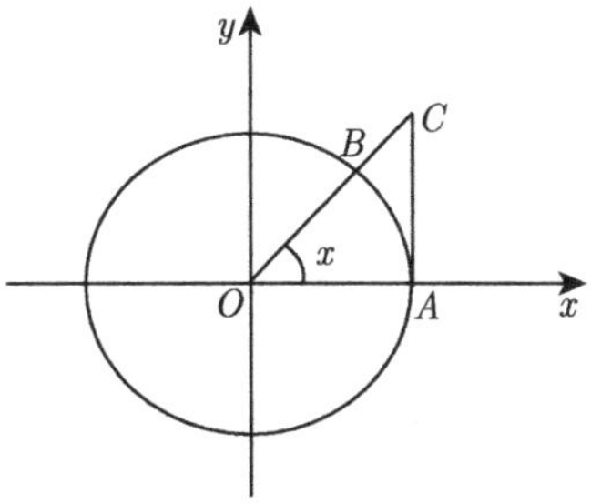

图 3-3

由面积计算公式, 三者面积分别为

$$S_{\triangle AOB}=\frac{1}{2}\sin x,\quad S_{扇AOB}=\frac{1}{2}x,\quad S_{R_tAOC}=\frac{1}{2}\tan x,$$

由于

$$S_{\triangle AOB}<S_{扇AOB}<S_{R_tAOC},$$

故

$$\sin x<x<\tan x,\quad 0<x<\frac{\pi}{2},$$

因而,

$$\cos x<\frac{\sin x}{x}<1,\quad 0<x<\frac{\pi}{2}.$$

当 $-\frac{\pi}{2}<x<0$ 时, 则 $0<-x<\frac{\pi}{2}$, 成立,

$$\cos(-x)<\frac{\sin(-x)}{-x}<1,$$

因此,

$$\cos x<\frac{\sin x}{x}<1,\quad -\frac{\pi}{2}<x<0,$$

故,

$$\cos x<\frac{\sin x}{x}<1,\quad 0<|x|<\frac{\pi}{2},$$

而 $|\cos x-1|=2\sin^2\frac{x}{2}\to 0$, 故, $\lim\limits_{x\to 0}\cos x=1$, 因此, $\lim\limits_{x\to 0}\frac{\sin x}{x}=1$.

抽象总结 定理 4.1 的结构特点是在于建立了两种不同结构的因子——三角函数和最简单的幂函数——之间的极限关系, 这是一个极其重要的结论, 更重要的是, 这个结论中蕴含了化繁 (三角函数 $\sin x$) 为简 (幂函数 x) 的处理问题的思想, 在以后的应用中要仔细体会这一点. 当然, 其重要性还体现在导数理论中, 正是这个极限建立了三角函数的导数.

从上述证明过程中, 得到不等式:

$$|\sin x|\leqslant|x|,\qquad x\in\mathbf{R}^1.$$

例 1 计算 $\lim\limits_{x\to 0}\frac{1-\cos x}{x^2}$.

结构分析 题型及特点: 涉及三角函数的 $\frac{0}{0}$ 不定型函数极限. 类比已知: 不能直接用代入法, 分子和分母又是不同结构的因子, 不能消去相关因子, 注意到所求极限的函数结构涉及两类因子——三角函数因子和幂因子, 这个结构特点是定理 4.1 所处理的对象特点, 因而, 可以考虑用定理 4.1 来处理, 而利用此定理的关键

就是将所求极限的函数转化为定理中的形式, 即利用形式统一法将分子 $1-\cos x$ 统一到 $\sin x$ 的形式, 这就需要利用三角函数关系式建立二者间的关系.

解　利用重要极限结论和极限运算法则, 则

$$\text{原式}=\lim_{x\to 0}\frac{2\sin^2\dfrac{x}{2}}{x^2}=\lim_{x\to 0}\frac{2\sin^2\dfrac{x}{2}}{4\left(\dfrac{x}{2}\right)^2}=\frac{1}{2}.$$

例 2　计算 $\lim\limits_{x\to\frac{\pi}{3}}\dfrac{\sin\left(x-\dfrac{\pi}{3}\right)}{1-2\cos x}$.

结构分析　结构特点: 函数为三角函数的分式结构, 分子和分母是不同的三角函数. 方法设计: 利用定理 4.1 建立不同三角函数间的关系, 可以基于形式统一思想设计具体方法.

解　$$\text{原式}=\lim_{x\to\frac{\pi}{3}}\frac{\sin\left(x-\dfrac{\pi}{3}\right)}{1-2\cos\left(x-\dfrac{\pi}{3}+\dfrac{\pi}{3}\right)}$$

$$=\lim_{x\to\frac{\pi}{3}}\frac{\sin\left(x-\dfrac{\pi}{3}\right)}{1-\cos\left(x-\dfrac{\pi}{3}\right)+\sqrt{3}\sin\left(x-\dfrac{\pi}{3}\right)}$$

$$=\lim_{x\to\frac{\pi}{3}}\frac{\dfrac{\sin\left(x-\dfrac{\pi}{3}\right)}{\left(x-\dfrac{\pi}{3}\right)}}{\dfrac{1-\cos\left(x-\dfrac{\pi}{3}\right)}{\left(x-\dfrac{\pi}{3}\right)}+\sqrt{3}\dfrac{\sin\left(x-\dfrac{\pi}{3}\right)}{\left(x-\dfrac{\pi}{3}\right)}},$$

由于 $\lim\limits_{x\to\frac{\pi}{3}}\dfrac{1-\cos\left(x-\dfrac{\pi}{3}\right)}{\left(x-\dfrac{\pi}{3}\right)}=\lim\limits_{t\to 0}\dfrac{1-\cos t}{t}=0$, 则

$$\text{原式}=\frac{1}{\sqrt{3}}=\frac{\sqrt{3}}{3}.$$

二、 重要极限 $\lim\limits_{x\to+\infty}\left(1+\dfrac{1}{x}\right)^x=\mathrm{e}$

定理 4.2　成立结论

$$\lim_{x\to+\infty}\left(1+\frac{1}{x}\right)^x=\mathrm{e},\quad \lim_{x\to-\infty}\left(1+\frac{1}{x}\right)^x=\mathrm{e},$$

因而, 成立 $\lim\limits_{x\to\infty}\left(1+\dfrac{1}{x}\right)^x=\mathrm{e}$.

结构分析 类比已知, 与此相关的已知结论为 $\lim\limits_{n\to+\infty}\left(1+\dfrac{1}{n}\right)^n=\mathrm{e}$, 这是一个离散变量的极限形式, 因此, 解决的思路是如何将对应的离散变量结构和连续变量结构间建立联系, 所用工具就是取整函数.

证明 先证明 $\lim\limits_{x\to+\infty}\left(1+\dfrac{1}{x}\right)^x=\mathrm{e}$.

由于对 $x>0$, 则 $[x]\leqslant x<[x]+1$, 故

$$1+\frac{1}{[x]+1}<1+\frac{1}{x}\leqslant 1+\frac{1}{[x]},$$

进而有

$$\left(1+\frac{1}{[x]+1}\right)^{[x]}<\left(1+\frac{1}{x}\right)^x\leqslant\left(1+\frac{1}{[x]}\right)^{[x]+1},$$

利用两边夹定理和已知的结论, 得

$$\lim_{x\to+\infty}\left(1+\frac{1}{x}\right)^x=\mathrm{e}.$$

其次证明 $\lim\limits_{x\to-\infty}\left(1+\dfrac{1}{x}\right)^x=\mathrm{e}$.

在证明关联性结论时, 最直接的证明思路是借助已经证明过的结论, 将要证明的结论形式转化为已知的形式, 类比两者的结构, 可以采取变换 $x=-t$, 则

$$\begin{aligned}\lim_{x\to-\infty}\left(1+\frac{1}{x}\right)^x&=\lim_{t\to+\infty}\left(1-\frac{1}{t}\right)^{-t}=\lim_{t\to+\infty}\left(\frac{t}{t-1}\right)^t\\&=\lim_{t\to+\infty}\left(1+\frac{1}{t-1}\right)^t=\mathrm{e},\end{aligned}$$

因而, 还有 $\lim\limits_{x\to\infty}\left(1+\dfrac{1}{x}\right)^x=\mathrm{e}$.

推论 4.1 (1) $\lim\limits_{x\to\infty}\left(1-\dfrac{1}{x}\right)^x=\mathrm{e}^{-1}$; (2)$\lim\limits_{x\to0}(1+x)^{\frac{1}{x}}=\mathrm{e}$.

抽象总结 (1) 从 $\left(1+\dfrac{1}{x}\right)^x$ 的结构看, 这是幂指结构, 因此, 定理 4.2 给出了幂指结构的函数极限. (2) 从极限过程看, $x\to+\infty$ 时, $1+\dfrac{1}{x}\to1, x\to\infty$, 故, 定

理 4.2 的结构特点还可以抽象为结构为 $(1+0)^{\infty}$ 或 1^{∞} 形式的极限. 上述两个特点是定理 4.2 作用对象的特点, 当研究的极限结构具有上述特点时, 要想到用此定理来处理, 用到的具体技术方法就是形式统一法——化为标准形式即可, 定理 4.2 的证明过程已经用到了这种方法.

例 3　计算 $\lim\limits_{x\to\infty}\left(\dfrac{x^2-1}{x^2+1}\right)^{x^2+2}$.

结构分析　从结构看, 函数具有幂指结构, 且当 $x\to\infty$ 时, $\dfrac{x^2-1}{x^2+1}\to 1, x^2+2\to\infty$, 因此, 函数还具有 1^{∞} 结构, 考虑利用定理 4.2, 通过变量代换进行形式统一, 将所求极限统一为标准的 $(1+0)^{\infty}$ 来完成.

解　利用定理 4.2, 则

$$
\begin{aligned}
\text{原式} &= \lim_{x\to\infty}\left(1-\frac{2}{x^2+1}\right)^{-\frac{x^2+1}{2}\left(-\frac{2}{x^2+1}\right)\cdot(x^2+1+1)}\\
&= \lim_{x\to\infty}\left[\left(1-\frac{2}{x^2+1}\right)^{-\frac{x^2+1}{2}}\right]^{-2}\cdot\left(1-\frac{2}{x^2+1}\right) = \mathrm{e}^{-2}.
\end{aligned}
$$

注　具体形式统一的方法并不唯一, 如此题可以如下求解:

$$
\begin{aligned}
\text{原式} &= \lim_{x\to\infty}\left(1-\frac{2}{x^2+1}\right)^{x^2+1+1}\\
&= \lim_{x\to\infty}\left[\left(1-\frac{2}{x^2+1}\right)^{-\frac{x^2+1}{2}}\right]^{-2}\cdot\left(1-\frac{2}{x^2+1}\right) = \mathrm{e}^{-2}.
\end{aligned}
$$

注　计算过程中用到了极限的运算法则和变量代换.

利用此定理可以得到一些重要的结论, 这些结论非常重要, 将来可以作为已知结论使用.

例 4　计算 (1) $\lim\limits_{x\to 0}\dfrac{\ln(1+x)}{x}$; (2) $\lim\limits_{x\to 0}\dfrac{\mathrm{e}^x-1}{x}$.

结构分析　结构特点: 涉及指数函数和对数函数的函数极限. 类比已知: 题目都不具备 1^{∞} 结构, 但是, 在前面介绍对数法时, 已经了解到幂指结构可以转化为指数和对数函数的复合, 由此建立三种结构间的关系, 第二个重要极限给出了幂指结构的极限, 因此, 可以考虑用定理 4.2 来处理. 具体方法: 利用初等函数的性质或变量代换实现结构间的转化.

解 (1) 由定理 4.2 得

$$原式=\lim_{x\to 0}\ln(1+x)^{\frac{1}{x}}=1.$$

(2) 令 $t=\mathrm{e}^x-1$, 则 $x=\ln(1+t)$, 故

$$原式=\lim_{t\to 0}\frac{t}{\ln(1+t)}=1.$$

抽象总结 (1) 对定理结论的总结: 与定理 4.2 一样, 给出了两类不同结构因子之间的极限关系, 即当 $x\to 0$ 时, 有 $\ln(1+x)\sim x$, $\mathrm{e}^x-1\sim x$.

(2) 对定理证明过程的总结: **它蕴含了化繁 (复杂函数 $\ln(1+x)$, e^x-1) 为简 (简单函数 x) 的思想,** 这是非常重要的处理问题的思想. 我们知道, 本课程研究的对象就是初等函数, 初等函数又是由基本初等函数经过有限次的运算 (四则运算、复合、反函数运算等) 得到, 而在基本初等函数中, 又以幂函数最简单, 因此, 对其他函数, 能够建立与幂函数的关系实现化繁为简, 是研究其他函数性质的重要研究思想. 而定理 4.1、定理 4.2 和例 4 给出了基本初等函数的化繁为简, 建立了几种复杂结构与最简单的幂结构的联系, 是非常重要的基础性结论, 一定要牢牢掌握.

习 题 3.4

利用两个重要极限结论计算下列极限.

(1) $\lim\limits_{x\to a}\dfrac{\sin x-\sin a}{x-a}$;

(2) $\lim\limits_{x\to 0}\dfrac{\arctan x}{x}$;

(3) $\lim\limits_{x\to 0}\dfrac{\arctan 2x}{\sqrt{1+x}-1}$;

(4) $\lim\limits_{x\to 0}\dfrac{\sin x-\tan x}{x^3}$;

(5) $\lim\limits_{x\to 0}\dfrac{\cos x-\cos 3x}{x^2}$;

(6) $\lim\limits_{x\to 0}\dfrac{\ln(1+x)}{x}$;

(7) $\lim\limits_{x\to \infty}\left(\dfrac{x^3-2}{x^3+3}\right)^{x^3}$;

(8) $\lim\limits_{x\to +\infty}x(\ln(x+1)-\ln x)$;

(9) $\lim\limits_{x\to \infty}\left(\sin\dfrac{1}{x}+\cos\dfrac{1}{x}\right)^{x}$;

(10) $\lim\limits_{x\to 0}\dfrac{a^x-1}{x}$.

3.5 无穷小量和无穷大量的阶

继续建立函数极限的理论. 在函数极限的计算理论中, 有一类非常重要的极限类型是研究的重点和难点, 这类极限就是不定型极限, 不定型极限由两类量组成: 无穷大量和无穷小量. 本节, 我们对这两类量进行研究, 研究的基本思路是基于科学研究中的结构简化的思想方法. 在研究函数性质或某些量时, 若能用结构

简单的函数或量代替复杂的函数或量, 能使相应的研究变得简单, 将这种方法的应用思想移植到函数极限理论中, 正是本节所引入的阶的概念.

一、无穷小量的阶

无穷小量是在某一个自变量的极限过程中, 以零为极限的函数, 这是一类特殊的函数, 在函数各种性质的研究中, 经常遇到这类函数, 特别在函数极限的计算中, 经常需要处理两个无穷小量的比值的极限问题, 即 $\frac{0}{0}$ 型极限, 这是重要的不定型极限, 解决这类极限问题, 实际上是比较两个无穷小量趋于 0 的速度关系, 体现这一速度关系的量就是我们本节引入的阶的概念.

设 $f(x)$ 和 $g(x)$ 都是 $x\to x_0$ 时的无穷小量.

定义 5.1　(1) 若 $\lim\limits_{x\to x_0}\frac{f(x)}{g(x)}=0$, 则称 $f(x)$ 是 $x\to x_0$ 时比 $g(x)$ 高阶的无穷小量, 或称 $g(x)$ 是 $x\to x_0$ 时比 $f(x)$ 低阶的无穷小量, 记为 $f(x)=o(g(x))$ $(x\to x_0)$.

(2) 若 $\lim\limits_{x\to x_0}\frac{f(x)}{g(x)}=a\neq 0$, 则称 $f(x)$ 和 $g(x)$ 是 $x\to x_0$ 时的同阶无穷小量, 记为 $f(x)=O(g(x))$ $(x\to x_0)$. 特别地, 当 $a=1$ 时, 二者称为等价无穷小量, 记为 $f(x)\sim g(x)$ $(x\to x_0)$.

信息挖掘　(1) "阶" 实际是无穷小量收敛于 0 的速度. 阶越高, 收敛于 0 的速度越快. 同阶无穷小量表示二者趋于 0 的速度是同一量级, 等价无穷小量表示二者趋于 0 的速度相同. (2) 同阶无穷小量也可以定义为: 若存在某个邻域 $\mathring{U}(x_0)$ 以及正数 A 和 B, 使得

$$A\leqslant\left|\frac{f(x)}{g(x)}\right|\leqslant B,\quad x\in\mathring{U}(x_0),$$

则称 $f(x)$ 和 $g(x)$ 是 $x\to x_0$ 时的同阶无穷小量.

利用无穷小量阶的关系, 可以在一些量的计算中进行一些代换, 即用简单的量代替复杂的量, 从而简化结构实现计算, 这一思想体现在下面的定理中.

定理 5.1　设 $f(x)$, $g(x)$, $h(x)$ 都是 $x\to x_0$ 时的无穷小量, 且 $f(x)\sim g(x)$ $(x\to x_0)$, 若 $\lim\limits_{x\to x_0}\frac{h(x)}{f(x)}=a$, 则 $\lim\limits_{x\to x_0}\frac{h(x)}{g(x)}=a$.

定理 5.2　设 $\alpha(x)$, $\beta(x)$, $\tilde{\alpha}(x)$, $\tilde{\beta}(x)$ 都是 $x\to x_0$ 的无穷小量, 且 $\alpha(x)\sim\tilde{\alpha}(x)$, $\beta(x)\sim\tilde{\beta}(x)(x\to x_0)$, 若 $\lim\limits_{x\to x_0}\frac{\tilde{\alpha}(x)}{\tilde{\beta}(x)}$ 存在, 则 $\lim\limits_{x\to x_0}\frac{\alpha(x)}{\beta(x)}$ 也存在, 且

$\lim\limits_{x\to x_0}\dfrac{\alpha(x)}{\beta(x)}=\lim\limits_{x\to x_0}\dfrac{\tilde{\alpha}(x)}{\tilde{\beta}(x)}$.

定理的证明很简单, 此处略去, 但是, 此定理所体现的思想非常深刻, 即将复杂的研究对象 $\alpha(x)$, $\beta(x)$ 用简单的对象 $\tilde{\alpha}(x)$, $\tilde{\beta}(x)$ 替代, 体现了**化繁为简的思想**.

为了利用上述定理解决一些极限问题, 需要寻找无穷小量的等价量, 为此, 先给出一个简化函数结构的结论.

定理 5.3 $\lim\limits_{x\to x_0}f(x)=a$ 的充分必要条件是在 x_0 附近成立 $f(x)=a+\alpha(x)$, 其中 $\alpha(x)$ 是 $x\to x_0$ 时的无穷小量.

证明 *必要性* 若 $\lim\limits_{x\to x_0}f(x)=a$, 记 $\alpha(x)=f(x)-a$ 即可.

充分性 设 $f(x)=a+\alpha(x)$, 显然, $\lim\limits_{x\to x_0}f(x)=a$.

抽象总结 上述定理将抽象函数 $f(x)$ 在 x_0 点附近进行了分解, 给出了抽象函数确定的表达式, **起到了化不定 (抽象函数 $f(x)$) 为确定 (确定的表达式) 的目的**. 在研究函数在此点附近的局部性质时, 这种表示非常有用, 因此, 把此定理称为极限的局部表示定理.

利用极限局部表示定理可以将无穷小量的结构进行局部表示.

定义 5.2 设 $\alpha(x)$ 为 $x\to x_0$ 时的无穷小量, 若 $\lim\limits_{x\to x_0}\dfrac{\alpha(x)}{(x-x_0)^k}=c\neq 0$, 称 $c(x-x_0)^k$ 为 $\alpha(x)$ 的主部, k 为 $x\to x_0$ 时 $\alpha(x)$ 的阶数, 此时,

$$\alpha(x)=c(x-x_0)^k+o((x-x_0)^k),$$

称 $\alpha(x)$ 是 $x\to x_0$ 时的 k 阶无穷小量.

信息挖掘 (1) 用 k 表示 $x\to x_0$ 时 $\alpha(x)$ 趋于 0 的速度, 即是 k 阶速度. (2) 利用定义 5.2, 将无穷小量的结构和收敛于 0 的速度进行了较准确的刻画, 为无穷小量的研究带来了便利.

例 1 证明: $\arcsin x\sim x$, $\arctan x\sim x(x\to 0)$.

结构分析 题型为无穷小量间等价关系的讨论, 本质是极限结论的验证.

证明 利用变换 $t=\arcsin x$, 则

$$\lim_{x\to 0}\frac{\arcsin x}{x}=\lim_{t\to 0}\frac{t}{\sin t}=1,$$

故, $\arcsin x\sim x\ (x\to 0)$.

类似可证 $\arctan x\sim x(x\to 0)$.

例 2 证明: 当 $x\to 0$ 时, $(1+x)^\alpha-1\sim\ln(1+x)^\alpha$, 因而还有 $(1+x)^\alpha-1\sim\alpha x$.

证明 作变换 $(1+x)^\alpha-1=t$, 则

$$\lim_{x\to 0}\frac{(1+x)^\alpha-1}{\ln(x+1)^\alpha}=\lim_{t\to 0}\frac{t}{\ln(1+t)}=1,$$

故

$$\begin{aligned}\lim_{x\to 0}\frac{(1+x)^\alpha-1}{\alpha x}&=\lim_{x\to 0}\frac{(1+x)^\alpha-1}{\alpha\ln(x+1)}\cdot\frac{\ln(1+x)}{x}\\&=\lim_{x\to 0}\frac{(1+x)^\alpha-1}{\ln(x+1)^\alpha}\cdot\frac{\ln(1+x)}{x}\\&=\lim_{x\to 0}\frac{(1+x)^\alpha-1}{\ln(x+1)^\alpha}\cdot\lim_{x\to 0}\frac{\ln(1+x)}{x}=1.\end{aligned}$$

将前面的极限结论用"阶"表示, 可以得到一些常用的 $x\to 0$ 时的等价无穷小量:

$$\sin x\sim x;$$

$$\tan x\sim x;$$

$$\arcsin x\sim x;$$

$$\arctan x\sim x;$$

$$1-\cos x\sim\frac{1}{2}x^2;$$

$$\ln(1+x)\sim x;$$

$$\mathrm{e}^x-1\sim x;$$

$$a^x-1\sim x\ln a\quad(a>0);$$

$$(1+x)^\alpha-1\sim\alpha x.$$

上述等价关系表明: **基本初等函数的其他类型都可以和最简单的幂函数等价, 因而, 在相应的极限问题研究中, 都可以将其他的复杂结构的函数转化为最简单的幂函数, 体现化繁为简的思想.** 同时, 利用上述等价代换, 通过幂函数, 建立各种不同的复杂函数间的联系, 可以得到更多的复杂极限结论. 下面几个例子, 都体现了这种化繁为简的思想.

例 3 计算 $\lim\limits_{x\to 0}\dfrac{\mathrm{e}^{\frac{x}{3}}-1}{\ln(1+2x)}$.

解 原式 $=\lim\limits_{x\to 0}\dfrac{\dfrac{x}{3}+o(x)}{2x}=\dfrac{1}{6}$.

例 4 计算 $\lim\limits_{x\to 0}\dfrac{\sqrt{1+2x^2}-1}{\arcsin\dfrac{x}{2}\cdot\arctan\dfrac{x}{3}}$.

解 由于 $x\to 0$ 时, $\sin x\sim x$, $\tan x\sim x$, 则

$$\arcsin x\sim x,\quad \arctan x\sim x\quad (x\to 0),$$

故

$$\lim_{x\to 0}\frac{\sqrt{1+2x^2}-1}{\arcsin\dfrac{x}{2}\cdot\arctan\dfrac{x}{3}}=\lim_{x\to 0}\frac{\dfrac{1}{2}\cdot 2x^2}{\dfrac{x}{2}\cdot\dfrac{x}{3}}=6.$$

例 5 计算 $\lim\limits_{x\to 0}\dfrac{\tan x-\sin x}{x^3}$.

解 原式 $=\lim\limits_{x\to 0}\dfrac{\sin x\dfrac{1-\cos x}{\cos x}}{x^3}$

$$=\lim_{x\to 0}\frac{\sin x}{x}\lim_{x\to 0}\frac{1}{\cos x}\lim_{x\to 0}\frac{1-\cos x}{x^2}=\frac{1}{2}.$$

上面几个应用例子体现了 “阶” 的理论在极限计算中的重要作用. 但是, 一定要注意正确运用. 如例 5 的下述计算是错误的,

$$原式=\lim_{x\to 0}\frac{x-x}{x^3}=0.$$

原因 $\sin x$ **和** $\tan x$ **有相同的主部, 二者相减, 主部抵消, 因此, 起作用的是主部后面的更高阶的无穷小量, 而使用等价代换时, 只保留了主项, 起作用的、主项后面的高阶无穷小量也省略了, 造成了错误.** 因此, 在遇到主部能相互抵消的量的运算中, 要谨慎运用阶的代换, 或者说, 对加减运算的主部相同的因子间, 不能用等价代换.

上述几个例子还表明, 随着函数理论越来越丰富, 用于研究函数极限的工具就越多、越高级, 函数极限的研究也就越容易, 因此, 在 3.3 节提到的基于海涅定理将数列极限转换为函数极限的处理思想得以实现.

例 6 计算 $\lim\limits_{n\to\infty}\dfrac{2^{\frac{1}{n}}+3^{\frac{1}{n}}-2}{\ln\left(1+\dfrac{1}{n}\right)}$.

结构分析 这是一个 $\dfrac{0}{0}$ 不定型的数列极限, 结构相对复杂, 可以考虑将数列极限转换为函数极限, 从而利用阶的理论简化极限运算.

解 考虑对应的函数极限 $\lim\limits_{x\to 0}\dfrac{2^x+3^x-2}{\ln(1+x)}$. 记

$$\begin{aligned}h(x)&=2^x+3^x-2\\&=(2^x-1)+(3^x-1),\end{aligned}$$

则 $h(x)$ 是 $x\to 0$ 时的无穷小量, 且 $h(x)\sim x\ln 6$, 因此

$$\lim_{x\to 0}\frac{2^x+3^x-2}{\ln(1+x)}=\lim_{x\to 0}\frac{x\ln 6}{x}=\ln 6.$$

利用海涅定理, 则

$$\lim_{n\to\infty}\frac{2^{\frac{1}{n}}+3^{\frac{1}{n}}-2}{\ln\left(1+\dfrac{1}{n}\right)}=\ln 6.$$

抽象总结 将数列极限转化为函数极限, 利用函数的高级的分析性质实现对函数极限, 进而实现数列极限的计算和研究是一种重要的研究思想, 特别是建立了函数的微分理论后, 这种研究思想更为重要.

在涉及研究 $x\to\infty$ 时函数的极限时, 由于 ∞ 不是确定的量, 只是一个符号, 因此, 利用变量代换 $t=\dfrac{1}{x}$, 将 $x\to\infty$ 转换为另一变量 $t\to 0$ 的过程, 可以利用 $t\to 0$ 时的一些无穷小量的阶的关系简化计算, 体现了化不定为确定的思想.

例 7 计算 $\lim\limits_{x\to+\infty}x\left(\dfrac{2}{\pi}\arctan x-1\right)$.

解 令 $x=\dfrac{1}{s}$, 则

$$\text{原式}=\lim_{s\to 0}\frac{\dfrac{2}{\pi}\arctan\dfrac{1}{s}-1}{s},$$

再令 $\arctan\dfrac{1}{s}-\dfrac{\pi}{2}=t$, 则

$$\begin{aligned}\text{原式}&=\lim_{t\to 0}\frac{2}{\pi}t\cdot\tan\left(t+\frac{\pi}{2}\right)\\&=\frac{2}{\pi}\lim_{t\to 0}\frac{t\sin\left(t+\dfrac{\pi}{2}\right)}{\cos\left(t+\dfrac{\pi}{2}\right)}\\&=\frac{2}{\pi}\lim_{t\to 0}\frac{t\cos t}{-\sin t}=-\frac{2}{\pi}.\end{aligned}$$

抽象总结 在上述解题过程中, 我们用到两次变量代换, 第一次变量代换将无限远处的极限拉到有限点处, 实现化不定为确定; 第二次变量代换将复杂因子简单化, 仍是化繁为简思想的应用.

例 8 设 $\lim\limits_{x\to 0}\dfrac{1}{x}\ln\left(1+x+\dfrac{f(x)}{x}\right)=2$, 计算 $\lim\limits_{x\to 0}\dfrac{f(x)}{x^2}$.

简析 题型为含有抽象函数的极限计算, 难点也正是函数 $f(x)$ 是抽象的, 表达式是未知的, 类比已知, 条件结构是含有 $f(x)$ 的极限结论, 因此, 处理的思想方法是利用函数极限的局部表示定理, 给出 $f(x)$ 的局部表达式, 解决 $f(x)$ 的抽象性问题.

解 由条件, 利用函数极限的局部表示定理, 则

$$\frac{1}{x}\ln\left(1+x+\frac{f(x)}{x}\right)=2+\alpha(x)\quad(x\to 0),$$

其中 $\alpha(x)\to 0(x\to 0)$, 因此

$$\frac{f(x)}{x}=\mathrm{e}^{2x+x\alpha(x)}-1-x,\quad x\to 0,$$

故,

$$\lim_{x\to 0}\frac{f(x)}{x^2}=\lim_{x\to 0}\frac{\mathrm{e}^{2x+x\alpha(x)}-1-x}{x}=\lim_{x\to 0}\frac{2x+x\alpha(x)-x}{x}=\lim_{x\to 0}(1+\alpha(x))=1.$$

二、 无穷大量的阶

类似无穷小量的阶, 可以引入无穷大量的阶.

设 $f(x), g(x)$ 为 $x\to x_0$ 时的无穷大量.

定义 5.3 (1) 若 $\lim\limits_{x\to x_0}\dfrac{f(x)}{g(x)}=0$, 则称 $f(x)$ 是 $x\to x_0$ 时 $g(x)$ 的低阶无穷大量, 记为 $f(x)=o(g(x))(x\to x_0)$.

(2) 若 $\lim\limits_{x\to x_0}\dfrac{f(x)}{g(x)}=c\neq 0$, 则称 $f(x)$ 是 $x\to x_0$ 时 $g(x)$ 的同阶无穷大, 记为 $f(x)=O(g(x))(x\to x_0)$; 特别, c=1 时, 称 $f(x)$ 是 $g(x)$ 的等价无穷大量, 记为 $f(x)\sim g(x)(x\to x_0)$.

我们知道, 若 $f(x)$ 为无穷小量, $f(x)\neq 0$, 则 $\dfrac{1}{f(x)}$ 为无穷大量; 反之, 若 $f(x)$ 为无穷大量, 则 $\dfrac{1}{f(x)}$ 为无穷小量. 即无穷大量和无穷小量可以相互转化, 因此, 关于无穷大量的代换定理及其相关的其他应用和无穷小量完全相同, 此处略去.

习　题　3.5

1. 求下列无穷小量 $(x \to 0)$ 的主部和阶.

(1) $f(x) = x^2 + \sin x^3$;　　(2) $f(x) = \mathrm{e}^{\sin x^2} - 1$;

(3) $f(x) = (1 + 2\ln(1+x))^3 - 1$;　　(4) $f(x) = \sqrt{x^2 + x^5}$.

2. 求下列无穷大量 $(x \to +\infty)$ 的主部和阶.

(1) $f(x) = x^2 + x^3 + x^4$;　　(2) $f(x) = \sqrt{x + \sqrt{x + \sqrt{x}}}$;

(3) $f(x) = x^5 \sin \dfrac{1}{x^2}$.

3. 计算下列极限并完成下列要求: 分析结构, 给出结构特点; 类比已知, 给出相应的用于计算的已知定理或结论.

(1) $\lim\limits_{x \to 0} \dfrac{\sqrt{1+x^2} - \cos 2x}{\ln(1+x^2)}$;　　(2) $\lim\limits_{x \to 0} \dfrac{3^{x^2} - 2^{x^2}}{x^2}$;

(3) $\lim\limits_{x \to +\infty} \left(\dfrac{2}{\pi} \arctan x\right)^x$;　　(4) $\lim\limits_{x \to 0} \dfrac{\ln\left(\sin x^2 + \cos x\right)}{\ln\left(x^2 + \mathrm{e}^{2x}\right) - 2x}$;

(5) $\lim\limits_{x \to 0} \dfrac{\sqrt{1+x} - \sqrt[6]{1+x}}{\sqrt[4]{1+x} - 1}$;　　(6) $\lim\limits_{x \to 0} \dfrac{\sqrt[m]{1+ax}\,\sqrt[n]{1+bx} - 1}{x}$;

(7) $\lim\limits_{n \to \infty} \left(\mathrm{e}^{\frac{1}{n}} + \sin \dfrac{1}{n}\right)^n$;　　(8) $\lim\limits_{n \to \infty} \dfrac{\sqrt[3]{1 + \dfrac{1}{3n}} - \sqrt[4]{1 + \dfrac{1}{4n}}}{1 - \sqrt{1 - \dfrac{1}{2n}}}$.

第 4 章 函数的连续性

4.1 连续函数

从本章开始,我们研究函数的分析性质.首先建立函数最基本的分析性质——函数连续性理论,再进一步建立高级的分析性质——函数的微分理论.函数,从代数角度看,就是一个解析表达式,从几何上看,其几何意义对应表示一条曲线,将曲线的几何特征抽象出来,利用函数解析表达式揭示几何特征,就是对应的函数的分析性质,函数的分析性质就是对函数曲线各种不同光滑性的刻画.本节,基于曲线最基本的连续不断的光滑性质,引入函数最基本的分析性质——函数的连续性,并建立初等函数的连续性理论.

一、连续性的定义

对曲线而言,光滑性是曲线的重要特性,而最简单、最基本的光滑性就是连续性——用于刻画曲线是"断"的还是连续不断的.本节,我们以极限为工具,从解析表达式结构上研究函数的连续性,给出函数连续性的代数特征(即用函数表达式刻画的特征).

几何上,曲线的连续性特征很容易刻画,就是曲线是连续不断.要从代数上刻画函数的连续性,可以利用的工具只有函数的极限,因此,通过考察函数在每一点的极限存在性和对应函数值的关系来刻画函数的连续性.

1. 函数的"点"连续性

首先定义函数在一点处的连续性.

定义 1.1 设函数 $f(x)$ 在 $U(x_0,\rho)$ 内有定义,若 $\lim\limits_{x\to x_0} f(x)=f(x_0)$,则称 $f(x)$ 在 x_0 点连续.

信息挖掘 (1) 上述定义有三层含义:①函数在此点有定义;②函数在此点不仅有定义,而且在此点有极限;③函数在此点不仅存在极限,而且极限值等于该点的函数值.

(2) 借助极限的概念,我们定义了函数在一点的连续性,由于极限是局部概念,因而,函数在一点的连续性也是**局部性质**.

(3) 定义中给出了函数在一点处的连续性, 也称函数的点连续性.

(4) 定义中用定量的关系式给出了函数的定性性质, 从这个意义上说, 定义既是定量的又是定性的.

函数连续性的极限式定义非常简洁, 但是, 也掩盖了利用函数表达式的自身结构揭示连续性的特征, 我们用 ε-δ 语言定义函数在一点的连续性.

定义 1.1′　设 $f(x)$ 在 $U(x_0,\rho)$ 内有定义, 若对任意的 $\varepsilon>0$, 存在 $\delta>0$, 对任意的 $x\in U(x_0,\rho)$, 都成立

$$|f(x)-f(x_0)|<\varepsilon,$$

称 $f(x)$ 在 x_0 点连续.

信息挖掘　定义从函数表达式的自身结构给出了连续性的定义, 也为抽象函数的连续性的定性分析提供了思路方法和线索, 即要研究连续性必须研究函数表达式的差值结构 $|f(x)-f(x_0)|$, 这是连续性的结构特征, 更进一步的差值结构的特征是两个点的"一动一定 (静)", 即动点"x"和定点"x_0", 在后续课程中可以发现, 大多分析性质的研究对象都具有函数差值结构的特征.

还可以利用增量定义连续性.

设 $f(x)$ 在 $U(x_0,\rho)$ 内有定义, 给定 x_0 点处自变量 x 的增量 Δx, 函数在 x_0 点处的增量为 $\Delta_{x_0}y=f(x_0+\Delta x)-f(x_0)$.

定义 1.1″　设函数 $f(x)$ 在 $U(x_0,\rho)$ 内有定义, 若

$$\lim_{\Delta x\to 0}f(x_0+\Delta x)=f(x_0),$$

或

$$\lim_{\Delta x\to 0}\Delta_{x_0}y=\lim_{\Delta x\to 0}(f(x_0+\Delta x)-f(x_0))=0,$$

则称 $f(x)$ 在 x_0 点连续.

定义 1.1‴　设函数 $f(x)$ 在 $U(x_0,\rho)$ 内有定义, 若对任意的 $\varepsilon>0$, 存在 $\delta>0$, 对满足条件 $|\Delta x|<\delta$ 的任意 Δx, 都成立

$$|f(x_0+\Delta x)-f(x_0)|<\varepsilon,$$

称 $f(x)$ 在 x_0 点连续.

信息挖掘　上述增量式定义将函数连续性与函数增量关联起来, 增量结构也是后续内容中研究分析性质时常见的一种结构, 因此, 通过增量将连续性和后续更高级的分析性质关联起来.

2. 函数在一点处的单侧连续性

对有限闭区间上定义的函数, 在闭区间的端点处, 函数只在端点的单侧有定义, 由此, 利用左右极限, 引入左右连续性.

定义 1.2 若 $\lim\limits_{x\to x_0^+} f(x)=f(x_0)$, 则称 $f(x)$ 在 x_0 点为右连续, 记为 $f(x_0+)=f(x_0)$; 若 $\lim\limits_{x\to x_0^-} f(x)=f(x_0)$, 则称 $f(x)$ 在 x_0 点为左连续, 记为 $f(x_0-)=f(x_0)$.

利用函数极限和其左右极限的关系, 自然可以得到

定理 1.1 函数 $f(x)$ 在 x_0 点连续的充分必要条件是 $f(x)$ 在 x_0 点既是左连续的, 又是右连续的.

3. 函数的区间连续性

利用函数在一点处的连续性就可以得到连续函数.

定义 1.3 若函数 $f(x)$ 在 (a,b) 内的每一点都连续, 称 $f(x)$ 在 (a,b) 内连续, 或称 $f(x)$ 为 (a,b) 内的连续函数. 若 $f(x)$ 在 $[a,b]$ 内的每一点都连续, 在 $x=a$ 点右连续, 在 $x=b$ 左连续, 称 $f(x)$ 在 $[a,b]$ 上连续, 或称 $f(x)$ 是 $[a,b]$ 上的连续函数.

信息挖掘 定义 1.3 给出了连续函数的概念, 连续性是局部概念, 对局部概念, 通过点点定义的方式将一点处的定义推广到区间上, 形成区间上对应的概念, 这是局部性概念的定义方式. 因此, 利用定义验证局部概念时, 采用 "点点" 验证的方式.

为以后运用方便, 引入记号: $f(x)$ 在区间 I 连续, 简记为 $f(x)\in C(I)$.

例 1 证明 $f(x)=\sqrt{x(1-x)}$ 在 $[0,1]$ 上连续.

简析 题型: 属于函数连续性的验证问题. 类比已知: 连续性定义. 方法设计: 点点验证法, 对于区间内的点, 利用任意取点, 验证极限结论, 得到点连续性, 根据点的任意性得到区间内连续的结论; 对于区间的端点, 左端点利用左连续验证, 右端点利用右连续验证.

证明 在 $(0,1)$ 内任意取一点 x_0, 容易计算

$$\lim_{x\to x_0} f(x)=f(x_0),$$

且 $\lim\limits_{x\to 0^+} f(x)=f(0)=0$, $\lim\limits_{x\to 1^-} f(x)=f(1)=0$, 故, $f(x)$ 在 $[0,1]$ 上连续.

注意 任意取点时要区别 "内点" 和 "边界点".

例 2 证明 $\sin x$ 在 $(-\infty,+\infty)$ 内连续.

简析 题型: 仍属函数连续性的验证问题. 可以类比例 1 采用点点验证法, 也可以根据函数表达式的差值结构 $|f(x)-f(x_0)|$, 利用增量定义连续性.

证明 在 $(-\infty,+\infty)$ 内任意取一点 x_0, 使自变量 x 在 x_0 处产生增量 Δx, 则函数在 x_0 点处的增量为

$$\Delta_{x_0}y=\sin(x_0+\Delta x)-\sin x_0=2\cos\left(x_0+\frac{\Delta x}{2}\right)\sin\frac{\Delta x}{2}.$$

因此,

$$\begin{aligned}\lim_{\Delta x\to 0}\Delta_{x_0}y&=\lim_{\Delta x\to 0}2\cos\left(x_0+\frac{\Delta x}{2}\right)\sin\frac{\Delta x}{2}\\&=\lim_{\Delta x\to 0}\Delta x\cos\left(x_0+\frac{\Delta x}{2}\right)=0,\end{aligned}$$

故, $\sin x$ 在 x_0 点连续, 由点 x_0 的任意性可知 $\sin x$ 在 $(-\infty,+\infty)$ 内连续.

利用前面建立的极限结论, 类似可以得到

定理 1.2　基本初等函数在其定义域内都是连续函数.

由于定义只能验证最简结构的函数的连续性, 为研究更一般函数的连续性, 需要建立高级的工具理论, 为此我们研究连续函数的运算性质.

二、 运算性质

由于函数的连续性是用极限定义的, 因此, 将极限的运算性质进行推广就可以得到函数连续的运算性质.

设函数 $f(x)$ 和 $g(x)$ 在 $U(x_0,\rho)$ 内有定义.

定理 1.3 (连续函数的四则运算性质)　若 $f(x)$, $g(x)$ 都在 x_0 点连续, 则 $f(x)\pm g(x)$, $f(x)g(x)$ 在 x_0 点连续; 如果还有 $g(x_0)\neq 0$, 则 $\dfrac{f(x)}{g(x)}$ 在 x_0 点连续.

利用函数极限的复合运算法则可以得到复合函数的连续性.

定理 1.4 (复合函数的连续性)　若 $u=g(x)$ 在 x_0 点连续, $y=f(u)$ 在 $u_0=g(x_0)$ 点连续, 则复合函数 $y=f(g(x))$ 在 x_0 点连续.

抽象总结　(1) 从函数运算角度看, 定理 1.4 给出了复合函数的连续性.

(2) 从定量运算角度看, 定理 1.4 给出了两种运算的可换序性质:

$$\lim_{x\to x_0}f(g(x))=f(g(x_0))=f(\lim_{x\to x_0}g(x)),$$

即极限和复合运算可以交换运算次序.

(3) 在分析学中, 经常会遇到分析运算换序问题, 在处理复合函数极限问题时, 换序运算是最直接、最简单的一种计算方法.

定理 1.5 (反函数运算的连续性)　设 $y=f(x)$ 在 $[a,b]$ 上连续且严格单调增, 且 $f(a)=\alpha, f(b)=\beta$, 则反函数 $x=f^{-1}(y)$ 在 $[\alpha,\beta]$ 上连续且严格单调增.

证明　由反函数存在性定理, $x=f^{-1}(y)$ 在 $[\alpha,\beta]$ 上是严格单调增的, 我们下面仅证明其连续性.

首先证明 $R(f)=[\alpha,\beta]$.

因为 $f(a)=\alpha, f(b)=\beta$, 故 $\alpha,\beta\in R(f)$.

下证: $(\alpha,\beta)\subset R(f)$, 即对任意 $\gamma\in(\alpha,\beta)$, 存在 $x_0\in(a,b)$, 使 $f(x_0)=\gamma$.

对任意 $\gamma\in(\alpha,\beta)$, 记 $s=\{x:x\in[a,b],f(x)<\gamma\}$, 由于 $a\in s$, 因而 s 是非空有上界 b 的集合, 故 S 有上确界, 记 $x_0=\sup s$, 则 $x_0\in(a,b)$ 且存在 $x_n\in s$, 使得 $x_n\to x_0$.

由于 $f(x_n)<\gamma$, 故 $f(x_0)\leqslant\gamma$. 由于 $f(x)$ 单调增, 则 $x<x_0$ 时, $f(x)<f(x_0)\leqslant\gamma$, 故, $f(x_0-)\leqslant\gamma$. 而 $x>x_0$ 时, $x\notin s,f(x)\geqslant\gamma$, 则 $f(x_0+)\geqslant\gamma$.

由连续性, 则 $f(x_0+)=f(x_0-)=f(x_0)$, 因而, $\gamma=f(x_0)$, 故 $(\alpha,\beta)\subset R(f)\subset[\alpha,\beta]$, 因此 $[\alpha,\beta]=R(f)$.

然后证明 $x=f^{-1}(y)$ 在 $[\alpha,\beta]$ 上连续.

任取 $y_0\in(\alpha,\beta)$, 记 $x_0=f^{-1}(y_0)$, 则 $y_0=f(x_0)$.$\forall\varepsilon>0$, 取 $\delta=\min\{-f(x_0-\varepsilon)+y_0,f(x_0+\varepsilon)-y_0\}>0$, 则当 $|y-y_0|<\delta$ 时,

$$f(x_0-\varepsilon)-y_0<-\delta<y-y_0<\delta<f(x_0+\varepsilon)-y_0,$$

因而,

$$f(x_0-\varepsilon)<y<f(x_0+\varepsilon),$$

利用函数的严格单调性, 则

$$x_0-\varepsilon<f^{-1}(y)<x_0+\varepsilon,$$

因而,

$$\left|f^{-1}(y)-f^{-1}(y_0)\right|=\left|f^{-1}(y)-x_0\right|<\varepsilon,$$

故, $x=f^{-1}(y)$ 在 y_0 连续.

由 y_0 的任意性, 则 $x=f^{-1}(y)$ 在 (α,β) 内连续.

类似可以证明: $x=f^{-1}(y)$ 在 $y=\alpha$ 处的右连续性和在 $y=\beta$ 处的左连续性, 因而, $x=f^{-1}(y)$ 在 $[\alpha,\beta]$ 上连续.

基于上述运算法则和基本初等函数的连续性, 可以得到

定理 1.6 初等函数在其定义域内是连续的.

抽象总结 初等函数的连续性也可以利用两类基本初等函数 e^x, $\sin x$ 得到. 事实上, 利用三角函数关系式, 由 $\sin x$ 的连续性得到其他三角函数的连续性, 再利用反函数连续性定理, 反三角函数也连续. 由于 $\ln x$ 是 e^x 的反函数, 因此, $\ln x$ 也连续, 又由于 $x^a=\mathrm{e}^{a\ln x}(x>0)$, 利用复合函数连续性定理, x^a 也连续, 由此建立了初等函数的连续性.

三、 不连续点及其类型

连续性是函数最基本的性质, 但是, 并不是所有的函数都具有连续性, 因此, 讨论函数的不连续性同样有意义. 那么, 如何定义不连续性? 我们从分析连续性的条件入手, 引入各种间断点的概念.

我们知道, $f(x)$ 在 x_0 点连续必须同时满足

(1) $f(x)$ 在 x_0 点有定义;

(2) $\lim\limits_{x\to x_0} f(x)=f(x_0)$, 此条件还可以进一步分解为

$$f(x_0+)=f(x_0-)=f(x_0).$$

因此, 否定上述任一条, 都将破坏连续性. 不连续点也称间断点, 由此, 得到函数间断的定义.

定义 1.4 设函数 $f(x)$ 在 $\overset{\circ}{U}(x_0,\delta)$ 内有定义. 如果函数 $f(x)$ 有下列三种情形之一:

(1) 在 x_0 没有定义;

(2) 在 x_0 有定义, 但 $\lim\limits_{x\to x_0} f(x)$ 不存在;

(3) 在 x_0 有定义且 $\lim\limits_{x\to x_0} f(x)$ 存在, 但 $\lim\limits_{x\to x_0} f(x)\neq f(x_0)$.

则函数 $y=f(x)$ 在点 x_0 不连续, 点 x_0 称为函数 $f(x)$ 的不连续点或间断点.

为了区分间断的不同情形, 我们将间断点进行分类.

定义 1.5 设 x_0 为函数 $f(x)$ 的间断点, 若 $\lim\limits_{x\to x_0^-} f(x)$ 和 $\lim\limits_{x\to x_0^+} f(x)$ 都存在, 则称 x_0 为 $f(x)$ 的第一类间断点; $\lim\limits_{x\to x_0^-} f(x)$ 或 $\lim\limits_{x\to x_0^+} f(x)$ 只要有一个不存在, 则称 x_0 为 $f(x)$ 的第二类间断点.

对于第一类间断点, 若 $\lim\limits_{x\to x_0^-} f(x)=\lim\limits_{x\to x_0^+} f(x)$, 称 x_0 为 $f(x)$ 的可去间断点 (图 4-1(a)); 若 $\lim\limits_{x\to x_0^-} f(x)\neq\lim\limits_{x\to x_0^+} f(x)$, 称 x_0 为 $f(x)$ 的跳跃间断点 (图 4-1(b)).

对于第二类间断点, 若 $\lim\limits_{x\to x_0^-} f(x)=\infty$, 称 x_0 为 $f(x)$ 的无穷间断点 (图 4-1(c)); 若 $f(x)$ 在 x_0 没有定义, 但当趋近于时, 函数值在某个有界区间内变动无限多次, 此时称 x_0 为 $f(x)$ 的振荡间断点.

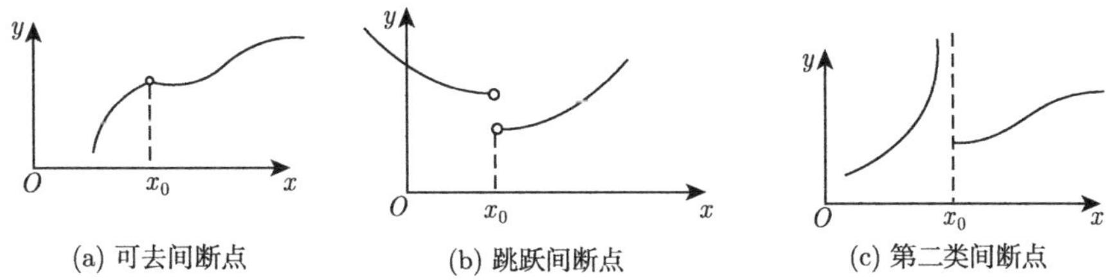

图 4-1

对跳跃间断点, 在间断点处, 函数发生跳跃, 跃度为 $f(x_0+)-f(x_0-)$, 如 $\lim\limits_{x\to N^-}[x]=N-1$, $\lim\limits_{x\to N^+}[x]=N$, 跃度为 1, 其中 N 为大于 1 的正整数.

对可去间断点, 可以重新定义或补充定义函数在此点的函数值, 使其在此点连续, 这也是把此类不连续点称为可去不连续点的原因. 如 $f(x)=\dfrac{\sin x}{x}$ 在其定义域 $\mathbf{R}\backslash\{0\}$ 内连续, 但是, 补充定义 $f(0)=1$ 后, 就得到在整个实数系 $\mathbf{R}$ 都连续的函数 $f(x)=\begin{cases}\dfrac{\sin x}{x}, & x\neq 0,\\ 1, & x=0,\end{cases}$ 因而, $x=0$ 为 $f(x)$ 的可去不连续点.

例 3 对定义在 (0, 1) 区间上的黎曼函数:

$$R(x)=\begin{cases}\dfrac{1}{p}, & x=\dfrac{q}{p}(p,q\in\mathbf{Z}_+,p,q\text{互质}),\\ 0, & x\text{为无理数},\end{cases}$$

证明: 对任意 $x_0\in(0,1)$, $\lim\limits_{x\to x_0}R(x)=0$, 因此, (0, 1) 内的一切无理点都是 $R(x)$ 的连续点; (0, 1) 内的一切有理点都是 $R(x)$ 的可去不连续点.

结构分析 证明结论的关键是对 $\forall\varepsilon>0$, 确定 $\delta>0$, 使得 $|x-x_0|<\delta$ 时, 成立

$$|R(x)-0|=|R(x)|<\varepsilon.$$

显然, 只需考虑 x 为有理点的情形, 此时应该成立

$$|R(x)-0|=|R(x)|=\frac{1}{p}<\varepsilon,$$

与以往确定 δ 的方法不同, 我们采用反向思维方法, 即先确定不满足上述要求的点 x, 通过排除这些点来确定 $\delta>0$. 即先确定使得

$$R(x)=\frac{1}{p}>\varepsilon$$

的有理点, 这是解决问题的出发点. 排除法是处理黎曼函数的重要方法, 后面还会遇到此函数的排除法的运用.

证明 对任意 $\varepsilon>0$, 满足 $p<\dfrac{1}{\varepsilon}$ 的正整数至多有有限个, 因而, [0,1] 中至多有有限个有理数 $\dfrac{q}{p}$ 使 $p<\dfrac{1}{\varepsilon}$, 记这些异于 x_0 有理点为 $x_1,\cdots,x_k$, 取 $\delta=\min\{|x_i-x_0|\}>0$, 则 $0<|x-x_0|<\delta$ 时,

$$|R(x)-0|<\frac{1}{p}<\varepsilon,$$

故, $\lim\limits_{x\to x_0} R(x)=0$, 由此结论得证.

抽象总结　要注意证明此结论的**排除法**, 即为寻找满足条件的点, 等价于把不满足此条件的点排除掉, 因而, 只需寻找对应的不满足条件的点即可.

例 4　设 $f(x)$ 是 (a,b) 内的单调函数, 若 x_0 是 $f(x)$ 的不连续点, 则其必为第一类不连续点.

结构分析　根据定义, 要证明结论只需证明 $f(x)$ 在不连续点处的左右极限都存在, 所给的条件是单调性, 将单调性和极限存在性联系在一起的结论就是单调有界收敛定理, 这就确立了证明的思路.

证明　不妨设 $f(x)$ 在 (a,b) 上单调增加.

任取 $x_0\in(a,b)$, 任取单调递增收敛于 x_0 的点列 $x_n\in(a,b)$, 则 $\{f(x_n)\}$ 单调递增且有界, 因而, $\{f(x_n)\}$ 收敛, 根据海涅定理, $\lim\limits_{x\to x_0^-} f(x)$ 存在; 同样, $\lim\limits_{x\to x_0^+} f(x)$ 也存在, 因而, 若 x_0 是 $f(x)$ 的间断点, 则其必然是第一类间断点.

习　题　4.1

1. 用连续性的 ε-δ 语言定义证明下述函数在给定区间上的连续性.

(1) $f(x)=\dfrac{1}{\sqrt{x}}$, $x\in(0,1)$;

(2) $f(x)=x^2$, $x\in[1,+\infty)$;

(3) $f(x)=\ln x$, $x>0$.

2. 设 $f(x)$ 连续, 证明 $|f(x)|$ 和 $f^2(x)$ 也连续. 反之成立吗?

3. 设 $f(x)$ 和 $g(x)$ 连续, 利用运算法则证明 $\min\{f(x),\ g(x)\}$ 和 $\max\{f(x),g(x)\}$ 都连续.

4. 设 $f(x)$ 连续, 实数 $c>0$, 构造函数

$$g(x)=\begin{cases}-c, & f(x)<-c,\\ f(x), & |f(x)|\leqslant c,\\ c, & f(x)>c,\end{cases}$$

研究函数间的关系, 证明 $g(x)$ 连续.

5. 设函数 $f(x)$ 在 $[a,\ b]$ 上连续, 对 $x\in[a,b]$, 记

$$M(x)=\sup_{a\leqslant t\leqslant x} f(t),$$

证明 $M(x)$ 在 $[a,\ b]$ 上连续.

6. 若对任意的 $\varepsilon>0$, $f(x)$ 在 $[a+\varepsilon,b-\varepsilon]$ 上连续, 证明 $f(x)$ 在 $(a,\ b)$ 上连续. 进一步问, $f(x)$ 在 $[a\ ,b]$ 上连续吗? 从结论中你能得到哪些信息?

7. 设 $f(x)$ 在 x_0 点连续, 且 $f(x_0)>0$, 证明: 存在 $A>0$ 和 $\delta>0$, 使得

$$\frac{A}{2}<f(x)<\frac{3}{2}A,\quad x\in U(x_0,\delta).$$

8. 设函数连续且在有理点处取值为 0, 证明此函数恒为 0.

9. 设函数 $f(x)$ 在 x=0 点连续, 且对任意的 x, y, 成立

$$f(x+y)=f(x)+f(y),$$

证明 (1) $f(x)$ 是连续函数; (2) $f(x)$=$f(1)x$.

给出结构分析, 题型是什么? 思路是什么? 具体的技术路线是如何设计的? 过程中的重点和难点是什么? 如何解决?

$\Bigg($提示: 先证 $f(n)=nf(1)$, 再证 $f\left(\frac{1}{m}\right)=\frac{1}{m}f(1)$, 由此得到对有理数成立 $f\left(\frac{n}{m}\right)=\frac{n}{m}f(1)$.$\Bigg)$

10. 设 $f(x)$ 对任意的 x>0 都连续, 且成立 $f(x^2)=f(x)$, 证明: $f(x)$ 为常数函数.

并给出结构分析, 说明思路是如何形成的? 具体的技术路线是如何设计的? 过程中的重点和难点是什么? 如何解决?

$\Big($提示: 充分利用迭代和 $a^{\frac{1}{n}}\to 1,\forall a>0.$$\Big)$

11. 设 $f(x)$ 在 x=0 的某个邻域内有界, 且满足:

$$f(\alpha x)=\beta f(x),$$

其中 $\alpha>1,\beta>1$, 证明 $f(x)$ 在 x=0 点连续.

给出结构分析, 说明思路是如何形成的? 具体的技术路线是如何设计的? 过程中的重点和难点是什么? 如何解决?

$\Bigg($提示: (1) 存在 $M>0,\delta>0,|f(x)|\leqslant M,\forall x:|x|<\delta$; (2) $\forall\varepsilon>0,\exists N>0,\frac{1}{\beta^N}M<\varepsilon$; (3) 取 $\delta_1>0,\alpha^N\delta_1<\delta$; (4) 验证 $|f(x)|<\varepsilon,\forall x:|x|<\delta_1.$$\Bigg)$

12. 讨论下列函数间断点的类型.

(1) $f(x)=\dfrac{x+1}{x^2-x-2}$; (2) $f(x)=x-[x]$;

(3) $f(x)=\mathrm{e}^{\frac{1}{x}}$; (4) $f(x)=\sin\dfrac{1}{x}$.

4.2 闭区间上连续函数的性质

由于闭区间具有紧性性质, 满足对极限运算的封闭性, 使得连续函数在闭区间上具有特有的分析性质.

函数最基本的分析性质是有界性.

一、有界性定理

定理 2.1 若 $f(x)\in C[a,b]$, 则 $f(x)$ 在 $[a,b]$ 上有界.

结构分析　题型: 函数有界性的证明, 这是一个整体性质的验证. 类比已知: 已知条件是函数的连续性, 连续性是局部性概念, 可以得到与要证明的结论相关的是 "局部有界性", 因此, 要证明的是由局部有界性得到区间上的整体有界性, 实现由 "局部" 到 "整体" 的工具就是有限开覆盖定理. 思路确立: 有限开覆盖定理. 方法设计: 按照有限开覆盖定理的应用方法设计具体路线.

证明　将函数连续延拓至闭区间 $[a-1, b+1]$, 使得

$$F(x)=\begin{cases} f(a), & a-1 \leqslant x<a, \\ f(x), & a \leqslant x \leqslant b, \\ f(b), & b<x \leqslant b+1,\end{cases}$$

则 $F(x)$ 在 $[a-1, b+1]$ 上连续.

任取 $x_0 \in [a, b]$, 由连续性条件, 则 $\lim\limits_{x \rightarrow x_0} F(x)=F(x_0)$, 因而, $F(x)$ 在 x_0 点局部有界, 即存在 $M_{x_0}>0$ 和 $\delta_{x_0} \in(0,1)$, 使得

$$|F(x)| \leqslant M_{x_0}, \quad \forall x \in U(x_0, \delta_{x_0}),$$

构造开区间集 $I=\{U(x_0, \delta_{x_0}): x_0 \in[a, b]\}$, 则

$$[a, b] \subseteq \bigcup_{x_0 \in[a, b]} U(x_0, \delta_{x_0}),$$

因而, I 是闭区间 $[a, b]$ 的开覆盖, 由有限开覆盖定理, 存在有限个开区间, 记为 $U(x_1, \delta_{x_1}), U(x_2, \delta_{x_2}), \cdots, U(x_k, \delta_{x_k})$, 使得 $[a, b] \subseteq \bigcup\limits_{i=1}^{k} U(x_i, \delta_{x_i})$, 由于

$$|F(x)| \leqslant M_i, \quad x \in U(x_i, \delta_{x_i}),$$

因此, 取 $M=\max\{M_i: i=1,2, \cdots, k\}$, 则

$$|f(x)|=|F(x)| \leqslant M, \quad x \in[a, b],$$

因此, $f(x)$ 在 $[a, b]$ 上有界.

抽象总结　此定理具有有限开覆盖定理作用对象的典型特征, 由此确定利用有限开覆盖定理证明的思路. 当然, 证明方法不唯一, 也可以利用反证法, 利用魏尔斯特拉斯定理证明此定理.

定理的结论在开区间上不成立, 如 $f(x)=\dfrac{1}{x}$ 在 $(0,1)$ 内连续但无界, 这反映了连续函数在闭区间上具有好的性质.

例 1 设 $f(x)\in C[0,+\infty)$, 且 $\lim\limits_{x\to+\infty}f(x)=a$(有限), 证明: $f(x)$ 在 $[0,+\infty)$ 上有界.

结构分析 题型: 证明连续函数在无限区间上的有界性. 类比已知: 有限闭区间上的连续函数有界, 由此确立了证明思路, 利用闭区间上连续函数的有界性定理来证明. 方法设计: 类比已知定理和题目条件, 主条件是连续性条件, 无限远处的极限是辅助条件. 由此确定具体的处理方法是**分段处理方法**, 将无穷区间分为有限闭区间和无限远部分. 难点是如何分段, 这就需要利用辅助条件, 即利用辅助条件将整个无限区间分成**充分远的部分和剩下有限的闭区间**部分, 在充分远的部分, 用辅助条件 (无限远处函数的极限) 控制函数的界, 在有限的闭区间上用连续有界性定理. 当然, 证明过程中一定要注意界的确定性思想的应用.

证明 由于 $\lim\limits_{x\to+\infty}f(x)=a$, 对 $\varepsilon=1$, 存在 $M>0$, 当 $x>M$ 时, 有

$$|f(x)-a|<1,$$

因而,

$$|f(x)|\leqslant|f(x)-a|+|a|<1+|a|,\quad \forall x>M,$$

故, $f(x)$ 在 $[M+1,+\infty)$ 上有界, 记 $M_1=1+|a|$, 则

$$|f(x)|\leqslant M_1,\quad x\in[M+1,+\infty).$$

由于 $f(x)\in C[0,M+1]$, 则由定理 4.1, 存在 M_2 使得

$$|f(x)|\leqslant M_2,\quad x\in[0,M+1],$$

故, $|f(x)|\leqslant M_1+M_2,\ x\in[0,+\infty)$.

抽象总结 (1) 将性质由有限区间推导到无限区间时, 通常需要利用分段的方法处理, 可以通过上述证明过程总结分段的思想和方法. (2) 证明过程中, 取定 $\varepsilon=1$ 就是界的确定性思想的应用, 即界一定是一个确定的量, 因此, 通过取定 $\varepsilon=1$, 将 M 确定, 从而确定区间的分段, 进一步确定各分段上的界.

二、 最值定理

我们曾经对实数集合引入过最值的定义, 由此知道最值是刻画集合的界的一个非常精确的量, 但是, 遗憾的是最值不一定存在. 在研究函数性质时, 我们同样可以引入最值的概念, 并且发现, 闭区间上的连续函数的最值是可达的, 这是闭区间上连续函数的又一个好性质.

定义 2.1　设 $f(x)$ 在 I 上有定义, 若存在 $x_0 \in I$, 使

$$f(x) \leqslant f(x_0), \quad \forall x \in I,$$

称 $f(x_0)$ 为 $f(x)$ 在 I 上的最大值, x_0 为最大值点, 也称 $f(x)$ 在 x_0 点达到最大值.

根据定义, 最大值若存在, 则必唯一, 但最大值点不一定唯一. 如周期函数 $y = \sin x$ 有无限多个最大值点.

类似, 可引入最小值 (点). 最大值和最小值统称最值.

最值也是函数研究中非常重要的指标, 最值的存在性是重要的理论研究内容. 但是, 一般函数, 甚至简单的函数的最值都不一定存在, 如 $f(x) = x, x \in (0,1)$, $f(x)$ 在 $(0,1)$ 上无最大值. 但是, 闭区间上定义的连续函数具有非常好的最值存在性.

定理 2.2 (最值可达性)　设 $f(x) \in C[a,b]$, 则 $f(x)$ 在 $[a,b]$ 上一定达到最大值和最小值.

结构分析　题型: 最值可达性. 类比已知: 与最值关联紧密的量是界、确界, 关联最紧密的已知结论是闭区间上连续函数的有界性定理. 确立思路: 闭区间上连续函数的有界性定理. 方法设计: 类比界、确界、最值的关系, 注意到最值是可达的确界, 由此确立证明的具体方法为界 $\Rightarrow$ 确界 $\Rightarrow$ 确界可达 $=$ 最值.

证明　只证明上确界的存在性. 由于 $f(x) \in C[a,b]$, 因而, $f(x)$ 在 $[a,b]$ 上有界, 进而存在上确界和下确界, 记 $\beta = \sup\{f(x) : x \in [a,b]\}$.

下证, 上确界是可达的.

由确界性质, 存在 $x_n \in [a,b]$, 使得 $\beta = \lim\limits_{n\to\infty} f(x_n)$, 又由魏尔斯特拉斯定理, $\{x_n\}$ 有收敛子列 $\{x_{n_k}\}$, 记 $\{x_{n_k}\}$ 收敛于 x_0, 则 $x_0 \in [a,b]$, 由 $f(x)$ 的连续性得

$$\beta = \lim_{n\to\infty} f(x_n) = \lim_{k\to\infty} f(x_{n_k}) = f(x_0),$$

即 $f(x_0) = \beta$, 因而, $f(x)$ 在 x_0 点达到最大值.

抽象总结　证明过程中的技术要点: ①确界的极限表示的应用, 将确界、极限、连续性联系起来; ②闭区间对极限运算的封闭性: 魏尔斯特拉斯定理确定了极限点 x_0, 闭区间的闭性保证了 x_0 仍在闭区间内.

例 2　设 $f(x) \in C[a,+\infty)$, 且 $\lim\limits_{x\to+\infty} f(x) = A$, 证明: $f(x)$ 在 $[a,+\infty)$ 内取得最大值或最小值.

结构分析　题型: 仍是将有限闭区间上对应的性质推广到无限区间. 思路: 定理 2.2. 方法设计: 采用分段处理的方法, 由于最值的唯一性, 需要在两段之间进

行比较以确定最值. 因此, 与例 1 的分段法不同, 需借助于有限点处和无限远处的函数值的比较进行分段.

证明 若 $f(x) \equiv A$, 则问题解决.

若 $f(x)$ 不是恒等于 A 的常数函数, 则必存在点 $x_0 \in [a, +\infty)$, 使得 $f(x_0) \neq A$.

若 $f(x_0) > A$. 由于 $\lim\limits_{x \to +\infty} f(x) = A$, 对 $\varepsilon = f(x_0) - A$, 则存在 $M > |x_0| \geqslant 0$, 使得 $x > M$ 时,

$$f(x) < A + \varepsilon = f(x_0).$$

又, 由于 $f(x) \in C[a, M]$, 则 $f(x)$ 在 $[a, M]$ 内取得最大值, 因而, 存在 $x_1 \in [a, M]$, 使得

$$f(x_1) = \beta = \max\{f(x) : x \in [a, M]\},$$

由于 $x_0 \in [a, M]$, 则 $\beta \geqslant f(x_0)$, 因而, $x > M$ 时,

$$f(x) < f(x_0) \leqslant \beta.$$

故, $f(x_1) = \beta$ 是 $f(x)$ 在 $[a, +\infty)$ 上的最大值.

同样, 当 $f(x_0) < A$ 时, 可以证明 $f(x)$ 在 $[a, +\infty)$ 内取得最小值.

三、 方程的根或函数零点存在定理

在工程技术领域, 经常遇到方程的根或函数零点的求解问题, 那么, 方程的根是否存在？什么条件能保证方程根的存在性？这是必须首先要解决的问题. 下面, 我们用函数的连续性研究方程根或函数零点的存在性问题.

定理 2.3 设 $f(x) \in C[a, b]$, 且 $f(a) \cdot f(b) < 0$, 则存在 $x_0 \in (a, b)$ 使 $f(x_0) = 0$, 即方程 $f(x) = 0$ 在 (a, b) 内有解 x_0.

结构分析 题型: 函数零点的存在性, 是 “点定理”. 类比已知: 确定点的工具有闭区间套定理和确界存在定理, 因而, 可以采用这两个定理证明. 确立思路: 采用确界定理证明它. 方法设计: 需要构造集合, 使得零点正是集合的确界点. 从几何上观察, 在函数端点值相反的情况下, 必有一个零点是函数变号的分界点, 这正是我们构造集合的出发点. 但是, 我们知道函数的零点不具备唯一性, 因此, 确定那一个零点也是要考虑的问题. 通常我们会选择那些特殊的零点, 这些特殊的零点并不唯一, 选择不同的特殊零点得到不同的处理方法. 法一选择了 “满足某些要求的最大的零点”, 当然, 这并不是函数的最大的零点; 法二选择了函数的最大的零点, 仔细体会二者的差别.

证明 **法一** 不妨设 $f(a) < 0$, $f(b) > 0$, 记 $S = \{x \in [a, b] : f(x) < 0\}$, 则 $a \in S$, 且 S 有上界 b, 因而 S 有上确界, 记 $x_0 = \sup S \in (a, b)$, 由确界性质, 存

在 $x_n \in S$, 使 $x_n \to x_0$. 因为 $x_n \in S$, 故 $f(x_n) < 0$, 由连续性和极限的保序性, $f(x_0) \leqslant 0$.

又, 由于 $f(b) > 0$, 因而 $x_0 < b$, 且

$$f(x) \geqslant 0, \quad \forall x \in (x_0,\ b),$$

再次利用连续性, 则

$$f(x_0) = \lim_{x \to x_0^+} f(x) \geqslant 0,$$

故, $f(x_0) = 0$.

法二　令 $S = \{x \in [a,b] : f(t) > 0, t \in (x,b]\}$, 则 S 有下确界, 记 $x_0 = \inf S \in (a,b)$, 则

$$f(x) > 0, \quad \forall x \in (x_0,\ b],$$

由确界性质, 存在 $x_n \in S$, 使 $x_n \to x_0$. 因为 $x_n \in S$, 故 $f(x_n) > 0$, 由连续性和极限的保序性, $f(x_0) \geqslant 0$.

下证 $f(x_0) = 0$. 若 $f(x_0) > 0$, 由极限的保号性, 存在 $\delta > 0$, 使得 $(x_0 - \delta, x_0 + \delta) \subset (a,b)$, 且 $f(x) > 0, \forall x \in (x_0 - \delta, x_0 + \delta)$, 因而, 成立 $x_0 - \delta \in S$, 与 $x_0 = \inf S \in (a,b)$ 矛盾, 故 $f(x_0) = 0$.

抽象总结　(1) 定理的结论表明了定理作用对象的特征, 用于研究方程的根或函数的零点, 要验证的条件相对简单, 定性条件为连续性, 定量条件是两个异号的点. (2) 方程的根或函数的零点的问题是函数分析性质研究的重要内容, 此定理是解决这类问题的第一个重要工具. (3) 定理只给出了零点的存在性, 没有唯一性. (4) $f(a), f(b)$ 同号时, 不能否定根的存在性. (5) 证明方法不唯一, 还可以确定函数的最小的零点.

由上述定理, 可以得到更一般的介值定理.

定理 2.4　若 $f(x) \in C[a,b]$, 则对 $\forall c \in [m,M]$, 存在 $x_0 \in [a,b]$, 使 $f(x_0) = c$. 其中, $M = \max\{f(x) : x \in [a,b]\}$, $m = \min\{f(x) : x \in [a,b]\}$. 即 $f(x)$ 在 $[a,b]$ 一定能取到最大值和最小值之间的任何数.

结构分析　题型: 仍是方程根 (函数零点) 的问题, 是定理 2.3 的推广或更一般的情形. 类比已知: 和定理 2.3 结构相同. 确立思路: 将其转化为函数的零点, 然后用定理 2.3 的零点存在定理来证明.

证明　若 M=m, 则 $f(x)$ 是常数函数, 结论显然成立.

现设 $M > m$, 由于 $f(x) \in C[a,b]$, 由最值存在性定理, 则存在 $\xi, \eta \in [a,b]$, 使 $f(\xi) = m, f(\eta) = M$, 不妨设 $\xi < \eta$, $\forall c : m < c < M$, 令 $\phi(x) = f(x) - c$, 则 $\phi(x) \in C[\xi,\eta]$, 且 $\phi(\xi) \cdot \phi(\eta) < 0$, 因而, 存在 $x_0 \in (\xi,\eta)$, 使 $\varphi(x_0) = 0$, 即 $f(x_0) = c$.

抽象总结 (1) 从定理的结构看, 这类问题也称为介值问题, 是函数零点或方程根的问题的推广, 其本质是相同的, 后续内容中还会涉及更复杂的介值问题. 因此, 介值问题是此定理作用对象的特征. (2) 进一步还可以得到: 若 $f(x) \in C[a,b]$, 则 $R(f) = [m, M]$.

例 3 设 $f(x) \in C[a,b]$, 且 $f([a,b]) \subseteq [a,b]$, 证明: 存在 $\xi \in [a,b]$, 使 $f(\xi) = \xi$.

结构分析 题型: 方程根的问题. 思路: 定理 2.3 或定理 2.4. 方法设计: 构造函数, 使其为函数的零点.

证明 记 $g(x) = f(x) - x$, 则由于 $f([a,b]) \subseteq [a,b]$, 因而,

$$f(a) \geqslant a, \quad f(b) \leqslant b,$$

故 $g(b) \geqslant 0, g(a) \leqslant 0$.

若 $g(a) = 0$ 或 $g(b) = 0$, 结论自然成立. 否则, $g(b) \cdot g(a) < 0$, 由零点存在定理, 存在 $\xi \in (a,b)$, 使得 $g(\xi) = 0$, 即 $f(\xi) = \xi$.

抽象总结 (1) 通常, 把满足 $f(x) = x$ 的点称为函数 $f(x)$ 的不动点, 因此, 本题要给出了题目中函数不动点的存在性. (2) 从结构看, 不动点问题仍然是方程根的存在性问题或方程的零点问题或更一般的介值问题. (3) 利用介值定理研究零点问题的常用方法就是函数构造法, 验证相应的异号条件, 即确定两个异号点.

例 4 设 $f(x) \in C[0,1]$, $f(0) \geqslant 0, f(1) \leqslant 1$, 则 $\forall n \in \mathbf{N}^+$, 存在 $x_0 \in [0,1]$, 使 $f(x_0) = x_0^n$.

证明 若 $f(0) = 0$ 或 $f(1) = 1$, 则结论成立, 否则, 记 $F(x) = f(x) - x^n$, 则 $F(0) = f(0) > 0, F(1) = f(1) - 1 < 0$, 故存在 $x_0 \in (0,1)$, 使得 $F(x_0) = 0$, 即 $f(x_0) = x_0^n$.

习 题 4.2

分析下列题目的结构, 给出结构特点, 要用到的已知定理或结论, 完成证明:

1. 设 $f(x) \in C(a,b)$, 且 $\lim\limits_{x \to a^+} f(x)$, $\lim\limits_{x \to b^-} f(x)$ 存在且有限, 证明 $f(x)$ 在 (a,b) 内有界.

2. 设 $f(x) \in C(a,b)$, 且 $\lim\limits_{x \to a^+} f(x) = \lim\limits_{x \to b^-} f(x) = -\infty$, 证明 $f(x)$ 在 (a, b) 内达到最大值.

3. 设 $f(x) \in C(a,b)$ 且 $\lim\limits_{x \to a^+} f(x) = \lim\limits_{x \to b^-} f(x) = A$, 证明 $f(x)$ 在 (a, b) 内达到最大值或最小值.

4. 设 $f(x)$ 满足

$$|f(x) - f(y)| < |x - y|, \quad \forall x, y \in [a,b], x \neq y,$$

$a \leqslant f(x) \leqslant b, x \in [a,b]$.

证明: $f(x)$ 在 $[a,b]$ 上有唯一的不动点.

5. 设 $f(x)\in C[a,b]$, 任取 $x_1,x_2,\cdots,x_n\in[a,b]$ 和满足 $\sum\limits_{i=1}^{n}\lambda_i=1$ 的正数 $\lambda_1,\lambda_2,\cdots,\lambda_n$, 证明存在 $x_0\in[a,b]$, 使得 $f(x_0)=\sum\limits_{i=1}^{n}\lambda_i f(x_i)$.

4.3　一致连续性

函数的连续性是函数的最基本的分析性质, 从几何上看, 此性质也只是刻画了函数曲线最简单、最基本的光滑性——曲线的连续不断的特性. 为了更深刻、细致地刻画函数曲线的光滑性, 需要引入函数的更高级的分析性质. 为此, 先简单分析连续性的缺陷, 克服缺陷才能引进更好的光滑性. 连续性是局部性质, 刻画了局部光滑性. 从分析角度看, 局部性表现在 δ 与给定点的依赖性, 为解决这种局限性问题, 我们引入函数的一致连续性.

一、 定义

设 $f(x)$ 在区间 I 上有定义.

定义 3.1　如果对任意 $\varepsilon>0$, 存在 $\delta>0$, 使得对任意满足 $|x_1-x_2|<\delta$ 的点 $x_1,x_2\in I$, 都成立

$$|f(x_1)-f(x_2)|<\varepsilon,$$

称 $f(x)$ 在 I 上一致连续.

信息挖掘　(1) 一致连续性是整体概念, 只能说 $f(x)$ 在 I 上一致连续, 而不能说 $f(x)$ 在某点一致连续. (2) 一致性表现在定义中的 $\delta(\varepsilon)$, 只与 ε 有关, 与点 x_1 和 x_2 的位置无关, 这也从另一个角度反映了一致连续是一个整体的概念. (3) 刻画一致连续性的函数结构仍是差值结构 $|f(x_1)-f(x_2)|$, 特征是 "两动", 即两个动点的差值或两个任意点的差值. 这种结构和柯西片段的结构相同, 因此, 研究一致连续性时可以优先考虑柯西收敛准则. (4) 从几何的观点看, 连续和一致连续都是对函数曲线的光滑性刻画, 连续性是从局部进行刻画, 一致连续性是从整体进行刻画. (5) 从定义还可以看出, 一致连续性的性质高于连续性, 这也说明了一致连续性是比连续性更高级的分析性质, 因而, 一致连续的函数一定连续, 反之不一定成立.

一致连续性是一个非常重要、也非常难理解掌握的概念, 为更好理解概念, 我们再给出否定式定义.

定义 3.2　如果存在 $\varepsilon_0>0$, 使得对任意 $\delta>0$, 存在 $x_1,x_2\in I$, 且 $|x_1-x_2|<\delta$, 成立

$$|f(x_1)-f(x_2)|>\varepsilon_0,$$

则称 $f(x)$ 在 I 上非一致连续.

结构分析 (1) 从应用角度看一致连续的定义, 与极限的定义结构相似, 由此决定了用定义证明一致连续性的方法, 基本的方法仍然是放缩法, 即肯定式的验证是放大法, 放大过程的中心思想是从 $|f(x_1)-f(x_2)|$ 分离出因子 $|x_1-x_2|$. 而用定义证明非一致连续性的方法是缩小方法, 由于这些方法在极限定义的应用中有详细的应用, 此处略去. (2) 从定义的内部结构看, 注意到两点的任意性, 与柯西收敛准则更相似, 后面还要比较二者的差别.

例 1 对 $\forall c>0:0<c<1$, 证明 $f(x)=\dfrac{1}{x}$, 在 $(c,\ 1)$ 内一致连续, 在 $(0,\ 1)$ 内连续但非一致连续.

证明 对任意 $\varepsilon>0$, 取 $\delta=c^2\varepsilon$, 当 $x_1,x_2\in(c,1)$ 且 $|x_1-x_2|<\delta$ 时, 有

$$|f(x_1)-f(x_2)|=\frac{|x_1-x_2|}{x_1x_2}\leqslant\frac{1}{c^2}|x_1-x_2|<\varepsilon,$$

故, $f(x)$ 在 $(c,\ 1)$ 内一致连续.

显然, $f(x)=\dfrac{1}{x}$ 在 $(0,\ 1)$ 内连续.

取 $\varepsilon_0=\dfrac{1}{2}>0$, 对任意 $\delta\in\left(0,\dfrac{1}{2}\right)$, 取 $x_1=\delta,x_2=\dfrac{\delta}{2}$, 则 $|x_1-x_2|<\delta$, $x_1,x_2\in(0,1)$ 而

$$|f(x_1)-f(x_2)|=\frac{|x_1-x_2|}{x_1x_2}=\frac{1}{\delta}>\varepsilon_0,$$

故, $f(x)$ 在 $(0,\ 1)$ 内非一致连续.

抽象总结 (1) 此例说明了一致连续性强于连续性. (2)$f(x)=\dfrac{1}{x}$ 在 $(c,\ 1)$ 内一致连续, 在 $(0,\ 1)$ 内非一致连续, 显然, $x=0$ 内是 “坏点”, 在此点附近打破了一致连续性, 因此, 在研究非一致连续性时, 先确定 “坏点”, 再在坏点附近验证相应的条件.

还可以证明对任意的 $[a,b]\in(0,1)$, $f(x)=\dfrac{1}{x}$ 在 $[a,b]$ 内一致连续, 我们把这种一致连续性称为内闭一致连续性.

定义 3.3 若函数 $f(x)$ 在开区间 I 的任一闭子区间上一致连续, 则称 $f(x)$ 在开区间 I 上内闭一致连续.

因此, $f(x)=\dfrac{1}{x}$ 在 $(0,\ 1)$ 上内闭一致连续, 但在 $(0,\ 1)$ 上非一致连续, 这也从另一角度说明一致连续的整体性质.

二、 判别定理

下面给出判断一致连续性的定理.

定理 3.1 (康托尔定理) $f(x) \in C[a,b]$, 则 $f(x)$ 在 $[a,b]$ 上一致连续.

结构分析 题型: 一致连续性的整体性质的验证. 类比已知: 已知的条件是函数连续性, 这是一个局部性质. 要证明的结论是一致连续性, 这是一个整体性质. 因此, 定理要求由局部性质推出整体性质. 由局部性质到整体性质的有效的工具就是有限开覆盖定理, 由此决定证明定理所用的理论工具. 确立思路: 有限开覆盖定理.

证明 连续延拓 $f(x)$, 即令

$$\tilde{f}(x) = \begin{cases} f(a), & a-1 \leqslant x \leqslant a, \\ f(x), & a \leqslant x \leqslant b, \\ f(b), & b < x \leqslant b+1, \end{cases}$$

则 $\tilde{f} \in C[a-1,b+1]$, 任取 $x_0 \in [a,b]$, 由于 $\tilde{f}(x)$ 在 x_0 点连续, 则 $\lim\limits_{x \to x_0} \tilde{f}(x)$ 存在, 由柯西收敛准则, $\forall \varepsilon > 0$, 存在 δ_{x_0}: $1 > \delta_{x_0} > 0$, 对任意 $x', x'' \in U\left(x_0, \dfrac{\delta_{x_0}}{2}\right) \subset [a-1, b+1]$, 则 $|x' - x''| < \delta_{x_0}$ 且

$$\left|\tilde{f}(x') - \tilde{f}(x'')\right| < \varepsilon.$$

至此, 我们得到: 对任意 $x \in [a,b]$, 都存在 δ_x, 使得对任意的 $x', x'' \in U\left(x, \dfrac{\delta_x}{2}\right)$, 成立 $|x' - x''| < \delta_x$ 且

$$\left|\tilde{f}(x') - \tilde{f}(x'')\right| < \varepsilon,$$

这就是在局部成立的局部性质 (P).

下面构造覆盖 $[a,b]$ 的开区间集.

记 $I_x = U\left(x, \dfrac{\delta_x}{4}\right)$, 则 $[a,b] \subset \bigcup\limits_{x \in [a,b]} I_x$, 由有限开覆盖定理, 存在有限个点 $x_1, \cdots, x_k \in [a,b]$, 使 $[a,b] \subset \bigcup\limits_{i=1}^{k} I_{x_i}$, 取 $\delta = \min\left\{\dfrac{\delta_{x_1}}{4}, \cdots, \dfrac{\delta_{x_k}}{4}\right\}$, 则当 $x', x'' \in [a,b]$ 且 $|x' - x''| < \delta$ 时, 此时必有 $i_0 \in \{1, \cdots, k\}$, 使得 $x' \in I_{x_{i_0}}$, 因而

$$|x'' - x_{i_0}| \leqslant |x' - x_{i_0}| + |x' - x''| \leqslant \frac{\delta_{x_{i_0}}}{4} + \delta < \frac{\delta_{x_{i_0}}}{2},$$

即 $x', x'' \in I_{x_{i_0}}$, 故,

$$|f(x') - f(x'')| = \left|\tilde{f}(x') - \tilde{f}(x'')\right| < \varepsilon,$$

因此, $f(x)$ 在 $[a,b]$ 上一致连续.

抽象总结 (1) 在使用有限开覆盖定理的过程中, 难点通常有两个, 其一为局部开区间的构造, 其二为局部性质的挖掘. 在本定理的证明中, 取 $I_x = U\left(x, \dfrac{\delta_x}{4}\right)$ 正是为了保证局部性质的成立. (2) 此定理表明, 在闭区间上, 连续和一致连续是等价的, 再次表现出了闭区间上的好性质.

下面将康托尔定理推广.

定理 3.2 (有限开区间上的一致连续性) 设 $f(x) \in C(a,b)$, 则 $f(x)$ 在 (a,b) 内一致连续的充分必要条件是 $f(a+)$ 和 $f(b-)$ 存在.

证明 充分性 令

$$\tilde{f}(x) = \begin{cases} f(a^+), & x = a, \\ f(x), & x \in (a,b), \\ f(b^-), & x = b, \end{cases}$$

则 $\tilde{f}(x) \in C[a,b]$, 因而, $\tilde{f}(x)$ 在 $[a,b]$ 上一致连续, 当然也在 (a,b) 内一致连续, 故 $f(x)$ 在 (a,b) 内一致连续.

必要性 设 $f(x)$ 在 (a,b) 内一致连续, 则 $\forall \varepsilon > 0, \exists \delta > 0, \forall x_1, x_2 \in I$, 且满足 $|x_1 - x_2| < \delta$, 成立

$$|f(x_1) - f(x_2)| < \varepsilon,$$

因此, 取 $\delta' = \dfrac{\delta}{2}$, 则当 $0 < x_1 - a < \delta', 0 < x_2 - a < \delta'$ 时, $|x_1 - x_2| < \delta$, 因而,

$$|f(x_1) - f(x_2)| < \varepsilon,$$

故, 由柯西收敛定理, $f(a+)$ 存在, 同样, $f(b-)$ 也存在.

抽象总结 定理 3.1 和定理 3.2 表明, 在有限区间上, 一致连续性几乎等价于连续性, 即内部点的连续性, 端点单侧极限的存在性, 结论同样可以推广到无限区间.

定理 3.3(无限区间上的一致连续性) 设 $f(x) \in C[a, +\infty)$, $\lim\limits_{x \to +\infty} f(x)$ 存在, 则 $f(x)$ 在 $[a, +\infty)$ 上一致连续.

证明 因为 $\lim\limits_{x \to +\infty} f(x)$ 存在, 则 $\forall \varepsilon > 0$, 存在 $G > 0$, 当 $x', x'' > G$ 时,

$$|f(x') - f(x'')| < \varepsilon.$$

又, $f(x) \in C[a, G+1]$, 由康托尔定理, $f(x)$ 在 $[a, G+1]$ 上一致连续, 因而, 存在 δ: $\frac{1}{2} > \delta > 0$, 当 $x', x'' \in [a, G+1]$, 且 $|x' - x''| < \delta$ 时,

$$|f(x') - f(x'')| < \varepsilon,$$

故, 对 $\forall x', x'' \in [a, +\infty)$ 且 $|x' - x''| < \delta$, 若 $x' > G+1$, 必有 $x'' > G$, 因而, 或者 $x', x'' > G$, 或者 $x', x'' < G+1$, 故总有

$$|f(x') - f(x'')| < \varepsilon,$$

故, $f(x)$ 在 $[a, +\infty)$ 上一致连续.

抽象总结　和定理 3.2 不同, 定理 3.3 不可逆, 即 $f(x)$ 在 $[a, +\infty)$ 上一致连续, 不一定能保证 $\lim\limits_{x \to +\infty} f(x)$ 存在, 如 $f(x) = x$ 在 $[1, +\infty)$ 一致连续, 但是 $\lim\limits_{x \to +\infty} f(x)$ 不存在, 因为 $f(x)$ 在 $[a, +\infty)$ 上一致连续, 只能保证当 x' 和 x'' 充分近, 即 $|x' - x''| < \delta$ 时, 成立 $|f(x') - f(x'')| < \varepsilon$. 而根据柯西收敛定理, $\lim\limits_{x \to +\infty} f(x)$ 存在是指对 “$+\infty$ 邻域” 内的任意点 x' 和 x'', 即 x', $x'' > G$ 时成立 $|f(x') - f(x'')| < \varepsilon$. **二者的区别是很明显的**: 对充分近的点成立, 显然不一定对任意的点成立, 因此, 从这个意义上说, 柯西收敛准则强于一致连续性. 这也反映了有限区间和无限区间上一致连续性的不同性质.

上述定理 3.1 到定理 3.3, 实际给出了连续和一致连续的关系. 再给出一个判别法.

定理 3.4　设 $f(x)$ 在区间 I 上有定义, 则 $f(x)$ 在 I 上一致连续的充分必要条件是对任意的点列 $\{x_n^{(1)}\}, \{x_n^{(2)}\} \subset I$, 只要 $\lim\limits_{n \to +\infty} (x_n^{(1)} - x_n^{(2)}) = 0$, 就有

$$\lim_{n \to +\infty} (f(x_n^{(1)}) - f(x_n^{(2)})) = 0.$$

证明　必要性是显然的.

充分性　用反证法. 假设 $f(x)$ 在 I 上不一致连续, 则存在 $\varepsilon_0 > 0$, 使得对 $\forall \delta > 0$, 存在 $x', x'' \in I$, 且 $|x' - x''| < \delta$, 成立

$$|f(x') - f(x'')| > \varepsilon_0.$$

取 $\delta = 1$, 则存在 $x_1^{(1)}, x_1^{(2)} \in I$, 且 $\left|x_1^{(1)} - x_1^{(2)}\right| < 1$, 成立

$$\left|f(x_1^{(1)}) - f(x_1^{(2)})\right| > \varepsilon_0;$$

取 $\delta=\frac{1}{2}$, 则存在 $x_2^{(1)},x_2^{(2)}\in I$, 且 $\left|x_2^{(1)}-x_2^{(2)}\right|<\frac{1}{2}$, 成立

$$\left|f(x_2^{(1)})-f(x_2^{(2)})\right|>\varepsilon_0;$$

如此下去, 对任意正整数 n, 取 $\delta=\frac{1}{n}$, 则存在 $x_n^{(1)},x_n^{(2)}\in I$, 且 $\left|x_n^{(1)}-x_n^{(2)}\right|<\frac{1}{n}$, 成立

$$\left|f(x_n^{(1)})-f(x_n^{(2)})\right|>\varepsilon_0.$$

由此构造点列 $\left\{x_n^{(1)}\right\},\left\{x_n^{(2)}\right\}\subset I$, 满足 $\lim\limits_{n\to+\infty}(x_n^{(1)}-x_n^{(2)})=0$, 显然, $\lim\limits_{n\to+\infty}(f(x_n^{(1)})-f(x_n^{(2)}))\neq 0$, 矛盾, 故 $f(x)$ 在 I 上一致连续.

抽象总结 此定理虽然给出一致连续性的充要条件, 但是, 从应用角度, 此定理通常用于证明非一致连续性.

三、 性质

我们继续建立一致连续的运算性质.

定理 3.5 设 $f(x)$, $g(x)$ 在 I 上一致连续, 则 $f(x)\pm g(x)$ 在 I 上也一致连续.

为建立一致连续的乘积运算法则, 先给出下述结论.

定理 3.6 若 $f(x)$ 在有限区间 I 上一致连续, 则 $f(x)$ 在 I 上有界.

证明 只需对 $I=(a,b)$ 证明即可.

由于 $f(x)$ 在 (a,b) 上一致连续, 故 $f(a^+),f(b^-)$ 存在, 因而, 令

$$\tilde{f}(x)=\begin{cases}f(a^+), & x=a,\\ f(x), & x\in(a,b),\\ f(b^-), & x=b,\end{cases}$$

则 $\tilde{f}(x)\in C[a,b]$, 故 $\tilde{f}(x)$ 在 $[a,b]$ 有界, 因此, $f(x)$ 在 (a,b) 上有界.

注 无限区间上的一致连续性不一定保证函数的有界性. 如无界函数 $f(x)=x$ 在 $[1,+\infty)$ 上一致连续.

注 开区间上的连续函数不一定有界, 这也说明了一致连续性强于连续性.

定理 3.7 设 $f(x)$, $g(x)$ 在有限区间 I 上一致连续, 则 $f(x)\cdot g(x)$ 在 I 上一致连续.

证明 由定理 3.6, 存在 $M>0$, 使得 $|f(x)|\leqslant M$, $|g(x)|\leqslant M$.

由于 $f(x)$, $g(x)$ 在有限区间 I 上一致连续, 故, $\forall\varepsilon>0,\exists\delta>0,\forall x_1,x_2\in I$, 且满足 $|x_1-x_2|<\delta$, 成立

$$|f(x_1)-f(x_2)|<\frac{\varepsilon}{2M},\quad |g(x_1)-g(x_2)|<\frac{\varepsilon}{2M},$$

因而, $|x_1-x_2|<\delta$ 时,

$$|f(x_1)g(x_1)-f(x_2)g(x_2)|<|g(x_1)|\,|f(x_1)-f(x_2)|+|f(x_2)||g(x_1)-g(x_2)|<\varepsilon,$$

故, $f(x)\cdot g(x)$ 在 I 上一致连续.

由于无限区间上一致连续不一定保证有界性, 因而当区间没有限制时, 必须增加有界性条件, 即对任意区间 I, 设 $f(x)$, $g(x)$ 在 I 上一致连续且有界, 则 $f(x)\cdot g(x)$ 在 I 上也一致连续.

定理 3.8 (复合运算法则)　若 $y=f(u)$ 在区间 J 上一致连续, $u=g(x)$ 在区间 I 上一致连续, 且能进行复合运算得复合函数 $y=f(g(x))$, 则 $y=f(g(x))$ 在 I 上一致连续.

证明　由于 $y=f(u)$ 在 J 一致连续, 因而, 对 $\forall\varepsilon>0,\exists\delta'>0$, 当 $u_1,u_2\in J$ 且 $|u_1-u_2|<\delta'$, 成立

$$|f(u_1)-f(u_2)|<\varepsilon.$$

又 $u=g(x)$ 在 I 一致连续, 因而, 对 δ', 存在 $\delta>0$, 当 $x_1,x_2\in I$ 且 $|x_1-x_2|<\delta$, 成立

$$|g(x_1)-g(x_2)|<\delta',$$

因而,

$$|f(g(x_1))-f(g(x_2))|<\varepsilon,$$

故, $y=f(g(x))$ 在 I 上一致连续.

注　当不满足上述条件时, 结论不确定, 因此, 在利用变量代换处理一致连续性时一定要谨慎. 见后面的例题.

定理 3.9(区间运算性质)　设 $a<b<c$, $f(x)$ 在 $[a,b]$ 和 $[b,c]$ 上一致连续, 则 $f(x)$ 在 $[a,c]$ 上一致连续.

证明　由条件, 对 $\forall\varepsilon>0$, $\exists\delta_1>0$, 当 $x_1,x_2\in[a,b]$ 且 $|x_1-x_2|<\delta_1$ 时,

$$|f(x_1)-f(x_2)|<\varepsilon;$$

同样, $\exists\delta_2>0$, 当 $x_1,x_2\in[b,c]$ 且 $|x_1-x_2|<\delta_2$ 时,

$$|f(x_1)-f(x_2)|<\varepsilon.$$

取 $\delta=\min\{\delta_1,\delta_2\}$, 当 $x_i\in[a,c],i=1,2$ 且 $|x_1-x_2|<\delta$ 时,

(1) 当 $x_i\in[a,b]$, 或 $x_i\in[b,c],i=1,2$, 此时显然有

$$|f(x_1)-f(x_2)|<\varepsilon;$$

(2) $x_1 \in [a,b]$ 而 $x_2 \in [b,c]$, 则 $|x_1-b|<\delta_1, |x_2-b|<\delta_2$, 因而,

$$|f(x_1)-f(x_2)| \leqslant |f(x_1)-f(b)|+|f(b)-f(x_2)|<2\varepsilon,$$

故, 总有

$$|f(x_1)-f(x_2)|<2\varepsilon,$$

因此, $f(x)$ 在 $[a,c]$ 上一致连续.

注 当闭区间相应改为 $[a,b),(b,c]$ 时, 定理 3.9 不一定成立, 此时在 b 点甚至不连续. 如 $f(x)=\begin{cases} x, & x\in[0,1)\cup(1,2], \\ 0, & x=1. \end{cases}$ 甚至, 当其中的一个改为半开半闭时结论也不成立, 如

$$f(x)=\begin{cases} x, & x\in[0,1), \\ 2x, & x\in[1,2]. \end{cases}$$

四、 非一致连续性

本小节讨论函数的非一致连续性. 由定理 3.4, 容易得到

定理 3.10 设 $f(x)$ 在 I 上有定义, 若 $\exists\{x_n^{(1)}\}$, $\{x_n^{(2)}\}\subset I$, $\lim\limits_{n\to+\infty}(x_n^{(1)}-x_n^{(2)})=0$, 而 $\{f(x_n^{(1)})-f(x_n^{(2)})\}$ 不以 0 为极限, 则 $f(x)$ 在 I 上非一致连续.

所谓非一致连续, 就是存在着这样的一些点, 破坏了函数的一致连续性, 我们将这类点, 称之为 "坏点". 我们已知: 所谓一致连续的函数, 从几何上看, 是指函数增 (减) 幅度不大, 因此, 非一致连续函数在坏点处, 破坏了函数变化的平稳性, 产生变化幅度急剧变化 (振荡) 现象, 因此, 证明非一致连续, 首先要找 "坏点". "坏点" 的寻找可借助于连续性和极限的存在性来完成, 一旦确定了 "坏点", 在 "坏点" 处构造数列 $\{x_n^{(1)}\}$, $\{x_n^{(2)}\}$, 满足定理 3.9 即可.

关于 "坏点" 的确定: 由康托尔定理及定理 3.2 可知, 连续点、极限存在的端点不是坏点, 坏点发生在极限不存在的点上. 这是确定 "坏点" 的重要依据.

例 2 讨论 $f(x)=\dfrac{1}{x}$ 在 (0, 1) 内的一致连续性.

简析 由于 $\lim\limits_{x\to0^+}f(x)$ 不存在, 故 x=0 可能为坏点, 破坏了一致连续性.

证明 取 $x_n^{(1)}=\dfrac{1}{n}$, $x_n^{(2)}=\dfrac{2}{n}\in(0,1)$, 则 $|x_n^{(1)}-x_n^{(2)}|=\dfrac{1}{n}\to0$, 但

$$|f(x_n^{(1)})-f(x_n^{(2)})|=1\not\to0,$$

故, $f(x)=\dfrac{1}{x}$ 在 (0, 1) 内非一致连续.

例 3　证明 $f(x)=\mathrm{e}^x$ 在 $\mathbf{R}$ 上非一致连续.

简析　由定理 3.3, $\lim\limits_{x\to+\infty}f(x)$ 不存在是产生非一致连续的原因, 故, $x=+\infty$ 为坏点.

证明　取 $x_n^{(1)}=\ln(n+1)$, $x_n^{(2)}=\ln n$, 则

$$|x_n^{(1)}-x_n^{(2)}|=\left|\ln\left(1+\frac{1}{n}\right)\right|\to 0,$$

但 $|f(x_n^{(1)})-f(x_n^{(2)})|=|n+1-n|=1\not\to 0$, 故 $f(x)=\mathrm{e}^x$ 在 $\mathbf{R}$ 上非一致连续.

注　考察下列证明方法是否合适.

作变换 $x=\ln t, t>0$, 则

$$g(t)=f(x)=t,\quad t>0.$$

由于 $g(t)$ 在 $t>0$ 一致连续, 因而, $f(x)=\mathrm{e}^x$ 在 $\mathbf{R}$ 上一致连续.

这是一个矛盾的结论, 表明证明过程有问题, 问题在何处? 我们知道, 作变换相当于对函数作复合运算, 那么, 复合运算能否保证证明过程及其结论成立? 我们并没有完全肯定的结论, 即我们只有定理 3.8, 但是, 当此定理的条件不满足时, 会有什么结论我们并不清楚, 事实上, 答案不确定. 如 $f(x)=\mathrm{e}^x$ 在 $[0,+\infty)$ 上非一致连续,$x=\ln t$ 在 $[1,+\infty)$ 上一致连续函数, 二者复合后得到一致连续函数 $g(t)=t$; 反之, $[0,+\infty)$ 上一致连续函数 $g(t)=t$ 与 $(-\infty,+\infty)$ 上非一致连续函数 $t=\mathrm{e}^x$ 复合得到非一致连续函数 $f(x)=\mathrm{e}^x$. 因此, 在利用变换讨论一致连续性时, 一定要谨慎.

五、 一致连续的进一步性质

一致连续是函数的一个非常重要的性质, 下面我们通过一些例子进一步分析函数的一致连续特性.

例 4　证明 $f(x)=x^\alpha$ 在 $[0,+\infty)$ 上,

(1) 当 $0<\alpha\leqslant 1$ 时, 一致连续;

(2) 当 $\alpha>1$ 时, 非一致连续.

证明　(1) 先证不等式: $1-x^\alpha\leqslant(1-x)^\alpha$, $\forall x\in[0,1]$, 其中 $0<\alpha\leqslant 1$.

事实上, 由于 $x^{1-\alpha}\leqslant 1$, $\forall x\in[0,1]$, 则 $x\leqslant x^\alpha$, 故

$$(1-x)^\alpha+x^\alpha\geqslant 1-x+x=1,$$

因此, $1-x^\alpha\leqslant(1-x)^\alpha$, $\forall x\in[0,1]$.

利用上述不等式, $\forall x_1>x_2>1$, 则

$$0<x_1^\alpha-x_2^\alpha=x_1^\alpha\left(1-\left(\frac{x_2}{x_1}\right)^\alpha\right)\leqslant x_1^\alpha\left(1-\frac{x_2}{x_1}\right)^\alpha=(x_1-x_2)^\alpha,$$

故, 对 $\forall\varepsilon>0,\exists\delta=\varepsilon^{1/\alpha},\forall x_1>x_2\geqslant 1$, 当 $|x_1-x_2|<\delta$ 时,

$$|f(x_1)-f(x_2)|=x_1^\alpha-x_2^\alpha\leqslant(x_1-x_2)^\alpha\leqslant\delta^\alpha=\varepsilon,$$

故, $f(x)$ 在 $[1,+\infty)$ 内一致连续, 又 $f(x)$ 在 $[0,1]$ 内一致连续, 因此, $f(x)$ 在 $[0,+\infty)$ 内一致连续.

(2) 当 $\alpha>1$ 时, 令 $x_n^{(1)}=(n+1)^{\frac{1}{\alpha}}$, $x_n^{(2)}=n^{\frac{1}{\alpha}}$, 则

$$\begin{aligned}\lim_{n\to+\infty}(x_n^{(1)}-x_n^{(2)})&=\lim_{n\to+\infty}((n+1)^{\frac{1}{\alpha}}-n^{\frac{1}{\alpha}})\\&=\lim_{n\to+\infty}n^{\frac{1}{\alpha}}\left(\left(1+\frac{1}{n}\right)^{\frac{1}{\alpha}}-1\right)\\&=\lim_{n\to+\infty}\frac{1}{n^{1-\frac{1}{\alpha}}}\cdot\lim_{n\to+\infty}\frac{\left(1+\frac{1}{n}\right)^{1/\alpha}-1}{\frac{1}{n}}=0,\end{aligned}$$

而 $f(x_n^{(1)})-f(x_n^{(2)})=n+1-n=1\not\to 0$, 故 $f(x)$ 在 $[0,+\infty)$ 内非一致连续.

注 关于例 4 的进一步分析: 此例和定理 3.3 说明, 定理 3.3 中条件 “$\lim\limits_{x\to+\infty}f(x)$ 存在” 是一致连续的充分条件, 而不是必要条件. 当 $\lim\limits_{x\to+\infty}f(x)=+\infty$ 时, 函数可能一致连续, 也可能不一致连续, 这表明: 一致连续和 $\lim\limits_{x\to+\infty}f(x)=+\infty$ 的速度有关, 即 $\lim\limits_{x\to+\infty}f(x)$ 存在可保证一致连续. $\lim\limits_{x\to+\infty}f(x)=+\infty$, 但速度不超过 1 阶时, 速度还没有达到破坏一致连续性, 因而, 函数仍然一致连续. 但若 $\lim\limits_{x\to+\infty}f(x)=+\infty$ 的速度超过 1 阶时, 速度太大, 以至于破坏一致连续性. 此例表明一个门槛结果.

那么, 1 阶趋于 $+\infty$ 的速度是否是一个门槛结果?

例 5 证明: 若 $f(x)\in C[c,+\infty)$ 且存在 $b\neq 0$, 使得

$$\lim_{x\to+\infty}(bx-f(x))=a,$$

则 $f(x)$ 在 $[c,+\infty)$ 内一致连续.

证明　记 $F(x)=bx-f(x)$, 则 $F(x)$ 在 $[a,+\infty)$ 内一致连续, 因而, $f(x)=bx-F(x)$ 也一致连续.

进一步的分析　由于 $\lim\limits_{x\to+\infty}(bx-f(x))=a$, 则 $f(x)=a+bx+o(x), x\to+\infty$, 即 $f(x)$ 基本上是以一阶速度趋于无穷, 故函数一致连续.

例 6　设 $f(x)$ 在 $\mathbf{R}^1$ 内一致连续, 则存在 $a>0, b>0$, 使

$$|f(x)|\leqslant a|x|+b.$$

证明　由于 $f(x)$ 一致连续, 则对 $\varepsilon=1$, 存在 $\delta>0$, 当 $|x'-x''|<\delta$ 时, 有

$$|f(x')-f(x'')|<1.$$

又 $f(x)\in C[-\delta,\delta]$, 则 $f(x)$ 在 $[-\delta,\delta]$ 上有界 M.

对 $\forall x$, 存在 $x_0\in[-\delta,\delta)$ 和 $n\in\mathbf{N}$, 使得 $x=n\delta+x_0$, 因而

$$\begin{aligned}|f(x)|&=|f(n\delta+x_0)|\\&=\left|\sum_{k=1}^{n}(f(k\delta+x_0)-f((k-1)\delta+x_0))+f(x_0)\right|\\&\leqslant\left|\sum_{k=1}^{n}(f(k\delta+x_0)-f((k-1)\delta+x_0))\right|+|f(x_0)|\\&\leqslant n+M\leqslant\frac{|x|+|x_0|}{\delta}+M\\&\leqslant\frac{1}{\delta}|x|+M+1.\end{aligned}$$

注　(1) 对 x 的分解实际上相当于用区间 $[-\delta,\delta]$ 内分割数轴, 因此, 可以将数轴上的点都拉到区间 $[-\delta,\delta]$ 内, 形成与区间 $[-\delta,\delta]$ 内的点的对应关系, 由此, 可以用区间上函数的性质来刻画任意点的函数性质.

(2) 上述几例表明: 当 $\lim\limits_{x\to+\infty}f(x)=+\infty$ 时, 一阶速度基本上是一致连续的充要条件. 因此, 如果 $\lim\limits_{x\to+\infty}f(x)=A<+\infty$, 则必保证一致连续性, 如果 $\lim\limits_{x\to+\infty}f(x)=+\infty$, 只要发散到 $+\infty$ 的速度不是太快 (不超过 1 阶), 也能保证一致连续性. 发散到 $+\infty$ 的速度太快, 将破坏一致连续性.

(3) 如果当 $x\to+\infty$ 时, $f(x)$ 既不发散到 $+\infty$, 又不存在有限的极限, 此时可能一致连续, 也可能非一致连续, 这表明一致连续的复杂性.

例 7　证明: (1) $f(x)=\cos\sqrt{x}$ 在 $[0,+\infty)$ 上一致连续;

(2) $f(x)=\cos x^2$ 在 $[0,+\infty)$ 上非一致连续.

证明 (1) $f(x)=\cos\sqrt{x}$ 在 [0,1] 上连续, 因而一致连续.

对任意的 $x_1,x_2\in[1,+\infty)$, 利用和差化积公式得

$$
\begin{aligned}
&|f(x_1)-f(x_2)|\\
=&2\left|\sin\frac{\sqrt{x_1}+\sqrt{x_2}}{2}\sin\frac{\sqrt{x_1}-\sqrt{x_2}}{2}\right|\\
\leqslant&|\sqrt{x_1}-\sqrt{x_2}|\leqslant\frac{1}{2}|x_1-x_2|,
\end{aligned}
$$

由此可以证明, $f(x)=\cos\sqrt{x}$ 在 $[1,+\infty)$ 上一致连续, 因而, $f(x)=\cos\sqrt{x}$ 在 $[0,+\infty)$ 上一致连续.

(2) 取 $x_n^{(1)}=\sqrt{n\pi+\dfrac{\pi}{2}}$, $x_n^{(2)}=\sqrt{n\pi}$, 则

$$
\begin{aligned}
&x_n^{(1)}-x_n^{(2)}=\frac{\pi/2}{\sqrt{n\pi+\pi/2}+\sqrt{n\pi}}\to 0,\\
&|f(x_n^{(1)})-f(x_n^{(2)})|=1,
\end{aligned}
$$

故, $f(x)=\cos x^2$ 在 $[0,+\infty)$ 上非一致连续.

习 题 4.3

1. 用定义讨论下列函数的一致连续性.

(1) $f(x)=x^3, x\in[-1,1]$;

(2) $f(x)=\dfrac{x}{x^2+1}, x\in(0,+\infty)$;

(3) $f(x)=\sqrt{x}, x\in(0,+\infty)$;

(4) $f(x)=\cos\sqrt{x}, x\in(0,+\infty)$;

(5) $f(x)=\dfrac{1}{x^2}, x\in(0,1)$;

(6) $f(x)=\dfrac{1}{\sin x}, x\in(0,1)$;

(7) $f(x)=x^2, x\in(0,+\infty)$;

(8) $f(x)=\dfrac{x^2}{2x+1}, x\in(0,+\infty)$.

2. 试用定理结论讨论下列函数的一致连续性.

(1) $f(x)=x\sin\dfrac{1}{x}, x\in(0,1)$;

(2) $f(x)=\mathrm{e}^{\sin x^2}, x\in[0,1]$;

(3) $f(x)=\dfrac{\mathrm{e}^x-1}{x^2-1}, x\in(0,1)$;

(4) $f(x)=x\ln x, x\in(0,1)$;

(5) $f(x)=\begin{cases}\mathrm{e}^{\sin^2}+1, & x\in[-1,0],\\ x^2\ln\left(1+\dfrac{1}{x^2}\right)+2, & x\in(0,1];\end{cases}$

(6) $f(x)=\dfrac{\arctan x}{x}, x\in(1,+\infty)$.

3. 讨论下列函数的一致连续性.

(1) $f(x)=\sin\dfrac{1}{x}, x\in(0,1)$;

(2) $f(x)=\sin x^2, x\in(0,+\infty)$.

4. 设 $f(x)$ 为定义在整个实数轴上以 $T>0$ 为周期的连续函数, 证明: $f(x)$ 一致连续.

第 5 章 导数与微分

前述建立的函数的连续性理论, 研究了函数最基本的分析性质, 从几何上, 给出了函数曲线最基本的光滑性刻画. 本章, 从几何观点, 研究函数曲线更细微的光滑性, 对应引入函数更高级的分析性质, 由此引入数学分析的核心内容之一——函数的微分学理论.

5.1 导数的定义

一、 背景问题

历史上, 导数的产生源于下述实际问题的求解.

引例 1 (速度问题) 计算变速直线运动物体的瞬时速度 (速率).

数学模型 假设在实验条件下得到了物体运动的路程 s 和时间 t 的关系 $s = s(t)$, 研究物体在任一时刻的速度.

类比已知 问题求解前, 先明确与待求解问题关联最紧密的已知理论或结论.

根据人类的认知规律, 对事物或规律的认识总是遵循着从简单到复杂, 从特殊到一般的认知过程. 因此, 对运动物体的速度的认识也应该是从最简单的情形开始的, 故, 可以合理设想, 现在已知匀速直线运动物体的速度的计算, 抽象为数学问题为: 假设物体在时间段 t 内以匀速直线运动移动距离为 s, 则物体运动的速度 v 为 $v = \frac{s}{t}$.

研究思路 在上述已知的基础上, 研究变速直线运动问题, 解决的关键是: 如何建立已知和未知的联系, 或化未知为已知. 我们知道, 速度是一个相对概念, 反映物体在某一时刻运动的快慢, 本质是"变". 已知的匀速运动物体的速度, 速度是常量, 本质是"不变". 显然, 利用初等理论工具是不能用常量表示变量, 即不可能直接用匀速运动的速度公式直接计算变速直线运动的速度, 因此, 不能直接进行准确的求解, 为此, 先确立近似研究的思路.

方法设计 (1) 设计思路: 按照近似研究的思路, 确定方法设计的思路——需要引入一个能够用匀速速度公式计算的量, 用于近似代替瞬时速度, 根据匀速运动的速度公式 $v = \frac{s}{t}$, 具有平均的意义, 将其推广到变速运动, 引入对应的平均速度, 以此作为瞬时速度的近似.

(2) 具体求解: 在近似的思想下, 具体方法的设计不唯一. 我们采用如下相对简单的方法.

计算在 t_0 时刻的瞬时速度 $v(t_0)$, 先选择一个时段比如 $[t_0, t_0+\Delta t]$, 将此时段的运动近似为匀速运动, 利用已知的匀速直线运动的速度计算公式, 此时段的平均速度为

$$\overline{v}(t_0, \Delta t) = \frac{s(t_0+\Delta t)-s(t_0)}{\Delta t},$$

于是, 可以得到一种近似结果

$$v(t_0) \approx \overline{v}(t_0, \Delta t),$$

由此, 用近似思想初步解决了瞬时速度的计算问题.

发展完善　可以设想, 在相当长的历史时期, 上述公式是认识瞬时速度的主要公式, 并且, 可以认识到, 当 Δt 越小时, 近似精度就越高, 这是对瞬时速度的近似认识阶段. 当然, 无论取 Δt 怎么小, 用 $\overline{v}(t_0, \Delta t)$ 近似 $v(t_0)$ 只能是近似.

从数学研究的角度, 也从数学理论的发展角度对上述近似结果进行抽象. 近似结果的获得会一定程度满足当时的应用所需, 但是, 追求精确、准确是数学发展的推动力, 结果越精确带来的应用效益也越大, 因此, 应用背景和理论自身发展都推动数学理论的发展完善, 在上述近似结果的基础上, 必须发展一种新的理论, 完成由近似到准确的过程. 这种理论就是极限理论. 因此, 直到极限理论产生之后, 瞬时速度问题才得以解决, 现在, 我们利用极限理论给出瞬时速度的求解.

准确求解　将上述求解过程与结果进行抽象, 利用极限工具得到瞬时速度公式

$$v(t_0) = \lim_{\Delta t\to 0}\overline{v}(t_0, \Delta t) = \lim_{\Delta t\to 0}\frac{\Delta s}{\Delta t} = \lim_{\Delta t\to 0}\frac{s(t_0+\Delta t)-s(t_0)}{\Delta t},$$

这样, 利用路程函数和极限工具, 瞬时速度问题就得到彻底解决.

引例 2(切线问题)　计算平面曲线上一点的切线.

数学模型　已知平面曲线 $y=f(x)$, 计算曲线上点 $P(x_0, y_0)$ 处的切线.

类比已知　切线问题是几何问题, 计算切线就是建立切线的方程, 按照认知规律, 可以合理设想, 与此关联紧密的已知应该是直线方程的建立, 至少掌握了直线的两点式方程和点斜式方程的建立方法.

研究思路　与已知相比, 现在仅仅知道切线上的一个点, 不可能利用已知直接求解, 还需要确立近似研究的思路.

方法设计　(1) 设计思路　在曲线上任取一点, 作两点的直线, 利用直线近似代替切线, 实现近似计算. (2) 具体求解　在曲线上定点 $P(x_0, y_0)$ 附近任取一点

为 $Q(x_0+\Delta x, y_0+\Delta y)$, 则过曲线上定点 P 的割线 PQ 的方程为

$$y=\frac{f(x_0+\Delta x)-f(x_0)}{x_0+\Delta x-x_0}(x-x_0)+y_0,$$

由此, 得到近似的切线.

准确求解 遵循数学理论发展的思路, 需要利用新的技术、理论完成由近似到准确的求解, 这种理论仍是极限理论.

利用极限的思想和理论, 则割线斜率的极限就是切线的斜率, 即 P 点处的切线斜率 $k(P)$ 为

$$\lim_{\Delta x\to 0}\frac{\Delta y}{\Delta x}=\lim_{\Delta x\to 0}\frac{f(x_0+\Delta x)-f(x_0)}{\Delta x},$$

其中 $\Delta y=f(x_0+\Delta x)-f(x_0)$.

有了切线斜率就可以建立切线方程, 至此, 切线问题得到准确解决.

抽象总结 观察引例 1 和引例 2, 问题的最终解决需要计算一类极限, 抛开具体问题的实际背景, 抽象为数学语言, 从结构看, 这类极限就是**函数的自变量发生变化时, 所引起函数的改变量与自变量改变量的比值的极限**. 这类问题不是孤立的, 在现代科学研究及工程技术领域, 很多问题都可以归结为这类极限问题, 很多实际问题的研究也最终转化为这类极限的计算, 研究这类极限的计算及其相关理论具有很大的意义, 因此, 我们抛开具体问题的背景, 将其思想抽象出来, 形成数学概念和理论, 就是我们将要引入的函数的导数概念和微分学理论.

这是一类从实际问题中抽象出来的数学问题.

二、 导数的定义

设函数 $y=f(x)$ 在 $U(x_0)$ 内有定义, 记 Δx 为自变量在 x_0 处的改变量, 且 $x_0+\Delta x\in U(x_0)$, $\Delta y(x_0)=f(x_0+\Delta x)-f(x_0)$ 为相应的函数在 x_0 点的改变量.

定义 1.1 若

$$\lim_{\Delta x\to 0}\frac{\Delta y(x_0)}{\Delta x}=\lim_{\Delta x\to 0}\frac{f(x_0+\Delta x)-f(x_0)}{\Delta x}$$

存在, 称 $f(x)$ 在 x_0 点可导, 其极限值称为 $f(x)$ 在 x_0 点的导数, 记为 $f'(x_0)$ 或 $\left.\frac{\mathrm{d}y}{\mathrm{d}x}\right|_{x=x_0}$ 或 $\left.\frac{\mathrm{d}f}{\mathrm{d}x}\right|_{x=x_0}$, 即

$$f'(x_0)=\lim_{\Delta x\to 0}\frac{f(x_0+\Delta x)-f(x_0)}{\Delta x}.$$

信息挖掘 (1) 从定义的结构看, 函数在某点处的导数就是函数在此点处的增量比的极限, 增量比的结构特征是分母为自变量的增量, 分子为对应函数的增

量, 二者具有形式统一性. (2) 由于导数是由极限定义, 因此, 导数是局部性概念. (3) 定义既是定性的——函数在此点可导, 也是定量的——给出导数值的计算公式, 因此, 定义 1.1 给出了函数在一点处可导的条件及可导条件下对应导数值的计算. (4) 有了导数的定义, 引例 1 和引例 2 中的问题得到彻底解决, 即利用导数可以把问题的解表示为已知函数的导数 $v(t_0)=s'(t_0)$ 和 $k(P)=f'(x_0)$. (5) 从定义以及引例 1 和引例 2 中还可以看出, 函数在某点处的导数就是函数在此点的变化率, 因而, 在应用领域, 涉及变化率的问题都可以表示为导数问题, 如传导率、扩散率等, 这也反映出导数这一数学概念具有强烈的现实背景和应用背景. (6) 引例 2 也体现了导数的几何意义: 在二者存在的条件下, 函数在某点处的导数是函数曲线在此点处的切线的斜率.

从定义还可以看出, 导数的计算实际就是极限的计算, 导数是微分学中的核心概念, 因而, 极限理论是微分学的基础就此体现出来.

三、 导函数

由定义知道, 导数是一个局部概念, 可以在一点处定义函数的导数, 因此, 类似于函数的连续性, 为将导数的定义拓展至区间形成导函数的概念, 需要引入函数的右、左导数.

定义 1.2 若极限

$$\lim_{\Delta x\to 0^+}\frac{f(x+\Delta x)-f(x)}{\Delta x}$$

存在, 称 $f(x)$ 在 x 点右可导, 其极限值称为 $f(x)$ 在 x 点的右导数, 记为 $f'_+(x)$, 即

$$f'_+(x)=\lim_{\Delta x\to 0^+}\frac{f(x+\Delta x)-f(x)}{\Delta x}.$$

类似可定义函数在点 x 处的左导数 $f'_-(x)$.

由极限性质, $f(x)$ **在** x **点可导当且仅当** $f'_+(x)$**,** $f'_-(x)$ **存在且相等.**

有了上述准备工作, 就可以将导数的定义拓展至区间, 进一步引入一类新的函数——导函数.

定义 1.3 设 $f(x)$ 在 (a,b) 内有定义, 如果对任意 $x\in(a,b)$, $f(x)$ 在 x 点可导, 则称 $f(x)$ 在 (a,b) 内可导.

定义 1.4 设 $f(x)$ 在 $[a,b]$ 上有定义, 若 $f(x)$ 在 (a,b) 内可导, 在 $x=a$ 点右可导, 在 $x=b$ 点左可导, 称 $f(x)$ 在 $[a,b]$ 上可导.

当 $f(x)$ 在 (a,b) 内可导时, 在任一点 $x\in(a,b)$ 处, 由极限的唯一性, 其导数 $f'(x)$ 由 x 唯一确定, 由此确定一个 (a,b) 到实数系 $\mathbf{R}^1$ 的对应 $x\mapsto f'(x)$, 确定一个变量为 x 的函数 $f'(x)$, 称为 $f(x)$ 的导函数, 仍记为 $f'(x)$. 因此, 函数在一点处

的导数也是其导函数在此点处的函数值, 故, 有时也将导函数简称导数. 同样, 当 $f(x)$ 在 $[a,b]$ 上可导时, 可以在 $[a,b]$ 上确定导函数 $f'(x)$.

上述导数也称为变量 y 对变量 x 的导数, 也可以表示为 $f'(x)=\frac{\mathrm{d}y}{\mathrm{d}x}$ 或 $f'(x)=\frac{\mathrm{d}f}{\mathrm{d}x}$, 这种表示更清楚地揭示了导数的含义, 即 x 的变化引起了变量 y 的变化率, 这种表达式也称为导数的微分表达式, 反映了导数与微分之间的关系, 后面我们将进一步介绍二者的关系.

引入导数之后, 要研究的问题就是导数的计算和分析性质. 由于运算法则的建立需要相应的分析性质, 我们先建立分析性质.

四、可导与连续的关系

导数和连续都是函数的分析性质, 下面考察其关系.

定理 1.1 $f(x)$ 在 x_0 点可导, 则 $f(x)$ 在 x_0 点必连续.

证明 法一 用极限的性质证明.

由于 $f(x)$ 在 x_0 点可导, 则

$$f'(x_0)=\lim_{x\to 0}\frac{f(x_0+x)-f(x_0)}{x},$$

故, 由极限性质,

$$\frac{f(x_0+x)-f(x_0)}{x}=f'(x_0)+\alpha(x),$$

其中 $\lim\limits_{x\to 0}\alpha(x)=0$, 因而,

$$f(x_0+x)-f(x_0)=xf'(x_0)+o(x),$$

故,

$$\lim_{x\to 0}(f(x_0+x)-f(x_0))=0,$$

即 $\lim\limits_{x\to 0}f(x_0+x)=f(x_0)$, 或 $\lim\limits_{x\to x_0}f(x)=f(x_0)$, 因而, $f(x)$ 在 x_0 点连续.

法二 用导数的定义和形式统一法证明.

由于

$$\begin{aligned}\lim_{x\to 0}(f(x_0+x)-f(x_0))&=\lim_{x\to 0}\frac{f(x_0+x)-f(x_0)}{x}x\\&=\lim_{x\to 0}\frac{f(x_0+x)-f(x_0)}{x}\lim_{x\to 0}x\end{aligned}$$

$$= f'(x_0) \lim_{x \to 0} x = 0,$$

故, $\lim_{x \to x_0} f(x) = f(x_0)$, 因而, $f(x)$ 在 x_0 点连续.

推论 1.1　若 $f(x)$ 在 x_0 点不连续, 则 $f(x)$ 在 x_0 点必不可导.

定理 1.1 的逆不成立, 即 $f(x)$ 在 x_0 点连续, $f(x)$ 在 x_0 点不一定可导. 如 $f(x) = |x|$, 在 $x_0 = 0$ 点可以验证 $f'_+(0) = 1$, $f'_-(0) = -1$, 因而, $f(x)$ 在 $x_0 = 0$ 点连续但不可导.

几何上, 在可导点处, 函数的曲线较为光滑, 在不可导点处, 函数曲线出现间断、尖点、突然变化等"不好"的分析性质, 曲线在此处变得不那么光滑.

由此可知, 可导是比连续更高级的光滑性, 连续只保证函数曲线的连续性, 可导则要求函数不仅要连续, 更进一步还是更光滑的, 不能出现诸如尖点的情形.

五、 导数的计算

根据定义, 导数的计算本质是极限的计算, 因而, 利用已经建立的极限理论很容易建立导数的运算法则.

1. 运算法则

首先建立简单的四则运算法则.

定理 1.2　设 $u(x)$ 与 $v(x)$ 都可导, 则

(1)$(u(x) \pm v(x))' = u'(x) \pm v'(x)$;

(2)$(u(x)v(x))' = u'(x)v(x) + u(x)v'(x)$;

(3) $\left[\dfrac{u(x)}{v(x)}\right]' = \dfrac{u'v - uv'}{v^2}$ $((v \neq 0))$.

简析　题型: 导数关系的验证. 类比已知: 只有导数定义. 思路确立: 导数定义. 方法设计: 根据导数定义, 本质是增量的极限关系的验证, 建立增量关系, 利用极限运算法则验证即可, 注意利用形式统一建立已知和未知的联系.

证明　(1) 直接用导数的定义和极限的运算性质即可.

(2) 由导数定义,

$$\begin{aligned}
[uv]' &= \lim_{\Delta x \to 0} \frac{u(x+\Delta x)v(x+\Delta x) - u(x)v(x)}{\Delta x} \\
&= \lim_{\Delta x \to 0} \frac{u(x+\Delta x)v(x+\Delta x) - u(x)v(x+\Delta x) + u(x)v(x+\Delta x) - u(x)v(x)}{\Delta x} \\
&= \lim_{\Delta x \to 0} \left[\frac{u(x+\Delta x) - u(x)}{\Delta x} v(x+\Delta x) + u(x)\frac{v(x+\Delta x) - v(x)}{\Delta x}\right] \\
&= u'v + uv',
\end{aligned}$$

上式用到了可导函数的连续性.

(3) 由导数定义, 类似可得

$$\begin{aligned}\left[\frac{u}{v}\right]' &= \lim_{\Delta x\to 0}\frac{\dfrac{u(x+\Delta x)}{v(x+\Delta x)}-\dfrac{u(x)}{v(x)}}{\Delta x}\\ &= \lim_{\Delta x\to 0}\frac{v(x)u(x+\Delta x)-u(x)v(x+\Delta x)}{v(x)v(x+\Delta x)\Delta x}\\ &= \lim_{\Delta x\to 0}\frac{v(x)[u(x+\Delta x)-u(x)]+u(x)[v(x)-v(x+\Delta x)]}{v(x)v(x+\Delta x)\Delta x}\\ &= \frac{u'v-uv'}{v^2}.\end{aligned}$$

定理 1.3 (反函数的求导) 设 $y=f(x)$ 在 (a,b) 内连续、严格单调且 $f'(x)\neq 0$, 则其反函数 $x=f^{-1}(y)$ 在 (α,β) 上可导且

$$[f^{-1}(y)]'=\frac{1}{f'(x)},$$

其中, $(\alpha,\beta)=R(f)$, $\alpha=\min\{f(a^+),f(b^-)\}$, $\beta=\max\{f(a^+),f(b^-)\}$.

证明 首先, 由反函数存在定理, $x=f^{-1}(y)$ 在 (α,β) 存在且连续.

对 $\forall y_0\in(\alpha,\beta)$, 存在唯一 $x_0\in(a,b)$, 使得 $y_0=f(x_0)$ 或 $x_0=f^{-1}(y_0)$, 设给增量 Δx, 引起改变量 Δy, 即 $\Delta y=f(x_0+\Delta x)-f(x_0)=f(x_0+\Delta x)-y_0$, 则

$$y_0+\Delta y=f(x_0+\Delta x),$$

故,

$$f^{-1}(y_0+\Delta y)=x_0+\Delta x,$$

因而,

$$\Delta x=f^{-1}(y_0+\Delta y)-x_0=f^{-1}(y_0+\Delta y)-f^{-1}(y_0),$$

这表明, 相对于 $f^{-1}(y)$, 给定自变量增量 Δy, 引起函数增量为 Δx.

因此, 对函数 $y=f(x)$, 在 x_0 给定自变量增量 Δx, 引起函数改变量 Δy, 相当于对反函数 $f^{-1}(y)$, 给定自变量增量 Δy, 引起函数增量为 Δx. 因此, 由导数定义,

$$\begin{aligned}[f^{-1}(y_0)]' &= \lim_{\Delta y\to 0}\frac{f^{-1}(y_0+\Delta y)-f^{-1}(y_0)}{\Delta y}\\ &= \lim_{\Delta y\to 0}\frac{\Delta x}{f(x_0+\Delta x)-f(x_0)},\end{aligned}$$

又由连续性, $\Delta y \to 0$ 时, $\Delta x = f^{-1}(y_0+\Delta y) - f^{-1}(y_0) \to 0$, 故

$$[f^{-1}(y_0)]' = \lim_{\Delta x\to 0}\frac{\Delta x}{f(x_0+\Delta x)-f(x_0)} = \frac{1}{f'(x_0)},$$

由 y_0 的任意性, 则 $[f^{-1}(y)]' = \dfrac{1}{f'(x)}$.

抽象总结　(1) 公式 $[f^{-1}(y)]' = \dfrac{1}{f'(x)}$ 中, 左端的导数是函数 $f^{-1}(y)$ 对变量 y 的导数, 右端是 $f(x)$ 对变量 x 的导数. (2) 证明过程表明: 导数关系的验证的重点就是增量关系的讨论.

定理 1.4(复合函数求导法)　设 $y=f(u)$ 在 u 点可导, $u=g(x)$ 在对应 x 点可导, 则复合函数 $y=f(g(x))$ 在 x 点可导且

$$y' = (f(g(x)))' = f'(g(x))\cdot g'(x),$$

或

$$\frac{\mathrm{d}y}{\mathrm{d}x} = \frac{\mathrm{d}y}{\mathrm{d}u}\cdot\frac{\mathrm{d}u}{\mathrm{d}x} = f'(u)\cdot g'(x).$$

证明　给定 x 的改变量 Δx, 则它首先引起 $u=g(x)$ 的改变量 Δu, 即 $\Delta u = g(x+\Delta x)-g(x) = g(x+\Delta x)-u$ 且 $\Delta u\to 0(\Delta x\to 0)$, 而 u 产生的改变量又进一步影响到 $y=f(u)$, 产生改变量 Δy, 即 $\Delta y = f(u+\Delta u)-f(u)$. 故

$$\begin{aligned}[f(g(x))]' &= \lim_{\Delta x\to 0}\frac{f(g(x+\Delta x))-f(g(x))}{\Delta x}\\ &= \lim_{\Delta x\to 0}\frac{f(u+\Delta u)-f(u)}{\Delta u}\cdot\frac{\Delta u}{\Delta x}\\ &= \lim_{\Delta x\to 0}\frac{f(u+\Delta u)-f(u)}{\Delta u}\cdot\frac{g(x+\Delta x)-g(x)}{\Delta x}\\ &= \lim_{\Delta u\to 0}\frac{f(u+\Delta u)-f(u)}{\Delta u}\cdot\lim_{\Delta x\to 0}\frac{g(x+\Delta x)-g(x)}{\Delta x}\\ &= f'(u)g'(x) = f'(g(x))g'(x).\end{aligned}$$

结构分析　公式的第二种形式 $\dfrac{\mathrm{d}y}{\mathrm{d}x} = \dfrac{\mathrm{d}y}{\mathrm{d}u}\cdot\dfrac{\mathrm{d}u}{\mathrm{d}x} = f'(u)\cdot g'(x)$ 更清楚地表明了复合函数导数的计算过程的含义: 对复合函数 $y=y(u(x))$, y 对自变量 x 的导数等于 y 对中间变量 u 的导数乘于中间变量 u 对自变量 x 的导数, 这也是复合函数的链式求导法则. 因此, 复合函数求导时一定要确定各种变量, 初学者可通过引入中间变量, 将一个复杂的函数写成简单函数的复合函数, 然后进行求导.

有了上述各种运算法则, 就可以计算导函数. 当然, 先从在简单的基本初等函数的导数计算开始.

2. 基本初等函数的导函数

利用导数定义和极限结论和运算法则, 可以计算基本初等函数的导数, 建立如下的基本导数公式:

(1) $f(x)\equiv C$, 则 $f'(x)=0$.

(2) $(\sin x)'=\cos x$.

事实上,

$$(\sin x)'=\lim_{\Delta x\to 0}\frac{\sin(x+\Delta x)-\sin x}{\Delta x}=\lim_{\Delta x\to 0}\frac{2\cos\frac{2x+\Delta x}{2}\sin\frac{\Delta x}{2}}{\Delta x}=\cos x.$$

(3) $(\cos x)'=-\sin x$.

(4) $(\tan x)'=\sec^2 x$.

事实上, 利用导数的四则运算法则, 则

$$(\tan x)'=\left(\frac{\sin x}{\cos x}\right)'=\frac{(\sin x)'\cos x-\sin x(\cos x)'}{\cos^2 x}=\sec^2 x.$$

(5) $(\cot x)'=-\csc^2 x$.

(6) $(\cot x)'=-\csc^2 x$.

(7) $(\sec x)'=\tan x\sec x$.

(8) $y=\ln x$, 则 $y'=\frac{1}{x}(x>0)$.

事实上,

$$y'=\lim_{\Delta x\to 0}\frac{\ln(x+\Delta x)-\ln x}{\Delta x}=\lim_{\Delta x\to 0}\frac{\ln\left(1+\frac{\Delta x}{x}\right)}{\Delta x}=\lim_{\Delta x\to 0}\frac{\frac{\Delta x}{x}}{\Delta x}=\frac{1}{x};$$

更一般地, $y=\log_a x$, 则 $y'=\frac{1}{x}\log_a \mathrm{e}=\frac{1}{x\ln a}$.

(9) $y=x^a$, 则 $y'=ax^{a-1}$.

事实上, $x \neq 0$ 时, 利用 $\left(1+\dfrac{\Delta x}{x}\right)^a - 1 \sim a\dfrac{\Delta x}{x}(\Delta x \to 0)$,

$$\begin{aligned} y' &= \lim_{\Delta x \to 0} \frac{(x+\Delta x)^a - x^a}{\Delta x} = \lim_{\Delta x \to 0} x^a \frac{\left(1+\dfrac{\Delta x}{x}\right)^a - 1}{\Delta x} \\ &= x^a \lim_{\Delta x \to 0} \frac{a \cdot \dfrac{\Delta x}{x}}{\Delta x} = a x^{a-1}. \end{aligned}$$

注 $x = 0$ 时, 须 $a > 1$, 此时 $y'(0) = \lim\limits_{\Delta x \to 0} \dfrac{(\Delta x)^a}{\Delta x} = 0$, 仍有 $y'(x) = a x^{a-1}$. 特别, $y = x^n$, 则 $y' = n x^{n-1}$.

(10) $y = a^x$, 则 $y' = a^x \ln a (a > 0)$.

事实上,

$$\begin{aligned} y'(x) &= \lim_{\Delta x \to 0} \frac{a^{x+\Delta x} - a^x}{\Delta x} = a^x \lim_{\Delta x \to 0} \frac{a^{\Delta x} - 1}{\Delta x} \\ &\xlongequal{a^{\Delta x}-1=t} a^x \lim_{t \to 0} \frac{t}{\dfrac{\ln(t+1)}{\ln a}} \\ &= a^x \ln a \lim_{t \to 0} \frac{t}{\ln(t+1)} = a^x \ln a. \end{aligned}$$

(11) $(\arcsin x)' = \dfrac{1}{\sqrt{1-x^2}}$.

事实上, 记 $y = \arcsin x$, 由定理 1.3, 则

$$y' = [\arcsin x]' = \frac{1}{(\sin y)'} = \frac{1}{\cos y} = \frac{1}{\sqrt{1-\sin^2 y}} = \frac{1}{\sqrt{1-x^2}}.$$

(12) $(\arccos x)' = -\dfrac{1}{\sqrt{1-x^2}}$.

(13) $(\arctan x)' = \dfrac{1}{1+x^2}$.

事实上, 记 $y = \arctan x$, 由定理 1.3, 则

$$y' = [\arctan x]' = \frac{1}{(\tan y)'} = \frac{1}{\sec^2 y} = \frac{1}{1+\tan^2 y} = \frac{1}{1+x^2}.$$

(14) $(\mathrm{arccot} x)' = -\dfrac{1}{1+x^2}$.

至此, 基本初等函数的求导公式都有了. 但是, 要计算更复杂函数的导数, 需要掌握更进一步的计算法则.

抽象总结 从上述导数公式可观察到, 从结构看, 对数函数、反三角函数的求导改变了其原来的结构, 使其结构发生了简化, 或者说求导简化了结构. 幂函数求导后结构没有改变, 只是进行了降幂. 指数函数和三角函数求导没有改变其基本结构.

我们知道, 数学分析的研究对象是函数, 又以初等函数为主, 而初等函数由基本初等函数构成, 从结构看, 基本初等函数共五类: 幂函数、指数函数、对数函数、三角函数和反三角函数, 这五类基本初等函数中, 又以幂函数结构最简单. 因此, 在各种运算和研究中, 若能利用各种方法简化函数结构必将有利于计算和研究, 所以, 求导能够简化结构为函数研究又提供了一种解决思路.

3. 一般函数的求导

下面, 我们利用基本初等函数的求导公式和运算法则, 就可以实现对一般函数的求导计算.

例 1 设 $f(x)=x^3\cos x-\mathrm{e}^x\ln x+\dfrac{2^x}{x}$, 计算 $f'(x)$.

解 利用导数计算法则, 则

$$\begin{aligned}f'(x)&=(x^3\cos x)'-(\mathrm{e}^x\ln x)'+\left(\frac{2^x}{x}\right)'\\&=3x^2\cos x-x^3\sin x-\mathrm{e}^x\ln x-\frac{\mathrm{e}^x}{x}+\frac{2^x x\ln 2-2^x}{x^2}.\end{aligned}$$

例 2 设 $f(x)=(1-x^2)\arccos x-\mathrm{e}^x\tan x$, 计算 $f'(x)$.

解 由导数计算公式, 则

$$\begin{aligned}f'(x)&=(1-x^2)'\arccos x+(1-x^2)(\arccos x)'\\&\quad-(\mathrm{e}^x)'\tan x-\mathrm{e}^x(\tan x)'\\&=-2x\arccos x-\sqrt{1-x^2}-\mathrm{e}^x\tan x-\mathrm{e}^x\sec^2 x.\end{aligned}$$

更复杂的导数的计算, 还需要复合函数的求导法则.

例 3 设 $f(x)=\mathrm{e}^{x^2+\ln x}$, 计算 $f'(x)$.

解 令 $u=x^2+\ln x$, 则 $f(x)=\mathrm{e}^{x^2+\ln x}$ 可以视为 $f(u)=\mathrm{e}^u, u=x^2+\ln x$ 的复合, 由复合函数的求导法则, 则

$$f'(x)=(\mathrm{e}^u)'(x^2+\ln x)'$$

$$=\mathrm{e}^{u}\left(2x+\frac{1}{x}\right)=\mathrm{e}^{x^{2}+\ln x}\left(2x+\frac{1}{x}\right).$$

上述计算过程中, 我们都用 “′” 表示导数, 但在不同的地方, 表示的含义不同, 如 $(\mathrm{e}^{u})'$ 表示的是函数 e^{u} 对 u 的导数, 而 $f'(x)$ 和 $(x^{2}+\ln x)'$ 表示的都是相应函数对 x 的导数, 要注意这种区别. 当然, 可以借助导数的微分表示更清楚地表明上述含义, 即

$$f'(x)=\frac{\mathrm{d}f}{\mathrm{d}x}=\frac{\mathrm{d}\mathrm{e}^{u}}{\mathrm{d}u}\cdot\frac{\mathrm{d}(x^{2}+\ln x)}{\mathrm{d}x},$$

这样使得计算过程更清晰.

例 4 求 y', 其中, (1)$f(x)=(1+x)^{x}$; (2)$y=\dfrac{x^{2}(1+\sin x)}{1-x^{2}}\sqrt{\dfrac{1+x}{1-x}}$.

解 (1) **法一** 这是幂指函数的求导, 可以利用对数法, 转化为复合函数和简单的对数函数的求导.

两端取对数得

$$\ln f(x)=x\ln(1+x),$$

则左端函数 $F(x)=\ln f(x)$ 可以视为 $F(u)=\ln u, u=f(x)$ 的复合函数, 因而,

$$F'(x)=\frac{\mathrm{d}(\ln u)}{\mathrm{d}u}\frac{\mathrm{d}f(x)}{\mathrm{d}x}=\frac{1}{u}f'(x)=\frac{f'(x)}{f(x)},$$

又, $F(x)=x\ln(1+x)$, 因而, 还有

$$F'(x)=\ln(1+x)+\frac{x}{1+x},$$

故, $\dfrac{f'(x)}{f(x)}=\ln(1+x)+\dfrac{x}{1+x}$, 因而,

$$f'(x)=f(x)\left[\ln(1+x)+\frac{x}{1+x}\right]=(1+x)^{x}\left[\ln(1+x)+\frac{x}{1+x}\right].$$

法二 当然, 对数法的计算思想也可以借用函数的运算性质将幂指结构转化为指数和对数的复合结构来实现.

利用对数函数的性质, 则

$$f(x)=\mathrm{e}^{x\ln(1+x)},$$

利用复合函数的求导方法, 则

$$f(x)=\mathrm{e}^{x\ln(1+x)}\left(\ln(1+x)+\frac{x}{1+x}\right).$$

(2) 多个因子的积商结构, 直接求导较为复杂, 可以利用对数法将其转化为和差结构, 简化求导运算.

取对数, 则

$$\ln y = 2\ln x + \ln(1+\sin x) - \ln(1-x^2) + \frac{1}{2}(\ln(1+x) - \ln(1-x)),$$

两端关于 x 求导, 利用复合函数的求导法则, 则

$$\frac{y'}{y} = \frac{2}{x} + \frac{\cos x}{1+\sin x} + \frac{2x}{1-x^2} + \frac{1}{2}\left(\frac{1}{1+x} + \frac{1}{1-x}\right),$$

故,

$$y' = y\left(\frac{2}{x} + \frac{\cos x}{1+\sin x} + \frac{2x+1}{1-x^2}\right).$$

抽象总结 (1) 幂指函数是结构相对复杂的一类函数, 在后续一些复杂题目中, 经常会遇到这类因子, 此处, 我们给出了这类因子的两种处理方法, 也是非常有效的针对性方法, 要熟练掌握. (2) 对数方法化积商结构为和差结构, 同样起到化繁为简的作用.

例 5 $y = \ln(x + \sqrt{x^2+a^2})$, 求 y'.

解 记 $u = x + \sqrt{x^2+a^2}$, 则 $y = \ln(x+\sqrt{x^2+a^2})$ 可视为 $y = \ln u$, $u = x + \sqrt{x^2+a^2}$ 的复合, 故

$$y' = \frac{\mathrm{d}y}{\mathrm{d}x} = \frac{\mathrm{d}y}{\mathrm{d}u}\frac{\mathrm{d}u}{\mathrm{d}x} = \frac{1}{u}\left(1 + \frac{x}{\sqrt{x^2+a^2}}\right) = \frac{1}{\sqrt{x^2+a^2}}.$$

例 5 给出的结论是一个有用的结论, 在后续的积分理论中会用到上述公式.

再给出一个抽象复合函数的导数计算.

例 6 设所要求的计算都能够进行, 求 y', 其中

(1) $y = f^2(f(\mathrm{e}^{x^2} + x\ln x))$; (2) $y = \arctan(u^2(x) + v^2(x^2))$.

解 根据复合函数的求导法则, 则

(1) $y' = 2f(f(\mathrm{e}^{x^2} + x\ln x))f'(f(\mathrm{e}^{x^2} + x\ln x))f'(\mathrm{e}^{x^2} + x\ln x)(2x\mathrm{e}^{x^2} + \ln x + 1)$;

(2) $y' = \dfrac{2u(x)u'(x) + 2v(x)v'(x)}{1 + (u^2(x) + v^2(x^2))^2}$.

函数的可导性是函数较好的分析性质, 但是, 并不是所有的函数都可导.

例 7 考察 $f(x) = |x|$ 在 $x = 0$ 点的可导性.

解 由于 $f'_+(0) = 1$, $f'_-(0) = -1$, 即左、右导数存在但不等, 故, $f(x)$ 在 x=0 点不可导.

函数可导表明函数曲线不仅连续而且光滑, 但是, 对函数 $f(x)=|x|$, 曲线在 $x=0$ 点虽然连续, 但是出现尖点, 破坏了曲线的光滑性, 这是不可导的原因.

例 8　考察 $f(x)=\begin{cases} x\sin\dfrac{1}{x}, & x\neq 0, \\ 0, & x=0 \end{cases}$ 在 $x=0$ 点的可导性.

解　由于

$$\frac{f(0+x)-f(0)}{x}=\sin\frac{1}{x},$$

显然, $x\to 0$ 时, $\sin\dfrac{1}{x}$ 不存在极限, 因而, 函数 $f(x)$ 在 $x=0$ 点不可导.

此时, 函数不可导的原因是函数在 $x=0$ 点附近出现强烈的振荡, 因而, 过原点的附近的割线出现摆动, 没有极限位置, 因而, 不存在切线.

函数不可导的原因还有很多, 这是一个较为复杂的问题, 历史上, 曾经认为, 连续函数应该在大部分点上可导, 不可导点是个别的, 但是, 魏尔斯特拉斯利用函数项级数构造了一个处处连续但处处不可导的函数

$$f(x)=\sum_{n=0}^{+\infty}a^n\cos(b^n\pi x),$$

其中, $0<a<1, b>\dfrac{1}{a}+\dfrac{3\pi}{2a}(1-a)$, 且 b 为奇数.

习　题　5.1

1. 用定义计算下列函数的导数.

(1) $y=\mathrm{e}^{\sqrt{x}}$;　　(2) $y=\sin x^2$;

(3) $y=\ln(1+\sqrt{x})$;　　(4) $y=x^2\mathrm{e}^x$.

2. 用定义计算函数在给定点处的导数.

(1) $f(x)=\ln(1+\sin x), x_0=0$;　　(2) $f(x)=\left(1+x^2\right)^{\frac{1}{2}}, x_0=0$;

(3) $f(x)=\begin{cases} x^2\sin\dfrac{1}{x}, & x\neq 0, \\ 0, & x=0, \end{cases}$ $x_0=0$;

(4) $f(x)=[x], x_0=\dfrac{1}{2}$;　　(5) $f(x)=\left|x^3\right|, x_0=1, x_0'=-1$.

3. 设 $f(x)$ 在 x_0 点可导, 类比导数定义, 你能挖掘出哪些信息? 用形式统一法计算下列极限.

(1) $\lim\limits_{n\to\infty} n\left(f\left(x_0+\dfrac{2}{n}\right)-f\left(x_0+\dfrac{1}{n}\right)\right)$;　　(2) $\lim\limits_{n\to\infty}\left(\dfrac{f\left(x_0+\dfrac{1}{n}\right)}{f\left(x_0\right)}\right)^n$.

4. 证明: 若 $f(x)$ 在 x_0 点可导, 则 $f^2(x)$ 在 x_0 点也可导.

5. 设 $f(x)$ 在 $U(x_0)$ 有定义, 且 $f'(x_0)>0$, 证明: 存在 $\delta>0$, 使得当 $x_0-\delta<x<x_0$ 时, $f(x)<f(x_0)$; 而当 $x_0<x<x_0+\delta$ 时, $f(x)>f(x_0)$.

6. 用导数定义和可导与连续的关系证明: 若 $f(x)$ 在 $U(x_0)$ 有定义, $f(x_0)\neq 0$ 且 $f'(x_0)$ 存在, 则 $|f(x)|$ 在 x_0 点也可导.

7. 讨论下列函数的连续性和可导性.

(1) $f(x)=\begin{cases}0, & x\text{为无理数},\\ x, & x\text{为有理数};\end{cases}$　　(2) $g(x)=\begin{cases}0, & x\text{为无理数},\\ x^2, & x\text{为有理数}.\end{cases}$

8. 利用导函数的运算法则计算下列函数的导数.

(1) $f(x)=x^2\sin x+\mathrm{e}^x\ln x$;　　(2) $f(x)=(1+x^2)\arctan x-3^x$;

(3) $f(x)=\sqrt{x}\tan x+(1+x^{\frac{1}{3}})\ln x$;　　(4) $f(x)=\dfrac{x\sin x}{\ln x}$;

(5) $f(x)=(x-1)(x-2)(x-3)$.

9. 利用复合函数的求导法则计算下列导函数.

(1) $f(x)=(1+x^2)^2\sin(1+2x)$;　　(2) $f(x)=\ln(1+x^2)+x^2\sin\dfrac{1}{x}$;

(3) $f(x)=\sqrt{1-x^2}\arcsin x$;　　(4) $f(x)=\ln\dfrac{x^2+2x\sin x}{1+x^2}$;

(5) $f(x)=\dfrac{x}{\sqrt{a^2+x^2}}$.

10. 用对数法计算下列函数的导数.

(1) $f(x)=(1+x^2)^x$;　　(2) $f(x)=x^{x^x}$;

(3) $f(x)=(1+x)^2\left(\dfrac{1-x^2}{1+x^2}\right)^{\frac{1}{3}}$.

11. 设 $f(x)$ 可导, 计算下列复合函数的导数.

(1) $f\left(x^2+2^{\sin x}\right)$;　　(2) $f(x+f(\mathrm{e}^{x^2}))$;

(3) $\ln(f(f(f(x))))$.

12. 计算下列函数在给定点的左、右导数, 并判断在此点的可导性.

(1) $f(x)=x^{\frac{2}{3}}$, $x_0=0$;

(2) $f(x)=\begin{cases}\dfrac{x}{1+\mathrm{e}^{\frac{1}{x}}}, & x\neq 0,\\ 0, & x=0,\end{cases}$ $x_0=0$.

13. 确定 a, b 的值, 使得 $f(x)=\begin{cases}\mathrm{e}^x+1+x^2\sin\dfrac{1}{x^3}, & x>0,\\ ax+b, & x\leqslant 0\end{cases}$ 在 $x_0=0$ 点可导.

5.2 微分及其运算

一、背景

在工程计算中, 经常处理这样一类近似计算问题: 给定函数 $y=f(x)$, 计算当 x 发生微小变化时, y 的改变量约是多少, 即近似计算 $\Delta y=f(x+\Delta x)-f(x)$.

例 1　现有高为 1 的立方体外表面增加防护材料, 若均匀增加材料厚度为 0.01, 问需要多少材料? 要求计算误差不超过 2‰, 计算过程尽可能简单.

解　由体积计算公式可知, 当高增加 Δh 时, 体积增加量为

$$\Delta V = 3h^2\Delta h + 3h(\Delta h)^2 + (\Delta h)^3,$$

注意到 h=1, Δh=0.01, 在满足计算误差的要求下, 只需计算第一项, 即

$$\Delta V \approx 3r^2\Delta r = 0.03.$$

抽象总结　(1) 在上面的计算过程中, 我们只计算了增量中最简单的第一项, 舍去了后面的两项, 从结构看, 第一项是变量改变量 Δh 的线性项, 后两项是其非线性项, 当然, 线性项的计算要比非线性项的计算简单, 特别在一些复杂的函数关系中, 这两种计算量的差别是显著的, 因而, 我们给出的计算过程是满足要求的最简单的计算; (2) 总结上述计算过程, 提炼出计算思想: 在自变量的改变量非常小的情况下, 避开复杂的非线性项的计算, 通过线性计算得到满足工程要求的近似计算.

那么, 例 1 的近似计算思想能否推广形成计算理论?

从结构角度做进一步分析, 我们知道立方体体积的计算公式为 $V(h) = h^3$, 因而, 线性项与函数的关系非常明显, 即

$$3h^2\Delta h = V'(h)\Delta h,$$

因此, 利用已知的函数理论, 上述近似计算增量的方法是: 先计算一个导函数值, 然后再计算与自变量增量的乘积即可, 显然, 这是一个很简单的计算方法.

这是一个个别现象还是一个普遍的规律? 这种计算方法能否抽象为更一般的计算理论? 这正是本节要建立的微分理论.

二、 微分的定义

设函数 $y = f(x)$ 在 $U(x)$ 内有定义, 给定 x 一个增量 Δx, 且 $x+\Delta x \in U(x)$, 考虑 $f(x)$ 在点 x 处的增量 $\Delta y(x) = f(x+\Delta x) - f(x)$.

定义 2.1　如果存在 $A(x)$, 使

$$\Delta y(x) = A(x)\Delta x + o(\Delta x) \quad (\Delta x \to 0),$$

称 $f(x)$ 在 x 点**可微**, $A(x)\Delta x$ 称为 $f(x)$ 在 x 点的微分, 记为 $\mathrm{d}y$ 或者 $\mathrm{d}f(x)$, 即

$$\mathrm{d}y = \mathrm{d}f(x) = A(x)\Delta x.$$

信息挖掘　(1) 从属性看, 由于定义了函数在一点处的可微性, 可微是局部性概念; (2) 可微性的定义既是定性的 (可微性), 也是定量的 (微分); (3) 从结构看,

由于 Δx 是充分小的量, 或视为 $\Delta x\to 0$, 因此, 微分实际就是函数增量舍去 Δx 的高阶无穷小量后的一种近似. 由于形式上 $\Delta y(x)$, Δx 分别是因变量和自变量的差, 因此通常称 Δy, Δx 为差分, 故, 微分是差分的近似; (4) 由定义, 在可微条件下, 成立 $\Delta y(x)=A(x)\Delta x+o(\Delta x)$, 称 $A(x)\Delta x$ 为 $\Delta y(x)$ 的线性主部, 因此, 例 1 的近似思想是采用线性主部为函数增量的近似, 即

$$\Delta y(x)\approx A(x)\Delta x,$$

因此, 只要找到 $A(x)$, 近似计算问题就解决了 (图 5-1).

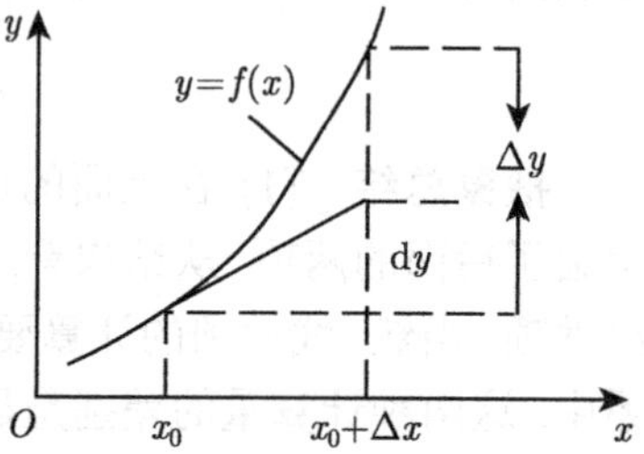

图 5-1 差分与微分

如何寻找 $A(x)$? 微分与导数间有什么关系? 另外, 定义中的微分表达式的左端是微分, 右端是差分, 形式不统一, 这些都是微分理论中必须解决的问题.

三、 微分基本理论

1. 微分形式的统一性

先引入自变量的微分. 对自变量 x 而言, 差分就是微分, 即 $\mathrm{d}x=\Delta x$, 事实上, 考察函数 $y=x$, 则

$$\Delta y(x)=\Delta x+0=\Delta x+o(\Delta x),$$

可得 y 在任意点 x 可微, 且 $\mathrm{d}y=\Delta x$, 即 $\mathrm{d}x=\Delta x$.

由于 $\mathrm{d}x=\Delta x$, 则 $y=f(x)$ 在 x 点可微等价于存在 $A(x)$, 使

$$\mathrm{d}y=A(x)\mathrm{d}x,$$

由此, 微分的形式得到统一.

2. $A(x)$ 的确定

利用微分的统一形式, 得 $\dfrac{\mathrm{d}y}{\mathrm{d}x}=A(x)$, 注意到, 在引入导数时, 曾引入记号: $y'=\dfrac{\mathrm{d}y}{\mathrm{d}x}$. 这是否就是导数与微分的关系呢? 事实确实如此.

定理 2.1 $y=f(x)$ 在 x 点可微等价于 $y=f(x)$ 在 x 点可导, 且 $\dfrac{\mathrm{d}y}{\mathrm{d}x}=f'(x)$, 或者 $\mathrm{d}y=f'(x)\mathrm{d}x$.

证明 *必要性* 若 $y=f(x)$ 在 x 点可微, 则存在 $A(x)$, 使

$$\Delta y(x)=A(x)\Delta x+o(\Delta x),$$

故, $\lim\limits_{\Delta x\to 0}\dfrac{\Delta y(x)}{\Delta x}=A(x)$, 因此, $y=f(x)$ 在 x 点可导, 且 $f'(x)=A(x)$.

充分性 若 $y=f(x)$ 在 x 点可导, 则

$$\lim_{\Delta x\to 0}\frac{\Delta y(x)}{\Delta x}=f'(x),$$

因而,

$$\frac{\Delta y(x)}{\Delta x}=f'(x)+\alpha,$$

其中 $\lim\limits_{\Delta x\to 0}\alpha=0$, 故

$$\Delta y(x)=f'(x)\Delta x+o(\Delta x),$$

因而, $f(x)$ 在 x 点可微且 $\dfrac{\mathrm{d}y}{\mathrm{d}x}=f'(x)$.

由定理 2.1 可知, 可导与可微是等价的, 注意到 $\dfrac{\mathrm{d}y}{\mathrm{d}x}=f'(x)$, 因此, 导数也等于微商, 这也是称导数为微商的原因.

虽然导数等于微商, 但是, 导数与微分的含义是不同的: 导数与微分都反映了函数的变化, 导数是从相对的角度, 反映函数的变化快慢, 即变化率; 微分是从绝对的角度, 反映函数的改变量, 即改变了多少.

我们再从量的角度看微分: 由于 $\mathrm{d}x$ 是给定的自变量的改变量, 因而, $x, \mathrm{d}x$ 是两个独立的变量, 而 $\mathrm{d}y$ 是变量 $x, \mathrm{d}x$ 的函数.

微分的计算很简单: 从定理 2.1 可知, 微分计算的核心是导数的计算, 即 $\mathrm{d}y=f'(x)\mathrm{d}x$.

虽然从定理 2.1 中知道, 可微等价于可导, 但是, 作为对定义的理解, 我们还是应该掌握用定义判断函数的可微性.

从定义看, 判断 $y=f(x)$ 在点 x_0 是否可微的方法有两个: 法一, 判断极限 $\lim\limits_{x\to 0}\dfrac{\Delta y(x_0)}{\Delta x}$ 是否存在, 若存在, 则可微, 否则不可微, 这实际上相当于可导性的判断; 法二, 验证是否存在 $A(x_0)$, 使得 $\lim\limits_{x\to 0}\dfrac{\Delta y(x_0)-A(x_0)\Delta x}{\Delta x}=0$, 显然, 利用已知的导数, 为 $A(x_0)$ 的确定提供思路, 即 $A(x_0)=f'(x_0)$. 由于法二要求对某个 $A(x_0)$ 验证, 因此, 只能在可微的情况验证, 不能确定不可微性.

例 2 判断 $f(x)=\dfrac{1}{x}$ 在 $x_0=1$ 的可微性.

简析 利用导数关系可知, 在此点函数可微, 且 $A(x_0)=f'(1)=-1$, 因此, 只需选择这样的 $A(x_0)$, 代入验证即可.

解 取 $A(x_0)=-1$, 则

$$\lim_{\Delta x\to 0}\frac{\Delta y(x_0)-A(x_0)\Delta x}{\Delta x}=\lim_{\Delta x\to 0}\frac{\dfrac{1}{1+\Delta x}-1+\Delta x}{\Delta x}=0,$$

故, $f(x)=\dfrac{1}{x}$ 在 $x_0=1$ 的可微.

3. 微分的计算法则

为了便于微分的计算, 我们需要介绍以下微分的计算法则, 微分的计算法则与导数的运算法则相同, 简述如下.

(1)$\mathrm{d}(f\pm g)=\mathrm{d}f\pm\mathrm{d}g$;

(2)$\mathrm{d}(f\cdot g)=g\mathrm{d}f+f\mathrm{d}g$;

(3)$\mathrm{d}\left(\dfrac{f}{g}\right)=\dfrac{g\mathrm{d}f-f\mathrm{d}g}{g^2}(g\neq 0)$;

(4) 复合函数的微分 若 $y=f(u),u=g(x)$ 可微, 则 $y=f(g(x))$ 可微且

$$\mathrm{d}y=(f(g(x)))'\mathrm{d}x=f'(g(x))g'(x)\mathrm{d}x.$$

上述复合法则是利用复合函数的导数计算法则得到的, 也可以将 u 视为自变量直接进行导数计算, 即由于 $\mathrm{d}y=f'(u)\mathrm{d}u,\mathrm{d}u=g'(x)\mathrm{d}x$, 因而

$$\mathrm{d}y=f'(u)\mathrm{d}u=f'(g(x))g'(x)\mathrm{d}x,$$

二者结果是一致的. 因此, 将 y 视为 u 的函数 $y=f(u)$, 与将 y 视为 x 的复合函数 $y=f(g(x))$ 得到的微分结论相同, 故, 不论 u 是自变量还是中间变量, $y=f(u)$ 的微分式相同, 这就是函数的一阶微分形式的不变性. 这是一个非常重要的性质, 有了这个性质, 对一个函数 $y=f(u)$, 不管视 u 为中间变量还是一个自变量, 都可求微分. 我们将在隐函数求导中用到这个性质.

例 3 设 $y=\dfrac{\ln(1+x^2)}{x}$, 求 $\mathrm{d}y$.

解 利用微分运算法则,

$$\mathrm{d}y=\mathrm{d}\left(\frac{\ln(1+x^2)}{x}\right)=\frac{x\mathrm{d}(\ln(1+x^2))-\ln(1+x^2)\mathrm{d}x}{x^2},$$

由于 $\mathrm{d}(\ln(1+x^2))=\dfrac{2x}{1+x^2}\mathrm{d}x$, 代入即得

$$\mathrm{d}y=\frac{2x^2-(1+x^2)\ln(1+x^2)}{x^2(1+x^2)}\mathrm{d}x.$$

例 4 设 u, v, w 是 x 的可微函数, $y=\dfrac{1}{\sqrt{u^2+v^2}}+\mathrm{e}^{\sin w}$, 求 $\mathrm{d}y$.

解 利用复合函数的微分法则,

$$\mathrm{d}y=\left[-\frac{uu'+vv'}{(u^2+v^2)^{\frac{3}{2}}}+\mathrm{e}^{\sin w}\cos w\cdot w'\right]\mathrm{d}x.$$

习 题 5.2

1. 用定义证明函数在给定点的可微性, 在可微的条件下, 计算此点的微分.

(1) $y=\mathrm{e}^x$, $x_0=0$; (2) $y=\ln(1+x)$, $x_0=0$;

(3) $y=x\sin x$, $x_0=0$; (4) $y=x^3$, $x_0=1$.

2. 计算下列函数在给定点的微分.

(1) $f(x)=x^2\ln(1+x^2)$, $x_0=1$; (2) $f(x)=\ln(x+\sqrt{a^2+x^2})$, $x_0=a$.

3. 计算下列函数的微分.

(1) $f(x)=\dfrac{x}{\sqrt{x^2+1}}$; (2) $f(x)=\ln\dfrac{(1+\sin^2 x)x^3}{1+x^2}$;

(3) $f(x)=\mathrm{e}^{-x^2+\arctan x}$; (4) $f(x)=\sqrt{\dfrac{ax+b}{cx+d}}$.

4. 计算复合函数的微分.

(1) $f(u)=\ln(1+u^2),\ u=x\ln x-x$; (2) $f(u)=\sin(2^u+\ln u),\ u=x^2+\mathrm{e}^{1+\sqrt{x}}$.

5. 利用微分的思想近似计算下列各量.

(1) $\sqrt{99.9}$; (2) $\sin 29^\circ$;

(3) $\sqrt[5]{32.01}$; (4) arctan1.001.

5.3 隐函数及参数方程所表示的函数的求导

本节, 我们继续建立函数的导数计算理论. 由于函数形式的多样性, 我们研究隐函数和参数方程形式的函数的导数计算.

一、 隐函数的求导

关于由方程所确定的隐函数的存在性, 将在多元函数的微分学中给出理论上的证明, 且在那里有更一般、更复杂的隐函数的求导计算, 本节只处理最简单的由单个方程所确定的一元隐函数的求导.

首先明确隐函数的定义. 给定方程 $F(x,y)=0$, 点 $P_0(x_0,y_0)$ 满足方程 $F(x_0,y_0)=0$. 若存在 $\delta>0$, 使得曲线 $F(x,y)=0$ 在 $U(P_0,\delta)$ 内相对于 y 轴是简单曲线. 即对任意的 $x\in U(x_0,\delta)$, 存在唯一的点 $P(x,y)\in U(P_0,\delta)$, 满足 $F(x,y)=0$. 也即存在唯一的 $y\in U(y_0,\delta)$, 满足 $F(x,y)=0$. 由此确定一个函数关系 $f:x\mapsto y$, 称函数 $f(x)$ 为由方程 $F(x,y)=0$ 在点 $P(x_0,y_0)$ 附近所确定的隐函数, 或简称 $f(x)$ 为由方程 $F(x,y)=0$ 所确定的隐函数.

信息挖掘 (1) 隐函数的存在性与点 $P(x_0,y_0)$ 的位置有关, 不同点处确定的隐函数可能不同. (2) 隐函数是局部的, 即在点 $P(x_0,y_0)$ 的附近成立对应的隐函数关系. (3) $P(x_0,y_0)$ 必须满足方程 $F(x,y)=0$.

如图 5-2, 令 $F(x,y)=x^2+y^2-1$, $P(x_0,y_0)$ 满足 $F(x_0,y_0)=0$, 则, 对任意的 $x_0\neq\pm1$, 取 $0<\delta<\min\{|1-x_0|,|1+x_0|,|y_0|\}$, 则当 $y_0>0$ 时, 对任意的 $x\in U(x_0,\delta)$, 存在唯一的 $y=\sqrt{1-x^2}$ 满足 $F(x,y)=0$, 因此, 方程 $F(x,y)=0$ 在 $P(x_0,y_0)$ 附近都能确定隐函数 $y=\sqrt{1-x^2}$.

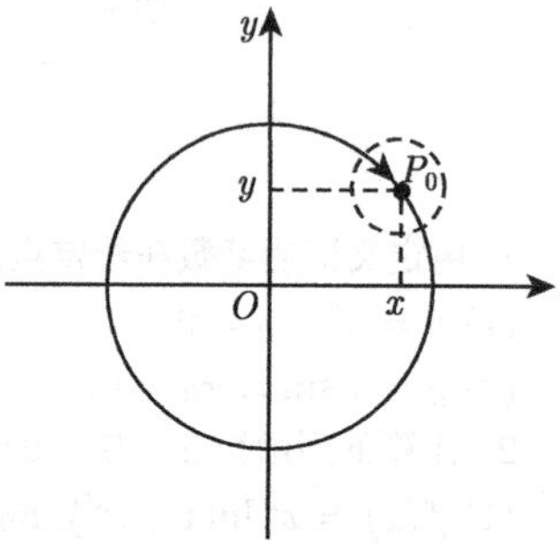

图 5-2 隐函数的局部性

当 $y_0<0$ 时, 对任意的 $x\in U(x_0,\delta)$, 存在唯一的 $y=-\sqrt{1-x^2}$ 满足 $F(x,y)=0$, 因此, 方程 $F(x,y)=0$ 在 $P(x_0,y_0)$ 附近都能确定隐函数 $y=-\sqrt{1-x^2}$. 当 $x_0=1$ 时, 对任意的 $x\in U(x_0)$, 满足方程 $F(x,y)=0$ 的点有两个: $y=\pm\sqrt{1-x^2}$, 根据隐函数的定义, 在 $P(x_0,y_0)$ 点附近内不能由方程 $F(x,y)=0$ 确定隐函数 $y=f(x)$. 当 $x_0=-1$ 时也有类似的结论. 当然, 当 $x_0=\pm1$ 时, 在满足 $F(x,y)=0$ 的点 $P(x_0,y_0)$ 附近能够确定 $x=x(y)$ 形式的隐函数. 注意, 即使在存在的条件下, 通常不需要、也不一定能够从方程 $F(x,y)=0$ 中求解出隐函数.

在本节, 我们不讨论隐函数的存在性, 也不讨论隐函数的求解, 我们的目的只是在隐函数存在的条件下, 不需要计算隐函数的表达式, 直接由方程 $F(x,y)=0$ 计算隐函数的导数, 因此, 在后面涉及隐函数求导时, 总假设隐函数存在. 我们通过例子说明求导方法.

例 1 设方程 $x^2+y^2=1$ 确定隐函数 $y=f(x)$, 求 $\dfrac{\mathrm{d}y}{\mathrm{d}x}$.

结构分析 题型: 由方程确定的隐函数的求导. 类比已知: 导函数的运算法则. 结构特点: 只有给定的方程, 由方程确定的隐函数为 $y=f(x)$, 没有 (也不需要) 隐函数的表达式. 思路确立: 求解思路是从方程出发, 计算隐函数导数, 方程中含有两个变量, 需要利用给定的函数关系确定变量的地位, 变量 y 视为函数, 对应的项可以视为复合结构, 从而涉及复合函数的求导. 方法设计: 既然确定了 x 为自变量, y 为函数, 对方程进行求导, 在求导过程中, 可将变元 y 视为 x 的函数, 而 y^2 视为一个复合函数, 即 $w(x)=y^2$, 而 $y=f(x)$, 由此, 通过对方程的求导, 利用复合函数的求导法则得到隐函数的导数.

解 法一 直接求导法.

在方程两端关于变量 x 求导, 利用复合函数求导法, 则

$$2x+2f(x)f'(x)=0,$$

故, $y'=f'(x)=-\frac{x}{f(x)}=-\frac{x}{y}$.

法二　微分法. 利用微分和导数的关系 $y'=\frac{\mathrm{d}y}{\mathrm{d}x}$ 转化为微分计算.

利用一阶微分形式的不变性, 也可以不用确定变量地位, 直接利用微分法则计算微分, 再利用微分和导数的关系得到所需要的隐函数的导数.

在方程两端, 同时求微分

$$2x\mathrm{d}x+2y\mathrm{d}y=0,$$

故, $\frac{\mathrm{d}y}{\mathrm{d}x}=-\frac{x}{y}$.

此时的导数表达式并不仅是 x 的解析表达式, 通常是由 x 和 y 共同给出的表达式.

抽象总结　(1) 隐函数求导的题型: 通常是给定方程, 要求计算某个导数, 通过题目要求确定函数关系. (2) 直接求导法是通过题目要求, 将其中的一个变元视为自变量, 另一变元视为函数, 因此, 两边关于自变量求导时, 变量间的关系已经确定, 因而, 要用到复合函数的求导, 要指明是对哪个变量的求导. (3) 微分法是将各个量都视为同等变量, 不需要考虑变量间的函数关系, 两端对各变量求微分, 从而得到一个微分关系式, 通过这一微分关系式可以任意计算其中一个变量对另一变量的导数. (4) 对简单的方程, 可求出函数表达式再求导, 如例 1, 由方程可以得到 $y=\sqrt{1-x^2}$ 或 $y=-\sqrt{1-x^2}$, 可直接由此计算出 y', 可以看出结果是一致的.

例 2　设由方程 $\frac{y}{x}=\mathrm{e}^{y^2}\sqrt{\frac{x+y}{x-y}}$ 确定隐函数 $y=f(x)$, 求 y'.

解　微分法.

两边取对数, 则

$$\ln y-\ln x=y^2+\frac{1}{2}[\ln(x+y)-\ln(x-y)],$$

两边微分, 则

$$\frac{1}{y}\mathrm{d}y-\frac{1}{x}\mathrm{d}x=2y\mathrm{d}y+\frac{\mathrm{d}x+\mathrm{d}y}{2(x+y)}-\frac{\mathrm{d}x-\mathrm{d}y}{2(x-y)},$$

故,

$$\begin{aligned}&\left[\frac{1}{y}-2y-\frac{1}{2(x+y)}-\frac{1}{2(x-y)}\right]\mathrm{d}y\\=&\left[\frac{1}{x}+\frac{1}{2(x+y)}-\frac{1}{2(x-y)}\right]\mathrm{d}x,\end{aligned}$$

故,

$$\frac{\mathrm{d}y}{\mathrm{d}x}=\frac{\dfrac{1}{x}+\dfrac{1}{2(x+y)}-\dfrac{1}{2(x-y)}}{\dfrac{1}{y}+2y-\dfrac{1}{2(x+y)}-\dfrac{1}{2(x-y)}}.$$

微分法计算隐函数的导数较为直接简单, 不需要绑定函数关系, 不需要使用复合函数的求导法则.

二、 参数方程所表示的函数的求导法

曲线有参数方程形式, 因此, 函数也可通过参数方程表示, 如参数方程: $\begin{cases}x=\varphi(t),\\ y=\psi(t),\end{cases}$ 若 $x=\varphi(t)$ 可逆, 则 $t=\varphi^{-1}(x)$, 代入 $y=\psi(\varphi^{-1}(x))$, 由此确定函数 $y=f(x)$.

那么, 如何计算由此确定的函数 $y=f(x)$ 的导数呢? 通过上述确定函数 $y=f(x)$ 的过程可以看出, $y=f(x)$ 可视为 $y=\psi(t)$, $t=\varphi^{-1}(x)$ 的复合. 利用复合函数的求导, 则

$$\frac{\mathrm{d}y}{\mathrm{d}x}=\frac{\mathrm{d}y}{\mathrm{d}t}\frac{\mathrm{d}t}{\mathrm{d}x}=\frac{\mathrm{d}y}{\mathrm{d}t}\cdot\frac{1}{\dfrac{\mathrm{d}x}{\mathrm{d}t}}=\frac{\psi'(t)}{\varphi'(t)},$$

上述公式用到了反函数导数的计算.

当然, 也可以利用微分法来计算, 对参数方程微分得

$$\mathrm{d}x=\varphi'(t)\mathrm{d}t,\quad \mathrm{d}y=\psi'(t)\mathrm{d}t,$$

故, $\dfrac{\mathrm{d}y}{\mathrm{d}x}=\dfrac{\psi'(t)}{\varphi'(t)}$, 此时还可以计算 $\dfrac{\mathrm{d}x}{\mathrm{d}y}=\dfrac{\varphi'(t)}{\psi'(t)}$.

例 3 椭圆曲线的参数方程为 $\begin{cases}x=a\cos t,\\ y=b\sin t,\end{cases}$ 求 $\dfrac{\mathrm{d}y}{\mathrm{d}x}$.

解 容易计算

$$\frac{\mathrm{d}y}{\mathrm{d}x}=\frac{\dfrac{\mathrm{d}y}{\mathrm{d}t}}{\dfrac{\mathrm{d}x}{\mathrm{d}t}}=-\frac{b}{a}\cot t.$$

习　题　5.3

1. 计算下列隐函数的导数 $\dfrac{\mathrm{d}y}{\mathrm{d}x}$.

(1) $y^2 = x + \sin(xy)$;　　(2) $\arctan\dfrac{y}{x} = \ln\sqrt{x^2+y^2}$;

(3) $\dfrac{y^2x+y}{\sqrt{1+x}-1} = \dfrac{\sqrt{1+x}+1}{y}$;　　(4) $\dfrac{\sqrt{x^2+y^2}}{2xy} = \mathrm{e}^{x+y}$.

2. 计算下列参数方程所确定的函数的导数 $\dfrac{\mathrm{d}y}{\mathrm{d}x}$.

(1) $x = \sin^2 t,\ y = \cos^2 t$;　　(2) $x = 1 - t^2,\ y = 1 + t^2$.

3. 隐函数求导的方法主要有直接求导法和微分法, 给出两种方法的应用机理.

5.4　高阶导数与高阶微分

一、 高阶导数及其运算

由导数的定义可知, 如果函数 $y = f(x)$ 在区间 I 上可导, 则其导函数 $f'(x)$ 仍然是定义在 I 上的函数, 因此, 如果 $f'(x)$ 在 I 上仍可导, 可继续求 $f'(x)$ 的导函数. 那么, $f'(x)$ 的导函数称为 $y = f(x)$ 的二阶导函数, 简称二阶导数, 记为 $f''(x)$, 或 $\dfrac{\mathrm{d}^2y}{\mathrm{d}x^2}$, 因此,

$$y'' = f''(x) = (f'(x))' = \frac{\mathrm{d}}{\mathrm{d}x}\left(\frac{\mathrm{d}y}{\mathrm{d}x}\right) = \frac{\mathrm{d}^2y}{\mathrm{d}x^2};$$

类似, 可定义三阶导数:

$$y''' = f'''(x) = (f''(x))' = \frac{\mathrm{d}}{\mathrm{d}x}\left(\frac{\mathrm{d}^2y}{\mathrm{d}x^2}\right) = \frac{\mathrm{d}^3y}{\mathrm{d}x^3};$$

对任意的正整数 n, n 阶导数记为,

$$y^{(n)} = f^{(n)}(x) = \frac{\mathrm{d}^ny}{\mathrm{d}x^n}.$$

显然, 若 $f(x)$ 的高阶导数存在, 则低阶导数必存在. 高阶导数也有实际背景, 如对路程函数 $s = s(x)$, 则其速度为 $v(t) = s'(t)$, 加速度为 $a(t) = v'(t) = s''(t)$.

下面, 给出高阶导数的运算法则.

(1) $[f \pm g]^{(n)} = f^{(n)} \pm g^{(n)}$;

(2) 莱布尼茨公式:

$$[f(x)g(x)]^{(n)} = \sum_{k=0}^{n} \mathrm{C}_n^k f^{(n-k)}(x)g^{(k)}(x),$$

其中 $\mathrm{C}_n^k = \dfrac{n!}{k!(n-k)!}$.

我们仅对 (2) 用归纳法进行证明.

证明 显然, 利用函数乘积的导数运算法则, 当 n=1 时公式成立.

假设 n=k 时公式成立, 则

$$[f(x)g(x)]^{(k)}=\sum_{i=0}^{k}\mathrm{C}_k^i f^{(k-i)}(x)g^{(i)}(x),$$

两端继续求导, 则

$$\begin{aligned}[f(x)g(x)]^{(k+1)}&=\sum_{i=0}^{k}\mathrm{C}_k^i[f^{(k-i)}(x)g^{(i+1)}(x)+f^{(k-i+1)}(x)g^{(i)}(x)]\\&=\sum_{i=0}^{k}\mathrm{C}_k^i f^{(k-i)}(x)g^{(i+1)}(x)+\sum_{i=0}^{k}\mathrm{C}_k^i f^{(k-i+1)}(x)g^{(i)}(x)\\&=\sum_{i=1}^{k+1}\mathrm{C}_k^{i-1} f^{(k+1-i)}(x)g^{(i)}(x)+\sum_{i=0}^{k}\mathrm{C}_k^i f^{(k+1-i)}(x)g^{(i)}(x)\\&=\mathrm{C}_k^k f^{(0)}(x)g^{(k+1)}(x)+\sum_{i=1}^{k}(\mathrm{C}_k^{i-1}+\mathrm{C}_k^i)f^{(k+1-i)}(x)g^{(i)}(x)\\&\quad+\mathrm{C}_k^0 f^{(k+1)}(x)g^{(0)}(x)\\&=\sum_{i=0}^{k+1}\mathrm{C}_{k+1}^i f^{(k+1-i)}(x)g^{(i)}(x),\end{aligned}$$

故, n=k+1 时成立.

利用高阶导数计算公式, 容易计算下列常见的高阶导数:

$$y=\mathrm{e}^x, \text{则 } y^{(n)}=\mathrm{e}^x;$$

$$y=a^x, \text{则 } y^{(n)}=a^x(\ln a)^n;$$

$$y=x^m, \text{则 } y^{(n)}=\begin{cases}m(m-1)\cdots(m-n-1)x^{n-m}, & n\leqslant m,\\ 0, & n>m;\end{cases}$$

$$y=\frac{1}{x}, \text{则 } y^{(n)}=(-1)^n\frac{n!}{x^{n+1}};$$

$$y=\ln x, \text{则 } y^{(n)}=(-1)^{n+1}\frac{(n-1)!}{x^n};$$

$$y=\sin x, \text{则 } y^{(n)}=\sin\left(x+\frac{n\pi}{2}\right) = \cos\left(x+\frac{n+1}{2}\pi\right);$$

$$y=\cos x, 则\ y^{(n)}=\cos\left(x+\frac{n\pi}{2}\right)=\sin\left(x+\frac{n+1}{2}\pi\right).$$

在利用莱布尼茨公式处理乘积形式的高阶导数时，一定要挖掘结构特点，充分利用特殊函数的导数公式简化计算.

例 1　设 $y=x^2\sin x$, 求 $y^{(80)}$.

结构分析　题型是高阶导数的计算. 由莱布尼茨公式可知, $y^{(80)}$ 中有 81 项，涉及每个乘积因子的从 1 阶到 80 阶导数，似乎应该把每个因子的各阶导数都计算出来，事实并非如此，像这样的高阶导数的计算，通常都有特点或规律，以简化运算过程. 对本例来说，在于因子 $f(x)=x^2$, 其导数计算的特点是: $f^{(n)}(x)=0$, $n>2$ 时，因此，只需计算展开式中与 $f^{(n)}(x)(n\leqslant 2)$ 相对应的项，即只需计算 $g(x)=\sin x$ 的三个导数 $g^{(80)}(x)$, $g^{(79)}(x)$, $g^{(78)}(x)$.

解　由于 $(\sin x)^{(78)}=\sin\left(x+\dfrac{78}{2}\pi\right)=-\sin x$, $(\sin x)^{(79)}=-\cos x$, $(\sin x)^{(80)}=\sin x$, 且 $(x^2)'=2x, (x^2)''=2, x^{(n)}=0, n>2$, 故

$$\begin{aligned}y^{(80)}&=x^2(\sin x)^{(80)}+\mathrm{C}_{80}^1(x^2)'(\sin x)^{(79)}+\mathrm{C}_{80}^2(x^2)''(\sin x)^{(78)}\\&=x^2\sin x-160x\cos x-6320\sin x.\end{aligned}$$

例 2　设 $y=\dfrac{\sin x}{x}$, 求 $y^{(4)}$.

结构分析　形式上，这是形如 $\dfrac{f(x)}{g(x)}$ 的高阶导数的计算，但对这种商的形式没有求导公式. 一般方法是将其化为积形式 $f(x)\dfrac{1}{g(x)}$, 然后利用莱布尼茨公式.

解　由莱布尼茨公式

$$\begin{aligned}y^{(4)}&=\left(\frac{\sin x}{x}\right)^{(4)}=\left(\sin x\cdot\frac{1}{x}\right)^{(4)}\\&=\sin^{(4)}x\cdot\frac{1}{x}+\mathrm{C}_4^1\sin^{(3)}x\cdot\left(\frac{1}{x}\right)'+\mathrm{C}_4^2\sin^{(2)}x\cdot\left(\frac{1}{x}\right)''\\&\quad+\mathrm{C}_4^3\sin^{(1)}x\cdot\left(\frac{1}{x}\right)'''+\sin x\left(\frac{1}{x}\right)^{(4)}\\&=\frac{\sin x}{x}+\mathrm{C}_4^1(-\cos x)\left(-\frac{1}{x^2}\right)+\mathrm{C}_4^2(-\sin x)\frac{2}{x^3}\\&\quad+\mathrm{C}_4^3\cos x\frac{-6}{x^4}+\sin x\frac{24}{x^5}.\end{aligned}$$

对复合函数的高阶导数, 计算较为复杂. 必须从低阶向高阶逐步计算, 计算过程中要更仔细. 如: 对复合函数 $y=f(g(x))$, 已知: $y'=f'(g(x))g'(x)$, 因而

$$\begin{aligned}y''&=[f'(g(x))]'g'(x)+f'(g(x))g''(x)\\&=f''(g(x))(g'(x))^2+f'(g(x))g''(x),\end{aligned}$$

进而,

$$\begin{aligned}y'''&=f^{(3)}(g(x))(g'(x))^3+2f''(g(x))g'(x)g''(x)\\&\quad+f''(g(x))g'(x)g''(x)+f'(g(x))g^{(3)}(x)\\&=f^{(3)}(g(x))(g'(x))^3+3f''(g(x))g'(x)g''(x)\\&\quad+f'(g(x))g^{(3)}(x).\end{aligned}$$

但是, 在实际例子中, 不必记上述公式, 直接从低阶向高阶计算更为方便且不易出错.

高阶导数计算还有一个很重要的技术, 将表达式简化变形转化为易求高阶导数的情况. 结构简化是问题求解前重要的步骤, 是科学研究方法的一般要求.

例 3 设 $y=\dfrac{x^n}{x+1}$, 求 $y^{(n)}$.

解 直接计算较复杂, 先变形

$$\begin{aligned}y&=\frac{x^n+x^{n-1}-x^{n-1}}{x+1}=x^{n-1}-\frac{x^{n-1}}{x+1}\\&=x^{n-1}-\frac{x^{n-1}+x^{n-2}-x^{n-2}}{x+1}\\&=x^{n-1}-x^{n-2}+\frac{x^{n-2}}{x+1}=\cdots\\&=x^{n-1}-x^{n-2}+\cdots+(-1)^nx+(-1)^{n+1}+(-1)^{n+2}\frac{1}{1+x},\end{aligned}$$

故,

$$y^{(n)}=\left[(-1)^n\frac{1}{1+x}\right]^{(n)}=(-1)^n(-1)^n\frac{n!}{(1+x)^{n+1}}=\frac{n!}{(1+x)^{n+1}}.$$

例 4 设 $y=\dfrac{x^2+1}{(x+1)^3}$, 求 y''.

解 由于 $y=\frac{1}{x+1}-2\frac{1}{(x+1)^2}+2\frac{1}{(x+1)^3}$, 则

$$y'=-\frac{1}{(x+1)^2}+4\frac{1}{(x+1)^3}-6\frac{1}{(x+1)^4},$$

$$y''=\frac{2}{(x+1)^3}-\frac{12}{(x+1)^4}+\frac{24}{(x+1)^5}.$$

例 5 设 $y=16\sin^4 x\cos^2 x$, 求 $y^{(n)}$.

简析 函数具有正弦、余弦函数偶次幂结构, 应先用三角函数公式进行降幂处理再求导.

解 由于

$$\begin{aligned}
y&=16(\sin x\cos x)^2\sin^2 x=16\left(\frac{1}{2}\sin 2x\right)^2\sin^2 x\\
&=4\frac{1-\cos 4x}{2}\cdot\frac{1-\cos 2x}{2}\\
&=1-\cos 2x-\cos 4x+\cos 2x\cos 4x\\
&=1-\cos 2x-\cos 4x+\frac{1}{2}\cos 2x+\frac{1}{2}\cos 6x\\
&=1-\frac{1}{2}\cos 2x-\cos 4x+\frac{1}{2}\cos 6x,
\end{aligned}$$

故,

$$\begin{aligned}
y^{(n)}=&-2^{n-1}\cos\left(2x+\frac{n\pi}{2}\right)-4^n\cos\left(4x+\frac{n\pi}{2}\right)\\
&+\frac{1}{2}6^n\cos\left(6x+\frac{n\pi}{2}\right).
\end{aligned}$$

例 6 设 $y=\arctan x$, 计算 $y^{(n)}(0)$.

解 直接计算, 得

$$y'=\frac{1}{1+x^2},$$

为计算任意阶的导数, 将上式转化为

$$(1+x^2)y'=1.$$

两端求 n 阶导数, 利用莱布尼茨公式, 则

$$(1+x^2)y^{(n+1)}+2nxy^{(n)}+n(n-1)y^{(n-1)}=0,$$

令 $x=0$, 得到递推公式,

$$y^{(n+1)}(0)=-n(n-1)y^{(n-1)}(0),$$

利用初始值 $y(0)=0, y'(0)=1$, 得

$$y^{(n+1)}(0)=\begin{cases}0, & n\text{为奇数},\\ (-1)^{\frac{n}{2}}n!, & n\text{为偶数}.\end{cases}$$

对隐函数的高阶导数的计算, 采用类似的思想, 但要注意: 由于隐函数的求导是通过对一个方程的两端求导来进行的, 因而, 得到的并不是导数表达式, 而仍是一个导数所满足的关系式, 这时不必将此导数求出再求高阶导数, 而是对导数方程再求导, 然后再求出高阶导数.

例 7 由 $\mathrm{e}^y=xy$ 确定隐函数 $y=f(x)$, 求 $y''(x)$.

解 对方程两端关于 x 求导,

$$y'\mathrm{e}^y=y+xy',$$

求解得 $y'=\dfrac{y}{\mathrm{e}^y-x}$, 对上述方程再对 x 求导, 则

$$y''\mathrm{e}^y+(y')^2\mathrm{e}^y=y'+y'+xy'',$$

故,

$$y''=\frac{2y'-(y')^2\mathrm{e}^y}{\mathrm{e}^y-x}=\frac{y(2y-2-y^2)}{x^2(y-1)^3}.$$

对参数方程的高阶导数的计算, 仍采用从低阶到高阶逐步计算. 如 $\begin{cases}x=\varphi(t),\\ y=\psi(t),\end{cases}$ 则 $\dfrac{\mathrm{d}y}{\mathrm{d}x}=\dfrac{\psi'(t)}{\varphi'(t)}$, 因此,

$$\frac{\mathrm{d}^2y}{\mathrm{d}x^2}=\frac{\mathrm{d}}{\mathrm{d}x}\left(\frac{\mathrm{d}y}{\mathrm{d}x}\right)=\frac{\mathrm{d}\left(\dfrac{\mathrm{d}y}{\mathrm{d}x}\right)}{\mathrm{d}t}\cdot\frac{1}{\dfrac{\mathrm{d}x}{\mathrm{d}t}}=\frac{\psi''\varphi'-\psi'\varphi''}{(\varphi'(t))^2}\cdot\frac{1}{\varphi'(t)},$$

特别注意 $\dfrac{\mathrm{d}^2y}{\mathrm{d}x^2}\neq\dfrac{\psi''(t)}{\varphi''(t)}$.

分析下面的计算过程错在何处:

$$\frac{\mathrm{d}^2y}{\mathrm{d}x^2}=\frac{\mathrm{d}^2y}{\mathrm{d}t^2}\frac{\mathrm{d}t^2}{\mathrm{d}x^2}=\frac{\mathrm{d}^2y}{\mathrm{d}t^2}\cdot\frac{1}{\left(\dfrac{\mathrm{d}x}{\mathrm{d}t}\right)^2}=\frac{\psi''}{(\varphi'(t))^2}.$$

可以结合下面的高阶微分分析错误原因.

二、高阶微分及其运算

类似, 可引入高阶微分的定义.

设 $y=f(x)$ 可微, 则 $\mathrm{d}y=f'(x)\mathrm{d}x$, 将 $\mathrm{d}y$ 视为变量 x 的函数, 因而, 可以继续考虑关于 x 的微分, 这就是 $y=f(x)$ 的二阶微分, 记为 d^2y. 因而, $\mathrm{d}^2y=\mathrm{d}(\mathrm{d}y)=\mathrm{d}(f'(x)\mathrm{d}x)$.

利用微分公式计算, 则

$$\begin{aligned}\mathrm{d}(f'(x)\mathrm{d}x)&=\mathrm{d}(f'(x))\mathrm{d}x+f'(x)\mathrm{d}(\mathrm{d}x)\\&=f''(x)(\mathrm{d}x)^2+0=f''(x)\mathrm{d}x^2.\end{aligned}$$

注　两种表示符号的差别, d^2y 为函数 y 的二阶微分, $\mathrm{d}x^2=\mathrm{d}x\cdot\mathrm{d}x$.

这里用到公式: 常数的微分等于零, 即在对 x 的微分过程中, $\mathrm{d}x$ 相对于 x 是独立的, 与 x 无关, 可视为常数, 故 $\mathrm{d}(\mathrm{d}x)=0$.

进一步可求更高阶微分:

$$\begin{aligned}\mathrm{d}^3y&=\mathrm{d}(\mathrm{d}^2y)=\mathrm{d}(f''(x)\mathrm{d}x^2)\\&=\mathrm{d}(f''(x))\mathrm{d}x^2+f''(x)\mathrm{d}(\mathrm{d}x^2)=f'''(x)\mathrm{d}x^3,\end{aligned}$$

一般有 $\mathrm{d}^ny=f^{(n)}(x)\mathrm{d}x^n$, 即 $\dfrac{\mathrm{d}^ny}{\mathrm{d}x^n}=f^{(n)}(x)$, 因此, n 阶微商与 n 阶导数一致.

例 8　$y=\sin^4x$, 求 d^ny.

解　利用三角公式化简函数表达式得

$$\begin{aligned}y&=\left(\frac{1-\cos 2x}{2}\right)^2=\frac{1}{4}(1-2\cos 2x+\cos^2x)\\&=\frac{3}{8}-\frac{1}{2}\cos 2x+\frac{1}{8}\cos 4x,\end{aligned}$$

由导数计算公式, 则

$$y^{(n)}(x)=-2^{n-1}\cos\left(2x+\frac{n\pi}{2}\right)+2^{2n-3}\cos\left(4x+\frac{n\pi}{2}\right),$$

故, $\mathrm{d}^ny=2^n\sin\left(2x+\dfrac{n\pi}{2}\right)\mathrm{d}x^n$.

再考察复合函数的高阶微分. 给定复合函数 $y(x)=f(g(x))$, 可视为 $y(u)=f(u)$, $u=g(x)$ 的复合, 计算一阶微分, 则

$$\mathrm{d}y(u)=f'(u)\mathrm{d}u,\quad \mathrm{d}u=g'(x)\mathrm{d}x,$$

利用一阶微分形式之不变性, 还有

$$\mathrm{d}y(x)=f'(g(x))g'(x)\mathrm{d}x=f'(u)\mathrm{d}u=\mathrm{d}y(u),$$

继续计算二阶微分, 则

$$\begin{aligned}\mathrm{d}^2y(x)&=\mathrm{d}(\mathrm{d}y(x))=\mathrm{d}(f'(g(x))g'(x))\mathrm{d}x\\&=(f''(g(x))(g'(x))^2+f'(g(x))g''(x))\mathrm{d}x^2\\&=f''(g(x))(g'(x)\mathrm{d}x)^2+f'(g(x))g''(x)\mathrm{d}x^2,\end{aligned}$$

又将 $y=f(u)$ 视为 u 的函数时 (u 视为自变量), $\mathrm{d}^2y(u)=f''(u)\mathrm{d}^2u$, 因此, $\mathrm{d}^2y(x)\neq f''(u)\mathrm{d}^2u$, 这说明将 y 视为以 u 为自变量和以 u 为中间变量时, 二阶微分形式发生了改变, 因此, 二阶及更高阶的微分不具形式不变性. 这是高阶微分与一阶微分的一个重要差别, 因此, 在计算高阶微分时要特别小心. 这也回答了前述关于参数方程二阶导数计算时的错误原因.

例 9 $y=\mathrm{e}^{\sin x}$, 求 d^2y.

解 由于 $\mathrm{d}y=(\mathrm{e}^{\sin x})'\mathrm{d}x=\cos x\mathrm{e}^{\sin x}\mathrm{d}x$, 故

$$\begin{aligned}\mathrm{d}^2y&=\mathrm{d}(\cos x\mathrm{e}^{\sin x})\mathrm{d}x=(\cos x\mathrm{e}^{\sin x})'\mathrm{d}x^2\\&=(-\sin x\mathrm{e}^{\sin x}+\cos^2 x\mathrm{e}^{\sin x})'\mathrm{d}x^2.\end{aligned}$$

例 10 $y=x^2$, 求 d^2y; 若还有 $x=t^2$, 求 d^2y.

解 由于 $y=x^2$, 则, $\mathrm{d}^2y=2\mathrm{d}x^2$.

当 $x=t^2$ 时, 复合成函数 $y=t^4$, 故, $\mathrm{d}^2y=12t^2\mathrm{d}t^2$.

注 当 $x=t^2$ 时, 不能用 $\mathrm{d}x=2t\mathrm{d}t$ 代入 $\mathrm{d}^2y=2\mathrm{d}x^2$ 得到结论 $\mathrm{d}^2y=8t^2\mathrm{d}t^2$, 因为当 $x=t^2$ 时, 复合成以 t 为自变量的复合函数, 此时 y 的微分是关于 t 的微分, 因此, $\mathrm{d}(\mathrm{d}x)\neq 0(\mathrm{d}^2y=2\mathrm{d}x^2+2x^2\mathrm{d}(\mathrm{d}x))$, 因为此时 $\mathrm{d}x$ 是 t 的函数, 即 $\mathrm{d}x=2t\mathrm{d}t$, 这正是二阶微分不具形式不变性.

三、 应用——方程的变换

我们讨论高阶导数, 特别是复合函数的导数在微分方程中的应用.

由函数及其导数组成的方程, 称为常微分方程, 方程中所含导数的最高阶数也称为方程的阶数. 如 $y''+2y'y+x^3=0$ 就是一个二阶常微分方程. 常微分方程以及后面将要学习的偏微分方程的求解及解的性质的研究是现代科学技术领域经常遇到的问题, 现在已经发展成为系统的数学理论. 我们知道, 任何问题的结构越简单越易于研究, 因此, 结构简化是问题研究的重要技术手段之一, 如代数学中的

各种变换 (相似变换、正交变换等). 因此, 在微分方程的研究中, 我们也希望方程的结构尽可能简单, 对复杂的方程, 希望通过技术处理使其简单化. 本小节, 我们讨论常微分方程化简中的方程的变换——通过变量变换或函数变换化简方程.

1. 部分变换

通过变量变换, 引入一个新变量, 将函数关于原变量的常微分方程变换为该函数关于新变量的方程, 或将函数关于原变量的方程变换为新函数关于原变量的常微分方程. 此时, 变换过程中, 函数没有变化, 自变量变换为新的变量, 或函数变为新函数, 自变量没变, 即部分变量发生了变化, 我们把这类变换称为部分变换.

例 11 用变换 $x=t^3$ 化简方程

$$3x^2y''+2xy'=3x^2.$$

结构分析 由给定的方程可以挖掘信息: 给定的方程是 y 对 x 的导数所满足的二阶常微分方程, 原函数为 y, 自变量为 x. 给定变换为 $x=t^3$, 引入新变量 t, 将原自变量 x 变换为新自变量 t, 因此, 题目要求利用所给的变换, 将函数 $y=y(x)$ 关于自变量 x 的常微分方程转化为原函数 y 对新变量 t 的常微分方程, 这是部分变换. 方法: 必须建立两种导函数的关系, 为此, 先了解函数的变化过程, 即 $y=y(x)\xrightarrow{x=t^3}y=y(t)$, 因而, 这实际是复合函数的求导, 即将 y 视为以 x 为中间变量的复合函数, 以此获得函数 y 对变量 x 的导数和函数 y 对变量 t 的导数的关系, 将这种关系和给定的变量变换代入方程就完成了方程的变换或化简, 即将函数 y 关于 x 的导数的微分方程变换为函数 y 关于 t 的导数的微分方程.

解 将 y 视为 t 的复合函数, 用复合函数求导法则, 则

$$\frac{\mathrm{d}y}{\mathrm{d}t}=\frac{\mathrm{d}y}{\mathrm{d}x}\cdot\frac{\mathrm{d}x}{\mathrm{d}t}=3t^2\frac{\mathrm{d}y}{\mathrm{d}x},$$

因而,

$$\frac{\mathrm{d}^2y}{\mathrm{d}t^2}=6t\frac{\mathrm{d}y}{\mathrm{d}x}+3t^2\frac{\mathrm{d}}{\mathrm{d}t}\left(\frac{\mathrm{d}y}{\mathrm{d}x}\right)=6t\frac{\mathrm{d}y}{\mathrm{d}x}+9t^4\frac{\mathrm{d}^2y}{\mathrm{d}x^2},$$

故,

$$t^2\frac{\mathrm{d}^2y}{\mathrm{d}t^2}=6x\frac{\mathrm{d}y}{\mathrm{d}x}+9x^2\frac{\mathrm{d}^2y}{\mathrm{d}x^2},$$

因而, 原方程变换为 $\dfrac{\mathrm{d}^2y}{\mathrm{d}t^2}=3t$.

例 12 用变换 $w=xy$ 化简方程

$$xy''+2y'=0.$$

结构分析 题目要求变换方程, 从方程知, 原函数为 $y(x)$. 通过变换 $w=xy$, 将变量 x 的函数 y 转换为变量 x 的函数 $w=w(x)=xy(x)$, 引入了新函数 $w(x)$. 因而, 此时自变量没有变化, 仍是自变量 x, 函数由原来的函数 y 变换为新的函数 w, 仍属于部分变换. 因此, 此题目要求是将函数 y 的常微分方程转换为函数 w 的常微分方程. 核心问题仍是两种导数关系, 即函数 y 对变量 x 的导数和函数 w 对变量 x 的导数的关系, 本质还是复合函数的导数的计算. 由于变换中建立了两个函数关系, 因而, 其导数关系的建立也须从此关系式入手.

解 由变换 $w=xy$, 利用复合函数的导数计算法则得

$$\frac{\mathrm{d}w}{\mathrm{d}x}=y+x\cdot\frac{\mathrm{d}y}{\mathrm{d}x}=y+xy',$$

继续求导得

$$\frac{\mathrm{d}^2w}{\mathrm{d}x^2}=2\frac{\mathrm{d}y}{\mathrm{d}x}+x\frac{\mathrm{d}^2y}{\mathrm{d}x^2},$$

因而, 原方程转换为

$$\frac{\mathrm{d}^2w}{\mathrm{d}x^2}=0.$$

由上述例子可以看出, 通过变换可以简化常微分方程, 从而为方程的求解创造了条件.

在上述的部分变换中, 给出的变换只有一组变换关系式, 对应于部分变换, 还有一种更复杂的变换, 在变换过程中, 函数和自变量都发生了变化, 我们称为全变换.

2. 全变换

给定一组变量关系, 引入新的自变量和新函数, 把原函数关于原自变量的微分方程变换为新函数关于新自变量的方程, 此时, 变换过程中, 函数和自变量都发生了改变, 我们把这种变换称为全变换.

例 13 给定变换 $w=y^2+\mathrm{e}^{2x},x=t^2$, 变换方程

$$2xyy''+2x(y')^2+yy'+(4x+1)\mathrm{e}^{2x}=0.$$

结构分析 要变换的微分方程是关于函数 $y(x)$ 的二阶非线性微分方程, 这样的方程直接求解显然是非常困难的. 给定的变换有两个关系式, 第二个关系式引入了一个新自变量 t, 建立了新自变量与原自变量的关系. 第一个关系引入了新的函数 w, 通过变换, 引入了新自变量和新函数, 函数变换的过程为: $w\xrightarrow{w=y^2+\mathrm{e}^{2x},\ x=t^2}w=w(t)$, 因此, 题目的要求是: 将原函数 y 关于原变量 x 的微分方程变换为新

函数 w 关于新变量 t 的微分方程. 关键问题仍是利用给定的关系式, 从给定的函数关系式入手, 利用复合函数的导数计算法则, 建立两种导数的关系.

解　利用给定的函数关系式, 对变量 t 求导, 则

$$w'(t)=2yy'(x)x'(t)+2\mathrm{e}^{2x}x'(t),$$

再次对变量 t 求导, 则

$$\begin{aligned}w''(t)=&2(y'(x))^2(x'(t))^2+2yy''(x)(x'(t))^2+2yy'(x)x''(t)\\&+4\mathrm{e}^{2x}(x'(t))^2+2\mathrm{e}^{2x}x''(t),\end{aligned}$$

由于 $x(t)=t^2$, 则 $x'(t)=2t, x''(t)=2$, 因而,

$$w''(t)=8(y'(x))^2t^2+8yy''(x)t^2+4yy'(x)+16\mathrm{e}^{2x}t^2+4\mathrm{e}^{2x},$$

因而, 原方程变换为 $\dfrac{\mathrm{d}^2w}{\mathrm{d}t^2}=0$.

通过上述几个例子可以发现, 对原方程直接求解是非常困难的, 经过变换后, 方程得到极大的简化, 简化后的方程求解非常容易, 从中看出化简方程的目的之一.

习　题　5.4

1. 计算下列函数指定阶的导数.

(1) $y=x^2\sqrt{1+x}$, 求 $y^{(4)}$;　(2) $y=\dfrac{1+x}{\sqrt{x-1}}$, 求 $y^{(4)}$;

(3) $y=x^3\sin^2x$, 求 $y^{(8)}$;　(4) $y=\mathrm{e}^x\sin x$, 求 $y^{(3)}$;

(5) $y=x^3\ln x$, 求 $y^{(4)}$;　(6) $y=(1+x^2)\arctan x$, 求 $y^{(3)}$.

2. 计算下列函数的 n 阶导数.

(1) $y=\dfrac{x^2}{1-4x^2}$;　(2) $y=\cos^2x$;

(3) $y=\dfrac{\mathrm{e}^x}{\mathrm{e}^x-1}$;　(4) $y=\dfrac{2x+3}{x^2+3x+2}$;

(5) $y=\dfrac{x^n}{x^2-1}$;　(6) $y=x^4\mathrm{e}^{2x}$.

3. 假设所涉及的导数存在, 计算复合函数的高阶导数 $y^{(3)}$.

(1) $y=f\left(\dfrac{1}{x^2}\right)$;　(2) $y=f(x^2\ln x)$;

(3) $y=f(f(\mathrm{e}^{2x}))$.

4. 设 $y=(\arctan x)^2$, 证明

$$(1-x^2)y^{(n+2)}-(2n+1)xy^{(n+1)}-n^2y^{(n)}=0,$$

并计算 $y^{(n)}(0)$.

5. 计算下列隐函数的二阶导数 $\dfrac{\mathrm{d}^2y}{\mathrm{d}x^2}$.

(1) $x^2y+xy^2+\mathrm{e}^{xy}=0$;　　(2) $\dfrac{y}{1+x^2}=\mathrm{e}^{y^2}$;

(3) $\ln(x^2+y^2)=\mathrm{e}^{x+y}$.

6. 计算参数方程的二阶导数 $\dfrac{\mathrm{d}^2y}{\mathrm{d}x^2}$.

(1) $x=1+t^2,\ y=2t$;　　(2) $x=t-\sin t,\ y=1-\cos t$.

7. 计算下列函数的高阶微分.

(1) $y=x+\dfrac{\ln x}{x}$, 求 d^2y;　　(2) $y=x^2\sin x\cos x$, 求 d^4y;

(3) $y=\dfrac{1+x}{\sqrt{1-x}}$, 求 d^3y;　　(4) $y=\dfrac{1-x}{1+\sqrt{x}}$, 求 d^ny.

8. 用函数变换 $y=\dfrac{w}{\sqrt{x}}$ 简化微分方程.

$$y''+\frac{1}{x}y'+\left(1-\frac{1}{4x^2}\right)y=0.$$

第 6 章 微分中值定理及其应用

函数是数学分析的研究对象. 一元函数的几何意义是平面内的曲线, 前述建立的连续、可微等概念是对曲线光滑性的整体刻画, 要深刻把握函数的性质、更准确地刻画函数曲线, 必须了解准确刻画曲线局部特征的各种主要指标. 本章, 我们利用建立的导数概念, 深入研究函数的性质, 由此建立对应的微分理论, 并进一步利用微分理论研究函数曲线的几何特征, 给出函数曲线较为准确的刻画.

本章的主要内容是微分中值定理, 它不仅是研究函数性质的有力工具, 更在后续课程中有着非常重要的作用, 可以说, 它是微分学的核心. 本章以研究导函数性质为主线, 围绕微分中值定理及其应用展开讨论.

6.1 微分中值定理

一、 费马定理

研究函数的性质必须把其主要的指标找出来, 极值点便是刻画函数几何特征的重要元素. 先引入函数的极值概念.

1. 极值的定义

设函数 $f(x)$ 在区间 I 上有定义, $x_0 \in I$.

定义 1.1 若存在 x_0 的邻域 $U(x_0,\ \delta) \subset I$, 成立

$$f(x_0) \geqslant f(x), \quad \forall x \in U(x_0,\ \delta),$$

则称点 x_0 为 $f(x)$ 在区间 I 上的一个极大值点, 称 $f(x_0)$ 为相应的极大值.

类似, 可以定义 $f(x)$ 的极小值点和极小值.

极大值和极小值统称为极值, 极大值点和极小值点统称为极值点.

信息挖掘 (1) 极值是局部概念. (2) 极值 (点) 不唯一. (3) 极值点都是内点, 因而, 端点一定不是极值点. (4) 极大值和极小值不存在确定的大小关系, 极大值不一定大于极小值, 极小值也不一定小于极大值.

继续挖掘函数极值 (点) 的性质.

函数的连续点和不连续点都可能成为极值点. 如定义在 (0, 1) 上的黎曼函数

$$R(x)=\begin{cases}\dfrac{1}{p}, & x=\dfrac{q}{p}\text{为有理数}, p,q \text{ 为互质的正整数},\\ 0, & x\text{为无理数},\end{cases}$$

$R(x)$ 在无理点连续, 在有理点不连续, 但可以证明: 每个无理点都是极小值点, 每个有理点都是极大值点. 事实上, 无理点是极小值点是显然的. 下证对任意的 $x_0=\dfrac{q_0}{p_0}\in(0,1)$ 为函数的极大值点. (和连续性的证明类似, 采用排除法) 由于满足 $\dfrac{1}{p}>\dfrac{1}{p_0}$ 的正整数 p 至多有限个, 因此, 对应的有理点 $x=\dfrac{q}{p}\in(0,1)$ 也至多有有限个, 不妨设为 $x_1,x_2,\cdots,x_k$, 取 $\delta=\min\{|x_i-x_0|,x_0,1-x_0,i=1,2,\cdots,k\}$, 则对任意的 $x\in U(x_0,\delta)$, 必有

$$R(x)\leqslant\frac{1}{p}\leqslant\frac{1}{p_0}=R(x_0),$$

故, $x_0=\dfrac{q_0}{p_0}\in(0,1)$ 为极大值点.

此例还说明: 函数在极值点的两侧并非单调的.

我们再来比较一下极值与最值: 最值相对于给定的区间来说是整体性质且具唯一性 (最值点不一定唯一), 最值可能在端点达到, 最大值必然大于最小值 (除非常数函数), 这些都与极值性质形成区别. 另外, 内部最值点必是极值点, 反之不一定.

极值和最值都是函数的重要特征, 也是工程技术领域中经常遇到的问题, 那么, 如何计算函数的极值和最值并确定相应的极值点和最值点?

2. 极值点的必要条件

为此, 我们先从几何上分析, 寻找极值点应具备的特性 (极值点的必要条件). 对光滑函数曲线来说, 在极值点 x_0 处应有水平的切线, 即 $k=f'(x_0)=0$. 这是一个非常明显的几何特征, 这就是将要引入的费马定理, 刻画了极值点存在的必要条件.

定理 1.1 若函数 $f(x)$ 在点 x_0 可导, 且 x_0 为 $f(x)$ 的极值点, 则 $f'(x_0)=0$.

结构分析 题型: 抽象函数的导函数零点的存在性证明. 类比已知: 已知零点存在性理论有连续函数的零点定理, 但是, 此定理的条件并不满足, 必须另择思路. 类比已知条件: 函数在此点可导且取得极值. 必须依据此条件设定思路. 由于可导条件下的定量理论只有定义, 由此确立思路: 利用导数定义进行验证. 方法设计: 利用导数的定义, 通过此点的极值定义, 使其与附近点的函数值进行比较得到导数的符号, 得到此点的导数信息.

证明 法一 不妨设 x_0 为 $f(x)$ 的极大值点, 则存在 $U(x_0,\ \delta)$, 使得 $x \in U(x_0,\ \delta)$ 时, 有 $f(x_0) \geqslant f(x)$; 又 $f(x)$ 在点 x_0 可导, 因而, $f'_+(x_0) = f'_-(x_0) = f'(x_0)$, 另一方面, 由定义

$$f'_+(x_0) = \lim_{x\to 0^+} \frac{f(x+x_0)-f(x_0)}{x} \leqslant 0,$$

$$f'_-(x_0) = \lim_{x\to 0^-} \frac{f(x+x_0)-f(x_0)}{x} \geqslant 0,$$

故, 必有 $f'(x_0)=0$.

抽象总结 (1) 从定理的代数结论看, 给出了导函数零点的存在性, 由此, 又可以归为 (导) 函数的零点问题或方程根的问题, 此时的条件是此点的极值性. 因此, 此定理又给出了研究解决函数零点问题的一个工具. (2) 从几何上看, 此定理的几何意义是: 函数在可导极值点处的切线平行于 x 轴. (3) 从极值研究的角度看, 定理 1.1 给出极值点的必要条件, 反之并不成立. 如 $f(x)=x^3$, 有 $f'(0)=0$, 但 $x=0$ 不是极值点. (4) 定理的证明中隐藏了这样一个结论.

设 $f(x)$ 在 x_0 点具有右导数 $f'_+(x_0)$, 有

(1) 若 $f'_+(x_0)>0$, 则存在 $\delta>0$, 使得当 $x_0<x<x_0+\delta$ 时, 成立 $f(x)>f(x_0)$.

(2) 若存在 $\delta>0$, 使得当 $x_0<x<x_0+\delta$ 时, 成立 $f(x)>f(x_0)$, 则 $f'_+(x_0)\geqslant 0$.

对左导数有类似的性质.

注 还可以用极限性质证明定理 1.1.

法二 由于 $f(x)$ 在点 x_0 可导, 由定义, 则

$$f'(x_0) = \lim_{x\to 0} \frac{f(x_0+x)-f(x_0)}{x},$$

由极限性质, 则

$$\frac{f(x_0+x)-f(x_0)}{x} = f'(x_0)+\alpha(x) \quad (x\to 0),$$

其中 $\lim\limits_{x\to 0}\alpha(x)=0$, 故,

$$f(x_0+x)-f(x_0) = x(f'(x_0)+\alpha(x)) \quad (x\to 0),$$

因此, 若 $f'(x_0)>0$, 则存在 $\delta>0$, 当 $0<|x|<\delta$ 时, 成立 $f'(x_0)+\alpha(x)>0$, 因而, 当 $0<x<\delta$ 时,

$$f(x_0+x)-f(x_0) = x(f'(x_0)+\alpha(x)) > 0,$$

当 $-\delta < x < 0$ 时,

$$f(x_0+x)-f(x_0)=x(f'(x_0)+\alpha(x))<0,$$

这与 x_0 为 $f(x)$ 的极值点矛盾, 故 $f'(x_0)>0$ 不成立.

同样, $f'(x_0)<0$ 也不成立, 因而, 必成立 $f'(x_0)=0$.

为便于极值点的计算, 引入驻点的概念.

定义 1.2 设 $f(x)$ 可微, 使得 $f'(x)=0$ 的点称为 $f(x)$ 的驻点.

推论 1.1 设 $f(x)$ 可微, 则 x_0 为 $f(x)$ 的极值点的必要条件是 x_0 为 $f(x)$ 的驻点.

建立了定理 1.1 后, 研究方程的根或函数零点问题的工具有两个: 其一, 连续函数的介值定理, 定量条件是两个异号点的确定; 其二, 费马定理, 给出导函数零点的存在性, 定量条件是内部极值点的存在性.

极值点是刻画函数曲线的一个主要指标, 这也是我们关心极值点的原因之一. 而定理 1.1 和其推论给出了寻找极值点的方法, 即在驻点中确定极值点, 也即利用导函数求出驻点, 然后判断驻点处的极值性质. 那么, 驻点存在吗? 这便是我们下一个要解决的问题.

二、罗尔定理

定理 1.2 若函数 $f(x)$ 满足如下条件:

(1) 在 $[a,\ b]$ 上连续;

(2) 在 $(a,\ b)$ 内可导;

(3)$f(a)=f(b)$.

则存在 $\xi\in(a,\ b)$, 使得 $f'(\xi)=0$.

结构分析 题型: 导函数零点的存在性. 类比已知: 此时针对此题型相应的处理工具有连续函数的零点定理和费马定理, 由于没有导函数的连续性, 考虑用费马定理证明, 这也就形成了证明的思路. 方法设计: 需要验证的条件就是寻找内部极值点. 类比题目条件形成具体方法: 由函数连续性, 得到最值存在性, 确定内部极值点, 由此完成证明.

证明 由条件 $f(x)$ 在 $[a,\ b]$ 上连续, 则 $f(x)$ 在 $[a,\ b]$ 上必取得最大值 M 和最小值 m.

(1) 若 $M=m$, 则 $f(x)$ 为常数函数, 故 $f'(x)=0$ 恒成立.

(2) 若 $M>m$, 由于 $f(a)=f(b)$, 则 M 和 m 不可能同时在端点取得, M 和 m 至少有一个在 (a,b) 内达到. 不妨设存在 $\xi\in(a,\ b)$, 使得 $f(\xi)=m$, 因而 ξ 为内部极小值点, 故, $f'(\xi)=0$.

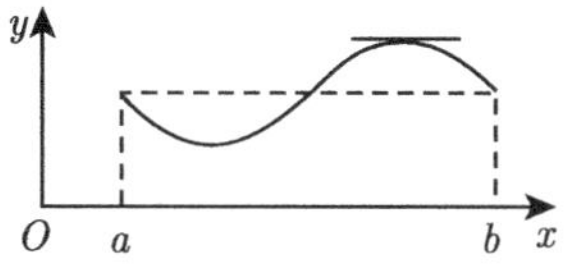

图 6-1 罗尔定理的几何意义

抽象总结 (1) 从代数结构看, 定理作用对象仍是导函数的零点问题, 这是定理作用对象的特征. 此时需要验证的条件是两个等值点的确定. (2) 从几何意义看 (图 6-1), 函数曲线在 ξ 点存在水平切线, 注意到条件中暗示了两个端点的连线也是水平的, 定理的结论可以抽象为函数曲线上存在一点使得此点处切线平行于两个端点的连线, 这为定理的推广做了准备. (3) 定理回答了驻点的存在性问题, 给出了驻点存在的条件. (4) 罗尔定理是最简单的微分中值定理形式, "闭区间上连续、开区间内可导" 是微分中值定理的条件的特征, 因此, 当题目中含有这样的条件时, 可以考虑微分中值定理为研究工具.

由于定理 1.2 的两个条件中, 一个是定性条件, 即函数的连续性和可导性, 一个是定量条件, 即两个端点等值, 这是一个要求相对较强的条件, 能否减弱或去掉此条件? 此结论能否推广到端点连线非水平的情形? 回答是肯定的. 这便是更进一步的中值定理.

三、 拉格朗日中值定理

定理 1.3 若函数 $f(x)$ 满足条件:

(1) 在 $[a, b]$ 上连续;

(2) 在 (a, b) 内可导.

则存在一点 $\xi \in (a, b)$, 使得

$$f'(\xi) = \frac{f(b) - f(a)}{b - a}.$$

特别地, 当 $f(a) = f(b)$ 时, 存在一点 $\xi \in (a, b)$, 使得

$$f'(\xi) = 0,$$

这就是罗尔定理.

结构分析 题型: 从要证明的结论看, 这类问题仍是方程根的问题或 (导) 函数的零点问题, 现在我们更一般地把这类问题称为中值问题. 类比已知: 关联紧密的已知理论是定理 1.2. 确定思路: 利用定理 1.2 证明. 方法设计: 类比定理 1.2, 通常采用构造函数法, 将结论的证明转化为所构造函数的导函数的零点问题. 难点: 构造函数 $\varphi(x)$, 使得

$$\varphi'(x) = f'(x) - \frac{f(b) - f(a)}{b - a}.$$

函数 $\varphi(x)$ 的具体构造方法不唯一.

证明 记 $\varphi(x) = f(x) - \dfrac{f(b) - f(a)}{b - a}x$, 则可以验证 $\varphi(x)$ 满足罗尔定理的条

件, 因而, 由定理 1.2, 在 $(a,\ b)$ 内至少存在一点 ξ, 使得 $\varphi'(\xi)=0$, 即 $f'(\xi)=\dfrac{f(b)-f(a)}{b-a}$.

抽象总结 (1) 证明方法还是构造函数法. 辅助函数 $\varphi(x)$ 的构造不唯一. 如还可以将端点连线的方程取为该函数:

$$\varphi(x)=f(x)-f(a)-\frac{f(b)-f(a)}{b-a}(x-a),$$

或

$$\varphi(x)=f(b)-f(x)-\frac{f(b)-f(a)}{b-a}(b-x).$$

(2) 定理的几何意义: 由于 $\dfrac{f(b)-f(a)}{b-a}$ 是函数曲线两个端点连线的斜率, 因此, 定理的几何含义仍是: 曲线上存在一点, 使得此点的切线平行于端点的连线 (图 6-2).

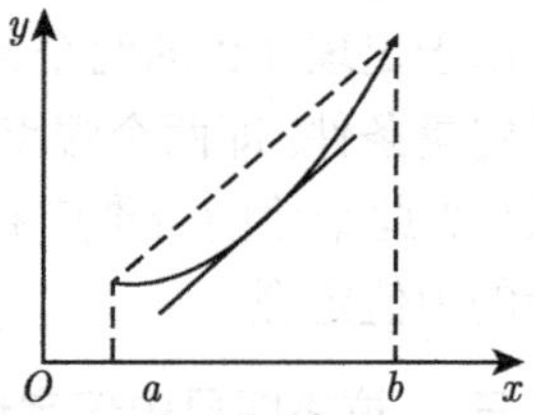

图 6-2 拉格朗日中值定理的几何意义

(3) 从定理结论的代数结构看, 定理 1.3 作用对象的特征仍是中值问题, 或介值问题或函数零点问题.

(4) 结论的结构特点: 其结论的结构相对复杂, 涉及中值点、区间的两个端点, 我们抽象为两个分离的结构特征, 即等式两端的分离结构——中值点与端点分离; 右端分离结构——两个端点也是分离的形式, 分子和分母都具有端点的差结构. 掌握这两个结构特征有利于定理的应用.

(5) 中值点的不同表示形式, $\xi\in(a,\ b)$ 等价于存在 $\theta\in(0,1)$, 使得 $\xi=a+\theta(b-a)$, 因而, 定理 1.3 的结论有不同的形式, ①可以写为形式 $f(b)=f(a)+f'(\xi)(b-a)$, 此结构常用于计算或估计函数值, 更进一步的推广形式是后面的泰勒 (Taylor) 公式. ②若取 $b=a+h$, 还有常用的形式:

$$f(a+h)-f(a)=f'(a+\theta h)h,\quad 0<\theta<1,$$

注意到左端是函数的差值 (增量) 结构, 因而, 中值定理给出了**导函数和函数值的差或函数增量的联系,** 因而, 函数差值结构可以视为中值定理作用对象的特征, 由此通过导数研究函数的分析性质, 这正是中值定理的作用.

四、 柯西中值定理

拉格朗日中值定理的进一步发展.

在更为复杂的情形, 对函数的研究通常要借助于与之相关函数来进行, 这就需要建立不同函数之间的联系或其导数关系, 那么, 不同函数间是否也有上述类似的导数和函数的关系? 这就是定理 1.3 的进一步推广. 我们先简单分析一下.

若函数 $f(x)$ 和 $g(x)$ 都满足定理 1.3 的条件, 则分别利用定理 1.3, 得存在 $\xi_1 \in (a,b)$, $\xi_2 \in (a,b)$, 使得

$$f'(\xi_1)=\frac{f(b)-f(a)}{b-a},$$

$$g'(\xi_2)=\frac{g(b)-g(a)}{b-a},$$

因而

$$\frac{f'(\xi_1)}{g'(\xi_2)}=\frac{f(b)-f(a)}{g(b)-g(a)}.$$

显然, 此式建立了两个函数及其导函数之间的关系, 但是, 这个关系式并不简洁, 也不好用, 原因在于 ξ_1 和 ξ_2 不一定相等. 换句话说, 若二者相等, 这将是一个好的结果. 那么, 二者是否有可能相等? 即是否存在 $\xi \in (a,\ b)$, 使得

$$\frac{f'(\xi)}{g'(\xi)}=\frac{f(b)-f(a)}{g(b)-g(a)}?$$

再从几何的角度考虑. 我们知道, 定理 1.3 的几何意义是, 在曲线 $y=f(x)$ 上, 存在点 $(\xi, f(\xi))$, 使得此点的切线平行于曲线两端点的连线. 现在, 我们考虑如下以参数方程给出的曲线 $l: x=g(t), y=f(t), t\in(a,b)$, 则对应于曲线 l 上任一点 $(x,y)=(g(t),f(t))$, 此点的切线斜率为

$$k=y'(x)=\frac{\mathrm{d}y/\mathrm{d}t}{\mathrm{d}x/\mathrm{d}t}=\frac{f'(t)}{g'(t)},$$

而两端点的连线斜率为 $\dfrac{f(b)-f(a)}{g(b)-g(a)}$. 因而, 由定理 1.3, 若曲线 l 上存在一点, 设为 $(x_0,y_0)=(g(\xi),f(\xi))$, 使得此点的切线平行于端点的连线, 则必有 $\dfrac{f'(\xi)}{g'(\xi)}=\dfrac{f(b)-f(a)}{g(b)-g(a)}$.

上述分析表明, 定理 1.3 可以进一步推广, 这就是柯西中值定理.

定理 1.4 若函数 $f(x)$ 和 $g(x)$ 满足如下条件:

(1) 在 $[a,\ b]$ 上连续;

(2) 在 $(a,\ b)$ 内可导;

(3)$g'(x)\neq 0$.

则存在 $\xi \in (a, b)$, 使得

$$\frac{f'(\xi)}{g'(\xi)} = \frac{f(b)-f(a)}{g(b)-g(a)}.$$

结构分析 题型: 中值问题. 思路确立: 微分中值定理, 事实上, 定理条件中具有明显的微分中值定理的条件特征, 由此确立微分中值定理的思路. 方法设计: 和定理 1.3 类似, 采用构造函数法, 转化为导函数的零点, 为此将结论形式写为

$$f'(\xi) = \frac{f(b)-f(a)}{g(b)-g(a)}g'(\xi),$$

或

$$f'(\xi) - \frac{f(b)-f(a)}{g(b)-g(a)}g'(\xi) = 0,$$

由此很容易构造辅助函数.

证明 显然, $g(a) \neq g(b)$, 否则, 由罗尔定理, 存在 $\xi \in (a, b)$, 使得 $g'(\xi) = 0$, 与条件 (3) 矛盾. 因而, 构造函数

$$F(x) = f(x) - \frac{f(b)-f(a)}{g(b)-g(a)}g(x),$$

可验证 $F(a) = F(b)$, 由定理 1.2, 存在 $\xi \in (a,b)$, 使得 $F'(\xi) = 0$, 即

$$\frac{f'(\xi)}{g'(\xi)} = \frac{f(b)-f(a)}{g(b)-g(a)}.$$

注 定理 1.4 中, 取 $g(x) = x$ 即得到定理 1.3.

抽象总结 (1) 定理 1.2~定理 1.4 都是微分中值定理, 从解析角度看, 都是确定区间内的点, 使得此点的导数满足特定要求; 从几何角度看, 都是曲线几何特征的不同形式、不同角度的刻画: 对光滑曲线, 曲线上存在一点使得此点的切线平行于两个端点的连线. (2) 证明方法是构造函数法或辅助函数构造法, 转化为导函数零点问题. (3) 三个定理关系: 从建立过程看, 我们从极值点的必要条件出发, 从简单到复杂, 从特殊到一般, 引入了不同形式的微分中值定理, 体现出它们的关系:

$$\text{柯西中值定理} \xrightarrow{g(x)=x} \text{拉格朗日中值定理} \xrightarrow{f(a)=f(b)} \text{罗尔定理}$$

(4) 定理的应用 ①定理作用对象的典型特征就是中值问题. 此时, 要注意定理 1.4 的结论具有的分离的结构特征: 端点与中值点分离、端点分离; ②定理还可

以利用导数研究函数的其他分析性质, 特别注意到结论中含有差值结构, 因而, 可以通过微分中值定理, 利用导数信息研究函数差值 (或增量).

(5) 中值定理中的中值点 $\xi \in (a,b)$ 都可以表示为 $\xi = a+\theta(b-a)$, $\theta \in (0,1)$, 一般来说, θ 或 ξ 不能具体确定, 但对大部分函数研究来说, 已经足够了. 对一些简单的函数, 可以具体确定 θ 或 ξ.

五、 中值定理的应用举例

1. 中值问题

例 1 设 $f(x)$ 在 $[a,b]$ 上具有连续导数, 在 $(a,\ b)$ 上二阶可微, 且 $f(a) = f(b) = f'(a) = 0$, 证明: $f''(x) = 0$ 在 (a,b) 内至少有一个根.

结构分析 题型: 导函数的零点问题, 这是中值问题最简单的情形. 思路确立: 关联最紧密的是罗尔定理, 由此确定思路. 方法设计: 根据罗尔定理的条件, 要证明二阶导函数有一个零点, 必须确定一阶导函数有两个等值点, 由于已知 $f'(a) = 0$, 只需寻找导函数的另一个零点.

证明 由于 $f(a) = f(b)$, 由罗尔定理, 存在 $\xi \in (a,b)$, 使得 $f'(\xi) = 0$, 故 $f'(\xi) = f'(a)$, 对导函数再次用罗尔定理, 则存在 $\zeta \in (a,b)$, 使得 $f''(\zeta) = 0$.

例 2 证明: 对任意 $b > a > 0$, 存在 $\xi \in (a,b)$, 使得

$$ae^b - be^a = (1-\xi)e^{\xi}(a-b).$$

结构分析 题型结构: 典型的中值问题. 思路确立: 确定使用中值定理解决. 方法设计: 根据两个分离的结构特征, 将端点和中值点分离、两个端点分离, 由此确定对什么函数使用中值定理, 使用哪个中值定理, 如何用. 为此, 利用形式统一的思想对要证明的等式进行转化, 首先, 分离中值点和端点, 结论转化为

$$(1-\xi)e^{\xi} = \frac{ae^b - be^a}{a-b};$$

注意到右端的两个端点还没有分离, 再次分离端点, 结论再转化为

$$(1-\xi)e^{\xi} = \frac{\dfrac{1}{b}e^b - \dfrac{1}{a}e^a}{\dfrac{1}{b} - \dfrac{1}{a}}.$$

通过右端, 类比中值定理, 就可以形成具体的求解方法.

证明 法一 利用拉格朗日中值定理证明.

记 $f(x) = xe^{\frac{1}{x}}$, 则 $f(x)$ 在 $\left[\dfrac{1}{b}, \dfrac{1}{a}\right]$ 上连续, 在 $\left(\dfrac{1}{b}, \dfrac{1}{a}\right)$ 内可导.

由拉格朗日中值定理得, 存在 $\eta\in\left(\frac{1}{b},\frac{1}{a}\right)$, 使 $\dfrac{f\left(\frac{1}{b}\right)-f\left(\frac{1}{a}\right)}{\frac{1}{b}-\frac{1}{a}}=f'(\eta)$, 即

$$\frac{\frac{1}{b}\mathrm{e}^b-\frac{1}{a}\mathrm{e}^a}{\frac{1}{b}-\frac{1}{a}}=\mathrm{e}^{\frac{1}{\eta}}+\eta\mathrm{e}^{\frac{1}{\eta}}\left(-\frac{1}{\eta^2}\right)=\left(1-\frac{1}{\eta}\right)\mathrm{e}^{\frac{1}{\eta}},$$

令 $\xi=\frac{1}{\eta}$, 则 $\xi\in(a,b)$, 于是 $\dfrac{\frac{1}{b}\mathrm{e}^b-\frac{1}{a}\mathrm{e}^a}{\frac{1}{b}-\frac{1}{a}}=(1-\xi)\mathrm{e}^{\xi}$.
即得所证明的结论.

法二 利用柯西中值定理证明.

记 $F(x)=\frac{1}{x}\mathrm{e}^x$, $G(x)=\frac{1}{x}$, 在 $[a,b]$ 上利用柯西中值定理即可.

例 3 设 $f(x)$ 在 $[a,\ b]$ 上连续, 在 $(a,\ b)$ 内可导, 证明存在 $\xi,\zeta\in(a,b)$, 使得 $2f(\zeta)f'(\zeta)=f'(\xi)(f(b)+f(a))$.

结构分析 题型: 涉及两个中值点, 把这类问题称为双中值点问题. 思路确立: 微分中值定理. 方法设计: 常规的处理方法是对两个相关联的不同函数使用中值定理, 产生两个中值点, 利用共同的值将二者联系起来. 对本例, 从结构看, 左端是 $f^2(x)$ 的导函数的中值点, 由此确定证明的思路和方法

证明 对 $f^2(x)$ 应用中值定理, 则存在 $\zeta\in(a,b)$, 使得

$$2f(\zeta)f'(\zeta)=\frac{f^2(b)-f^2(a))}{b-a},$$

对 $f(x)$ 应用中值定理, 则存在 $\xi\in(a,b)$, 使得

$$f'(\xi)=\frac{f(b)-f(a))}{b-a},$$

故结论成立.

2. 不等式问题

不等式也是一种差值结构, 可以利用中值定理进行研究

事实上, 由拉格朗日中值定理, 若 $h(a,b)\leqslant f'(x)\leqslant g(a,b)$, $x\in(a,b)$, 则

$$h(a,b)\leqslant\frac{f(b)-f(a)}{b-a}\leqslant g(a,b),$$

这就是一个双参量不等式. 因而, 对双参量不等式可以利用对导数的估计进行证明. 当然, 当 a 或 b 取为一个确定的数时, 双参量不等式就变成了单参量不等式.

例 4　证明: 当 $a>b>0$ 时, $\frac{a-b}{a}<\ln\frac{a}{b}<\frac{a-b}{b}$.

结构分析　题型结构: 双参量不等式. 确立思路: 考虑用中值定理证明. 方法设计: 为此, 类比已知, 利用两个分离的结构特征将结论转化为中值定理的形式 $\frac{f(b)-f(a)}{b-a}$ 或 $\frac{f(b)-f(a)}{g(b)-g(a)}$, 然后确定相应的函数形式, 根据函数形式选用合适的中值定理, 转化为对导数界的估计. 本例, 结论形式转化为中值定理的形式为: 证明如下结论 $\frac{1}{a}<\frac{\ln a-\ln b}{a-b}<\frac{1}{b}$, 显然, 应取 $f(x)=\ln x$.

证明　在 $[b, a]$ 上对 $f(x)=\ln x$ 用定理 1.3, 则存在 $\zeta\in(b,a)$, 使得

$$\frac{f(a)-f(b)}{a-b}=\frac{\ln a-\ln b}{a-b}=\frac{1}{\zeta},$$

故, $\frac{1}{a}<\frac{\ln a-\ln b}{a-b}<\frac{1}{b}$.

若取 $b=1$, 则双参量不等式

$$\frac{a-b}{a}<\ln\frac{a}{b}<\frac{a-b}{b}$$

就变成了单参量不等式

$$\frac{a-1}{a}<\ln a<a-1,$$

因而, 这样的不等式同样用中值定理证明.

当然, 作为数学分析的核心内容, 微分中值定理的作用对象不仅仅是上述几个例子所代表的题型.

习　题　6.1

分析下列题目结构, 给出结构特点, 给出证明题目所用到的已知定理或结论, 完成题目证明.

1. 设 $f(x)=x^5+2x^2-3x-1$, 证明 $f'(x)=0$ 于 $(0, 1)$ 中至少有一根.

2. (1) 设 $a+b+c$=0, 证明: $3ax^2+2bx+c=0$ 在 $(0, 1)$ 内至少有一个根.

(2) 设实数 $a_0,a_1,\cdots,a_n$ 满足 $\frac{a_n}{n+1}+\frac{a_{n-1}}{n}+\cdots+\frac{a_1}{2}+a_0=0$, 证明方程 $a_nx^n+a_{n-1}x^{n-1}+\cdots+a_1x+a_0=0$ 在 (0,1) 内至少有一个根.

3. 设 $f(x)$ 在 (a, b) 内可导, 且 $\lim\limits_{x\to a^+}f(x)=\lim\limits_{x\to b^-}f(x)$, 证明存在 $\zeta\in(a,b)$, 使得 $f'(\zeta)=0$.

4. 设 $f(x)$ 在 $[a, b]$ 上连续, $f(a)=f(b)=0$, $f'(a)\cdot f'(b)>0$, 证明 $f(x)$ 在 (a,b) 内至少有一个零点.

5. 设 $f(x)$ 在 $U(x_0,\delta)$ 连续, 在 $\mathring{U}(x_0,\delta)$ 可导且 $\lim\limits_{x\to x_0} f'(x)$ 存在, 证明 $f'(x_0)$ 存在且 $f'(x_0)=\lim\limits_{x\to x_0} f'(x)$.

6. 设 $b>a>0$, $f(x)$ 在 $[a, b]$ 上连续, 在 (a,b) 内可导, 证明存在 $\zeta\in(a,b)$, 使得

$$2\zeta[f(b)-f(a)]=(b^2-a^2)f'(\zeta).$$

7. 设 $f(x)$ 在 $[a, b]$ 上连续, 在 (a, b) 内可导, 且 $f(a)=f(b)=0$, 证明: 对任意的实数 α, 存在 $\xi\in(a,b)$, 使得

$$\alpha f(\xi)=f'(\xi).$$

8. 对任意 $b>a>0$, 证明: 存在 $\xi\in(a,b)$ 使得

$$2\xi^3(\mathrm{e}^{\frac{1}{a}}-\mathrm{e}^{\frac{1}{b}})=\mathrm{e}^{\frac{1}{\xi}}(b^2-a^2).$$

9. 设 $f(x)$ 在 $[0, 1]$ 上连续, 在 $(0, 1)$ 内可导, $f(0)=0$, 证明: 存在 $\xi\in(0,1)$, 使得

$$f^2(1)=\frac{\pi}{2}f'(\xi)f(\xi)(1+\xi^2).$$

10. 设 $f(x)$ 在 $[a, b]$ 上连续, 在 (a, b) 内可导, $f(a)+f(b)>0$, 证明: 存在 $\xi,\eta\in(a,b)$, 使得

$$(f(a)+f(b))f'(\xi)=2f(\eta)f'(\eta).$$

11. 设 $f(x)$ 在 $[0, 1]$ 上连续, 在 $(0, 1)$ 内可导, 证明: 存在 $\xi\in(0,1)$, 使得

$$\frac{\pi}{4}(1+\xi^2)f(1)=f(\xi)+(1+\xi^2)f'(\xi)\arctan\xi.$$

12. 设 $f(x)$ 在 $[a,b]$ 上可导, $U(x_0,\delta)\subset(a,b)$, 证明存在 $\theta\in(0,1)$, 使得

$$\frac{f(x_0+\delta)-2f(x_0)+f(x_0-\delta)}{\delta}=f'(x_0+\theta\delta)-f'(x_0-\theta\delta).$$

(提示: 对 $F(x)=f(x_0+x)+f(x_0-x)$ 在 $[0,\delta]$ 上用中值定理.)

13. 设 $f(x)$ 在 $(a,+\infty)$ 可导, 且 $\lim\limits_{x\to+\infty} f'(x)=A$, 证明 $\lim\limits_{x\to+\infty}\dfrac{f(x)}{x}=A$.

14. 证明下列不等式:

(1) $|\sin b-\sin a|\leqslant|b-a|$;

(2) $\dfrac{h}{1+h^2}<\arctan h<h,\quad h>0$;

(3) $\dfrac{x}{1+x}<\ln(1+x)<x,\quad \forall x>0$;

(4) $n(b-a)a^{n-1}<b^n-a^n<n(b-a)b^{n-1}$, 其中 $b>a>0, n\geqslant 2$.

6.2　微分中值定理的应用

本节, 我们利用微分中值定理研究函数的分析和几何性质.

一、 函数的分析性质

下面, 利用中值定理研究函数的分析性质.

定理 2.1　设 $f(x)$ 在 $[a,b]$ 上连续, 在 (a,b) 内可导且 $f'(x)\equiv 0,\ x\in(a,b)$, 则 $f(x)$ 恒为常数, 即存在常数 C, 使得

$$f(x)\equiv C,\quad x\in[a,b].$$

结构分析　题型: 验证函数为常数函数. 思路确立: 根据此题目常规 (初等) 验证方法, 需要证明任意两点处的函数值相等, 或函数值的差为 0, 由此确定研究对象为差值结构. 思路确立: 类比已知, 差值结构是微分中值定理作用对象的特征, 确定用微分中值定理证明的思路.

证明　对任意的 $x,y\in(a,b)$, 利用拉格朗日中值定理, 存在 $\theta\in(0,1)$, 使得

$$f(x)-f(y)=f'(x+\theta(y-x))(x-y)=0,$$

故, $f(x)=f(y)$, 由 $x,y\in(a,b)$ 的任意性, 则存在常数 C, 使得

$$f(x)\equiv C,\quad x\in(a,b),$$

利用连续性, 上式在 $[a,\ b]$ 上也成立.

推论 2.1　设 $f(x),g(x)$ 在 $[a,b]$ 上连续, 在 (a,b) 内可导, 且 $f'(x)=g'(x),x\in(a,b)$, 则 $f(x),g(x)$ 至多相差一个常数, 即存在常数 c, 使得 $f(x)-g(x)=c,x\in[a,b]$.

抽象总结　定理 2.1 给出了证明函数为常数函数的新的高级工具, 从此, 将函数为常数函数的证明转化为导数的计算.

导数是比连续更高一级的分析性质, 因而, 可导应该连续, 下面, 我们将导出这个结论, 我们先引入一个介于二者之间的一个概念.

定义 2.1　设 $f(x)$ 在 $[a,b]$ 上有定义, 若存在实数 $L>0$, 使得对任意的 $x_i\in[a,b],i=1,2$, 都成立

$$|f(x_1)-f(x_2)|\leqslant L|x_1-x_2|,$$

称 $f(x)$ 在 $[a,b]$ 上满足利普希茨 (Lipschitz) 条件, 其中 L 称为利普希茨系数 (常数). 也称 $f(x)$ 为 $[a,b]$ 上的利普希茨 (连续) 函数.

由定义, 很显然, 利普希茨连续函数一定是一致连续函数, 因而, 也是连续函数, 反之, 不一定成立. 下面的结论反映了利普希茨连续和可导的关系.

推论 2.2 若 $f(x)$ 在 $[a,b]$ 上具有有界的导数, 则 $f(x)$ 为 $[a,b]$ 上的利普希茨连续函数.

证明 不妨设 $|f'(x)| \leqslant L,\ x \in [a,b]$, 则由拉格朗日中值定理, 对任意的 $x, y \in [a,b]$, 存在 $\theta \in (0,1)$, 使得

$$|f(y)-f(x)| = |f'(x+\theta(y-x))| \cdot |y-x| \leqslant L|y-x|,$$

故, $f(x)$ 为 $[a,b]$ 上的利普希茨连续函数.

从上述结论可知, 利普希茨连续是介于一致连续和可导之间的一个分析概念, 因此, 若按光滑性将这几个概念排列的话, 从低到高的顺序为连续—一致连续—利普希茨连续—可导. 事实上, 利普希茨连续也是一个在后续课程中常遇到的一个概念, 那里我们将要证明: 利普希茨连续函数是几乎处处可导函数.

进一步研究导函数的性质.

定理 2.2 设 $f(x)$ 在 (a,b) 可导, 则 $f'(x)$ 在 (a,b) 内至多有第二类间断点, 即若 $x_0 \in (a,b)$ 为 $f'(x)$ 的间断点, 则 $f'(x_0+)$ 和 $f'(x_0-)$ 至少有一个不存在.

结构分析 题型: 由于结论形式是否定式, 这是否定性命题, 通常用反证法证明. 方法设计: 反证法的反证假设 "$x_0 \in (a,b)$ 为 $f'(x)$ 的间断点", 要导出的矛盾应该是 "$x_0 \in (a,b)$ 为 $f'(x)$ 的连续点", 即要证明 $f'(x_0+)$ 和 $f'(x_0-)$ 二者相等且等于此点的导数, 因此, 本定理相当于已知 $f'(x_0+) = \lim\limits_{x \to x_0^+} f'(x)$ 和 $f'(x_0-) = \lim\limits_{x \to x_0^-} f'(x)$, 证明

$$f'(x_0-) = \lim_{x \to x_0^-} f'(x) = f'(x_0) = f'(x_0+) = \lim_{x \to x_0^+} f'(x),$$

因此, 解决问题的关键是建立导数和导数左右极限的关系. 我们知道, 导数定义本身就是一个极限, 因此, 自然的思路就是将极限转化为左右极限, 并将导数定义中函数的差值结构转化为导数, 这正是中值定理的功能.

证明 设 $x_0 \in (a,b)$ 为 $f'(x)$ 的间断点, 且 $f'(x_0+)$ 和 $f'(x_0-)$ 都存在, 即 $\lim\limits_{x \to x_0^+} f'(x) = f'(x_0+)$ 和 $\lim\limits_{x \to x_0^-} f'(x) = f'(x_0-)$ 都存在.

由于 $f(x)$ 在 (a,b) 可导, 因而在 x_0 可导, 故

$$f'(x_0) = \lim_{x \to x_0} \frac{f(x)-f(x_0)}{x-x_0}, \tag{1}$$

存在, 因而, 利用极限性质, 则

$$f'(x_0)=\lim_{x\to x_0^+}\frac{f(x)-f(x_0)}{x-x_0},\tag{2}$$

$$f'(x_0)=\lim_{x\to x_0^-}\frac{f(x)-f(x_0)}{x-x_0},\tag{3}$$

当 $x>x_0$ 且充分接近 x_0 时, 使得 $[x,\,x_0]\subset(a,b)$, 则, 在 $[x,\,x_0]$ 上用中值定理, 存在 $\xi_x\in(x_0,x)$, 使得 $f'(\xi_x)=\dfrac{f(x)-f(x_0)}{x-x_0}$, 由 (2), 则 $f'(x_0)=\lim\limits_{x\to x_0^+}f'(\xi_x)$, 因而, 由假设条件 $\lim\limits_{x\to x_0^+}f'(x)=f'(x_0+)$ 的存在性, 则

$$f'(x_0)=\lim_{x\to x_0^+}f'(\xi_x)=f'(x_0+).$$

类似, $f'(x_0)=f'(x_0-)$, 故 $f'(x_0)=f'(x_0+)=f'(x_0-)$, 因而 $f'(x)$ 在 x_0 点连续, 与假设矛盾.

定理 2.2 表明: 在可导条件下, (a,b) 中的点要么是 $f'(x)$ 的连续点, 要么是 $f'(x)$ 的第二类间断点, 不可能有 $f'(x)$ 的第一类和可去间断点.

注　定理 2.2 中, 可导的条件是必需的. 如 $f(x)=|x|,x\in(-1,1)$, x=0 是 $f'(x)$ 的第一类间断点. 这并不与定理 2.2 矛盾, 因为 $f(x)$ 在 x=0 点不可微, 不满足定理 2. 2 的条件.

例 1　设 $f(x)=\begin{cases}x^2\sin\dfrac{1}{x}, & x\neq 0,\\ 0, & x=0,\end{cases}$ 考察导函数 $f'(x)$ 的连续性, 若 $f'(x)$ 有间断, 考察其间断点的类型.

解　显然, $x\neq 0$ 时, $f(x)$ 可导且此时

$$f'(x)=2x\sin\frac{1}{x}-\cos\frac{1}{x},$$

又, $f'(0)=\lim\limits_{x\to 0}\dfrac{f(x)-f(0)}{x}=0$, 故

$$f'(x)=\begin{cases}2x\sin\dfrac{1}{x}-\cos\dfrac{1}{x}, & x\neq 0,\\ 0, & x=0,\end{cases}$$

因而, $f(x)$ 在整个定义域内可导. 显然, 由初等函数的连续性, $f'(x)$ 在 $x\neq 0$ 时

连续. 且注意到 $\lim\limits_{x\to0^+}\left(2x\sin\frac{1}{x}-\cos\frac{1}{x}\right)$ 和 $\lim\limits_{x\to0^-}\left(2x\sin\frac{1}{x}-\cos\frac{1}{x}\right)$ 都不存在, 故 $x=0$ 为 $f'(x)$ 的第二类间断点.

下面的定理非常有趣.

定理 2.3 设 $f(x)$ 在 $[a,b]$ 上可导且 $f'(a)\cdot f'(b)<0$, 则存在 $\xi\in(a,b)$, 使得 $f'(\xi)=0$.

结构分析 题型: 导函数的零点问题. 思路确立: 解决这类问题的最直接的工具是罗尔定理, 但是, 本题罗尔定理的条件不满足, 不能直接用罗尔定理. 在不能直接利用定理结论的情形下, 常规的处理方法是利用定理的证明思想. 我们知道, 证明罗尔定理的思想是寻找内部最值点, 因而, 可以考虑用这种证明思想证明本定理, 故, 解决问题的关键是通过端点的导数分析端点值的性质, 从而确定一个内部最值点.

证明 由于 $f(x)$ 在 $[a,b]$ 上可导, 因而, $f(x)$ 在 $[a,b]$ 上连续, 故, $f(x)$ 在 $[a,b]$ 上可达到最大值 M 和最小值 m.

下面, 用剩下的条件说明最值至少有一个在内部达到.

由于 $f'(a)\cdot f'(b)<0$. 不妨设 $f'(a)<0, f'(b)>0$. 由导数定义, 则

$$f'(a)=\lim_{x\to a^+}\frac{f(x)-f(a)}{x-a}<0,$$

由极限保号性, 存在 $\xi_1>0$, 使得

$$\frac{f(x)-f(a)}{x-a}<0,\quad x\in(a,a+\xi),$$

故, $f(x)<f(a)$, $x\in(a,a+\xi_1)$. 故, $x=a$ 不是 $f(x)$ 的最小值点.

同样, 利用 $f'(b)>0$ 可得, 存在 $\xi_2>0$ 使得

$$f(x)<f(b),\quad x\in(b-\xi_2,b),$$

故, $x=b$ 不是 $f(x)$ 的最小值点. 因而, 最小值不能在端点达到, 必在内部达到, 即存在 $\xi\in(a,b)$, 使得 $f(\xi)=m$, 由费马定理, 则 $f'(\xi)=0$.

由定理 2.3 可以得到导函数的介值定理.

定理 2.4 设 $f(x)$ 在 $[a,b]$ 上可导且 $f'(a)<f'(b)$, 则对任意的 $c: f'(a)<c<f'(b)$, 存在 $\xi\in(a,b)$, 使得 $f'(\xi)=c$.

注 函数和导函数都有介值定理, 但是, 比较这两个结论, 可以发现二者的差别: 函数的介值定理必须要求函数具有连续性, 但导函数的介值定理并不要求导函数具有连续性, 即对导函数而言, 不管导函数是否连续, 都成立介值定理.

二、 几何性质

在函数的研究中, 由于函数的几何特性能给出函数性质的直观表现, 因而, 显得非常重要. 下面, 我们利用中值定理研究函数的几何性质, 为精确刻画函数曲线特性提供依据.

1. 单调性

单调性是函数的基本几何特性, 它用来确定函数曲线的走向. 下面的定理用导数来研究函数的单调性.

定理 2.5 设 $f(x)$ 在 $[a, b]$ 上连续, 在 (a, b) 内可导, 则 $f(x)$ 在 $[a, b]$ 上单调递增 (减) 的充要条件是 $f'(x) \geqslant 0(\leqslant 0), x \in (a,b)$.

证明 仅证明单调递增的情形.

必要性 设 $f(x)$ 在 $[a, b]$ 上单调递增, 对任意的 $x_0 \in (a,b)$, 利用 $f(x)$ 的单调性和在 x_0 的可导性, 则

$$f'(x_0) = \lim_{x \to x_0^+} \frac{f(x) - f(x_0)}{x - x_0} = \lim_{x \to x_0^-} \frac{f(x) - f(x_0)}{x - x_0} \geqslant 0,$$

由任意性, 则 $f'(x) \geqslant 0, x \in (a,b)$.

充分性 设 $f'(x) \geqslant 0, x \in (a,b)$, 对任意的 $x_i \in [a,b]$, $i = 1,2$, 且 $x_1 < x_2$, 由中值定理, 存在 $\xi \in (x_1, x_2)$, 使得

$$f(x_2) - f(x_1) = f'(\xi) \cdot (x_2 - x_1) \geqslant 0,$$

故 $f(x_2) > f(x_1)$, 因而, $f(x)$ 在 $[a,b]$ 单调递增.

更进一步, 还有

定理 2.6 若 $f(x)$ 在 $[a,b]$ 连续, 在 (a, b) 可导, 则当 $f'(x) > 0, x \in (a,b)$ 时, $f(x)$ 在 $[a,b]$ 上严格单调递增; 当 $f'(x) < 0, x \in (a,b)$ 时, $f(x)$ 在 $[a,b]$ 上严格单调递减.

用证明定理 2.5 的方法可以证明定理 2.6.

定理 2.6 的逆不成立. 如 $f(x) = x^3, x \in [-1,1]$, 则 $f(x)$ 严格递增, 但有 $f'(0) = 0$.

单调性是相对于给定区间的整体性质, 只能说 $f(x)$ 在某一区间上的单调性, 不能说在某一点的单调性.

即使有 $f'(x_0) > 0$, 也不一定能断定 $f(x)$ 在 x_0 的某邻域内是递增的, 如

$$f(x) = \begin{cases} x + 2x^2 \sin \dfrac{1}{x}, & x \neq 0, \\ 0, & x = 0, \end{cases}$$

可以计算

$$f'(x)=\begin{cases}1+4x\sin\dfrac{1}{x}-2\cos\dfrac{1}{x}, & x\neq 0,\\ 1, & x=0.\end{cases}$$

因而 $f'(0)=1>0$, 但 $f(x)$ 在 $x=0$ 的任何邻域内都不是单调的. 事实上, 取 $x_n=\dfrac{1}{2n\pi+\dfrac{\pi}{2}}$, 则 $f'(x_n)=1+4x_n>0$; 而若取 $x_n=\dfrac{1}{2n\pi}$, 则 $f'(x_n)=-1<0$, 因而, 不存在 $x=0$ 的任何邻域, 使 $f'(x)$ 在此邻域内不变号. 但是, 若增加导函数的连续, 则结论成立.

注 定理 2.5 和定理 2.6 的主要用途在于用它研究函数的单调性, 确定单调区间.

例 2 讨论 $f(x)=3x-x^3$ 的单调性, 并画出其略图.

解 由于

$$f'(x)=3-3x^2=3(1-x)(1+x),$$

故, $|x|<1$ 时, $f'(x)>0$; $|x|>1$ 时, $f'(x)<0$, 因而, $f(x)$ 在 $(-\infty,-1)\cup(1,+\infty)$ 上递减, 在 $(-1\ ,1)$ 上递增. 略图如图 6-3 所示.

利用单调性的讨论, 还可以证明不等式, 基本理论是: 若 $f'(x)\geqslant 0$, $x\in(a,b)$, 则 $f(x)$ 在 $[a,b]$ 上单调递增, 因而,

$$f(b)\geqslant f(x)\geqslant f(a),\quad x\in(a,b),$$

特别成立 $f(b)\geqslant f(a)$, 得到一个两点不等式. 再特别, 若 $f(a)=0$, 则

$$f(x)\geqslant 0,\ x\in(a,b),\quad 或 f(b)\geqslant 0,$$

从而得到一个关于 x 的数不等式或一个单参量不等式.

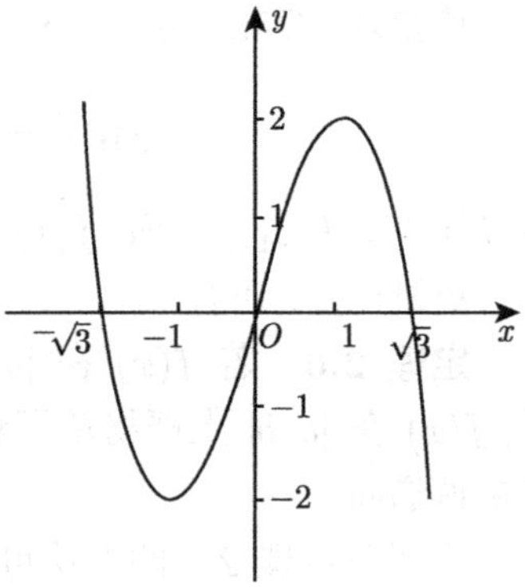

图 6-3

例 3 证明: $\dfrac{2}{\pi}x<\sin x<x,\ x\in\left(0,\dfrac{\pi}{2}\right)$.

结构分析 题型: 这是一个函数不等式, 单调性是研究函数不等式的常用方法, 由此, 可以将函数不等式的证明转化为相关函数的导函数符号的判断. 本题相当于证明 $x\in\left(0,\dfrac{\pi}{2}\right)$,

$$\sin x-\frac{2}{\pi}x>0\quad 和\quad x-\sin x>0,$$

只需判断相应函数的导函数符号, 当然, 有时需要多次求导进行判断.

证明　先证明 $\sin x < x$.

作辅助函数 $f(x) = x - \sin x$, 则

$$f'(x) = 1 - \cos x > 0, \quad x \in \left(0, \frac{\pi}{2}\right).$$

故, $f(x)$ 在 $\left[0, \frac{\pi}{2}\right]$ 上严格递增, 因此, $f(x) > f(0) = 0$, 即

$$\sin x < x, \quad x \in \left(0, \frac{\pi}{2}\right).$$

其次, 证明 $\frac{2}{\pi}x < \sin x, x \in \left(0, \frac{\pi}{2}\right)$.

作辅助函数 $g(x) = \sin x - \frac{2}{\pi}x$, 则

$$g'(x) = \cos x - \frac{2}{\pi}, \quad g''(x) = -\sin x < 0, \quad x \in \left(0, \frac{\pi}{2}\right),$$

因而, $g'(x)$ 在 $\left[0, \frac{\pi}{2}\right]$ 上严格递减. 由于 $g'(0) > 0, g'(1) < 0$, 故, 存在唯一的 $\xi \in \left(0, \frac{\pi}{2}\right)$, 使得 $g'(\xi) = 0$. 因而, 当 $x \in (0, \xi)$ 时 $g'(x) > g'(\xi) = 0$, 故 $g(x)$ 在 $[0, \xi]$ 上严格递增, 因而,

$$g(x) > g(0) = 0, \quad x \in (0, \xi),$$

注意到 $g(x) = \sin x - \frac{2}{\pi}x$ 在 ξ 点连续, 因而,

$$g(x) > g(0) = 0, \quad x \in (0, \xi],$$

即 $\sin x > \frac{2}{\pi}x, x \in (0, \xi]$.

当 $x \in \left(\xi, \frac{\pi}{2}\right)$ 时 $g'(x) < g'(\xi) = 0$, 故 $g(x)$ 在 $\left[\xi, \frac{\pi}{2}\right]$ 上严格递减, 因而,

$$g(x) > g\left(\frac{\pi}{2}\right) = 0, \quad x \in \left(\xi, \frac{\pi}{2}\right),$$

注意到 $g(x) = \sin x - \frac{2}{\pi}x$ 在 ξ 点连续, 因而,

$$g(x) > g\left(\frac{\pi}{2}\right) = 0, \quad x \in \left[\xi, \frac{\pi}{2}\right).$$

因而, 总成立

$$\frac{2}{\pi}x < \sin x, \quad x \in \left(0, \frac{\pi}{2}\right).$$

利用单调性也可以证明**双参量不等式**, 此时, 证明的关键在于引入合适的函数, 将其转化为函数的单调性.

例 4 证明: $e^{\pi} > \pi^{e}$.

结构分析 题型结构: 这是一个常数不等式, 涉及两个常量, 也可以视为双参量不等式, 由于不具有分离特征, 不能直接用中值定理证明. 此处我们给出另外的处理方法: 变量化方法, 即将一个常数变量化, 从而转化为函数不等式处理. 当然, 在具体的过程中可以形成不同的具体方法, 研究对象的结构越简单处理起来越容易, 因此, 尽可能将结构进行简化. 如本题, 如果直接进行变量化, 如将常数 e 变量化为变量 x, 则不等式的证明转化为函数不等式 $x^{\pi} > \pi^{x}$ 的证明, 涉及的两个函数分别为幂函数和指数函数, 而这两个函数的导数还是幂函数和指数函数, 没有发生变化, 因此, 利用导数研究函数的优势没有体现出来. 利用函数性质将函数化简后, 如利用对数函数的性质将上述不等式化为不等式 $\pi \ln x > x \ln \pi$ 后, 涉及的两个函数化为对数函数和一次幂函数, 求导后这两个函数的结构都得到了极大简化, 充分显示了利用导数研究函数的优势. 当然, 还可以将原不等式充分简化后再进行变量化处理. 如进行如下简化,

$$e^{\pi} > \pi^{e} \Leftrightarrow \pi \ln e > e \ln \pi \Leftrightarrow \frac{\ln e}{e} > \frac{\ln \pi}{\pi},$$

由此, 化为同一函数的函数值的比较.

证明 法一 令 $f(x) = \dfrac{\ln x}{x}, x > 0$, 则 $f'(x) = \dfrac{1 - \ln x}{x^2}$, 故

$$0 < x < e \text{ 时}, f'(x) > 0; x > e \text{ 时}, f'(x) < 0.$$

注意到 $\pi > e$, 显然在 $(e, +\infty)$ 上, $f(x)$ 严格递减, 因而, $f(e) > f(\pi)$, 这正是我们要证明的不等式.

注 也可以将其中的一个参数选为变量, 转化为一个关于 x 的不等式来证明, 方法如下:

法二 记 $f(x) = x - e\ln x$, 则

$$f'(x) = \frac{x - e}{x} > 0, \quad x > e,$$

因而, $f(x)$ 在 $(e, +\infty)$ 上严格单调递增, 故,

$$f(x) > f(e) = 0, \quad x > e,$$

特别有 $f(\pi) > 0$, 即 $\pi > e\ln\pi$, 亦即 $e^{\pi} > \pi^{e}$.

上述解题过程是用单调性证明不等式的标准方法和程序, 须熟练掌握.

利用单调性也可以判断方程根的唯一性.

例 5　设 $f(x)$ 在 $[a,b]$ 上具有连续的导函数, 且对任意的 $x \in [a,b]$, 都有 $f(x)+f'(x) \neq 0$, 证明: $f(x)=0$ 在 $[a,b]$ 上至多只有一个根.

结构分析　题型: 根的唯一性问题. 思路确立: 单调性理论是研究此类问题的有效工具. 方法设计: 只需证明 $f(x)$ 是严格单调的, 结合题目中含有导数的条件, 只需证明 $f'(x)$ 恒正或恒负, 即通过导函数的符号判断单调性, 进而得到根的唯一性, 这就是证明这类题目的思路方法. 因此, 本题相当于研究 $f'(x)$ 的符号, 由于条件只有一个, 即 $f(x)+f'(x) \neq 0$, 此条件表明 $f(x)+f'(x)$ 不变号, 既然是通过导函数的符号判断单调性, 那么, $f(x)+f'(x)$ 是何函数的导数或导函数的一部分? 换句话说, 哪种导数能产生因子 $f(x)+f'(x)$? 回忆所掌握的求导公式, 应该是乘积因子的导数形式, 即

$$(fg)' = fg' + f'g \xlongequal{g=g'} g(f+f'),$$

故, 取 $g(x)=e^{x}$, 由此, 判断 $f(x)g(x)=0$ 根的唯一性, 进而得到 $f(x)=0$ 的根的唯一性.

证明　令 $g(x)=e^{x}f(x)$, 则 $g'(x)=e^{x}[f(x)+f'(x)]$.

由于对任意的 $x \in [a,b]$, 都有 $f(x)+f'(x) \neq 0$, 且 $f(x)+f'(x)$ 连续, 因而, $f(x)+f'(x)$ 在 $[a,b]$ 上不变号, 否则, 必有 $\xi \in (a,b)$, 使得 $f(\xi)+f'(\xi)=0$, 与条件矛盾.

不妨设 $f(x)+f'(x) > 0, x \in (a,b)$, 因而, $g'(x) > 0, x \in (a,b)$. 故, $g(x)=0$ 至多有一个根, 因而, $f(x)=0$ 在 $[a,b]$ 上至多只有一个根.

注　不必证明 $f(x)=0$ 必有根.

再回到函数几何性质的研究上. 从例 1 知道, 仅有单调性, 只能给出函数的略图, 要想精确刻画函数的几何性质, 仅有单调性是远远不够的, 需要进一步的一些概念和性质, 我们继续引入这些量.

2. 函数的极值

从函数单调性的研究来看, 在可导条件下, 导函数不变号, 可以保证函数具有某一种单调性, 而改变函数单调性的点就是函数的极值点, 因此, 确定函数的极值点在刻画函数的几何性质和研究函数的分析性质时, 都有非常重要的作用. 下面, 我们研究极值点的确定.

从费马定理可知, 在可导条件下, 极值点一定是驻点, 这为极值点的确定预先限定了一个范围. 但是, 有例子表明, 不可导点也可能成为极值点, 如 $f(x)=$

$|x|, x\in[-1,1]$, 则 $x=0$ 为其极小值点, 当然, $x=0$ 是不可导点. 因而, 极值点包含在驻点和不可导点的集合内, 这两类点称为"可疑极值点". 但是, 进一步判断这些可疑极值点处的极值性质还需要进一步的判别方法.

定理 2.7 (极值点判别法则之一: 一阶导数判别法) 设 $f(x)$ 在 $U(x_0,\delta)$ 内连续, 在 $\mathring{U}(x_0,\delta)$ 内可导, 那么

(1) 若当 $x\in(x_0-\delta,x_0)$ 时, $f'(x)<0$, 当 $x\in(x_0,x_0+\delta)$ 时, $f'(x)>0$, 则 x_0 为 $f(x)$ 的极小值点;

(2) 若当 $x\in(x_0-\delta,x_0)$ 时, $f'(x)>0$, 当 $x\in(x_0,x_0+\delta)$ 时, $f'(x_0)<0$, 则 x_0 为 $f(x)$ 的极大值点;

(3) 若 $f'(x)$ 在 $\mathring{U}(x_0,\delta)$ 内不变号, 则点 x_0 不是 $f(x)$ 的极值点.

定理 2.7 的证明非常简单, 只需利用单调性定理. 略去.

定理 2.7 表明, 在可导条件下, 若函数在一点的两侧导数变号, 则此点一定是函数的极值点.

若 $f(x)$ 具二阶函数, 则有更进一步判别极值的方法.

定理 2.8 (极值点判别法则之二: 二阶导数判别法) 设 $f(x)$ 在 $U(x_0,\delta)$ 内可导, $f'(x_0)=0$, 且 $f''(x_0)$ 存在, 则

(1) 若 $f''(x_0)<0$, 则 x_0 是 $f(x)$ 的极大值点;

(2) 若 $f''(x_0)>0$, 则 x_0 是 $f(x)$ 的极小值点;

(3) 而当 $f''(x_0)=0$ 时, x_0 处的极值性质不确定.

简析 类比已知, 考虑用定理 2.7 证明, 证明定理的思路是利用二阶导数符号判断一阶导数的符号, 转化为定理 2.7 的情形.

证明 (1) 由于 $f''(x_0)$ 存在, 则

$$f''(x_0)=\lim_{x\to x_0}\frac{f'(x)-f'(x_0)}{x-x_0}$$

存在, 由极限的保号性, 存在 $\delta>0$, 使得 $\dfrac{f'(x)-f'(x_0)}{x-x_0}<0, x\in\mathring{U}(x_0,\delta)$, 故, 当 $x\in(x_0-\delta,x_0)$ 时, $f'(x)>f'(x_0)=0$.

类似, 当 $x\in(x_0,x_0+\delta)$ 时, $f'(x)<f'(x_0)=0$, 由定理 2.7, x_0 为 $f(x)$ 的极大值点.

(2) 类似 (1) 的证明.

(3) 只需举例说明. 如 $f(x)=x^3, f'(0)=f''(0)=0$, $x=0$ 不是其极值点. 而对 $f(x)=x^4, f'(0)=f''(0)=0$, $x=0$ 是极小值点.

有了上述理论, 函数的极值问题很容易解决. 具体步骤:

(1) 确定函数的可疑极值点: 不可导点和驻点;

(2) 可疑极值点处的极值性质的判断.

对不可导点, 必须用定义或用定理 2.7 进行判断.

对驻点, 一般用定理 2.8 进行判断.

而最后的结果用列表法表示既清晰又简单.

例 6　求 $f(x)=(x-1)\sqrt{x^3}$ 的极值点和极值.

解　$f(x)$ 的定义域是整个实数轴, 计算得, $x\neq 0$ 时 $f'(x)=\dfrac{5x-2}{3\cdot\sqrt[3]{x}}$, 求得驻点为 $x_1=\dfrac{2}{5}$, 而 x_2=0 是不可导点. 因而, $x_i(i=1,2)$ 是可疑极值点. 列表讨论这些点附近的导数符号和极值性质如表 6-1.

表 6-1

x	$(-\infty,0)$	0	$\left(0,\dfrac{2}{5}\right)$	$\dfrac{2}{5}$	$\left(\dfrac{2}{5},+\infty\right)$
$f'(x)$	+	不存在	−	0	+
$f(x)$	递增	极大值为 0	递减	极小值 $f(x_1)$	递增

由此得到结论.

下面, 我们引入与极值相关的最值的计算.

最值计算的问题具有很强的实际应用背景, 如路程最短问题、用料最省问题、效益最大问题等都可视为函数最值的问题. 我们已经知道: 若 $f(x)$ 在 $[a,\ b]$ 上连续, 则 $f(x)$ 在 $[a,\ b]$ 上一定有最大值、最小值. 这为求连续函数的最大 (小) 值提供了理论保证, 问题是如何计算最值呢? 下面, 我们给出连续函数 $y=f(x)$ 在 $[a,b]$ 上的最值计算的步骤.

由于最值即可在端点达到, 又可以在内部达到, 而在内部达到时, 最值点一定是极值点, 因此, 内部最值点可以通过内部极值点来确定, 注意到不可导点也可能成为极值点, 最值又是唯一, 由此, 将最值和最值点的计算步骤归结如下:

(1) 在可导点处, 计算导函数 $f'(x)$;

(2) 在 $(a,\ b)$ 内求解方程 $f'(x)=0$, 得驻点 $x_1,x_2,\cdots,x_k$;

(3) 判断并计算出不可导点, 记为 $x_{k+1},x_{k+2},\cdots,x_n$;

(4) 计算驻点、不可导点和端点处的函数值

$$f(a),f(x_i),f(b),\quad i=1,2,\cdots,n;$$

(5) 比较　把上述各点处的函数值作比较, 其中最大者为最大值, 最小者为最小值.

例 7　求函数 $f(x)=|2x^3-9x^2+12x|$ 在 $\left[-\dfrac{1}{4},\dfrac{5}{2}\right]$ 上的最大值与最小值.

解 显然,

$$f(x)=\begin{cases}2x^3-9x^2+12x, & x>0,\\ -(2x^3-9x^2+12x), & x\leqslant 0,\end{cases}$$

则

$$f'(x)=\begin{cases}6x^2-18x+12, & x>0,\\ -(6x^2-18x+12), & x<0,\end{cases}$$

$x=0$ 为不可导点.

求解 $f'(x)=0$, 得驻点 $x_1=1,\ x_2=2$. 计算得

$$f\left(-\frac{1}{4}\right)=\frac{115}{32},\quad f(0)=0,\quad f(1)=5,\quad f(2)=4,\quad f\left(\frac{5}{2}\right)=5,$$

故, 最大值为 $f(1)=5$, 最小值为 $f(0)=0$.

3. 函数的凸性

前面我们讨论了函数的单调性和极值性质, 这对函数曲线性态的了解有很大作用. 但是, 仅有这些性质, 仍不能准确刻画函数曲线, 如单调时是以什么样的方式单调. 因此, 为了更深入和更精确地掌握函数的形态, 我们继续引入能更精确刻画函数形态的函数凸性的概念.

什么叫函数的凸性呢? 从几何上看, 简单地说, 所谓凸性就是指函数曲线凸起的方向, 如向下凸还是向上凸, 我们先以两个具体函数为例, 从直观上看一看何谓函数的凸性. 如函数 $y=\sqrt{x}$ 和 $y=x^2$ 在 $x>0$ 时都是单调递增的, 但是, 二者单调递增的方式不同, 前者所表示的曲线以向上凸的方式递增, 而后者所表示的曲线是以向下凸的方式递增. 那么, 如何从数学上, 区分两种单调性的方式, 给出凸性的定义? 通过简单的分析, 我们发现其凸性的几何特征: 若 $y=f(x)$ 的图形在区间 I 上是下凸的, 那么连接曲线上任意两点所得的弦在曲线的上方; 若 $y=f(x)$ 的图形在区间 I 上是上凸的, 那么连接曲线上任意两点所得的弦在曲线的下方, 因此, 比较同一条铅直线上曲线上和弦上对应点的纵坐标的大小, 就可以判断弦与曲线的上、下位置关系. 从而有以下定义.

定义 2.2 设函数 $f(x)$ 在 $[a,\ b]$ 上连续, 若对 $[a,\ b]$ 上任意两点 x_1, x_2 和任意实数 $\lambda\in(0,1)$ 总有

$$f(\lambda x_1+(1-\lambda)x_2)\leqslant\lambda f(x_1)+(1-\lambda)f(x_2),$$

称 $f(x)$ 为 $[a,\ b]$ 上的下凸函数. 反之, 如果总有

$$f(\lambda x_1+(1-\lambda)x_2)\geqslant\lambda f(x_1)+(1-\lambda)f(x_2),$$

称 $f(x)$ 为 $[a,b\,]$ 上的上凸函数.

信息挖掘 (1) 从凸性定义的结构看, 凸性定义中的不等式仍是函数值的比较, 注意到右端函数值的系数和为 1 , 因此, 此不等式仍是函数差值结构, 这为利用微分中值定理研究凸性提供了依据.

(2) **凸函数的几何意义** ①若 $y=f(x)$ 在区间 I 上是下凸的, 对应曲线向下凸起, 那么连接曲线上任意两点所得的弦在曲线的上方; 若 $y=f(x)$ 是上凸的, 对应曲线向上凸起, 则连接曲线上任意两点所得的弦在曲线的下方. ②对充分光滑的曲线, 还可以利用曲线上点的切线与曲线的关系定义函数的凸性: 若 $y=f(x)$ 在区间 I 上是下凸的, 对应曲线向下凸起, 那么曲线上任意点处的切线都在曲线的下方; 若 $y=f(x)$ 是上凸的, 对应曲线向上凸起, 则曲线上任意点处的切线都在曲线的上方.

有些课本是以定义 2.2 中 $\lambda=\dfrac{1}{2}$ 的情形为定义的. 可以证明, 两个定义等价. 还有些课本称下凸为凹, 称上凸为凸.

例 8 考察 $y=x^2$ 和 $y=\sqrt{x}$ 在 [0,1] 上的单调性和凸性.

解 利用定义, 非常简单可以判断: 在 [0,1] 上, 二者都是递增的, 但, $y=x^2$ 是下凸的, $y=\sqrt{x}$ 是上凸的.

此例表明, 在同一区间上, 具有相同单调性的函数可以有不同的凸性, 因此, 凸性加上单调性更能准确刻画函数的形态.

同一个函数在不同区间上可以有不同的凸性, 因此, 不同凸性的连接点在凸性的研究中非常关键, 我们引入如下概念.

定义 2.3 若存在点 x_0 的邻域 $U(x_0,\delta)$, 使得 $y=f\,(x)$ 在 $[x_0-\delta,x_0]$ 和 $[x_0,x_0+\delta]$ 上具有相反的凸性, 则称 x_0 为函数 $f(x)$ 的一个拐点, 也称 $(x_0,f(x_0))$ 为曲线 $y=f(x)$ 的拐点.

对充分光滑的曲线, 可以利用二阶导数研究凸性和确定拐点.

定理 2.9 (凸性的二阶导数判别法) 设 $f\,(x)$ 在 $(a,\ b)$ 内二阶可导, 则

(1) 若 $f''\,(x)<0,\ \forall x\in(a,\ b)$, 则 $f\,(x)$ 在 $(a,\ b)$ 内为上凸;

(2) 若 $f''\,(x)>0,\ \forall x\in(a,\ b)$, 则 $f\,(x)$ 在 $(a,\ b)$ 内为下凸.

证明 只证明 (1).

任取 $x_i\in(a,b),i=1,2$ 且 $x_2>x_1$, 对任意 $\lambda\in(0,1)$, 记 $x_\lambda=\lambda x_1+(1-\lambda)x_2$, 利用两次中值定理得, 存在 $\eta_i,i=1,2,3$, 且 $\eta_1\in(x_1,x_\lambda),\eta_2\in(x_\lambda,x_2),\eta_3\in(\eta_1,\eta_2)$ 使得

$$\begin{aligned}&f(x_\lambda)-[\lambda f(x_1)+(1-\lambda)f(x_2)]\\=&\lambda[f(x_\lambda)-f(x_1)]+(1-\lambda)[f(x_\lambda)-f(x_2)]\end{aligned}$$

$$= -\lambda(1-\lambda)(x_2-x_1)[f'(\eta_2)-f'(\eta_1)]$$

$$= -\lambda(1-\lambda)(x_2-x_1)(\eta_2-\eta_1)f''(\eta_3) \geqslant 0,$$

故 $f(\lambda x_1+(1-\lambda)x_2) \geqslant \lambda f(x_1)+(1-\lambda)f(x_2)$, 因而, $f(x)$ 在 (a, b) 为上凸.

定理 2.9 的逆也成立, 为此, 我们先给出下面的一个结论.

定理 2.10 设 $f(x)$ 在 $[a,b]$ 上连续, 在 (a,b) 内可导, 则 $f(x)$ 在 $[a,b]$ 是下凸 (上凸) 的充分必要条件为 $f'(x)$ 在 (a,b) 递增 (递减).

证明 必要性 设 $f(x)$ 为下凸函数, 则对任意满足 $a<x_1<x_2<b$ 的 x_1 和 x_2, 对任意的 $\lambda \in (0,1)$, 有

$$f(\lambda x_1+(1-\lambda)x_2) \leqslant \lambda f(x_1)+(1-\lambda)f(x_2).$$

记 $x_\lambda=\lambda x_1+(1-\lambda)x_2$, 则

$$\frac{f(x_\lambda)-f(x_1)}{x_\lambda-x_1} \leqslant \frac{\lambda f(x_1)+(1-\lambda)f(x_2)-f(x_1)}{x_\lambda-x_1} = \frac{f(x_2)-f(x_1)}{x_2-x_1},$$

且

$$\frac{f(x_\lambda)-f(x_2)}{x_\lambda-x_2} \geqslant \frac{\lambda f(x_1)+(1-\lambda)f(x_2)-f(x_2)}{x_\lambda-x_2} = \frac{f(x_2)-f(x_1)}{x_2-x_1},$$

由于 $f(x)$ 可导, 分别令 $\lambda \to 0^+$ 和 $\lambda \to 1^-$, 则

$$f'(x_1) \leqslant \frac{f(x_2)-f(x_1)}{x_2-x_1} \leqslant f'(x_2),$$

故, 由任意性得 $f'(x)$ 在 (a,b) 递增.

充分性 对任意的 x_1 和 x_2 及对任意的 $\lambda \in (0,1)$, 不妨设 $a<x_1<x_2<b$, 由中值定理, 存在 $\eta_i, i=1,2$, 且 $\eta_1 \in (x_1,x_\lambda), \eta_2 \in (x_\lambda,x_2)$, 使得

$$f(x_\lambda)-[\lambda f(x_1)+(1-\lambda)f(x_2)]$$

$$=\lambda[f(x_\lambda)-f(x_1)]+(1-\lambda)[f(x_\lambda)-f(x_2)]$$

$$= -\lambda(1-\lambda)(x_2-x_1)[f'(\eta_2)-f'(\eta_1)],$$

由于 $f'(x)$ 在 (a,b) 内递增, 故 $f'(\eta_2) \geqslant f'(\eta_1)$, 因此,

$$f(\lambda x_1+(1-\lambda)x_2)\leqslant \lambda f(x_1)+(1-\lambda)f(x_2),$$

故, $f(x)$ 为下凸函数.

推论 2.3　设 $f(x)$ 在 (a,b) 内二阶可导,

(1) 若 $f(x)$ 为下凸函数, 则必有 $f''(x)\geqslant 0, x\in(a,b)$;

(2) 若 $f(x)$ 为上凸函数, 则必有 $f''(x)\leqslant 0, x\in(a,b)$.

证明　只证明 (1).

对任意的 $x_0\in(a,b)$, 由于 $f(x)$ 为下凸函数, 由定理 2.10, $f'(x)$ 在 (a,b) 递增, 又 $f''(x_0)$ 存在, 则由定义,

$$f''(x_0)=\lim_{x\to x_0^+}\frac{f'(x)-f'(x_0)}{x-x_0}\geqslant 0,$$

由任意性, 故 $f''(x)\geqslant 0, x\in(a,b)$.

进一步可得拐点的一个必要条件.

推论 2.4　设 $f(x)$ 在 (a,b) 内二阶可导, 若 x_0 为 $f(x)$ 的拐点, 则 $f''(x_0)=0$.

注意到不可导点也可能成为拐点, 因而, 还有

推论 2.5　若 x_0 为 $f(x)$ 的拐点, 则 $f''(x_0)=0$, 或者 $f(x)$ 在 x_0 点不可导.

例 9　讨论函数 $f(x)=x^4-6x^2$ 的单调性、凸性, 并计算其驻点和拐点.

解　由于 $f'(x)=4x^3-12x, f''(x)=12x^2-12$, 因而, 可以计算出函数的驻点是 $x_1=-\sqrt{3}$, $x_2=0$, $x_3=\sqrt{3}$, 拐点是 $x_4=-1$, $x_5=1$, 可以通过列表法给出单调性和凸性. 单调性列表 (表 6-2) 如下:

表 6-2

x	$(-\infty,-\sqrt{3})$	$-\sqrt{3}$	$(-\sqrt{3},0)$	0	$(0,\sqrt{3})$	$\sqrt{3}$	$(\sqrt{3},+\infty)$
$f'(x)$	$-$	0	$+$	0	$-$	0	$+$
$f(x)$	递减	驻点	递增	驻点	递减	驻点	递增

凸性列表 (表 6-3) 如下:

表 6-3

x	$(-\infty,-1)$	-1	$(-1,1)$	1	$(1,+\infty)$
$f''(x)$	$+$	0	$-$	0	$+$
$f(x)$	下凸	拐点	上凸	拐点	下凸

凸性还可以用于证明三点不等式.

例 10　证明不等式

$$2\arctan\frac{a+b}{2}\geqslant \arctan a+\arctan b,$$

其中 a,b, 均为正数.

结构分析 题型: 不等式涉及三个点 a, b 和 $\frac{a+b}{2}$, 称为三点不等式. 类比已知: 凸性定义就是涉及三个点的不等式, 凸性理论是研究三点不等式的重要理论. 确立思路: 利用凸性理论证明. 方法设计: 利用形式统一的思想将其化为凸性定义的标准形式, 验证对应的凸性性质, 事实上, 将不等式改写为

$$\arctan\frac{a+b}{2}\geqslant\frac{\arctan a+\arctan b}{2},$$

可以发现, 这正是对函数 $y=\arctan x$ 当 $\lambda=\frac{1}{2}$ 时的凸性质, 因此, 只需证明相应的函数满足相应的凸性质.

证明 记 $f(x)=\arctan x$, $x>0$, 则可计算

$$f''(x)=-\frac{2x}{(1+x^2)^2}<0,\quad x>0,$$

因而, $f(x)=\arctan x$ 是 $x>0$ 时的上凸函数, 取 $\lambda=\frac{1}{2}$ 即得.

抽象总结 (1) 题目中给出了三点不等式及其凸性证明方法. (2) 不等式是分析学重要研究内容之一, 目前, 我们了解了函数不等式、单参不等式、双参不等式 (两点不等式)、三点不等式等不同的类型, 也给出了对应的处理方法, 这些方法都必须熟练掌握.

下面继续函数形态的研究. 有了单调性、凸性和拐点, 基本上可以较为准确刻画函数在有限区间上的形态, 为在无限远处刻画函数的形态, 还必须了解函数的另一个几何特性——渐近性.

4. 渐近性

给定曲线 $l:y=f(x)$, 考察曲线在无穷远处的性态.

定义 2.4 若有直线 $l':y=ax+b$, 使得 l 上的点 $M(x,y)$ 到 l' 的距离 $d(M,l')$ 满足

$$\lim_{x\to+\infty}d(M,l')=0,$$

则称直线 l' 为曲线 l 当 $x\to+\infty$ 时的渐近线 (图 6-4). 类似可以定义曲线当 $x\to-\infty$ 时的渐近线.

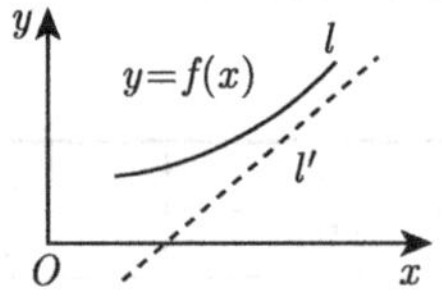

图 6-4

注 为了计算渐近线, 我们通常用曲线和直线上在同一垂线上点的纵坐标的差近似表示 $d(M,l')$, 因此, 定义中 $\lim\limits_{x\to+\infty}d(M,l')=0$ 可以用

$$\lim_{x\to+\infty}[f(x)-ax-b]=0,$$

近似代替. 由此可以定义水平渐近线和垂直渐近线.

定义 2.5 若 $a=0$, 即 $\lim\limits_{x\to+\infty}[f(x)-b]=0$, 则称直线 $y=b$ 为曲线 l 的水平渐近线 (图 6-5). 若 $\lim\limits_{x\to c}f(x)=\infty$, 则称直线 $x=c$ 是曲线 l 的垂直渐近线 (图 6-6).

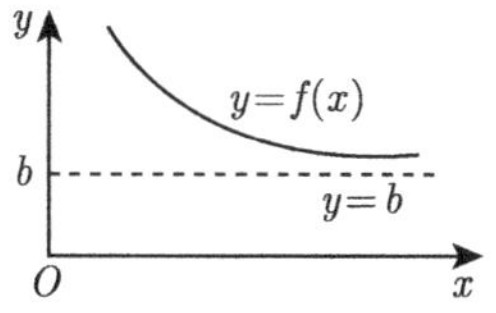

图 6-5 水平渐近线

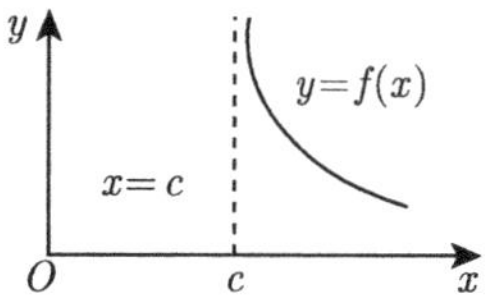

图 6-6 垂直渐近线

引入渐近线的目的就是为了研究函数曲线的无穷远形态, 从而, 可以刻画函数在无穷远处的曲线特征. 如 $y=\mathrm{e}^{-x},x>0$ 有水平渐近线 $y=0$, 因而, 当 x 越来越大时, 曲线越来越靠近 x 轴. 也可在有限点处讨论渐近性质, 如 $y=\dfrac{1}{x},x>0$, 则 $x=0$ 是其垂直渐近线.

下面, 讨论渐近线的确定方法.

由定义, 为确定渐近线, 只需确定常数 a 和 b, 这需要计算距离 $d(M,l')$. 我们近似用曲线和直线上在同一垂线上点的纵坐标表示. 因而

$$\lim_{x\to\infty}d(M,l')=0$$

等价于

$$\lim_{x\to\infty}[f(x)-ax-b]=0,$$

又等价于

$$\lim_{x\to\infty}\left[\left(\frac{f(x)}{x}-a\right)x-b\right]=0,$$

故必有

$$a=\lim_{x\to\infty}\frac{f(x)}{x},\quad b=\lim_{x\to\infty}[f(x)-ax].$$

例 11 求 $y=x+\arctan x$ 的渐近线.

解 先计算当 $x\to+\infty$ 时的渐近线. 代入公式可得

$$a=\lim_{x\to+\infty}\frac{x+\mathrm{arccot}x}{x}=1,\quad b=\lim_{x\to+\infty}[f(x)-x]=\frac{\pi}{2},$$

故, $x \to +\infty$ 时的渐近线为 $y = x + \dfrac{\pi}{2}$.

类似可计算 $x \to -\infty$ 时的渐近线为 $y = x - \dfrac{\pi}{2}$.

5. 函数的作图

有了上述一系列概念, 就可以较为准确地画出函数的图形了, 从几何上较为精确地了解曲线的特征, 为研究函数的解析性质提供研究线索、思路和方法. 函数曲线作图的主要步骤:

(1) 确定函数的定义域;

(2) 讨论函数基本的几何性质, 如对称性、奇偶性、周期性;

(3) 计算驻点、拐点和不可导点;

(4) 确定单调区间、凸性区间;

(5) 确定渐近线;

(6) 作图.

例 12 作函数 $y = \dfrac{1-2x}{x^2} + 1, x > 0$ 的图形.

解 函数的定义域为 $(0, +\infty)$, 由于

$$f'(x) = \frac{2(x-1)}{x^3},$$

因而, 有唯一的驻点 $x_1 = 1$, 且 $x < 1$ 时 $f'(x) < 0$, $x > 1$ 时 $f'(x) > 0$, 故 $f(x)$ 在 $(0,1)$ 递减, 在 $(1, +\infty)$ 递增. 且 $x_1 = 1$ 为极小值点, 最小值为 $f(1) = 0$.

由于 $f''(x) = \dfrac{2(3-2x)}{x^4}$, 得拐点 $x_2 = \dfrac{3}{2}$, 因而, $x \in \left(0, \dfrac{3}{2}\right)$ 时 $f''(x) > 0$, 故 $f(x)$ 在 $\left(0, \dfrac{3}{2}\right)$ 是下凸; 当 $x \in \left(\dfrac{3}{2}, +\infty\right)$ 时 $f''(x) < 0$, 因而, $f(x)$ 在 $\left(\dfrac{3}{2}, +\infty\right)$ 是上凸的.

由于

$$\lim_{x \to 0^+} \left[\frac{1-2x}{x^2} + 1\right] = +\infty,$$

$$\lim_{x \to +\infty} \left[\frac{1-2x}{x^2} + 1\right] = 1,$$

故, x=0 是 $x \to 0^+$ 时函数的渐近线, y=1 是 $x \to +\infty$ 时函数的渐近线.

由此, 可以作图 (图 6-7).

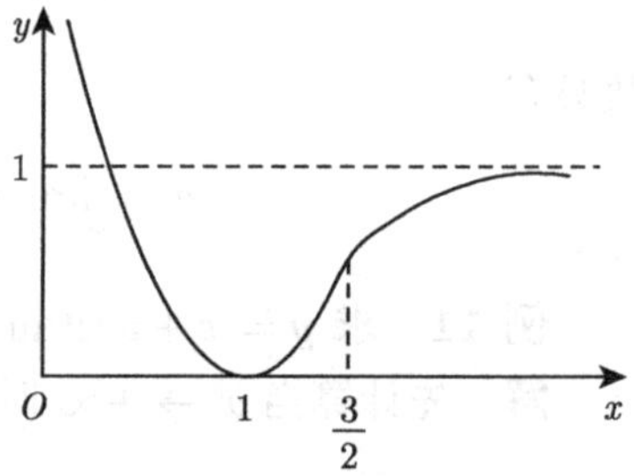

图 6-7

习　题　6.2

1. 证明: $3\arccos x-\arccos(3x-4x^3)=\pi, x\in\left[-\dfrac{1}{2},\dfrac{1}{2}\right]$.

2. 设 $f(x)$ 在 $[a,b]$ 上满足

$$|f(x)-f(y)|\leqslant M|x-y|^r,\quad \forall x,y\in[a,b],$$

其中 $M>0,r>1$, 证明 $f(x)$ 在 $[a,b]$ 上恒为常数.

3. 证明 $f(x)=\ln(1+x^3\mathrm{e}^x)$ 在 $(0,+\infty)$ 内一致连续.

4. 设 $f(x)=\begin{cases}|x|, & x\neq 0,\\ 1, & x=0,\end{cases}$ 证明 $f(x)$ 不可能是某个函数的导函数.

5. 设 $f(x)$ 在 (a,b) 内可导, 若 $f'(x)$ 在 (a,b) 上单调, 证明 $f'(x)$ 在 (a,b) 上连续.

6. 设 $f(x)$ 在 $(0,1)$ 内可微, 且 $|f'(x)|\leqslant 1,\ x\in(0,1)$, 证明 $\lim\limits_{n\to\infty}f\left(\dfrac{1}{n}\right)$ 存在.

7. 设 $f(x)$ 在 $[a,b]$ 上连续, 在 (a,b) 内可导, $f(a)=f(b)=0$, 证明: 对任意实数 k, 存在 $\xi\in(a,b)$, 使得 $f'(\xi)+kf(\xi)=0$.

8. 设 $f(x)$ 在 [1,2] 上连续, 在 (1, 2) 内可微, 证明存在 $\xi\in(1,2)$, 使得

$$f(2)-f(1)=\frac{1}{2}\xi^2f'(\xi).$$

9. 设 $f(x)$ 在 $(0,+\infty)$ 内可导且 $\lim\limits_{x\to+\infty}f'(x)=0$, 证明 $\lim\limits_{x\to+\infty}\dfrac{f(x)}{x}=0$.

10. 证明不等式.

(1) $\tan x>x+\dfrac{1}{3}x^3,\ x\in\left(0,\dfrac{\pi}{2}\right)$;

(2) $\left(1+\dfrac{1}{x}\right)^x<\mathrm{e}<\left(1+\dfrac{1}{x}\right)^{x+1},\ x>0$;

(3) $\dfrac{a}{b}<\dfrac{\ln a}{\ln b}<\dfrac{b}{a},\ \mathrm{e}<a<b$;

(4) $a^ab^b>\left(\dfrac{a+b}{2}\right)^{a+b},\ b>a>0$.

11. 设 $y=x^3+ax^2+bx+c$ 在 $x=0$ 点达到极大值 1, 且点 $(1,-1)$ 点为曲线的拐点, 求 a, b, c, 并作出函数图像.

12. 计算 $y=\mathrm{e}^{-x^2}(1-2x)$ 在其定义域内的最值.

13. 计算 $y=|x^3-6x^2+11x-6|$ 的单调区间并计算其最值.

14. 研究下列函数的单调性、凸性区间、渐近性, 并画出略图.

(1)$y=x^3+3x^2-6$;

(2) $y=\dfrac{2x}{1+x^2}$;

(3) $y=\dfrac{x^2-2x+1}{x^2}$;

(4) $y=\sqrt{\dfrac{x^3}{x-1}}$;

(5) $y=(x+6)\mathrm{e}^{x^{-1}}$.

6.3 泰勒公式

本节, 将从近似计算的角度进一步分析微分中值定理, 由此导出非常重要的泰勒公式.

一、背景

近似计算是在实际工作, 特别是工程技术邻域经常遇到的问题, 这些问题中, 通常要求计算函数在某一点或某一点附近的近似值, 只要求: 近似计算结果, 只需满足某种精度要求, 但计算过程必须简单. 对简单的函数, 满足上述要求并不难, 对精度要求不高的函数, 也不难, 因为微分的引入就是为了某种程度上的近似计算, 如若函数 $f(x)$ 在 x_0 点可微, 则由定义,

$$\Delta y=f'(x_0)\Delta x+o(\Delta x),$$

因而, 有近似公式

$$\Delta y\approx \mathrm{d}y=f'(x_0)\Delta x \quad 或 \quad f(x)\approx f(x_0)+f'(x_0)(x-x_0),$$

故, 若要计算 x_0 附近的点 x 处的近似值, 只需计算此点的函数值和导数值, 并进行简单的计算.

问题 1 开方的计算.

记 $f(x)=\sqrt{1+x}$, 易计算 $f(0)=1, f'(0)=\dfrac{1}{2}$, 故有近似公式

$$\sqrt{1+x}\approx 1+\frac{1}{2}x,\quad x\to 0,$$

因此, 可以近似计算 x=0 点附近的值, 如

$$\sqrt{\frac{11}{10}}=\sqrt{1+\frac{1}{10}}\approx 1+\frac{1}{2}\cdot\frac{1}{10}=\frac{21}{20},$$

$$\sqrt{\frac{7}{10}}=\sqrt{1-\frac{3}{10}}\approx 1-\frac{1}{2}\cdot\frac{3}{10}=\frac{17}{20}.$$

由上述过程可知, 利用微分的定义进行近似计算, 实质是利用自变量改变量 Δx 的一阶线性量作近似计算, 实际操作中, 过程很简单, 问题也很突出: 由于略去的是 Δx 的仅仅高于一阶的量, 因此, 精度很低, 那么, 如何提高精度?

分析上述近似原理可以发现, 上述的近似计算精度低的原因是只计算了 Δx 的一阶量, 略去了高于一阶的量, 省略的量太大, 因此, 可以设想, 为提高精度, 必须尽可能保留 Δx 的高阶量, 当然, 为便于计算, 高阶量的阶应是正整数, 因此, 希望保留的 Δx 的高阶量的形式为 $\Delta x, \Delta x^2, \cdots, \Delta x^n, \cdots$, 即

$$(x-x_0),\ (x-x_0)^2,\ \cdots,\ (x-x_0)^n,\ \cdots,$$

由此, 可以根据精度要求, 确定要保留的最高的阶数 n, 即希望通过下述形式的多项式

$$f(x) \approx f(x_0)+a_1(x-x_0)+a_2(x-x_0)^2+\cdots+a_n(x-x_0)^n$$

来实现近似计算, 即相当于用多项式近似代替 $f(x)$ 或相当于将 $f(x)$ 在 x_0 点展开成多项式.

那么, 对给定的函数 $f(x)$, 能否展开成上述多项式形式? 有什么条件和要求? 如何展开?

为此, 先分析上述多项式形式在近似计算中的优势.

二、 多项式函数

上述分析表明: 在近似计算或理论分析中, 我们希望能用一个简单的函数来近似一个比较复杂的函数, 这将会带来很大的方便. 由于在初等函数中, 最简单的是幂函数, 其扩展形式就是多项式函数, 因为多项式的运算本质就是加减和乘积运算, 在计算中, 特别是计算机计算有很大的优势.

给定多项式函数

$$f(x)=a_0+a_1(x-x_0)+a_2(x-x_0)^2+\cdots+a_n(x-x_0)^n,$$

上述形式在近似计算中的优势是非常明显的, 因为系数 $a_i, i=1,2,\cdots,n$ 是已知的, 主要的计算量是非常简单的 $(x-x_0)^k$ 的量的计算. 而关于精度, 可以根据精度要求, 适当保留前面的项, 舍去后面的项. 如设 $|a_i| \leqslant 100$, $x_0=0$, $|x-x_0|<\dfrac{1}{10}$, 要使误差不超过 1%, 只需计算前五项, 因为此时的误差为

$$\begin{aligned}
\delta(x) &= |f(x)-[a_0+a_1(x-x_0)+a_2(x-x_0)^2+\cdots+a_n(x-x_0)^4]| \\
&= |a_5(x-x_0)^5+\cdots+a_n(x-x_0)^n| \\
&\leqslant 100|x|^5(1+|x|+\cdots+|x|^{n-5}) \\
&\leqslant 100\cdot\frac{1}{10^5}\left(1+\frac{1}{10}+\cdots+\frac{1}{10^{n-5}}\right)
\end{aligned}$$

$$\leqslant 10^{-3}\frac{1}{1-\frac{1}{10}}=\frac{1}{900}<1\%,$$

因此, 当 $|x|\ll 1$ 时, 可以根据精度要求, 很方便地进行近似计算.

再分析 x_0 处的性质. 对给定的上述多项式函数, 容易计算 $a_k=\frac{1}{k!}f^{(k)}(x_0)$, 因此, 若 $f(x)$ 是任意阶可导函数且在 x_0 处有上述展开式, 则展开式必是

$$f(x)\sim f(x_0)+f'(x_0)(x-x_0)+\frac{1}{2!}f''(x_0)(x-x_0)^2+\cdots+\frac{1}{n!}f^{(n)}(x_0)(x-x_0)^n,$$

显然, n=1 时, 正是中值定理给出的一阶微分展开式.

因此, 剩下的问题是如何进行上述展开?

三、 泰勒公式

下面, 我们利用中值定理依次得到函数的多项式展开.

设 $f(x)$ 在 $U(x_0)$ 内可导, 由中值定理, 则对 $\forall x\in U(x_0)$, 存在 $\theta\in(0,1)$, 使得

$$f(x)=f(x_0)+f'(x_0+\theta(x-x_0))(x-x_0),$$

若还有 $f'(x)$ 在 x_0 点连续, 则当 x 充分接近 x_0 时, 有

$$f'(x_0+\theta(x-x_0))=f'(x_0)+\alpha,$$

其中 $\lim\limits_{x\to x_0}\alpha=0$, 代入得

$$\begin{aligned}f(x)&=f(x_0)+f'(x_0)(x-x_0)+\alpha(x-x_0)\\&=f(x_0)+f'(x_0)(x-x_0)+o(x-x_0),\end{aligned}$$

这就是微分的定义. 略去无穷小量, 得到一阶近似公式:

$$f(x)\approx p_1(x)\triangleq f(x_0)+f'(x_0)(x-x_0),$$

其中 $p_1(x)=f(x_0)+f'(x_0)(x-x_0)$ 称为 $f(x)$ 的一阶近似多项式, 此时近似的误差为

$$R_1(x)=|f(x)-p_1(x)|=o(x-x_0),$$

这是一阶误差, 精度低. 为提高精度继续研究 $o(x-x_0)$, 希望从中分离出高于一阶的无穷小量, 即二阶无穷小量. 考虑

$$\frac{o(x-x_0)}{(x-x_0)^2}=\frac{f(x)-p_1(x)}{(x-x_0)^2}=\frac{f(x)-f(x_0)-f'(x_0)(x-x_0)}{(x-x_0)^2}\triangleq\frac{F_1(x)}{G_1(x)},$$

假设所涉及的函数满足所需的光滑性, 注意到 $F_1(x_0)=G_1(x_0)=0$, 由柯西中值定理, 在 x 与 x_0 之间, 存在 ξ, 使得

$$\frac{F_1(x)}{G_1(x)}=\frac{F_1(x)-F_1(x_0)}{G_1(x)-G_1(x_0)}=\frac{F_1'(\xi)}{G_1'(\xi)}=\frac{1}{2}\frac{f'(\xi)-f'(x_0)}{\xi-x_0},$$

再次利用中值定理和极限性质, 存在 $\theta\in(0,1)$ 和无穷小量 β, 使得

$$\frac{F_1(x)}{G_1(x)}=\frac{1}{2}\frac{f'(\xi)-f'(x_0)}{\xi-x_0}=\frac{1}{2}f''(x_0+\theta(\xi-x_0))=\frac{1}{2}f''(x_0)+\beta,$$

其中 $\lim\limits_{x\to x_0}\beta=0$. 将 $F_1(x)$ 和 $G_1(x)$ 的表达式代入, 得

$$f(x)=p_1(x)+\frac{1}{2}f''(x_0)(x-x_0)^2+\beta(x-x_0)^2\overset{\Delta}{=}p_2(x)+o((x-x_0)^2),$$

其中 $p_2(x)=f(x_0)+f'(x_0)(x-x_0)+\dfrac{1}{2}f''(x_0)(x-x_2)^2$ 称为 $f(x)$ 的二次近似多项式, 此时误差为

$$R_2(x)=|f(x)-p_2(x)|=o((x-x_0)^2).$$

类似的过程继续下去, 可得三阶近似

$$f(x)\approx p_3(x),$$

其中

$$p_3(x)=f(x_0)+f'(x_0)(x-x_0)+\frac{1}{2}f''(x_0)(x-x_2)^2+\frac{1}{3!}f'''(x_0)(x-x_0)^3,$$

此时误差为

$$R_3(x)=|f(x)-p_3(x)|=o((x-x_0)^3).$$

由此, 可以猜想, 只要 $f(x)$ 有更高的光滑性, 可以得到更高阶的近似公式, 事实上, 可以归纳证明下面展开定理我们略去证明.

定理 3.1　若 $f(x)$ 在 $x=x_0$ 点的某邻域 $U(x_0)$ 有直到 $n+1$ 阶连续导数, 则有

$$f(x)=f(x_0)+\frac{f'(x_0)}{1!}(x-x_0)+\cdots+\frac{f^{(n)}(x_0)}{n!}(x-x_0)^n+R_n(x),\quad x\to x_0,$$

上述公式称为函数 $f(x)$ 在 $x=x_0$ 点的泰勒公式或泰勒展开式, $p_n(x)=f(x_0)+\dfrac{f'(x_0)}{1!}(x-x_0)+\cdots+\dfrac{f^{(n)}(x_0)}{n!}(x-x_0)^n$ 也称为 $f(x)$ 在 $x=x_0$ 点的 n 阶泰勒多

项式, $R_n(x)=o((x-x_0)^n)$ 称为 $f(x)$ 在 $x=x_0$ 点的泰勒公式的佩亚诺 (Peano) 型余项.

结构分析 (1) 此处泰勒展开式成立的条件是 $x\to x_0$, 且余项形式 $R_n(x)=o((x-x_0)^n)$ 为无穷小量结构, 因此也称此时的展开式为局部展开式. (2) 正是由于局部性的原因, 使得上述的展开式只能在 $x\to x_0$ 条件下使用, 因此, 定理 3.1 主要用于极限计算. (3) 展开式表明, 任何满足条件的函数都可以展开成以泰勒多项式为主体结构的形式, 而多项式结构是最简单的函数结构, 因此, 函数的泰勒展开不仅实现了化繁为简, 而且, 还可以借助多项式实现不同函数的形式统一, 建立各种不同函数的联系. (4) 利用微分中值定理从中分离出高阶无穷小量, 建立低阶导数和高阶导数的联系, 体现了微分中值定理和泰勒展开式的关系.

正是由于展开式的局部性及佩亚诺余项的结构不很清楚, 使其应用受限, 为此, 我们对定理 3.1 进行改进, 得到余项结构更为清楚的泰勒展开式, 这就是下面的定理.

定理 3.2 若 $f(x)$ 在 $[a,b]$ 上有直到 n 阶的连续导数, 在 (a,b) 内存在 $n+1$ 阶导数, $x_0\in[a,b]$, 则对任意 $x\in[a,b]$, 有

$$f(x)=f(x_0)+\frac{f'(x_0)}{1!}(x-x_0)+\cdots+\frac{f^{(n)}(x_0)}{n!}(x-x_0)^n+R_n(x),$$

其中 $R_n(x)=\dfrac{f^{(n+1)}(\xi)}{(n+1)!}(x-x_0)^{n+1}(\xi=x_0+\theta(x-x_0),\theta\in(0,1))$ 称为拉格朗日型余项, 上述展开式也称为 $f(x)$ 的具有拉格朗日型余项的泰勒展开式.

结构分析 题型: 形式上是将函数进行泰勒展开, 从分析性质角度看, 是建立差值结构 $f(x)-f(x_0)$ 与各阶导数的关系. 类比已知: 研究差值结构的理论工具就是微分中值定理. 确立思路: 利用微分中值定理证明. 方法设计: 可以采用定理 3.1 的证明方法逐次利用微分中值定理即可. 此定理是首次涉及高阶中值点问题, 处理这类问题还有一个方法——变易方法, 即将等式中的某个常量变易为自变量, 构造一个新函数, 用微分中值定理研究新函数得到中值点.

证明 法一 记 $w_n(x)=f(x)-p_n(x)$, 则 $w_n(x)$ 在 $[a,b]$ 上有直到 n 阶的连续导数, 在 (a,b) 内存在 $n+1$ 阶导数, 且

$$w_n(x_0)=f(x_0)-p_n(x)=0,$$

$$w_n'(x)=f'(x)-\left[f'(x_0)+\frac{f''(x_0)}{1!}(x-x_0)+\cdots+\frac{f^{(n)}(x_0)}{(n-1)!}(x-x_0)^{n-1}\right],$$

$$w_n'(x_0)=0,$$

$\cdots\cdots$

$$w_n^{(n)}(x) = f^{(n)}(x) - f^{(n)}(x_0), \quad w_n^{(n)}(x_0) = 0,$$

$$w_n^{(n+1)}(x) = f^{(n+1)}(x),$$

逐次利用柯西中值定理, 在 x 和 x_0 之间, 存在 $\xi_i, i = 1, 2, \cdots, n$ 和 ξ, 使得

$$\frac{w_n(x)}{(x-x_0)^{n+1}} = \frac{w_n(x) - w_n(x_0)}{(x-x_0)^{n+1}} = \frac{w_n'(\xi_1)}{(n+1)(\xi_1 - x_0)^n} = \cdots$$

$$= \frac{w_n^{(n)}(\xi_n)}{(n+1)n\cdots 2(\xi_n - x_0)} = \frac{w_n^{(n+1)}(\xi)}{(n+1)!} = \frac{f^{(n+1)}(\xi)}{(n+1)!},$$

故,

$$w_n(x) = \frac{f^{(n+1)}(\xi)}{(n+1)!}(x-x_0)^{n+1},$$

即 $f(x) = p_n(x) + \dfrac{f^{(n+1)}(\xi)}{(n+1)!}(x-x_0)^{n+1}$.

法二　将常量 x_0 变易为变量 t, 构造辅助函数

$$\varphi(t) = f(x) - \left[f(t) + \frac{f'(t)}{1!}(x-t) + \cdots + \frac{f^{(n)}(t)}{n!}(x-t)^n\right],$$

则 $\varphi(x) = 0, \varphi(x_0) = w_n(x)$, 且直接计算得

$$\varphi'(t) = -\frac{1}{n!}f^{(n+1)}(t)(x-t)^n, \quad t \in (a, b).$$

再令 $\psi(t) = (x-t)^{n+1}$, 则 $\psi(x) = 0, \psi(x_0) = (x-x_0)^{n+1}$, 且

$$\psi'(t) = -(n+1)(x-t)^n, \quad t \in (a, b),$$

由柯西中值定理, 在 x_0 与 x 之间存在 ξ, 使得

$$\frac{\varphi(x) - \varphi(x_0)}{\psi(x) - \psi(x_0)} = \frac{\varphi'(\xi)}{\psi'(\xi)},$$

即

$$\frac{-w_n(x)}{-(x-x_0)^{n+1}} = \frac{-\dfrac{1}{n!}f^{(n+1)}(\xi)(x-\xi)^n}{-(n+1)(x-\xi)^n},$$

故, $w_n(x)=R_n(x)=\dfrac{f^{(n+1)}(\xi)}{(n+1)!}(x-x_0)^{n+1}$.

抽象总结 (1) 由于此时的展开式是对所有的 $x\in[a,b]$ 成立, 因此, 定理 3.2 也称为 $f(x)$ 在 $[a,b]$ 上的整体泰勒展开式. (2) 正因如此, 此定理常用于研究 $f(x)$ 在整个区间 $[a,b]$ 上的性质, 如估计导函数的界. (3) 由于展开式中涉及函数的各阶导数, 因此, 展开式也建立了函数及其各阶导数间的联系, 这种联系为函数中间导数的估计 (利用函数及其高阶导数估计中间阶数的导数) 提供了研究工具. (4) 在拉格朗日型余项中, 由于涉及中值点 ξ, 因此, 定理 3.2 也视为微分中值定理的推广或一般形式, 微分中值定理是泰勒展开定理的低阶形式或最简形式. (5) 泰勒展开定理可用于处理涉及高阶导函数的介值问题. (6) 使用了两种证明方法, 法二更简单, 只使用一次柯西中值定理. (7) 法二中使用了变易方法, 这种方法也是处理高阶中值问题时常用的方法.

有了泰勒展开定理, 就可以利用函数的泰勒展开式研究函数的分析性质, 为此, 先给出常用函数在 $x_0=0$ 的展开公式, 相应的泰勒公式称为麦克劳林 (Maclaurin) 公式. 常见的带拉格朗日型余项的麦克劳林公式:

$$\mathrm{e}^x=1+x+\frac{x^2}{2!}+\cdots+\frac{x^n}{n!}+\frac{\mathrm{e}^{\theta x}}{(n+1)!}x^{n+1},0<\theta<1,x\in\mathbf{R};$$

$$\sin x=x-\frac{x^3}{3!}+\frac{x^5}{5!}+\cdots+(-1)^{m-1}\frac{x^{2m-1}}{(2m-1)!}+(-1)^m\frac{\cos\theta x}{(2m+1)!}x^{2m+1},0<\theta<1,x\in\mathbf{R};$$

$$\cos x=1-\frac{x^2}{2!}+\frac{x^4}{4!}+\cdots+(-1)^m\frac{x^{2m}}{(2m)!}+(-1)^{m+1}\frac{\cos\theta x}{(2m+2)!}x^{2m+2},0<\theta<1,x\in\mathbf{R};$$

$$\ln(1+x)=x-\frac{x^2}{2}+\frac{x^3}{3}+\cdots+(-1)^{n-1}\frac{x^n}{n}+(-1)^n\frac{x^{n+1}}{(n+1)(1+\theta x)^{n+1}},0<\theta<1,x>-1;$$

$$\begin{aligned}(1+x)^\alpha=&1+\alpha x+\frac{\alpha(\alpha-1)}{2!}x^2+\cdots+\frac{\alpha(\alpha-1)\cdots(\alpha-n+1)}{n!}x^n\\&+\frac{\alpha(\alpha-1)\cdots(\alpha-n)}{(n+1)!}(1+\theta x)^{\alpha-n-1}x^{n+1},0<\theta<1,x>-1;\end{aligned}$$

$$\frac{1}{1-x}=1+x+x^2+\cdots+x^n+\frac{x^{n+1}}{(1-\theta x)^{n+2}},0<\theta<1,x<1.$$

四、 应用

主要介绍四个方面的应用, ①函数的泰勒展开, 即用已知的常用的泰勒公式导出给定函数的展开式; ②极限的计算; ③中间导数估计; ④高阶导函数的介值问题.

1. 具体函数的泰勒展开

例 1 计算 $f(x)=a^x$ 的 n 次麦克劳林公式, 其中 $a>0$.

结构分析　题型: 具体函数的泰勒展开. 思路: 两个展开定理. 方法设计: 这类题目有两种处理方法, 其一为直接计算法, 即直接计算各阶导数, 然后代入公式; 其二为间接代入法, 即利用已知的函数展开式, 即将函数转化为已知展开式的函数形式, 然后代入. 第二种方法相对简单. 对本题而言, 两种方法都可以, 在用第二种方法时, 类比已知, 这是幂函数结构, 与已知的 e^x 结构相同, 可以利用 e^x 的展开结论. 若没有指明余项类型, 两种展开式都可以, 但是, 要标明展开式成立的范围.

解　法一　直接法.

利用导数公式, 则 $f^{(n)}(x)=a^x(\ln a)^n$, 代入展开式, 则当 $x\to 0$ 时, 有

$$a^x=1+(\ln a)x+\frac{(\ln a)^2}{2!}x^2+\cdots+\frac{(\ln a)^n}{n!}x^n+o(x^n),$$

或

$$a^x=1+(\ln a)x+\frac{(\ln a)^2}{2!}x^2+\cdots+\frac{(\ln a)^n}{n!}x^n+\frac{(\ln a)^{n+1}}{(n+1)!}\xi^{n+1},\quad x\in\mathbf{R}.$$

法二　间接法.

由于 $a^x=\mathrm{e}^{\ln a^x}=\mathrm{e}^{x\ln a}$, 代入已知的 e^x 的展开式, 得

$$a^x=1+(\ln a)x+\frac{(\ln a)^2}{2!}x^2+\cdots+\frac{(\ln a)^n}{n!}x^n+o(x^n),\quad x\to 0.$$

例 2　求 $f(x)=\sqrt[3]{2-\cos x}$ 在 $x=0$ 处的 4 阶泰勒公式.

解　令 $u=1-\cos x$, 则 $x\to 0$ 时 $u\to 0$, 故

$$f(x)=\sqrt[3]{2-\cos x}=(1+u)^{\frac{1}{3}}=1+\frac{u}{3}-\frac{u^2}{9}+o(u^2),\quad u\to 0,$$

而 $u=1-\cos x=\dfrac{x^2}{2}-\dfrac{x^4}{24}+o(x^4)$, 代入得

$$f(x)=1+\frac{1}{6}x^2-\frac{1}{24}x^4+o(x^4),\quad x\to 0.$$

抽象总结　例 2 属于复合函数的展开, 这类题目典型的解题方法是, 将其转化为多个已知展开式的函数的复合, 然后代入已知的展开式, 此时, 要把握的要点是: 在利用已知函数的展开式时, 将其展开至合适的阶数, 以避免增加无谓的计算量. 同时, 要注意选用合适的复合形式, 如本例不能用如下的展开:

$$f(x)=\sqrt[3]{2-\cos x}=\sqrt[3]{2}\sqrt[3]{1-\frac{\cos x}{2}}=\sqrt[3]{2}\left[1+\frac{u}{3}-\frac{u^2}{9}+o(u^2)\right],$$

其中 $u=\dfrac{\cos x}{2}$. 然后再将 $\cos x$ 展开式代入.

原因是, 上述利用的展开式

$$(1+u)^{\frac{1}{3}}=1+\frac{u}{3}-\frac{u^2}{9}+o(u^2)$$

是在 $u=0$ 处的展开式, 而 $x\to 0$ 时, $u=\dfrac{\cos x}{2}$ 不趋于 0.

当然, 带佩亚诺型余项的相对简单, 带拉格朗日型余项的展开式需要给出展开式成立的范围.

还可以利用导数关系得到展开式, 即下述定理.

定理 3.3 若 $f(x)$ 在 $x=x_0$ 点的某邻域 $U(x_0)$ 有直到 $n+2$ 阶连续导数, 则 $f(x)$ 的 $n+1$ 次泰勒展开式的导数正是导函数 $f'(x)$ 的 n 阶泰勒展开式, 即, 若 $f(x)=p_{n+1}(x)+R_{n+1}(x)$, 则

$$f'(x)=p'_{n+1}(x)+Q_n(x),$$

其中, $R_{n+1}(x)$, $Q_n(x)$ 都是对应的余项.

定理的证明是显然的, 略去. 我们看一个应用.

例 3 计算 $f(x)=\arctan x$ 在 $x=0$ 点的泰勒展开式.

解 我们已知

$$\frac{1}{1+x^2}=1-x^2+x^4+\cdots+(-1)^n x^{2n}+R_n(x),$$

而 $f'(x)=\dfrac{1}{1+x^2}$, 因此, 若设

$$\arctan x=a_0+a_1x+\cdots+a_{2n}x^{2n}+a_{2n+1}x^{2n+1}+Q_n(x),$$

由定理 3.2, 则, 比较系数得

$$2ka_{2k}=0,\quad k=1,2,\cdots,n,$$

$$(2k+1)a_{2k+1}=(-1)^k,\quad k=0,1,2,\cdots,n,$$

故,

$$a_{2k}=0,\quad k=1,2,\cdots,n,$$

$$a_{2k+1}=\frac{(-1)^k}{2k+1},\quad k=0,1,2,\cdots,n.$$

又 $a_0=\arctan x|_{x=0}=0$, 故,

$$\arctan x=x-\frac{x^3}{3}+\frac{x^5}{5}+\cdots+(-1)^n\frac{x^{2n}}{2n+1}+o(x^{2n}),\quad x\to 0.$$

利用泰勒展开式计算极限.

2. 极限计算

例 4　计算 $\lim\limits_{x\to 0}\dfrac{\cos x-\mathrm{e}^{-\frac{x^2}{2}}}{x^4}$.

结构分析　题型: 函数极限的计算, 涉及三种不同结构的因子, 需要进行形式统一. 类比已知: 泰勒展开式可以将各种结构的函数展开为多项式, 达到各种不同结构的形式统一, 因此, 可以利用泰勒展开计算极限. 当然, 展开时一定要展开至适当的阶, 一般, 通过不同因子间的类比确定参照标准, 进一步确定展开的阶数本题, 分母的幂因子最简单, 作为参照标准, 因此, 分子中的两个因子只需展开至 4 阶.

解　将 $\cos x$, $\mathrm{e}^{-\frac{x^2}{2}}$ 展开到 4 阶, 得 $x\to 0$ 时,

$$\cos x=1-\frac{x^2}{2!}+\frac{x^4}{4!}+o(x^4),$$

$$\mathrm{e}^{-\frac{x^2}{2}}=1-\frac{x^2}{2}+\frac{1}{2!}\left(-\frac{x^2}{2}\right)^2+o(x^4),$$

代入立即可得

$$\lim_{x\to 0}\frac{\cos x-\mathrm{e}^{\frac{x^2}{2}}}{x^4}=\frac{1}{12}.$$

注　思考为何将 $\cos x$, $\mathrm{e}^{-\frac{x^2}{2}}$ 展开到 4 阶?

例 5　计算 $\lim\limits_{x\to 0}\dfrac{\tan x-\sin x}{x^3}$.

结构分析　方法设计: 这个极限的计算不能直接用等价代换的方法, 用泰勒展开式可以计算. 注意先化简结构, 分离出极限确定的项后再进行展开计算会更简单.

解　由于

$$\cos x=1-\frac{x^2}{2!}+o(x^2),\quad x\to 0,$$

则

$$\begin{aligned}\lim_{x\to 0}\frac{\tan x-\sin x}{x^3}&=\lim_{x\to 0}\frac{\sin x}{x}\cdot\frac{1-\cos x}{x^2}\cdot\frac{1}{\cos x}\\&=\lim_{x\to 0}\frac{1-\cos x}{x^2}=\frac{1}{2}.\end{aligned}$$

利用这种方法时, 有时需要将函数变形.

例 6　计算 $\lim\limits_{x\to 0}\dfrac{\sqrt{1+\tan x}-\sqrt{1+\sin x}}{x-\sin x}$.

结构分析 结构特点: 无理因子的差值结构, 利用有理化方法进行结构简化, 分离确定的项, 再用泰勒展开式.

解 利用有理化方法, 则

$$\begin{aligned}
原式 &= \lim_{x\to 0}\frac{\tan x-\sin x}{(x-\sin x)(\sqrt{1+\tan x}+\sqrt{1+\sin x})}\\
&= \lim_{x\to 0}\frac{\sin x(1-\cos x)}{(x-\sin x)}\lim_{x\to 0}\frac{1}{\cos x(\sqrt{1+\tan x}+\sqrt{1+\sin x})}\\
&= \frac{1}{2}\lim_{x\to 0}\frac{\sin x(1-\cos x)}{(x-\sin x)}\\
&= \frac{1}{2}\lim_{x\to 0}\frac{(x+o(x^2))\left(\dfrac{x^2}{2}+o(x^3)\right)}{\dfrac{x^3}{3!}+o(x^3)}=\frac{3}{2}.
\end{aligned}$$

例 7 计算 $\lim\limits_{x\to+\infty}\left[x-x^2\ln\left(1+\dfrac{1}{x}\right)\right]$.

结构分析 由于在 $x=+\infty$ 处没有函数的展开式, 因此, 须先将极限转化为有限点处的极限, 这也是化不定为确定思想的应用.

解 令 $t=\dfrac{1}{x}$, 则

$$\lim_{x\to+\infty}\left[x-x^2\ln\left(1+\frac{1}{x}\right)\right]=\lim_{t\to 0^+}\left[\frac{1}{t}-\frac{1}{t^2}\ln(1+t)\right],$$

将 $\ln(1+t)$ 展开, 对比分母, 展开至二阶, 则

$$\ln(1+t)=t-\frac{t^2}{2}+o(t^2),\quad t\to 0,$$

代入得

$$\lim_{x\to+\infty}\left[x-x^2\ln\left(1+\frac{1}{x}\right)\right]=\lim_{t\to 0^+}\left[\frac{1}{t}-\frac{1}{t^2}\left(t-\frac{t^2}{2}+o(t^2)\right)\right]=\frac{1}{2}.$$

例 8 确定 a, b, 使得 $\lim\limits_{x\to+\infty}[\sqrt{2x^2+4x-1}-ax-b]=0$.

解 令 $t=\dfrac{1}{x}$, 则

$$原式=\lim_{t\to 0^+}\left[\sqrt{\frac{2}{t^2}+\frac{4}{t}-1}-\frac{a}{t}-b\right]$$

$$= \lim_{t \to 0^+} \left[\frac{\sqrt{2}}{t} \sqrt{1 + 2t - \frac{t^2}{2}} - \frac{a}{t} - b \right]$$

$$= \lim_{t \to 0^+} \left[\frac{\sqrt{2}}{t} \left(1 + \frac{1}{2} \left(2t - \frac{t^2}{2} \right) - \frac{1}{8} \left(2t - \frac{t^2}{2} \right)^2 + o(t^2) \right) - \frac{a}{t} - b \right]$$

$$= \lim_{t \to 0^+} \left[\left(\sqrt{2} - a \right) \frac{1}{t} + \sqrt{2} - b + \frac{\sqrt{2}}{t} o(t^2) \right],$$

要使结论成立, 则 $a = b = \sqrt{2}$.

抽象总结 在用泰勒展开式处理无穷远处的极限时, 先将极限转化为有限点处的极限, 然后再利用此点的展开式.

3. 中间导数估计

例 9 设 $f(x)$ 在整个实数轴上具有三阶导数, 且存在常数 $M_0 > 0$, $M_3 > 0$, 使得 $|f(x)| \leqslant M_0, |f'''(x)| \leqslant M_3$, 证明: 存在 $M_1 > 0, M_2 > 0$, 使得 $|f'(x)| \leqslant M_1, |f''(x)| \leqslant M_2$.

结构分析 题型结构: 若将函数本身视为该函数的零阶导数, 题目为已知函数的零阶和三阶导数的界, 估计函数的一阶和二阶导数, 因此, 称这类题目为中间导数估计. 理论工具: 中间导数估计涉及函数的各阶导数, 这正是泰勒展开定理作用对象的特征, 因此, 中间导数的估计的处理工具就是泰勒展开理论. 方法设计: 泰勒展开理论的应用首先要解决展开点的确定问题, 由于导数估计需要对每一点的函数值进行估计, 因此, 通常选择区间内任意点进行整体展开. 技术问题: 当估计的导数项有多项时, 估计其中一项时, 需要消去未知的导数项. 解决方法: 此时需要利用展开式在不同点处的取值, 建立系数关系, 消去未知导数项, 实现估计.

证明 对任意的点 $x \in \mathbf{R}$, 在此点展开, 则

$$f(t) = f(x) + f'(x)(t - x) + \frac{1}{2} f''(x)(t - x)^2 + \frac{1}{3!} f'''(\xi)(t - x)^3,$$

其中 ξ 位于 t 与 x 之间.

先估计 $f'(x)$. 为此, 需要消去二阶导数项, 通过选取特殊的 t 值, 得到两个关联的表达式, 消去二阶导数, 估计一阶导数. 对任意的非零实数 a, 取 $t = x \pm a$, 则

$$f(x + a) = f(x) + af'(x) + \frac{1}{2} f''(x)a^2 + \frac{1}{3!} f'''(\xi_1)a^3,$$

$$f(x - a) = f(x) - af'(x) + \frac{1}{2} f''(x)a^2 - \frac{1}{3!} f'''(\xi_2)a^3,$$

其中 ξ_1 位于 x 与 $x + a$ 之间, ξ_2 位于 x 与 $x - a$ 之间.

两式相减, 则

$$f(x+a)-f(x-a)=2af'(x)+\frac{1}{6}(f'''(\xi_1)+f'''(\xi_2))a^3,$$

故,

$$|f'(x)|\leqslant\frac{1}{2|a|}\left[2M_0+\frac{1}{3}M_3a^3\right],$$

给定特殊的 a 值, 就可以得到对应的估计, 如取 $a=1$, 则

$$|f'(x)|\leqslant\frac{1}{2}\left[2M_0+\frac{1}{3}M_3\right],$$

类似, 得到二阶导数估计

$$|f''(x)|\leqslant\frac{1}{a^2}\left[4M_0+\frac{1}{3}M_3a^3\right],$$

或 $a=1$ 时, 有 $|f''(x)|\leqslant\left[4M_0+\frac{1}{3}M_3\right]$.

当然, 在上述过程中, 还可以适当选取 a, 得到此方法下最好的界.

4. 高阶中值问题

例 10 设 $f(x)$ 在 [0,1] 上二阶可导, $f(0)=f(1)=0$, 且 $\min\limits_{x\in[0,1]}f(x)=-1$, 证明: 存在 $\xi\in(0,1)$, 使得 $f''(\xi)\geqslant 8$.

结构分析 题型: 二阶导数的介值 (中值) 问题. 类比已知: 建立各阶导数关系的理论就是泰勒展开理论. 思路确立: 利用泰勒展开定理证明. 方法设计: 先确定展开点, 此时, 由于没有涉及一阶导数项, 因此, 选择展开点使得展开式中不含一阶导数项, 类比题目中的条件, 给出一个内部最值点, 根据费马定理, 内部最值点为驻点, 因此选择驻点为展开点可以使展开式中没有一阶导数项. 注意给出的两点函数值的使用方法.

证明 由于 $f(x)$ 在 [0,1] 上连续, 故存在 $x_0\in(0,1)$, 使得

$$f(x_0)=\min_{x\in[0,1]}f(x)=-1,$$

由费马定理, 则 $f'(x_0)=0$. 利用泰勒展开定理, 则

$$f(x)=f(x_0)+\frac{1}{2}f''(\xi)(x-x_0)^2,$$

其中, ξ 位于 x_0 与 x 之间. 取 $x=0$, 则存在 $\xi_1\in(0,x_0)$, 使得

$$0=f(0)=f(x_0)+\frac{1}{2}f''(\xi_1)x_0^2,$$

取 $x=1$, 则存在 $\xi_2\in(x_0,1)$, 使得

$$0=f(1)=f(x_0)+\frac{1}{2}f''(\xi_2)(1-x_0)^2,$$

即 $f''(\xi_1)=\dfrac{2}{x_0^2}$, $f''(\xi_2)=\dfrac{2}{(1-x_0)^2}$, 因此, 当 $x_0\in\left(0,\dfrac{1}{2}\right)$ 时, 有 $f''(\xi_1)>8$; 当 $x_0\in\left(\dfrac{1}{2},1\right)$ 时, 有 $f''(\xi_2)>8$; 当 $x_0=\dfrac{1}{2}$ 时, 有 $f''(\xi_1)=f''(\xi_2)=8$; 总有 $\max\limits_{i=1,2}\{f''(\xi_i)\}\geqslant 8$.

下面, 再给出两个其他应用举例.

例 11　设 $f(x)$ 在整个实数轴上具有连续的四阶导数, x_0 为给定的点且 $f'(x_0)=f''(x_0)=f'''(x_0)=0$, $f^{(4)}(x_0)<0$, 讨论 $f(x)$ 在 x_0 点处的极值性质.

结构分析　这是极值问题, 处理的工具有很多, 由于 $f''(x_0)=0$, 二阶导数判别法失效. 注意到条件中给出了同一点处的各阶导数值, 类比已知, 泰勒展开定理涉及展开点处的各阶导数值, 可以考虑用展开定理解决.

证明　利用展开定理在 x_0 点展开, 则

$$f(x)=f(x_0)+\frac{1}{4!}f^{(4)}(\xi)(x-x_0)^4,$$

由于 $\lim\limits_{x\to x_0}f(x)=f^{(4)}(x_0)<0$, 由极限保号性性质, 则存在 $\delta>0$, 使得 $f^{(4)}(x)<0$, $x\in U(x_0,\delta)$, 因而,

$$f(x)<f(x_0),\quad x\in U(x_0,\delta),$$

故, $f(x)$ 在 x_0 点取得极大值.

例 12　证明 $1+x+\dfrac{1}{2}x^2+\cdots+\dfrac{1}{n!}x^n<\mathrm{e}^x,\forall x>0$.

结构分析　这是一个不等式的证明, 虽然可以视为函数不等式, 但是, 观察不等式的结构, 不等式两边是两类不同结构的函数, 左端是任意 n 阶的多项式函数, 具有泰勒展开式结构, 且正是右端函数的泰勒多项式, 因此, 确定思路, 利用泰勒展开定理证明, 由此, 给出不等式证明的又一种方法.

证明 对函数 e^x 在 $x_0=0$ 点展开, 则

$$\mathrm{e}^x=1+x+\frac{1}{2}x^2+\cdots+\frac{1}{n!}x^n+\frac{\mathrm{e}^{\xi}}{(n+1)!}x^{n+1},\quad \forall x>0,$$

其中 $\xi\in(0,x)$. 由于 $\dfrac{\mathrm{e}^{\xi}}{(n+1)!}x^{n+1}>0$, $\forall x>0$, 故

$$\mathrm{e}^x>1+x+\frac{1}{2}x^2+\cdots+\frac{1}{n!}x^n,\quad \forall x>0.$$

通过上述例子可以看出, 泰勒展开定理应用范围广, 处理题型多, 这显示出定理的重要性.

习 题 6.3

1. 求下列函数的麦克劳林展开式.

(1) $f(x)=\sin^2 x$; (2) $f(x)=\ln(1+x^2)$.

2. 将下列函数在 $x=$ 点展开到 x^4.

(1) $f(x)=\ln\cos x$; (2) $f(x)=\mathrm{e}^{\sin x}$;

(3) $f(x)=\dfrac{1}{1+\mathrm{e}^x}$; (4) $f(x)=\ln(x+\sqrt{1+x^2})$.

3. 计算下列极限 (不限于利用泰勒展开式).

(1) $\lim\limits_{x\to 0}\dfrac{\ln(1+2x+3x^2)}{\sin x}$;

(2) $\lim\limits_{x\to+\infty}\left[(x^3+3x)^{\frac{1}{3}}-(x^2-2x)^{\frac{1}{2}}\right]$;

(3) $\lim\limits_{x\to 0}\dfrac{\mathrm{e}^x(\cos x-1)+\dfrac{1}{2}\sin^2 x}{x^2}$;

(4) $\lim\limits_{x\to 0}\dfrac{\ln(1+x)\cdot\sin x-x^2+\dfrac{1}{2}x^3}{x^4}$;

(5) $\lim\limits_{x\to 0}\dfrac{1-\sqrt{1+x^2}+\dfrac{1}{2}\sin^2 x}{(\cos x-1)\sin^2 x}$;

(6) $\lim\limits_{n\to+\infty}n^2\left(\cos\dfrac{1}{n}-\mathrm{e}^{-\frac{1}{2n^2}}\right)$;

(7) $\lim\limits_{n\to+\infty}n\left(n\ln\left(1+\dfrac{1}{n}\right)-1\right)$;

(8) $\lim\limits_{n\to+\infty}n^3\left(\sqrt{1+n^2}+\sqrt{n^2-1}-2n\right)$;

(9) $\lim\limits_{t\to 0+}\dfrac{\mathrm{e}^t-1-t}{\sqrt{1-t}-\cos\sqrt{t}}$;

(10) $\lim\limits_{n\to+\infty}\left((n^6+n^5)^{\frac{1}{6}}-(n^6-n^5)^{\frac{1}{6}}\right)$;

(11) $\lim\limits_{x\to+\infty}\dfrac{\left[(1+x)^{\frac{1}{x}}-x^{\frac{1}{x}}\right]x\ln^2 x}{\mathrm{e}^{\frac{\ln^2 x}{x}}-1}$.

4. 设 $f(x)$ 在 $[a,b]$ 上满足拉格朗日中值定理, 则成立结论: 存在 $\theta\in(0,1)$, 使得

$$f(a+h)-f(a)=hf'(a+\theta h),$$

其中 $0<|h|<b-a$. 试分别对 $f(x)=\ln(1+x)$ 和 $f(x)=\arctan x$ 及 $a=0$ 计算 $\lim\limits_{h\to0}\theta$, 结果是否相同? 为什么?

5. 设 a, b, c 使得

$$\lim_{n\to+\infty}\left[n^a\left(\sqrt{1+n^2}+(1+n^3)^{\frac{1}{3}}\right)-bn-c\right]=0,$$

确定 a, b, c.

6. 分析下面题目的题型结构, 说明证明思路如何形成的, 证明过程中的重点难点是什么, 如何解决. 给出证明.

设 $f(x)$ 在 $[0,1]$ 具有二阶连续导数, $f(0)=f(1)$, 且 $|f''(x)|\leqslant 2, x\in[0,1]$, 证明: $|f'(x)|\leqslant 1,\forall x\in[0,1]$.

7. 分析下面要证明的不等式的结构特点, 可以归结为反向不等式, 这是较难处理的一类题目, 给出提示线索 “由于 $\max\limits_{x\in[a,b]}|f(x)|\geqslant|f(x_0)|, x_0\in[a,b]$, 只需证明存在 $x_0\in[a,b]$, 使得 $|f(x_0)|\geqslant\dfrac{M}{8}(b-a)^2$.”

根据提示线索, 分析题目结构, 说明证明思路如何形成的, 证明过程中的重点难点是什么, 如何解决, 线索中的点 x_0 应是什么点. 通过讨论 x_0 点的分布情况给出证明.

设 $f(x)$ 在 $[a,b]$ 连续, 在 (a,b) 内二阶可导, $f(a)=f(b)=0$, 且 $|f''(x)|\geqslant M>0, x\in(a,b)$, 证明: $\max\limits_{x\in[a,b]}|f(x)|\geqslant\dfrac{M}{8}(b-a)^2$.

8. 分析下列题目结构, 说明思路是如何形成的, 给出证明:

设 $f(x)$ 在 $[-1,\ 1]$ 连续, 在 $(-1,\ 1)$ 内二阶可导, $f(-1)=f(1)=0$, 且 $\max\{f(x):\ x\in[-1,1]\}=1$, 证明: 存在 $\xi\in(-1,1)$, 使得 $f''(\xi)\geqslant-2$.

9. 设 $f(x)$ 在 $[a,\ b]$ 上二阶可导, $f(a)=f(b)=0$, 且存在 $c\in(a,b)$, 使得 $f(c)>0$ 证明: 存在 $\xi\in(a,b)$, 使得 $f''(\xi)<0$.

10. 利用泰勒展开式证明:

$$x-\frac{x^3}{6}<\sin x<x-\frac{x^3}{6}+\frac{x^5}{120},\quad x\in\left(0,\frac{\pi}{2}\right).$$

6.4　洛必达法则

本节, 继续讨论微分中值定理的应用, 研究待定型极限的计算, 给出一个非常重要的计算法则——洛必达法则.

一、 待定型极限

我们知道, 简单结构的极限的运算可以利用极限的运算法则进行, 以函数极限的计算为例, 如设 $x \to x_0$ 时, $f(x) \to a, g(x) \to b$, 由运算法则可得

$$f(x) \pm g(x) \to a \pm b, \quad f(x)g(x) \to ab, \quad \frac{f(x)}{g(x)} \to \frac{a}{b}(b \neq 0).$$

我们把这类由组成因子的极限和运算法则确定的极限称为确定型极限. 然而, 当组成因子为无穷大量或无穷小量时, 有一类非常重要的极限, 其极限值不能由因子的极限唯一确定. 如对 $f(x) = x^m, g(x) = x^n, m > 0, n > 0$, 则二者都是 $x \to 0^+$ 时的无穷小量, 但考察下述极限的计算:

$$\frac{f(x)}{g(x)} = x^{m-n} \to \begin{cases} 0, & m > n \\ 1, & m = n, \\ \infty, & m < n, \end{cases} \quad x \to 0^+,$$

可以看到, 尽管因子 $f(x)$, $g(x)$ 的极限确定, 但是 $\dfrac{f(x)}{g(x)}$ 的极限不确定, 不满足运算法则. 把这类极限称为**待定型极限**. 若以因子的极限形式来表示, 待定型极限通常有如下类型:

基本型 $\dfrac{0}{0}$ 型、$\dfrac{\infty}{\infty}$ 型;

扩展型 $0 \cdot \infty$ 型、$\infty - \infty$ 型、1^∞ 型、∞^0 型、0^0 型.

如 $\lim\limits_{x\to 0} \dfrac{\sin x}{x}$ 和 $\lim\limits_{x\to\infty} \dfrac{\ln(1+x^2)}{x}$ 属于基本型, $\lim\limits_{x\to 0}(1+x)^{\frac{1}{x}}$ 和 $\lim\limits_{x\to+\infty} x^{\frac{1}{x}}$ 都是扩展型, 当然, 利用函数的运算法则和性质, $\dfrac{\infty}{\infty}$ 型和扩展型都可以转化为 $\dfrac{0}{0}$ 型.

对待定型极限, 由于不满足运算法则, 因而, 不能用运算法则计算其极限, 处理这类极限的主要方法就是洛必达法则.

二、 洛必达法则

只给出基本型的洛必达法则.

定理 4.1 $\left(\dfrac{0}{0}\text{型}\right)$ 设 $f(x)$, $g(x)$ 在 $(a, a+\delta)$ 内可导且满足:

(1) $\lim\limits_{x\to a^+} f(x) = 0, \quad \lim\limits_{x\to a^+} g(x) = 0$;

(2) $g'(x) \neq 0, \ \forall x \in (a, a+\delta)$;

(3) $\lim\limits_{x\to a^+} \dfrac{f'(x)}{g'(x)} = A$($A$ 为有限或 $+\infty$ 或 $-\infty$),

则 $\lim\limits_{x\to a^+}\dfrac{f(x)}{g(x)}=A$.

结构分析 从定理形式可以知道, 关键要建立函数及其导函数的关系, 相应的工具是中值定理.

证明 令

$$F(x)=\begin{cases} f(x), & x\in(a,a+\delta),\\ 0, & x=a,\end{cases}\qquad G(x)=\begin{cases} g(x), & x\in(a,a+\delta),\\ 0, & x=a,\end{cases}$$

则 $F(x),G(x)$ 在 $[a,a+\delta_1]$ 上连续, 在 $(a,a+\delta_1)(0<\delta_1<\delta)$ 内可导, 且 $G'(x)=g'(x)\neq 0, x\in(a,a+\delta_1)$. 因而, 对任意 $x\in(a,a+\delta_1)$, 利用柯西中值定理, 存在 $\xi_x\in(a,x)$, 使得

$$\frac{f(x)}{g(x)}=\frac{F(x)}{G(x)}=\frac{F(x)-F(a)}{G(x)-G(a)}=\frac{F'(\xi_x)}{G'(\xi_x)}=\frac{f'(\xi_x)}{g'(\xi_x)},$$

故 $\lim\limits_{x\to a^+}\dfrac{f(x)}{g(x)}=\lim\limits_{x\to a^+}\dfrac{f'(\xi_x)}{g'(\xi_x)}=A$.

定理 4.2 $\left(\dfrac{\infty}{\infty}\text{型}\right)$ 设 $f(x)$, $g(x)$ 在 $(a,a+\delta)$ 内可导且满足:

(1) $g'(x)\neq 0, \forall x\in(a,a+\delta)$;

(2) $\lim\limits_{x\to a^+}g(x)=+\infty$ 或 $\lim\limits_{x\to a^+}g(x)=-\infty$;

(3) $\lim\limits_{x\to a^+}\dfrac{f'(x)}{g'(x)}=A$($A$ 为有限或 $+\infty$ 或 $-\infty$),

则 $\lim\limits_{x\to a^+}\dfrac{f(x)}{g(x)}=A$.

结构分析 由于不具备定理 4.1 的条件 (1), 因此, 不能直接补充 $x=a$ 处的函数值从而构造满足柯西中值定理条件的 $F(x)$ 和 $G(x)$, 从定理 4.2 的结构看, 类比已知, 类似数列的 Stolz 定理, 故可以采用类似的证明方法.

证明 仅以 $\lim\limits_{x\to a^+}g(x)=+\infty$ 的情形给出证明.

情形 1 当 A 为有限.

任取 $x_0\in(a,a+\delta)$, 则

$$\begin{aligned}\frac{f(x)}{g(x)}&=\frac{f(x)-f(x_0)}{g(x)}+\frac{f(x_0)}{g(x)}\\&=\frac{f(x)-f(x_0)}{g(x)-g(x_0)}\frac{g(x)-g(x_0)}{g(x)}+\frac{f(x_0)}{g(x)}\end{aligned}$$

$$=\frac{f(x)-f(x_0)}{g(x)-g(x_0)}\left(1-\frac{g(x_0)}{g(x)}\right)+\frac{f(x_0)}{g(x)},$$

故

$$\frac{f(x)}{g(x)}-A=\left[\frac{f(x)-f(x_0)}{g(x)-g(x_0)}-A\right]\left[1-\frac{g(x_0)}{g(x)}\right]+\frac{f(x_0)}{g(x)}-A\frac{g(x_0)}{g(x)},$$

因而, 利用中值定理, 存在 ξ_x, 使得

$$\left|\frac{f(x)}{g(x)}-A\right|\leqslant\left|\frac{f'(\xi_x)}{g'(\xi_x)}-A\right|\cdot\left|1-\frac{g(x_0)}{g(x)}\right|+\left|\frac{f(x_0)-Ag(x_0)}{g(x)}\right|,$$

由于 $\lim\limits_{x\to a^+}\dfrac{f'(x)}{g'(x)}=A$, 故对任意的 $\varepsilon>0$, 存在 $\rho:0<\rho<\delta$, 当 $0<x-a<\rho$ 时,

$$\left|\frac{f'(x)}{g'(x)}-A\right|\leqslant\varepsilon,$$

取 $x_0=a+\dfrac{\rho}{2}$, 则对任意的 $x\in(a,x_0)$, 由于 $x<\xi_x<x_0$, 故 $0<\xi_x-a<\rho$, 因而,

$$\left|\frac{f'(\xi_x)}{g'(\xi_x)}-A\right|\leqslant\varepsilon,$$

又 $\lim\limits_{x\to a^+}g(x)=+\infty$, 故存在 $\eta:0<\eta<\dfrac{\rho}{2}$, 使得 $0<x-a<\eta$ 时,

$$\left|1-\frac{g(x_0)}{g(x)}\right|\leqslant 2,\quad \left|\frac{f(x_0)-Ag(x_0)}{g(x)}\right|\leqslant\varepsilon,$$

因而, 当 $0<x-a<\eta$ 时,

$$\left|\frac{f(x)}{g(x)}-A\right|\leqslant 3\varepsilon,$$

故 $\lim\limits_{x\to a^+}\dfrac{f(x)}{g(x)}=A$.

情形 2 当 $A=+\infty$ 时, 由条件 (1) 和导函数的达布中值定理 (导函数的介值性质) 可知, $g'(x)$ 在 $(a,a+\delta)$ 内不变号, 因而, $g(x)$ 要么严格单调递增, 要么严格单调递减, 由于 $\lim\limits_{x\to a^+}g(x)=+\infty$, 故, $g(x)$ 严格单调递减.

由于 $\lim\limits_{x\to a^+}\dfrac{f'(x)}{g'(x)}=+\infty$, 则对任意 $M>0$, 存在 $\rho>0$, 当 $0<x-a<\rho$ 时, $\dfrac{f'(x)}{g'(x)}\geqslant M$. 仍取 $x_0=a+\dfrac{\rho}{2}$, 则对任意的 $x\in(a,x_0)$, 利用中值定理, 存在

$\xi_x : x < \xi_x < x_0$, 使得

$$\frac{f(x)-f(x_0)}{g(x)-g(x_0)} = \frac{f'(\xi_x)}{g'(\xi_x)} \geqslant M,$$

由于 $g(x) > g(x_0)$, 故

$$f(x)-f(x_0) \geqslant M(g(x)-g(x_0)) > 0,$$

因而 $\lim\limits_{x\to a^+} f(x) = +\infty$. 由于 $\lim\limits_{x\to a^+} \frac{f'(x)}{g'(x)} = +\infty$, 因而

$$\lim_{x\to a^+} \frac{g'(x)}{f'(x)} = 0,$$

因而, 利用情形 1 的结论, 则 $\lim\limits_{x\to a^+} \frac{g(x)}{f(x)} = 0$.

由于 $\lim\limits_{x\to a^+} f(x) = +\infty$, $\lim\limits_{x\to a^+} g(x) = +\infty$, 则

$$\lim_{x\to a^+} \frac{f(x)}{g(x)} = +\infty = A,$$

故, 此时定理 4.2 也成立.

情形 3　当 $A = -\infty$ 时, 只需作变换 $G(x) = -g(x)$ 就可以转化为情形 2.

关于定理的几点说明: (1) 由于不需要条件 $\lim\limits_{x\to a^+} f(x) = \infty$, 定理 4.2 并不是严格的 $\frac{\infty}{\infty}$ 型的极限, 也可以称为 $\frac{\bullet}{\infty}$ 型.

(2) 由条件 (1) 和导函数的达布中值定理 (导函数的介值性质) 可知, $g'(x)$ 在 $(a, a+\delta)$ 不变号, 因而, $g(x)$ 要么单调递增, 要么单调递减, 因此, 若 $g(x)$ 是 $x \to a^+$ 时的无穷大量, 则必然是正无穷大量或负无穷大量, 即或者 $\lim\limits_{x\to a^+} g(x) = +\infty$ 或 $\lim\limits_{x\to a^+} g(x) = -\infty$. 因此, 有些教材中此条件形式为 $\lim\limits_{x\to a^+} g(x) = \infty$ 并不十分合适, 虽然此时条件较弱. 当然, 在此条件下, 定理 4.2 仍成立.

(3) 定理 4.1 和定理 4.2 可以推广到其他的极限过程, 即将 $x \to a^+$ 改为 $x \to a(a^-, +\infty, -\infty, \infty)$ 时, 上述结论仍成立.

三、 应用

应用洛必达法则计算极限时, 要首先判断要计算的极限类型是否是待定型极限, 只有对待定型才能应用此法则.

例 1 计算 $\lim\limits_{x\to0^+}\dfrac{x-x\cos x}{x-\sin x}$.

解 这是 $\dfrac{0}{0}$ 型待定型极限, 用两次定理 4.1 得

$$\lim_{x\to0^+}\frac{x-x\cos x}{x-\sin x}=\lim_{x\to0^+}\frac{1-\cos x+x\sin x}{1-\cos x}=\lim_{x\to0^+}\frac{2\sin x+x\cos x}{\sin x}=3.$$

例 2 计算 $\lim\limits_{x\to+\infty}\dfrac{\ln x}{x}$.

解 这是 $\dfrac{\infty}{\infty}$ 型待定型极限, 由定理 4.2, 得

$$\lim_{x\to+\infty}\frac{\ln x}{x}=\lim_{x\to+\infty}\frac{1}{x}=0.$$

注 事实上, 可以证明对任意的实数 a, 都成立 $\lim\limits_{x\to+\infty}\dfrac{\ln^a x}{x}=0$, 或对任意的正实数 b 成立 $\lim\limits_{x\to+\infty}\dfrac{\ln x}{x^b}=0$, 或对任意的正实数 a,b 成立 $\lim\limits_{x\to+\infty}\dfrac{\ln^a x}{x^b}=0$, 由此表明: $x\to+\infty$ 时, 幂函数 $x^b\to+\infty$ 的速度远远高于对数函数 $\ln x\to+\infty$ 的速度.

例 3 计算 $\lim\limits_{x\to+\infty}\dfrac{x^5}{\mathrm{e}^x}$.

解 这是 $\dfrac{\infty}{\infty}$ 型待定型极限, 连续利用定理 4.2, 则

$$\lim_{x\to+\infty}\frac{x^5}{\mathrm{e}^x}=\lim_{x\to+\infty}\frac{5x^4}{\mathrm{e}^x}=\lim_{x\to+\infty}\frac{5\cdot4x^3}{\mathrm{e}^x}=\cdots=\lim_{x\to+\infty}\frac{5!}{\mathrm{e}^x}=0.$$

注 对任意实数 a, 仍成立 $\lim\limits_{x\to+\infty}\dfrac{x^a}{\mathrm{e}^x}=0$, 这个结论同样反映了幂函数 x^a 和指数函数 e^x 作为 $x\to+\infty$ 时的无穷大量的速度关系.

注 使用洛必达法则计算待定型极限时, 应注意:

(1) 只能对待定型才可以用洛必达法则, 如对下述极限用洛必达法则的计算过程是错误的,

$$\lim_{x\to0}\frac{x^2+1}{2-\cos x}=\lim_{x\to0}\frac{2x}{\sin x}=2,$$

因为它不是待定型极限, 正确的计算是 $\lim\limits_{x\to0}\dfrac{x^2+1}{2-\cos x}=1$.

(2) 若 $\lim\limits_{x\to x_0}\dfrac{f'(x)}{g'(x)}$ 不存在, 并不能保证 $\lim\limits_{x\to x_0}\dfrac{f(x)}{g(x)}$ 不存在, 因而, 此时不能用洛必达法则; 如对下述极限, 若用洛必达法则, 得到

$$\lim_{x\to+\infty}\frac{x+\cos x}{x}=\lim_{x\to+\infty}(1+\sin x)$$

不存在的结论, 事实上, $\lim\limits_{x\to+\infty}\dfrac{x+\cos x}{x}=1$.

(3) 有些题目利用洛必达法则会出现循环现象, 无法求出结果, 此时只能寻求别的方法. 如 $\lim\limits_{x\to+\infty}\dfrac{\mathrm{e}^x-\mathrm{e}^{-x}}{\mathrm{e}^x+\mathrm{e}^{-x}}=1$, 但用洛必达法则会出现循环现象.

(4) 只有当 $\lim\limits_{x\to x_0}\dfrac{f'(x)}{g'(x)}$ 比 $\lim\limits_{x\to x_0}\dfrac{f(x)}{g(x)}$ 简单时, 用洛必达法则才有价值, 否则另找方法, 故洛必达法则不是 "万能工具".

对扩展型的待定型极限的计算, 须将扩展型转化为基本型, 然后再用洛必达法则.

例 4　计算 $\lim\limits_{x\to0^+}x^a\ln x(a>0)$.

简析　这是 $0\cdot\infty$ 型待定型极限, 先转化为基本型, 再计算.

解　利用洛必达法则, 则

$$\lim_{x\to0^+}x^a\ln x=\lim_{x\to0^+}\frac{\ln x}{x^{-a}}=-\frac{1}{a}\lim_{x\to0^+}\frac{\dfrac{1}{x}}{x^{-a-1}}$$
$$=-\frac{1}{a}\lim_{x\to0^+}x^a=0.$$

抽象总结　将其他类型的待定型极限转化为基本型时, 须将其中的一个因子转移到分母上, 选择求导尽可能简单的因子转移到分母上, 以使计算尽可能简单.

例 5　计算 $\lim\limits_{x\to+\infty}x\left(\dfrac{\pi}{2}-\arctan x\right)$.

简析　这是 $0\cdot\infty$ 型极限, 先转化为基本型, 再计算.

解　$$\lim_{x\to+\infty}x\left(\frac{\pi}{2}-\arctan x\right)=\lim_{x\to+\infty}\frac{\dfrac{\pi}{2}-\arctan x}{\dfrac{1}{x}}$$

$$=\lim_{x\to+\infty}\frac{-\dfrac{1}{1+x^2}}{-\dfrac{1}{x^2}}=\lim_{x\to+\infty}\frac{x^2}{1+x^2}=1.$$

例 6 计算 $\lim\limits_{x\to 0}\left(\frac{1}{\sin x}-\frac{1}{x}\right)$.

简析 这是 $\infty-\infty$ 型极限, 通过四则运算转化为基本型.

解 $$\lim_{x\to 0}\left(\frac{1}{\sin x}-\frac{1}{x}\right)=\lim_{x\to 0}\frac{x-\sin x}{x\sin x}=\lim_{x\to 0}\frac{x-\sin x}{x^2}$$

$$=\lim_{x\to 0}\frac{1-\cos x}{2x}=\lim_{x\to 0}\frac{\sin x}{2}=0.$$

上述计算过程中用了无穷小**的等价代换以简化计算**过程.

例 7 计算 $\lim\limits_{x\to 0^+}x^x$.

简析 这是 0^0 型极限, 用对数变换转化为基本型.

解 记 $f(x)=x^x$, 则 $\ln f(x)=x\ln x$, 先用洛必达法则计算如下待定型极限,

$$\lim_{x\to 0^+}\ln f(x)=\lim_{x\to 0^+}x\ln x=0,$$

故 $\lim\limits_{x\to 0^+}x^x=1$.

例 8 计算 $\lim\limits_{x\to 0}(\cos x)^{\frac{1}{x^2}}$.

简析 这是 1^∞ 型极限, 通过对数法转化为基本型.

解 记 $f(x)=(\cos x)^{\frac{1}{x^2}}$, 则 $\ln f(x)=\dfrac{\ln\cos x}{x^2}$, 因而,

$$\lim_{x\to 0}\ln f(x)=\lim_{x\to 0}\frac{\ln\cos x}{x^2}=\lim_{x\to 0}\frac{\frac{-\sin x}{\cos x}}{2x}=-\frac{1}{2},$$

故 $\lim\limits_{x\to 0}(\cos x)^{\frac{1}{x^2}}=\mathrm{e}^{-\frac{1}{2}}$.

例 9 计算 $\lim\limits_{x\to 0^+}(\cot x)^{\frac{1}{\ln x}}$.

简析 这是 ∞^0 型待定型极限, 仍用对数法处理.

解 记 $f(x)=(\cot x)^{\frac{1}{\ln x}}$, 则 $\ln f(x)=\dfrac{\ln\cot x}{\ln x}=\dfrac{\ln\cos x-\ln\sin x}{\ln x}$, 因而,

$$\lim_{x\to 0^+}\ln f(x)=\lim_{x\to 0^+}\frac{\ln\cos x-\ln\sin x}{\ln x}=\lim_{x\to 0^+}\frac{\frac{-\sin x}{\cos x}-\frac{\cos x}{\sin x}}{\frac{1}{x}}$$

$$=-\lim_{x\to 0^+}\frac{x}{\sin x\cos x}=-1,$$

故, $\lim\limits_{x\to 0^+}(\cot x)^{\frac{1}{\ln x}}=\mathrm{e}^{-1}$.

抽象总结　对幂指函数形式的待定型极限的处理, 对数法是常用的非常有效的处理方法, 必须熟练掌握.

对抽象函数的极限计算, 只要条件满足, 也可以用洛必达法则.

例 10　设 $f(x)=\begin{cases}\dfrac{g(x)}{x}, & x\neq 0,\\ 0, & x=0,\end{cases}$ $g(x)$ 二阶可导且 $g(0)=g'(0)=0$, $g''(0)=2$, 试求 $f'(0)$.

解　由导数定义, 并用两次洛必达法则得

$$f'(0)=\lim_{x\to 0}\frac{f(x)-f(0)}{x}=\lim_{x\to 0}\frac{g(x)}{x^2}=\lim_{x\to 0}\frac{g''(x)}{2}=1.$$

将数列极限转化为函数的极限, 用洛必达法则处理, 也是有效的处理方法.

例 11　计算 $\lim\limits_{n\to+\infty}\left(1+\dfrac{1}{n}+\dfrac{1}{n^2}\right)^n$.

解　法一　将其连续化, 转化为如下极限: $\lim\limits_{x\to\infty}\left(1+\dfrac{1}{x}+\dfrac{1}{x^2}\right)^x$. 记 $f(x)=\left(1+\dfrac{1}{x}+\dfrac{1}{x^2}\right)^x$, 则 $\ln f(x)=x[\ln(1+x+x^2)-2\ln x]$, 故

$$\begin{aligned}\lim_{x\to+\infty}\ln f(x)&=\lim_{x\to+\infty}x[\ln(1+x+x^2)-2\ln x]\\&=\lim_{x\to\infty}\frac{\ln(1+x+x^2)-2\ln x}{\dfrac{1}{x}}\\&=\lim_{x\to\infty}\frac{\dfrac{1+2x}{1+x+x^2}-\dfrac{2}{x}}{-\dfrac{1}{x^2}}\\&=-\lim_{x\to\infty}\frac{x(1+2x)-2(1+x+x^2)}{1+x+x^2}x\\&=-\lim_{x\to\infty}\frac{-2-x^2}{1+x+x^2}=1,\end{aligned}$$

故 $\lim\limits_{n\to+\infty}\left(1+\dfrac{1}{n}+\dfrac{1}{n^2}\right)^n=\lim\limits_{x\to+\infty}(1+\dfrac{1}{x}+\dfrac{1}{x^2})^x=\mathrm{e}$.

上述过程好像并不简单, 事实上, 还有更简单的方法, 因此, 一定要灵活选用连续性方法.

法二 采用如下连续性方法. 令 $g(t)=(1+t+t^2)^{\frac{1}{t}}$, 则

$$\begin{aligned}\lim_{t\to0^+}\ln g(t)&=\lim_{t\to0^+}\frac{\ln(1+t+t^2)}{t}\\&=\lim_{t\to0^+}\frac{1+2t}{1+t+t^2}=1,\end{aligned}$$

故, $\lim\limits_{n\to+\infty}\left(1+\dfrac{1}{n}+\dfrac{1}{n^2}\right)^n=\lim\limits_{t\to0^+}g(t)=\mathrm{e}$.

当然, 对上述例子, 也可以用重要极限公式来计算.

洛必达法则是极限计算中一个非常重要的法则, 但是, 在运用这个法则时, 一定要注意与其他方法和技巧的结合.

例 12 计算 $\lim\limits_{x\to0}\dfrac{x-\arctan x}{x^2\arctan x}$.

结构分析 这是一个 $\dfrac{0}{0}$ 型极限, 若直接利用洛必达法则, 计算过程较为复杂, 我们先作变量代换, 然后分离极限已知的因子, 对剩下的部分再用阶的等价代换, 最后用洛必达法则, 使得计算变得简单.

解 **法一** 令 $y=\arctan x$, 则

$$\begin{aligned}\text{原式}&=\lim_{y\to0}\frac{\tan y-y}{y\tan^2 y}\\&=\lim_{y\to0}\frac{\sin y-y\cos y}{y\sin^2 y}\cdot\lim_{y\to0}\cos y\\&=\lim_{y\to0}\frac{\sin y-y\cos y}{y^3}\\&=\lim_{y\to0}\frac{\cos y-\cos y+y\sin y}{3y^2}=\frac{1}{3}.\end{aligned}$$

法二 先利用等价无穷小代换, 再利用洛必达法则, 则

$$\lim_{x\to0}\frac{x-\arctan x}{x^2\arctan x}=\lim_{x\to0}\frac{x-\arctan x}{x^3}=\lim_{x\to0}\frac{1-\dfrac{1}{1+x^2}}{3x^2}=\frac{1}{3}.$$

在使用洛必达法则时, 将洛必达法则的使用和等价无穷小的代换理论、结构化简等技术手段综合利用可以简化计算过程.

习 题 6.4

1. 用洛必达法则计算下列极限.

(1) $\lim\limits_{x\to 0}\dfrac{e^x-\cos x}{x}$;

(2) $\lim\limits_{x\to \pi}(\pi-x)\tan\dfrac{x}{2}$;

(3) $\lim\limits_{x\to 0^+}x^a e^{\frac{-1}{x}}(a<0)$;

(4) $\lim\limits_{x\to 0}\dfrac{\tan x-\sin x}{x^3}$;

(5) $\lim\limits_{x\to 0}\dfrac{(1+x)^{\frac{1}{n}}-1}{x}$;

(6) $\lim\limits_{x\to 0}\left(\dfrac{\sin x}{x}\right)^{\frac{1}{x^2}}$;

(7) $\lim\limits_{x\to 0^+}x^{\frac{1}{\ln(e^x-1)}}$;

(8) $\lim\limits_{n\to +\infty}\dfrac{\left(1+\dfrac{1}{n}\right)^n-e}{n^{-1}}$;

(9) $\lim\limits_{x\to 1}\left(\dfrac{1}{(x-1)e}-\dfrac{1}{e^x-e}\right)$;

(10) $\lim\limits_{x\to +\infty}e^{-x}\left(1+\dfrac{1}{x}\right)^{x^2}$.

(11) $\lim\limits_{x\to 0}\dfrac{\arcsin^2 x-x^2}{x^2\arcsin^2 x}$.

2. 设 $f(x)$ 在 $U(a)$ 内二阶可导, 计算

$$\lim_{h\to 0}\frac{f(a+2h)-2f(a+h)+f(a)}{h^2}.$$

3 . 设 $f(x)$ 在 $U(a)$ 内具有连续的二阶导数, 且 $f'(a)\neq 0$, 计算

$$\lim_{x\to a}\left[\frac{1}{f(x)-f(a)}-\frac{1}{(x-a)f'(a)}\right].$$

4. 设 $f(x)$ 在 $(0,+\infty)$ 内可导, 且 $\lim\limits_{x\to +\infty}f'(x)=A$, 证明: $\lim\limits_{x\to +\infty}\dfrac{f(x)}{x}=A$.

5. 设 $f(x)$ 具有连续的二阶导数, $f''(0)=2$, $\lim\limits_{x\to 0}\dfrac{f(x)}{x}=0$, 计算 $\lim\limits_{x\to 0}\left(1+\dfrac{f(x)}{x}\right)^{\frac{1}{x}}$.

习题答案与提示 (一)

数学分析引言

习题

1. 答 数学分析的研究对象是函数, 主要研究内容是函数的微积分理论、函数的级数理论.

2. 答 建立平面直角坐标系, 在坐标系中将平面图形向 x 轴做投影, 投影区间为 $[a,b]$, 则直线 $x=a$, $x=b$ 将边界曲线分为上下两段, 上段记为 l_1, 下段记为 l_2, 则曲线段 l_1, 直线 $x=a$, $x=b$ 和直线 y=0 围成曲边梯形, 曲线段 l_2, 直线 $x=a$, $x=b$ 和直线 $y=0$ 围成曲边梯形, 则所研究的平面图形的面积就可以转化为这两个曲边梯形的面积差.

3. 答 假设已知梯形面积的计算公式, 则将曲边拉直, 可以用梯形近似曲边梯形. 从形式上看, 用梯形作近似要比用长方形作近似的精度高, 而长方形的面积计算更简单, 这是两种方法的优劣之处. 显然, 正是由于长方形面积计算的简单, 我们采用长方形作近似, 这也是这种方法的最大优势. 由此总结出近似的基本原则是在能用的基本要求下, 追求尽可能简单, 即"简单可行".

4. 答 (1) 近似的思想从认知规律来讲, 对任何新事物的认识都是从近似开始的, 用已知的去近似未知的, 是研究解决未知问题的常用思想.

(2) 近似的方法有很多, 选择近似的原则就是简单可行.

5. 答 穷竭法实际是一种近似的方法, 是在用化圆为方研究圆的面积时提出的, 一般定义为"在一个量中减去比其一半还大的量, 不断重复这个过程, 可以使剩下的量变得任意小". 体现了用有限近似代替无限的思想, 即隐含了解决问题的极限思想.

6. 解 取 $n=11$, $s\approx\dfrac{12\times 23}{6\times 11^2}\approx 0.38$.

第 1 章 实数系与函数

习题 1.1

1. 略.

2. 证明 反证法. 假设 $a\neq b$, 则存在 $m>0$, 使得 $|a-b|=m$. 取 $\varepsilon=\dfrac{m}{2}$, 得 $m=|a-b|\leqslant\dfrac{m}{2}$, 矛盾. 故 $a=b$.

3. 略.

4. 略.

5. 解 取 $A=(-\infty,1]$, $B=(1,+\infty)$, 则 (A,B) 就是实数系 $\mathbf{R}$ 的一个戴德金分割.

6. 解 有理数在实数系中稠密是指对任意的区间 (a,b), 其必然包含有理数, 即存在有理数 r, 使得 $r\in(a,b)$.

无理数在实数系中稠密是指对任意的区间 (a,b), 其必然包含无理数, 即存在无理数 q, 使得 $q\in(a,b)$.

7. 解 (1) 不能. (2) 稠密性, 即有理数、无理数都在实数系中稠密.

习题 1.2

1. (1) 有界集; (2) 无界集; (3) 有界集; (4) 有界集; (5)A 是无界的, 但有下界.

证明过程及证明思路略.

2. 解 (1) 界与确界 上 (下) 确界是集合 A 最小 (大) 的上 (下) 界, 故上 (下) 确界也是集合 A 的上 (下) 界.

(2) 最值与界 最大值是可达到的最小的上界, 最小值是可达到的最大的下界, 故在最大 (小) 值存在的条件下, 确界也存在, 有 $\sup A=\max A$, $\inf A=\min A$. 当然, 在存在的条件下, 有 $\max A\in A$, $\min A\in A$, 确界不一定有此性质.

(3) 确界与最值 当 $\sup A\in A$ 时, 有 $\sup A=\max A$; 当 $\inf A\in A$ 时, 有 $\inf A=\min A$.

3. 略.

4. 解 (1) $\inf A=0$.

(2) $\sup A=1$; $\inf A=0$.

(3) $\sup A=\mathrm{e}$; $\inf A=1$.

5. 证明 (1) 反证法. 记 $\alpha_1=\inf X$, $\alpha_2=\inf Y$, 假设 $\alpha_1<\alpha_2$, 取 $\varepsilon=\alpha_2-\alpha_1>0$, 由下确界的定义知, 对上述 $\varepsilon>0$, 存在 $x_0\in X$, 使得 $\alpha_1\leqslant x_0<\alpha_1+\varepsilon=\alpha_2$. 又 $x_0\in X\subset Y$, 则 $x_0\geqslant\alpha_2$, 与 $\alpha_1\leqslant x_0<\alpha_2$ 矛盾, 故 $\alpha_1\geqslant\alpha_2$, 即 $\inf X\geqslant\inf Y$.

(2) 反证法. 记 $\beta_1=\sup X$, $\beta_2=\sup Y$, 假设 $\beta_1>\beta_2$, 取 $\varepsilon=\beta_1-\beta_2>0$, 由上确界的定义知, 对上述 $\varepsilon>0$, 存在 $x_0\in X$, 使得 $x_0>\beta_1-\varepsilon=\beta_2$. 又 $x_0\in X\subset Y$, 则 $x_0\leqslant\beta_2$ 与 $x_0>\beta_2$ 矛盾, 故 $\beta_1\leqslant\beta_2$, 即 $\sup X\leqslant\sup Y$.

6. 略.

7. 证明 由于 $\alpha=\sup A>1$, 则 $x\leqslant\alpha,\forall x\in A$. 因此, 对 $\forall y\in B$, $\exists x\in A$, $x>0$, 使得 $y=\dfrac{1}{x}\geqslant\dfrac{1}{\alpha}$, 可知 $\dfrac{1}{\alpha}$ 是 B 的一个下界.

另一方面, $\forall\varepsilon\in\left(0,\dfrac{\alpha}{2}\right)$, $\exists x_0\in A$, 使得 $x_0>\alpha-\varepsilon$, 则 $\dfrac{1}{x_0}<\dfrac{1}{\alpha-\varepsilon}$. 取 $M=\dfrac{2}{\alpha^2}$, 则 $\dfrac{1}{\alpha-\varepsilon}-\dfrac{1}{\alpha}=\dfrac{\varepsilon}{(\alpha-\varepsilon)\alpha}<M\varepsilon$, 即 $\dfrac{1}{x_0}<\dfrac{1}{\alpha-\varepsilon}<\dfrac{1}{\alpha}+M\varepsilon$. 故 $\inf B=\dfrac{1}{\alpha}=\dfrac{1}{\sup A}$.

8. 证明 设 $\beta=\sup A$, $\alpha=\inf B$, 根据定义, $\forall x\in A$, 有 $x\leqslant\beta$. $\forall y\in B$, $\exists x\in A$, 使得 $y=-x\geqslant-\beta$, 故 $-\beta$ 是 B 的一个下界.

另一方面, $\forall\varepsilon>0$, $\exists x_0\in A$, 使得 $x_0>\beta-\varepsilon$. 取 $y_0=-x_0\in B$, 则 $y_0<-\beta+\varepsilon$. 故 $\alpha=-\beta$, 即 $\sup A=-\inf B$.

9. 证明略.

10. 简答 通过结构分析, 确定题目的结构特点, 类比已知, 形成解题的思路, 这就是结构分析的解题思想方法.

11. 略.

12. 略.

习题 1.3

1. 解　$f(x)$ 的定义域是 $\{x|x\neq 0\}$. $f(f(x))=x\ (x\neq 0)$. $f(f(f(x)))=\dfrac{1}{x}\ (x\neq 0)$.

2. 解　(1) $D_f=\{x|x\in\mathbf{R}\},D_g=\{x|x\neq 0\}$.

(2) 复合映射：$f(g(x))=\dfrac{\dfrac{1}{x^2}+1}{\left(\dfrac{1}{x^2}\right)^2+1}=\dfrac{x^2+x^4}{1+x^4}(x\neq 0)$.

(3) $f(x)$ 是有界的. $g(x)$ 是无界的.

3. 解　反函数 $y=f^{-1}(x)=\mathrm{e}^x-1,\quad x\in\mathbf{R}$.

4. 略.

5. 解　$f(g(x))=\begin{cases}x^2+1, & x\geqslant 0,\\ x^2, & x<0.\end{cases}$

6. 略.

第 2 章　数列的极限

习题 2.1

1. 解　(1) $a_n=\dfrac{1}{\sqrt{2n-1}}$, $n=1,2,3,\cdots$. 当 $n\to+\infty$ 时, $a_n\to 0$, 故 $\{a_n\}$ 有趋势且是可控的.

(2) $a_n=n^2$, $n=1,2,3,\cdots$. 当 $n\to+\infty$ 时, $a_n\to+\infty$, 故 $\{a_n\}$ 有趋势但是不可控.

(3) $a_n=(-1)^{n+1}\dfrac{1}{n}$,$n=1,2,3,\cdots$. 当 $n\to+\infty$ 时, $a_n\to 0$, 故 $\{a_n\}$ 有趋势且是可控的.

(4) $a_n=\begin{cases}-n, & n=2k,\\ \dfrac{1}{n}, & n=2k-1,\end{cases}$　$k=1,2,3,\cdots$, 故 $\{a_n\}$ 没有趋势, 更不可控.

2. 略.

3. 证明　根据题意得 $\forall\varepsilon>0,\exists N\in\mathbf{N}^+$, 当 $n>N$ 时, 成立

$$|x_n-a|<\varepsilon.$$

于是, 对上述的 $\varepsilon>0$, $N\in\mathbf{N}^+$, 当 $n>N$ 时, 成立

$$||x_n|-|a||\leqslant|x_n-a|<\varepsilon.$$

故 $\lim\limits_{n\to+\infty}|x_n|=|a|$.

反之不成立, 如 $x_n=\dfrac{n}{n+1}$, $a=-1$, 此时 $\lim\limits_{n\to+\infty}|x_n|=\lim\limits_{n\to+\infty}\dfrac{n}{n+1}=1=|-1|$, 但 $\lim\limits_{n\to+\infty}\dfrac{n}{n+1}=1\neq a$.

4. 证明　由 $\lim\limits_{n\to+\infty}x_n=a$ 得 $\forall\varepsilon>0,\exists N\in\mathbf{N}^+$, 当 $n>N$ 时, 成立

$$|x_n-a|<\varepsilon.$$

于是对上述的 $\varepsilon>0$, $N\in\mathbf{N}^+$, $n+k>n>N$, 成立

$$|x_{n+k}-a|<\varepsilon.$$

故对任意的正整数 k, $\lim\limits_{n\to+\infty}x_{n+k}=a$.

5. 略.

6. 略.

7. 略.

8. 证明　由 $\lim\limits_{n\to+\infty}x_n=2$ 得 $\forall\varepsilon\in(0,1)$, $\exists N\in\mathbf{N}^+$, 当 $n>N$ 时, 成立

$$|x_n-2|<\varepsilon.$$

得

$$1<2-\varepsilon<x_n<2+\varepsilon<3.$$

于是对上述的 $\varepsilon\in(0,1)$, $N\in\mathbf{N}^+$, 当 $n>N$ 时, 成立

$$\left|\frac{1}{x_n}-\frac{1}{2}\right|=\frac{|x_n-2|}{2|x_n|}<|x_n-2|<\varepsilon.$$

故 $\lim\limits_{n\to+\infty}\dfrac{1}{x_n}=\dfrac{1}{2}$.

9. 证明　(1) 由 $\lim\limits_{n\to+\infty}x_n=a$ 得 $\forall\varepsilon\in(0,1)$, $\exists N\in\mathbf{N}^+$, 当 $n>N$ 时, 成立

$$|x_n-a|<\varepsilon.$$

得 $|x_n+a|\leqslant|x_n-a|+2|a|\leqslant\varepsilon+2|a|<1+2|a|$, 于是对上述 $\varepsilon\in(0,1)$, $N\in\mathbf{N}^+$, 当 $n>N$ 时, 成立

$$|x_n^2-a^2|=|x_n+a||x_n-a|<(1+2|a|)\varepsilon.$$

故 $\lim\limits_{n\to+\infty}x_n^2=a^2$.

(2) 略

(3) 由 $\lim\limits_{n\to+\infty}x_n=a$ 得, $\forall\varepsilon\in(0,1)$, $\exists N\in\mathbf{N}^+$, 当 $n>N$ 时, 成立

$$|x_n-a|<\sqrt{a}\varepsilon.$$

于是对上述 $\varepsilon\in(0,1)$, $N\in\mathbf{N}^+$, 当 $n>N$ 时, 成立

$$|\sqrt{x_n}-\sqrt{a}|=\frac{|x_n-a|}{\sqrt{x_n}+\sqrt{a}}<\frac{|x_n-a|}{\sqrt{a}}<\varepsilon.$$

故 $\lim\limits_{n\to+\infty}\sqrt{x_n}=\sqrt{a}$.

10. 证明略.

11. 证明　(1) 由 $\lim\limits_{n\to+\infty}x_n=0$ 得 $\forall\varepsilon>0$, $\exists N_1\in\mathbf{N}^+$, 当 $n>N_1$ 时, 成立 $|x_n|<\dfrac{\varepsilon}{2}$.

现在 $x_1+x_2+\cdots+x_{N_1}$ 已经是一个固定的数了, 因此存在 $N_2\in\mathbf{N}^+$, 当 $n>N_2$ 时, 成立

$\left|\dfrac{x_1+x_2+\cdots+x_{N_1}}{n}\right|<\dfrac{\varepsilon}{2}$. 于是对上述的 $\varepsilon>0$, 取 $N=\max\{N_1,N_2\}$, 当 $n>N$ 时, 成立

$$\begin{aligned}\left|\frac{x_1+x_2+\cdots+x_n}{n}-0\right| &\leqslant \left|\frac{x_1+x_2+\cdots+x_{N_1}}{n}\right|+\left|\frac{x_{N_1+1}+x_{N_1+2}+\cdots+x_n}{n}\right| \\ &< \frac{\varepsilon}{2}+\frac{n-N_1}{n}\frac{\varepsilon}{2} \\ &< \varepsilon.\end{aligned}$$

故 $\lim\limits_{n\to+\infty}\dfrac{x_1+x_2+\cdots+x_n}{n}=0$.

(2) 记 $y_n=x_n-a$, 则 $\lim\limits_{n\to+\infty}y_n=0$. 利用 (1) 的结论, 得

$$\lim_{n\to+\infty}\frac{y_1+y_2+\cdots+y_n}{n}=0,$$

即

$$\lim_{n\to+\infty}\frac{x_1+x_2+\cdots+x_n}{n}=a.$$

12. 证明　因 $\{x_n\}$ 是无穷小量, 故 $\forall\varepsilon>0, \exists N\in\mathbf{N}^+$, 当 $n>N$ 时, 成立

$$|x_n|<\varepsilon.$$

取 $M=\dfrac{1}{\varepsilon}$, 由 ε 的任意性, M 是任意的. 于是对上述任意的 $M>0$, $N\in\mathbf{N}^+$, 当 $n>N$ 时, 成立

$$\left|\frac{1}{x_n}\right|>M=\frac{1}{\varepsilon}.$$

故 $\left\{\dfrac{1}{x_n}\right\}$ 是无穷大量.

13. 解　(1) 因 $\{x_n\}$, $\{y_n\}$ 是无穷小量, 故 $\forall\varepsilon>0, \exists N\in\mathbf{N}^+$, 当 $n>N$ 时, 成立

$$|x_n|<\varepsilon,\quad |y_n|<\varepsilon.$$

于是对上述的 $\varepsilon>0$, $N\in\mathbf{N}^+$, 当 $n>N$ 时, 成立

$$|x_n+y_n|\leqslant|x_n|+|y_n|<2\varepsilon.$$

于是

$$|x_ny_n|<\varepsilon^2.$$

故 $\{x_n+y_n\}$ 和 $\{x_ny_n\}$ 均是无穷小量.

(2) 因 $\{x_n\}$, $\{y_n\}$ 是无穷大量, 故 $\forall M>0, \exists N\in\mathbf{N}^+$, 当 $n>N$ 时, 成立

$$|x_n|>M,\quad |y_n|>M.$$

于是对上述的 $M>0$, $N\in\mathbf{N}^+$, 当 $n>N$ 时, 成立

$$|x_ny_n|>M^2.$$

故 $\{x_ny_n\}$ 是无穷大量. 但 $\{x_n+y_n\}$ 不一定是无穷大量.

如 $x_n = n$, $y_n = -n$, 满足 $\{x_n\}$, $\{y_n\}$ 是无穷大量, 但 $\{x_n + y_n\}$ 是常数列 $\{0\}$, 不是无穷大量.

14. 证明 反证法. 假设存在 $n_0 \in \mathbf{N}^+$, 使得 $x_{n_0} > a$. 因 $\{x_n\}$ 是单调递增的, 故当 $n > n_0$ 时, 成立

$$x_n \geqslant x_{n_0} > a.$$

取 $\varepsilon = \dfrac{x_{n_0} - a}{2} > 0$, 当 $n > n_0$ 时, 成立 $|x_n - a| = x_n - a \geqslant x_{n_0} - a > \varepsilon$.

这与 $\lim\limits_{n\to+\infty} x_n = a$ 矛盾, 故对任意的 n, 成立 $x_n \leqslant a$.

15. 证明 因 $\{x_n\}$ 是无上界的, 故 $\forall M > 0$, $\exists n_0 \in \mathbf{N}^+$, 成立 $x_{n_0} > M$. 又 $\{x_n\}$ 是严格单调递增的, 于是对上述 $M > 0$, 取 $N = n_0$, 当 $n > N$ 时, 成立 $x_n > x_{n_0} > M$. 故 $\{x_n\}$ 是正无穷大量.

习题 2.2

1. (1) 1; (2) 0; (3) 0; (4) $-\dfrac{1}{4}$; (5) 0; (6) $\dfrac{1}{2}$.

2. 略.

3. 提示 利用极限的夹逼性证明.

4. 略.

习题 2.3

1. 略.

2. 提示 令 $x_n = 1 + 2^k + \cdots + n^k$, $y_n = n^{k+1}$, 利用 Stolz 定理.

3. 提示 $\{y_n\}$ 单调递增的正无穷大量, 利用 Stolz 定理.

4. 证明 首先我们有 $0 < (x_1x_2\cdots x_n)^{\frac{1}{n}} \leqslant \dfrac{x_1 + x_2 + \cdots + x_n}{n}$, 令 $y_n = n$, 则 $\{y_n\}$ 是单调递增的正无穷大量, 又

$$\lim_{n\to+\infty} \frac{x_n - x_{n-1}}{y_n - y_{n-1}} = \lim_{n\to+\infty} x_n = 0.$$

可知 $\lim\limits_{n\to+\infty} \dfrac{x_1 + x_2 + \cdots + x_n}{n} = 0$, 利用极限的夹逼性得 $\lim\limits_{n\to+\infty} (x_1x_2\cdots x_n)^{\frac{1}{n}} = 0$.

5. 证明 由 $a_k = A_k - A_{k-1}$ 得

$$\begin{aligned}\frac{p_1a_1 + p_2a_2 + \cdots + p_na_n}{p_n} &= \frac{p_1A_1 + p_2(A_2 - A_1) + \cdots + p_n(A_n - A_{n-1})}{p_n} \\ &= A_n - \frac{A_1(p_2 - p_1) + A_2(p_3 - p_2) + \cdots + A_{n-1}(p_n - p_{n-1})}{p_n}.\end{aligned}$$

令 $x_n = A_1(p_2 - p_1) + A_2(p_3 - p_2) + \cdots + A_{n-1}(p_n - p_{n-1})$, 则

$$\lim_{n\to+\infty} \frac{x_n - x_{n-1}}{p_n - p_{n-1}} = \lim_{n\to+\infty} \frac{A_{n-1}(p_n - p_{n-1})}{p_n - p_{n-1}} = a.$$

由 Stolz 定理得

$$\lim_{n\to+\infty}\frac{A_1(p_2-P_1)+A_2(p_3-p_2)+\cdots+A_{n-1}(p_n-p_{n-1})}{p_n}=\lim_{n\to+\infty}\frac{x_n-x_{n-1}}{p_n-p_{n-1}}=a,$$

故 $\lim\limits_{n\to+\infty}\dfrac{p_1a_1+p_2a_2+\cdots+p_na_n}{p_n}=0.$

6. 略.

7. 略.

习题 2.4

1. $\sup E=1,\ \inf E=0.$

2. 证明 (1)$\forall x\in E$, 则 $x\in A$ 或 $x\in B$. 当 $x\in A$ 时, $x\leqslant\sup A$; 当 $x\in B$ 时, $x\leqslant\sup B$. 可知 $x\leqslant\max\{\sup A,\sup B\}$, 即 $\max\{\sup A,\sup B\}$ 是集合 E 的一个上界.

另一方面, $\forall\varepsilon>0$, $\exists x_0\in A$, $\exists x_1\in B$, 使得

$$x_0>\sup A-\varepsilon,\quad x_1>\sup B-\varepsilon.$$

于是对上述的 $\varepsilon>0$, 取 $x=x_0\in E$ 或 $x=x_1\in E$, 则

$$x>\max\{\sup A,\sup B\}-\varepsilon.$$

即 $\max\{\sup A,\sup B\}$ 是集合 E 的最小上界, 故 $\sup E=\max\{\sup A,\sup B\}$.

(2) $\forall x\in E$, 则 $x\in A$ 或 $x\in B$. 当 $x\in A$ 时, $x\geqslant\inf A$; 当 $x\in B$ 时, $x\geqslant\inf B$. 可知 $x\geqslant\min\{\inf A,\inf B\}$, 即 $\min\{\inf A,\inf B\}$ 是集合 E 的一个下界.

另一方面, $\forall\varepsilon>0$, $\exists x_0\in A$, $\exists x_1\in B$, 使得

$$x_0<\inf A+\varepsilon,\quad x_1<\inf B+\varepsilon.$$

于是对上述的 $\varepsilon>0$, 取 $x=x_0\in E$ 或 $x=x_1\in E$, 则 $x<\min\{\inf A,\inf B\}+\varepsilon$. 即 $\min\{\inf A,\inf B\}$ 是集合 E 的最大下界, 故 $\inf E=\min\{\inf A,\inf B\}$.

3. 证明 $\forall z\in E$, 则存在 $x_0\in A$, $y_0\in B$, 使得

$$z=x_0+y_0\leqslant\sup A+\sup B.$$

即 $\sup A+\sup B$ 是集合 E 的一个上界. 因 $\sup E$ 是集合 E 的最小上界, 故 $\sup E\leqslant\sup A+\sup B$.

另一方面, $\forall\varepsilon>0$, $\exists x_1\in A$, $\exists y_1\in B$, 使得

$$x_1>\sup A-\varepsilon,\quad y_1\geqslant\inf B.$$

取 $z_1=x_1+y_1\in E$, 则

$$\sup A+\inf B-\varepsilon\leqslant z_1=x_1+y_1\leqslant\sup E.$$

由 ε 的任意性, 可得 $\sup A+\inf B\leqslant\sup E$.

综上所述, 成立 $\sup A+\inf B\leqslant\sup E\leqslant\sup A+\sup B$.

4. 证明 $\forall z \in E$, 则存在 $x_0 \in A$, $y_0 \in B$, 使得 $z = x_0 y_0$. 又 $0 \leqslant x_0 \leqslant \sup A$, $0 \leqslant y_0 \leqslant \sup B$, 则

$$z = x_0 y_0 \leqslant \sup A \sup B.$$

即 $\sup A \sup B$ 是集合 E 的一个上界, 又 $\sup E$ 是集合 E 的最小上界, 故 $\sup E \leqslant \sup A \sup B$.

5. 证明 首先, 用数学归纳法证明 $1 \leqslant x_n < 2$, $n = 0, 1, 2, \cdots$.

当 $n = 0$ 时, $1 = x_0 < 2$.

假设当 $n = k$ 时, 成立 $1 \leqslant x_k < 2$, 那么当 $n = k + 1$ 时,

$$1 \leqslant x_{k+1} = \sqrt{2x_k} < 2.$$

可知 $\{x_n\}$ 是有界的, 由 $x_{n+1} = \sqrt{2x_n}$ 得, $\dfrac{x_{n+1}}{x_n} = \dfrac{2}{\sqrt{x_n}} > 1$, 即 $\{x_n\}$ 是单调递增的, 故 $\{x_n\}$ 收敛, 设其极限是 a. 在等式 $x_{n+1} = \sqrt{2x_n}$ 两边同时求极限, 得 $a = \sqrt{2a}$. 解此方程, 得到 $a = 2$ 或 $a = 0$ (舍去). 故 $\lim\limits_{n \to +\infty} x_n = 2$.

6. 证明 首先, 我们有 $x_n > 0$, 且由 $x_{n+1} = \dfrac{1}{2}\left(x_n + \dfrac{3}{x_n}\right) \geqslant \sqrt{3}$, $n = 1, 2, \cdots$ 可知

$$\frac{x_{n+1}}{x_n} = \frac{1}{2} + \frac{1}{2}\frac{3}{x_n^2} \leqslant 1,$$

即 $\{x_n\}$ 是单调递减的, 得 $\sqrt{3} \leqslant x_n \leqslant x_1 = 2$, 故 $\{x_n\}$ 收敛, 设其极限是 a. 在等式 $x_{n+1} = \dfrac{1}{2}\left(x_n + \dfrac{3}{x_n}\right)$ 两边同时求极限, 得 $a = \dfrac{1}{2}\left(a + \dfrac{3}{a}\right)$. 解此方程, 得到 $a = \sqrt{3}$ 或 $a = -\sqrt{3}$ (舍去). 故 $\lim\limits_{n \to +\infty} x_n = \sqrt{3}$.

7. 证明 首先, 用数学归纳法证明 $0 < x_n < \dfrac{1}{A}$, $n = 1, 2, \cdots$.

当 $n = 1$ 时, $0 < x_1 < \dfrac{1}{A}$.

假设当 $n = k$ 时, 成立 $0 < x_k < \dfrac{1}{A}$, 那么当 $n = k + 1$ 时, 利用平均不等式, 则

$$0 < x_{k+1} = \frac{1}{A} A x_k (2 - A x_k) \leqslant \frac{1}{A}\left(\frac{2 - A x_k + A x_k}{2}\right)^2 = \frac{1}{A},$$

也可以利用二次多项式的性质证明. 事实上,

$$x_{n+1} = -A x_n^2 + 2x_n = -A\left(x_n - \frac{1}{A}\right)^2 + \frac{1}{A} \leqslant \frac{1}{A}.$$

故, $0 < x_n < \dfrac{1}{A}$,$n = 1, 2, \cdots$, 即 $\{x_n\}$ 有界.

利用上述结果, 得

$$\frac{x_{n+1}}{x_n} = 2 - A x_n > 1,$$

所以, $\{x_n\}$ 是单调递增的.

由单调有界收敛定理, 则 $\{x_n\}$ 收敛, 设其极限是 a. 在等式 $x_{n+1}=x_n(2-Ax_n)$ 两边同时求极限, 得 $a=a(2-Aa)$. 解此方程, 得到 $a=\dfrac{1}{A}$ 或 $a=0$ (舍去). 故 $\lim\limits_{n\to+\infty} x_n=\dfrac{1}{A}$.

8. 证明 由题意知, $\{x_n\}$ 有界, 根据魏尔斯特拉斯定理, $\{x_n\}$ 必有收敛子列 $\{x_{n_k}^{(1)}\}$, 不妨记 $\lim\limits_{k\to+\infty} x_{n_k}^{(1)}=a$. 又 $\{x_n\}$ 不收敛于 a, 于是存在 $\varepsilon_0>0$, 使得对任意的 $N\in\mathbf{N}^+$, 都存在 $n_0>N$, 成立

$$|x_{n_0}-a|>\varepsilon_0.$$

取 $N_1=1$, 存在 $n_1>N_1$, 成立 $|x_{n_1}-a|>\varepsilon_0$.

取 $N_2=\max\{2,n_1\}$, 存在 $n_2>N_2$, 成立 $|x_{n_2}-a|>\varepsilon_0$.

……

如此下去, 对任意的正整数 k, 取 $N_k=\max\{k,n_{k-1}\}$, 存在 $n_k>N_k$, 成立 $|x_{n_k}-a|>\varepsilon_0$. 由此构造的点列 $\{x_{n_k}\}$ 不收敛于 a, 而 $\{x_{n_k}\}$ 也是有界的, 根据魏尔斯特拉斯定理, $\{x_{n_k}\}$ 必有收敛子列, 同时也是原数列 $\{x_n\}$ 的收敛子列, 记为 $\{x_{n_k}^{(2)}\}$, 使得 $\lim\limits_{k\to+\infty} x_{n_k}^{(2)}=b(b\neq a)$.

9. 略.

10. (1) 收敛; (2) 发散; (3) 发散; (4) 收敛.

11. 证明 设 S 是非空有上界的实数集合, 又设 T 是由 S 的所有上界所组成的集合, 现在 T 含有最小数, 即 S 有上确界.

取 $a_1\overline{\in}T$, $b_1\in T$, 显然 $a_1<b_1$. 现按下述的规则依次构造一列闭区间:

$$[a_2,b_2]=\begin{cases}\left[a_1,\dfrac{a_1+b_1}{2}\right], & \dfrac{a_1+b_1}{2}\in T,\\[2mm] \left[\dfrac{a_1+b_1}{2},b_1\right], & \dfrac{a_1+b_1}{2}\notin T;\end{cases}$$

$$[a_3,b_3]=\begin{cases}\left[a_2,\dfrac{a_2+b_2}{2}\right], & \dfrac{a_2+b_2}{2}\in T,\\[2mm] \left[\dfrac{a_2+b_2}{2},b_2\right], & \dfrac{a_2+b_2}{2}\notin T;\end{cases}$$

……

由此得到一个闭区间套 $\{[a_n,b_n]\}$, 满足

$$a_n\notin T,\quad b_n\in T,\quad n=1,2,3,\cdots.$$

由闭区间套定理, 存在唯一的实数 ξ 属于所有的闭区间 $[a_n,b_n]$, 且 $\lim\limits_{n\to+\infty} a_n=\lim\limits_{n\to+\infty} b_n=\xi$. 现只需说明 ξ 是集合 T 的最小数, 也就是集合 S 的上确界. 若 $\xi\notin T$, 即 ξ 不是集合 S 的上界, 则存在 $x\in S$, 使得 $\xi<x$. 由 $\lim\limits_{n\to+\infty} b_n=\xi$, 可知当 n 充分大时, 成立 $b_n<x$, 这就与 $b_n\in T$ 发生矛盾, 所以 $\xi\in T$.

若存在 $\eta\in T$, 使得 $\eta<\xi$, 则由 $\lim\limits_{n\to+\infty} a_n=\xi$, 可知当 n 充分大时, 成立 $\eta<a_n$. 由于 $a_n\notin T$, 于是存在 $y\in S$, 使得 $\eta<a_n<y$, 这就与 $\eta\in T$ 发生矛盾. 从而得出 ξ 是集合 S 的上确界的结论. 确界存在定理得证.

12. 略.

习题 2.5

1. 略.
2. 略.
3. 略.

第 3 章 函数的极限

习题 3.1

1. 解 (2) 正确, (1)(3) 错误.
2. 略.
3. 略.

习题 3.2

1. (1) 1; (2) $-\dfrac{1}{2}$; (3) 1; (4) $-\dfrac{1}{\sqrt{2a}}$; (5) $\dfrac{ad+bc}{2\sqrt{ac}}$;

(6) $\dfrac{1}{2}$; (7) $\dfrac{5}{6}$; (8) $\dfrac{5}{6}$; (9) 1; (10) $\dfrac{1}{2}$.

2. 略.

3. 证明 由 $\lim\limits_{x\to b} f(x)=a$ 得, $\forall\varepsilon>0$, $\exists\delta>0$, $\forall x(0<|x-b|<\delta)$, 成立

$$a-\varepsilon<f(x)<a+\varepsilon.$$

对任意的 $\alpha\in(0,a)$, 取 $\varepsilon=\dfrac{a-\alpha}{2}>0$, 可得

$$\alpha<\frac{a+\alpha}{2}<f(x)<\frac{3a-\alpha}{2}.$$

故对任意的 $\alpha\in(0,a)$, 存在 $\delta>0$, 使得 $f(x)>\alpha$, $x\in\mathring{U}(b,\delta)$.

习题 3.3

1. (1) 极限不存在. (2) 极限不存在.

2. 证明 设 $x_0\in(a,b)$ 是任意一点. 显然集合 $\{f(x)|x\in(x_0,b)\}$ 有上界, 根据确界存在定理, 必存在上确界, 记为 β:

$$\beta=\sup\{f(x)|x\in(x_0,b)\}.$$

对 $\forall x\in(x_0,b)$, 成立 $f(x)\leqslant\beta$; 而对任意给定的 $\varepsilon>0$, 必存在 $x'\in(x_0,b)$, 使得 $f(x')>\beta-\varepsilon$. 取 $\delta=b-x'$, 则当 $-\delta<x-b<0$ 时, 有 $x'<x$. 于是成立

$$\beta-\varepsilon<f(x')-\beta\leqslant f(x)-\beta\leqslant 0.$$

这就说明 $\lim\limits_{x\to b^-} f(x)=\beta$. 同理可证 $\lim\limits_{x\to a^+} f(x)=\alpha$, 其中

$$\alpha=\sup\{f(x)|x\in(a,x_0)\}.$$

3. 证明 根据题意可得

$$f(x)=f(x^{2^n}),\quad \forall x\in(0,+\infty).$$

当 $x\in(1,+\infty)$ 时, $\lim\limits_{n\to+\infty}x^{2^n}=+\infty$, 而 $\lim\limits_{x\to+\infty}f(x)=f(1)$, 根据海涅定理,

$$f(x)=\lim_{n\to+\infty}f(x)=\lim_{n\to+\infty}f(x^{2^n})=f(1).$$

当 $x\in(0,1)$ 时, $\lim\limits_{n\to+\infty}x^{2^n}=0$, 而 $\lim\limits_{x\to0^+}f(x)=f(1)$, 根据海涅定理,

$$f(x)=\lim_{n\to+\infty}f(x)=\lim_{n\to+\infty}f(x^{2^n})=f(1).$$

综上所述, 对任意的 $x\in(0,+\infty)$, 有 $f(x)\equiv f(1)$.

4. 略.

5. 略.

6. 略.

习题 3.4

(1) $\cos a$; (2) 1; (3) 4; (4) $-\dfrac{1}{2}$; (5) 4;

(6) 1; (7) e^{-5}; (8) 1; (9) e; (10) $\ln a$.

习题 3.5

1. 解 (1) $f(x)=x^2+\sin x^3$ 主部是 x^2, 阶数是 2;

(2) $f(x)=\mathrm{e}^{\sin x^2}-1$ 主部是 x^2, 阶数是 2;

(3) $f(x)=(1+2\ln(1+x))^3-1$ 主部是 $6x$, 阶数是 1;

(4) $f(x)=\sqrt{x^2+x^5}$ 主部是 x, 阶数是 1.

2. 解 (1) $f(x)=x^2+x^3+x^4$ 主部是 x^4, 阶数是 4;

(2) $f(x)=\sqrt{x+\sqrt{x+\sqrt{x}}}$ 主部是 $\sqrt{x}$, 阶数是 $\dfrac{1}{2}$;

(3) $f(x)=x^5\sin\dfrac{1}{x^2}$ 主部是 x^3, 阶数是 3.

3. (1) $\dfrac{5}{2}$; (2) $\ln\dfrac{3}{2}$; (3) $\mathrm{e}^{-\frac{2}{\pi}}$; (4) $\dfrac{1}{2}$; (5) $\dfrac{4}{3}$;

(6) $\dfrac{b}{n}+\dfrac{a}{m}$; (7) e^2; (8) $\dfrac{7}{36}$.

第 4 章 函数的连续性

习题 4.1

1. 证明 (1) 对任意的 $x_0\in(0,1)$, 有

$$\left|\frac{1}{\sqrt{x}}-\frac{1}{\sqrt{x_0}}\right|=\left|\frac{\sqrt{x}-\sqrt{x_0}}{\sqrt{x}\sqrt{x_0}}\right|=\frac{|x-x_0|}{\sqrt{xx_0}(\sqrt{x}+\sqrt{x_0})}.$$

当 $|x-x_0|<\dfrac{x_0}{2}$ 时, 即 $\dfrac{x_0}{2}<x<\min\left\{1,\dfrac{3x_0}{2}\right\}$. 此时

$$\sqrt{xx_0}(\sqrt{x}+\sqrt{x_0})\geqslant x\sqrt{x_0}\geqslant \frac{x_0}{2}\sqrt{x_0}\geqslant\frac{x_0^2}{2},$$

于是, $\forall\varepsilon>0$, 取 $\delta=\min\left\{\dfrac{x_0}{2},\dfrac{\varepsilon x_0^2}{2}\right\}$, 当 $|x-x_0|<\delta$ 时, 成立

$$\left|\frac{1}{\sqrt{x}}-\frac{1}{\sqrt{x_0}}\right|=\frac{|x-x_0|}{\sqrt{xx_0}(\sqrt{x}+\sqrt{x_0})}<\frac{2|x-x_0|}{x_0^2}<\varepsilon.$$

因此, $\lim\limits_{x\to x_0}f(x)=f(x_0)$, 故, $f(x)$ 在 x_0 点连续.

由点 $x_0\in(0,1)$ 的任意性, 则, $f(x)=\dfrac{1}{\sqrt{x}}$ 在 $(0,1)$ 上连续.

(2) 对任意的 $x_0\in[1,+\infty)$, 有

$$|x^2-x_0^2|=|x+x_0||x-x_0|.$$

当 $|x-x_0|<\dfrac{x_0}{2}$ 时, $|x+x_0|\leqslant\dfrac{5x_0}{2}$. 于是, $\forall\varepsilon>0$, 取 $\delta=\min\left\{\dfrac{x_0}{2},\dfrac{2\varepsilon}{5x_0}\right\}$, 当 $|x-x_0|<\delta$ 时, 成立

$$|x^2-x_0^2|=|x+x_0||x-x_0|<\frac{5x_0}{2}|x-x_0|<\varepsilon.$$

因此, $\lim\limits_{x\to x_0}f(x)=f(x_0)$, 故, $f(x)$ 在 x_0 点连续.

由点 $x_0\in[1,+\infty)$ 的任意性, 得 $f(x)=x^2$ 在 $[1,+\infty)$ 上连续.

(3) 对任意的 $x_0\in(0,+\infty)$, $\forall\varepsilon>0$, $\delta=\mathrm{e}^{-\varepsilon}(\mathrm{e}^{\varepsilon}-1)x_0$, 当 $|x-x_0|<\delta$ 时, 有 $\mathrm{e}^{-\varepsilon}<\dfrac{x}{x_0}<\mathrm{e}^{\varepsilon}$, 此时成立

$$|\ln x-\ln x_0|=\left|\ln\frac{x}{x_0}\right|<\varepsilon.$$

因此, $\lim\limits_{x\to x_0}f(x)=f(x_0)$, 即 $f(x)$ 在 x_0 点连续.

由点 $x_0\in(0,+\infty)$ 的任意性, 得 $f(x)=\ln x$ 在 $(0,+\infty)$ 上连续.

2. 略.

3. 证明　由于

$$\max\{f(x),g(x)\}=\frac{f(x)+g(x)+|f(x)-g(x)|}{2}.$$

$$\min\{f(x),g(x)\}=\frac{f(x)+g(x)-|f(x)-g(x)|}{2}.$$

设 $f(x)$,$g(x)$ 的定义域是 I. 由于 $f(x)$ 和 $g(x)$ 在 I 上连续, 故 $f(x)+g(x)$,$f(x)-g(x)$ 在 I 上也连续. 从而, $|f(x)-g(x)|$ 在 I 上也连续, 故 $\min\{f(x),g(x)\}$ 和 $\max\{f(x),g(x)\}$ 在 I 上都连续.

4. 证明 由于 $g(x)=\dfrac{|f(x)+c|-|f(x)-c|}{2}$. 设 $f(x)$ 的定义域是 I. 由于 $f(x)$ 在 I 上连续, 故 $|f(x)+c|$, $|f(x)-c|$ 在 I 上连续, 从而 $g(x)$ 在 I 上连续.

5. 证明 对 $\forall x_0\in[a,b]$, 由于 $f(x)$ 在点 x_0 连续, 所以 $\forall\varepsilon>0$, $\exists\delta>0$, 使得 $\forall x_0+h\in[a,b]$ 且 $|h|<\delta$, 成立

$$|f(x_0+h)-f(x_0)|<\varepsilon.$$

故有

$$\sup_{|h|<\delta}|f(x_0+h)-f(x_0)|\leqslant\varepsilon.$$

由于

$$M(x_0+h)=\sup_{a\leqslant t\leqslant x_0+h}f(t)\leqslant\sup_{a\leqslant t\leqslant x_0}f(t)+\sup_{|h|<\delta}|f(x_0+h)-f(x_0)|.$$

$$M(x_0+h)=\sup_{a\leqslant t\leqslant x_0+h}f(t)\geqslant\sup_{a\leqslant t\leqslant x_0}f(t)-\sup_{|h|<\delta}|f(x_0+h)-f(x_0)|.$$

从而, $|M(x_0+h)-M(x_0)|\leqslant\varepsilon$. 即 $M(x)$ 在 x_0 处连续, 由 x_0 的任意性, $M(x)$ 在 $[a,b]$ 上连续.

6. 证明 对任意 $x_0\in(a,b)$, 取 $\varepsilon_0=\dfrac{1}{2}\min\{x_0-a,b-x_0\}$, 则 $x_0\in(a+\varepsilon_0,b-\varepsilon_0)$, 由于 $f(x)$ 在 $[a+\varepsilon_0,b-\varepsilon_0]$ 连续, 因而, $f(x)$ 在 x_0 点连续, 由于点 x_0 的任意性, 则, $f(x)$ 在 (a,b) 上连续.

但是 $f(x)$ 在 $[a,b]$ 上不一定连续. 如 $f(x)=\dfrac{1}{x}$, 对任意的 $\varepsilon>0$, $f(x)$ 在 $[\varepsilon,1-\varepsilon]$ 上连续, 但 $f(x)$ 在 $[0,1]$ 上不连续.

7. 证明 由于 $f(x)$ 在 x_0 点连续, 则对 $\varepsilon=\dfrac{f(x_0)}{2}>0$, $\exists\delta>0$, 对任意满足 $|x-x_0|<\delta$ 的点 x, 成立

$$|f(x)-f(x_0)|<\varepsilon,$$

取 $A=f(x_0)$, 则 $\dfrac{A}{2}<f(x)<\dfrac{3}{2}A,\quad x\in U(x_0,\delta)$.

8. 证明 对任意的无理点 x_0, 根据实数的稠密性, 存在有理数列 $\{\rho_n\}$, $\rho_n\in[a,b]$, $\lim\limits_{n\to+\infty}\rho_n=x_0$, 且 $f(\rho_n)=0$; 又 $f(x)$ 连续, 根据海涅定理,

$$f(x_0)=\lim_{x\to x_0}f(x)=\lim_{n\to+\infty}f(\rho_n)=0.$$

故, 函数 $f(x)$ 恒为 0.

9. 证明 (1) 取 $y=x=0$, 代入 $f(x+y)=f(x)+f(y)$, 得 $f(0)=0$. 取 $y=-x$, 代入 $f(x+y)=f(x)+f(y)$, 得

$$-f(x)=f(-x),\quad\forall x\in\mathbf{R}.$$

因函数 $f(x)$ 在 $x=0$ 连续, 则 $\lim\limits_{x\to0}f(x)=f(0)=0$; 因此, 对任意的 x_0, 则

$$\lim_{\Delta x\to0}f(x_0+\Delta x)=\lim_{\Delta x\to0}[f(x_0)+f(\Delta x)]=f(x_0)+f(0)=f(x_0),$$

故, $f(x)$ 在 x_0 点连续, 由点 x_0 的任意性, 得 $f(x)$ 是实数系上的连续函数.

(2) 首先, 由 $f(x+y)=f(x)+f(y)$ 得, $f(n)=nf(1),\forall n\in\mathbf{Z}$. $\forall x\in\mathbf{Q}$, 则存在 $m,n\in\mathbf{Z}$, 使得 $x=\dfrac{n}{m}$. 故有

$$nf(1)=f(n)=f(mx)=mf(x).$$

可得

$$f(x)=\frac{n}{m}f(1)=xf(1).$$

又 $\forall x_0\in\mathbf{R}$, 由实数的稠密性, 存在有理点列 $\{\rho_n\}$, 满足 $\lim\limits_{n\to+\infty}\rho_n=x_0$. 因 $f(x)$ 在 $x=x_0$ 处是连续的, 故 $\lim\limits_{n\to+\infty}f(\rho_n)=f(x_0)$, 而

$$\lim_{n\to+\infty}f(\rho_n)=\lim_{n\to+\infty}\rho_nf(1)=x_0f(1),$$

故 $f(x_0)=x_0f(1)$. 由 x_0 的任意性, 可知

$$f(x)=xf(1),\quad \forall x\in\mathbf{R}.$$

10. 证明　由 $f(x^2)=f(x)$ 得

$$f(x)=f(x^{\frac{1}{2^n}}),\quad \forall x\in(0,+\infty).$$

又 $\lim\limits_{n\to+\infty}x^{\frac{1}{2^n}}=1$, 且 $f(x)$ 在 $x=1$ 连续, 根据海涅定理,

$$f(x)=\lim_{n\to+\infty}f(x)=\lim_{n\to+\infty}f(x^{\frac{1}{2^n}})=f(1).$$

故 $f(x)\equiv f(1)$, $\forall x\in(0,+\infty)$.

11. 证明　首先, 取 $x=0$ 代入 $f(\alpha x)=\beta f(x)$ 得 $(\beta-1)f(0)=0$. 即 $f(0)=0$.

另外, 根据题意可得 $\exists M>0$, $\exists\eta>0$, 使得

$$|f(x)|\leqslant M,\quad \forall x\in U(0,\eta).$$

因 $\lim\limits_{n\to+\infty}\dfrac{M}{\beta^n}=0$, 故 $\forall\varepsilon>0$, $\exists N\in\mathbf{N}^+$, 当 $n>N$ 时, 成立

$$\frac{M}{\beta^n}<\varepsilon.$$

特别地, 成立 $\dfrac{M}{\beta^{N+1}}<\varepsilon$. 由 $f(\alpha x)=\beta f(x)$ 可得

$$f(x)=\frac{1}{\beta}f(\alpha x)=\cdots=\frac{1}{\beta^{N+1}}f(\alpha^{N+1}x).$$

对上述 $\varepsilon>0$, 取 $\delta=\dfrac{\eta}{\alpha^{N+2}}\in(0,\eta)$, 当 $0<|x|<\delta$ 时, 有 $\alpha^{N+1}x\in U(0,\eta)$, 此时 $|f(\alpha^{N+1}x)|\leqslant M$. 从而有

$$|f(x)|=\frac{1}{\beta^{N+1}}|f(\alpha^{N+1}x)|\leqslant\frac{M}{\beta^{N+1}}<\varepsilon.$$

故 $\lim\limits_{x\to0}f(x)=0=f(0)$. 即 $f(x)$ 在 $x=0$ 连续.

12. (1) -1 是函数的可去间断点, 2 是函数的第二类不连续点.

(2) 对任意的整数 k, k 是函数的第一类不连续点.

(3) 0 是函数的第二类不连续点.

(4) 0 是函数的第二类不连续点.

习题 4.2

1. 证明 设 $\lim\limits_{x\to a^+} f(x)=A$, $\lim\limits_{x\to b^-} f(x)=B$, 定义函数 $\tilde{f}(x)$:

$$\tilde{f}(x)=\begin{cases} A, & x=a, \\ f(x), & a<x<b, \\ B, & x=b. \end{cases}$$

则 $\tilde{f}(x)$ 是闭区间 $[a,b]$ 上的连续函数, 故 $\tilde{f}(x)$ 在 $[a,b]$ 上有界. 从而 $\tilde{f}(x)$ 在 $[a,b]$ 上也有界, 即 $f(x)$ 在 (a,b) 内有界.

2. 证明 对 $\forall x_0\in(a,b)$, 则 $f(x_0)$ 是有限数. 由 $\lim\limits_{x\to a^+} f(x)=\lim\limits_{x\to b^-} f(x)=-\infty$ 得, $\forall G>0\,(-G<f(x_0))$, $\exists\delta>0$, 成立

$$f(x)<-G<f(x_0), \quad \forall x\in(a,a+\delta).$$

$$f(x)<-G<f(x_0), \quad \forall x\in(b-\delta,b).$$

又 $f\in C[a+\delta,b-\delta]$, 存在 $\xi\in[a+\delta,b-\delta]$, 使得

$$f(\xi)=\max\{f(x):x\in[a+\delta,b-\delta]\},$$

又 $x_0\in[a+\delta,b-\delta]$, 即 $f(x_0)\leqslant f(\xi)$, 故

$$f(x)\leqslant f(\xi), x\in(a,b).$$

因此, $f(x)$ 必在 (a,b) 内达到最大值.

3. 证明 若 $f(x)\equiv A$, 则结论成立.

若 $f(x)$ 不是恒等于 A 的常数, 则必存在点 $x_0\in(a,b)$, 使得 $f(x_0)\neq A$. 若 $f(x_0)>A$, 由 $\lim\limits_{x\to a^+} f(x)=\lim\limits_{x\to b^-} f(x)=A$, 对 $\varepsilon=f(x_0)-A$, $\delta\in(0,\min\{x_0-a,b-x_0\})$, 成立

$$A-\varepsilon<f(x)<A+\varepsilon, \quad \forall x\in(a,a+\delta),$$

$$A-\varepsilon<f(x)<A+\varepsilon, \quad \forall x\in(b-\delta,b),$$

则

$$f(x)<f(x_0), \quad \forall x\in(a,a+\delta),$$
$$f(x)<f(x_0), \quad \forall x\in(b-\delta,b),$$

又 $f\in C(a,b)$, 故 $f\in C[a+\delta,b-\delta]$, 于是 $f(x)$ 在 $[a+\delta,b-\delta]$ 内取到最大值, 即存在 $\xi\in[a+\delta,b-\delta]$, 使得

$$f(\xi)=\beta=\max\{f(x)|x\in[a+\delta,b-\delta]\}.$$

由于 $x_0 \in (a+\delta, b-\delta)$, 则 $\beta \geqslant f(x_0)$, 故当 $x \in (a, a+\delta)$ 或 $x \in (b-\delta, b)$ 时,

$$f(x) < f(x_0) \leqslant \beta.$$

所以, $f(\xi)=\beta$ 是 $f(x)$ 在 (a,b) 内的最大值.

同理可证, 当 $f(x_0) < A$ 时, $f(x)$ 在 (a,b) 内的取到最小值.

4. 证明　首先证明 $f(x)$ 的连续性.

对任意的 $x_0 \in (a,b)$, 对 $\forall \varepsilon > 0$, 取 $\delta = \frac{\varepsilon}{2} > 0$, 对任意的 x: $|x-x_0| < \delta$, 成立

$$|f(x)-f(x_0)| < |x-x_0| < \varepsilon.$$

故 $f(x)$ 在 $x=x_0$ 处连续, 由 x_0 的任意性, $f(x)$ 在 (a,b) 内连续.

同理可证 $f(x)$ 在 $x=a$ 处右连续, 在 $x=b$ 处左连续. 所以 $f(x)$ 在 $[a,b]$ 上连续.

其次, 证明不动点的存在性唯一性.

令 $g(x)=x-f(x)$, 则 $g \in C[a,b]$, 且有 $g(a) \leqslant 0,\ \ g(b) \geqslant 0$.

若 $g(a)=0$ 或 $g(b)=0$, 则取 $x=a$ 或 $x=b$, 可满足 $f(x)=x$. 若 $g(a)<0$, $g(b)>0$, 则 $g(a)g(b)<0$, 根据零点存在定理, 存在 $\xi \in (a,b)$, 使得 $g(\xi)=0$, 即 $f(\xi)=\xi$. 因而 $f(x)$ 在 $[a,b]$ 上有不动点.

若存在 $\xi, \eta \in [a,b], \xi \neq \eta$, 满足 $f(\xi)=\xi, f(\eta)=\eta$, 则

$$|f(\xi)-f(\eta)| < |\xi-\eta|.$$

这与 $|f(\xi)-f(\eta)|=|\xi-\eta|$ 矛盾, 故 $f(x)$ 在 $[a,b]$ 上有唯一的不动点.

综上, $f(x)$ 在 $[a,b]$ 上有唯一的不动点.

5. 证明　因 $f \in C[a,b]$, 故存在 $\xi, \eta \in [a,b]$, 使得

$$f(\xi)=\max\{f(x) | x \in [a,b]\}.$$

$$f(\eta)=\min\{f(x) | x \in [a,b]\}.$$

又

$$f(\eta) \leqslant \sum_{i=1}^{n} \lambda_i f(x_i) \leqslant f(\xi)$$

根据介值定理, 存在 $x_0 \in [a,b]$, 使得 $f(x_0)=\sum_{i=1}^{n} \lambda_i f(x_i)$.

习题 4.3

1. 略.

2. 解　(1) 首先, 我们有

$$\lim_{x \to 0^+} x \sin \frac{1}{x} = 0, \quad \lim_{x \to 1^-} x \sin \frac{1}{x} = \sin 1.$$

又 $x \sin \frac{1}{x}$ 在 $(0,1)$ 上是连续的, 故 $x \sin \frac{1}{x}$ 在 $(0,1)$ 上一致连续.

首先, $u=\sin x^2$ 在 $[0,1]$ 上连续, 且 $f(u)=\mathrm{e}^u$ 在 $[0,\sin 1]$ 上也连续. 根据复合函数运算, 可知 $f(x)=\mathrm{e}^{\sin x^2}$ 在 $x\in[0,1]$ 上连续. 再根据康托尔定理, $f(x)=\mathrm{e}^{\sin x^2}$ 在 $x\in[0,1]$ 上一致连续.

(3) 首先, 我们有 $\dfrac{\mathrm{e}^x-1}{x^2-1}$ 在 $(0,1)$ 上连续, 但是

$$\lim_{x\to1^-}\frac{\mathrm{e}^x-1}{x^2-1}=-\infty.$$

故 $\dfrac{\mathrm{e}^x-1}{x^2-1}$ 在 $(0,1)$ 上不一致连续.

(4) 令 $y=-\ln x$, 则当 $x\to2^+$ 时, $y\to+\infty$, 此时

$$\lim_{x\to0^+}x\ln x=\lim_{y\to+\infty}\frac{-y}{\mathrm{e}^y}=0.$$

又 $\lim\limits_{x\to1^-}x\ln x=0$ 且 $x\ln x$ 在 $(0,1)$ 上连续, 故 $x\ln x$ 在 $(0,1)$ 上一致连续.

(5) 令

$$\tilde{f}(x)=\begin{cases}\mathrm{e}^{\sin x}+1, & x\in[-1,0),\\ 2, & x=0,\\ x^2\ln\left(1+\dfrac{1}{x^2}\right)+2, & x\in(0,1],\end{cases}$$

则 $\tilde{f}\in C[-1,1]$, 故 $\tilde{f}(x)$ 在 $[-1,1]$ 上一致连续. 当然 $\tilde{f}(x)$ 在 $[-1,0)\cup(0,1]$ 上也一致连续, 故 $f(x)$ 在 $[-1,0)\cup(0,1]$ 上也一致连续.

(6) 令

$$\tilde{f}(x)=\begin{cases}\arctan 1, & x=1,\\ \dfrac{\arctan x}{x}, & x\in(1,+\infty),\end{cases}$$

则 $\tilde{f}\in C[1,+\infty)$, 又 $\lim\limits_{x\to+\infty}\tilde{f}(x)=0$, 故 $\tilde{f}(x)$ 在 $[1,+\infty)$ 一致连续, 从而 $f(x)$ 在 $(1,+\infty)$ 上一致连续.

3. 解 (1) 取 $x_n^{(1)}=\dfrac{1}{2n\pi+\dfrac{\pi}{2}}$, $x_n^{(2)}=\dfrac{1}{2n\pi}$, 则

$$\lim_{n\to+\infty}(x_n^{(1)}-x_n^{(2)})=0,$$

但是

$$|f(x_n^{(1)})-f(x_n^{(2)})|=1.$$

故 $\sin\dfrac{1}{x}$ 在 $(0,1)$ 上不一致连续, 但 $\sin\dfrac{1}{x}$ 在 $(0,1)$ 上内闭一致连续.

(2) 取 $x_n^{(1)}=\sqrt{2n\pi+\dfrac{\pi}{2}}$, $x_n^{(2)}=\sqrt{2n\pi}$, 则

$$\lim_{n\to+\infty}(x_n^{(1)}-x_n^{(2)})=\lim_{n\to+\infty}\frac{\dfrac{\pi}{2}}{\sqrt{2n\pi+\dfrac{\pi}{2}}+\sqrt{2n\pi}}=0,$$

但是

$$|f(x_n^{(1)})-f(x_n^{(2)})|=1.$$

故 $\sin x^2$ 在 $(0,+\infty)$ 上不一致连续, 但对任意的实数 $A>0$, $\sin x^2$ 在 $(0,A)$ 上一致连续.

4. 略.

第 5 章　导数与微分

习题 5.1

1. 解　(1) $\dfrac{e^{\sqrt{x}}}{2\sqrt{x}}$;　(2) $2x\cos x^2$;　(3) $\dfrac{1}{2(1+\sqrt{x})\sqrt{x}}$;　(4) $x^2e^x+2xe^x$.

2. (1) $f'(0)=1$;　(2) $f'(0)=0$;　(3) $f'(0)=0$;　(4) $f'\left(\dfrac{1}{2}\right)=0$;

(5) $f'(1)=3$, $f'(-1)=-3$.

3. 略.

4. 证明　因 $f(x)$ 在 x_0 处可导, 故 $f(x)$ 在 x_0 处连续. 即

$$\lim_{\Delta x\to 0}f(x_0+\Delta x)=f(x_0).$$

于是有

$$\begin{aligned}&\lim_{\Delta x\to 0}\frac{f^2(x_0+\Delta x)-f^2(x_0)}{\Delta x}\\=&\lim_{\Delta x\to 0}\frac{(f(x_0+\Delta x)+f(x_0))\cdot(f(x_0+\Delta x)-f(x_0))}{\Delta x}\\=&2f(x_0)f'(x_0).\end{aligned}$$

即 $f^2(x)$ 在 x_0 点也可导.

5. 略.

6. 略.

7. 略.

8. (1) $f'(x)=2x\sin x+x^2\cos x+e^x\ln x+\dfrac{e^x}{x}$.

(2) $f'(x)=2x\arctan x+1-3^x\ln 3$.

(3) $f'(x)=\dfrac{\tan x}{2\sqrt{x}}+\sqrt{x}\sec^2 x+\dfrac{1}{3}x^{-\frac{2}{3}}\ln x+\dfrac{1+x^{\frac{1}{3}}}{x}$.

(4) $f'(x)=\dfrac{(\sin x+x\cos x)\ln x-\sin x}{\ln^2 x}$.

(5) $f'(x)=(x-2)(x-3)+(x-1)(x-3)+(x-1)(x-2)=3x^2-12x+11$.

9. (1) $f'(x)=4x(1+x^2)\sin(1+2x)+2(1+x^2)^2\cos(1+2x)$.

(2) $f'(x)=\dfrac{2x}{1+x^2}+2x\sin\dfrac{1}{x}-\cos\dfrac{1}{x}$.

(3) $f'(x)=-\dfrac{x\arcsin x}{\sqrt{1-x^2}}+1$.

(4) $f'(x)=\dfrac{2(x+(1-x^2)\sin x+x(1+x^2)\cos x)}{x(1+x^2)(x+2\sin x)}$.

(5) $f'(x)=\dfrac{a^2}{(a^2+x^2)^{\frac{3}{2}}}$.

10. (1)$f'(x)=(1+x^2)^x\left[\ln(1+x^2)+\dfrac{2x^2}{1+x^2}\right]$.

(2) $f'(x)=x^{x^x+x}\ln x\left(\ln x+1+\dfrac{1}{x\ln x}\right)$.

(3) $f'(x)=(1+x)^2\left(\dfrac{1-x^2}{1+x^2}\right)^{\frac{1}{3}}\left(\dfrac{2}{1+x}+\dfrac{4x}{3(x^2+1)(x^2-1)}\right)$.

11. (1) $f'\left(x^2+2^{\sin x}\right)\left(2x+\cos x2^{\sin x}\ln 2\right)$.

(2) $f'\left(x+f\left(\mathrm{e}^{x^2}\right)\right)\left[1+2xf'\left(\mathrm{e}^{x^2}\right)\mathrm{e}^{x^2}\right]$.

(3) $[\ln f(f(f(x)))]'=\dfrac{f'(f(f(x)))\cdot f'(f(x))\cdot f'(x)}{f(f(f(x)))}$.

12. (1) 在 $x_0=0$ 处不可导. (2) $f(x)$ 在 $x_0=0$ 处不可导.

13. $b=2;\quad a=1$.

习题 5.2

1. (1) $\mathrm{d}y=1\cdot\mathrm{d}x$; (2) $\mathrm{d}y=1\cdot\mathrm{d}x$; (3) $\mathrm{d}y=0\cdot\mathrm{d}x$; (4) $\mathrm{d}y=3\cdot\mathrm{d}x$.

2. (1) $\mathrm{d}y=(1+2\ln 2)\mathrm{d}x$; (2)$\mathrm{d}f=\dfrac{\mathrm{d}x}{\sqrt{2a^2}}$.

3. (1)$\mathrm{d}f(x)=(x^2+1)^{-\frac{3}{2}}\mathrm{d}x$.

(2) $\mathrm{d}f(x)=\dfrac{(1+\sin^2 x)(x^2+3)+x(1+x^2)\sin 2x}{x(1+x^2)(1+\sin^2 x)}\mathrm{d}x$.

(3) $\mathrm{d}f(x)=\mathrm{e}^{-x^2+\arctan x}\left(-2x+\dfrac{1}{1+x^2}\right)\mathrm{d}x$.

(4) $\mathrm{d}f(x)=\dfrac{ad-bc}{2(cx+d)^{\frac{3}{2}}(ax+b)^{\frac{1}{2}}}\mathrm{d}x$.

4. (1) $\mathrm{d}f=\dfrac{2x(\ln x-1)\ln x}{1+x^2(\ln x-1)^2}\mathrm{d}x$.

(2) $\mathrm{d}f=\cos(2^u+\ln u)\left(2^u\ln 2+\dfrac{1}{u}\right)u'\mathrm{d}x$. 其中 $u=x^2+\mathrm{e}^{1+\sqrt{x}}$, $u'=2x+\dfrac{\mathrm{e}^{1+\sqrt{x}}}{2\sqrt{x}}$.

5. 略.

习题 5.3

1. (1) $\dfrac{\mathrm{d}y}{\mathrm{d}x}=\dfrac{1+y\cos(xy)}{2y-x\cos(xy)}$. (2) $\dfrac{\mathrm{d}y}{\mathrm{d}x}=\dfrac{x+y}{x-y}$.

(3) $\dfrac{\mathrm{d}y}{\mathrm{d}x}=\dfrac{y}{x(3xy+2)}$. (4) $\dfrac{\mathrm{d}y}{\mathrm{d}x}=-\dfrac{y[x^3+(x+1)y^2]}{x[y^3+(y+1)x^2]}$.

2. (1) $\dfrac{\mathrm{d}y}{\mathrm{d}x}=\dfrac{\dfrac{\mathrm{d}y}{\mathrm{d}t}}{\dfrac{\mathrm{d}x}{\mathrm{d}t}}=\dfrac{-2\cos t\sin t}{2\sin t\cos t}=-1$.

(2) $\dfrac{\mathrm{d}y}{\mathrm{d}x}=\dfrac{\dfrac{\mathrm{d}y}{\mathrm{d}t}}{\dfrac{\mathrm{d}x}{\mathrm{d}t}}=\dfrac{2t}{-2t}=-1$.

3. 略.

习题 5.4

1. (1)$y^{(4)}=-\dfrac{15}{2^4}x^2(1+x)^{-\frac{7}{2}}+3x(1+x)^{-\frac{5}{2}}-3(1+x)^{-\frac{3}{2}}$.

(2) $y^{(4)}=[(x-1)^{\frac{1}{2}}]^{(4)}+4[(x-1)^{\frac{1}{2}}]^{(5)}=-\dfrac{15}{2^4}(x-1)^{-\frac{7}{2}}+\dfrac{105}{2^3}(x-1)^{-\frac{9}{2}}$.

(3) $y^{(8)}=-2^7x^3\cos 2x-3\cdot 2^9x^2\sin 2x+21\cdot 2^8\cos 2x+7\cdot 2^7\sin 2x$.

(4) $$\begin{aligned}y^{(3)}&=\mathrm{C}_3^0\mathrm{e}^x[\sin x]^{(3)}+\mathrm{C}_3^1\mathrm{e}^x[\sin x]''+\mathrm{C}_3^2\mathrm{e}^x[\sin x]'+\mathrm{C}_3^3\mathrm{e}^x\sin x\\&=2\mathrm{e}^x(\cos x-\sin x).\end{aligned}$$

(5) $y^{(4)}=\dfrac{6}{x}$. (6) $y^{(3)}=\dfrac{4}{(1+x^2)^2}$.

2. (1) $$\begin{aligned}y^{(n)}&=\frac{1}{16}\left[\left(\frac{1}{x+\frac{1}{2}}\right)^{(n)}-\left(\frac{1}{x-\frac{1}{2}}\right)^{(n)}\right]\\&=\frac{1}{16}\left[(-1)^n\frac{n!}{\left(x+\frac{1}{2}\right)^{n+1}}-(-1)^n\frac{n!}{\left(x-\frac{1}{2}\right)^{n+1}}\right].\end{aligned}$$

(2) $y^{(n)}=\dfrac{1}{2}(\cos 2x)^{(n)}=2^{n-1}\cos\left(2x+\dfrac{n\pi}{2}\right)$.

(3) $y^{(n)}+y[\mathrm{C}_n^1y^{(n-1)}+\mathrm{C}_n^2y^{(n-2)}+\cdots+\mathrm{C}_n^{n-1}y']+y^2-y=0$.

(4) $y^{(n)}=\left[\dfrac{1}{x+2}\right]^{(n)}+\left[\dfrac{1}{x+1}\right]^{(n)}=(-1)^nn!\left(\dfrac{1}{(x+2)^{n+1}}+\dfrac{1}{(x+1)^{n+1}}\right)$.

(5) $y^{(n)}=\dfrac{(-1)^nn!}{2(x-1)^{n+1}}-\dfrac{n!}{2(x+1)^{n+1}}$.

(6)

$$\begin{aligned}y^{(n)}&=x^4[\mathrm{e}^{2x}]^{(n)}+4nx^3[\mathrm{e}^{2x}]^{(n-1)}+12\mathrm{C}_n^2x^2[\mathrm{e}^{2x}]^{(n-2)}+24\mathrm{C}_n^3x[\mathrm{e}^{2x}]^{(n-3)}+24\mathrm{C}_n^4[\mathrm{e}^{2x}]^{(n-4)}\\&=2^{n-1}\mathrm{e}^{2x}(2x^4+4nx^3+6\mathrm{C}_n^2x^2+6\mathrm{C}_n^3x+3\mathrm{C}_n^4).\end{aligned}$$

3. (1) $y'''=-8f'''\left(\frac{1}{x^2}\right)\frac{1}{x^9}-36f''\left(\frac{1}{x^2}\right)\frac{1}{x^7}-24f'\left(\frac{1}{x^2}\right)\frac{1}{x^5}$.

(2) $y'''=f'''(x^2\ln x)(2x\ln x+x)^3+3f''(x^2\ln x)(2x\ln x+x)(2\ln x+3)+f'(x^2\ln x)\frac{2}{x}$.

(3)
$$\begin{aligned}y'''=&8f'''(f(\mathrm{e}^{2x}))[f'(\mathrm{e}^{2x})]^3\mathrm{e}^{6x}+24f''(f(\mathrm{e}^{2x}))f'(\mathrm{e}^{2x})f''(\mathrm{e}^{2x})\mathrm{e}^{6x}\\&+24f''(f(\mathrm{e}^{2x}))[f'(\mathrm{e}^{2x})]^2\mathrm{e}^{4x}+24f'(f(\mathrm{e}^{2x}))f''(\mathrm{e}^{2x})\mathrm{e}^{4x}\\&+8f'(f(\mathrm{e}^{2x}))f'''(\mathrm{e}^{2x})\mathrm{e}^{6x}+8f'(f(\mathrm{e}^{2x}))f'(\mathrm{e}^{2x})\mathrm{e}^{2x}\\&+8f'(f(\mathrm{e}^{2x}))f'''(\mathrm{e}^{2x})\mathrm{e}^{6x}+8f'(f(\mathrm{e}^{2x}))f'(\mathrm{e}^{2x})\mathrm{e}^{2x}.\end{aligned}$$

4. 提示：参考本节的例 6, 方法类似.

5. (1) $y''=-\frac{2y+4xy'+4yy'+2x(y')^2+2y'(y+xy')^2\mathrm{e}^{xy}}{x^2+2xy+x\mathrm{e}^{xy}(y+xy')^2}$, 其中 $y'=-\frac{y\mathrm{e}^{xy}+y^2+2xy}{x^2+2xy+x\mathrm{e}^{xy}}$.

(2) $y''=\frac{[2+8xyy'+2(1+x^2)(y')^2+4(1+x^2)y^2(y')^2]\mathrm{e}^{y^2}}{1-2(1+x^2)y\mathrm{e}^{y^2}}$. 其中 $y'=\frac{2x\mathrm{e}^{y^2}}{1-2(1+x^2)y\mathrm{e}^{y^2}}$.

(3) $y''=\frac{\mathrm{e}^{x+y}(1+y')^2(x^2+y^2)+\mathrm{e}^{x+y}(1+y')(2x+2yy')-2-2y(y')^2}{2y-\mathrm{e}^{x+y}(x^2+y^2)}$, 其中 $y'=\frac{\mathrm{e}^{x+y}(x^2+y^2)-2x}{2y-\mathrm{e}^{x+y}(x^2+y^2)}$.

6. (1) $\frac{\mathrm{d}^2y}{\mathrm{d}x^2}=\frac{\frac{\mathrm{d}\left(\frac{\mathrm{d}y}{\mathrm{d}x}\right)}{\mathrm{d}t}}{\frac{\mathrm{d}x}{\mathrm{d}t}}=\frac{\left(\frac{1}{t}\right)'}{(1+t^2)'}=-\frac{1}{2t^3}$.

(2) $\frac{\mathrm{d}^2y}{\mathrm{d}x^2}=\frac{\frac{\mathrm{d}\left(\frac{\mathrm{d}y}{\mathrm{d}x}\right)}{\mathrm{d}t}}{\frac{\mathrm{d}x}{\mathrm{d}t}}=\frac{-\frac{1}{2}\csc^2\frac{t}{2}}{1-\cos t}=-\frac{1}{4}\csc^4\frac{t}{2}$.

7. (1) $\mathrm{d}^2y=\frac{2\ln x-3}{x^3}\mathrm{d}x^2$.

(2) $\mathrm{d}^4y=[8x^2\sin 2x-32x\cos 2x-24\sin 2x]\mathrm{d}x^4$.

(3)$\mathrm{d}^3y=-[(1-x)^{\frac{1}{2}}]^{(3)}+2[(1-x)^{-\frac{1}{2}}]^{(3)}=\left[\frac{3}{8}(1-x)^{-\frac{5}{2}}+\frac{15}{4}(1-x)^{-\frac{7}{2}}\right]\mathrm{d}x^3$.

(4) $\mathrm{d}^{(n)}y=\begin{cases}-\frac{1}{2}x^{-\frac{1}{2}}\mathrm{d}x, & n=1,\\(-1)^n\frac{(2n-3)!!}{2^n}x^{-\frac{2n-1}{2}}\mathrm{d}x^n, & n>1.\end{cases}$

8. 略.

第 6 章　微分中值定理及其应用

习题 6.1

1. 略.

2. 略.

3. 证明 令

$$F(x)=\begin{cases}\lim\limits_{x\to a^+}f(x), & x=a,\\ f(x), & x\in(a,b),\\ \lim\limits_{x\to b^-}f(x), & x=b,\end{cases}$$

可验证 $F(x)$ 在 $[a,b]$ 上连续, (a,b) 内可导, 且 $F(a)=F(b)$. 由罗尔定理, 存在 $\xi\in(a,b)$, 使得 $F'(\xi)=0$. 又当 $x\in(a,b)$ 时, $F(x)=f(x)$, 此时有 $F'(x)=f'(x)$, 故 $f'(\xi)=0$.

4. 证明 由题意知, $f'(a)f'(b)>0$, 不妨设 $f'(a)>0, f'(b)>0$. 于是 $\exists\delta>0$, 有

$$f(x)>f(a)=0,\quad a<x<a+\delta,$$

$$f(x)<f(b)=0,\quad b-\delta<x<b.$$

取 $x_1\in(a,a+\delta)$, $x_2\in(b-\delta,b)$, 满足 $f(x_1)f(x_2)<0$, 又 $f(x)$ 在 $[x_1,x_2]\subset[a,b]$ 上连续, 根据零点存在定理, 存在 $\xi\in(x_1,x_2)\subset[a,b]$, 使得

$$f(\xi)=0,$$

可知 $f(x)$ 在 (a,b) 内至少有一个零点.

5. 证明 取 $\delta'\in(0,\delta)$, 则 $f(x)$ 在 $[x_0-\delta',x_0+\delta']$ 连续, 且在 $(x_0-\delta',x_0)\cup(x_0,x_0+\delta')$ 上可导. 于是 $f(x)$ 在 $[x_0,x_0+\delta']$ 上连续, 在 $(x_0,x_0+\delta')$ 内可导, 根据拉格朗日中值定理, 存在 $\xi\in(x_0,x_0+\delta')$, 使得

$$f'(\xi)=\frac{f(x)-f(x_0)}{x-x_0}.$$

又

$$f'_+(x_0)=\lim_{x\to x_0^+}\frac{f(x)-f(x_0)}{x-x_0}=\lim_{x\to x_0^+}f'(\xi).$$

当 $x\to x_0$ 时, $\xi\to x_0$, 且 $\lim\limits_{x\to x_0}f'(x)$ 存在, 故

$$f'_+(x_0)=\lim_{x\to x_0^+}f'(\xi)=\lim_{x\to x_0}f'(x).$$

同理可证

$$f'_-(x_0)-\lim_{x\to x_0}f'(x).$$

故

$$f'(x_0)=\lim_{x\to x_0}f'(x).$$

6. 提示 令 $g(x)=x^2[f(b)-f(a)]-(b^2-a^2)f(x)$, 应用罗尔定理即可.

7. 提示 令 $F(x)=\mathrm{e}^{-\alpha x}f(x)$, 应用罗尔定理即可.

8. 略.

9. 略.

10. 略.

11. 略.

12. 提示 对 $F(x)=f(x_0+x)+f(x_0-x)$ 在 $[0,\delta]$ 上用中值定理.

13. 略.

14. 略.

习题 6.2

1. 略.

2. 证明 任取 $x_0\in(a,b)$, 由于

$$\frac{|f(x_0+\Delta x)-f(x_0)|}{|\Delta x|}\leqslant M|\Delta x|^{r-1},$$

则 $\lim\limits_{\Delta x\to 0}\dfrac{f(x_0+\Delta x)-f(x_0)}{|\Delta x|}=0$, 故, $f'(x_0)=0$, 类似, $f'_+(a)=f'_-(b)=0$, 因此, $f(x)$ 在 $[a,\,b]$ 上可导, 且 $f(x)=0,\forall x\in[a,b]$, 所以, $f(x)\equiv C,\forall x\in[a,b]$.

3. 略.

4. 略.

5. 略.

6. 证明 由题意知, $f(x)$ 在 $(0,1)$ 上具有有界的导数, 则 $f(x)$ 在 $(0,1)$ 内是一致连续的. 故 $\lim\limits_{x\to 0^+}f(x)$ 和 $\lim\limits_{x\to 1^-}f(x)$ 均存在. 根据海涅定理可知, $\lim\limits_{n\to\infty}f\left(\dfrac{1}{n}\right)$ 存在.

注 也可以利用拉格朗日中值定理和柯西收敛准则证明.

7. 提示 令 $F(x)=\mathrm{e}^{kx}f(x)$, 根据罗尔定理可证.

8. 提示 令 $g(x)=\dfrac{1}{x}$, 对 $g(x)$ 和 $f(x)$ 应用柯西中值定理.

9. 略.

10. 略.

11. $a=-3,\ b=0,\ c=1$.

12. 最大值是 $2\mathrm{e}^{-\frac{1}{4}}$, 最小值是 $-\mathrm{e}^{-1}$.

13. 单调递增区间是 $\left(1,2-\dfrac{\sqrt{3}}{3}\right)$, $(3,+\infty)$ 以及 $\left(2,2+\dfrac{\sqrt{3}}{3}\right)$; 单调递减区间是 $\left(2-\dfrac{\sqrt{3}}{3},2\right)$ 以及 $(-\infty,1)$ $\left(2+\dfrac{\sqrt{3}}{3},3\right)$. 函数的极小值点是 $x=1,2,3$, 极大值点是 $x=2-\dfrac{\sqrt{3}}{3},2+\dfrac{\sqrt{3}}{3}$. 又 $\lim\limits_{x\to+\infty}y(x)=+\infty$; $y\geqslant 0$, 函数在定义域内无最大值, 有最小值 0.

14. 略.

习题 6.3

1.

(1) $\sin^2 x=x^2-\dfrac{2^3x^4}{4!}+\cdots+(-1)^{m+1}\dfrac{2^{m-1}x^{2m}}{(2m)!}+(-1)^{m+2}\dfrac{\cos\theta x}{(2m+2)!}x^{2m+2}(0<\theta<1)$.

(2) $\ln(1+x^2)=x^2-\dfrac{x^4}{2}+\dfrac{x^6}{3}+\cdots+(-1)^{n-1}\dfrac{x^{2n}}{n}+(-1)^n\dfrac{x^{2n+2}}{(n+1)(1+\theta x)^{(n+1)}}(0<\theta<1)$.

2.

(1) $f(x)=-\frac{x^2}{2}-\frac{x^4}{12}+o(x^4)$;　　(2) $f(x)=1+x+\frac{x^2}{2}-\frac{x^4}{8}+o(x^4)$;

(3) $f(x)=\frac{1}{2}-\frac{1}{4}x+\frac{1}{48}x^3+o(x^4)$;　　(4) $f(x)=x-\frac{1}{2}x^3-\frac{1}{2}x^4+o(x^4)$.

3. (1) 2; (2) 1; (3) 0; (4) $\frac{1}{6}$;　(5) $-\frac{1}{12}$; (6) -1;

(7) $-\frac{1}{2}$;　(8) $-\frac{1}{4}$;　(9) -3;　(10) $\frac{1}{3}$;　(11) 1.

4. 当 $f(x)=\ln(1+x)$ 时, 为 $\frac{1}{2}$;

当 $f(x)=\arctan x$ 时, 为 $\pm\frac{\sqrt{3}}{3}$.

5. (1) $b=0,a=-1,c=2$;　(2) $b=0,a<-1,c=0$;

(3) $a=0,b=2,c=0$.

6. 略.

7. 证明　由于 $f(a)=f(b)=0$, 故, 由罗尔定理, 存在 $x_0\in(a,b)$, 使得 $f'(x_0)=0$, 在此点展开, 则

$$f(t)=f(x_0)+\frac{f''(\xi)}{2}(t-x_0)^2,\quad \forall t\in[a,b],$$

分别取 $t=a,b$, 则

$$f(a)=f(x_0)+\frac{f''(\xi_1)}{2}(a-x_0)^2,\quad 其中\xi_1\in(a,x_0),\tag{1}$$

$$f(b)=f(x_0)+\frac{f''(\xi_2)}{2}(b-x_0)^2,\quad 其中\xi_2\in(x_0,b),\tag{2}$$

若 $x_0\in\left(a,\frac{a+b}{2}\right)$, 由 (2) 得

$$|f(x_0)|=\left|\frac{f''(\xi_2)}{2}(b-x_0)^2\right|\geqslant\frac{M}{8}(b-a)^2;$$

若 $x_0\in\left[\frac{a+b}{2},b\right)$, 由 (1) 得

$$|f(x_0)|=\left|\frac{f''(\xi_1)}{2}(a-x_0)^2\right|\geqslant\frac{M}{8}(b-a)^2;$$

故, 总有

$$\max_{x\in[a,b]}|f(x)|\geqslant|f(x_0)|\geqslant\frac{M}{8}(b-a)^2.$$

8. 证明　由于 $f(-1)=f(1)=0$ 且 $\max\limits_{x\in[-1,1]}f(x)=1$, 故, 最大值在 $(-1,1)$ 内达到, 因而, 存在 $x_0\in(-1,1)$, 使得 $f(x_0)=1, f'(x_0)=0$, 在此点展开, 则

$$f(t)=f(x_0)+\frac{f''(\xi)}{2}(t-x_0)^2,\quad \forall t\in[-1,1],$$

分别取 $t=-1,1$, 则存在对应的 $\xi_i\in(-1,1), i=1,2$, 使得

$$f''(\xi_1) = -\frac{2}{(-1-x_0)^2}, \quad f''(\xi_2) = -\frac{2}{(1-x_0)^2},$$

因此, 若 $x_0 \in (-1,0]$, 此时可取 $\xi = \xi_2$; 若 $x_0 \in (0,1)$, 此时可取 $\xi = \xi_1$.

9. 证明　利用拉格朗日中值定理, 存在 $\xi_1 \in (a,c), \xi_2 \in (c,b)$, 使得

$$f'(\xi_1) = \frac{f(c)-f(a)}{c-a}, \quad f'(\xi_2) = \frac{f(b)-f(c)}{b-c},$$

即 $f'(\xi_1) = \dfrac{f(c)}{c-a}$, $f'(\xi_2) = \dfrac{-f(c)}{b-c}$, 再次利用拉格朗日中值定理, 存在 $\xi \in (\xi_1, \xi_2)$, 使得

$$f''(\xi) = -\frac{f(c)}{\xi_2-\xi_1}\left(\frac{1}{b-c}+\frac{1}{c-a}\right) < 0,$$

命题得证.

10. 略.

习题 6.4

1. (1) 1; (2) 2; (3) 0; (4) $\frac{1}{2}$; (5) $\frac{1}{n}$; (6) $e^{-\frac{1}{6}}$;
(7) e; (8) $-\frac{1}{2}$; (9) $\frac{1}{2e}$; (10) $e^{-\frac{1}{2}}$; (11) $\frac{1}{3}$.

2. $f'(a)$.

3. $-\dfrac{f''(a)}{2(f'(a))^2}$.

4. 略.

5. e.

河南省“十四五”普通高等教育规划教材

大学数学教学丛书

数学分析（二）

（第二版）

崔国忠　郭从洲　王耀革　主编

科学出版社

北京

内 容 简 介

本书是河南省“十四五”普通高等教育规划教材，全书共三册，按三个学期设置教学，介绍了数学分析的基本内容.

第一册内容主要包括数列的极限、函数的极限、函数连续性、函数的导数与微分、函数的微分中值定理、泰勒公式和洛必达法则. 第二册内容主要包括不定积分、定积分、广义积分、数项级数、函数项级数、幂级数和傅里叶级数. 第三册内容主要包括多元函数的极限和连续、多元函数的微分学、含参量积分、多元函数的积分学.

本书在内容上，涵盖了本课程的所有教学内容，个别地方有所加强；在编排体系上，在定理和证明、例题和求解之间增加了结构分析环节，展现了思路形成和方法设计的过程，突出了教学中理性分析的特征；在题目设计上，增加了例题和课后习题的难度，增加了结构分析的题型，突出分析和解决问题的培养和训练.

本书可供高等院校数学及其相关专业选用教材，也可作为优秀学生的自学教材，同时也是一套青年教师教学使用的非常有益的参考书.

图书在版编目(CIP)数据

数学分析：全 3 册/崔国忠，郭从洲，王耀革主编. —2 版. —北京：科学出版社，2023.12

ISBN 978-7-03-077257-2

Ⅰ. ①数… Ⅱ. ①崔… ②郭… ③王… Ⅲ. ① 数学分析 Ⅳ. ①O17

中国国家版本馆 CIP 数据核字(2023)第 238958 号

责任编辑：张中兴 梁 清 孙翠勤 / 责任校对：杨聪敏

责任印制：师艳茹 / 封面设计：蓝正设计

科学出版社 出版

北京东黄城根北街 16 号

邮政编码: 100717

http://www.sciencep.com

北京盛通数码印刷有限公司印刷

科学出版社发行 各地新华书店经销

*

2018 年 7 月第 一 版 开本: 720 × 1000 1/16

2023 年 12 月第 二 版 印张: 56 1/2

2023 年 12 月第六次印刷 字数: 1 139 000

定价: 198.00 元（全 3 册）

(如有印装质量问题，我社负责调换)

目　　录

第 7 章　不定积分

数学分析研究的主要对象是函数, 研究的主要内容是函数的分析性质. 在前面几章, 我们已经学习了函数的微分学理论, 这是本课程的核心理论之一. 从本章开始, 我们建立本课程的另一核心理论——积分学理论.

任何数学理论都植根于自然界, 是人类认识自然、改造自然的智慧的结晶, 也体现着数学理论与自然界丰富多彩的联系. 微分学产生源于解决自然界中的运动问题. 从历史上看, 积分学的产生一方面源于平面几何图形的面积的计算, 由此产生定积分理论. 另一方面, 数学理论所追求的严谨性系统化, 也是推动数学理论自身发展的巨大的原动力. 从数学理论本身的发展看, 数学理论中广泛存在着对称现象, 在运算中表现为一些互逆的运算, 如加法与减法、乘法与除法, 当然, 还有高等运算中的如逆函数、逆矩阵等更广义的求逆运算, 那么, 作为函数的求导运算, 是否也有逆运算呢? 在 $16\sim17$ 世纪, 上述现实问题和理论发展中的问题是摆在当时科学家面前的亟待解决的重要问题, 经过几个世纪的努力, 今天, 这类问题不仅已经得到彻底的解决, 而且已经形成了完整且完美的数学理论——积分学理论: 称这类由导函数 $f'(x)$ 求原来函数 $f(x)$ 的运算为不定积分运算, 研究这类运算及其相关的理论就是不定积分学理论, 它与定积分理论共同构成数学分析的核心理论之一——积分理论, 这就是我们将在本章和第 8 章学习的内容.

7.1　不定积分的概念和基本积分公式

一、 不定积分的概念

1. *原函数*

我们从求导运算的“逆运算”出发, 先引入原函数的概念.

定义 1.1　设函数 $f(x)$ 与 $F(x)$ 在区间 I 上有定义且 $F(x)$ 可导, 若

$$F'(x)=f(x),\quad \forall x\in I,$$

称 $F(x)$ 为 $f(x)$ 在区间 I 上的一个原函数.

信息挖掘　由定义可知, (1) 若 $F(x)$ 为 $f(x)$ 的一个原函数, 则从导数角度看, $f(x)$ 为 $F(x)$ 的导函数, 这也反映了原函数和导函数的紧密关系. (2) 从运算

角度看, 计算 $f(x)$ 的原函数 $F(x)$ 的问题, 就相当于已知导函数的表达式 $f(x)$(即 $F'(x)$), 求函数 $F(x)$, 即进行一次求导的逆运算. (3) 从分析性质角度看, 原函数必可导, 因而, 具有可导函数的性质. (4) 从运用思想看, 函数和其原函数关系的验证可以转化为已知的导数关系的验证.

引入了原函数的定义, 接下来自然考虑的主要问题是

问题 1 原函数的存在性;

问题 2 原函数的唯一性;

问题 3 原函数的计算.

对问题 1, 若 $f(x)$ 连续, 则其原函数必存在, 关于结论的证明及原函数存在的一般条件将在第 8 章给出.

对问题 2, 由导数的性质, 很容易得到原函数的不唯一性, 这就是下述定理.

定理 1.1 设 $F(x)$ 是 $f(x)$ 在区间 I 上的一个原函数, 则

(1) $F(x)+C$ 也是 $f(x)$ 在 I 上的原函数, 其中 C 为任意常数. 因而, 原函数不唯一.

(2) $f(x)$ 在 I 上的任何两个原函数之间, 只可能相差一个常数, 即在相差一个常数的意义下, 原函数是唯一的.

证明 (1) 结论是明显的.

(2) 设 $F(x)$ 和 $G(x)$ 都是 $f(x)$ 的原函数,

$$F'(x)=f(x),\quad G'(x)=f(x),$$

则

$$(F(x)-G(x))'=F'(x)-G'(x)=0,\quad \forall x\in I,$$

由导数理论, 则, 存在常数 C, 使得

$$F(x)-G(x)=C,\quad \forall x\in I.$$

抽象总结 定理 1.1 的证明体现了处理原函数问题的基本思路, 即严格按照定义, 将函数和原函数关系的验证转化为已知的导数关系来证明.

既然原函数不唯一, 那么在存在的情况下, 如何表示原函数就变得非常重要. 因为良好的符号系统对理论的发展相当重要, 为此, 引入不定积分的概念.

2. 不定积分

定义 1.2 函数 $f(x)$ 在区间 I 上的原函数的全体称为 $f(x)$ 在 I 上的不定积分, 记为

$$\int f(x)\mathrm{d}x,$$

其中, $\int$ 为不定积分符号, $f(x)$ 为被积函数, $f(x)\mathrm{d}x$ 为被积表达式, x 为积分变量.

不定积分符号的引入为不定积分理论的研究带来了方便, 至于为何引入这样的符号将在第 8 章定积分理论中给予说明, 但是, 需要明确的是, $\mathrm{d}x$ 正是微分运算符号, 若把 $\int$ 视为不定积分运算符号, 不定积分的整体表达式由不定积分运算和微分运算符号组成, 这也正暗示了两种运算之间的关系 (见下面的性质).

信息挖掘 定义表明: $\int f(x)\mathrm{d}x$ 不是一个具体的函数, 是一个函数类——所有原函数的全体表示. 换句话说, 既然原函数不唯一, 同一个函数的原函数有无限多个, 不同原函数的结构差别也很大 (虽然不同的原函数间仅相差一个常数), 那么, 在提到原函数时到底指的是哪个原函数就变得不确定, 为了解决这个困惑, 我们引入不定积分的定义, 用于代指所有的原函数, 因此, 在这个意义上说, 不定积分具有不确定性. 对这样一个具有不确定性的量, 为了便于研究、计算, 有时需要将其确定化, 为此, 我们讨论 $\int f(x)\mathrm{d}x$ 与某个具体原函数的关系.

若 $F(x)$ 是 $f(x)$ 的一个原函数, 由定理 1.1, 我们知道, 任何原函数与 $F(x)$ 相差一个常数, 因而, 任何原函数都可以表示为 $F(x)+C$, 或者说, $F(x)+C$ 表示了 $f(x)$ 的所有原函数, 因此, 由不定积分的定义, 于是, 成立

$$\int f(x)\mathrm{d}x = F(x)+C,$$

称 C 为积分常数, 它可取任意实数. 这个关系式更加具体地表明了 $\int f(x)\mathrm{d}x$ 是一个函数类.

我们把这个表达式称为**不定积分的结构表达式**.

这是一个非常重要的关系式, 它不仅反映了不定积分和某个具体原函数的关系, 揭示了不定积分的几何意义: 从几何上看, 若 $F(x)$ 是 $f(x)$ 的一个原函数, 由于 $y=F(x)$ 表示为几何上的一条曲线, 因此, $y=F(x)$ 的图像也称为 $f(x)$ 的一条积分曲线. 于是, $f(x)$ 的不定积分在几何上表示 $f(x)$ 的某一条积分曲线沿纵轴方向任意平移所得一组积分曲线组成的曲线族 (图 7-1), 且曲线族中, 在每一条积分曲线上横坐标相同的点处作切线, 这些切线互相平行.

不定积分的结构表达式中也**隐藏着化不定为确定的研究思想**: 它将一个不确定的整体量 (所有的原函数) 通过一个个体用具体的某个原函数确定下来, 为处理

不定积分问题, 如性质研究、不定积分的计算等提供了处理的思想和方法, 换句话说, 要研究不定积分的性质, 只需研究某一个原函数的性质, 要计算不定积分, 只需计算一个原函数即可.

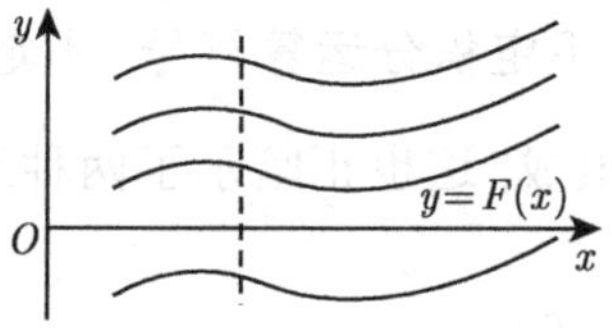

图 7-1 积分曲线族

至此, 原函数的存在性和唯一性问题也得到解决, 同时, 原函数问题也就转化为不定积分问题.

3. 简单应用

利用定义就可以进行原函数或不定积分的计算了. 定义是进行不定积分计算的第一个工具, 也是最底层的工具, 只能处理最简单的结构. 根据不定积分的结构表达式, 要计算不定积分只需要确定一个原函数, 简单结构的函数的原函数可以利用导数公式来确定, 由此就可以计算简单结构的不定积分.

例 1 计算 (1) $\int x\mathrm{d}x$; (2) $\int \mathrm{e}^x\mathrm{d}x$.

简析 根据定义, 只需计算被积函数的一个原函数, 利用导数的计算结论很容易计算出结果.

解 (1) 由于 $\left(\frac{1}{2}x^2\right)'=x$, 由定义, 则

$$\int x\mathrm{d}x=\frac{1}{2}x^2+C.$$

(2) 由于 $(\mathrm{e}^x)'=\mathrm{e}^x$, 由定义, 则

$$\int \mathrm{e}^x\mathrm{d}x=\mathrm{e}^x+C.$$

例 2 设 $f(x)=\begin{cases} x, & x\geqslant 0, \\ 0, & x<0, \end{cases}$ 计算 $\int f(x)\mathrm{d}x$.

简析 这是分段函数的不定积分的计算. 由不定积分的定义, 只需计算其一个原函数, 由于 $f(x)$ 是分段函数, 因此, 分段计算其原函数 $F(x)$.

解 记 $F(x)=\int f(x)\mathrm{d}x$.

当 $x>0$ 时, 由于 $\left(\frac{1}{2}x^2\right)'=x$, 故, $F(x)=\frac{1}{2}x^2+C_1$; 当 $x<0$ 时, 显然, $F(x)=C_2$, 由于 $F(x)$ 是连续函数, 在分段点 x=0 处也连续, 因而,

$$F(0)=\lim_{x\to0^+}F(x)=\lim_{x\to0^-}F(x),$$

故 $C_1=C_2$, 因而,

$$\int f(x)\mathrm{d}x=F(x)+C=\begin{cases}\frac{1}{2}x^2+C, & x\geqslant 0,\\ C, & x<0.\end{cases}$$

由此看出, 不定积分也可以是分段形式.

此例表明, 分段函数也可以存在原函数, 或也可以计算分段函数的不定积分.

上述例子表明, 利用简单的导数计算公式, 可以计算较简单结构的不定积分, 因此, 我们把下述由导数基本公式直接转化的不定积分公式称为不定积分基本公式:

(1) $\int 0\mathrm{d}x=C$;

(2) $\int 1\mathrm{d}x=\int \mathrm{d}x=x+C$;

(3) $\int x^\alpha\mathrm{d}x=\frac{x^{\alpha+1}}{\alpha+1}+C(\alpha\neq-1,x>0)$;

(4) $\int \frac{1}{x}\mathrm{d}x=\ln|x|+C(x\neq0)$;

(5) $\int \mathrm{e}^x\mathrm{d}x=\mathrm{e}^x+C$;

(6) $\int a^x\mathrm{d}x=\frac{a^x}{\ln a}+C(a>0,a\neq1)$;

(7) $\int \cos x\mathrm{d}x=\sin x+C$;

(8) $\int \sin x\mathrm{d}x=-\cos x+C$;

(9) $\int \sec^2 x\mathrm{d}x=\tan x+C$;

(10) $\int \csc^2 x\mathrm{d}x=-\cot x+C$;

(11) $\int \sec x \cdot \tan x \mathrm{d}x = \sec x + C$;

(12) $\int \csc x \cdot \cot x \mathrm{d}x = -\csc x + C$;

(13) $\int \frac{\mathrm{d}x}{\sqrt{1-x^2}} = \arcsin x + C = -\arccos x + C$;

(14) $\int \frac{\mathrm{d}x}{1+x^2} = \arctan x + C = -\mathrm{arccot}\, x + C$.

牢记上述积分公式, 这是最基本的已知公式, 是计算的基础.

关于公式 (4) 的说明: 当 $x>0$ 时, 公式显然成立; 当 $x<0$ 时,

$$[\ln|x|]' = [\ln(-x)]' = \frac{1}{x},$$

因而, 公式 (4) 仍成立.

利用定义, 还可以对复杂的不定积分结论进行验证.

例 3 证明: $\int \frac{\mathrm{d}x}{\sqrt{x^2+a^2}} = \ln(x+\sqrt{x^2+a^2}) + C$.

结构分析 题型: 不定积分结论的验证. 类比已知: 目前为止, 只有定义, 确定用定义验证的证明思路. 方法: 利用定义将其转化为导数关系的验证.

证明 由于

$$[\ln(x+\sqrt{x^2+a^2})]' = \frac{1+\dfrac{x}{\sqrt{x^2+a^2}}}{x+\sqrt{x^2+a^2}} = \frac{1}{\sqrt{x^2+a^2}},$$

故, $\ln(x+\sqrt{x^2+a^2})$ 为 $\dfrac{1}{\sqrt{x^2+a^2}}$ 的一个原函数, 因而,

$$\int \frac{\mathrm{d}x}{\sqrt{x^2+a^2}} \mathrm{d}x = \ln(x+\sqrt{x^2+a^2}) + C.$$

例 4 证明: (1) $\int \frac{\mathrm{d}x}{\sqrt{x(1-x)}} = 2\arcsin\sqrt{x} + C$;

(2) $\int \frac{\mathrm{d}x}{\sqrt{x(1-x)}} = 2\arctan\sqrt{\frac{x}{1-x}} + C$.

证明 由于

$$(2\arcsin\sqrt{x})' = \left(2\arctan\sqrt{\frac{x}{1-x}}\right)' = \frac{1}{\sqrt{x(1-x)}},$$

因而, 两式同时成立.

例 4 表明, 同一个函数的原函数可以有不同的表示形式, 有时形式上的差别是很大的. 这也暗示了不定积分计算的复杂性.

为计算复杂结构的不定积分, 必须建立相应的性质和计算法则.

二、 不定积分的性质和运算法则

1. 不定积分的性质

从不定积分的引入背景研究其运算性质. 首先从运算角度对不定积分 $\int f(x)\mathrm{d}x$ 做进一步说明: 不定积分 $\int f(x)\mathrm{d}x$ 也称为对函数 $f(x)$ 的不定积分的运算, 计算不定积分 $\int f(x)\mathrm{d}x$, 也就是对 $f(x)$ 进行不定积分运算. 根据引入背景, 这种运算应该和导数运算存在关系, 我们进一步挖掘二者之间的关系.

下面性质的建立都假设 $f(x)$ 的原函数存在.

性质 1.1 $\left[\int f(x)\mathrm{d}x\right]' = f(x)$.

结构分析 题型: 函数导数关系验证. 结构特征: 函数由不定积分的形式给出. 类比已知: 不定积分的定义. 思路确立: 由此确定证明的思路是利用定义进行证明. 方法设计: 由于不定积分是函数类, 为计算导函数, 具体的方法是将不定积分用"具体的函数"表示, 体现化不定为确定的思想.

证明 设 $F(x)$ 是 $f(x)$ 的一个原函数, 由定义, 则

$$F'(x) = f(x),$$

因而, 利用不定积分的结构表达式, 则 $\int f(x)\mathrm{d}x = F(x) + C$, 故,

$$\left[\int f(x)\mathrm{d}x\right]' = [F(x) + C]' = f(x).$$

抽象总结 此性质表明, 对函数先进行积分运算, 再进行导数运算, 得到原来的函数, 由此表明: 导数运算是积分运算的逆运算.

性质 1.2 $\int f'(x)\mathrm{d}x = f(x) + C$.

结构分析 题型: 不定积分结论的验证. 类比已知: 只有不定积分的定义. 思路确立: 利用不定积分的定义证明. 方法设计: 只需证明 $f(x)$ 是 $f'(x)$ 的一个原函数, 还是导数关系的验证. 当然, 将结论变形为 $\int f'(x)\mathrm{d}x - f(x) = C$, 也可以

将此结论解读为两个函数相差一个常数, 由此可以确定用已知的导数方法来验证, 即证明 $\left[\int f'(x)\mathrm{d}x - f(x)\right]' = 0$, 因而, 可以用性质 1.1 证明此结论.

证明 法一 由于 $[f(x)]' = f'(x)$, 因而, $f(x)$ 是 $f'(x)$ 的一个原函数, 由不定积分的定义得

$$\int f'(x)\mathrm{d}x = f(x) + C.$$

法二 利用性质 1.1, 则

$$\left[\int f'(x)\mathrm{d}x - f(x)\right]' = f'(x) - f'(x) = 0,$$

利用微分理论, 则存在常数 C, 使得

$$\int f'(x)\mathrm{d}x - f(x) = C,$$

性质成立.

抽象总结 (1) 性质 1.2 表明, 对函数进行先导后积运算, 还原为原来的函数加上一个常数——部分还原 (不能完全还原), 说明积分"几乎"是导数的逆运算, 体现了积分和导数 (微分) 的基本运算关系. (2) 此性质给出了不定积分 $\int f(x)\mathrm{d}x$ 的计算思想, 体现为如下的计算过程:

$$\int f(x)\mathrm{d}x = \int F'(x)\mathrm{d}x = F(x) + C,$$

计算思想是将被积函数利用微分理论转化为导数形式, 由此性质给出计算结果, 这是不定积分计算的基本理论公式, 利用此公式和已知的导数公式就可以建立简单函数的不定积分的计算.

2. 积分运算法则

定理 1.2(积分的线性运算法则) 若函数 $f(x)$ 与 $g(x)$ 在区间 I 上都存在原函数, k_1, k_2 为两个任意常数, 则 $k_1 f(x) + k_2 g(x)$ 也存在原函数, 且

$$\int [k_1 f(x) + k_2 g(x)]\mathrm{d}x = k_1 \int f(x)\mathrm{d}x + k_2 \int g(x)\mathrm{d}x.$$

结构分析 题型结构是不定积分的验证, 只需遵循我们前面提到的验证不定积分关系的思想方法, 即将不定积分关系转化为导数关系的验证, 从而, 可以利用掌握的导数理论解决不定积分问题.

证明 由条件得 $\int f(x)\mathrm{d}x, \int g(x)\mathrm{d}x$ 都存在, 且

$$\left[\int f(x)\mathrm{d}x\right]' = f(x), \quad \left[\int g(x)\mathrm{d}x\right]' = g(x),$$

故

$$\begin{aligned}&\left[k_1\int f(x)\mathrm{d}x + k_2\int g(x)\mathrm{d}x\right]'\\ &= k_1\left[\int f(x)\mathrm{d}x\right]' + k_2\left[\int g(x)\mathrm{d}x\right]'\\ &= k_1 f(x) + k_2 g(x),\end{aligned}$$

因而, $\int [k_1 f(x) + k_2 g(x)]\mathrm{d}x = k_1\int f(x)\mathrm{d}x + k_2\int g(x)\mathrm{d}x$.

抽象总结 线性法则的一般形式为

$$\int \sum_{i=1}^{n} k_i f_i(x)\mathrm{d}x = \sum_{i=1}^{n} k_i \int f_i(x)\mathrm{d}x.$$

虽然说积分运算几乎可以视为求导的逆运算, 但是, 比较二者运算法则的区别, 导数的运算除了线性运算法则, 还有乘积和除法法则, 积分运算仅有线性运算法则, 这也反映了积分运算要比导数运算难.

3. 应用举例

有了上述基本积分公式和线性运算法则, 就可以将计算对象进行进一步拓展, 进行稍微复杂的运算了.

例 5 求 $\int (a_0x^n + a_1x^{n-1} + \cdots + a_{n-1}x + a_n)\mathrm{d}x$.

结构分析 题型结构: 多项式函数的不定积分. 类比已知: 基本公式中幂函数的不定积分. 解题思路: 利用不定积的线性运算法则, 将多项式的不定积分转化为幂函数的不定积分.

解 原式 $= \int a_0x^n\mathrm{d}x + \int a_1x^{n-1}\mathrm{d}x + \cdots + \int a_{n-1}x\mathrm{d}x + \int a_n\mathrm{d}x$

$$= \frac{a_0x^{n+1}}{n+1} + \frac{a_1x^n}{n} + \cdots + \frac{a_{n-1}x^2}{2} + a_nx + C.$$

注 计算不定积分时, 一定不要忘了积分常数 C.

例 6 求 $\int \frac{x^4}{x^2+1}\mathrm{d}x$.

结构分析 题型结构: 假分式的不定积分. 类比已知: 幂函数、简单的真分式的不定积分 $\left(\int \frac{\mathrm{d}x}{x}, \int \frac{\mathrm{d}x}{1+x^2}\right)$. 思路确立: 通过分解, 将假分式分解为多项式和真分式的和, 实现积分结构的简化, 将待求的不定积分转化为基本公式中已知的积分.

解 化简结构, 利用已知公式, 则

$$\int \frac{x^4}{x^2+1}\mathrm{d}x = \int \frac{x^4-1+1}{x^2+1}\mathrm{d}x = \int \left(x^2-1+\frac{1}{x^2+1}\right)\mathrm{d}x$$
$$= \frac{1}{3}x^3 - x + \arctan x + C.$$

例 7 设 $x^2 + \int \frac{1}{x}\sin x\mathrm{d}x + x\arctan x - \frac{1}{2}\ln(1+x^2)$ 是 $f(x)$ 的一个原函数, 求 $\int x(f(x) - \arctan x)\mathrm{d}x$.

结构分析 题型结构: 不定积分的计算. 难点: 被积函数中含有不确定的函数 $f(x)$. 处理方法: 利用条件确定 $f(x)$, 实现化不定为确定.

解 由原函数的定义, 则

$$f(x) = \left(x^2 + \int \frac{1}{x}\sin x\mathrm{d}x + x\arctan x - \frac{1}{2}\ln(1+x^2)\right)'$$
$$= 2x + \frac{1}{x}\sin x + \arctan x,$$

故,

$$\int x(f(x) - \arctan x)\mathrm{d}x = \int (2x^2 + \sin x)\mathrm{d}x$$
$$= \frac{2}{3}x^3 - \cos x + C.$$

再看一个不定积分的几何应用.

例 8 给定光滑可导曲线 $y = f(x)$, 已知给定曲线的切线斜率为 $k(x) = \mathrm{e}^x + \sin x$, 求此曲线. 又若曲线还过 (0, 0) 点, 求此曲线.

解 设曲线的方程为 $y = f(x)$, 由导数的几何意义,

$$f'(x) = k(x) = \mathrm{e}^x + \sin x,$$

故,

$$f(x)=\int f'(x)\mathrm{d}x=\int(\mathrm{e}^x+\sin x)\mathrm{d}x=\mathrm{e}^x-\cos x+C,$$

显然, 这是一个曲线族.

若曲线过点 (0, 0), 则

$$0=f(0)=(\mathrm{e}^x-\cos x+C)|_{x=0}=C,$$

因而, 此时曲线为 $y=\mathrm{e}^x-\cos x$.

注 根据性质 1.2, 应该有 $\int f'(x)\mathrm{d}x=f(x)+C$, 在上面的计算中, 我们用到了 $f(x)=\int f'(x)\mathrm{d}x$, 比较二者, 相差一个常数 C, 我们此处的写法正确吗?

例 9 设 $f(x)=\begin{cases}0, & x\neq 0,\\ 1, & x=0,\end{cases}$ 证明: $f(x)$ 在 $(-1, 1)$ 上不存在原函数.

结构分析 题型结构: 原函数不存在性的证明, 为否定性命题的论证. 思路方法确立: 否定性命题常用反证法来证明.

证明 若 $f(x)$ 有原函数 $F(x)$, 由定义, $F(x)$ 可导, 且

$$F'(x)=f(x)=\begin{cases}0, & x\neq 0,\\ 1, & x=0,\end{cases}$$

分析 $f(x)$ 的结构, $x=0$ 为 $f(x)$ 的第一类间断点, 但是, 另一方面, $f(x)$ 又是导函数 $F'(x)$, 根据导函数的性质, 导函数至多有第二类间断点, 因此, $f(x)$ 不可能为导函数, 由此得到矛盾, 故结论成立.

例 9 实际上是导函数一个结论的体现: 导函数至多有第二类间断点, 不可能有第一类间断点, 而 $f(x)$ 在 $x=0$ 处存在第一类间断, 因此, $f(x)$ 不可能是导函数, 因而, $f(x)$ 不存在原函数.

习 题 7.1

1. 验证 $F(x)=\begin{cases}x^2\sin\dfrac{1}{x}, & x\neq 0,\\ 0, & x=0\end{cases}$ 是 $f(x)=\begin{cases}2x\sin\dfrac{1}{x}-\cos\dfrac{1}{x}, & x\neq 0,\\ 0, & x=0\end{cases}$ 的原函数.

2. 验证 $2\arctan\sqrt{\dfrac{x-a}{b-x}}$ 和 $\arcsin\dfrac{2x-a-b}{b-a}$ 都是 $\dfrac{1}{\sqrt{(x-a)(b-x)}}$ 在 $[a, b]$ 上的一个原函数.

3. 设 $f(x)$ 在区间 I 上有原函数 $F(x)$, 证明: 对任意的 $x_0 \in I$, $\lim\limits_{x\to x_0^+} f(x)$ 和 $\lim\limits_{x\to x_0^-} f(x)$ 至少有一个不存在, 即若 $x_0 \in I$ 为 $f(x)$ 的间断点, 则必为第二类间断点.

4. 设 $f(x)$ 的导函数是 $\sin x$, 计算 $f(x)$ 的一个原函数.

5. 设 $xf(x)$ 有一个原函数为 $\ln(1+x)$, 计算 $\dfrac{1}{f(x)}$ 的原函数.

6. 设 $f'(\mathrm{e}^x) = \mathrm{e}^{2x} + \mathrm{e}^{-x} + 1$, 求 $f(x)$.

7. 设 $f(x) = \begin{cases} x^2+1, & x \geqslant 0, \\ \mathrm{e}^x, & x < 0, \end{cases}$ 计算 $\int f(x)\mathrm{d}x$. 由于 $\lim\limits_{x\to x_0^+} f(x)$ 和 $\lim\limits_{x\to x_0^-} f(x)$ 都存在, 这和第 3 题的结论是否有矛盾?

8. 计算下列不定积分.

(1) $\displaystyle\int \frac{x^2}{x^2+1}\mathrm{d}x$; (2) $\displaystyle\int \frac{(\sqrt{x}+1)^3}{x}\mathrm{d}x$;

(3) $\displaystyle\int \cos^2\frac{x}{2}\mathrm{d}x$; (4) $\displaystyle\int \left(x-\frac{2}{x}\right)^2\mathrm{d}x$;

(5) $\displaystyle\int \left(\mathrm{e}^x+\frac{1}{4^x}\right)\mathrm{d}x$; (6) $\displaystyle\int (1+x)\sqrt{x\sqrt{x}}\mathrm{d}x$;

(7) $\displaystyle\int \frac{\cos 2x}{\sin^2 2x}\mathrm{d}x$; (8) $\displaystyle\int \frac{1+\cos^2 x}{\sin^2 x}\mathrm{d}x$;

(9) $\displaystyle\int |x-1|\mathrm{d}x$; (10) $\displaystyle\int \frac{2^x+3^x}{5^x}\mathrm{d}x$.

9. 设某型战机的起飞速度是 360km/h, 现要求飞机在 20s 内用匀加速度将飞机速度从 0 加速到起飞速度, 计算飞机需滑行的距离.

7.2 换元积分法

正如由一些简单函数的导数公式可以得到复杂函数的导数一样, 不定积分的计算也是由简单的基本公式出发, 利用运算法则计算更复杂的不定积分. 但是, 相对于函数的求导而言, 尽管不定积分的计算是求导的"逆运算", 不定积分的计算仍然复杂得多, 困难得多, 不仅会出现同一函数的不定积分可以具有完全不同形式, 甚至会出现很简单形式的不定积分不能计算, 即不能用初等函数表示的不定积分, 如 $\displaystyle\int \mathrm{e}^{x^2}\mathrm{d}x, \int \frac{\sin x}{x}\mathrm{d}x, \int \frac{1}{\ln x}\mathrm{d}x$ 等. 这都表明了不定积分的计算类型多, 难度大, 对计算方法和技术的要求比较高, 因此, 从本节开始, 我们分几个小节的篇幅讨论不定积分的计算. 计算的出发点是针对一些特殊结构的不定积分引入相应的计算方法与技术. 当然, 所有方法与技术的思想都是一致的, 即将所求不定积分通过不同的技术处理最终转化为能用积分基本公式或已知结论表示的不定积分, 并最终得到结果, **计算的本质实际上是被积函数的结构简化, 因此, 各种方法也是以结构简化为思想的处理方法**. 由于各种方法和技术针对性强, 因此, 要求通过一定量的练习达到熟练掌握之目的.

本节, 我们通过引入换元方法, 简化被积函数的结构, 实现不定积分的计算.

先看一个例子.

例 1 计算 $\int \mathrm{e}^{2x}\mathrm{d}x$.

结构分析 题型为不定积分的计算. 类比已知的基本公式, 与要计算的不定积分结构最为相近的是公式 $\int \mathrm{e}^{x}\mathrm{d}x=\mathrm{e}^{x}+C$, 分析二者之差别, 在于指数的不同, 已知公式中, 指数是积分变量, 而要计算的积分中, 指数是积分变量的 2 倍, 可以通过换元实现标准化. 当然, 从另一个角度分析, 已知的基本公式中要求: 幂指数 x 与积分变量 x 形式是一致的, 而要计算的不定积分中, 二者是不一致的, 相差因子 2, 为此, "凑" 上因子 2, 使之变为幂指数 $2x$ 的微分形式, 即 $2\mathrm{d}x=\mathrm{d}(2x)$, 这样形式上就与基本公式一致, 可以用基本公式求解. 上述两种方法都可以, 前者称为换元法, 后者为 **"凑" 微分法, "凑" 微分法的本质仍是通过换元简化结构, 实现计算的目的.**

解 法一 利用换元 $t=2x$, 则

$$\int \mathrm{e}^{2x}\mathrm{d}x=\frac{1}{2}\int \mathrm{e}^{t}\mathrm{d}t=\frac{1}{2}\mathrm{e}^{t}+C=\frac{1}{2}(\mathrm{e}^{2x}+C).$$

法二 利用 "凑" 微分法, 则

$$\text{原式}=\int \mathrm{e}^{2x}\cdot\frac{1}{2}\cdot 2\mathrm{d}x=\frac{1}{2}\int \mathrm{e}^{2x}\mathrm{d}(2x)=\frac{1}{2}(\mathrm{e}^{2x}+C).$$

抽象总结 从上述求解过程中可以看出, "凑" 微分方法的过程就是通过分析被积函数 $f(x)$ 的结构, 在微分形式 $\mathrm{d}x$ "凑" 上某个微分因子 $\varphi'(x)$, 利用微分运算法则, 使其成为另一因子的微分形式 $\varphi'(x)\mathrm{d}x=\mathrm{d}\varphi(x)$. 然后以 $\varphi(x)$ 为整体变量, 将 $f(x)$ 表示为以 $\varphi(x)$ 为整体变量的形式 $g(\varphi(x))$, 即 $f(x)=g(\varphi(x))$, 然后, 利用基本公式给出结果. 其本质也是换元思想, 即选取换元为 $t=\varphi(x)$, 只是由于求解过程相对简单, 略去换元的步骤, 直接给出了计算结果. 因此, 凑微分法是较低级的换元法, 只能处理相对简单的结构, 能用凑微分法求解的不定积分都能用换元方法, 因此, 我们主要介绍换元法, 这就是下面的定理.

定理 2.1 设 $f(x)$ 连续, $\varphi(t)$ 具有一阶连续导数, $x=\varphi(t)$ 存在连续的反函数, 且 $\int f(\varphi(t))\varphi'(t)\mathrm{d}t=F(t)+C$, 则

$$\int f(x)\mathrm{d}x=F(\varphi^{-1}(x))+C.$$

结构分析 题型: 结构是不定积分的验证. 类比已知: 这类命题的处理方法是验证对应的导数关系式成立, 即要证明积分关系 $\int g(x)\mathrm{d}x = G(x)+C$, 只须证明等价的导数关系 $G'(x)=g(x)$, 由此确立证明思路和方法. 当然, 要从条件中挖掘函数关系.

证明 由于 $\int f(\varphi(t))\varphi'(t)\mathrm{d}t = F(t)+C$, 则

$$F'(t) = f(\varphi(t))\varphi'(t),$$

利用复合函数的求导法则, 有

$$\frac{\mathrm{d}}{\mathrm{d}x}F(\varphi^{-1}(x)) = F'(\varphi^{-1}(x))\cdot\frac{\mathrm{d}\varphi^{-1}(x)}{\mathrm{d}x},$$

由于 $x=\varphi(t)$, 则 $\mathrm{d}x=\varphi'(t)\mathrm{d}t$, $t=\varphi^{-1}(x)$, 因而

$$\frac{\mathrm{d}\varphi^{-1}(x)}{\mathrm{d}x} = \frac{\mathrm{d}t}{\mathrm{d}x} = \frac{1}{\varphi'(t)},$$

故,

$$\begin{aligned}\frac{\mathrm{d}}{\mathrm{d}x}F(\varphi^{-1}(x)) &= F'(t)\cdot\frac{1}{\varphi'(t)}\\ &= f(\varphi(t))\cdot\varphi'(t)\cdot\frac{1}{\varphi'(t)}\\ &= f(\varphi(t)) = f(x),\end{aligned}$$

因而, $\int f(x)\mathrm{d}x = F(\varphi^{-1}(x))+C$.

抽象总结 (1) 换元法的应用思想 定理 2.1 就是换元积分法, 从定理 2.1 可以看出, 利用换元积分法计算不定积分的过程为

$$\int f(x)\mathrm{d}x \xlongequal{x=\varphi(t)} \int f(\varphi(t))\cdot\varphi'(t)\mathrm{d}t = F(t)+C = F(\varphi^{-1}(x))+C,$$

从过程看, 要计算不定积分 $\int f(x)\mathrm{d}x$ 首先通过换元将其转化为 $\int f(\varphi(t))\varphi'(t)\mathrm{d}t$, 从形式上看, $\int f(\varphi(t))\varphi'(t)\mathrm{d}t$ 比 $\int f(x)\mathrm{d}x$ 更复杂, 实际上正相反, $\int f(\varphi(t))\varphi'(t)\mathrm{d}t$ 比 $\int f(x)\mathrm{d}x$ 更简单, 应该是简单结构的不定积分, 能利用基本计算公式容易计

算出结果 $F(t)+c$, 因此, 换元积分法的思想是通过合适的换元 (变量代换), 将 $\int f(x)\mathrm{d}x$ 简化为 $\int f(\varphi(t))\varphi'(t)\mathrm{d}t$, 从而实现计算的目的.

(2) 换元的选择　利用换元法计算不定积分的重点和难点在于换元关系 (变量代换) 的选择. 选择的理论基础是基于结构的分析方法, 即分析结构特点, 确定积分结构的主因子 (复杂因子或困难因子), 类比已知, 利用形式统一的思想确定换元关系, 简化结构. 这是抓主要矛盾的主次分析法的一种具体应用.

例 2　计算下列不定积分.

(1) $\int \frac{1}{x+a}\mathrm{d}x$;　(2) $\int \frac{1}{x^2-a^2}\mathrm{d}x$;　(3) $\int \frac{1}{x^2+a^2}\mathrm{d}x(a>0)$;

(4) $\int \tan x\mathrm{d}x$;　(5) $\int \sec x\mathrm{d}x$;　(6) $\int \sin^3 x\mathrm{d}x$.

解　(1) **结构分析**　本题结构与基本公式中 $\int \frac{1}{x}\mathrm{d}x=\ln|x|+C$ 类似, 区别是公式中的分母正是积分变量, 待求解的积分中, 分母是积分变量和常数的和, 因此, 为形式统一, 将分母作为一个整体变量进行换元, 转化为标准型, 利用已知公式进行求解, 由此确定换元方法.

$$\text{原式} \xlongequal{t=x+a} \int \frac{1}{t}\mathrm{d}t=\ln|t|+C=\ln|x+a|+C.$$

(2) **结构分析**　这是有理式的不定积分, 类比已知, 在已知公式中被积函数具有有理式结构的有如下形式 $\frac{1}{x}$ 和 $\frac{1}{1+x^2}$, 因此, 解题的思想是将被积函数的结构转化为已知的类型, 即进行标准化处理, 这是有理式的化简问题. 当然, 解题的关键就是结构简化.

$$\text{原式}=\frac{1}{2a}\int\left[\frac{1}{x-a}-\frac{1}{x+a}\right]\mathrm{d}x=\frac{1}{2a}\ln\left|\frac{x-a}{x+a}\right|+C.$$

(3) **结构分析**　类比已知, 该题目与基本公式 $\int \frac{1}{1+x^2}\mathrm{d}x=\arctan x+C$ 结构相似, 进行形式统一, 确定换元方法.

$$\begin{aligned}\text{原式}&=\frac{1}{a^2}\int \frac{1}{1+\left(\frac{x}{a}\right)^2}\mathrm{d}x=\frac{1}{a}\int \frac{1}{1+\left(\frac{x}{a}\right)^2}\mathrm{d}\left(\frac{x}{a}\right)\\&\xlongequal{t=\frac{x}{a}} \frac{1}{a}\int \frac{1}{1+t^2}\mathrm{d}t=\frac{1}{a}\arctan t+C\\&=\frac{1}{a}\arctan\frac{x}{a}+C.\end{aligned}$$

(4) 利用基本公式, 则

$$\begin{aligned}\text{原式}&=\int\frac{\sin x}{\cos x}\mathrm{d}x\xlongequal{\text{“凑”因子}}-\int\frac{1}{\cos x}\mathrm{d}\cos x\\&\xlongequal{t=\cos x}-\int\frac{1}{t}\mathrm{d}t=-\ln|t|+c\\&=-\ln|\cos x|+C=\ln|\sec x|+C.\end{aligned}$$

(5) 利用基本公式, 则

$$\begin{aligned}\text{原式}&=\int\frac{1}{\cos x}\mathrm{d}x\xlongequal{\text{凑因子}}\int\frac{1}{\cos^2 x}\cos x\mathrm{d}x\xlongequal{t=\sin x}\int\frac{1}{1-t^2}\mathrm{d}t\\&=-\frac{1}{2}\ln\left|\frac{t-1}{t+1}\right|+C,\end{aligned}$$

因此,

$$\int\sec x\mathrm{d}x=-\frac{1}{2}\ln\left|\frac{1-\sin x}{1+\sin x}\right|+C.$$

上述结果可以进一步改写为

$$\begin{aligned}\int\sec x\mathrm{d}x&=\frac{1}{2}\ln\left|\frac{1+\sin x}{1-\sin x}\right|+C\\&=\frac{1}{2}\ln\left|\frac{(1+\sin x)^2}{1-\sin^2 x}\right|+C\\&=\ln\left|\frac{1+\sin x}{\cos x}\right|+C=\ln|\sec x+\tan x|+C.\end{aligned}$$

(6) 利用基本公式, 则

$$\begin{aligned}\text{原式}&=\int\sin^2 x\cdot\sin x\mathrm{d}x=-\int\sin^2 x\mathrm{d}\cos x\\&=-\int(1-\cos^2 x)\mathrm{d}\cos x\\&\xlongequal{t=\cos x}-\int(1-t^2)\mathrm{d}t=-t+\frac{1}{3}t^3+C\\&=\frac{1}{3}\cos^3 x-\cos x+C.\end{aligned}$$

从解题过程中发现, 有时要凑的因子, 正是被积函数中的某个因子.

利用三角函数关系 (包括微分关系) 进行因子之间转化是常用的技术.

利用“凑”微分法时, 关键是选择一个合适的因子凑成微分形式, 因此要熟练掌握一些常用的微分形式:

$$\mathrm{d}x=\frac{1}{a}\mathrm{d}(ax+b),a\neq 0,$$

$$x\mathrm{d}x=\frac{1}{2a}\mathrm{d}(ax^2+b),a\neq 0,$$

$$x^n\mathrm{d}x=\frac{1}{n+1}\mathrm{d}x^{n+1},$$

$$\frac{1}{x}\mathrm{d}x=\mathrm{d}\ln|x|,$$

$$\mathrm{e}^x\mathrm{d}x=\mathrm{d}\mathrm{e}^x,$$

$$-\frac{1}{x^2}\mathrm{d}x=\mathrm{d}\frac{1}{x},$$

$$\frac{1}{2\sqrt{x}}\mathrm{d}x=\mathrm{d}\sqrt{x},$$

$$\frac{1}{1+x^2}\mathrm{d}x=\mathrm{d}\arctan x,$$

$$\frac{\mathrm{d}x}{\sqrt{1-x^2}}=\mathrm{d}\arcsin x,$$

$$\frac{x}{\sqrt{1+x^2}}\mathrm{d}x=\mathrm{d}\sqrt{1+x^2},$$

$$\frac{1}{\sqrt{1+x^2}}\mathrm{d}x=\mathrm{d}\ln(x+\sqrt{1+x^2}),$$

$$-\sin x\mathrm{d}x=\mathrm{d}\cos x,$$

$$\cos x\mathrm{d}x=\mathrm{d}\sin x,$$

$$\sec^2 x\mathrm{d}x=\frac{1}{\cos^2 x}\mathrm{d}x=\mathrm{d}\tan x,$$

$$-\csc^2 x\mathrm{d}x=\mathrm{d}\cot x,$$

$$\sec x\cdot\tan x\mathrm{d}x=\mathrm{d}\sec x,$$

$$-\csc x\cdot\cot x\mathrm{d}x=\mathrm{d}\csc x.$$

再看几个复杂的例子.

例 3 计算下列不定积分.

(1) $\displaystyle\int\frac{\mathrm{e}^{\sqrt{x}}}{\sqrt{x}}\mathrm{d}x$; (2) $\displaystyle\int\sin\sqrt{1+x^2}\cdot\frac{x}{\sqrt{1+x^2}}\mathrm{d}x$;

(3) $\displaystyle\int\frac{1+\ln x}{x}\mathrm{d}x$; (4) $\displaystyle\int(x+\ln(x+\sqrt{1+x^2}))\frac{1}{\sqrt{1+x^2}}\mathrm{d}x$.

简析 题目的结构特征是被积函数由两类不同结构的因子组成, 且主结构因子都与已知基本公式中的形式不同, 因此, 可以利用换元法消去某种结构, 实现与基本公式的形式统一.

解 (1) **结构分析** 类比已知结构, 主结构因子为 $\mathrm{e}^{\sqrt{x}}$, 复杂因子是 $\sqrt{x}$, 可以利用凑微分法或换元法简化结构, 转化为基本公式以求解.

$$原式=2\int\mathrm{e}^{\sqrt{x}}\mathrm{d}\sqrt{x}=2\mathrm{e}^{\sqrt{x}}+C;$$

或

$$原式\xlongequal{t=\sqrt{x}}2\int\mathrm{e}^t\mathrm{d}t=2\mathrm{e}^t+C=2\mathrm{e}^{\sqrt{x}}+C.$$

(2) **结构分析** 基本初等函数中, 以三角函数和反三角函数为复杂结构, 本题主因子为 $\sin\sqrt{1+x^2}$, 以此因子的简化为主, 与已知结构相比, 复杂因子为 $\sqrt{1+x^2}$,

可以换元以简化结构, 也可以考虑此复杂因子的微分形式 $\mathrm{d}\sqrt{1+x^2}=\dfrac{x}{\sqrt{1+x^2}}\mathrm{d}x$, 以建立与其他因子的联系, 从而形成凑微分或换元.

$$\text{原式}=\int\sin\sqrt{1+x^2}\mathrm{d}\sqrt{1+x^2}=-\cos\sqrt{1+x^2}+C;$$

或利用换元 $t=\sqrt{1+x^2}$, 则

$$\text{原式}=\int\sin t\mathrm{d}t=\cos t+C=\cos\sqrt{1+x^2}+C.$$

(3) **结构分析** 结构中包含两类因子 $\ln x$ 和 x 或 $\dfrac{1}{x}$, 类比二者关系, 关联紧密的关系是微分关系 $\mathrm{d}\ln x=\dfrac{1}{x}\mathrm{d}x$, 形成对应的方法.

$$\text{原式}=\int(1+\ln x)\mathrm{d}\ln x=\ln x+\frac{1}{2}(\ln x)^2+C.$$

或利用换元 $t=\ln x$, 则

$$\text{原式}=\int(1+t)\mathrm{d}t=t+\frac{1}{2}t^2+C=\ln x+\frac{1}{2}(\ln x)^2+C.$$

(4) **结构分析** 结构中包含三个不同结构的因子, 考虑它们之间的微分关系 $\mathrm{d}\ln(x+\sqrt{1+x^2})=\dfrac{1}{\sqrt{1+x^2}}\mathrm{d}x$, $\mathrm{d}\sqrt{1+x^2}=\dfrac{x}{\sqrt{1+x^2}}\mathrm{d}x$, 形成解决主要矛盾的方法.

$$\begin{aligned}\text{原式}&=\int\frac{x\mathrm{d}x}{\sqrt{1+x^2}}+\int\frac{\ln(x+\sqrt{1+x^2})}{\sqrt{1+x^2}}\mathrm{d}x\\&=\int\mathrm{d}\sqrt{1+x^2}+\int\ln(x+\sqrt{1+x^2})\mathrm{d}\ln(x+\sqrt{1+x^2})\\&=\sqrt{1+x^2}+\frac{1}{2}\ln^2(x+\sqrt{1+x^2})+C.\end{aligned}$$

抽象总结 (1) 例 3 中积分的特点是被积函数是由两类不同结构的因子组成, 处理这类问题的思想就是利用一定的法则, 消去其中的一类因子. 换元法或凑微分法给出了处理这类问题的第一种方法.

(2) 换元法的应用思想 通过上述例子可以总结简单换元法的换元的思想是通过换元, 将结构中困难的因子简单化. 难点是换元公式的选择, 常用方法有主次

分析法: 分析复杂因子, 确定换元; 微分关系法: 分析各因子间的微分关系, 确定换元. 从而可以体会到: 凑微分法或简单换元法的本质就是通过适当的处理 (凑因子、换元) 将被积函数结构简单化, 这也是解决问题的一般性思想方法.

例 4 计算下列不定积分.

(1) $\int \frac{1+\sin 2x}{\sin^2 x}\mathrm{d}x$;

(2) $\int \frac{\mathrm{d}x}{1-\cos x}$;

(3) $\int \tan x \cdot \sec^2 x\mathrm{d}x$.

解 (1) 原式 $= \int \frac{1+2\sin x\cdot\cos x}{\sin^2 x}\mathrm{d}x$

$$= \int \frac{1}{\sin^2 x}\mathrm{d}x + 2\int \frac{\cos x}{\sin x}\mathrm{d}x$$

$$= -\cot x + 2\ln|\sin x| + C.$$

(2) 原式 $= \int \frac{1+\cos x}{1-\cos^2 x}\mathrm{d}x$

$$= \int \frac{1+\cos x}{\sin^2 x}\mathrm{d}x$$

$$= \int \csc^2 x\mathrm{d}x + \int \frac{\cos x}{\sin^2 x}\mathrm{d}x$$

$$= -\cot x + \int \frac{\mathrm{d}\sin x}{\sin^2 x} + C$$

$$= -\cot x - \frac{1}{\sin x} + C.$$

或用倍角公式化简更简单,

$$\text{原式} = \int \frac{1}{2\sin^2\frac{x}{2}}\mathrm{d}x = \int \csc^2\frac{x}{2}\mathrm{d}\frac{x}{2}$$

$$= -\cot\frac{x}{2} + C.$$

(3) 原式 $= \int \tan x\mathrm{d}\tan x = \frac{1}{2}\tan^2 x + C$.

或者

$$\text{原式} = \int \sec x\mathrm{d}\sec x = \frac{1}{2}\sec^2 x + C.$$

抽象总结 涉及三角函数的不定积分较为困难, 总体思想还是结构简化, 题 (1) 的分子有两项, 分母有一项, 采用 "分" 的思想, 拆分为两项和, 以简化结构; 题 (2) 的思路是简化分母, 将两项合并或化简为一项, 体现 "合" 的化简思想, 便于化简整个分式. 充分利用三角函数关系式 (包括因子间的微分关系) 简化被积函数也是常用的技术 (题 (3)).

不定积分的结果形式可以不同, 因此, 在得到结果后, 可以利用求导的方法验证结果的正确性.

在使用换元法时, 应先分析被积函数中复杂的因子, 通过引入新变量将被积函数简单化. 再看几个复杂的例子.

例 5 计算 $\int \frac{x+1}{\sqrt[3]{3x+1}}\mathrm{d}x$.

结构分析 复杂的因子为 $\sqrt[3]{3x+1}$, 故可通过引入变量代换 $t=\sqrt[3]{3x+1}$, 将复杂的因子 $\sqrt[3]{3x+1}$ 化为简单因子 t, 但要注意, 此因子简单化的同时尽可能不要使其他因子过于复杂化.

解 令 $t=\sqrt[3]{3x+1}$, 则 $x=\frac{1}{3}(t^3-1)$, $\mathrm{d}x=t^2\mathrm{d}t$, 故

$$\begin{aligned}
\text{原式} &= \int \frac{\frac{1}{3}(t^3-1)+1}{t}\cdot t^2\mathrm{d}t \\
&= \frac{1}{3}\int (t^4+2t)\mathrm{d}t \\
&= \frac{1}{3}\left(\frac{1}{5}t^5+t^2\right)+C \\
&= \frac{1}{15}(3x+1)^{\frac{5}{3}}+\frac{1}{3}(3x+1)^{\frac{2}{3}}+C.
\end{aligned}$$

抽象总结 将复杂因子 $\sqrt[3]{3x+1}$ 通过换元变为简单因子 t 的同时, 可能会带来被积函数中其他简单因子 (包括积分变量的微分 $\mathrm{d}x$) 的复杂化, 如上例中的 x 变化为 $\frac{1}{3}(t^3-1)$, 形式变复杂了, 但是, 这种复杂化是非本质的, 从结构看都是多项式, 只是把一次多项式变为三次多项式, 因此, 选取的换元应使复杂因子的结构发生本质上简化的同时, 使得其他简单的因子的复杂化不是本质的, 否则这种换元是没有意义的.

例 6 计算 $\int x(x+100)^{100}\mathrm{d}x$.

结构分析 复杂因子为 $(x+100)^{100}$, 直接按多项式展开计算量太大, 为此, 通过换元将其简化.

解 令 $t=x+100$, 则

$$\begin{aligned}
\text{原式} &= \int (t-100)t^{100}\mathrm{d}t = \int \left(t^{101}-100t^{100}\right)\mathrm{d}t \\
&= \frac{1}{102}t^{102} - \frac{100}{101}t^{100} + C \\
&= \frac{1}{102}(x+100)^{102} - \frac{100}{101}(x+100)^{101} + C.
\end{aligned}$$

抽象总结 例 6 也可以通过变换 $t=(x+100)^{100}$ 或 $t=(x+100)^{101}$ 将复杂因子简单化. 也可以形式统一后再换元或凑微分, 即

$$\begin{aligned}
\int x(x+100)^{100}\mathrm{d}x &= \int (x+100-100)(x+100)^{100}\mathrm{d}x \\
&= \int (x+100)^{101}\mathrm{d}x - \int 100(x+100)^{100}\mathrm{d}x.
\end{aligned}$$

例 7 计算 $\displaystyle\int \frac{\mathrm{d}x}{x^4(1+x^2)}$.

结构分析 这是有理分式的不定积分, 可由通用的有理分式积分法来解决, 但有更简单的方法, 这类积分的结构特点是, 分母的最高幂次项为单独因子, 如 x^4. 因此, 可通过倒代换的方法将高幂次转移到分子上, 从而降低分母的幂次.

解 令 $t=\dfrac{1}{x}$, 则

$$\begin{aligned}
\text{原式} &= \int \frac{t^4}{1+\frac{1}{t^2}}\left(-\frac{1}{t^2}\right)\mathrm{d}t \\
&= -\int \frac{t^4}{1+t^2}\mathrm{d}t = -\int \frac{t^4-1+1}{t^2+1}\mathrm{d}t \\
&= \int \left(1-t^2\right)\mathrm{d}t - \int \frac{1}{1+t^2}\mathrm{d}t = t - \frac{1}{3}t^3 - \arctan t + C \\
&= \frac{1}{x} - \frac{1}{3x^3} - \arctan\frac{1}{x} + C.
\end{aligned}$$

例 8 计算 $\displaystyle\int \frac{\mathrm{d}x}{\sqrt{x}(1+\sqrt[3]{x})}$.

结构分析 这类题目的结构特点是出现了关于 x 的不同的分式幂次, 即出现根式 $\sqrt{x}$, $\sqrt[3]{x}$, 处理方法是通过取整代换同时消去不同的根式, 实现有理化.

解 令 $x=t^6$, 则

$$\begin{aligned}
\text{原式} &= \int \frac{6t^5}{t^3(1+t^2)}\mathrm{d}t = 6\int \frac{t^2}{1+t^2}\mathrm{d}t \\
&= 6\int \frac{t^2+1-1}{1+t^2}\mathrm{d}t = 6\int \left(1-\frac{1}{1+t^2}\right)\mathrm{d}t \\
&= 6t - 6\arctan t + C \\
&= 6\sqrt[6]{x} - 6\arctan\sqrt[6]{x} + C.
\end{aligned}$$

不定积分结构中, 较为困难的结构是无理结构, 常见的因子有 $\sqrt{x^2\pm a^2}$ 或者 $\sqrt{a^2\pm x^2}$, 对应的有理化方法是通过适当的三角函数变换去掉根式. 常用的三角公式有

$$\sin^2 x+\cos^2 x=1,\quad 1+\tan^2 x=\sec^2 x.$$

例 9 计算下列不定积分.

(1) $\displaystyle\int \sqrt{a^2-x^2}\mathrm{d}x$;

(2) $\displaystyle\int \frac{\mathrm{d}x}{\sqrt{x^2+a^2}}$;

(3) $\displaystyle\int \frac{\mathrm{d}x}{\sqrt{x^2-a^2}}$.

解 (1)

$$\begin{aligned}
\text{原式} &\xlongequal{x=a\sin t} \int a\cdot\cos t\cdot a\cos t\mathrm{d}t = a^2\int\cos^2 t\mathrm{d}t \\
&= a^2\int\frac{1}{2}(1+\cos 2t)\mathrm{d}t = \frac{a^2}{2}\left(t+\frac{1}{2}\sin 2t\right)+C \\
&= \frac{1}{2}x\sqrt{a^2-x^2}+\frac{a^2}{2}\arcsin\frac{x}{a}+C.
\end{aligned}$$

此处用到关系式:

$$\sin 2t = 2\sin t\cos t = 2\cdot\frac{x}{a}\sqrt{1-\frac{x^2}{a^2}} = \frac{1}{2a^2}x\sqrt{a^2-x^2}.$$

(2)

$$\begin{aligned}
\text{原式} &\xlongequal{x=a\tan t} \int\frac{a\cdot\sec^2 t}{a\cdot\sec t}\mathrm{d}t = \int\sec t\mathrm{d}t \\
&= \ln|\tan t+\sec t|+C \\
&= \ln\left|x+\sqrt{a^2+x^2}\right|+C;
\end{aligned}$$

(3) 原式 $\xlongequal{x=a\sec t}\displaystyle\int\frac{a\cdot\sec t\cdot\tan t}{a\tan t}=\ln|\tan t+\sec t|+C$

$$=\ln\left|x+\sqrt{x^2-a^2}\right|+C.$$

换元法涉及题型多, 技术性强, 要多练. 尽可能掌握上述系列结论, 更重要的是掌握分析问题、解决问题的思想方法.

习 题 7.2

1. 用凑微分法计算下列不定积分.

(1) $\displaystyle\int\sin 2x\cos 3x\mathrm{d}x$; (2) $\displaystyle\int\sin^3 x\mathrm{d}x$;

(3) $\displaystyle\int\frac{x+1}{1+2x^2}\mathrm{d}x$; (4) $\displaystyle\int\frac{1}{(x-1)^{\frac{1}{3}}}\mathrm{d}x$;

(5) $\displaystyle\int\mathrm{e}^{2x+1}\mathrm{d}x$; (6) $\displaystyle\int x\sec x^2\tan x^2\mathrm{d}x$;

(7) $\displaystyle\int\frac{1}{\sqrt{x(1-x)}}\mathrm{d}x$; (8) $\displaystyle\int\frac{\arctan x}{1+x^2}\mathrm{d}x$;

(9) $\displaystyle\int\tan x\sec^2 x\mathrm{d}x$; (10) $\displaystyle\int\frac{\ln^2 x+\ln x+2}{x}\mathrm{d}x$;

(11) $\displaystyle\int(x^2+3x+1)^5(2x+3)\mathrm{d}x$; (12) $\displaystyle\int\frac{x^3}{1+x^4}\mathrm{d}x$.

2. 利用换元积分法计算下列各题, 并说明选择换元的原因.

(1) $\displaystyle\int\frac{\mathrm{e}^{\sqrt{x-1}}}{\sqrt{x-1}}\mathrm{d}x$; (2) $\displaystyle\int\sqrt{x^2-1}\mathrm{d}x$;

(3) $\displaystyle\int\frac{1}{x^2\sqrt{x^2+2}}\mathrm{d}x$; (4) $\displaystyle\int\frac{1}{\sqrt{1+\mathrm{e}^{2x}}}\mathrm{d}x$;

(5) $\displaystyle\int\sqrt{x^2+2x+2}\mathrm{d}x$; (6) $\displaystyle\int\frac{1}{\sqrt{4x-x^2-3}}\mathrm{d}x$;

(7) $\displaystyle\int(x+1)^2(x-1)^{10}\mathrm{d}x$; (8) $\displaystyle\int(x^2+x)(x+1)^{\frac{1}{3}}\mathrm{d}x$;

(9) $\displaystyle\int\frac{\arctan\sqrt{x}}{\sqrt{x}(1+x)}\mathrm{d}x$; (10) $\displaystyle\int\frac{\sqrt{x^2+1}}{x}\mathrm{d}x$;

(11) $\displaystyle\int\frac{2\sin 2x+\cos x}{\sqrt[3]{\sin x-\cos 2x}}\mathrm{d}x$; (12) $\displaystyle\int\frac{1}{x\ln\ln x\ln x}\mathrm{d}x$;

(13) $\displaystyle\int\frac{\sin x\cos^3 x}{1+\sin^2 x}\mathrm{d}x$; (14) $\displaystyle\int\frac{f'(x)f(x)}{1+f^2(x)}\mathrm{d}x$;

(15) $\displaystyle\int\tan^n x\mathrm{d}x$.

3. 总结换元法应用的思想与技术.

7.3 分部积分法

分部积分法是计算不定积分的又一重要方法, 它借助于导数运算法则, 实现被积函数各因子间的导数转移, 通过求导简化被积函数结构或导出不定积分所满足的方程, 进而达到不定积分计算之目的.

一、 分部积分公式

不定积分计算的分部积分方法的理论依据是下述导数运算法则.

设 u, v 都是可微函数, 则

$$(u\cdot v)'=u'v+uv',$$

因此, 如果下述涉及的不定积分都存在, 则

$$\int(u\cdot v)'\mathrm{d}x=\int u'v\mathrm{d}x+\int uv'\mathrm{d}x,$$

因而,

$$\int uv'\mathrm{d}x=\int(uv)'\mathrm{d}x-\int u'v\mathrm{d}x=uv-\int u'v\mathrm{d}x,$$

这就是分部积分公式.

这一公式的另一形式为

$$\int u\mathrm{d}v=uv-\int v\mathrm{d}u,$$

特别,

$$\int u\mathrm{d}x=xu-\int x\mathrm{d}u=xu-\int xu'\mathrm{d}x.$$

二、 分部积分公式的结构分析

从公式的逻辑关系看, 分部积分法计算不定积分的原理是将不定积分 $\int uv'\mathrm{d}x$ 的计算转化为计算不定积分 $\int u'v\mathrm{d}x$. 从计算理论上讲, 为实现计算, 应该有 $\int u'v\mathrm{d}x$ 的结构比 $\int uv'\mathrm{d}x$ 的结构更加简单, 因此, 分部积分法的实质是, 通过将被积函数中对因子 v 的导数计算转移到对因子 u 的导数计算, 被积函数的不同因子间实现导数的转移, 即原积分中对因子 v 的求导转化为对因子 u 的求导, 其

目的是通过导数转移, 实现不定积分结构的简单化. 因此, 原则上要求 $u'v$ 的结构要比 $v'u$ 的结构简单, 这也是利用分部积分法时选择因子 u 和 v 的原则, 即应该这样选择 u, v:

选择 v 使得 v, v' 结构上变化不大;

选择 u 使得 u' 比 u 结构上更简单.

因此, 在包含因子 $\sin x, \cos x, \mathrm{e}^x, P_n(x)$ 等的不定积分中, 由于对这些因子的求导, 其结构没有发生 (本质) 变化, 故通常将这些因子选为 v; 而在包含如 $\ln x$, $\arctan x$, $\arcsin x$ 等因子的不定积分中, 常将这些因子选为 u, 因为通过对这些因子的求导, 可以使结构发生本质上的简单化, 如 $(\ln x)' = \dfrac{1}{x}$, $(\arctan x)' = \dfrac{1}{1+x^2}$, $(\arcsin x)' = \dfrac{1}{\sqrt{1-x^2}}$.

通过上面分析可知, 分部积分法主要是利用求导改变积分因子的结构, 使被积函数中不同结构的因子通过求导达到形式统一, 从而简化不定积分的结构, 这正是分部积分法的本质所在, 由此也表明了分部积分法作用对象的特点: **被积函数是由两类或两类以上不同结构的因子组成的**.

三、 应用举例

对给定的不定积分 $\int f(x)\mathrm{d}x$, 应用分部积分公式求解的一般过程为

$$\int f(x)\mathrm{d}x = \int g(x)h(x)\mathrm{d}x \xlongequal[v'=h(x)]{u=g(x)} \int uv'\mathrm{d}x = uv - \int u'v\mathrm{d}x,$$

重点和难点是 u, v 的选择 , 按照前述原则进行选择.

例 1 计算下列不定积分.

(1) $\int x\mathrm{e}^x\mathrm{d}x$; (2) $\int \arctan x\mathrm{d}x$; (3) $\int x^n \ln x\mathrm{d}x (n>0)$.

解 (1) 原式的被积函数中, 含有两种结构的因子, 必须改变或消去其中的一种结构, 由于导数运算可以改变或消去某种结构, 因而, 可以采用分部积分法处理, 对本题, 因子 e^x 不能通过求导改变或消去, 而因子 x 可以通过求导消去, 由此确定了分部积分时导数转移的因子的选择.

$$\begin{aligned}\text{原式} &= \int x(\mathrm{e}^x)'\mathrm{d}x = x\mathrm{e}^x - \int x'\mathrm{e}^x\mathrm{d}x \\ &= x\mathrm{e}^x - \int \mathrm{e}^x\mathrm{d}x = x\mathrm{e}^x - \mathrm{e}^x + C.\end{aligned}$$

(2) 利用分部积分公式, 通过求导将因子 $\arctan x$ 的反三角函数结构转化为有理式结构, 实现被积函数结构的简单化.

$$\begin{aligned}原式 &= \int x' \arctan x \mathrm{d}x = x \cdot \arctan x - \int \frac{x}{1+x^2}\mathrm{d}x \\ &= x \cdot \arctan x - \frac{1}{2}\int \frac{1}{1+x^2}\mathrm{d}x^2 \\ &= x \cdot \arctan x - \frac{1}{2}\ln\left(1+x^2\right) + C.\end{aligned}$$

(3) 通过求导消去对数结构的因子.

$$\begin{aligned}原式 &= \frac{1}{n+1}\int (x^{n+1})' \ln x \mathrm{d}x \\ &= \frac{1}{n+1}\left[x^{n+1}\ln x - \int x^n \mathrm{d}x\right] \\ &= \frac{1}{n+1}x^{n+1}\ln x - \frac{1}{(n+1)^2}x^{n+1} + C.\end{aligned}$$

抽象总结 当被积函数是两类不同因子的积时, 利用分部积分法, 通过导数转移, 简化或消去了其中一类因子, 实现不定积分的计算, 因此, 分部积分法是处理被积函数具有两类不同结构的因子的积分的又一个有效方法.

例 2 计算 $\int \frac{x^3 \arccos x}{\sqrt{1-x^2}}\mathrm{d}x$.

结构分析 从题型看, 被积函数是不同结构因子的乘积, 考虑用分部积分公式, 利用导数转移, 通过对某个因子的求导改变因子结构, 达到被积函数结构简单化的目标. 进一步分析被积函数各因子, 困难因子应该是 $\arccos x$, 因此, 希望导数转移到此因子上, 通过求导改变其结构, 达到与其他因子结构形式统一, 从而简化被积函数整体结构. 这样, 就需要剩下的因子中改写为或分离出一个导因子, 由于对 x^3 求导后因子变得简单, 对 $\frac{1}{\sqrt{1-x^2}}$ 求导后因子的结构更复杂, 因而, 必须将 $\frac{1}{\sqrt{1-x^2}}$ 转化为导因子的形式, 注意到公式 $(\sqrt{x})' = \frac{1}{2\sqrt{x}}$, 因此, 可以设想 $\frac{1}{\sqrt{1-x^2}}$ 是 $\sqrt{1-x^2}$ 的导数产生的, 因而, 可以考虑 $\sqrt{1-x^2}$ 的导数与 $\frac{1}{\sqrt{1-x^2}}$ 的关系, 由此, 将 $\frac{1}{\sqrt{1-x^2}}$ 转化为导因子的形式, 再利用分部积分公式计算.

解 法一 由于 $(\sqrt{1-x^2})' = \dfrac{-x}{\sqrt{1-x^2}}$, 则

$$
\begin{aligned}
\int \frac{x^3 \arccos x}{\sqrt{1-x^2}} \mathrm{d}x &= -\int (\sqrt{1-x^2})' x^2 \arccos x \mathrm{d}x \\
&= -x^2\sqrt{1-x^2} \arccos x \\
&\quad + \int \sqrt{1-x^2} \left(2x \arccos x - \frac{x^2}{\sqrt{1-x^2}}\right) \mathrm{d}x \\
&= -x^2\sqrt{1-x^2} \arccos x - \frac{x^3}{3} \\
&\quad + 2\int x\sqrt{1-x^2} \arccos x \mathrm{d}x,
\end{aligned}
$$

又

$$
\begin{aligned}
\int x\sqrt{1-x^2} \arccos x \mathrm{d}x &= -\frac{1}{3}\int [(1-x^2)^{\frac{3}{2}}]' \arccos x \mathrm{d}x \\
&= -\frac{1}{3}\left[(1-x^2)^{\frac{3}{2}} \arccos x - \int (1-x^2)^{\frac{3}{2}} \frac{-1}{\sqrt{1-x^2}} \mathrm{d}x\right] \\
&= -\frac{1}{3}(1-x^2)^{\frac{3}{2}} \arccos x + \frac{1}{9}x^3 - \frac{1}{3}x + C,
\end{aligned}
$$

因而,

$$
\begin{aligned}
\int \frac{x^3 \arccos x}{\sqrt{1-x^2}} \mathrm{d}x = &- x^2\sqrt{1-x^2} \arccos x - \frac{2}{3}(1-x^2)^{\frac{3}{2}} \arccos x \\
&- \frac{1}{9}x^3 - \frac{2}{3}x + C.
\end{aligned}
$$

法二 上述过程可以简化. 事实上, 正如上述分析, 为将导数转移到 $\arccos x$ 上, 须将剩下的部分化为导数形式, 为此, 只需计算一个简单的不定积分. 由于

$$
\begin{aligned}
\int \frac{x^3}{\sqrt{1-x^2}} \mathrm{d}x &= \frac{1}{2}\int \frac{x^2}{\sqrt{1-x^2}} \mathrm{d}x^2 = \frac{1}{2}\int \frac{x^2-1+1}{\sqrt{1-x^2}} \mathrm{d}x^2 \\
&= \frac{1}{2}\int \left(\frac{1}{\sqrt{1-x^2}} - \sqrt{1-x^2}\right) \mathrm{d}x^2 \\
&= -\sqrt{1-x^2} + \frac{1}{3}(1-x^2)^{\frac{3}{2}} + C,
\end{aligned}
$$

故,

$$
\left[-\sqrt{1-x^2} + \frac{1}{3}(1-x^2)^{\frac{3}{2}}\right]' = \frac{x^3}{\sqrt{1-x^2}},
$$

因而,

$$\begin{aligned}\int \frac{x^3\arccos x}{\sqrt{1-x^2}}\mathrm{d}x &= \int\left[-\sqrt{1-x^2}+\frac{1}{3}(1-x^2)^{\frac{3}{2}}\right]'\arccos x\mathrm{d}x\\ &= \left[-\sqrt{1-x^2}+\frac{1}{3}(1-x^2)^{\frac{3}{2}}\right]\arccos x\\ &\quad -\int\left[-\sqrt{1-x^2}+\frac{1}{3}(1-x^2)^{\frac{3}{2}}\right]\frac{-1}{\sqrt{1-x^2}}\mathrm{d}x\\ &= \left[-\sqrt{1-x^2}+\frac{1}{3}(1-x^2)^{\frac{3}{2}}\right]\arccos x-\frac{2}{3}x-\frac{1}{9}x^3+C.\end{aligned}$$

法三 先用变量代换化简. 令 $t=\arccos x$, 则

$$\int\frac{x^3\arccos x}{\sqrt{1-x^2}}\mathrm{d}x=-\int t\cos^3 t\mathrm{d}t,$$

为利用分部积分法消去因子 t, 须将 $\cos^3 t$ 写成导因子, 为此, 先计算其原函数, 由于

$$\int\cos^3 t\mathrm{d}t=\int[1-\sin^2 t]\mathrm{d}\sin t=\sin t-\frac{1}{3}\sin^3 t+C,$$

故,

$$\begin{aligned}\int \frac{x^3\arccos x}{\sqrt{1-x^2}}\mathrm{d}x &= -\int t\cos^3 t\mathrm{d}t=-\int t\left[\sin t-\frac{1}{3}\sin^3 t\right]'\mathrm{d}t\\ &= -t\left[\sin t-\frac{1}{3}\sin^3 t\right]+\int\left[\sin t-\frac{1}{3}\sin^3 t\right]\mathrm{d}t\\ &= -t\left[\sin t-\frac{1}{3}\sin^3 t\right]-\cos t-\frac{1}{3}\int\sin^3 t\mathrm{d}t\\ &= -t\left[\sin t-\frac{1}{3}\sin^3 t\right]-\frac{2}{3}\cos t-\frac{1}{9}\cos^3 t+C\\ &= -\left[\sqrt{1-x^2}-\frac{1}{3}(1-x^2)^{\frac{3}{2}}\right]\arccos x-\frac{2}{3}x-\frac{1}{9}x^3+C.\end{aligned}$$

从上述几种解法中要领悟到各种方法的综合应用和灵活应用.

分部积分法涉及的另一类题目是利用分部积分得到一个递推公式或包括所求不定积分的一个方程, 然后再求解.

例 3　计算下列不定积分.

(1) $I=\int\sqrt{a^2+x^2}\mathrm{d}x$;　　　　(2) $I=\int \mathrm{e}^x\sin x\mathrm{d}x$.

解　(1) $I=\int x'\sqrt{a^2+x^2}\mathrm{d}x=x\sqrt{a^2+x^2}-\int\frac{x^2}{\sqrt{a^2+x^2}}\mathrm{d}x$

$$=x\sqrt{a^2+x^2}-\int\frac{x^2+a^2-a^2}{\sqrt{a^2+x^2}}\mathrm{d}x$$

$$=x\sqrt{a^2+x^2}-I+a^2\int\frac{1}{\sqrt{a^2+x^2}}\mathrm{d}x$$

$$=x\sqrt{a^2+x^2}-I+a^2\ln(x+\sqrt{a^2+x^2})+C,$$

故 $I=\frac{1}{2}x\sqrt{a^2+x^2}+\frac{a^2}{2}\ln\left(x+\sqrt{a^2+x^2}\right)+C$.

注　此题不能用换元 $t=\sqrt{a^2+x^2}$ 进行有理化, 由于此时 $x=\pm\sqrt{t^2-a^2}$ 为无理式, 因而, $\mathrm{d}x$ 也是无理式. 但可以利用三角变换 $x=a\tan t$ 进行有理化, 转化为有理式的不定积分.

(2) **法一**

$$I=\int(\mathrm{e}^x)'\sin x\mathrm{d}x=\mathrm{e}^x\sin x-\int\mathrm{e}^x\cos x\mathrm{d}x$$

$$=\mathrm{e}^x\sin x-\left[\mathrm{e}^x\cos x-\int\mathrm{e}^x(-\sin x)\mathrm{d}x\right]$$

$$=\mathrm{e}^x(\sin x-\cos x)-I,$$

故 $I=\frac{1}{2}\mathrm{e}^x(\sin x-\cos x)+C$.

法二　若记 $I=\int\mathrm{e}^x\sin x\mathrm{d}x$, $J=\int\mathrm{e}^x\cos x\mathrm{d}x$. 则可看出二者能相互转化, 即

$$I=\mathrm{e}^x\sin x-J,\quad J=\mathrm{e}^x\cos x+I.$$

可通过求解方程组计算 I, J(配对积分).

例 4　计算下列不定积分.

(1) $I_n=\int x^\alpha(\ln x)^n\mathrm{d}x$;

(2) $I_n=\int\frac{\mathrm{d}x}{(a^2+x^2)^n}$, $n>1$;

(3) $I_n=\int\sin^n x\mathrm{d}x$.

解 (1) 若 $\alpha=-1$, 则

$$I_n=\int\frac{1}{x}(\ln x)^n\mathrm{d}x=\int(\ln x)^n\mathrm{d}\ln x=\frac{1}{n+1}(\ln x)^{n+1}+C;$$

若 $\alpha\neq-1$, 则

$$\begin{aligned}I_n&=\frac{1}{\alpha+1}\int\left(x^{\alpha+1}\right)'(\ln x)^n\,\mathrm{d}x\\&=\frac{1}{\alpha+1}x^{\alpha+1}(\ln x)^n-\frac{1}{\alpha+1}\int x^{\alpha+1}n(\ln x)^{n-1}\cdot\frac{1}{x}\mathrm{d}x\\&=\frac{1}{\alpha+1}x^{\alpha+1}(\ln x)^n-\frac{n}{\alpha+1}I_{n-1},\end{aligned}$$

由于 $I_0=\int x^{\alpha}\mathrm{d}x=\dfrac{1}{\alpha+1}x^{\alpha+1}+C$, 由此可计算 I_n.

(2) 由于

$$\begin{aligned}I_n&=\int\frac{x'}{(a^2+x^2)^n}\mathrm{d}x=\frac{x}{(a^2+x^2)^n}+2n\int\frac{x^2}{(a^2+x^2)^{n+1}}\mathrm{d}x\\&=\frac{x}{(a^2+x^2)^n}+2n\int\frac{x^2+a^2-a^2}{(a^2+x^2)^{n+1}}\mathrm{d}x\\&=\frac{x}{(a^2+x^2)^n}+2nI_n-2na^2I_{n+1},\end{aligned}$$

故,

$$I_{n+1}=\frac{1}{2na^2}\cdot\frac{x}{(a^2+x^2)^n}+\frac{2n-1}{2na^2}I_n,$$

其中 $I_1=\int\dfrac{1}{a^2+x^2}\mathrm{d}x=\dfrac{1}{a}\arctan\dfrac{x}{a}+C$.

(3) 由于

$$\begin{aligned}I_n&=\int\sin^{n-1}x\cdot(-\cos x)'\mathrm{d}x\\&=-\cos x\cdot\sin^{n-1}x+\int\cos x\left(\sin^{n-1}x\right)'\mathrm{d}x\\&=-\cos x\cdot\sin^{n-1}x+(n-1)\int\sin^{n-2}x\cdot\cos^2x\mathrm{d}x\\&=-\cos x\cdot\sin^{n-1}x+(n-1)I_{n-2}-(n-1)I_n,\end{aligned}$$

故,

$$I_n = -\frac{1}{n}\cos x \cdot \sin^{n-1} x + \frac{n-1}{n} I_{n-2},$$

其中,

$$I_0 = x + C \quad (n\text{为偶数时, 只需计算}I_0),$$

$$I_1 = -\cos x + C \quad (n\text{为奇数时, 只需计算}I_1).$$

抽象总结　这类题目的结构中都含有自然数 n, 也称为含 n 结构的不定积分, 本题给出的题目中, n 处于幂位, 因此, 通过求导的方式进行降幂, 从而建立起递推公式, 当然, 需要给出递推的初值.

对较为复杂的题目, 可以通过分部积分消去不易计算的那部分, 或将被积函数化简为完全微分形式, 从而计算整个不定积分.

例 5　计算 $I = \int \mathrm{e}^x \frac{1+\sin x}{1+\cos x} \mathrm{d}x$.

结构分析　被积函数由不同结构的因子组成, 应考虑分部积分公式, 但是, 因子 e^x 和 $\frac{1+\sin x}{1+\cos x}$ 都不能通过求导消去或改变结构, 因此, 不能直接用分部积分公式, 需对复杂的因子化简, 分解成简单的因子和, 利用分部积分公式进行转化, 寻找相互的关系, 达到最终计算的目的.

解　法一　先简化分母, 把多项和的形式化为一项, 整个被积函数分解为简单的多项和, 然后用分部积分法在相应的项之间进行转化, 通过抵消不能计算的部分, 达到计算的目的.

$$\begin{aligned}
I &= \int \mathrm{e}^x \frac{(1+\sin x)(1-\cos x)}{1-\cos^2 x} \mathrm{d}x \\
&= \int \mathrm{e}^x \frac{1+\sin x - \cos x - \sin x \cos x}{\sin^2 x} \mathrm{d}x \\
&= \int \mathrm{e}^x \frac{1}{\sin^2 x} \mathrm{d}x + \int \mathrm{e}^x \frac{1}{\sin x} \mathrm{d}x - \int \mathrm{e}^x \frac{\cos x}{\sin^2 x} \mathrm{d}x - \int \mathrm{e}^x \frac{\cos x}{\sin x} \mathrm{d}x \\
&= \int \mathrm{e}^x \mathrm{d}(-\cot x) + \int \mathrm{e}^x \frac{1}{\sin x} \mathrm{d}x + \int \mathrm{e}^x \mathrm{d}\frac{1}{\sin x} - \int \mathrm{e}^x \cot x \mathrm{d}x \\
&= -\mathrm{e}^x \cot x + \int \mathrm{e}^x \cot x \mathrm{d}x + \int \mathrm{e}^x \frac{1}{\sin x} \mathrm{d}x \\
&\quad + \mathrm{e}^x \frac{1}{\sin x} - \int \mathrm{e}^x \frac{1}{\sin x} \mathrm{d}x - \int \mathrm{e}^x \cot x \mathrm{d}x \\
&= -\mathrm{e}^x \cot x + \frac{\mathrm{e}^x}{\sin x} + C.
\end{aligned}$$

法二 利用倍角公式简化被积函数, 将其转化为完全微分形式.

$$
\begin{aligned}
I &= \int \mathrm{e}^x \frac{1+\sin x}{2\cos^2\dfrac{x}{2}}\mathrm{d}x \\
&= \frac{1}{2}\int \mathrm{e}^x \sec^2\frac{x}{2}\mathrm{d}x + \int \mathrm{e}^x \tan\frac{x}{2}\mathrm{d}x \\
&= \int \mathrm{e}^x \left(\tan\frac{x}{2}\right)'\mathrm{d}x + \int (\mathrm{e}^x)'\tan\frac{x}{2}\mathrm{d}x \\
&= \int \left(\mathrm{e}^x\tan\frac{x}{2}\right)'\mathrm{d}x \\
&= \mathrm{e}^x\tan\frac{x}{2} + C.
\end{aligned}
$$

上述两种方法的思想是一致的, 只是计算过程中难易程度不同.

习 题 7.3

1. 计算下列不定积分, 并分析思路形成过程.

(1) $\displaystyle\int \frac{\ln(1+x)}{x^n}\mathrm{d}x$, $n>2$; (2) $\displaystyle\int \frac{x^3}{\sqrt{1+x^2}}\mathrm{d}x$;

(3) $\displaystyle\int \frac{\arctan x}{x^2(1+x^2)}\mathrm{d}x$; (4) $\displaystyle\int \mathrm{e}^{\sqrt{x+1}}\mathrm{d}x$;

(5) $\displaystyle\int \sin(\ln x)\mathrm{d}x$; (6) $\displaystyle\int x\sec^2 x\mathrm{d}x$;

(7) $\displaystyle\int \ln(\sqrt{1+x^2}-x)\mathrm{d}x$; (8) $\displaystyle\int x\arctan x\mathrm{d}x$;

(9) $\displaystyle\int \frac{\arcsin x}{\sqrt{1+x}}\mathrm{d}x$; (10) $\displaystyle\int x^3\sin^2 x\mathrm{d}x$.

2. 给出下列不定积分的递推公式.

(1) $I_n=\displaystyle\int (\ln x)^n\mathrm{d}x$; (2) $I_n=\displaystyle\int \frac{1}{x^n\sqrt{1+x^2}}\mathrm{d}x$;

(3) $I_n=\displaystyle\int x^n\sin x\mathrm{d}x$; (4) $I_n=\displaystyle\int \sin^n x\mathrm{d}x$.

3. 设 $F(x)$ 为 $f(x)$ 的原函数, 且

$$
f(x)F(x)=\frac{x\mathrm{e}^x}{2(1+x)^2},\quad F(0)=1,
$$

计算 $f(x)$.

7.4 有理函数的不定积分

一、 有理函数的不定积分

形如 $\dfrac{P_n(x)}{Q_m(x)}$ 的函数称为有理函数或有理分式, 其中 $P_n(x), Q_m(x)$ 分别为 n 次、m 次多项式, n, m 是非负整数. 相应地, 称 $\displaystyle\int \frac{P_n(x)}{Q_m(x)}\mathrm{d}x$ 为有理函数的不定积分, 本节讨论这种不定积分的计算.

1. 代数知识

给定有理函数 $\dfrac{P_n(x)}{Q_m(x)}$, 当 $n<m$ 时, 称其为真分式, 当 $n \geqslant m$ 时, 称其为假分式.

由于对假分式可以进行如下分解:

$$\text{假分式} = \text{多项式} + \text{真分式},$$

因此, 对有理函数的不定积分, 只需考虑真分式的不定积分. 真分式不定积分的计算, 关键在于实现对真分式的分解, 将其分解为最简分式形式, 因此, 只需解决最简分式的不定积分的计算.

下面的两个结论属于代数知识.

定理 4.1(多项式分解) 实系数多项式 $Q_m(x) = x^m + b_1x^{m-1} + \cdots + b_m$ 总可分解为一系列实系数一次因子和二次因子的乘幂之积.

$$Q_m = (x-a_1)^{k_1}\cdots(x-a_l)^{k_l}\cdot\left(x^2+p_1x+q_1\right)^{t_1}\cdots\left(x^2+p_sx+q_s\right)^{t_s},$$

其中, $k_1+\cdots k_l+2\left(t_1+\cdots+t_s\right)=m$, $p_i^2-4q_i<0, i=1,\cdots,s$.

定理 4.2(真分式分解) 设 $\dfrac{P_n(x)}{Q_m(x)}$ 为有理真分式, $Q_m(x)$ 具有定理 4.1 中的分解形式, 则成立如下分解:

$$\begin{aligned}\frac{P_n(x)}{Q_m(x)} =& \frac{A_1^{(1)}}{x-a_1}+\frac{A_1^{(2)}}{(x-a_1)^2}+\cdots+\frac{A_1^{(k_1)}}{(x-a_1)^{k_1}}\\ &+\frac{A_2^{(1)}}{x-a_2}+\frac{A_2^{(2)}}{(x-a_2)^2}+\cdots+\frac{A_2^{(k_2)}}{(x-a_2)^{k_2}}\\ &+\cdots+\frac{A_l^{(1)}}{x-a_l}+\frac{A_l^{(2)}}{(x-a_l)^2}+\cdots+\frac{A_l^{(k_2)}}{(x-a_l)^{k_2}}\end{aligned}$$

$$+\frac{C_1^{(1)}x+D_1^{(1)}}{x^2+p_1x+q_1}+\frac{C_1^{(2)}x+D_1^{(2)}}{(x^2+p_1x+q_1)^2}+\cdots+\frac{C_1^{(t_1)}x+D_1^{(t_1)}}{(x^2+p_1x+q_1)^{t_1}}$$

$$+\cdots+\frac{C_s^{(1)}x+D_s^{(1)}}{x^2+p_sx+q_s}+\frac{C_s^{(2)}x+D_s^{(2)}}{(x^2+p_sx+q_s)^2}+\cdots+\frac{C_s^{(t_s)}x+D_s^{(t_s)}}{(x^2+p_sx+q_s)^{t_s}}.$$

由定理 4.2 可知, 任何一个真分式都可分解为如下两种因子之和:

$$\frac{1}{(x-a)^k},\quad \frac{Cx+D}{(x^2+px+q)^l},$$

其中 $k\geqslant 1$, $l\geqslant 1$, $p^2-4q<0$. 上述两个有理式称为最简有理式或最简分式.

2. 最简分式的不定积分计算

先考虑形如 $\dfrac{1}{(x-a)^k}$ 的最简分式不定积分 $I_k=\displaystyle\int\frac{1}{(x-a)^k}\mathrm{d}x$.

显然, 容易计算,

$$I_1=\ln|x-a|+C,$$

$$I_k=\frac{1}{1-k}(x-a)^{1-k}+C=-\frac{1}{k-1}\frac{1}{(x-a)^{k-1}}+C,\quad k>1.$$

其次考虑最简分式 $\dfrac{Cx+D}{(x^2+px+q)^l}$ 的不定积分 $J_l=\displaystyle\int\frac{Cx+D}{(x^2+px+q)^l}\mathrm{d}x$.

当 $C=0,D=1$ 时,

$$J_l^0=\int\frac{1}{(x^2+px+q)^l}\mathrm{d}x=\int\frac{1}{\left[\left(x+\frac{p}{2}\right)^2+\frac{4q-p^2}{4}\right]^l}\mathrm{d}x$$

$$\xlongequal{t=x+\frac{1}{2}p}\int\frac{1}{(a^2+t^2)^l}\mathrm{d}t,$$

其中 $a^2=\dfrac{4q-p^2}{4}>0$.

此结果已知, 见 7.3 节的例 4.

当 $C\neq 0$ 时,

$$J_l=C\int\frac{x}{(x^2+px+p)^l}\mathrm{d}x+D\int\frac{1}{(x^2+px+q)^l}\mathrm{d}x$$

$$
\begin{aligned}
&=\frac{C}{2}\int\frac{(2x+p)\,\mathrm{d}x}{\left(x^2+px+q\right)^l}+\frac{(2D-Cp)}{2}\int\frac{\mathrm{d}x}{\left(x^2+px+q\right)^l}\\
&=\frac{C}{2}\int\frac{\mathrm{d}\left(x^2+px+q\right)}{\left(x^2+px+q\right)^l}+\frac{(2D-Cp)}{2}J_l^0,
\end{aligned}
$$

故,

$$
\begin{aligned}
J_1&=\frac{C}{2}\ln(x^2+px+q)+\frac{2D-Cp}{2}J_1^0,\\
J_l&=-\frac{C}{2\,(l-1)}\frac{1}{\left(x^2+px+q\right)^{l-1}}+\frac{(2D-Cp)}{2}J_l^0,\quad l>1.
\end{aligned}
$$

至此, 有理分式的不定积分可以从理论上彻底解决.

上述分析表明, 有理分式不定积分的计算通过将有理分式进行因式分解转化为最简分式, 最终转化为最简分式不定积分的计算, 因此, 有理式的因式分解是计算过程中非常关键的步骤.

3. 真分式的分解举例

对一个假分式, 我们能够非常容易地将其分解为多项式和真分式的和, 因此, 我们只讨论如何用定理 4.1 和定理 4.2 将具体给定的真分式分解为最简分式, 即如何确定分解式中相应的系数 $A_i^{(j)}, C_i^{(j)}, D_i^{(j)}$, 我们给出具体确定方法.

1) 待定系数法

设定理 4.2 的分解结果成立, 将右端通分, 等式两端的分子相等, 因此, 两端对应的同次幂项的系数相等, 由此得到系数应满足的方程或方程组, 其后通过解方程或方程组便可求出待定的系数, 或找出某些系数所满足的关系式, 这种求解系数的方法叫做待定系数法.

例 1　将真分式 $\dfrac{2\,(x+1)}{(x-1)\left(x^2+1\right)^2}$ 分解为最简因式.

解　由定理 4.2, 可设

$$
\frac{2\,(x+1)}{(x-1)\left(x^2+1\right)^2}=\frac{A}{x-1}+\frac{C_1x+D_1}{x^2+1}+\frac{C_2x+D_2}{\left(x^2+1\right)^2},
$$

则有

$$
2\,(x+1)=A\left(x^2+1\right)^2+(C_1x+D_1)\,(x-1)\left(x^2+1\right)+(C_2x+D_2)\,(x-1),
$$

比较各项系数得

$$\begin{cases} A+C_1=0, & (x^4\text{ 的系数关系}) \\ D_1-C_1=0, & (x^3\text{ 的系数关系}) \\ 2A+C_2+C_1-D_1=0, & (x^2\text{ 的系数关系}) \\ D_2+D_1-C_2-C_1=2, & (x\text{ 的系数关系}) \\ A-D_2-C_2=2, & (\text{ 常数项的关系}) \end{cases}$$

求解得 $A=1, C_1=-1, C_2=-2, D_2=0$, 故

$$\frac{2(x+1)}{(x-1)(x^2+1)^2}=\frac{1}{x-1}-\frac{x+1}{x^2+1}-\frac{2x}{(x^2+1)^2}.$$

上述方法是最基本的, 但存在计算量大的缺点.

2) 取特殊值法

设定理 4.2 的分解成立, 通过取 x 为特殊的值确定各系数.

例 2 将真分式 $\dfrac{x^3+2x+1}{(x-1)(x-2)(x-3)^2}$ 分解为最简分式.

解 由定理 4.2, 设

$$\frac{x^3+2x+1}{(x-1)(x-2)(x-3)^2}=\frac{A}{x-1}+\frac{B}{x-2}+\frac{C}{x-3}+\frac{D}{(x-3)^2},$$

通分可得

$$\begin{aligned} x^3+2x^2+1=&A(x-2)(x-3)^2+B(x-1)(x-3)^2 \\ &+C(x-1)(x-2)(x-3)+D(x-1)(x-2), \end{aligned}$$

取 $x=1$, 得 $A=-1$. 取 $x=2$, 得 $B=17$. 取 $x=3$, 得 $D=23$. 将 A,B,D 代入然后取 $x=0$, 则 $C=-15$, 故

$$\frac{x^3+2x^2+1}{(x-1)(x-2)(x-3)^2}=-\frac{1}{x-1}+\frac{17}{x-2}-\frac{15}{x-3}+\frac{23}{(x-3)^2}.$$

还有一些方法可用于系数的确定, 如求极限、求导等.

由于有理函数不定积分的计算主要是有理函数的分解, 因此, 具体不定积分的计算, 我们就不再举例.

需要指出的是, 上述给出的有理函数的分解计算方法是这类不定积分处理的基本方法, 虽然对给定的一个题目来说, 这个方法肯定能计算出结果, 但是, 根据具体结构特点选择合适的方法也许更简单.

例 3 计算不定积分 $\displaystyle\int \frac{4x^6+3x^4+2x^2+1}{x^3(x^2+1)^2}\mathrm{d}x$.

简析 若直接用真分式分解定理转化为最简分式的不定积分的计算, 解题过程较为复杂, 分析被积函数的结构采用下述方法更简单.

解
$$原式 = \int \frac{4x^6+2x^4+(x^2+1)^2}{x^3(x^2+1)^2}\mathrm{d}x$$
$$= \int \left[\frac{4x^3}{(x^2+1)^2}+\frac{2x}{(x^2+1)^2}+\frac{1}{x^3}\right]\mathrm{d}x,$$

由于

$$\int \frac{4x^3}{(x^2+1)^2}\mathrm{d}x = 2\int \frac{x^2}{(x^2+1)^2}\mathrm{d}x^2 = 2\int \frac{x^2+1-1}{(x^2+1)^2}\mathrm{d}x^2$$
$$= 2\ln(1+x^2)+\frac{2}{1+x^2}+C,$$
$$\int \frac{2x}{(x^2+1)^2}\mathrm{d}x = \int \frac{1}{(x^2+1)^2}\mathrm{d}x^2 = -\frac{1}{1+x^2}+C,$$
$$\int \frac{1}{x^3}\mathrm{d}x = -\frac{1}{2x^2}+C,$$

故

$$原式 = 2\ln(1+x^2)+\frac{1}{1+x^2}-\frac{1}{2x^2}+C.$$

二、 三角函数有理式的积分

含有三角函数的不定积分的计算较为复杂, 但是对特定结构的三角函数的不定积分, 其计算仍具某种规律性. 本小节讨论三角函数有理式的积分.

设 $R(u,v)$ 是两个变元 u, v 的有理函数, 由于其他三角函数都可通过三角函数公式转化为 $\sin x$, $\cos x$ 的函数, 因此, 三角函数的有理式都可转化为形式 $R(\sin x,\cos x)$, 因而, 我们只讨论形如 $\displaystyle\int R(\sin x,\cos x)\mathrm{d}x$ 的三角函数有理式的不定积分的计算.

计算 $I=\displaystyle\int R(\sin x,\cos x)\,\mathrm{d}x$ 的一般性方法就是万能代换法, 即通过变量代换 $t=\tan\dfrac{x}{2}$, 将其化为有理函数的不定积分, 事实上, 若令 $t=\tan\dfrac{x}{2}$, 则利用三角公式:

$$\sin x = 2\sin\frac{x}{2}\cos\frac{x}{2} = \frac{2\tan\frac{x}{2}}{\sec^2\frac{x}{2}} = \frac{2t}{1+t^2},$$

$$\cos x=\cos^2\frac{x}{2}-\sin^2\frac{x}{2}=\frac{1-\tan^2\dfrac{x}{2}}{\sec^2\dfrac{x}{2}}=\frac{1-t^2}{1+t^2},$$

而 $x=2\arctan t$, 故 $\mathrm{d}x=\dfrac{2}{1+t^2}\mathrm{d}t$, 因此

$$\int R(\sin x,\cos x)\mathrm{d}x=\int R\left(\frac{2t}{1+t^2},\frac{1-t^2}{1+t^2}\right)\frac{2}{1+t^2}\mathrm{d}t,$$

后者便是有理函数的不定积分, 其计算是已知的.

例 4 计算 $\displaystyle\int\frac{\cot x}{1+\sin x}\mathrm{d}x$.

解 **法一** 利用万能公式, 则 $\cot x=\dfrac{\cos x}{\sin x}=\dfrac{1-t^2}{2t}$, 故

$$\begin{aligned}原式&=\int\frac{\dfrac{1-t^2}{2t}}{1+\dfrac{2t}{1+t^2}}\cdot\frac{2}{1+t^2}\mathrm{d}t=\int\frac{1-t^2}{t^3+2t^2+t}\mathrm{d}t\\&=\int\frac{1-t^2}{t(1+t)^2}\mathrm{d}t=\int\frac{1-t}{t(1+t)}\mathrm{d}t=\int\left[\frac{1}{t}-\frac{2}{t+1}\right]\mathrm{d}t\\&=\ln|t|-2\ln|1+t|+C=\ln\frac{\left|\tan\dfrac{x}{2}\right|}{\left(1+\tan\dfrac{x}{2}\right)^2}+C.\end{aligned}$$

万能代换法是处理三角函数有理式积分的一般性方法, 但是, 借助三角函数之间特殊的关系式, 针对特殊结构的三角函数有理式的不定积分采用特殊的方法则更为简单. 如例 4 的下述解法更简单.

法二 借助三角函数之间特殊的关系式, 则

$$\begin{aligned}原式&=\int\frac{\cos x}{\sin x(1+\sin x)}\mathrm{d}x=\int\frac{\mathrm{d}\sin x}{\sin x(1+\sin x)}\\&=\int\left(\frac{1}{\sin x}-\frac{1}{1+\sin x}\right)\mathrm{d}\sin x\\&=\ln\left|\frac{\sin x}{1+\sin x}\right|+C.\end{aligned}$$

因此, 我们必须在掌握基本方法的基础上, 对具体问题具体分析, 利用其自身的结构特点寻找最简单的计算方法.

再看一系列特殊结构的题目. 如

$$\begin{aligned}\int \sin mx\cos nx\mathrm{d}x &= \frac{1}{2}\int [\sin(m+n)x+\sin(m-n)x]\,\mathrm{d}x\\ &= -\frac{1}{2(m+n)}\cos(m+n)x\\ &\quad -\frac{1}{2(m+n)}\cos(m-n)x+C;\end{aligned}$$

$$\begin{aligned}\int \cos^3 x\sin^2 x\mathrm{d}x &= \int \left(1-\sin^2 x\right)\sin^2 x\mathrm{d}\sin x\\ &= \frac{1}{3}\sin^3 x-\frac{1}{5}\sin^5 x+C;\end{aligned}$$

$$\begin{aligned}\int \sin^4 x\mathrm{d}x &= \int \left(\frac{1-\cos 2x}{2}\right)^2\mathrm{d}x\\ &= \frac{1}{4}\int \left(1-2\cos 2x+\cos^2 2x\right)\mathrm{d}x\\ &= \frac{1}{4}\int \left(1-2\cos 2x+\frac{1+\cos 4x}{2}\right)\mathrm{d}x\\ &= \frac{3}{8}x-\frac{1}{4}\sin 2x+\frac{1}{32}\sin 4x+C.\end{aligned}$$

上述例子充分利用了三角函数的积化和差公式、倍角公式, 特别是倍角公式是偶次幂正 (余) 弦函数降幂的有效方法. 下面的例子也充分利用了三角函数的性质和公式.

例 5 求 $\displaystyle\int \frac{1}{\sin x\cos^2 x}\mathrm{d}x$.

解 原式 $\displaystyle= \int \frac{\sin^2 x+\cos^2 x}{\sin x\cos^2 x}\mathrm{d}x$

$$\begin{aligned}&= \int \left[\frac{\sin x}{\cos^2 x}+\frac{1}{\sin x}\right]\mathrm{d}x\\ &= \frac{1}{\cos x}+\int \frac{\sin x}{1-\cos^2 x}\mathrm{d}x\\ &= \frac{1}{\cos x}+\frac{1}{2}\ln\frac{1-\cos x}{1+\cos x}+C.\end{aligned}$$

充分利用三角函数的微分性质是这类不定积分计算的又一技术性方法.

例 6 求下列不定积分.

(1) $\displaystyle\int \frac{\sin x+8\cos x}{2\sin x+3\cos x}\mathrm{d}x$,

(2) $\displaystyle\int \frac{\sin 2x}{a^2\sin^2 x+b^2\cos^2 x}\mathrm{d}x$.

结构分析 (1) 的结构特点是分子和分母具有相同的结构, 都是 $a\sin x+b\cos x$ 的形式, 不仅如此, 其微分形式保持结构不变:

$$\mathrm{d}(a\sin x+b\cos x)=(a\cos x-b\sin x)\mathrm{d}x,$$

因而, 可将分子按分母和分母的微分形式进行分解, 从而达到简化计算的目的.

解 (1) 由于

$$\mathrm{d}\,(2\sin x+3\cos x)=(2\cos x-3\sin x)\,\mathrm{d}x,$$

故, 若令

$$\sin x+8\cos x=A\,(2\sin x+3\cos x)+B\,(2\cos x-3\sin x)\,,$$

则 $A=2,B=1$, 因而,

$$\begin{aligned}原式&=2\int \mathrm{d}x+\int \frac{\mathrm{d}\,(2\sin x+3\cos x)}{2\sin x+3\cos x}\\&=2x+\ln|2\sin x+3\cos x|+C.\end{aligned}$$

抽象总结 这类题目的特点和求解方法如下: 若 $f(x)=ag(x)+bg'(x)$, 则

$$\int \frac{f(x)}{g(x)}\mathrm{d}x=\int \frac{ag(x)+bg'(x)}{g(x)}\mathrm{d}x=ax+b\ln|g(x)|+C.$$

第一个等式表明了结构特点, 第二个等式表明了相应的解法.

(2) 由于 $\mathrm{d}\sin^2 x=-\mathrm{d}\cos^2 x=2\sin x\cdot\cos x\mathrm{d}x=\sin 2x\mathrm{d}x$, 则

$$\mathrm{d}\left(a^2\sin^2 x+b^2\cos^2 x\right)=\left(a^2-b^2\right)\sin 2x\mathrm{d}x,$$

故

$$\begin{aligned}原式=&\frac{1}{a^2-b^2}\int \frac{\mathrm{d}\left(a^2\sin^2 x+b^2\cos^2 x\right)}{a^2\sin^2 x+b^2\cos x}\\=&\frac{1}{a^2-b^2}\ln\left(a^2\sin^2 x+b^2\cos^2 x\right)+C.\end{aligned}$$

抽象总结 就不定积分的计算而言, 计算方法设计的整体思路是基于各因子间的关系: 代数关系、微分关系等. (2) 的处理方法与 (1) 相似, 即充分利用了三角函数的微分性质, 将分子和分母的微分形式关联起来, 确定简单的计算方法.

因此, 在计算三角函数的有理式的积分时, 一定要分析结构, 确定结构特点, 基于结构特点设计最简单的计算方法, 不要轻易用万能代换.

三、 可化为有理函数的无理根式的不定积分

本小节讨论两类带有根式的不定积分, 通过适当的变换将其有理化, 最终化为有理函数的不定积分.

1. $\int R\left(x, \sqrt[n]{\dfrac{ax+b}{cx+d}}\right)\mathrm{d}x$ 型不定积分

其中 $R(u,v)$ 仍是变元 u, v 的有理函数, $ad-bc\neq 0$.

对此不定积分, 可利用变换 $t=\sqrt[n]{\dfrac{ax+b}{cx+d}}$ 将其有理化. 此时, $x=\dfrac{b-dt^n}{ct^n-a}$, $\mathrm{d}x=\dfrac{ad-bc}{(ct^n-a)^2}nt^{n-1}\mathrm{d}t$, 故

$$\int R\left(x, \sqrt[n]{\frac{ax+b}{cx+d}}\right)\mathrm{d}x=\int R\left(\frac{b-dt^n}{ct^n-a}, t\right)\frac{ad-bc}{(ct^n-a)^2}nt^{n-1}\mathrm{d}t.$$

最后一个积分是有理函数的不定积分.

例 7 求 $\int\dfrac{\sqrt{1+x}}{x\sqrt{1-x}}\mathrm{d}x$.

解 令 $t=\sqrt{\dfrac{1+x}{1-x}}$, 则

$$\begin{aligned}
\text{原式}&=4\int\frac{t^2}{(t^2-1)(t^2+1)}\mathrm{d}t\\
&=\int\left[\frac{2}{1+t^2}+\frac{1}{t-1}-\frac{1}{t+1}\right]\mathrm{d}t\\
&=2\arctan t+\ln\left|\frac{t-1}{t+1}\right|+C\\
&=2\arctan\sqrt{\frac{1+x}{1-x}}+\ln\left|\frac{\sqrt{1+x}-\sqrt{1-x}}{\sqrt{1+x}+\sqrt{1-x}}\right|+C.
\end{aligned}$$

若被积函数中含有因子 $\sqrt[n]{(ax+b)^i(cx+d)^j}\,(i+j=kn)$, 则先进行变换

$$\sqrt[n]{(ax+b)^i(cx+d)^j}=(ax+b)^k\sqrt[n]{\frac{(cx+d)^j}{(ax+b)^j}},$$

再作变换 $\sqrt[n]{\dfrac{cx+d}{ax+b}}=t$ $\left(或\ \sqrt[n]{\dfrac{(cx+d)^j}{(cx+d)^j}}=t^j\right)$ 进行有理化.

例 8 求 $\displaystyle\int\frac{\mathrm{d}x}{\sqrt[3]{(x-1)^2(x+1)^4}}$.

解 作变换 $t=\sqrt[3]{\dfrac{x+1}{x-1}}$, 则

$$原式=-\frac{3}{2}\int\frac{1}{t^2}\mathrm{d}t=\frac{3}{2t}+C=\frac{3}{2}\sqrt[3]{\frac{x-1}{x+1}}+C.$$

2. $\displaystyle\int R\left(x,\sqrt{ax^2+bx+c}\right)\mathrm{d}x$ 型不定积分

这类不定积分计算的困难在于对因子 $\sqrt{ax^2+bx+c}$ 的有理化的处理, 通常采用配方方法, 将其化为形如 $\sqrt{a^2\pm x^2}$ 和 $\sqrt{x^2-a^2}$ 的因子, 然后利用三角函数变换去掉根式, 转变为三角函数有理式的不定积分, 而这类不定积分的计算方法是已知. 转化过程如下:

$$\sqrt{ax^2+bx+c}=\sqrt{a\left(x+\frac{b}{2a}\right)^2+\left(c-\frac{b^2}{4a}\right)}$$

$$\Rightarrow\begin{cases}\sqrt{t^2+p^2}, & a>0, p^2=c-\dfrac{b^2}{4a}>0,\\ \sqrt{t^2-p^2}, & a>0, -p^2=c-\dfrac{b^2}{4a}<0,\\ \sqrt{p^2-t^2}, & a<0, p^2=c-\dfrac{b^2}{4a}>0.\end{cases}$$

对应于三种不同情况, 分别作变换 $t=p\tan u$, $t=p\sec u$ 和 $t=p\sin u$ 即可将其有理化. 对应的不定积分变化过程为

$$\int R\left(x,\sqrt{ax^2+bx+c}\right)\mathrm{d}x\xlongequal{t=x+\frac{b}{2a}}\int R\left(t,\sqrt{at^2+\left(c-\frac{b^2}{4a}\right)}\right)\mathrm{d}t$$

$$=\begin{cases}\displaystyle\int R\left(t,\sqrt{t^2\pm p^2}\right)\mathrm{d}t\\ \displaystyle\int R\left(t,\sqrt{p^2-t^2}\right)\mathrm{d}t\end{cases}\Rightarrow\int R(\sin u,\cos u)\mathrm{d}u.$$

这类例子虽然理论上的计算问题已经解决, 但在实际计算中一定要根据特点, 选择简单的计算方法.

下面给出两个特殊结构的特殊处理方法.

(I) 形如 $\displaystyle\int\frac{Mx+N}{\sqrt{ax^2+bx+c}}\mathrm{d}x,\ a\neq 0.$

利用凑微分法更简单.

$$\begin{aligned}原式=&\frac{M}{2a}\int\frac{1}{\sqrt{ax^2+bx+c}}\mathrm{d}(ax^2+bx+c)\\&+\left(N-\frac{bM}{2a}\right)\int\frac{\mathrm{d}x}{\sqrt{a\left(x+\frac{b}{2a}\right)^2+\left(c-\frac{b^2}{4a}\right)}}\\&\triangleq\frac{M}{a}\sqrt{ax^2+bx+c}+I,\end{aligned}$$

而对第二项 I, 通过 a 的符号转化为 $\displaystyle\int\frac{\mathrm{d}x}{\sqrt{x^2\pm p^2}}(a>0)$ 或者 $\displaystyle\int\frac{\mathrm{d}x}{\sqrt{p^2-x^2}}$ $(a<0)$, 利用已知结论就可以计算出相应的不定积分.

(II) 形如 $\displaystyle\int(Mx+N)\sqrt{ax^2+bx+c}\mathrm{d}x,\ a\neq 0.$

利用类似的处理方法, 则

$$\begin{aligned}原式=&\frac{M}{2a}\int\sqrt{ax^2+bx+c}\mathrm{d}(ax^2+bx+c)\\&+\left(N-\frac{bM}{2a}\right)\int\sqrt{a\left(x+\frac{b}{2a}\right)^2+\left(c-\frac{b^2}{4a}\right)}\mathrm{d}x\\&\triangleq\frac{M}{3a}(ax^2+bx+c)^{\frac{3}{2}}+I,\end{aligned}$$

而对第二项 I, 通过 a 的符号转化为 $\displaystyle\int\sqrt{x^2\pm p^2}\mathrm{d}x(a>0)$ 或者 $\displaystyle\int\sqrt{p^2-x^2}\mathrm{d}x$ $(a<0)$, 利用已知结论就可以计算出相应的不定积分.

注 在计算这类积分时, 下述几个结论是常常用到的.

$$\int\sqrt{x^2\pm a^2}\mathrm{d}x=\frac{1}{2}x\sqrt{x^2\pm a^2}\pm\frac{a^2}{2}\ln|x+\sqrt{x^2\pm a^2}|+C,$$

$$\int \sqrt{a^2-x^2}\mathrm{d}x=\frac{1}{2}x\sqrt{a^2-x^2}+\frac{a^2}{2}\arcsin\frac{x}{a}+C,$$

$$\int \frac{\mathrm{d}x}{\sqrt{x^2\pm a^2}}=\ln|x+\sqrt{x^2\pm a^2}|+C,$$

$$\int \frac{\mathrm{d}x}{\sqrt{a^2-x^2}}=\arcsin\frac{x}{a}+C.$$

例 9 求 $\int \frac{2x+1}{\sqrt{-x^2-4x}}\mathrm{d}x$.

可以直接利用上述的基本方法, 但下述方法更具技巧性, 因而更简单.

解 原式 $=-\int \frac{\mathrm{d}\left(-x^2-4x\right)}{-\sqrt{-x^2-4x}}-3\int \frac{\mathrm{d}x}{\sqrt{-x^2-4x}}$

$$=-2\sqrt{-x^2-4x}-3\int \frac{\mathrm{d}x}{\sqrt{4-(x+2)^2}}$$

$$=-2\sqrt{-x^2-4x}-3\arcsin\frac{x+2}{2}+C.$$

例 10 求 $\int (x+1)\sqrt{x^2-2x+5}\mathrm{d}x$.

解 仍然要根据其结构特点寻找简洁的方法, 则

$$\text{原式}=\frac{1}{2}\int \sqrt{x^2-2x+5}\mathrm{d}\left(x^2-2x+5\right)+2\int \sqrt{(x-1)^2+4}\mathrm{d}x$$

$$=\frac{1}{3}\left(x^2-2x+5\right)^{\frac{3}{2}}+(x-1)\sqrt{x^2-2x+5}$$

$$+4\ln\left(x-1+\sqrt{x^2-2x+5}\right)+C.$$

注 上述两个例子处理了 $\int R\left(x,\sqrt{ax^2+bx+c}\right)\mathrm{d}x$ 的两种特殊情况, 得到了相应的简洁的处理方法, 即对 $\int \frac{Mx+N}{\sqrt{ax^2+bx+c}}\mathrm{d}x$ 和 $\int (Mx+N)\sqrt{ax^2+bx+c}\mathrm{d}x$, 通过凑微分方法最终转化为形如 $\int \frac{\mathrm{d}x}{\sqrt{p^2-x^2}}$, $\int \frac{\mathrm{d}x}{\sqrt{x^2\pm p^2}}$ 及 $\int \sqrt{p^2-x^2}\mathrm{d}x$, $\int \sqrt{x^2\pm p^2}\mathrm{d}x$ 的积分进行计算.

习 题 7.4

1. 计算下列有理式的不定积分.

(1) $\int \frac{x-1}{x^2-2x+2}\mathrm{d}x$;

(2) $\int \frac{x^3-1}{x^2-x-2}\mathrm{d}x$;

(3) $\int \frac{x^2-1}{x^4(x^2+1)}\mathrm{d}x$;

(4) $\int \frac{x^2-1}{x^4+1}\mathrm{d}x$;

(5) $\int \frac{x^2+1}{(x-1)^2(x+2)}\mathrm{d}x$;

(6) $\int \frac{x-1}{x^3+1}\mathrm{d}x$.

2. 计算下列三角函数的不定积分.

(1) $\int \frac{1}{\sin x+2}\mathrm{d}x$;

(2) $\int \frac{1}{\sin x+\cos x}\mathrm{d}x$;

(3) $\int \frac{\sin x}{\cos x+2}\mathrm{d}x$;

(4) $\int \frac{\tan x+1}{\cos^2 x}\mathrm{d}x$;

(5) $\int \frac{1}{\sin^2 x\cos^3 x}\mathrm{d}x$;

(6) $\int \frac{\sin 2x}{\sin x+\cos x}\mathrm{d}x$;

(7) $\int \frac{1}{(1+\sin x)\cos x}\mathrm{d}x$;

(8) $\int \frac{\sin^2 x}{1+\sin^2 x}\mathrm{d}x$;

(9) $\int \sin^2 x\cos^3 x\mathrm{d}x$;

(10) $\int \sin^4 x\cos^4 x\mathrm{d}x$;

(11) $\int \frac{x+\sin x}{1+\cos x}\mathrm{d}x$;

(12) $\int x\arctan x\ln(1+x^2)\mathrm{d}x$.

3. 计算下列带根式的不定积分.

(1) $\int \frac{1}{\sqrt{x(x-1)}}\mathrm{d}x$;

(2) $\int \frac{1}{x\sqrt{1+x^2}}\mathrm{d}x$;

(3) $\int \frac{1}{\sqrt[3]{x^2(x+1)^4}}\mathrm{d}x$;

(4) $\int \sqrt{x^2+x+1}\mathrm{d}x$;

(5) $\int \sqrt{x^2+\frac{1}{x^2}}\mathrm{d}x$;

(6) $\int \sqrt{\frac{1}{(x-a)(b-x)}}\mathrm{d}x$;

(7) $\int \frac{x\mathrm{e}^x}{\sqrt{\mathrm{e}^x+1}}\mathrm{d}x$;

(8) $\int \frac{x}{\sqrt{1+x^{\frac{2}{3}}}}\mathrm{d}x$.

第8章 定积分

定积分是人类在早期认识自然的活动中发明创造的一门学问. 人类在最初认识自然的活动中, 不可避免地涉及对一些量的认识, 其中重要的一类量就是整体量, 如平面几何图形的面积、质量分布、力所做的功等. 我们以平面图形的面积计算为例, 追溯一下认知过程. 从人类的认识过程来看, 对平面几何图形面积的认识也是遵循从简单到复杂、从特殊到一般的认识规律, 可以设想, 也可以肯定的是, 人类最初掌握的面积应该是简单而又特殊的平面几何图形的面积, 如正方形、矩形、圆形、梯形等. 随着认识实践活动的深入, 不可避免地涉及更一般平面几何图形的面积计算问题. 另一方面, 从理论发展的角度来看, 当人们掌握了简单图形面积的计算之后, 自然考虑更复杂的几何图形的面积计算, 再经过数学上的高度抽象, 也很自然地提出问题: 如何计算任意平面几何图形的面积? 因此, 不论是认识自然的实践方面, 还是理论发展方面, 都推动了对这些问题的研究, 由此推动了定积分的产生和发展. 换句话说, 定积分就是为解决这类问题而产生的一门学问. 那么, 定积分理论是如何解决这类问题的呢? 让我们遵循人类认识发展的规律, 探讨这类问题解决的轨迹, 从而引入定积分理论.

现在, 假设我们已经掌握简单平面图形的面积的计算, 提出要解决的问题并讨论如何解决问题.

问题 计算任意一条封闭的平面几何曲线所围图形的面积.

对问题的分析 解决一个问题, 首先要对问题进行观察和分析, 常常遵循如下方式.

(1) 此问题能否用已知的问题来表示, 如果能, 则问题已解决, 否则, 进入下一步.

(2) 将问题简化.

分析待解决的问题和已经解决的同类问题的差异, 尽可能多地将待解决的问题向已经解决的问题转化, 从而达到简化问题的目的.

(3) 建立已知和未知之间的联系或桥梁, 达到用已知解决未知的目的.

针对我们提出的问题, 进行以下分析.

(I) 已经解决的同类问题: 规则图形的面积计算, 图形的特点是图形规则, 表现为边界为特殊的直边, 而未知的待解决的问题的图形边界为任意曲线.

(II) 问题的转化 (简化): 将所求之面积的几何图形转化为有尽可能多的规则

边界——直边界. 在坐标系下, 这样的转化是非常简单的.

如图 8-1 所示, 任意几何图形的面积可以转化为曲边梯形的面积差, 因此, 任意平面图形面积的计算问题就简化为曲边梯形面积的计算. 那么, 如何求曲边梯形的面积?

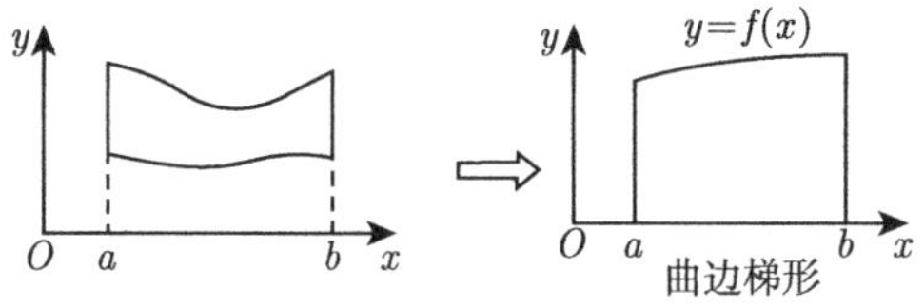

图 8-1

(Ⅲ) 问题的求解.

下面, 我们将问题转化为一个数学问题, 然后进行相应的求解.

例 1 给定光滑曲线 l : $y=f(x), x\in[a,b]$ 且设 $f(x)\geqslant 0$, 计算如图 8-1 由曲线 l, 直线 $x=a, x=b$ 和 x 轴所围的曲边梯形的面积 S.

思路分析 为求解此问题, 首先分析待求解的问题的结构特征, 然后和已知的、最为接近的问题进行比较, 寻找二者联系的桥梁. 按此思路分析如下.

① 问题的特点: 所求面积的图形为平面曲边梯形. ② 类比已知: 已知面积的类似的平面几何图形有矩形、梯形、三角形等. ③ 研究思路简析: 求解的过程实际就是一个转化过程, 即将一个待求解的问题用已知的来表示, 因此, 本问题的求解就是如何将曲边梯形的面积, 通过适当的数学工具和方法表示为已知的图形如矩形、梯形或三角形等的面积. 类比已知的数学工具和方法, 由于初等的数学工具不可能将曲线变为直线, 因此, 曲边梯形也就不能直接转化为直边的规则图形如矩形或梯形等, 因此, 直接计算其精确的面积也是不可能的. 为此, 根据认知规律, 先从近似角度对问题进行研究, 由此确立研究思路. ④ 技术路线设计: 从近似角度, 问题的求解变得较为容易, 直接将曲边拉直为直边, 就将曲边梯形转化为一般的梯形, 就可以近似计算其面积, 当然, 这样计算的误差较大. 为提高近似程度, 希望曲边梯形的底很窄, 因此, 对一般的曲边梯形, 自然会想到分割的方法——将一般的曲边梯形分割成若干个底很窄的直边梯形或矩形, 然后, 计算每一个小的已知的矩形或梯形的面积, 求和得到曲边梯形面积的近似值. 而精确的求解自然就是极限理论产生以后的事情了——分割越细, 近似程度越高, 因此, 分割后和的极限应该是精确值, 这样问题就解决了. 上述思想体现在下述过程中:

曲边梯形的面积—分割为若干个矩形或梯形—计算矩形 (梯形) 面积 (近似计算)—求和—取极限—所求面积.

当然, 选择近似处理时要遵循简单且可行的原则, 这也是我们选择用矩形而不是用梯形做近似的原因.

上述近似计算的思想从几何的观点看也称以直代曲 (以直线近似代替曲线)、以不变代变的近似思想, 从代数观点看, 就是非线性问题的线性化思想, 这是研究复杂问题的常用的思想.

具体的求解过程就是上述思想的数学具体化, 从而也能了解下述处理过程中每一步的处理目的.

解 如图 8-2, 对 $[a,b]$ 进行 n 分割, 记分割为 T,

$$T:\ a=x_0<x_1<\cdots<x_n=b,$$

记 $\Delta x_i=x_i-x_{i-1}$, $i=1,2,\cdots,n$, $\lambda(T)=\max\limits_{1\leqslant i\leqslant n}\Delta x_i$ 称为分割细度. 任取小区间 $[x_{i-1},x_i]$, 任取 $\xi_i\in[x_{i-1},x_i]$, 以区间 $[x_{i-1},x_i]$ 为底、$f(\xi_i)$ 为高作矩形, 利用此矩形面积近似计算其对应的小曲边梯形的面积 S_i, 则

$$S_i\approx f(\xi_i)\Delta x_i,$$

因而,

$$S=\sum_{i=1}^{n}S_i\approx\sum_{i=1}^{n}f(\xi_i)\Delta x_i,$$

至此, 从近似角度, 问题得到解决.

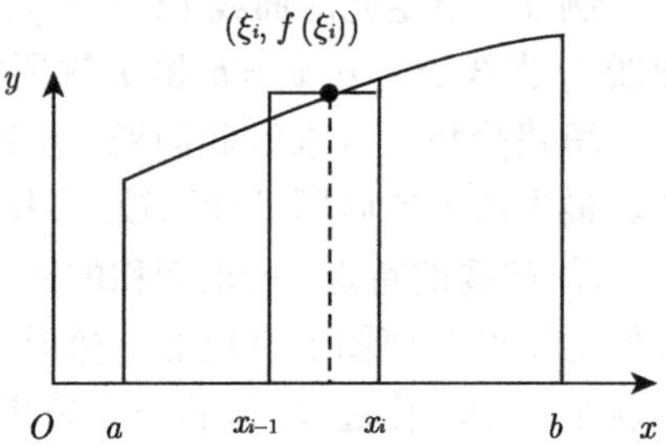

图 8-2

当然, 可以设想, 随着分割细度的越来越小, 上述近似程度也就越来越高, 近似计算值也就越来越逼近精确值, 而从无限逼近到精确值正是极限要解决的问题, 因而可设想

$$S=\lim_{\lambda(T)\to 0}\sum_{i=1}^{n}f(\xi_i)\Delta x_i,$$

因此, 随着极限理论的产生, 问题得到解决.

抽象总结 从结论的结构看, 曲边梯形的面积问题最终归结为一类有限不定和式的极限 ($\lambda(T)$ 为极限变量, 在 $\lambda(T)\to 0$ 的过程中, $n\to+\infty$ 是变化着的量, 是不确定的, 此时, $\sum\limits_{i=1}^{n}f(\xi_i)\Delta x_i$ 的项数 n, 形式上有限, 但不确定, 称为有限不定和). 当面积客观存在时, 此和式的极限肯定存在且应该和分割 T 和点 ξ_i 的选取无关.

上述将面积表示为有限不定和式的极限并不是认识自然界活动中的一个孤立的现象, 很多问题都具有类似的结构.

例 2(质量分布问题) 设线段 (对应坐标轴上区间 $[a,b]$) 上分布有密度不均匀 (设对应的密度函数为 $f(x)$) 的质量, 求线段的质量 m.

思路分析 合理假设已知的相关结论为: 如果线段 AB(对应的长度为 l) 上分布有密度均匀的质量 (密度为常数 ρ), 则线段的质量为 $m=\rho l$.

类比已知和未知, 二者的差别是: 已知情形的密度为常数——不变 (线性), 待求解未知情形的密度为函数——变量 (非线性), 因此, 研究的思想仍是近似思想, 方法是线性化. 即利用与例 1 类似的思想方法来研究并求解, 将待求的非均匀密度的质量分布问题 (密度是变化的) 通过分割、在分割后的小线段上利用已知的密度均匀的质量分布公式近似计算 (以不变代变的思想)、然后通过求和、取极限的方式得到质量的精确值.

解 将 $[a,b]$ 进行 n 分割, 记分割为 T,

$$T:\ a=x_0<x_1<\cdots<x_n=b,$$

类似引入 $\Delta x_i=x_i-x_{i-1}, i=1,2,\cdots,n$, 分割细度 $\lambda(T)=\max\limits_{1\leqslant i\leqslant n}\Delta x_i$, 在对应的每一小段 $[x_{i-1},x_i]$ 上, 任取 $\xi_i\in[x_{i-1},x_i]$, 将其近似为密度为 $f(\xi_i)$ 的均匀的质量分布, 则 $[x_{i-1},x_i]$ 上分布的质量近似为 $m_i\approx f(\xi_i)\Delta x_i$, 因而,

$$m\approx\sum_{i=1}^{n}f(\xi_i)\Delta x_i.$$

这样, 从近似研究的角度, 问题得以解决.

当然, 其准确的计算还是需要极限理论, 即

$$m=\lim_{\lambda(T)\to 0}\sum_{i=1}^{n}f(\xi_i)\Delta x_i,$$

至此, 问题得到解决.

抽象总结 从结论的结构看, 上述质量分布问题最终归结为一类有限不定和式的极限, 与例 1 具有完全相同的结构.

大量的事例表明: 这类有限不定和式的极限问题反映了自然界中大量的深刻的自然现象, 而数学理论正是对众多自然现象的归纳、总结和抽象, 即去其表象、抽其实质而形成的严谨的科学, 它源于实践又反过来指导实践. 因此, 从大量事例中, 把这类求有限不定和式的极限这一实质抽取出来, 进行数学的抽象、理论研究就形成了我们的定积分理论.

8.1 定积分的定义及简单应用

一、 定积分的定义

给定区间 $[a,b]$ 上有定义的函数 $f(x)$.

定义 1.1 给定 $[a,b]$ 的任意分割 T： $a=x_0<x_1<\cdots<x_n=b$, 记 $\Delta x_i=x_i-x_{i-1}$, $i=1,2,\cdots,n$, $\lambda(T)=\max\limits_{1\leqslant i\leqslant n}\Delta x_i$ 为分割细度, 任取 $\xi_i\in[x_{i-1},x_i]$, 作和式 $\sum\limits_{i=1}^n f(\xi_i)\Delta x_i$, 若 $\lim\limits_{\lambda(T)\to 0}\sum\limits_{i=1}^n f(\xi_i)\Delta x_i$ 存在且其极限值不依赖于分割 T 和点 ξ_i 的选取, 称 $f(x)$ 在 $[a,b]$ 上可积, 极限值称为 $f(x)$ 在 $[a,b]$ 上的定积分, 记为 $\int_a^b f(x)\mathrm{d}x$, 此时

$$\int_a^b f(x)\mathrm{d}x=\lim_{\lambda(T)\to 0}\sum_{i=1}^n f(\xi_i)\Delta x_i,$$

其中, a 称为积分下限, b 称为上限, $f(x)$ 称为被积函数, x 为积分变量.

信息挖掘 (1) 从定义式的结构看各个量的对应关系及意义: $\int_a^b\to\sum$, $f(x)\to f(\xi_i)$, $\mathrm{d}x\to\Delta x_i$.

(2) 若 $f(x)$ 在 $[a,b]$ 上可积, 则 $\int_a^b f(x)\mathrm{d}x$ 是一个确定的数值, 与分割 T 和点 ξ_i 的选取无关, 只依赖于 $f(x),a,b$, 更与变量的形式无关, 因而,

$$\int_a^b f(x)\mathrm{d}x=\int_a^b f(t)\mathrm{d}t=\int_a^b f(s)\mathrm{d}s=\lim_{\lambda(T)\to 0}\sum_{i=1}^n f(\xi_i)\Delta x_i.$$

(3) 定积分的几何意义 设 $f(x)\geqslant 0$, 则 $\int_a^b f(x)\mathrm{d}x$ 表示由曲线 $y=f(x)$ 和直线 $x=a$, $x=b$ 及 x 轴所围的曲边梯形的面积, 特别注意积分式中各项与几何图形的对应关系: 下限和上限分别对应于曲边梯形的左右直线边界, 被积函数是曲边梯形的上下边界的差, 即 $f(x)=f(x)-0$. 虽然现在从直观上给出了定积分的几何意义, 从理论上没有严格证明, 后面, 我们将在可积条件的讨论中, 利用上下和给出证明.

(4) 有了定积分的定义, 引言中两个引例的结论都可用定积分表示为

$$\int_a^b f(x)\mathrm{d}x.$$

关于定义的进一步说明:

规定 $\int_a^b f(x)\mathrm{d}x = -\int_b^a f(x)\mathrm{d}x$, 因而 $\int_a^a f(x)\mathrm{d}x = 0$.

定积分和不定积分尽管名称上有相似之处, 但是, 二者有本质的区别: $\int f(x)\mathrm{d}x$ 表示 $f(x)$ 的原函数类, $\int_a^b f(x)\mathrm{d}x$ 是一个数值, 二者名称中都有 "积分" 二字, 因此, 二者必然有关系. 在后面我们将看到, 若 $\int f(x)\mathrm{d}x = F(x)$, 则

$$\int_a^b f(x)\mathrm{d}x = F(b) - F(a).$$

利用极限的定义, 还可以给出可积性的 "ε-δ" 定义.

设 $f(x)$ 在 $[a,b]$ 上有定义, 若存在实数 I, 使得对任意 $\varepsilon > 0$, 存在 $\delta > 0$, 使得对任意分割

$$T:\ a = x_0 < x_1 < \cdots < x_n = b,$$

及对任意选取的点 $\xi_i \in [x_{i-1}, x_i]$,$i = 1, 2, \cdots, n$, 只要 $\lambda(T) < \delta$ 就有

$$\left|\sum_{i=1}^{n} f(\xi_i)\Delta x_i - I\right| < \varepsilon,$$

则称 $f(x)$ 在 $[a,b]$ 上可积, 实数 I 称为 $f(x)$ 在 $[a,b]$ 上的定积分, 即

$$I = \int_a^b f(x)\mathrm{d}x = \lim_{\lambda(T)\to 0} \sum_{i=1}^{n} f(\xi_i)\Delta x_i.$$

建立了定积分的定义, 先给出定义的基本应用.

二、 定义的简单应用

定义是最底层的工具, 只能应用于最简结构. 定积分的定义又是最复杂的, 应用定义解决问题也是最难的: 难点在于定义中两个任意性条件. 一方面, 由于定义中有两个任意性条件, 使得用定义证明可积性是非常困难的; 另一方面, 正是这两个任意性条件, 使得在如下两个方面的问题研究中发挥作用. 一是在可积的条件下, 可以选择特殊的分割和特殊的 $\xi_i \in [x_{i-1}, x_i], i = 1, 2, \cdots, n$, 使得 $\lim\limits_{\lambda(T)\to 0} \sum\limits_{i=1}^{n} f(\xi_i)\Delta x_i$ 的计算简单可行, 由此得到 $\int_a^b f(x)\mathrm{d}x$; 二是通过选择不同的

分割或不同的 $\xi_i \in [x_{i-1}, x_i]$,$i = 1, 2, \cdots, n$, 使得对应的 $\lim\limits_{\lambda(T)\to 0}\sum\limits_{i=1}^{n} f(\xi_i)\Delta x_i$ 不同, 由此得到不可积性. 看下述一个例子, 体会方法.

例 1 设 $y = x$ 在 $[0,1]$ 上可积, 计算 $\int_0^1 x\mathrm{d}x$.

简析 目前只能用定义进行计算, 方法就是选择特殊的分割和特殊的取点, 使得对应的和及其极限能够计算.

解 将区间 [0,1] n 等分,

$$T:\ 0 = x_0 < x_1 < \cdots < x_n = 1,$$

小区间长度为 $\Delta x_i = \dfrac{1}{n}, i = 0, 1, 2, \cdots, n$, 分割点为 $x_i = \dfrac{i}{n}, i = 0, 1, 2, \cdots, n$, 取点 $\xi_i = x_i, i = 1, 2, \cdots, n$, 则

$$\sum_{i=1}^{n} f(\xi_i)\Delta x_i = \sum_{i=1}^{n}\frac{i}{n^2} = \frac{1}{n^2}\sum_{i=1}^{n} i = \frac{n+1}{2n},$$

由定义, 则

$$\int_0^1 f(x)\mathrm{d}x = \lim_{n\to+\infty}\sum_{i=1}^{n} f(\xi_i)\Delta x_i = \lim_{n\to+\infty}\frac{n+1}{2n} = \frac{1}{2}.$$

抽象总结 特殊的分割一般选择为等分割, 特殊的取点一般选择为分割点或小区间的中点.

例 2 讨论狄利克雷函数

$$D(x) = \begin{cases} 1, & x \in [0,1]\text{为有理数}, \\ 0, & x \in [0,1]\text{为无理数} \end{cases}$$

的可积性.

结构分析 题型: 可积性讨论. 类比已知: 只能用定义证明, 由此确立思路. 方法设计: 由于不知道是否可积, 因此, 只能采取试验、推理, 逐步判断的方法达到目的, 即先采取特殊的分割或特殊的取点, 得到一个对应的有限和, 考察此和式的极限是否存在, 若极限不存在, 则此函数不可积, 若极限存在, 则考察此极限值是否也是对另外特殊的分割或特殊的取点所得到的不定有限和的极限, 若不是, 则不可积, 若是, 只是增加了可积的可能性. 要判断可积性, 还需要更进一步按定义来验证. 进一步分析函数的结构, 具有分段函数的结构特征——两类不同点的函

数值不同, 这个结构特征提示我们可以考察取两类不同点时对应的有限和的极限性质, 由此期望得到不可积性.

证明 对任意的分割 $T: a=x_0<x_1<\cdots<x_n=b$, 由于有理数和无理数都是稠密的, 即任何区间中即含有有理数, 也含有无理数, 由此, 若取全部的 $\xi_i\in[x_{i-1},x_i](i=1,2,\cdots,n)$ 为有理数, 则

$$\lim_{\lambda(T)\to 0}\sum_{i=1}^{n}f(\xi_i)\Delta x_i=1,$$

若取全部的 $\xi_i\in[x_{i-1},x_i](i=1,2,\cdots,n)$ 为无理数, 则

$$\lim_{\lambda(T)\to 0}\sum_{i=1}^{n}f(\xi_i)\Delta x_i=0,$$

故, 狄利克雷函数不可积.

抽象总结 (1) 用定义证明函数的可积性是很困难的, 原因是定义中的两个任意性, 我们不可能对此进行一一的验证, 但是, 证明不可积性相对容易, 只需确定两个不同的有限和的极限不同即可. 因此, 如果题目要求利用定义验证具体函数的可积性, 从逻辑上分析, 通常是否定性结论, 即证明不可积性的结论. (2) 利用定义在可积性条件下计算定积分时, 通常选取特殊的分割和特殊的分点.

下面, 我们给出可积函数的一个基本定理.

定理 1.1 若 $f(x)$ 在 $[a,b]$ 上可积, 则 $f(x)$ 在 $[a,b]$ 上有界.

结构分析 定理结构: 在可积条件下证明函数的有界性. 类比已知: 只有利用可积的定义, 由此确立证明思路. 方法设计: 由于可积性定义的结构是极限形式, 根据利用极限证明有界性的一般思想方法, 方法设计的思想是“定”, 即通过取定一个 ε, 将相关的量都确定下来, 利用这些确定的量得到有界性.

证明 由于 $f(x)$ 在 $[a,b]$ 上可积, 因而, 存在实数 I, 使得 $\lim\limits_{\lambda(T)\to 0}\sum\limits_{i=1}^{n}f(\xi_i)\Delta x_i=I$.

由极限定义, 对 $\varepsilon=1$, 存在 $\delta>0$, 对任意分割 $T: a=x_0<x_1<\cdots<x_n=b$ 及对任意选取的点 $\xi_i\in[x_{i-1},x_i], i=1,\cdots,n$, 当 $\lambda(T)<\delta$ 时, 成立

$$\left|\sum_{i=1}^{n}f(\xi_i)\Delta x_i-I\right|<1,$$

取定 n, 使得 $\dfrac{b-a}{n}<\delta$, 对 $[a,b]$ 作 n 等分

$$T: a=x_0<x_1<\cdots<x_n=b,$$

其中 $x_i = a + \frac{b-a}{n}i$, $i = 0, 1, 2, \cdots, n$, $\lambda(T) = \frac{b-a}{n} < \delta$. 记 $M = \left|\sum\limits_{i=1}^{n} f(x_i)\right|$, 则对任意的 $\eta \in [a,b]$, 必有某个 i_0, 使得 $\eta \in [x_{i_0}, x_{i_0+1})$, 取 $\xi_i = x_i, i \neq i_0$, $\xi_{i_0} = \eta$, 则

$$\left|\sum_{i=1}^{n} f(\xi_i)\Delta x_i - I\right| < 1,$$

即

$$\left|\sum_{i\neq i_0} f(\xi_i)\Delta x_i + f(\eta)\Delta x_{i_0} - I\right| < 1,$$

因而,

$$|f(\eta)\Delta x_{i_0}| \leqslant 1 + |I| + \left|\sum_{i\neq i_0} f(\xi_i)\Delta x_i\right|,$$

故,

$$\begin{aligned}|f(\eta)| &\leqslant \frac{n(1+|I|)}{b-a} + \left|\sum_{i\neq i_0} f(\xi_i)\right| \\ &\leqslant \frac{n(1+|I|)}{b-a} + M,\end{aligned}$$

由 $\eta \in [a,b]$ 的任意性, 则

$$|f(x)| \leqslant \frac{n(1+|I|)}{b-a} + M, \quad x \in [a,b].$$

抽象总结 (1) 此定理表明有界性是可积函数类的基本特性, 这也决定了我们今后讨论可积函数时是在有界函数类里进行的. (2) 再次总结利用极限证明相关有界性的思想方法: 通过选定的 ε, 逐次将各个相关的量固定下来, 体现了界的"确定性"思想. 对本例而言, 选定 $\varepsilon = 1$ 后就确定了 δ, 再通过选择确定的 n 等分割, 将分点固定, 从而将相关的量都固定下来, 得到一个确定的量.

虽然在牛顿–莱布尼茨时期, 定积分理论的基础已经建立, 但是, 那时的相关论述不十分严谨, 直到二百年以后, 黎曼给出了函数可积和有界性的关系并给出了函数可积的充分必要条件, 揭示了函数可积的本质, 建立了严格的数学基础, 因此, 通常也将上述定积分称为黎曼积分, 函数可积也称黎曼可积, 因此, $f(x)$ 在 $[a,b]$ 上可积也记为 $f(x) \in R[a,b]$.

习 题 8.1

1. 利用定积分的思想计算由曲线 $y=x^2$, 直线 $x=0, x=1$ 和 x 轴所围图形的面积.

2. 在引入定积分的定义时, 是在每一个分割的小区间 $[x_i, x_{i+1}]$ 上, 用矩形面积近似代替小曲边梯形的面积, 显然, 若连接曲边上的两个点 $(x_i, f(x_i))$, $(x_{i+1}, f(x_{i+1}))$, 得到一个斜直边梯形, 用此直边梯形代替曲边梯形, 精度会更高, 试以 $[a,b]$ 上的连续可微函数 $f(x)$, 分析定义中近似计算的合理性.

3. 设 $f(x)=\begin{cases} x(1-x), & x \text{ 是有理数}, \\ 0, & x \text{ 是无理数}, \end{cases}$ 讨论 $f(x)$ 在 $[0,1]$ 上的可积性.

4. 设 $f(x)=\begin{cases} 2x, & x \text{ 是有理数}, \\ 1-x, & x \text{ 是无理数}, \end{cases}$ 讨论 $f(x)$ 在 $[0,1]$ 上的可积性.

5. 自行设计例子说明对定积分定义中两个任意性的理解与应用.

8.2 定积分存在的条件

建立了定积分的定义后, 需要对定积分进行定性分析和定量计算.

本节, 在函数有界的条件下研究定积分存在的条件.

已经知道: 函数是否可积, 与一个有限不定和的极限有关. 因此, 可积性的研究可以转化为对有限不定和式极限的研究, 而且要保证可积性, 必须要求有限不定和式极限的存在且与分割和取点的两个任意性无关, 这也正是用定义研究函数可积性的困难之处. 因此, 必须寻求新的判断函数可积性的条件.

再从科研角度进行简单的分析. 从特殊到一般再到特殊是一种常用的科研思想. 从特殊的个例进行一般化抽象形成定义, 从解决个例中的特殊分割、特殊分点的选择到定义中任意的分割和任意的分点, 都是从特殊到一般的思想体现. 在定性研究中, 为了解决定义应用中两个任意性所带来的困难, 我们采用从一般到特殊的思想: 通过一些特殊点的选取, 得到一些相应的特殊的和式, 通过这些特殊和式的极限 (相对易于研究) 得到函数的可积性.

因此, 本节通过考察两类特殊的有限和得到可积性的条件, 对函数的可积性进行定性分析.

设 $f(x)$ 在 $[a,b]$ 上有界, T 分割 $[a,b]$.

$$T:\ a=x_0<x_1<\cdots<x_n=b,$$

记 $M=\sup\limits_{x\in[a,b]} f(x)$, $m=\inf\limits_{x\in[a,b]} f(x)$, $M_i=\sup\limits_{x\in[x_{i-1},x_i]} f(x)$, $m_i=\inf\limits_{x\in[x_{i-1},x_i]} f(x)$, $i=1,2,\cdots,n$.

函数的有界性保证了上述各量的存在性. 我们引入和式:

$$\overline{S}(T)=\sum_{i=1}^{n}M_i\Delta x_i,\quad \text{达布上和}$$

$$\underline{S}(T)=\sum_{i=1}^{n}m_i\Delta x_i,\quad \text{达布下和}$$

我们引入了两个特殊的和, 希望利用这两个特殊和的极限来刻画可积性. 由于达布和与任意有限和成立关系:

$$\underline{S}(T)\leqslant\sum_{i=1}^{n}f(\xi_i)\Delta x_i\leqslant\overline{S}(T).$$

因此, 可猜想: 若两个达布和的极限存在且相等, 则任意有限和式的极限都存在且相等, 因而, $f(x)$ 在 $[a,b]$ 上可积. 这就是我们期望得到的结论. 为此, 先研究达布和的性质.

一、 同一分割的上下和关系

引理 2.1 对任意分割 T 成立:

$$m(b-a)\leqslant\underline{S}(T)\leqslant\overline{S}(T)\leqslant M(b-a).$$

这是很明显的结论, 略去证明.

我们要研究的是达布和极限的存在性, 而引理 2.1 给出的有界性并不能保证极限的存在性, 但是, 它可以保证一个与极限有关的量——确界 (子列的极限) 的存在性, 这就是下面研究的出发点.

记所有上和的集合和所有下和的集合分别为

$$\overline{S}=\{\overline{S}(T):\ \forall\text{分割}T\},$$

$$\underline{S}=\{\underline{S}(T):\ \forall\text{分割}T\},$$

则两个集合都是有界集合.

引理 2.2 确界 $l=\sup\underline{S}$, $L=\inf\overline{S}$ 存在且

$$m(b-a)\leqslant l,\quad L\leqslant M(b-a).$$

注 暂时还不能保证一定成立 $l\leqslant L$.

二、 不同分割的达布和的关系

先从关联分割开始.

引理 2.3 如果在分割 T 的分点中加入新分点得到分割 T', 则得到的上和不增, 下和不减, 即

$$\overline{S}(T') \leqslant \overline{S}(T), \quad \underline{S}(T') \geqslant \underline{S}(T).$$

结构分析 思路很简单, 就是比较两个不同的分割和的关系. 方法设计: 采用从简单到复杂的研究方法, 先从最简单的情形入手, 或将问题简化为, 可将 T' 视为在 T 中每次只插入一个分点, 经若干次之后得到的, 故将问题简化为只插入一个分点的情形讨论.

证明 只证上和部分. 给定分割 T

$$T:\ a = x_0 < x_1 < \cdots < x_n = b,$$

设插入的分点 $x' \in (x_{i-1}, x_i)$, 得到分割 T' 为

$$T':\ a = x_0 < x_1 < \cdots < x_{i-1} < x' < x_i < \cdots < x_n = b,$$

因而, 若记

$$M_{i1} = \sup_{x\in[x_{i-1},x']} f(x), \quad M_{i2} = \sup_{x\in[x',x_i]} f(x),$$

$$\Delta x_{i1} = x' - x_{i-1}, \quad \Delta x_{i2} = x_i - x',$$

则

$$\overline{S}(T) = \sum_{k=1}^{n} M_k \Delta x_k,$$

$$\overline{S}(T') = \sum_{k=1}^{i-1} M_k \Delta x_k + M_{i1}\Delta x_{i1} + M_{i2}\Delta x_{i2} + \sum_{k=i+1}^{n} M_k \Delta x_k,$$

注意到 $M_{i1}\Delta x_{i1} + M_{i2}\Delta x_{i2} \leqslant M_i \Delta x_i$, 故 $\overline{S}(T') \leqslant \overline{S}(T)$.

继续研究不同分割的不同类的达布和的关系.

引理 2.4 任意一个分割的下和不超过任意一个分割的上和. 即对任意分割 T_1, T_2, 成立 $\underline{S}(T_1) \leqslant \overline{S}(T_2)$.

结构分析 题型: 从结构看, 要建立两个不同分割和的关系. 类比已知: 前述引理建立了相关联的分割的达布和的关系. 方法设计: 构造新分割, 将两个分割关联起来, 即希望构造一个第三者——分割 T_3 起到联系二者的桥梁的作用 $T_1 \to T_3 \to T_2$, 显然, 这个既联系 T_1 又联系 T_2 的分割, 只能通过 T_1 和 T_2 来构造, 如将 T_1 的分点插入 T_2, 即合并两个分割得到 T_3.

证明 合并两个分割得到新分割 T_3, 记为 $T_3 = T_1 + T_2$, 由引理 2.3, 得

$$\underline{S}(T_1) \leqslant \underline{S}(T_3) \leqslant \overline{S}(T_3) \leqslant \overline{S}(T_2),$$

由此引理得证.

推论 2.1 $l \leqslant L$ 成立.

事实上, 由确界性质, 对任意的 $\varepsilon > 0$, 存在分割 T_1 和 T_2, 使得

$$l - \varepsilon < \underline{S}(T_1), \quad \overline{S}(T_2) < L + \varepsilon,$$

由引理 2.4, 则 $\underline{S}(T_1) \leqslant \overline{S}(T_2)$, 因而,

$$l - \varepsilon < L + \varepsilon,$$

由 ε 的任意性, 得 $l \leqslant L$.

抽象总结 引理 2.4 给出了两个不同分割对应的达布和的关系, 特别注意证明过程中建立不同分割关系的方法.

有了上述准备工作, 就可以研究本节的主要问题, 先给出上下和极限的存在性.

三、 达布定理

定理 2.1(达布定理) 设 $f(x)$ 为有界函数, T 为 $[a, b]$ 的任意一个分割, 则成立

$$\lim_{\lambda(T)\to 0} \overline{S}(T) = L, \quad \lim_{\lambda(T)\to 0} \underline{S}(T) = l.$$

结构分析 这是极限结论的验证. 为寻找证明线索, 挖掘条件中的信息, 隐含的两个条件是 L 和 l 的含义, 因此, 需要从确界性质出发, 用极限定义证明结论, 这是证明的思路和方法.

证明 只证上和部分.

由于 $L = \inf \overline{S}$, 由确界定义可得, 对 $\forall \varepsilon > 0$, 存在分割

$$T' : a = x_0' < x_1' < \cdots < x_p' = b,$$

使得

$$L \leqslant \overline{S}(T') \leqslant L + \frac{\varepsilon}{2}.$$

(**注意** 要证明: 存在 $\delta > 0$, 对 $\forall T$, 只要 $\lambda(T) < \delta$ 就成立 $L \leqslant \overline{S}(T) \leqslant L + \varepsilon$, 因此, 须引入要考察的任意分割.)

类比要证明的结论, 先给出任意分割

$$T : a = x_0 < x_1 < \cdots < x_n = b,$$

为建立两个不同分割的上和的关系, 采用引理 2.4 的方法, 记 $T^*=T+T'$, 则

$$L\leqslant\overline{S}(T^*)\leqslant\overline{S}(T')\leqslant L+\frac{\varepsilon}{2}.$$

剩下的工作就是确定 δ, 使得 $\lambda(T)<\delta$ 时, 建立 $\overline{S}(T)$ 和 $\overline{S}(T^*)$ 的关系.

由于 T^* 可视为在 T 中加入 T' 的分点而得到, 故 $\overline{S}(T)$ 与 $\overline{S}(T^*)$ 只在包含 T' 的分点的小区间上产生差异. 下面, 考察 T' 的分点落在 T 的小区间的情形, 我们希望这种情形尽可能的简单以便于控制, 最简单的情形应该是: 每一个 T 的小区间内至多包含 T' 的一个分点. 那么, 如何能控制分割 T, 使得其每一个小区间至多包含 T' 的一个分点? 注意到要证明结论中, 对分割 T 还有要求 $\lambda(T)<\delta$, 因此, 可以设想, 这一条件应该就是限制分割 T 满足上述要求的, 于是, 问题就转化为如何选择并确定 δ 满足上述要求. 显然, 只需 T 比 T' 更细即可.

取 $\delta=\min\{x'_k-x'_{k-1},k=1,2,\cdots,p\}$, 则当 $\lambda(T)<\delta$ 时, T 的每一个分割小区间 (x_{i-1},x_i) 内至多包含 T' 的一个分点, 下面考察和式 $\overline{S}(T)$ 与 $\overline{S}(T^*)$ 的差别. 对比两个分割可以发现, 分割 T 加入 T' 的分点后, 对应的 $\overline{S}(T)$ 就变为 $\overline{S}(T^*)$, 且 T' 的分点只有严格落在 T 分割的小区间 (x_{i-1},x_i) 内时, 才对和的改变有影响, 除去区间端点, 这样的分点至多有 $p-1$ 个. 因此, 分割 T 中至多有 $p-1$ 个区间, 记为

$$\{(x_{p-1}^{(k)},x_p^{(k)})\}\quad(k=1,2,\cdots,k',0<k'\leqslant p-1),$$

包含分割 T' 的分点 $\{x'_1,\cdots,x'_{p-1}\}$, 故, $\overline{S}(T)$ 与 $\overline{S}(T^*)$ 只在对应的区间 $\{(x_{p-1}^{(k)},x_p^{(k)})\}(k=1,2,\cdots,k',0<k'\leqslant p-1)$ 上产生差异, 因而

$$\begin{aligned}0\leqslant\overline{S}(T)-\overline{S}(T^*)&=\sum_{k=1}^{k'}M^{(k)}\Delta x^{(k)}-\sum_{k=1}^{k'}[M_1^{(k)}\Delta x_1^{(k)}+M_2^{(k)}\Delta x_2^{(k)}]\\&=\sum_{k=1}^{k'}(M^{(k)}-M_1^{(k)})\Delta x_1^{(k)}+\sum_{k=1}^{k'}(M^{(k)}-M_2^{(k)})\Delta x_2^{(k)}\\&\leqslant(M-m)\sum_{k=1}^{k'}\Delta x^{(k)}\\&\leqslant(M-m)(p-1)\lambda(T)\\&\leqslant(M-m)(p-1)\delta,\end{aligned}$$

因此, 若还要求 $\delta\leqslant\dfrac{\varepsilon}{2(M-m)(p-1)}$, 则

$$L\leqslant\overline{S}(T)\leqslant\overline{S}(T^*)+\frac{\varepsilon}{2}\leqslant L+\varepsilon,$$

故, 取 $\delta=\min\left\{\lambda(T'),\ \dfrac{\varepsilon}{2(M-m)(p-1)}\right\}$, 当 $\lambda(T)<\delta$ 时, 就有上式成立, 故

$$\lim_{\lambda(T)\to 0}\overline{S}(T)=L,$$

引理证毕.

四、 可积的充要条件

有了上面的结论, 就可以研究定积分存在的充分必要条件.

定理 2.2(定积分存在的第一充分必要条件) 有界函数 $f(x)$ 在 $[a,b]$ 上可积的充分必要条件是 $L=l$, 即

$$\lim_{\lambda(T)\to 0}\overline{S}(T)=\lim_{\lambda(T)\to 0}\underline{S}(T).$$

证明 *必要性* 设 $f(x)\in R[a,b]$, 记 $I=\int_a^b f(x)\mathrm{d}x$.

由定理 2.1, 要证明的结论应该是 $I=L=l$. 注意到 l 和 L 及 I 都是有限和的极限, 因此, 我们从定积分的定义出发, 通过考察有限和的关系得到相应的极限关系.

由可积性的定义, 对任意 $\varepsilon>0$, 存在 $\delta>0$, 对任意 T: $a=x_0<x_1<\cdots<x_n=b$ 和对 $\forall\xi_i\in[x_{i-1},x_i]$, 当 $\lambda(T)<\delta$ 时, 成立

$$\left|\sum_{i=1}^n f(\xi_i)\Delta x_i-I\right|<\frac{\varepsilon}{2},$$

显然, 为证明结论, 只需证明

$$\left|\sum_{i=1}^n M_i\Delta x_i-I\right|<\frac{\varepsilon}{2},\quad \left|\sum_{i=1}^n m_i\Delta x_i-I\right|<\frac{\varepsilon}{2},$$

因而, 必须通过 $f(\xi_i)$ 和 M_i(或 m_i) 的特殊关系来完成, 因此, 必须选定特殊的 ξ_i——利用 M_i 的确界性质选取 ξ_i, 使 $f(\xi_i)$ 与 M_i(或 m_i) 尽可能接近.

由于 $M_i=\sup\{f(x):x\in[x_{i-1},x_i]\}$, 则存在 $\eta_i\in[x_{i-1},x_i]$, 使得

$$M_i\geqslant f(\eta_i)\geqslant M_i-\frac{\varepsilon}{2(b-a)},$$

因而,

$$\left|\overline{S}(T)-I\right|\leqslant\left|\overline{S}(T)-\sum_{i=1}^n f(\eta_i)\Delta x_i\right|+\left|\sum_{i=1}^n f(\eta_i)\Delta x_i-I\right|$$

$$\leqslant \sum_{i=1}^{n}[M_i - f(\eta_i)]\Delta x_i + \frac{\varepsilon}{2}$$

$$\leqslant \frac{\varepsilon}{2(b-a)}\sum_{i=1}^{n}\Delta x_i + \frac{\varepsilon}{2} \leqslant \varepsilon,$$

故, $\lim\limits_{\lambda(T)\to 0}\overline{S}(T) = I$.

同样可证 $\lim\limits_{\lambda(T)\to 0}\underline{S}(T) = I$.

由于对任意分割 T 和任意的取点 $\xi_i \in [x_{i-1}, x_i]$, 都满足

$$\underline{S}(T) \leqslant \sum_{i=1}^{n} f(\xi_i)\Delta x_i \leqslant \overline{S}(T)$$

因而, 充分性是显然的.

抽象总结 (1) 由定理 2.2 可知, 若 $f(x) \in R[a, b]$, 利用定积分的定义, 则必有

$$\int_a^b f(x)\mathrm{d}x = \lim_{\lambda(T)\to 0}\overline{S}(T) = \lim_{\lambda(T)\to 0}\underline{S}(T).$$

利用这个结论就可以证明定积分的几何意义了. 事实上, 曲边梯形的面积 S 满足:

$$\underline{S}(T) \leqslant S \leqslant \overline{S}(T),$$

利用夹逼定理, 则 $S = \displaystyle\int_a^b f(x)\mathrm{d}x$.

(2) 上述证明过程中再次用到了可积条件下, 利用定义中两个任意性条件, 选定特殊的分割和特殊的取点而获得定积分特定的性质, 需要掌握这种应用思想方法.

定理 2.2 给出了定积分存在的条件, 但是, 不方便使用, 我们给出更容易使用的结论形式, 这就是下述的推论.

记 $\omega_i = M_i - m_i = \sup\limits_{x', x'' \in [x_{i-1}, x_i]} |f(x') - f(x'')|$, 称其为 $f(x)$ 在 $[x_{i-1}, x_i]$ 上的振幅.

由于后续讨论函数可积性时经常用到振幅, 对振幅进行结构分析: 从表达式可知, 振幅的结构特征是函数的差值结构, 类比已知, 这种结构在微分理论中经常遇到, 如连续性、一致连续性和可微性、微分中值定理、泰勒展开公式等理论中都涉及函数的差值结构, 由此通过差值结构将微分理论和积分理论联系起来, 为利用微分理论讨论函数可积性提供了线索.

推论 2.2 有界函数 $f(x) \in R[a,b]$ 的充分必要条件是 $\lim\limits_{\lambda(T)\to 0}\sum\limits_{i=1}^{n}\omega_i\Delta x_i = 0$.

推论 2.2 也称为可积的第一充要条件.

抽象总结 (1) 定理 2.2 的几何意义: 当 $f(x)>0$ 时, $\overline{S}(T)$ 为所有小曲边梯形的外包矩形的面积和, $\underline{S}(T)$ 为所有小曲边梯形的内含矩形的面积和, $\sum\limits_{i=1}^{n}\omega_i\Delta x_i$ 正是二者的差, 因此, 可积的含义就是, 当分割越来越细时, 内含矩形的面积和外包矩形的面积都越来越接近于曲边梯形的面积, 相对而言, 二者差越来越接近于零.

(2) 推论 2.2 作用对象特征分析: 此推论利用振幅的结构性条件刻画了函数的可积性, 即当分割很细时, 每个分割小区间上的振幅变化不大. 从定义看, 振幅的结构是任意两点的差值结构, 使得我们可以考虑利用已经掌握的连续性理论、微分学理论讨论可积性. 当然, "好" 函数才具有连续性、可微性, 因此, 推论 2.2 常用于 "好" 函数可积性的研究. 事实上, 可以利用推论 2.2 得到连续函数的可积性.

当然, 也确实存在可积但不连续的函数, 这说明上述的刻画条件还不够深刻, 没有揭示可积的本质, 为此, 我们从上述结论出发, 进一步挖掘可积性的本质.

由推论 2.2, 分析 $\sum\limits_{i=1}^{n}\omega_i\Delta x_i$ 的结构, 其极限行为要受两个因素 ω_i 和 Δx_i 的制约, 可以设想, 要使 $\sum\limits_{i=1}^{n}\omega_i\Delta x_i$ 充分小, 要么 ω_i 都充分小, 要么 ω_i 不能充分小的对应区间 Δx_i 的和充分小, 这正是我们要揭示的可积性的第二充分必要条件.

定理 2.3 有界函数 $f(x) \in R[a,b]$ 的充分必要条件是对任意的 $\varepsilon>0$ 和 $\sigma>0$, 存在 $\delta>0$ 使得对任意的分割 T, 只要 $\lambda(T)<\delta$ 时, 就成立对应于 $\omega_i \geqslant \varepsilon$ 的那些区间的长度和满足 $\sum\limits_{\omega_i\geqslant\varepsilon}\Delta x_i' < \sigma$.

证明 *必要性* 设 $f(x)\in R[a,b]$, 对任意的 $\varepsilon>0$ 和 $\sigma>0$, 由推论 2.2, 存在 $\delta>0$ 使得对任意的分割 T, 只要 $\lambda(T)<\delta$ 时,

$$\sum_{i=1}^{n}\omega_i\Delta x_i < \varepsilon\sigma,$$

故对应于 $\omega_i \geqslant \varepsilon$ 的那些区间的长度和满足

$$\varepsilon\sum_{\omega_i\geqslant\varepsilon}\Delta x_{i'} \leqslant \sum_{\omega_i\geqslant\varepsilon}\omega_i\Delta x_i \leqslant \sum_{\omega_i\geqslant\varepsilon}\omega_i\Delta x_i + \sum_{\omega_i<\varepsilon}\omega_i\Delta x_i = \sum_{i=1}^{n}\omega_i\Delta x_i < \varepsilon\sigma,$$

因而, $\sum\limits_{\omega_i\geqslant\varepsilon}\Delta x_i < \sigma$.

充分性 假设对任意的 $\varepsilon>0$ 和 $\sigma>0$, 存在 $\delta>0$ 使得对任意的分割 T, 只要 $\lambda(T)<\delta$ 时, 就成立对应于 $\omega_i\geqslant\varepsilon$ 的那些区间的长度和 $\sum\limits_{i'}\Delta x_{i'}<\sigma$, 用 i' 表示使得 $\omega_{i'}\geqslant\varepsilon$ 的那些分割小区间的下标, 用 i'' 表示剩下的小区间的下标, 则

$$\begin{aligned}\sum_{i=1}^{n}\omega_i\Delta x_i&=\sum_{i'}\omega_{i'}\Delta x_{i'}+\sum_{i''}\omega_{i''}\Delta x_{i''}\\&\leqslant(M-m)\sum_{i'}\Delta x_{i'}+\varepsilon\sum_{i''}\Delta x_{i''}\\&\leqslant(M-m)\sigma+(b-a)\varepsilon,\end{aligned}$$

由 ε 和 σ 的任意性, 则 $\lim\limits_{\lambda(T)\to0}\sum\limits_{i=1}^{n}\omega_i\Delta x_i=0$, 故函数可积.

抽象总结 (1) 此条件揭示函数可积的本质. 即可积函数必是这样一类的函数, 对充分细的分割, 或者对应的振幅很小 (如连续的情形), 或者振幅不能很小的这部分区间的长度和充分小, 即不连续点不能太多 (测度为 0). 事实上, 学习了后续课程实变函数之后可以发现: 黎曼意义下的可积函数就是几乎处处连续的函数.

(2) 定理 2.8 通常用于“坏”函数的可积性, 特别, 当涉及判断可积性的函数具有不连续点时, 通常利用定理 2.8 研究其可积性.

习 题 8.2

1. 设 $f(x)$ 在 $[a,b]$ 上可积, 证明: $|f(x)|$ 和 $f^2(x)$ 在 $[a,b]$ 上也可积. 试举例说明反之结论不成立.

2. 设 $f(x)$ 在 $[a,b]$ 上可积, 且 $f(x)\geqslant c>0$, $x\in[a,b]$, 证明 $f^{-1}(x)$ 在 $[a,b]$ 上也可积.

3. 设 $f(x)$, $g(x)$ 在 $[a,b]$ 上可积, 证明对任意的分割

$$T:\ a=x_0<x_1<\cdots<x_n=b$$

和任意的 $\xi_i,\eta_i\in[x_{i-1},x_i]$, 成立

$$\lim_{\lambda(T)\to0}\sum_{i=1}^{n}f(\xi_i)g(\eta_i)\Delta x_i=\int_a^b f(x)g(x)\mathrm{d}x.$$

8.3 可积函数类

本节, 我们从最基本的连续函数开始, 利用可积的充分必要条件研究可积函数类.

定理 3.1 设 $f(x)$ 在 $[a,b]$ 上连续, 则设 $f(x)$ 在 $[a,b]$ 上必可积.

结构分析 "好"函数可积性的研究. 类比已知, 考虑用第一充要条件证明, 这就需要研究函数的振幅, 注意到振幅的结构形式和一致连续性的结构形式相同, 由此确定证明思路.

证明 由于 $f(x)$ 在 $[a,b]$ 上连续, 则 $f(x)$ 在 $[a,b]$ 上必定一致连续, 故对 $\forall\varepsilon>0$, 存在 $\delta>0$ 使得当 $x', x''\in[a,b]$ 且 $|x'-x''|<\delta$ 时, 有

$$|f(x')-f(x'')|<\frac{\varepsilon}{b-a},$$

因此, 对任意分割 T,

$$T:\ a=x_0<x_1<\cdots<x_n=b,$$

当 $\lambda(T)<\delta$ 时,

$$\omega_i=\sup_{x',x''\in[x_{i-1},x_i]}|f(x')-f(x'')|<\frac{\varepsilon}{b-a},$$

因而,

$$\sum_{i=1}^{n}\omega_i\Delta x_i<\frac{\varepsilon}{b-a}(b-a)=\varepsilon,$$

故, 设 $f(x)$ 在 $[a,b]$ 上可积.

定理 3.1 说明连续函数是可积的, 因而, 若将可积性也作为函数的一种光滑性的话, 连续的光滑性不低于可积的光滑性, 那么, 自然提出这样的问题: 连续性是否一定高于可积性? 即可积函数连续吗? 定理 3.1 中连续性的条件是否可以降低? 从另一个角度讲, 对连续性, 我们已知它是一个局部性的概念, 可以定义函数在一点的连续性, 也可以定义函数在一个区间上 (不管它是开的、闭的或半开半闭的) 的连续性, 而从可积性的定义可以看出可积性是一个整体性的概念, 我们只能定义函数在闭区间上的可积性, 那么, 能否在其他区间上定义可积性? 下面几个定理将回答这些问题, 同时为研究定积分的其他性质作准备.

定理 3.2 设有界函数 $f(x)$ 在 $(a,b]$ 上连续, 则对任意定义的 $f(a)$, 都有 $f(x)\in R[a,b]$, 且 $I=\int_a^b f(x)\mathrm{d}x$ 与 $f(a)$ 无关.

结构分析 从所给条件看, $x=a$ 点可能是不连续点, 这样就涉及两类点, 因而符合第二充要条件的结构, 选用第二充要条件来证. 方法设计: 把不连续点分离到一个任意小的区间中.

证明 对任意 $\varepsilon>0,\sigma>0$, 由于 $f(x)\in C\left[a+\frac{\sigma}{2},b\right]$, 由一致连续性定理, 存

在 $\delta: \frac{\sigma}{2} > \delta > 0$, 使得当 $x', x'' \in \left[a+\frac{\sigma}{2}, b\right]$ 且 $|x'-x''| < \delta$ 时,

$$|f(x') - f(x'')| < \varepsilon.$$

故, 对任意满足 $\lambda(T) < \delta$ 的分割

$$T:\ a = x_0 < x_1 < \cdots < x_n = b,$$

设 $a + \frac{\sigma}{2} \in [x_{p-1}, x_p]$, 则 $i > p$ 时, 对应的小区间上的振幅 $\omega_i < \varepsilon$, 因此, 对应的 $\omega_i \geqslant \varepsilon$ 的区间至多有 p 个: $[x_0, x_1], \cdots, [x_{p-1}, x_p]$, 其长度和满足

$$\sum_{k=1}^{p} \Delta x_k < \frac{\sigma}{2} + (x_p - x_{p-1}) < \frac{\sigma}{2} + \lambda(T) < \sigma,$$

由可积的第二充要条件, 则 $f(x) \in R[a, b]$.

记 $I = \int_a^b f(x)\mathrm{d}x$, 对任意分割 $T:\ a = x_0 < x_1 < \cdots < x_n = b$, 取 $\xi_i = x_i$, $i = 1, \cdots, n$, 则

$$I = \int_a^b f(x)\mathrm{d}x = \lim_{\lambda(T)\to 0} \sum_{i=1}^{n} f(\xi_i)\Delta x_i,$$

故, 定积分与 $f(a)$ 无关.

推论 3.1 设有界函数 $f(x)$ 在 (a, b) 上连续, 则对任意定义的 $f(a)$, $f(b)$, 都有 $f(x) \in R[a, b]$, 且 $I = \int_a^b f(x)\mathrm{d}x$ 与 $f(a)$, $f(b)$ 无关.

抽象总结 (1) 从定理 3.2 和推论 3.1 的形式看, 改变函数在端点处的函数值, 不改变函数的可积性和积分值. (2) 从可积性的定义结构看, 对定义在区间上的有界连续函数来说, 不管区间形式如何, 我们都可以通过端点处函数值的定义, 将函数延拓到闭区间上, 得到闭区间上一个可积函数且积分值与端点函数值无关, 这就是只定义闭区间上函数积分的原因, 因此, 在下面涉及函数可积性时, 我们只在有界闭区间上进行讨论. (3) 证明过程中再次用到了在可积条件下, 利用取点的任意性, 通过取定特殊的点, 得到积分值. (4) 定理中的有界性条件不可去, 如 $f(x) = \frac{1}{x} \in C(0, 1]$, 但是, 它在 (0, 1] 上不可积 (这是一个广义积分问题)(试分析定理 3.2 的证明对 $f(x) = \frac{1}{x} \in C(0, 1]$ 是否成立? 为什么?).

定理 3.3 有界闭区间上只有有限个不连续点的有界函数必可积.

证明 只需考虑最简单的情况: 假设函数 $f(x)$ 在 $[a, b]$ 内只有一个不连续点, 此时证明与定理 3.2 相同.

推论 3.2 设有界函数 $f(x)$, $g(x)$ 只在 $[a,b]$ 上的有限个点处具有不同的函数值, 且 $f(x)\in R[a,b]$, 则 $g(x)\in R[a,b]$, 且

$$\int_a^b f(x)\mathrm{d}x=\int_a^b g(x)\mathrm{d}x,$$

因而, 改变一个函数在有限个点处的函数值不改变其可积性, 也不改变其积分值.

证明 记 $F(x)=f(x)-g(x)$, 则 $F(x)$ 除在 $[a,b]$ 上有限个点外恒为 0, 由定理 3.3, $F(x)\in R[a,b]$. 对任意分割

$$T:\ a=x_0<x_1<\cdots<x_n=b,$$

总可以取 $\xi_i\in[x_{i-1},x_i]$ 使得 $F(\xi_i)=0$, 则

$$\int_a^b F(x)\mathrm{d}x=\lim_{\lambda(T)\to 0}\sum_{i=1}^n F(\xi_i)\Delta x_i=0.$$

另一方面, 对任意分割 $T:\ a=x_0<x_1<\cdots<x_n=b$, 对 $\forall\xi_i\in[x_{i-1},x_i]$,

$$\begin{aligned}\lim_{\lambda(T)\to 0}\sum_{i=1}^n g(\xi_i)\Delta x_i&=\lim_{\lambda(T)\to 0}\sum_{i=1}^n [f(\xi_i)-F(\xi_i)]\Delta x_i\\&=\lim_{\lambda(T)\to 0}\sum_{i=1}^n f(\xi_i)\Delta x_i-\lim_{\lambda(T)\to 0}\sum_{i=1}^n F(\xi_i)\Delta x_i\\&=\int_a^b f(x)\mathrm{d}x-\int_a^b F(x)\mathrm{d}x=\int_a^b f(x)\mathrm{d}x,\end{aligned}$$

因而, $g(x)\in R[a,b]$, 且 $\displaystyle\int_a^b f(x)\mathrm{d}x=\int_a^b g(x)\mathrm{d}x$.

此性质表明: 分段连续函数是可积的, 由此可知, 可积函数不一定连续, 因此, 连续性确实比可积性的光滑性高.

例 1 证明 $[0,1]$ 上的黎曼函数 p,

$$R(x)=\begin{cases}\dfrac{1}{q}, & x=\dfrac{p}{q}, q\ \text{为互质的正整数},\\ 0, & x=0\text{或}\ x\ \text{为无理数}\end{cases}$$

可积, 且 $\int_0^1 R(x)\mathrm{d}x = 0$.

结构分析 题型: 具体函数可积性的讨论. 类比已知: 函数可积的理论 (两个充要条件), 且已知黎曼函数的性质——在无理点连续, 在有理点不连续, 函数存在不连续点. 确立思路: 利用可积性的第二充要条件证明. 方法设计: 由于所有的有理点 (x=0 除外) 都是不连续点, 这样的点有无穷多个且密布在整个区间 [0,1], 因而, 不能像定理 3.2 那样把这些点分离在一个任意小的区间, 这就需要利用 $\omega_i \geqslant \varepsilon$ 的特性将 "坏点" 确定出来, 因此, 我们必须研究使得 $\omega_i \geqslant \varepsilon$ 的点的性质, 注意到 x 为无理点时 $R(x) = 0$, 因此, $\omega_i = R(x')$, x' 为某个有理点, 故, 需要将 $R(x') \geqslant \varepsilon$ 的这些点分出来, 所使用的方法和讨论此函数的连续性的方法相同仍是排除法.

证明 对任意的 $\varepsilon > 0$, $\sigma > 0$, 使得 $R(x) \geqslant \varepsilon$ 的点只可能发生在有理点 $x = \dfrac{p}{q}$ 上, 由于使得 $R(x) = \dfrac{1}{q} \geqslant \varepsilon$ 的 q 至多有限个, 因而 $[0,1]$ 中至多有有限个有理点记为 $x_1', \cdots, x_k'$ 使得 $R(x_j') \geqslant \varepsilon$. 故, 对任意分割 $T:\ a = x_0 < x_1 < \cdots < x_n = b$, 使得 $\omega_i \geqslant \varepsilon$ 的区间必是包含了点 $x_1', \cdots, x_k'$ 的小区间, 这样的小区间至多有 $2k$ 个 (有可能为端点), 因而, 当 $\lambda(T) < \delta = \dfrac{\sigma}{2k}$ 时, 这样区间的长度和不超过 $2k\lambda(T) \leqslant \sigma$, 故 $R(x)$ 可积.

显然, 对任意分割 $T:\ a = x_0 < x_1 < \cdots < x_n = b$, 取点 ξ_i 为每个小区间中的无理点, 则立即可得

$$\int_0^1 R(x)\mathrm{d}x = \lim_{\lambda(T)\to 0} \sum_{i=1}^{n} R(\xi_i)\Delta x_i = 0.$$

抽象总结 (1) 对比黎曼函数连续性的证明, 证明该函数的可积性仍然利用了排除法, 二者的思想本质是相同的. (2) 注意到黎曼函数并不是分段光滑的函数, 因此, 此例表明, 可积函数类是一类比分段光滑函数类还广的函数类.

定理 3.4 $[a, b]$ 上的单调有界函数必可积.

结构分析 思路确立: 由于没有明显的 "坏点"(不连续点) 信息, 应优先考虑第一充要条件. 方法设计: 对单调函数而言, 振幅具有特殊的结构——振幅等于端点函数值差的绝对值, 这是其结构特点, 利用这个特点就可以设计具体的证明方法.

证明 不妨设 $f(x)$ 在 $[a,b]$ 上单调递增, 对任意分割

$$T:\ a = x_0 < x_1 < \cdots < x_n = b,$$

对应每个小区间上的振幅 $\omega_i = f(x_i) - f(x_{i-1})$, 因此, 对 $\forall\varepsilon > 0$, 当 $\lambda(T) <$

$\dfrac{\varepsilon}{f(b)-f(a)}$ 时,

$$\sum_{i=1}^{n}\omega_i\Delta x_i\leqslant\lambda(T)\sum_{i=1}^{n}\omega_i=\lambda(T)(f(b)-f(a))\leqslant\varepsilon,$$

因而 $f(x)$ 在 $[a, b]$ 上可积.

上述一系列性质表明, 可积函数类确实是比连续函数更广的函数类.

习 题 8.3

下述各题, 先给出结构分析说明思路是如何形成的, 再给出证明.

1. 设函数 $f(x)$ 在 $[0, 1]$ 上有界且所有的不连续点为 $x_n=\dfrac{1}{n}, n=1,2,\cdots$, 证明 $f(x)$ 在 $[0, 1]$ 上可积.

2. 讨论函数 $f(x)=\begin{cases}x, & x \text{ 是有理数},\\ 0, & x \text{ 是无理数}\end{cases}$ 在 $[0,1]$ 上的可积性.

3. 讨论函数 $f(x)=\begin{cases}x\sin\dfrac{1}{x}, & x\neq 0,\\ 0, & x=0\end{cases}$ 在 $[0, 1]$ 上的可积性.

4. 设函数 $f(x)=\begin{cases}\dfrac{1}{x}-\left[\dfrac{1}{x}\right], & 0<x\leqslant 1,\\ 0, & x=0,\end{cases}$ 证明 $f(x)$ 在 $[0,1]$ 上可积.

8.4 定积分的性质

本节利用定义和两个充要条件, 从定量和定性两个方面讨论定积分的性质. 由于充要条件只给出了函数的可积性, 是定性的结论, 定义不仅给出了可积性, 还给出了积分值, 具有定性和定量的双重属性, 因而, 在涉及可积性的定性结论时, 可以考虑用充要条件进行研究, 若还要讨论定积分的定量关系式, 就需要考虑用定义转化为极限关系来讨论了.

一、 运算性质

性质 4.1(线性性质) 设 $f(x)$, $g(x)$ 在 $[a,b]$ 上可积, 则对任意实数 k_1,k_2, $k_1f(x)+k_2g(x)$ 可积且

$$\int_a^b[k_1f(x)+k_2g(x)]\mathrm{d}x=k_1\int_a^b f(x)\mathrm{d}x+k_2\int_a^b g(x)\mathrm{d}x.$$

简析 由于要证明的结论既有定性的结论——可积性, 也有定量的结论——积分关系式, 故, 考虑用定义证明.

证明 由定义, 对任意分割 $T:\ a=x_0<x_1<\cdots<x_n=b$ 和对任意 $\xi_i\in[x_{i-1},x_i]$,

$$\begin{aligned}&\lim_{\lambda(T)\to0}\sum_{i=1}^{n}[k_1f(\xi_i)+k_2g(\xi_i)]\Delta x_i\\=&k_1\lim_{\lambda(T)\to0}\sum_{i=1}^{n}f(\xi_i)\Delta x_i+k_2\lim_{\lambda(T)\to0}\sum_{i=1}^{n}g(\xi_i)\Delta x_i\\=&k_1\int_a^b f(x)\mathrm{d}x+k_2\int_a^b g(x)\mathrm{d}x,\end{aligned}$$

由此, 性质得证.

性质 4.2 设 $f(x)\in R[a,b], g(x)\in R[a,b]$, 则 $f(x)g(x)\in R[a,b]$.

注 $R[a,b]$ 表示在 $[a,b]$ 上所有可积的函数组成的集合.

结构分析 题型: 证明可积性. 特点: 相关联函数可积性的讨论, 且没有明显的 "坏点" 信息. 思路: 第一充要条件. 方法: 对应的已知条件为

$$\sum_{i=1}^{n}\omega_i^f\Delta x_i\to0,\quad \sum_{i=1}^{n}\omega_i^g\Delta x_i\to0,$$

要证明的结论是 $\sum\limits_{i=1}^{n}\omega_i^{fg}\Delta x_i\to0$. 因此, 问题就转化为如何用已知的振幅来控制未知的振幅, 即讨论三个振幅之间的关系, 而振幅关系是通过函数关系来讨论的, 基本振幅公式为 $\omega^f=\sup\limits_{x',x''\in[a,b]}|f(x')-f(x'')|$, 其基本结构是差值结构, 因此, 振幅关系的讨论实际上是三个函数差值结构关系的讨论, 这种关系的讨论在连续性理论中遇到过, 类比已知, 相应的方法是插项法.

证明 设 $|f(x)|\leqslant M,\ |g(x)|\leqslant M$. 对任意分割

$$T:\ a=x_0<x_1<\cdots<x_n=b,$$

任取 $x',x''\in[x_{i-1},x_i]$, 则

$$\begin{aligned}&f(x')g(x')-f(x'')g(x'')\\=&[f(x')-f(x'')]g(x')+[g(x')-g(x'')]f(x''),\end{aligned}$$

记 $\omega_i^f,\omega_i^g,\omega_i^{fg}$ 分别为 $f(x),g(x),f(x)g(x)$ 在 $[x_{i-1},x_i]$ 上的振幅, 则

$$\omega_i^{fg}\leqslant M[\omega_i^f+\omega_i^g],$$

故,

$$0 \leqslant \sum_{i=1}^{n} \omega_i^{fg} \Delta x_i \leqslant M \left[\sum_{i=1}^{n} \omega_i^{f} \Delta x_i + \sum_{i=1}^{n} \omega_i^{g} \Delta x_i \right],$$

因而, 由 $f(x) \in R[a,b]$, $\mathrm{g}(x) \in R[a,b]$ 立即可得 $f(x)g(x) \in R[a,b]$.

抽象总结 (1) 此性质给出了可积性的乘积的运算法则, 但是, 只有定性结论, 没有定量结论, 体现了定积分运算的复杂性. (2) 上述证明过程中, 利用振幅关系的讨论研究相关的可积性关系, 体现了可积性关系讨论的基本思想方法.

定积分是一个整体量, 只在区间上有定义, 因此, 也可以考虑区间运算性质, 这就是下面两个性质.

性质 4.3(区间可加性) 设 $a < c < b$, $f(x) \in R[a,c]$ 且 $f(x) \in R[c,b]$, 则 $f(x) \in R[a,b]$ 且

$$\int_a^b f(x)\mathrm{d}x = \int_a^c f(x)\mathrm{d}x + \int_c^b f(x)\mathrm{d}x.$$

结构分析 题型: 定积分的定性和定量分析, 通常情形下, 以定量为主, 定量关系解决了, 定性性质自然成立. 思路: 若以定量关系验证为主, 必须利用定积分的定义来论证, 形成证明的思路. 方法设计: 类比定积分定义, 重点是建立三个积分对应的有限和关系, 即如何把 $[a, b]$ 上的有限和转化为 $[a, c]$, $[c,b]$ 上的有限和, 很容易利用 c 点的定位来解决, 由此形成对应的具体方法.

证明 对任意分割

$$T:\ a = x_0 < x_1 < \cdots < x_n = b$$

和 $\forall \xi_i \in [x_{i-1}, x_i], i = 1, 2, \cdots, n$, 设 $c \in [x_{k-1}, x_k)$, 记

$$T_1 : a = x_0 < x_1 < \cdots < x_{k-1} \leqslant c,$$

$$T_2 : c < x_k < x_{k+1} < \cdots < x_n = b,$$

则

$$\begin{aligned}\lim_{\lambda(T)\to 0} \sum_{i=1}^{n} f(\xi_i)\Delta x_i &= \lim_{\lambda(T)\to 0} \left[\sum_{i=1}^{k-1} f(\xi_i)\Delta x_i + f(\xi_k)\Delta x_k + \sum_{i=k+1}^{n} f(\xi_i)\Delta x_i \right] \\ &= \lim_{\lambda(T)\to 0} \left[\sum_{i=1}^{k-1} f(\xi_i)\Delta x_i + f(c)(c - x_{k-1}) - f(c)(c - x_{k-1}) \right]\end{aligned}$$

$$+\lim_{\lambda(T)\to 0}\left[\sum_{i=k+1}^{n} f(\xi_i)\Delta x_i + f(c)(x_k-c) - f(c)(x_k-c)\right]$$

$$+\lim_{\lambda(T)\to 0} f(\xi_k)\Delta x_k$$

$$=\int_a^c f(x)\mathrm{d}x+\int_c^b f(x)\mathrm{d}x-f(c)\lim_{\lambda(T)\to 0}\Delta x_k+\lim_{\lambda(T)\to 0} f(\xi_k)\Delta x_k$$

$$=\int_a^c f(x)\mathrm{d}x+\int_c^b f(x)\mathrm{d}x,$$

因而, $f(x)\in R[a,b]$ 且等式成立.

抽象总结 从上述证明过程中可知, 证明的重点是建立对应的分割所得到的黎曼和的关系, 但是, 一定要准确应用逻辑关系, 即要证明的结论是 $f(x)\in R[a,b]$, 因此, 应先给点区间 $[a,b]$ 上的一个分割, 对应地根据分点 c 的位置得到已知可积性的区间 $[a,c]$, $[c,b]$ 上的分割.

此性质的逆也成立, 这就是下面的性质.

性质 4.4(区间可加性) 设 $f(x)\in R[a,b]$, 则对任意 $c: a<c<b$, $f(x)\in R[a,c]$, $f(x)\in R[c,b]$ 且

$$\int_a^b f(x)\mathrm{d}x=\int_a^c f(x)\mathrm{d}x+\int_c^b f(x)\mathrm{d}x.$$

结构分析 此性质虽然与性质 4.3 相近, 也涉及定量关系, 但不能像性质 4.3 的证明那样利用定义式证明. 原因是在性质 4.3 中, 等式右端两项同时存在能说明等式左端一项存在, 但反过来, 等式左端一项存在不能说明等式右端两项同时存在, 这正是性质 4.4 要证明的, 因此, 只能先定性分析, 说明两个积分同时存在, 再利用性质 4.3 进行定量研究, 说明等式成立.

证明 由于 $f(x)\in R[a,b]$, 故对任意 $\varepsilon>0$, 存在 $\delta>0$, 使得对任意分割 $T:\ a=x_0<x_1<\cdots<x_n=b$, 当 $\lambda(T)<\delta$ 时,

$$\sum_{i=1}^{n}\omega_i\Delta x_i\leqslant\varepsilon.$$

对任意分割

$$T_1: a=x_0^1<x_1^1<\cdots<x_k^1=c,$$

$$T_2: c=x_0^2<x_1^2<\cdots<x_p^2=b,$$

则 $T'=T_1+T_2$ 是对 $[a,b]$ 的分割且当 $\lambda(T_1)<\delta,\lambda(T_2)<\delta$ 时, $\lambda(T')<\delta$, 因此,

$$\sum_{T_1}\omega_i^1\Delta x_i^1\leqslant\sum_{T'}\omega_i'\Delta x_i'<\varepsilon,$$

$$\sum_{T_2}\omega_i^2\Delta x_i^2\leqslant\sum_{T'}\omega_i'\Delta x_i'<\varepsilon,$$

故 $f(x)\in R[a,c]$, $f(x)\in R[c,b]$, 再利用性质 4.3, 等式成立.

抽象总结 在证明过程中, 先给出区间 $[a,c]$, $[c,b]$ 上的分割, 再得到 $[a,b]$ 上的分割, 由此, 有 $f(x)\in R[a,c]$, $f(x)\in R[c,b]$, 得到 $f(x)\in R[a,b]$, 这是与性质 4.3 证明过程中的差别, 这种差别仍是由要证明的结论的逻辑要求造成的.

二、 序性质

所谓序性质就是建立定积分的不等式关系, 这种关系在对定积分放缩估计时非常有用.

性质 4.5(保序性) 若 $f(x)\geqslant 0$ 且在 $[a,b]$ 上可积, 则

$$\int_a^b f(x)\mathrm{d}x\geqslant 0.$$

因而, 若 $f(x),g(x)$ 都可积且 $f(x)\geqslant g(x)$, 则

$$\int_a^b f(x)\mathrm{d}x\geqslant\int_a^b g(x)\mathrm{d}x.$$

结构分析 定量分析的题型, 利用定义和极限的保序性来证. 证明很简单, 略去.

性质 4.6(绝对可积性) 若 $f(x)\in R[a,b]$, 则 $|f(x)|\in R[a,b]$ 且

$$\left|\int_a^b f(x)\mathrm{d}x\right|\leqslant\int_a^b|f(x)|\mathrm{d}x.$$

结构分析 题型: 结论分为两部分. ① 绝对可积性的定性分析, 相关函数可积性关系的讨论; ② 定积分不等式关系. 方法: 对① , 用第一充要条件证明, 需要研究对应的振幅关系. 对 ②, 利用定积分的序性质, 转化为函数序关系的讨论.

证明 对任意分割 $T:\ a=x_0<x_1<\cdots<x_n=b$. 任取 $x',x''\in[x_{i-1},x_i]$, 则

$$||f(x')|-|f(x'')||\leqslant|f(x')-f(x'')|,$$

故, $\omega_i^{|f|} \leqslant \omega_i^f$. 因而, $|f(x)| \in R[a,b]$.

由于 $-|f(x)| \leqslant f(x) \leqslant |f(x)|$, 由积分保序性可得

$$\left|\int_a^b f(x)\mathrm{d}x\right| \leqslant \int_a^b |f(x)|\mathrm{d}x.$$

注 其逆不成立. 如 $[0,1]$ 上如下定义的函数

$$f(x)=\begin{cases}1, & x\text{为有理数},\\ -1, & x\text{为无理数},\end{cases}$$

显然, $|f(x)|$ 在 [0,1] 上可积, 但 $f(x)$ 在 [0,1] 上不可积.

三、 变限积分函数的性质

利用定积分可以构造一类新函数, 我们讨论对应的性质, 同时也为定积分的中值定理的建立做准备.

设 $f(x) \in R[a,b]$, 令 $F(x)=\displaystyle\int_a^x f(t)\mathrm{d}t$, 则 $F(x)$ 是定义在 $[a,b]$ 上的函数, 因此, 利用定积分构造一个新函数, 将其称为变限积分函数. 下面建立变限积分函数的光滑性质.

性质 4.7(积分连续性) 设 $f(x) \in R[a,b]$, 则

$$F(x) \in C[a,b].$$

结构分析 题型为连续性的验证, 这是局部性性质的证明, 只需验证点点连续性即可.

证明 由于可积函数是有界函数, 可设 $|f(x)| \leqslant M$, 因而,

$$|F(x+\Delta x)-F(x)|=\left|\int_x^{x+\Delta x} f(t)\mathrm{d}t\right| \leqslant M\,|\Delta x|,$$

由此可得 $F(x)=\displaystyle\int_a^x f(t)\mathrm{d}t \in C[a,b]$.

性质 4.8 若 $f(x) \in C[a,b]$, 则 $F(x)$ 在 $[a,b]$ 可微且

$$F'(x)=\left(\int_a^x f(t)\mathrm{d}t\right)'=f(x), \quad x \in [a,b],$$

即 $F(x)$ 是 $f(x)$ 的原函数. 因此, 任何连续函数都有原函数.

证明 法一 由于 $f(x)\in C[a,b]$, 则 $f(x)$ 在 $[a,b]$ 上一致连续, 因而, 对任意存在 $\varepsilon>0$, 存在 $\delta>0$, 使得 $\forall x',x''\in[a,b]$ 且 $|x'-x''|<\delta$, 都有

$$|f(x')-f(x'')|\leqslant\varepsilon,$$

因而, 对任意 $x\in(a,b)$, 当 $|\Delta x|<\delta$ 时, 有

$$\left|\frac{F(x+\Delta x)-F(x)}{\Delta x}-f(x)\right|=\left|\frac{1}{\Delta x}\int_x^{x-\Delta x}(f(t)-f(x))\mathrm{d}t\right|<\varepsilon,$$

故,

$$\lim_{\Delta x\to0}\frac{F(x+\Delta x)-F(x)}{\Delta x}=f(x),\quad x\in(a,b),$$

类似可以证明, 当 $x=a,\ b$ 时, 结论仍成立, 因此,

$$F'(x)=f(x),\quad x\in[a,b].$$

抽象总结 (1) 性质 4.7 和性质 4.8 给出了变限积分函数的分析性质, 对比发现, $F(x)$ 具有比 $f(x)$ 高一级的光滑性. (2) 此性质给出了原函数的构造, 解决了原函数的存在性问题, 利用定积分构造原函数也建立了定积分和不定积分的基本关系. (3) 性质 4.8 也可以利用后面的积分第一中值定理证明.

法二 利用积分第一中值定理和 $f(x)$ 的连续性,

$$\lim_{\Delta x\to0}\frac{F(x+\Delta x)-F(x)}{\Delta x}=\lim_{\Delta x\to0}\frac{1}{\Delta x}\int_x^{x+\Delta x}f(t)\mathrm{d}t=\lim_{\Delta x\to0}f(\xi)=f(x),$$

其中 ξ 在 x 和 $x+\Delta x$ 之间. 因而, 性质成立.

还可以将上述变限积分函数进行推广.

性质 4.9 若 $f(x)$ 在 $[a,b]$ 上连续, $g(x)$ 和 $h(x)$ 在 $[a,b]$ 上可微, 则

$$\left[\int_{h(x)}^{g(x)}f(t)\mathrm{d}t\right]'=f(g(x))g'(x)-f(h(x))h'(x).$$

此性质的证明和性质 4.8 的证明类似, 当然, 采用积分第一中值定理证明更简单.

变限积分函数是我们接触到的函数类得到推广——从形式上给出一类新函数, 从应用上可以给出非初等函数如 $f(x)=\displaystyle\int_1^x\frac{\sin t}{t}\mathrm{d}t$, 这种结构的函数在进一步的分析学中起着非常重要的作用.

四、 积分中值定理

性质 4.10(积分第一中值定理) 设 $f(x), g(x)$ 在 $[a,b]$ 上都可积且 $g(x)$ 不变号, 则存在 $\eta \in [m,M]$ 使得

$$\int_a^b f(x)g(x)\mathrm{d}x = \eta \int_a^b g(x)\mathrm{d}x,$$

其中, $m = \min\limits_{x\in[a,b]} f(x), M = \max\limits_{x\in[a,b]} f(x)$.

结构分析 思路: 利用已经建立的积分性质进行证明. 类比已知: 已知的条件中暗含序关系 (不变号、$\eta \in [m,M]$) 的信息, 考虑利用序性质进行证明. 方法设计: 由定量条件出发, 得到函数关系, 借助定性条件导出相应的积分关系.

证明 设 $g(x) \geqslant 0$. 则 $mg(x) \leqslant f(x)g(x) \leqslant Mg(x)$, 利用积分保序性, 则

$$m\int_a^b g(x)\mathrm{d}x \leqslant \int_a^b f(x)g(x)\mathrm{d}x \leqslant M\int_a^b g(x)\mathrm{d}x.$$

若 $\int_a^b g(x)\mathrm{d}x = 0$, 性质显然成立. 若 $\int_a^b g(x)\mathrm{d}x > 0$, 则

$$m \leqslant \frac{\int_a^b f(x)g(x)\mathrm{d}x}{\int_a^b g(x)\mathrm{d}x} \leqslant M,$$

因而, 存在 $\eta \in [m,M]$ 使得 $\dfrac{\int_a^b f(x)g(x)\mathrm{d}x}{\int_a^b g(x)\mathrm{d}x}=\eta$, 故 $\int_a^b f(x)g(x)\mathrm{d}x=\eta\int_a^b g(x)\mathrm{d}x$.

若 $g(x) \leqslant 0$, 类似可证.

推论 4.1 当 $f(x) \in C[a,b]$ 时, 存在 $\xi \in [a,b]$, 使得 $f(\xi) = \eta$, 此时

$$\int_a^b f(x)g(x)\mathrm{d}x = f(\xi)\int_a^b g(x)\mathrm{d}x,$$

特别, $g(x) \equiv 1$ 时, 中值定理形式为

$$\int_a^b f(x)\mathrm{d}x = f(\xi)(b-a),$$

此时, $f(\xi)=\dfrac{1}{b-a}\displaystyle\int_a^b f(x)\mathrm{d}x$ 称为积分平均值.

抽象总结 从结构看积分中值定理的重要性: 对定积分 $\displaystyle\int_a^b f(x)g(x)\mathrm{d}x$ 的研究而言, 其难易程度由被积函数的结构决定, 积分中值定理的结论将 $\displaystyle\int_a^b f(x)g(x)\mathrm{d}x$ 转化为 $\eta\displaystyle\int_a^b g(x)\mathrm{d}x$, 被积函数得到简化, 使得积分研究更加简单, 因此, 积分中值定理实现了积分结构的简单化.

积分中值定理是积分理论中非常重要的一个结论, 在多元函数的积分理论还将讨论积分中值定理在各种积分形式中是否成立, 因此, 应该掌握积分中值定理证明过程中用到了哪个性质, 即哪个结论保证积分中值定理成立.

性质 4.11(第二中值定理) 设 $f(x)\in R[a,b], g(x)$ 在 $[a,b]$ 上单调, 则存在 $\xi\in[a,b]$, 使得

$$\int_a^b f(x)g(x)\mathrm{d}x=g(a)\int_a^{\xi} f(x)\mathrm{d}x+g(b)\int_{\xi}^b f(x)\mathrm{d}x. \tag{8-1}$$

特别, (1) 如果 $g(x)$ 单调递增且 $g(a)\geqslant 0$, 则存在 $\xi\in[a,b]$, 使得

$$\int_a^b f(x)g(x)\mathrm{d}x=g(b)\int_{\xi}^b f(x)\mathrm{d}x. \tag{8-2}$$

(2) 如果 $g(x)$ 单调递减且 $g(b)\geqslant 0$, 则存在 $\xi\in[a,b]$, 使得

$$\int_a^b f(x)g(x)\mathrm{d}x=g(a)\int_a^{\xi} f(x)\mathrm{d}x. \tag{8-3}$$

结构分析 本证明过程将引入一种新的积分转化为和式的方法, 这一方法在处理积分问题时大量采用, 具体的分析可结合证明过程进行.

证明 应用从简单到复杂的研究思想, 我们先证明 (1), 即等式 (8-2). 此时, $g(x)\geqslant 0$ 且 $g(x)\in R[a,b]$. 对任意分割

$$T:\ a=x_0<x_1<\cdots<x_n=b,$$

则

$$\int_a^b f(x)g(x)\mathrm{d}x=\sum_{i=1}^n\int_{x_{i-1}}^{x_i} f(x)g(x)\mathrm{d}x$$

$$= \sum_{i=1}^{n} g(x_i) \int_{x_{i-1}}^{x_i} f(x)\mathrm{d}x + \sum_{i=1}^{n} \int_{x_{i-1}}^{x_i} f(x)(g(x) - g(x_i))\mathrm{d}x$$

$$\triangleq \sigma + \rho,$$

因为 $f(x)$ 可积, 则其必有界, 记 $|f(x)| \leqslant M$, 由于 $g(x)$ 单调, 因而可积, 故,

$$|\rho| \leqslant M \sum_{i=1}^{n} \omega_i^g \Delta x_i \to 0, \quad \lambda(T) \to 0,$$

其中, ω_i^g 表示函数 $g(x)$ 在小区间 $[x_{i-1}, x_i]$ 上的振幅.

为研究 σ, 记 $F(x) = \int_x^b f(t)\mathrm{d}t$, 则 $F(x) \in C[a,b]$, 因此, $F(x)$ 有最大值 L 和最小值 l, 且

$$\int_{x_{i-1}}^{x_i} f(x)\mathrm{d}x = F(x_{i-1}) - F(x_i), \quad F(x_n) = F(b) = 0,$$

因而,

$$\sigma = \sum_{i=1}^{n} g(x_i)[F(x_{i-1}) - F(x_i)],$$

为了分离出 $g(b)$, 需要对 σ 进行估计, 因此, 需要对求和的各项利用 $F(x)$ 的有界性和 $g(x)$ 的单调性进行定号处理, 于是

$$\begin{aligned}\sigma &= g(x_1)F(x_0) + \sum_{i=2}^{n} g(x_i)F(x_{i-1}) - \sum_{i=1}^{n-1} g(x_i)F(x_i) \\ &= g(x_1)F(x_0) + \sum_{i=1}^{n-1} [g(x_{i+1}) - g(x_i)]F(x_i),\end{aligned}$$

由于 $g(x) \geqslant 0, g(x_{i+1}) - g(x_i) \geqslant 0$, 因而,

$$l\left[g(x_1) + \sum_{i=1}^{n-1}(g(x_{i+1}) - g(x_i))\right] \leqslant \sigma \leqslant L\left[g(x_1) + \sum_{i=1}^{n-1}(g(x_{i+1}) - g(x_i))\right],$$

即 $l\, g(b) \leqslant \sigma \leqslant Lg(b)$, 故,

$$l\, g(b) \leqslant \lim_{\lambda(T)\to 0} \sigma = \int_a^b f(x)g(x)\mathrm{d}x \leqslant Lg(b),$$

因而, 存在 $\mu \in [l, L]$ 使得

$$\int_a^b f(x)g(x)\mathrm{d}x = \mu g(b).$$

利用连续函数的介值定理, 存在 $\xi \in [a, b]$, 使得 $F(\xi) = \mu$, 故,

$$\int_a^b f(x)g(x)\mathrm{d}x = g(b)\int_\xi^b f(x)\mathrm{d}x.$$

式 (8-3) 的证明类似.

由式 (8-2) 和式 (8-3) 可以证明式 (8-1). 事实上, 若 $g(x)$ 单调递增, 由式 (8-2), 存在 $\xi \in [a, b]$ 使得

$$\int_a^b f(x)[g(x) - g(a)]\mathrm{d}x = [g(b) - g(a)]\int_\xi^b f(x)\mathrm{d}x,$$

化简即得式 (8-1). 其他情形类似.

积分中值定理是积分理论中一个非常重要的结论, 在研究较为复杂的积分问题时经常用到此结论, 这个结论的特点是从被积函数中将一个因子分离到积分号外面, 从而可以简化积分结构, 达到对积分估计、研究的目的.

习 题 8.4

1. 设 $f(x) \in C[a, b]$, 且 $\int_a^b f(x)\mathrm{d}x > 0$, 证明存在 $[c, d] \subset [a, b]$ 和 $\alpha > 0$, 使得

$$f(x) > \alpha > 0, \quad x \in [c, d].$$

2. 设 $f(x) \in C[a, b]$, 且 $\int_a^b f^2(x)\mathrm{d}x = 0$, 证明

$$f(x) \equiv 0, \quad x \in [a, b].$$

3. 设 $f(x) \in C[a, b]$, 若对任意的可积函数 $g(x)$, 都有 $\int_a^b f(x)g(x)\mathrm{d}x = 0$, 证明 $f(x) \equiv 0$, $x \in [a, b]$.

4. 证明施瓦茨积分不等式: 设 $f(x)g(x) \in R[a, b]$, 则

$$\int_a^b f(x)g(x)\mathrm{d}x \leqslant \left(\int_a^b f^2(x)\mathrm{d}x\right)^{\frac{1}{2}}\left(\int_a^b g^2(x)\mathrm{d}x\right)^{\frac{1}{2}}.$$

5. 分析下面两组题目, 二者结构上的差别是什么? 类比已知, 比较两个定积分大小的基本思想方法是什么? 完成题目.

利用积分性质比较积分的大小:

(1) $\int_0^1 x^2\mathrm{d}x, \int_0^1 x^3\mathrm{d}x$; (2) $\int_{-2}^{-1} 3^{-x}\mathrm{d}x, \int_0^1 3^x\mathrm{d}x$.

6. 设 $f(x)\in R[a,b]$, 证明存在连续函数 $\varphi_n(x)$, 使得

$$\lim_{n\to\infty}\int_a^b |f(x)-\varphi_n(x)|\mathrm{d}x = 0.$$

8.5 定积分的计算与综合应用

本节, 我们对定积分进行定量研究, 建立定积分的计算理论. 首先, 通过建立定积分和不定积分的关系, 给出定积分的计算的基本方法; 其次, 将不定积分的计算理论移植到定积分的计算, 形成定积分的基本计算理论; 然后, 对一些特殊结构的定积分给出特殊的算法.

一、 定积分计算的基本公式

先建立定积分和不定积分的关系.

定理 5.1 设 $f(x)\in C[a,b]$, $F(x)$ 是 $f(x)$ 的一个原函数, 则

$$\int_a^b f(x)\mathrm{d}x = F(b)-F(a).$$

结构分析 题型: 建立定积分和原函数的联系. 是否有一个量既与定积分有关, 又与原函数有关? 类比已知: 变限积分函数建立了定积分和不定积分的联系. 思路: 利用变限积分函数的性质. 方法设计: 只需代入验证.

证明 记 $G(x)=\int_a^x f(t)\mathrm{d}t$, 则 $G(x)$ 是 $f(x)$ 的一个原函数, 因而, $F(x)-G(x)=C$, 故

$$\int_a^b f(x)\mathrm{d}x = G(b)-G(a)=F(b)-F(a).$$

抽象总结 (1) 常记 $F(x)|_a^b = F(b)-F(a)$, 因而公式也表示为

$$\int_a^b f(x)\mathrm{d}x = F(x)|_a^b,$$

此公式称为牛顿–莱布尼茨 (Newton-Leibniz) 公式, 这个公式给出了利用原函数 (不定积分) 计算定积分的方法, 建立了定积分和不定积分的关系, 将两种积分紧密地联系在一起, 是积分理论中一个非常完美的结果. (2) 从定积分计算的角度来

看, 此公式是将定积分的计算转化为不定积分的计算, 或利用原函数实现定积分的计算, 实现利用已知理论解决未知问题的目的, 这是定积分计算的基本方法和公式. (3) 由于原函数的不唯一性, 在利用此公式计算定积分时, 只需确定一个简单的原函数即可.

例 1 计算下面的定积分.

(1) $I=\int_0^{\frac{1}{2}}\frac{1}{\sqrt{1-x^2}}\mathrm{d}x$; (2) $I=\int_0^1\sqrt{1+x^2}\mathrm{d}x$.

解 (1) 由不定积分理论, 则 $\arcsin x$ 是 $\dfrac{1}{\sqrt{1-x^2}}$ 的一个原函数, 因而,

$$I=\int_0^{\frac{1}{2}}\frac{1}{\sqrt{1-x^2}}\mathrm{d}x=\arcsin x|_0^{\frac{1}{2}}=\frac{\pi}{6}.$$

(2) 利用不定积分的结论,

$$\int\sqrt{1+x^2}\mathrm{d}x=\frac{x}{2}\sqrt{1+x^2}+\frac{1}{2}\ln(x+\sqrt{1+x^2})+C,$$

则

$$I=\left[\frac{x}{2}\sqrt{1+x^2}+\frac{1}{2}\ln(x+\sqrt{1+x^2})\right]\Bigg|_0^1=\frac{\sqrt{2}}{2}+\frac{1}{2}\ln(1+\sqrt{2}).$$

有了牛顿–莱布尼茨公式, 从理论上说, 利用不定积分理论, 定积分的计算问题就得到了解决. 虽然如此, 定积分毕竟与不定积分有很大的不同, 因而, 利用不定积分的计算来实现定积分的计算对简单结构的定积分的计算是可行的, 对更多、更复杂的定积分而言, 这样的计算是复杂的, 甚至是很困难或者不可能的, 我们必须建立相对完善的定积分计算理论. 我们将沿着两条线索开展工作. 其一, 基于牛顿–莱布尼茨公式所揭示的定积分和不定积分的关系, 将不定积分计算的思想方法移植到定积分的计算中, 形成定积分的一般计算理论; 其二, 对特殊结构的定积分, 设计有针对性的特殊的计算方法.

下面, 我们首先将不定积分计算中的两种主要计算方法 (换元法和分部积分法) 移植到定积分计算中.

二、 定积分计算的基本方法

1. 换元法

设 $x=\varphi(t)$ 在 $[\alpha,\beta]$ 上具有连续导数, $\varphi(\alpha)=a,\varphi(\beta)=b$, 且当 t 从 α 变到

β 时, x 从 a 变到 b, 利用此换元公式, 则

$$\int_a^b f(x)\mathrm{d}x = \int_\alpha^\beta f(\varphi(t))\varphi'(t)\mathrm{d}t = G(t)|_\alpha^\beta,$$

其中 $G(t)$ 是 $f(\varphi(t))\varphi'(t)$ 的一个原函数.

注 在使用换元法计算时, 确定换元公式 $x=\varphi(t)$ 后, 进一步确定关于新积分变量的积分限 α 和 β. 特别当 $\varphi(t)$ 为周期函数时, 应选择 α 和 β, 使得 $[\alpha,\beta]$ 为最简区间.

2. 分部积分法

类似不定积分的分部积分公式, 可以得到定积分的分部积分公式: 假设函数 $u(x)$, $v(x)$ 在 $[a,b]$ 上具有连续的导数, 则

$$\int_a^b u(x)v'(x)\mathrm{d}x = u(x)v(x)|_a^b - \int_a^b u'(x)v(x)\mathrm{d}x.$$

这两个结论的证明很简单, 略去证明, 给出简单应用.

例 2 计算积分.

(1) $I=\displaystyle\int_a^{2a}\frac{\sqrt{x^2-a^2}}{x^4}\mathrm{d}x$; (2) $I=\displaystyle\int_0^{\ln 3} x\mathrm{e}^{-x}\mathrm{d}x$.

解 (1) 结构中的复杂因子是无理因子, 类似不定积分的计算思想, 通过三角函数换元, 将被积函数中的根式有理化, 简化被积函数, 因此, 令 $x=a\sec t$, 则

$$I=\frac{1}{a^2}\int_0^{\pi/3}\sin^2 t\cos t\mathrm{d}t=\frac{\sqrt{3}}{8a^2}.$$

(2) 这是一个典型的用分部积分法的例子, 则

$$I=-x\mathrm{e}^{-x}|_0^{\ln 3}+\int_0^{\ln 3}\mathrm{e}^{-x}\mathrm{d}x=\frac{1}{3}(2-\ln 3).$$

例 3 计算 $I_n=\displaystyle\int_0^{\pi/2}\sin^n x\mathrm{d}x$.

解 含 n 结构的定积分的计算, 类似不定积分的计算, 需要利用分部积分得到递推公式, 为此从自身分离出一部分, 成为一个因子的导数形式.

$$I_n=\int_0^{\pi/2}\sin^{n-1}x(-\cos x)'\mathrm{d}x$$

$$= -\sin^{n-1}x\cos x|_0^{\frac{\pi}{2}} + \int_0^{\pi/2}(n-1)\sin^{n-2}x\cos^2 x\mathrm{d}x$$

$$= (n-1)I_{n-2} - (n-1)I_n,$$

因而, 得到递推公式

$$I_n = \frac{n-1}{n}I_{n-2},$$

由于 $I_0 = \frac{\pi}{2}, I_1 = 1$, 故, n 为偶数时,

$$I_n = \frac{(n-1)(n-3)\cdots 3\cdot 1}{n(n-2)\cdots 4\cdot 2}\frac{\pi}{2};$$

n 为奇数时,

$$I_n = \frac{(n-1)(n-3)\cdots 4\cdot 2}{n(n-2)\cdots 5\cdot 3}.$$

三、 基于特殊结构的定积分的计算

虽然通过基本公式和方法可以将定积分转化为不定积分计算或利用不定积分类似的计算方法计算, 但是, 对具有特殊结构的定积分, 有时上述计算方法复杂, 甚至失效, 此时, 采用特殊的方法处理更加简单.

1. 奇、偶函数的定积分

定理 5.2 设 $f(x)$ 在 $[-a,a]$ 上连续.

(1) 若 $f(x)$ 为偶函数, 则

$$\int_{-a}^{a} f(x)\mathrm{d}x = 2\int_0^a f(x)\mathrm{d}x;$$

(2) 若 $f(x)$ 为奇函数, 则 $\int_{-a}^{a} f(x)\mathrm{d}x = 0$.

此定理证明很简单, 略去. 此定理表明, 对特殊结构的定积分, 不必进行原函数的计算就可以完成计算.

抽象总结 从定理可知, 定积分结构中, 被积函数具有奇偶性和积分区间具有对称性时, 优先考虑应用定理 5.2, 上述特征也是定理 5.2 作用对象的特征.

例 4 计算 $I = \int_{-1}^{1}\frac{\sin x}{x^2+1}\mathrm{d}x$.

结构分析 定积分的结构特点: 被积函数为奇函数, 积分区间为对称区间, 具备定理 5.2 作用对象的特点.

解　由于被积函数为奇函数, 因而 $I=0$.

抽象总结　对例 4, 计算原函数的方法、定积分的基本计算理论都失效, 由此体现出特殊结构定积分计算的和不定积分计算思想上的区别.

2. 周期函数的定积分

定理 5.3　设 $f(x)$ 是周期为 T 的连续函数, 则对任意实数 a,

$$\int_a^{a+T} f(x)\mathrm{d}x=\int_0^T f(x)\mathrm{d}x.$$

简析　等式两端的积分区间不同, 对应处理思想是积分区间的可积性, 利用分段处理的方法.

证明　事实上,

$$\int_a^{a+T} f(x)\mathrm{d}x=\int_a^0 f(x)\mathrm{d}x+\int_0^T f(x)\mathrm{d}x+\int_T^{a+T} f(x)\mathrm{d}x,$$

作代换 $x=a+T$, 则

$$\int_T^{a+T} f(x)\mathrm{d}x=\int_0^a f(T+t)\mathrm{d}t=-\int_a^0 f(x)\mathrm{d}x,$$

故 $\displaystyle\int_a^{a+T} f(x)\mathrm{d}x=\int_0^T f(x)\mathrm{d}x$.

抽象总结　(1) 公式表明, 对周期函数而言, 在任何一个周期长度的区间上的积分相同. (2) 上述分段处理的方法也是形式统一思想的应用.

例 5　设 $f(x)$ 是周期为 T 的连续函数, a 是给定的常数, 令 $F(x)=\displaystyle\int_a^x f(t)\mathrm{d}t$, 证明: 存在以 T 为周期的函数 $g(x)$ 和常数 k,b, 使得 $F(x)=g(x)+kx+b$.

结构分析　类比已知的 $F(x)=\displaystyle\int_a^x f(t)\mathrm{d}t$ 的结构和要证明的结论的结构, 只需从已知的 $F(x)$ 结构中分离出 $kx+b$, 剩下的部分应该是 $g(x)$, 因此, 只需用形式同一法进行分离, 然后对 $g(x)$ 进行验证即可.

证明　由于

$$F(x)=\int_a^x (f(t)-k+k)\mathrm{d}t=\int_a^x (f(t)-k)\mathrm{d}t+kx-ka,$$

记 $g(x)=\displaystyle\int_a^x (f(t)-k)\mathrm{d}t$, 只需选定 k, 使得 $g(x)$ 满足相应要求.

由于

$$g(x+T)=\int_a^{x+T}(f(t)-k)\mathrm{d}t=g(x)+\int_x^{x+T}(f(t)-k)\mathrm{d}t,$$

利用周期函数的性质, 则

$$\int_x^{x+T}(f(t)-k)\mathrm{d}t=\int_x^{x+T}f(t)\mathrm{d}t-kT=\int_0^T f(t)\mathrm{d}t-kT,$$

因而, 取 $k=\frac{1}{T}\int_0^T f(t)\mathrm{d}t$, 则 $g(x)$ 以 T 为周期, 结论得证.

3. 涉及三角函数的特殊结构的定积分

还有一类涉及三角函数的定积分, 需要充分利用三角函数的周期性质和相互的关系式来计算. 先看一个例子.

例 6 计算 $I=\int_0^{\pi}\frac{x\sin x}{1+\cos^2 x}\mathrm{d}x$.

结构分析 本题中, 虽然被积函数含有两类不同的因子, 但是, 并不能用分部积分法削去其中一类因子而实现计算 (此时, 可将其化为 $\int_0^{\pi}\arctan\cos x\mathrm{d}x$), 因此, 分部积分法失效, 这就必须深入挖掘被积函数的主要结构特征, 寻找其他的处理方法. 事实上, 本题中被积函数的主要因子是三角函数因子, 积分限也对应于三角函数的特征点, 因此, 要充分利用三角函数的特点, 求解本题.

解 由于

$$I=\int_0^{\frac{\pi}{2}}\frac{x\sin x}{1+\cos^2 x}\mathrm{d}x+\int_{\frac{\pi}{2}}^{\pi}\frac{x\sin x}{1+\cos^2 x}\mathrm{d}x\triangleq I_1+I_2,$$

对第二部分, 作换元 $x=\pi-t$, 则

$$I_2=\int_0^{\frac{\pi}{2}}\frac{(\pi-t)\sin(\pi-t)}{1+\cos^2(\pi-t)}\mathrm{d}t=\pi\int_0^{\frac{\pi}{2}}\frac{\sin t}{1+\cos^2 t}\mathrm{d}t-I_1,$$

因而,

$$I=\pi\int_0^{\frac{\pi}{2}}\frac{\sin t}{1+\cos^2 t}\mathrm{d}t=\frac{\pi^2}{4}.$$

抽象总结 (1) 上述例子反映了定积分计算和不定积分计算的区别, 求解过程中, 充分利用了三角函数的性质削去因子 x, 这也代表了这类例子处理的一种思

想, 体现了定积分计算有别于不定积分计算的独特之处, 事实上此例利用基本公式计算不出来. (2) 方法总结上述计算方法代表了涉及三角函数定积分计算的基本方法, 即利用可积性进行分段, 利用变换建立不同区间段上定积分的联系, 消去复杂因子或困难因子, 实现计算.

将上述求解思想总结出来, 可以得到更一般的结论.

定理 5.4 $f(x)$ 是连续函数, 则

$$\int_0^{\pi} xf(\sin x)\mathrm{d}x = \frac{\pi}{2}\int_0^{\pi} f(\sin x)\mathrm{d}x = \pi\int_0^{\frac{\pi}{2}} f(\sin x)\mathrm{d}x.$$

此定理的证明留作习题.

四、 定积分在分析学中的应用

本小节通过一些例子讨论定积分在分析学中的应用.

1. 利用定积分的定义计算不定和数列的极限

由定积分的定义可知, 定积分本身就是一个有限不定和式的数列极限, 故, 对有限不定和式的极限可考虑转化为定积分计算.

此类极限计算的理论: 若 $f(x)$ 可积, 则

$$\lim_{\lambda(T)\to 0}\sum_{i=1}^{n} f(\xi_i)\Delta x_i = \int_a^b f(x)\mathrm{d}x.$$

特别, 取特殊的 n 等分割和端点, 则

$$\lim_{n\to+\infty}\frac{b-a}{n}\sum_{i=1}^{n} f\left(a+\frac{b-a}{n}i\right) = \lim_{n\to\infty}\frac{b-a}{n}\sum_{i=1}^{n} f\left(a+\frac{b-a}{n}(i-1)\right)$$
$$= \int_a^b f(x)\mathrm{d}x,$$

若选中点, 还有

$$\lim_{n\to+\infty}\frac{b-a}{n}\sum_{i=1}^{n} f\left(a+\frac{b-a}{2n}(2i-1)\right) = \int_a^b f(x)\mathrm{d}x,$$

因此, 处理这类和式极限的方法是将和式向上述和式进行标准化转化, 进行形式统一, 利用定积分求极限. 关键的问题是通过和式的形式, 确定积分限和被积函数, 通常的方法是, 先分离出分割细度$\left(\text{如 } \frac{b-a}{n}\right)$, 再确定分点 $x_i = a+\frac{b-a}{n}i$,

由此确定 $x_0=a, x_n=b$, 将和式结构中 x_i 或 x_{i-1} 换成 x 即可获得被积函数的形式.

例 7 计算 $\lim\limits_{n\to\infty}\left(\dfrac{1}{n+1}+\dfrac{1}{n+2}+\cdots+\dfrac{1}{2n}\right)$.

结构分析 题型为有限不定和的极限计算, 确定用定积分处理的思路. 具体方法仍是形式统一法, 从和式中分离出分割细度后, 和式变为

$$\sum_{i=1}^{n}\frac{1}{n+i}=\frac{1}{n}\sum_{i=1}^{n}\frac{1}{1+\frac{i}{n}},$$

因此, $b-a=1$, 在确定 x_i 时, 有两种处理方法, 其一为 $x_i=\dfrac{i}{n}$, 此时, a=0, b=1; 其二为 $x_i=1+\dfrac{i}{n}$, 此时, a=1, b=2, 与此相对应, 可以确定被积函数.

解 记 $f(x)=\dfrac{1}{1+x}$, 则

$$原式=\int_0^1 f(x)\mathrm{d}x=\int_0^1\frac{1}{1+x}\mathrm{d}x=\ln 2.$$

或

$$原式=\int_1^2\frac{1}{x}\mathrm{d}x=\ln 2.$$

例 8 计算 $\lim\limits_{n\to\infty}\dfrac{1}{n}\sqrt[n]{n(n+1)\cdots[n+(n-1)]}$.

解 利用对数函数的性质转化为有限不定和的极限. 记

$$A_n=\frac{1}{n}\sqrt[n]{n(n+1)\cdots[n+(n-1)]},$$

则

$$\begin{aligned}\ln A_n&=\frac{1}{n}\ln\frac{n(n+1)\cdots[n+(n-1)]}{n^n}\\&=\frac{1}{n}\sum_{i=0}^{n-1}\ln\left(1+\frac{i}{n}\right)\to\int_0^1\ln(1+x)\mathrm{d}x=2\ln 2-1,\end{aligned}$$

故原式 $=\mathrm{e}^{2\ln 2-1}$.

上述两个例子对应于定积分特殊分割的有限和, 有时涉及的有限不定和为一般形式, 这就需要从一般定积分有限和的结构特点出发, 将对应的有限不定和的极限转化为定积分, 我们再来观察公式:

$$\lim_{\lambda(T)\to 0}\sum_{i=1}^{n} f(\xi_i)\Delta x_i=\int_a^b f(x)\mathrm{d}x,$$

定积分对应的有限不定和 $\sum\limits_{i=1}^{n} f(\xi_i)\Delta x_i$ 中, 包含三个点: ξ_i 和 x_i, x_{i-1}, 通过此特点就可以将有限不定和极限转化为定积分.

例 9 计算 $\lim\limits_{n\to\infty}(A^{\frac{1}{n}}-1)\sum\limits_{i=0}^{n-1} A^{\frac{i}{n}}\sin A^{\frac{2i+1}{2n}}$, $A>1$.

结构分析 本题不像前面例题那样具有简单的结构, 因此, 我们先将其还原为一般形式:

$$(A^{\frac{1}{n}}-1)\sum_{i=0}^{n-1} A^{\frac{i}{n}}\sin A^{\frac{2i+1}{2n}}=\sum_{i=0}^{n-1}\sin A^{\frac{2i+1}{2n}}(A^{\frac{i+1}{n}}-A^{\frac{i}{n}}),$$

和式中涉及三个点, 进一步分析发现, 这三个点满足定积分定义中的结构特点, 因而, 可以将其转化为定积分计算. 事实上, 类比定积分定义的结构

$$\lim_{\lambda(T)\to 0}\sum_{i=0}^{n-1} f(\xi_i)(x_{i+1}-x_i)=\int_a^b f(x)\mathrm{d}x,$$

应该取 $x_{i+1}=A^{\frac{i+1}{n}}, x_i=A^{\frac{i}{n}}, \xi_i=A^{\frac{2i+1}{2n}}$, 由此确定积分限 $a=x_0=1, b=x_n=A$, 被积函数 $f(x)=\sin x$.

解 由于

$$\text{原式}=\lim_{n\to\infty}\sum_{i=0}^{n-1}\sin A^{\frac{2i+1}{2n}}\cdot(A^{\frac{i+1}{n}}-A^{\frac{i}{n}}),$$

注意到 $A^{\frac{i}{n}}<A^{\frac{2i+1}{2n}}<A^{\frac{i+1}{n}}$, 因而,

$$\text{原式}=\int_1^A\sin x\mathrm{d}x=\cos 1-\cos A.$$

2. 由定积分确定的数列极限

将定积分和数列结合起来, 可以研究由定积分构造的数列极限问题.

例 10 计算 $I_1=\lim\limits_{n\to\infty}\int_0^{\frac{2}{3}}\frac{x^n}{1+x}\mathrm{d}x, I_2=\lim\limits_{n\to\infty}\int_0^{\frac{\pi}{4}}\sin^n x\mathrm{d}x.$

简析 由定积分构造的数列极限的计算涉及两种运算, 定积分的计算和极限的计算, 这是两种运算问题. 一般来说, 常规的处理方法应该是先计算定积分得到数列, 再计算数列的极限. 但是, 就这类题目的设计而言, 直接计算定积分基本是不可能的. 还有一种处理两种运算问题的方法是换序, 即交换两种运算的次序, 换序之后的运算相对容易, 但是, 换序运算需要条件, 现在还没有建立两种运算的换序理论. 因此, 对这类题目的处理方法是估计法, 即对定积分进行估计, 利用两边加计算极限.

解 对于 I_1, 由于

$$0\leqslant\frac{x^n}{1+x}\leqslant x^n\leqslant\left(\frac{2}{3}\right)^n,\quad x\in\left[0,\frac{2}{3}\right],$$

因而

$$0\leqslant\int_0^{\frac{2}{3}}\frac{x^n}{1+x}\mathrm{d}x\leqslant\left(\frac{2}{3}\right)^{n+1},$$

故 $I_1=0$, 类似 $I_2=0$.

抽象总结 (1) 由于被积函数在积分区间上具有很好的估计性质: “一致的界”, 即积分区间的界严格小于 1, 被积函数有严格小于 1 的界, 事实上, 这种界保证了被积函数作为函数列在对应的积分区间上具有一致收敛性, 正是这种一致收敛性保证了极限结论, 当然, 现在还没有学习一致收敛性理论, 采用了上述估计方法完成计算. (2) 上述两个例子的处理思想都是对定积分先作估计, 利用估计结果得到极限, 这是这类题目处理的基本方法. (3) 在对定积分进行估计时, 通常需要甩掉次要因子, 保留主要因子, 简化结构, 实现计算和估计. (4) 还可用积分中值定理证明, 可以自行给出具体方法.

例 11 计算 $I=\lim\limits_{n\to\infty}\int_0^{\frac{\pi}{4}}\cos^n x\mathrm{d}x.$

结构分析 此例与例 10 结构相同, 但此例不能再用例 10 的方法来解决, 原因是在点 $x=0$ 处破坏了例 10 中函数所具有的 “好的” 估计性质. 处理这类例子的方法为所谓的挖洞法——即把破坏上述性质的点 (也称为 “坏点”) 挖去, 进行分段处理, 具体过程如下.

解 对任意充分小的 $\varepsilon>0$, 由于 $\lim\limits_{n\to\infty}\cos^n\varepsilon=0$, 因而存在正整数 $N>0$, 使得 $n>N$ 时, $0<\cos^n\varepsilon<\varepsilon$, 故此时

$$\begin{aligned}0 \leqslant \int_0^{\frac{\pi}{4}} \cos^n x \mathrm{d}x &= \int_0^{\varepsilon} \cos^n x \mathrm{d}x + \int_{\varepsilon}^{\frac{\pi}{4}} \cos^n x \mathrm{d}x \\ &\leqslant \varepsilon + \cos^n \varepsilon \left(\frac{\pi}{4} - \varepsilon\right) \leqslant 2\varepsilon,\end{aligned}$$

因此 $I = 0$.

抽象总结 此方法是在原积分区间 $\left[0, \dfrac{\pi}{4}\right]$ 中, 挖去一个充分小的洞 $[0, \varepsilon]$, 去掉坏点, 在剩下的好区间上, 由于没有坏点, 满足很好的性质, 可以很容易处理, 在包含坏点的洞里, 用其他的条件处理, 这就是挖洞法的处理思想.

例 12 计算 $I = \lim\limits_{n\to\infty} \left\{\int_0^{\frac{\pi}{4}} \cos^n x \mathrm{d}x\right\}^{\frac{1}{n}}$.

结构分析 与例 11 类似, 重点在于挖掘 x=0 附近的性质, 可以发现与例 11 具有不同的极限性质.

证明 由于

$$0 \leqslant \left\{\int_0^{\frac{\pi}{4}} \cos^n x \mathrm{d}x\right\}^{\frac{1}{n}} \leqslant \left(\frac{\pi}{4}\right)^{\frac{1}{n}} \leqslant 1,$$

另一方面, 由于 $\lim\limits_{x\to 0} \cos x = 1$, 故, 对任意的 $\varepsilon > 0$, 存在 $\delta > 0$, 当 $0 < x < \delta$ 时,

$$1 - \varepsilon < \cos x < 1,$$

因而,

$$\left\{\int_0^{\frac{\pi}{4}} \cos^n x \mathrm{d}x\right\}^{\frac{1}{n}} \geqslant \left\{\int_0^{\delta} \cos^n x \mathrm{d}x\right\}^{\frac{1}{n}} > (1-\varepsilon)\delta^{\frac{1}{n}},$$

由于 $\lim\limits_{n\to\infty} (1-\varepsilon)\delta^{\frac{1}{n}} = 1 - \varepsilon$, 故, 存在 N, 当 $n > N$, 有

$$(1-\varepsilon)\delta^{\frac{1}{n}} > 1 - 2\varepsilon,$$

因而, 当 $n > N$, 有

$$1 - 2\varepsilon \leqslant \left\{\int_0^{\frac{\pi}{4}} \cos^n x \mathrm{d}x\right\}^{\frac{1}{n}} \leqslant 1,$$

所以, $I = \lim\limits_{n\to\infty} \left\{\int_0^{\frac{\pi}{4}} \cos^n x \mathrm{d}x\right\}^{\frac{1}{n}} = 1$.

更一般的结论是: 设非负函数 $f(x)$ 连续, 则

$$\lim_{n\to\infty}\left\{\int_a^b f^n(x)\mathrm{d}x\right\}^{\frac{1}{n}}=\max_{x\in[a,b]}f(x).$$

抽象总结 上述挖洞法都是在特殊点处进行挖洞, 因此, 在使用此方法时, 注意分析特殊点处的函数性质.

3. 微积分综合举例

下面的例子涉及积分和微分的关系.

例 13 设 $f(x)$ 在 $[0,1]$ 上具有连续的导数, 且 $f(0)=f(1)=0$, 证明

$$\left|\int_0^1 f(x)\mathrm{d}x\right|\leqslant\frac{1}{4}\max_{x\in[0,1]}|f'(x)|.$$

结构分析 从结论形式看, 需要建立函数和其导函数的关系, 或通过积分号由原函数产生导函数, 现在应该有两种方法: 微分法——利用微分中值定理建立二者的联系; 积分法——利用分部积分公式. 可以通过这两种方法进行比较, 发现二者的差异.

证明 对任意的 $x_0\in[0,1]$, 则

$$\begin{aligned}\int_0^1 f(x)\mathrm{d}x&=\int_0^1 f(x)\mathrm{d}(x-x_0)\\&=f(x)(x-x_0)|_0^1-\int_0^1 f'(x)(x-x_0)\mathrm{d}x\\&=-\int_0^1 f'(x)(x-x_0)\mathrm{d}x,\end{aligned}$$

因而,

$$\begin{aligned}\left|\int_0^1 f(x)\mathrm{d}x\right|&\leqslant\max_{x\in[0,1]}|f'(x)|\int_0^1|x-x_0|\mathrm{d}x\\&=\frac{1}{2}[x_0^2+(1-x_0)^2]\Big|_0^1\max_{x\in[0,1]}|f'(x)|,\end{aligned}$$

因此, 取 $x_0=\dfrac{1}{2}$ 就可以得到所需要的结果.

从证明过程体会由分部积分产生函数和其导函数联系的方法.

若用微分法, 也可以得到类似的结论, 只是得到的界不同:

$$\left|\int_0^1 f(x)\mathrm{d}x\right| = \left|\int_0^1 (f(x)-f(0))\mathrm{d}x\right| = \left|\int_0^1 f'(\xi)x\mathrm{d}x\right|$$

$$\leqslant \max_{x\in[0,1]}|f'(x)|\left|\int_0^1 x\mathrm{d}x\right| \leqslant \frac{1}{2}\max_{x\in[0,1]}|f'(x)|.$$

比较可以发现, 若 $f\left(\frac{1}{2}\right)=0$, 则对微分法插入 $f\left(\frac{1}{2}\right)$, 可以得到与积分法相同的结果, 由于条件中并没有 $f\left(\frac{1}{2}\right)=0$, 因此, 不同的条件下, 用不同的方法得到不同的结论.

例 14 设 $f(x)$ 在 $[a,b]$ 上具有二阶的连续导数, 试确定一点 $x_0\in(a,b)$, 满足: 存在对应的一点 $\xi\in(a,b)$, 使得

$$f''(\xi)=\frac{24}{(b-a)^3}\int_a^b (f(x)-f(x_0))\mathrm{d}x.$$

结构分析 题型: 高阶中值问题. 因此, 处理工具应该是泰勒公式, 很容易利用泰勒公式建立结论.

证明 由泰勒公式, 存在 $\eta\in(a,b)$, 使得

$$f(x)=f(x_0)+f'(x_0)(x-x_0)+\frac{1}{2}f''(\eta)(x-x_0)^2,$$

因而,

$$\int_a^b (f(x)-f(x_0))\mathrm{d}x=\int_a^b f'(x_0)(x-x_0)\mathrm{d}x+\int_a^b \frac{1}{2}f''(\eta)(x-x_0)^2\mathrm{d}x,$$

因此, 必须选择 x_0, 使得

$$\int_a^b f'(x_0)(x-x_0)\mathrm{d}x=0,$$

为此, 取 $x_0=\frac{a+b}{2}$ 即可, 此时, 对第二项利用第一积分中值定理 (或相同的证明方法), 则存在 $\xi\in(a,b)$, 使得

$$\int_a^b \frac{1}{2}f''(\eta)(x-x_0)^2\mathrm{d}x=\frac{1}{2}f''(\xi)\int_a^b (x-x_0)^2\mathrm{d}x=\frac{(b-a)^3}{24}f''(\xi)$$

代入既得结论.

注 在对 $\int_a^b \frac{1}{2}f''(\eta)(x-x_0)^2\mathrm{d}x$ 进行处理时, 不能将 $f''(\eta)$ 视为常数提到积分号外面, 因为此时 $\eta=\eta(x,x_0)$ 与 x 有关.

关于定积分和微分的更广、更复杂的联系方面的例子, 放在习题课中讲解.

习 题 8.5

1. 计算下列定积分.

(1) $\int_0^1 x^3(1-x^2)^5\mathrm{d}x$; (2) $\int_0^1 x^2\arctan x\mathrm{d}x$;

(3) $\int_0^1 \frac{x}{1+\sqrt{1+x}}\mathrm{d}x$; (4) $\int_0^{\ln 2}\sqrt{1-\mathrm{e}^{-2x}}\mathrm{d}x$;

(5) $\int_{-1}^1 \frac{x\cos x+|x|}{1+x^2}\mathrm{d}x$; (6) $\int_{\frac{1}{2}}^{\frac{3}{4}} \frac{\arcsin\sqrt{x}}{\sqrt{x(1-x)}}\mathrm{d}x$;

(7) $\int_0^{\pi}\cos^n x\mathrm{d}x$; (8) $\int_0^1 (1-x^2)^n\mathrm{d}x$.

2. 分析下列极限的结构特征, 说明计算的思路是如何形成的? 计算过程中的难点是什么? 如何解决? 完成计算.

(1) $\lim\limits_{n\to+\infty}\frac{1}{n}\left(\sqrt{1+\frac{1}{n}}+\sqrt{1+\frac{2}{n}}+\cdots+\sqrt{1+\frac{n-1}{n}}\right)$;

(2) $\lim\limits_{n\to+\infty}\left(\frac{1}{n^2}+\frac{2}{n^2}+\cdots+\frac{n-1}{n^2}\right)$;

(3) $\lim\limits_{x\to+\infty}\int_x^{x+1} t\sin\frac{1}{t}\frac{\mathrm{e}^t}{1+\mathrm{e}^t}\mathrm{d}t$; (4) $\lim\limits_{x\to 0}\frac{1}{x-\sin x}\int_0^x \frac{t^2}{\sqrt{1+t^2}}\mathrm{d}t$;

(5) $\lim\limits_{n\to+\infty}\int_0^{\pi}(\sin x)^{\frac{1}{n}}\mathrm{d}x$; (6) $\lim\limits_{n\to+\infty}\int_0^{\frac{\pi}{2}}(1-\sin x)^n\mathrm{d}x$.

3. 证明 $\lim\limits_{n\to+\infty}\int_0^1 \mathrm{e}^{x^n}\mathrm{d}x=1$.

4. 设 $f(x)$ 连续, 证明:

$$\int_0^{\frac{\pi}{2}} f(|\cos x|)\mathrm{d}x=\frac{1}{4}\int_0^{2\pi} f(|\cos x|)\mathrm{d}x.$$

5. 设 $f(x)\in C[-1,1]$, 证明 $\int_{-1}^1 f(x)\mathrm{d}x=\int_0^1[f(x)+f(-x)]\mathrm{d}x$. 并计算 $\int_{-\frac{\pi}{4}}^{\frac{\pi}{4}}\frac{1}{1+\sin x}\mathrm{d}x$.

分析下面命题结论两端的结构, 为证明结论需要建立哪些因子间的联系? 建立这种联系的常用方法有哪些? 利用你给出的方法证明命题.

6. 设 $f(x) \in C^1[a,b]$, 证明

$$\max_{x\in[a,b]} |f(x)| \leqslant \frac{1}{b-a}\int_a^b |f(x)|\mathrm{d}x + \int_a^b |f'(x)|\mathrm{d}x.$$

7. 设 $f(x) \in C^1[0,+\infty]$, 且满足 $\int_0^x f(t)\mathrm{d}t = \frac{x}{3}\int_0^x f(t)\mathrm{d}t$, 求 $f(x)$.

8. 设 $f(x) \in C^1[a,b]$ 且 $f(a) = f(b) = 0$, 证明

$$\max_{x\in[a,b]} |f'(x)| \geqslant \frac{4}{(b-a)^2}\left|\int_a^b f(x)\mathrm{d}x\right|.$$

第 9 章 定积分的应用

定积分理论本身就产生于人类实践活动中的整体量求解, 整体量具有可加性的特性, 使得我们在处理整体量时可以采用分割的技术, 把复杂的整体量转化为简单的整体量来处理. 本章, 我们就从定积分的几何意义出发, 首先导出平面几何图形的面积公式, 进一步从中抽取出定积分的微元法思想, 用于求解更多的几何量和物理量.

9.1 平面图形的面积

定积分的几何意义就是对应的曲边梯形的面积. 设 $y=f(x)\geqslant 0, x\in[a,b]$, 由曲线 $l: y=f(x)$ 和直线 $x=a$, $x=b$ 及 x 轴所围曲边梯形的面积为 $S=\int_a^b f(x)\mathrm{d}x$.

结构分析 分析上述公式, 它首先给出了用定积分计算特殊的平面图形的面积公式, 进一步分析公式中各个构成元素的意义可以发现: 定积分中的组成元素对应于曲边梯形的组成元素, 即被积函数 $f(x)=f(x)-0$ 是曲边梯形上下边界的差, 定积分下限 a 是曲边梯形的左边界, 上限 b 是曲边梯形的右边界 (图 9-1), 因此, 对曲边梯形而言, 一旦确定了各个边界, 就可以利用定积分给出其面积的计算公式.

进一步可以证明, 若图形的左边界为直线 $x=a$, 右边界为直线 $x=b(b>a)$, 上边界为曲线 $y=f(x)$, 下边界为曲线 $y=g(x)$, 其中 $f(x)\geqslant \mathrm{g}(x)$(图 9-2), 则图形面积为

$$S=\int_a^b (f(x)-g(x))\mathrm{d}x.$$

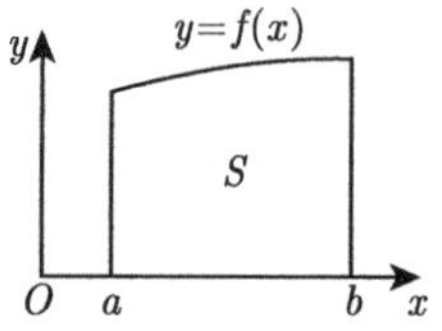

图 9-1

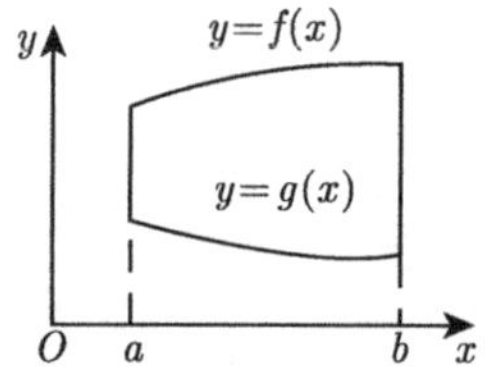

图 9-2

将上述公式推广, 可以得到更一般的面积计算公式.

(1) 设 $y=f(x)$ 为定义在 $[a,b]$ 上的连续函数, 则由曲线 $l:y=f(x)$ 和直线 $x=a$, $x=b$ 及 x 轴所围曲边梯形的面积为

$$S=\int_a^b|f(x)|\mathrm{d}x.$$

(2) 设 $y=f(x)$ 和 $y=g(x)$ 都是定义在 $[a,b]$ 上的连续函数, 则由曲线 $l:y=f(x)$, $l':y=g(x)$ 和直线 $x=a$, $x=b$ 所围图形的面积为

$$S=\int_a^b|f(x)-g(x)|\mathrm{d}x.$$

利用上述公式计算面积的平面图形的结构特点是: 图形具有两条左右直线边界, 有两条上下的曲线边界. 有时, 直线边界可能退化为一点. 这样, 可以通过确定图形的边界来确定积分公式中的各个元素.

确定图形的左右边界和上下边界可以用穿线方法: 用平行于 x 轴的直线沿 x 轴正向的方向穿过图形区域, 先交的边界并由此进入区域的为左边界, 后交的并由此穿出区域的边界为右边界; 用平行于 y 轴的直线沿 y 轴正向的方向穿过区域, 先交的边界并由此进入区域的为下边界, 后交的并由此穿出区域的边界为上边界.

这里的函数指的是单值函数, 即对定义域中的任意一点 x, 存在唯一的 $y=f(x)$ 与之对应. 此时, 从几何角度, 对应的曲线也称为简单曲线, 即对定义域中任一点 c, 直线 $x=c$ 与曲线 $y=f(x)$ 只有一个交点.

在利用上述公式计算一般平面图形的面积时, 一般是先通过确定曲线的交点确定图形边界, 然后或直接利用公式, 或通过分割转化为能用公式的图形后再代入公式计算.

尽可能画出图形, 有助于确定图形的边界. 因此, 利用上述公式计算平面图形的面积的主要步骤为

(1) 画图　画出图形的边界线;

(2) 确定边界　一般是利用曲线的交点, 将图形分割, 使得每一小块都有左右的直线边界, 上下的曲线边界;

(3) 代入公式计算.

当图形具有上下直线边界和左右曲线边界时, 也可以以 y 为积分变量计算图形的面积, 即若图形的下直线边界为 $y=c$、上直线边界为 $y=d$, 左曲线边界为 $x=f(y)$, 右曲线边界为 $x=g(y)$, 则图形的面积为

$$S=\int_c^d[g(y)-f(y)]\mathrm{d}y.$$

因此, 可以根据图形的特点, 灵活选用公式.

当然, 在涉及几何问题时, 一定要挖掘图形的几何结构特征 (如对称性), 根据结构特点简化计算.

例 1 计算由曲线 $y=x^2$ 和 $x=y^2$ 所围图形的面积.

解 如图 9-3, 两条曲线的交点为 (0, 0), (1, 1), 因此, 所围图形的左右直线边界为 $x=0$ 和 $x=1$, 上下曲线边界分别为 $y=x^2$, $y=\sqrt{x}$, 故面积为

$$S=\int_0^1(\sqrt{x}-x^2)\mathrm{d}x=\frac{1}{3}.$$

例 2 计算由直线 $y=-x$ 和曲线 $y^2-2y+x=0$ 所围图形的面积.

解 **法一** 如图 9-4, 记 $A(-3,3)$, $B(0,2)$, $C(1,1)$, 则通过 y 轴将图形分为 AOB 和 BOC 两部分, 对 AOB 部分, 左右直线边界分别为 $x=-3$, $x=0$, 上边界为曲线 $y=1+\sqrt{1-x}$, 下边界为直线 $y=-x$, 对 BOC 部分, 左右直线边界为 $x=0$, $x=1$, 上边界为曲线 $y=1+\sqrt{1-x}$, 下边界为曲线 $y=1-\sqrt{1-x}$, 因此, 所求图形的面积 S 为

$$\begin{aligned}S&=S_{AOB}+S_{OBC}\\&=\int_{-3}^0(1+\sqrt{1-x}+x)\mathrm{d}x+\int_0^1(1+\sqrt{1-x}-(1-\sqrt{1-x}))\mathrm{d}x\\&=\frac{9}{2}.\end{aligned}$$

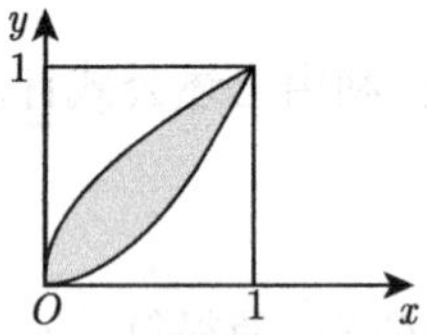

图 9-3

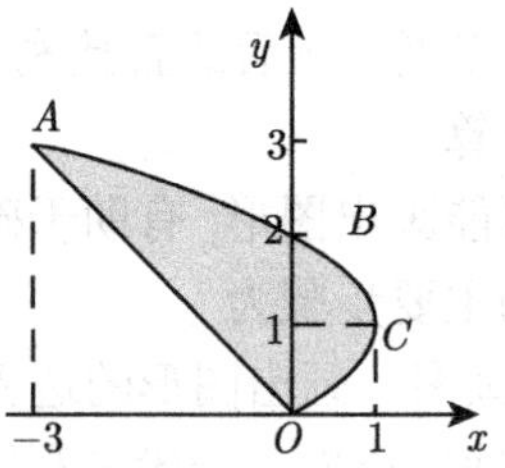

图 9-4

法二 以 y 为积分变量计算面积, 此时, 需要确定图形的上下直线边界和左右曲线边界, 本题, 下直线边界为 $y=0$, 上直线边界为 $y=3$, 左曲线边界为直线 $x=-y$, 右边界为曲线 $x=-y^2+2y$, 故

$$S=\int_0^3(2y-y^2-(-y))\mathrm{d}y=\frac{9}{2}.$$

若曲线由参数方程给出, 我们可以利用变量代换得到相应的计算公式. 设简单曲线 l 为

$$x = x(t), \quad y = y(t), \quad t \in [\alpha, \beta],$$

其中 $x(t)$ 为 $[\alpha, \beta]$ 上连续可导的递增函数 (保证了曲线是简单的), $y(t)$ 为 $[\alpha, \beta]$ 上的连续函数且 $x(\alpha) = a, x(\beta) = b$, 则由直线 $x = a$, $x = b$、曲线 l 和 x 轴所围图形的面积为

$$S = \int_{\alpha}^{\beta} |y(t)| x'(t) \mathrm{d}t.$$

当 $x(t)$ 递减时可以得到类似的公式为

$$S = \int_{\alpha}^{\beta} |y(t)| (-x'(t)) \mathrm{d}t.$$

因而, 当 $x(t)$ 单调时, 可以统一公式为

$$S = \int_{\alpha}^{\beta} |y(t) x'(t)| \mathrm{d}t.$$

而当 $x'(t)$ 变号时需要分段处理, 因为此时曲线不再是简单曲线了.

例 3 计算椭圆曲线 $x = a\cos t, y = b\sin t$ 所围的椭圆面积.

解 由对称性, 只需计算第一象限的面积, 此时, $t \in \left[0, \frac{\pi}{2}\right]$, 而 $x(t) = a\cos t$ 递减, 故所求面积为

$$S = 4\int_{0}^{\frac{\pi}{2}} b\sin t| - a\sin t| \mathrm{d}t = ab\pi.$$

下面讨论曲线由极坐标方程给出时所围图形的面积.

给定曲线 l: $r = r(\theta), \theta \in [\alpha, \beta]$. 设 $r(\theta) \in C[\alpha, \beta]$, 计算由曲线 l 和射线 $\theta = \alpha, \theta = \beta$ 所围图形的面积 S.

我们利用定积分的思想推导出计算公式.

n 分割 $[\alpha, \beta]$:

$$\alpha = \theta_0 < \theta_1 < \cdots < \theta_{n-1} < \theta_n = \beta,$$

记 $\Delta\theta_i = \theta_i - \theta_{i-1}, \lambda = \max\{\Delta\theta_i : i = 1, 2, \cdots, n\}$.

先计算第 i 个小曲边扇形的面积, 即曲线 l 和射线 $\theta = \theta_{i-1}$, $\theta = \theta_i$ 所围的面积.

任取 $\xi_i \in [\theta_{i-1}, \theta_i]$, 以 $r(\xi_i)$ 为半径作圆扇形, 用圆扇形的面积近似代替小曲边扇形的面积, 则小曲边扇形的面积近似为

$$S_i \approx \frac{1}{2} r^2(\xi_i) \Delta\theta_i,$$

因而,

$$\mathrm{S} = \sum_{i=1}^{n} S_i \approx \sum_{i=1}^{n} \frac{1}{2} r^2(\xi_i) \Delta\theta_i,$$

利用达布上下和及定积分的定义可得

$$S = \lim_{\lambda \to 0} \sum_{i=1}^{n} \frac{1}{2} r^2(\xi_i) \Delta\theta_i = \frac{1}{2} \int_{\alpha}^{\beta} r^2(\theta) \mathrm{d}\theta.$$

进一步的推广. 若图形由曲线 $r = r_1(\theta), r = r_2(\theta), \theta \in [\alpha, \beta]$ 和射线 $\theta = \alpha, \theta = \beta$ 所围, 且 $r_2(\theta) \geqslant r_1(\theta), \theta \in [\alpha, \beta]$, 则图形的面积为

$$S = \frac{1}{2} \int_{\alpha}^{\beta} [r_2^2(\theta) - r_1^2(\theta)] \mathrm{d}\theta.$$

注意, 此时所求面积的图形一般不是直角坐标意义下由曲线和平行于坐标轴的直线所围的图形, 因此, 不能用直角坐标系中参数方程条件下的代入方法来计算.

和前面情形类似, 当图形较为复杂时, 需作分割处理.

为计算的简单化, 在计算封闭的曲线所围图形的面积时, 要注意分析图形的几何特性, 如对称性, 同时要确定 α 和 β.

例 4 计算心形线 $r = a(1 + \cos\theta)$ 所围图形的面积.

解 如图 9-5, 由对称性, 只需计算上半部分, 故

$$S = 2 \times \frac{1}{2} \int_0^{\pi} a^2 (1 + \cos\theta)^2 \mathrm{d}\theta = \frac{3}{2} \pi a^2.$$

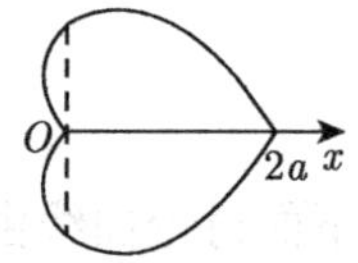

心形线

图 9-5

抽象总结 至此, 我们已经利用定积分的思想和方法给出了平面图形的面积计算公式. 首先, 我们要明确定积分处理的这类量是一个整体量, 满足分割后的可加性, 其次, 其处理的过程为: ① 分割, 将整体量分割成若干个微元; ② 近似计算, 在每个微元上进行近似计算; ③ 求和, 将所有微元上的近似量进行相加, 得到整体量的一个近似; ④ 取极限, 对近似和取极限. 分割是为了将整体量转化为局部的微元处理, 关键是对微元的近似计算. 我们如果把定积分解决实际问题的步骤在认清实质的情况下简化, 就得到处理这类问题更简洁的方法, **微元法**. 即所求量 A

若与区间 $[a,b]$ 上的某分布 $f(x)$ 有关的一个整体量, 且对区间 $[a,b]$ 满足可加性, 则求 A 有如下步骤:

第一步　利用"化整为零, 以常代变", 求出局部量的近似值——微分表达式. 即取自变量区间中的一个微小区间 $[x,x+\mathrm{d}x]\subset[a,b],\mathrm{d}x>0$, 根据可加性, 则 A 分布在 $[x,x+\mathrm{d}x]$ 上的部分量为 ΔA, 其近似值

$$\mathrm{d}A=f(x)\mathrm{d}x,$$

近似的原则是 $|\Delta A-\mathrm{d}A|=o(\mathrm{d}x)$.

第二步　利用"积零为整, 无限累加", 求出整体量的精确值——积分表达式.

$$A=\int_a^b\mathrm{d}A=\int_a^b f(x)\mathrm{d}x.$$

这种分析方法, 第一步是最关键、最本质的一步, 所以称为微元分析法 (简称微元法).

微元法和定积分的思想是一致的, 关键的步骤仍然是近似计算, **近似计算的原则**是在满足要求的条件下尽量简单, 既简单且能用, 这是近似的基本原则. 因此, 在计算微元的面积时, 我们用矩形面积作为曲边梯形的近似, 而不用连接曲边两个顶点的梯形作为曲边梯形的近似. 为了加深对微元法的理解, 看下面例子.

例 5　求半径为 R 的圆的面积 S.

解　法一　对圆作环形分割, 如图 9-6 所示.

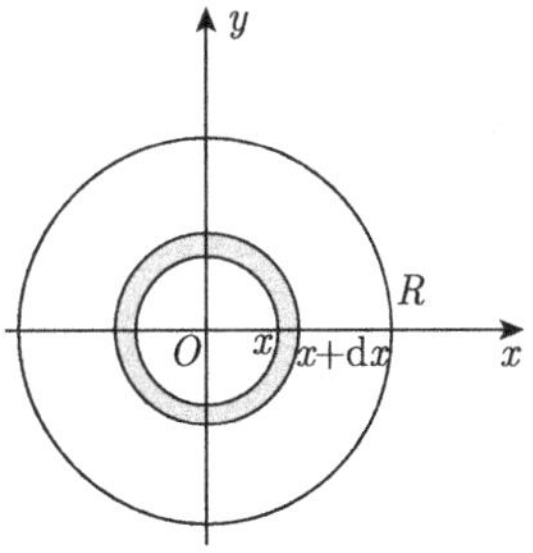

图 9-6

(1) 化整为零　把 S 看成若干环形面积的叠加, 各圆环的半径长度对应的变量为 x, 显然 $x\in[0,R]$.

(2) 以常代变　求出圆面积位于 $[x,x+\mathrm{d}x]$ 上的微元 $\mathrm{d}S$, 即小环形面积的近似值 (近似长方形面积),

$$\mathrm{d}S=2\pi x\cdot\mathrm{d}x.$$

(3) 无限累加　将各部分量无限叠加,

$$S=\int_0^R\mathrm{d}s=\int_0^R 2\pi x\cdot\mathrm{d}x=\pi x^2\Big|_0^R=\pi R^2.$$

法二　以圆心为起点绕圆心引一周射线, 对圆作扇形分割, 如图 9-7 所示.

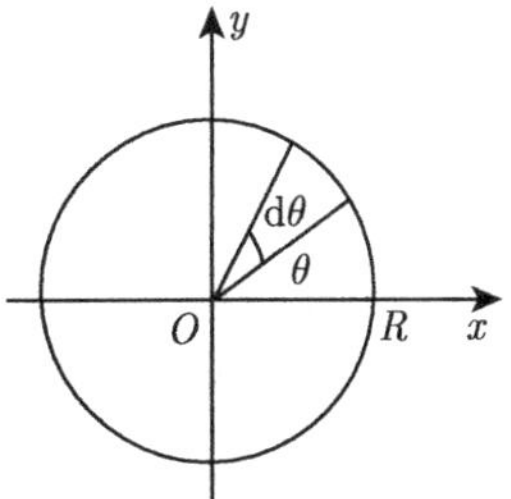

图 9-7

(1) 化整为零　把 S 看成若干扇形面积的叠加, 各扇形所对圆心角自然生成为变量 θ, $\theta\in[0,2\pi]$;

(2) 以常代变　求出圆面积位于 $[\theta,\theta+\mathrm{d}\theta]$ 上的微元 $\mathrm{d}S$, 即小扇形面积的近似值 (近似三角形面积),

$$\mathrm{d}S=\frac{1}{2}(\mathrm{d}\theta\cdot R)\cdot R.$$

(3) 无限累加　将各部分量无限叠加,

$$S=\int_0^{2\pi}\mathrm{d}s=\int_0^{2\pi}\frac{1}{2}R^2\mathrm{d}\theta=\pi R^2.$$

法三　对圆沿坐标轴方向进行分割, 如图 9-8 所示.

(1) 化整为零　把 S 看成若干小曲边梯形面积的叠加, 各小曲边梯形所对应变量 $x,x\in[-R,R]$.

(2) 以常代变　求出圆面积位于 $[x,x+\mathrm{d}x]$ 上的微元 $\mathrm{d}S$, 即小曲边梯形面积的近似值 (近似矩形面积),

$$\mathrm{d}S=2\,|y|\cdot\mathrm{d}x=2\sqrt{R^2-x^2}\mathrm{d}x.$$

(3) 无限累加　将各部分量无限叠加,

$$\begin{aligned}S&=\int_{-R}^{R}\mathrm{d}s=\int_{-R}^{R}2\sqrt{R^2-x^2}\mathrm{d}x\\&=4\int_0^R\sqrt{R^2-x^2}\mathrm{d}x\\&\xlongequal{x=R\sin t}4\int_0^{\frac{\pi}{2}}R\cos t\cdot R\cos t\mathrm{d}t\\&=4R^2\int_0^{\frac{\pi}{2}}\frac{1+\cos 2t}{2}\mathrm{d}t\\&=4R^2\cdot\frac{1}{2}\cdot\frac{\pi}{2}+R^2\sin 2t|_0^{\frac{\pi}{2}}=\pi R^2.\end{aligned}$$

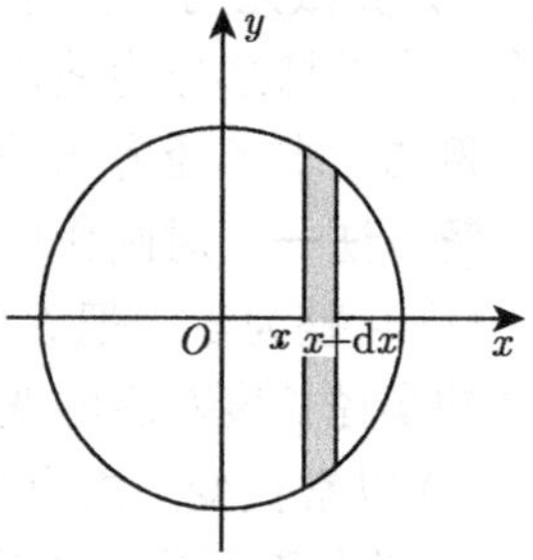

图 9-8

抽象总结　(1) 微元法和定积分的思想是一致的, 关键的步骤仍然是近似计算, **近似计算的原则**是在满足要求的条件下尽量简单, 既简单且能用, 这是近似的基本原则. 如用条形分割计算微元的面积时, 我们用矩形面积作为曲边梯形的近似, 而不用连接曲边两个顶点的梯形作为曲边梯形的近似. (2) 利用微元法对所求整体量进行分割时, 可根据所求量图形的特点选择条、带、段、环、扇、片、壳等形状进行分割.

习　题　9.1

计算下列曲线所围的图形的面积.

(1) $y=x, y=x^2$;

(2) $y=1, y=x^2$;

(3) $y=\sqrt{x}, y=x$;

(4) $y=x+2, y^2=4-x$;

(5) $r=3\cos t,\ \mathrm{r}=1+\cos t$;

(6) $x=\cos^3 t, y=\sin^3 t, t\in[0,2\pi]$.

9.2　平面曲线段的弧长

我们已经掌握了直线段长度的计算, 本节讨论曲线段长度的计算.

给定以 A, B 为端点的曲线段:

$$l: x=x(t),\quad y=y(t),\quad \alpha\leqslant t\leqslant\beta,$$

其中 $A(x(\alpha), y(\alpha)), B(x(\beta), y(\beta))$, 计算弧 AB 的长度 l.

结构分析　题型: 曲线段长度计算. 类比已知: 已知直线段长度的计算公式. 思路: 类似于平面图形的面积计算, 先进行近似研究, 利用极限, 实现准确计算. 方法设计: 曲线段的长度是整体量, 可以利用定积分的思想方法处理.

研究过程　n 分割曲线段, 即在曲线段上插入 $n-1$ 个分点, 形成曲线段 AB 的分割:

$$A=M_0<M_1<\cdots<M_{n-1}<M_n=B,$$

这里的 “$<$” 不表示大小关系, 仅表示顺序.

对应上述分割, 形成对 $[\alpha,\beta]$ 的分割:

$$T:\alpha=t_0<t_1<\cdots<t_{n-1}<t_n=\beta,$$

因此, $M_i(x(t_i), y(t_i)), i=0,1,2,\cdots,n$.

任取第 i 段弧 $M_{i-1}M$, 相应的弧长记为 l_i, 当分割很细时, 可以将其近似为直线段, 故

$$l_i\approx\sqrt{(x(t_i)-x(t_{i-1}))^2+(y(t_i)-y(t_{i-1}))^2},$$

因而, 所求的弧长

$$l=\sum_{i=1}^{n} l_i\approx\sum_{i=1}^{n}\sqrt{(x(t_i)-x(t_{i-1}))^2+(y(t_i)-y(t_{i-1}))^2},$$

为了将上述的近似和转化为黎曼和, 需要分离出分割细度 Δt_i, 从上述结构形式看, 需要借助微分中值定理达到目的, 为此, 我们继续对和式进行技术处理.

进一步假设 $x(t), y(t) \in C^1[\alpha, \beta]$, 利用微分中值定理得, 则

$$l=\sum_{i=1}^{n} l_i \approx \sum_{i=1}^{n} \sqrt{(x'(\xi_i))^2+(y'(\eta_i))^2}\Delta t_i,$$

其中 $\xi_i, \eta_i \in [t_{i-1}, t_i]$, $\Delta t_i = t_i - t_{i-1}$.

为了利用定积分计算上述近似和的极限, 需要将两个中值点统一, 因此, 利用插项技术, 则

$$\begin{aligned} l &\approx \sum_{i=1}^{n} \sqrt{(x'(\xi_i))^2+(y'(\xi_i))^2}\Delta t_i \\ &\quad+\sum_{i=1}^{n}\left[\sqrt{(x'(\xi_i))^2+(y'(\eta_i))^2}-\sqrt{(x'(\xi_i))^2+(y'(\xi_i))^2}\right]\Delta t_i \\ &\triangleq \sigma+\rho, \end{aligned}$$

显然,

$$\lim_{\lambda(T)\to 0} \sigma = \int_{\alpha}^{\beta} \sqrt{(x'(t))^2+(y'(t))^2}\mathrm{d}t,$$

进一步分析 ρ, 记

$$\delta_i = \sqrt{(x'(\xi_i))^2+(y'(\eta_i))^2}-\sqrt{(x'(\xi_i))^2+(y'(\xi_i))^2},$$

则

$$\begin{aligned} |\delta_i| &= \frac{|(y'(\xi_i))^2-(y'(\eta_i))^2|}{\sqrt{(x'(\xi_i))^2+(y'(\eta_i))^2}+\sqrt{(x'(\xi_i))^2+(y'(\xi_i))^2}} \\ &\leqslant |y'(\xi_i)-y'(\eta_i)|, \end{aligned}$$

由于 $y(t) \in C^1[\alpha, \beta]$, 因此, $y'(t)$ 一致连续, 故对任意的 $\varepsilon > 0$, 存在 $\delta > 0$, 当 $\lambda(T) < \delta$ 时,

$$|y'(\xi_i)-y'(\eta_i)| < \varepsilon,$$

故, $\rho \leqslant \varepsilon(\beta-\alpha)$, 因而, $\lim\limits_{\lambda(T)\to 0} \rho = 0$.

由此, 我们得到结论:

定理 2.1　设曲线段

$$l: x=x(t),\quad y=y(t),\quad \alpha \leqslant t \leqslant \beta,$$

满足 $x(t), y(t) \in C^1[\alpha, \beta]$, 则曲线段的长度为

$$l=\int_{\alpha}^{\beta} \sqrt{(x'(t))^2+(y'(t))^2}\mathrm{d}t.$$

上述弧长公式的推导并非严格的. 在定积分理论中, 由于所求的平面图形的面积介于达布上和和达布下和之间, 因而, 严格论证了其面积正是对应的定积分. 在弧长公式的推导过程中, 我们得到近似公式 $l \approx \sum\limits_{i=1}^{n} \sqrt{(x(t_i)-x(t_{i-1}))^2+(y(t_i)-y(t_{i-1}))^2}$, 没有严格证明 $l=\lim\limits_{\lambda(T)\to 0} \sum\limits_{i=1}^{n} \sqrt{(x(t_i)-x(t_{i-1}))^2+(y(t_i)-y(t_{i-1}))^2}$, 有些课本利用弧长的定义避开这个问题, 即定义若 $\lim\limits_{\lambda(T)\to 0} \sigma$ 存在且其极限值与分割、分点的选取无关, 此极限值就定义为曲线段的弧长.

上述公式是计算曲线段长度的基本公式, 利用此公式可以得到其他形式下的计算公式.

(1) 若曲线 $l: y=f(x), a \leqslant x \leqslant b$, 可将其视为以 x 为参变量的参数方程形式, 代入可得此时的公式为

$$l=\int_{a}^{b} \sqrt{1+(f'(x))^2}\mathrm{d}x.$$

(2) 若以极坐标形式给出曲线 $l: r=r(\theta), \alpha \leqslant \theta \leqslant \beta$, 则

$$l=\int_{\alpha}^{\beta} \sqrt{r^2(\theta)+(r'(\theta))^2}\mathrm{d}\theta.$$

(3) 对空间曲线段

$$l: x=x(t), y=y(t), z=z(\mathrm{t}),\quad a \leqslant t \leqslant b,$$

则

$$l=\int_{a}^{b} \sqrt{(x'(t))^2+(y'(t))^2+(z'(t))^2}\mathrm{d}t.$$

例 1 计算星形线 $x=a\cos^3 t, y=a\sin^3 t$, $0\leqslant t\leqslant 2\pi$ 的长度.

解 星形线是关于原点和坐标轴对称的封闭曲线 (图 9-9), 因而, 只需计算第一象限中的部分, 故

$$l=4\int_0^{\frac{\pi}{2}}\sqrt{(x'(t))^2+(y'(t))^2}\mathrm{d}t=6a.$$

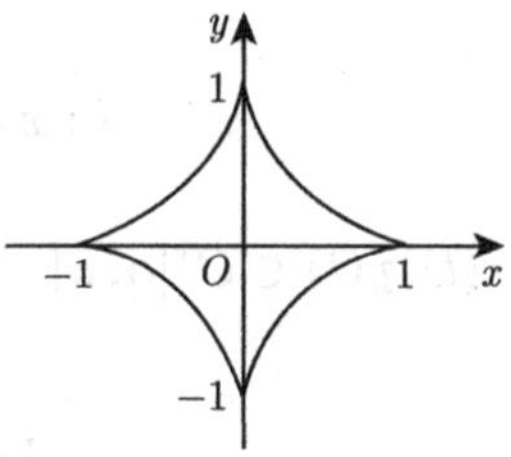

图 9-9 星形线

例 2 计算曲线 $y^2=2x+1$ 上从点 $A(0,1)$ 到点 $B(4,3)$ 段的长度.

解 以 y 为参数, 则此段曲线的参数方程为

$$x=\frac{y^2-1}{2},\quad y=y,\quad 1\leqslant y\leqslant 3,$$

故,

$$\begin{aligned}l&=\int_1^3\sqrt{y^2+1}\mathrm{d}y=\frac{1}{2}[y\sqrt{1+y^2}+\ln(y+\sqrt{1+y^2})]\Big|_1^3\\&=\frac{1}{2}[3\sqrt{10}+\ln(3+\sqrt{10})-\sqrt{2}-\ln(1+\sqrt{2})].\end{aligned}$$

由此可以看出, 在计算时, 要充分利用曲线的几何性质, 同时, 也要掌握灵活应用.

我们也可以利用微元法求解平面曲线的弧长问题, 为了说明这一点我们再看一个例子.

例 3 计算曲线 $y=f(x)$ 对应于 $a\leqslant x\leqslant b$ 段的长度.

解 任取自变量的微元 $[x,x+\mathrm{d}x]\subset[a,b]$, 记

$$\mathrm{d}y=f(x+\mathrm{d}x)-f(x),$$

我们用连接点 $(x,f(x))$ 和 $(x+\mathrm{d}x,f(x+\mathrm{d}x))$ 的直线段作为对应弧长的近似, 则

$$\mathrm{d}l=\sqrt{(\mathrm{d}x)^2+(\mathrm{d}y)^2}=\sqrt{1+\left(\frac{\mathrm{d}y}{\mathrm{d}x}\right)^2}\mathrm{d}x,$$

故,

$$l=\int_a^b\sqrt{1+\left(\frac{\mathrm{d}y}{\mathrm{d}x}\right)^2}\mathrm{d}x=\int_a^b\sqrt{1+(f'(x))^2}\mathrm{d}x.$$

注意　微元法解决问题的关键仍然是近似计算, 上述的近似是用直角三角形的斜边作为弧长的近似 (图 9-10), 能否用 $\mathrm{d}x$ 直角边作为其近似呢? 答案是否定的, 我们以简单的斜直线为例进行说明, 当曲线为斜直线时, 用直角边近似斜边的误差为 $\sqrt{\mathrm{d}x^2+\mathrm{d}y^2}-\mathrm{d}x$, 由于

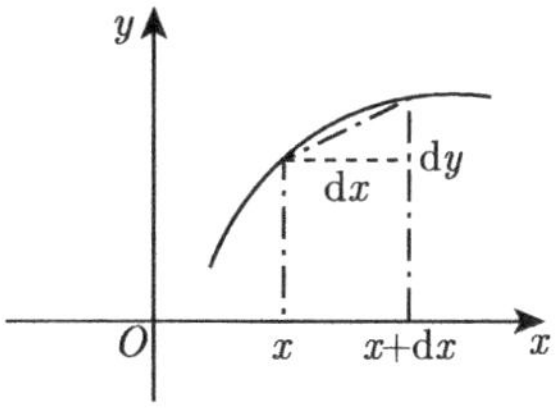

图 9-10

$$\frac{\sqrt{\mathrm{d}x^2+\mathrm{d}y^2}-\mathrm{d}x}{\mathrm{d}x}=\sqrt{1+y'^2}-1\neq 0,$$

因而, $\sqrt{\mathrm{d}x^2+\mathrm{d}y^2}-\mathrm{d}x$ 是 $\mathrm{d}x$ 的同阶的量, 而不是其高阶无穷小量, 不满足近似的原则, 因此, 这样的近似是不合适的.

习　题　9.2

计算下列曲线的弧长.

(1) $x=t-\sin t, y=1-\cos t, t\in[0,2\pi]$;

(2) $r=a(1+\cos t)$, $t\in[0,2\pi]$;

(3) $r=a\theta, 0\leqslant\theta\leqslant 2\pi$;

(4) $x=\frac{1}{4}y^2-\frac{1}{2}\ln y, 1\leqslant y\leqslant \mathrm{e}$;

(5) $y=x^2, 0\leqslant x\leqslant 1$.

9.3　体积的计算

本节, 我们解决两类问题, 一类是已知几何体的截面积, 求几何体的体积; 另一类是旋转体的体积.

一、 已知截面积的几何体的体积

设几何体夹在平面 $x=a$ 和 $x=b$ 之间, 被垂直于 x 轴的截面所截的面积为 $A(x)$, 计算此几何体的体积 V.

我们用微元法给出计算公式. 由于几何体分布在 $[a,b]$ 上, 任取微元 $[x,x+\mathrm{d}x]\subset[a,b]$, 分布在 $[x,x+\mathrm{d}x]$ 上的体积可以用以 $A(x)$ 为底、$\mathrm{d}x$ 为高的圆柱体近似, 因而,

$$\mathrm{d}V=A(x)\mathrm{d}x,$$

故

$$V=\int_a^b A(x)\mathrm{d}x.$$

例 1　一平面经过半径为 R 的圆柱体的底面中心, 并与底面交成角度 α, 计算圆柱体被平面截下的部分的体积.

解 法一 以圆柱体底面的中心为原点、平面与底面的交线为 x 轴、以底面为平面作平面直角坐标系, 若视所求体积分布在 $[-R,R]$ 上, 即以 x 为积分变量, 则任取 $x\in[-R,R]$, 过点 $(x,0)$ 作垂直于 x 轴的平面, 该平面与截体的截面为直角三角形 (如图 9-11), 其面积为

$$A(x)=\frac{1}{2}(R^2-x^2)\tan\alpha,$$

那么, 在 $[x,x+\mathrm{d}x]$ 上的体积微元为 $\mathrm{d}V=\frac{1}{2}(R^2-x^2)\tan\alpha\mathrm{d}x$, 故

$$V=\int_{-R}^{R}\mathrm{d}V=\frac{1}{2}\int_{-R}^{R}(R^2-x^2)\tan\alpha\mathrm{d}x=\frac{2}{3}R^3\tan\alpha.$$

法二 类似解法一建立平面直角坐标系, 若以 y 为积分变量, 则所求体积分布在 $[0,R]$ 上, 任取 $y\in[0,R]$, 过点 $(0,y)$ 作垂直于 y 轴的平面, 该平面与截体的截面为矩形 (如图 9-12), 其面积为

$$A(y)=2\,|x|\,y\tan\alpha=2y\sqrt{R^2-y^2}\tan\alpha,$$

那么, 在 $[y,y+\mathrm{d}y]$ 上的体积微元为 $\mathrm{d}V=2y\sqrt{R^2-y^2}\tan\alpha\mathrm{d}y$, 故

$$\begin{aligned}V&=\int_{0}^{R}\mathrm{d}V=2\int_{0}^{R}y\sqrt{R^2-y^2}\tan\alpha\mathrm{d}y\\&=-\tan\alpha\int_{0}^{R}\sqrt{R^2-y^2}\mathrm{d}(R^2-y^2)=\frac{2}{3}R^3\tan\alpha.\end{aligned}$$

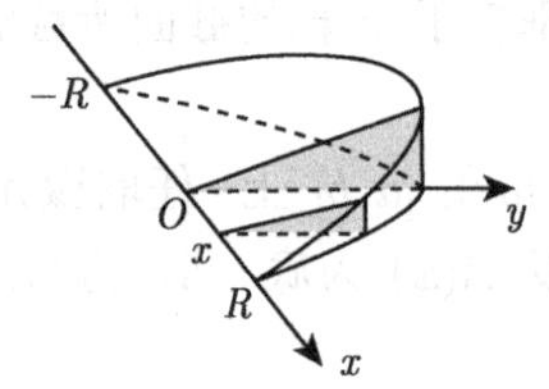

图 9-11

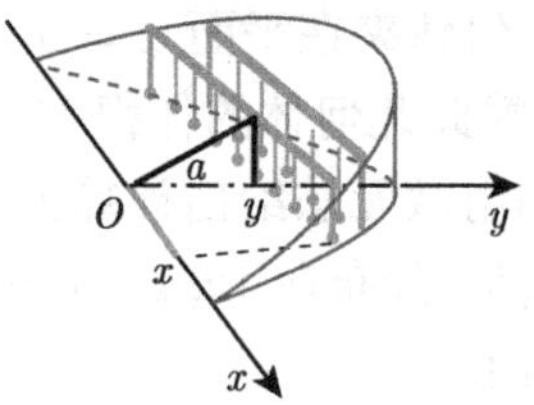

图 9-12

例 2 求两圆柱面 $x^2+y^2=a^2, x^2+z^2=a^2$ 相交所围的体积.

解 利用对称性, 只需计算在第一象限中的部分, 如图 9-13. 将截体视为分布 x 轴上的区间 $[0,a]$ 上, 任取 $x\in[0,a]$, 过点 $(x,0,0)$ 作垂直于 x 轴的垂面, 其与

所求体积的几何体的截面为矩形, 利用圆柱面方程可以计算交点的坐标, 因而, 截面的面积为

$$A(x) = a^2 - x^2,$$

故, 所求体积为

$$V = 8\int_0^a (a^2 - x^2)\mathrm{d}x = \frac{16}{3}a^3.$$

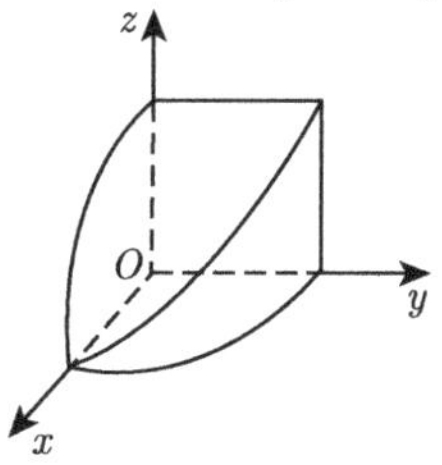

图 9-13

二、 旋转体的体积

一平面图形绕平面上一直线旋转一周所形成的几何体称为旋转体, 相应的直线称为旋转轴.

下面, 我们从最简单的旋转体的体积计算出发, 导出一般的旋转体的体积.

(1) 矩形绕其一边旋转的旋转体的体积.

假设矩形的长为 h, 宽为 R, 绕边长为 h 的一边旋转, 旋转体为圆柱体, 圆柱体的高为 h, 底面半径为 R, 因而, 旋转体的体积为 $V = \pi R^2 h$.

(2) 简单旋转体的体积.

给定简单曲线 l: $y = f(x)$, 计算由曲线 l、直线 $x = a$, $x = b$ 和 x 轴所围图形绕 x 轴旋转一周的旋转体的体积.

结构分析　类比已知: 关联紧密的已知是已知截面积计算体积, 因此, 求解的思路就是利用上述已知的公式来求解. 方法设计: 仍是整体量的计算, 可以利用定积分的思想方法处理, 我们采用简单的微元法处理.

解　任取 $x \in [a, b]$, 过点 $(x, 0)$ 作垂直于 x 轴的垂面, 则垂面与旋转体的截面为以 $|f(x)|$ 为半径的圆, 因而, 截面积为 $A(x) = \pi f^2(x)$, 因而, 旋转体的体积为

$$V = \pi\int_a^b f^2(x)\mathrm{d}x.$$

抽象总结　上述求解思想, 先计算垂直于旋转轴的截面积, 再代入公式计算旋转体的体积, 利用这种思想, 也可以计算旋转轴为任一直线时的旋转体的体积.

例 3　计算摆线 l:

$$x = a(t - \sin t), \quad y = a(1 - \cos t), \quad 0 \leqslant t \leqslant 2\pi$$

(图 9-14) 与 x 轴所围的图形的下列旋转体的体积:

(1) 绕 x 轴的旋转体的体积;

(2) 绕 y 轴的旋转体的体积;

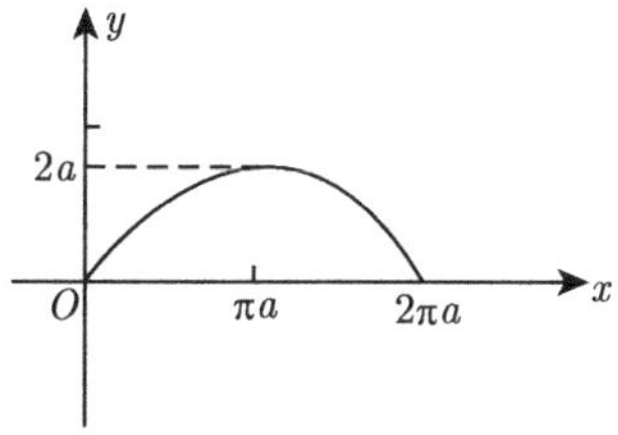

图 9-14

(3) 绕直线 $y=2a$ 的旋转体的体积.

解 (1) 以 x 轴为旋转轴时, 曲线 l 相对于变量 x 为简单曲线, 代入公式, 则

$$\begin{aligned}V&=\pi\int_0^{2\pi a}y^2(x)\mathrm{d}x\\&=\pi a^3\int_0^{2\pi}(1-\cos t)^3\mathrm{d}x=5a^3\pi^2.\end{aligned}$$

(2) 以 y 轴为旋转轴时, 曲线 l 对变量 y 不是简单曲线, 通过曲线的最高点 $A(\pi a,2a)$ 将曲线分为两段简单曲线:

$$l_1:x=a(t-\sin t),y=a(1-\cos t),\quad 0\leqslant t\leqslant\pi,$$

$$l_2:x=a(t-\sin t),y=a(1-\cos t),\quad \pi\leqslant t\leqslant 2\pi,$$

因此, 所求的体积 V 等于 l_2 段所围的图形绕 y 轴的旋转体的体积 V_2 减去 l_1 段所围的图形绕 y 轴的旋转体的体积 V_1, 计算得

$$V_2=\pi\int_0^{2a}x^2(y)\mathrm{d}y=\pi a^3\int_{2\pi}^{\pi}(t-\sin t)^2\sin t\mathrm{d}t,$$

$$V_1=\pi\int_0^{2a}x^2(y)\mathrm{d}y=\pi a^3\int_0^{\pi}(t-\sin t)^2\sin t\mathrm{d}t,$$

因而,

$$V=V_2-V_1=8\pi^3a^3.$$

(3) 以直线 $y=2a$ 为旋转轴时, 旋转体分布在直线 $y=2a$ 上对应的区间 $x\in[0,2\pi a]$ 上, 任取 $x\in[0,2\pi a]$, 作垂直于旋转体的截面, 则截面为同心圆, 其面积为

$$A(x)=\pi[(2a)^2-(2a-y(x))^2],$$

因而, 旋转体的体积

$$\begin{aligned}V&=\pi\int_0^{2\pi a}[(2a)^2-(2a-y(x))^2]\mathrm{d}x\\&=\pi\int_0^{2\pi}[(2a)^2-(2a-a(1-\cos t))^2]a(1-\cos t)\mathrm{d}t=7\pi^2a^3.\end{aligned}$$

习　题　9.3

1. 计算下列曲面所围的体积.

(1) $\frac{x^2}{a^2}+\frac{y^2}{b^2}+\frac{z^2}{c^2}=1$;

(2) $x^2+y^2+z^2=1,\ z=x^2+y^2$.

2. 计算下列旋转体的体积.

(1) $y=\sin x, 0\leqslant x\leqslant \pi$ 绕 x 轴旋转;

(2) $x^2+(y-1)^2=1$ 绕 x 轴旋转;

(3) $x=\sin^3 t, y=\cos^3 t, t\in[0,2\pi]$ 分别绕 x 轴和 y 轴旋转;

(4) $r=1+\cos t, t\in[0,2\pi]$ 绕极轴旋转.

3. 给定简单曲线 l: $y=f(x)\geqslant 0$, 给出由曲线 l、直线 $x=a, x=b$ 和 x 轴所围图形绕 y 轴旋转一周的旋转体的体积的计算公式.

9.4　旋转体的侧面积

本节, 我们从特殊的圆锥的侧面积出发, 导出旋转体的侧面积的计算公式.

一、 圆锥体的侧面积

给定底面半径为 R, 斜高为 l 的圆锥体, 由于其侧面展开是扇形, 利用扇形面积的计算公式可得其侧面积 (不包含底面) 为 πRl.

二、 截锥的侧面积

圆锥被平行于底面的平面截去锥尖所剩下的部分称为截锥.

设截锥的上顶圆半径为 r, 下底圆半径为 R, 斜高为 l, 如图 9-15, 计算其侧面积 S.

利用圆锥侧面积公式, 则

$$\begin{aligned}S&=\pi[\overline{OC}\cdot\overline{BC}-\overline{OD}\cdot\overline{AD}]\\&=\pi[\overline{OC}\cdot\overline{BC}-(\overline{OC}-\overline{CD})\overline{AD}]\\&=\pi[(\overline{BC}-\overline{AD})\overline{OC}+\overline{CD}\cdot\overline{AD}],\end{aligned}$$

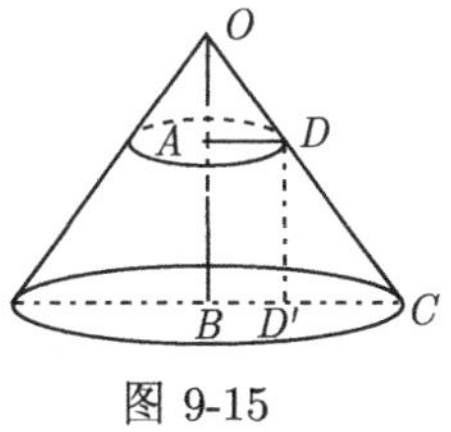

图 9-15

由于 $\triangle OBC\sim\triangle DD'C$, 则

$$\frac{\overline{OC}}{\overline{CD}}=\frac{\overline{BC}}{\overline{BC}-\overline{AD}},$$

故,

$$S=\pi(R+r)l.$$

三、 旋转体的侧面积

设简单曲线 $y=f(x)\geqslant 0, a\leqslant x\leqslant b$, 计算其绕 x 轴旋转一周的旋转体 (即曲线、直线 $x=a, x=b$ 和 x 轴所围图形的旋转体) 的侧面积, 其中 $f(x)\in C^1[a,b]$.

我们用微元法. 任取微元 $[x,x+\mathrm{d}x]\subset[a,b]$, 则对应于微元上的侧面积可以用截锥的侧面积来近似, 如图 9-16, 因而,

$$\begin{aligned}\mathrm{d}S&=\pi[f(x)+f(x+\mathrm{d}x)]\sqrt{(\mathrm{d}x)^2+(\mathrm{d}y)^2}\\&=\pi[f(x)+f(x+\mathrm{d}x)]\sqrt{1+\left(\frac{\mathrm{d}y}{\mathrm{d}x}\right)^2}\mathrm{d}x\\&=\pi[f(x)+f(x)+\alpha]\sqrt{1+\left(\frac{\mathrm{d}y}{\mathrm{d}x}\right)^2}\mathrm{d}x\\&=2\pi f(x)\sqrt{1+\left(\frac{\mathrm{d}y}{\mathrm{d}x}\right)^2}\mathrm{d}x+o(\mathrm{d}x),\end{aligned}$$

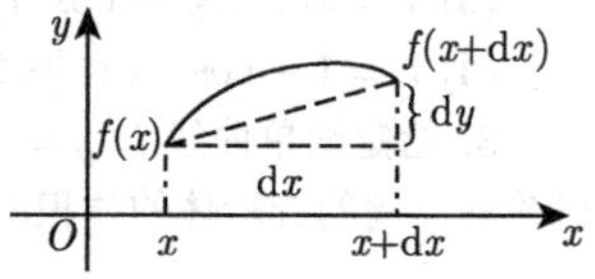

图 9-16

其中, 当 $\mathrm{d}x\to 0$ 时, $\alpha\to 0$. 故

$$S=2\pi\int_a^b f(x)\sqrt{1+(f'(x))^2}\mathrm{d}x.$$

注 (1) 对一般的函数 $y=f(x)$, 对应的公式为

$$S=2\pi\int_a^b |f(x)|\sqrt{1+(f'(x))^2}\mathrm{d}x.$$

(2) 利用弧长的微元公式, 侧面积的公式也可以写为

$$S=2\pi\int_a^b |f(x)|\mathrm{d}l.$$

(3) 在公式的导出过程中, 我们用截锥的侧面积作近似计算, 但是, 不能用圆柱的侧面积作近似, 因为此时的误差不是 $\mathrm{d}x$ 的高阶无穷小量.

例 1 计算心形线 $r=a(1+\cos t)$ 绕极轴的旋转体的侧面积.

解 由对称性, 只需计算上半部分对应的侧面积, 代入公式得

$$\begin{aligned}S&=2\pi\int_0^{\pi} a(1+\cos t)\sin t\sqrt{r^2(t)+(r'(t))^2}\mathrm{d}t\\&=\frac{32}{5}\pi a^2.\end{aligned}$$

习　题　9.4

1. 计算下列旋转体的侧面积.

(1) 曲线段 $y=x^2, 0\leqslant x\leqslant 1$ 绕 x 轴旋转;

(2) 曲线段 $x^2+(y-2)^2=1$ 绕 x 轴旋转;

(3) 曲线段 $x=t-\sin t, y=1-\cos t, 0\leqslant x\leqslant 2\pi$ 分别绕 x 轴和 y 轴旋转.

2. 设简单曲线 $y=f(x)\geqslant 0, a\leqslant x\leqslant b$, 导出其绕 y 轴旋转一周的旋转体 (即曲线、直线 $x=a, x=b$ 和 x 轴所围图形的旋转体) 的侧面积, 其中 $f(x)\in C^1[a,b]$.

9.5　定积分在物理中的应用

定积分应用的范围很广, 本节, 我们介绍定积分在物理中的应用, 这里仅简要介绍应用定积分解决变力做功、液体的静压力、引力、转动惯量等方面的问题.

1. 变力做功问题

假设物体在连续变力 $F(x)$ 作用下沿 x 轴从 a 移动到 b(图 9-17), 力的方向与运动方向平行, 求变力所做的功 W.

任取 $[a,b]$ 的子区间 $[x,x+\mathrm{d}x]$, 由于 $\mathrm{d}x$ 很小, $F(x)$ 在 $[x,x+\mathrm{d}x]$ 上来不及发生很大的变化, 可认为是常力, 取点 x 处的力 $F(x)$ 作为 $[x,x+\mathrm{d}x]$ 上的力, 则 $F(x)$ 在 $[x,x+\mathrm{d}x]$ 上所做功 ΔW 近似等于 $F(x)\mathrm{d}x$, 即功的微元 $\mathrm{d}W=F(x)\mathrm{d}x$, 于是 $F(x)$ 在 $[a,b]$ 上所做功 $W=\int_a^b F(x)\,\mathrm{d}x$.

例 1　一圆柱形蓄水池高为 5 米, 底半径为 3 米, 池内盛满了水. 问要把池内的水全部吸出, 需做多少功?

解　建立如图 9-18 所示的平面直角坐标系.

所求功分布在区间 $[0,5]$ 上, 任取 $[x,x+\mathrm{d}x]\subset[0,5]$, 这一区间内对应一薄层水, 其重力为 $\rho g\pi\cdot 3^2\mathrm{d}x=9\rho g\pi\cdot\mathrm{d}x$, 其中 ρ 为水的密度, g 为重力加速度. 将这一薄层水吸出桶外所做的功 (功微元) 为

$$\mathrm{d}w=9\rho g\pi\cdot x\cdot\mathrm{d}x,$$

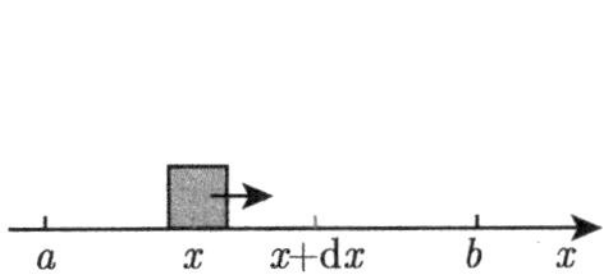

图 9-17

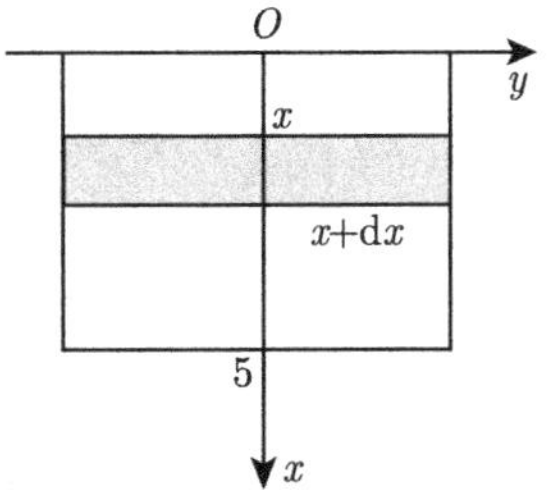

图 9-18

故所求功为 $w = 9\rho g\pi \int_0^5 x\mathrm{d}x = 112.5\pi\rho g$.

2. 液体的静压力

在水坝、闸门、船体等工程设计中, 常需要计算它们所承受的静水总压力. 由物理学知, 静水压强 p(单位为 Pa) 与水深 h(单位为 m) 的关系是

$$p = \rho g h,$$

其中 ρ 为水的密度, g 为重力加速度.

如果有一面积为 S 的平板, 水平地放置在水深为 h 处的地方, 那么, 平板一侧所受的水压力为

$$P = p \cdot S = \rho g h S.$$

当平板不与水面平行时, 由于水深不同导致压强不同, 平板一侧所受的总压力就不能直接用上述公式, 需用定积分的微元法解决.

例 2 一个横放着的圆柱形水桶, 桶内盛有半桶水, 设桶的底半径为 R, 水的密度为 ρ, 计算桶的一端面上所受的压力.

解 建立坐标系如图 9-19. 取 x 为积分变量, $x \in [0, R]$. 任取 $[x, x+\mathrm{d}x] \subset [0, R]$. 由于 $\mathrm{d}x$ 很小, 与 $[x, x+\mathrm{d}x]$ 对应的小矩形片上各处的压强近似相等, 取点 x 处的压强作为小矩形片上所受的压强, 则 $p = \rho g x$, 小矩形片的面积为 $2\sqrt{R^2 - x^2}\mathrm{d}x$, 因此, 小矩形片的压力元素为

$$\mathrm{d}P = 2\rho g x\sqrt{R^2 - x^2}\mathrm{d}x,$$

端面上所受的压力为

$$\begin{aligned} P &= \int_0^R 2\rho g x\sqrt{R^2 - x^2}\mathrm{d}x \\ &= -\rho g \int_0^R \sqrt{R^2 - x^2}\mathrm{d}(R^2 - x^2) \\ &= -\rho g \left[\frac{2}{3}\left(\sqrt{R^2 - x^2}\right)^3\right]_0^R = \frac{2\rho g}{3}R^3. \end{aligned}$$

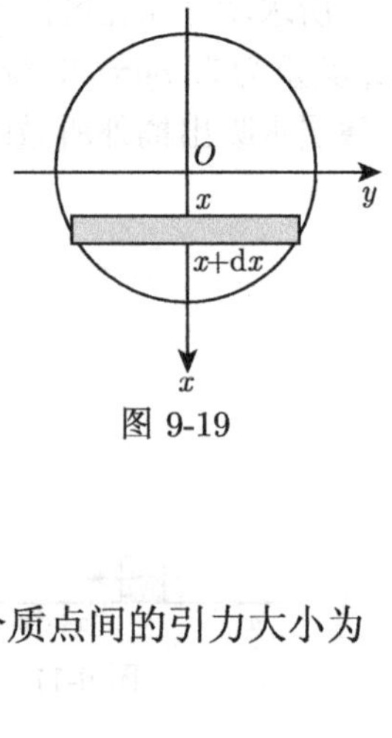

图 9-19

3. 引力问题

由物理学知, 质量分别为 m_1 和 m_2, 相距为 r 的两个质点间的引力大小为

$$F = G\frac{m_1 m_2}{r^2},$$

其中 G 为引力系数, 引力方向沿着两质点连接方向.

如果要计算一根细棒 (视为有质量无体积) 对一质点的引力, 由于细棒上各点与质点的距离不同, 且各点与质点的引力的方向也是变化的, 所以不能直接用上述公式计算, 需用定积分的微元法解决.

例 3　有一长度为 l, 线密度为 ρ 的均匀细棒, 在其中垂线上距棒 a 单位处有一质量为 m 的质点 P, 计算该棒对质点 P 的引力.

解　建立坐标系如图 9-20, 将细棒置于 y 轴上, 取细棒中点为坐标原点, 质点 P 位于点 $(a,0)$ 处.

取 y 为积分变量, $y\in\left[-\frac{l}{2},\frac{l}{2}\right]$, 在 $\left[-\frac{l}{2},\frac{l}{2}\right]$ 上任取区间 $[y,y+\mathrm{d}y]$, 相应该小区间上小段细棒近似看成质点, 质量为 $\rho\mathrm{d}y$, 其对质点 P 的引力大小为

$$\mathrm{d}F=G\frac{m\rho\mathrm{d}y}{a^2+y^2},$$

该引力方向为由点 P 指向点 $(0,y)$ 的连线. 由于对不同的小区间 $[y,y+\mathrm{d}y]$, 引力方向不同, 故不具有可加性. 为此, 将 $\mathrm{d}F$ 沿 x 轴和 y 轴方向分解为 $\mathrm{d}F_x$ 与 $\mathrm{d}F_y$. 注意到对称性, 有 y 轴方向上的分力 $F_y=0$.

水平方向的分力微元

$$\mathrm{d}F_x=-G\frac{am\rho\mathrm{d}y}{(a^2+y^2)^{\frac{3}{2}}},$$

这里的负号表示 $\mathrm{d}F_x$ 指向 x 轴的负方向, 于是

$$F_x=-\int_{-\frac{l}{2}}^{\frac{l}{2}}G\frac{am\rho\mathrm{d}y}{(a^2+y^2)^{\frac{3}{2}}}=\frac{-2Gm\rho l}{a(4a^2+l^2)^{\frac{1}{2}}}.$$

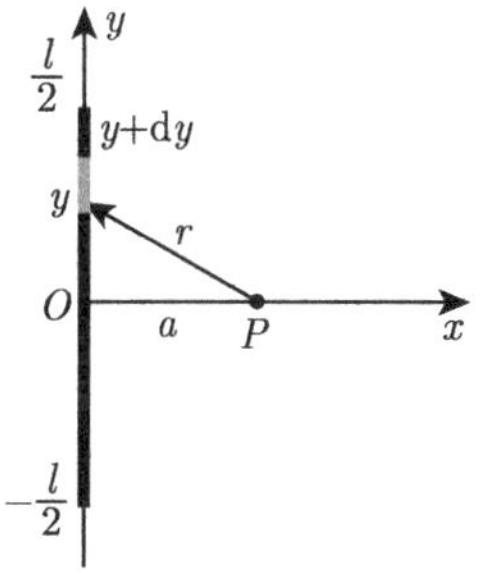

图 9-20

注　学习过多元函数及其积分理论后, 可以计算平面薄片、空间立体对质点的引力.

4. 路程问题

由物理学知, 匀速直线运动的路程为 $s=vt$, 其中 v 为常速, t 为运动的时间.

非匀速直线运动, 由于速度不是常速, 所以不能直接用上述公式计算, 需用定积分的微元法解决.

例 4　质点做变速运动的路程　设质点沿直线做变速运动, 速度为 $v(t)$, 计算质点在时段 $[t_1,t_2]$ 内运动的路程.

解 任取微元 $(t,t+\mathrm{d}t)\subset[t_1,t_2]$, 此微元上近似为匀速直线运动利用近似计算的方法, 则路程微元为 $\mathrm{d}S=v(t)\mathrm{d}t$, 故所求的路程为 $S=\displaystyle\int_{t_1}^{t_2}v(t)\mathrm{d}t$.

5. 转动惯量

由物理学知, 质量为 m, 与转轴 l 的垂直距离为 r 的质点, 关于轴 l 的转动惯量为

$$I=mr^2.$$

如果要求一个圆盘的转动惯量, 不能直接用质点的转动惯量公式计算, 解题思路仍然是微元法的思想.

例 5 设有一个半径为 R 的圆盘, 均匀分布有密度为 ρ 的质量, 求圆盘对通过中心与其垂直的轴的转动惯量 I.

解 以圆盘的圆心为原点, 沿径向作 x 轴, 在 x 轴上任取小区间 $[x,x+\mathrm{d}x]\subset[0,R]$, 则该区间对应的圆环的面积为

$$\Delta S=\pi(x+\mathrm{d}x)^2-\pi x^2=2\pi x\mathrm{d}x+\pi(\mathrm{d}x)^2=2\pi x\mathrm{d}x+o(\mathrm{d}x),$$

因此, 对应的面积微元为

$$\Delta S\approx\mathrm{d}S=2\pi\rho x\mathrm{d}x,$$

对应的转动惯量微元为

$$\mathrm{d}I=x^2\rho\mathrm{d}S=2\pi\rho x^3\mathrm{d}x,$$

故,

$$I=\int_0^R 2\pi\rho x^3\mathrm{d}x=\frac{1}{2}\pi\rho R^4=\frac{1}{2}MR^2,$$

其中 M 为圆盘的质量.

习 题 9.5

1. 一个带正 q 电量的点电荷放在 r 轴的原点处形成电场, 在电场中, 距原点 r 处的单位正电荷在电场力的作用下从 $r=a$ 处移动到 $r=b$ 处, 计算电场力在此过程中所做的功. (已知距原点 r 处单位正电荷所受的电场力公式为 $F=k\dfrac{q}{r^2}$.)

2. 设一圆锥形贮水池, 深 15m, 口径 20m, 盛满水, 今以泵将水吸尽, 问要做多少功?

3. 用铁锤将一铁钉击入木板, 设木板对铁钉的阻力与铁钉击入木板的深度成正比, 在击第一次时, 将铁钉击入木板 1cm. 如果铁锤每次打击铁钉所做的功相等, 问锤击第二次时, 铁钉又击入多少?

4. 有一等腰梯形闸门, 它的两条底边各长 10m 和 6m, 高为 20m, 较长的底边与水面相齐. 计算闸门的一侧所受的水压力.

5. 一底为 8cm、高为 6cm 的等腰三角形片, 铅直地沉没在水中, 顶在上, 底在下且与水面平行, 而顶离水面 3cm, 试求它每面所受的压力.

6. 设有一半径为 R、中心角为 ϕ 的圆弧形细棒, 其线密度为常数 μ. 在圆心处有一质量为 m 的质点 M. 试求这细棒对质点 M 的引力.

第10章 广义积分

在黎曼常义积分中, 有两个先决条件: ① 被积函数有界; ② 积分限有限. 上述两个条件极大限制了常义定积分的应用范围, 这就要求人们从更广的角度考虑积分理论.

事实上, 从理论层面上看, 当建立一套基本理论之后, 人们会不断去掉各种条件的限制, 尽可能扩大理论的外延, 以便涵盖更多的东西, 丰富其内涵. 因此, 黎曼常义积分理论建立后, 不可避免地考虑这样的问题: 能否去掉上述两个限制条件? 去掉上述两个条件后, 会产生什么问题? 如何解决?

从应用角度看, 定积分的产生源于人类改造自然过程中要解决的实际问题, 如计算面积、做功等. 随着人类认识实践活动的深入, 涌现出更多的实际问题, 要解决这些问题, 必须突破上述两个限制条件.

如空天探测是当前热门领域, 中国发射了神舟系列、嫦娥系列、天宫系列, 取得了显著的航天成绩. 但是, 航天技术中要解决的基本问题是计算航天器发射过程中火箭克服地球引力所做的功, 并由此计算出宇宙速度, 这正是一个数学问题, 把这个问题具体为如下问题.

引例 1 从地球表面理想状态下垂直发射火箭, 使火箭远离地球, 研究这个过程中火箭克服地球引力所做的功 W.

结构分析 题型: 功的计算. 类比已知: 在定积分理论中, 已经求得了变力作用在物体上进行直线运动的做功问题. 由此形成计算的思想方法.

解 假设地球半径为 R, 火箭的质量 m, 重力加速度为 g, 根据万有引力定律, 火箭在离地心 x 处受到地球引力为 $f(x)=\dfrac{mgR^2}{x^2}$, 假设把火箭发射到距离地心 h 处, 那么根据定积分知识, 克服地球引力所做的功应该是

$$W(h)=\int_R^h f(x)\mathrm{d}x=\int_R^h \frac{mgR^2}{x^2}\mathrm{d}x=mgR^2\left(\frac{1}{R}-\frac{1}{h}\right).$$

进一步研析 至此, 引例 1 的问题已经得到解决. 我们对公式作进一步分析. 公式表明, 积分区间 $[R,h]$ 是个有限区间, 这是一个定积分, 上述问题的解决正是定积分的应用的体现. 观察结果可知, 功 $W(h)$ 和发射质量成正比, 和发射高度 h 成正比. 因此, 要完成发射目的, 必须使火箭的发动机具备充分大的动力, 达到上

述的做功要求.

对结果的进一步分析可以发现, 虽然随着高度 h 的增加, 要求所做的功也越来越大, 但是, 由于

$$\lim_{h\to+\infty} W(h) = \lim_{h\to+\infty}\int_R^h f(x)\mathrm{d}x = mgR,$$

因此, 从理论来说, 只要发动机功率足够大到能够克服引力功 mgR, 我们就可以把航天器发射到任意的高度, 这就解决了航天器发射中的基本理论问题. 第二宇宙速度 (v_0 =11.2km/s) 就是利用这个结果计算出来的. 事实上, 若火箭的发动机提供的动力使火箭发射的初速度为 v_0, 由能量守恒定律, 则 $\frac{1}{2}mv_0^2 = mgR$, 因而, $v_0 = \sqrt{2gR} \approx 11.2$ km/s.

工程技术领域还有很多问题涉及上述相同的定积分的极限 $\lim\limits_{h\to+\infty}\int_R^h f(x)\mathrm{d}x$ 问题, 对上述问题进行数学抽象、简化和深入的研究完善, 形成数学理论, 这就是无穷限广义积分 $\int_R^{+\infty} f(x)\mathrm{d}x$ 的理论.

还有一类问题涉及的积分形式需要突破定积分的被积函数有界的限制条件. 仍从平面图形的面积谈起, 有界封闭区域的平面图形的面积可以用定积分计算, 我们将上述问题做简单的推广.

引例 2 研究曲线 $y = \frac{1}{x^p}\left(p = 1, \frac{1}{2}\right)$ 与 y 轴、x 轴及直线 $x = 1$ 所围区域的面积问题.

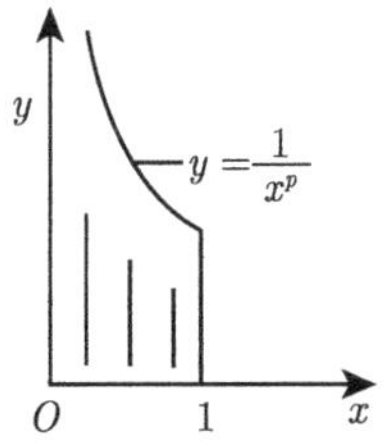

图 10-1

结构分析 题型: 平面区域的面积计算. 类比已知: 定积分理论. 本题结构特点: 所求面积的区域具有特点: ① 区域是非封闭的平面区域. 由于曲线 l 以 y 轴为渐近线, 即当 x 充分接近 0 时, 曲线无限靠近 y 轴, 但永远达不到 y 轴, 曲线与 y 轴没有交点, 因而, 区域是非封闭的; ② 区域是无限区域. 正是它的非封闭性, 使得区域不会包含在以任意长度为半径的圆内, 因而, 区域是无限 (无界) 区域; ③ 区域是 “几乎” 封闭的. 曲线 l 以 y 轴为渐近线, 因此, 在 y 轴无限远处, 曲线越来越靠近 y 轴, 即对任意的充分小的正数 d, 当 x 充分接近 0(或 y 充分大) 时, 曲线上对应的点到 y 轴的距离总小于 d, 或者, 直线 $x = d$ 总与曲线相交, 因此, 所围区域又好像是封闭的. 显然, 这样的区域既区别于有界的封闭区域, 又区别于开放式的无界区域, 因而, 其面积的问题较为复杂, 因为必须先解决面积是否有界, 即可求性的问题, 然后才能讨论如何计算. 那么, 如何解决这类问题?

为了研究上述问题, 我们分析已经掌握的已知理论和相关工具. 我们已经知道了有限区域面积的计算, 知道了“有限”, 要计算“无限”, 因此, 要解决此问题就是如何实现由有限到无限的过渡. 而由有限过渡到无限正是极限所处理的问题的特征, 因此, 可以设想, 我们可以借助极限理论, 通过有限区域面积的极限过渡到无限区域的面积计算, 即先用有限区域逼近上述无限区域, 这正是近似研究思想的应用. 这样, 我们找到了解决问题的思路和方法——借用有界区域面积计算的定积分理论, 通过极限, 实现由有限到无限的过渡. 不妨用此思想讨论上述的面积.

解 首先计算曲线 $l: y=\dfrac{1}{x^p}$ 与 x 轴及直线 $x=1, x=b<1$ 所围有界区域的面积. 利用定积分理论, 上述面积为

$$I=\int_b^1 x^{-p}\mathrm{d}x=\begin{cases}2(1-\sqrt{b}), & p=\dfrac{1}{2},\\ -\ln b, & p=1.\end{cases}$$

其次, 考察上述面积计算公式当 $b\to0^+$ 的极限. 由于

$$\lim_{b\to0^+}\int_b^1 x^{-p}\mathrm{d}x=\begin{cases}2, & p=\dfrac{1}{2},\\ +\infty, & p=1,\end{cases}$$

因而, 从上述结论中可以猜想: 所围的区域的面积 S 与 p “严重” 相关, 当 $p=\dfrac{1}{2}$ 时, 区域应具有 “面积” 为 2, 此时, 区域是一个有有限面积 (或面积存在) 的无限区域; 当 $p=1$ 时, 区域的面积为无穷, 此时, 区域是一个没有有限面积 (或面积不存在) 的无限区域. 因此, 借助于这种思想和方法, 我们把平面图形的面积问题从有界区域推广到了无界区域, 实际上给出了无界区域面积存在的定义, 这种研究是有意义的.

上述研究思想可以解决大量的工程技术领域和科学理论研究领域中的问题, 将这种研究思想进行抽象、精练, 其实质相当于研究一类新的积分形式 $\int_a^b f(x)\mathrm{d}x$, 其中 $f(x)$ 在积分区间 $[a, b]$ 上无界, 突破定积分被积函数有界的条件, 不再是常义定积分, 对这类积分的深入研究, 形成了无界函数的广义积分理论.

因此, 不论从实践上, 还是从理论上, 都要求我们突破黎曼常义积分两个先决条件的约束, 将黎曼常义积分推广到一个新的高度, 这就是广义积分 (反常积分) 理论.

10.1 无穷限广义积分

本节, 我们突破常义积分的积分限有界的限制条件, 引入无穷限广义积分的概念.

一、 无穷限广义积分的定义

我们首先利用定积分的极限给出无穷限广义积分的收敛性. 由于可以分别突破积分上限、下限或同时突破积分上下限, 因而, 对应地可以引入不同的广义积分.

定义 1.1 设 $f(x)$ 在 $[a,+\infty)$ 上有定义, 且对任意 $A>a$, 都有 $f(x)\in R[a,A]$, 若存在实数 I, 使得

$$\lim_{A\to+\infty}\int_a^A f(x)\mathrm{d}x=I,$$

称 $f(x)$ 在 $[a,+\infty)$ 上是 (广义) 可积的, I 称为 $f(x)$ 在 $[a,+\infty)$ 上的广义积分, 记为 $I=\displaystyle\int_a^{+\infty}f(x)\mathrm{d}x$, 此时, 也称广义积分 $\displaystyle\int_a^{+\infty}f(x)\mathrm{d}x$ 收敛 (于 I).

若 $\displaystyle\lim_{A\to+\infty}\int_a^A f(x)\mathrm{d}x$ 不存在, 称广义积分 $\displaystyle\int_a^{+\infty}f(x)\mathrm{d}x$ 发散.

信息挖掘 (1) 此定义借用定积分和极限, 将常义定积分推广到广义积分, 体现用已知定义未知的思想.

(2) 由定义, 在收敛的条件下, 有

$$\int_a^{+\infty}f(x)\mathrm{d}x=\lim_{A\to+\infty}\int_a^A f(x)\mathrm{d}x.$$

(3) 定义既是定性的, 也是定量的.

(4) $f(x)$ 在 $[a,+\infty)$ 上可积就是此定义的广义可积.

类似可以定义广义积分 $\displaystyle\int_{-\infty}^b f(x)\mathrm{d}x$ 的收敛性.

对同时突破积分上下限的广义积分, 可以利用已知的广义积分进行定义.

定义 1.2 设 $f(x)$ 在 $(-\infty,+\infty)$ 上有定义, 且对任意的 $[A,B]$ 都有 $f(x)\in R[A,B]$, 若对任意实数 a, 广义积分 $\displaystyle\int_a^{+\infty}f(x)\mathrm{d}x$, $\displaystyle\int_{-\infty}^a f(x)\mathrm{d}x$ 都收敛, 称广义积分 $\displaystyle\int_{-\infty}^{+\infty}f(x)\mathrm{d}x$ 收敛, 此时有

$$\int_{-\infty}^{+\infty}f(x)\mathrm{d}x=\int_{-\infty}^a f(x)\mathrm{d}x+\int_a^{+\infty}f(x)\mathrm{d}x,$$

否则, 称广义积分 $\int_{-\infty}^{+\infty} f(x)\mathrm{d}x$ 发散.

也可以利用定义 1.1 的方法, 定义广义积分 $\int_{-\infty}^{+\infty} f(x)\mathrm{d}x$ 的敛散性.

定义 1.3 设 $f(x)$ 在 $(-\infty,+\infty)$ 上有定义, 且对任意的 $[A,B]$ 都有 $f(x)\in R[A,B]$, 若对任意实数 a 及任意 $A>a, A'<a$, 极限 $\lim\limits_{A\to+\infty}\int_a^A f(x)\mathrm{d}x$, $\lim\limits_{A'\to-\infty}\int_{A'}^a f(x)\mathrm{d}x$ 同时存在, 称广义积分 $\int_{-\infty}^{+\infty} f(x)\mathrm{d}x$ 收敛. 此时

$$\int_{-\infty}^{+\infty} f(x)\mathrm{d}x=\lim_{A'\to-\infty}\int_{A'}^a f(x)\mathrm{d}x+\lim_{A\to+\infty}\int_a^A f(x)\mathrm{d}x,$$

也可记为 $\int_{-\infty}^{+\infty} f(x)\mathrm{d}x=\lim\limits_{\substack{A'\to-\infty\\ A\to+\infty}}\int_{A'}^A f(x)\mathrm{d}x$

信息挖掘 (1) $\int_{-\infty}^{+\infty} f(x)\mathrm{d}x$ 定义两种不同方式: 定义 1.2 借用关联最紧密的已知定义 1.1 进行定义, 定义 1.3 是化用定义 1.1 的思想, 采用 "定积分 + 极限" 的结构进行定义. (2) 由于有条件 "$f(x)\in R[A,B]$", 定义 1.2、定义 1.3 中, 条件 "实数 a 的任意性" 可减弱为 "存在实数 a". 事实上, 此时, 对任意的实数 b,

$$\begin{aligned}\lim_{A\to+\infty}\int_b^A f(x)\mathrm{d}x&=\lim_{A\to+\infty}\left[\int_b^a f(x)\mathrm{d}x+\int_a^A f(x)\mathrm{d}x\right]\\&=\int_b^a f(x)\mathrm{d}x+\lim_{A\to+\infty}\int_a^A f(x)\mathrm{d}x,\end{aligned}$$

$$\begin{aligned}\lim_{A'\to-\infty}\int_{A'}^b f(x)\mathrm{d}x&=\lim_{A'\to-\infty}\left[\int_{A'}^a f(x)\mathrm{d}x+\int_a^b f(x)\mathrm{d}x\right]\\&=\int_a^b f(x)\mathrm{d}x+\lim_{A'\to-\infty}\int_{A'}^a f(x)\mathrm{d}x,\end{aligned}$$

同时存在, 即广义积分 $\int_b^{+\infty} f(x)\mathrm{d}x$, $\int_{-\infty}^b f(x)\mathrm{d}x$ 同时存在, 因而, $\int_{-\infty}^{+\infty} f(x)\mathrm{d}x$ 收敛, 且仍有

$$\int_{-\infty}^{+\infty} f(x)\mathrm{d}x=\lim_{A'\to-\infty}\int_{A'}^a f(x)\mathrm{d}x+\lim_{A\to+\infty}\int_a^A f(x)\mathrm{d}x.$$

(3) 定义 1.3 中, 两个极限过程是相互独立的. 因而, 当两个相关的极限过程对应存在极限时, 不一定保证广义积分 $\int_{-\infty}^{+\infty} f(x)\mathrm{d}x$ 的收敛性. 如对广义积分 $\int_{-\infty}^{+\infty} \sin x\mathrm{d}x$, 由于 $\lim\limits_{A\to+\infty}\int_a^A \sin x\mathrm{d}x = \lim\limits_{A\to+\infty}(\cos a - \cos A)$ 不存在, 利用定义, 广义积分 $\int_a^{+\infty} \sin x\mathrm{d}x$ 发散, 故广义积分 $\int_{-\infty}^{+\infty} \sin x\mathrm{d}x$ 也发散, 但可计算

$$\lim_{A\to+\infty}\int_{-A}^{A} \sin x\mathrm{d}x = 0,$$

这样的值称为广义积分 $\int_{-\infty}^{+\infty} \sin x\mathrm{d}x$ 的柯西主值. 所以, 广义积分的柯西主值存在, 广义积分不一定存在 (收敛).

这样, 我们建立了各种无穷限广义积分的定义.

正是由于广义积分是利用定积分和极限定义的, 因而, 利用已知的定积分理论和极限理论很容易计算广义积分并判断敛散性. 事实上, 如果 $f(x)$ 在任意有限区间 $[a, b]$ 上可积, 原函数为 $F(x)$ 且 $F(+\infty) = \lim\limits_{A\to+\infty} F(A)$ 存在, 则广义积分 $\int_a^{+\infty} f(x)\mathrm{d}x$ 收敛且

$$\int_a^{+\infty} f(x)\mathrm{d}x = F(+\infty) - F(a).$$

当然, 这种方法仅对简单结构的广义积分是可行的.

例 1 用定义讨论广义积分 $\int_1^{+\infty} f(x)\mathrm{d}x$ 的收敛性, 其中,

(1) $f(x) = C \neq 0$;

(2) $f(x) = x$;

(3) $f(x) = \dfrac{1}{1+x^2}$.

解 (1) 由于 $\lim\limits_{A\to+\infty}\int_1^A C\mathrm{d}x = \lim\limits_{A\to+\infty} C(A-1) = \infty$, 故, $\int_a^{+\infty} f(x)\mathrm{d}x$ 不收敛.

(2) 由于 $\lim\limits_{A\to+\infty}\int_1^A x\mathrm{d}x = \lim\limits_{A\to+\infty}\dfrac{1}{2}(A^2-1) = +\infty$, 故, $\int_a^{+\infty} f(x)\mathrm{d}x$ 不收敛.

(3) 由于

$$\lim_{A\to+\infty}\int_0^A \frac{1}{1+x^2}\mathrm{d}x=\lim_{A\to+\infty}\arctan A=\frac{\pi}{2},$$

故, $I=\int_0^{+\infty}\frac{1}{1+x^2}\mathrm{d}x$ 收敛.

类似, $\int_{-\infty}^0\frac{1}{1+x^2}\mathrm{d}x=\frac{\pi}{2}$, $\int_{-\infty}^{+\infty}\frac{1}{1+x^2}\mathrm{d}x=\pi$.

例 2 讨论 p-积分 $I=\int_1^{+\infty}\frac{1}{x^p}\mathrm{d}x$ 的敛散性.

解 $p=1$ 时, 由于 $\lim\limits_{A\to+\infty}\int_1^A\frac{1}{x}\mathrm{d}x=+\infty$, 故, 广义积分发散;

$p>1$ 时, 由于 $\lim\limits_{A\to+\infty}\int_1^A\frac{1}{x^p}\mathrm{d}x=\frac{1}{p-1}$, 故, 广义积分收敛;

$p<1$ 时, 由于 $\lim\limits_{A\to+\infty}\int_1^A\frac{1}{x^p}\mathrm{d}x=+\infty$, 故, 广义积分发散.

因此, 广义积分 $I=\int_1^{+\infty}\frac{1}{x^p}\mathrm{d}x$ 当 $p>1$ 时收敛, 当 $p\leqslant 1$ 时发散.

思考 通过例子观察并猜想影响广义积分收敛的因素是什么.

上述例子表明, 广义积分的计算基础是定积分的计算理论, 因此, 我们的重点不是广义积分的计算, 而是广义积分的敛散性分析, 即在不必计算的条件下, 依靠被积函数的结构给出广义积分的敛散性的判断, 这是本章的主要内容, 将在后续内容中给出.

二、 收敛的广义积分的性质

利用定义和极限的运算性质, 可将定积分的某些性质推广到收敛的广义积分.

性质 1.1(线性性质) 如果 $f(x),g(x)$ 在 $[a,+\infty)$ 可积, 对任意实数 k_1,k_2, 则 $k_1f(x)+k_2g(x)$ 在 $[a,+\infty)$ 可积且

$$\int_a^{+\infty}[k_1f(x)+k_2g(x)]\mathrm{d}x=k_1\int_a^{+\infty}f(x)\mathrm{d}x+k_2\int_a^{+\infty}g(x)\mathrm{d}x.$$

性质 1.2 (非负性) 若非负函数 $f(x)$ 在 $[a,+\infty)$ 上广义可积, 则 $\int_a^{+\infty}f(x)\mathrm{d}x\geqslant 0$.

性质 1.3 (保序性) 若函数 $f(x)$, $g(x)$ 在 $[a,+\infty)$ 上广义可积, 且 $f(x)\geqslant g(x), x\in[a,+\infty)$, 则 $\int_a^{+\infty}f(x)\mathrm{d}x\geqslant\int_a^{+\infty}g(x)\mathrm{d}x$.

思考 定积分的其他性质能推广到广义积分吗?

习 题 10.1

1. 用定义计算广义积分.

(1) $\int_0^{+\infty} xe^{-x^2}\mathrm{d}x$;　　(2) $\int_2^{+\infty} \frac{1}{x\ln^2 x}\mathrm{d}x$;

(3) $\int_1^{+\infty} \frac{\arctan x}{x^2}\mathrm{d}x$;　　(4) $\int_{-\infty}^{+\infty} \frac{1}{(1+x^2)^{\frac{3}{2}}}\mathrm{d}x$.

2. 设 $f(x)$ 在 $[0,+\infty)$ 上非负连续, 且 $\int_0^{+\infty} f(x)\mathrm{e}^{x^2}\mathrm{d}x = 0$, 证明 $f(x) \equiv 0, x \in [0,+\infty)$.

要求 分析题目结构, 类比已知, 与此题目相关的已知结论有哪些? 定积分理论中类似的题目是什么? 给出证明.

3. 定积分性质中, 还有哪些性质没有推广到广义积分? 简单说明为什么没有推广?

10.2 无穷限广义积分判别法则

本节, 我们仍采用从简单到复杂, 从特殊到一般的研究思路, 建立无穷限广义积分敛散性的判别法则.

一、 一般法则 —— 柯西收敛准则

由于广义积分是通过极限定义的, 同样成立柯西收敛准则. 将极限存在的柯西收敛准则应用于广义积分, 就得到相应的判断广义积分敛散性的准则.

定理 2.1 $\int_a^{+\infty} f(x)\mathrm{d}x$ 收敛的充要条件是: 对任意的 $\varepsilon > 0$, 存在 $A > a$, 使得对任意的 $A', A'' > A$ 时, 成立

$$\left|\int_{A'}^{A''} f(x)\mathrm{d}x\right| < \varepsilon.$$

结构分析 我们称 $\int_{A'}^{A''} f(x)\mathrm{d}x$ 为 $\int_a^{+\infty} f(x)\mathrm{d}x$ 的柯西片段. 因此, 柯西收敛准则也可简述为对充分远的柯西片段, 其绝对值能够任意小 (绝对任意小). 从结构上看, 由于柯西片段涉及函数在充分远处的行为或性质, 因此, 在涉及敛散性和函数无穷远性质的关系研究时可以考虑利用柯西收敛准则.

请利用肯定式向否定式转化的法则, 给出柯西收敛准则的否定式的表达 (习题).

利用柯西收敛准则, 可得到如下结论.

推论 2.1 设对任意的 $A > a$, $f(x)$ 在 $[a, A]$ 可积, 若 $\lim\limits_{x\to+\infty} f(x) = k \neq 0$, 则 $\int_a^{+\infty} f(x)\mathrm{d}x$ 必发散.

证明 若 $k>0$, 则存在 $M>a$, 使得 $x>M$ 时, $f(x)>\frac{k}{2}>0$. 故对任意的 $A>M$ 及 $A''=A'+2>A$, 总有

$$\int_{A'}^{A''} f(x)\mathrm{d}x>k,$$

故, 由柯西收敛准则, 广义积分发散.

若 $k<0$, 同样可以证明广义积分发散.

抽象总结 由此推论可以得到: 若 $\int_a^{+\infty} f(x)\mathrm{d}x$ 收敛且 $\lim\limits_{x\to+\infty} f(x)$ 存在, 则必有 $\lim\limits_{x\to+\infty} f(x)=0$. 因此, $\lim\limits_{x\to+\infty} f(x)=0$ 并非 $\int_a^{+\infty} f(x)\mathrm{d}x$ 收敛的必要条件. 存在 $\int_a^{+\infty} f(x)\mathrm{d}x$ 收敛且 $\lim\limits_{x\to+\infty} f(x)$ 不存在的情形 (例 9), 这和数项级数理论中对应的结论有差别.

再次强调: 柯西收敛准则是非常重要的准则, 必须掌握此准则作用对象的特征和使用方法, 简单地说, 此准则通常应用于抽象对象, 理论应用价值大, 在研究 $f(x)$ 在无穷远处的性质时, 由于与柯西片段相关联, 可以考虑能否用柯西收敛准则为工具进行研究.

例 1 设非负函数 $f(x)$ 满足: (1) $\int_a^{+\infty} f(x)\mathrm{d}x$ 收敛; (2) $\lim\limits_{x\to+\infty} f(x)=0$, 证明 $\int_a^{+\infty} f^2(x)\mathrm{d}x$ 收敛.

结构分析 由于所给条件都涉及 $f(x)$ 在无穷远处的性质, 可以考虑利用柯西收敛准则证明.

证明 由于 $\lim\limits_{x\to+\infty} f(x)=0$, 则存在 $A_1>a$, 使得

$$0\leqslant f(x)\leqslant 1,\quad x>A_1,$$

又由于 $\int_a^{+\infty} f(x)\mathrm{d}x$ 收敛, 利用柯西收敛准则, 对任意的 $\varepsilon>0$, 存在 $A_2>a$, 使得对任意的 $A''>A'>A_2$ 时, 成立

$$0\leqslant\int_{A'}^{A''} f(x)\mathrm{d}x<\varepsilon,$$

取 $A_0=\max\{A_1,A_2\}$, 则对任意的 $A''>A'>A_0$, 成立

$$0 \leqslant \int_{A'}^{A''} f^2(x)\mathrm{d}x \leqslant \int_{A'}^{A''} f(x)\mathrm{d}x < \varepsilon,$$

再次利用柯西收敛准则, 则 $\int_a^{+\infty} f^2(x)\mathrm{d}x$ 收敛.

例 2 设非负函数 $f(x)$ 在 $[a,+\infty)$ 单调递减, $\int_a^{+\infty} f(x)\mathrm{d}x$ 收敛, 证明

$$\lim_{x\to+\infty} xf(x) = 0.$$

简析 还是 $f(x)$ 在无穷远处的分析性质的讨论, 考虑利用柯西收敛准则. 难点是从柯西片段中分离出 $f(x)$. 解决方法是利用 $f(x)$ 的单调性和 A'', A' 的任意性.

证明 由于 $\int_a^{+\infty} f(x)\mathrm{d}x$ 收敛, 利用柯西收敛准则, 对任意的 $\varepsilon > 0$, 存在 $A_0 > a$, 使得对任意的 $A'' > A' > A_0$ 时, 成立

$$0 \leqslant \int_{A'}^{A''} f(x)\mathrm{d}x < \varepsilon,$$

对任意的 $t > A_0$, 取 $A'' = 2t, A' = t$, 则

$$0 \leqslant \int_t^{2t} f(x)\mathrm{d}x < \varepsilon,$$

由于 $f(x)$ 在 $[a,+\infty)$ 上非负函数且单调递减, 则

$$\int_t^{2t} f(x)\mathrm{d}x \geqslant f(t)(2t-t) = tf(t),$$

故, 对任意的 $t > A_0$, 都有 $0 \leqslant tf(t) < \varepsilon$, 因而, $\lim\limits_{x\to+\infty} xf(x) = 0$.

抽象总结 上述证明过程中, 利用单调性从柯西片段中分离出函数, 由此研究函数在无穷远处的性质是常用的技术手段.

二、 非负函数广义积分的判别法则

由于非负函数结构的特殊性, 对应的广义积分具有特殊的性质, 因此, 我们先从非负函数的广义积分开始, 建立其敛散性的判别法则.

由于目前只有定义和柯西收敛准则可用, 相对来说, 定义是最底层的工具, 柯西收敛准则是高级的工具, 因而, 可用考虑基于柯西收敛准则建立判别法则, 由此得到以比较判别法为基本法则的一系列判别法.

1. 比较判别法——基本法则

定理 2.2 设非负函数 $f(x), g(x)$ 在 $[a,+\infty)$ 有定义, 且对任意的 $A>a$, 二者都在 $[a,A]$ 上可积, 若存在 $a_0>a$, 使得 $x>a_0$ 时,

$$0 \leqslant f(x) \leqslant g(x),$$

则, 当 $\int_a^{+\infty} g(x)\mathrm{d}x$ 收敛时, $\int_a^{+\infty} f(x)\mathrm{d}x$ 收敛; 当 $\int_a^{+\infty} f(x)\mathrm{d}x$ 发散时, $\int_a^{+\infty} g(x)\mathrm{d}x$ 发散.

利用柯西收敛准则可以很容易地证明这个结论.

上述法则也简述为"大的收敛, 小的也收敛; 小的发散, 大的也发散."

由于函数的不等式关系不易建立, 上述判别法并不好用, 继续改进, 建立基于极限形式的判别法则.

定理 2.2′ 如果非负函数 $f(x), g(x)$ 满足:

$$\lim_{x\to+\infty} \frac{f(x)}{g(x)} = l,$$

则 (1) 当 $0<l<+\infty$ 时, $\int_a^{+\infty} g(x)\mathrm{d}x$ 与 $\int_a^{+\infty} f(x)\mathrm{d}x$ 同时敛散;

(2) 当 $l=0$ 时, 若 $\int_a^{+\infty} g(x)\mathrm{d}x$ 收敛, 则 $\int_a^{+\infty} f(x)\mathrm{d}x$ 也收敛,

若 $\int_a^{+\infty} f(x)\mathrm{d}x$ 发散, 则 $\int_a^{+\infty} g(x)\mathrm{d}x$ 也发散;

(3) 当 $l=+\infty$ 时, 若 $\int_a^{+\infty} f(x)\mathrm{d}x$ 收敛, 则 $\int_a^{+\infty} g(x)\mathrm{d}x$ 也收敛,

若 $\int_a^{+\infty} g(x)\mathrm{d}x$ 发散, 则 $\int_a^{+\infty} f(x)\mathrm{d}x$ 也发散.

事实上, 利用极限性质, 当 $0<l<+\infty$ 时, 存在 $a_0>a$, 当 $x>a_0$ 时,

$$\frac{l}{2}g(x) \leqslant f(x) \leqslant \frac{3l}{2}g(x),$$

因而, 此时, $\int_a^{+\infty} g(x)\mathrm{d}x$, $\int_a^{+\infty} f(x)\mathrm{d}x$ 同时敛散.

当 $l=0$ 时, 存在 $a_0>a$, 当 $x>a_0$ 时,

$$0 \leqslant f(x) \leqslant g(x),$$

因而, 若 $\int_a^{+\infty} g(x)\mathrm{d}x$ 收敛, 必有 $\int_a^{+\infty} f(x)\mathrm{d}x$ 收敛.

当 $l=+\infty$ 时, 对应的结论同样成立.

抽象总结 (1) 由于将判别法的条件改为继续形式, 极限是我们熟知的理论, 很容易验证极限条件, 因此, 此定理更好用. (2) 若以 $\int_a^{+\infty} g(x)\mathrm{d}x$ 的敛散性为标准, 即利用 $\int_a^{+\infty} g(x)\mathrm{d}x$ 的敛散性判断 $\int_a^{+\infty} f(x)\mathrm{d}x$ 的敛散性, 当 $l=0$ 时只能由 $\int_a^{+\infty} g(x)\mathrm{d}x$ 的收敛性得到 $\int_a^{+\infty} f(x)\mathrm{d}x$ 收敛性, 即此时只能得到收敛性的判断. 当 $l=+\infty$ 时只能由 $\int_a^{+\infty} g(x)\mathrm{d}x$ 的发散性得到 $\int_a^{+\infty} f(x)\mathrm{d}x$ 发散性, 此时只能得到发散性的判断.

比较判别法是基本判别法, 将以此为基础, 通过选择已知的判别标准建立相应的判别法则.

2. 柯西判别法

在比较判别法中, 取 $g(x)=\frac{1}{x^p}$, 则由 p-积分的敛散性, 可得如下柯西判别法.

定理 2.3 设存在 $a_0>a$, 使得 $x>a_0$ 时存在常数 $c>0$ 满足

(1) $0\leqslant f(x)\leqslant \frac{c}{x^p}$, 且 $p>1$, 则 $\int_a^{+\infty} f(x)\mathrm{d}x$ 收敛;

(2) $f(x)\geqslant \frac{c}{x^p}$, 且 $p\leqslant 1$, 则 $\int_a^{+\infty} f(x)\mathrm{d}x$ 发散.

柯西判别法的极限形式为

定理 2.3′ 设 $\lim\limits_{x\to+\infty} x^p f(x)=l$, 则

(1) 当 $0\leqslant l<+\infty$ 且 $p>1$ 时, $\int_a^{+\infty} f(x)\mathrm{d}x$ 收敛;

(2) 当 $0<l\leqslant+\infty$ 且 $p\leqslant 1$ 时, $\int_a^{+\infty} f(x)\mathrm{d}x$ 发散.

结构分析 从柯西判别法的条件形式看, 其作用对象主要为被积函数是非负的且 $\lim\limits_{x\to+\infty} f(x)=0$, 此时, 才能够与 p-积分作对比, 根据 $x\to+\infty$ 时 $f(x)\to 0$ 的速度, 判断 $\int_a^{+\infty} f(x)\mathrm{d}x$ 的敛散性, 因此, 此时 $x\to+\infty$ 时 $f(x)\to 0$ 的速度仍是决定 $\int_a^{+\infty} f(x)\mathrm{d}x$ 的敛散性的关键指标, 故, 仍可以利用阶的分析方法讨论

$\int_a^{+\infty} f(x)\mathrm{d}x$ 的敛散性. 所以, 在用柯西判别法判断其敛散性时, 重难点是通过阶的分析确定对比的标准, 解决重难点的方法是阶的分析方法.

例 3 判断 $\int_1^{+\infty} \frac{1}{x^\alpha(x^2-x-1)^{\frac{1}{3}}}\mathrm{d}x(\alpha>0)$ 的敛散性.

简析 非负函数广义积分的敛散性判别, 被积函数为有理式结构. 阶的分析: $x\to+\infty$ 时, $\frac{1}{x^\alpha(x^2-x-1)^{\frac{1}{3}}}\sim\frac{1}{x^\alpha x^{\frac{2}{3}}}=\frac{1}{x^{\frac{2}{3}+\alpha}}$, 因此, 选择 $\int_1^{+\infty}\frac{1}{x^{\frac{2}{3}+\alpha}}\mathrm{d}x$ 为比较的对象.

解 由于

$$\lim_{x\to+\infty} x^{\frac{2}{3}+\alpha}\frac{1}{x^\alpha(x^2-x-1)^{\frac{1}{3}}}=1,$$

故, $\int_1^{+\infty}\frac{1}{x^\alpha(x^2-x-1)^{\frac{1}{3}}}\mathrm{d}x$ 与 $\int_1^{+\infty}\frac{1}{x^{\frac{2}{3}+\alpha}}\mathrm{d}x$ 具有相同的敛散性, 因而, $\int_1^{+\infty}\frac{1}{x^\alpha(x^2-x-1)^{\frac{1}{3}}}\mathrm{d}x$ 当 $\alpha>\frac{1}{3}$ 时收敛, 当 $\alpha\leqslant\frac{1}{3}$ 时发散.

例 4 判断 $\int_1^{+\infty} x^\alpha\mathrm{e}^{-x}\mathrm{d}x(\alpha>0)$ 的敛散性.

简析 题型: 非负函数的无穷限广义积分敛散性判断. 结构特点: 被积函数结构的主因子为 e^{-x}, 次因子为 x^α, 次因子对主因子起到相反的作用. 类比已知: 由函数阶的理论, 我们知道 $\mathrm{e}^{-x}\to0$ 的速度比任意阶的 $x^\alpha\to+\infty$ 的速度要快得多, 体现为下述的极限关系. 对任意的 p,

$$\lim_{x\to+\infty} x^p x^a\mathrm{e}^{-x}=\lim_{x\to+\infty}\frac{x^{a+p}}{\mathrm{e}^{-x}}=0,$$

因而, 次因子的反作用可以忽略. 由于 $l=0$, 只能得到收敛性的结论, 选择适当的 $p>1$ 即可.

证明 由于 $\lim_{x\to+\infty} x^2x^a\mathrm{e}^{-x}=\lim_{x\to+\infty}\frac{x^{a+2}}{\mathrm{e}^{-x}}=0$, 故, 广义积分收敛.

例 5 判断 $\int_2^{+\infty}\frac{\mathrm{d}x}{x^\lambda\ln x}$ 的敛散性, 其中 $\lambda>0$.

简析 对被积函数进行阶的分析: 由函数阶的理论可知, 当 $\lambda>0$ 时, 当 $x\to+\infty$ 时, $x^\lambda\to+\infty$, $\ln x\to+\infty$, 但是, 相对于 $x^\lambda\to+\infty$ 的速度, $\ln x\to+\infty$ 的速度可以忽略不计, 反过来, $\frac{1}{\ln x}\to0$ 的速度相对于 $\frac{1}{x^\lambda}\to0$ 的速度可以忽略, 因而, 广义积分的收敛性基本取决于 $\frac{1}{x^\lambda}\to0$ 的速度, 因而, 可以设想 $\lambda>1$ 时此

广义积分收敛, $\lambda \leqslant 1$ 时此广义积分发散. 具体的过程体现在下面极限行为的分析中, 考虑下述极限

$$\lim_{x\to+\infty} x^p \frac{1}{x^\lambda \ln x} = \lim_{x\to+\infty} \frac{x^{p-\lambda}}{\ln x} = l = \begin{cases} +\infty, & p-\lambda > 0, \\ 0, & p-\lambda \leqslant 0, \end{cases}$$

由于 $l=+\infty$ 时, 只能得到发散性结论, 此时必须有 $p\leqslant 1$, 而此时又有 $p-\lambda>0$, 因而, λ 应满足: $\lambda<p\leqslant 1$, 故, 可设想当 $\lambda<1$ 时, 广义积分应该是发散的; 当 $l=0$ 时, 只能得到收敛性结论, 为此必须有 $p>1$, 而此时又有 $p-\lambda\leqslant 0$, 因而, λ 应满足: $\lambda\geqslant p>1$, 故, 可设想当 $\lambda>1$ 时, 广义积分应该是收敛的. 因此, $\lambda=1$ 是临界情况, 需用其他方法讨论, 如定义方法.

证明 $\lambda=1$ 时, 用定义法, 考虑

$$I(A) = \int_2^A \frac{1}{x\ln x} \mathrm{d}x = \ln\ln A - \ln\ln 2 \to +\infty, \quad A\to+\infty,$$

此时, 广义积分发散.

$\lambda<1$ 时, 取 $p: 1>p>\lambda$, 则

$$\lim_{x\to+\infty} x^p \frac{1}{x^\lambda \ln x} = \lim_{x\to+\infty} \frac{x^{p-\lambda}}{\ln x} = +\infty,$$

此时, 广义积分发散.

$\lambda>1$ 时, 取 $p=\lambda>1$, 则

$$\lim_{x\to+\infty} x^p \frac{1}{x^\lambda \ln x} = \lim_{x\to+\infty} \frac{1}{\ln x} = 0,$$

此时, 广义积分收敛.

因此, 当 $\lambda>1$ 时, $\int_2^{+\infty} \frac{\mathrm{d}x}{x^\lambda \ln x}$ 收敛; 当 $\lambda\leqslant 1$ 时, $\int_2^{+\infty} \frac{\mathrm{d}x}{x^\lambda \ln x}$ 发散.

抽象总结 (1) 上述两个题目的求解及分析过程体现了柯西判别法应用的基本方法: 阶的分析法或试验法, 要熟练掌握.

(2) 所谓试验法, 就是通过极限 $\lim\limits_{x\to+\infty} x^p f(x) = l$ 的结果和参数 p 的匹配情形判断出敛散性 (见例 5 中的分析过程).

(3) 由本题的结论可以看出, 当被积函数收敛于 0 的速度由慢变快时, 广义积分的敛散性发生改变, 由发散性逐渐过渡到收敛性, 其中还存在一个临界结果 (门槛结果), 临界情形通常采用定义处理.

注 $\lambda=1$ 时, 柯西判别法失效. 事实上, 考察极限

$$\lim_{x\to+\infty} x^p\frac{1}{x\ln x}=l=\begin{cases}+\infty, & p>1,\\ 0, & p\leqslant 1,\end{cases}$$

由柯西判别法的极限形式, 当 $l=+\infty$ 时, 只能得到发散性的结论, 此时, 要求 p 应该满足 $p\leqslant 1$, 显然, 这与保证极限 $l=+\infty$ 的 $p>1$ 矛盾; 同样, $l=0$ 时, 只能得到收敛性的结论, 此时要求 p 应该满足 $p>1$, 显然, 这与保证极限 $l=0$ 的 $p\leqslant 1$ 矛盾. 故柯西判别法的极限形式失效. 此时, 临界值 $\lambda=1$ 是确定的具体的数值, 函数结构简单, 通常用定义方法.

解决了较为特殊的非负函数广义积分敛散性的判别之后, 继续采用由特殊到一般的思路, 建立一般函数广义积分敛散性的判别理论.

三、 一般函数广义积分敛散性的判别法

由于一般函数结构上的千差万别, 除了定义和一般性的柯西收敛准则外, 并没有判断其广义积分敛散性的共性方法, 我们对其中的一些特殊结构进行研究, 得到一些结论.

首先, 我们利用化用的思想, 将非负函数广义积分判别法移植到一般函数广义积分敛散性的判断上, 得到绝对收敛的一类广义积分. 然后, 对具有乘积结构的一类特殊的广义积分建立相应的判别法则.

1. 条件收敛和绝对收敛的广义积分

定义 2.1 设 $f(x)$ 在 $[a,+\infty)$ 上有定义, 若广义积分 $\int_a^{+\infty}|f(x)|\mathrm{d}x$ 收敛, 称广义积分 $\int_a^{+\infty}f(x)\mathrm{d}x$ 绝对收敛, 或称 $f(x)$ 在 $[a,+\infty)$ 上绝对可积.

定义 2.2 设 $f(x)$ 在 $[a,+\infty)$ 上有定义, 若广义积分 $\int_a^{+\infty}|f(x)|\mathrm{d}x$ 发散, 而广义积分 $\int_a^{+\infty}f(x)\mathrm{d}x$ 收敛, 称广义积分 $\int_a^{+\infty}f(x)\mathrm{d}x$ 条件收敛.

定理 2.4 若 $f(x)$ 在 $[a,+\infty)$ 上绝对可积, 则 $f(x)$ 在 $[a,+\infty)$ 上可积.

利用柯西收敛准则很容易得到证明, 略去证明.

抽象总结 定理 2.4 隐藏了深刻的研究思想, 揭示了引入绝对收敛概念的意义. 通过引入绝对收敛, 将一般函数广义积分的敛散性判断转化为非负函数广义积分敛散性的判断, 从而可以利用已知的理论研究未知的问题, 解决了具有绝对可积的一般函数广义积分的收敛性的判断.

例 6 讨论 $\int_1^{+\infty}\frac{\sin x}{x\sqrt{1+x^2}}\mathrm{d}x$ 的敛散性.

结构分析 题型: 一般函数广义积分敛散性判断. 结构特点: 被积函数的结构中含有因子 $\sin x$, 其特性有三个. ① 本身有界性 $|\sin x|\leqslant 1$; ② 任意有限区间上的积分有界性 $\left|\int_a^b \sin x\mathrm{d}x\right|\leqslant 2$; ③ 周期性. 同时, 另外一个因子具有性质: $\frac{1}{x\sqrt{1+x^2}}\sim\frac{1}{x^2}(x\to+\infty)$, 且 $\int_1^{+\infty}\frac{1}{x^2}\mathrm{d}x$ 收敛, 由此决定, 可以利用 $\sin x$ 的有界性和定理 2.4 证明其收敛性.

证明 由于 $0\leqslant\left|\frac{\sin x}{x\sqrt{1+x^2}}\right|\leqslant\frac{1}{x^2}$, $x>1$, 故由比较判别法和定理 2.4, 广义积分 $\int_1^{+\infty}\frac{\sin x}{x\sqrt{1+x^2}}\mathrm{d}x$ 绝对收敛, 因而也收敛.

抽象总结 (1) 例 6 中, 被积函数含有因子 $\frac{1}{x\sqrt{1+x^2}}$, 其对应的广义积分是绝对收敛的, 因此, 也把这类因子称为绝对收敛因子; (2) 定理 2.4 作用对象的特征: 具有绝对收敛因子的一般函数的广义积分.

继续建立更一般的函数的广义积分的敛散性判别理论.

2. 形如 $\int_a^{+\infty}f(x)g(x)\mathrm{d}x$ 的广义积分判别法

我们讨论形如 $\int_a^{+\infty}f(x)g(x)\mathrm{d}x$ 的广义积分, 其中 $f(x),g(x)$ 定义在 $[a,+\infty)$ 上, 且在任意的区间 $[a,A]$ 上可积.

由于对一般函数广义积分的判断法则只有柯西收敛准则, 为此, 研究广义积分 $\int_a^{+\infty}f(x)g(x)\mathrm{d}x$ 的柯西积分片段 $\int_{A'}^{A''}f(x)g(x)\mathrm{d}x$, 这是一个定积分, 从结构看, 被积函数具有因子的乘积结构, 结构较复杂, 研究的重要思路是先简化结构. 结构简化主要是简化被积函数, 相应的研究工具就是第二积分中值定理, 假设满足对应的第二积分中值定理的条件, 则成立

$$\int_{A'}^{A''}f(x)g(x)\mathrm{d}x=g(A')\int_{A'}^{\xi}f(x)\mathrm{d}x+g(A'')\int_{\xi}^{A''}f(x)\mathrm{d}x,$$

进一步分析右端能够充分小的条件, 可得如下两个结论.

定理 2.5 (阿贝尔判别法) 如果 $f(x)$ 在 $[a,+\infty)$ 上广义可积, $g(x)$ 在 $[a,+\infty)$ 上单调有界, 则 $\int_a^{+\infty}f(x)g(x)\mathrm{d}x$ 收敛.

证明 由于 $\int_a^{+\infty} f(x)\mathrm{d}x$ 收敛, 利用柯西收敛准则, 对任意的 $\varepsilon > 0$, 存在 $A > a$, 使得 $A', A'' > A$ 时, 成立

$$\left|\int_{A'}^{A''} f(x)\mathrm{d}x\right| < \varepsilon.$$

又设 $|g(x)| \leqslant M$, 由第二积分中值定理, 在 A', A'' 之间存在 $\xi > A$, 使得

$$\int_{A'}^{A''} f(x)g(x)\mathrm{d}x = g(A')\int_{A'}^{\xi} f(x)\mathrm{d}x + g(A'')\int_{\xi}^{A''} f(x)\mathrm{d}x,$$

因而,

$$\left|\int_{A'}^{A''} f(x)g(x)\mathrm{d}x\right| \leqslant 2M\varepsilon,$$

故, $\int_a^{+\infty} f(x)g(x)\mathrm{d}x$ 收敛.

定理 2.6 (狄利克雷判别法) 如果对任意的 $A>a$, $f(x)$ 在 $[a, A]$ 上可积, $F(A)=\int_a^A f(x)\mathrm{d}x$ 有界, $g(x)$ 在 $[a,+\infty)$ 上单调且 $\lim\limits_{x\to+\infty} g(x)=0$, 则 $\int_a^{+\infty} f(x)g(x)\mathrm{d}x$ 收敛.

证明 设 $|F(A)| \leqslant M$, 则对任意的 $A', A'' > a$,

$$\left|\int_{A'}^{A''} f(x)\mathrm{d}x\right| = |F(A'') - F(A')| \leqslant 2M,$$

由 $\lim\limits_{x\to+\infty} g(x) = 0$, 则对任意的 $\varepsilon > 0$, 存在 $A > a$, 使得 $x > A$ 时, $|g(x)| < \varepsilon$, 故, 当 $A', A'' > A$ 时,

$$\begin{aligned}&\left|\int_{A'}^{A''} f(x)g(x)\mathrm{d}x\right|\\ =&\left|g(A')\int_{A'}^{\xi} f(x)\mathrm{d}x + g(A'')\int_{\xi}^{A''} f(x)\mathrm{d}x\right| \leqslant 2M\varepsilon,\end{aligned}$$

故, $\int_a^{+\infty} f(x)g(x)\mathrm{d}x$ 收敛.

抽象总结 (1) 上述两个定理是判断一般函数广义积分收敛性的主要工具, 但是, 与前面的判别法则不同, 它们只能用于判别收敛性, 不能判断发散性. (2) 两个定理中, $g(x)$ 的单调性是为了保证积分第二中值定理成立.

例 7 讨论 $\int_1^{+\infty}\frac{\sin x}{x}\mathrm{d}x$ 的条件敛散性和绝对收敛性.

结构分析 题目要求讨论 $\int_1^{+\infty}\frac{\sin x}{x}\mathrm{d}x$ 和 $\int_1^{+\infty}\left|\frac{\sin x}{x}\right|\mathrm{d}x$ 的敛散性. 对 $\int_1^{+\infty}\frac{\sin x}{x}\mathrm{d}x$, 分析结构, 被积函数不是非负函数, 比较判别法和柯西判别法都失效, 被积函数中含有因子 $\sin x$, 根据其具有的特点. 类比已知, 其积分片段有界性满足狄利克雷判别法对应的条件, 可以考虑用狄利克雷判别法. 对 $\int_1^{+\infty}\left|\frac{\sin x}{x}\right|\mathrm{d}x$, 作为非负函数的广义积分, $x\to+\infty$ 时被积函数中趋于 0 的因子只有 $\frac{1}{x}$, 类比 p-积分, 猜测 $\int_1^{+\infty}\left|\frac{\sin x}{x}\right|\mathrm{d}x$ 可能发散, 可以考虑利用已经建立的结论, 利用三角函数关系式建立已知和未知的联系, 注意下面的处理方法.

证明 由于 $g(x)=\frac{1}{x}$ 在 $[1,+\infty)$ 上单调递减且 $\lim\limits_{x\to+\infty}\frac{1}{x}=0$. $f(x)=\sin x$ 满足对任意的 $A>1$,

$$\left|\int_1^A \sin x\mathrm{d}x\right|\leqslant 2,$$

因此, 利用狄利克雷判别法, $\int_1^{+\infty}\frac{\sin x}{x}\mathrm{d}x$ 收敛.

考虑广义积分 $\int_1^{+\infty}\left|\frac{\sin x}{x}\right|\mathrm{d}x$, 由于

$$\frac{|\sin x|}{x}\geqslant\frac{|\sin x|^2}{x}=\frac{1}{2x}-\frac{\cos 2x}{2x}\geqslant 0,$$

类似前面的证明可知, $\int_1^{+\infty}\frac{\cos 2x}{x}\mathrm{d}x$ 收敛, 由于 $\int_1^{+\infty}\frac{1}{x}\mathrm{d}x$ 发散, 因而, $\int_1^{+\infty}\left(\frac{1}{x}-\frac{\cos 2x}{x}\right)\mathrm{d}x$ 发散, 由比较判别法, 则 $\int_1^{+\infty}\left|\frac{\sin x}{x}\right|\mathrm{d}x$ 发散, 故, $\int_1^{+\infty}\frac{\sin x}{x}\mathrm{d}x$ 条件收敛.

抽象总结 类似可以证明, 对 $\int_1^{+\infty}\frac{\sin x}{x^\lambda}\mathrm{d}x$, 当 $1\geqslant\lambda>0$ 时条件收敛, 当

$\lambda > 1$ 时绝对收敛.

例 8 讨论 $\int_1^{+\infty} \frac{\sin x \arctan x}{x^\lambda} \mathrm{d}x$ 的敛散性, 其中 $\lambda > 0$.

结构分析 此例被积函数结构更为复杂, 有三类因子, 若要分析每个因子的影响, 反而使问题复杂化了, 为此, 我们从积分形式中挖掘尽可能多的信息, 如果某些因子的组合能够产生确定的结论, 将这些因子看成一个整体, 由此也能简化结构, 这也是处理复杂结构的一种方法. 考虑到上例的结论, 我们得到重要的信息: $\int_1^{+\infty} \frac{\sin x}{x^\lambda} \mathrm{d}x$ 是收敛的广义积分, 因此, 将 $\frac{\sin x}{x^\lambda}$ 看成整体因子, 则被积函数是两个因子的乘积, 根据因子所具有的性质, 问题变得非常简单——这正是阿贝尔判别法所处理的广义积分的结构特点, 即其中一类因子对应的广义积分收敛, 另一类因子具有单调有界的性质.

证明 由例 7, $\int_1^{+\infty} \frac{\sin x}{x^\lambda} \mathrm{d}x$ 收敛, 函数 $\arctan x$ 单调有界, 由阿贝尔判别法, 原广义积分收敛.

因此, 掌握一些常见的结论是必要的.

例 9 讨论 $\int_1^{+\infty} \sin x^2 \mathrm{d}x$ 的敛散性.

简析 从被积函数的结构看, 前述的分析方法失效. 但是, 分析结构可以发现, 可以将被积函数结构转化为已经处理过的类型 $\int_1^{+\infty} \frac{\sin x}{x^\lambda} \mathrm{d}x$, 从而找到解决的办法.

解 我们采用定义来讨论. 由于 $\int_1^{+\infty} \frac{\sin x}{\sqrt{x}} \mathrm{d}x$ 收敛, 不妨设 $\int_1^{+\infty} \frac{\sin x}{\sqrt{x}} \mathrm{d}x = q$, 因而, 对任意的 $A > a$,

$$\lim_{A \to +\infty} \int_1^A \sin x^2 \mathrm{d}x = \lim_{A \to +\infty} \int_1^{A^2} \frac{\sin t}{2\sqrt{t}} \mathrm{d}t = \frac{1}{2} q,$$

故, $\int_a^{+\infty} \sin x^2 \mathrm{d}x$ 收敛.

抽象总结 本例的结论表明, $\int_a^{+\infty} \sin x^2 \mathrm{d}x$ 收敛, 但是, 当 $x \to +\infty$ 时, 被积函数 $\sin x^2$ 并不收敛于 0, 因而, 被积函数收敛于 0 并不是广义积分收敛的必要条件.

四、 常义积分与广义积分的区别

我们主要讨论两类积分较简单的性质的区别.

1) 常义黎曼积分

我们已经掌握黎曼积分的如下性质.

性质 2.1 若 $f\in R[a,b]$, 则 $|f|\in R[a,b]$. 反之不然. ——可积必绝对可积.

如 $f(x)=\begin{cases}1, & x\in[0,1]\text{ 为有理数},\\ -1, & x\in[0,1]\text{ 为无理数}\end{cases}$ 不可积但绝对可积.

性质 2.2 若 $f\in R[a,b]$, 则 $|f|^2\in R[a,b]$.——可积必平方可积.

性质 2.3 $|f|\in R[a,b]$ 等价于 $|f|^2\in R[a,b]$.——绝对可积与平方可积等价.

2) 广义积分

我们已知广义积分的相应性质为

性质 2.4 $\int_a^{+\infty}|f(x)|\mathrm{d}x$ 收敛, 则 $\int_a^{+\infty}f(x)\mathrm{d}x$ 收敛.——绝对可积必可积.

注 (1) 性质 2.4 的逆不成立, 如 $\int_1^{+\infty}\frac{\sin x}{x}\mathrm{d}x$ 可积但不绝对可积.

(2) 对广义积分来说, 可积和平方可积没任何关系. 如 $\int_1^{+\infty}\frac{1}{x}\mathrm{d}x$ 发散, $\int_1^{+\infty}\frac{1}{x^2}\mathrm{d}x$ 收敛; 而 $\int_1^{+\infty}\frac{\sin x}{\sqrt{x}}\mathrm{d}x$ 收敛, 其 $\int_1^{+\infty}\frac{\sin^2 x}{x}\mathrm{d}x$ 发散.

习 题 10.2

1. 分析结构, 给出思路, 讨论广义积分的敛散性.

(1) $\int_1^{+\infty}\frac{\sin x}{x\sqrt{1+x^2}}\mathrm{d}x$;

(2) $\int_1^{+\infty}\frac{\ln\left(1+\frac{1}{x}\right)}{x^x}\mathrm{d}x,\alpha>0$;

(3) $\int_1^{+\infty}\frac{\sqrt{1+\frac{1}{x}}}{x^{\frac{1}{4}}}\mathrm{d}x$;

(4) $\int_a^{+\infty}\frac{\sqrt{1+x^2}\arctan x^2}{(1+x^2)^{1+\frac{1}{n}}}\mathrm{d}x$;

(5) $\int_1^{+\infty}\left(\frac{\pi}{2}-\arctan x\right)^2\mathrm{d}x$;

(6) $\int_1^{+\infty}\left(\frac{1}{x}-\sin\frac{1}{x}\right)\mathrm{d}x$;

(7) $\int_1^{+\infty}\left(\sqrt{1+\frac{1}{x}}-1\right)^2\mathrm{d}x$;

(8) $\int_1^{+\infty}\left(\tan\frac{1}{x}-\sin\frac{1}{x}\right)\mathrm{d}x$;

(9) $\int_1^{+\infty}\ln\left(\cos\frac{1}{x}+\sin\frac{1}{x}\right)\mathrm{d}x$;

(10) $\int_1^{+\infty}\frac{(\ln x)^n}{x^k}\mathrm{d}x,k,n>0$;

(11) $\int_1^{+\infty}\frac{x}{1+x^2|\sin x|}\mathrm{d}x$;

(12) $\int_3^{+\infty}\frac{1}{\ln x}\sin\frac{1}{x}\mathrm{d}x$.

2. 讨论广义积分的敛散性:

(1) $\int_1^{+\infty}\frac{\mathrm{e}^{\cos x}\sin 2x}{x^p}\mathrm{d}x$;

(2) $\int_1^{+\infty}\left(1+\frac{1}{x}\right)^x\frac{\sin x}{x}\mathrm{d}x$;

(3) $\int_1^{+\infty}\frac{\cos x}{\sqrt{x}(1+\sin^2 x)}\mathrm{d}x$;　　　(4) $\int_1^{+\infty}\left(\frac{1}{x}-\ln\frac{1+x}{x}\right)x^{\frac{1}{x}}\mathrm{d}x$.

3. 设 $f(x)$ 在任意有限的区间上都可积, $\lim\limits_{x\to+\infty}f(x)=a\neq 0$, 证明: $\int_0^{+\infty}f(x)\mathrm{d}x$ 发散.

4. 设 $f(x)$ 单调递减, 在 $[0,+\infty)$ 上具有一阶连续导数, $\int_0^{+\infty}xf'(x)\mathrm{d}x$ 收玫, 且 $\lim\limits_{x\to+\infty}f(x)=0$, 证明: $\int_0^{+\infty}f(x)\mathrm{d}x$ 收敛.

5. 设 $f(x)$ 在 $[1,+\infty)$ 上连续且 $f(x)>0$, 证明: 若 $\lim\limits_{x\to+\infty}\frac{-\ln f(x)}{\ln x}>1$, 则 $\int_1^{+\infty}f(x)\mathrm{d}x$ 收敛; 若 $\lim\limits_{x\to+\infty}\frac{-\ln f(x)}{\ln x}<1$, 则 $\int_1^{+\infty}f(x)\mathrm{d}x$ 发散.

6. 设 $f(x)$ 在 $[1,+\infty)$ 上连续可微, $\int_1^{+\infty}f(x)\mathrm{d}x$ 和 $\int_1^{+\infty}f'(x)\mathrm{d}x$ 收敛, 证明: $\lim\limits_{x\to+\infty}f(x)=0$.

7. 设 $f(x)$ 在任意有限的区间上可积, 且 $\lim\limits_{x\to+\infty}f(x)=A$, $\lim\limits_{x\to-\infty}f(x)=B$, 证明: 对任意实数 a, $\int_{-\infty}^{+\infty}[f(x+a)-f(x)]\mathrm{d}x$ 存在.

8. 设 $f(x)$ 在 $[0,+\infty)$ 上连续, 且 $\lim\limits_{x\to+\infty}f(x)=A$, 证明: 对任意 $b>a>0$, 成立

$$\int_0^{+\infty}\frac{f(ax)-f(bx)}{x}\mathrm{d}x=[f(0)-A]\ln\frac{b}{a}.$$

要求　分析要证明等式的结构, 右端是一个已知的常数, 根据左端的结构特征, 要证明的结论本质要求是什么? 类比已知, 这种要求的已知的处理思想方法是什么? 给出证明.

9. 设 $\int_0^{+\infty}\mathrm{e}^{-x^2}\mathrm{d}x=\frac{\sqrt{\pi}}{2}$, 计算 $\int_0^{+\infty}\frac{\mathrm{e}^{-ax^2}-\mathrm{e}^{-bx^2}}{x^2}\mathrm{d}x$.

10.3　无界函数的广义积分

一、 无界函数广义积分的定义

本节, 我们将引入无界函数的广义积分, 由于与无穷限广义积分的结构完全相同, 有些地方进行了省略.

先引入奇点的概念.

定义 3.1　若对任意的 $x=b$ 点的邻域 $\mathring{U}(b)$, $f(x)$ 都在 $\mathring{U}(b)$ 内无界, 称 $x=b$ 为 $f(x)$ 的奇点.

奇点实际就是使 $f(x)$ 无界或无意义的点. 如 $x=0$ 为函数 $f(x)=\frac{1}{x}$ 的奇点; 而 $f(x)=\frac{1}{x(1-x)}$ 则有两个奇点 $x=0$ 和 $x=1$. 有些形式上的奇点, 可以通过

重新定义奇点处的函数值去掉奇性, 这类奇点称为假奇点. 如 $f(x)=\dfrac{x^2+\sin x}{x}$, $x=0$ 为假奇点, 因为此时定义 $f(0)=1$, 函数在 $[-1,1]$ 上连续有界.

有了奇点的概念, 我们考虑无界函数的广义积分, 即被积函数在积分区间上存在奇点, 因而, 被积函数在积分区间上是无界函数, 从而, 把黎曼常义积分推广到无界函数的广义积分. 正如无穷限广义积分, 我们仍然通过极限将有界函数的常义积分推广到无界函数的广义积分.

定义 3.2 设 $f(x)$ 定义在 $[a,b)$ 上, $x=b$ 为 $f(x)$ 在 $[a,b)$ 上唯一的奇点, 若对任意充分小的 $\eta>0$, $f(x)$ 在 $[a,b-\eta]$ 上可积且存在实数 I, 使得

$$\lim_{\eta\to 0^+}\int_a^{b-\eta} f(x)\mathrm{d}x=I,$$

称 $f(x)$ 在 $[a,b]$ 上广义可积, 称 I 为 $f(x)$ 在 $[a,b]$ 上的广义积分, 记为 $I=\int_a^b f(x)\mathrm{d}x$, 此时, 称广义积分 $\int_a^b f(x)\mathrm{d}x$ 收敛于 I.

若极限 $\lim\limits_{\eta\to 0^+}\int_a^{b-\eta} f(x)\mathrm{d}x$ 不存在, 称 $f(x)$ 在 $[a,b]$ 上不广义可积, 或称广义积分 $\int_a^b f(x)\mathrm{d}x$ 发散.

类似可定义以端点 $x=a$ 为奇点的广义积分 $\int_a^b f(x)\mathrm{d}x$ 的敛散性.

若 $f(x)$ 在区间 $[a,b]$ 上有内部奇点 $x=c\in(a,b)$, 可将其转化为奇点为端点的广义积分, 从而引入相应的敛散性定义.

定义 3.3 设 $f(x)$ 有唯一奇点 $c\in(a,b)$, 若广义积分 $\int_a^c f(x)\mathrm{d}x$, $\int_c^b f(x)\mathrm{d}x$ 同时收敛, 称广义积分 $\int_a^b f(x)\mathrm{d}x$ 收敛, 此时

$$\int_a^b f(x)\mathrm{d}x=\int_a^c f(x)\mathrm{d}x+\int_c^b f(x)\mathrm{d}x,$$

否则, 称广义积分 $\int_a^b f(x)\mathrm{d}x$ 发散.

有了上述三种形式的广义积分的定义, 内部含有多个奇点的广义积分的敛散性可类似定义. 可自行对定义进行信息挖掘.

定义仍然作用于最简单的结构对象.

例 1 讨论 p-积分 $\int_a^b \frac{1}{(x-a)^p}\mathrm{d}x(p>0)$ 的敛散性.

简析 无界函数的广义积分, 函数有唯一奇点 $x=a$, 用定义处理.

解 (1) 确定奇点. 由于 $p>0$, $x=a$ 为被积函数的唯一奇点.

(2) 利用定义判断敛散性. 由于

$$\lim_{\eta\to 0^+}\int_{a+\eta}^b \frac{1}{(x-a)^p}\mathrm{d}x=\begin{cases}\frac{1}{1-p}(b-a)^{1-p}, & 0<p<1,\\ +\infty, & p=1,\\ +\infty, & p>1,\end{cases}$$

故, 广义积分 $\int_a^b \frac{1}{(x-a)^p}\mathrm{d}x$ 当 $p\geqslant 1$ 时发散, $0<p<1$ 时收敛.

抽象总结 与无穷限广义 p-积分作比较, 注意二者的敛散性对应 p 值的不同. 类似可以引入绝对收敛和条件收敛.

二、 敛散性的判别法

仅以 $x=a$ 为唯一奇点的广义积分 $\int_a^b f(x)\mathrm{d}x$ 为例加以讨论. 由于和无穷限广义积分的判别法类似, 我们略去证明.

1. 一般法则——柯西收敛准则

定理 3.1 $\int_a^b f(x)\mathrm{d}x$ 收敛的充要条件是对任意 $\varepsilon>0$, 存在 $\delta>0$, 使得对任意的 $0<\eta,\eta'<\delta$, 成立

$$\left|\int_{a+\eta}^{a+\eta'} f(x)\mathrm{d}x\right|<\varepsilon.$$

2. 非负广义积分判别法

定理 3.2 (比较法) 设 $f(x),g(x)$ 都以 $x=a$ 为奇点, 且在 a 点的某个邻域内成立 $0\leqslant f(x)\leqslant g(x)$, 则当 $\int_a^b g(x)\mathrm{d}x$ 收敛时, $\int_a^b f(x)\mathrm{d}x$ 也收敛; 当 $\int_a^b f(x)\mathrm{d}x$ 发散时, $\int_a^b g(x)\mathrm{d}x$ 也发散.

在定理 3.2 中, 取 $g(x)=\frac{1}{(x-a)^p}$, 得到柯西判别法.

定理 3.3 (柯西判别法) 设 $f(x) \geqslant 0$, 且

$$\lim_{x \to a^+} (x-a)^p f(x) = l,$$

则, 当 $0 \leqslant l < +\infty$ 且 $p < 1$ 时, $\int_a^b f(x)\mathrm{d}x$ 收敛; 当 $0 < l \leqslant +\infty$ 且 $p \geqslant 1$ 时, $\int_a^b f(x)\mathrm{d}x$ 发散.

3. 乘积形式的阿贝尔判别法和狄利克雷判别法

定理 3.4 (阿贝尔判别法) 设 $f(x)$ 以 $x=a$ 为奇点且 $\int_a^b f(x)\mathrm{d}x$ 收敛, $g(x)$ 单调有界, 则 $\int_a^b f(x)g(x)\mathrm{d}x$ 收敛.

定理 3.5 (狄利克雷判别法) 设 $f(x)$ 以 $x=a$ 为奇点, $\int_{a+\eta}^b f(x)\mathrm{d}x$ 是 $\eta > 0$ 的有界函数, $g(x)$ 单调且 $\lim\limits_{x \to a^+} g(x) = 0$, 则 $\int_a^b f(x)g(x)\mathrm{d}x$ 收敛.

三、 两类广义积分的关系

两类广义积分可以相互转化. 事实上, 设 $\int_a^{+\infty} f(x)\mathrm{d}x (a > 0)$ 是无穷限广义积分, 作变换 $x = \dfrac{1}{y}$, 则

$$\int_a^{+\infty} f(x)\mathrm{d}x = \int_0^{\frac{1}{a}} f\left(\frac{1}{y}\right) \frac{1}{y^2}\mathrm{d}y,$$

便转化为以 $y=0$ 为奇点的无界函数的广义积分; 反之, 设 $\int_a^b f(x)\mathrm{d}x$ 是以 $x=a$ 为奇点的广义积分, 作变换 $y = \dfrac{1}{x-a}$, 则

$$\int_a^b f(x)\mathrm{d}x = \int_{\frac{1}{b-a}}^{+\infty} f\left(a + \frac{1}{y}\right) \frac{1}{y^2}\mathrm{d}y$$

转化为无穷限广义积分.

四、应用举例

下面, 我们给出一些例子. 分析方法与无穷限广义积分类似, 重点是讨论函数在奇点处的性质, 特别是函数在奇点处趋于无穷的速度, 因此, 函数阶的比较理论仍是非常重要的处理工具和判断依据, 但在判断过程中要注意判断程序, 应做到先观察结构, 再确定类型, 最后选择方法.

例 2 判断广义积分 $\int_0^1 \frac{\ln x}{\sqrt{x}}\mathrm{d}x$ 的敛散性.

结构分析 广义积分是以 $x=0$ 为奇点的无界函数的广义积分, 被积函数不变号, 可考虑用非负广义积分的判别法. 进一步分析被积函数的结构, 当 $x \to 0^+$ 时, $\frac{1}{\sqrt{x}} \to +\infty$, 虽然也有 $-\ln x \to +\infty$, 但是其所具有的性质 $-x^\alpha \ln x \to 0(\forall \alpha > 0)$ 表明, 相对于 $\frac{1}{\sqrt{x}} \to +\infty$, $-\ln x \to +\infty$ 的速度可以忽略不计, 或者说, $\ln x$ 对整个被积函数 $\frac{\ln x}{\sqrt{x}}$ 的奇性的贡献可以忽略不计, 因而, 广义积分的敛散性由因子 $\frac{1}{\sqrt{x}}$ 决定, 故, 积分应该是收敛的. 注意到 $\frac{1}{\sqrt{x}}$ 的结构, 很容易用比较判别法证明其收敛性, 比较判别法应用时的难点是判别标准的确定, 我们利用试验法给出判别标准确定的过程.

考察极限

$$\lim_{x\to 0^+} x^p \frac{-\ln x}{\sqrt{x}} = \begin{cases} 0, & p > \frac{1}{2}, \\ +\infty, & p \leqslant \frac{1}{2}. \end{cases}$$

当 $l=0$ 时, 只能得到收敛性的结论, 此时要求 $p<1$, 由于 $p<1$ 与 $p>\frac{1}{2}$ 有交集, 故, 在 $\frac{1}{2}<p<1$ 中, 任意取一个 p 值即可.

当 $l=+\infty$ 时, 只能得到发散性的结论, 此时要求 $p \geqslant 1$, 而 $p \leqslant \frac{1}{2}$ 与 $p \geqslant 1$ 没有交集, 没有使二者同时成立的公共的 p 值, 因而不能得到发散性.

通过上述分析, 可以确定比较对象, 得到如下的证明.

证明 由于

$$\lim_{x\to 0^+} x^{\frac{3}{4}} \frac{-\ln x}{\sqrt{x}} = 0,$$

且非负广义积分 $\int_0^1 \frac{1}{x^{\frac{3}{4}}}\mathrm{d}x$ 收敛, 因而, 非负广义积分 $\int_0^1 \frac{-\ln x}{\sqrt{x}}\mathrm{d}x$ 收敛, 故, 原广

义积分也收敛.

注 判别的实质仍是函数极限性质的分析和讨论.

例 3 判断 $\int_0^1 \frac{\sin\frac{1}{x}}{x^r}\mathrm{d}x$ 的敛散性, 其中 $r>0$.

结构分析 广义积分是以 $x=0$ 为奇点的无界函数的广义积分. 但对此例, 上述方法只能得到部分结论. 事实上, 由于

$$\lim_{x\to 0^+} x^p\frac{\sin\frac{1}{x}}{x^r}=\begin{cases} 0, & p>r,\\ \text{不存在}, & p\leqslant r,\end{cases}$$

由此, $p<1$ 时, 可得到收敛性结论, 此时须有 $1>r>0$. 但当 $r\geqslant 1$ 时, 不能得到任何结论.

事实上, 对这类包含特殊因子的广义积分, 考虑特殊因子的特殊性质, 采用特殊的方法解决更为简单. 在无穷限广义积分中, 我们知道因子 $\sin x$ 的作用有两个方面: ① 本身有界性; ② 积分片段的有界性. 本身的有界性通常用于简单的绝对收敛性的判断, 更进一步的判断需要更进一步的性质, 即用积分片段的有界性可以得到更进一步的敛散性. 但是, 对因子 $\sin\frac{1}{x}$ 并不具备积分片段的有界性, 由于结构相似性, 可以利用相似的处理思想, 因此, 必须加以技术处理——配因子 $\frac{1}{x^2}$, 以能够利用上述性质.

证明 $x=0$ 为奇点, 由于

$$\left|\frac{1}{x^r}\sin\frac{1}{x}\right|\leqslant\frac{1}{x^r},$$

故 $1>r>0$ 时, 广义积分收敛 (绝对收敛).

当 $2>r\geqslant 1$ 时,

$$\int_0^1 \frac{\sin\frac{1}{x}}{x^r}\mathrm{d}x=\int_0^1 \frac{1}{x^{r-2}}\frac{1}{x^2}\sin\frac{1}{x}\mathrm{d}x,$$

由于 $\int_\eta^1 \frac{1}{x^2}\sin\frac{1}{x}\mathrm{d}x$ 有界, $\frac{1}{x^{r-2}}$ 单调递减收敛于 0, 由狄利克雷判别法, $\int_0^1 \frac{\sin\frac{1}{x}}{x^r}\mathrm{d}x$ 收敛.

当 $r=2$ 时, 由于

$$\lim_{\eta\to0^+}\int_\eta^1\frac{1}{x^2}\sin\frac{1}{x}\mathrm{d}x=\lim_{\eta\to0^+}\left(\cos1-\cos\frac{1}{\eta}\right)$$

不存在, 由定义, 则, $\int_0^1\frac{1}{x^2}\sin\frac{1}{x}\mathrm{d}x$ 发散.

当 $r>2$ 时, $\int_0^1\frac{\sin\frac{1}{x}}{x^r}\mathrm{d}x$ 发散. 事实上, 若存在 $r_0>2$ 使得 $\int_0^1\frac{\sin\frac{1}{x}}{x^{r_0}}\mathrm{d}x$ 收敛, 则

$$\int_0^1\frac{\sin\frac{1}{x}}{x^2}\mathrm{d}x=\int_0^1x^{r_0-2}\frac{\sin\frac{1}{x}}{x^{r_0}}\mathrm{d}x,$$

由阿贝尔判别法, $\int_0^1\frac{\sin\frac{1}{x}}{x^2}\mathrm{d}x$ 收敛, 矛盾.

故, $\int_0^1\frac{\sin\frac{1}{x}}{x^r}\mathrm{d}x$ 当 $2>r>0$ 时收敛; 当 $r\geqslant2$ 时发散.

抽象总结 (1) 与其对应的已知模型为 $\int_0^1\frac{\sin x}{x^r}\mathrm{d}x$ 或 $\int_1^{+\infty}\frac{\sin x}{x^r}\mathrm{d}x$, 从它们的求解过程中寻找线索, 本题的解决方法就是源于已知模型的求解. (2) 也可以利用变换 $t=\frac{1}{x}$ 将其转化为已知的模型.

例 4 讨论 $I=\int_0^{+\infty}\frac{\sin x}{x^\lambda}\mathrm{d}x$ 收敛性.

简析 此广义积分既是无穷限广义积分又是无界函数广义积分, 必须分段讨论.

证明 记 $I_1=\int_0^1\frac{\sin x}{x^\lambda}\mathrm{d}x$, $I_2=\int_1^{+\infty}\frac{\sin x}{x^\lambda}\mathrm{d}x$.

对 I_1: 当 $\lambda\leqslant0$ 时为常义积分, 故收敛.

当 $1\geqslant\lambda>0$ 时, 为以 $x=0$ 为假奇点的广义积分, 可以视为常义积分, 因而也是收敛的.

当 $\lambda>1$ 时, 将假奇性因子分离出来, 则广义积分为

$$I_1=\int_0^1\frac{1}{x^{\lambda-1}}\frac{\sin x}{x}\mathrm{d}x,$$

由于 $\lim\limits_{x\to0^+}\frac{\sin x}{x}=1$, 因而, 由柯西判别法, $I_1=\int_0^1\frac{1}{x^{\lambda-1}}\frac{\sin x}{x}\mathrm{d}x$ 与广义积分

$\int_0^1 \frac{1}{x^{\lambda-1}}\mathrm{d}x$ 具有相同的敛散性, 即当 $0<\lambda-1<1$, 即 $1<\lambda<2$ 时, I_1 收敛, 当 $1\leqslant\lambda-1$, 即当 $\lambda\geqslant 2$ 时, I_1 发散.

故, 对 I_1, 当 $\lambda<2$ 时收敛; 当 $\lambda\geqslant 2$ 时发散.

对 I_2, 由无穷限广义积分可知, 当 $\lambda>1$ 时, 绝对收敛, 当 $0<\lambda\leqslant 1$ 时, 条件收敛, $\lambda\leqslant 0$ 时, 发散.

事实上, $\lambda\leqslant 0$ 时, 考察柯西积分片段

$$\left|\int_{2n\pi+\frac{\pi}{4}}^{2n\pi+\frac{\pi}{2}} \frac{\sin x}{x^\lambda}\mathrm{d}x\right| \geqslant \frac{\sqrt{2}}{2}\int_{2n\pi+\frac{\pi}{4}}^{2n\pi+\frac{\pi}{2}} \frac{1}{x^\lambda}\mathrm{d}x \geqslant \left(2n\pi+\frac{\pi}{4}\right)^{-\lambda}\frac{\sqrt{2}\pi}{8} \geqslant \frac{1}{8},$$

故, I_2 发散.

综述, 当 $\lambda\leqslant 0$ 或 $\lambda\geqslant 2$ 时, 发散; 当 $0<\lambda<2$ 时, 收敛.

抽象总结 $\lambda\leqslant 0$ 时, 我们用柯西收敛准则判断其发散性, 此时, 注意柯西片段的选择方法——充分利用了三角函数的周期性, 保证对应的三角函数因子在柯西片段对应的区间上有正的下界.

习 题 10.3

1. 计算下列广义积分.

(1) $\int_0^1 \ln x\mathrm{d}x$; (2) $\int_1^{\mathrm{e}} \frac{1}{x\sqrt{1-\ln^2 x}}\mathrm{d}x$.

2. 讨论广义积分的敛散性.

(1) $\int_0^1 \frac{\ln(1+x)}{x^p}\mathrm{d}x$; (2) $\int_0^1 \left[\ln(1+x)-\frac{x}{1+x}\right]\frac{1}{x^2}\mathrm{d}x$;

(3) $\int_0^1 \frac{1}{x^p+x^q}\mathrm{d}x$; (4) $\int_0^1 \left(1-\frac{\sin x}{x}\right)^{-p}\mathrm{d}x$, $p>0$.

(5) $\int_0^1 \frac{\sin\sqrt{x}}{x\sqrt{1-x}}\mathrm{d}x$; (6) $\int_0^1 (\ln x)^n\mathrm{d}x$.

3. 分析下列广义积分的结构特点, 讨论其绝对收敛和条件收敛性.

(1) $\int_0^{+\infty} x^p\sin x^q\mathrm{d}x$; (2) $\int_0^{+\infty} \frac{\sin x(1-\cos x)}{x^\lambda}\mathrm{d}x$.

4. 设 $\int_0^1 f(x)\mathrm{d}x$ 收敛, 且当 $x\to+0$ 时, $f(x)$ 单调趋于 $+\infty$, 证明: $\lim\limits_{x\to 0^+} xf(x)=0$.

第 11 章 数项级数

本章研究的主要对象为数项级数 $\sum\limits_{n=1}^{+\infty} u_n$, 其中 u_n 为实数, 从结构看, 这是一个无限和的形式. 显然, 和以前处理的对象“有限和”不同, 因为有限和计算的最终的结果是一个确定的实数, 由于“无限”所具有的不确定性, 无限和的形式 $\sum\limits_{n=1}^{+\infty} u_n$ 最终结果也具有不确定性, 由此决定了数项级数的研究内容: 无限和的确定性, 即数项级数是否有意义? 也即数项级数的收敛性问题, 以及由此进一步研究无限和存在条件下的运算问题——级数的性质研究.

类比已知, 将有限过渡到无限正是极限处理的对象的特点, 由此决定了研究的思想方法——利用极限理论为工具, 将有限和推广到无限和, 形成级数的相关理论. 为此, 先做一些准备工作.

11.1 聚点和上 (下) 极限

我们继续研究数列的极限. 关于数列的收敛性, 我们在第一册研究进行了系统的研究, 本节, 我们对发散数列进行深入的研究, 引入数列的上下极限的定义, 利用此定义研究数列更进一步的性质.

一、 定义

给定有界数列 $\{a_n\}$, 记

$$\alpha_k = \inf_{n>k}\{a_n\} = \inf\{a_{k+1}, a_{k+2}, \cdots\},$$

$$\beta_k = \sup_{n>k}\{a_n\} = \sup\{a_{k+1}, a_{k+2}, \cdots\},$$

则由此构造两个数列 $\{\alpha_k\}, \{\beta_k\}$, 且具有性质:

$$\{\alpha_k\}\text{有界且单调上升}, \quad \{\beta_k\}\text{有界且单调递减}.$$

因而存在实数 h 和 H, 使得 $h = \lim\limits_{k\to+\infty} \alpha_k, H = \lim\limits_{k\to+\infty} \beta_k$, 显然 $h \leqslant H$.

定义 1.1 称 h 为数列 $\{a_n\}$ 的下极限, H 为数列 $\{a_n\}$ 的上极限, 记为 $h=\varliminf\limits_{n\to+\infty} a_n, H=\varlimsup\limits_{n\to+\infty} a_n$.

因此, 通过给定的有界数列, 我们构造了两个收敛的子列, 由此进一步引入上下极限的定义. 那么, 上下极限的实质含义是什么? 从定义看: 上下极限应该是原数列的两个收敛子列的极限. 我们知道, 根据魏尔斯特拉斯定理, 对一个有界数列来说, 可以有多个收敛的子列. 那么这些收敛的子列极限和上下极限有什么关系? 为此, 我们引入聚点的概念.

定义 1.2 设 $\{a_n\}$ 为有界数列, ξ 为给定的实数, 如果存在 $\{a_n\}$ 的子列 $\{a_{n_k}\}$ 使得 $\lim\limits_{k\to+\infty} a_{n_k}=\xi$, 称 ξ 为数列 $\{a_n\}$ 的一个聚点或极限点.

二、 性质

利用定义, 可以得到聚点的等价条件.

性质 1.1 ξ 为数列 $\{a_n\}$ 的聚点的充要条件为: 对任意的 $\varepsilon>0$, $U(\xi,\varepsilon)$ 中含有 $\{a_n\}$ 的无穷多项.

证明 只证明充分性. 取 $\varepsilon=\dfrac{1}{n}$, 则 $n=1$ 时, 必存在一项记为 a_{n_1}, 使得 $|a_{n_1}-\xi|<1$; $n=2$ 时, 必存在一项记为 a_{n_2}, 使得 $|a_{n_2}-\xi|<\dfrac{1}{2}$; 如此下去, 构造子列 $\{a_{n_k}\}$, 使得 $|a_{n_k}-\xi|<\dfrac{1}{k}$, 因而, $\lim\limits_{k\to+\infty} a_{n_k}=\xi$, ξ 为数列 $\{a_n\}$ 的一个聚点.

性质 1.1 表明了聚点的几何意义: 邻域 $U(\xi,\varepsilon)$ 内一定含有 $\{a_n\}$ 的无穷多项, 但是, 在 $U(\xi,\varepsilon)$ 外, 可能有 $\{a_n\}$ 的无穷多项, 也可能有 $\{a_n\}$ 的有限项 (图 11-1).

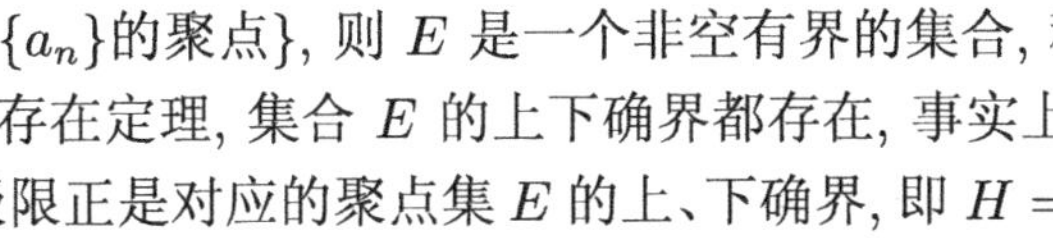

图 11-1

继续研究聚点的性质. 由魏尔斯特拉斯定理, 有界数列的聚点肯定存在, 因此, 若记 $E=\{\xi:\xi\text{为}\{a_n\}\text{的聚点}\}$, 则 E 是一个非空有界的集合, 称 E 为数列 $\{a_n\}$ 的**聚点集**. 由确界存在定理, 集合 E 的上下确界都存在, 事实上, 我们将证明: 数列 $\{a_n\}$ 的上、下极限正是对应的聚点集 E 的上、下确界, 即 $H=\sup E, h=\inf E$, 不仅如此, 还可以进一步证明, 上下确界都是可达的, 即 $H=\max E, h=\min E$, 因此, 上下极限实际就是数列的最大聚点和最小聚点. 下面, 我们先给出上下极限的性质, 再建立一系列对应的结论.

定理 1.1 设 $H=\varlimsup\limits_{n\to\infty} a_n$, 则对任意 $\varepsilon>0$, 必有 $\{a_n\}$ 的无穷多项属于 $(H-\varepsilon,H+\varepsilon)$, 至多有有限项属于 $(H+\varepsilon,+\infty)$.

证明 首先证明 $\{a_n\}$ 中有无穷多限项大于 $H-\varepsilon$.

反证法. 设存在 $\varepsilon_0>0$, 使得 $\{a_n\}$ 中至多有有限项大于 $H-\varepsilon_0$, 则存在 n_0, 使得 $n>n_0$ 时,

$$a_n \leqslant H-\varepsilon_0,$$

因而, 当 $n>n_0$ 时,

$$\beta_n=\sup\{a_{n+1},a_{n+2},\cdots\}\leqslant H-\varepsilon_0,$$

故, $H=\lim\limits_{n\to\infty}\beta_n\leqslant H-\varepsilon_0$, 矛盾.

再证 $\{a_n\}$ 中至多有有限项属于 $(H+\varepsilon,+\infty)$.

由定义, 对 $\forall\varepsilon>0$, 存在 $N>0$, 使得 $n>N$ 时,

$$\beta_n<H+\varepsilon,$$

因而,

$$\sup\{a_{N+1},a_{N+2},\cdots\}<H+\varepsilon,$$

故, $n>N$ 时, $a_n<H+\varepsilon$. 因此, $\forall\varepsilon>0$, 至多有 N 项属于 $(H+\varepsilon,+\infty)$.

定理 1.1 表明了上极限与数列极限对应的性质有明显的区别, 体现了几何意义: 邻域 $U(H,\varepsilon)$ 内一定含有 $\{a_n\}$ 的无穷多项, 但是, 在 $U(H,\varepsilon)$ 外, $(H+\varepsilon,+\infty)$ 中最多含有 $\{a_n\}$ 的有限项, $(-\infty,H-\varepsilon)$ 可能有 $\{a_n\}$ 的无穷多项, 也可能有有限项 (图 11-2).

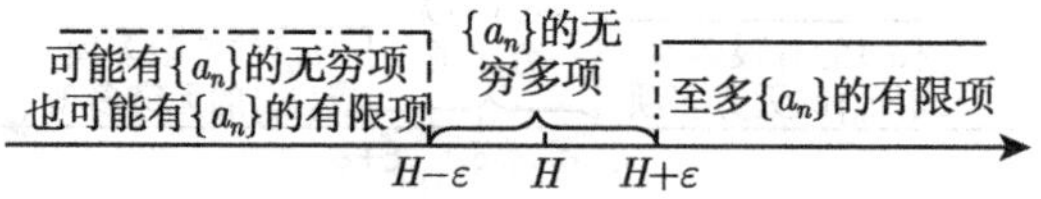

图 11-2

对下极限有类似的结论.

定理 1.2 设 $h=\varliminf\limits_{n\to\infty}a_n$, 则对任意 $\varepsilon>0$, 必有 $\{a_n\}$ 的无穷多项属于 $(h-\varepsilon,h+\varepsilon)$, 至多有有限项属于 $(-\infty,h-\varepsilon)$.

定理 1.3 H 是 $\{a_n\}$ 最大的聚点, h 是 $\{a_n\}$ 最小的聚点. 即

$$H=\max E,\quad h=\min E.$$

证明 仅对 H 进行证明, 分两步证明: 先证 $H\in E$, 再证明对任意的 $\xi\in E$, 都有 $\xi\leqslant H$.

由定理 1.1, 对任意 $\varepsilon>0$, 必有 $\{a_n\}$ 的无穷多项属于 $(H-\varepsilon,H+\varepsilon)$, 因而, 取 $\varepsilon=1$, 则存在 n_1, 使得 $H-1<a_{n_1}<H+1$; 取 $\varepsilon=\frac{1}{2}$, 则在 $\{a_n\}_{n>n_1}$ 中, 仍有无穷多项属于 $\left(H-\frac{1}{2},H+\frac{1}{2}\right)$, 因而, 存在 $n_2>n_1$, 使得 $H-\frac{1}{2}<a_{n_2}<H+\frac{1}{2}$, 如此下去, 可以构造子列 $\{a_{n_k}\}\subset\{a_n\}$, 使得 $H-\frac{1}{k}<a_{n_k}<H+\frac{1}{k}$, 因而, $\lim\limits_{k\to\infty}a_{n_k}=H$, 故 $H\in E$.

对任意的 $\xi\in E$, 则存在 $\{a_{n_l}\}\subset\{a_n\}$, 使得 $\lim\limits_{l\to\infty}a_{n_l}=\xi$. 若 $\xi>H$, 任取 $\varepsilon\in\left(0,\frac{\xi-H}{2}\right)$, 令 $\varepsilon_1=\frac{\xi-H}{2}-\varepsilon>0$, 则对 ε_1 , 存在 $l_0>0$, 当 $l>l_0$ 时,

$$a_{n_l}>\xi-\varepsilon_1=\frac{\xi+H}{2}+\varepsilon>H+\varepsilon,$$

与定理 1.1 矛盾. 故 $\xi\leqslant H$. 因此 $H=\max E$.

抽象总结 定理 1.3 表明, 有界数列的上、下极限是所有收敛子列的极限的最大、最小值, 其聚点集 E 是有界集合, 聚点集的上下确界都是可达的, 且

$$H=\max E=\sup E,\quad h=\min E=\inf E.$$

聚点是数集的一类特殊点, 上下极限又是特殊的聚点, 引入这些概念正是利用特殊研究一般的研究思想的体现.

因此, 自然成立下列结论.

性质 1.2 (1) 存在子列 $\{a_{n_l}\},\{a_{n_k}\}$, 使得

$$\lim_{l\to+\infty}a_{n_l}=H,\quad \lim_{k\to+\infty}a_{n_k}=h.$$

(2) $\lim\limits_{n\to\infty}a_n=A$ 的充分必要条件是 $\overline{\lim\limits_{n\to\infty}}a_n=\underline{\lim\limits_{n\to\infty}}a_n=A$.

我们将上述定义和结论进一步推广到无界数列.

设 $\{a_n\}$ 为无上界的数列, 规定 $\overline{\lim\limits_{n\to\infty}}a_n=+\infty$; 设 $\{a_n\}$ 为无下界的数列, 规定 $\underline{\lim\limits_{n\to\infty}}a_n=-\infty$, 相应的结论可以推广.

定理 1.4 (1) 设 $H=\overline{\lim\limits_{n\to\infty}}a_n$, 则当 $H=+\infty$ 时, 对任意 $M>0$, 必有 $\{a_n\}$ 的无穷多项属于 $(M,+\infty)$; 当 $H=-\infty$ 时, 必有 $\lim\limits_{n\to\infty}a_n=-\infty$.

(2) $h=\varliminf_{n\to\infty} a_n$, 则当 $h=-\infty$ 时, 对任意 $M>0$, 必有 $\{a_n\}$ 的无穷多项属于 $(-\infty,-M)$; 当 $h=+\infty$ 时 $\lim_{n\to} a_n=+\infty$.

注 性质 1.2 当 A 为正无穷或负无穷时仍成立.

例 1 记 $a_n=n+(-1)^n n$ 计算 H 和 h.

解 由于 $a_n\geqslant 0$ 且 $a_{2n+1}=0, a_{2n}=2n$, 故, $H=+\infty, h=0$.

例 2 记 $a_n=\cos\frac{n}{4}\pi$, 计算 H 和 h.

解 由于 $|a_n|\leqslant 1$, 且 $a_{8k}\to 1, a_{4(2k+1)}\to -1$, 故 $H=1, h=-1$.

例 3 设 $\{x_n\},\{y_n\}$ 有界, 证明

$$\varlimsup_{n\to+\infty}(x_n+y_n)\leqslant \varlimsup_{n\to+\infty} x_n+\varlimsup_{n\to+\infty} y_n.$$

证明 由于 $\{x_n\},\{y_n\}$ 有界, 则 $\varlimsup_{n\to+\infty}(x_n+y_n)$, $\varlimsup_{n\to+\infty} x_n$ 和 $\varlimsup_{n\to+\infty} y_n$ 都有界.

法一 用定义法. 由定义, 对任意给定的正整数 k, 对任意 $\lambda>k$,

$$x_\lambda\leqslant \sup_{n>k}\{x_n\},\quad y_\lambda\leqslant \sup_{n>k}\{y_n\},$$

因而,

$$x_\lambda+y_\lambda\leqslant \sup_{n>k}\{x_n\}+\sup_{n>k}\{y_n\},$$

由 λ 的任意性, 则

$$\sup_{n>k}\{x_n+y_n\}\leqslant \sup_{n>k}\{x_n\}+\sup_{n>k}\{y_n\},$$

故, 结论成立.

法二 用性质证明.

记 $\alpha=\varlimsup_{n\to+\infty} x_n, \beta=\varlimsup_{n\to+\infty} y_n$, 则对任意 $\varepsilon>0$, 至多有有限个 $x_n\in(\alpha+\varepsilon,+\infty)$, 因而, 存在 N_1, 使得 $n>N_1$ 时,

$$x_n\leqslant\alpha+\varepsilon;$$

同样, 至多有有限个 $y_n\in(\beta+\varepsilon,+\infty)$, 因而, 存在 N_2, 当 $n>N_2$ 时,

$$y_n\leqslant\beta+\varepsilon;$$

取 $N=\max\{N_1,N_2\}$, 则当 $n>N$ 时,

$$x_n+y_n\leqslant\alpha+\beta+2\varepsilon;$$

故

$$\overline{\lim_{n\to+\infty}}(x_n+y_n)\leqslant\alpha+\beta+2\varepsilon,$$

由 ε 的任意性, 即得结论.

法三 转化为收敛子列的极限来讨论.

记 $\alpha=\overline{\lim\limits_{n\to+\infty}}x_n,\beta=\overline{\lim\limits_{n\to+\infty}}y_n$, $\gamma=\overline{\lim\limits_{n\to+\infty}}(x_n+y_n)$, 则存在子列 $\{x_{n_k}+y_{n_k}\}$, 使得

$$\lim_{k\to+\infty}(x_{n_k}+y_{n_k})=\gamma,$$

又 $\overline{\lim\limits_{k\to+\infty}}x_{n_k}\leqslant\alpha$, $\overline{\lim\limits_{k\to+\infty}}y_{n_k}\leqslant\beta$, 则, 存在子列 $\{x_{n_{k_l}}\},\{y_{n_{k_l}}\}$, 使得

$$\lim_{l\to+\infty}x_{n_{k_l}}=\alpha_1\leqslant\alpha,\quad \lim_{l\to+\infty}y_{n_{k_l}}=\beta_1\leqslant\beta,$$

故, $\lim\limits_{l\to+\infty}(x_{n_{k_l}}+y_{n_{k_l}})=\alpha_1+\beta_1\leqslant\alpha+\beta$.

另, 作为收敛数列的子列, 还有 $\lim\limits_{l\to+\infty}(x_{n_{k_l}}+y_{n_{k_l}})=\gamma$, 因而

$$\gamma\leqslant\alpha+\beta,$$

即结论成立.

抽象总结 法三的研究思想是利用上下极限的性质, 将上下极限问题转化为收敛数列的极限来讨论, 从而可以利用数列极限的理论研究上下极限问题, 是研究上下极限问题的有效方法, 这一研究思想在确界问题的研究中已经运用过.

例 4 设 $x_n>0$, $\underline{\lim\limits_{n\to+\infty}}x_n\neq0$, 则 $\overline{\lim\limits_{n\to+\infty}}\dfrac{1}{x_n}=\dfrac{1}{\underline{\lim\limits_{n\to+\infty}}x_n}$.

证明 设 $\underline{\lim\limits_{n\to+\infty}}x_n=\alpha\neq0$, 则存在 $\{x_{n_k}\}$ 使得 $\lim\limits_{k\to+\infty}x_{n_k}=\alpha$, 因而,

$$\frac{1}{\underline{\lim\limits_{n\to+\infty}}x_n}=\frac{1}{\alpha}=\frac{1}{\lim\limits_{k\to+\infty}x_{n_k}}=\lim_{k\to+\infty}\frac{1}{x_{n_k}}\leqslant\overline{\lim_{n\to+\infty}}\frac{1}{x_n}.$$

另一方面, 设 $\overline{\lim\limits_{n\to+\infty}}\dfrac{1}{x_n}=\beta$, 则存在子列 $\{x_{n_l}\}$ 使得 $\lim\limits_{l\to+\infty}\dfrac{1}{x_{n_l}}=\beta$, 由极限性质, 则 $\{x_{n_l}\}$ 也收敛且 $\lim\limits_{l\to+\infty}x_{n_l}=\dfrac{1}{\beta}$, 因而

$$\overline{\lim_{n\to+\infty}}\frac{1}{x_n}=\beta=\lim_{l\to+\infty}\frac{1}{x_{n_l}}=\frac{1}{\lim\limits_{l\to+\infty}x_{n_l}}\leqslant\frac{1}{\underline{\lim\limits_{n\to+\infty}}x_n},$$

因此, 成立 $\varlimsup\limits_{n\to+\infty}\dfrac{1}{x_n}=\dfrac{1}{\varliminf\limits_{n\to+\infty}x_n}$.

例 5 设 $x_n\geqslant 0, y_n\geqslant 0$, 证明

$$\varliminf_{n\to+\infty}(x_n\cdot y_n)\geqslant \varliminf_{n\to+\infty}x_n\cdot\varliminf_{n\to+\infty}y_n.$$

证明 记 $\varliminf\limits_{n\to+\infty}(x_n\cdot y_n)=\gamma$, $\varliminf\limits_{n\to+\infty}x_n=\alpha$, $\varliminf\limits_{n\to+\infty}y_n=\beta$, 则存在子列使得 $\lim\limits_{k\to+\infty}(x_{n_k}\cdot y_{n_k})=\gamma$, 而

$$\varliminf_{k\to+\infty}x_{n_k}=\alpha_1\geqslant\alpha,\quad \varliminf_{k\to+\infty}y_{n_k}=\beta_1\geqslant\beta,$$

故存在子列 $\lim\limits_{l\to+\infty}x_{n_{k_l}}=\alpha_1$, $\lim\limits_{l\to+\infty}y_{n_{k_l}}=\beta_1$, 因而

$$\begin{aligned}\gamma&=\varliminf_{n\to+\infty}(x_n\cdot y_n)=\lim_{k\to+\infty}(x_{n_k}\cdot y_{n_k})=\lim_{l\to+\infty}(x_{n_{k_l}}\cdot y_{n_{k_l}})\\&=\lim_{l\to+\infty}x_{n_{k_l}}\cdot\lim_{l\to+\infty}y_{n_{k_l}}=\alpha_1\cdot\beta_1\geqslant\alpha\cdot\beta.\end{aligned}$$

抽象总结 观察上述几个例子, 将上下极限问题, 通过转化为收敛子列的极限问题, 利用极限的运算性质, 达到证明上下极限关系的目的, 这是处理上下极限问题的一个重要方法, 应熟练掌握.

习 题 11.1

1. 计算下列数列的上下极限.

(1) $x_n=\dfrac{1+(-1)^n n}{n}$;

(2) $x_n=1+\sin\dfrac{n\pi}{2}$.

2. 证明: $\varliminf\limits_{n\to+\infty}(x_n+y_n)\geqslant\varliminf\limits_{n\to+\infty}x_n+\varliminf\limits_{n\to+\infty}y_n$.

3. 设 $x_n\geqslant 0, y_n\geqslant 0$, 证明:

$$\varlimsup_{n\to+\infty}(x_n\cdot y_n)\leqslant\varlimsup_{n\to+\infty}x_n\cdot\varlimsup_{n\to+\infty}y_n.$$

4. 证明: $\varliminf\limits_{n\to+\infty}x_n-\varlimsup\limits_{n\to+\infty}y_n\leqslant\varlimsup\limits_{n\to+\infty}(x_n-y_n)\leqslant\varlimsup\limits_{n\to+\infty}x_n-\varliminf\limits_{n\to+\infty}y_n$.

5. 设 $x_n>0$, $\varlimsup\limits_{n\to+\infty}x_n\cdot\varlimsup\limits_{n\to+\infty}\dfrac{1}{x_n}=1$, 证明: $\{x_n\}$ 收敛.

11.2 数项级数的基本概念

本节, 我们引入数项级数的概念, 并研究其基本性质.

一、 基本概念

设 $\{u_n\}$ 是给定的数列.

定义 2.1 无限可列个数的和

$$u_1 + u_2 + \cdots + u_n + \cdots ,$$

称为数项级数, 简称级数, 记为 $\sum\limits_{n=1}^{\infty} u_n$, 其中 u_n 称为级数 $\sum\limits_{n=1}^{\infty} u_n$ 的通项.

结构分析 从定义看, 数项级数就是无限个实数的和, 类比已知, 我们已经学习和掌握了有限个实数和的运算性质, 因此, 从结构形式上, 数项级数就是有限和运算的推广. 注意到 "无限" 的不确定性, 这是无限和有限的主要区别, 由此决定了定义是形式的. 因为此时无限可列个数的和 $\sum\limits_{n=1}^{\infty} u_n$ 是否存在是不确定的. 如根据等比数列的计算公式可知: $\sum\limits_{n=0}^{\infty} \dfrac{1}{2^n} = 2$, $\sum\limits_{n=1}^{\infty} 2^n = +\infty$, 显然级数 $\sum\limits_{n=1}^{\infty} (-1)^n$ 的和不存在.

由此决定了数项级数的研究内容.

(1) 无限和有意义吗? ——数项级数的敛散性问题.

(2) 如何判断无限和是否有意义——收敛性的判别问题, 即判别法则, 也是数项级数的核心理论.

那么, 如何建立数项级数的相关理论?

从科学研究的角度, 我们先分析数项级数——作为未知的、将要被研究的对象和我们已经掌握的知识的联系与区别. 从形式上看, 数项级数是无穷多个数的和, 作为数的和, 我们已经掌握了有限个数的和的定义、运算和性质, 因此, 很自然的想法是: 如何将有限个数的和的定义、运算和性质推广到无限个数的和, 由此得到关于级数的定义和性质. 因此, 解决问题的关键是如何将 "有限" 过渡到 "无限"——这正是极限方法的思想, 由此决定我们本节所采用的研究思想: 通过有限和的极限引入无限和——收敛的级数, 利用极限的性质研究收敛级数的性质. 下面, 将按上述思想引入本节的概念和性质. 为此先引入一个有限和——级数的部分和.

定义 2.2 称级数的前 n 项和

$$S_n = \sum_{k=1}^{n} u_k = u_1 + u_2 + \cdots + u_n$$

为级数 $\sum\limits_{n=1}^{\infty} u_n$ 的部分和.

显然, 部分和是有限和, 下面, 通过部分和的极限过渡到无限和, 进而引入级数的收敛性.

定义 2.3 若部分和数列 $\{S_n\}$ 收敛 (于 S), 称级数 $\sum\limits_{n=1}^{\infty} u_n$ 收敛 (于 S), 此时, 记 $\sum\limits_{n=1}^{\infty} u_n=S$, S 也称为级数 $\sum\limits_{n=1}^{\infty} u_n$ 的和; 若部分和数列 $\{S_n\}$ 发散, 称级数 $\sum\limits_{n=1}^{\infty} u_n$ 发散.

信息挖掘 (1) 定义既是定性的, 也是定量的. (2) 由此定义可知: 只有当 $\sum\limits_{n=1}^{\infty} u_n$ 收敛时, 无限和 $\sum\limits_{n=1}^{\infty} u_n$ 才有意义, 此时, $\sum\limits_{n=1}^{\infty} u_n$ 就是一个确定的数, 即 $\sum\limits_{n=1}^{\infty} u_n = \lim\limits_{n\to+\infty} S_n$, 而当级数 $\sum\limits_{n=1}^{\infty} u_n$ 发散时, 级数 $\sum\limits_{n=1}^{\infty} u_n$ 只是一个记号或形式.

定义作用对象特征分析 定义是最底层的工具, 只能处理简单结构, 因此, 通常用定义证明最简单的具体级数的敛散性. 但是, 涉及级数的定量分析 (求和) 时, 通常用定义处理. 注意到定义是通过部分和研究数项级数的敛散性, 因此, 类比已知, 能计算部分和的结构通常具有等比、等差或特殊的结构, 这些结构是定量分析级数的基础.

作为应用, 可以利用定义研究简单结构的数项级数的敛散性.

例 1 考察几何级数 $\sum\limits_{n=1}^{\infty} q^n$ 的收敛性, 其中 $0<q<1$.

简析 通项具有等比结构, 可以利用对应的求和公式, 用定义考察其敛散性.

解 利用等比数列的求和公式可得

$$S_n=\sum_{k=1}^{n} q^k=\frac{q(1-q^n)}{1-q},$$

故, $\{S_n\}$ 收敛于 $\dfrac{q}{1-q}$, 因此, 几何级数 $\sum\limits_{n=1}^{\infty} q^n$ 收敛于 $\dfrac{q}{1-q}$, 故, $\sum\limits_{n=1}^{\infty} q^n=\dfrac{q}{1-q}$.

在考察级数的收敛性时, 还经常涉及另一个数列——余和.

定义 2.4 称 $r_n=u_{n+1}+u_{n+2}+\cdots$ 为级数 $\sum\limits_{n=1}^{\infty} u_n$ 的余和.

部分和与余和的区别与联系.

(1) 部分和是有限和, 因此, 只要级数 $\sum\limits_{n=1}^{\infty} u_n$ 给定, 部分和就确定了. 余和和级数一样, 仍是一个无限和, 因此, 在不知道其收敛的情形下, 余和仍只是一个形式或记号.

(2) 若级数 $\sum\limits_{n=1}^{\infty} u_n$ 收敛于 S, 则

$$r_n = S - S_n = u_{n+1} + u_{n+2} + \cdots ,$$

此时, 余和是一个收敛于 0 的级数, 反之也成立, 这就是下面的定理.

定理 2.1 级数 $\sum\limits_{n=1}^{\infty} u_n$ 收敛等价于余和收敛于 0.

证明 考察部分和与余和的柯西片段的关系. 显然, 对任意的 n, p,

$$|r_{n+p} - r_n| = |u_{n+1} + u_{n+2} + \cdots + u_{n+p}| = |S_{n+p} - S_n|,$$

即二者有相同的柯西片段, 因而, $\{S_n\}$ 和 $\{r_n\}$ 具有相同的收敛性. 因此, 由定义, $\sum\limits_{n=1}^{\infty} u_n$ 收敛等价于 $\{S_n\}$ 收敛于 S, 进一步等价于 $\{r_n\}$ 收敛于 0.

由此可以发现, 部分和及余和都能刻画级数的敛散性.

二、 收敛级数的性质

利用定义和极限的性质, 很容易得到收敛级数的性质.

1. 线性性质

性质 2.1 设 $\sum\limits_{n=1}^{\infty} u_n$, $\sum\limits_{n=1}^{\infty} v_n$ 是两个收敛的数项级数, 则对任意的实数 a, b, 级数 $\sum\limits_{n=1}^{\infty} (au_n + bv_n)$ 也收敛且

$$\sum_{n=1}^{\infty} (au_n + bv_n) = a\sum_{n=1}^{\infty} u_n + b\sum_{n=1}^{\infty} v_n.$$

2. 不变性

性质 2.2 设 $\sum\limits_{n=1}^{\infty} u_n$ 收敛, 则对 $\sum\limits_{n=1}^{\infty} u_n$ 任意加括号后所成的级数

$$(u_1 + u_2 + \cdots + u_{i_1}) + (u_{i_1+1} + \cdots + u_{i_2}) + \cdots$$

也收敛且其和不变.

简析 到目前为止, 我们只学过级数的定义, 且要证明的结论还是定量的, 因此, 本性质的证明必须采用定义, 实质是考察二者的部分和关系.

证明 记 $S_n = \sum\limits_{k=1}^{n} u_k, A_n = \sum\limits_{k=1}^{n} (u_{i_{k-1}+1} + \cdots + u_{i_k})$ 为两个级数相应的部分和, 考察二者之间的关系, 则

$$A_1 = u_1 + \cdots + u_{i_1} = S_{i_1},$$

$$A_2 = u_1 + \cdots + u_{i_2} = S_{i_2},$$

$$\cdots\cdots$$

$$A_n = u_1 + \cdots + u_{i_n} = S_{i_n}$$

因而, 数列 $\{A_n\}$ 是数列 $\{S_n\}$ 的子列, 由于 $\{S_n\}$ 收敛, 因而, $\{A_n\}$ 也收敛, 且 $\lim\limits_{n\to+\infty} A_n = \lim\limits_{n\to+\infty} S_n$.

抽象总结 (1) 从性质 2.2 的结构看, 此性质表明, 在收敛的条件下, 无限和的运算也满足结合律. (2) 由于子列收敛不一定保证原数列收敛, 因而, 性质 2.2 的逆不成立. 如 $\sum\limits_{n=1}^{\infty}(-1)^{n+1}$ 是发散的数项级数, 但若从第一项开始, 相邻两项加括号, 可得收敛于 0 的级数 $\sum\limits_{n=1}^{\infty}(1-1)=0$.

3. 级数收敛的必要条件

下面的性质揭示了收敛级数的结构特征.

性质 2.3 设 $\sum\limits_{n=1}^{\infty} u_n$ 收敛, 则必有 $\lim\limits_{n\to+\infty} u_n = 0$.

事实上, 设 $\sum\limits_{n=1}^{\infty} u_n = S$, 则

$$u_n = S_n - S_{n-1} \to S - S = 0.$$

此条件非充分, 如 $\sum\limits_{n=1}^{\infty}\frac{1}{n}$, 有 $u_n = \frac{1}{n} \to 0$, 但此级数发散.

此必要条件常用于判断级数的发散性.

例 2 判断 $\sum\limits_{n=1}^{\infty} n\ln\left(1+\frac{1}{n}\right)$ 的敛散性.

解 由于

$$\lim_{n\to+\infty} n\ln\left(1+\frac{1}{n}\right) = 1 \neq 0,$$

因而, $\sum\limits_{n=1}^{\infty} n\ln\left(1+\frac{1}{n}\right)$ 发散.

因此, 在判断级数的敛散性时, 首先考察通项的极限, 若 $\{u_n\}$ 不存在极限或存在极限但不为 0, 级数肯定发散; 在 $\{u_n\}$ 收敛于 0 的条件下, 再进一步判断其敛散性, 这是判断级数敛散性的一般程序.

性质 2.3 的另一个应用是用于研究数列的收敛于 0 的性质, 即要证明 $\lim\limits_{n\to+\infty} u_n = 0$, 只需证明 $\sum\limits_{n=1}^{\infty} u_n$ 收敛. 而在有些时候, 证明 $\sum\limits_{n=1}^{\infty} u_n$ 的收敛性比证明数列 $\{u_n\}$

的收敛性更简单, 如利用后面我们给出的判别法很容易判断 $\sum\limits_{n=1}^{\infty}\frac{(2n)!}{2^{n(n+1)}}$ 收敛, 因而, $\lim\limits_{n\to+\infty}\frac{(2n)!}{2^{n(n+1)}}=0$(具体的例子将在后面给出).

4. 级数收敛的充要条件——柯西收敛准则

涉及极限的地方都有相应的柯西收敛准则, 利用部分和数列收敛的柯西收敛准则, 容易得到判断级数收敛的充分必要条件, 即相应的柯西收敛准则.

性质 2.4 级数 $\sum\limits_{n=1}^{\infty}u_n$ 收敛的充要条件是对任意的 $\varepsilon>0$, 存在 $N>0$ 使得 $n>N$ 时, 对任意的自然数 p 都成立

$$|u_{n+1}+\cdots+u_{n+p}|<\varepsilon.$$

和数列收敛的柯西准则一样, N 仅依赖于 ε, 与 p 无关. 也常称 $|u_{n+1}+\cdots+u_{n+p}|$ 为级数的柯西片段.

下面为柯西收敛准则应用分析.

(1) **结构分析** 柯西收敛准则是判断极限存在 (收敛性) 的一般准则. 由柯西收敛准则, $\sum\limits_{n=1}^{\infty}u_n$ 收敛的充要条件是充分远的柯西片段任意小, 故级数的敛散性与级数的前面有限项无关, 因而, 去掉或增加或改变级数的有限项不改变级数的敛散性, 但对收敛级数, 上述的改变, 虽然不改变收敛性, 但会改变收敛级数的和.

(2) **应用方法分析** 用柯西收敛准则判断级数的收敛性时, 关键是对柯西片段作估计, 从结构上看, 类似于用定义考察数列的极限问题, 因此, 相应的放大方法可以移植到级数收敛性的判断上. 即要判断级数的收敛性, 通常对柯西片断寻求如下形式的估计 (去掉 p 的影响),

$$|S_{n+p}-S_n|=|u_{n+1}+\cdots+u_{n+p}|\leqslant G(n),$$

其中, $G(n)$ 满足与 p 无关、单调递减且 $G(n)\to 0$. 求解 $G(n)<\varepsilon$ 确定 N.

而在用柯西收敛准则判断发散性时, 要用缩小法, 需要对柯西片段作反向估计, 即寻求如下的估计

$$|S_{n+p}-S_n|=|u_{n+1}+\cdots+u_{n+p}|\geqslant C(n,p),$$

通过取特定的关系 $p=p(n)$ 能使 $C(n,p)\geqslant\varepsilon_0>0$, 由此得到发散性.

(3) **作用特征** 由于这是一个一般性的判别方法, 理论意义更大, 通常作用于抽象对象, 也用于简单的具体对象. 同时, 由于条件是充要条件, 因此, 既可以判定收敛性, 也可以判定发散性. 它还是一个利用自身结构特点判定其敛散性的法则,

不需要与其他的级数作比较进行判断, 这也和后面的比较判别法则形成了对比和差别.

例 3 证明: (1) $\sum\limits_{n=1}^{\infty}\frac{1}{n}$ 发散; (2) $\sum\limits_{n=1}^{\infty}\frac{1}{n^2}$ 收敛.

简析 我们在数列极限理论中讨论过类似的结构, 类比已知, 可以用柯西收敛准则讨论其敛散性.

证明 (1) 记 $S_n=\sum\limits_{k=1}^{n}\frac{1}{k}$, 考察其柯西片段, 则

$$|S_{n+p}-S_n|=\sum_{k=n+1}^{n+p}\frac{1}{k}>\frac{p}{n+p},$$

因而, 取 $p=n$, 则

$$|S_{n+p}-S_n|>\frac{1}{2},$$

故 $\{S_n\}$ 发散, 因此, $\sum\limits_{n=1}^{\infty}\frac{1}{n}$ 发散.

(2) 考察柯西片段, 由于

$$\begin{aligned}\frac{1}{(n+1)^2}+\cdots+\frac{1}{(n+p)^2}&\leqslant\frac{1}{n(n+1)}+\cdots+\frac{1}{(n+p-1)(n+p)}\\&=\frac{1}{n}-\frac{1}{n+p}<\frac{1}{n},\end{aligned}$$

故, 对任意的 $\varepsilon>0$, 存在 $N=\left[\frac{1}{\varepsilon}\right]+1$, 则当 $n>N$ 时对任意 p 成立

$$\frac{1}{(n+1)^2}+\cdots+\frac{1}{(n+p)^2}<\frac{1}{n}<\varepsilon,$$

故, $\sum\limits_{n=1}^{\infty}\frac{1}{n^2}$ 收敛.

例 4 判断级数 $\sum\limits_{n=1}^{\infty}\frac{(-1)n+1}{n}$ 的敛散性.

简析 我们在数列极限理论中讨论过类似的结构, 类比已知, 可以用柯西收敛准则讨论其敛散性.

证明 其柯西片段为

$$|S_{n+p}-S_n|=\left|\frac{1}{n+1}-\frac{1}{n+2}+\cdots+\frac{(-1)^{p-1}}{n+p}\right|,$$

p 为奇数时,

$$
\begin{aligned}
|S_{n+p}-S_n| &= \frac{1}{n+1}-\left(\frac{1}{n+2}-\frac{1}{n+3}\right)-\cdots \\
&\quad -\left(\frac{1}{n+p-1}-\frac{1}{n+p}\right) \\
&< \frac{1}{n+1},
\end{aligned}
$$

p 为偶数时

$$
\begin{aligned}
|S_{n+p}-S_n| &= \frac{1}{n+1}-\left(\frac{1}{n+2}-\frac{1}{n+3}\right)-\cdots \\
&\quad -\left(\frac{1}{n+p-2}-\frac{1}{n+p-1}\right)-\frac{1}{n+p} \\
&< \frac{1}{n+1},
\end{aligned}
$$

故, 总有 $|S_{n+p}-S_n|<\dfrac{1}{n+1}$, 因而, 类似可以证明 $\sum\limits_{n=1}^{\infty}\dfrac{(-1)^{n+1}}{n}$ 收敛.

例 5 设 $\sum\limits_{n=1}^{\infty}(u_{2n-1}+u_{2n})$ 收敛, 且 $\lim\limits_{n\to+\infty}u_n=0$, 证明: $\sum\limits_{n=1}^{\infty}u_n$ 收敛.

分析 证明思路仍然是考察部分和的关系.

证明 记 $A_n=\sum\limits_{k=1}^{n}(u_{2k-1}+u_{2k})$, $S_n=\sum\limits_{k=1}^{n}u_k$, 则

$$
S_{2n}=A_n,\quad S_{2n+1}=A_n+u_{2n+1},
$$

因为 $\sum\limits_{n=1}^{\infty}(u_{2n-1}+u_{2n})$ 收敛, 故 $\lim\limits_{n\to+\infty}A_n=A$ 存在, 因而,

$$
\lim_{n\to+\infty}S_{2n}=\lim_{n\to+\infty}S_{2n+1}=A,
$$

故, $\lim\limits_{n\to+\infty}S_n=A$, 因而, $\sum\limits_{n=1}^{\infty}u_n$ 收敛.

习 题 11.2

1. 本节给出的讨论数项级数的敛散性的方法有哪些? 一般的讨论敛散性的步骤是什么? 据此讨论下列级数 $\sum\limits_{n=1}^{\infty}u_n$ 的敛散性, 其中

(1) $u_n=\dfrac{1+(-1)^n2^n}{3^n}$;　　(2) $u_n=\dfrac{1}{n(n+1)}$;

(3) $u_n=\left(1+\frac{1}{n}\right)^n$;　　　　(4) $u_n=\frac{1}{n^2}-\frac{1}{n}$.

2. 计算下列级数 $\sum\limits_{n=1}^{\infty}u_n$ 的和, 其中,

(1) $u_n=\frac{1}{(2n+1)(2n-1)}$;　　　　(2) $u_n=\sqrt{n+2}-2\sqrt{n+1}+\sqrt{n}$.

3. 给出命题: 给定正整数 $p>0$, 则

$$\sum_{n=1}^{\infty}\frac{1}{n(n+p)}=\frac{1}{p}\left(1+\frac{1}{2}+\cdots+\frac{1}{p}\right).$$

分析命题结论的属性, 说明证明命题的思路是如何形成的. 给出命题的证明.

4. 设 $\sum\limits_{n=1}^{\infty}u_n$ 收敛, 证明: $\sum\limits_{n=1}^{\infty}\frac{1}{2}(u_n+u_{n+1})$ 也收敛, 且成立

$$\sum_{n=1}^{\infty}\frac{1}{2}(u_n+u_{n+1})=\sum_{n=1}^{\infty}u_n-\frac{1}{2}u_1.$$

11.3 正项级数

11.2 节中, 我们引入了数项级数的收敛性的定义, 并给出一个普遍性的判别法则——柯西准则, 但是, 要通过上述两个方法判断更一般级数的敛散性是很困难的, 必须借助其他的手段获得敛散性, 这就需要一系列判别法则, 从本节开始, 我们从最简单的正项级数开始, 建立级数敛散性的判别法则.

一、 正项级数的定义和基本定理

1. 正项级数的定义

定义 3.1 若数项级数 $\sum\limits_{n=1}^{\infty}u_n$ 的通项满足 $u_n>0$, 则称数项级数 $\sum\limits_{n=1}^{\infty}u_n$ 为正项级数.

2. 基本定理

根据定义, 我们挖掘正项级数的**结构特征**:

设 $\sum\limits_{n=1}^{\infty}u_n$ 是给定的正项级数, 则其部分和 $S_n=\sum\limits_{k=1}^{n}u_k$ 是单调递增有下界 0 的数列.

因此, 成立下面的结论.

定理 3.1 (基本定理) 若正项级数 $\sum\limits_{n=1}^{\infty}u_n$ 的部分和 $\{S_n\}$ 有上界, 则 $\sum\limits_{n=1}^{\infty}u_n$ 必收敛. 否则, $\sum\limits_{n=1}^{\infty}u_n$ 发散到 $+\infty$.

定理 3.1′ (基本定理) 正项级数 $\sum\limits_{n=1}^{\infty} u_n$ 收敛的充分必要条件为其部分和 $\{S_n\}$ 有界.

用基本定理判断正项级数的敛散性, 需要对部分和的上界进行估计, 这通常是很困难的, 我们需要更好的判别法则.

二、 正项级数收敛性的判别法则

基于正项级数的结构特征, 我们建立一系列的判别法用于判断 $\sum\limits_{n=1}^{\infty} u_n$ 的敛散性.

在建立判别理论前, 先进行简单的类比已知. 级数是有限和的拓展, 实现从"有限"到"无限". 类似的理论是前述的广义积分, 我们先建立二者的联系, 实现用已知研究未知.

1. 积分判别法

定理 3.2 设 $\sum\limits_{n=1}^{\infty} u_n$ 为正项级数, $\{u_n\}$ 单调递减, 令 $f(x)$ 为一个连续且单减的正值函数且满足 $f(n) = u_n$, 记 $A_n = \int_1^n f(x)\mathrm{d}x$, 则 $\sum\limits_{n=1}^{\infty} u_n$ 与 $\{A_n\}$ 同时敛散, 即 $\sum\limits_{n=1}^{\infty} u_n$ 与广义积分 $\int_1^{+\infty} f(x)\mathrm{d}x$ 同时敛散.

简析 证明的思路是寻求 $\{A_n\}$ 与 $\sum\limits_{n=1}^{\infty} u_n$ 的部分和的关系.

证明 由于

$$\begin{aligned} u_{k-1} &= \int_{k-1}^{k} u_{k-1}\mathrm{d}x = \int_{k-1}^{k} f(k-1)\mathrm{d}x \geqslant \int_{k-1}^{k} f(x)\mathrm{d}x \\ &\geqslant \int_{k-1}^{k} f(k)\mathrm{d}x = \int_{k-1}^{k} u_k\mathrm{d}x = u_k, \end{aligned}$$

故,

$$\sum_{k=2}^{n} u_{k-1} \geqslant \sum_{k=2}^{n} \int_{k-1}^{k} f(x)\mathrm{d}x = \int_1^n f(x)\mathrm{d}x = A_n \geqslant \sum_{k=2}^{n} u_k,$$

由此式即可得到结论.

抽象总结 (1) 定理 3.2 建立了正项级数和非负函数的广义积分的联系, 从而实现了利用已知的广义积分理论判别正项级数敛散性的目的, 化未知为已知, 这是非常好的结论, 也体现了非常好的研究思想. (2) 利用此判别法时, 通项能连续化为简单的函数, 利用广义积分的敛散性得到正项级数的敛散性.

例 1 判断下列级数的敛散性.

(1) $\sum\limits_{n=1}^{\infty}\frac{1}{n^p}, p>0$; (2) $\sum\limits_{n=2}^{\infty}\frac{1}{n\ln n}$; (3) $\sum\limits_{n=2}^{\infty}\frac{1}{n(\ln n)^2}$.

简析 结构中含有 $\left(\frac{1}{n}\right)^p$ 结构的因子或以此结构为主要结构, 这是初等结构中最简单的结构, 暗示其作为无穷小量具有确定的 p 阶速度, 这种结构也很容易构造对应的函数, 适用于积分判别法得到敛散性.

解 (1) 记 $f(x)=\frac{1}{x^p}$, 则当 $x>1$ 时, $f(x)$ 为一个连续且单减的正值函数且满足 $f(n)=\frac{1}{n^p}$, 因而, $\sum\limits_{n=1}^{\infty}\frac{1}{n^p}$ 与 $\int_1^{+\infty}\frac{1}{x^p}\mathrm{d}x$ 具有相同的敛散性, 因此, 根据广义积分理论可得: 当 $p\leqslant 1$ 时 $\sum\limits_{n=2}^{\infty}\frac{1}{n^p}$ 发散, 当 $p>1$ 时级数收敛.

(2) 记 $f(x)=\frac{1}{x\ln x}$, 由于 $\int_2^{+\infty}\frac{1}{x\ln x}\mathrm{d}x$ 发散, 因而, $\sum\limits_{n=2}^{\infty}\frac{1}{n\ln n}$ 发散.

(3) 记 $f(x)=\frac{1}{x(\ln x)^2}$, 由于 $\int_2^{+\infty}\frac{1}{x\ln^2 x}\mathrm{d}x$ 收敛, 故 $\sum\limits_{n=2}^{\infty}\frac{1}{n(\ln n)^2}$ 收敛.

抽象总结 (1) 此例反映出积分判别法的重要作用, 能充分利用广义积分的结论得到对正项级数的敛散性结论. (2) 对应地, $\sum\limits_{n=1}^{\infty}\frac{1}{n^p}(p>0)$ 称为 p-级数, 具有与广义 p-积分 $\int_1^{+\infty}\frac{1}{x^p}\mathrm{d}x$ 具有相同的敛散性: $p\leqslant 1$ 时发散, $p>1$ 时收敛. 其通项的结构特征是具有确定的 p 阶的收敛于 0 的速度, 因此, 有了此级数的敛散性, 就可以以此为标准判断通项具有确定速度的正项级数的敛散性.

利用此判别法可以解决大多正项级数的敛散性. 但是, 作为系统的理论, 建立对应的判别法也是必要的, 而定理 3.2 给出了类比的对象, 因此, 我们类比广义积分的判别理论, 可以建立对应的正项级数的判别法则.

2. 基本判别法则——比较判别法

定理 3.3 设正项级数 $\sum\limits_{n=1}^{\infty}u_n, \sum\limits_{n=1}^{\infty}v_n$ 满足: 存在 C 和 N, 使得 $n>N$ 时 $u_n\leqslant Cv_n$, 则

(1) 若 $\sum\limits_{n=1}^{\infty}v_n$ 收敛, 则 $\sum\limits_{n=1}^{\infty}u_n$ 也收敛;

(2) 若 $\sum\limits_{n=1}^{\infty}u_n$ 发散, 则 $\sum\limits_{n=1}^{\infty}v_n$ 也发散.

简单地说, 大的收敛, 小的也收敛; 小的发散, 大的也发散.

只需利用基本定理比较其部分和关系即可证明结论, 略去具体的证明.

抽象总结 比较判别法是正项级数的最基本的判别法则, 将以此判别法为基础, 通过与不同的标准做对比, 得到不同的判别法, 当然, 应用此判别法及以后由此导出的判别法时, **首先必须选定作为比较对象的标准级数**, 因此, 这些**判别法通常应用于具体级数的敛散性的判别**, 通过对具体级数通项的结构分析, 按照一定的要求确定比较对象, 再用判别法进行判断.

由于要在两个通项间进行比较, 定理 3.3 不好用, 常用定理 3.3 的极限形式.

定理 3.3′ 若 $\lim\limits_{n\to+\infty}\dfrac{u_n}{v_n}=l$, 则

(1) 当 $0<l<+\infty$ 时, $\sum\limits_{n=1}^{\infty}u_n$, $\sum\limits_{n=1}^{\infty}v_n$ 同时敛散.

(2) 当 $l=0$ 时,

若 $\sum\limits_{n=1}^{\infty}v_n$ 收敛, 则 $\sum\limits_{n=1}^{\infty}u_n$ 也收敛; 若 $\sum\limits_{n=1}^{\infty}u_n$ 发散, 则 $\sum\limits_{n=1}^{\infty}v_n$ 也发散.

(3) 当 $l=+\infty$ 时,

若 $\sum\limits_{n=1}^{\infty}u_n$ 收敛, 则 $\sum\limits_{n=1}^{\infty}v_n$ 也收敛; 若 $\sum\limits_{n=1}^{\infty}v_n$ 发散, 则 $\sum\limits_{n=1}^{\infty}u_n$ 也发散.

证明及其结构分析完全类似于广义积分, 我们也略去具体的证明及相关讨论.

比较判别法是判断正项级数敛散性的基本判别法, 通过这个判别法, 我们可以挖掘**正项级数敛散性的深层次原因**.

我们知道 $\lim\limits_{n\to+\infty}u_n=0$ 是级数 $\sum\limits_{n=1}^{\infty}u_n$ 收敛的必要条件, 因而, 通项为无穷小量的级数才有可能收敛. 在数列极限理论中, 我们知道无穷小量是极限为 0 的数列, 虽然极限都为 0, 无穷小量间还是有区别的, 区别的一个重要指标就是无穷小量的阶, 即收敛于 0 的速度, 因此, 可以思考, 通项为无穷小量的正项级数, 其敛散性是否与通项的阶或其收敛于 0 的速度有关? 试着从这个角度分析比较判别法, 对正项级数, 若 $u_n\leqslant Cv_n, n>N$ 且 $\sum\limits_{n=1}^{\infty}v_n$ 收敛, 则 $\lim\limits_{n\to+\infty}v_n=0$, 因而此时必然有 $\lim\limits_{n\to+\infty}u_n=0$, 且 $u_n\to 0$ 的速度要快于 $v_n\to 0$ 的速度, 因此, 速度越快, 收敛的可能性也越大. 事实上, 比较判别法正是通过比较速度获得敛散性的关系. 即 $0<l<+\infty$ 时, 两个级数的通项具有相同的收敛速度, 因而, 两个级数也具有相同的敛散性. $l=0$ 时, 通项 $u_n\to 0$ 的速度大于通项 $v_n\to 0$ 的速度, 因此, 由级数 $\sum\limits_{n=1}^{\infty}v_n$ 的收敛性可以推出级数 $\sum\limits_{n=1}^{\infty}u_n$ 收敛. 同样, $l=+\infty$ 时, 通项 $u_n\to 0$ 的速度小于通项 $v_n\to 0$ 的速度, 因此, 由 $\sum\limits_{n=1}^{\infty}v_n$ 的发散性可以推出级数 $\sum\limits_{n=1}^{\infty}u_n$ 发散.

通过上述分析, 知道了决定正项级数敛散性的关键因素是通项为无穷小量时

的阶, 因此, 结合数列极限中已经掌握的阶的理论 (速度关系), 就可以利用已知的简单的收敛和发散级数, 基于比较判别法得到更为复杂的级数的敛散性.

因此, 以 p-级数为对比标准就可以建立对应的法则.

定理 3.4 若 $\lim\limits_{n\to+\infty} n^p u_n = l$, 则

(1) 当 $0<l<+\infty$ 时, $\sum\limits_{n=1}^{\infty} u_n$, $\sum\limits_{n=1}^{\infty}\dfrac{1}{n^p}$ 同时敛散;

(2) 当 $l=0$, $p>1$ 时, $\sum\limits_{n=1}^{\infty} u_n$ 收敛;

(3) 当 $l=+\infty$, $p\leqslant 1$ 时, $\sum\limits_{n=1}^{\infty} u_n$ 发散.

例 2 判断 $\sum\limits_{n=1}^{\infty}\sin\dfrac{1}{n}$, $\sum\limits_{n=1}^{\infty}\left(1-\cos\dfrac{1}{n}\right)$ 的敛散性.

简析 目前已知敛散性的级数只有简单的几个, 如 $\sum\limits_{n=1}^{\infty}\dfrac{1}{n}$, $\sum\limits_{n=1}^{\infty}\dfrac{1}{n^2}$, $\sum\limits_{n=1}^{\infty} q^n(|q|<1)$, 从这些级数中很容易确定作为比较的级数.

解 由于 $\sum\limits_{n=1}^{\infty}\sin\dfrac{1}{n}$, $\sum\limits_{n=1}^{\infty}\left(1-\cos\dfrac{1}{n}\right)$ 都是正项级数, 且

$$\lim_{n\to+\infty}\frac{\sin\dfrac{1}{n}}{\dfrac{1}{n}}=1,\quad \lim_{n\to+\infty}\frac{1-\cos\dfrac{1}{n}}{\dfrac{1}{n^2}}=1,$$

因此, 利用比较判别法得 $\sum\limits_{n=1}^{\infty}\sin\dfrac{1}{n}$ 发散, $\sum\limits_{n=1}^{\infty}\left(1-\cos\dfrac{1}{n}\right)$ 收敛.

定理 3.4 以 p-级数为标准, 建立了对应的判别法则, 解决了通项具有确定的收敛于 0 的 "速度"(阶) 的正项级数的敛散性. 对应于速度轴, 解决了速度在任意有限确定的区间内的正项级数的敛散性问题, 那么, 对应于速度轴的无穷远端, 即通项收敛于 0 的速度不是确定的, 对应的正项级数的敛散性如何解决? 再从函数的结构提出问题: p-级数的通项具有幂结构, 通项具有指数结构又该如何解决? 类比已知, 已经知道了几何级数的敛散性, 能否利用此级数为对比标准, 建立对应的判别法则?

3. 柯西判别法

柯西判别法就是与几何级数作比较得到的判别法.

定理 3.5 设 $\sum\limits_{n=1}^{\infty} u_n$ 为正项级数.

(1) 若存在 $q\in(0,1)$, $N>0$, 使得 $n>N$ 时有 $\sqrt[n]{u_n}\leqslant q$, 则 $\sum\limits_{n=1}^{\infty} u_n$ 收敛;

(2) 若存在 $N>0$, 使得 $n>N$ 时有 $\sqrt[n]{u_n}\geqslant 1$, 则 $\sum\limits_{n=1}^{\infty}u_n$ 发散.

简析 所给的条件已经表明了两个级数通项间的关系, 因此, 直接利用比较判别法即可.

证明 (1) 由条件得

$$u_n\leqslant q^n,\quad n>N,$$

由于 $\sum\limits_{n=N}^{\infty}q^n$ 收敛, 因而, $\sum\limits_{n=1}^{\infty}u_n$ 收敛.

(2) 由于 $n>N$ 时, $u_n\geqslant 1$, 故 u_n 不收敛于 0, 因而, $\sum\limits_{n=1}^{\infty}u_n$ 发散.

定理 3.5 的极限形式为

定理 3.5′ 设 $\sum\limits_{n=1}^{\infty}u_n$ 为正项级数, 且 $r=\overline{\lim\limits_{n\to+\infty}}\sqrt[n]{u_n}$, 则

(1) $r<1$ 时, 级数 $\sum\limits_{n=1}^{\infty}u_n$ 收敛;

(2) $r>1$ 时, 级数 $\sum\limits_{n=1}^{\infty}u_n$ 发散;

(3) $r=1$ 时, 级数 $\sum\limits_{n=1}^{\infty}u_n$ 的敛散性不能确定.

简析 证明的思路是从条件出发, 将极限所满足的条件形式进一步转化为通项所满足的如同定理 3.5 中的条件形式.

证明 (1) 取 $\varepsilon_0=\dfrac{1-r}{2}>0$, $q=r+\varepsilon_0$, 则 $0<q<1$, 由上极限定义, 对此 ε_0, 存在 $N>0$, 使得 $n>N$ 时,

$$0\leqslant\sqrt[n]{u_n}\leqslant r+\varepsilon_0=q<1,$$

因此, 由定理 3.5 即得结论.

(2) 取 $\varepsilon_0>0$ 使得 $q\triangleq r-\varepsilon_0>1$, 则存在子列 $\{u_{n_k}\}$, 使得对充分大 n_k,

$$\sqrt[n_k]{u_{n_k}}\geqslant r-\varepsilon_0=q>1,$$

因而, $\{u_n\}$ 不收敛于 0, 故 $\sum\limits_{n=1}^{\infty}u_n$ 发散.

(3) 如对级数 $\sum\limits_{n=1}^{\infty}\dfrac{1}{n}, \sum\limits_{n=1}^{\infty}\dfrac{1}{n^2}$, 都有 $r=1$, 但前者发散, 后者收敛.

上述的上极限条件形式可以改为极限形式, 即若 $r=\lim\limits_{n\to+\infty}\sqrt[n]{u_n}$, 结论仍成立. 但应注意, 上极限肯定存在, 而极限不一定存在.

定理的逆不成立, 即若 $\sum\limits_{n=1}^{\infty} u_n$ 收敛, 不能保证 $r=\overline{\lim\limits_{n\to+\infty}}\sqrt[n]{u_n}<1$, 但能保证 $r=\overline{\lim\limits_{n\to+\infty}}\sqrt[n]{u_n}\leqslant 1$. 在相应极限存在的条件下, 只能保证 $\lim\limits_{n\to+\infty}\sqrt[n]{u_n}\leqslant 1$, 也不能保证 $\lim\limits_{n\to+\infty}\sqrt[n]{u_n}<1$.

抽象总结 (1) 通过证明过程可知, 柯西判别法在判断收敛性时是与几何级数 $\sum\limits_{n=1}^{\infty} q^n$ 进行比较得到收敛性. 在判断发散性时, 是与通项不是无穷小量的对象进行比较, 由于通项不是无穷小量, 利用级数收敛的必要条件而得到发散性, 这是此判别法的判别机理. 特别是判 "非" 时, 得到通项不是无穷小量的结论, 此结论在绝对收敛和条件收敛的讨论时非常有用, 要熟练掌握. (2) 由于几何级数中, 通项 $q^n\to 0$ 的速度为非确定的阶, 它比任何确定阶的无穷小量收敛于 0 的速度都快, 因而, 此判别法对通项为确定阶的无穷小量的正项级数失效. (3) 在具体的应用中, 由于需要计算 $\lim\limits_{n\to+\infty}\sqrt[n]{u_n}$, 因此, 此方法适用于通项具有 n 幂结构的正项级数, 这是此判别法作用对象的结构特征.

例 3 判断级数 $\sum\limits_{n=1}^{\infty}\frac{n^5}{2^n}$ 的敛散性.

简析 通项中含有两类因子, n 幂结构的因子为主要因子 (或困难因子), 因此, 采用柯西判别法处理.

解 由于

$$\lim_{n\to+\infty}\left(\frac{n^5}{2^n}\right)^{\frac{1}{n}}=\lim_{n\to+\infty}\frac{n^{\frac{5}{n}}}{2}=\frac{1}{2}<1,$$

因而, $\sum\limits_{n=1}^{\infty}\frac{n^5}{2^n}$ 收敛.

利用级数收敛的必要条件可得 $\lim\limits_{n\to+\infty}\frac{n^5}{2^n}=0$, 由此, 进一步可以看到有时通过判断级数的收敛性计算数列的极限比直接计算极限还简单, 因此, 我们又掌握了一个计算极限的方法, 当然, 这种方法只能计算极限为 0 的数列的极限.

4. 达朗贝尔判别法

由于通项具有数列的形式, 数列结构除了基本初等函数外, 还有一种特殊结构: 阶层结构. 针对这种结构, 我们仍以几何级数为标准, 采用另外一种形式进行比较.

定理 3.6 设 $\sum\limits_{n=1}^{\infty} u_n$ 是正项级数,

(1) 若存在 $N>0, q\in(0,1)$ 使得 $n>N$ 时, $\dfrac{u_{n+1}}{u_n}\leqslant q<1$, 则 $\sum\limits_{n=1}^{\infty}u_n$ 收敛;

(2) 若存在 $N>0$ 使得 $n>N$ 时, $\dfrac{u_{n+1}}{u_n}\geqslant 1$, 则 $\sum\limits_{n=1}^{\infty}u_n$ 发散.

思路分析 证明的思路仍然是将所给的条件形式转化为如同比较判别法中通项所满足的条件形式.

证明 (1) 由于当 $n>N$ 时, $\dfrac{u_{n+1}}{u_n}\leqslant q$, 故此时 $u_{n+1}\leqslant qu_n$, 依次递推则有 $u_n\leqslant q^{n-N}u_N=Cq^n$, 其中 $c=q^{-N}u_N$. 故, $\sum\limits_{n=1}^{\infty}u_n$ 收敛.

(2) 当 $n>N$ 时, 则 $u_{n+1}\geqslant u_n$, 故 $\{u_n\}$ 不收敛于 0, 因而, $\sum\limits_{n=1}^{\infty}u_n$ 发散.

类似有此定理的极限形式.

定理 3.6′ 设 $\sum\limits_{n=1}^{\infty}u_n$ 为正项级数.

(1) 若 $\overline{\lim\limits_{n\to+\infty}}\dfrac{u_{n+1}}{u_n}=\overline{r}<1$, 则 $\sum\limits_{n=1}^{\infty}u_n$ 收敛.

(2) 若 $\underline{\lim\limits_{n\to+\infty}}\dfrac{u_{n+1}}{u_n}=\underline{r}>1$, 则 $\sum\limits_{n=1}^{\infty}u_n$ 发散;

(3) 若 $\overline{r}=1$ 或 $\underline{r}=1$, 则不能确定其敛散性.

还有下述的极限形式.

定理 3.7 设 $\sum\limits_{n=1}^{\infty}u_n$ 为正项级数, 若 $r=\lim\limits_{n\to+\infty}\dfrac{u_{n+1}}{u_n}$, 则 $r<1$ 时 $\sum\limits_{n=1}^{\infty}u_n$ 收敛; $r>1$ 时 $\sum\limits_{n=1}^{\infty}u_n$ 发散; $r=1$ 时级数 $\sum\limits_{n=1}^{\infty}u_n$ 的敛散性不能确定.

上述两个定理的证明与定理 3.6 的证明类似, 我们不再给出证明.

注意定理 3.5′ 与定理 3.6′ 的区别. 定理 3.5′ 只涉及上极限, 而定理 3.6′ 同时涉及上极限和下极限.

抽象总结 (1) 此判别法和柯西判别法作用机理相同. (2) 需要计算 $\lim\limits_{n\to+\infty}\dfrac{u_{n+1}}{u_n}$, 此判别法的作用对象的特征是通项的相邻两项能消去大部分因子以简化结构, 特别, 若通项中含有 $n!$, 需要用此判别法处理. 当然, 有些 n 幂结构的因子也可以用此方法处理.

例 4 判断级数 $\sum\limits_{n=1}^{\infty}\dfrac{n^n}{3^n n!}$ 的敛散性.

简析 通项结构中含有困难因子 $n!$, 需用达朗贝尔判别法处理.

解 记 $u_n = \dfrac{n^n}{3^n n!}$, 则

$$r = \lim_{n\to+\infty} \frac{u_{n+1}}{u_n} = \frac{\mathrm{e}}{3},$$

故, 由达朗贝尔判别法, 级数收敛.

柯西判别法与达朗贝尔判别法的都是以 p-级数为比较标准, 二者作用机理相同, 应该具有某种关系. 下面, 我们简要讨论两个判别法间的关系.

定理 3.8 设 $\sum\limits_{n=1}^{\infty} u_n$ 是正项级数, 则关于通项成立以下关系:

$$\varliminf_{n\to+\infty} \frac{u_{n+1}}{u_n} \leqslant \varliminf_{n\to+\infty} \sqrt[n]{u_n} \leqslant \varlimsup_{n\to+\infty} \sqrt[n]{u_n} \leqslant \varlimsup_{n\to+\infty} \frac{u_{n+1}}{u_n},$$

因而, 若能用达朗贝尔判别法判断敛散性, 则一定可以用柯西判别法来判断, 反之, 能用柯西判别法判断敛散性, 不一定能用达朗贝尔判别法来判断, 故柯西判别法比达朗贝尔判别法的使用范围更广.

证明 设 $\bar{r} = \varlimsup\limits_{n\to+\infty} \dfrac{u_{n+1}}{u_n}$, 则对任意的 $\varepsilon > 0$, 存在 $N > 0$, 使得 $n > N$ 时,

$$\frac{u_{n+1}}{u_n} < \bar{r} + \varepsilon,$$

即 $u_{n+1} < (\bar{r} + \varepsilon) u_n, n > N$, 故

$$u_{n+1} \leqslant (\bar{r} + \varepsilon)^{n-N} u_N,$$

因此 $\varlimsup\limits_{n\to+\infty} \sqrt[n]{u_n} \leqslant \bar{r} + \varepsilon$, 由 ε 的任意性, 则 $\varlimsup\limits_{n\to+\infty} \sqrt[n]{u_n} \leqslant \bar{r}$.

类似可以证明左半部分.

例 5 判断 $\sum\limits_{n=1}^{\infty} u_n = \dfrac{1}{2} + \dfrac{1}{3} + \dfrac{1}{2^2} + \dfrac{1}{3^2} + \cdots + \dfrac{1}{2^n} + \dfrac{1}{3^n} + \cdots$ 的收敛性.

证明 由于

$$u_n = \begin{cases} \dfrac{1}{2^k}, & n = 2k-1, \\ \dfrac{1}{3^k}, & n = 2k, \end{cases} \qquad k = 1, 2, \cdots,$$

由柯西判别法,

$$\varlimsup_{n\to+\infty} \sqrt[n]{u_n} = \lim_{k\to+\infty} \left(\frac{1}{2^k}\right)^{\frac{1}{2k-1}} = \frac{1}{\sqrt{2}} < 1,$$

故级数收敛.

但若用达朗贝尔判别法, 则

$$\overline{\lim_{n\to+\infty}}\frac{u_{n+1}}{u_n}=\lim_{n\to+\infty}\frac{3^n}{2^{n+1}}=+\infty,$$

$$\underline{\lim_{n\to+\infty}}\frac{u_{n+1}}{u_n}=\lim_{n\to+\infty}\frac{2^n}{3^{n+1}}=0,$$

故此法失效.

至此, 我们建立了正项级数敛散性判别的基本理论: 根据级数收敛的必要条件, 只有通项为无穷小量时, 级数才可能收敛, 因此, 可以根据通项的阶选择对应的判别法则, 即若通项是无穷小量且具有确定的阶, 可以选择定理 3.4 进行判别, 此时, 大多也可以利用定理 3.2, 转化为广义积分进行判别; 若通项是无穷小量且具有不确定的、充分大的阶, 可以选择定理 3.5(通项具有 n 幂结构) 和定理 3.6(通项具有阶层结构) 进行判别.

上述一系列判别法通过与几何级数、p-级数进行比较判断给定的具体级数的敛散性, 基本解决了一般结构的具体正项级数的敛散性问题, 但是, 正如前述指出的那样, 每个判别法都有失效的情形, 即这些判别法不能解决所有问题, 特别, 一些复杂的结构, 需要更精细的判别法.

5. 拉贝判别法

针对达朗贝尔判别法失效的情形, 我们建立以 $\sum\limits_{n=2}^{\infty}\dfrac{1}{n^p}$ 为比较对象的判别法 (拉贝 (Raabe) 判别法), 为此, 先给出一个引理.

引理 3.1 对 $s>t>0$, 存在 $\delta>0$, 使得 $x\in(0,\delta)$ 时, 成立

$$1-sx<(1-x)^t.$$

证明 记 $f(x)=1-sx-(1-x)^t$, 则

$$f(0)=0,\quad f'(0)=t-s<0,$$

因而, 存在充分小的 $\delta>0$, 使得

$$f'(x)<0,\quad x\in(0,\delta).$$

因而, $f(x)<f(0), x\in(0,\delta)$, 故

$$1-sx<(1-x)^t,\quad x\in(0,\delta).$$

定理 3.9 (拉贝判别法) 设 $\sum_{n=1}^{\infty} u_n$ 为正项级数且 $\lim_{n\to+\infty} n\left(1-\frac{u_{n+1}}{u_n}\right)=r$, 则当 $r>1$ 时收敛, 当 $r<1$ 时发散.

证明 当 $r>1$ 时, 取 $\varepsilon>0$, 使得 $s=r-\varepsilon>1$, 因而, 存在 N, 使得 $n>N$ 时,

$$1-\frac{u_{n+1}}{u_n}>\frac{s}{n},$$

取 t, 使得 $r>s>t>1$, 则, 由引理 3.1, 当 $\frac{1}{n}<\delta$ 时, 则

$$\frac{u_{n+1}}{u_n}<1-\frac{s}{n}<\left(1-\frac{1}{n}\right)^t=\frac{(n-1)^t}{n^t},$$

因此, $\{n^t u_{n+1}\}$ 单调递减, 故存在 $A>0$, 使得

$$u_{n+1}<\frac{A}{n^t},$$

由于 $t>1$, 故, $\sum_{n=1}^{\infty} u_n$ 收敛.

当 $r<1$ 时, 取 $\varepsilon>0$ 使得 $r+\varepsilon<1$, 则由条件, 对充分大的 n,

$$1-\frac{u_{n+1}}{u_n}<\frac{r+\varepsilon}{n}<\frac{1}{n},$$

因而, $1-\frac{1}{n}<\frac{u_{n+1}}{u_n}$, 故,

$$(n-1)u_n<nu_{n+1},$$

因而, 数列 $\{nu_{n+1}\}$ 单调递增, 因而有下界 $B>0$, 使得 $nu_{n+1}>B$, 即

$$u_{n+1}>\frac{B}{n},$$

故, $\sum_{n=1}^{\infty} u_n$ 发散.

拉贝判别法的另一形式为

引理 3.2 对任意的 $s>t>1$, 存在 $\delta>0$, 使得 $x\in(0,\delta)$ 时,

$$1+sx>(1+x)^t.$$

证明 令 $f(x)=1+sx-(1+x)^t$, 则 $f(0)=0$, $f'(0)=s-t>0$, 由连续性, 存在 $\delta>0$, 使得当 $x\in(0,\delta)$ 时, $f'(x)>0$, 故 $f(x)$ 单调递增, 因而,

$$1+sx>(1+x)^t,\quad x\in(0,\delta).$$

定理 3.10 设 $\sum\limits_{n=1}^{\infty} u_n$ 为正项级数, 且 $\lim\limits_{n\to+\infty} n\left(\dfrac{u_n}{u_{n+1}}-1\right)=r$, 则

(1) 当 $r>1$ 时, 级数 $\sum\limits_{n=1}^{\infty} u_n$ 收敛; (2) 当 $r<1$ 时, 级数 $\sum\limits_{n=1}^{\infty} u_n$ 发散.

证明 (1) 当 $r>1$ 时, 取 s, t 使得: $r>s>t>1$, 由于

$$\lim_{n\to+\infty} n\left(\frac{u_n}{u_{n+1}}-1\right)=r>s>t,$$

则对充分大的 n, 使得 $0<\dfrac{1}{n}<\delta$, 利用引理 3.2, 则

$$\frac{u_n}{u_{n+1}}>1+s\frac{1}{n}>\left(1+\frac{1}{n}\right)^t=\frac{(n+1)^t}{n^t},$$

即 $n^t u_n>(n+1)^t u_{n+1}$, 故 n 充分大时, $\{n^t u_n\}$ 单调递减. 因而数列 $\{n^t u_n\}$ 有上界 A, 即

$$n^t u_n<A, \quad 即 \quad u_n<\frac{A}{n^t},$$

由于 $t>1$, 故, $\sum\limits_{n=1}^{\infty} u_n$ 收敛.

(2) 当 $r<1$ 时, 则对充分大的 n,

$$n\left(\frac{u_n}{u_{n+1}}-1\right)<1,$$

因此,

$$\frac{u_n}{u_{n+1}}<1+\frac{1}{n}=\frac{n+1}{n},$$

故, $\{nu_n\}$ 单调递增, 此时其有下界 $B>0$, 因而

$$nu_n>B>0,$$

即, $u_n>B\dfrac{1}{n}$, 故 $\sum\limits_{n=1}^{\infty} u_n$ 发散.

注 从证明过程可以看出, 正是与 p-级数的比较, 得到了拉贝判别法, 因此, 拉贝判别法可以处理柯西判别法和达朗贝尔判别法失效的情形.

例 6 判断以下级数的敛散性 (1) $\sum\limits_{n=1}^{\infty} \dfrac{(2n-1)!!}{(2n)!!}$; (2) $\sum\limits_{n=1}^{\infty} \dfrac{(2n-3)!!}{(2n)!!}$.

简析 对此两个级数, 由于都有 $\lim\limits_{n\to\infty}\dfrac{u_{n+1}}{u_n}=1$, 因而, 达朗贝尔判别法失效, 进而, 柯西判别法也失效, 必须用进一步的拉贝判别法判别.

解 (1) 由于

$$\lim_{n\to\infty} n\left(1-\frac{u_{n+1}}{u_n}\right)=\frac{1}{2}<1,$$

由拉贝判别法, 该级数发散.

(2) 由于

$$\lim_{n\to\infty} n\left(1-\frac{u_{n+1}}{u_n}\right)=\frac{3}{2}>1,$$

由拉贝判别法, 该级数收敛.

6. 库默尔判别法

我们再给出一个更加精细的判别法, 库默尔 (Kummer) 判别法.

定理 3.11 (库默尔判别法) 设 $\sum\limits_{n=1}^{\infty}u_n$ 为正项级数, $\sum\limits_{n=1}^{\infty}\dfrac{1}{c_n}$ 为发散的正项级数, 记

$$K_n=c_n-c_{n+1}\frac{u_{n+1}}{u_n},$$

(1) 若存在 $N,\delta>0$, 使得当 $n>N$ 时 $K_n\geqslant\delta$, 则 $\sum\limits_{n=1}^{\infty}u_n$ 收敛;

(2) 若存在 $N>0$, 使得 $n>N$ 时, $K_n\leqslant 0$, 则 $\sum\limits_{n=1}^{\infty}u_n$ 发散.

证明 (1) 由条件, 则 $n>N$ 时,

$$c_nu_n-c_{n+1}u_{n+1}\geqslant\delta u_n\geqslant 0,$$

因此, $\{c_nu_n\}(n>N)$ 非负单调递减, 因而有极限, 不妨设 $\lim\limits_{n\to+\infty}c_nu_n=A$.

考虑正项级数 $\sum\limits_{n=1}^{\infty}(c_nu_n-c_{n+1}u_{n+1})$, 其部分和数列

$$S_n=c_1u_1-c_{n+1}u_{n+1}\to c_1u_1-A,$$

故, 级数 $\sum\limits_{n=1}^{\infty}(c_nu_n-c_{n+1}u_{n+1})$ 收敛, 因而, $\sum\limits_{n=1}^{\infty}u_n$ 也收敛.

(2) 若 $K_n\leqslant 0$, 则 $c_{n+1}u_{n+1}\geqslant c_nu_n$, 因此 $\{c_nu_n\}$ 单调递增, 故

$$c_nu_n\geqslant c_1u_1,$$

即 $u_n \geqslant c_1 u_1 \dfrac{1}{c_n}$, 故, $\sum\limits_{n=1}^{\infty} u_n$ 发散.

定理 3.11′ 在定理 3.11 条件下, 若存在极限 $K = \lim\limits_{n\to+\infty} K_n$, 则 $K>0$ 时 $\sum\limits_{n=1}^{\infty} u_n$ 收敛, $K<0$ 时 $\sum\limits_{n=1}^{\infty} u_n$ 发散.

抽象总结 库默尔判别法与前述判别法的关系如下:

取 $c_n = 1$, 即得达朗贝尔判别法; 取 $c_n = n$, 即得拉贝判别法; 取 $c_n = n\ln n$, 即得如下的贝特朗 (Bertrand) 判别法.

贝特朗判别法:

记 $B_n = \ln(n+1)\left[(n+1)\left(1-\dfrac{u_{n+1}}{u_n}\right)-1\right]$, 若 $\lim\limits_{n\to+\infty} B_n = B$, 则 $B>1$ 时 $\sum\limits_{n=1}^{\infty} u_n$ 收敛; $B<1$ 时 $\sum\limits_{n=1}^{\infty} u_n$ 发散.

此时 $K_n = n\ln n - (n+1)\ln(n+1)\dfrac{u_{n+1}}{u_n} = B_n - n\ln\dfrac{n+1}{n} \to B-1$.

7. 高斯判别法

定理 3.12 (高斯判别法) 设 $\sum\limits_{n=1}^{\infty} u_n$ 为正项级数, 若 $\dfrac{u_n}{u_{n+1}} = \lambda + \dfrac{\mu}{n} + \dfrac{\theta_n}{n^2}$, 其中 θ_n 一致有界, 则

(1) $\lambda > 1$ 时, $\sum\limits_{n=1}^{\infty} u_n$ 收敛;

(2) $\lambda = 1, \mu > 1$ 时, $\sum\limits_{n=1}^{\infty} u_n$ 收敛;

(3) $\lambda = 1, \mu \leqslant 1$ 时, $\sum\limits_{n=1}^{\infty} u_n$ 发散;

(4) $\lambda < 1$ 时 $\sum\limits_{n=1}^{\infty} u_n$ 发散.

证明 由于 $\lim\limits_{n\to+\infty} \dfrac{u_{n+1}}{u_n} = \dfrac{1}{\lambda}$, 故当 $\lambda > 1$ 时, 由达朗贝尔判别法, $\sum\limits_{n=1}^{\infty} u_n$ 收敛; 当 $\lambda < 1$ 时 $\sum\limits_{n=1}^{\infty} u_n$ 发散.

当 $\lambda = 1$ 时, 由于

$$R_n = n\left(1-\frac{u_{n+1}}{u_n}\right) = \frac{\mu + \dfrac{\theta_n}{n}}{1+\dfrac{\mu}{n}+\dfrac{\theta_n}{n^2}} \to \mu,$$

由拉贝判别法, $\mu>1$ 时 $\sum\limits_{n=1}^{\infty}u_n$ 收敛, $\mu<1$ 时 $\sum\limits_{n=1}^{\infty}u_n$ 发散.

当 $\lambda=\mu=1$ 时,

$$B_n=\ln(n+1)\left[1-(n+1)\left(1-\frac{u_{n+1}}{u_n}\right)-1\right]=\frac{\ln(n+1)}{n}\frac{\theta_n}{1+1/n+\theta_n/n^2}\to 0,$$

由贝特朗判别法, $\sum\limits_{n=1}^{\infty}u_n$ 发散.

三*、 数项级数与广义积分

从研究对象看, 数项级数研究的对象, 其形式是无限和的形式, 本质是研究其具有离散变量结构的通项. 广义积分研究的对象, 其形式是积分形式, 本质是研究其具有连续变量结构的被积函数, 这决定了二者之间必有差别. 但是, 从研究的内容看, 作为主要内容的判别其敛散性的判别法基本上是平行的, 如都有比较判别法、柯西判别法、阿贝尔判别法、狄利克雷判别法等, 而且还可以借助于广义积分判断级数敛散性的柯西积分判别法, 这表明二者之间必有联系, 本小节我们讨论二者的联系与差别.

1. 二者之间的联系

我们讨论二者之间的转化关系.

给定广义积分 $\int_a^{+\infty}f(x)\mathrm{d}x$, 任给数列 $\{A_n\}:A_n\to+\infty$ 且 $A_0=a$, 如下构造级数的通项 $u_k=\int_{A_{k-1}}^{A_k}f(x)\mathrm{d}x$, 则得到数项级数 $\sum\limits_{n=1}^{\infty}u_n$, 我们把此级数称为由广义积分 $\int_a^{+\infty}f(x)\mathrm{d}x$ 生成的级数. 下面讨论二者的敛散性关系.

记 $I(A)=\int_a^{A}f(x)\mathrm{d}x$, 由定义, $\int_a^{+\infty}f(x)\mathrm{d}x$ 的收敛性等价于函数极限 $\lim\limits_{A\to+\infty}I(A)$ 的存在性. 根据函数极限理论, $\lim\limits_{A\to+\infty}I(A)$ 存在当且仅当对任意 $\{A_n\}:A_n\to+\infty$, $\{I(A_n)\}$ 收敛于同一极限, 注意到 $I(A_n)=\sum\limits_{k=1}^{n}u_k$, 由此可得

定理 3.13 $\int_a^{+\infty}f(x)\mathrm{d}x$ 收敛的充要条件是存在实数 I, 使得对任意 $\{A_n\}:A_n\to+\infty$, 都有级数 $\sum\limits_{n=1}^{\infty}u_n$ 收敛于 I. 因而, 若存在 $\{A_n\}:A_n\to+\infty$, 使得 $\sum\limits_{n=1}^{\infty}u_n$ 发散, 则广义积分 $\int_a^{+\infty}f(x)\mathrm{d}x$ 发散.

再考虑级数向广义积分的转化.

给定级数 $\sum\limits_{n=1}^{\infty} u_n$, 构造阶梯函数 $f(x)=u_n, n\leqslant x<n+1$, 则 $f(x)$ 定义在 $[1,+\infty)$ 且 $\sum\limits_{k=1}^{n} u_k=\int_1^{n+1} f(x)\mathrm{d}x$, 因而 $\sum\limits_{n=1}^{+\infty} u_n=\int_1^{+\infty} f(x)\mathrm{d}x$, 即二者同时敛散.

事实上, 若 $\sum\limits_{n=1}^{\infty} u_n$ 发散, 则 $\left\{\int_1^n f(x)\mathrm{d}x\right\}$ 发散, 因而, $\int_1^{+\infty} f(x)\mathrm{d}x$ 发散. 若 $\sum\limits_{n=1}^{\infty} u_n$ 收敛, 则 $\{u_n\}$ 收敛于 0, 且 $\forall\varepsilon>0$, 存在 $N>0$, 当 $n>N$ 时, 成立

$$|u_n|<\varepsilon,$$

$$|u_{n+1}+u_{n+2}+\cdots+u_{n+p}|<\varepsilon,\quad \forall p,$$

因而, 对任意的 $A'>N+1$、$A''>N+1$, 则存在 n, p, 使得 $n\leqslant A'<n+1$, $n+p\leqslant A''<n+p+1$, 因此,

$$\begin{aligned}\left|\int_{A'}^{A''} f(x)\mathrm{d}x\right| &= \left|\int_{A'}^{n+1} f(x)\mathrm{d}x+\int_{n+1}^{n+p} f(x)\mathrm{d}x+\int_{n+p}^{A'} f(x)\mathrm{d}x\right|\\ &\leqslant |(n+1-A')u_n|+|u_{n+1}+u_{n+2}+\cdots+u_{n+p-1}|\\ &\quad+|(A''-n-p)u_{n+p}|\\ &\leqslant 3\varepsilon,\end{aligned}$$

因而, $\int_1^{+\infty} f(x)\mathrm{d}x$ 收敛.

正是由于二者之间的这种联系, 使得二者之间具有一些平行的判别法.

2. 二者的差别

我们知道, 对数项级数 $\sum\limits_{n=1}^{\infty} u_n$ 来说, 成立一个级数收敛的必要条件的结论, 即级数 $\sum\limits_{n=1}^{\infty} u_n$ 收敛, 必有通项 $\{u_n\}$ 收敛于 0, 因此, 若通项 $\{u_n\}$ 不收敛于 0, 则数项级数 $\sum\limits_{n=1}^{\infty} u_n$ 必发散, 故, 级数 $\sum\limits_{n=1}^{\infty} u_n$ 是否收敛, 取决于通项 $\{u_n\}$ 收敛于 0 的速度. 但对广义积分来说, 相应的必要条件不成立, 即若广义积分 $\int_a^{+\infty} f(x)\mathrm{d}x$ 收敛, 不能保证 $\lim\limits_{x\to+\infty} f(x)=0$ 成立. 如, 前例的广义积分 $\int_a^{+\infty} \sin x^2\mathrm{d}x$ 收敛, 但

$\lim\limits_{x\to+\infty}\sin x^2$ 不存在. 造成广义积分与数项级数在收敛的必要条件上的差别的主要原因在于二者研究对象上的差异. 对级数来说, 其通项 $\{u_n\}$ 是离散变量 n 的函数, 只有一种极限方式: $n\to+\infty$. 对广义积分 $\displaystyle\int_a^{+\infty} f(x)\mathrm{d}x$, 被积函数 $f(x)$ 是连续变量的函数, 变量 $x\to+\infty$ 的方式可以离散出无穷多种方式, 因此, 对收敛的广义积分 $\displaystyle\int_a^{+\infty} f(x)\mathrm{d}x$, 也许能保证有一种极限过程 $x_n\to+\infty$ 成立 $f(x_n)\to 0$, 但不能保证所有的极限过程 $x_n\to+\infty$ 都有 $f(x_n)\to 0$, 即 $f(x)\to 0(x\to+\infty)$. 这就是我们将要证明的下面较弱的结论.

定理 3.14 设 $f(x)$ 连续, 若 $\displaystyle\int_a^{+\infty} f(x)\mathrm{d}x$ 收敛, 则存在点列 $\{x_n\}$: 使得 $x_n\to+\infty$, 且 $\lim\limits_{n\to+\infty} f(x_n)=0$.

证明 由于 $\displaystyle\int_a^{+\infty} f(x)\mathrm{d}x$ 收敛, 因而, 由柯西收敛准则, 对任意 $\varepsilon>0$, 存在 A_0, 使得对任意的 $A', A''>A_0$, 成立

$$\left|\int_{A'}^{A''} f(x)\mathrm{d}x\right|<\varepsilon,$$

特别有

$$\left|\int_{A'}^{A'+1} f(x)\mathrm{d}x\right|<\varepsilon,$$

由第一积分中值定理, 存在 $x'\in[A', A'+1]$, 使得

$$|f(x')|<\varepsilon;$$

因而, 取 $\varepsilon=1$, 存在 A_1, 取 $A'>\max\{A_1, 1\}$, 则存在 $x_1\in[A', A'+1]$, 使得

$$|f(x_1)|<1;$$

取 $\varepsilon=\dfrac{1}{2}$, 存在 A_2, 取 $A'>\max\{A_2, 2\}$, 则存在 $x_2\in[A', A'+1]$, 使得

$$|f(x_2)|<\frac{1}{2};$$

如此下去, 对任意的 n, 取 $\varepsilon=\dfrac{1}{n}$, 存在 A_n, 取 $A'>\max\{A_n, n\}$, 则存在 $x_n\in[A', A'+1]$, 使得

$$|f(x_n)|<\frac{1}{n}.$$

由此构造点列 $\{x_n\}$: 满足 $x_n > n$ 且 $|f(x_n)| < \frac{1}{n}$, 因而也满足定理.

虽然成立较弱的结论, 但是可以设想, 若增加被积函数 $f(x)$ 的条件, 可以保证相应的必要条件成立. 下面, 我们给出一个条件.

定理 3.15 若 $f(x)$ 在 $[a,+\infty)$ 上一致连续且 $\int_a^{+\infty} f(x)\mathrm{d}x$ 收敛, 则

$$\lim_{x\to+\infty} f(x) = 0.$$

结构分析 要证结论为 $\lim\limits_{x\to+\infty} f(x) = 0$, 其实质是研究函数在无穷远处的行为. 主要条件为 $\int_a^{+\infty} f(x)\mathrm{d}x$ 收敛, 因此, 我们从条件出发分析导出的结论, 可以发现, 涉及函数无穷远处的行为的有柯西收敛准则, 由此, 决定证明思路.

证明过程就是上述思想的具体化. 关键就是如何寻找 $f(x)$ 与柯西片段 $\int_{A'}^{A''} f(x)\mathrm{d}x$ 的关系, 二者具有不同的形式, 建立二者联系的直接方法就是形式统一方法, 直接建立二者的如下的联系: $f(x) = \frac{1}{A''-A'}\int_{A'}^{A''} f(x)\mathrm{d}t$. 注意到辅助条件是**一致连续**性, 相当于知道 $|f(x') - f(x'')| < \varepsilon$, 继续用形式统一法对上式研究, 则

$$|A''-A'|f(x) = \int_{A'}^{A''} f(x)\mathrm{d}t = \int_{A'}^{A''} (f(x)-f(t))\mathrm{d}t + \int_{A'}^{A''} f(t)\mathrm{d}t,$$

等式左端就是我们的研究对象, 等式右边的项就和已知的条件一致连续和柯西片段联系在一起, 因而, 可以借助条件达到对 $|f(x)|$ 的估计, 此时需要解决系数 $|A''-A'|$ 的问题, 注意到 x 应是先给定的任意充分大的量, t 在 A', A'' 之间, 且为了利用一致连续的条件, t 和 x 之间的距离不能超过某个量 δ, 因而, 必然要求 x 和 A', A'' 之间满足一定的关系, 故, 为了解决系数问题, 为了利用一致连续性条件, 对充分大的任意的 x, 由此构造具有特定联系的 A', A'' 即可.

证明 法一 由于 $f(x)$ 在 $[a,+\infty)$ 上一致连续, 则对任意 $\varepsilon \in (0,1)$, 存在 $\delta \in (0,\varepsilon)$, 当 $|x''-x'| < \delta$ 时, 有

$$|f(x'') - f(x')| < \varepsilon.$$

又由于 $\int_a^{+\infty} f(x)\mathrm{d}x$ 收敛, 存在 $A > 0$, 当 $A'' > A' > A$ 时, $\left|\int_{A'}^{A''} f(x)\mathrm{d}x\right| < \varepsilon\delta$, 故, 对任意 $x > A+1$, 取 $A'' = x + \frac{\delta}{2}, A' = x - \frac{\delta}{2}$, 则

$$\begin{aligned}\delta|f(x)| &= |A''-A'|\cdot|f(x)|\\ &= \left|\int_{A'}^{A''}(f(x)-f(t))\mathrm{d}t+\int_{A'}^{A''}f(t)\mathrm{d}t\right|\\ &\leqslant \varepsilon\delta+\varepsilon\delta,\end{aligned}$$

故, $|f(x)|<2\varepsilon$, 因而 $\lim\limits_{x\to+\infty}f(x)=0$.

抽象总结 上述证明过程也可以简单总结为三步: ① 摆条件; ② 确定满足要求的 A'、A''; ③ 验证. 当然, 这些过程是建立在所作的前述分析的基础上.

注 上述思想还可以通过反证法实现.

法二 反证法. 假设 $\lim\limits_{x\to+\infty}f(x)\neq 0$, 则存在 $\varepsilon_0>0$ 和点列 $\{x_n\}: x_n\to+\infty$, 使得 $|f(x_n)|\geqslant\varepsilon_0$. 又 $f(x)$ 在 $[a,+\infty)$ 上一致连续, 则对 $\dfrac{\varepsilon_0}{2}$, 存在 $\delta>0$, 当 $|x''-x'|<\dfrac{\delta}{2}$ 时, $|f(x'')-f(x')|<\dfrac{\varepsilon_0}{2}$. 故, 对任意 $x\in\left[x_n-\dfrac{\delta}{2},x_n+\dfrac{\delta}{2}\right]$, 成立

$$|f(x)-f(x_n)|<\frac{\varepsilon_0}{2},$$

因而,

$$|f(x)|>|f(x_n)|-|f(x)-f(x_n)|\geqslant\frac{\varepsilon_0}{2},$$

因此, $f(x)$ 在 $x\in\left[x_n-\dfrac{\delta}{2},x_n+\dfrac{\delta}{2}\right]$ 上不变号. 事实上, 若存在 $x_1,x_2\in\left[x_n-\dfrac{\delta}{2},x_n+\dfrac{\delta}{2}\right]$, 使得 $f(x_1)\geqslant\dfrac{\varepsilon_0}{2}$ 而 $f(x_2)\leqslant-\dfrac{\varepsilon_0}{2}$, 则, $f(x_1)-f(x_2)\geqslant\varepsilon_0$, 与前述条件矛盾. 所以,

$$\left|\int_{x_n-\frac{\delta}{2}}^{x_n+\frac{\delta}{2}}f(x)\mathrm{d}x\right|=\int_{x_n-\frac{\delta}{2}}^{x_n+\frac{\delta}{2}}|f(x)|\mathrm{d}x\geqslant\frac{1}{2}\varepsilon_0\delta,$$

这与 $\displaystyle\int_a^{+\infty}f(x)\mathrm{d}x$ 的收敛性矛盾.

习 题 11.3

1. 通过分析结构, 给出结构特点, 据此选择合适的判别法判断下列级数的收敛性.

(1) $\sum\limits_{n=1}^{\infty}\dfrac{1}{\sqrt{n^2+1}}$;

(2) $\sum\limits_{n=1}^{\infty}n^p\sin\dfrac{1}{\sqrt{n^2+n}}$, $p>0$;

(3) $\sum\limits_{n=1}^{\infty}(\sqrt{n+1}-\sqrt{n})$;

(4) $\sum\limits_{n=1}^{\infty}\sin\dfrac{1}{\sqrt{n^3+1}}$;

(5) $\sum\limits_{n=1}^{\infty}(1-\mathrm{e}^{\frac{1}{n^2}})$;

(6) $\sum\limits_{n=1}^{\infty}\frac{\ln n}{n^p}, p>0$;

(7) $\sum\limits_{n=1}^{\infty}\frac{1}{n^{1+\frac{1}{n}}}$;

(8) $\sum\limits_{n=1}^{\infty}\left(\frac{1}{n}-\ln\frac{n+1}{n}\right)$;

(9) $\sum\limits_{n=1}^{\infty}2^n\tan\frac{1}{3^n}$;

(10) $\sum\limits_{n=1}^{\infty}\left(\frac{n+1}{2n+1}\right)^n$;

(11) $\sum\limits_{n=1}^{\infty}\frac{n^n}{n!}$;

(12) $\sum\limits_{n=2}^{\infty}\frac{1}{n\ln n\ln\ln n}$;

(13) $\sum\limits_{n=2}^{\infty}\left(\sqrt{1+\frac{1}{n^2}}-1\right)$;

(14) $\sum\limits_{n=2}^{\infty}\frac{a^n}{n!}, a>1$;

(15) $\sum\limits_{n=1}^{\infty}(n^{\frac{1}{n}}-1)$;

(16) $\sum\limits_{n=1}^{\infty}n^k\mathrm{e}^{-n}$;

(17) $\sum\limits_{n=2}^{\infty}\frac{1}{n\ln^p n}, p>0$;

(18) $\sum\limits_{n=1}^{\infty}\left(\frac{1}{2}\right)^{1+\frac{1}{2}+\cdots+\frac{1}{n}}$;

(19) $\sum\limits_{n=1}^{\infty}\left[\frac{1}{n}-\ln\left(1+\frac{1}{n}\right)\right]$;

(20) $\sum\limits_{n=2}^{\infty}\frac{1}{n\ln^p n}, p>0$;

(21) $\sum\limits_{n=1}^{\infty}\int_0^{\frac{1}{n}}\sqrt{\frac{\sin x}{1-x^2}}\mathrm{d}x$;

(22) $\sum\limits_{n=1}^{\infty}\int_0^{\frac{1}{n}}\frac{\ln(1+x)}{x^{\frac{1}{3}}}\mathrm{d}x$.

2. 设正项级数 $\sum\limits_{n=1}^{\infty}u_n$ 收敛, 证明: 当 $p>1$ 时 $\sum\limits_{n=1}^{\infty}u_n^p$ 也收敛; 其逆成立吗?

3. 设正项级数 $\sum\limits_{n=1}^{\infty}u_n, \sum\limits_{n=1}^{\infty}v_n$ 都收敛, 证明: $\sum\limits_{n=1}^{\infty}\max\{u_n,v_n\}, \sum\limits_{n=1}^{\infty}\min\{u_n,v_n\}$ 也收敛; 进一步问, 当 $\sum\limits_{n=1}^{\infty}u_n, \sum\limits_{n=1}^{\infty}v_n$ 都发散时, 有何结论?

4. 设 $u_n\neq 0, \lim\limits_{n\to+\infty}u_n=a\neq 0$, 证明: $\sum\limits_{n=1}^{\infty}|u_{n+1}-u_n|$ 和 $\sum\limits_{n=1}^{\infty}\left|\frac{1}{u_{n+1}}-\frac{1}{u_n}\right|$ 具有相同的敛散性.

5. 利用级数收敛的必要条件证明:

(1) $\lim\limits_{n\to+\infty}\frac{n^n}{(n!)^2}=0$;

(2) $\lim\limits_{n\to+\infty}\frac{(2n-1)!!}{(2n)!!(2n+1)}=0$.

6. 设正项级数 $\sum\limits_{n=1}^{\infty}u_n$ 收敛, $\{u_n\}$ 单调递减, 证明: $\lim\limits_{n\to+\infty}nu_n=0$.

7. 设正项级数 $\sum\limits_{n=1}^{\infty}u_n$ 收敛, 证明: $\sum\limits_{n=1}^{\infty}\frac{\sqrt{u_n}}{n}$ 收敛.

8. 设 $u_1=2, u_{n+1}=\frac{1}{2}\left(u_n+\frac{1}{u_n}\right), n=1,2,\cdots$, 证明:

(1) $\{u_n\}$ 收敛; (2) $\sum\limits_{n=1}^{\infty}\left(\frac{u_n}{u_{n+1}}-1\right)$ 收敛.

要求 ① 通过 $\{u_n\}$ 的结构分析, 其结构特点是什么? 类比已知的数列极限理论, 针对此结构的数列收敛性的证明, 常用的方法是什么? ② 分析 $\sum\limits_{n=1}^{\infty}\left(\frac{u_n}{u_{n+1}}-1\right)$ 的通项的属性, 类比正项级数的各个判别法作用对象的特征, 通常选择什么判别法证明其收敛性. ③ 完成证明.

9. 给定正项级数 $\sum\limits_{n=1}^{\infty} u_n$, 且 $\lim\limits_{n\to+\infty} \dfrac{\ln\dfrac{1}{u_n}}{\ln n} = r$, 证明: 当 $r>1$ 时, 级数 $\sum\limits_{n=1}^{\infty} u_n$ 收敛; 当 $r<1$ 时, 级数 $\sum\limits_{n=1}^{\infty} u_n$ 发散.

由此判断 (1) $\sum\limits_{n=1}^{\infty} \dfrac{1}{3^{\ln n}}$; (2) $\sum\limits_{n=1}^{\infty} n^{\ln x}, x>0$ 的敛散性.

10. 设 $f(x)$ 在 $x=0$ 的某个邻域内有二阶连续导数, 且 $\lim\limits_{x\to0} \dfrac{f(x)}{x} = 0$, 证明: $\sum\limits_{n=1}^{\infty} \left| f\left(\dfrac{1}{n}\right) \right|$ 收敛.

11.4 任意项级数

在 11.3 节中, 我们介绍了正项级数敛散性的判别法. 一个级数, 如果全是正项或者全是负项, 或者只有有限的负项或正项, 都可视为正项级数, 因而, 都可以应用正项级数的判别法判别其敛散性. 但是, 正项级数仅是数项级数中简单、特殊的一类, 本节, 我们利用从简单到复杂、从特殊到一般的研究思路, 研究更一般数项级数的敛散性.

定义 4.1 如果一个级数中既有无限个正项, 又有无限个负项, 这样的级数称为任意项级数.

关于一般数项级数的敛散性的研究工具仍局限于定义和柯西数列准则, 本节, 我们讨论一般数项级数中两类特殊的任意项级数: 一类是交错级数, 另一类是通项为特殊结构的乘积因子形式的任意项级数.

一、 交错级数

定义 4.2 正负相间的级数, 即形如

$$\sum_{n=1}^{\infty} (-1)^{n+1} u_n = u_1 - u_2 + u_3 - u_4 + \cdots + (-1)^{n+1} u_n + \cdots$$

(其中 $u_n > 0$) 的级数, 称为交错级数.

定义 4.2 中, 交错级数的首项为正项, 这是交错级数的一般形式, 对首项为负项的交错级数, 可以转化为首项为正项的交错级数.

交错级数中重要的一类是莱布尼茨级数.

定义 4.3 设 $\sum\limits_{n=1}^{\infty} (-1)^{n+1} u_n$ 为交错级数, 若 $\{u_n\}$ 单调递减且趋于 0, 称 $\sum\limits_{n=1}^{\infty} (-1)^{n+1} u_n$ 为莱布尼茨级数.

如 $\sum\limits_{n=1}^{\infty}(-1)^{n+1}\dfrac{1}{n}$ 就是收敛的莱布尼茨级数.

定理 4.1 (1) 莱布尼茨级数必收敛, 且 $0<\sum\limits_{n=1}^{\infty}(-1)^{n+1}u_n\leqslant u_1$;

(2) 其余和 r_n 的符号与余和的第一项的符号相同且 $|r_n|\leqslant u_{n+1}$.

结构分析 前面, 我们已经接触到了一个莱布尼茨级数 $\sum\limits_{n=1}^{\infty}(-1)^{n+1}\dfrac{1}{n}$, 这是莱布尼茨级数的典型代表, 因此, 可以从这个级数的处理过程中可以抽取证明的思想和方法, 用于处理一般的莱布尼茨级数, 这是解决问题的一般性思路.

证明 (1) 记其部分和为 S_n. 分别考察其偶子列和奇子列.

对其偶子列 $\{S_{2m}\}$, 则

$$S_{2m}=(u_1-u_2)+(u_3-u_4)+\cdots+(u_{2m-1}-u_{2m}),$$

$$S_{2(m+1)}=(u_1-u_2)+(u_3-u_4)+\cdots+(u_{2m-1}-u_{2m})+(u_{2m+1}-u_{2m+2}),$$

另一方面,

$$S_{2m}=u_1-(u_2-u_3)-(u_4-u_5)-\cdots-(u_{2m-2}-u_{2m-1})-u_{2m}\leqslant u_1,$$

因而 $S_{2(m+1)}\geqslant S_{2m}$, 故 $\{S_{2m}\}$ 单调递增且有上界 u_1, 所以, 存在 $u_1\geqslant S>0$, 使得 $\lim\limits_{m\to+\infty}S_{2m}=S\geqslant 0$, 故

$$\lim_{m\to+\infty}S_{2m+1}=\lim_{m\to+\infty}(S_{2m}+(-1)^{2m+2}u_{2m+1})=S.$$

因此, 数列 $\{S_n\}$ 收敛且 $\lim\limits_{n\to+\infty}S_n=S$, 这就证明了 $\sum\limits_{n=1}^{\infty}(-1)^{n+1}u_n$ 收敛且

$$0\leqslant S=\sum_{n=1}^{\infty}(-1)^{n+1}u_n\leqslant u_1.$$

(2) 对余和 $r_n=\sum\limits_{k=n+1}^{\infty}(-1)^{k+1}u_k$, 可以视为首项为 $(-1)^{n+2}u_{n+1}$ 的交错级数, 利用上述类似的讨论可知, 首项为正项时, $0\leqslant r_n\leqslant u_{n+1}$; 首项为负项时, $0\leqslant -r_n\leqslant u_{n+1}$, 故总有 $|r_n|\leqslant u_{n+1}$. 证毕.

若仅仅证明收敛性, 可以用 $\sum\limits_{n=1}^{\infty}(-1)^{n+1}\dfrac{1}{n}$ 的处理方法.

证明 考虑柯西片段

$$P_{n,p}\equiv\left|(-1)^{n+2}u_{n+1}+(-1)^{n+3}u_{n+2}+\cdots+(-1)^{n+p+1}u_{n+p}\right|,$$

当 p 为奇数时,

$$\begin{aligned}P_{n,p} &= |u_{n+1} - u_{n+2} + \cdots + u_{n+p}| \\ &= u_{n+1} - (u_{n+2} - u_{n+3}) - \cdots - (u_{n+p-1} - u_{n+p}) \leqslant u_{n+1},\end{aligned}$$

当 p 为偶数时,

$$\begin{aligned}P_{n,p} &= |u_{n+1} - u_{n+2} + \cdots + u_{n+p}| \\ &= u_{n+1} - (u_{n+2} - u_{n+3}) - \cdots - (u_{n+p-2} - u_{n+p-1}) - u_{n+p} \leqslant u_{n+1},\end{aligned}$$

故对任意的 p, 总有

$$P_{n,p} \leqslant u_{n+1},$$

因而利用柯西收敛准则证明级数收敛.

例 1 讨论级数 $\sum\limits_{n=1}^{\infty}(-1)^{n+1}\dfrac{\ln n}{n}$ 的收敛性.

解 这是一个交错级数, 记 $f(x)=\dfrac{\ln x}{x}$, 则

$$f'(x)=\frac{1-\ln x}{x^2}<0, \quad x>3,$$

且 $\lim\limits_{x\to+\infty}\dfrac{\ln x}{x}=0$, 因而, $\sum\limits_{n=1}^{\infty}(-1)^{n+1}\dfrac{\ln n}{n}$ 是莱布尼茨级数, 故级数收敛.

例 2 考察级数 $\sum\limits_{n=1}^{\infty}(-1)^{n+1}\sin(\sqrt{n+1}-\sqrt{n})\pi$ 的收敛性.

解 这是一个交错级数, 由于

$$\sin(\sqrt{n+1}-\sqrt{n})\pi=\sin\left(\frac{1}{\sqrt{n+1}+\sqrt{n}}\right)\pi,$$

因而 $\{\sin(\sqrt{n+1}-\sqrt{n})\pi\}$ 单调递减收敛于 0, 故原级数收敛.

二、 通项为因子乘积的任意项级数

本小节讨论通项为因子乘积形式的任意项级数 $\sum\limits_{n=1}^{\infty}a_nb_n$, 给出判断其收敛性的阿贝尔判别法和狄利克雷判别法. 先引入一个引理.

引理 4.1 (阿贝尔变换) 设 $\{a_n\},\{b_n\}$ 是两个数列, 记 $B_k=\sum\limits_{i=1}^{k}b_i$, 则

$$\sum_{k=1}^{m}a_kb_k=a_mB_m-\sum_{k=1}^{m-1}(a_{k+1}-a_k)B_k.$$

证明 由于 $b_k = B_k - B_{k-1}$, 则

$$\begin{aligned}\sum_{k=1}^{m} a_k b_k &= a_1 B_1 + \sum_{k=2}^{m} a_k (B_k - B_{k-1}) \\ &= (a_1 - a_2) B_1 + (a_2 - a_3) B_2 + \cdots + (a_{m-1} - a_m) B_{m-1} + a_m B_m \\ &= a_m B_m - \sum_{k=1}^{m-1} (a_{k+1} - a_k) B_k.\end{aligned}$$

结构分析 从结构上看, 阿贝尔变换相当于离散变量的分部积分公式. 我们知道, 若记 $G(x) = \int_a^x g(t)\mathrm{d}t$, 函数的分部积分公式为

$$\int_a^b f(x) g(x) \mathrm{d}x = f(x) G(x)|_a^b - \int_a^b G(x) \mathrm{d}f(x)$$

或

$$\int_a^b f(x) \mathrm{d}G(x) = f(x) G(x)|_a^b - \int_a^b G(x) \mathrm{d}f(x),$$

对照阿贝尔变换, 则对应关系为 $\sum \sim \int, a_k \sim f(x), B_k \sim G(x), a_{k+1} - a_k \sim \mathrm{d}f(x)$. 正如分部积分公式实现被积函数间的导数转移, 阿贝尔 (Abel) 变换的下述形式也表明阿贝尔变换也是实现了差分转移, 即

$$\sum_{k=1}^{m} a_k b_k = \sum_{k=1}^{m} a_k (B_k - B_{k-1}) = a_m B_m - \sum_{k=1}^{m-1} (a_{k+1} - a_k) B_k.$$

引理 4.2 (阿贝尔引理) 设

(1) $\{a_i\}$ 单调;

(2) $\{B_i\}(i = 1, 2, \cdots, m)$ 有界 M,

则

$$\left|\sum_{i=1}^{m} a_i b_i\right| \leqslant M(|a_1| + 2|a_m|).$$

证明 利用阿贝尔变换, 则

$$\left|\sum_{i=1}^{m} a_i b_i\right| \leqslant |a_m B_m| + \sum_{k=1}^{m-1} |a_k - a_{k-1}| \cdot |B_k|$$

$$\leqslant M\left[|a_m|+\sum_{k=1}^{m-1}|a_k-a_{k-1}|\right]$$
$$\leqslant M(|a_m|+|a_1-a_m|)$$
$$\leqslant M(|a_1|+2|a_m|).$$

抽象总结 阿贝尔引理表明, 在相应的条件下, 有限和片段可以用 $\{a_i\}$ 片段中对应的首尾项控制, 这是阿贝尔引理的结构特征.

推论 4.1 若 $a_i\geqslant 0$ 且 $a_1\geqslant a_2\geqslant\cdots\geqslant a_m$, 则 $\left|\sum\limits_{i=1}^{m}a_ib_i\right|\leqslant Ma_1$.

从阿贝尔引理的形式可以看出, 其处理的对象应该是通项为乘积形式的有限和, 很显然, 在级数理论中, 用于判断其敛散性又与有限和有关的结论是柯西收敛准则——其柯西片段是有限和, 由此, 我们用阿贝尔变换分析如下形式的柯西片段: $\sum\limits_{k=n+1}^{n+p}a_kb_k$.

若设 $\{a_k\}$ 单调, $B_{n,m}=b_{n+1}+\cdots+b_m$ 有界, 即 $|B_{n,m}|\leqslant M_{n,m}$, 由阿贝尔引理, 则

$$\left|\sum_{i=n+1}^{n+p}a_ib_i\right|\leqslant M_{n,m}(|a_{n+1}|+2|a_{n+p}|),$$

因而, 要使柯西片段任意小, 只需满足如下两个条件之一:

条件 1 $\{a_n\}$ 一致有界 C, 当 n 充分大时, 对任意的 m, $M_{n,m}(B_{n,m})$ 任意小.

条件 2 $\{B_{n,m}\}$ 一致有界, $M_{n,m}=M$ 与 n,m 无关, 而 $\lim\limits_{n\to+\infty}a_n=0$.

由此, 通过满足两个不同的条件, 就得到两个不同的判别法.

定理 4.2 (阿贝尔判别法) 设

(1) $\{a_n\}$ 单调有界; (2) $\sum\limits_{n=1}^{\infty}b_n$ 收敛,

则 $\sum\limits_{n=1}^{\infty}a_nb_n$ 收敛.

定理 4.3 (狄利克雷判别法) 设

(1) $\sum\limits_{n=1}^{\infty}b_n$ 的部分和有界; (2) $\{a_n\}$ 单调趋于 0,

则 $\sum\limits_{n=1}^{\infty}a_nb_n$ 收敛.

两个定理中, 关于 $\{a_n\}$ 单调性的要求是由于阿贝尔引理而提出的. 另外的条件是为了满足分析中的条件 1 和条件 2.

两个判别法都是用于判断通项为乘积形式 ($u_n = a_n b_n$) 的级数的收敛性, 对通项中涉及的两项 a_n, b_n 的符号没有任何要求.

两个判别法的关系: 从狄利克雷判别法可以推出阿贝尔判别法, 事实上, 设阿贝尔判别法的条件成立, 则由 $\{a_n\}$ 单调有界, 不妨设 $\lim\limits_{n\to+\infty} a_n = a$, 于是

$$\sum_{n=1}^{\infty} a_n b_n = \sum_{n=1}^{\infty} (a_n - a) b_n + a \sum_{n=1}^{\infty} b_n,$$

由狄利克雷判别法, 上式右端第一部分收敛, 由阿贝尔判别法的条件, 第二部分也收敛, 故 $\sum\limits_{n=1}^{\infty} a_n b_n$ 收敛.

由狄利克雷判别法可立即得到莱布尼茨级数的收敛性.

例 3 设 $\sum\limits_{n=1}^{\infty} u_n$ 收敛, 证明: (1) $\sum\limits_{n=1}^{\infty} \dfrac{n}{n+1} u_n$, (2) $\sum\limits_{n=1}^{\infty} \left(1+\dfrac{1}{n}\right)^n u_n$ 都收敛.

结构分析 题型结构为任意项级数的敛散性判断, 通项结构为两个因子的乘积形式, 类比已知, 确定用阿贝尔判别法, 对上述几个级数, 只需判断通项中剩下的因子的单调有界性, 而对离散数列的单调有界性的证明转化为连续变量的函数的单调性的证明更为简单, 因为这时可以利用函数的导数来判断单调有界性.

证明 (1) 记 $f(x) = \dfrac{x}{1+x}$ $(x>0)$ 则 $f'(x) = \dfrac{1}{(1+x)^2} > 0$, 故 $f(x)$ 单调递增且 $0< f(x)<1$, 由此可以得到数列 $\left\{\dfrac{n}{1+n}\right\}$ 的单调递增且有界, 由阿贝尔判别法, $\sum\limits_{n=1}^{\infty} \dfrac{n}{n+1} u_n$ 收敛.

(2) 记 $g(x) = (1+x)^{\frac{1}{x}}, 0 < x < 1$, 则 $\ln g(x) = \dfrac{1}{x} \ln(1+x)$, 因而,

$$\frac{g'(x)}{g(x)} = \frac{x - (1+x)\ln(1+x)}{x(1+x)},$$

记 $w(x) = x - (1+x)\ln(1+x)$, 则

$$w(0) = 0, w'(x) = -\ln(1+x) < 0, \quad x \in (0,1),$$

因而, $w(x) < 0, x \in (0,1)$, 故 $g'(x) < 0, x \in (0,1)$, 由于 $g(0) = \lim\limits_{x\to 0}(1+x)^{\frac{1}{x}} = \mathrm{e}, g(1)=1$, 故, $g(x)$ 在 $(0,1)$ 单调递减且有界, 利用阿贝尔判别法, $\sum\limits_{n=1}^{\infty} \left(1+\dfrac{1}{n}\right)^n u_n$ 收敛.

总结 将离散数列连续化, 利用函数的导数判断数列的单调有界性是一个非常有效的方法.

例 4 设 $\{a_n\}$ 单调趋于 0, 证明级数 $\sum\limits_{n=1}^{\infty} a_n \sin nx$, $\sum\limits_{n=1}^{\infty} a_n \cos nx\ (x \neq 2k\pi)$ 都收敛.

证明 显然, 利用狄利克雷判别法, 只需证明对应的三角级数部分和的有界性. 事实上, 当 $x \neq 2k\pi$ 时, 由于

$$2\sin\frac{x}{2}[\sin x + \sin 2x + \cdots + \sin nx] = \cos\frac{x}{2} - \cos\frac{2n+1}{2}x,$$

故,

$$\left|\sum_{k=1}^{n} \sin kx\right| \leqslant \frac{1}{\left|\sin\dfrac{x}{2}\right|}.$$

类似, $\left|\sum\limits_{k=1}^{n} \cos x\right| \leqslant \dfrac{1}{\left|\sin\dfrac{x}{2}\right|}$. 因而, 二者都收敛.

抽象总结 当级数的通项中含有 $\sin nx$ 的形式时, 在研究级数的敛散性时, 可以考虑三角函数的三个性质: ① 有界性, 即 $|\sin nx| \leqslant 1$; ② 部分和的有界性, 即 $\left|\sum\limits_{k=1}^{n} \sin kx\right| \leqslant \dfrac{1}{\left|\sin\dfrac{x}{2}\right|}$; ③ 周期性, 通常在用柯西收敛准则判断发散性时用到此性质. 如上例就用到了第二个性质. 有时要用到第一个性质.

例 5 证明 $\sum\limits_{n=1}^{\infty} \dfrac{|\sin nx|}{n}$ 发散, $x \neq k\pi$.

证明 由于

$$\frac{|\sin nx|}{n} \geqslant \frac{|\sin nx|^2}{n} = \frac{1-\cos 2nx}{2n} = \frac{1}{2n} - \frac{\cos 2nx}{2n} > 0,$$

利用例 4 的结论, 则 $\sum\limits_{n=1}^{\infty} \dfrac{\cos 2nx}{n}$ 收敛, 而 $\sum\limits_{n=1}^{\infty} \dfrac{1}{n}$ 发散, 因而, $\sum\limits_{n=1}^{\infty} \dfrac{|\sin nx|}{n}$ 发散.

习 题 11.4

1. 讨论交错级数的收敛性.

(1) $\sum\limits_{n=1}^{\infty} (-1)^{n+1} \dfrac{n}{(n+1)^2}$;

(2) $\sum\limits_{n=1}^{\infty} (-1)^{n+1} \dfrac{\ln^k n}{n}, k > 1$;

(3) $\sum\limits_{n=1}^{\infty} (-1)^{n+1} \sin\sqrt{n^2+1}\pi$;

(4) $\sum\limits_{n=1}^{\infty} (-1)^{n+1} \dfrac{n^5}{3^n}$;

(5) $\sum_{n=1}^{\infty}(-1)^{n+1}\sin\frac{1}{\sqrt[n]{n}}$; (6) $\sum_{n=1}^{\infty}(-1)^{n+1}\frac{(2n-1)!!}{(2n)!!}$.

2. 讨论任意项级数的敛散性.

(1) $\sum_{n=1}^{\infty}\frac{\cos n\pi}{\sqrt{n}}\frac{n}{n+1}$; (2) $\sum_{n=1}^{\infty}\sin\frac{1}{n^2}\ln\frac{2n+1}{n}$;

(3) $\sum_{n=1}^{\infty}\frac{\sin n}{n+1}$; (4) $\sum_{n=1}^{\infty}\frac{1}{\ln n}\cos\frac{n\pi}{2}$.

3. 设 $\sum_{n=1}^{\infty}(u_{2n-1}+u_{2n})$ 收敛且 $\lim_{n\to+\infty}u_n=0$, 证明: $\sum_{n=1}^{\infty}u_n$ 收敛.

4. 设 $\sum_{n=2}^{\infty}n(u_n-u_{n-1})$ 收敛且 $\{nu_n\}$ 收敛, 证明: $\sum_{n=1}^{\infty}u_n$ 收敛.

5. 设 $u_n>0$, $\lim_{n\to+\infty}n\left(\frac{u_n}{u_{n+1}}\mid-1\right)>0$, 证明: $\sum_{n=1}^{\infty}(-1)^{n+1}u_n$ 收敛.

11.5 绝对收敛和条件收敛

本节, 继续研究任意项级数; 类似广义积分的判别思想, 我们充分利用已经掌握的正项级数的判别法, 用于研究任意项级数的敛散性, 从而引入级数理论中两个重要的概念——绝对收敛和条件收敛, 并进一步给出这两类级数的重要性质.

一、 绝对收敛和条件收敛

为了充分利用已经建立的正项级数的判别法来判断任意项级数的收敛性, 我们引入级数的绝对收敛性和条件收敛性.

定义 5.1 设 $\sum_{n=1}^{\infty}u_n$ 是任意项级数, 若正项级数 $\sum_{n=1}^{\infty}|u_n|$ 收敛, 称任意项级数 $\sum_{n=1}^{\infty}u_n$ 绝对收敛. 若正项级数 $\sum_{n=1}^{\infty}|u_n|$ 发散而任意项级数 $\sum_{n=1}^{\infty}u_n$ 收敛, 称级数 $\sum_{n=1}^{\infty}u_n$ 条件收敛.

为方便, 称 $\sum_{n=1}^{\infty}|u_n|$ 为 $\sum_{n=1}^{\infty}u_n$ 的绝对级数.

利用此定义和柯西收敛准则可以得到

定理 5.1 绝对收敛的级数必收敛.

证明 设 $\sum_{n=1}^{\infty}|u_n|$ 收敛, 则由柯西收敛准则, 对任意的 $\varepsilon>0$, 存在 $N>0$, 当 $n>N$ 时, 对任意正整数 p, 成立

$$|u_{n+1}|+|u_{n+2}|+\cdots+|u_{n+p}|<\varepsilon,$$

因而,

$$|u_{n+1}+u_{n+2}+\cdots+u_{n+p}|<\varepsilon,$$

故, $\sum\limits_{n=1}^{\infty} u_n$ 收敛.

结构分析 此定理隐藏了任意项级数的一种处理思想, 即通过考察其绝对级数, 将其转化为正项级数, 利用正项级数的判别理论, 得到任意项级数的收敛性.

定理的逆不一定成立, 如 $\sum\limits_{n=1}^{\infty} \frac{(-1)^n}{n}$ 收敛, 但 $\sum\limits_{n=1}^{\infty} \left|\frac{(-1)^n}{n}\right|$ 发散, 因而, 确实存在只是条件收敛的级数. 从另一角度, 反例表明, 若绝对级数发散, 原级数不一定发散, 但是, 若是用柯西判别法或达朗贝尔判别法得到 $\sum\limits_{n=1}^{\infty} |u_n|$ 的发散性, 由于这两个判别法是通过得到 "$\{|u_n|\}$ 不收敛于 0" 得到发散性的, 因而, $\{u_n\}$ 不是无穷小量, 故, 原级数 $\sum\limits_{n=1}^{\infty} u_n$ 必发散.

例 1 设 $a > 0$, 判别 $\sum\limits_{n=1}^{\infty} (-1)^n \frac{a^n}{n^p}$ 的绝对收敛性和条件收敛性.

解 先考察其绝对级数 $\sum\limits_{n=1}^{\infty} \frac{a^n}{n^p}$. 由于

$$\lim_{n\to+\infty} \sqrt[n]{\frac{a^n}{n^p}} = a,$$

由柯西判别法可得: 当 $0 < a < 1$ 时, 其绝对收敛; 当 $a > 1$ 时, 绝对级数 $\sum\limits_{n=1}^{\infty} \frac{a^n}{n^p}$ 发散, 因而, 原级数 $\sum\limits_{n=1}^{\infty} (-1)^n \frac{a^n}{n^p}$ 也发散.

$a = 1$ 时, $\sum\limits_{n=1}^{\infty} (-1)^n \frac{1}{n^p}$ 的敛散性与 p 有关: 当 $p > 1$ 时, $\sum\limits_{n=1}^{\infty} (-1)^n \frac{1}{n^p}$ 绝对收敛; 当 $0 < p \leqslant 1$ 时, $\sum\limits_{n=1}^{\infty} \frac{1}{n^p}$ 发散. 此时, $\sum\limits_{n=1}^{\infty} (-1)^n \frac{1}{n^p}$ 为收敛的莱布尼茨级数, 故 $\sum\limits_{n=1}^{\infty} (-1)^n \frac{1}{n^p}$ 条件收敛.

二、 绝对收敛和条件收敛级数的性质

引入了绝对收敛级数和条件收敛级数, 其目的是利用绝对级数是正项级数的这一性质, 充分利用正项级数敛散性的判别法来判断任意项级数的敛散性. 很显然, 这只是引入二者的原因之一. 事实上, 引入这两类级数的更重要的原因是这两类级数具有丰富、深刻而又差别巨大的性质——这正是本小节讨论的主要内容.

为了充分利用正项级数的敛散性理论研究任意项级数, 我们首先引入正部级数和负部级数的概念, 由此建立起任意项级数和正项级数的联系.

给定任意项级数 $\sum_{n=1}^{\infty} u_n$, 记

$$u_n^+ = \max\{u_n, 0\} = \frac{|u_n| + u_n}{2} = \begin{cases} u_n, & u_n > 0, \\ 0, & u_n \leqslant 0, \end{cases}$$

$$u_n^- = \max\{-u_n, 0\} = \frac{|u_n| - u_n}{2} = \begin{cases} 0, & u_n \geqslant 0, \\ -u_n, & u_n < 0, \end{cases}$$

称 u_n^+ 为 u_n 的正部, u_n^- 为 u_n 的负部, 对应的级数分别称为原级数的正部级数和负部级数.

我们这里定义的负部, 实际是绝对负部, 因为不管正部和负部都是非负量, 因而, 正部级数和负部级数都是正项级数.

由定义, 成立下面的关系:

$$u_n = u_n^+ - u_n^-, \quad |u_n| = u_n^+ + u_n^-.$$

这个关系式建立了任意项级数的通项和正项级数通项间的关系, 是用于研究任意项级数的**基本关系式**.

下面我们讨论相应级数间的敛散性关系.

定理 5.2 (1) 若 $\sum_{n=1}^{\infty} u_n$ 绝对收敛, 则正部级数 $\sum_{n=1}^{\infty} u_n^+$ 和负部级数 $\sum_{n=1}^{\infty} u_n^-$ 都收敛.

(2) 若 $\sum_{n=1}^{\infty} u_n$ 条件收敛, 则正部级数 $\sum_{n=1}^{\infty} u_n^+$ 和负部级数 $\sum_{n=1}^{\infty} u_n^-$ 都发散到 $+\infty$, 即 $\sum_{n=1}^{\infty} u_n^+ = +\infty$, $\sum_{n=1}^{\infty} u_n^- = +\infty$.

结构分析　证明的思路是寻找三者之间的关系, 上述的基本关系式是很好的线索.

证明　(1) 利用它们之间的关系, 则

$$0 \leqslant u_n^+ \leqslant |u_n|, \quad 0 \leqslant u_n^- \leqslant |u_n|,$$

由比较判别法, 立即可得结论.

(2) 反证法. 若 $\sum_{n=1}^{\infty} u_n^+$ 收敛, 由于

$$\sum_{n=1}^{\infty} u_n^- = \sum_{n=1}^{\infty} u_n^+ - \sum_{n=1}^{\infty} u_n,$$

则, $\sum\limits_{n=1}^{\infty} u_n^-$ 也收敛, 因而, $\sum\limits_{n=1}^{\infty} |u_n| = \sum\limits_{n=1}^{\infty} u_n^+ + \sum\limits_{n=1}^{\infty} u_n^-$ 收敛, 故, $\sum\limits_{n=1}^{\infty} u_n$ 绝对收敛, 与条件收敛矛盾.

反之, 若 $\sum\limits_{n=1}^{\infty} u_n^-$ 收敛, 也有 $\sum\limits_{n=1}^{\infty} u_n$ 绝对收敛, 与条件收敛矛盾.

因而, $\sum\limits_{n=1}^{\infty} u_n^-, \sum\limits_{n=1}^{\infty} u_n^+$ 都发散, 由于二者都是正项级数, 故必有

$$\sum_{n=1}^{\infty} u_n^+ = +\infty, \quad \sum_{n=1}^{\infty} u_n^- = +\infty.$$

定理 5.2 反映了绝对收敛级数和条件收敛级数的结构上的差别.

为更深刻揭示二者的本质区别, 引入更序级数.

定义 5.2 将级数 $\sum\limits_{n=1}^{\infty} u_n$ 的项重新排序后得到的新级数, 称为原级数的一个更序级数.

如 $u_{10} + u_3 + u_{100} + u_{59} + \cdots$ 就是级数 $\sum\limits_{n=1}^{\infty} u_n$ 的一个更序级数.

更序过程中, 级数的项和对应的符号同时更序, 即项在变动的同时, 相应的符号随此项一起变动.

我们的问题是: 更序级数与原级数间的敛散性关系如何?

从另一个角度讲, 更序级数是在原级数的加法顺序中进行了顺序上的交换, 我们知道对有限加法来说, 在运算上满足交换律, 那么, 在无限加法运算中, 交换律还成立吗? 下面的定理回答了这一问题.

定理 5.3 绝对收敛级数 $\sum\limits_{n=1}^{\infty} u_n$ 的更序级数 $\sum\limits_{n=1}^{\infty} u_n'$ 仍绝对收敛, 且其和相同, $\sum\limits_{n=1}^{\infty} u_n = \sum\limits_{n=1}^{\infty} u_n'$.

结构分析 由于涉及定量关系, 这是各种判别法不能解决的, 只能用定义来证明. 我们采用从简单到复杂的处理方法证明这个结论.

证明 首先, 设 $\sum\limits_{n=1}^{\infty} u_n$ 为收敛的正项级数, 且记 $\sum\limits_{n=1}^{\infty} u_n = S$, $\sum\limits_{n=1}^{\infty} u_n'$ 为任意一个更序级数并记 $u_k' = u_{n_k}$. 又记其部分和分别为 $S_n = \sum\limits_{k=1}^{n} u_k$, $S_k' = \sum\limits_{i=1}^{k} u_i'$, 下面, 我们比较二者部分和间的关系.

对任意的 k, 取 $n > \max\{n_1, n_2, \cdots, n_k\}$, 由于 $\sum\limits_{n=1}^{\infty} u_n$ 为正项级数, 则

$$S_k' = u_1' + \cdots + u_k' = u_{n_1} + \cdots + u_{n_k} \leqslant S_n \leqslant S,$$

由 k 的任意性, 则正项级数 $\sum\limits_{n=1}^{\infty} u'_n$ 的部分和有界, 因而, $\sum\limits_{n=1}^{\infty} u'_n$ 收敛且成立 $\sum\limits_{n=1}^{\infty} u'_n = S' \leqslant S$.

另一方面, $\sum\limits_{n=1}^{\infty} u_n$ 也可视为 $\sum\limits_{n=1}^{\infty} u'_n$ 的更序级数, 故同样可以证明

$$\sum_{n=1}^{\infty} u_n = S \leqslant \sum_{n=1}^{\infty} u'_n = S',$$

故 $\sum\limits_{n=1}^{\infty} u_n = \sum\limits_{n=1}^{\infty} u'_n$.

其次, 设 $\sum\limits_{n=1}^{\infty} u_n$ 为任意的绝对收敛级数, (希望将其转化为前述讨论过的正项级数, 于是, 就提示我们考虑其正部级数和负部级数.) 仍设 $\sum\limits_{n=1}^{\infty} u'_n$ 为其任意一个更序级数, 引入二者的正部级数和负部级数: $\sum\limits_{n=1}^{\infty} u_n^+, \sum\limits_{n=1}^{\infty} u_n^-, \sum\limits_{n=1}^{\infty} u_n'^+, \sum\limits_{n=1}^{\infty} u_n'^-$, 则由定义, $\sum\limits_{n=1}^{\infty} u_n'^+$ 为 $\sum\limits_{n=1}^{\infty} u_n^+$ 的更序级数, $\sum\limits_{n=1}^{\infty} u_n'^-$ 为 $\sum\limits_{n=1}^{\infty} u_n^-$ 的更序级数, 且都是正项级数. 由 $\sum\limits_{n=1}^{\infty} u_n$ 的绝对收敛性可知, $\sum\limits_{n=1}^{\infty} u_n^+$, $\sum\limits_{n=1}^{\infty} u_n^-$ 收敛, 因而, 由前述的证明可知 $\sum\limits_{n=1}^{\infty} u_n'^+$, $\sum\limits_{n=1}^{\infty} u_n'^-$ 收敛且

$$\sum_{n=1}^{\infty} u_n'^+ = \sum_{n=1}^{\infty} u_n^+, \quad \sum_{n=1}^{\infty} u_n'^- = \sum_{n=1}^{\infty} u_n^-,$$

故,

$$\sum_{n=1}^{\infty} u'_n = \sum_{n=1}^{\infty} u_n'^+ - \sum_{n=1}^{\infty} u_n'^- = \sum_{n=1}^{\infty} u_n^+ - \sum_{n=1}^{\infty} u_n^- = \sum_{n=1}^{\infty} u_n,$$

显然, $\sum\limits_{n=1}^{\infty} |u'_n| = \sum\limits_{n=1}^{\infty} u_n'^+ + \sum\limits_{n=1}^{\infty} u_n'^-$ 也收敛.

抽象总结 (1) 此定理深刻揭示了绝对收敛级数的结构特征. (2) 此结论表明: 绝对收敛的级数满足交换律. (3) 定理的证明过程充分表明了证明思想: 尽可能转化为正项级数, 从而可以利用正项级数特有的性质进行证明.

此结论对条件收敛的级数不一定成立. 这就是我们将要揭示的条件收敛级数的重要性质.

定理 5.4 (黎曼定理) 设 $\sum\limits_{n=1}^{\infty} u_n$ 条件收敛, 则对任意的实数 S(S 可以为 $\pm\infty$), 总存在 $\sum\limits_{n=1}^{\infty} u_n$ 的一个更序级数 $\sum\limits_{n=1}^{\infty} u'_n$, 使得 $\sum\limits_{n=1}^{\infty} u'_n = S$.

结构分析 对条件收敛级数而言, 我们已经掌握的主要结论就是定理 5.2, 因此, 证明的主要思路是根据 $\sum\limits_{n=1}^{\infty} u_n^+ = +\infty, \sum\limits_{n=1}^{\infty} u_n^- = +\infty$, 挑选所需要的项, 由此构造所需要的级数.

证明 设 $S>0$ 为有限数, 由于 $\sum\limits_{n=1}^{\infty} u_n$ 条件收敛, 故 $\sum\limits_{n=1}^{\infty} u_n^+ = +\infty, \sum\limits_{n=1}^{\infty} u_n^- = +\infty$, 下面构造所需的级数.

依次从 $\sum\limits_{n=1}^{\infty} u_n^+$ 中取出 n_1 项, 使得

$$u_1^+ + \cdots + u_{n_1-1}^+ \leqslant S, \quad u_1^+ + \cdots + u_{n_1}^+ > S,$$

依次在从 $\sum\limits_{n=1}^{\infty} u_n^-$ 中取出 m_1 项, 使得

$$u_1^+ + \cdots + u_{n_1}^+ - u_1^- - \cdots - u_{m_1-1}^- \geqslant S,$$
$$u_1^+ + \cdots + u_{n_1}^+ - u_1^- - \cdots - u_{m_1}^- < S,$$

依次在添加正项和负项, 保持上述性质成立, 就得到一个更序级数 $\sum\limits_{n=1}^{\infty} u'_n$, 下面证明 $\sum\limits_{n=1}^{\infty} u'_n = S$.

记 $S'_n = \sum\limits_{k=1}^{n} u'_k$, 则由上述构造过程可得, 当 $k>n_1$, 存在 n_k, m_k, 使得

$$S - u_{m_k}^- \leqslant S'_k \leqslant S + u_{n_k}^+.$$

事实上, 由上述性质得

$$0 \leqslant S'_i \leqslant S, \quad i=1,2,\cdots,n_1-1,$$

因而,

$$S < S'_{n_1} = S'_{n_1-1} + u_{n_1}^+ \leqslant S + u_{n_1}^+;$$

添加负项时, 即当 $k = n_1+1, \cdots, n_1+m_1-1$ 时,

$$S \leqslant S'_k \leqslant S'_{n_1} < S + u_{n_1}^+,$$

而

$$S-u_{m_1}^{-}\leqslant S'_{n_1+m_1-1}-u_{m_1}^{-}=S'_{n_1+m_1}<S'_{n_1}<S+u_{n_1}^{+},$$

因而, $k=n_1+1,\cdots,n_1+m_1$ 时总有

$$S-u_{m_1}^{-}\leqslant S'_k\leqslant S+u_{n_1}^{+},$$

当 k 增大时, 成立类似的不等式. 由此得

$$\lim_{n\to+\infty}S'_n=S,$$

即 $\sum\limits_{n=1}^{\infty}u'_n=S$.

抽象总结 上述两个定理表明: 对有限加法满足的无条件交换律, 在无限加法中并不成立, 此时需要一定的条件, 这是有限和和无限和的重大区别.

例 2 对条件收敛的级数 $\sum\limits_{n=1}^{\infty}(-1)^{n+1}\frac{1}{n}$, 构造两个收敛于不同和的更序级数.

解 设 $\sum\limits_{n=1}^{\infty}(-1)^{n+1}\frac{1}{n}$ 的部分和为 S_n, 其和为 S, 按下述结构构造更序级数: 按原级数的顺序, 从中抽取一个正项, 后接两个负项, 记此更序级数为 $\sum\limits_{n=1}^{\infty}u_n$, 其部分和为 S'_n, 我们考察数列 $\{S'_n\}$ 的三个特殊子列, 则

$$\begin{aligned}S'_{3n}&=\sum_{k=1}^{n}\left(\frac{1}{2k-1}-\frac{1}{4k-2}-\frac{1}{4k}\right)\\&=\sum_{k=1}^{n}\left(\frac{1}{4k-2}-\frac{1}{4k}\right)\\&=\frac{1}{2}\sum_{k=1}^{n}\left(\frac{1}{2k-1}-\frac{1}{2k}\right)\\&=\frac{1}{2}S_{2n},\end{aligned}$$

因而,

$$\lim_{n\to+\infty}S'_{3n}=\frac{1}{2}\lim_{n\to+\infty}S_{2n}=\frac{1}{2}S,$$

由于

$$S'_{3n-1}=S'_{3n}+\frac{1}{4n},$$

$$S'_{3n+1}=S'_{3n}+\frac{1}{2n+1},$$

故,

$$\lim_{n\to+\infty}S'_{3n}=\lim_{n\to+\infty}S'_{3n-1}=\lim_{n\to+\infty}S'_{3n+1}=\frac{1}{2}S,$$

因而,

$$\lim_{n\to+\infty}S'_n=\frac{1}{2}S,$$

因此, 更序级数 $\sum\limits_{n=1}^{\infty}u_n=\frac{1}{2}S$.

类似, 若按原级数的顺序, 抽取两个正项后接一个负项, 则我们构造另一个更序级数, 则此更序级数的和为 $\frac{3}{2}S$, 即

$$1+\frac{1}{3}-\frac{1}{2}+\frac{1}{5}+\frac{1}{7}-\frac{1}{4}+\frac{1}{9}+\cdots=\frac{3S}{2}.$$

事实上, 由于

$$1-\frac{1}{2}+\frac{1}{3}-\frac{1}{4}+\cdots=S,$$

两端乘以 $\frac{1}{2}$, 则

$$\frac{1}{2}-\frac{1}{4}+\frac{1}{6}-\frac{1}{8}+\cdots=\frac{S}{2},$$

将上式左端, 从第一项始, 隔项插入 0, 结论不变, 即

$$0+\frac{1}{2}+0-\frac{1}{4}+0+\frac{1}{6}+0-\frac{1}{8}+\cdots=\frac{S}{2},$$

将其和第一式相加,

$$1+0+\frac{1}{3}-\frac{1}{2}+\frac{1}{5}+0+\frac{1}{7}-\frac{1}{4}+\frac{1}{9}+0+\cdots=\frac{3S}{2},$$

去掉左端的 0, 则

$$1+\frac{1}{3}-\frac{1}{2}+\frac{1}{5}+\frac{1}{7}-\frac{1}{4}+\frac{1}{9}+\cdots=\frac{3S}{2},$$

由此, 得到了一个不同和的更序级数.

三、 级数的乘积

本小节简单介绍级数的乘法运算.

我们知道, 级数是将有限和的运算推广到无限和, 研究运算性质的变化, 同样, 级数的乘积就是将有限和的乘积运算推广到无限和的乘积运算上, 研究运算性质的变化.

给定两个收敛的级数 $\sum\limits_{n=1}^{\infty} u_n, \sum\limits_{n=1}^{\infty} v_n$, 它们的乘积由如下的项构成:

$$\begin{matrix} u_1v_1 & u_1v_2 & u_1v_3 & u_1v_4 & \cdots & u_1v_k & \cdots \\ u_2v_1 & u_2v_2 & u_2v_3 & u_2v_4 & \cdots & u_2v_k & \cdots \\ u_3v_1 & u_3v_2 & u_3v_3 & u_3v_4 & \cdots & u_3v_k & \cdots \\ u_4v_1 & u_4v_2 & u_4v_3 & u_4v_4 & \cdots & u_4v_k & \cdots \end{matrix}$$

将所有这些项加起来, 就是两个级数的乘积, 显然, 它们的乘积仍是一个级数, 称为乘积级数. 但是, 由于级数的运算一般不满足交换律和结合律, 因此, 乘积级数中, 项如何排列, 通项的结构是什么? 这是必须首先解决的问题.

一般来说, 这些项的排列方式有很多种, 最常用的有对角线排列和正方形排列, 对角线排列是

$$\begin{matrix} u_1v_1 & u_1v_2 & u_1v_3 & u_1v_4 & \cdots & u_1v_k & \cdots \\ \swarrow & \swarrow & \swarrow & \swarrow & \cdots & \swarrow & \cdots \\ u_2v_1 & u_2v_2 & u_2v_3 & u_2v_4 & \cdots & u_2v_k & \cdots \\ \swarrow & \swarrow & \swarrow & \swarrow & \cdots & \swarrow & \cdots \\ u_3v_1 & u_3v_2 & u_3v_3 & u_3v_4 & \cdots & u_3v_k & \cdots \\ \swarrow & \swarrow & \swarrow & \swarrow & \cdots & \swarrow & \cdots \\ u_4v_1 & u_4v_2 & u_4v_3 & u_4v_4 & \cdots & u_4v_k & \cdots \end{matrix}$$

此时, 乘积级数的通项为

$$w_n = u_nv_1 + u_{n-1}v_2 + \cdots + u_1v_n,$$

称级数 $\sum\limits_{n=1}^{\infty} w_n$ 为 $\sum\limits_{n=1}^{\infty} u_n$ 和 $\sum\limits_{n=1}^{\infty} v_n$ 的柯西乘积.

正方形排列的乘积的通项为

$$r_n = u_1v_n + u_2v_n + \cdots + u_nv_n + u_nv_{n-1} + \cdots + u_nv_1,$$

级数 $\sum\limits_{n=1}^{\infty} r_n$ 就是级数 $\sum\limits_{n=1}^{\infty} u_n, \sum\limits_{n=1}^{\infty} u_n$ 按正方形排列的乘积.

我们不加证明地给出两个结论, 有兴趣的话可以参看其他教材.

定理 5.5 若 $\sum\limits_{n=1}^{\infty} u_n, \sum\limits_{n=1}^{\infty} v_n$ 收敛, 则 $\sum\limits_{n=1}^{\infty} r_n$ 收敛, 且

$$\sum_{n=1}^{\infty} r_n = \sum_{n=1}^{\infty} u_n \cdot \sum_{n=1}^{\infty} v_n.$$

定理 5.6 若 $\sum\limits_{n=1}^{\infty} u_n, \sum\limits_{n=1}^{\infty} v_n$ 绝对收敛, 则将乘积项 $u_i v_j$ 按任意方式排列得到的乘积级数也绝对收敛, 且其和等于 $\sum\limits_{n=1}^{\infty} u_n \cdot \sum\limits_{n=1}^{\infty} v_n$.

习 题 11.5

1. 讨论级数的绝对收敛性和条件收敛性.

(1) $\sum\limits_{n=2}^{\infty} (-1)^n \dfrac{1}{n\ln n}$;　　(2) $\sum\limits_{n=1}^{\infty} \dfrac{\cos\dfrac{n\pi}{2}}{n^p}, p>0$;

(3) $\sum\limits_{n=1}^{\infty} (-1)^{n+1} \dfrac{n-1}{(n+1)n^p}, p>0$;　　(4) $\sum\limits_{n=1}^{\infty} \dfrac{\cos n}{\ln n}$.

2. 设 $\sum\limits_{n=1}^{\infty} u_n$ 绝对收敛, 证明 $\sum\limits_{n=1}^{\infty} u_n(u_1+\cdots+u_n)$ 也绝对收敛.

3. 设 $\sum\limits_{n=1}^{\infty} u_n$ 绝对收敛, 数列 $\{v_n\}$ 有界, 证明: $\sum\limits_{n=1}^{\infty} u_n v_n$ 绝对收敛.

11.6 无穷乘积

本节, 我们将研究无限和的级数理论的思想用于研究无限积, 将有限积运算推广到无限积, 从而引入无穷乘积的概念.

一、 基本概念

定义 6.1 给定数列 $\{p_n\}(p_n \neq 0)$, 称无穷多个数 p_n 的连乘积 $p_1 p_2 \cdots p_n \cdots$ 为无穷乘积, 记为 $\prod\limits_{n=1}^{\infty} p_n$, p_n 称为通项, $P_n = \prod\limits_{k=1}^{n} p_k$ 为部分积数列.

定义 6.2 若 $\{P_n\}$ 收敛于有限数 $p \neq 0$, 称无穷乘积 $\prod\limits_{n=1}^{\infty} p_n$ 收敛于 p, 记为 $\prod\limits_{n=1}^{\infty} p_n = p$.

定义 6.3 如果 $\{P_n\}$ 发散或 $\lim\limits_{n\to+\infty} P_n = 0$, 称 $\prod\limits_{n=1}^{\infty} p_n$ 发散.

二、 收敛的无穷乘积的必要条件

定理 6.1 如果无穷乘积 $\prod\limits_{n=1}^{\infty} p_n$ 收敛, 则

(1) $\lim\limits_{n\to+\infty} p_n = 1$; (2) 余积 $\lim\limits_{n\to+\infty} \prod\limits_{k=n+1}^{\infty} p_n = 1$.

证明 设 $\prod\limits_{n=1}^{\infty} p_n$ =p, 则

$$\lim_{n\to+\infty} p_n = \lim_{n\to+\infty} \frac{P_n}{P_{n-1}} = \frac{p}{p} = 1,$$

$$\lim_{n\to+\infty} \prod_{k=n+1}^{\infty} p_k = \lim_{n\to+\infty} \frac{\prod\limits_{k=1}^{\infty} p_k}{\prod\limits_{k=1}^{n} p_k} = \frac{p}{p} = 1.$$

注 定理 6.1 给出了无穷乘积收敛的必要条件, 因此, 若 $\prod\limits_{n=1}^{\infty} p_n$ 收敛, 记 $p_n = 1 + a_n$, 则 $\lim\limits_{n\to+\infty} a_n = 0$.

例 1 考虑无穷乘积 $\prod\limits_{n=1}^{\infty} p_n$ 的收敛性, 其中

(1) $p_n = 1 - \dfrac{1}{(2n)^2}$; (2) $p_n = \cos\dfrac{x}{2^n}$.

解 (1) 考察部分积

$$P_n = \prod_{k=1}^{n} \left[1 - \frac{1}{(2n)^2}\right] = \frac{[(2n-1)!!]^2}{[(2n)!!]^2}(2n+1),$$

为考察其收敛性, 考虑积分 $I_n = \displaystyle\int_0^{\pi/2} \sin^n x\mathrm{d}x$, 则

$$I_{2n} = \frac{(2n-1)!!}{(2n)!!}\frac{\pi}{2}, \quad I_{2n+1} = \frac{(2n)!!}{(2n+1)!!},$$

故,

$$\frac{\pi}{2}P_n = \frac{I_{2n}}{I_{2n+1}},$$

由定义, 显然 $I_{2n+1} < I_{2n} < I_{2n-1}$, 因此

$$1 < \frac{I_{2n}}{I_{2n+1}} < \frac{I_{2n-1}}{I_{2n+1}} = \frac{2n+1}{2n},$$

所以, $\lim\limits_{n\to+\infty} \dfrac{I_{2n}}{I_{2n+1}} = 1$, 因而,

$$\lim_{n\to+\infty} P_n = \lim_{n\to+\infty} \left(\frac{2}{\pi}\frac{I_{2n}}{I_{2n+1}}\right) = \frac{2}{\pi},$$

故,

$$\prod_{n=1}^{\infty}\left[1 - \frac{1}{(2n)^2}\right] = \frac{2}{\pi}.$$

注 由此可得华里士 (Wallis) 公式

$$\frac{\pi}{2} = \frac{2}{1}\frac{2}{3}\frac{4}{3}\frac{4}{5}\frac{6}{5}\frac{6}{7}\cdots\frac{2n}{2n-1}\frac{2n}{2n+1}\cdots,$$

(2) 利用倍角公式

$$\begin{aligned}\sin x &= 2\sin\frac{x}{2}\cos\frac{x}{2} = 2^2\sin\frac{x}{2^2}\cos\frac{x}{2^2}\cos\frac{x}{2}\\ &= \cdots\\ &= 2^n\sin\frac{x}{2^n}\cos\frac{x}{2^n}\cos\frac{x}{2^{n-1}}\cdots\cos\frac{x}{2},\end{aligned}$$

当 $0 < x < \pi$ 时,

$$\prod_{k=1}^{n} p_k = \prod_{k=1}^{n}\cos\frac{x}{2^k} = \frac{\sin x}{2^n\sin\dfrac{x}{2^n}} \to \frac{\sin x}{x},$$

故,

$$\prod_{n=1}^{\infty}\cos\frac{x}{2^n} = \frac{\sin x}{x}.$$

注 令 $x = \dfrac{\pi}{2}$, 得到韦达 (Viete) 公式

$$\frac{2}{\pi} = \cos\frac{\pi}{4}\cos\frac{\pi}{8}\cdots\cos\frac{\pi}{2^n}\cdots.$$

三、收敛性的判断

通过建立无穷乘积与无穷级数间的关系, 利用级数收敛性的判别法判断无穷乘积的收敛性.

由于 $\prod\limits_{n=1}^{\infty} p_n$ 收敛的必要条件是 $\lim\limits_{n\to+\infty} p_n = 1$, 故不妨设 $p_n > 0$.

定理 6.2　$\prod\limits_{n=1}^{\infty} p_n$ 收敛的充要条件是 $\sum\limits_{n=1}^{\infty} \ln p_n$ 收敛.

证明　记 $P_n = \prod\limits_{k=1}^{n} p_k$, $S_n = \sum\limits_{k=1}^{n} \ln p_k$, 则 $P_n = \mathrm{e}^{S_n}$, 故 $\{P_n\}$ 收敛于非 0 的实数等价于 $\{S_n\}$ 收敛, 因此, 定理得证.

特别, $\{P_n\}$ 收敛于 0, 即 $\prod\limits_{n=1}^{\infty} p_n$ 发散于 0 等价与 $\{S_n\}$ 发散到 $-\infty$.

定理 6.3　设对所有的 $n, a_n > 0$(或 $a_n < 0$), 则 $\prod\limits_{n=1}^{\infty}(1+a_n)$ 收敛的充要条件是 $\sum\limits_{n=1}^{\infty} a_n$ 收敛.

证明　$\prod\limits_{n=1}^{\infty}(1+a_n)$ 和 $\sum\limits_{n=1}^{\infty} a_n$ 收敛的必要条件都是 $\lim\limits_{n\to+\infty} a_n = 0$, 因此, 只考虑 $\lim\limits_{n\to+\infty} a_n = 0$ 的情形.

由于 $\prod\limits_{n=1}^{\infty}(1+a_n)$ 收敛等价于 $\sum\limits_{n=1}^{\infty} \ln(1+a_n)$ 收敛, 而当 $\lim\limits_{n\to+\infty} a_n = 0$ 时, $\lim\limits_{n\to+\infty} \dfrac{\ln(1+a_n)}{a_n} = 1$, 故 $\sum\limits_{n=1}^{\infty} \ln(1+a_n)$ 与 $\sum\limits_{n=1}^{\infty} a_n$ 同时敛散.

定理 6.4　设 $\sum\limits_{n=1}^{\infty} a_n$ 收敛, 则 $\prod\limits_{n=1}^{\infty}(1+a_n)$ 收敛的充要条件是 $\sum\limits_{n=1}^{\infty} a_n^2$ 收敛.

证明　设 $\prod\limits_{n=1}^{\infty}(1+a_n)$ 收敛, 则 $\sum\limits_{n=1}^{\infty} \ln(1+a_n)$ 收敛, 因而 $\sum\limits_{n=1}^{\infty}(a_n - \ln(1+a_n))$ 收敛. 由条件 $\sum\limits_{n=1}^{\infty} a_n$ 收敛, 则 $\lim\limits_{n\to+\infty} a_n = 0$ 且 $\ln(1+a_n) \leqslant a_n$, 故

$$\lim_{n\to+\infty} \frac{a_n - \ln(1+a_n)}{a_n^2} = \frac{1}{2},$$

所以, $\sum\limits_{n=1}^{\infty} a_n^2$ 收敛.

反之, 若 $\sum\limits_{n=1}^{\infty} a_n^2$ 收敛, 由于仍成立

$$\lim_{n\to+\infty}\frac{a_n-\ln(1+a_n)}{a_n^2}=\frac{1}{2},$$

故, $\sum\limits_{n=1}^{\infty}(a_n-\ln(1+a_n))$ 收敛, 因而 $\sum\limits_{n=1}^{\infty}\ln(1+a_n)$ 收敛, 所以 $\prod\limits_{n=1}^{\infty}(1+a_n)$ 收敛.

定理 6.5 设 $a_n\geqslant -1$, 则下述三个命题等价.

(1) $\prod\limits_{n=1}^{\infty}(1+a_n)$ 绝对收敛;

(2) $\prod\limits_{n=1}^{\infty}(1+|a_n|)$ 收敛;

(3) $\sum\limits_{n=1}^{\infty}a_n$ 绝对收敛.

证明 由于它们的必要条件都是 $\lim\limits_{n\to+\infty}a_n=0$, 而在条件 $\lim\limits_{n\to+\infty}a_n=0$ 下成立

$$\lim_{n\to+\infty}\frac{|\ln(1+a_n)|}{|a_n|}=1,\quad \lim_{n\to+\infty}\frac{\ln(1+|a_n|)}{|a_n|}=1,$$

故等价性成立.

例 2 证明: 斯特林 (Stirling) 公式: $n!\sim\sqrt{2\pi}n^{n+\frac{1}{2}}\mathrm{e}^{-n}$.

证明 记 $b_n=\dfrac{n!\mathrm{e}^n}{n^{n+\frac{1}{2}}}$, 则

$$\begin{aligned}\frac{b_n}{b_{n-1}}&=\mathrm{e}\left(1-\frac{1}{n}\right)^{n-\frac{1}{2}}=\mathrm{e}\cdot\mathrm{e}^{\ln\left(1-\frac{1}{n}\right)^{n-\frac{1}{2}}}\\&=\mathrm{e}^{1+\left(n-\frac{1}{2}\right)\ln\left(1-\frac{1}{n}\right)}=\mathrm{e}^{-\frac{1}{12n^2}+o\left(\frac{1}{n^2}\right)}=1-\frac{1}{12n^2}+o\left(\frac{1}{n^2}\right),\end{aligned}$$

令 $1+a_n=\dfrac{b_n}{b_{n-1}}$, 则 $\sum\limits_{n=1}^{\infty}a_n$ 是收敛的定号级数, 因而, $\prod\limits_{n=1}^{\infty}(1+a_n)=\prod\limits_{n=1}^{\infty}\dfrac{b_n}{b_{n-1}}$ 收敛于非 0 的实数, 因此

$$\lim_{n\to+\infty}b_n=b_1\lim_{n\to+\infty}\prod_{k=2}^{n}\frac{b_k}{b_{k-1}}=A\neq 0,$$

由必要条件和华里士公式

$$A=\lim_{n\to+\infty}b_n=\lim_{n\to+\infty}b_n\lim_{n\to+\infty}\frac{b_n}{b_{2n}}=\lim_{n\to+\infty}\frac{b_n^2}{b_{2n}}=\lim_{n\to+\infty}\frac{(2n)!!}{(2n-1)!!}\sqrt{\frac{2}{n}}=\sqrt{2\pi},$$

即 $\lim\limits_{n\to+\infty}\dfrac{n!\mathrm{e}^n}{n^{n+\frac{1}{2}}}=\sqrt{2\pi}$, 定理得证.

注 由斯特林公式可以得到 $\lim\limits_{n\to+\infty}\dfrac{n}{\sqrt[n]{n!}}=\mathrm{e}$.

习 题 11.6

讨论无穷乘积的敛散性.

(1) $\prod\limits_{n=3}^{\infty}\dfrac{n^2-4}{n^2-1}$; (2) $\prod\limits_{n=2}^{\infty}\sqrt{\dfrac{n+1}{n-1}}$.

第 12 章 函数项级数

本章将数项级数理论进一步推广, 引入函数项级数 $\sum\limits_{n=1}^{\infty} u_n(x)$. 类比数项级数, 要解决的主要问题是: 对什么样的 x, $\sum\limits_{n=1}^{\infty} u_n(x)$ 有意义, 在有意义的条件下, 对应的和函数 $f(x)=\sum\limits_{n=1}^{\infty} u_n(x)$ 具有什么样的分析性质以及如何计算和函数.

12.1 函数项级数及其一致收敛性

一、定义

类比数项级数, 可以类似引入函数项级数的定义.

给定实数区间 I, $u_n(x)(n=1,2,3,\cdots)$ 是定义在 I 上的函数.

定义 1.1 称无穷个函数的和

$$u_1(x)+u_2(x)+\cdots+u_n(x)+\cdots$$

为函数项级数, 记为 $\sum\limits_{n=1}^{\infty} u_n(x)$, 其中, $u_n(x)$ 称为通项, $S_n(x)=\sum\limits_{k=1}^{n} u_k(x)$ 为部分和函数, 也称 $\{S_n(x)\}$ 为 $\sum\limits_{n=1}^{\infty} u_n(x)$ 的部分和函数列.

从定义看, 函数项级数是一个无穷个函数的无限和, 类似于数项级数, 必须讨论无限和是否有意义的问题, 显然, 这和 x 点的位置有关, 为此, 先引入函数项级数的点收敛性.

定义 1.2 设 $x_0\in I$, 若数项级数 $\sum\limits_{n=1}^{\infty} u_n(x_0)$ 收敛, 称 $\sum\limits_{n=1}^{\infty} u_n(x)$ 在 x_0 点收敛. 否则, 称 $\sum\limits_{n=1}^{\infty} u_n(x)$ 在 x_0 点发散.

显然, $\sum\limits_{n=1}^{\infty} u_n(x)$ 在 x_0 点收敛, 等价于函数列 $\{S_n(x)\}$ 在 x_0 点收敛, 即数列 $\{S_n(x_0)\}$ 收敛.

定义给出了函数项级数在一点的收敛性, 也称点收敛性, 进一步可以将点收敛性推广到区间或集合收敛性.

定义 1.3　若对任意 $x \in I$, 都有 $\sum\limits_{n=1}^{\infty} u_n(x)$ 收敛, 则称 $\sum\limits_{n=1}^{\infty} u_n(x)$ 在 I 上收敛. 此时, 对任意 $x \in I$, $\sum\limits_{n=1}^{\infty} u_n(x)$ 都有意义, 记 $S(x)=\sum\limits_{n=1}^{\infty} u_n(x)$, 则 $S(x)$ 是定义在集合 I 上的函数, 称 $S(x)$ 为 $\sum\limits_{n=1}^{\infty} u_n(x)$ 的和函数.

$\sum\limits_{n=1}^{\infty} u_n(x)$ 在 I 上收敛是局部概念, 等价于 $\sum\limits_{n=1}^{\infty} u_n(x)$ 在 I 中每一点都收敛.

$\sum\limits_{n=1}^{\infty} u_n(x)$ 在 I 上收敛, 等价于函数列 $\{S_n(x)\}$ 在 I 上收敛. 显然, 在收敛的条件下, 有

$$S(x)=\sum_{n=1}^{\infty} u_n(x)=\lim_{n\to\infty} S_n(x), \quad \forall x \in I.$$

例 1　讨论下列函数项级数在 $I=(-1,1)$ 上的收敛性, 并在收敛的条件下求其和函数.

(1) $\sum\limits_{n=0}^{\infty} x^n$; (2) $\sum\limits_{n=0}^{\infty} (-1)^n x^n$.

解　(1) 任取 $x_0 \in (-1,1)$, 考察数项级数 $\sum\limits_{n=1}^{\infty} x_0^n$.

由于 $\sqrt[n]{|x_0|^n}=|x_0|<1$, 由根式判别法可知, $\sum\limits_{n=1}^{\infty} x_0^n$ 绝对收敛, 因而 $\sum\limits_{n=1}^{\infty} x_0^n$ 收敛, 由 $x_0 \in (-1,1)$ 的任意性, 则 $\sum\limits_{n=1}^{\infty} x^n$ 在 $(-1,1)$ 上收敛.

利用等比数列的求和公式, 有

$$S_n(x)=\sum_{k=1}^{n} x^k=\frac{x(1-x^n)}{1-x}, \quad x \in (-1,1),$$

因而,

$$S(x)=\lim_{n\to\infty} S_n(x)=\frac{1}{1-x}, \quad x \in (-1,1),$$

即

$$\sum_{n=0}^{\infty} x^n=\frac{1}{1-x}, \quad x \in (-1,1).$$

(2) 类似可以证明:

$$\sum_{n=0}^{\infty} (-1)^n x^n=\frac{1}{1+x}, \quad x \in (-1,1).$$

抽象总结 (1) 通过例 1 可知, 借助于数项级数的收敛性, 可以研究函数项级数的收敛性. (2) 例 1 的两个由等差和等比的求和公式建立的函数项级数的和函数公式是函数项级数求和函数的基本公式, 要记住这两个公式, 当然, 当首项不同时, 和函数会不同, 如

$$\sum_{n=1}^{\infty} x^n = \frac{x}{1-x}, \quad x \in (-1,1),$$

$$\sum_{n=1}^{\infty} (-1)^{n+1} x^n = \frac{x}{1+x}, \quad x \in (-1,1).$$

与函数项级数相类似的研究对象是函数列, 函数项级数与函数列可以相互转化, 事实上, 给定函数项级数 $\sum\limits_{n=1}^{\infty} u_n(x)$, 得到对应的部分和函数列 $\{S_n(x)\}$, 而 $\sum\limits_{n=1}^{\infty} u_n(x)$ 的敛散性也等价于 $\{S_n(x)\}$ 的敛散性. 反之, 给定一个函数列 $\{S_n(x)\}$, 令 $u_n(x) = S_n(x) - S_{n-1}(x)$ $(S_0 = 0)$, 得函数项级数 $\sum\limits_{n=1}^{\infty} u_n(x)$, 使得 $\sum\limits_{n=1}^{\infty} u_n(x)$ 的部分和正是 $S_n(x)$, 二者的敛散性也等价. 因此, 可以将 $\sum\limits_{n=1}^{\infty} u_n(x)$ 视为与 $\{S_n(x)\}$ 等价的研究对象, 因而, 在后续的研究中, 只以其中的一个为例引入相关的理论, 相应的理论可以平行推广到另一个研究对象上.

下面, 我们继续以函数项级数为例引入相关理论.

我们将函数项级数与数项级数进行简单的对比, 可以发现: 二者的形式上的区别在于通项结构上, 数项级数的通项是仅与位置变量有关的数, 而函数项级数的通项是与位置变量有关的函数, 这些简单的区别, 却决定了函数项级数的研究内容要比数项级数的内容更加丰富, 即除了研究 "点" 收敛之外, 还要在收敛的条件下, 研究其和函数的分析性质与高等运算 (如极限、微分、积分等) 或者研究对每个通项函数 $u_n(x)$ 都成立的分析性质, 对和函数是否也成立, 或者说, 对有限和成立的分析运算性质能否推广到对无限和运算也成立, 即函数的分析性质 (如连续性、可微性等) 能否由有限过渡到无限, 如已知成立有限和的函数极限的运算性质 (对应各项都存在)

$$\lim_{x \to x_0} [u_1(x) + \cdots + u_n(x)] = \lim_{x \to x_0} u_1(x) + \cdots + \lim_{x \to x_0} u_n(x),$$

这个性质能否过渡到对无限和的函数运算也成立, 即成立

$$\lim_{x \to x_0} \sum_{n=1}^{\infty} u_n(x) = \sum_{n=1}^{\infty} \lim_{x \to x_0} u_n(x),$$

这实际是两种运算——求和及求极限的换序运算问题.

再如对有限和成立的微分和积分运算性质

$$\frac{\mathrm{d}}{\mathrm{d}x}[u_1(x)+\cdots+u_n(x)]=\frac{\mathrm{d}u_1(x)}{\mathrm{d}x}+\cdots+\frac{\mathrm{d}u_n(x)}{\mathrm{d}x},$$

$$\int_a^b[u_1(x)+\cdots+u_n(x)]\mathrm{d}x=\int_a^b u_1(x)\mathrm{d}x+\cdots+\int_a^b u_n(x)\mathrm{d}x,$$

能否过渡到对无限和的运算也成立, 还是两种运算的换序性问题. 当然, 这样的定量分析性质包括了定性分析性质, 即在收敛的情况下, 和函数是否一定继承每个 $u_n(x)$ 相应的性质, 如每个 $u_n(x)\in C[0,1]$, 是否成立 $S(x)\in C[0,1]$?

有例子表明, 不加任何条件, 上述提到的问题的答案都是否定的, 如: 令 $u_1(x)=x$, $u_n(x)=x^n-x^{n-1}$, 则 $\sum\limits_{n=1}^{\infty}u_n(x)$ 在 $[0,1]$ 收敛, 且 $S_n(x)=x^n$, 故

$$S(x)=\lim S_n(x)=\begin{cases}0, & x\in[0,1),\\ 1, & x=1,\end{cases}$$

显然, 对所有 n, 都有 $u_n(x)\in C[0,1]$, 但 $S(x)\notin C[0,1]$.

当然, 否定的结论不是我们希望的结论, 因此, 为使得 $\sum\limits_{n=1}^{\infty}u_n(x)$ 保持更好的性质, 必须引入更好的收敛性. 事实上, 从 $\sum\limits_{n=1}^{\infty}u_n(x)$ 的点收敛的定义也可以看出其局限性, 设 $\sum\limits_{n=1}^{\infty}u_n(x)$ 在集合 I 上收敛, 则对任意的 $x\in I$, $\sum\limits_{n=1}^{\infty}u_n(x)$ 和 $\{S_n(x)\}$ 在 x 点收敛, 由柯西收敛准则, 对 $\forall\varepsilon>0,\exists N=N(x,\varepsilon)$, 使得当 $n>N$ 时,

$$|S_{n+p}(x)-S_n(x)|<\varepsilon,\quad \forall p,$$

或

$$|u_{n+1}(x)+u_{n+2}(x)+\cdots+u_{n+p}(x)|<\varepsilon,\quad \forall p,$$

显然, 对不同的 $x\in I$, $N(x,\varepsilon)$ 也不同. 正是由于在收敛的条件下, $N(x,\varepsilon)$ 强烈依赖于 x, 显示了强烈的局部性质, 使得每个 $u_n(x)$ 的性质很难延伸到和函数上, 也使得一些运算很难推广, 要解决这些问题, 关键是能否找到一个公共的 N, 使得上式对所有 x 都成立? 为此, 我们引入一致收敛性.

二、一致收敛性

定义 1.4 设 $\sum\limits_{n=1}^{\infty} u_n(x)$ 在 I 上有定义, 如果对 $\forall\varepsilon > 0$, 存在 $N(\varepsilon) > 0$, 当 $n > N$ 时,

$$|u_{n+1}(x) + \cdots + u_{n+p}(x)| < \varepsilon, \quad 对\ \forall p, \quad \forall x \in I\ 成立,$$

则称 $\sum\limits_{n=1}^{\infty} u_n(x)$ 在 I 上一致收敛.

也可用部分和函数列 $\{S_n(x)\}$ 引入等价的定义.

定义 1.5 给定函数列 $\{S_n(x)\}$, 若对 $\forall\varepsilon > 0$, 存在 $N(\varepsilon) > 0$, 当 $n > N$ 时,

$$|S_{n+p}(x) - S_n(x)| < \varepsilon, \quad 对\ \forall p, \quad \forall x \in I\ 成立,$$

则称 $\{S_n(x)\}$ 在 I 上一致收敛.

如果知道和函数, 还可利用和函数定义一致收敛性.

定义 1.6 设 $\sum\limits_{n=1}^{\infty} u_n(x)$ ($\{S_n(x)\}$) 在 I 上收敛于 $S(x)$, 若对 $\forall\varepsilon > 0$, 存在 $N(\varepsilon) > 0$, 当 $n > N$ 时,

$$\left|\sum_{k=1}^{n} u_k(x) - S(x)\right| < \varepsilon, \quad (|S_n(x) - S(x)| < \varepsilon) \quad 对\ \forall x \in I\ 成立,$$

则称 $\sum\limits_{n=1}^{\infty} u_n(x)$ ($\{S_n(x)\}$) 在 I 上一致收敛于 $S(x)$, 记为

$$\sum_{n=1}^{\infty} u_n(x) \rightrightarrows S(x) \quad (S_n(x) \rightrightarrows S(x)), \quad x \in I,$$

或记为 $\sum\limits_{n=1}^{\infty} u_n(x) \overset{I}{\rightrightarrows} S(x)$ ($S_n(x) \overset{I}{\rightrightarrows} S(x)$).

自行挖掘函数项级数的点收敛和一致收敛性的属性.

一致收敛的几何意义: $S_n(x) \rightrightarrows S(x)$ 等价于当 $n > N$ 时, 函数曲线 $S_n(x)$ 都落在曲线 $S(x) - \varepsilon$ 和 $S(x) + \varepsilon$ 之间.

例 2 证明: $S_n(x) = \dfrac{x}{1 + n^2x^2}$ 在 $I = (-\infty, +\infty)$ 上一致收敛.

证明 (1) 计算和函数 $S(x)$. 任取 $x_0 \in I$, 则

$$S_n(x_0) = \frac{x_0}{1 + n^2x_0^2} \to 0,$$

由 $x_0 \in I$ 的任意性, 则 $S(x)=0, x \in I$.

(2) 判断及验证. 由于

$$|S_n(x)-S(x)|=\frac{|x_0|}{1+n^2x_0^2}=\frac{1}{2n}\cdot\frac{2n|x_0|}{1+n^2x_0^2}\leqslant\frac{1}{2n},$$

故, 对 $\forall\varepsilon>0$, 取 $N(\varepsilon)=\left[\frac{1}{2\varepsilon}\right]+1$, 当 $n>N$ 时,

$$|S_n(x)-S(x)|<\varepsilon,\quad 对\ \forall x\in I\ 成立,$$

因而, $S_n(x)\rightrightarrows S(x), x\in I$.

抽象总结 总结例 2 的证明过程, 在讨论一致收敛性时, 应先计算极限函数, 再用类似于数列极限证明的放大法, 对 $|S_n(x)-S(x)|$ 进行放大处理, 寻找一个与 x 无关且单调递减收敛于 0 的界 $G(n)$, 即如下估计:

$$|S_n(x)-S(x)|<\cdots\leqslant G(n),$$

由此证明一致收敛性.

上述证明思想也是定量分析思想, 即需要先计算出和函数, 再证明函数项级数 (函数列) 一致收敛于此和函数.

将上述证明思想抽取出来, 得到如下判别法:

定理 1.1 设存在数列 $\{a_n\}$: $a_n\to0$, 使得 $|S_n(x)-S(x)|\leqslant a_n$, $x\in I$, 则在 I 上 $S_n(x)\rightrightarrows S(x)$.

将定理 1.1 的判别思想进行进一步的抽象, 得到更好的判别定理.

定理 1.2 设 $\{S_n(x)\}$ 在 I 上点收敛于 $S(x)$, 记

$$\|S_n(x)-S(x)\|=\sup_{x\in I}|S_n(x)-S(x)|,$$

则, $S_n(x)\overset{I}{\rightrightarrows}S(x)$ 当且仅当 $\lim\limits_{n\to\infty}\|S_n(x)-S(x)\|=0$.

证明 充分性 设 $\lim\limits_{n\to\infty}\|S_n(x)-S(x)\|=0$, 则 $\forall\varepsilon>0$, $\exists N$, 当 $n>N$ 时,

$$\|S_n(x)-S(x)\|<\varepsilon.$$

又,

$$|S_n(x)-S(x)|\leqslant\|S_n(x)-S(x)\|,\quad x\in I,$$

故 $n>N$ 时, $\forall x\in I$, 都有

$$|S_n(x)-S(x)|<\varepsilon,$$

故, $S_n(x) \Rightarrow S(x), x \in I$.

必要性 设 $S_n(x) \overset{I}{\Rightarrow} S(x)$, 则对 $\forall \varepsilon > 0$, 存在 $N(\varepsilon)$, 当 $n > N$ 时,

$$|S_n(x) - S(x)| \leqslant \frac{\varepsilon}{2}, \quad \forall x \in I,$$

故, $\sup\limits_{x\in I}|S_n(x) - S(x)| \leqslant \frac{\varepsilon}{2} < \varepsilon$, 因而,

$$\lim_{n\to\infty} \|S_n(x) - S(x)\| = 0.$$

抽象总结 (1) 对任意给定的 n, $\|S_n(x) - S(x)\|$ 是函数的上确界或最大值, 是一个与 x 无关的量. (2) 定理 1.2 所体现的证明一致收敛的思想是将一致收敛的判断转化为最值 (确界) 的计算和数列的极限的计算, 而最值的计算可利用导数法来完成, 因而, 对一个具体的函数列, 可以借助于微分学理论完成一致收敛性的判断. (3) 由于定理 1.2 是充要条件, 即可用于判 "是" (一致收敛性), 也可以用于判 "非" (非一致收敛性), 因此, 这是一个非常好的判别工具.

再次回到我们的研究目标. 我们要研究和函数的分析性质, 由于函数的分析性质如连续性、可微性等都是局部性质, 函数项级数 (函数列) 的一致收敛性是整体概念, 因此, 用一致收敛性这个整体概念研究局部性质有些过于苛刻, 为此, 再引入一个较弱的概念.

定义 1.7 设 I 为一区间, 若对 $\forall [a,b] \subset I$, 都成立 $S_n(x) \overset{[a,b]}{\Rightarrow} S(x)$, 称 $\{S_n(x)\}$ 在 I 上内闭一致收敛于 $S(x)$.

信息挖掘 对函数的局部性质而言, 函数在某区间成立某局部性质等价于函数在此区间内闭成立此性质. 因此, 引入内闭一致收敛性的定义, 为局部分析性质的研究提供了一种研究方法.

例 3 判断 $S_n(x) = \dfrac{nx}{1+n^2x^2}$ 在 $(0, +\infty)$ 上的一致收敛及内闭一致收敛性.

解 显然 $S(x) = 0$.

用定理 1.1 判断. 由于 $S_n(x) - S(x) = \dfrac{nx}{1+n^2x^2}$, 下面用导数法求其最大值.

对固定的 n, 则

$$S_n'(x) = \frac{n(1+n^2x^2) - nx\cdot 2n^2x}{(1+n^2x^2)^2} = \frac{n(1-n^2x^2)}{(1+n^2x^2)^2},$$

故, $S_n(x)$ 在 $x_n = \dfrac{1}{n}$ 处达到最大值, 因而,

$$\|S_n(x) - S(x)\| = \|S_n(x)\| = S_n(x_n) = \frac{1}{2} \neq 0,$$

故, $S_n(x)$ 在 $(0,+\infty)$ 上非一致收敛于 $S(x)$.

考察内闭一致收敛性. 任取 $[a,b]\subset(0,+\infty)$, 由于

$$S_n'(x)=\frac{n(1-n^2x^2)}{(1+n^2x^2)^2},$$

因而, 当 $n>\frac{1}{a}$ 时, $S_n'(x)<0, \forall x\in[a,b]$, 因此, 此时

$$\|S_n(x)-S(x)\|=\|S_n(x)\|=|S_n(a)|=\frac{na}{1+n^2a^2}\to 0,$$

故, $S_n(x)\overset{[a,b]}{\rightrightarrows}0$, 因而, $S_n(x)$ 在 $(0,+\infty)$ 上内闭一致收敛于 0.

抽象总结　总结上述证明过程, 由于 $S_n(x)$ 在 $x_n=\frac{1}{n}$ 处达到最大值, 且

$$\|S_n(x)-S(x)\|=\|S_n(x)\|=S_n(x_n)=\frac{1}{2}\neq 0,$$

而 $x_n=\frac{1}{n}\to 0$, 所以, $x_0=0$ 是坏点, 破坏了一致收敛性. 当挖去这个坏点后, 就得到了内闭一致收敛性. 由此确定一种研究非一致收敛性的线索——寻找坏点, 研究坏点附近的性质.

一致收敛性远强于点收敛性. 正是如此, 才保证一致收敛条件下和函数能继承好的性质, 也能保证函数性质由有限到无限的过渡, 因此, 研究函数项级数 (函数列) 的一致收敛性是重要的研究内容, 下面, 我们建立一致收敛性的判别法则.

三、 一致收敛的判别法则

我们以函数项级数为例, 给出一致收敛性的判别法.

给定 I 上的函数项级数 $\sum\limits_{n=1}^{\infty}u_n(x)$.

先从最简单的结构, 利用数项级数的敛散性理论建立类似的比较判别法.

定理 1.3 (魏尔斯特拉斯判别法)　若存在 $N>0$, 当 $n>N$ 时,

$$|u_n(x)|\leqslant a_n,\quad \forall x\in I,$$

且正项级数 $\sum\limits_{n=1}^{\infty}a_n$ 收敛, 则 $\sum\limits_{n=1}^{\infty}u_n(x)$ 在 I 上一致收敛.

证明　由于 $\sum\limits_{n=1}^{\infty}a_n$ 收敛, 由柯西收敛准则, 对任意的 $\varepsilon>0$, 存在 N, 当 $n>N$ 时, 对任意的正整数 p, 成立

$$0<u_{n+1}+\cdots+u_{n+p}<\varepsilon,$$

因而, 当 $n>N$ 时,

$$|u_{n+1}(x)+\cdots+u_{n+p}(x)|<\varepsilon,\quad 对\ \forall x\in I,$$

故, $\sum\limits_{n=1}^{\infty}u_n(x)$ 在 I 上一致收敛.

抽象总结 (1) 魏尔斯特拉斯判别法也是比较判别法. 其作用对象是具有简单结构的函数项级数. (2) 把定理中的数项级数 $\sum\limits_{n=1}^{\infty}a_n$ 称为优级数, 此判别法应用中的重点就是优级数 $\sum\limits_{n=1}^{\infty}a_n$ 的确定和其收敛性的判断, 此重点的解决方法是上确界或最大值的计算、正项级数收敛性的判断. (3) 此判别法的思想和定理 1.1、定理 1.2 的判别思想相同, 都是将一致收敛性的判别转化为上确界或最大值的计算.

例 4 判断 $\sum\limits_{n=1}^{\infty}x^3\mathrm{e}^{-nx^2}$ 在 $[0,+\infty)$ 上的一致收敛性.

解 记 $u_n(x)=x^3\mathrm{e}^{-nx^2}$, 根据最值理论, 先计算 $u_n'(x)$. 由于

$$u_n'(x)=x^2(3-2nx^2)\mathrm{e}^{-nx^2},$$

因而, 对任意给定的 n, $u_n(x)$ 在 $x_0=\sqrt{\dfrac{3}{2n}}$ 达到其在 $[0,+\infty)$ 的最大值, 取 $a_n=u_n\left(\sqrt{\dfrac{3}{2n}}\right)=\left(\dfrac{3}{2n}\right)^{\frac{3}{2}}\mathrm{e}^{-\frac{3}{2}}$, 则

$$0\leqslant u_n(x)\leqslant a_n,\quad \forall x\in[0,+\infty),$$

且 $\sum\limits_{n=1}^{\infty}a_n$ 收敛, 因而, $\sum\limits_{n=1}^{\infty}x^3\mathrm{e}^{-nx^2}$ 在 $[0,+\infty)$ 上一致收敛.

对通项具有两个因子乘积结构的一般的函数项级数, 类似数项级数, 还可以引入如下的判别法.

定理 1.4 (阿贝尔判别法) 设 $\sum\limits_{n=1}^{\infty}u_n(x)$ 在 I 上一致收敛, $v_n(x)$ 满足:

(1) 对 $\forall x\in I$, $\{v_n(x)\}$ 关于 n 单调;

(2) $\{v_n(x)\}$ 在 I 上一致有界.

则 $\sum\limits_{n=1}^{\infty}u_n(x)v_n(x)$ 在 I 上一致收敛.

结构分析 证明思想类似数项级数的阿贝尔判别法, 即利用阿贝尔变换和阿贝尔引理, 考察其柯西片段, 利用柯西收敛准则证明一致收敛性.

证明　由条件 (2), 存在常数 M, 使得

$$|v_n(x)| \leqslant M, \quad \forall n, \quad \forall x \in I.$$

由于 $\sum u_n(x)$ 一致收敛, 故 $\forall \varepsilon > 0, \exists N$, 当 $n > N$ 时,

$$|u_{n+1}(x) + \cdots + u_{n+p}(x)| < \frac{\varepsilon}{3M}, \quad \forall p \in \mathbf{N}^+,$$

又, $\{v_n(x)\}$ 关于 n 单调, 故对任意 $x \in I$, 由阿贝尔引理

$$|u_{n+1}(x)v_{n+1}(x) + \cdots + u_{n+p}(x)v_{n+p}(x)| < \frac{\varepsilon}{3M}(|v_{n+1}| + 2|v_{n+p}|) < \varepsilon,$$

故, $\sum\limits_{n=1}^{\infty} u_n(x)v_n(x)$ 在 I 上一致收敛.

定理 1.5 (狄利克雷判别法)　设 $\sum\limits_{n=1}^{\infty} u_n(x)$ 的部分和在 I 上一致有界, $v_n(x)$ 满足:

(1) 对 $\forall x \in I$, $\{v_n(x)\}$ 关于 n 单调;

(2) 函数列 $\{v_n(x)\}$ 在 I 上一致收敛于 0.

则 $\sum\limits_{n=1}^{\infty} u_n(x)v_n(x)$ 在 I 上一致收敛.

与阿贝尔定理的证明类似, 略去其证明.

例 5　若 $\sum\limits_{n=1}^{\infty} a_n$ 收敛, 证明 $\sum\limits_{n=1}^{\infty} a_n x^n$ 在 $[0,1]$ 上一致收敛.

证明　因为 $\sum\limits_{n=1}^{\infty} a_n$ 在 $[0,1]$ 上一致收敛, 由阿贝尔判别法即得.

注　例 4 不能用魏尔斯特拉斯定理, 因为 $\sum\limits_{n=1}^{\infty} |a_n|$ 不一定收敛.

例 6　设 $\{a_n\}$ 单调趋于 0, 证明: $\sum\limits_{n=1}^{\infty} a_n \sin nx$ 在 $(0, 2\pi)$ 上内闭一致收敛.

简析　再次注意其结构特点, 含有因子 $\sin nx$, 需要考虑其性质的应用.

证明　对任意 $\delta \in (0, \pi)$, 考虑 $[\delta, 2\pi - \delta] \subset (0, 2\pi)$, 由于 $\{a_n\}$ 单调一致收敛于 0, 且成立如下的部分和有界性:

$$\left|\sum_{k=1}^{n} \sin kx\right| \leqslant \frac{1}{\sin\dfrac{x}{2}} \leqslant \frac{1}{\sin\dfrac{\delta}{2}}, \quad x \in [\delta, 2\pi - \delta],$$

因此, 由狄利克雷判别法, 结论成立.

上述几个结论是数项级数理论的相应推广, 体现了二者间的共性, 当然, 数项级数中还有几个结论没有推广过来, 可以考虑为什么? 另一方面, 函数项级数必然与数项级数结构不同, 形成了二者结构上的差异 (数与函数的差异), 利用这些差异可以建立特殊的判别法. 由此, 引入一个利用函数分析性质判断一致收敛性的迪尼 (Dini) 定理.

定理 1.6 (迪尼定理) 设 $S_n(x)\overset{[a,b]}{\to}S(x)$, 对任意的 n, $S_n(x)\in C[a,b]$ 且 $S(x)\in C[a,b]$, 又设 $\forall x\in[a,b]$, $\{S_n(x)\}$ 关于 n 单调, 则 $S_n(x)\overset{[a,b]}{\rightrightarrows}S(x)$.

结构分析 定理中的条件有两个, 从条件 $S_n(x)\overset{[a,b]}{\to}S(x)$ 出发, 可以得到的结论是: 对 $\forall x\in[a,b]$, $\forall\varepsilon>0$, 存在 $N(x,\varepsilon)$, 使得 $n>N(x,\varepsilon)$ 时,

$$|S_n(x)-S(x)|<\varepsilon,$$

由于连续性是局部性条件, 利用连续性可以将上式推广到 x 的某个邻域 $U(x)$ 成立, 而一致收敛性的结论要求将上式推广到对某个 N, 对所有的 $x\in[a,b]$ 都成立, 这就必须克服两个局部性条件的限制: $N(x,\varepsilon)$ 和 $U(x)$, 一般从局部到整体性质的推广可以利用有限覆盖定理, 但是, 由于有两个局部性条件的限制, 使得利用有限覆盖定理进行推广难度较大. 我们知道, 对这类问题还有一个有效的处理方法, 就是反证法, 使得假设要证明的结论整体不成立, 利用条件得到在某个点或其附近也不成立, 由此得到矛盾, 下面, 我们利用反证法证明结论 (自行用有限覆盖定理进行分析证明, 分析难点是什么? 如何解决?).

证明 反证法. 设 $\{S_n(x)\}$ 不一致收敛于 $S(x)$, 则, 存在 $\varepsilon_0>0$, n_k 及 $x_{n_k}\in[a,b]$ 使得

$$|S_{n_k}(x_{n_k})-S(x_{n_k})|\geqslant\varepsilon_0,\tag{12-1}$$

利用上面的分析, 我们希望确定一个点, 使得在此点附近产生矛盾, 为此, 我们利用魏尔斯特拉斯定理, 则 $\{x_{n_k}\}$ 有收敛子列, 不妨设 $x_{n_k}\to x_0\in[a,b]$.

至此, 获得一个固定点, 这个点就是矛盾的集中点.

下面, 分析在 x_0 点附近的性质, 由于 $S_n(x_0)\to S(x_0)$, 则对 $\frac{\varepsilon_0}{4}$, 存在 N, 使得

$$|S_N(x_0)-S(x_0)|<\frac{\varepsilon_0}{4},$$

利用连续性, 将此点的性质推广, 由于 $S_N(x),S(x)\in C[a,b]$ 且 $x_{n_k}\to x_0$, 故存在 $k_0>0$, 当 $k>k_0$ 时, 有

$$|S_N(x_{n_k})-S_N(x_0)|<\frac{\varepsilon_0}{8},\quad |S(x_{n_k})-S(x_0)|<\frac{\varepsilon_0}{8},$$

故,

$$|S_N(x_{n_k})-S(x_{n_k})| < |S_N(x_{n_k})-S_N(x_0)|+|S(x_{n_k})-S(x_0)|+|S_N(x_0)-S(x_0)| < \frac{\varepsilon_0}{2}, \tag{12-2}$$

这就得到了在 x_0 点附近成立的一个性质, 比较 (12-1) 和 (12-2), 为得到矛盾性的结论, 只需将仅对 N 成立的 (12-2) 推广到对所有充分大的 n 都成立即可, 为此, 必须利用剩下的条件——单调性条件.

又, 对固定的 x, $\{S_n(x)\}$ 关于 n 单调, 因而, 当 $n>k$ 时, 有

$$|S_n(x)-S(x)| < |S_k(x)-S(x)|, \tag{12-3}$$

事实上, 若 $\{S_n(x)\}$ 关于 n 单调增加, 则 $S_n(x)\leqslant S(x)$, 且 $n>k$ 时, $S_n(x)\geqslant S_k(x)$, 因而,

$$|S_n(x)-S(x)|=S(x)-S_n(x)\leqslant S(x)-S_k(x)=|S_k(x)-S(x)|;$$

而当 $\{S_n(x)\}$ 关于 n 单调减, 此时 $S_n(x)\geqslant S(x)$, 且 $n>k$ 时 $S_n(x)\leqslant S_k(x)$, 则

$$|S_n(x)-S(x)|=S_n(x)-S(x)\leqslant S_k(x)-S(x)=|S_k(x)-S(x)|,$$

故, $n>k$ 时总成立

$$|S_n(x)-S(x)|\leqslant|S_k(x)-S(x)|,$$

因而, 当 k 充分大, 使得 $n_k>N$ 时, 由 (12-3) 和 (12-2) 得

$$|S_{n_k}(x_{n_k})-S(x_{n_k})| < |S_N(x_{n_k})-S(x_{n_k})| < \frac{\varepsilon_0}{2},$$

这与 (12-1) 矛盾. 故, $S_n(x)\overset{[a,b]}{\rightrightarrows}S(x)$.

注 定理 1.6 中闭区间的闭性条件不可去.

将定理 1.6 推广至函数项级数, 可得相应的迪尼定理.

定理 1.7 设 $\sum\limits_{n=1}^{\infty}u_n(x)=S(x)$, $x\in[a,b]$, 如果

(1) $u_n\in C[a,b]$ $(n=1,2\cdots)$, $S(x)\in C[a,b]$;

(2) 对每个固定 $x\in[a,b]$, $\sum\limits_{n=1}^{\infty}u_n(x)$ 是同号级数.

则 $\sum\limits_{n=1}^{\infty}u_n(x)$ 在 $[a,b]$ 一致收敛于 $S(x)$.

结构分析 迪尼定理是一个非常好用的定理, 它将一致收敛性的判断转化为函数的连续性和单调性的判断, 而函数的连续性和单调性是函数微分学理论中最简单最基本的问题, 很容易解决.

例 7 设 $S_n(x)=\dfrac{1-x}{1+x^2}x^n$, 证明: $\{S_n(x)\}$ 在 [0, 1] 上一致收敛.

证明 容易计算,

$$S(x)=\lim_{n\to+\infty}S_n(x)=0,\quad x\in[0,1].$$

由于对任意的 n, $S_n(x)\in C[0,1]$ 且 $S(x)\in C[0,1]$. 而对于任意给定的 $x\in[0,1]$, $\{S_n(x)\}$ 关于 n 单调非增, 由迪尼定理, $\{S_n(x)\}$ 在 [0,1] 上一致收敛.

四、 一致收敛的必要条件及非一致收敛性

由于并不是所有的函数项级数 (函数列) 都一致收敛性, 因此, 研究函数列的非一致收敛性很有必要, 下面给出一些判断非一致收敛性的结论.

定理 1.8 设 $S_n(x)\overset{I}{\to}S(x)$, 则 $S_n(x)\overset{I}{\rightrightarrows}S(x)$ 的充要条件是 $\forall x_n\in I$, 都有 $\lim\limits_{n\to\infty}(S_n(x_n)-S(x_n))=0$.

证明 *必要性* 设 $S_n(x)\Rightarrow S(x)$, 则对 $\forall\varepsilon>0$, $\exists N>0$, 当 $n>N$ 时,

$$|S_n(x)-S(x)|<\varepsilon,\quad \forall x\in I,$$

因而,

$$|S_n(x_n)-S(x_n)|<\varepsilon,$$

故, $\lim\limits_{n\to\infty}(S_n(x_n)-S(x_n))=0$.

充分性 反证法.

设 $S_n(x)$ 不一致收敛于 $S(x)$, 则存在 $\varepsilon_0>0$, 使得对任意的正整数 N, 都存在 $n_N>N$, $x_{n_N}\in I$, 使得

$$|S_{n_N}(x_{n_N})-S(x_{n_N})|>\varepsilon_0.$$

取 $N=1$, 则 $\exists n_1$, $x_{n_1}\in I$, 使得 $|S_{n_1}(x_{n_1})-S(x_{n_1})|>\varepsilon_0$;

取 $N=n_1$, 则 $\exists n_2$, $x_{n_2}\in I$, 使得 $|S_{n_2}(x_{n_2})-S(x_{n_2})|>\varepsilon_0$;

如此下去, 构造 $\{x_{n_k}\}$, 使得

$$|S_{n_k}(x_{n_k})-S(x_{n_k})|>\varepsilon_0,$$

因此, 对任意满足 $\{x_{n_k}\}\subset\{x_n\}$ 的点列 $\{x_n\}\in I$, 都有 $(S_n(x_n)-S(x_n))$ 不收敛于 0, 与条件矛盾.

定理 1.8 的作用体现在下面推论中, 主要用于非一致收敛性的判断.

推论 1.1 若存在 $x_n\in I$, 使得 $\{S_n(x_n)-S(x_n)\}$ 不收敛于 0, 则 $\{S_n(x)\}$ 在 I 不一致收敛于 $S(x)$.

结构分析　这个推论使得将非一致收敛性的判断转化为数列的某种收敛性的验证, 体现了化繁为简的思想, 当然, 关键问题是满足某种敛散性要求的点列的构造, 解决方法通常是先确定坏点的位置, 在坏点附近构造对应的点列, 这里, 所谓的坏点就是破坏一致收敛性的点, 可以根据一致收敛性的性质进行判断.

例 8　判断 $S_n(x)=x^n$ 在 $[0,1)$ 上的一致收敛性.

简析　很明显, 若扩大到区间 $[0,1]$ 上, 和函数为

$S(x)=\begin{cases}0, & x\in[0,1),\\ 1, & x=1,\end{cases}$ 显然, $S(x)$ 在 $x=1$ 点不连续, 因此, $x=1$ 为坏点, 构造的点列必须满足 $x_n\to 1$.

解　显然 $S(x)=0$, 取 $x_n=\left(1-\dfrac{1}{n}\right)\in[0,1)$, 则

$$S_n(x_n)-S(x_n)=\left(1-\frac{1}{n}\right)^n\to\frac{1}{\mathrm{e}}\neq 0,$$

故 $S_n(x)$ 不一致收敛.

相应的结论可以推广到函数项级数, 如类似成立: 若 $\sum\limits_{n=1}^{\infty}u_n(x)$ 在 I 上收敛, 则 $\sum\limits_{n=1}^{\infty}u_n(x)$ 在 I 上一致收敛的充要条件是 $\forall\{x_n\}\subset I$, 有数项级数 $\sum\limits_{n=1}^{\infty}u_n(x_n)$ 收敛 $\left(\text{或者}\lim\limits_{n\to\infty}r_n(x_n)=0\right)$, 其中 $r_n(x)=\sum\limits_{k=n+1}^{\infty}u_k(x)$.

应用于非一致收敛性的判断时, 类似数项级数, 还成立函数项级数一致收敛的必要条件.

定理 1.9　若 $\sum\limits_{n=1}^{\infty}u_n(x)$ 在 I 上一致收敛, 则 $u_n(x)\overset{I}{\rightrightarrows}0$.

只需用柯西收敛准则即可. 事实上, 由于 $\sum\limits_{n=1}^{\infty}u_n(x)$ 一致收敛, 则 $\forall\varepsilon>0$, $\exists N$, 当 $n>N$ 时,

$$|u_{n+1}(x)+\cdots+u_{n+p}(x)|<\varepsilon,$$

取 $p=1$, 在 I 上 $|u_{n+1}(x)|<\varepsilon$, 故 $u_n(x)\rightrightarrows 0$.

注　定理 1.9 与数项级数收敛的必要条件类似, 常用于判别非一致收敛性.

还可以借助端点的发散性判断非一致收敛性.

定理 1.10　设对任意 n, $u_n(x)$ 在 $x=c$ 处左连续, 又 $\sum\limits_{n=1}^{\infty}u_n(c)$ 发散, 则 $\forall\delta>0$, $\sum\limits_{n=1}^{\infty}u_n(x)$ 在 $(c-\delta,c)$ 上必不一致收敛.

证明 反证法. 设存在 $\delta > 0$, 使得 $\sum\limits_{n=1}^{\infty} u_n(x)$ 在 $(c-\delta, c)$ 上一致收敛, 则由柯西收敛准则: 对任意的 $\varepsilon > 0$, 存在 $N > 0$, 使得

$$|u_{n+1}(x) + \cdots + u_{n+p}(x)| < \varepsilon, \quad \forall x \in (c-\delta, c), \quad \forall p,$$

令 $x \to c$, 则

$$|u_{n+1}(c) + \cdots + u_{n+p}(c)| < \varepsilon, \quad \forall p,$$

再次用柯西收敛准则, $\sum\limits_{n=1}^{\infty} u_n(c)$ 收敛, 矛盾.

与此定理相似的结论:

定理 1.11 设对任意的 n, $u_n(x)$ 在 $x = c$ 处右连续, $\sum\limits_{n=1}^{\infty} u_n(c)$ 发散, 则对任意的 $\delta > 0$, $\sum\limits_{n=1}^{\infty} u_n(x)$ 在 $(c, c+\delta)$ 上必不一致收敛.

结构特征 定理 1.10 和定理 1.11 是利用函数项级数在端点对应的数项级数的发散性得到非一致收敛性, 是一个非常好用的判断非一致收敛性的工具.

例 9 判断 $\sum\limits_{n=1}^{\infty} n\mathrm{e}^{-nx}$ 在 $(0, +\infty)$ 上的一致收敛性.

思路分析 显然, 对任意 $x_0 > 0$, $\sum n\mathrm{e}^{-nx_0}$ 收敛, 利用根式法可知 $\sqrt[n]{n\mathrm{e}^{-nx}} \to \mathrm{e}^{-x}$, 只有当 $x > \delta > 0$ 时, 才有 $\mathrm{e}^{-x} < \mathrm{e}^{-\delta} < 1$, 才能得证一致收敛. 因而, $x = 0$ 附近有可能破坏一致收敛性, 事实上, 由于 $\sum\limits_{n=1}^{\infty} n\mathrm{e}^{-nx}|_{x=0} = \sum\limits_{n=1}^{\infty} n$ 发散, 自然可以得到结论.

解 法一 显然, $x = 0$ 时, $\sum\limits_{n=1}^{\infty} n\mathrm{e}^{-nx}|_{x=0} = \sum\limits_{n=1}^{\infty} n$ 发散, 因而由定理 1.10 可得非一致收敛.

法二 取 $x_n = \dfrac{1}{n}$, 则 $n\mathrm{e}^{-nx_n} = n\mathrm{e}^{-1}$, 故, $\{n\mathrm{e}^{-nx}\}$ 在 $(0, +\infty)$ 上非一致收敛于 0, 因而, $\sum\limits_{n=1}^{\infty} n\mathrm{e}^{-nx}$ 在 $(0, +\infty)$ 上非一致收敛性.

例 10 证明: $\sum\limits_{n=1}^{\infty} \dfrac{1}{(1+x^2)^n}$ 在 $(0, +\infty)$ 上非一致收敛.

解 法一 当 $x = 0$ 时, $\sum\limits_{n=1}^{\infty} \dfrac{1}{(1+x^2)^n} = \sum\limits_{n=1}^{\infty} 1$ 发散, 故, $\sum\limits_{n=1}^{\infty} \dfrac{1}{(1+x^2)^n}$ 在 $(0, +\infty)$ 上非一致收敛 ($x = 0$ 为坏点).

法二 取 $x_n = \dfrac{1}{\sqrt{n}}$, 则 $\dfrac{1}{(1+x_n^2)^n} = \dfrac{1}{\left(1+\dfrac{1}{n}\right)^n} \to \dfrac{1}{\mathrm{e}}$, 故 $\left\{\dfrac{1}{(1+x_n^2)^n}\right\}$ 在

$(0,+\infty)$ 上非一致收敛于 0, 因而, $\sum\limits_{n=1}^{\infty}\dfrac{1}{(1+x^2)^n}$ 在 $(0,+\infty)$ 上非一致收敛.

习　题　12.1

1. 研究下列函数项级数的点收敛性.

(1) $\sum\limits_{n=1}^{\infty}(1-x^2)x^n$;　　(2) $\sum\limits_{n=1}^{\infty}\dfrac{(-1)^{n+1}}{(1+x^2)^n}$;

(3) $\sum\limits_{n=1}^{\infty}\dfrac{1+(1+x)^n}{1+(n-x)^2}$;　　(4) $\sum\limits_{n=1}^{\infty}n^2\mathrm{e}^{-nx}$.

2. 研究下列函数列 $\{S_n(x)\}$ 的点收敛性.

(1) $S_n(x)=\mathrm{e}^{\frac{x^2}{n}}$;　　(2) $S_n(x)=\begin{cases}n\sin nx, & 0\leqslant x\leqslant\dfrac{1}{n},\\ 1, & \dfrac{1}{n}<x\leqslant 1.\end{cases}$

3. 讨论函数项级数在给定区间上的一致收敛性.

(1) $\sum\limits_{n=1}^{\infty}\dfrac{1}{\sin nx+n^2}$,　$-\infty<x+\infty$;

(2) $\sum\limits_{n=1}^{\infty}\dfrac{x^2}{1+n^3x^4}$,　$0\leqslant x<+\infty$;

(3) $\sum\limits_{n=1}^{\infty}\dfrac{\ln(1+x)}{n^2+x^2}$,　$0\leqslant x<+\infty$;

(4) $\sum\limits_{n=1}^{\infty}\dfrac{\cos nx}{n}$, ① $0<\delta\leqslant x\leqslant 2\pi-\delta,\delta\in(0,\pi)$, ② $0<x<2\pi$;

(5) $\sum\limits_{n=1}^{\infty}\ln\left(1+\dfrac{1}{n^2}\right)\left(1+\dfrac{x}{n}\right)^n$,　$0\leqslant x<+\infty$;

(6) $\sum\limits_{n=1}^{\infty}\arctan\dfrac{x}{n^3+x^2}$,　$-\infty<x<+\infty$;

(7) $\sum\limits_{n=1}^{\infty}\sin\dfrac{1}{n^x}$, ① $0<\delta<x<1$, ② $0<x<1$;

(8) $\sum\limits_{n=1}^{\infty}(1+x^2)\mathrm{e}^{-nx}$,　$0\leqslant x<+\infty$;

(9) $\sum\limits_{n=1}^{\infty}2^n\ln\left(1+\dfrac{1}{3^nx}\right)$, ① $0<\delta<x<1$, ② $0<x<1$;

(10) $\sum\limits_{n=1}^{\infty}\tan\left(1+\dfrac{x}{n^2}\right)$, ① $0\leqslant x\leqslant 1$, ② $0\leqslant x<+\infty$.

4. 讨论下列函数列在给定区间上的一致收敛性:

(1) $S_n(x)=2n^2x\mathrm{e}^{-n^2x^2}$, ① $0<\delta<x<1$, ② $0<x<1$;

(2) $S_n(x)=\dfrac{x^n}{1+x^n}$, ① $0\leqslant x\leqslant\dfrac{1}{2}$, ② $1<x<+\infty$;

(3) $S_n(x)=(\cos x)^n$,　$0<x<1$;

(4) $S_n(x)=x^k\mathrm{e}^{-nx}$,　$k\geqslant 0$,　$0<x<+\infty$.

5. 设 $\sum\limits_{n=1}^{\infty} u_n(x)$ 在 (a, b) 内一致收敛, 在端点 $x=a, b$ 收敛, 证明: $\sum\limits_{n=1}^{\infty} u_n(x)$ 在区间 $[a,b]$ 上一致收敛.

6 . 设 $\sum\limits_{n=1}^{\infty} u_n(x)$ 在 (a, b) 内一致收敛, 对任意 n, $u_n(x) \in C[a,b]$, 证明: $\sum\limits_{n=1}^{\infty} u_n(x)$ 在区间 $[a,b]$ 上一致收敛.

7. 设 $\sum\limits_{n=1}^{\infty} u_n(x)$ 在 $x=a, b$ 点收敛, 对任意的 n, $u_n(x)$ 在 $[a,b]$ 上单调, 证明: $\sum\limits_{n=1}^{\infty} u_n(x)$ 在 $[a, b]$ 上一致收敛.

8. 证明: $\sum\limits_{n=1}^{\infty} (-1)^{n+1}\dfrac{\mathrm{e}^{x^2}+n}{n^2}$ 在 $[a, b]$ 上一致收敛但非绝对收敛. 举例说明绝对收敛的函数项级数不一定一致收敛.

9. 设 $\{S_n(x)\}$ 在 $[a, b]$ 上等度连续, 即对任意的 $\varepsilon>0$, 存在 $\delta>0$, 使得当 $x, y\in[a,b]$ 且 $|x-y|<\delta$ 时, 成立

$$|S(x)-S(y)|<\varepsilon, \quad \forall n,$$

又设 $\{S_n(x)\}$ 在 $[a,b]$ 上逐点收敛, 证明 $\{S_n(x)\}$ 在 $[a,b]$ 上一致收敛.

10. 利用柯西收敛准则证明: $\sum\limits_{n=1}^{\infty}\dfrac{\cos nx}{n}$ 在 $(0,1)$ 内非一致收敛.

12.2 和函数的分析性质

函数项级数的一致收敛性判别法只是函数项级数的理论工具, 和函数的性质是函数项级数的研究内容之一. 本小节, 我们开始研究和函数的分析性质, 如和函数的连续、可微等性质, 并由此讨论关于和函数的一些运算. 需要指明的是, 下面定理中的闭区间 $[a, b]$ 都可以用任意的区间代替.

一、 分析性质

定理 2.1 (连续性定理) 若 (1) $S_n(x)\overset{[a,b]}{\rightrightarrows}S(x)$, (2) $S_n(x)\in C[a,b]$ $(n=1,2,\cdots)$, 则 $S(x)\in C[a,b]$.

结构分析 根据定义, 要证 $S(x)\in C[a,b]$, 只需证明对任意 $x_0\in[a,b]$, $\varepsilon>0$, 存在 $\delta(\varepsilon,x_0)>0$, 使得

$$|S(x)-S(x_0)|<\varepsilon, \quad x\in U(x_0,\delta)\cap[a,b].$$

因此, 证明的关键是对上式左端的估计. 而我们知道的条件一是一致收敛性, 由此知道了 $|S_n(x)-S(x)|$, $x\in[a,b]$, 二是连续性, 由此知道了对某个 n 的估计式 $|S_n(x)-S_n(x_0)|<\varepsilon$, $(|x-x_0|<\delta(\varepsilon,x_0,n))$. 类比已知和要证明结论的结构, 确定用定义证明的思路, 利用插项方法估计 $|S(x)-S(x_0)|$, 实现利用已知的项对未知项的控制, 但是, 必须要解决估计过程中, 利用连续性所产生 $\delta(\varepsilon,x_0,n)$ 与 n 的

依赖关系, 因此, 必须将任意的 n 固定, 即固定下标实现化不定为确定, 这是证明中的技术要求.

证明　由于 $S_n(x) \overset{[a,b]}{\rightrightarrows} S(x)$, 则 $\forall\varepsilon>0$, 存在 $N(\varepsilon)$, 当 $n>N$ 时, 有

$$|S_n(x)-S(x)|<\varepsilon,\quad \forall x\in[a,b],$$

特别, 取 $n_0=N+1$, 则

$$|S_{n_0}(x)-S(x)|<\varepsilon,\quad \forall x\in[a,b];$$

任取 $x_0\in[a,b]$, 又 $\lim\limits_{x\to x_0}S_{n_0}(x)=S_{n_0}(x_0)$, 存在 $\delta(n_0,\varepsilon)=\delta(\varepsilon)$, 使得

$$|S_{n_0}(x)-S_{n_0}(x_0)|<\varepsilon,\quad x\in\cup(x_0,\delta)\cap[a,b],$$

因而, 当 $x\in\cup(x_0,\delta)\cap[a,b]$ 时,

$$|S(x)-S(x_0)|\leqslant|S(x)-S_{n_0}(x)|+|S_{n_0}(x_0)-S(x_0)|+|S_{n_0}(x)-S_{n_0}(x_0)|\leqslant 3\varepsilon,$$

利用 $x_0\in[a,b]$ 的任意性, 则, $S(x)\in C[a,b]$.

抽象总结　(1) 定理 2.1 的结论是定性的, 用定量的方式可以表示为

$$\lim_{x\to x_0}S(x)=S(x_0)=\lim_{n\to\infty}S_n(x_0)=\lim_{n\to\infty}\lim_{x\to x_0}S_n(x),$$

即两种极限运算可换序:

$$\lim_{x\to x_0}\lim_{n\to\infty}S_n(x)=\lim_{n\to\infty}\lim_{x\to x_0}S_n(x),$$

因此, 一致收敛性保证了上述两种运算的可换序.

(2) 可以用上述定理证明非一致收敛性, 即下述的推论.

推论 2.1　设 $S_n(x)\overset{[a,b]}{\to}S(x)$, $S_n(x)\in C[a,b]$, 若 $S(x)\notin C[a,b]$, 则 $\{S_n(x)\}$ 非一致收敛于 $S(x)$.

例如, 用推论 2.1 可以证明: $S_n(x)=x^n$ 在 $[0,1]$ 上非一致收敛, 因为其和函数 $S(x)=\begin{cases}0, & 0\leqslant x<1,\\ 1, & x=1\end{cases}$ 在 $[0,1]$ 上不连续.

定理 2.2 (可积性定理)　设 $S_n(x)\overset{[a,b]}{\rightrightarrows}S(x)$ 且 $S_n(x)\in C[a,b]$, 则

$$\lim_{n\to\infty}\int_a^b S_n(x)\mathrm{d}x=\int_a^b\lim_{n\to\infty}S_n(x)\mathrm{d}x=\int_a^b S(x)\mathrm{d}x,$$

即极限与积分可换序.

简析 题型是极限的验证, 直接用定义证明.

证明 由于 $S_n(x) \overset{[a,b]}{\rightrightarrows} S(x)$, $\forall\varepsilon > 0$, $\exists N > 0$, 当 $n > N$ 时,

$$|S_n(x) - S(x)| < \frac{\varepsilon}{b-a}, \quad \forall x \in [a,b],$$

故, 当 $n > N$ 时,

$$\left|\int_a^b S_n(x)\mathrm{d}x - \int_a^b S(x)\mathrm{d}x\right| \leqslant \int_a^b |S_n(x) - S(x)|\mathrm{d}x \leqslant \varepsilon,$$

因而,

$$\lim_{n\to\infty}\int_a^b S_n(x)\mathrm{d}x = \int_a^b \lim_{n\to\infty} S_n(x)\mathrm{d}x = \int_a^b S(x)\mathrm{d}x.$$

从证明过程中可知: 连续性的条件只是为了保证 $S(x)$ 的连续可积性, 因而, $S_n(x) \in C[a,b]$ 可减弱为 $S_n(x) \in R[a,b]$, $S(x) \in R[a,b]$.

定理 2.3 (可微性定理) 假设 $\{S_n(x)\}$ 满足: $S_n(x) \in C^1[a,b]$, $S_n(x) \to S(x)$, $x \in [a,b]$, 且 $S_n'(x) \overset{[a,b]}{\rightrightarrows} \sigma(x)$, 则 $S'(x) = \sigma(x)$, $x \in [a,b]$ 且 $S_n(x) \overset{[a,b]}{\rightrightarrows} S(x)$, 此外还成立

$$\frac{\mathrm{d}}{\mathrm{d}x}S(x) = \frac{\mathrm{d}}{\mathrm{d}x}\lim_{n\to\infty} S_n(x) = \sigma(x) = \lim_{n\to\infty} S_n'(x) = \lim_{n\to\infty}\frac{\mathrm{d}}{\mathrm{d}x}S_n(x),$$

即微分与极限运算可换序.

结构分析 我们知道积分和微分存在着量的关系, 而且我们已经知道了积分运算的相应结论, 因此, 证明的思路就是将微分关系转化为积分关系, 借用定理 2.2 完成证明, 即

$$S'(x) = \sigma(x) \text{ 等价于 } \int_a^x \sigma(t)\mathrm{d}t = \int_a^x S'(t)\mathrm{d}t = S(x) - S(a),$$

可以充分利用已知的积分换序定理证明结论.

证明 由于 $S_n'(x) \overset{[a,b]}{\rightrightarrows} \sigma(x)$, 由定理 2.2, 对 $x \in [a,b]$ 则

$$\begin{aligned}\int_a^x \sigma(t)\mathrm{d}t &= \int_a^x \lim_{n\to\infty} S_n'(t)\mathrm{d}t = \lim_{n\to\infty}\int_a^x S_n'(t)\mathrm{d}t \\ &= \lim_{n\to\infty}(S_n(x) - S_n(a)) = S(x) - S(a),\end{aligned}$$

由定理 2.1 得 $\sigma(x)\in C[a,b]$, 故 $\int_a^x \sigma(t)\mathrm{d}t\in C^1[a,b]$, 因而, 也有 $S(x)\in C^1[a,b]$, 对上式两端微分, 则 $S'(x)=\sigma(x)$, $x\in[a,b]$.

再次利用微积分关系式, 对 $x\in[a,b]$, 则

$$S_n(x)=\int_a^x S_n'(t)\mathrm{d}t+S_n(a),\quad S(x)=\int_a^x S'(t)\mathrm{d}t+S(a),$$

故,

$$\begin{aligned}S_n(x)-S(x)&=\int_a^x S_n'(t)\mathrm{d}t+S_n(a)-\int_a^x \sigma(t)\mathrm{d}t-S(a)\\&=\int_a^x (S_n'(t)-\sigma(t))\mathrm{d}t+(S_n(a)-S(a)),\end{aligned}$$

故, $S_n(x)\overset{[a,b]}{\rightrightarrows}S(x)$.

上述关于分析性质的定理, 可类似推广到函数项级数. 下面通过例子说明上述定理的应用.

二、 应用

例 1 证明: (1) $f(x)=\sum\limits_{n=1}^{\infty}\dfrac{\sin nx}{n}\in C(0,2\pi)$;

(2) $f(x)=\sum\limits_{n=1}^{\infty}\dfrac{\sin nx}{n^2}\in C^1(0,2\pi)$.

结构分析 题型是开区间上和函数的连续性证明, 研究对象是由函数项级数确定的函数, 由此, 确定用和函数性质的相关理论进行研究, 这就需要验证对应的一致收敛性. 但是, 简单分析可以发现, $\sum\dfrac{\sin nx}{n}$ 在 $(0,2\pi)$ 上是点收敛而不是一致收敛. 进一步分析结构特征, 注意到连续性是局部性质, 类比已知理论, 可以将其转化为内闭性质讨论以充分利用闭区间上的好性质、好方法, 这是局部概念特有的性质, 也是处理局部性性质的常用思想. 由此确定了方法, 只需验证对应的内闭一致收敛性成立.

证明 (1) 任取 $x_0\in(0,2\pi)$, 则存在 $\delta>0$, 使得 $x_0\in(\delta,2\pi-\delta)$, 类似前例, $\sum\dfrac{\sin nx}{n}$ 在 $[\delta,2\pi-\delta]$ 一致收敛. 由定理 2.1, $f(x)\in C[\delta,2\pi-\delta]$, 故, $f(x)$ 在 x_0 点连续, 由于 $x_0\in(0,2\pi)$ 的任意性, 因而, $f(x)\in C(0,2\pi)$.

(2) 考察其导数级数 $\sum\limits_{n=1}^{\infty}\dfrac{\cos nx}{n}$, 对任意的 $\delta\in(0,\pi)$, 则 $\sum\limits_{n=1}^{\infty}\dfrac{\cos nx}{n}$ 在 $[\delta,2\pi-\delta]$ 一致收敛, 因此, 由定理 2.3, $f'(x)=\sum\limits_{n=1}^{\infty}\dfrac{\cos nx}{n}$ 且 $f(x)\in C^1[\delta,2\pi-\delta]$, 由 δ

的任意性, 则 $f(x)=\sum\limits_{n=1}^{\infty}\frac{\sin nx}{n^2}\in C^1(0,2\pi)$.

例 2 证明: 当 $x\in(-1,1)$ 时,

$$\sum_{n=1}^{\infty}\frac{(-1)^{n-1}}{n}x^n=x-\frac{1}{2}x^2+\frac{1}{3}x^3-\cdots=\ln(1+x).$$

证明 考察级数 $\sum\limits_{n=1}^{\infty}(-1)^{n-1}x^{n-1}$. 则

$$\begin{aligned}S_n(x)&=\sum_{k=1}^{n}(-1)^{k-1}x^{k-1}=1-x+x^2+\cdots+(-1)^{n-1}x^{n-1}\\&=\frac{1-(-x)^n}{1+x},\quad x\in(-1,1),\end{aligned}$$

因而,

$$S_n(x)\to S(x)=\frac{1}{1+x},\quad x\in(-1,1),$$

即

$$S(x)=\sum_{n=1}^{\infty}(-1)^{n-1}x^{n-1}=\frac{1}{1+x},\quad x\in(-1,1).$$

对 $\forall\delta>0$, $\sum(1-\delta)^{n-1}$ 收敛, 由魏尔斯特拉斯判别法得 $\sum(-1)^{n-1}x^{n-1}$ 在 $[-1+\delta,1-\delta]$ 一致收敛, 因而, 由定理 2.2, 则

$$\sum\int_0^x(-1)^{n-1}(t)^{n-1}\mathrm{d}t=\int_0^x\frac{\mathrm{d}t}{1+t},\quad x\in[-1+\delta,1-\delta],$$

即

$$\sum_{n=1}^{\infty}\frac{(-1)^{n-1}}{n}x^n=\ln(1+x),\quad x\in[-1+\delta,1-\delta],$$

由 $\delta>0$ 的任意性, 则

$$\sum_{n=1}^{\infty}\frac{(-1)^{n-1}}{n}x^n=\ln(1+x),\quad x\in(-1,1).$$

抽象总结 这类题目从形式看是计算函数项级数的和函数, 处理这类题目的方法是利用已知的函数项级数及其和函数, 通过求积或求导计算新的函数项级数的和函数, 而已知的函数项级数就是两个基本的求和公式:

$$S(x)=\sum_{n=1}^{\infty}(-1)^{n-1}x^{n-1}=\frac{1}{1+x},\quad x\in(-1,1)$$

和

$$S(x)=\sum_{n=0}^{\infty}x^{n}=\frac{1}{1-x},\quad x\in(-1,1).$$

例 3 证明: $\sum\limits_{n=1}^{\infty}nx^n=\dfrac{x}{(1-x)^2}, \forall x\in(-1,1)$.

证明 易证 $\sum\limits_{n=0}^{\infty}x^n$ 在 $(-1,1)$ 点收敛于 $S(x)=\dfrac{1}{1-x}$ 且内闭一致收敛, 而 $\sum\limits_{n=1}^{\infty}nx^{n-1}$ 在 $(-1,1)$ 内闭一致收敛于 $\sigma(x)$, 则由定理 2.3, 得 $\sigma(x)=S'(x)=\dfrac{1}{(1-x)^2}$, 故,

$$\sum_{n=1}^{\infty}nx^n=x\sum_{n=1}^{\infty}nx^{n-1}=\frac{x}{(1-x)^2},\quad \forall x\in(-1,1).$$

习 题 12.2

1. 证明: $\sum\limits_{n=1}^{\infty}\arctan\dfrac{x}{n^2}$ 在 $(-\infty,+\infty)$ 上非一致收敛, 但是可以逐项求积和逐项求导, 即成立对任意的实数 a, b,

$$\int_a^b\sum_{n=1}^{\infty}\arctan\frac{x}{n^2}\mathrm{d}x=\sum_{n=1}^{\infty}\int_a^b\arctan\frac{x}{n^2}\mathrm{d}x,$$

以及对任意的 x, 成立

$$\frac{\mathrm{d}}{\mathrm{d}x}\sum_{n=1}^{\infty}\arctan\frac{x}{n^2}=\sum_{n=1}^{\infty}\frac{\mathrm{d}}{\mathrm{d}x}\arctan\frac{x}{n^2}.$$

2. 证明: 由 $\sum\limits_{n=1}^{\infty}\left(\dfrac{1}{n}-\dfrac{1}{n+x^k}\right)$ 在任何有限的区间都能确定一个连续函数.

3. 证明: $S(x)=\sum\limits_{n=1}^{\infty}\dfrac{1}{n^x}$ 在 $(1,+\infty)$ 内具有连续的导数.

4. 设 $S(x)=\sum\limits_{n=1}^{\infty}\dfrac{x^n}{2^n}\cos n(1-x)$, 计算 $\lim\limits_{x\to1}S(x)$.

5. 设 $S(x)=\sum\limits_{n=1}^{\infty}\dfrac{\cos nx}{n\sqrt{n}}$, (1) 计算 $\displaystyle\int_0^{\pi}S(x)\mathrm{d}x$; (2) 计算 $S'(x), x\in(0,2\pi)$.

6. 给出命题设对任意的 n, $S_n(x)\in C[a,b]$ 且 $\{S_n(x)\}$ 在区间 $[a, b]$ 上一致收敛于 $S(x)$, 则 $\{\mathrm{e}^{S_n(x)}\}$ 在区间 $[a, b]$ 上一致收敛于 $\mathrm{e}^{S(x)}$.

结构分析 从定量角度看, 从已知条件中相对于已知 $|S_n(x)-S(x)|$, 从要证明的结论中, 相对于研究 $|e^{S_n(x)}-e^{S(x)}|$, 从结构看, 能抽象出其结构特点是什么? 根据结构特点, 建立二者联系的理论工具是什么? 如何从后者中分离出前者? 要证明命题, 还需要解决什么问题? 如何解决? 给出命题的证明.

12.3 幂 级 数

本节利用函数项级数的理论研究最为简单的一类函数项级数——幂级数, 由于幂级数结构简单, 具有良好的性质, 在工程技术领域应用非常广泛, 因而, 从理论上对幂级数进行研究很有意义, 本节, 我们利用函数项级数理论, 研究幂级数的收敛性及其相关性质, 体现了从简单到复杂, 从特殊到一般再到特殊的研究思想.

一、 定义

我们引入最简单的函数项级数——幂级数.

定义 3.1 设 $\{a_n\}$ 为给定的数列, 称函数项级数 $\sum\limits_{n=0}^{\infty}a_n(x-x_0)^n$ 为幂级数.

结构分析 从结构形式看, 幂级数的通项具有幂函数结构, 幂级数是有限次多项式函数的推广, 多项式函数是函数中结构最简单的一类函数, 具有特殊的性质, 更便于研究, 因而, 幂级数也是一类最简单的函数项级数, 也必定具有一系列好的性质, 这是我们研究幂级数的原因之一. 另一方面, 我们已经学习过与幂级数结构相近的函数理论——泰勒展开理论, 也是基于幂函数结构简单, 便于运算等的原因, 我们将函数进行有限展开, 得到函数的泰勒展开式, 从而对函数进行近似研究. 比较二者的结构形式可以看出, 幂级数是泰勒展开式从有限到无限的推广, 因此, 可以猜想, 引入幂级数理论也是利用化繁为简的思想, 实现对复杂函数的更进一步的较为精确的研究.

在定义中, 若取 $x_0=0$, 我们得到更简单形式的幂级数 $\sum\limits_{n=0}^{\infty}a_nx^n$. 由于对一般的幂级数 $\sum\limits_{n=0}^{\infty}a_n(x-x_0)^n$, 都可以通过作变换 $t=x-x_0$ 将其转化为幂级数 $\sum\limits_{n=0}^{\infty}a_nt^n$. 另一方面, 从形式上看, 由于幂级数 $\sum\limits_{n=0}^{\infty}a_nx^n$ 中, 关于 x 的幂次按标准顺序逐次出现, 把这种类型的幂级数称为标准幂级数.

本节, 我们就以标准幂级数 $\sum a_nx^n$ 为例引入相关内容.

二、 收敛性质

幂级数是特殊的函数项级数, 其结构简单特殊, 因而具有特殊的收敛特性. 下面研究这些性质.

1. 幂级数的收敛特征

定理 3.1 (阿贝尔定理)

(1) 设 $\sum\limits_{n=0}^{\infty} a_n x^n$ 在 x_0 点收敛, 则对任意的 $x : |x| < |x_0|$, $\sum\limits_{n=0}^{\infty} a_n x^n$ 必绝对收敛.

(2) 设 $\sum\limits_{n=0}^{\infty} a_n x^n$ 在 x_0 点发散, 则对任意的 $x : |x| > |x_0|$, $\sum\limits_{n=0}^{\infty} a_n x^n$ 必发散.

简析　证明的关键是建立已知级数 $\sum a_n x_0^n$ 与要讨论级数 $\sum a_n x^n$ 之关系, 可以采用形式统一法.

证明　(1) 对任意的 $x : |x| < |x_0|$, 记 $r = \left|\dfrac{x}{x_0}\right|$, 则 $0 < r < 1$, 显然,

$$|a_n x^n| = |a_n x_0^n| \cdot \left|\frac{x}{x_0}\right|^n = |a_n x_0^n| \cdot r^n,$$

因为 $\sum\limits_{n=0}^{\infty} a_n x_0^n$ 收敛, 故, $\lim\limits_{n\to+\infty} a_n x_0^n = 0$, 因而 n 充分大时, $|a_n x_0^n| < 1$, 此时

$$|a_n x^n| \leqslant r^n,$$

由比较判别法得, $\sum\limits_{n=0}^{\infty} a_n x^n$ 绝对收敛.

(2) 类比结论 (1), 此结论用反证法证明.

设存在 $x_1 : |x_1| > |x_0|$, 使得 $\sum\limits_{n=0}^{\infty} a_n x_1^n$ 收敛, 则利用结论 (1), $\sum\limits_{n=0}^{\infty} a_n x_0^n$ 绝对收敛, 与条件矛盾, 故, 结论 (2) 成立.

注　结论 (1) 中, 不要求 $\sum\limits_{n=0}^{\infty} a_n x^n$ 在 x_0 点绝对收敛.

抽象总结　分析结构, 定理 3.1 反映了幂级数的收敛特征: ① 收敛点基本对称的分布特性, 即收敛点 "几乎" 关于原点对称分布 (对称区间的端点处, 敛散性不确定, 如 $\sum\limits_{n=0}^{\infty} (-1)^n \dfrac{x^n}{n}$, 当 $|x| < 1$ 时收敛, 当 $x = 1$ 时收敛, $x = -1$ 时发散). ② 在收敛点分布的对称区间内点处, 幂级数具有绝对收敛性.

通过上述幂级数的收敛特征, 可以设想: 应该存在 R, 使得 $|x| < R$ 时, $\sum\limits_{n=0}^{\infty} a_n x^n$ 收敛 (绝对), 而 $|x| > R$ 时, $\sum\limits_{n=0}^{\infty} a_n x^n$ 发散.

事实上, 这样的 R 是存在的. 为此, 我们引入收敛半径和收敛区间的概念.

2. 幂级数的收敛半径和收敛区间

定义 3.2 若存在正实数 R, 使得当 $|x|<R$ 时 $\sum\limits_{n=0}^{\infty} a_n x^n$ 收敛且绝对收敛; 当 $|x|>R$ 时 $\sum\limits_{n=0}^{\infty} a_n x^n$ 发散, 称 R 为 $\sum\limits_{n=0}^{\infty} a_n x^n$ 的收敛半径, 相应的 $(-R,R)$ 称为收敛区间.

特别, 当 $R=0$ 时, $\sum\limits_{n=0}^{\infty} a_n x^n$ 仅在 $x=0$ 点收敛; 当 $R=+\infty$ 时, $\sum\limits_{n=0}^{\infty} a_n x^n$ 在整个实数轴上收敛.

由于 $\sum\limits_{n=0}^{\infty} a_n x^n$ 在点 $x=\pm R$ 处的收敛性具有不确定性, 我们引入收敛域的定义.

定义 3.3 称 $(-R,R)\cup\{$收敛的端点$\}$ 为 $\sum\limits_{n=0}^{\infty} a_n x^n$ 的收敛域, 即收敛域是所有收敛点的集合.

如, 利用数项级数理论可以验证: $\sum\limits_{n=0}^{\infty}(-1)^n\dfrac{x^n}{n}$ 的收敛域为 $(-1,1]$; $\sum\limits_{n=0}^{\infty}\dfrac{x^n}{n^2}$ 的收敛域为 $[-1,1]$; $\sum\limits_{n=0}^{\infty} x^n$ 的收敛域为 $(-1,1)$. 三者的收敛区间都是 $(-1,1)$.

通过上述定义可知, 确定幂级数 $\sum\limits_{n=0}^{\infty} a_n x^n$ 的收敛性, 只需确定收敛半径及端点的收敛性, 因此, 关键是确定 R. 那么, 如何确定 R? 我们从分析使得 $\sum\limits_{n=0}^{\infty} a_n x^n$ 收敛的点 x 的结构入手. 由于幂级数通项的 n 幂次的结构形式, 我们用根式判别法判断级数的敛散性, 对 $\forall x$, 由于

$$\lim_{n\to\infty}\sqrt[n]{|a_n x^n|}=|x|\lim_{n\to\infty}\sqrt[n]{|a_n|},$$

因此, 若存在极限 $\lim\limits_{n\to\infty}\sqrt[n]{|a_n|}=r$, 则当 $|x|\cdot r<1$, 即 $|x|<\dfrac{1}{r}$ 时, $\sum\limits_{n=0}^{\infty} a_n x^n$ 绝对收敛; 当 $|x|\cdot r>1$, 即 $|x|>\dfrac{1}{r}$ 时, $\sum\limits_{n=0}^{\infty} a_n x^n$ 发散. 因此, 必有

$$R=\frac{1}{r}=\frac{1}{\lim\limits_{n\to\infty}\sqrt[n]{|a_n|}}.$$

定理 3.2 若 $r=\lim\limits_{n\to+\infty}\sqrt[n]{|a_n|}$ 存在, 则 $R=\dfrac{1}{r}$ 是 $\sum\limits_{n=0}^{\infty} a_n x^n$ 的收敛半径; 特别, 当 $r=0$ 时, $R=+\infty$; 当 $r=+\infty$ 时, $R=0$.

如当 $R=0$ 时, $\sum\limits_{n=0}^{\infty} a_n x^n$ 只在 $x=0$ 点收敛, 如 $\sum\limits_{n=0}^{\infty} n!x^n$; 当 $R=+\infty$ 时, $\sum\limits_{n=0}^{\infty} a_n x^n$ 在整个实数轴上收敛, 如 $\sum\limits_{n=0}^{\infty} \dfrac{x^n}{n^n}$.

当 $\lim\limits_{n\to\infty} \sqrt[n]{|a_n|}$ 不存在时, 由于 $\overline{\lim\limits_{n\to+\infty}} \sqrt[n]{|a_n|}$ 一定存在, 此时, 可用 $\overline{\lim\limits_{n\to+\infty}} \sqrt[n]{|a_n|}$ 代替 $\lim\limits_{n\to\infty} \sqrt[n]{|a_n|}$, 此时结论仍然成立.

同样可以利用比值法导出收敛半径.

定理 3.3　若存在极限 $r=\lim\limits_{n\to+\infty} \dfrac{|a_{n+1}|}{|a_n|}$, 则 $R=\dfrac{1}{r}$ 为 $\sum\limits_{n=0}^{\infty} a_n x^n$ 的收敛半径.

同样可以用上极限代替定理 3.3 中的极限, 即当 $\lim\limits_{n\to+\infty} \dfrac{|a_{n+1}|}{|a_n|}$ 不存在时, 可取 $r=\overline{\lim\limits_{n\to+\infty}} \dfrac{|a_{n+1}|}{|a_n|}$.

例 1　计算下列幂级数的收敛半径、收敛域及和函数:

(1) $\sum\limits_{n=0}^{\infty} x^n$; (2) $\sum\limits_{n=0}^{\infty} (-1)^n x^n$.

解　显然, 二者的收敛半径都是 1, 即 $R=1$, 收敛域都是 $(-1,1)$.

(1) 利用等比数列的求和公式, 则其部分和函数为

$$S_n(x)=\sum_{k=0}^{n} x^k=\frac{1-x^n}{1-x},\quad x\in(-1,1),$$

故, 其和函数为

$$S(x)=\lim_{n\to+\infty} S_n(x)=\frac{1}{1-x},\quad x\in(-1,1).$$

(2) 类似, 其部分和为

$$S_n(x)=\sum_{k=0}^{n} x^k=\frac{1-(-x)^n}{1+x},\quad x\in(-1,1),$$

因而, 其和函数为

$$S(x)=\lim_{n\to+\infty} S_n(x)=\frac{1}{1+x},\quad x\in(-1,1).$$

抽象总结　我们再次利用幂级数理论导出了函数项级数求和的两个基本公式, 这两个结果将是后面计算幂级数的和函数的基本结论, 我们把这两个幂级数称为基本幂级数, 上述公式称为基本求和公式.

例 2 计算下列幂级数的收敛半径和收敛域:

(1) $\sum\limits_{n=1}^{\infty} \frac{x^n}{n}$; (2) $\sum\limits_{n=1}^{\infty} \frac{(x-1)^n}{n^2}$; (3) $\sum\limits_{n=1}^{\infty} n(x+1)^n$.

解 (1) 由于 $\lim\limits_{n\to\infty} \sqrt[n]{\frac{1}{n}} = 1$, 故 $R = 1$.

当 $x = 1$ 时, $\sum\limits_{n=1}^{\infty} \frac{x^n}{n}\Big|_{x=1} = \sum\limits_{n=1}^{\infty} \frac{1}{n}$ 发散; 当 $x = -1$ 时, $\sum\limits_{n=1}^{\infty} \frac{x^n}{n}\Big|_{x=1} = \sum\limits_{n=1}^{\infty} \frac{(-1)^n}{n}$ 收敛, 故其收敛域为 $[-1, 1)$.

(2) 令 $t = x - 1$, 考虑 $\sum\limits_{n=1}^{\infty} \frac{t^n}{n^2}$, 由于 $\lim\limits_{n\to\infty} \left(\frac{1}{n^2}\right)^{\frac{1}{n}} = 1$, 故 $R_t = 1$.

由于 $\sum\limits_{n=1}^{\infty} \frac{(-1)^n}{n^2}$, $\sum\limits_{n=1}^{\infty} \frac{1}{n^2}$ 都收敛, 故, $\sum\limits_{n=1}^{\infty} \frac{t^n}{n^2}$ 的收敛域为 $[-1, 1]$, 即 $-1 \leqslant t \leqslant 1$ 时, $\sum\limits_{n=1}^{\infty} \frac{t^n}{n^2}$ 收敛, 因而 $-1 \leqslant x - 1 \leqslant 1$, 即 $0 \leqslant x \leqslant 2$ 时, $\sum\limits_{n=1}^{\infty} \frac{(x-1)^n}{n^2}$ 收敛, 因而, $\sum\limits_{n=1}^{\infty} \frac{(x-1)^n}{n^2}$ 的收敛半径为 1, 收敛域为 $[0, 2]$.

(3) 令 $t = x + 1$, 考虑 $\sum\limits_{n=0}^{\infty} nt^n$, 其收敛半径 $R_t = 1$, 收敛域为 $(-1, 1)$, 因而原级数的收敛半径为 1, 收敛域为 $-1 < x + 1 < 1$, 即 $x \in (-2, 0)$.

从例 1 可以看出, 幂级数在端点 $x = \pm R$ 处有不同的敛散性.

例 3 计算下列幂级数的收敛半径和收敛域:

(1) $\sum\limits_{n=0}^{\infty} n^n x^n$; (2) $\sum\limits_{n=1}^{\infty} \frac{x^n}{n!}$.

解 (1) 由于 $\lim\limits_{n\to+\infty} (n^n)^{\frac{1}{n}} = +\infty$, 故 $R = 0$, 因而, $\sum\limits_{n=0}^{\infty} n^n x^n$ 的收敛域为 $\{0\}$, 即只有 $x = 0$ 才是收敛点.

(2) 采用比值法, 由于 $\lim\limits_{n\to+\infty} \frac{n!}{(n+1)!} = \lim\limits_{n\to+\infty} \frac{1}{n+1} = 0$, 故 $R = +\infty$, 故, $\sum\limits_{n=1}^{\infty} \frac{x^n}{n!}$ 的收敛域为 $(-\infty, +\infty)$.

上述几个例子, 给出的是标准幂级数收敛半径的计算. 对于非标准的隔项幂级数, 有时可以利用变换化为标准幂级数, 对不能用变换化为标准幂级数的, 须用前述的收敛半径的计算思想来进行计算.

例 4 考察 $\sum\limits_{n=0}^{\infty} 2^n x^{2n}$ 的收敛半径与收敛域.

解　法一　记 $t=x^2$, 考察幂级数 $\sum\limits_{n=0}^{\infty}2^nt^n$. 易计算其收敛半径为 $R_t=\dfrac{1}{2}$, 因而, 当 $|t|<\dfrac{1}{2}$ 时, $\sum\limits_{n=0}^{\infty}2^nt^n$ 收敛, 故, 当 $x^2<\dfrac{1}{2}$, 即 $-\dfrac{1}{\sqrt{2}}<x<\dfrac{1}{\sqrt{2}}$ 时, $\sum\limits_{n=0}^{\infty}2^nx^{2n}$ 收敛. $x=\pm\dfrac{1}{\sqrt{2}}$ 时, $\sum\limits_{n=0}^{\infty}2^nx^{2n}$ 都发散, 因而其收敛域为 $\left(-\dfrac{1}{\sqrt{2}},\dfrac{1}{\sqrt{2}}\right)$.

法二　记 $u_n=2^n|x|^{2n}$, 则

$$\lim_{n\to\infty}u_n^{\frac{1}{n}}=2|x|^2,$$

故, 当 $|x|<\dfrac{1}{\sqrt{2}}$ 时, $\lim\limits_{n\to\infty}u_n^{\frac{1}{n}}<1$, 此时级数绝对收敛, 当 $|x|>\dfrac{1}{\sqrt{2}}$ 时, $\lim\limits_{n\to\infty}u_n^{\frac{1}{n}}>1$, 此时发散. 因而, 其收敛半径为 $R=\dfrac{1}{\sqrt{2}}$, 当 $x=\pm\dfrac{1}{\sqrt{2}}$ 时, 幂级数都发散, 因而其收敛域为 $\left(-\dfrac{1}{\sqrt{2}},\dfrac{1}{\sqrt{2}}\right)$.

抽象总结　此例给出的两种计算方法对应于前述我们经常提到的直接转化和简洁化用法.

例 5　考察 $\sum\limits_{n=0}^{\infty}\dfrac{x^{n^2}}{2^n}$ 的收敛半径与收敛域.

简析　此时, 不能通过变换化为标准幂级数, 需采用收敛半径的计算思想来进行.

解　记 $u_n=\dfrac{|x|^{n^2}}{2^n}$, 则

$$\lim_{n\to\infty}u_n^{\frac{1}{n}}=\lim_{n\to+\infty}\frac{|x|^n}{2},$$

故, 当 $|x|<1$ 时, $\lim\limits_{n\to\infty}u_n^{\frac{1}{n}}=0$, 此时级数绝对收敛; 当 $|x|>1$ 时, $\lim\limits_{n\to\infty}u_n^{\frac{1}{n}}=+\infty$, 此时级数发散; 故 $R=1$, 显然 $x=\pm1$ 时, $\sum\limits_{n=0}^{\infty}\dfrac{x^{n^2}}{2^n}$ 也收敛, 故, 其收敛域为 $[-1,1]$.

3. 幂级数的一致收敛特性

上述通过收敛半径讨论了幂级数的收敛与绝对收敛性, 下面进一步讨论一致收敛性.

定理 3.4 (阿贝尔第二定理)　设 $\sum\limits_{n=0}^{\infty}a_nx^n$ 的收敛半径为 R, 则 $\sum\limits_{n=0}^{\infty}a_nx^n$ 在 $(-R,R)$ 上内闭一致收敛; 又若 $\sum\limits_{n=0}^{\infty}a_nR^n$ 收敛, 则在 $(-R,R]$ 上内闭一致收敛; 若

$\sum\limits_{n=0}^{\infty} a_n(-R)^n$ 收敛, 则在 $[-R,R)$ 上内闭一致收敛; 若 $\sum\limits_{n=0}^{\infty} a_nR^n$, $\sum\limits_{n=0}^{\infty} a_n(-R)^n$ 都收敛, 则在 $[-R,R]$ 上一致收敛.

证明 任取 $[a,b]\subset(-R,R)$, 存在 $\delta>0$, 使得 $[a,b]\subset[-R+\delta,R-\delta]\subset(-R,R)$, 由于 $|R-\delta|<R$, 则 $\sum\limits_{n=0}^{\infty} a_n(R-\delta)^n$ 绝对收敛.

又 $x\in[a,b]$ 时, $|a_nx^n|\leqslant|a_n||R-\delta|^n$, 由魏尔斯特拉斯判别法, $\sum\limits_{n=0}^{\infty} a_nx^n$ 在 $[a,b]$ 上一致收敛, 因而, 其在 $(-R,R)$ 上内闭一致收敛.

若 $\sum\limits_{n=0}^{\infty} a_nR^n$ 收敛, 视为函数项级数是一致收敛的, 由于 $\sum\limits_{n=0}^{\infty} a_nx^n=\sum\limits_{n=0}^{\infty} a_nR^n\cdot\dfrac{x^n}{R^n}$, 因此, $\forall x\in[0,R]$, 由于 $0\leqslant\dfrac{x}{R}<1$, 故 $\dfrac{x^n}{R^n}$ 关于 n 单调且 $\left|\dfrac{x^n}{R^n}\right|\leqslant1$ 一致有界, 故, 由阿贝尔判别法: $\sum\limits_{n=0}^{\infty} a_nx^n$ 在 $[0,R]$ 上一致收敛.

当 $[b,0]\subset(-R,0]$ 时, 由定理 3.2, $\sum\limits_{n=0}^{\infty} a_nb^n$ 绝对收敛, 且

$$|a_nx^n|\leqslant|a_nb^n|,\quad \forall x\in[b,0],$$

因而, $\sum\limits_{n=0}^{\infty} a_nx^n$ 在 $[b,0]$ 上一致收敛.

因此, 对任意的 $[a,b]\subset(-R,R]$, $\sum\limits_{n=0}^{\infty} a_nx^n$ 在 $[a,b]$ 上一致收敛.

后两种情形类似证明.

抽象总结 将上述结论可以总结为: 设 $\sum\limits_{n=0}^{\infty} a_nx^n$ 的收敛半径为 R, 则 ① 在 $(-R,R)$ 内每点都绝对收敛, ② 在收敛的端点仅是收敛 (不一定绝对收敛), ③ 在 $(-R,R)$ 上内闭一致收敛, 且一致收敛性可延至收敛的端点. 这些结论体现了幂级数具有较好的收敛性和一致收敛性.

三、 幂级数和函数的分析性质

利用函数项级数理论, 基于幂级数的一致收敛性, 就可以建立幂级数和函数的分析性质.

设 $\sum\limits_{n=0}^{\infty} a_nx^n$ 的收敛半径为 R, 并记

$$S(x)=\sum_{n=0}^{\infty} a_nx^n,\quad x\in(-R,R).$$

定理 3.5 (连续性定理)　对幂级数成立结论,

(1) $S(x)\in C(-R,R)$;

(2) 又若 $\sum\limits_{n=0}^{\infty}a_nR^n$ 收敛, 则 $S(x)\in C(-R,R]$;

(3) 若 $\sum\limits_{n=0}^{\infty}a_n(-R)^n$ 收敛, 则 $S(x)\in C[-R,R)$;

(4) 若 $\sum\limits_{n=0}^{\infty}a_nR^n$ 和 $\sum\limits_{n=0}^{\infty}a_n(-R)^n$ 收敛, 则 $S(x)\in C[-R,R]$, 即和函数连续到收敛的端点.

定理 3.6 (逐项求积定理)　对 $\forall x\in(-R,R)$, 则

$$\int_0^x S(t)\mathrm{d}t=\int_0^x\sum_{n=0}^{\infty}a_nt^n\mathrm{d}t=\sum_{n=0}^{\infty}\frac{1}{n+1}a_nx^{n+1}.$$

定理 3.7 (逐项求导定理)　对 $\forall x\in(-R,R)$, 则 $S(x)\in C^1(-R,R)$ 且

$$S'(x)=\frac{\mathrm{d}}{\mathrm{d}x}\sum_{n=0}^{\infty}a_nx^n=\sum_{n=1}^{\infty}a_nnx^{n-1},$$

进一步还有 $S(x)\in C^{\infty}(-R,R)$.

抽象总结　上述定理表明: 幂级数逐项求导和求积后仍是幂级数且收敛半径不变, 但在 $x=\pm R$ 处, 收敛性可能会改变, 这是幂级数具有的又一类好性质, 定量表示为

$$S(x)=\sum_{n=0}^{\infty}a_nx^n,\quad x\in(-R,R),$$

$$\int_0^x S(t)\mathrm{d}t=\sum_{n=0}^{\infty}\frac{1}{n+1}a_nx^{n+1},\quad x\in(-R,R),$$

$$S'(x)=\sum_{n=1}^{\infty}a_nnx^{n-1},\quad x\in(-R,R),$$

对比三者结构的变化, 逐项求积后在原幂级数的系数前出现因子 $\dfrac{1}{n+1}$, 逐项求导后在原幂级数的系数前出现因子 n, 因此, 在后续处理问题时, 若研究的幂级数中有 $\dfrac{1}{n+1}$ 结构的因子时, 可以将其视为某个幂级数的逐项求积, 或通过逐项求导可以消去此因子; 若研究的幂级数中有 n 结构的因子时, 可以将其视为某个幂级

数的逐项求积, 或通过逐项求积可以消去此因子, 这为我们对幂级数的研究提供了线索和思路.

根据上述性质并结合上述的分析, 我们可以进行幂级数的和函数的计算. 计算的基本方法是利用逐项求导或求积定理, 将要计算的幂级数转化为基本幂级数, 利用基本和函数公式得到求导或求积后的函数, 再经过反向的函数运算即求积或求导得到要计算的函数.

例 6 计算下述幂级数的和函数:

(1) $\sum\limits_{n=1}^{\infty}\dfrac{1}{n+1}x^n$; (2) $\sum\limits_{n=1}^{\infty}\dfrac{x^{n+1}}{n(n+1)}$.

思路分析 类比基本幂级数, (1) 中多出因子 $\dfrac{1}{n+1}$, (2) 中多出 $\dfrac{1}{n(n+1)}$, 为将其转化为基本幂级数, 需要通过逐次求导消去多出的因子, 这是整体的处理思路, 还需要根据结构进行细节上的技术处理, 主要解决求导时能消去相应的因子, 当然, 在求导过程中注意首项的变化, 这涉及和函数的计算.

解 (1) 易计算 $\sum\limits_{n=1}^{\infty}\dfrac{1}{n+1}x^n$ 的收敛域为 $[-1,1)$, 因此, 可以定义 $f(x)=\sum\limits_{n=1}^{\infty}\dfrac{1}{n+1}x^n, x\in[-1,1)$.

记 $g(x)=\sum\limits_{n=1}^{\infty}\dfrac{x^{n+1}}{n+1}$, 由于 $\sum\limits_{n=1}^{\infty}\dfrac{x^{n+1}}{n+1}$ 的收敛半径为 1, 收敛域为 $(-1,1)$, 则 $g(x)$ 在 $(-1,1)$ 上有定义.

利用逐项求导定理, 则

$$g'(x)=\sum_{n=1}^{\infty}x^n=\frac{x}{1-x},\quad x\in(-1,1),$$

两端求积分, 则

$$g(x)=g(0)+\int_0^x\frac{t}{1-t}\mathrm{d}t=-\ln(1-x)-x,\quad x\in(-1,1),$$

故,

$$f(x)=\frac{1}{x}g(x)=-\frac{1}{x}\ln(1-x)-1,\quad x\in(-1,0)\cup(0,1),$$

由于 $f(x)\in C[-1,1)$, 因而,

$$\sum_{n=1}^{\infty}\frac{1}{n+1}x^n=\begin{cases}-\dfrac{1}{x}\ln(1-x)-1, & x\in[-1,0)\cup(0,1),\\ 0, & x=0.\end{cases}$$

(2) 记 $f(x)=\sum\limits_{n=1}^{\infty}\frac{x^{n+1}}{n(n+1)}$, 此级数的收敛域为 $[-1,1]$, 则 $f(x)$ 在 $[-1,1]$ 上有定义. 利用逐项求导定理, 则

$$f'(x)=\sum_{n=1}^{\infty}\frac{x^n}{n},\quad x\in(-1,1),$$

再次求导, 利用已知公式, 则

$$f''(x)=\sum_{n=1}^{\infty}x^{n-1}=\frac{1}{1-x},\quad x\in(-1,1),$$

由于 $f'(0)=0$, 利用积分理论, 则

$$f'(x)=\int_0^x f''(t)\mathrm{d}t=-\ln(1-x),\quad x\in(-1,1),$$

同样, 再求积, 则

$$f(x)=\int_0^x f'(t)\mathrm{d}t=(1-x)\ln(1-x)+x,\quad x\in(-1,1),$$

利用连续性定理, 故

$$\sum_{n=1}^{\infty}\frac{x^{n+1}}{n(n+1)}=(1-x)\ln(1-x)+x,\quad x\in[-1,1].$$

例 6 也可以从已知结论 $\sum\limits_{n=1}^{\infty}x^{n-1}=\frac{1}{1-x},\quad x\in(-1,1)$, 通过逐项求积来完成.

抽象总结　上述两个例子采用了两种不同的处理方法, 自行进行总结.

例 7　证明: $1-\frac{1}{2}+\frac{1}{3}-\frac{1}{4}+\cdots+(-1)^{n+1}\frac{1}{n}+\cdots=\ln 2.$

简析　这是数项级数的求和, 既非等差也非等比结构, 数项级数理论不能解决. 函数项级数或幂级数理论给出数项级数求和的新方法, 即将数项级数视为函数项级数在某点处的函数值, 先计算和函数, 再计算对应的函数值. 关键问题是构造幂级数, 通常是直接构造法.

证明　考虑幂级数 $\sum\limits_{n=0}^{\infty}(-1)^n\frac{1}{n+1}x^{n+1}$, 易知其收敛半径 $R=1$, 收敛域为 $(-1,1]$.

易知

$$\sum_{n=0}^{\infty}(-1)^{n+1}x^n = 1 - x + x^2 + \cdots + (-1)^{n+1}x^n + \cdots = \frac{1}{1+x}, \quad x \in (-1,1),$$

利用逐项求积定理, 则

$$x - \frac{1}{2}x + \frac{1}{3}x^3 + \cdots + (-1)^n \frac{1}{n+1}x^{n+1} + \cdots = \ln(1+x), \quad x \in (-1,1),$$

进一步利用连续性定理, 则

$$x - \frac{1}{2}x + \frac{1}{3}x^3 + \cdots + (-1)^n \frac{1}{n+1}x^{n+1} + \cdots = \ln(1+x), \quad x \in (-1,1],$$

取 $x=1$ 即得结论.

例 8 求 $\sum\limits_{n=1}^{\infty}\dfrac{2n-1}{2^n}$.

解 **法一** 考虑级数

$$\sum_{n=1}^{\infty} x^{2n-1} = x + x^3 + x^5 + \cdots,$$

易知

$$\sum_{n=1}^{\infty} x^{2n-1} = \frac{x}{1-x^2}, \quad x \in (-1,1),$$

逐项求导得

$$\sum_{n=1}^{\infty}(2n-1)x^{2(n-1)} = \frac{1+x^2}{(1-x^2)^2}, \quad x \in (-1,1),$$

因此, 两边同乘 x^2, 得

$$\sum_{n=1}^{\infty}(2n-1)x^{2n} = \frac{x^2(1+x^2)}{(1-x^2)^2}, \quad x \in (-1,1),$$

取 $x = \dfrac{1}{\sqrt{2}}$, 则 $\sum\limits_{n=1}^{\infty}\dfrac{2n-1}{2^n} = 3$.

法二 由于 $\sum\limits_{n=1}^{\infty}\dfrac{2n-1}{2^n} = \sum\limits_{n=1}^{\infty} n\dfrac{1}{2^{n-1}} - \sum\limits_{n=1}^{\infty}\left(\dfrac{1}{2}\right)^n$. 故考虑级数 $\sum\limits_{n=1}^{\infty} x^n$, $\sum\limits_{n=1}^{\infty} nx^{n-1}$,

易知

$$S(x) = \sum_{n=1}^{\infty} x^n = \frac{x}{1-x}, \quad x \in (-1,1),$$

且由逐项求导定理得

$$\sum_{n=1}^{\infty} nx^{n-1} = \sum_{n=1}^{\infty} \frac{\mathrm{d}}{\mathrm{d}x} x^n = \frac{\mathrm{d}}{\mathrm{d}x} \sum_{n=1}^{\infty} x^n = \frac{\mathrm{d}}{\mathrm{d}x} S(x) = \frac{1}{(1-x)^2}, \quad x \in (-1,1),$$

取 $x = \frac{1}{2}$, 则

$$\sum_{n=1}^{\infty} \left(\frac{1}{2}\right)^n = S\left(\frac{1}{2}\right) = 1,$$

$$\sum_{n=1}^{\infty} n \frac{1}{2^{n-1}} = \left.\frac{1}{(1-x)^2}\right|_{x=\frac{1}{2}} = 4,$$

故, $\sum\limits_{n=1}^{\infty} \frac{2n-1}{2^n} = 3$.

抽象总结　对这类数项级数求和, 由于通项中含有 n 次幂形式, 因而, 计算的思想是将其转化为幂级数在某点处的函数值, 因此, 先计算一个幂级数, 再求函数值, 由此得到一种计算具有幂结构的数项级数的求和方法.

习　题　12.3

1. 确定下列幂级数的收敛域.

(1) $\sum\limits_{n=1}^{\infty} \frac{x^n}{n}$;

(2) $\sum\limits_{n=2}^{\infty} \frac{x^n}{n \ln^2 n}$;

(3) $\sum\limits_{n=1}^{\infty} \left[\left(1+\frac{1}{n}\right)^n (x+1)\right]^n$;

(4) $\sum\limits_{n=1}^{\infty} \frac{1+(-1)^{n+1}}{n} x^n$;

(5) $\sum\limits_{n=1}^{\infty} \frac{x^{n^2}}{n^2}$;

(6) $\sum\limits_{n=1}^{\infty} \frac{4-(-2)^n}{n} x^n$;

(7) $\sum\limits_{n=1}^{\infty} \frac{\sum\limits_{k=1}^{n} \frac{1}{k}}{n!} x^n$;

(8) $\sum\limits_{n=1}^{\infty} \left(\frac{1}{n} + \frac{2^n}{n^2}\right)(x-1)^n$.

2. 设 $\sum\limits_{n=1}^{\infty} a_n x^n$ 和 $\sum\limits_{n=1}^{\infty} b_n x^n$ 的收敛半径分别为 R_1 和 R_2, 证明:

(1) $\sum\limits_{n=1}^{\infty} (a_n + b_n) x^n$ 的收敛半径不小于 $\min\{R_1, R_2\}$;

(2) $\sum\limits_{n=1}^{\infty} a_n b_n x^n$ 的收敛半径不小于 $R_1 R_2$;

举例说明 (1) 和 (2) 中的“严格大于”的情况也可以发生.

3. 设 $\sum\limits_{n=1}^{\infty} a_n x^n$ 的收敛半径为 $R>0$, 且 $a_n \geqslant 0$, 证明: 不论 $\sum\limits_{n=1}^{\infty} a_n R^n$ 是否收敛, 都有 $\lim\limits_{x \to R^-} \sum\limits_{n=1}^{\infty} a_n x^n = \sum\limits_{n=1}^{\infty} a_n R^n$.

4. 设 $\sum\limits_{n=0}^{\infty} a_n x^n$ 的收敛半径为 R, $\sum\limits_{n=0}^{\infty} \dfrac{a_n}{n+1} R^{n+1}$ 收敛, 证明:

$$\int_0^R \sum_{n=0}^{\infty} a_n x^n \mathrm{d}x = \sum_{n=0}^{\infty} \frac{a_n}{n+1} R^{n+1}.$$

5. 设 $\sum\limits_{n=1}^{\infty} a_n x^n$ 的收敛半径为 1, 且 $a_n > 0$, 又设 $\lim\limits_{x\to 1^-} \sum\limits_{n=1}^{\infty} a_n x^n = s$, 证明: $\sum\limits_{n=1}^{\infty} a_n = s$.

6. 求幂级数的和函数.

(1) $\sum\limits_{n=1}^{\infty} n(n+1)x^n$; (2) $\sum\limits_{n=0}^{\infty} \dfrac{x^{2n+1}}{2n+1}$.

7. 求数项级数的和.

(1) $\sum\limits_{n=1}^{\infty} (-1)^n \dfrac{n^2}{2^n}$; (2) $\sum\limits_{n=1}^{\infty} \dfrac{1}{n2^n}$.

8. 给出命题: 设 $f(x) = \sum\limits_{n=1}^{\infty} \dfrac{x^n}{n^2}$, 则成立

$$f(x) + f(1-x) + \ln x \ln(1-x) = \frac{\pi^2}{6}, \quad 0 < x < 1.$$

结构分析 所成立的结论的类型是什么? 证明这类结论常用的方法是什么? 根据所给函数 $f(x)$ 的结构特点和你所给出的方法, 需要用到哪些理论? 给出命题的证明.

提示: 已知结论 $\sum\limits_{n=1}^{\infty} \dfrac{1}{n^2} = \dfrac{\pi^2}{6}$, 考虑例 6 的结论.

12.4 函数的幂级数

12.3 节的介绍表明: 幂级数具有很好的性质, 由此可以带来很多的应用优势, 如数值模拟和计算. 事实上, 许多应用领域对函数的模拟和计算, 都是将函数近似之后进行的. 所谓近似, 实际就是找一个替代物, 这个替代物形式简单, 易于研究(性质), 便于计算. 而幂级数正具有这方面的特征. 那么, 函数能否用幂级数来代替? 或者说能否展开成幂级数? 若能, 要求的条件是什么, 如何展开? 这就是本节的研究内容.

我们已经学过类似的函数展开理论, 即泰勒展开, 因此, 先从泰勒展开说起.

我们知道, 如果 $f(x)$ 在 x_0 的某邻域 $U(x_0)$ 内有 $n+1$ 阶连续导数, 则

$$f(x) = f(x_0) + f'(x_0)(x-x_0) + \cdots + \frac{f^{(n)}(x_0)}{n!}(x-x_0)^n + R_n(x), \quad x \in U(x_0),$$

其中 $R_n(x)$ 为余项.

观察上述展开式, 我们得到如下信息: ① $f(x)$ 满足 $f \in C^{n+1}$, ② 展开式是有限展开的形式, ③ 与幂级数相比: 二者形式相近, 只在有限与无限之分.

因此, 要从泰勒展开式进一步展开成幂级数, 只需将上述展开过程无限进行下去, 这就要求 ① $f \in C^{\infty}$, ② 能无限展开. 但仅考虑上述两个方面还不够, 因为在有限泰勒展开过程中, 不必考虑收敛性问题, 因为有限和总是有意义的, 一旦将有限过程转化为无限过程, 必须考虑最重要的问题, 收敛性问题. 换句话, 设 $f(x)$ 满足 C^{∞} 条件, 也能将泰勒展开无限进行下去, 那么无限展开后得到的级数是否收敛? 是否就是 $f(x)$ 呢? 先看一个例子, 如

$$f(x)=\begin{cases} \mathrm{e}^{-\frac{1}{x^2}}, & x\neq 0,\\ 0, & x=0,\end{cases}$$

则 $f \in C^{\infty}$ 且 $f^{(n)}(0)=0$, 因此, 在 $x_0=0$ 点无限展开成通项为 0 级数, 显然这样的展开只能保证在 $x=0$ 点等于 $f(x)$, 即在 $x\neq 0$ 点展开式与 $f(x)$ 不相等. 因此, 不加任何条件时, 结论并不成立.

那么, 什么条件下, 展开式为 $f(x)$ 本身? 通过泰勒展开, 明显地可以获得下述结论.

定理 4.1　设 $f(x)$ 在 $U(x_0)$ 具有任意阶导数, 则 $f(x)$ 在 $U(x_0)$ 展开成幂级数

$$f(x)=\sum_{n=0}^{\infty}\frac{f^{(n)}(x_0)}{n!}(x-x_0)^n,\quad x\in U(x_0),$$

当且仅当 $\lim\limits_{n\to+\infty}R_n(x)=0$, $x\in U(x_0)$.

证明　充分性　由于 $f \in C^{\infty}$, 故, $f(x)$ 可进行泰勒展开

$$f(x)=f(x_0)+f'(x_0)(x-x_0)+\cdots+\frac{f^{(n)}(x_0)}{n!}(x-x_0)^n+R_n(x),$$

由于 $\lim\limits_{n\to\infty}R_n(x)=0$, $\forall x\in U(x_0)$, 因此

$$\lim_{n\to+\infty}\sum_{k=0}^{n}\frac{f^{(k)}(x_0)}{k!}(x-x_0)^k=\lim_{n\to+\infty}(f(x)-R_n(x))=f(x),$$

利用级数的收敛性, 则

$$f(x)=\sum_{n=0}^{\infty}\frac{f^{(n)}(x_0)}{n!}(x-x_0)^n,\quad \forall x\in U(x_0).$$

必要性 设 $f(x)=\sum\limits_{n=0}^{\infty}\frac{f^{(n)}(x_0)}{n!}(x-x_0)^n$, 记 $S_n(x)$ 为其部分和, 利用泰勒展开, 则

$$\lim_{n\to+\infty}R_n(x)=\lim_{n\to+\infty}(f(x)-S_n(x))=0.$$

定理 4.1 给出了将函数展开成幂级数的条件, 由于幂级数是利用泰勒展开得到的, 也称泰勒级数.

从定理 4.1 中可知, 要研究 $f(x)$ 是否可展开成幂级数形式, 关键是验证条件 $\lim\limits_{n\to+\infty}R_n(x)=0$ 是否成立. 因此, 为以后验证这一条件的方便, 给出另一余项形式.

定理 4.2 设 $f(x)$ 在 $U(x_0)$ 内有任意阶导数, 则有泰勒展开

$$f(x)=f(x_0)+f'(x_0)(x-x_0)+\cdots+\frac{f^{(n)}(x_0)}{n!}(x-x_0)^n+R_n(x),$$

其中余项 $R_n(x)=\frac{1}{n!}\int_{x_0}^{x}f^{(n+1)}(t)(x-t)^n\mathrm{d}t$.

简析 从结论形式, 要求建立积分关系: $R_n(x)=\frac{1}{n!}\int_{x_0}^{x}f^{(n+1)}(t)(x-t)^n\mathrm{d}t$, 将其转化为微分关系来证明.

证明 由于

$$R_n(x)=f(x)-\left[f(x_0)+f'(x_0)(x-x_0)+\cdots+\frac{f^{(n)}(x_0)}{n!}(x-x_0)^n\right],$$

显然 $R(x_0)=0$. 逐次求导, 则

$$R_n'(x)=f'(x)-\left[f'(x_0)+\cdots+\frac{f^{(n)}(x_0)}{(n-1)!}(x-x_0)^{n-1}\right],$$

且 $R'(x_0)=0$, 如此下去, 得

$$R_n^{(n)}(x)=f^{(n)}(x)-f^{(n)}(x_0)\text{ 且 }R_n^{(n)}(x_0)=0\text{ 和 }R_n^{(n+1)}(x)=f^{(n+1)}(x).$$

将上述微分关系逐次转化为积分关系, 利用分部积分公式, 则

$$\begin{aligned}R_n(x)&=R_n(x)-R_n(x_0)=\int_{x_0}^{x}R_n'(t)\mathrm{d}t\\&=\int_{x_0}^{x}R_n'(t)(-(x-t))'\mathrm{d}t\end{aligned}$$

$$
\begin{aligned}
&= -R_n'(t)(x-t)|_{x_0}^{x} + \int_{x_0}^{x} R_n''(t)(x-t)\mathrm{d}t \\
&= \int_{x_0}^{x} R_n''(t)(x-t)\mathrm{d}t \\
&= -\frac{1}{2}\int_{x_0}^{x} R_n''(t)[(x-t)^2]'\mathrm{d}t = \frac{1}{2}\int_{x_0}^{x} R'''(t)(x-t)^2\mathrm{d}t \\
&= -\frac{1}{3!}\int_{x_0}^{x} R'''(t)[(x-t)^3]'\mathrm{d}t \\
&= \frac{1}{3!}\int_{x_0}^{x} R^{(4)}(t)(x-t)^3\mathrm{d}t = \cdots \\
&= \frac{1}{n!}\int_{x_0}^{x} R^{(n+1)}(t)(x-t)^n\mathrm{d}t = \int_{x_0}^{x} f^{(n+1)}(t)\frac{1}{n!}(x-t)^n\mathrm{d}t,
\end{aligned}
$$

由此得到结论.

上述证明的思想是实现从微分关系到积分关系之转化.

余项 $R_n(x) = \dfrac{1}{n!}\displaystyle\int_{x_0}^{x} f^{(n+1)}(t)(x-t)^n\mathrm{d}t$ 称为拉格朗日积分型余项.

对此余项应用积分第一中值定理, 则

$$
R_n(x) = \frac{f^{(n+1)}(\xi)}{n!}\int_{x_0}^{x}(x-t)^n\mathrm{d}t = \frac{f^{(n+1)}(\xi)}{(n+1)!}(x-x_0)^{n+1},
$$

这就是拉格朗日微分型余项.

将 $f^{(n+1)}(t)(x-t)^n$ 作为整体, 应用积分第一中值定理:

$$
R_n(x) = \frac{f^{(n+1)}(\xi)(x-\xi)^n}{n!}(x-x_0),
$$

其中 ξ 在 x_0 与 x 之间, 因而存在 $\theta \in (0,1)$, 使得 $\xi = x_0 + \theta(x-x_0)$, 故

$$
R_n(x) = \frac{f^{(n+1)}(x_0+\theta(x-x_0))}{n!}(1-\theta)^n(x-x_0)^{n+1},
$$

称为柯西型余项.

当 $x_0 = 0$ 时, $f(x)$ 展开的泰勒幂级数也称为麦克劳林幂级数, 即

$$
f(x) \sim \sum_{n=0}^{\infty}\frac{f^{(n)}(0)}{n!}x^n = f(0) + f'(0)x + \cdots + \frac{f^{(n)}(0)}{n!}x^n + \cdots .
$$

至此, 我们得到了 $R_n(x)$ 有如下形式:

$$R_n(x)=\frac{1}{n!}\int_0^x f^{(n+1)}(t)(x-t)^n\mathrm{d}t,$$

$$R_n(x)=\frac{f^{(n+1)}(\xi)}{(n+1)!}x^{n+1},$$

$$R_n(x)=\frac{f^{(n+1)}(\theta x)}{n!}(1-\theta)^n x^{n+1},$$

因此, 在验证展开式成立条件 $\lim\limits_{n\to\infty}R_n(x)=0$ 时, 可根据具体题目选择合适的 $R_n(x)$ 形式.

例 1 将 $f(x)=\mathrm{e}^x$ 展开成麦克劳林幂级数.

解 由于 $f^{(n)}(x)=\mathrm{e}^x$, $f^{(n)}(0)=1$, 又

$$R_n(x)=\frac{\mathrm{e}^{\xi}}{(n+1)!}x^{n+1},\quad \xi\in(0,x),$$

显然 $|R_n(x)|\leqslant\dfrac{\mathrm{e}^{|x|}}{(n+1)!}|x|^{n+1}$, 因而, 对任意的 x,

$$\lim_{n\to\infty}R_n(x)=0,$$

故,

$$f(x)=\mathrm{e}^x=1+x+\frac{x^2}{2!}+\cdots+\frac{x^n}{n!}+\cdots,\quad \forall x\in\mathbf{R}.$$

例 2 将 $f(x)=\sin x$ 展成麦克劳林幂级数.

解 由于 $f^{(n)}(x)=\sin\left(\dfrac{n\pi}{2}+x\right)$, 故

$$f^{(n)}(0)=\begin{cases}0, & n=4k,\\ 1, & n=4k+1,\\ 0, & n=4k+2,\\ -1, & n=4k+3,\end{cases}$$

又 $R_n(x)=\dfrac{1}{(n+1)!}\sin\left(\dfrac{(n+1)\pi}{2}+\xi\right)x^{n+1}$, 故对任意的 x 成立 $\lim\limits_{n\to\infty}R_n(x)=0$, 因而

$$f(x)=\sin x=x-\frac{x^3}{3!}+\frac{x^5}{5!}-\frac{x^7}{7!}+\cdots,\quad x\in\mathbf{R}.$$

注　同样有 $f(x)=\cos x=1-\dfrac{x^2}{2!}+\dfrac{x^4}{4!}-\dfrac{x^6}{6!}+\cdots,\ x\in\mathbf{R}.$

例 3　在一个合适的区域上将 $f(x)=\dfrac{1}{1-x}$ 展开成麦克劳林幂级数.

解　对任意的正整数 n, 计算得

$$f^{(n)}(x)=\frac{n!}{(1-x)^{n+1}},\quad f^{(n)}(0)=n!,$$

取柯西余项

$$R_n(x)=\frac{1}{n!}\frac{(n+1)!}{(1-\theta x)^{n+2}}(1-\theta)^n x^{n+1}=\frac{(1-\theta)^n}{(1-\theta x)^n}x^{n+1}(n+1)\frac{1}{(1-\theta x)^2},$$

其中 $\theta=\theta(x)\in(0,1)$.

假若能展开成麦克劳林幂级数, 其级数的收敛半径为 1, 因此, 我们在区间 $(-1,\ 1)$ 上研究展开问题.

首先, 证明 $\dfrac{1}{1-\theta x}$ 有界, 事实上, 当 $x>0$ 时, $1\geqslant 1-\theta x\geqslant 1-x$, 则

$$1<\frac{1}{1-\theta x}\leqslant\frac{1}{1-x};$$

当 $-1<x<0$ 时, $1<1-\theta x<1+|x|$, 则

$$\frac{1}{1+|x|}<\frac{1}{1-\theta x}<1,$$

因而, $\dfrac{1}{1-\theta x}$ 在 $(-1,\ 1)$ 上有界.

其次, 证明当 $x\in(-1,1)$ 时, 成立 $0<\dfrac{1-\theta}{1-\theta x}<1$. 事实上, 当 $x>0$ 时, 由于 $1\geqslant 1-\theta x\geqslant 1-\theta\geqslant 0$, 结论成立; 当 $-1<x<0$ 时, 则

$$0\leqslant\frac{1-\theta}{1+|x|}<\frac{1-\theta}{1-\theta x}<1-\theta\leqslant 1,$$

因而, 结论成立.

因而,

$$|R_n(x)|\leqslant|x|^{n+1}(n+1)\frac{1}{(1-\theta x)^2},\quad x\in(-1,1),$$

故, $\lim\limits_{n\to\infty}R_n(x)=0,\ x\in(-1,1)$.

因而,

$$f(x)=\frac{1}{1-x}=\sum_{n=0}^{\infty}x^n,\quad x\in(-1,1).$$

显然, $|x|\geqslant 1$ 时, 右端级数发散.

抽象总结 在进行函数的幂级数展开时, 可以结合幂级数收敛半径的计算预先确定幂级数展开的范围, 在此范围中验证收敛条件即可. 即可以先假设 $f(x)$ 可以展成麦克劳林幂级数, 则必有 $f(x)=\sum\limits_{n=0}^{\infty}\dfrac{f^{(n)}(0)}{n!}x^n$, 右端是一个幂级数, 在其收敛域内才有意义, 故只需在 $(-R,R)$ 内验证 $\lim\limits_{n\to\infty}R_n(x)=0$ 即可. 因此, 可根据展开式预先确定一个收敛的范围, 然后验证.

也可以借助于函数项级数的一致收敛性的运算性质, 利用已知函数的幂级数展开式, 通过逐项求积或求导得到一些相关函数的幂级数展开式.

例 4 将 $\ln(1+x)$ 展开成幂级数.

解 我们已知有如下展开式

$$\frac{1}{1+x}=\sum_{n=0}^{\infty}(-1)^n x^n,\quad x\in(-1,1),$$

右端幂级数的收敛半径为 $R=1$, 收敛域为 $(-1,1)$.

利用逐项求积定理, 则对任意的 $x\in(-1,1)$,

$$\ln(1+x)=\int_0^x\frac{1}{1+t}\mathrm{d}t=\int_0^x\sum_{n=0}^{\infty}(-1)^n t^n\mathrm{d}t=\sum_{n=0}^{\infty}\int_0^x(-1)^n t^n\mathrm{d}t,$$

故

$$\ln(1+x)=\sum_{n=0}^{\infty}\frac{(-1)^n}{n+1}x^{n+1},\quad x\in(-1,1).$$

注意到右端幂级数在 $x=1$ 处收敛, 因此,

$$\ln(1+x)=\sum_{n=0}^{\infty}\frac{(-1)^n}{n+1}x^{n+1},\quad x\in(-1,1].$$

类似泰勒展开, 各种运算技术也可以用于函数的幂级数展开.

例 5 将 $f(x)=\dfrac{1}{x^2-x-1}$ 展开成幂级数.

思路简析 函数为有理式结构, 通过因式分解先简化为最简结构, 利用已知的函数展开进行运算.

解　由于

$$f(x)=\frac{1}{3}\left(\frac{1}{x-2}-\frac{1}{x+1}\right)=-\frac{1}{3}\left(\frac{1}{2}\frac{1}{1-\frac{x}{2}}+\frac{1}{x+1}\right),$$

利用已知的展开式, 则

$$\frac{1}{1+x}=\sum_{n=0}^{\infty}(-1)^n x^n,\quad x\in(-1,1),$$

$$\frac{1}{1-\frac{x}{2}}=\sum_{n=0}^{\infty}\left(\frac{x}{2}\right)^n,\quad x\in(-2,2),$$

因此, $x\in(-1,1)$ 时, 有

$$f(x)=-\frac{1}{3}\left(\sum_{n=0}^{\infty}\frac{1}{2^{n+1}}x^n+\sum_{n=0}^{\infty}(-1)^n x^n\right)=-\frac{1}{3}\sum_{n=0}^{\infty}\left[\frac{1}{2^{n+1}}+(-1)^n\right]x^n,$$

当 $x=\pm 1$ 时, 右端级数发散, 因而, 幂级数的收敛域为 $x\in(-1,1)$. 故,

$$\begin{aligned}f(x)&=-\frac{1}{3}\left(\sum_{n=0}^{\infty}\frac{1}{2^{n+1}}x^n+\sum_{n=0}^{\infty}(-1)^n x^n\right)\\&=-\frac{1}{3}\sum_{n=0}^{\infty}\left[\frac{1}{2^{n+1}}+(-1)^n\right]x^n,\quad x\in(-1,1).\end{aligned}$$

习　题　12.4

首先给出你所掌握的已知的函数展开, 充分利用你给出的结果将下列函数展开成幂级数.

(1) $f(x)=\sin x\cos x$;

(2) $f(x)=\sin^2 2x$;

(3) $f(x)=\dfrac{1}{(1-x)^2}$;

(4) $f(x)=\displaystyle\int_0^x \frac{\sin t}{t}\mathrm{d}t$;

(5) $f(x)=\dfrac{1}{(1+x^2)(1+x^4)}$;

(6) $f(x)=\displaystyle\int_0^x \frac{\ln(1+t)}{t}\mathrm{d}t$.

第 13 章 傅里叶级数

函数项级数理论的产生, 使人们在解决实际问题中, 可以用简单的函数代替复杂的函数, 以便于进行计算和性质的研究. 幂级数是实现上述目的的可以操作的技术手段. 但是, 我们知道幂级数展开有很强的限制条件: 函数必须是无限可微的, 只在幂级数的收敛域内收敛于函数自身. 更重要的是, 幂函数不是周期函数, 用它描述和研究周期现象, 误差会很大, 而周期现象是自然界和工程技术中经常出现的现象, 如星球的运动、飞轮的转动、物体的振动和电磁波等. 我们考虑用简单的周期函数来表示周期现象, 基本初等函数中只有三角函数具有周期性, 且正弦函数和余弦函数比正切函数和余切函数具备更优良的性质: 连续、可导, 并且积分和求导后仍然是正弦函数或余弦函数. 因此, 考虑用正弦函数和余弦函数构成的形如 $\sum\limits_{n=0}^{\infty}(a_n\cos nx+b_n\sin nx)$ 的级数来研究描述和研究自然界的周期现象, 称 $\sum\limits_{n=0}^{\infty}(a_n\cos nx+b_n\sin nx)$ 为三角级数.

本节主要讨论: 在一定的条件下, 如何把一个周期函数展开成上述的三角级数. 为此, 产生了傅里叶 (Fourier, 法国, 1768~1830) 级数理论, 将来我们将了解到, 傅里叶级数的展开要求要低得多, 且吻合较好 (不受收敛域限制), 而且能反映周期现象, 正是这些优势特点, 使得傅里叶级数理论在现代通信、信号、电子等领域中广泛应用, 显示了傅里叶级数理论在现代分析理论中的重要地位.

13.1 傅里叶级数的基本概念

一、定义

傅里叶级数实际上是函数按正交三角函数系的展开, 我们先引入三角函数系的概念.

1. 正交三角函数系

对任意的常数 c, 给定 $[c,c+2\pi]$ 上的一个函数集合:

$$A=\{1,\cos x,\sin x,\cos 2x,\sin 2x,\cdots,\cos nx,\sin nx,\cdots\},$$

则可以验证:

(1) 对任意的 $f(x), g(x) \in A$, $f \neq g$, 都成立

$$\int_c^{c+2\pi} f(x) \cdot g(x) \mathrm{d}x = 0;$$

(2) 对任意的 $f(x) \in A$, 都成立

$$\int_c^{c+2\pi} f^2(x) \mathrm{d}x \neq 0,$$

因此, 函数集合 A 是 $[c, c+2\pi]$ 上的正交三角函数系.

2. 傅里叶级数的定义

由于对任意的 c, A 都是 $[c, c+2\pi]$ 上的正交三角函数系, 因此, 可以在任意的区间 $[c, c+2\pi]$ 上将函数按正交三角函数系展开成傅里叶级数, 但是, 通常我们选 $c=-\pi$ 或 $c=0$, 将函数在 $[-\pi, \pi]$ 或 $[0, 2\pi]$ 上展开, 这里, 我们以 $[-\pi, \pi]$ 上函数的展开为例引入相应理论.

设函数 $f(x)$ 在 $[-\pi, \pi]$ 上是可积和绝对可积的, 即若 $f(x)$ 是有界函数, 假设它是黎曼可积的, 因而也绝对可积; 若 $f(x)$ 是无界函数, 假设它是绝对可积的, 因而也可积, 因此, 不论何种情形, 都是可积和绝对可积的.

定义 1.1　称三角级数

$$\frac{a_0}{2} + \sum_{k=1}^{\infty} (a_k \cos kx + b_k \sin kx)$$

为 $f(x)$ 的傅里叶级数, 其中

$$a_0 = \frac{1}{\pi} \int_{-\pi}^{\pi} f(x) \mathrm{d}x, \quad a_n = \frac{1}{\pi} \int_{-\pi}^{\pi} f(x) \cos nx \mathrm{d}x,$$
$$b_n = \frac{1}{\pi} \int_{-\pi}^{\pi} f(x) \sin nx \mathrm{d}x, \quad n = 1, 2, \cdots$$

称为 $f(x)$ 的傅里叶级数的系数.

显然, 当 $f(x)$ 可积和绝对可积时, 上述系数都是有意义的, 因此, 可以计算出函数 $f(x)$ 的傅里叶级数, 此时也称可将 $f(x)$ 展开成傅里叶级数, 记为

$$f(x) \sim \frac{a_0}{2} + \sum_{k=1}^{\infty} (a_k \cos kx + b_k \sin kx).$$

这样, 在可积和绝对可积的条件下, 函数 $f(x)$ 总可以展开成傅里叶级数, 但是, 展开并不是目的, 展开是为了应用, 为此, 必须解决如下问题:

(1) 傅里叶级数是否收敛?

(2) 傅里叶级数收敛时是否收敛于 $f(x)$?

二、 傅里叶级数收敛的必要条件

以下总假设 $f(x)$ 是 $(-\pi,\pi]$ 上的以 2π 为周期的可积和绝对可积函数. 由于周期性, 因而 $f(-\pi)=f(\pi)$, 故 $f(x)$ 只需定义在 $(-\pi,\pi]$ 上, 就可以周期延拓至整个实数轴.

考虑级数的部分和, 利用公式:

$$\frac{1}{2}+\cos\varphi+\cos 2\varphi+\cdots+\cos n\varphi=\frac{\sin\dfrac{2n+1}{2}\varphi}{2\sin\dfrac{\varphi}{2}},$$

则傅里叶级数的部分和为

$$\begin{aligned}S_n(x)=S_n[f(x)]&=\frac{a_0}{2}+\sum_{k=1}^{n}(a_k\cos kx+b_k\sin kx)\\&=\frac{1}{\pi}\int_{-\pi}^{\pi}f(t)\left[\frac{1}{2}+\sum_{k=1}^{n}(\cos kt\cos kx+\sin kt\sin kx)\right]\mathrm{d}t\\&=\frac{1}{\pi}\int_{-\pi}^{\pi}f(t)\left[\frac{1}{2}+\sum_{k=1}^{n}\cos k(t-x)\right]\mathrm{d}t\\&=\frac{1}{\pi}\int_{-\pi}^{\pi}f(t)\frac{\sin\dfrac{2n+1}{2}(t-x)}{2\sin\dfrac{t-x}{2}}\mathrm{d}t.\end{aligned}$$

为了通过对 $f(x)$ 提出条件用于研究 $\{S_n(x)\}$ 的收敛性, 需要将上述积分的结构简化, 把被积函数中复杂的结构形式转移到 $f(x)$, 以便能够通过对 $f(x)$ 提条件消去复杂结构的影响, 为此, 研究其他因子的性质.

由于

$$\frac{\sin\dfrac{2n+1}{2}(t-x+2\pi)}{\sin\dfrac{t-x+2\pi}{2}}=\frac{\sin\dfrac{2n+1}{2}(t-x)}{\sin\dfrac{t-x}{2}},$$

因而, 右端积分的被积函数是 t 的以 2π 为周期的函数, 因此, 利用周期函数的积

分性质得

$$S_n(x)=\frac{1}{\pi}\int_{x-\pi}^{x+\pi}f(t)\frac{\sin\frac{2n+1}{2}(t-x)}{2\sin\frac{t-x}{2}}\mathrm{d}t$$

$$\xlongequal{t-x=u}\frac{1}{\pi}\int_{-\pi}^{\pi}f(x+u)\frac{\sin\frac{2n+1}{2}u}{2\sin\frac{u}{2}}\mathrm{d}u,$$

通过上述变换, 将被积函数中除函数 $f(x)$ 外, 剩下已知因子的结构简化为 $\dfrac{\sin\frac{2n+1}{2}u}{2\sin\frac{u}{2}}$, 就可以利用其已知的性质继续简化. 考虑到 $u=0$ 是可能的奇点, 利用广义积分的处理方法, 需要分段处理, 则

$$S_n(x)=\frac{1}{\pi}\left[\int_0^{\pi}f(x+u)\frac{\sin\frac{2n+1}{2}u}{2\sin\frac{u}{2}}\mathrm{d}u+\int_{-\pi}^{0}f(x+u)\frac{\sin\frac{2n+1}{2}u}{2\sin\frac{u}{2}}\mathrm{d}u\right]$$

$$=\frac{1}{\pi}\int_0^{\pi}[f(x+u)+f(x-u)]\frac{\sin\frac{2n+1}{2}u}{2\sin\frac{u}{2}}\mathrm{d}u.$$

上述积分都称为狄利克雷积分. 至此, 将 $S_n(x)$ 简化为简单的结构形式.

我们继续讨论对固定的 x, $S_n(x)$ 的收敛性.

先研究收敛的必要条件, 设 $S_n(x)$ 收敛于 S, 即 $S_n(x)-S\to 0$, 由于

$$S_n(x)-S=\frac{1}{\pi}\int_0^{\pi}[f(x+u)+f(x-u)]\frac{\sin\frac{2n+1}{2}u}{2\sin\frac{u}{2}}\mathrm{d}u-S,$$

用统一形式法, 将 S 转化为类似的积分. 为挖掘需要的信息, 可以设想, 当 $f(x)\equiv 1$ 时, 应有 $S_n(x)\to 1$, 由此提示我们验证下面的结果, 也很容易验证成立:

$$\frac{2}{\pi}\int_0^{\pi}\frac{\sin\frac{2n+1}{2}u}{2\sin\frac{u}{2}}\mathrm{d}u=\frac{2}{\pi}\int_0^{\pi}\left[\frac{1}{2}+\sum_{k=1}^{n}\cos ku\right]\mathrm{d}u=1,$$

故,

$$S_n(x)-S=\frac{1}{\pi}\int_0^{\pi}[f(x+u)+f(x-u)-2S]\frac{\sin\frac{2n+1}{2}u}{2\sin\frac{u}{2}}\mathrm{d}u,$$

记 $\varphi(u)=f(x+u)+f(x-u)-2S$, 则

$$S_n(x)-S=\frac{1}{\pi}\int_0^{\pi}\varphi(u)\frac{\sin\frac{2n+1}{2}u}{2\sin\frac{u}{2}}\mathrm{d}u,$$

因此, $\{S_n(x)\}$ 的收敛性问题, 就转化为对什么样的 $\varphi(u)$ 成立,

$$\int_0^{\pi}\varphi(u)\frac{\sin\frac{2n+1}{2}u}{2\sin\frac{u}{2}}\mathrm{d}u\to 0,$$

更进一步, 若引入 $\psi(u)=\dfrac{\varphi(u)}{2\sin\frac{u}{2}}$, 上述极限就转化为极限行为

$$\int_0^{\pi}\psi(u)\sin\frac{2n+1}{2}u\mathrm{d}u\to 0,$$

为研究上述极限, 我们给出一个一般形式的结论.

引理 1.1 (黎曼引理) 设 $\psi(u)$ 在 $[a,b]$ 上可积和绝对可积, 则

$$\lim_{p\to+\infty}\int_a^b\psi(u)\sin pu\mathrm{d}u=0,$$

$$\lim_{p\to+\infty}\int_a^b\psi(u)\cos pu\mathrm{d}u=0.$$

结构分析 由于所给条件非常弱, 只有可积性. 在黎曼可积的条件下, 由可积性得到的结论只有可积的充要条件, 可以考虑用充要条件证明结论. 在广义积分的条件下, 可以利用定义转化为黎曼积分的极限.

证明 只证第一式. 首先, 设 $\psi(u)$ 在 $[a,b]$ 上有界可积, 即 $\psi(u)\in R[a,b]$.

n 分割 $[a,b]$, 记为

$$T: a=u_0<u_1<u_2<\cdots<u_n=b,$$

令 $\Delta u_i = u_i - u_{i-1}$, $M_i = \sup\limits_{[u_{i-1},u_i]} \psi(u)$, $m_i = \inf\limits_{[u_{i-1},u_i]} \psi(u)$, $\omega_i = M_i - m_i$, 则

$$\begin{aligned}\left|\int_a^b \psi(u)\sin pu\mathrm{d}u\right| &= \left|\sum_{i=1}^n \int_{u_{i-1}}^{u_i} \psi(u)\sin pu\mathrm{d}u\right| \\ &= \left|\sum_{i=1}^n \int_{u_{i-1}}^{u_i} [\psi(u)-m_i]\sin pu\mathrm{d}u + \sum_{i=1}^n \int_{u_{i-1}}^{u_i} m_i \sin pu\mathrm{d}u\right| \\ &\leqslant \sum_{i=1}^n \omega_i \Delta u_i + \sum_{i=1}^n m_i \left|\int_{u_{i-1}}^{u_i} \sin pu\mathrm{d}u\right| \\ &\leqslant \sum_{i=1}^n \omega_i \Delta u_i + \frac{2}{p}\sum_{i=1}^n m_i,\end{aligned}$$

故, 对任意 $\varepsilon > 0$, 由于 $\psi(u) \in R[a,b]$, 存在分割 T, 使得 $\sum\limits_{i=1}^n w_i \Delta u_i < \dfrac{\varepsilon}{2}$, 对此分割 T, 存在 $p_0 > 0$, 使得 $p > p_0$ 时, $\dfrac{2}{p}\sum\limits_{i=1}^n m_i < \dfrac{\varepsilon}{2}$, 故 $p > p_0$ 时,

$$\left|\int_a^b \psi(u)\sin pu\mathrm{d}u\right| < \varepsilon,$$

故, $\lim\limits_{p\to+\infty} \displaystyle\int_a^b \psi(u)\sin pu\mathrm{d}u = 0$.

其次, 设 $\psi(u)$ 无界且绝对可积, 不妨设 b 为其唯一的奇点, 否则, 只需分段处理. 由绝对可积性, 对任意 $\varepsilon > 0$, 存在 $\eta > 0$, 使得

$$\int_{b-\eta}^b |\psi(u)|\mathrm{d}u < \varepsilon,$$

而 $\psi(u)$ 在 $[a, b-\eta]$ 上是黎曼可积的, 因而, 利用上面的结论, 则

$$\lim_{p\to+\infty} \int_a^{b-\eta} \psi(u)\sin pu\mathrm{d}u = 0,$$

因此, 存在 $p_0 > 0$, 使得 $p > p_0$ 时,

$$\left|\int_a^{b-\eta} \psi(u)\sin pu\mathrm{d}u\right| < \varepsilon,$$

故, $p > p_0$ 时,

$$\left|\int_a^b \psi(u)\sin pu\mathrm{d}u\right| < 2\varepsilon,$$

因而, $\lim\limits_{p\to+\infty}\int_a^b \psi(u)\sin pu\mathrm{d}u = 0$.

黎曼引理在 $\psi(u)$ 连续可微的条件下, 可以用分部积分公式证明.

黎曼引理是讨论傅里叶级数收敛性的基本定理, 我们以此为基础, 将其逐渐推广并用于讨论 $S_n(x)-S$ 收敛于零的条件. 为此, 继续简化函数在奇点 u=0 处的结构, 以便对 $\varphi(u)$ 提出清晰的条件.

引理 1.2 设 $\varphi(u)$ 在 $[0,\pi]$ 上可积和绝对可积, 则

$$\lim_{n\to+\infty}\frac{1}{\pi}\int_0^{\pi}\varphi(u)\left[\frac{1}{2\sin\frac{u}{2}}-\frac{1}{u}\right]\sin\frac{2n+1}{2}u\mathrm{d}u = 0.$$

证明 由于

$$\lim_{n\to+\infty}\left[\frac{1}{2\sin\frac{u}{2}}-\frac{1}{u}\right] = \lim_{n\to+\infty}\frac{u-2\sin\frac{u}{2}}{2u\sin\frac{u}{2}} = 0,$$

因而, $\dfrac{1}{2\sin\frac{u}{2}}-\dfrac{1}{u}$ 必在 $[0,\pi]$ 上有界连续, 因此, $\varphi(u)\left[\dfrac{1}{2\sin\frac{u}{2}}-\dfrac{1}{u}\right]$ 在 $[0,\pi]$ 上也可积和绝对可积, 故, 由黎曼引理即得结论.

引理 1.2 的作用是将 $\psi(u)=\dfrac{\phi(u)}{2\sin\frac{u}{2}}$ 进一步简化为 $\psi(u)=\dfrac{\varphi(u)}{u}$. 下面的引理给出 $\varphi(u)$ 在奇点 $u=0$ 处的条件, 保证相应的收敛性.

引理 1.3 若 $\varphi(u)$ 在 $[0,\pi]$ 上可积且绝对可积且存在 $h\in(0,\pi)$, 使得 $\dfrac{\varphi(u)}{u}$ 在 $[0,h]$ 可积和绝对可积, 则

$$\lim_{n\to+\infty}\frac{1}{\pi}\int_0^{\pi}\frac{\varphi(u)}{u}\sin\frac{2n+1}{2}u\mathrm{d}u = 0,$$

因而

$$\lim_{n\to+\infty}\frac{1}{\pi}\int_0^{\pi}\varphi(u)\frac{\sin\frac{2n+1}{2}u}{\sin\frac{u}{2}}\mathrm{d}u = 0.$$

证明　显然 $\frac{\varphi(u)}{u}$ 在 $[h,\pi]$ 上可积和绝对可积, 因而

$$\begin{aligned}&\lim_{n\to+\infty}\frac{1}{\pi}\int_0^{\pi}\frac{\varphi(u)}{u}\sin\frac{2n+1}{2}u\mathrm{d}u\\=&\lim_{n\to+\infty}\frac{1}{\pi}\left[\int_0^{h}\frac{\varphi(u)}{u}\sin\frac{2n+1}{2}u\mathrm{d}u+\int_h^{\pi}\frac{\varphi(u)}{u}\sin\frac{2n+1}{2}\right]u\mathrm{d}u=0.\end{aligned}$$

再由引理 1.2 即得第二个结论.

由此可知, 是否成立 $\lim\limits_{p\to+\infty}\frac{1}{\pi}\int_0^{\pi}\frac{\varphi(u)}{u}\sin pu\mathrm{d}u=0$ 和 $\varphi(u)$ 在零点附近 $[0,h]$ 的性质有关, 这一性质称为局部性定理.

至此, 傅里叶级数的收敛性问题就转化为 $\varphi(u)=f(x+u)+f(x-u)-2S$ 是否满足引理 1.3 的条件, 即可以得到迪尼给出的如下充分条件.

引理 1.4　设 $f(x)$ 在 $[-\pi,\pi]$ 上可积和绝对可积, 且存在 $h>0$, 使得 $\varphi(u)=f(x+u)+f(x-u)-2S$ 满足: $\frac{\varphi(u)}{u}$ 在 $[0,h]$ 上可积且绝对可积, 则必有 $\lim\limits_{n\to\infty}S_n(x)=S$.

证明　这是引理 1.3 的直接推论.

由引理 1.4, 收敛性问题就转化为能否找到 S, 使得 $\frac{f(x+u)+f(x-u)-2S}{u}$ 在 $u\in[0,h]$ 内满足可积和绝对可积性条件, 这实际上决定于 $u\to0$ 时,

$$\frac{f(x+u)+f(x-u)-2S}{u}$$

的极限性质.

为此, 我们研究 $\frac{f(x+u)+f(x-u)-2S}{u}$ 在 $u=0$ 点的性质.

记 $\psi(u)=\frac{f(x+u)+f(x-u)-2S}{u}$, 若使 $\psi(u)$ 在 $u=0$ 具所要求的性质, 注意到 $\frac{1}{u}$ 在 $u\in[0,h]$ 上并非绝对可积, 因而, 必须有 $f(x+u)+f(x-u)-2S\to0$, 因此, 一定成立

$$S=\lim_{u\to0}\frac{f(x+u)+f(x-u)}{2}.$$

下面, 我们给出保证上述极限存在的条件, 进一步分析在此条件下是否能保证 $\psi(u)$ 所需的性质, 从最简单的好函数情形开始, 逐步降低条件建立相应的结论.

(1) 若 $f(x)$ 具有连续的导数, 则 $S=f(x)$ 且

$$\lim_{u\to 0}\psi(u)=\lim_{u\to 0}\frac{f(x+u)+f(x-u)-2f(x)}{u}=\lim_{u\to 0}[f'(x+u)-f'(x-u)]=0,$$

因而 $\psi(u)\in C[0,\pi]$, 故成立 $\lim\limits_{n\to+\infty}S_n(x)=S=f(x)$.

(2) 当 $f(x)$ 仅可导时, 上述结论仍成立, 不仅如此, 上述条件可以进一步减弱为存在单侧导数的情形, 即如果 $f(x)$ 在 x 点有有限的两个单侧导数:

$$f'_+(x)=\lim_{u\to 0^+}\frac{f(x+u)-f(x)}{u},\quad f'_-(x)=\lim_{u\to 0^-}\frac{f(x+u)-f(x)}{u},$$

则成立 $S_n(x)\to S=f(x)$.

事实上, 此时

$$\lim_{u\to 0^+}\psi(u)=\lim_{u\to 0^+}\frac{f(x+u)+f(x-u)-2S}{u}=f'_+(x)-f'_-(x),$$

因而, 仍成立 $\psi(u)\in C[0,\pi]$, 故, $\lim\limits_{n\to+\infty}S_n(x)=S=f(x)$.

注意, 此时

$$\lim_{u\to 0^-}\psi(u)=\lim_{u\to 0^-}\frac{f(x+u)+f(x-u)-2S}{u}=f'_-(x)-f'_+(x),$$

因而, $\lim\limits_{u\to 0}\psi(u)$ 可能不存在.

上述条件虽保证 $S_n(x)\to S$, 但与 $f(x)$ 的傅里叶级数的系数条件要求 "可积和绝对可积" 相比, 仍显太强, 进一步降低条件.

先引入赫尔德 (Hölder) 连续函数和利普希茨 (Lipschitz) 函数.

定义 1.2 设 $f(x)$ 在区间 I 上满足: 存在 $L>0$, $0<\alpha\leqslant 1$, 使得对任意 $x,y\in I$, 成立

$$|f(x)-f(y)|\leqslant L|x-y|^\alpha,$$

则称 $f(x)$ 为 I 上 α 阶赫尔德连续函数. 当 $\alpha=1$ 时, 又称 $f(x)$ 为利普希茨函数.

显然, 赫尔德连续函数和利普希茨函数都是一致连续函数, 但反之不一定.

利普希茨连续函数几乎是处处可微函数.

我们继续将可微条件减弱.

(3) 设 $f(x)$ 是赫尔德函数, 此时, $f(x)$ 仍是连续函数, 且 $S(x)=f(x)$, 则 $\psi(u)$ 在 $[0,h]$ 上绝对可积. 事实上, 由于

$$|\psi(u)|\leqslant\frac{|f(x+u)-f(x)|}{u}+\frac{|f(x)-f(x-u)|}{u}\leqslant 2Lu^{\alpha-1},$$

因而, $\psi(u)$ 在 $[0,h]$ 上绝对可积, 故 $S_n(x)\to S=2f(x)$.

上述给出的 $f(x)$ 的条件至少都是连续的, 进一步可以减弱到发生间断的情形.

(4) 假设 x 是 $f(x)$ 的第一类间断点, $f(x)$ 在点 x 两侧是 α 阶赫尔德函数, 即存在 $\delta>0$, $L>0$, 使得

$$|f(x+t)-f(x+0)|\leqslant Lt^{\alpha},|f(x-t)-f(x-0)|\leqslant Lt^{\alpha},\quad t\in(0,\delta),$$

此时

$$S_n(x)\to S=\frac{f(x+0)+f(x-0)}{2}.$$

事实上, 此时仍有

$$|\psi(u)|\leqslant\frac{|f(x+u)-f(x+0)|}{u}+\frac{|f(x_0-u)-f(x-0)|}{u}\leqslant 2Lu^{\alpha-1},$$

因而, $\psi(u)$ 在 $[0,h]$ 上绝对可积, 故

$$S_n(x)\to S=\frac{f(x+0)+f(x-0)}{2}.$$

为了将上述分析总结为定理, 我们再引入两个定义.

定义 1.3 设函数 $f(x)$ 在闭区间 $[a,\ b]$ 上至多有有限个第一类间断点, 若存在极限

$$\lim_{u\to0^+}\frac{f(x+u)-f(x+0)}{u},$$

称 $f(x)$ 在 x 点广义左可导, 或 $f(x)$ 在 x 点存在广义的左导数, 其极限值称为 $f(x)$ 在 x 点的广义左导数, 记为 $f'_+(x+0)$, 即

$$f'_+(x+0)=\lim_{u\to0^+}\frac{f(x+u)-f(x+0)}{u}.$$

类似可以定义广义右导数

$$f'_-(x-0)=\lim_{u\to0^-}\frac{f(x+u)-f(x-0)}{u}.$$

上述两个导数统称函数的广义单侧导数. 在广义单侧导数存在的条件下, 已经保证了函数至多有第一类间断点.

定义 1.4 若函数 $f(x)$ 在闭区间 $[a,\ b]$ 上至多有有限个第一类间断点, 称 $f(x)$ 在 $[a,\ b]$ 上分段连续; 若函数 $f(x)$ 在 $[a,\ b]$ 上每一点处都存在广义单侧导数, $f'(x)$ 在 $[a,\ b]$ 上至多有有限个第一类间断点, 称 $f(x)$ 在 $[a,\ b]$ 上分段可微.

注意, 上述定义中, 条件 "$f'(x)$ 至多有有限个第一类间断点" 与导函数的达布定理并不矛盾. 达布定理表明, 在 $f(x)$ 的可导点处, $f'(x)$ 不存在第一类间断点, 但是, $f(x)$ 的不可导点有可能是 $f'(x)$ 的第一类间断点. 如 $f(x)=|x|$, $x=0$ 为 $f(x)$ 的不可导点, 也是 $f'(x)$ 的第一类间断点.

我们总结上述分析, 可以得到如下结论.

定理 1.1 假设以 2π 为周期的函数 $f(x)$ 在 $(-\pi,\pi]$ 上是分段可微的, 则对任意的 $x\in(-\pi,\pi]$, 成立

$$S_n(x)\to S=\frac{f(x+0)+f(x-0)}{2},$$

特别, 当 x 是函数的连续点时, 成立

$$S_n(x)\to S=f(x),$$

因而, 成立展开式:

$$\frac{f(x+0)+f(x-0)}{2}=\frac{a_0}{2}+\sum_{n=1}^{\infty}(a_n\cos nx+b_n\sin nx).$$

这就是傅里叶级数收敛定理.

注意到可微的条件是保证 $\psi(u)$ 的可积性, 因此, 还成立下面的定理.

定理 1.2 假设以 2π 为周期的函数 $f(x)$ 在 $(-\pi,\pi]$ 上是分段连续的; 又设对任意点 x, 存在 $h>0$, 使得 $\psi(u)$ 在 $[0,h]$ 上可积和绝对可积, 则在点 x 的傅里叶级数成立

$$S_n(x)\to S=\frac{f(x+0)+f(x-0)}{2},$$

特别, 当 x 是函数的连续点时, 成立

$$S_n(x)\to S=f(x),$$

因而, 成立展开式:

$$\frac{f(x+0)+f(x-0)}{2}=\frac{a_0}{2}+\sum_{n=1}^{\infty}(a_n\cos nx+b_n\sin nx).$$

上述的结论是利用可微或连续条件, 保证傅里叶级数的收敛性, 为得到更弱条件下的收敛性, 我们修改黎曼引理.

引理 1.5 (狄利克雷引理)　设函数 $\varphi(u)$ 在 $[0,h]$ 上单调, 则

$$\lim_{p\to\infty}\frac{1}{\pi}\int_0^h\frac{\varphi(u)-\varphi(0^+)}{u}\sin pu\mathrm{d}u=0.$$

证明　不妨设 $\varphi(u)$ 单增, 由定义, 则 $\lim\limits_{u\to0^+}(\varphi(u)-\varphi(0^+))=0$, 因而, 对任意 $\varepsilon>0$, 存在 $\delta\in(0,h)$, 使得

$$0\leqslant\varphi(u)-\varphi(0^+)<\varepsilon,\quad u\in(0,\delta).$$

因此,

$$\begin{aligned}&\int_0^h\frac{\varphi(u)-\varphi(0^+)}{u}\sin pu\mathrm{d}u\\=&\int_0^{\frac{\delta}{2}}\frac{\varphi(u)-\varphi(0^+)}{u}\sin pu\mathrm{d}u+\int_{\frac{\delta}{2}}^h\frac{\varphi(u)-\varphi(0^+)}{u}\sin pu\mathrm{d}u.\end{aligned}$$

对右端第二项, 由于单调函数必可积, 并利用可积的运算性质, 则 $\frac{\varphi(u)-\varphi(0^+)}{u}\in R\left[\frac{\delta}{2},h\right]$, 故, 由黎曼引理得

$$\lim_{p\to+\infty}\int_{\frac{\delta}{2}}^h\frac{\varphi(u)-\varphi(0^+)}{u}\sin pu\mathrm{d}u=0,$$

因而存在 $p_0>0$, 使得 $p>p_0$ 时,

$$\left|\int_{\frac{\delta}{2}}^h\frac{\varphi(u)-\varphi(0^+)}{u}\sin pu\mathrm{d}u\right|<\varepsilon.$$

对右端第一项, 由积分第二中值定理, 则存在 $\xi\in\left[0,\frac{\delta}{2}\right]$, 使得

$$\begin{aligned}\left|\int_0^{\frac{\delta}{2}}\frac{\varphi(u)-\varphi(0^+)}{u}\sin pu\mathrm{d}u\right|&=\left|\varphi\left(\frac{\delta}{2}\right)-\varphi(0^+)\right|\cdot\left|\int_\xi^{\frac{\delta}{2}}\frac{\sin pu}{u}\mathrm{d}u\right|\\&<\varepsilon\left|\int_\xi^{\frac{\delta}{2}}\frac{\sin pu}{u}\mathrm{d}u\right|\\&<\varepsilon\left|\int_{p\xi}^{\frac{\delta}{2}p}\frac{\sin u}{u}\mathrm{d}u\right|,\end{aligned}$$

又, $\int_0^{+\infty}\frac{\sin u}{u}\mathrm{d}u=\frac{\pi}{2}$, 因而, 对任意的 $p>0$, $\int_0^{p}\frac{\sin u}{u}\mathrm{d}u$ 关于 p 一致有界, 设

$$\left|\int_0^{p}\frac{\sin u}{u}\mathrm{d}u\right|\leqslant M, \text{对任意的 } p>0,$$

故,

$$\left|\int_{p\xi}^{\frac{\delta}{2}p}\frac{\sin u}{u}\mathrm{d}u\right|\leqslant 2M,$$

故, $p>p_0$ 时,

$$\left|\int_0^{h}\frac{\varphi(u)-\varphi(0^+)}{u}\sin pu\mathrm{d}u\right|<(1+2M)\varepsilon,$$

因而, $\lim\limits_{p\to\infty}\frac{1}{\pi}\int_0^{h}\frac{\varphi(u)-\varphi(0^+)}{u}\sin pu\mathrm{d}u=0$.

当 $\varphi(u)$ 单调递减时, $\varphi(0^+)-\varphi(u)$ 是单调递增的, 因而, 结论同样成立.

推论 1.1 设 $\varphi(u)$ 在 $[0,h]$ 上单调, 则

$$\lim_{p\to\infty}\int_0^{h}\varphi(u)\frac{\sin pu}{u}\mathrm{d}u=\frac{\pi}{2}\varphi(0^+).$$

证明 由于 $\int_0^{+\infty}\frac{\sin u}{u}\mathrm{d}u=\frac{\pi}{2}$, 因而, 由引理 1.5, 则

$$\lim_{p\to\infty}\int_0^{h}\varphi(u)\frac{\sin pu}{u}\mathrm{d}u=\lim_{p\to\infty}\int_0^{h}\varphi(0^+)\frac{\sin pu}{u}\mathrm{d}u=\frac{\pi}{2}\varphi(0^+).$$

推论 1.2 设函数 $\varphi(u)$ 在 $[0,h]$ 上单调, 则

$$\lim_{p\to+\infty}\frac{1}{\pi}\int_0^{h}\frac{\varphi(u)-\varphi(0^+)}{2\sin\frac{u}{2}}\sin pu\mathrm{d}u=0.$$

证明 由于

$$\lim_{u\to0^+}\left[\frac{1}{2\sin\frac{u}{2}}-\frac{1}{u}\right]=\lim_{u\to0^+}\frac{u-2\sin\frac{u}{2}}{2u\sin\frac{u}{2}}=0,$$

因而, $\dfrac{1}{2\sin\dfrac{u}{2}}-\dfrac{1}{u}$ 在 $[0,\pi]$ 上有界连续 (重新定义 $u=0$ 处的函数值). 由于 $\varphi(u)$ 在 $[0,h]$ 上单调, 因而 $\varphi(u)$ 在 $[0,h]$ 上黎曼可积, 因此, $(\varphi(u)-\varphi(0^+))\left[\dfrac{1}{2\sin\dfrac{u}{2}}-\dfrac{1}{u}\right]$ 在 $[0,h]$ 上也黎曼可积, 由黎曼引理, 则

$$\lim_{p\to+\infty}\int_0^h(\varphi(u)-\varphi(0^+))\left[\frac{1}{2\sin\frac{u}{2}}-\frac{1}{u}\right]\sin pu\mathrm{d}u=0,$$

故,

$$\lim_{p\to+\infty}\frac{1}{\pi}\int_0^h\frac{\varphi(u)-\varphi(0^+)}{2\sin\frac{u}{2}}\sin pu\mathrm{d}u=\lim_{p\to+\infty}\frac{1}{\pi}\int_0^h\frac{\varphi(u)-\varphi(0^+)}{u}\sin pu\mathrm{d}u=0.$$

注　(1) 若 $\varphi(u)$ 为分段单调函数, 上述结论仍成立.

(2) 狄利克雷引理及其推论可以推广到类似的情形: 设函数 $\varphi(u)$ 在 $[-h,0]$ 上单调, 则

$$\lim_{p\to\infty}\frac{1}{\pi}\int_0^h\frac{\varphi(-u)-\varphi(0^-)}{u}\sin pu\mathrm{d}u=0.$$

定理 1.3 (狄利克雷–若尔当 (Dirichlet-Jordan) 判别法)　设 $f(x)$ 在 $[-\pi,\pi]$ 上可积且绝对可积, 且分段单调, 则

$$S_n(x)\to S(x)=\frac{f(x+0)+f(x-0)}{2}.$$

证明　任取 x, 存在 $h>0$, 使得 $f(x+u)-f(x+0)$ 和 $f(x-u)-f(x-0)$ 在 $[0,h]$ 单调, 由狄利克雷引理, 则

$$\lim_{p\to\infty}\frac{1}{\pi}\int_0^h\frac{f(x+u)-f(x+0)}{u}\sin pu\mathrm{d}u=0,$$

$$\lim_{p\to\infty}\frac{1}{\pi}\int_0^h\frac{f(x-u)-f(x-0)}{u}\sin pu\mathrm{d}u=0,$$

因而,

$$\lim_{p\to\infty}\frac{1}{\pi}\int_0^h\frac{\varphi(u)}{u}\sin pu\mathrm{d}u=0,$$

又, $\frac{\varphi(u)}{u}$ 在 $[h,\pi]$ 上黎曼可积的, 因而,

$$\lim_{p\to\infty}\frac{1}{\pi}\int_h^{\pi}\frac{\varphi(u)}{u}\sin pu\mathrm{d}u=0,$$

故,

$$\lim_{p\to\infty}\frac{1}{\pi}\int_0^{\pi}\frac{\varphi(u)}{u}\sin pu\mathrm{d}u=0,$$

因而,

$$S_n(x)\to S(x)=\frac{f(x+0)+f(x-0)}{2}.$$

注 (1) 上述一系列判别法 (收敛的一系列条件) 都是充分条件, 虽然在工程技术等实际应用领域涉及函数的傅里叶级数时, 这些条件一般都满足, 但是没有一个判别其收敛的充要条件仍是件遗憾的事.

(2) 上述系列结论表明: 若收敛条件满足, 则在连续点处, 其傅里叶级数收敛于连续点处的函数值, 而在第一类间断点处, 收敛于此点左、右极限的平均值.

(3) 上述一系列结论表明: $f(x)$ 展开成傅里叶级数的条件要比展开成幂级数的条件低得多.

(4) 当 $f(x)$ 是定义在 $(0,2\pi]$ 上以 2π 为周期的函数时, 在相同的条件下可以将函数展开成傅里叶级数

$$f(x)\sim\frac{a_0}{2}+\sum_{k=1}^{\infty}(a_k\cos kx+b_k\sin kx),$$

其中

$$a_0=\frac{1}{\pi}\int_0^{2\pi}f(x)\mathrm{d}x,$$
$$a_n=\frac{1}{\pi}\int_0^{2\pi}f(x)\cos nx\mathrm{d}x,\quad b_n=\frac{1}{\pi}\int_0^{2\pi}f(x)\sin nx\mathrm{d}x,\quad n=1,2,\cdots.$$

习 题 13.1

1. 定理 1.1 的条件可以进一步减弱. 设 $f(x)$ 在 x 点是第一类间断, 若在 x 点的广义单侧导数

$$f'_+(x)=\lim_{h\to0+}\frac{f(x+h)-f(x+0)}{h},$$

$$f'_-(x)=\lim_{h\to 0^+}\frac{f(x-h)-f(x-0)}{-h}$$

存在且有限, 证明: $\lim\limits_{n\to+\infty}S_n(x)=S(x)\triangleq\dfrac{f(x+0)+f(x-0)}{2}$.

2. 设 $\psi(u)\in C^1([a,b])$, 用其他方法证明:

$$\lim_{p\to+\infty}\int_a^b\psi(u)\sin pu\mathrm{d}u=0.$$

13.2 函数的傅里叶级数展开

前面我们研究了傅里叶级数的收敛性, 本节我们对可积和绝对可积的周期函数 $f(x)$ 进行傅里叶级数展开. 我们分几种情况讨论, 首先, 讨论一般展开, 即对给定在一个基本区间 (长度为一个周期的区间) 上定义的函数, 展开成傅里叶级数. 此时, 我们先讨论以 2π 为周期的函数展开, 基本区间通常取 $(-\pi,\pi]$ 或 $(0,2\pi]$. 然后, 讨论以 $2l$ 为周期的函数的展开, 基本区间通常取 $(-l,l]$ 或 $(0,2l]$. 函数视为周期延拓至整个实数轴的周期函数. 其次, 讨论特殊展开——展开成正弦级数或余弦级数, 此时, 函数给定在半个基本区间如 $[0,\pi]$ 或 $[-l,0]$ 上, 奇延拓或偶延拓至一个基本区间后, 再周期延拓至整个实数轴成为周期函数.

不论是何种形式的展开, 都要求先确定一个周期长度的区间, 然后将函数视为周期函数, 从基本区间上延拓至整个实数轴. 因此, 通常只给出基本区间上函数的表达式, 然后根据题意和要求, 将函数视为某种周期延拓, 进一步计算其相应的傅里叶级数.

一、 以 2π 为周期的函数的展开

给定一个以 2π 为周期的函数, 将其展开为傅里叶级数. 此时, 形式上只给出函数在一个基本周期区间上的定义, 基本周期区间通常是半开半闭的区间, 如 $(-\pi,\pi]$ 或 $[-\pi,\pi)$, 然后将其视为周期延拓. 而作为傅里叶级数的计算非常简单, 只需计算定积分求出相应的傅里叶级数的系数即可.

例 1 将 $f(x)=\begin{cases}1, & x\in(-\pi,0],\\ 0, & x\in(0,\pi]\end{cases}$ 展开成傅里叶级数.

简析 题目是一般的傅里叶级数展开. 函数定义在基本区间 $(-\pi,\pi]$ 上, 可将其视为以 2π 为周期的函数, 直接计算傅里叶系数即可.

解 直接计算得

$$a_0=\frac{1}{\pi}\int_{-\pi}^{\pi}f(x)\mathrm{d}x=1,$$

$$a_n=\frac{1}{\pi}\int_{-\pi}^{\pi}f(x)\cos nx\mathrm{d}x=\frac{1}{\pi}\int_{-\pi}^{0}\cos nx\mathrm{d}x=0,$$

$$b_n=\frac{1}{\pi}\int_{-\pi}^{\pi}f(x)\sin nx\mathrm{d}x=\frac{1}{\pi}\int_{-\pi}^{0}\sin nx\mathrm{d}x=\frac{(-1)^n-1}{n\pi},$$

故,

$$f(x)\sim\frac{1}{2}+\frac{1}{\pi}\sum_{n=1}^{\infty}\frac{(-1)^n-1}{n}\sin nx=\begin{cases}1, & x\in(-\pi,0),\\ \frac{1}{2}, & x=0,\pm\pi,\\ 0, & x\in(0,\pi),\end{cases}$$

注意计算结果的表达方式, "~" 表示展开的含义, " = " 表示展开后的傅里叶级数收敛的极限, 即其和函数.

从展开结果看, 是将方形波表示为一系列正弦波的叠加 (图 13-1 和图 13-2).

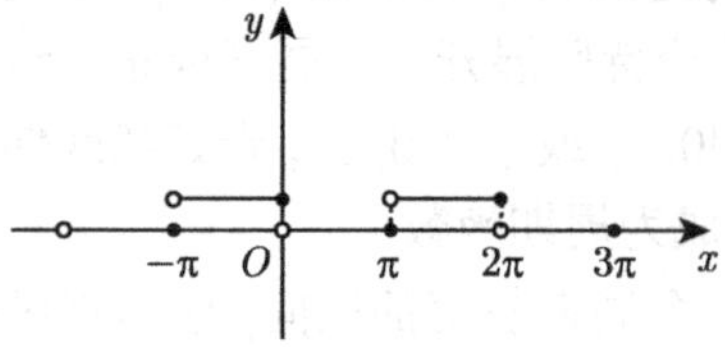

图 13-1

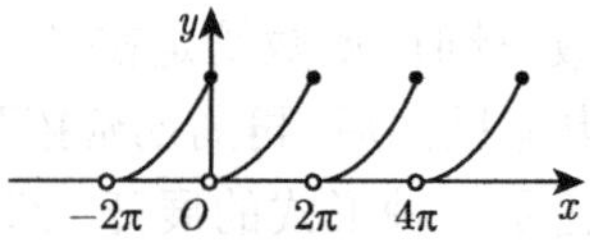

图 13-2

例 2 将 $f(x)=x^2$ 在 $(0,2\pi]$ 上展开成傅里叶级数.

解 将函数视为定义在一个基本区间上的周期函数, 利用公式, 则

$$a_0=\frac{1}{\pi}\int_{0}^{2\pi}f(x)\mathrm{d}x=\frac{8}{3}\pi^2,$$

$$\left.\begin{aligned}a_n&=\frac{1}{\pi}\int_{0}^{2\pi}f(x)\cos nx\mathrm{d}x=\frac{4}{n^2},\\ b_n&=\frac{1}{\pi}\int_{0}^{2\pi}f(x)\sin nx\mathrm{d}x=-\frac{4\pi}{n},\end{aligned}\right.\quad n=1,2,\cdots.$$

故,

$$f(x)\sim\frac{4}{3}\pi^2+4\sum_{n=1}^{\infty}\left(\frac{\cos nx}{n^2}-\frac{\pi\sin nx}{n}\right)=\begin{cases}x^2, & x\in(0,2\pi),\\ 2\pi^2, & x=0,2\pi.\end{cases}$$

由于周期性的要求, 基本区间通常是半开半闭的形式, 以满足周期延拓后, 函数在基本区间的两个端点处函数值相等.

二、以 $2l$ 为周期的函数的展开

设 $f(x)$ 的周期为 $2l$, 已知它在 $(-l,l]$ 的表达式, 计算其傅里叶级数. 为此, 我们利用变量代换, 将其转化为以 2π 为周期的函数进行展开.

作变换 $x=\dfrac{l}{\pi}t$, 则 $F(t)=f\left(\dfrac{l}{\pi}t\right)=f(x)$ 就是以 2π 为周期的函数, 故,

$$F(t)\sim\frac{a_0}{2}+\sum_{n=1}^{\infty}(a_n\cos nt+b_n\sin nt),$$

其中,

$$a_n=\frac{1}{\pi}\int_{-\pi}^{\pi}F(t)\cos nt\mathrm{d}t=\frac{1}{l}\int_{-l}^{l}f(x)\cos\frac{n\pi}{l}x\mathrm{d}x,\quad n=0,1,2,\cdots,$$

$$b_n=\frac{1}{l}\int_{-l}^{l}f(x)\sin\frac{n\pi}{l}x\mathrm{d}x,\quad n=1,2,\cdots,$$

因此,

$$f(x)\sim\frac{a_0}{2}+\sum_{n=1}^{\infty}\left(a_n\cos\frac{n\pi}{l}x+b_n\sin\frac{n\pi}{l}x\right).$$

例 3　将 $f(x)=\begin{cases}1+x, & -1<x\leqslant 0,\\ 1-x, & 0<x\leqslant 1\end{cases}$ 展开成傅里叶级数.

思路分析　题目是一般的傅里叶级数展开, 由于没有特殊的展开要求, 且给定的区间具有对称性, 因而, 可以将函数视为定义在一个基本区间、以 2 (l=1) 为周期的函数, 将其进行相应的展开即可.

解　计算得

$$a_0=\int_{-1}^{1}f(x)\mathrm{d}x=1,$$

$$\begin{aligned}a_n&=\int_{-1}^{1}f(x)\cos n\pi x\mathrm{d}x\\&=\int_{-1}^{0}(1+x)\cos n\pi x\mathrm{d}x+\int_{0}^{1}(1-x)\cos n\pi x\mathrm{d}x\\&=2\int_{0}^{1}(1-x)\cos n\pi x\mathrm{d}x\\&=\frac{2(1-(-1)^n)}{n^2\pi^2},\end{aligned}$$

$$\begin{aligned} b_n &= \int_{-1}^{1} f(x)\sin n\pi x \mathrm{d}x \\ &= \int_{-1}^{0} (1+x)\sin n\pi x \mathrm{d}x + \int_{0}^{1} (1-x)\sin n\pi x \mathrm{d}x \\ &= 0, \end{aligned}$$

由于函数是连续的, 故,

$$f(x) \sim 1+\sum_{n=1}^{\infty} \frac{2(1-(-1)^n)}{n^2\pi^2} \cos nx = f(x), \quad x \in (-1,1].$$

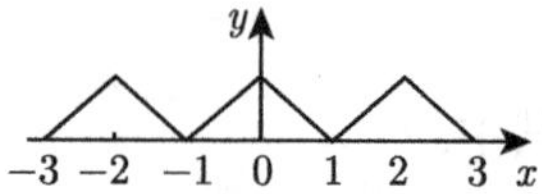

图 13-3

注 展开结果表明, 将一系列锯齿波转化为正弦波和余弦波的叠加 (图 13-3).

三、 正弦级数和余弦级数的展开

对有些函数, 展开成傅里叶级数时只含有正弦项, 即 $a_n = 0$, 还有些函数展开后只含有余弦项, 即 $b_n = 0$. 另一方面, 在某些情况下, 要求我们将函数 $f(x)$ 只展开成正弦或余弦级数, 此时, 我们称对函数 $f(x)$ 进行正弦展开或余弦展开.

很容易利用积分的性质, 得到正弦或余弦展开的条件.

我们以定义在 $(-\pi, \pi]$ 上以 2π 为周期的函数为例.

(1) 当 $f(x)$ 为奇函数时, 利用定积分的性质, 则

$$\begin{aligned} a_n &= 0, \quad n = 0,1,2,\cdots, \\ b_n &= \frac{2}{\pi}\int_0^{\pi} f(x)\sin nx \mathrm{d}x, \quad n = 1,2,\cdots, \end{aligned}$$

因而, $f(x)$ 的傅里叶级数为

$$f(x) \sim \sum_{n=1}^{\infty} b_n \sin nx.$$

(2) 当 $f(x)$ 为偶函数时, 则

$$\begin{aligned} b_n &= 0, \quad n = 1,2,\cdots, \\ a_n &= \frac{2}{\pi}\int_0^{\pi} f(x)\cos nx \mathrm{d}x, \quad n = 0,1,2,\cdots, \end{aligned}$$

因而, $f(x)$ 的傅里叶级数为

$$f(x) \sim \frac{a_0}{2} + \sum_{n=1}^{\infty} a_n \cos nx.$$

例 4　将 $f(x) = x, x \in (-\pi, \pi]$ 展开成傅里叶级数.

简析　一般的傅里叶级数展开, 直接代入公式计算即可.

解　由于 $f(x) = x$ 是奇函数, 因而,

$$a_n = 0, \quad n = 0, 1, 2, \cdots,$$

$$b_n = \frac{2}{\pi}\int_0^{\pi} x \sin nx \mathrm{d}x = \frac{2(-1)^{n+1}}{n}, \quad n = 1, 2, \cdots,$$

因而, $f(x)$ 的傅里叶级数为

$$f(x) \sim \sum_{n=1}^{\infty} \frac{2(-1)^{n+1}}{n} \sin nx = \begin{cases} x, & x \in (-\pi, \pi), \\ 0, & x = \pm\pi. \end{cases}$$

四、 半个周期上的函数的展开

有时需要按要求将 $f(x)$ 展开成正弦或余弦级数时, 此时通常给出 $f(x)$ 在半个周期区间上的表达式, 因此, 应将 $f(x)$ 作奇延拓或偶延拓至一个周期区间上, 然后再展开成傅里叶级数. 但是, 在具体的计算过程中, 并不需要进行延拓, 只需将其视为已经按要求延拓后的函数直接计算即可.

注意, 对定义在半个周期区间的函数作偶延拓时, 由于函数的偶性 (函数图像关于 y 轴对称), 半个区间的形式可以是任意的, 如函数 $f(x)$ 可以定义在 $[0, \pi]$ 上, 此时将 $f(x)$ 作延拓:

$$\tilde{f}(x) = \begin{cases} f(x), & x \in [0, \pi], \\ f(-x), & x \in [-\pi, 0), \end{cases}$$

则 $\tilde{f}(x)$ 就是定义在 $[-\pi, \pi]$ 上的偶函数, 周期延拓后在端点 $x = \pm\pi$ 处是连续的, 且自然满足周期性 $f(\pi) = f(-\pi)$. 若 $f(x)$ 定义在 $[0, \pi)$, 此时将 $f(x)$ 作延拓:

$$\tilde{f}(x) = \begin{cases} f(x), & x \in [0, \pi), \\ f(-x), & x \in (-\pi, 0), \end{cases}$$

则 $\tilde{f}(x)$ 就是定义在 $(-\pi, \pi)$ 上的偶函数, 可以任意补充 $\tilde{f}(x)$ 在 $x = \pm\pi$ 处的函数值. 当对函数作奇延拓时, 由于奇函数具有性质 (函数图像关于原点对称): $f(0) = 0$, 且不一定成立 $f(-\pi) = f(\pi)$, 因此, 可以如下进行奇延拓:

(1) 若 $f(0)=0$, 则

$$\tilde{f}(x)=\begin{cases} f(x), & x\in[0,\pi), \\ -f(-x), & x\in(-\pi,0); \end{cases}$$

(2) 若 $f(0)\neq 0$, 则

$$\tilde{f}(x)=\begin{cases} f(x), & x\in(0,\pi), \\ 0, & x=0, \\ -f(-x), & x\in(-\pi,0). \end{cases}$$

如果需要可以补充函数在 $x=\pm\pi$ 处的函数值. 当然, 在实际计算傅里叶级数时, 不需要详细的延拓过程, 通常对延拓进行默认, 只需代入公式直接计算即可.

例 5 将 $f(x)=x$ 在 $[0,\pi)$ 上展开成余弦级数.

简析 题目要求进行余弦展开, 函数应该视为定义在半个周期区间上的偶函数. 由此判断, 函数的周期为 2π.

解 由题意, 我们将函数视为先偶延拓成以 2π 为周期的函数, 然后再周期延拓至整个实数轴上, 因而, 函数 $f(x)=x$ 是以 2π 为周期的偶函数, 故

$$b_n=0,\quad n=1,2,\cdots,$$

$$a_0=\frac{2}{\pi}\int_0^{\pi}x\mathrm{d}x=\pi,$$

$$a_n=\frac{2}{\pi}\int_0^{\pi}x\cos nx\mathrm{d}x=\frac{2((-1)^n-1)}{n^2\pi},\quad n=1,2,\cdots,$$

因而, $f(x)$ 的傅里叶级数为

$$f(x)\sim\pi+\sum_{n=1}^{\infty}\frac{2((-1)^n-1)}{n^2}\cos nx=x,\quad x\in[0,\pi).$$

例 5 的函数只定义在 $[0,\pi)$ 上, 只需给出在此区间上的展开式. 由于视其为偶函数, 此时也可以直接定义在 $[0,\pi]$ 上.

例 6 将 $f(x)=\begin{cases} \sin\dfrac{\pi x}{l}, & 0<x<\dfrac{l}{2}, \\ 0, & \dfrac{l}{2}\leqslant x\leqslant l \end{cases}$ 展开成正弦级数.

解 根据题目要求, $f(x)$ 应视为定义在半个基本区间上的函数, 因此, 可以将 $f(x)$ 视为奇延拓后的以 $2l$ 为周期的函数, 故

$$a_n=0,\quad n=0,1,2,\cdots,$$

$$b_n=\frac{2}{l}\int_0^{\frac{l}{2}}\sin\frac{\pi x}{l}\sin\frac{\pi n}{l}x\mathrm{d}x,\quad n=1,2,\cdots,$$

因而, $b_1=\frac{1}{2}$, $b_n=\begin{cases}0, & n=2k+1,\\ -\dfrac{(-1)^{k+1}\cdot 2n}{\pi(n^2-1)}, & n=2k,\end{cases}$ 故,

$$f(x)\sim\frac{1}{2}\sin\frac{\pi x}{l}-\sum_{k=1}^{\infty}\frac{(-1)^k\cdot 4k}{\pi(4k^2-1)}\cdot\sin\frac{2k\pi x}{l}=\begin{cases}\sin\dfrac{\pi x}{l}, & 0\leqslant x<\dfrac{l}{2},\\ 0, & \dfrac{l}{2}<x\leqslant l,\\ \dfrac{1}{2}, & x=\dfrac{l}{2}.\end{cases}$$

注　从上面的一些展开例子可知, 在非对称区间上定义的函数, 既可以视为一个周期区间上定义的函数, 也可以视为半个周期区间上定义的函数, 因此, 可以有不同的展开, 此时, 一定要正确理解题意, 按要求进行展开.

例 7　将 $f(x)=\pi-x$ 按下列要求展开成相应的傅里叶级数:

(1) 在 $(0,\pi]$ 上展开成傅里叶级数;

(2) 在 $(0,\pi]$ 上展开成正弦级数;

(3) 在 $(0,\pi]$ 上展开成余弦级数.

解　(1) 此时将函数视为定义在一个基本周期区间上的函数, 因此, 函数是以 π 为周期的函数, 利用展开公式, 则

$$a_0=\frac{2}{\pi}\int_0^{\pi}(\pi-x)\mathrm{d}x=\pi,$$

$$a_n=\frac{2}{\pi}\int_0^{\pi}(\pi-x)\cos 2nx\mathrm{d}x=0,\quad n=1,2,\cdots,$$

$$b_n=\frac{2}{\pi}\int_0^{\pi}(\pi-x)\sin 2nx\mathrm{d}x=\frac{1}{n},\quad n=1,2,\cdots,$$

因而, $f(x)$ 的傅里叶级数为

$$f(x)\sim\frac{\pi}{2}+\sum_{n=1}^{\infty}\frac{1}{n}\sin 2nx=\begin{cases}\pi-x, & x\in(0,\pi),\\ \dfrac{\pi}{2}, & x=0,\pi.\end{cases}$$

(2) 由题意, 应将函数视为定义在半个周期区间上的函数, 因此, 应将函数视为以 2π 为周期的奇函数, 故

$$a_0=0,\quad n=1,2,\cdots,$$

$$b_n = \frac{2}{\pi}\int_0^{\pi}(\pi - x)\sin nx\mathrm{d}x = \frac{1}{2n}, \quad n = 1, 2, \cdots,$$

因而, $f(x)$ 的傅里叶级数为

$$f(x) \sim \sum_{n=1}^{\infty}\frac{1}{2n}\sin nx = \begin{cases} \pi - x, & x \in (0, \pi), \\ 0, & x = 0, \pi. \end{cases}$$

(3) 将函数作偶延拓, 则

$$a_0 = \frac{2}{\pi}\int_0^{\pi}(\pi - x)\mathrm{d}x = \pi,$$

$$a_n = \frac{2}{\pi}\int_0^{\pi}(\pi - x)\cos nx\mathrm{d}x = \begin{cases} 0, & n = 2k, \\ \dfrac{4}{n^2\pi}, & n = 2k+1, \end{cases} \qquad n = 1, 2, \cdots,$$

$$b_n = 0, \quad n = 1, 2, \cdots,$$

因而, $f(x)$ 的傅里叶级数为

$$f(x) \sim \frac{\pi}{2} + \sum_{k=0}^{\infty}\frac{4}{(2k+1)^2\pi}\cos(2k+1)x = \pi - x, \quad x \in [0, \pi].$$

注 (1) 由此例可以看出, 对同一个函数, 可以根据要求和不同的理解得到不同的展开式, 因此, 在展开时, 一定要正确理解题意.

(2) 以上各题可以借助函数曲线确定区间端点和分段点处的傅里叶级数的收敛性质.

习 题 13.2

1. 将 $f(x) = x + 1$ 在 $x \in (-\pi, \pi]$ 上展开成傅里叶级数.

2. 将 $f(x) = \begin{cases} 1, & x \in (-\pi, 0], \\ 0, & x \in (-0, \pi] \end{cases}$ 展开成傅里叶级数; 并问: (1) 傅里叶级数在 $(-\pi, \pi]$ 上收敛吗? 收敛于 $f(x)$ 吗? (2) 傅里叶在 $(-\pi, \pi]$ 上一致收敛吗?

3. 将 $f(x) = \mathrm{e}^x$ 在 $x \in (-2\pi, 0]$ 上展开成傅里叶级数.

4. 将 $f(x) = x$ 在 $x \in (0, 2]$ 上展开成傅里叶级数.

5. 将 $f(x) = x$ 在 $x \in [0, \pi)$ 上分别展开成正弦级数和余弦级数.

6. 将 $f(x) = x^2$ 在 $x \in (-\pi, \pi]$ 上展开成傅里叶级数.

7. 将 $f(x) = x + 1$ 按要求在 $x \in (0, \pi]$ 上展开成傅里叶级数

(1) 在 $x \in (0, \pi]$ 上直接展开成傅里叶级数;

(2) 在 $x \in (0,\pi]$ 上展开成正弦级数;

(3) 在 $x \in (0,\pi]$ 上展开成余弦级数.

8. 证明: $\sum\limits_{k=1}^{\infty} \frac{1}{k}\sin kx = \frac{\pi - x}{2}$, $\quad x \in (0, 2\pi)$.

9 . 设 $f(x)$ 可积且绝对可积, 证明:

(1) 若 $f(x)$ 满足 $f(x) = f(x+\pi), x \in (-\pi,\pi)$, 则 $a_{2k-1} = b_{2k-1} = 0$;

(2) 若 $f(x)$ 满足 $f(x) = -f(x+\pi), x \in (-\pi,\pi)$, 则 $a_{2k} = b_{2k} = 0$.

13.3　傅里叶级数的性质

函数 $f(x)$ 的傅里叶级数是一类函数项级数, 因而, 可以讨论相应的作为函数项级数的性质, 如一致收敛性、逐项求积、逐项求导等运算性质, 这正是本节的研究内容.

在函数项级数的理论中, 我们已经知道, 函数求积、求导等运算性质的理论, 是建立在一致收敛的基础之上, 对函数要求较高. 即使函数的幂级数展开, 也要求函数具有很好的可微性质. 而函数的傅里叶级数展开条件则弱得多, 也正是由于展开条件很弱, 使得傅里叶级数一般不具备一致收敛性, 即便如此, 由于特殊的结构, 傅里叶级数仍具有逐项求积和逐项求导的性质. 本节, 我们简要介绍其一致收敛性, 刻画这些独特的运算性质.

一、 运算性质及分析性质

仍假设 $f(x)$ 是以 2π 为周期的可积且绝对可积函数. 我们讨论傅里叶级数的逐项运算性质.

定理 3.1　设 $f(x)$ 在 $[-\pi,\pi]$ 上分段连续, 且展开成傅里叶级数

$$f(x) \sim \frac{a_0}{2} + \sum_{n=1}^{\infty}(a_n\cos nx + b_n \sin nx),$$

则对任意的 $c, x \in [-\pi,\pi]$, 成立

$$\int_c^x f(x)\mathrm{d}x = \int_c^x \frac{a_0}{2}\mathrm{d}t + \sum_{n=1}^{\infty}\int_c^x (a_n\cos nt + b_n\sin nt)\mathrm{d}t,$$

即 $f(x)$ 的傅里叶级数可逐项积分.

简析　要证明的结论中已经隐藏了证明的线索, 因为右端的级数仍是傅里叶级数, 因此, 只需证明右端的傅里叶级数正是左端函数对应的傅里叶级数.

证明　设 $f(x)$ 只有一个间断点 x_0, 令 $F(x) = \int_c^x \left[f(t) - \frac{a_0}{2}\right]\mathrm{d}t$, 则由变限函数的分析性质可知, $F(x)$ 是以 2π 为周期的连续函数, 且在 $f(x)$ 的连续点处成

立 $F'(x)=f(x)-\frac{a_0}{2}$, 在间断点 x_0 处成立 $F'_{\pm}(x_0)=f(x_0\pm)-\frac{a_0}{2}$, 故, $F(x)$ 可展开为收敛的傅里叶级数, 且

$$F(x)=\frac{A_0}{2}+\sum_{n=1}^{\infty}(A_n\cos nx+B_n\sin nx),$$

且

$$\begin{aligned}A_n&=\frac{1}{\pi}\int_{-\pi}^{\pi}F(x)\cos nx\mathrm{d}x\\&=\frac{\sin nx}{\pi n}F(x)|_{-\pi}^{\pi}-\frac{1}{\pi n}\int_{-\pi}^{\pi}F'(x)\sin nx\mathrm{d}x=-\frac{b_n}{n},\end{aligned}$$

类似, $B_n=\frac{a_n}{n}$. 因此,

$$F(x)=\frac{A_0}{2}+\sum_{n=1}^{\infty}\left(-\frac{b_n}{n}\cos nx+\frac{a_n}{n}\sin nx\right),$$

令 $x=c$, 则

$$0=\frac{A_0}{2}+\sum_{n=1}^{\infty}\left(-\frac{b_n}{n}\cos nc+\frac{a_n}{n}\sin nc\right),$$

两式相减得

$$\begin{aligned}\int_c^x\left[f(x)\mathrm{d}x-\frac{a_0}{2}(x-c)\right]\mathrm{d}x&=\sum_{n=1}^{\infty}\left(a_n\frac{\sin nx-\sin nc}{n}-b_n\frac{\cos nx-\cos nc}{n}\right)\\&=\sum_{n=1}^{\infty}\left(a_n\int_c^x\cos nt\mathrm{d}t+b_n\int_c^x\sin nt\mathrm{d}t\right),\end{aligned}$$

这正是所要证的结果.

定理中的条件表明, 函数可以展开成傅里叶级数, 但是, 其傅里叶级数是否收敛, 是否收敛于函数本身, 是否一致收敛, 都没有明确的结论, 而结论表明, 傅里叶级数不仅可以逐项求积, 而且求积后的级数收敛于原来函数的积分, 由此看出, 傅里叶级数的逐项求积运算要比相应函数项级数的运算条件弱.

事实上, 定理 3.1 的条件可以减弱为 “$f(x)$ 在 $[-\pi,\pi]$ 上可积和绝对可积”, 此时的定理证明需要更多的数学理论, 现在还不具备.

推论 3.1 若三角级数 $\frac{a_0}{2}+\sum\limits_{n=1}^{\infty}(a_n\cos nx+b_n\sin nx)$ 为某个可积和绝对可积函数 $f(x)$ 的傅里叶级数, 则 $\sum\limits_{n=1}^{\infty}\frac{b_n}{n}$ 收敛.

证明 由于定理 3.1 对可积和绝对可积函数也成立, 且在定理的证明中, 我们得到如下结论

$$0=\frac{A_0}{2}+\sum_{n=1}^{\infty}\left(-\frac{b_n}{n}\cos nc+\frac{a_n}{n}\sin nc\right),$$

取 $c=0$ 即得 $\sum\limits_{n=1}^{\infty}\frac{b_n}{n}$ 的收敛性.

推论 3.1 给出了三角级数是某个函数的傅里叶级数的一个条件, 由此推论可知, 并不是每一个收敛的三角级数都是某个函数的傅里叶级数, 如三角级数 $\sum\limits_{n=1}^{\infty}\frac{\sin nx}{1+\ln n}$, 由函数项级数的狄利克雷判别法可知, 上述级数逐点收敛, 而数项级数 $\sum\limits_{n=1}^{\infty}\frac{1}{n(1+\ln n)}$ 发散, 因而, 它不是某个函数的傅里叶级数.

虽然傅里叶级数的逐项求积的条件很弱, 但是, 注意到函数的傅里叶级数展开条件本身就很弱, 因此, 傅里叶级数的逐项求导一般并不可以, 除非加强函数本身的条件, 如成立如下结论.

定理 3.2 设 $f(x)$ 在 $[-\pi,\pi]$ 上连续且有 $f(\pi)=f(-\pi)$, 又设除有限个点外, $f(x)$ 有分段连续的导函数 $f'(x)$, 则 $f(x)$ 的傅里叶级数可逐项微分, 即

$$f'(x)\sim\sum_{n=1}^{\infty}(-a_n n\sin nx+nb_n\cos nx).$$

即, 导函数的傅里叶级数正是函数傅里叶级数的逐项微分.

证明 由条件可知, $f'(x)$ 分段连续, 因而可展开为傅里叶级数, 记

$$f'(x)\sim\frac{a_0'}{2}+\sum_{n=1}^{\infty}(a_n'\cos nx+b_n'\sin nx),$$

利用系数的计算公式, 则

$$a_0'=\frac{1}{\pi}\int_{-\pi}^{\pi}f'(x)\mathrm{d}x=\frac{1}{\pi}[f(\pi)-f(-\pi)]=0,$$

$$a_n'=\frac{1}{\pi}\int_{-\pi}^{\pi}f'(x)\cos nx\mathrm{d}x=nb_n,$$

$$b_n' = \frac{1}{\pi}\int_{-\pi}^{\pi} f'(x)\sin nx\mathrm{d}x = -na_n,$$

因而,

$$f'(x) \sim \sum_{n=1}^{\infty}(-a_n n\sin nx + nb_n\cos nx).$$

二、 傅里叶级数的系数特征和贝塞尔不等式

首先利用黎曼引理直接给出一个傅里叶级数的系数所满足的一个结论.

定理 3.3 $f(x)$ 的傅里叶级数的系数 a_n, b_n 满足 $\lim\limits_{n\to+\infty} a_n = 0$, $\lim\limits_{n\to+\infty} b_n = 0$.

在现代分析理论中, 经常涉及各种函数类的逼近问题, 即将一个 "坏" 函数的研究, 利用逼近性质, 寻找一个 "好" 函数作为其近似替代研究对象, 从而可以充分利用 "好" 函数的一些好的性质对研究对象加以研究. 傅里叶级数正具有上面提到的好函数的性质, 我们对此进行简单的介绍. 先引入贝塞尔 (Bessel) 不等式.

我们先给出一个平方可积函数类. 设 $f(x)$ 定义在 $[a, b]$ 上的可积函数且满足:

$$\left[\int_a^b f^2(x)\mathrm{d}x\right]^{\frac{1}{2}} \leqslant M,$$

我们称 $f(x)$ 在 $[a,b]$ 上是平方可积函数.

若记

$$\|f\| = \left[\int_a^b f^2(x)\mathrm{d}x\right]^{\frac{1}{2}},$$

称其为 $f(x)$ 的平方范数.

古典分析理论 (数学分析) 研究的是 "好" 函数, 如各种可微函数, 在现代分析理论中, 研究的对象正是如上定义的各类可积甚至更弱的函数.

范数是一种类似 "距离" 概念的度量.

由于没有连续性, 因而, 由 $\|f\| = 0$ 并不一定能导出 $f(x) \equiv 0$, 但是, 可以保证 "$f(x)$ 几乎处处为 0"; 如果两个函数的差几乎处处为 0, 称这两个函数几乎处处相等. 在所有的平方可积函数中, 把几乎处处相等的函数视为一个函数类, 从中选取一个作为这类函数的代表, 将所有的这些函数类的代表作成一个平方可积函数 (类) 的函数集合, 在此集合上定义内积

$$(f, g) = \int_a^b f(x)g(x)\mathrm{d}x,$$

可以得到一个内积空间.

引理 3.1 有限闭区间上的平方可积的函数必是绝对可积函数.

证明 假设 $f(x)$ 为 $[a,b]$ 上的平方可积函数, 由施瓦茨不等式, 则

$$\left(\int_a^b |f(x)|\mathrm{d}x\right)^2 \leqslant (b-a)\int_a^b f^2(x)\mathrm{d}x,$$

因而, 结论成立.

假设 $f(x)$ 为 $[-\pi,\pi]$ 上可积且平方可积函数, 则其可以展开成傅里叶级数,

$$f(x) \sim \frac{a_0}{2} + \sum_{n=1}^{\infty}(a_n \cos nx + b_n \sin nx),$$

记 $S_n(x) = \dfrac{a_0}{2} + \sum\limits_{k=1}^{n}(a_k \cos kx + b_k \sin kx)$.

定理 3.4 假设 $f(x)$ 为 $[-\pi,\pi]$ 级数上可积且平方可积函数, 则成立

$$\|f - S_n(x)\|^2 = \int_{-\pi}^{\pi} f^2(x)\mathrm{d}x - \pi\left[\frac{a_0^2}{2} + \sum_{k=1}^{n}(a_k^2+b_k^2)\right].$$

证明 利用三角函数系的正交性质得

$$\begin{aligned}\|f - S_n(x)\|^2 &= \int_{-\pi}^{\pi}(f(x) - S_n(x))^2\mathrm{d}x \\ &= \int_{-\pi}^{\pi}(f^2(x) - 2f(x)S_n(x) + S_n^2(x))\mathrm{d}x \\ &= \int_{-\pi}^{\pi} f^2(x)\mathrm{d}x - \pi\left[\frac{a_0^2}{2} + \sum_{k=1}^{n}(a_k^2+b_k^2)\right].\end{aligned}$$

推论 3.2 定理 3.4 的条件下, $\sum\limits_{n=1}^{\infty} a_n^2$, $\sum\limits_{n=1}^{\infty} b_n^2$ 都收敛, 且

$$\frac{a_0^2}{2} + \sum_{n=1}^{\infty}(a_n^2+b_n^2) \leqslant \frac{1}{\pi}\int_{-\pi}^{\pi} f^2(x)\mathrm{d}x,$$

此不等式称为贝塞尔不等式.

推论 3.3 若 $\dfrac{a_0}{2} + \sum\limits_{n=1}^{\infty}(a_n \cos nx + b_n \sin nx)$ 为可积和平方可积函数 $f(x)$ 的傅里叶级数, 则 $\sum\limits_{n=1}^{\infty} a_n^2$, $\sum\limits_{n=1}^{\infty} b_n^2$ 都收敛.

注 $\sum\limits_{n=1}^{\infty} a_n^2, \sum\limits_{n=1}^{\infty} b_n^2$ 的收敛性也可以成为三角级数是某个函数的傅里叶级数的必要条件, 因此, $\sum\limits_{n=1}^{\infty}\left(\dfrac{\cos nx}{\ln n}+\dfrac{\sin nx}{\sqrt{n}}\right)$ 不能是某个函数的傅里叶级数.

三、 傅里叶级数的一致收敛性及帕塞瓦尔恒等式

利用贝塞尔不等式, 可以得到一致收敛性.

定理 3.5 设 $f(x)$ 是以 2π 为周期的连续函数, 且在 $[-\pi,\pi]$ 上分段光滑, 则 $f(x)$ 的傅里叶级数一致收敛于 $f(x)$.

证明 由条件可知, $f(x)$ 和 $f'(x)$ 都能展开成傅里叶级数, 设

$$f(x)=\frac{a_0}{2}+\sum_{n=1}^{\infty}(a_n\cos nx+b_n\sin nx),$$

$$f'(x)\sim\sum_{n=1}^{\infty}(a_n'\cos nx+b_n'\sin nx),$$

且有

$$a_n=-\frac{b_n'}{n},\quad b_n=\frac{a_n'}{n},\quad n=1,2,\cdots,$$

故,

$$f(x)=\frac{a_0}{2}+\sum_{n=1}^{\infty}\left(\frac{-b_n'}{n}\cos nx+\frac{a_n'}{n}\sin nx\right),$$

对 $f'(x)$ 及其傅里叶级数利用贝塞尔不等式, 则

$$\sum_{n=1}^{\infty}(a_n'^2+b_n'^2)\leqslant\frac{1}{\pi}\int_{-\pi}^{\pi}(f'(x))^2\mathrm{d}x,$$

因而, $\sum\limits_{n=1}^{\infty} a_n'^2, \sum\limits_{n=1}^{\infty} b_n'^2$ 都收敛.

由于

$$\left|\frac{-b_n'}{n}\cos nx+\frac{a_n'}{n}\sin nx\right|\leqslant\frac{|b_n'|}{n}+\frac{|a_n'|}{n}\leqslant\frac{1}{n^2}+\frac{1}{2}(a_n'^2+b_n'^2),$$

由魏尔斯特拉斯判别法, $\sum\limits_{n=1}^{\infty}\left(\dfrac{-b_n'}{n}\cos nx+\dfrac{a_n'}{n}\sin nx\right)$ 一致收敛, 因而, $f(x)$ 的傅里叶级数一致收敛于 $f(x)$.

利用一致收敛性, 可以得到逼近定理和帕塞瓦尔 (Parseval) 恒等式.

定理 3.6 在定理 3.5 的条件下, $f(x)$ 的傅里叶级数平方收敛于 $f(x)$, 即

$$\lim_{n\to+\infty}\|f-S_n(x)\|^2=0.$$

证明 由条件可知, $f(x)$ 是平方可积的, 由于

$$\|f-S_n(x)\|^2=\int_{-\pi}^{\pi}(f(x)-S_n(x))^2\mathrm{d}x,$$

利用一致收敛性, 则

$$\lim_{n\to+\infty}\|f-S_n(x)\|^2=0.$$

注 定理 3.6 表明平方可积函数具有一个很好的逼近性质.

进一步还可以证明, 贝塞尔不等式实际上还是一个等式.

定理 3.7 (帕塞瓦尔恒等式) 在定理 3.5 条件下, 成立

$$\frac{a_0^2}{2}+\sum_{n=1}^{\infty}(a_n^2+b_n^2)=\frac{1}{\pi}\int_{-\pi}^{\pi}f^2(x)\mathrm{d}x.$$

证明 由推论 3.2, 左端的级数收敛, 由定理 3.4,

$$\|f-S_n(x)\|^2=\int_{-\pi}^{\pi}f^2(x)\mathrm{d}x-\pi\left[\frac{a_0^2}{2}+\sum_{k=1}^{n}(a_k^2+b_k^2)\right],$$

利用定理 3.6, 则

$$\lim_{n\to+\infty}\left[\int_{-\pi}^{\pi}f^2(x)\mathrm{d}x-\pi\left(\frac{a_0^2}{2}+\sum_{k=1}^{n}(a_k^2+b_k^2)\right)\right]=\lim_{n\to+\infty}\|f-S_n(x)\|^2=0,$$

故,

$$\frac{a_0^2}{2}+\sum_{n=1}^{\infty}(a_n^2+b_n^2)=\frac{1}{\pi}\int_{-\pi}^{\pi}f^2(x)\mathrm{d}x.$$

注 定理 3.6 和定理 3.7 的条件可以减弱为“$f(x)$ 是可积和平方可积的”.

习 题 13.3

设 $f(x)$ 是黎曼可积的、以 2π 为周期的函数, 证明:

$$\frac{1}{2\pi}\int_0^{2\pi} f(x)(\pi - x)\mathrm{d}x = \sum_{n=1}^{\infty}\frac{b_n}{n},$$

其中 b_n 为 $f(x)$ 的傅里叶系数.

习题答案与提示 (二)

第 7 章 不定积分

习题 7.1

1. 略.

2. 略.

3. 证明 反证法. 设 $x_0 \in I$ 是 $f(x)$ 的间断点且 $f(x_0^+)$ 和 $f(x_0^-)$ 都存在, 即 $\lim\limits_{x\to x_0^+} f(x) = f(x_0^+)$, 即 $\lim\limits_{x\to x_0^-} f(x) = f(x_0^-)$. 由题意知, $F'(x) = f(x)$, $x \in I$, 故 $f(x_0) = F'(x_0) = \lim\limits_{x\to x_0} \dfrac{F(x)-F(x_0)}{x-x_0}$, 存在, 利用极限的性质, 则 $f(x_0) = F'(x_0) = \lim\limits_{x\to x_0^+} \dfrac{F(x)-F(x_0)}{x-x_0}$, $f(x_0) = F'(x_0) = \lim\limits_{x\to x_0^-} \dfrac{F(x)-F(x_0)}{x-x_0}$. 当 $x > x_0$ 且充分接近时 x_0 时, 使得 $[x_0, x] \subset I$. 在 $[x_0, x]$ 上用中值定理, 则存在 $\xi_x \in (x_0, x)$, 从而使得 $F'(\xi_x) = \dfrac{F(x)-F(x_0)}{x-x_0}$, 可得

$$f(x_0) = \lim_{x\to x_0^+} \frac{F(x)-F(x_0)}{x-x_0} = \lim_{x\to x_0^+} F'(\xi_x) = \lim_{x\to x_0^+} f(\xi_x) = f(x_0^+).$$

同理可得 $f(x_0) = f(x_0^-)$, 从而 $f(x_0) = f(x_0^+) = f(x_0^-)$, 即 $f(x)$ 在 x_0 点连续, 这与假设矛盾.

4. $-\sin x$.

5. $\dfrac{1}{2}x^2 + \dfrac{1}{3}x^3 + C$.

6. $f(x) = \dfrac{1}{3}x^3 + \ln x + x + C$.

7. $\displaystyle\int f(x)\mathrm{d}x = \begin{cases} \dfrac{1}{3}x^3 + x + C + 1, & x \geqslant 0, \\ \mathrm{e}^x + C, & x < 0. \end{cases}$

8. (1) $x - \arctan x + C$.

(2) $\dfrac{2}{3}x^{\frac{3}{2}} + 3x + 6x^{\frac{1}{2}} + \ln x + C$.

(3) $\dfrac{x}{2} + \dfrac{1}{2}\sin x + C$.

(4) $\dfrac{x^3}{3} - 4x - \dfrac{4}{x} + C$.

(5) $\mathrm{e}^x - \dfrac{1}{4^x \ln 4} + C$.

(6) $\frac{4}{7}x^{\frac{7}{4}}+\frac{4}{11}x^{\frac{11}{4}}+C.$

(7) $\frac{1}{4}(-\cot x-\tan x)+C.$

(8) $-2\cot x-x+C.$

(9) $\int|x-1|\mathrm{d}x=\begin{cases}\frac{x^2}{2}-x+1+C, & x\geqslant 1,\\ -\frac{x^2}{2}+x+C, & x<1.\end{cases}$

(10) $\frac{\left(\frac{2}{5}\right)^x}{\ln\frac{2}{5}}+\frac{\left(\frac{3}{5}\right)^x}{\ln\frac{3}{5}}+C.$

9. 1km.

习题 7.2

1. (1) $-\frac{1}{10}\cos 5x+\frac{1}{2}\cos x+C.$

(2) $\frac{1}{3}\cos^3 x-\cos x+C.$

(3) $\frac{1}{4}\ln(1+2x^2)+\frac{\sqrt{2}}{2}\arctan\sqrt{2}x+C.$

(4) $\frac{3}{2}(x-1)^{\frac{2}{3}}+C.$

(5) $\frac{1}{2}\mathrm{e}^{2x+1}+C.$

(6) $\frac{1}{2}\sec x^2+C.$

(7) $\arcsin(2x-1)+C.$

(8) $\frac{1}{2}(\arctan x)^2+C.$

(9) $\frac{1}{2}\tan^2 x+C.$

(10) $\frac{1}{3}\ln^3 x+\frac{1}{2}\ln^2 x+2\ln x+C.$

(11) $\frac{1}{6}(x^2+3x+1)^6+C.$

(12) $\frac{1}{4}\ln(x^4+1)+C.$

2. (1) $2\mathrm{e}^{\sqrt{x-1}}+C.$

(2) $\frac{1}{2}x\sqrt{x^2-1}-\frac{1}{2}\ln(x+\sqrt{x^2-1})+C.$

(3) $-\frac{\sqrt{x^2+2}}{2x}+C.$

(4) $\frac{1}{2}\ln\frac{\sqrt{1+\mathrm{e}^{2x}}-1}{\sqrt{1+\mathrm{e}^{2x}}+1}+C$ 或 $\arccos(\mathrm{e}^{-x})+C.$

(5) $\frac{1}{2}(x+1)\sqrt{(x+1)^2+1}+\frac{1}{2}\ln(x+\sqrt{(x+1)^2+1})+C.$

(6) $\arcsin(x-2)+C$.

(7) $\dfrac{1}{13}(x-1)^{13}+\dfrac{1}{3}(x-1)^{12}+\dfrac{4}{11}(x-1)^{11}+C$.

(8) $\dfrac{3}{10}(x+1)^{\frac{10}{3}}-\dfrac{3}{7}(x+1)^{\frac{7}{3}}+C$.

(9) $(\arctan\sqrt{x})^2+C$.

(10) $\sqrt{1+x^2}-\ln\dfrac{\sqrt{1+x^2}+1}{x}+C$.

注 还可以利用换元 $x=\tan t$.

(11) $\dfrac{3}{2}(\sin x-\cos 2x)^{\frac{2}{3}}+C$.

(12) $\ln|\ln\ln x|+C$.

(13) $\dfrac{1}{2}\cos^2 x+\ln(2-\cos^2 x)+C$.

(14) $\dfrac{1}{2}\ln(1+f^2(x))+C$.

(15) $I_n=\displaystyle\int\tan^n x\mathrm{d}x=\begin{cases}x+C, & n=0,\\ -\ln|\cos x|+C, & n=1,\\ \dfrac{1}{n-1}\tan^{n-1}x-I_{n-2}, & n\geqslant 2.\end{cases}$

3. 略.

习题 7.3

1. (1) $\displaystyle\int\frac{\ln(1+x)}{x^n}\mathrm{d}x=\frac{1}{1-n}\frac{1}{x^{n-1}}\ln(1+x)-\frac{1}{1-n}I.$

其中

$$
\begin{aligned}
I&=\int\frac{1}{x^{n-1}(1+x)}\mathrm{d}x\\
&=\begin{cases}\ln\left|\dfrac{x}{1+x}\right|+\left(\dfrac{1}{x}+\dfrac{1}{3x^3}+\cdots+\dfrac{1}{(n-3)x^{n-3}}\right)-\left(\dfrac{1}{2x^2}+\dfrac{1}{4x^4}+\cdots+\dfrac{1}{(n-2)x^{n-2}}\right)\\ +C,\quad n>2\text{ 且 }n\text{ 是偶数},\\ \\ -\ln\left|\dfrac{x}{1+x}\right|-\left(\dfrac{1}{x}+\dfrac{1}{3x^3}+\cdots+\dfrac{1}{(n-2)x^{n-2}}\right)+\left(\dfrac{1}{2x^2}+\dfrac{1}{4x^4}+\cdots+\dfrac{1}{(n-3)x^{n-3}}\right)\\ +C,\quad n>2\text{ 且 }n\text{ 是奇数}.\end{cases}
\end{aligned}
$$

(2) $x^2\sqrt{1+x^2}-\dfrac{2}{3}(1+x^2)^{\frac{3}{2}}+C$.

(3) $-\dfrac{\arctan x}{x}-\dfrac{\arctan^2 x}{2}+\ln|x|-\ln\sqrt{1+x^2}+C$.

(4) $2\sqrt{x+1}\mathrm{e}^{\sqrt{x+1}}-2\mathrm{e}^{\sqrt{x+1}}+C$.

(5) $\dfrac{x\sin(\ln x)-x\cos(\ln x)}{2}+C$.

(6) $x\tan x+\ln|\cos x|+C$.

(7) $x\ln(\sqrt{1+x^2}-x)+\sqrt{1+x^2}+C$.

(8) $\frac{1}{2}x^2\arctan x-\frac{1}{2}x+\frac{1}{2}\arctan x+C$.

(9) $2\sqrt{1+x}\arcsin x+4\sqrt{1-x}+C$.

(10) $\frac{x^4}{8}-\frac{1}{4}x^3\sin 2x-\frac{3}{8}x^2\cos 2x+\frac{3}{8}x\sin 2x+\frac{3}{16}\cos 2x+C$.

2. (1) $I_n=\int(\ln x)^n\mathrm{d}x=\begin{cases} x+C, & n=0,\\ x(\ln x)^n-nI_{n-1}, & n\geqslant 1.\end{cases}$

(2) $I_n=\int\frac{1}{x^n\sqrt{1+x^2}}\mathrm{d}x=\begin{cases}\ln|x+\sqrt{1+x^2}|+C, & n=0,\\ -\ln\left|\frac{1+\sqrt{1+x^2}}{x}\right|+C, & n=1,\\ -\frac{\sqrt{1+x^2}}{(n-1)x^{n-1}}-\frac{n-2}{n-1}I_{n-2}, & n\geqslant 2.\end{cases}$

(3) $I_n=\int x^n\sin x\mathrm{d}x=\begin{cases}-\cos x+C, & n=0,\\ -x\cos x+\sin x+C, & n=1,\\ -x^n\cos x+nx^{n-1}\sin x-n(n-1)I_{n-2}, & n\geqslant 2.\end{cases}$

(4) $I_n=\int\sin^n x\mathrm{d}x=\begin{cases} x+C, & n=0,\\ -\cos x+C, & n=1,\\ -\frac{1}{n}\cos x\sin^{n-1}x+\frac{n-1}{n}I_{n-2}, & n\geqslant 2.\end{cases}$

3. $f(x)=\dfrac{x\mathrm{e}^{\mathrm{e}}}{2(1+x)^2\sqrt{\mathrm{e}^{\mathrm{e}}\left(\ln|1+x|+\frac{1}{1+x}\right)+1-\mathrm{e}^{\mathrm{e}}}}$.

习题 7.4

1. (1) $\frac{1}{2}\ln(x^2-2x+2)+C$.

(2) $\frac{1}{2}x^2+x+\frac{3}{2}\ln|x^2-x-2|+\frac{5}{6}\ln\left|\frac{x-2}{x+1}\right|+C$.

(3) $-\frac{2}{x}+\frac{1}{3x^3}-2\arctan x+C$.

(4) $\frac{1}{2\sqrt{2}}\ln\left|\frac{x^2-\sqrt{2}x+1}{x^2+\sqrt{2}x+1}\right|+C$.

(5) $\frac{4}{9}\ln|x-1|-\frac{2}{3}\frac{1}{x-1}+\frac{5}{9}\ln|x+2|+C$.

(6) $-\frac{2}{3}\ln|x+1|-\frac{1}{3}\ln|x^2-x+1|+C$.

2. (1) $\frac{2}{\sqrt{3}}\arctan\frac{2\tan\frac{x}{2}+1}{\sqrt{3}}+C$.

(2) $\frac{1}{\sqrt{2}}\ln\left|\tan\left(\frac{x}{2}+\frac{\pi}{8}\right)\right|+C$.

(3) $-\ln|\cos x+2|+C$.

(4) $\frac{1}{2}\tan^2 x+\tan x+C$.

(5) $-\frac{1}{\sin x}+\frac{\sin x}{2(1-\sin^2 x)}+\frac{3}{4}\ln\left|\frac{1+\sin x}{1-\sin x}\right|+C$.

(6) $\cos x-\sin x-\frac{1}{\sqrt{2}}\ln\left|\tan\left(\frac{x}{2}+\frac{\pi}{8}\right)\right|+C$.

(7) $\frac{1}{4}\ln\left|\frac{1+\sin x}{1-\sin x}\right|-\frac{1}{2(1+\sin x)}+C$.

(8) $x-\frac{1}{\sqrt{2}}\arctan(\sqrt{2}\tan x)+C$.

(9) $\frac{1}{2}\sin^3 x-\frac{1}{5}\sin^5 x+C$.

(10) $\frac{3}{2^7}-\frac{1}{2^7}\sin 4x+\frac{1}{2^{10}}\sin 8x+C$.

(11) $x\tan\frac{x}{2}+C$.

(12) $\frac{1+x^2}{2}\arctan x\ln(1+x^2)-\frac{x^2}{2}\arctan x-\frac{x}{2}\ln(1+x^2)+\frac{3x}{2}-\frac{3}{2}\arctan x+C$.

3. (1) $\ln\left|x-\frac{1}{2}+\sqrt{\left(x-\frac{1}{2}\right)^2-\frac{1}{4}}\right|+C$.

(2) $-\ln\left|\frac{\sqrt{1+x^2}+1}{x}\right|+C$.

(3) $\ln\left|\frac{x}{x+1}\right|+C$.

(4) $\frac{1}{2}\left(x+\frac{1}{2}\right)\sqrt{\left(x+\frac{1}{2}\right)^2+\frac{3}{4}}+\frac{3}{8}\ln\left|x+\frac{1}{2}+\sqrt{\left(x+\frac{1}{2}\right)^2+\frac{3}{4}}\right|+C$.

(5) $\frac{\sqrt{1+x^4}}{2}+\frac{1}{2}\ln\frac{x^2}{\sqrt{1+x^4}+1}+C$.

(6) $\arcsin\frac{2x-(a+b)}{a-b}+C$.

(7) $2x\sqrt{e^x+1}-4\sqrt{e^x+1}-2\ln\left|\frac{\sqrt{e^x+1}-1}{\sqrt{e^x+1}+1}\right|+C$.

(8) $\frac{3}{5}(1+x^{\frac{2}{3}})^{\frac{5}{2}}-2(1+x^{\frac{2}{3}})^{\frac{3}{2}}+3\sqrt{1+x^{\frac{2}{3}}}+C$.

第 8 章 定 积 分

习题 8.1

1. $S=\frac{1}{3}$.

2. 略.

3. 提示: 根据 ξ_i 取点的任意性, 当将 ξ_i 全部取为无理数时, $\lim\limits_{\lambda(T)\to 0}\sum\limits_{i=1}^{n} f(\xi_i)\Delta x_i = \lim\limits_{\lambda(T)\to 0}\sum\limits_{i=1}^{n} 0\cdot\Delta x_i = 0$, 当取 $\xi_i = \dfrac{i}{n}$ 为有理数时,

$$\begin{aligned}\lim_{\lambda(T)\to 0}\sum_{i=1}^{n} f(\xi_i)\Delta x_i &= \lim_{\lambda(T)\to 0}\frac{1}{n^3}\sum_{i=1}^{n}(in-i^2)\\ &= \lim_{\lambda\to 0}\frac{1}{n^3}\left[\frac{n^2(n+1)}{2}-\frac{n(n+1)(2n+1)}{6}\right]=\frac{1}{6},\end{aligned}$$

可知, 函数 $f(x)$ 在 $[0,1]$ 上不可积.

4. 类似第 3 题求解.

5. 略.

习题 8.2

1. 证明 因 $f(x)$ 在 $[a,b]$ 上可积, 则 $f(x)$ 在 $[a,b]$ 上有界, 即存在 $M>0$, 使得 $|f(x)|\leqslant M$. 对 $[a,b]$ 的任意的一个分割 T, 任取区间 $[x_{i-1},x_i]$ 上的两点 x',x'', 总有 $||f(x')|-|f(x'')||\leqslant |f'(x)-f''(x)|$. 而 $\left|f^2(x')-f^2(x'')\right|\leqslant 2M\left|f'(x)-f''(x)\right|$, 设函数 $f(x)$ 在 $[x_{i-1},x_i]$ 上的振幅是 ω_i, 函数 $|f(x)|$ 在 $[x_{i-1},x_i]$ 上的振幅是 ω_i^*, 函数 $f^2(x)$ 在 $[x_{i-1},x_i]$ 上的振幅是 ω_i^{**}, 则 $0\leqslant\sum\limits_{i=1}^{n}\omega_i^*\Delta x_i\leqslant\sum\limits_{i=1}^{n}\omega_i\Delta x_i$, $0\leqslant\sum\limits_{i=1}^{n}\omega_i^{**}\Delta x_i\leqslant 2M\sum\limits_{i=1}^{n}\omega_i\Delta x_i$, 故 $\lim\limits_{\lambda(T)\to 0}\sum\limits_{i=1}^{n}\omega_i^*\Delta x_i=0$, $\lim\limits_{\lambda(T)\to 0}\sum\limits_{i=1}^{n}\omega_i^{**}\Delta x_i=0$. 即 $|f(x)|$ 和 $f^2(x)$ 在 $[a,b]$ 上也可积, 但是反之结论不一定成立.

例如函数 $f(x)=\begin{cases}1, & x\text{ 是有理数},\\ -1, & x\text{ 是无理数},\end{cases}$ 此时 $|f(x)|=f^2(x)=1$, 在 $[a,b]$ 上可积, 但是对于 $f(x)$ 而言, 在 $[a,b]$ 上的任一区间上的振幅 $\omega_i=2$, 此时 $\sum\limits_{i=1}^{n}\omega_i\Delta x_i=2(b-a)\ 0$, 故 $f(x)$ 在 $[a,b]$ 上不可积.

2. 证明 在 $[a,b]$ 上任意取分点 $\{x_i\}_{i=0}^{n}$, 作成一种划分 T: $a=x_0<x_1<\cdots<x_n=b$, 设函数 $f(x)$ 在 $[x_{i-1},x_i]$ 上的振幅是 ω_i, 函数 $\dfrac{1}{f(x)}$ 在 $[x_{i-1},x_i]$ 上的振幅是 ω_i^*, 任取区间 $[x_{i-1},x_i]$ 上的两点 x',x'', 总有 $\left|\dfrac{1}{f(x')}-\dfrac{1}{f(x'')}\right|=\dfrac{|f(x')-f(x'')|}{|f(x')f(x'')|}\leqslant\dfrac{\omega_i}{c^2}$, 即 $\omega_i^*\leqslant\dfrac{\omega_i}{c^2}$, 又 $\lim\limits_{\lambda(T)\to 0}\sum\limits_{i=1}^{n}\omega_i\Delta x_i=0$, 得 $\lim\limits_{\lambda(T)\to 0}\sum\limits_{i=1}^{n}\omega_i^*\Delta x_i=0$. 故 $\dfrac{1}{f(x)}$ 在 $[a,b]$ 上也可积.

3. 略.

习题 8.3

1. 略.

2. 函数 $f(x)$ 在 $[0,1]$ 上不可积.

3. $f(x)$ 在 $[0,1]$ 上可积.

4. 提示: 函数只在 $x=\dfrac{1}{n}$ 的点上不连续, 可以利用左右极限讨论这些点处的不连续性.

习题 8.4

1. 证明 因 $f\in C[a,b]$, 故存在 $\eta\in[a,b]$, 使得 $f(\eta)=\dfrac{1}{b-a}\displaystyle\int_b^a f(x)\mathrm{d}x>0$, 记 $A=f(\eta)$. 又 $f(x)$ 在 $x=\eta$ 处连续, 于是 $\forall\varepsilon>0,\exists\delta>0$, 当 $|x-\eta|<\delta$ 时, 有 $|f(x)-f(\eta)|=|f(x)-A|<\varepsilon$, 取 $\varepsilon=\dfrac{A}{2}$, 则 $f(x)>\dfrac{A}{2},x\in(\eta-\delta,\eta+\delta)$. 取 $c=\eta-\dfrac{\delta}{2}$, $d=\eta+\dfrac{\delta}{2}$, $\alpha=A$, 则 $f(x)>\alpha,\forall x\in[c,d]$.

2. 证明 反证法. 设存在 $x_0\in[a,b]$ 使得 $f(x_0)\neq 0$. 不妨设 $f(x_0)>0$, 又 $f(x)$ 在 $x=x_0$ 处连续, 则存在 $[c,d]\subset[a,b]$ 和 $\alpha>0$ 使得 $f(x)>\alpha>0,x\in[c,d]$. 此时 $\displaystyle\int_a^b f^2(x)\mathrm{d}x\geqslant\int_c^d f^2(x)\mathrm{d}x>\alpha^2(d-c)>0$, 这与 $\displaystyle\int_a^b f^2(x)\mathrm{d}x=0$ 矛盾, 故 $f(x)\equiv 0,x\in[a,b]$.

3. 证明 取 $g(x)=f(x)$, 则 $g(x)$ 在 $[a,b]$ 上可积, 此时 $\displaystyle\int_a^b f(x)g(x)\mathrm{d}x=\int_a^b f^2(x)\mathrm{d}x=0$, 根据第 2 题的结论, 必有 $f(x)\equiv 0,x\in[a,b]$.

4. 证明 易知 $\displaystyle\int_a^b(\lambda f(x)-g(x))^2\mathrm{d}x\geqslant 0$ 恒成立, 即对任意的实数 λ, 成立 $\lambda^2\displaystyle\int_a^b f^2(x)\mathrm{d}x-2\lambda\int_a^b f(x)g(x)\mathrm{d}x+\int_a^b g^2(x)\mathrm{d}x\geqslant 0$, 该式可看成关于 λ 的一元二次三项式, 则该三项式的判别式 $\Delta\leqslant 0$, 即 $\left(\displaystyle\int_a^b f(x)g(x)\mathrm{d}x\right)^2\leqslant\int_a^b f^2(x)\mathrm{d}x\int_a^b g^2(x)\mathrm{d}x$, 于是 $\left|\displaystyle\int_a^b f(x)g(x)\mathrm{d}x\right|\leqslant\left(\int_a^b f^2(x)\mathrm{d}x\right)^{\frac12}\left(\int_a^b g^2(x)\mathrm{d}x\right)^{\frac12}$.

5. (1) $\displaystyle\int_0^1 x^2\mathrm{d}x>\int_0^1 x^3\mathrm{d}x$.

(2) $\displaystyle\int_{-2}^{-1}3^{-x}\mathrm{d}x>\int_0^1 3^x\mathrm{d}x$.

6. 略.

习题 8.5

1. (1) $\dfrac{1}{84}$. (2) $\dfrac{\pi}{12}-\dfrac16+\dfrac16\ln 2$.

(3) $\dfrac{2^{\frac52}}{3}-\dfrac53$. (4) $-\dfrac{\sqrt3}{2}-\ln(2-\sqrt3)$.

(5) $\ln 2$. (6) $\dfrac{7\pi^2}{144}$.

(7) 当 n 为奇数时, $\displaystyle\int_0^\pi\cos^n x\mathrm{d}x=0$.

当 n 为偶数时, $\displaystyle\int_0^\pi\cos^n x\mathrm{d}x=2\int_0^{\frac{\pi}{2}}\sin^n x\mathrm{d}x=\frac{(n-1)(n-3)\cdots3\cdot1}{n(n-2)\cdots4\cdot2}\pi=\frac{(n-1)!!}{n!!}\pi$.

(8) $I_n=\dfrac{2n}{2n+1}\cdot\dfrac{2n-2}{2n-1}\cdots\dfrac23=\dfrac{(2n)!!}{(2n+1)!!}$.

2. (1) $\frac{2}{3}(2^{\frac{3}{2}}-1)$. (2) $\frac{1}{2}$. (3) 1. (4) 2. (5) π. (6) 0.

3. 证明 对任意的 $\varepsilon\in(0,1)$, 有 $\lim\limits_{n\to+\infty}\mathrm{e}^{(1-\varepsilon)^n}=1$. 因而存在正整数 $N>0$, 当 $n>N$ 时, 成立 $1<\mathrm{e}^{(1-\varepsilon)^n}<1+\varepsilon$. 此时

$$\int_0^{1-\varepsilon}\mathrm{e}^{x^n}\mathrm{d}x\leqslant\int_0^1\mathrm{e}^{x^n}\mathrm{d}x=\int_0^{1-\varepsilon}\mathrm{e}^{x^n}\mathrm{d}x+\int_{1-\varepsilon}^1\mathrm{e}^{x^n}\mathrm{d}x,$$

即 $1-\varepsilon\leqslant\int_0^1\mathrm{e}^{x^n}\mathrm{d}x\leqslant(1-\varepsilon)(1+\varepsilon)+\mathrm{e}\varepsilon=1-\varepsilon^2+\mathrm{e}\varepsilon$. 故 $\lim\limits_{n\to+\infty}\int_0^1\mathrm{e}^{x^n}\mathrm{d}x=1$.

4. 略.

5. $\int_{-\frac{\pi}{4}}^{\frac{\pi}{4}}\frac{1}{1+\sin x}\mathrm{d}x=2$.

6. 略.

7. 略.

8. 略.

第 9 章 定积分的应用

习题 9.1

(1) $\frac{1}{6}$. (2) $\frac{4}{3}$. (3) $\frac{1}{6}$. (4) $\frac{125}{6}$. (5) $\frac{5\pi}{4}$. (6) $\frac{3\pi}{8}$.

习题 9.2

(1) 8. (2) $8a$. (3) $\pi a\sqrt{1+4\pi^2}+\frac{a}{2}\ln(2\pi+\sqrt{1+4\pi^2})$. (4) $\frac{\mathrm{e}^2+1}{4}$.

(5) $\frac{\sqrt{5}}{2}+\frac{1}{4}\ln(2+\sqrt{5})$.

习题 9.3

1. (1) $V=\int_{-a}^a s(x)\mathrm{d}x=\pi bc\int_{-a}^a\left(1-\frac{x^2}{a^2}\right)\mathrm{d}x=\frac{4}{3}\pi abc$.

(2) $V=\pi\int_0^{\frac{\sqrt{5}-1}{2}}z\mathrm{d}z+\pi\int_{\frac{\sqrt{5}-1}{2}}^1(1-z^2)\mathrm{d}z=\frac{5(3-\sqrt{5})}{12}$.

2. (1) $V=\pi\int_0^\pi\sin^2x\mathrm{d}x=\frac{\pi^2}{2}$.

(2)

$$\begin{aligned}V&=\pi\int_{-1}^1(1+\sqrt{1-x^2})^2\mathrm{d}x-\pi\int_{-1}^1(1-\sqrt{1-x^2})^2\mathrm{d}x\\&=8\pi\int_0^1\sqrt{1-x^2}\mathrm{d}x\end{aligned}$$

$$= 8\pi \int_0^{\frac{\pi}{2}} \cos^2 t \mathrm{d}t = 2\pi^2.$$

(3) 绕 x 轴旋转所得到的旋转体的体积 $v = \frac{32\pi}{105}$.

绕 y 轴旋转所得到的旋转体的体积 $v = \frac{32\pi}{105}$.

(4) $V = \frac{2}{3}\pi \int_0^{\pi} (1+\cos t)^3 \sin t \mathrm{d}t = \frac{8}{3}\pi$.

3. $V = 2\pi \int_a^b x f(x) \mathrm{d}x$.

习题 9.4

1. (1) $\frac{\pi}{16}\left[9\sqrt{5} - \frac{1}{4}\ln\left(\frac{9}{2} + 2\sqrt{5}\right)\right]$.

(2) $8\pi^2$.

(3) (i) 以 x 轴为旋转轴时, $s = \frac{64\pi}{3}$.

(ii) 以 y 轴为旋转轴时, $s = 16\pi^2$.

2. $S = 2\pi \int_a^b x\sqrt{1 + (f'(x))^2}\mathrm{d}x$.

习题 9.5

1. 略.
2. 57697.5kJ.
3. $(\sqrt{2} - 1)$cm.
4. 14373kN.
5. 1.65N.
6. 引力大小为 $\frac{2Gm\mu}{R}\sin\frac{\varphi}{2}$, 方向为 M 指向圆弧的中心.

第 10 章 广义积分

习题 10.1

1. (1) $\frac{1}{2}$. (2) $\frac{1}{\ln 2}$.

(3) $\frac{\pi}{4} + \ln\sqrt{2}$. (4) 2.

2. 略.

3. 略.

习题 10.2

1. (1) 收敛. (2) 收敛. (3) 发散. (4) 收敛. (5) 收敛. (6) 收敛. (7) 收敛. (8) 收敛. (9) 发散.

(10) 当 $k>1$ 时, $\int_1^{+\infty}\frac{(\ln x)^n}{x^k}\mathrm{d}x$ 收敛. 当 $0<k\leqslant 1$ 时, $\int_1^{+\infty}\frac{(\ln x)^n}{x^k}\mathrm{d}x$ 发散.

(11) 发散. (12) 发散.

2. (1) $p>0$ 时, $\int_1^{+\infty}\frac{\mathrm{e}^{\cos x}\sin 2x}{x^p}\mathrm{d}x$ 收敛; $p\leqslant 0$ 时, $\int_1^{+\infty}\frac{\mathrm{e}^{\cos x}\sin 2x}{x^p}\mathrm{d}x$ 发散.

(2) 收敛. (3) 收敛. (4) 收敛.

3. 略.

4. 略.

5. 略.

6. 证明 因 $\int_1^{+\infty}f'(x)\mathrm{d}x$ 收敛, 故对任意的 $A>0$, $\lim\limits_{A\to+\infty}\int_1^A f'(x)\mathrm{d}x=\lim\limits_{A\to+\infty}f(A)-f(1)$ 存在, 即 $\lim\limits_{A\to+\infty}f(A)$ 存在. 结合 $f(x)$ 在 $[1,+\infty)$ 上连续, 可知 $f(x)$ 在 $[1,+\infty)$ 上一致连续, 从而有 $\lim\limits_{x\to+\infty}f(x)=0$.

7. 略.

8. 提示：利用积分中值定理证明.

9. $\sqrt{\pi}(\sqrt{b}-\sqrt{a})$.

习题 10.3

1. (1) -1. (2) $\frac{\pi}{2}$.

2. (1) 当 $p-1<1$ 即 $p<2$ 时, $\int_0^1\frac{\ln(1+x)}{x^p}\mathrm{d}x$ 收敛; 当 $p\geqslant 2$ 时, $\int_0^1\frac{\ln(1+x)}{x^p}\mathrm{d}x$ 发散.

(2) 收敛.

(3) 当 $\min\{p,q\}<1$ 时, $\int_0^1\frac{1}{x^p+x^q}\mathrm{d}x$ 收敛. 其余情况下发散.

(4) $0<p<\frac{1}{2}$ 时, $\int_0^1\left(1-\frac{\sin x}{x}\right)^{-p}\mathrm{d}x$ 收敛. $p\geqslant\frac{1}{2}$ 时, $\int_0^1\left(1-\frac{\sin x}{x}\right)^{-p}\mathrm{d}x$ 发散.

(5) 收敛.

(6) 当 $n\geqslant 0$, $n\in\mathbf{N}$ 时, $\int_0^1(\ln x)^n\mathrm{d}x$ 收敛.

3. (1) 当 $q=0$, 对任意的 p, $\int_0^{+\infty}x^p nx^q\mathrm{d}x$ 发散.

当 $q\neq 0$ 时, 有如下情形

当 $-1<\frac{p+1}{q}<0$ 时, $\int_0^{+\infty}x^p\sin x^q\mathrm{d}x$ 绝对收敛.

当 $0\leqslant\frac{p+1}{q}<1$ 时, $\int_0^{+\infty}x^p\sin x^q\mathrm{d}x$ 条件收敛.

当 $\frac{p+1}{q}\geqslant 1$ 或 $\frac{p+1}{q}\leqslant -1$ 时, $\int_0^{+\infty}x^p\sin x^q\mathrm{d}x$ 发散.

(2) 当 $\lambda\leqslant 0$ 或 $\lambda\geqslant 4$ 时, $\int_0^{+\infty}\frac{\sin x(1-\cos x)}{x^\lambda}\mathrm{d}x$ 发散;

当 $0<\lambda\leqslant 1$ 时, $\int_0^{+\infty}\frac{\sin x(1-\cos x)}{x^\lambda}\mathrm{d}x$ 条件收敛;

当 $1<\lambda<4$ 时, $\int_0^{+\infty}\frac{\sin x(1-\cos x)}{x^\lambda}\mathrm{d}x$ 绝对收敛.

4. 略.

第 11 章 数项级数

习题 11.1

1. (1) $H=1,h=-1$.

(2) $H=2,h=0$.

2. 略.

3. 略.

4. 略.

5. 略.

习题 11.2

1. (1) 收敛. (2) 收敛. (3) 发散. (4) 发散.

2. (1) $\frac{1}{2}$.

(2) $1-\sqrt{2}$.

3. 略.

4. 略.

习题 11.3

1. (1) 发散. (2) 发散. (3) 发散. (4) 收敛. (5) 收敛.

(6) 当 $0<p\leqslant 1$ 时, $\sum\limits_{n=2}^{\infty}\frac{\ln n}{n^p}$ 发散; 当 $p>1$ 时, $\sum\limits_{n=2}^{\infty}\frac{\ln n}{n^p}$ 收敛.

(7) 发散. (8) 收敛. (9) 收敛. (10) 收敛. (11) 发散.

(12) 发散. (13) 收敛. (14) 收敛. (15) 发散. (16) 收敛.

(17) 当 $0<p\leqslant 1$ 时, $\sum\limits_{n=2}^{\infty}\frac{1}{n\ln^p n}$ 发散; 当 $p>1$ 时, $\sum\limits_{n=2}^{\infty}\frac{1}{n\ln^p n}$ 收敛.

(18) 发散. (19) 收敛.

(20) 当 $0<p\leqslant 1$ 时, $\sum\limits_{n=2}^{\infty}\frac{1}{n\ln^p n}$ 发散; 当 $p>1$ 时, $\sum\limits_{n=2}^{\infty}\frac{1}{n\ln^p n}$ 收敛.

(21) 收敛. (22) 收敛.

2. 证明　因级数 $\sum\limits_{n=1}^{\infty}u_n$ 收敛, 故 $\lim\limits_{n\to+\infty}u_n=0$. 又

$\lim\limits_{n\to+\infty}\frac{u_n}{u_n^p}=\lim\limits_{n\to+\infty}\frac{1}{u_n^{p-1}}=+\infty, p>1$, 利用比较判别法, 当 $p>1$ 时, $\sum\limits_{n=1}^{\infty}u_n^p$ 也收敛, 但是其逆不一定成立.

如取 $p=2$, $u_n=\frac{1}{n}$, 此时 $\sum\limits_{n=1}^{\infty}\frac{1}{n^2}$ 收敛, 但 $\sum\limits_{n=1}^{\infty}\frac{1}{n}$ 发散. 取 $u_n=\frac{1}{n^2}$, 则 $\sum\limits_{n=1}^{\infty}\frac{1}{n^4}$ 及 $\sum\limits_{n=1}^{\infty}\frac{1}{n^2}$ 都收敛.

3. 略.

4. 略.

5. 略.

6. 略.

7. 提示：利用均值不等式 $ab\leqslant\frac{1}{2}(a^2+b^2)$.

8. 略.

9. 略.

10. 略.

习题 11.4

1. (1) 收敛. (2) 收敛. (3) 发散. (4) 收敛. (5) 发散. (6) 收敛.

2. (1) 收敛. (2) 收敛. (3) 收敛. (4) 收敛.

3. 证明记 $A_n=\sum\limits_{k=1}^{n}(u_{2k-1}+u_{2k})$, $S_n=\sum\limits_{k=1}^{n}u_k$, 则 $A_n=S_{2n}$, $A_n+u_{2n+1}=S_{2n+1}$.

因 $\sum\limits_{n=1}^{\infty}(u_{2n-1}+u_{2n})$ 收敛, 故 $\lim\limits_{n\to+\infty}A_n=A$ 存在, 结合 $\lim\limits_{n\to+\infty}u_n=0$, 得 $\lim\limits_{n\to+\infty}S_{2n}=A=\lim\limits_{n\to+\infty}S_{2n+1}$, 即 $\lim\limits_{n\to+\infty}S_n=A$, 故 $\sum\limits_{n=1}^{\infty}u_n$ 收敛.

4. 证明记 $A_n=\sum\limits_{k=2}^{n}k(u_k-u_{k-1})$, $S_n=\sum\limits_{k=1}^{n}u_k$, 则 $A_n=-S_{n-1}+nu_n$, 因 $\sum\limits_{n=2}^{\infty}n(u_n-u_{n-1})$ 收敛, 故 $\lim\limits_{n\to+\infty}A_n=A$ 存在, 结合 $\lim\limits_{n\to+\infty}nu_n=a$, 得 $\lim\limits_{n\to+\infty}S_{n-1}=\lim\limits_{n\to+\infty}(-A_n+nu_n)=a-A$, 即 $\lim\limits_{n\to+\infty}S_n=a-A$, 故 $\sum\limits_{n=1}^{\infty}u_n$ 收敛.

5. 略.

习题 11.5

1. (1) 条件收敛.

(2) 当 $p>1$ 时, $\sum\limits_{n=1}^{\infty}\frac{\cos\frac{n\pi}{2}}{n^p}$ 绝对收敛. 当 $0<p\leqslant1$ 时, $\sum\limits_{n=1}^{\infty}\frac{\cos\frac{n\pi}{2}}{n^p}$ 条件收敛.

(3) 当 $p>1$ 时, $\sum\limits_{n=1}^{\infty}(-1)^{n+1}\frac{n-1}{(n+1)n^p}$ 绝对收敛. 当 $0<p\leqslant1$ 时, $\sum\limits_{n=1}^{\infty}(-1)^{n+1}\frac{n-1}{(n+1)n^p}$ 条件收敛.

(4) 条件收敛.

2. 略.

3. 略.

习题 11.6

(1) 绝对收敛. (2) 发散.

第 12 章 函数项级数

习题 12.1

1. (1) 当 $x \in [-1,1]$ 时, $\sum\limits_{n=1}^{\infty}(1-x^2)x^n$ 收敛.

(2) 当 $x \in (-\infty,0)\cup(0,+\infty)$ 时, $\sum\limits_{n=1}^{\infty}\dfrac{(-1)^{n+1}}{(1+x^2)^n}$ 收敛.

(3) 当 $x \in [-2,0]$ 时, $\sum\limits_{n=1}^{\infty}\dfrac{1+(1+x)^n}{1+(n-x)^2}$ 收敛.

(4) 当 $x \in (0,+\infty)$ 时, $\sum\limits_{n=1}^{\infty}n^2\mathrm{e}^{-nx}$ 收敛.

2. (1) 当 $x \in (-\infty,+\infty)$ 时, $S_n(x)$ 收敛且有 $S(x)=1$.

(2) 当 $x=0$ 时, $S_n(x)=0$ 收敛; 当 $x \in (0,1]$ 时, $S_n(x)=1$, 故 $\{S_n\}$ 收敛.

3. (1) 在 $(-\infty,+\infty)$ 上一致收敛.

(2) 在 $[0,+\infty)$ 上一致收敛.

(3) 在 $[0,+\infty)$ 上一致收敛.

(4) 在 $(0,2\pi)$ 上非一致收敛.

(5) 在 $[0,+\infty)$ 上非一致收敛.

(6) 在 $(-\infty,+\infty)$ 上一致收敛.

(7) 在 $(0,1)$ 上非一致收敛.

(8) 在 $[0,+\infty)$ 上非一致收敛.

(9) 在 $(0,1)$ 上非一致收敛.

(10) 在 $[0,+\infty)$ 上非一致收敛.

4. (1) 在 (0.1) 上非一致收敛.

(2) 在 $(1,+\infty)$ 上非一致收敛.

(3) 在 $(0,1)$ 上非一致收敛.

(4) 当 $k=0$ 时, $S_n(x)$ 在 $(0,+\infty)$ 上非一致收敛; 当 $k>0$ 时, $S_n(x)$ 在 $(0,+\infty)$ 上一致收敛.

5. 略.

6. 略.

7. 略.

8. 略.

9. 略.

10. 略.

习题 12.2

1. 略.
2. 略.
3. 略.
4. 1.
5. (1) 0; (2) $S'(x)=-\sum\limits_{n=1}^{\infty}\dfrac{\sin nx}{\sqrt{n}}$, $x\in(0,2\pi)$.
6. 略.

习题 12.3

1. (1) 收敛域为 $[-1,1)$.

(2) 收敛域为 $[-1,1]$.

(3) 收敛域为 $\left(-1-\dfrac{1}{\mathrm{e}},-1+\dfrac{1}{\mathrm{e}}\right)$.

(4) 收敛域为 $(-1,1)$.

(5) 收敛域为 $[-1,1]$.

(6) 收敛域为 $\left(-\dfrac{1}{2},\dfrac{1}{2}\right]$.

(7) 收敛域为 $(-\infty,+\infty)$.

(8) 收敛域为 $\left[\dfrac{1}{2},\dfrac{3}{2}\right]$.

2. 证明 (1) 记 $A_n=a_n+b_n$, $\sum\limits_{n=1}^{\infty}(a_n+b_n)x^n$ 的收敛半径为 R_A, 则 $\sqrt[n]{|A_n|}=\sqrt[n]{|a_n+b_n|}\leqslant\sqrt[n]{2}\max\{\sqrt[n]{|a_n|},\sqrt[n]{|b_n|}\}$, 故 $\varlimsup\limits_{n\to+\infty}\sqrt[n]{|A_n|}\leqslant\max\{\varlimsup\limits_{n\to+\infty}\sqrt[n]{|a_n|},\varlimsup\limits_{n\to+\infty}\sqrt[n]{|b_n|}\}$ $=\max\left\{\dfrac{1}{R_1},\dfrac{1}{R_2}\right\}$, 从而有 $R_A\geqslant\dfrac{1}{\max\left\{\dfrac{1}{R_1},\dfrac{1}{R_2}\right\}}=\min\{R_1,R_2\}$.

(2) 记 $B_n=a_nb_n$, $\sum\limits_{n=1}^{\infty}a_nx^n$ 的收敛半径为 R_B, 则 $\sqrt[n]{|B_n|}=\sqrt[n]{|a_nb_n|}$, 则 $\varlimsup\limits_{n\to+\infty}\sqrt[n]{|B_n|}\leqslant\varlimsup\limits_{n\to+\infty}\sqrt[n]{|a_n|}\varlimsup\limits_{n\to+\infty}\sqrt[n]{|b_n|}=\dfrac{1}{R_1R_2}$, 故 $R_B\geqslant R_1R_2$.

3. 略.

4. 证明 因 $\sum\limits_{n=1}^{\infty}a_nx^n$ 的收敛半径是 R, $\forall x\in(0,R)$, 根据逐项求积定理, 有 $\displaystyle\int_0^x\sum_{n=1}^{\infty}a_nt^n\mathrm{d}t$ $=\displaystyle\sum_{n=1}^{\infty}\int_0^x a_nt^n\mathrm{d}t=\sum_{n=1}^{\infty}\frac{a_n}{n+1}x^{n+1}$, 又 $\sum\limits_{n=1}^{\infty}\dfrac{a_n}{n+1}R^{n+1}$ 收敛, 故 $\sum\limits_{n=1}^{\infty}\dfrac{a_n}{n+1}x^{n+1}$ 在 $[0,R]$ 上一致收敛, 结合 $\dfrac{a_n}{n+1}x^{n+1}\in C[0,R]$, 则有 $\sum\limits_{n=1}^{\infty}\dfrac{a_n}{n+1}x^{n+1}\in C[0,R]$. 于是 $\displaystyle\int_0^R\sum_{n=1}^{\infty}a_nt^n\mathrm{d}t=$ $\displaystyle\lim_{x\to R^-}\int_0^x\sum_{n=1}^{\infty}a_nt^n\mathrm{d}t=\lim_{x\to R^-}\sum_{n=1}^{\infty}\frac{a_n}{n+1}x^{n+1}=\sum_{n=1}^{\infty}\frac{a_n}{n+1}R^{n+1}$.

5. 证明 若 $\sum\limits_{n=1}^{\infty} a_n$ 发散, 则 $\sum\limits_{n=1}^{\infty} a_n = +\infty$, $\forall A > s > 0$, $\exists N > 0$, 有 $\sum\limits_{n=1}^{N} a_n > A > s$, 从而有 $\lim\limits_{x\to 1^-} \sum\limits_{n=1}^{N} a_n x^n = \sum\limits_{n=1}^{N} a_n > A > s$. 因 $a_n \geqslant 0$, 当 $x \geqslant 0$ 时, 有 $\sum\limits_{n=1}^{\infty} a_n x^n \geqslant \sum\limits_{n=1}^{N} a_n x^n > A > s$, 可得 $\lim\limits_{x\to R^-} \sum\limits_{n=1}^{\infty} a_n x^n > s$, 这与 $\lim\limits_{x\to R^-} \sum\limits_{n=1}^{\infty} a_n x^n = s$ 矛盾. 故必有 $\sum\limits_{n=1}^{\infty} a_n$ 收敛. 此时 $\sum\limits_{n=1}^{\infty} a_n x^n$ 在 $[0,1]$ 上一致收敛, 根据幂级数的连续性定理, 成立 $\lim\limits_{x\to 1^-} \sum\limits_{n=1}^{\infty} a_n x^n = \sum\limits_{n=1}^{\infty} a_n = s$.

6. (1) $\dfrac{2x}{(1-x)^3}$, $x \in (-1,1)$. (2) $\dfrac{1}{2}\ln\dfrac{1+x}{1-x}$, $x \in [-1,1)$.

7. (1) $-\dfrac{2}{27}$. (2) $\ln 2$.

8. 提示：已知结论 $\sum\limits_{n=1}^{\infty} \dfrac{1}{n^2} = \dfrac{\pi^2}{6}$, 考虑例 6 的结论.

习题 12.4

(1) $\sum\limits_{n=0}^{\infty} \dfrac{(-1)^n 2^{2n}}{(2n+1)!} x^{2n+1}$, $x \in (-\infty, +\infty)$.

(2) $\sum\limits_{n=1}^{\infty} \dfrac{(-1)^{n+1} 2^{4n-1}}{(2n)!} x^{2n}$, $x \in (-\infty, +\infty)$.

(3) $\sum\limits_{n=1}^{\infty} n x^{n-1}$, $x \in (-1,1)$.

(4) $\sum\limits_{n=0}^{\infty} \dfrac{(-1)^n}{(2n+1)(2n+1)!} x^{2n+1}$, $x \in (-\infty, +\infty)$.

第 13 章 傅里叶级数

习题 13.1

1. 证明记 $\phi(u) = f(x+u) - f(x-u) - 2S$, 则

$$\lim_{u\to 0^+} \frac{\phi(u)}{u} = \lim_{u\to 0^+} \frac{f(x+u) - f(x+0) - (f(x-u) - f(x-0))}{u} = f'_+(x) - f'_-(x),$$

即存在 $h > 0$, 使得 $\dfrac{\phi(u)}{u}$ 在 $[0,h]$ 上可积. 根据引理 1.4, 必有 $\lim\limits_{n\to +\infty} S_n(x) = S(x)$.

2. 略.

习题 13.2

1. $f(x) \sim 1 + \sum\limits_{n=1}^{\infty} \dfrac{2(-1)^{n+1}}{n} \sin nx = \begin{cases} x+1, & x \in (-\pi, \pi), \\ 1, & x = \pm\pi. \end{cases}$

2. $f(x) \sim \dfrac{1}{2} + \dfrac{1}{\pi} \sum\limits_{n=1}^{\infty} \dfrac{(-1)^n - 1}{n} \sin nx = \begin{cases} 1, & x \in (-\pi, 0), \\ \dfrac{1}{2}, & x = 0, \pm\pi, \\ 0, & x \in (0, \pi). \end{cases}$ 展开后的傅里叶级数在 $(-\pi, \pi]$ 上收敛于 $f(x)$, 但在 $(-\pi, \pi]$ 上非一致收敛.

3. $f(x) \sim \frac{1-\mathrm{e}^{-2\pi}}{2\pi} + \frac{1-\mathrm{e}^{-2\pi}}{\pi}\sum_{n=1}^{\infty}\left(\frac{\cos nx}{n^2+1} - \frac{\sin nx}{n^2+1}\right) = \begin{cases} \mathrm{e}^x, & x \in (-2\pi, 0), \\ \frac{1+\mathrm{e}^{-2\pi}}{2}, & x = 0, -2\pi. \end{cases}$

4. $f(x) \sim 1 + \frac{2}{\pi}\sum_{n=1}^{\infty}\frac{1}{n}\sin n\pi x = \begin{cases} x, & x \in (0,2), \\ 1, & x = 0, 2. \end{cases}$

5. 正弦级数为 $f(x) \sim 2\sum_{n=1}^{\infty}\frac{(-1)^{n+1}}{n}\sin nx = \begin{cases} x, & x \in [0,\pi), \\ 0, & x = \pi. \end{cases}$

余弦级数为 $f(x) \sim \frac{\pi}{2} + \frac{2}{\pi}\sum_{n=1}^{\infty}\frac{(-1)^n - 1}{n^2}\cos nx = x, \quad x \in [0,\pi].$

6. $f(x) \sim \frac{\pi^2}{3} + 2\pi\sum_{n=1}^{\infty}\frac{(-1)^n}{n^2}\cos nx = x^2, \quad x \in [-\pi,\pi].$

7. (1) $f(x) \sim 1 + \frac{\pi}{2} - \sum_{n=1}^{\infty}\frac{1}{n}\sin 2nx = \begin{cases} x+1, & x \in (0,\pi), \\ 1+\frac{\pi}{2}, & x = 0, \pi. \end{cases}$

(2) $f(x) \sim \frac{2}{\pi}\sum_{n=1}^{\infty}\frac{1-(\pi+1)(-1)^n}{n}\sin nx = \begin{cases} x+1, & x \in (0,\pi), \\ 0, & x = 0, \pi. \end{cases}$

(3) $f(x) \sim 1 + \frac{\pi}{2} + \frac{2}{\pi}\sum_{n=1}^{\infty}\frac{(-1)^n - 1}{n^2}\cos nx = x+1, \quad x \in [0,\pi].$

8. 略.

9. 略.

习题 13.3

略.